T0212456

Microbiologia degli alimenti

James M. Jay   Martin J. Loessner   David A. Golden

Microbiologia degli alimenti

Edizione italiana a cura di
Andrea Pulvirenti
Università degli Studi di Modena e Reggio Emilia
Dipartimento di Scienze Agrarie
e degli Alimenti

in collaborazione con
Angela Tedesco

Traduzione dal titolo originale
Modern Food Microbiology, 7th ed.

 Springer

James M. Jay †
University of Nevada, Las Vegas
Las Vegas, Nevada

Martin J. Loessner
ETH-Eitgenössische
Technische Hochschule
Zürich, Schweiz

David A. Golden
University of Tennessee
Knoxville, Tennessee

Traduzione dal titolo originale
Modern Food Microbiology 7th ed. by J.M. Jay, M.J. Loessner, D.A. Golden
© 2005 Springer Science+Business Media, LLC
Springer is a part of Springer Science+Business Media
Tutti i diritti riservati

Traduzione di Pasquale M. Falcone, Elisabetta Gala, Fabio Licciardello

ISBN 978-88-470-0785-7
e-ISBN 978-88-470-0786-4

Springer fa parte di Springer Science+Business Media
springer.com

© Springer-Verlag Italia 2009

Copertina: Simona Colombo, Milano
Realizzazione editoriale: Scienzaperta S.r.l., Novate Milanese (MI)
Stampa: Grafiche Porpora, Segrate (MI)

Springer-Verlag Italia S.r.l., Via Decembrio 28, I-20137 Milano
Stampato in Italia

Prefazione all'edizione italiana

Nel giugno del 1995 iniziavo la mia tesi sperimentale nel laboratorio di microbiologia degli alimenti della Facoltà di Agraria di Catania. Uno dei primi strumenti che il mio maestro mi mise in mano fu proprio *Modern Food Microbiology*, allora alla sua quarta edizione. Mi accorsi immediatamente che si trattava di un libro diverso, ricco, denso di informazioni provenienti da ogni parte del mondo, che mi sarebbe stato prezioso per comprendere meglio ciò che stavo per intraprendere. Come per la grande maggioranza degli studenti italiani, anche per me, l'unico inconveniente era dover studiare su un testo in lingua inglese...

Modern Food Microbiology è ormai arrivato alla settima edizione, ma rimane sempre uno dei testi più autorevoli e completi sulla microbiologia degli alimenti. È stato per me un onore poter curare l'edizione italiana di un'opera così importante, ma sono soprattutto molto felice di poter proporre ai miei studenti – e naturalmente a quelli degli altri atenei italiani – un testo completo che, oltre ad aiutarli nello studio, saprà soddisfare tutte quelle curiosità che la microbiologia è capace di suscitare. Il libro, tuttavia, non si rivolge solo agli studenti e ai ricercatori, ma rappresenta un utile strumento di lavoro e di consultazione per tutti coloro che operano professionalmente nel settore alimentare o a stretto contatto con esso.

La trattazione fornisce un quadro dettagliato dei microrganismi associati agli alimenti, con particolare attenzione alle specie alteranti e patogene. I primi tre capitoli, dopo un inquadramento storico e tassonomico dei gruppi di microrganismi di interesse alimentare, introducono i fattori sia intrinseci sia estrinseci che influenzano la crescita microbica negli alimenti. Il ruolo e la rilevanza dei diversi microrganismi sono quindi approfonditi in sei capitoli, che prendono in esame le principali categorie di alimenti (carni fresche e pollame, carni trasformate e prodotti ittici, prodotti ortofrutticoli, latte e prodotti lattiero-caseari fermentati e non fermentati, alimenti e prodotti fermentati non lattiero-caseari e prodotti alimentari diversi). Una parte del volume è specificamente dedicata alle tecniche di ricerca dei microrganismi e/o dei loro metaboliti e spazia dalle metodiche tradizionali a quelle più avanzate. In sette capitoli sono quindi approfonditi i diversi aspetti e le problematiche della conservazione degli alimenti, in riferimento alle tecniche disponibili (trattamenti chimici e biologici, atmosfere modificate, irradiazione, basse e alte temperature, disidratazione ecc.), e ai fattori e alle forme di resistenza dei diversi gruppi microbici (dagli psicrofili ai termofili, dagli alofili ai radioresistenti ecc.). Un intero capitolo è dedicato agli indicatori di qualità e di sicurezza degli alimenti. Sono inoltre approfonditi i temi della valutazione e dell'analisi del rischio in tutte le fasi della produzione alimentare, prendendo in esame le diverse categorie di prodotti, compresi quelli di quarta gamma e pronti al consumo. L'ultima parte del volume approfondisce in nove capitoli le principali malattie trasmesse dagli alimenti, i patogeni che ne sono responsabili e le misure per il loro controllo.

Nel rispetto del lavoro svolto dal Professor Jay – purtroppo scomparso proprio alla vigilia della pubblicazione dell'edizione italiana – e dai suoi coautori, la traduzione rispecchia fedelmente l'originale, che è stato integrato solo con l'aggiornamento di alcune voci bibliografiche e con l'inserimento degli indispensabili riferimenti alla recente legislazione europea e nazionale.

Un ringraziamento speciale, infine, è dovuto ad Angela Tedesco, senza la quale questo grande lavoro non avrebbe mai potuto essere realizzato.

Andrea Pulvirenti

Prefazione all'edizione originale

Come le precedenti, anche la settima edizione di *Modern Food Microbiology* è dedicata alla biologia dei microrganismi associati agli alimenti. Tutti i 31 capitoli, tranne uno, sono stati ampiamente rivisti e aggiornati. Questa edizione include oltre ottanta nuovi generi di batteri e dieci nuovi generi di funghi. Il libro è destinato agli studenti universitari dei corsi di microbiologia e dei corsi di scienze e tecnologie alimentari. Sebbene costituiscano un utile prerequisito, le conoscenze di chimica organica non sono indispensabili per una buona comprensione della maggior parte degli argomenti trattati.

Nel capitolo 1 è presentata una sinossi degli sviluppi della microbiologia degli alimenti per fornire un inquadramento storico dell'evoluzione, tuttora in atto, di questa disciplina. Il capitolo 2 propone una rassegna dei metodi attualmente impiegati per la classificazione dei batteri, l'organizzazione tassonomica di lieviti e muffe e una panoramica dei generi di batteri e di funghi di interesse alimentare. Questo materiale può essere correlato ai parametri di crescita intrinseci ed estrinseci, illustrati nel capitolo 3, che caratterizzano i diversi prodotti alimentari e influenzano lo sviluppo dei microrganismi di origine alimentare. Dal capitolo 4 al capitolo 9 sono esaminate le specifiche categorie di alimenti, in relazione ai parametri rilevanti definiti nel capitolo 3. Nei capitoli da 10 a 12 sono trattati i metodi per la coltivazione e la determinazione dei microrganismi e dei loro metaboliti presenti negli alimenti. Anche se alcuni approfondimenti possono andare al di là delle finalità di un corso, è indispensabile una buona comprensione dei principi fondamentali di ciascuno dei metodi di protezione e conservazione degli alimenti esaminati nei capitoli da 13 a 19.

I capitoli 20 e 21 sono dedicati alla sanificazione, ai microrganismi indicatori e ai sistemi HACCP e FSO, argomenti propedeutici alla trattazione dei diversi agenti patogeni. Nei capitoli da 22 a 31 sono analizzati i patogeni di interesse alimentare noti (e sospetti), con particolare attenzione alla loro biologia e ai metodi utilizzati per il loro controllo. Il capitolo 22 introduce i temi affrontati nell'ultima e più estesa parte del libro, prendendo in esame, per esempio, le differenze esistenti tra i patogeni di origine alimentare e i non patogeni, il comportamento dei patogeni nei biofilm e il ruolo svolto dai fattori sigma e dal quorum sensing tra i microrganismi associati agli alimenti. Nel capitolo 22 sono esposti anche i meccanismi patogenetici, che sono ripresi ed esaminati in maggiore dettaglio nei capitoli dedicati agli specifici patogeni. In appendice è presentato uno schema semplificato – basato sulla colorazione di Gram, sulle reazioni dell'ossidasi e della catalasi e sulla pigmentazione della colonia – per il raggruppamento dei generi batterici di origine alimentare e di alcuni di quelli generalmente presenti nell'ambiente.

Un ringraziamento speciale, infine, è dovuto a B.P. Hedlunf, J.Q. Shen e H.H. Wang, per l'assistenza prestata per la realizzazione di questa edizione.

In memoriam

James M. Jay (1927-2008)

James Monroe Jay (Jim) è scomparso il 14 ottobre 2008 ad Atlanta, in Georgia, lasciando la moglie Patsie, tre figli, Mark, Alicia e Byron, e quattro nipoti.

Era nato il 12 settembre 1927 a Fitzgerald, un paese rurale della Georgia. Era l'ultimo dei dieci figli del reverendo John Jay e di sua moglie Lizzie. Benché fosse il più giovane, Jim insisteva per essere trattato al pari dei suoi fratelli. Lavorava nella fattoria di famiglia e frequentava la scuola pubblica a Ben Hill County, dove vigeva la segregazione razziale. In quei giorni, gli afroamericani avevano diritto a soli undici anni di istruzione. Per non dover rinunciare alla formazione a cui ambiva, Jim frequentò l'Istituto Holsey, una scuola privata per soli neri a Cordele, Georgia, distante 80 chilometri da casa. Si diplomò alla Holstey nel 1945 e si iscrisse al Paine College, allora destinato solo a studenti neri, ad Augusta, Georgia. Un anno più tardi fu chiamato alle armi. Jim fu congedato con onore con il grado di sergente dopo 18 mesi di servizio e tornò al Paine College per completare il corso di studio. Si laureò con lode nel 1950, specializzandosi in scienze naturali e matematica.

Avvalendosi dei sussidi previsti dalla legge a favore dei veterani, Jim decise di proseguire gli studi. Poiché a quel tempo le leggi in vigore in Georgia proibivano ai neri di frequentare l'università, Jim si trasferì in Ohio, alla Western Reserve University, dove scoprì la sua passione per la microbiologia. Successivamente si trasferì alla Ohio State University, dove conseguì il MSc e il PhD in batteriologia e biochimica. Dopo aver trascorso un anno alla Ohio State University, come postdoctoral fellow, accettò un incarico alla Southern University a Baton Rouge, in Louisiana, dove organizzò un corso avanzato di batteriologia. Alla Southern, nel 1959 Jim conobbe e sposò una ragazza del North Carolina, Patsie Jane Phelps. Nel 1961 Jim si trasferì presso la Facoltà di Scienze biologiche della Wayne State University a Detroit, nel Michigan, dove svolse la sua attività fino al pensionamento. Alla Wayne State

University, il professor Jay insegnò la microbiologia a innumerevoli studenti e fu supervisore di decine di tesi di MSc e programmi di ricerca di PhD. Andato in pensione nel 1994, si trasferì a Las Vegas, ma non rinunciò alla passione per l'insegnamento e la ricerca, prestando la sua opera come professore fuori ruolo di Scienze biologiche presso l'Università del Nevada. Dopo dodici anni, tornò con la moglie in Georgia, a Stone Mountain, per rimanere vicino ai figli e ai nipoti. Sebbene avesse ufficialmente appeso il camice al chiodo e posato il gessetto, James Jay si tenne sempre aggiornato sulle novità nel campo della microbiologia degli alimenti, seguendo la letteratura e partecipando a conferenze e congressi.

Nel corso della sua lunga carriera, il professor Jay dimostrò una costante dedizione all'istruzione universitaria e in modo particolare alla formazione universitaria di grado superiore degli studenti appartenenti a minoranze. Era un profondo conoscitore della storia dei neri nelle scienze e aveva anche pubblicato un libro sull'argomento: *Negroes in Science – Natural Science Doctorates, 1876-1969*.

Adorava la ricerca – cui si è dedicato quasi fino agli ultimi anni – e ha pubblicato oltre un centinaio di articoli e capitoli di libri, undici dei quali dopo essere ufficialmente andato in pensione. Era membro di numerose società scientifiche, tra le quali l'American Academy of Microbiology, l'American Public Health Association, l'Institute of Food Technologists e l'International Association for Food Protection. Per la sua straordinaria competenza e il suo contributo in materia di sicurezza alimentare, ha ricevuto incarichi da parte di enti governativi e importanti riconoscimenti scientifici, come il Percy Julian Award della National Organization for the Advancement of Chemists and Chemical Engineers e l'Outstanding Teacher Award della Society for Industrial Microbiology.

Il professor Jay era noto in tutto il mondo come autore di quello che è forse considerato il più importante libro di testo di microbiologia degli alimenti, *Modern Food Mcrobiology*, pubblicato per la prima volta nel 1970 e giunto alla settima edizione nel 2005. L'opera è stata tradotta in spagnolo, cinese, indi, malaysiano e ora anche in italiano.

James Jay era veramente un uomo speciale. Mancherà moltissimo agli innumerevoli studenti che ha formato e guidato, ai suoi colleghi e amici, alla sua famiglia. Ma sarà sempre ricordato come un pioniere nel campo della microbiologia degli alimenti e il suo insegnamento durerà nel tempo grazie all'opera che ci ha lasciato.

Ricordo ancora il giorno in cui conobbi il professor James Jay. Era la primavera del 1986, durante un congresso annuale della American Society for Microbiology a Washington, DC. Ero allora al primo anno di master e quello era il primo importante incontro scientifico cui partecipavo. Fui presentato a Jay durante un ricevimento offerto da un editore; ero l'unico studente in una stanza gremita di scienziati. Ricordo ancora quanto ero emozionato, in piedi accanto a lui, mentre ci presentavano: stavo per conoscere il famoso professor Jay, l'autore del mio libro di testo, un uomo conosciuto in tutto il mondo, una leggenda. Con un piatto di antipasti, un cocktail e un mozzicone di sigaro (spento – scoprii più tardi che il mozzicone spento era un tratto caratteristico) in delicato equilibrio nella mano sinistra, il profesor Jay allungò la destra per stringere la mia. Ancora oggi non riesco a riprodurre il naturale equilibrio di quel gesto di Jim, nemmeno senza sigaro.

Mi aspettavo un incontro breve, fui invece piacevolmente sorpreso quando il professor Jay iniziò a informarsi sul mio programma di ricerca e a domandarmi da dove venivo, interessandosi anche ai minimi dettagli. Essendo cresciuto in un piccolissimo centro nell'estremo sud della Georgia, dubitavo seriamente che il leggendario accademico di Detroit (la città in cui viveva a quel tempo) potesse sapere dove si trovava la cittadina di Lakeland. Insistette finché gli diedi l'informazione che voleva. Immaginate il mio stupore quando il professor

Jay replicò: "Sono anch'io un vecchio ragazzo della Georgia!". Continuò raccontandomi che era cresciuto a Fitzgerald, una cittadina grande quanto la mia, distante meno di 80 chilometri! Avremo chiacchierato per una mezz'ora, prima che mi lasciasse per andare a parlare con altri ospiti.

La storia di questo nostro primo incontro ha un seguito. L'anno successivo, in occasione di un congresso dell'Institute of Food Technologists, mi imbattei di nuovo nel professor Jay. E proprio quando stavo per ripresentarmi, tese la mano (la sinistra si presentava come la prima volta – cocktail, piatto e sigaro) e mi chiese: "Golden, come vanno le cose laggiù in Georgia?" Un anno dopo il nostro primo incontro, ricordava il mio nome e da dove venissi. Negli anni successivi – quando gli presentavo degli studenti, e in seguito i miei stessi studenti di dottorato – ho continuato ad ammirare la sua meravigliosa capacità di ricordare coloro che incontrava e di dedicare generosamente un po' del suo tempo per conoscere le persone che tanto lo ammiravano.

All'inizio del 2004, Jim mi sorprese telefonandomi dalla sua casa di Las Vegas. Fui scioccato, e poi elettrizzato, quando mi fece il grande onore di propormi di essere co-autore (insieme al dottor Martin Loessner) della settima edizione del suo famoso libro. Come avrei potuto rifiutare una simile proposta? Jim mi spiegò che non voleva correre il rischio che, dopo la sua scomparsa, in occasione di successive edizioni, il suo lavoro di una vita fosse "appaltato" al primo offerente. Non voleva che il suo insegnamento finisse così: per questo motivo, aveva scelto – tra una miriade di scienziati altrettanto qualificati – Martin e me, per affiancarlo nella settima edizione e per portare avanti il suo lascito. È impossibile esprimere con parole i sentimenti che provo per la fiducia che Jim mi ha dimostrato. So che quando giungerà il momento di una nuova edizione, mi guarderà dall'alto, sigaro in mano, e mi offrirà il sostegno spirituale per completare il lavoro come avrebbe voluto lui. Non lo deluderò.

Novembre 2008

David A. Golden
Professor, Food Microbiology
University of Tennessee

Indice

Parte I

RADICI STORICHE

Questa parte si propone di fornire un quadro complessivo sintetico degli eventi che hanno condotto al riconoscimento dell'importanza e del ruolo dei microrganismi negli alimenti. La microbiologia degli alimenti, come disciplina, non ha una data di nascita precisa; è tuttavia possibile individuare alcune tra le prime osservazioni e scoperte in materia, che vengono qui riportate, collocandole nei rispettivi periodi.

Gli avvenimenti storicamente più significativi per la conservazione e l'alterazione degli alimenti e le intossicazioni alimentari sono stati considerati come tappe dell'evoluzione e del continuo sviluppo della microbiologia degli alimenti.

Un'eccellente e dettagliata rassegna sulla storia della microbiologia degli alimenti è stata realizzata da Hartman.

Hartman PA (2001) The evolution of food microbiology. In: Doyle MP, Beuchat LR, Montville TJ (eds) *Food Microbiology: Fundamentals and Frontiers* (2nd ed). ASM Press, Washington, DC, pp. 3-12.

Capitolo 1

Storia dei microrganismi associati agli alimenti

Sebbene sia estremamente difficile stabilire con esattezza quando l'uomo abbia iniziato a rendersi conto della presenza e del ruolo dei microrganismi negli alimenti, le evidenze disponibili indicano tale consapevolezza precede la nascita della microbiologia come scienza, le cui radici risalgono pertanto all'era che definiamo prescientifica. Tale era può essere ulteriormente suddivisa in due periodi: quello dell'*approvvigionamento degli alimenti* e quello della *produzione degli alimenti*.

Il primo di questi periodi va da circa 1 milione di anni fa – epoca della comparsa della specie umana sulla Terra – fino a 8-10.000 anni fa. Gli uomini erano allora presumibilmente carnivori, mentre solo verso la fine di quest'epoca furono introdotti nella dieta gli alimenti di origine vegetale. Sempre in questo periodo storico vennero cucinati per la prima volta degli alimenti.

Il periodo della produzione degli alimenti ha inizio tra 8000 e 10.000 anni fa e, naturalmente, prosegue ai giorni nostri. Con ogni probabilità i problemi derivanti dall'alterazione degli alimenti e dalle intossicazioni alimentari sorsero all'inizio di questa fase storica: con l'avvento della preparazione del cibo, fecero la loro comparsa le malattie trasmesse dagli alimenti e i problemi legati alla loro rapida alterazione dovuta a impropria conservazione. Sembra storicamente documentata l'alterazione di alimenti preparati intorno al 6000 a.C.

La tecnica della fabbricazione di vasellame di ceramica, fu importata verso il 5000 a.C. in Europa occidentale dal Medio Oriente, dove sembra siano state realizzate le prime pentole per cuocere alimenti già verso l'8000 a.C. Le tecniche di cottura, fermentazione e conservazione dei cereali, ebbero origine probabilmente nello stesso periodo, forse stimolate da questo nuovo sviluppo[10]. La prima testimonianza della produzione di birra risale all'antica Babilonia intorno al 7000 a.C.[8] Si ritiene che i Sumeri siano stati i primi, verso il 3000 a.C., a praticare su grande scala l'allevamento del bestiame e la produzione di latte, come pure di burro. Alla storia di questo popolo sono associati anche altri prodotti alimentari: carni e pesci salati, grasso, pelli essiccate, frumento e orzo. Latte, burro e formaggio erano consumati dagli egiziani fin dal 3000 a.C. Tra il 3000 a.C. e il 1200 a.C., gli Ebrei fecero uso del sale del Mar Morto per la conservazione di diversi alimenti[2]. Il pesce salato faceva parte della dieta degli antichi Cinesi e Greci, e pare che proprio da questi ultimi abbiano appreso tale abitudine i Romani, la cui dieta comprendeva anche carni marinate. Le tecnologie della mummificazione e della conservazione degli alimenti erano correlate e sembrano avere influenzato il reciproco sviluppo. È noto che il vino era prodotto dagli Assiri fin dal 3500 a.C., mentre gli antichi Babilonesi e Cinesi producevano e consumavano salsicce fermentate già intorno al 1500 a.C.[8]

J.M. Jay et al., *Microbiologia degli alimenti*
© Springer-Verlag Italia 2009

Un'altro metodo di conservazione degli alimenti che presumibilmente risale a questo periodo storico, è l'uso di oli, come quelli di oliva e di sesamo. Jensen[6] ha meso in evidenza come tale pratica comporti un'elevata incidenza di intossicazione stafilococcica. Già verso il 1000 a.C. i Romani eccellevano nella conservazione delle carni diverse dal manzo e sappiamo da Seneca che utilizzavano la neve per conservare gamberi e altri alimenti deperibili. Si ritiene risalga a questo periodo anche l'impiego dell'affumicatura per la conservazione delle carni, come pure la produzione di formaggi e vini. È difficile stabilire se a quel tempo si comprendesse la natura di queste nuove tecniche di conservazione, così come non è certo vi fosse consapevolezza del ruolo degli alimenti nella trasmissione di malattie e dei rischi derivanti dal consumo della carne di animali infetti.

Tra l'inizio dell'era volgare e il 1100, sembra siano stati compiuti ben pochi progressi nella comprensione della vera origine delle intossicazioni e delle alterazioni alimentari. L'ergotismo, cioè l'intossicazione da segale cornuta (causata da *Claviceps purpurea*, un fungo che si sviluppa sulla segale e su altri cereali) rappresentò una causa di morte importante durante il Medio Evo. Nel solo 943 l'ergotismo provocò in Francia oltre 40.000 morti, ma la responsabilità del fungo nell'intossicazione non fu riconosciuta[12]. I macellai sono menzionati per la prima volta nel 1156 e non più tardi del 1248 gli Svizzeri si preoccupavano di stabilire quali carni potevano essere messe in commercio e quali no. Ad Augusta nel 1276, fu emanato un regolamento obbligatorio sulla macellazione e sul controllo delle carni nei macelli pubblici. Sebbene nel XIII secolo la gente fosse a conoscenza delle caratteristiche qualitative delle carni, è improbabile che fosse anche consapevole del nesso tra qualità della carne e microrganismi.

Probabilmente, il primo a suggerire il ruolo dei microrganismi nell'alterazione degli alimenti fu A. Kircher, un monaco che dal 1658, esaminando il deterioramento di corpi, carne, latte e altre sostanze, osservò quelli che definì "vermi" invisibili a occhio nudo. Tuttavia, le descrizioni di Kircher mancavano di precisione e le sue osservazioni non incontrarono un vasto consenso. Nel 1765, L. Spallanzani notò che il brodo di carne fatto bollire per un'ora ed ermeticamente sigillato, rimaneva sterile e non si alterava. Egli effettuò questo esperimento allo scopo di confutare la dottrina della generazione spontanea, ma nonostante ciò non riuscì a convincere i fautori di quella teoria, i quali sostennero che il trattamento termico da lui operato escludeva l'ossigeno, composto chimico vitale per la generazione spontanea stessa. Nel 1837, facendo gorgogliare negli infusi aria che veniva prima riscaldata e poi raffreddata attraverso serpentine, Schwann dimostrò che, dopo la bollitura, gli infusi rimanevano sterili anche in presenza di aria[9]. Sebbene entrambi gli scienziati avessero dimostrato il principio fondamentale della conservazione degli alimenti per mezzo del calore, nessuno dei due si avvalse dei risultati ottenuti per passare alla loro applicazione. Lo stesso si può dire di D. Papin e G. Leibniz, che alla fine del XVIII secolo suggerirono l'impiego del calore per la conservazione degli alimenti.

La storia della conservazione degli alimenti in scatola mediante trattamento termico richiede un breve cenno sulla vita del francese Nicolas Appert (1749-1841). Dopo aver lavorato nella mescita di vini paterna, nel 1778 avviò con due fratelli un birrificio. Nel 1784 aprì un negozio di dolciumi a Parigi, successivamente trasformato in un commercio all'ingrosso. Le scoperte di Appert sul processo di conservazione degli alimenti si svilupparono tra il 1789 e il 1793, e nel 1802 egli creò un'industria per la produzione di conserve in scatola, cominciando a esportare i suoi prodotti verso altri Paesi. La marina militare francese iniziò a sperimentare i prodotti del suo metodo di conservazione e nel 1809 fu incoraggiato dal governo a sviluppare la sua invenzione. Nel 1810 pubblicò il suo metodo e fu ricompensato con la somma di 12000 franchi[7]. Fu senza dubbio il punto di partenza della diffusione della produzione di conserve alimentari in scatola, quale è praticata ancora oggi[5]. Questi sviluppi si verificarono circa 50 anni prima che Louis Pasteur dimostrasse il ruolo dei microrganismi nell'alterazione dei vini, pervenendo alla loro riscoperta. Nel 1683, infatti, l'olandese Anton van Leeuwenhoek aveva già osservato e descritto i batteri per mezzo di un microscopio di sua invenzione, ma è improbabile che Appert fosse a conoscenza di questi risultati e il lavoro di Leeuwenhoek non era disponibile in francese.

Il primo che comprese e riconobbe la presenza e il ruolo dei microrganismi negli alimenti fu dunque Pasteur. Nel 1857 egli osservò che l'inacidimento del latte era causato da microrganismi e intorno al 1860 utilizzò per la prima volta il calore per distruggere i microrganismi indesiderati nel vino e nella birra, impiegando il processo oggi universalmente chiamato pastorizzazione.

1.1 Tappe storiche

Sono di seguito riportati in ordine cronologico alcuni eventi storici significativi riguardanti la conservazione e l'alterazione degli alimenti e le intossicazioni di origine alimentare.

Conservazione degli alimenti

1782 – Un chimico svedese utilizza la tecnica dell'imbottigliamento per conservare l'aceto.
1810 – In Francia, Appert brevetta il suo sistema di conservazione degli alimenti mediante inscatolamento e successivo trattamento termico.
    – Peter Durand registra un brevetto britannico per contenitori in "vetro, porcellana e terracotta, stagno o altri metalli o materiali idonei" per la conservazione degli alimenti. Il brevetto sarà successivamente acquisito e perfezionato da Donkin, Hall e Gamble[1,4].
1813 – Dònkin, Hall e Gamble introducono la pratica del periodo di sosta dei prodotti inscatolati dopo il trattamento termico.
    – In questo periodo si sviluppa l'idea di impiegare la SO_2 come conservante nelle carni.
1825 – Negli Stati Uniti, T. Kensett e E. Daggett ottengono il brevetto per la conservazione di alimenti in scatole di banda stagnata.
1835 – In Inghilterra, Newton ottiene il brevetto per la produzione di latte concentrato.
1837 – I. Winslow è il primo a conservare in scatola i chicchi di mais.
1839 – Negli Stati Uniti si diffonde l'utilizzo delle lattine in banda stagnata[3].
    – In Francia L.A. Fastier ottiene un brevetto per l'uso di soluzioni saline, per aumentare la temperatura di ebollizione dell'acqua nella sterilizzazione a bagno maria.
1840 – Per la prima volta vengono messi in scatola pesce e frutta.
1841 – In Inghilterra, S. Gøldner e J. Wertheimer ottengono brevetti per bagni di soluzioni saline basati sul metodo di Fastier.
1842 – In Inghilterra, H. Benjamin ottiene un brevetto per congelare gli alimenti mediante immersione in un bagno di ghiaccio e salamoia.
1843 – Nel Maine, Winslow effettua i primi tentativi di sterilizzazione mediante vapore.
1845 – S. Elliott introduce la tecnica della conservazione in scatola in Australia.
1853 – R. Chevallier-Appert ottiene il brevetto per la sterilizzazione degli alimenti con l'impiego dell'autoclave.
1854 – Pasteur inizia le sue indagini sul vino. Il trattamento termico per eliminare gli organismi indesiderati sarà introdotto commercialmente nel 1867-1868.

1855 – In Inghilterra, Grimwade produce per la prima volta il latte in polvere.

1856 – Negli Stati Uniti, Gail Borden ottiene il brevetto per la produzione di latte condensato non dolcificato.

1861 – I. Solomon introduce l'uso del bagno di soluzioni saline negli Stati Uniti.

1865 – Negli Stati Uniti inizia l'impiego su scala commerciale della tecnica di congelamento artificiale del pesce. Per le uova, la tecnica si diffonderà nel 1889.

1874 – Inizia a diffondersi l'impiego del ghiaccio per il trasporto della carne via mare.
– Vengono introdotti gli sterilizzatori a vapore sotto pressione.

1878 – Un carico di carne congelata viene trasportato per la prima volta con successo dall'Australia all'Inghilterra. Il primo carico dalla Nuova Zelanda all'Inghilterra sarà inviato nel 1882.

1880 – In Germania, ha inizio il trattamento di pastorizzazione del latte.

1882 – Krukowitsch osserva per la prima volta gli effetti dell'ozono nella distruzione di batteri alterativi.

1886 – Un processo meccanico per la disidratazione di frutta e verdura viene messo a punto dallo statunitense A.F. Spawn.

1890 – Negli Stati Uniti, ha inizio la commercializzazione del latte pastorizzato.
– A Chicago viene impiegata la refrigerazione meccanica per conservare la frutta.

1893 – Nel New Jersey, H.L. Coit dà vita a un movimento per la certificazione del latte.

1895 – Russel conduce il primo studio batteriologico sulla conservazione in scatola.

1907 – E. Metchnikoff e collaboratori isolano e identificano uno dei batteri tipici dello yogurt, *Lactobacillus delbrueckii* subsp. *bulgaricus*.
– B.T.P. Barker scopre il ruolo dei batteri acetici nella produzione del sidro.

1908 – Negli Stati Uniti, viene ufficialmente autorizzato l'impiego del benzoato di sodio come conservante in alcuni alimenti.

1916 – In Germania, R. Plank, E. Ehrenbaum e K. Reuter realizzano il congelamento rapido degli alimenti.

1917 – Negli Stati Uniti, C. Birdseye inizia i suoi studi sul congelamento degli alimenti per la vendita al dettaglio.
– Franks brevetta un sistema per la conservazione di frutta e verdura mediante CO_2.

1920 – Bigelow e Esty pubblicano il primo studio sistematico sulla resistenza delle spore a temperature superiori a 100 °C.
– Bigelow, Bohart, Richardson e Ball pubblicano il "metodo generale" per il calcolo dei processi termici. Il metodo sarà semplificato da Ball nel 1923.

1922 – Esty e Meyer stabiliscono un valore di $z = 18$ °F per le spore di *Clostridium botulinum* in tampone fosfato.

1928 – In Europa, viene impiegato per la prima volta a scopo commerciale il metodo di conservazione in atmosfera controllata per le mele (negli Stati Uniti, sarà introdotto solo nel 1940, a New York).

1929 – In Francia, viene concesso un brevetto per l'impiego di radiazioni ad alta energia per la conservazione degli alimenti.
– Negli Stati Uniti, C. Birdseye riesce a introdurre gli alimenti congelati nella vendita al dettaglio.

1943 – Negli Stati Uniti, B.E. Proctor utilizza per la prima volta radiazioni ionizzanti per conservare la carne destinata alla preparazione degli hamburger.

1950 – Il concetto di valore D diviene di uso comune.

1954 – In Inghilterra, viene brevettato l'antibiotico nisina per controllare i difetti causati dai clostridi in alcuni formaggi stagionati.

1955 – Viene autorizzato l'impiego di acido sorbico come conservante alimentare.
 – Viene autorizzata la somministrazione al pollame dell'antibiotico clortetraciclina (successivamente sarà autorizzato l'uso dell'ossitetraciclina). L'autorizzazione sarà revocata nel 1966.
1967 – Negli Stati Uniti, viene progettato il primo impianto commerciale per l'irradiazione degli alimenti. Il secondo entrerà in funzione nel 1992, in Florida.
1988 – Negli Stati Uniti, viene accordata la qualifica GRAS (*generally regarded as safe*) all'antibiotico nisina per l'impiego negli alimenti.
1990 – Negli Stati Uniti, viene autorizzata l'irradiazione del pollame.
1997 – Negli Stati Uniti, viene autorizzata l'irradiazione della carne di manzo fresca, fino a un livello massimo di 4,5 kGye, e di quella congelata, fino 7,0 kGy.
1997 – La FDA statunitense dichiara l'ozono GRAS per l'impiego negli alimenti.

Alterazione degli alimenti

1659 – Kircher dimostra la presenza di batteri nel latte; Bondeau farà lo stesso nel 1847.
1680 – Leeuwenhoek è il primo a osservare le cellule di lievito.
1780 – Scheele identifica l'acido lattico come acido principale nel latte inacidito.
1836 – Latour scopre l'esistenza dei lieviti.
1839 – Esaminando il succo di barbabietola alterato, Kircher vi trova microrganismi che formano depositi viscosi, quando si sviluppano in soluzioni zuccherine.
1857 – Pasteur dimostra che l'inacidimento del latte è causato dalla crescita di microrganismi.
1866 – Viene pubblicato *Études sur les vins* di Pasteur.
1867 – Martin propone la teoria che la maturazione dei formaggi sia simile alle fermentazioni alcoliche, lattiche e butirriche.
1873 – Gayon realizza il primo studio sull'alterazione microbica delle uova.
 – Lister isola per la prima volta *Lactococcus lactis* in coltura pura.
1876 – Tyndall osserva che i batteri presenti nelle sostanze in decomposizione sono sempre reperibili nell'aria, nei contenitori o nelle sostanze stesse.
1878 – Cienkowski presenta i risultati del primo studio sui depositi viscosi prodotti in presenza di zuccheri da batteri e isola da questi la specie *Leuconostoc mesenteroides*.
1887 – Forster dimostra per la prima volta la capacità di colture pure di batteri di svilupparsi a 0 °C.
1888 – Miquel studia per primo le caratteristiche dei batteri termofili.
1895 – Ad Amsterdam, Van Geuns mette a punto la prima metodica per la determinazione del numero di batteri nel latte.
 – Prescott e Underwood individuano per la prima volta nell'inadeguatezza del trattamento termico la causa dell'alterazione del mais in scatola.
1902 – Schmidt-Nielsen utilizza per la prima volta il termine *psicrofilo* per designare i microrganismi in grado di crescere a 0 °C.
1912 – Richter conia il termine *osmofilo* per descrivere i lieviti che si sviluppano bene in ambienti a elevata pressione osmotica.
1915 – Hammer isola per la prima volta *Bacillus coagulans* da latte coagulato.
1917 – *Geobacillus stearothermophilus* viene isolato per la prima volta da una crema di cereali da P.J. Donk.
1933 – Oliver e Smith, in Inghilterra, osservano l'alterazione causata da *Byssochlamys fulva*, descritta negli Stati Uniti da Maunder nel 1964.

Intossicazioni alimentari

1820 – Il poeta tedesco Justinus Kerner descrive "l'avvelenamento da salsiccia" (con ogni probabilità il botulismo) e il suo alto tasso di mortalità.

1857 – In Inghilterra, W. Taylor di Penrith imputa al latte la responsabilità della trasmissione della febbre tifoide.

1870 – Francesco Selmi propone la teoria dell'avvelenamento da ptomaine, per spiegare la patologia contratta in seguito al consumo di alcuni alimenti.

1888 – Gaertner isola per la prima volta il batterio *Salmonella enteritidis* da campioni di una partita di carne responsabile di 57 casi di intossicazione alimentare.

1894 – Denys associa per primo gli stafilococchi a intossicazioni alimentari.

1896 – Van Ermengem scopre la specie *Clostridium botulinum*.

1904 – Landman identifica il ceppo di *C. botulinum* tipo A.

1906 – Viene identificata l'intossicazione alimentare da *Bacillus cereus*; è riconosciuto il primo caso di difillobotriasi.

1926 – Linden, Turner e Thom documentano per la prima volta le intossicazioni alimentari da streptococchi.

1937 – Bier e Hazen identificano il ceppo di *C. botulinum* tipo E.
 – Viene identificata la sindrome paralitica da molluschi.

1938 – *Campylobacter* è identificato come causa di epidemie di enterite in Illinois.

1939 – Schleifstein e Coleman riconoscono per primi la gastroenterite da *Yersinia enterocolitica*.

1945 – McClung dimostra per la prima volta il ruolo di *Clostridium perfringens* (*welchii*) come agente di intossicazioni alimentari.

1951 – Fujino, in Giappone, dimostra il ruolo di *Vibrio parahaemolyticus* come agente di intossicazioni alimentari.

1955 – Thompson, osserva analogie tra il colera e le gastroenteriti provocate da *Escherichia coli* nei neonati.
 – Viene identificata l'intossicazione da sgombroidi (associata all'istamina).
 – Viene documentato il primo caso di anisakiasi negli Stati Uniti.

1960 – Moller e Scheibel, identificano il ceppo di *C. botulinum* tipo F.
 – È riportata per la prima volta la produzione di aflatossine da parte di *Aspergillus flavus*.

1965 – Viene riconosciuta la giardiasi di origine alimentare.

1969 – Duncan e Strong individuano l'enterossina di *C. perfringens*.
 – Gimenez e Ciccarelli, in Argentina, isolano il ceppo di *C. botulinum* tipo G.

1971 – *Vibrio parahaemolyticus* è identificato per la prima volta negli Stati Uniti, in Maryland, come reponsabile di un'epidemia di gastroenterite di origine alimentare.
 – Viene documentata la prima epidemia di gastroenterite di origine alimentare provocate da *E. Coli* negli Stati Uniti.

1975 – Koupal e Deibel individuano l'enterotossina di *Salmonella*.

1976 – *Yersinia enterocolitica* è identificata per la prima volta negli Stati Uniti, a New York, come reponsabile di un'epidemia di gastroenterite di origine alimentare.
 – Il botulismo infantile viene individuato per la prima volta in California.

1977 – In Papua Nuova Guinea, viene documentata per la prima volta un'epidemia di ciclosporiasi; negli Stati Uniti la prima si verificherà nel 1990.

1978 – In Australia, è documentata un'epidemia di gastroenterite di origine alimentare causata da *Norwalk virus*.

1979 – In Florida, si registrano gastroenteriti di origine alimentare causate da *Vibrio cholerae* non-O1. In precedenza si erano verificate epidemie in Cecoslovacchia (1965) e in Australia (1973).

1981 – Negli Stati Uniti, si verificano epidemie di listeriosi di origine alimentare.

1982 – Si registra la prima epidemia di colite emorragica di origine alimentare causata da *E. Coli*.

1983 – Ruiz-Palacios e colleghi descrivono l'azione dell'enterotossina di *Campylobacter jejuni*.

1985 – Per controllare lo sviluppo di *Trichinella spiralis*, negli Stati Uniti viene autorizzata l'irradiazione della carne di maiale, a livelli compresi tra da 0,3 e 1,0 kGy,

1986 – Nel Regno Unito, viene diagnosticata per la prima volta nei bovini, l'encefalopatia spongiforme bovina (BSE).

Bibliografia

1. Bishop PW (1978) Who introduced the tin can? Nicolas Appert? Peter Durand? Bryan Donkin? *Food Technol*, 32: 60-67.
2. Brandly PJ, Migaki G, Taylor KE (1966) *Meat Hygiene* (3rd ed). Lea & Febiger, Philadelphia.
3. Cowell ND (1995) Who introduced the tin can? A new candidate. *Food Technol*, 49: 61-64.
4. Farrer KTH (1979) Who invented the brine bath? The Isaac Solomon myth. *Food Technol*, 33: 75-77.
5. Goldblith SA (1971) A condensed history of the science and technology of thermal processing. *Food Technol*, 25: 44-50.
6. Jensen LB (1953) *Man's Foods*. Garrard Press, Champaign, IL.
7. Livingston GE, Barbier JP (1999) The life and work of Nicolas Appert, 1749-1841. In: Institute of Food Technology, *Annual Meeting Proceedings*, p. 10.
8. Pederson CS (1971) *Microbiology of Food Fermentations*. CT: AVI, Westport.
9. Schormüller J (1966) *Die Erhaltung der Lebensmittel*. Ferdinand Enke Verlag, Stuttgart.
10. Stewart GF, Amerine MA (1973) *Introduction to Food Science and Technology*. Academic Press, New York.
11. Tanner FW (1944) *The Microbiology of Foods* (2nd ed). Garrard Press, Champaign, IL.
12. Tanner FW, Tanner LP (1953) *Food-Borne Infections and Intoxications* (2nd ed). Garrard Press, Champaign, IL.

Parte II

HABITAT, TASSONOMIA
E PARAMETRI DI CRESCITA

Negli scorsi due decenni vi sono stati numerosi cambiamenti nella tassonomia dei microrganismi di origine alimentare, molti di questi sono presentati nel capitolo 2, che comprende anche la descrizione dei loro principali habitat. I fattori e i parametri che influenzano la crescita microbica saranno trattati nel capitolo 3. Per ulteriori approfondimenti si consigliano i riferimenti bibliografici riportati di seguito.

Adams MR, Moss MO (2000) *Food Microbiology* (2nd ed). Springer-Verlag, New York. Un testo di 494 pagine di facile lettura.

Deak T, Beuchat LR (1996) *Handbook of Food Spoilage Yeasts*. CRC Press, Boca Raton, FL. Rilevazione, quantificazione e identificazione dei lieviti negli alimenti.

Doyle MP, Beuchat LR, Montville TJ (eds) (2001) *Food Microbiology: Fundamentals and Frontiers*. (2nd ed). ASM Press, Washington, DC. La trattazione di questo volume di 880 pagine comprende l'alterazione degli alimenti, i microrganismi patogeni di origine alimentare e i loro parametri generali di crescita.

International Commission on Microbiological Specification of Foods (ICMSF) (1996) *Microorganisms in Foods* (5th ed). Kluwer Academic Publishers, New York. In questo testo di 512 pagine sono esaminati tutti i microrganismi patogeni di origine alimentare, con particolare attenzione ai loro parametri di crescita. Ricco di riferimenti bibliografici.

Capitolo 2
Tassonomia, ruolo e rilevanza dei microrganismi negli alimenti

Poiché le fonti alimentari dell'uomo sono di origine vegetale e animale, è importante comprendere i principi biologici dei microrganismi associati alle piante e agli animali nei loro habitat naturali e i rispettivi ruoli. Sebbene talvolta sembri che i microrganismi si sforzino di alterare le nostre fonti di cibo, infettando e distruggendo piante e animali, in realtà questo non è affatto il loro ruolo centrale in natura. Nella nostra attuale visione della vita su questo pianeta, la principale funzione dei microrganismi in natura è perpetuare la propria esistenza. Nel corso di questo processo, gli organismi eterotrofi e autotrofi svolgono la seguente reazione generale:

Sostanza organica
(carboidrati, proteine, lipidi ecc.)

$\downarrow$

Energia + composti inorganici
(nitrati, solfati ecc.)

Essenzialmente, questo processo non rappresenta nient'altro che il ciclo dell'azoto e di altri elementi. L'alterazione microbica degli alimenti può essere considerata semplicemente come il tentativo, da parte del biota in essi presente, di portare a compimento ciò che appare essere il suo ruolo primario in natura, ma ciò non va interpretato in senso finalistico. Nonostante la loro semplicità – quando comparati con le forme superiori – i microrganismi sono in grado di condurre numerose reazioni chimiche complesse, essenziali per la loro sopravvivenza; a tale scopo, essi devono procurarsi le sostanze nutritive dalla materia organica, che spesso costituisce parte delle nostre fonti di approvvigionamento alimentare.

Se si considerano i microrganismi associati agli alimenti di origine animale e vegetale allo stato naturale, è possibile prevedere quali forme microbiche potranno essere generalmente rinvenute in un particolare prodotto alimentare nei diversi stadi che caratterizzano la sua storia. I risultati ottenuti da numerosi laboratori mostrano che gli alimenti non trattati possono contenere un numero variabile di batteri, muffe o lieviti e spesso ci si interroga sulla sicurezza di tali prodotti in funzione del numero totale di microrganismi in essi presenti. La domanda, in realtà, dovrebbe essere duplice: qual è il numero totale di microrganismi presenti per grammo o per millilitro e quali tipi di microrganismi sono realmente rappresentati in questo numero? È necessario quindi sapere quali specie microbiche sono abitualmente associate a un determinato alimento allo stato naturale e quali, tra quelli presenti, sono da considerarsi non normali per quel particolare alimento. Risulta dunque di fondamentale importanza cono-

J.M. Jay et al., *Microbiologia degli alimenti*
© Springer-Verlag Italia 2009

scere la distribuzione generale dei batteri in natura e individuare quali tipologie di microrganismi sono normalmente presenti nelle condizioni in cui gli alimenti vengono prodotti e manipolati.

2.1 Tassonomia batterica

Negli ultimi due decenni sono stati apportati numerosi cambiamenti nella classificazione o nella tassonomia dei batteri. Molti dei nuovi gruppi tassonomici (*taxa*) sono il risultato dell'impiego di metodiche di genetica molecolare, utilizzate singolarmente o in combinazione con alcuni tra i più comuni metodi tradizionali elencati di seguito.

1. Omologia del DNA e contenuto molare percentuale (mol%) di G+C del DNA.
2. Similarità nella sequenza del 23S, 16S, e 5S rRNA.
3. Banca dati degli oligonucleotidi.
4. Analisi tassonomica numerica delle proteine solubili totali o dell'insieme delle caratteristiche morfologiche e biochimiche.
5. Analisi della parete cellulare.
6. Profili sierologici.
7. Profili degli acidi grassi cellulari.

Alcuni tra questi metodi – per esempio l'analisi della parete cellulare e i profili sierologici – sono impiegati da molti anni, altri – come la similarità nella sequenza dell'RNA ribosomiale (rRNA) – sono divenuti di largo utilizzo soltanto durante gli anni Ottanta. I metodi che si sono dimostrati maggiormente idonei come strumenti di tassonomia batterica sono descritti e brevemente discussi di seguito.

2.1.1 Analisi dell'rRNA

Le informazioni tassonomiche possono essere ottenute dall'RNA nella creazione di banche dati di nucleotidi e nell'individuazione delle similarità di sequenza dell'RNA. Il ribosoma dei procarioti è rappresentato dall'unità 70S (Svedberg), composta di due subunità funzionali separate: 50S e 30S. La subunità 50S è composta dal 23S e dal 5S RNA, oltre che da circa 34 proteine, mentre la subunità 30S è composta dal 16S RNA più circa 21 proteine.

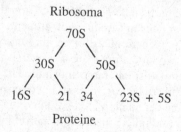

La subunità 16S è altamente conservata ed è considerata un eccellente orologio evolutivo dei batteri[53]. Utilizzando la trascrittasi inversa, il 16S rRNA può essere sequenziato per produrre lunghi frammenti (circa il 95% della sequenza totale), per consentire la definizione di precise relazioni filogenetiche[31].

In alternativa il 16S rRNA può essere sequenziato dopo amplificazione di specifiche regioni, mediante metodi basati sulla reazione a catena della polimerasi (PCR).

Per sequenziare il 16S rRNA, viene generata una copia di DNA a singolo filamento per azione della trascrittasi inversa, impiegando l'RNA come stampo. Sintetizzato il DNA a singolo filamento in presenza di dideossinucleotidi, si generano vari frammenti di DNA di diverse dimensioni adatti per il sequenziamento con il metodo di Sanger. Dalla sequenza di DNA ricavata, può essere così dedotta la sequenza del 16S rRNA. Grazie agli studi sulle sequenze del 16S rRNA, Woese e i suoi collaboratori proposero l'istituzione di tre regni delle forme di vita: Eucarioti, Archeobatteri e Procarioti. Quest'ultimo include i cianobatteri, gli eubatteri e i batteri di interesse alimentare. La similarità di sequenza del 16S rRNA è largamente impiegata e proprio grazie al suo utilizzo, completato da altre informazioni supplementari, sono stati creati alcuni nuovi raggruppamenti tassonomici che interessano microrganismi di origine alimentare. Sembra, inoltre, che il sequenziamento del 23S rRNA sia destinato a essere sempre più largamente utilizzato in tassonomia batterica.

Le banche dati nucleotidiche del 16S rRNA sono state costruite per numerosi microrganismi ed esistono estese librerie genomiche. Questo metodo prevede la digestione del 16S rRNA da parte dell'enzima RNasi T1, che taglia la molecola in corrispondenza dei residui di guanina (G). Vengono così prodotte e separate sequenze di 6-20 basi, che possono essere utilizzate per determinare il grado di similarità S_{AB} tra diversi microrganismi mediante il coefficiente di Dice. Sebbene per valori inferiori a 0,40 la correlazione tra questo coefficiente e la percentuale di similarità non sia molto buona, le informazioni ottenute sono utili a livello di phylum. Il sequenziamento del 16S rRNA mediante trascrittasi inversa è preferito all'impiego delle banche dati di oligonucleotidi, in quanto consente di sequenziare frammenti più lunghi di rRNA.

2.1.2 Analisi del DNA

Il contenuto mol% G+C (percentuale in moli di guanina + citosina) del DNA batterico è impiegato in tassonomia da diversi decenni e il suo utilizzo diviene ancora più significativo se combinato con i risultati ottenuti dalle sequenze del 16S e del 5S rRNA. Attraverso le analisi del 16S rRNA, gli eubatteri Gram-positivi sono stati suddivisi in due gruppi a livello di *phylum*: un gruppo con mol% G+C >55 e l'altro con mol% G+C < 50[53]. Il primo include, tra gli altri, i generi *Streptomyces, Propionibacterium, Micrococcus, Bifidobacterium, Corynebacterium* e *Brevibacterium*. Il gruppo con minore contenuto G+C include, tra gli altri, i generi *Clostridium, Bacillus, Staphylococcus, Lactobacillus, Pediococcus, Leuconostoc, Listeria* ed *Erysipelothrix*. Il secondo gruppo è considerato parte del "ramo" *Clostridium* dell'albero filogenetico degli eubatteri. Due microrganismi che differiscono per oltre il 10% nel contenuto in G+C possiedono poche sequenze di basi in comune.

La tecnica di ibridizzazione DNA-DNA o DNA-RNA è impiegata da diverso tempo e continua a essere di grande utilità nella sistematica batterica. È stato osservato che il sistema ideale di riferimento per la tassonomia batterica dovrebbe essere basato sull'ottenimento della completa sequenza genomica di un microrganismo[49]. Vi è generale accordo che le specie batteriche possano essere definite in termini filogenetici impiegando i risultati dell'ibridizzazione DNA-DNA: una specie è definita da una correlazione di almeno il 70% e da una differenza della temperatura di melting (T_m) non superiore a 5 °C[50]. Quando si utilizza l'ibridizzazione DNA-DNA le caratteristiche fenotipiche non devono prevalere, tranne che in casi eccezionali[50]. Per la definizione filogenetica di un genere, più difficile rispetto a quella di una specie, il grado di omologia DNA-DNA deve essere almeno del 20%[50].

Sebbene non si sia ancora giunti a una definizione soddisfacente di genere batterico, l'applicazione continua delle tecniche basate sullo studio degli acidi nucleici, unitamente agli altri metodi precedentemente elencati, dovrebbe infine condurre a una sistematica batterica standard su base filogenetica. Finché tale risultato non sarà raggiunto, potranno esservi ulteriori cambiamenti nei gruppi tassonomici attualmente esistenti.

2.1.3 Proteobatteri

I batteri Gram-negativi di importanza nota negli alimenti appartengono al gruppo dei proteobatteri, istituito in seguito a studi estensivi delle sequenze dell'rRNA di numerosi generi Gram-negativi[43]. Il gruppo è suddiviso in cinque sottogruppi designati con le lettere α, β, γ, δ e ε. I sottogruppi sono definiti in funzione delle sequenze del 16S rRNA[54-56]. Attraverso l'impiego ripetuto di sequenze tipizzanti (indel molto conservati) di diverse proteine è stata proposta la linea evolutiva che correla tra loro i proteobatteri[20]. Secondo tale ipotesi, i primi eubatteri erano Gram-positivi con basso contenuto di G+C (per esempio *Clostridium*, *Bacillus* e *Lactobacillus*) e sarebbero stati seguiti, prima, da Gram-positivi con alto contenuto di G+C (per esempio *Micrococcus*, *Propionibacterium* e *Rubrobacter*) e, successivamente, da *Deinococcus-Thermus*. Sarebbero poi comparsi tre gruppi (qui non elencati) non associati agli alimenti e, quindi, i proteobatteri ε e δ, seguiti dai proteobatteri α, β, γ[20]. È stato evidenziato che questi gruppi sono correlati linearmente più che in maniera ramificata[20]. Nella tabella 2.1 si può osservare che la maggioranza di questi batteri di origine alimentare (spe-

Tabella 2.1 Sottogruppi di *Proteobacteria* cui appartengono diversi generi di microrganismi di origine alimentare. *Campylobacter* e *Helicobacter* fanno parte del sottogruppo ε.

Alfa	Beta	Gamma
Acetobacter	Acidovorax	Acinetobacter
Asaia	Alcaligenes	Aeromonas
Brevundimonas	Burkholderia	Alteromonas
Devosia	Chromobacterium	Azomonas
Gluconobacter	Comamonas	Bacteriodes
Paracoccus	Delftia	Carnimonas
Pseudoaminobacter	Hydrogenophaga	Enterobacteriaceae*
Sphingomonas	Janthinobacterium	Flavobacterium
Xanthobacter	Pandoraea	Halomonas
Zymomonas	Pseudomonas (patogeni delle piante)	Moraxella
	Ralstonia	Plesiomonas
	Telluria	Pseudoalteromonas
	Variovorax	Pseudomonas
	Vogesella	Psychrobacter
	Wautersia	Photobacterium
	Xylophilus	Shewanella
		Stenotrophomonas
		Vibrio
		Xanthomonas
		Xylella

* Include *Escherichia*, *Citrobacter*, *Salmonella*, *Shigella*, *Proteus*, *Raoultella*, *Proteus*, *Klebsiella*, *Edwardsiella* eccetera.

cialmente quelli patogeni) appartengono al sottogruppo γ. Si stima che i primi procarioti siano comparsi 3,5-3,8 miliardi di anni fa[20].

Alcuni tra i generi più importanti, notoriamente associati agli alimenti, sono elencati di seguito in ordine alfabetico. In particolari alimenti, alcuni di essi sono desiderati, mentre in altri possono determinare alterazione o essere causa di gastroenteriti. È importante osservare che la collocazione della maggior parte dei generi batterici presenti in questa lista, unitamente a quelli riportati in tabella 2.2, può essere considerata in qualche modo "opinabile", in quanto la maggior parte di essi sono stati classificati principalmente sulla base delle caratteristiche fenotipiche. La loro attuale collocazione è, quindi, fondata essenzialmente su dati storici; ma è ragionevole attendersi che, con la diffusione dell'impiego dei dati filogenetici, questa lista subisca cambiamenti.

Batteri

Acinetobacter	*Erwinia*	*Proteus*
Aeromonas	*Escherichia*	*Pseudomonas*
Alcaligenes	*Flavobacterium*	*Psychrobacter*
Arcobacter	*Hafnia*	*Salmonella*
Bacillus	*Kocuria*	*Serratia*
Brevibacillus	*Lactococcus*	*Shewanella*
Brochothrix	*Lactobacillus*	*Shigella*
Burkholderia	*Leuconostoc*	*Sphingomonas*
Campylobacter	*Listeria*	*Stenotrophomonas*
Carnobacterium	*Micrococcus*	*Staphylococcus*
Citrobacter	*Moraxella*	*Vagococcus*
Clostridium	*Paenibacillus*	*Vibrio*
Corynebacterium	*Pandoraea*	*Weissella*
Enterobacter	*Pantoea*	*Yersinia*
Enterococcus	*Pediococcus*	

Muffe

Alternaria	*Colletotrichum*	*Penicillium*
Aspergillus	*Fusarium*	*Rhizopus*
Aureobasidium	*Geotrichum*	*Trichothecium*
Botrytis	*Monilia*	*Wallemia*
Byssochlamys	*Mucor*	*Xeromyces*
Cladosporium		

Lieviti

Brettanomyces/Dekkera	*Issatchenkia*	*Schizosaccharomyces*
Candida	*Kluyveromyces*	*Torulaspora*
Cryptococcus	*Pichia*	*Trichosporon*
Debaryomyces	*Rhodotorula*	*Yarrowia*
Hanseniaspora	*Saccharomyces*	*Zygosaccharomyces*

Protozoi

Cryptosporidium parvum	*Entamoeba histolytica*	*Toxoplasma gondii*
Cyclospora cayetanensis	*Giardia lamblia*	

2.2 Principali fonti dei microrganismi riscontrati negli alimenti

I generi e le specie precedentemente elencati sono tra quelli più importanti e abitualmente rinvenuti nei prodotti alimentari. Ogni genere presenta particolari esigenze di tipo nutrizionale ed è influenzato in modo prevedibile dai parametri ambientali. Di seguito sono riportate otto possibili matrici ambientali di contaminazione microbica degli alimenti, presentate insieme ad alcuni generi di batteri e protozoi nella tabella 2.2, nella quale sono evidenziati i principali ambienti da cui i microrganismi traggono nutrimento.

Suolo e acqua
Questi due ambienti sono descritti insieme poiché molti dei batteri e dei funghi che in essi si ritrovano, presentano numerose caratteristiche comuni. I microrganismi del suolo possono passare nell'aria, per azione del vento, e ritrovarsi in seguito in ambienti acquosi, veicolati dalle acque piovane. Inoltre, possono passare nei corpi idrici veicolati dall'acqua che scorre sui terreni. I microrganismi acquatici, invece, possono essere depositati sui terreni in seguito alla formazione di nubi e alle conseguenti precipitazioni atmosferiche. Questo ciclo comune fa sì che i microrganismi acquatici e quelli del suolo siano in larga misura gli stessi; tuttavia, alcuni di essi – in particolare quelli il cui habitat naturale è rappresentato dalle acque marine – non sopravvivono a lungo nel suolo. Le specie appartenenti al genere *Alteromonas*, per esempio, sono microrganismi acquatici che non potrebbero sopravvivere nei terreni, in quanto per crescere necessitano della salinità presente nelle acque marine. Nell'acqua di mare la microflora batterica è rappresentata principalmente da Gram-negativi, mentre i Gram-positivi sono presenti solo di passaggio (transienti). L'acqua contaminata è stata implicata nella contaminazione di lamponi freschi da parte di *Cyclospora*.

Vegetali e prodotti derivati
Si può presumere che molti, se non la maggior parte, dei microrganismi presenti nell'acqua e nel terreno contaminino le piante; tuttavia, solo un numero relativamente piccolo trova nei vegetali l'ambiente ideale per il proprio sviluppo. I microrganismi che persistono sui prodotti vegetali vi riescono grazie alla capacità di aderire alle superfici dei vegetali stessi, opponendosi così al dilavamento e soddisfacendo contemporaneamente le proprie esigenze nutrizionali; tra questi, sono di particolare rilievo i batteri lattici e alcuni lieviti. Tra gli altri microrganismi comunemente associati alle piante vi sono agenti patogeni sia di natura batterica, appartenenti ai generi *Corynebacterium*, *Curtobacterium*, *Pectobacterium*, *Pseudomonas* e *Xanthomonas*, sia di natura fungina, tra i quali diversi generi di muffe.

Utensili per alimenti
Normalmente alcune o tutte le specie microbiche presenti sui prodotti ortofrutticoli si ritrovano sulle superfici dei contenitori e degli utensili utilizzati per la raccolta; il riutilizzo degli stessi contenitori può determinare l'instaurarsi di una popolazione microbica caratteristica. Con un meccanismo analogo, le superfici di ceppi, coltelli e tritacarne, utilizzati in una macelleria, vengono contaminate all'inizio della giornata dalla microflora presente sulle prime carni lavorate e sono successivamente esposte a un turnover di microrganismi durante la giornata di lavoro, pur mantenendo un livello di contaminazione pressoché costante.

Tratto gastrointestinale
La microflora del tratto intestinale può contaminare gli alimenti crudi quando questi vengono sottoposti a lavaggio con acqua inquinata. La flora intestinale è costituita da molti micror-

ganismi che persistono nelle acque meno a lungo di altri; tra i principali si ricordano agenti patogeni come le salmonelle. Negli scarichi fognari può essere presente gran parte dei generi della famiglia delle Enterobacteriaceae, insieme a patogeni intestinali, incluse le cinque specie di protozoi già elencate in precedenza.

Personale addetto alla manipolazione degli alimenti
La microflora presente sulle mani e sugli indumenti esterni degli addetti alle lavorazioni riflette generalmente l'ambiente e le abitudini degli individui. I microrganismi in questione possono provenire dal suolo, dall'acqua, dalla polvere o da altre fonti ambientali. Di particolare rilievo sono anche i microrganismi abitualmente presenti nelle cavità nasali, nella bocca e sulla pelle e quelli derivanti dal tratto gastrointestinale, che possono contaminare gli alimenti a causa della scarsa igiene del personale.

Alimenti per animali
Costituiscono una fonte di salmonella per il pollame e altri animali da allevamento. Alcuni insilati rappresentano una fonte nota di *Listeria monocytogenes* per gli animali sia da latte sia da carne. I microrganismi presenti nei mangimi secchi si distribuiscono nell'ambiente in cui vivono gli animali e possono depositarsi sulla loro pelle.

Pelle degli animali
I microrganismi che si trovano nel latte crudo di vacca possono riflettere la microflora presente sulla mammella dell'animale (specialmente quando durante la mungitura non vengono rispettate procedure igieniche adeguate) e nell'ambiente in cui l'animale vive. I microrganismi presenti sia sulle mammelle sia sulla pelle possono causare una contaminazione generale dell'ambiente, dei contenitori del latte e delle mani degli operatori.

Aria e polvere
Sebbene la maggior parte dei microrganismi elencati nella tabella 2.2 possa essere rinvenuta nell'aria e nella polvere degli stabilimenti alimentari, quelli in grado di persistervi sono per lo più Gram-positivi. Nell'aria e nella polvere possono essere presenti anche numerose muffe, come pure alcune specie di lieviti. In generale, le tipologie di microrganismi riscontrate nell'aria e nella polvere sono quelle abitualmente presenti nell'ambiente. I condotti degli impianti di aerazione sono fonti di contaminazione da non trascurare.

2.3 Batteri riscontrati con maggiore frequenza negli alimenti

Questi compendi hanno lo scopo di fornire un quadro generale dei gruppi batterici discussi nel testo, ma non contengono le informazioni necessarie per l'identificazione delle colture. Per approfondire l'argomento, possono essere consultati uno o più tra i riferimenti riportati nel testo. Alcune caratteristiche filogenetiche di questi batteri sono riportate in appendice.

Acinetobacter (dal greco *akinetos*, "incapace di muoversi") Questi bacilli Gram-negativi mostrano alcune affinità con la famiglia delle Neisseriacee; alcune specie oggi attribuite a esso, in passato facevano parte del gruppo degli acromobatteri e delle moraxelle. Inoltre, alcune specie classificate tra gli acinetobatteri, sono ora attribuite al genere *Psychrobacter*, ma differiscono da quest'ultimo genere e dalle moraxelle, poiché sono ossidasi negativi. Gli *Acinetobacter* sono aerobi stretti e non sono in grado di ridurre i nitrati; nelle colture giova-

Tabella 2.2 Importanza relativa di otto ambienti diversi per batteri e protozoi negli alimenti

Microrganismi	Suolo e acqua	Vegetali e derivati	Utensili per alimenti	Tratto gastrointestinale	Addetti alla manipolazione	Alimenti per animali	Pelle degli animali	Aria e polvere
Batteri								
Acinetobacter	XX	X	X					X
Aeromonas	XX*	X					X	X
Alcaligenes	X	X	X					
Alteromonas	XX*			X			X	
Arcobacter	X							
Bacillus	XX**	X	X		X	X	X	XX
Brochothrix		XX	X					
Brevibacillus	X	X						X
Burkholderia		XX						
Campylobacter				XX	X			
Carnobacterium	X	X	X					
Citrobacter	X	XX	X	XX				
Clostridium	XX**	X	X	X	X	X	X	XX
Corynebacterium	XX**	X	X		X		X	X
Enterobacter	X	XX	X	X			X	X
Enterococcus	X	X	X	XX	X		X	
Erwinia	X	XX	X			X	X	X
Escherichia	X	X		XX	X			
Flavobacterium	X	XX						
Hafnia	X	X		XX			X	
Kocuria	X	X			X			X
Lactococcus		XX	X	X			X	
Lactobacillus		XX	X	X			X	
Leuconostoc		XX	X	X			X	
Listeria		XX	X				X	
Micrococcus	X	X	X		X	X	X	XX
Mycobacterium***	X	X			X	X	X*	
Moraxella	X						X	

segue

segue **Tabella 2.2**

Microrganismi	Suolo e acqua	Vegetali e derivati	Utensili per alimenti	Tratto gastrointestinale	Addetti alla manipolazione	Alimenti per animali	Pelle degli animali	Aria e polvere
Paenibacillus	XX	X	X					XX
Pandoraea		X						
Pectobacterium	X	XX						
Pantoea	X	X	X	X			X	
Pediococcus		XX	X	X			X	
Proteus	X	X	X	X	X		X	
Pseudomonas	XX	X	X			X	X	
Psychrobacter	XX	X		XX				
Salmonella				X		XX		
Serratia	X	X	X			X	X	
Shewanella	X	X						
Sphingomonas	X	X						
Shigella				XX				
Stenotrophomonas	X	XX		X			X	
Staphylococcus	XX			XX	XX			
Vagococcus	XX	XX		XX				
Vibrio	XX			X				
Weissella		XX	X					
Yersinia	X	X		X				
Protozoi								
C. cayetanensis	X	X		X	X			
C. parvum	XX			X	X			
E. histolytica	XX			X	X			
G. lamblia	XX			X				
T. gondii		X		XX				

Nota bene: XX indica una fonte molto importante.

* Principalmente acqua.

** Principalmente suolo.

*** Non agente della tubercolosi.

ni presentano una morfologia di tipo bastoncellare, mentre negli stadi di crescita avanzati possono mostrare molteplici forme cellulari cocciche. Essendo ampiamente diffusi nel suolo e nelle acque, possono ritrovarsi in molti alimenti, segnatamente in prodotti freschi refrigerati. Il contenuto G+C (o mol% G+C) del DNA di questo genere è 39-47 (vedi capitolo 4 per ulteriori dettagli relativi alle carni). Sulla base degli studi di ibridizzazione DNA-RNA, era stato suggerito che i generi *Acinetobacter*, *Moraxella* e *Psychrobacter* fossero collocati in una nuova famiglia (Moraxellacee), ma tale proposta non è stata accettata.

Aeromonas ("produttori di gas") Genere rappresentato da bacilli Gram-negativi, tipicamente acquatici, prima appartenenti alla famiglia delle Vibrionacee, ma ora collocati in quella delle Aeromonadacee[32]. Come suggerisce il nome, producono abbondanti quantità di gas dagli zuccheri fermentescibili. Essi abitualmente presenti nell'intestino dei pesci, per i quali alcuni sono patogeni. Il contenuto mol% G+C del DNA è 57-65 (le specie che possiedono caratteristiche di patogeneticità, sono discusse nel capitolo 31).

Alcaligenes ("produttori di alcali") Sebbene siano Gram-negativi, questi microrganismi assumono talora la colorazione tipica dei Gram-positivi. Il genere è rappresentato da bacilli che, come suggerisce il nome, non fermentano gli zuccheri ma sono coinvolti in reazioni alcaline, specialmente sul terreno di coltura *litmus milk*. Sono privi di pigmenti e ampiamente distribuiti in natura, in ogni tipo di materia organica in decomposizione. Latte crudo, pollame e materiale fecale sono matrici abituali di questi microrganismi. Il contenuto mol% G+C del DNA è 58-70, range indicativo di un genere eterogeneo.

Alteromonas ("diversi") Risiedono abitualmente nelle acque marine e litoranee e contaminano l'interno e la superficie dei frutti di mare. Tutte le specie, oltre a richiedere la salinità dell'acqua di mare per svilupparsi, sono aerobie obbligate, mobili e a forma bastoncellare[17].

Arcobacter ("ad arco") Questo genere, le cui specie erano prima classificate come *Campylobacter*, è stato introdotto durante la revisione dei generi *Campylobacter*, *Helicobacter* e *Wolinella*[45]. Sono bastoncini Gram-negativi ricurvi, o a forma di "s", abbastanza simili ai campilobatteri, tranne per il fatto che sono in grado di crescere a 15 °C e tollerano l'ossigeno (aerotolleranti). Possono ritrovarsi in pollame, latte crudo, molluschi e acqua, nonché in prodotti derivati da bovini e suini[51,52]. Sono ossidasi e catalasi positivi; provocano in alcuni animali aborti ed enteriti, che nell'uomo sono associate a *A. butzleri*.

Bacillus Genere rappresentato da bacilli sporigeni Gram-positivi e aerobi, a differenza dei clostridi che si sviluppano in condizioni di anaerobiosi. Sebbene la maggioranza sia mesofila, sono presenti anche forme psicrotrofe e termofile. Il genere comprende solo due specie patogene: *B. anthracis* (responsabile del carbonchio) e *B. cereus*. La maggior parte dei ceppi di *B. cereus* non è patogena, ma alcuni di essi causano gastroenteriti di origine alimentare (trattate più approfonditamente nel capitolo 24). Alcune specie in passato appartenenti a questo genere fanno oggi parte di otto nuovi generi: *Alicyclobacillus*, *Aneurinibacillus*, *Brevibacillus*, *Gracilibacillus*, *Paenibacillus*, *Virgibacillus* e *Salibacillus*[5]. Inoltre, 5 specie precedentemente classificate nel genere *Bacillus*, appartengono oggi al genere *Geobacillus*: in conseguenza di ciò *B. stearothermophilus* è oggi divenuto *G. stearothermophilus*[36].

Brevibacillus Come osservato sopra, in passato apparteneva al genere *Bacillus*. Questi microrganismi si trovano nel suolo e nell'acqua e sono comuni sulle piante, nell'aria e nella polvere. Sono note almeno nove specie.

Brochothrix (dal greco *brochos*, "forcina", e *thrix*, "pelo") Questi bacilli Gram-positivi non sporigeni sono strettamente correlati ai generi *Lactobacillus* e *Listeria*[40], alcune loro caratteristiche comuni sono discusse nel capitolo 25. Sebbene non siano veri corineformi, presentano una caratteristica tipica di questo gruppo: hanno morfologia bastoncellare in fase di crescita esponenziale e coccica nelle colture in stadio avanzato. La loro condizione tassonomica distinta è stata confermata dagli studi sull'RNA, sebbene solo due specie siano riconosciute: *B. thermosphacta* e *B. campestris*. Essi, inoltre, condividono alcune caratteristiche con il genere *Microbacterium*. Sono presenti abitualmente sulle carni trasformate e sulle carni fresche e trasformate stoccate in confezioni impermeabili ai gas a temperatura di refrigerazione. A differenza di *B. thermosphacta*, *B. campestris* è ramnosio e ippurato positivo[44]. Il contenuto mol% G+C del DNA è 36. Non sono in grado di crescere a 37 °C.

Burkholderia Bacilli Gram-negativi che si trovano sulle piante (specialmente su alcuni fiori), nel latte crudo e causano alterazione delle verdure. In uno studio effettuato nell'Irlanda del Nord, 14 campioni di latte di vacca su 26 (54%) contenevano *B. cepacia*[34]. Sono patogeni di rilievo, presenti nei pazienti affetti da fibrosi cistica. In passato erano classificati nel genere *Pseudomonas*.

Campylobacter (dal greco *campylo*, "ricurvo") Sono bacilli Gram-negativi, ricurvi o spiraliformi, anaerobi (in alcuni casi microaerofili), classificati in passato tra i vibrioni. Il genere è stato soggetto a cambiamenti a partire dal 1984. Le specie *C. nitrofigilis* e *C. cryaerophila* sono state trasferite nel genere *Arcobacter*; *C. cinnaedi* e *C. fenneliae* si trovano oggi nel genere *Helicobacter* e *Wolinella carva* e *W. recta* sono stati rinominati *C. curvus* e *C. rectus*[45]. Il contenuto mol% G+C del DNA è 30-35. Per maggiori dettagli vedi il riferimento bibliografico 32 e il capitolo 28.

Carnobacterium Questo genere di batteri Gram-positivi e catalasi negativi è stato creato per collocare alcuni microrganismi classificati in passato come lattobacilli. In realtà, più che a questi ultimi, dal punto di vista filogenetico il genere è più vicino agli enterococchi e ai vagococchi[6,12]. Sono eterofermentanti e la maggior parte di essi cresce a 0 °C ma non a 45 °C; alcune specie producono gas a partire da glucosio. Il contenuto mol% G+C del genere è 33-37,2. Differiscono dai lattobacilli in quanto non sono in grado di crescere in terreni a base di acetato e presentano un diverso processo di sintesi dell'acido oleico. Sono stati ritrovati su carne e prodotti derivati conservati sotto vuoto[11,23,48].

Citrobacter I membri appartenenti a questo genere sono batteri enterici a lenta fermentazione del lattosio, che formano caratteristiche colonie di colore giallo; sono bacilli Gram-negativi e tutti in grado di utilizzare il citrato come unica fonte di carbonio. *C. freundii* è la specie maggiormente presente negli alimenti e non è raro ritrovarlo con altre specie su verdure e carni fresche. Il contenuto mol% G+C del DNA è 50-52.

Clostridium (dal greco *closter*, "fuso") Questi bacilli sporigeni anaerobi sono ampiamente diffusi in natura, come la loro controparte aerobia costituita dalle specie del genere *Bacillus*. Il genere comprende numerose specie, alcune delle quali patogene per l'uomo (per il botulismo e le intossicazioni alimentari da *C. perfringens*, si veda il capitolo 24). La maggior parte delle specie e dei ceppi è mesofila, ma alcuni ceppi possono essere psicrotofi o termofili; l'importanza di questi ultimi nella produzione di conserve mediante alte temperature è discussa nel capitolo 17. Il genere è stato in passato ridimensionato con l'istituzione di cinque nuovi generi: *Caloramator*, *Filifactor*, *Moorella*, *Oxobacter* e *Oxalophagus*[8]. Le specie di importanza alimentare, rimangono attualmente nel genere *Clostridium*, mentre i cinque nuovi generi non sembrano svolgere un ruolo di rilievo negli alimenti.

Corynebacterium (dal greco *coryne*, "bastone nodoso") Questo è uno dei veri generi corineformi. Si tratta di bastoncini Gram-positivi, talora coinvolti nell'alterazione di carne e prodotti vegetali. La maggior parte sono mesotrofi, sebbene siano note anche forme psicrotrofe, tra le quali *C. diphtheriae*, che causa difterite nell'uomo. Il genere è stato ridotto in numero come conseguenza del passaggio di alcune specie, considerate agenti patogeni delle piante, al genere *Clavibacter* e di altre al genere *Curtobacterium*. Il contenuto mol% G+C del DNA è 51-63.

Enterobacter Questi batteri enterici Gram-negativi hanno caratteristiche analoghe ad altri generi della famiglia delle Enterobacteriaceae, in relazione alle esigenze di crescita, sebbene, in generale, non si adattino alle condizioni presenti nel tratto gastrointestinale. Sono ulteriormente descritti e discussi nel capitolo 20. *E. agglomerans* è stato spostato nel genere *Pantoea*; le caratteristiche della specie *E. sakazakii* sono discusse nel capitolo 31.

Enterococcus Questo genere è stato creato per collocare alcuni cocchi con gruppo sierologico D di Lancefield. Da allora è stato esteso a più di 16 specie – originariamente appartenenti al genere *Streptococcus* – caratterizzate da cellule Gram-positive, ovoidali, singole, aggregate in coppia o in corte catenelle. Alcune specie non reagiscono con l'antisiero del gruppo D. Per una trattazione più approfondita si rinvia al capitolo 20; le correlazioni filogenetiche con gli altri batteri lattici sono rappresentate nella figura 25.1 a pagina 641.

Erwinia Questi bacilli enterici Gram-negativi sono associati principalmente ai vegetali. Almeno tre delle specie appartenenti in passato a questo genere sono state attribuite al genere *Pantoea*[33], mentre le vecchie specie *E. carotovora* e *E. chrysanthemi* appartengono ora al genere *Pectobacterium* come *P. carotovorum* e *P. chrysanthemi* (vedi capitolo 6).

Escherichia Si tratta chiaramente del genere più ampiamente studiato tra tutti i batteri. I ceppi responsabili di gastroenteriti di origine alimentare sono discussi nel capitolo 27, mentre nel capitolo 20 è descritto il ruolo di *E. coli* come microrganismo indicatore di sicurezza alimentare.

Flavobacterium I rappresentanti di questo genere sono bastoncini Gram-negativi, caratterizzati dalla produzione su agar di pigmenti da giallo a rosso e dalla loro associazione con i prodotti vegetali. Alcuni sono mesotrofi e altri psicrotrofi in grado di causare alterazione di carne e vegetali refrigerati. Diverse specie, appartenenti un tempo a questo genere, sono state ricollocate nei cinque nuovi generi: *Empedobacter*, *Chryseobacterium*, *Myroides*, *Sphingomonas* e *Sphingobacterium*.

Hafnia Si tratta di bacilli enterici Gram-negativi, importanti nell'alterazione di carne e prodotti vegetali refrigerati. *H. alvei* costituisce attualmente l'unica specie; è mobile, lisina e ornitina positiva, con un contenuto mol% G+C di DNA pari a 48-49.

Kocuria Costituisce un nuovo genere derivante dal genere *Micrococcus*[42]. Le sue tre specie (*K. rosea*, *K. varians* e *K. kristinae*), sono ossidasi negative e catalasi positive; il contenuto mol% G+C del DNA è 66-75.

Lactobacillus Le tecniche tassonomiche, diventate di largo impiego durante gli anni Ottanta, sono state applicate anche nello studio di questo genere, con il risultato che alcune delle specie riportate nella nona edizione del *Bergey's Manual* sono state ricollocate in altri generi. Sulla base dei risultati del sequenziamento del 16S rRNA, sono stati scoperti 3 cluster filogeneticamente distinti[10], uno dei quali comprende *Weissella*; molto probabilmente questo genere subirà ulteriori riclassificazioni. Sono bastoncini Gram-positivi, catalasi negativi, spesso aggregati in lunghe catenelle. Sebbene le specie presenti negli alimenti siano tipicamente microaerofile, molti lattobacilli, tra i quali quelli che si sviluppano nel colon e nel rumine, sono anaerobi stretti. La maggior parte di essi, se non tutti, si trova sulle verdure assieme ad altri batteri lattici e la loro presenza nei prodotti lattiero-caseari è assai frequente. La specie *L. suebicus* è stata isolata dalle puree di mela e pera ed è in grado di crescere a pH 2,8 e a concentrazioni di etanolo del 12-16%[28]. I prodotti fermentati ottenuti dal metabolismo di questi microrganismi sono numerosi e saranno descritti dettagliatamente nel capitolo 7. Le specie abitualmente presenti nelle carni confezionate e refrigerate e nelle carni sotto vuoto sono discusse nei capitoli 5 e 14.

Lactococcus I cocchi del gruppo sierologico N di Lancefield, classificati in passato nel genere *Streptococcus*, sono stati scorporati, costituendo un nuovo genere. Sono Gram-positivi, non mobili, catalasi negativi, con cellule sferiche o ovoidali, che si presentano singole o aggregate in coppia o catenella. Crescono a 10 °C ma non a 45 °C; la maggior parte dei ceppi reagisce con l'antisiero del gruppo N. Il prodotto finale della loro attività fermentativa è l'acido L-lattico.

Leuconostoc ("privi di colore") Questo genere, insieme a quello dei lattobacilli, fa parte dei batteri lattici. Si tratta di cocchi Gram-positivi, catalasi negativi ed eterofermentanti. Il genere è stato sottratto di alcune specie (vedi sotto *Weissella*). Quella che in passato era la specie *L. oenos* è stata trasferita nel nuovo genere *Oenococcus* come *O. oeni*[16], mentre *L. paramesenteroides* è stata collocata nel nuovo genere *Weissella*. Questi cocchi sono generalmente isolati in associazione con i lattobacilli.

Listeria In questo genere sono comprese sei specie caratterizzate da morfologia bastoncellare. Si tratta di batteri Gram-positivi, asporigeni, strettamente correlati al genere *Brochothrix*. Secondo studi di tassonomia numerica, le sei specie mostrano l'80% di similarità e hanno pareti cellulari e composizione in acidi grassi e citocromi identici. Sono descritte e discusse più approfonditamente nel capitolo 25.

Micrococcus I membri di questo genere sono cocchi Gram-positivi e catalasi positivi; sono presenti sull'epidermide dei mammiferi e possono crescere in presenza di alte concentrazioni di NaCl. Il genere è stato ridotto in numero di specie, per la nascita di cinque nuovi generi: *Dermacoccus*, *Kocuria*, *Kytococcus*, *Nesterenkonia* e *Stomatococcus*. Attualmente, *M. luteus* e *M. lylae* rappresentano le uniche specie micrococciche.

Moraxella Si tratta di corti bacilli Gram-negativi, a volte classificati come *Acinetobacter*. In realtà, il genere *Moraxella* differisce da quest'ultimo in relazione alla sensibilità mostrata alla penicillina e in funzione della reazione positiva al test dell'ossidasi, nonché per il contenuto mol% di G+C del DNA che è di 40-46. Il genere *Psychrobacter* include alcune specie precedentemente appartenenti a questo genere. Hanno metabolismo di tipo ossidativo e non generano gas dal glucosio.

Paenibacillus ("quasi bacillo") Questo genere, istituito di recente, comprende microrganismi classificati in precedenza nei generi *Bacillus* e *Clostridium* e include le seguenti specie: *P. alvei*, *P. amylolyticus*, *P. azotofixans*, *P. circulans*, *P. durum*, *P. larvae*, *P. macerans*, *P. macquariensis*, *P. pubuli*, *P. pulvifaciens* e *P. validus* [2,8]. Recentemente sono state aggiunte due nuove specie (*P. lautus* e *P. peoriae* [22]). I paenibacilli sono noti per la capacità di degradare numerose macromolecole, per la produzione di agenti antibatterici e antifungini e perché alcuni di essi sono in grado di fissare l'N_2 in associazione con piante. Una nuova specie è stata isolata da latte crudo e UHT [38].

Pandoraea Questi microrganismi, correlati ad alcune specie del genere *Pseudomonas*, sono stati isolati la prima volta da saliva di pazienti affetti da fibrosi cistica[7]. Sebbene non sia stato dimostrata la loro presenza abituale negli alimenti, la specie *P. norimbergenesis* è stata isolata da latte in polvere[35].

Pantoea Questo genere è costituito da bacilli Gram-negativi, non capsulati, asporigeni e allungati, la maggior parte dei quali è mobile per mezzo di flagelli peritrichi. Ampiamente distribuiti, sono presenti soprattutto sui vegetali e nei semi, nel suolo, nell'acqua e anche nella specie umana. Alcuni di essi sono patogeni delle piante. Le quattro specie che rappresentano il genere erano classificate in passato tra gli enterobatteri o nel genere *Erwinia*. *P. agglomerans*, infatti, oggi comprende *Enterobacter agglomerans*, *Erwinia herbicola* e *E. milletiae*, mentre la specie *P. ananas* include le specie classificate in passato come *Erwinia ananas* e *E. uredovora*. Infine *P. stewartii* era un tempo *E. stewartii*, mentre *P. dispersa* è una specie originale[18]. Il contenuto mol% G+C del DNA va da 49,7 a 60,6 [33].

Pediococcus Questi cocchi omofermentanti sono batteri lattici che si ritrovano aggregati in coppie o tetradi, in quanto la loro divisione cellulare avviene su due piani. *P. acidilactici*, una specie frequentemente impiegata come starter, è stata causa di setticemia in un uomo di 53 anni[19]. Il contenuto mol% G+C del DNA è 34-44. Questo genere è discusso più ampiamente nel capitolo 7. La specie che in passato era denominata *P. halophilus* è ora collocata nel genere *Tetragenococcus* con il nome *T. halophilus*; una delle sue caratteristiche è la capacità di crescere in presenza di una concentrazione di NaCl del 18%.

Proteus Sono bacilli Gram-negativi enterici, aerobi, che spesso mostrano fenomeni di pleomorfismo, caratteristica da cui deriva il loro nome. Sono tutti mobili e producono una tipica patina sulla superficie delle piastre agarizzate; in vivo, essendo batteri enterici, colonizzano il tratto intestinale di uomini e animali. Vengono isolati spesso da un'ampia varietà di verdure e prodotti carnei, in particolar modo da quelli che subiscono alterazione a temperature tipiche dei mesofili.

Pseudomonas ("falsa monade") Sono batteri tipici di suolo e acqua, ma in generale sono largamente distribuiti negli alimenti freschi, specialmente in verdure, carni, pollame e frutti di mare. Sebbene in passato costituisse il genere più ampio di batteri di interesse alimentare, è stato ridimensionato a causa del trasferimento di numerose specie ad almeno 13 nuovi generi: *Acidovorax*, *Aminobacter*, *Brevundimonas*, *Burkholderia*, *Comamonas*, *Delftia*, *Devosia*, *Herbaspirillium*, *Hydrogenophaga*, *Marinobacter*, *Ralstonia*, *Sphingomonas*, *Telluria* e *Wautersia*. *P. fluorescens* e *P. aeruginosa* rimangono nel genere originale (vedi riferimento bibliografico 24).

Psychrobacter Questo genere è stato creato principalmente per accogliere alcuni bacilli Gram-negativi, non mobili, prima classificati nei generi *Acinetobacter* e *Moraxella*. Dal punto di vista morfologico sono grossi coccobacilli spesso disposti in coppie; sono aerobi, immobili, catalasi e ossidasi positivi e, generalmente, non fermentanti il glucosio. Lo sviluppo avviene a concentrazioni di NaCl del 6,5% e a 1 °C, ma non a 35 o a 37 °C. Sono in grado di idrolizzare il Tween 80 e la maggior parte di essi è lecitinasi positiva (test del tuorlo d'uovo); sono sensibili alla penicillina e in grado di utilizzare il γ-aminovalerianato, a differenza degli acinetobatteri, dai quali si distinguono, come si è detto, per la capacità di utilizzare l'amminovalerianato e perché sono ossidasi positivi. Si differenziano dagli *Pseudomonas* non mobili per la loro incapacità di metabolizzare glicerolo e fruttosio. Per la grande somiglianza con le moraxelle, sono stati collocati nella famiglia delle Moraxellaceae. Il genere, come noto, comprende alcune specie prima incluse in *Achromobacter* e *Moraxella*. Si ritrovano abitualmente su carni, pollame e pesce e nell'acqua[26,39].

Salmonella Tutti i membri di questo genere di batteri enterici Gram-negativi sono considerati patogeni per l'uomo. Le salmonelle sono state collocate in due specie; in particolare, quelle responsabili di patologie nell'uomo sono riunite nella specie *Salmonella enterica*. I sierotipi (serovar) appartenenti a questa specie sono oltre 2.400 e sono indicati facendo seguire al nome del genere e della specie il nome del sierotipo (per esempio: *Salmonella enterica* sierotipo Newport, oppure semplicemente *Salmonella* Newport) (vedi il capitolo 26 per maggiori dettagli). Il contenuto mol% G+C del DNA è 50-53.

Serratia Questi bacilli Gram-negativi, della famiglia delle Enterobacteriaceae, sono aerobi e proteolitici; in genere producono pigmenti rossi sui terreni di coltura e in alcuni alimenti, sebbene non siano rari anche ceppi non pigmentanti. *S. liquefaciens* è la specie maggiormente riscontrata tra quelle di origine alimentare e causa alterazione di verdure e prodotti carnei refrigerati. Il contenuto mol% G+C del DNA è 53-59. È interessante l'isolamento della specie sporigena *S. marcescens*, poi denominata *S. marcescens* subsp. *sakuensis*[1].

Shewanella Il batterio, classificato un tempo come *Pseudomonas putrefaciens* e poi come *Alteromonas putrefaciens*, è stato collocato in questo genere come *S. putrefaciens*. Si tratta di Gram-negativi mobili, non pigmentati e dotati di flagello polare; dal punto di vista morfologico assumono l'aspetto di bacilli dritti o ricurvi. Sono ossidasi positivi e hanno una mol% G+C di 44-47. Le altre specie del genere, *S. hanedai*, *S. benthica* e *S. colwelliana*, sono tutte associate ad habitat marini o acquatici. In particolare lo sviluppo di *S. benthica* è favorito dalle alte pressioni idrostatiche[14,32].

Shigella Tutti i membri di questo genere, presumibilmente enteropatogeni per l'uomo, sono discussi approfonditamente nel capitolo 26.

Sphingomonas Questo genere comprende almeno 33 specie Gram-negative (caratterizzate dalla produzione di pigmenti gialli), in precedenza incluse nel genere *Flavobacterium*. Si rinvengono per lo più in acqua e su alcuni vegetali; possono causare patologie nell'uomo[58].

Staphylococcus (cocchi a forma di grappolo) Questi cocchi Gram-positivi e catalasi positivi includono *S. aureus*, coinvolto in diverse patologie dell'uomo, comprese le gastroenteriti di origine alimentare. *S. aureus* e altri membri dello stesso genere sono discussi nel capitolo 23. *S. caseolyticus* è stato spostato nel nuovo genere *Macrococcus*, come *M. caseolyticus*[29].

Stenotrophomonas ("che cresce su pochi substrati") I rappresentanti di questo genere sono bacilli Gram-negativi comunemente presenti sui vegetali e isolati da suolo, acqua e latte. Sono promotori di crescita o simbionti nella rizosfera di numerose piante da raccolto[21]. *S. maltophila* è considerato il secondo batterio ospedaliero più diffuso dopo *Pseudomonas aeruginosa*[21]. La specie *S. rhizophila* è stata impiegata per il controllo delle patologie fungine nelle piante (vedi riferimento bibliografico 57).

Vagococcus Questo genere è stato istituito sulla base dei risultati del sequenziamento del 16S e per riunire il gruppo dei lattococchi N. Sono mobili in quanto dotati di flagelli peritrichi, Gram-positivi e catalasi negativi; si sviluppano a 10 °C ma non a 45 °C. Sono in grado di crescere in presenza di concentrazioni di NaCl del 4% ma non del 6,5% e nessuna crescita si realizza a pH 9,6. La parete cellulare di peptidoglicano è Lys-D-Asp e la mol% G+C è 33,6. Almeno una delle specie comprese nel genere produce H_2S. Vengono frequentemente isolati da acqua e pesci (ma anche da altri alimenti) e da feci [11,47]. I rapporti filogenetici tra i vagococchi e i generi a essi correlati, sono rappresentati in figura 25.1.

Vibrio Questi bacilli Gram-negativi, dritti o ricurvi, fanno parte della famiglia delle Vibrionaceae. Diverse specie presenti un tempo in questo genere sono ora classificate nel genere *Listonella*[32]. Le specie che provocano gastroenteriti e altri disturbi nell'uomo sono numerose e verranno discusse nel capitolo 28. Il contenuto mol% G+C del DNA è 38-51. Per la loro distribuzione ambientale, si veda il riferimento bibliografico 13.

Weissella (dal nome di Weiss) Questo genere, facente parte dei batteri lattici, è stato istituito nel 1993 e in parte collocato nel "ramo" del genere *Leuconostoc* dei latobacilli[9]. Le sette specie sono strettamente correlate ai leuconostoc, generano gas dai carboidrati e, a eccezione di *W. paramesenteroides* e *W. hellenica*, producono tutte DL-lattato dal glucosio. *W. hellenica* è una nuova specie associata al processo di fermentazione delle salsicce greche[9]. *Leuconostoc paramesenteroides* è oggi classificato come *W. paramesenteroides*, mentre le cinque specie *W. confusa*, *W. halotolerans*, *W. kandleri*, *W. minor* e *W. viridescens* erano in precedenza classificate come *Lactobacillus* spp. Il contenuto mol% G+C è 37-47.

Yersinia Questo genere include *Y. pestis*, l'agente della peste umana, e almeno una specie responsabile di gastroenterite nell'uomo, *Y. enterocolitica*. I ceppi sorbosio positivi del biogruppo 3A sono stati catalogati come specie e classificati come *Y. mollaretii*, mentre i ceppi sorbosio negativi, come *Y. bercovieri*[49]. Tutte le specie di interesse alimentare sono discusse nel capitolo 28. Il contenuto mol% G+C del DNA è 45,8-46,8.

2.4 Generi di muffe comunemente riscontrati negli alimenti

Le muffe sono funghi filamentosi che si sviluppano sotto forma di masse intrecciate, si diffondono rapidamente e possono espandersi, in 2 o 3 giorni, su larghe aree. L'agglomerato complessivo, o un'ampia porzione di esso, è definito *micelio* ed è costituito da filamenti singoli o ramificati denominati *ife*. Le muffe di maggiore rilievo negli alimenti si moltiplicano per mezzo di ascospore, zigospore o conidi. Le *ascospore* di alcuni generi sono note per la loro estrema resistenza al calore. Un gruppo forma picnidi o acervuli (piccoli corpi fruttiferi, a forma di fiasco, tappezzati di conidiospore). In alcuni gruppi, le *artrospore* originano dalla frammentazione delle stesse ife.

Durante gli anni Ottanta non si è assistito a radicali modifiche nella sistematica dei funghi di interesse alimentare. La maggior parte dei cambiamenti ha coinvolto la scoperta della forma perfetta o sessuata di alcuni generi o specie ben noti. A questo proposito, i micologi considerano il sistema di riproduzione dell'ascomicete come il più importante presente nei funghi: tale modalità riproduttiva è denominata *teleomorfa*. Il nome attribuito alle specie origina dalla forma teleomorfa, che assume carattere prioritario sul nome attribuito alla forma anamorfa, che costituisce invece lo stato imperfetto o conidiale della specie. Il termine *olomorfo* indica che entrambi gli stati sono noti, ma è utilizzato il nome attribuito alla forma teleomorfa. La collocazione tassonomica dei generi descritti è riassunta di seguito. (Vedi riferimento bibliografico 3, 4, e 37 per le identificazioni; riferimento bibliografico 25 per le tipologie presenti nelle carni).

Gruppo: Zygomycota
   Classe: Zygomycetes (micelio non settato, riproduzione per sporangiospore, crescita rapida)
      Ordine: Mucorales
         Famiglia: Mucoraceae
            Genere: *Mucor*
                   Rhizopus
                   Thamnidium

Gruppo: Ascomycota
   Classe: Plectomycetes (micelio settato, aschi contenenti in genere 8 ascospore)
      Ordine: Eurotiales
         Famiglia: Trichocomaceae
            Genere: *Byssochlamys*
                   Emericella
                   Eupenicillium
                   Eurotium

Gruppo: Deuteromycota ("forme imperfette", anamorfe; le forme perfette non sono note)
   Classe: Coelomycetes
         Genere: *Colletotrichum*
   Classe: Hyphomycetes (le ife danno origine a conidi)
      Ordine: Hyphomycetales
         Famiglia: Moniliaceae
            Genere: *Alternaria*
                   Aspergillus
                   Aureobasidium (*Pullularia*)
                   Botrytis
                   Cladosporium
                   Fusarium
                   Geotrichum
                   Helminthosporium
                   Monilia/Sclerotinium
                   Penicillium
                   Stachybotrys
                   Trichothecium

Alcuni di questi generi sono brevemente descritti di seguito.

Alternaria   Micelio settato con conidiospore; producono grandi conidi scuri, caratterizzati da svariate morfologie, e presentano setti sia trasversali sia longitudinali. Provocano marciume marrone tendente al nero dei frutti con nocciolo, delle mele e dei fichi; anche la decomposizione del colletto degli agrumi è causata da specie e ceppi appartenenti a questo genere. Questo fungo si sviluppa in campo sul frumento; è inoltre stato ritrovato sulle carni rosse. Alcune specie producono micotossine (vedi capitolo 30).

Aspergillus   Produce catene di conidi. Le forme perfette dei membri di questo genere sono caratterizzate dalla presenza di cleistoteci contenenti ascospore; i generi più frequentemente ritrovati negli alimenti sono *Emericella*, *Eurotium* o *Neosartorya*. *Eurotium* (in passato il gruppo *A. glaucus*) produce un cleistotecio giallo luminoso e tutte le specie sono xerofile. *E. herbariorum* è responsabile dell'alterazione di marmellate e gelatine d'uva[41]. *Emericella* produce cleistoteci bianchi e *E. nidulans* è la forma teleomorfa di *Aspergillum nidulans*. *Neosartorya* produce cleistoteci bianchi e ascospore incolori. *N. fischeri* è resistente al calore e la termoresistenza delle sue spore è simile a quella di *Byssochlamys*[37]. Gli aspergilli appaiono dapprima gialli, poi tendono al verde e infine si anneriscono; possono contaminare un gran numero di alimenti. Il marciume nero delle pesche, degli agrumi e dei fichi è una tipica alterazione prodotta nella frutta. Queste muffe sono state isolate anche da bacon e prosciutti salati artigianali. Alcune specie provocano l'alterazione di oli, tra i quali quelli di palma, arachidi e mais. *A. oryzae* e *A. sojae* sono entrambi coinvolti nella fermentazione del shogu; il primo anche in quella del koji. *A. glaucus* è impiegato nella produzione del katsuobushi, un prodotto fermentato ottenuto a partire dal pesce. Il gruppo *A. glaucus-A. restrictus* comprende funghi "di magazzino" che invadono cereali, semi, soia e fagioli comuni. *A. niger* produce β-galattosidasi, glucoamilasi, invertasi, lipasi e pectinasi; *A. oryzae* produce α-amilasi. Diverse specie producono aflatossine, altre producono ocratossina A e sterigmatocistina (per le micotossine, vedi capitolo 30).

Aureobasidium (*Pullularia*)   Inizialmente producono colonie simili a quelle dei lieviti per poi espandersi e provocare l'annerimento delle zone colpite. *A. pullulans* (*Pullularia pullulans*) è la principale specie ritrovata negli alimenti. Possono, inoltre, ritrovarsi nei gamberi e sono frequenti anche in frutta e vegetali; nella carne di manzo conservata per lungo tempo provocano il fenomeno del cosiddetto "black spot" (macchia nera).

Botrytis   Generano conidiofori lunghi, sottili e spesso pigmentati. Il micelio è settato e i conidi, di colore grigio e nero, sono originati da cellule apicali; talvolta vengono prodotti sclerozi irregolari. *B. cinerea* è la specie maggiormente ritrovata negli alimenti ed è noto come agente responsabile del marciume grigio di mele, pere, lamponi, fragole, uva, mirtilli, agrumi e di alcuni frutti con nocciolo (vedi capitolo 6).

Byssochlamys   Questo genere è la forma teleomorfa di alcune specie di *Paecilomyces*, ma quest'ultimo non si ritrova negli alimenti[37]. *Byssochlamys* è un ascomicete costituito da aschi aperti, ognuno dei quali contiene otto ascospore. Le ascospore sono note per l'elevata resistenza al calore; infatti, causano alterazione di alimenti in scatola a elevata acidità. Durante il loro sviluppo possono tollerare bassi valori di potenziale di ossido-riduzione (Eh). Alcune specie producono pectinasi; in particolare, *B. fulva* e *B. nivea* provocano alterazione delle conserve di frutta in bottiglia. Questi organismi sono associati quasi esclusivamente all'alterazione degli alimenti; *B. fulva* possiede un valore D a 90 °C compreso tra 1 e 12 minuti e un valore z di 6-7 °C[37].

Cladosporium Questo genere presenta ife settate e conidi gemmati neri e diversamente ramificati. In coltura la crescita si presenta vellutata con colorazione dal verde oliva al nero; alcuni conidi hanno morfologia simile a quella di un limone. *C. herbarum* è responsabile di "black spot" su manzo e carne di montone congelata. Alcuni alterano il burro e la margarina, mentre altri causano un limitato marciume in frutta con nocciolo e marciume nero nelle uve. Sono muffe da campo e si sviluppano sulle cariossidi di orzo e frumento. *C. herbarum* e *C. cladosporioides* sono le specie più diffuse su frutta e verdura.

Colletotrichum Appartengono alla classe dei Coelomycetes e formano conidi all'interno di acervuli. Il genere produce conidiospore semplici ma allungate e conidi ialini monocellulari, ovoidali o oblunghi. Gli acervuli sono a forma di disco o cuscino, cerosi e generalmente di colore scuro. *C. gloeosporioides* è la specie di interesse alimentare: produce antracnosi (macchie marroni/nere) su alcuni frutti, specie di origine tropicale, come mango e papaia.

Fusarium Presenta un micelio molto esteso, cotonoso, con colorazioni rosa, rosso, porpora o marrone. Produce conidi settati, da fusiformi a falciformi (macroconidi). Causa marciume marrone di agrumi e ananas e marciume molle dei fichi. Come muffe da campo, alcune colpiscono le cariossidi di frumento e orzo. Alcune specie producono zearalenone, fumonisine e tricoteceni (vedi capitolo 30).

Geotrichum (un tempo note come *Oidium lactis* e *Oospora lactis*) Questi funghi, con caratteristiche intermedie tra lieviti e muffe, sono generalmente bianchi. Le ife sono settate e la riproduzione avviene mediante formazione di artroconidi dalle ife vegetative; gli artroconidi si caratterizzano per le estremità appiattite. *G. candidum*, la forma anamorfa di *Dipodascus geotrichum*, è la specie più importante negli alimenti. È definita in vari modi, tra i quali "muffa casearia", perché conferisce il sapore e l'aroma a molti tipi di formaggi, e "muffa delle attrezzature", in quanto si accumula sulle attrezzature che vengono a contatto con gli alimenti durante la loro trasformazione, in particolare nelle industrie che producono conserve di pomodoro. Le specie di questo genere causano marciume acido degli agrumi e delle pesche e alterano la crema di latte. Sono ampiamente diffusi e sono stati ritrovati sulle carni e su molti vegetali. Alcuni partecipano alla fermentazione del *gari*.

Monilia/Sclerotinium I conidi prodotti da questo genere hanno colorazione rosa, grigio o marrone chiaro. *M. sitophila* è la forma conidiale di *Neurospora intermedia*; *Monilia* rappresenta invece quello di *Monilinia fructicola*. Provocano marciume marrone dei frutti con nocciolo, come le pesche. *M. laxa* produce il marciume bruno delle drupacee.

Mucor Producono ife non settate sulle quali compaiono gli sporangiofori, che supportano la columella alla base dello sporangio. I membri di questo genere non producono né rizoidi né stoloni. Le colonie sono spesso cotonose. Alcune specie causano alterazioni descritte come "basette", nella carne di manzo, e "black spot", in quella di montone congelato. Almeno una specie, *M. miehei*, produce una lipasi ed è stata ritrovata negli alimenti fermentati, in bacon e su numerosi vegetali. Una specie fermenta il siero di latte di soia.

Penicillium Quando le conidiospore e i conidi sono le uniche strutture riproduttive presenti, questo genere viene collocato nella classe dei Deuteromycota; è invece posto tra gli ascomiceti quando sono formati i cleistoteci con le ascospore, come in *Talaromyces* o *Eupenicillium*. Dei due generi teleomorfi, *Talaromyces* è il più importante in relazione agli alimenti[37].

T. flavus è il teleomorfo di *P. dangeardii*, è coinvolto nell'alterazione di succhi di frutta concentrati[27] e produce spore termoresistenti. Quando i penicilli formano conidi, questi si staccano dalle fialidi. Sugli alimenti le colorazioni tipiche di queste muffe vanno dal blu al blu tendente al verde. Alcune specie provocano i marciumi fungini blu e verdi degli agrumi e quello blu di mele, uva, pere e frutta con nocciolo. *P. roqueforti* conferisce colorazione blu al formaggio. Alcune specie producono citrinina, tossina del riso ingiallito, ocratossina A, rubratossina B e altre micotossine (vedi capitolo 30).

Rhizopus   Producono ife non settate da cui originano stoloni e rizoidi. Gli sporangiofori si sviluppano in gruppi nella parte terminale degli stoloni, in corrispondenza del punto di origine dei rizoidi. *R. stolonifer* è di gran lunga la specie più comune negli alimenti. Indicate talvolta come "muffe del pane", producono il marciume molle acquoso di mele, pere, frutta con nocciolo, uve, fichi ecc. Alcune causano black spot su manzo e carne di montone congelata; possono essere riscontrati su bacon e altre carni trasformate. Alcune specie producono pectinasi; *R. oligosporus* è importante nella produzione di prodotti fermentati, quali *oncom*, *bongkrek* e *tempeh*.

Thamnidium   Queste muffe producono piccoli sporangi derivanti da strutture altamente ramificate. *T. elegans* è l'unica specie ed è conosciuta per il suo sviluppo su quarti posteriori di manzo refrigerati, dove presenta la caratteristica crescita "a basetta". Meno frequentemente viene trovata in uova alterate.

Trichothecium   Il genere è caratterizzato da ife settate, che portano conidiofori semplici, lunghi e sottili. *T. roseum*, unica specie del genere, presenta una colorazione rosea e provoca il marciume rosa della frutta; è anche responsabile del marciume molle delle cucurbitacee e si trova comunemente su orzo, frumento, mais e noci pecan. Alcuni ceppi producono micotossine (vedi capitolo 30).

Altre muffe   Delle due categorie di microrganismi qui discusse, la prima è costituita da generi diversi ritrovati in alcuni alimenti, ma generalmente considerati di scarso rilievo. Questi sono *Cephalosporium*, *Diplodia* e *Neurospora*. *Cephalosporium* è un deuteromicete spesso presente in cibi surgelati; le sue microspore sono simili a quelle di alcune specie di *Fusarium*. *Diplodia* è un altro deuteromicete ed è responsabile del marciume del colletto degli agrumi e del marciume acquoso delle pesche; *Neurospora* appartiene al gruppo degli ascomiceti e comprende una specie, *N. intermedia*, nota come "muffa rossa del pane"; la forma anamorfa di *N. intermedia* è rappresentata da *Monilia sitophila*, importante nella fermentazione dell'oncom e ritrovata anche sulle carni. Macchie bianche (white spot) sulla carne di manzo sono causate da *Sporotrichum* spp., mentre marciumi di diversi frutti sono provocati da specie del genere *Gloeosporium*. Alcuni *Helminthosporium* spp. sono patogeni delle piante mentre altri sono saprofiti.

    Neosartorya fischeri (forma anamorfa di *Aspergillus fischerianus*) è stata descritta nei primi anni Sessanta come responsabile dell'alterazione di prodotti derivati dalla frutta. Le sue ascospore sono molto resistenti al calore, essendo in grado di resistere all'ebollizione in acqua distillata addirittura per un'ora. Hanno infatti un valore D a 87 °C di circa 11 minuti in tampone fosfato. È interessante il fatto che produca diverse micotossine: fumitremorgina A, B e C, terrein, verruculogeno e fischerina (metaboliti fungini).

    La seconda categoria comprende muffe xerofile, molto importanti in quanto responsabili di alterazioni. In aggiunta ai generi *Aspergillus* e *Eurotium*, Pitt e Hocking[37] includono tra le muffe xerofile altri sei generi: *Basipetospora*, *Chrysosporium*, *Eremascus*, *Polypaecilum*, *Wallemia* e *Xeromyces*. Queste muffe si distinguono per la capacità di crescere a valori di a_w (activity water) di 0,85: sono quindi particolarmente importanti per gli alimenti la cui conservabilità è legata a bassi valori di a_w.

Il genere *Wallemia* forma colonie marrone scuro su terreni di coltura e alimenti. *W. sebi* (un tempo denominato *Sporendonema*) è la specie maggiormente conosciuta; è in grado di crescere in presenza di valori di $a_w = 0,69$ e provoca la comparsa di "muffe brune" su pesce essiccato e salato.

Xeromyces comprende un'unica specie, *X. bisporus*, costituita da cleistoteci incolori con aschi evanescenti contenenti due ascospore. Tra tutte le specie conosciute, questo microrganismo ha il più basso valore di a_w per la crescita[37]: il valore massimo è circa 0,97, l'optimum 0,88 e il minimo 0,61. L'indice termico D a 82,2 °C è di 2,3 minuti. Causa problemi in alimenti quali liquirizia, prugne, cioccolato, sciroppi e prodotti simili.

2.5 Generi di lieviti comunemente riscontrati negli alimenti

I lieviti sono funghi unicellulari, al contrario delle muffe che presentano strutture pluricellulari; tuttavia, questa definizione non è precisa, poiché alcuni lieviti – seppure in misura diversa – sono in grado di formare pseudomiceli.

I lieviti possono essere discriminati dai batteri per le maggiori dimensioni delle cellule e per la morfologia ovale, allungata, ellittica o sferica. Le dimensioni cellulari variano da 5 a 8 µm di diametro (in alcuni casi anche più); le colture di lieviti più vecchie tendono ad avere cellule più piccole. La maggior parte delle specie che rivestono un ruolo importante negli alimenti si riproducono per gemmazione o scissione binaria.

I lieviti possono crescere entro ampi intervalli di pH e con concentrazioni di etanolo fino al 18%. Inoltre, molti si sviluppano in presenza di concentrazioni zuccherine del 55-60%. Le colorazioni prodotte dai lieviti sono diverse, potendo variare dal crema, al rosa, al rosso. Le ascospore e le artrospore di alcune specie sono piuttosto resistenti al calore. (Le artrospore sono prodotte da alcuni funghi simili a lieviti.)

Nello scorso decennio lo studio della tassonomia dei lieviti è stato compiuto mediante l'impiego di nuove metodiche basate sull'analisi del 5S rRNA, sulla composizione in basi del DNA e sui profili del coenzima Q. Le tecniche basate sull'analisi della sequenza del 5S rRNA sono più utilizzate rispetto a quelle che studiano frazioni più ampie di RNA per le maggiori dimensioni del genoma dei lieviti.

Nella sistematica dei lieviti si sono succeduti numerosi cambiamenti, dovuti sia all'utilizzo di nuove metodiche, sia alla filosofia che tende al raggruppamento piuttosto che alla suddivisione dei taxa. Uno dei più autorevoli lavori sulla sistematica dei lieviti è stato pubblicato da Kreger-van Rij nel 1984[30]. In questo testo, quello che in passato era il genere *Torulopsis* è stato collocato nel genere *Candida* e alcune specie, prima appartenenti al genere *Saccharomyces*, sono state poste nei generi *Torulaspora* e *Zygosaccharomyces*. Oggi sono conosciute le forme teleomorfe, o forme perfette, di molti lieviti; per tale motivo è piuttosto difficile fare riferimento alla vecchia letteratura.

Di seguito è riassunta la tassonomia di 15 generi di lieviti di interesse alimentare. Per avere un'eccellente disamina su questo argomento, si consiglia la lettura dei lavori pubblicati da Deak e Beuchat[15], Beneke e Stevenson[3] e da Pitt e Hocking[37]. Per l'identificazione, Deak e Beuchat[15] hanno presentato un'ottima e semplice chiave di lettura sui lieviti di origine alimentare.

Divisione: Ascomycotina
  Famiglia: Saccharomycetaceae (formano ascospore e artrospore; riproduzione vegetativa per gemmazione o scissione binaria)
    Sottofamiglia: Nadsonioideae
      Genere: *Hanseniaspora*
    Sottofamiglia: Saccharomycotoideae
      Genere: *Debaryomyces*
             Issatchenkia
             Kluyveromyces
             Pichia
             Saccharomyces
             Torulaspora
             Zygosaccharomyces
    Sottofamiglia: Schizosaccharomycetoideae
      Genere: *Schizosaccharomyces*

Divisione: Deuteromycotina
  Famiglia: Cryptococcaceae (definiti "forme imperfette": riproduzione per gemmazione)
    Genere: *Brettanomyces*
           Candida
           Cryptococcus
           Rhodotorula
           Trichosporon

I generi sopra elencati sono brevemente esaminati di seguito.

Brettanomyces (la forma perfetta è *Dekkera*)   Questi lieviti asporigeni formano cellule ogivali e gemme terminali. Producono acido acetico dal glucosio esclusivamente in condizioni di aerobiosi. *B. intermedius* è la specie più frequentemente riscontrata e può crescere a valori di pH fino a 1,8. Le specie appartenenti a questo genere causano alterazione della birra, del vino, di bibite e sottaceti; alcune sono coinvolte nei fenomeni di post fermentazione di alcune birre e di alcune ale (birre ad alta fermentazione). *D. bruxellensis* è coinvolta nella fermentazione di numerose paste acide e contribuisce alla formazione di ammine biogene nel vino rosso.

Candida   Questo genere è stato istituito nel 1923 da Berkhout, da allora è stato oggetto di numerosi cambiamenti, sia nella definizione sia nella composizione[46]. È considerato un insieme tassonomico eterogeneo, che può essere suddiviso in 40 segmenti, comprendenti 3 gruppi principali costituiti esclusivamente sulla base di studi del cariotipo per elettroforesi e della composizione in acidi grassi[47]. Il nome generico significa "bianco brillante", in quanto le cellule non contengono alcun pigmento carotenoide. Di seguito sono elencate le specie di ascomiceti con forma imperfetta collocati in questo genere, incluso quello che un tempo era il genere *Torulopsis*.

Candida famata (*Torulopsis candida*; *T. famata*)
Candida kefyr (*Candida pseudotropicalis*, *T. kefyr*; *Torula cremoris*)
Candida stellata (*Torulopsis stellata*)
Candida holmii (*Torulopsis holmii*)

Numerose forme anamorfe di *Candida* sono ora collocate nei generi *Kluyveromyces* e *Pichia*[15]. *Candida lipolytica* è la forma anamorfa di *Saccharomycopsis lipolytica*.

I membri di questo genere sono i lieviti più comuni nella carne di manzo fresca macinata e nel pollame; *C. tropicalis* è la specie maggiormente riscontrata negli alimenti in generale. Alcune specie sono coinvolte nella fermentazione dei semi di cacao, come componenti nei grani di kefir e in molti altri prodotti, tra i quali birre, ale e succhi di frutta.

Cryptococcus Questo genere rappresenta la forma anamorfa di *Filobasidiella* e di altri basidiomiceti. Sono specie asporigene, si riproducono per gemmazione multilaterale e sono incapaci di fermentare gli zuccheri. Hanno aspetto ialino, con pigmentazione rossa o arancione; possono formare artrospore. Sono stati ritrovati su vegetali, nel suolo, su fragole e altri frutti, pesci marini, gamberi e carne di manzo fresca macinata.

Debaryomyces Questi lieviti formano ascospore, si riproducono per gemmazione multilaterale e talora producono uno pseudomicelio. È uno dei due generi di lieviti più frequentemente riscontrati nei prodotti lattiero-caseari. *D. hansenii* rappresenta quelli che un tempo erano *D. subglobosus* e *Torulaspora hansenii* ed è la principale specie di interesse alimentare; può crescere a concentrazioni di NaCl del 24% e a valori di a_w fino a 0,65. È responsabile della formazione di mucillagini sui würstel, si sviluppa nelle salamoie e sui formaggi e causa alterazione di succo d'arancia concentrato e yogurt.

Hanseniaspora Si tratta di lieviti apiculati; la forma anamorfa corrisponde a *Kloeckera* spp. Esibiscono una gemmazione di tipo bipolare; di conseguenza, producono cellule con forma simile a quella di un limone. Gli aschi contengono da due a quattro spore a forma di cappello. Fermentano gli zuccheri e possono essere presenti in numerosi alimenti, in particolare fichi, pomodori, fragole e agrumi, e nella fermentazione delle fave di cacao.

Issatchenkia I membri di questo genere producono uno pseudomicelio e si moltiplicano per gemmazione multilaterale. Sono state qui collocate alcune specie prima appartenenti al genere *Pichia*. Questi lieviti formano una caratteristica pellicola superficiale sui terreni liquidi di crescita. *I. orientalis* è la forma teleomorfa di *Candida krusei*. Contengono il coenzima Q-7 e sono diffusi in una grande varietà di alimenti.

Kluyveromyces (*Fabospora*) Si tratta di lieviti che formano ascospore (le spore hanno forma sferica) e si riproducono per gemmazione multilaterale. *K. marxianus* oggi include quelle che in passato erano le specie *K. fragilis*, *K. lactis*, *K. bulgaricus*, *Saccharomyces lactis* e *S. fragilis*. *K. marxianus* è una delle due specie di lieviti più frequentemente riscontrate nei prodotti lattiero-caseari. Le specie del genere *Kluyveromyces* producono β-galattosidasi e fermentano vigorosamente gli zuccheri, incluso il lattosio. *K. marxianus* contiene il coenzima Q-6 ed è responsabile della fermentazione del kumiss; inoltre è impiegato per la produzione di lattasi e di biomassa dal siero. Le specie di questo genere si trovano su una grande varietà di frutti; *K. marxianus* è causa di alterazione del formaggio.

Pichia Questo genere è il più ampio tra i lieviti perfetti. Produce gemme multilaterali, gli aschi solitamente contengono quattro spore di forma sferoidale a cappello (detta anche "a saturno"); può formare pseudomiceli e artrospore. Diverse specie che producono spore a forma di cappello possono appartenere a *Williopsis* spp.; alcune specie prima collocate in questo genere sono ora classificate nel genere *Debaryomyces*. *P. guilliermondii* rappresenta la forma perfetta di *Candida guillermondii*; la forma anamorfa di *P. membranaefaciens* è *Candida valida*. Le specie del genere *Pichia* formano caratteristiche pellicole sui terreni liquidi e svolgono un ruolo importante nella produzione di alimenti tradizionali in diverse parti del mondo. Alcune specie sono state isolate su pesce fresco e gamberi. Questi lieviti sono noti per la capacità di crescere nella salamoia delle olive e per essere causa di alterazione di sottaceti e crauti.

Rhodotorula   Questi lieviti rappresentano le forme anamorfe di basidiomiceti. I produttori di teliospore si trovano nel genere *Rhodosporium*. Si riproducono mediante gemmazione multilaterale e non sono fermentanti. *R. glutinis* e *R. mucilaginosa* sono le due specie rinvenute più frequentemente negli alimenti; producono pigmenti dal rosa al rosso: la maggior parte ha colorazione arancione o rosa salmone. Il genere contiene molte specie/ceppi psicrotrofi, presenti in pollame fresco, gamberi, pesce e carne di manzo. Alcuni crescono sulla superficie del burro.

Saccharomyces   Le specie di lieviti appartenenti a questo genere si moltiplicano per gemmazione multilaterale e producono ascospore sferiche contenute all'interno di aschi. *S. bisporus* e *S. rouxii* precedentemente classificate in questo genere, fanno ora parte del genere *Zygosaccharomyces*, mentre la specie in passato denominata *S. rosei* è ora inclusa nel genere *Torulaspora*. Tutti i lieviti che attuano la fermentazione del pane, della birra, del vino e dello champagne appartengono alla specie *S. cerevisiae*, che raramente causa alterazioni. Sono stati anche ritrovati nei granuli del kefir e possono essere isolati da diverse tipologie di alimenti, quali salami stagionati e numerosi frutti.

Schizosaccharomyces   Forma ascospore e si divide per scissione agamica; può produrre pseudoife (pseudomicelio) e artrospore. Gli aschi contengono da quattro a otto spore a forma di fagiolo; non sono prodotte gemme. *S. pombe* è la specie maggiormente riscontrata, è osmofila e resistente ad alcuni conservanti chimici. Il metabolismo è di tipo fermentativo con bassa produzione di alcol. È responsabile della fermentazione maloalcolica. Il suo ecosistema tipico è rappresentato dai succhi di frutta.

Torulaspora   Questo genere si riproduce per gemmazione multilaterale; le spore sono sferiche e protette in aschi. Tre specie aploidi, precedentemente collocate nel genere *Saccharomyces*, appartengono ora a questo genere. Sono forti fermentatori di zuccheri e contengono il coenzima Q-6. *T. delbrueckii* è la specie maggiormente riscontrata.

Trichosporon   Questi lieviti ossidativi non producono ascospore e si moltiplicano sia per gemmazione sia mediante formazione di artroconidi. Essi producono un vero micelio; la capacità di fermentare gli zuccheri è assente o debole. Sono coinvolti nella fermentazione dei semi delle fave di cacao e degli *idli* (piccoli pancake cotti al vapore che si servono a colazione o come snack, diffusi nel sud dell'India). Sono stati anche isolati da gamberi freschi, carne di manzo macinata, pollame, agnello congelato e altri alimenti. *T. pullulans* è la specie maggiormente presente ed è provvista di lipasi.

Yarrowia   In passato questi lieviti erano classificati come *Saccharomycopsis*; appartengono all'ordine Endomycetales e sono presenti abitualmente su frutta, vegetali, carni e pollame. *Candida lipolytica* rappresenta la forma anamorfa, *Y. lipolytica* quella teleomorfa (perfetta); quest'ultimo è tra i lieviti più importanti tra quelli coinvolti nella maturazione dei formaggi.

Zygosaccharomyces Questo genere si moltiplica per gemmazione multilaterale e produce ascospore a forma di fagiolo, generalmente libere all'interno di aschi. La maggior parte delle specie di questo genere è aploide e forte fermentatrice di zuccheri. *Z. rouxii* è la specie più importante ed è in grado di crescere a valori di a_w di 0,62 (è secondo solo a *Xeromyces bisporus* nella capacità di crescere a bassi a_w)[47]. Alcuni sono coinvolti nella fermentazione di shoyu (salsa di soia) e miso; altri sono considerati alteranti di maionese e condimenti, in particolar modo *Z. bailii*, che può crescere a pH 1,8[37].

Bibliografia

1. Ajithkumar B, Ajithkumar VP, Iriye R, Doi Y, Sakai T (2003) Spore-forming Serratia marcescens subsp. sakuensis subsp. nov., isolated from a domestic wastewater treatment tank. *Int J System Evol Microbiol*, 53: 253-258.

2. Ash C, Priest FG, Collins MD (1993) Molecular identification of rRNA group 3 bacilli (Ash, Farrow, Wallbanks and Collins) using a PCR probe test. *Antonie van Leeuwenhoek*, 64: 253-260.

3. Beneke ES, Stevenson KE (1987) Classification of food and beverage fungi. In: Beuchat LR (ed) *Food and Beverage Mycology* (2nd ed). Kluwer Academic Publishing, New York, pp. 1-50.

4. Beuchat LR (ed) (1987) *Food and Beverage Mycology* (2nd ed). Van Nostrand Reinhold, New York.

5. Berkeley RCA, Ali N (1994) Classification and identification of endospore-forming bacteria. *J Appl Bacteriol* (Symp. Suppl.), 76: 1S-8S.

6. Champomier MC, Montel MC, Talon R (1989) Nucleic acid relatedness studies on the genus Carnobacterium and related taxa. *J Gen Microbiol*, 135: 1391-1394.

7. Coenye T, Falsen E, Hoste B, Ohlén M, Goris J, Govan JRW, Gillis M, Vandamme P (2000) Description of Pandoraea gen. nov. with Pandoraea apista sp. nov., Pandoraea pulmonicola sp. nov., Pandoraea pnomenusa sp. nov., Pandoraea sputorum sp. nov. and Pandoraea norimbergensis comb. nov. *Int J System Evol Microbiol*, 50: 887-899.

8. Collins MD, Lawson PA, Willems A, Cordoba JJ, Fernandez-Garayzabal J, Garcia P, Cai J, Hippe H, Farrow JAE (1994) The phylogeny of the genus Clostridium: Proposal of five new genera and eleven new species combinations. *Int J Syst Bacteriol*, 44: 812-826.

9. Collins MD, Samelis J, Metaxopoulos J, Wallbanks S (1993) Taxonomic studies on some leuconostoc-like organisms from fermented sausages: Description of a new genus Weissella for the Leuconostoc paramesenteroides group of species. *J Appl Bacteriol*, 75: 595-603.

10. Collins MD, Rodriguez U, Ash C, Aguirre M, Farrow JAE, Martinez-Murcia A, Phillips BA, Williams AM, Wallbanks S (1991) Phylogenetic analysis of the genus Lactobacillus and related lactic acid bacteria as determined by reverse transcriptase sequencing of 16S rRNA. *FEMS Microbiol Lett*, 77: 5-12.

11. Collins MD, Ash C, Farrow JAE, Wallbanks S, Williams AM (1989) 16S ribosomal ribonucleic acid sequence analyses of lactococci and related taxa: Description of Vagococcus fluvialis gen. nov., sp. nov. *J Appl Bacteriol*, 67: 453-460.

12. Collins MD, Farrow JAE, Phillips BA, Ferusu S, Jones D (1987) Classification of Lactobacillus divergens, Lactobacillus piscicola, and some catalase-negative, asporogenous, rod-shaped bacteria from poultry in a new genus, Carnobacterium. *Int J Syst Bacteriol*, 37: 310-316.

13. Colwell RR (ed) (1984) *Vibrios in the Environment*. Wiley, New York.

14. Coyne VE, Pillidge CJ, Sledjeski DD, Hori H, Ortiz-Conde BA, Muir DG, Weiner RM, Colwell RR (1989) Reclassification of Alteromonas colwelliana to the genus Shewanella by DNA-DNA hybridization, serology and 5S ribosomal RNA sequence data. *Syst Appl Microbiol*, 12: 275-279.

15. Deak T, Beuchat LR (1987) Identification of foodborne yeasts. *J Food Protect*, 50: 243-264.

16. Dicks LMT, Dellaglio F, Collins MD (1995) Proposal to reclassify Leuconostoc oenos as Oenococcus oeni [corrig.] gen. nov. comb. nov. *Int J Syst Bacteriol*, 45: 395-397.

17. Gauthier G, Gauthier M, Christen R (1995) Phylogenetic analysis of the genera Alteromonas, Shewanella, and Moritella using genes coding for small-subunit rRNA sequences and division of the genus Alternomas into two genera, Alteromonas (amended) and Pseudoalteromonas gen. nov., and proposal of twelve new species combinations. *Int J Syst Bacteriol*, 45: 755-761.

18. Gavini F, Mergaert J, Beji A, Mielcarek C, Izard D, Kersters K, de Ley J (1989) Transfer of Enterobacter agglomerans (Beijerinck 1888) (Ewing and Fife 1972) to Pantoea gen. nov. as Pantoea agglomerans comb. nov. and description of Pantoea dispersa sp. nov. *Int J Syst Bacteriol*, 39: 337-345.

19. Golledge CL, Stringmore N, Aravena M, Joske D (1990) Septicemia caused by vancomycin-resistant Pediococcus acidilactici. *J Clin Microbiol*, 28: 1678-1679.

20. Gupta RS (2000) The phylogeny of proteobacteria: relationships to other eubacterial phyla and eukaryotes. *FEMS Microbiol Rev*, 24: 367-402.

21. Hauben L, Vauterin L, Moore ERB, Hoste B, Swings J (1999) Genomic diversity of the genus Stenotrophomonas. *Int J System Bacteriol*, 49: 1749-1760.

22. Heyndrickx M, Vandemeulebroecke K, Scheldeman P, Kersters K, DeVos P, Logan NA, Aziz AM, Ali N, Berkeley RCW (1996) A polyphasic reassessment of the genus Paenibacillus, reclassification of Bacillus lautus (Nakamura 1984) as Paenibacillus lautus comb. nov. and of Bacillus peoriae (Montefusco et al. 1993) as Paenibacillus peoriae comb. nov., and emended descriptions of P. lautus and of P. peoriae. *Int J Syst Bacteriol*, 46: 988-1003.

23. Holzapfel WH, Gerber ES (1983) Lactobacillus divergens sp. nov., a new heterofermentative Lactobacillus species producing L(+)-lactate. *Syst Appl Bacteriol*, 4: 522-534.

24. Jay JM (2003) A review of recent taxonomic changes in seven genera of bacteria commonly found in foods. *J Food Protect*, 66: 1304-1309.

25. Jay JM (1987) Fungi in meats, poultry, and seafoods. In: Beuchat LR (ed) *Food and Beverage Mycology* (2nd ed). Kluwer Academic Publishers, New York, pp. 155-173.

26. Juni E, Heym GA (1986) Psychrobacter immobilis gen. nov., sp. nov.: Genospecies composed of Gram-negative, aerobic, oxidase-positive coccobacilli. *Int J Syst Bacteriol*, 36: 388-391.

27. King AD Jr, Halbrook WU (1987) Ascospore heat resistance and control measures for Talaromyces flavus isolated from fruit juice concentrate. *J Food Sci*, 52: 1252-1254, 1266.

28. Kleynmans U, Heinzl H, Hammes WP (1989) Lactobacillus suebicus sp. nov., an obligately heterofermentative Lactobacillus species isolated from fruit mashes. *Syst Appl Bacteriol*, 11: 267-271.

29. Kloos WE, Ballard DN, George CG, Webster JA, Hubner RJ, Ludwig, W Schleifer KH, Fiedler F, Schubert K (1998) Delimiting the genus Staphylococcus through description of Macrococcus caseolyticus gen nov., comb. nov. and Macrococcus equipercicus sp. nov., Macrococcus bovicus sp. nov. and Macrococcus carouselicus sp. nov. *Int J System Bacteriol*, 48: 859-877.

30. Kreger-van Rij NJW, (ed) (1984) *The Yeasts: A Taxonomic Study*. Elsevier, Amsterdam.

31. Lane DJ, Pace B, Olsen GJ, Stahl DA, Sogin ML, Pace NR (1985) Rapid determination of 16S ribosomal RNA sequences for phylogenetic analysis. *Proc Natl Acad Sci*, 82: 6955-6959.

32. MacDonell MT, Colwell RR (1985) Phylogeny of the Vibrionaceae, and recommendation for two new genera, Listonella and Shewanella. *Syst Appl Microbiol*, 6: 171-182.

33. Mergaert J, Verdonck L, Kersters K (1993) Transfer of Erwinia ananas (synonym, Erwinia uredovora) and Erwinia stewartii to the genus Pantoea emend. as Pantoea ananas (Serrano 1928) comb. nov. and Pantoea stewartii (Smith 1898) comb. nov., respectively, and description of Pantoea stewartii subsp. indologenes subsp. nov. *Int J Syst Bacteriol*, 43: 162-173.

34. Moore JE, McIlhatton B, Shaw A, Murphy PG, Elborn JS (2001a) Occurrence of Burkholderia cepacia in foods and waters: Clinical implications for patients with cystic fibrosis. *J Food Protect*, 64: 1076-1078.

35. Moore JE, Coenye T, Vandamme P, Elborn JS (2001b) First report of Pandoraea norimbergensis isolated from food – Potential clinical significance. *Food Microbiol*, 18: 113-114.

36. Nazina TN, Tourova TP, Poltaraus AB, Novikova EV, Grigoryan AA, Ivanova AE, Lysenko AM, VV Petrunyaka, Osipov GA, Belyaev SS, Ivanov MV (2001) Taxonomic study of aerobic thermophilic bacilli: Descriptions of Geobacillus subterraneus gen nov., sp. nov. and Geobacillus uzenensis

sp. nov from petroleum reservoirs and transfer of Bacillus stearothermophilus, Bacillus thermo-catenulatus, Bacillus thermoleovorans, Bacillus kaustrophilus, Bacillus thermoglucosidasius and Bacillus thermodenitrificans to Geobacillus as the new combinations G. stearothermophilus, G. thermocatenulatus, G. thermoleovorans, G. kaustophilus, G. thermoglucosidasius, and G. thermo-denitrificans. *Int J System Evol Microbiol*, 51: 433-446.

37. Pitt JI, Hocking AD (1985) *Fungi and Food Spoilage*. Academic Press, New York.

38. Scheldeman P, Goossens K, Rodriguez-Diaz M, Pil A, Goris J, Herman L, De Vos P, Logan NA, Heyndrickx M (2004) Paenibacillus lactis sp. nov., isolated from raw and heat-treated milk. *Int J Syst Evol Microbiol*, 54: 885-891.

39. Shaw BG, Latty JB (1988) A numerical taxonomic study of non-motile non-fermentative Gram-negative bacteria from foods. *J Appl Bacteriol*, 65: 7-21.

40. Sneath PHA, Jones D (1976) Brochothrix, a new genus tentatively placed in the family Lactobac-teriaceae. *Int J Syst Bacteriol*, 26: 102-104.

41. Splittstoesser DF, Lammers JM, Downing DL, Churney JJ (1989) Heat resistance of Eurotium herba-riorum, a xerophilic mold. *J Food Sci*, 54: 683-685.

42. Stackebrandt E, Koch EC, Gvozdiak O, Schumann P (1995) Taxonomic dissection of the genus Micrococcus: Kocuria gen. nov., Nesterenkonia gen. nov., Kytococcus gen. nov., Dermacoccus gen. nov., and Micrococcus Cohn 1872 gen. emend. *Int J Syst Bacteriol*, 45: 682-692.

43. Stackebrandt E, Murray RGE, Trüper HG (1988) Proteobacteria classis nov., a name for the phyloge-netic taxon that includes the "purple bacteria and their relatives". *Int J Syst Bacteriol*, 38: 321-325.

44. Talon R, Grimont PAD, Grimont F, Boefgras JM (1988) Brochothrix campestris sp. nov. *Int J Syst Bacteriol*, 38: 99-102.

45. Vandamme P, Falsen PE, Rossau R, Hoste B, Segers P, Tytgat R, de Ley J (1991) Revision of Campy-lobacter, Helicobacter, and Wolinella taxonomy emendation of generic descriptions and proposal of Arcobacter gen. nov. *Int J Syst Bacteriol*, 41: 88-103.

46. Viljoen BC, Kock JLF (1989a) The genus Candida Berkhout nom. con-serv.—A historical account of its delimitation. *Syst Appl Microbiol*, 12: 183-190.

47. Viljoen BC, Kock JLF (1989b) Taxonomic study of the yeast genus Candida Berkhout. *Syst Appl Microbiol*, 12: 91-102.

48. Wallbanks S, Martinez-Murcia AJ, Fryer JL, Phillips BA, Collins MD (1990) 16S rRNA sequence determination for members of the genus Carnobacterium and related lactic acid bacteria and description of Vagococcus salmoninarum sp. nov. *Int J Syst Bacteriol*, 40: 224-230.

49. Wauters G, Janssens M, Steigerwalt AG, Brenner DJ (1988) Yersinia mollaretti sp. nov. and Yersinia bercovieri sp. nov., formerly called Yersinia entercolitica biogroups 3A and 3B. *Int J Syst Bacteriol*, 38: 424-429.

50. Wayne LG, Brenner DJ, Colwell RR, Grimont PAD, Kandler O, Krichovsky MI, Moore LH, Moore WEC, Murray RGE, Stackebrandt E, Starr MP, Trüper HG (1987) Report of the ad hoc com-mittee on reconciliation of approaches to bacterial systematics. *Int J Syst Bacteriol*, 37: 463-464.

51. Wesley IV (1997) Helicobacter and Arcobacter: Potential human foodborne pathogens? *Trends Food Sci Technol*, 8: 293-299.

52. Wesley IV (1996) Helicobacter and Arcobacter species: Risks for foods and beverages. *J Food Protect*, 59: 1127-1132.

53. Woese CR (1987) Bacterial evolution. *Microbiol Rev*, 51: 221-271.

54. Woese CR, Weisburg WG, Hahn CM, Paster BJ, Zablen LB, Lewis BJ, Macke TJ, Ludwig W, Stackebrandt E (1985) The phylogeny of purple bacteria; The gamma subdivision. *System Appl Microbiol*, 6: 25-33.

55. Woese CR, Stackebrandt E, Weisburg WG, Paster BJ, Madigan MT, Fowler VJ, Hahn CM, Blanz P, Gupta R, Nealson KH, Fox GE (1984a) The phylogeny of purple bacteria: The alpha subdivision. *System Appl Microbiol*, 5: 315-326.

56. Woese CR, Weisburg WG, Paster BJ, Hahn CM, Tanner RS, Krieg NR, Koops HP, Harms H, Stackebrandt E (1984b) The phylogeny of purple bacteria: The beta subdivision. *System Appl Microbiol*, 5: 327-336.

57. Wolf A, Fritze A, Hagemann M, Berg G (2002) Stenotrophomonas rhizophila sp. nov., a novel plant-associated bacterium with antifungal properties. *Int J System Evol Microbiol*, 52: 1937-1944.
58. Yabuuchi E, Kosako Y, Fujiwara N, Naka T, Matsunaga I, Ogura H, Kobayashi K (2002) Emendation of the genus Sphingomonas Yabuuchi et al. 1990 and junior objective synonymy of the species of three genera, Sphingobium, Novosphingobium, and Sphingopyxis, inconjunction with Blastomonas ursincola. *Int Syst Evol Microbiol*, 52: 1485-1496.

Capitolo 3

Parametri che influenzano la crescita microbica negli alimenti

Poiché i nostri alimenti sono di origine animale e/o vegetale, è utile prendere in esame le caratteristiche dei loro tessuti che influenzano la crescita microbica. Tutti i vegetali e gli animali, che costituiscono la nostra fonte di cibo, hanno sviluppato meccanismi di difesa contro l'invasione e la proliferazione dei microrganismi; alcuni di tali meccanismi persistono anche negli alimenti freschi. Considerando attentamente questi fenomeni naturali, è possibile utilizzarli efficacemente, in tutto o in parte, per prevenire o ritardare lo sviluppo di microrganismi patogeni o alteranti nei prodotti in cui sono presenti.

3.1 Parametri intrinseci

Le caratteristiche dei tessuti animali e vegetali – che sono parte integrante dei tessuti stessi – vengono definite *parametri intrinseci*[33] e comprendono:

1. pH;
2. contenuto di umidità (a_w);
3. potenziale di ossido-riduzione (Eh);
4. contenuto di nutrienti;
5. costituenti antimicrobici;
6. strutture biologiche.

Ognuno di questi fattori in grado di influenzare lo sviluppo microbico qui discusso, ponendo particolare attenzione agli effetti sui microrganismi presenti negli alimenti.

3.1.1 pH

È ormai accertato che la maggior parte dei microrganismi cresce meglio a valori di pH attorno a 7,0 (6,6-7,5), mentre solo pochi sono in grado di crescere a pH inferiori a 4,0 (figura 3.1). In relazione al pH, in generale i batteri tendono a essere più sensibili rispetto ai lieviti e alle muffe; i patogeni, in particolare, sono i più esigenti. In figura 3.1 sono riportati i valori minimi e massimi di pH per alcuni microrganismi di interesse alimentare; è bene precisare che tali valori sono puramente indicativi, poiché i valori limite effettivi per lo sviluppo dei microrganismi sono influenzati anche da altri parametri di crescita. Per esempio, è stato dimostrato che il pH minimo di alcuni lattobacilli dipende dal tipo di acido utilizzato:

J.M. Jay et al., *Microbiologia degli alimenti*
© Springer-Verlag Italia 2009

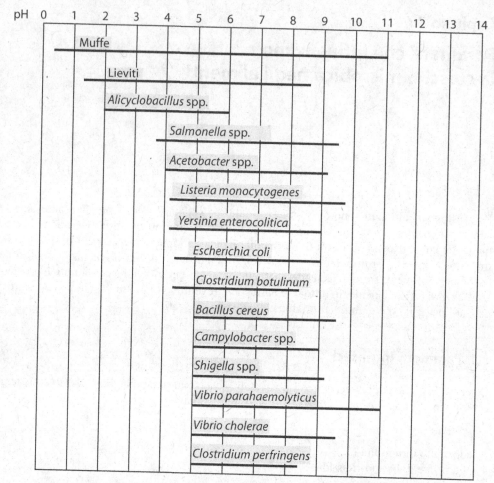

Figura 3.1 Range di pH indicativi per lo sviluppo di alcuni microrganismi patogeni di interesse alimentare. I range di pH per *L. monocytogenes* e *S. aureus* sono simili.

gli acidi citrico, cloridrico, fosforico e tartarico consentono la crescita a valori di pH più bassi rispetto agli acidi acetico o lattico. In presenza di una concentrazione 0,2 M di NaCl, *Alcaligenes faecalis* è in grado di crescere entro un ampio range di pH, superiore rispetto a quando il microrganismo si trova in assenza di NaCl o in presenza di una concentrazione 0,2 M di sodio citrato (figura 3.2). Dalla tabella 3.1, si può osservare che alimenti come la frutta, le bevande analcoliche, l'aceto e il vino hanno tutti un valore di pH inferiore a quello al quale i batteri crescono normalmente. L'eccellente difesa naturale mostrata da questi prodotti è dovuta in gran parte al loro pH. È noto che, in generale, la frutta è soggetta soprattutto ad alterazioni causate da muffe e lieviti e ciò è legato alla capacità di questi microrganismi di crescere a pH < 3,5, valore considerato inferiore alla soglia minima di sviluppo per gran parte dei batteri alteranti e patogeni di interesse alimentare (tabella 3.2).

Si può inoltre osservare, dalla tabella 3.3, che la maggior parte delle carni e dei prodotti ittici presenta un pH finale di circa 5,6 o superiore, tale da rendere questi prodotti suscettibili all'attacco di batteri, come pure a quello di muffe e lieviti alteranti.

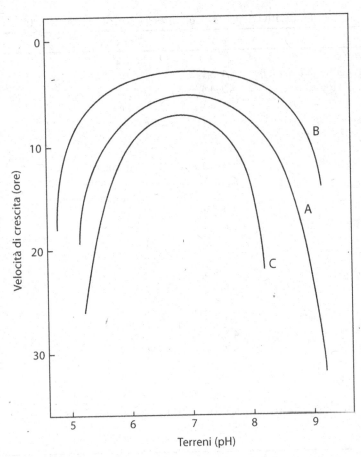

Figura 3.2 Rapporti tra pH, concentrazione di NaCl e di Na citrato sulla velocità di crescita di *Alcaligenes faecalis* in presenza di 1% di peptone: A = 1% peptone; B = 0,2 M NaCl; C = 1% peptone + 0,2 M di Na citrato. (Modificata da Sherman e Holm[48], con autorizzazione dell'editore)

A proposito delle difese naturali delle carni, è certo che la carne ottenuta da animali stressati si altera più velocemente rispetto a quella proveniente da animali riposati e che ciò è una conseguenza diretta del pH finale raggiunto al termine del processo di rigor mortis. In un animale da carne non stressato, dopo la morte di norma l'1% del glicogeno è convertito in acido lattico, che causa direttamente un abbassamento del pH da 7,4 circa fino a 5,6 circa, a seconda del tipo di animale. Nella carne bovina dopo il rigor mortis Callow[11] osservò un valore minimo di pH di 5,1 e massimo di 6,2. Il valore di pH normalmente raggiunto dopo il completamento del rigor mortis nella carne bovina è circa 5,6[5]. Sempre Callow riscontrò nelle carni di agnello e maiale valori di pH minimi e massimi, rispettivamente, di 5,4 e 6,7 e di 5,3 e 6,9. Briskey[8] osservò che, in particolari condizioni, la carne di maiale può raggiungere valori finali di pH pari anche a 5,0. L'effetto di tali valori di pH sui microrganismi, in particolar modo sui batteri, è evidente.

Per quanto riguarda i pesci, l'ippoglosso solitamente raggiunge un valore di pH finale attorno a 5,6 e presenta, per tale motivo, una migliore conservabilità rispetto ad altri pesci, che mostrano valori finali di pH compresi nell'intervallo 6,2-6,6[42].

Tabella 3.1 Valori indicativi di pH di alcuni prodotti ortofrutticoli freschi

Prodotti	pH	Prodotti	pH
Verdura		**Frutta**	
Asparagi (germogli e gambi)	5,7-6,1	Arance (succo)	3,6-4,3
Barbabietole (da zucchero)	4,2-4,4	Angurie	5,2-5,6
Broccoli	6,5	Banane	4,5-4,7
Carote	4,9-5,2; 6,0	Fichi	4,6
Cavoletti di Bruxelles	6,3	Lime	1,8-2,0
Cavolfiori	5,6	Mele	2,9-3,3
Cavoli (verdi)	5,4-6,0	Mele (succo)	3,3-4,1
Cavoli rapa	6,3	Meloni (honey dew)	6,3-6,7
Cetrioli	3,8	Pompelmo (succo)	3,0
Cipolle (rosse)	5,3-5,8	Prugne	2,8-4,6
Fagioli (taccole e Lima)	4,6-6,5	Sidro di mele	3,6-3,8
Lattuga	6,0	Uva	3,4-4,5
Mais (dolce)	7,3		
Melanzane	4,5		
Olive	3,6-3,8		
Pastinache	5,3		
Patate (tuberi e dolce)	5,3-5,6		
Pomodori (interi)	4,2-4,3		
Prezzemolo	5,7-6,0		
Rabarbaro	3,1-3,4		
Rape	5,2-5,5		
Sedano	5,7-6,0		
Spinaci	5,5-6,0		
Zucca	4,8-5,2		
Zucchine	5,0-5,4		

Alcuni alimenti sono caratterizzati da acidità intrinseca, altri devono la loro acidità o pH all'azione di alcuni microrganismi; nel secondo caso l'acidità è definita biologica ed è presente in prodotti quali latti fermentati, crauti e sottaceti. In ogni caso, a prescindere dalla sua origine, l'effetto dell'acidità sulla conservazione degli alimenti sembra essere il medesimo.

Gli alimenti che mostrano migliore resistenza alle variazioni di pH vengono definiti *a effetto tampone*. In generale, le carni possiedono un effetto tampone maggiore rispetto ai vegetali, soprattutto grazie alle proteine in esse contenute. I prodotti di origine vegetale hanno un minore contenuto proteico, di conseguenza sono sprovvisti dell'effetto tampone per contrastare i cambiamenti di pH causati dallo sviluppo dei microrganismi (vedi tabelle 6.4 e 6.5 per la composizione chimica media percentuale dei vegetali).

È stata valutata la capacità di *E. coli* di crescere in tre diverse tipologie di senape vendute al dettaglio, inoculate con una concentrazione di 10^6 ufc/g di questo microrganismo: in tutte e tre le tipologie di prodotto si è osservata inibizione dello sviluppo[31]. Nelle senapi tipo Digione (pH 3,55-3,60) il microrganismo non è stato rilevato neppure dopo aver lasciato i prodotti per 3 ore a temperatura ambiente e per 2 giorni a 5 °C. Nelle senapi gialle e in quelle delicate (pH 3,30 e 3,38 rispettivamente) il microrganismo non è stato riscontrato dopo 1 ora[31].

L'acidità naturale o intrinseca degli alimenti, in particolare della frutta, può essersi evoluta come meccanismo di difesa dei tessuti nei confronti dell'attacco dei microrganismi. È

Tabella 3.2 Valori minimi di pH per la crescita di alcuni batteri di origine alimentare

Specie batterica	pH
Aeromonas hydrophila	~ 6,0
Asaia siamensis	3,0
Alicyclobacillus acidocaldarius	2,0
Bacillus cereus	4,9
Botrytis cinerea	2,0
Clostridium botulinum, Gruppo I	4,6
C. botulinum, Gruppo II	5,0
C. perfringens	5,0
Escherichia coli O157:H7	4,5
Gluconobacter spp.	3,6
Lactobacillus brevis	3,16
L. plantarum	3,34
L. sakei	3,0
Lactococcus lactis	4,3
Listeria monocytogenes	4,1
Penicillium roqueforti	3,0
Propionibacterium cyclohexanicum	3,2
Plesiomonas shigelloides	4,5
Pseudomonas fragi	~ 5,0
Salmonella spp.	4,05
Shewanella putrefaciens	~ 5,4
Shigella flexnerl	5,5-4,75
S. sonnei	5,0-4,50
Staphylococcus aureus	4,0
Vibrio parahaemolyticus	4,8
Yersinia enterocolitica	4,18
Zygosaccharomyces bailii	1,8

Tabella 3.3 Valori approssimativi di pH di alcuni prodotti alimentari

Prodotti	pH	Prodotti	pH
Prodotti lattiero-caseari		**Pesci, crostacei e molluschi**	
Burro	6,1-6,4	Pesce (la maggior parte delle specie)*	6,6-6,8
Siero di latte	4,5	Vongole	6,5
Latte	6,3-6,5	Granchi	7,0
Panna	6,5	Ostriche	4,8-6,3
Formaggio	4,9-5,9	Tonno	5,2-6,1
		Gamberetti	6,8-7,0
		Salmone	6,1-6,3
Carne e pollame		Pesce bianco	5,5
Carne di manzo (macinata)	5,1-6,2		
Prosciutto	5,9-6,1		
Carne di vitello	6,0		
Pollo	6,2-6,4		
Fegato	6,0-6,4	* Subito dopo la morte	

interessante osservare che la frutta presenta valori di pH inferiori a quelli necessari per la crescita della maggior parte dei microrganismi alteranti: ciò può essere giustificato considerando che la funzione biologica del frutto è la protezione del corpo riproduttivo della pianta, cioè il seme. Tale fatto, da solo, è stato senza dubbio abbastanza importante nel processo evolutivo che ha portato all'ampia molteplicità di frutti di cui disponiamo oggi. Nonostante il pH degli animali in vita favorisca lo sviluppo della maggior parte degli organismi alteranti, vi sono altri parametri intrinseci che entrano in gioco per consentire la sopravvivenza e la crescita dell'organismo animale.

Sebbene valori acidi di pH siano più efficaci nell'inibire lo sviluppo microbico, anche l'alcalinità – compresa nell'intervallo di pH da 12 a 13 – può essere letale, almeno per alcuni batteri. Per esempio l'impiego di $Ca(OH)_2$, per portare il pH di alcuni alimenti freschi entro questo range, si è dimostrato letale per *Listeria monocytogenes* e per altri patogeni di interesse alimentare.

Effetti del pH

Valori di pH sfavorevoli per i microrganismi influenzano almeno due aspetti della respirazione cellulare: il funzionamento degli enzimi e il trasporto di nutrienti all'interno della cellula. La membrana citoplasmatica dei microrganismi è relativamente impermeabile agli ioni H^+ e OH^-, la cui concentrazione nel citoplasma rimane perciò ragionevolmente costante, malgrado le ampie variazioni di pH che possono verificarsi nel mezzo circostante[45]. Conway e Downey[16] osservarono che in cellule di lievito da panificazione in fase stazionaria il pH intracellulare era 5,8; sebbene durante il processo di fermentazione del glucosio il pH delle zone esterne alla cellula fosse più acido, l'interno della cellula rimaneva comunque più alcalino. D'altra parte, Peña e colleghi[37] non hanno supportato la tesi che il pH delle cellule di lievito rimanga costante al variare del pH del mezzo. Sebbene esistano eccezioni, quali i *Sulfolobus* e i *Methanococcus*, pare che il pH interno di quasi tutte le cellule sia prossimo alla neutralità. Quando i microrganismi sono posti in ambienti a pH inferiore o superiore alla neutralità, il loro sviluppo dipende dalla loro capacità di portare il pH ambientale a valori – o all'interno di un intervallo di valori – ottimale. Le cellule poste in un ambiente acido devono essere attive nel tenere gli ioni H^+ all'esterno o, in alternativa, nell'espellerli con la stessa velocità con la quale entrano; tale meccanismo è fondamentale, soprattutto in considerazione del fatto che composti chiave per la cellula, come il DNA e l'ATP, necessitano di valori di pH neutri. Quando i microrganismi crescono in mezzi acidi, nella maggior parte dei casi la loro attività metabolica determina una riduzione dell'acidità del mezzo, mentre quelli che crescono in ambienti caratterizzati da pH elevato tendono ad abbassarne il valore. Nelle cellule che crescono in ambienti acidi, la decarbossilazione degli amminoacidi – che ha un optimum di pH intorno a 4,0 ed è pressoché inibita a pH 5,5 – causa un aggiustamento spontaneo del pH attorno alla neutralità. Batteri come *Clostridium acetobutylicum* sono in grado di aumentare il pH del substrato mediante riduzione dell'acido butirrico a butanolo, mentre *Enterobacter aerogenes* ricorre alla produzione di acetoino dall'acido piruvico, per ridurre l'acidità dell'ambiente in cui cresce. La decarbossilazione degli amminoacidi determina un incremento di pH dovuto alla formazione delle ammine corrispondenti. Quando, invece, la crescita microbica avviene in un intervallo alcalino, un gruppo di amminoacido deaminasi, che presenta un'attività ottimale a pH intorno a 8,0, determina un naturale aggiustamento del pH attorno alla neutralità, come conseguenza dell'accumulo di acidi organici.

In relazione al trasporto di nutrienti, la cellula batterica tende a mantenere una parziale carica negativa che consente solo alle molecole indissociate – e non a quelle ionizzate – di penetrare al suo interno. A pH neutro o alcalino, gli acidi organici non possono entrare all'interno della cellula, mentre in ambiente acido questi composti passano nella forma indissociata che può, pertanto, attraversare senza problemi la cellula carica negativamente. Inoltre, la natura ionica dei gruppi presenti nelle catene laterali di una molecola ha influenza su ogni zona neutra della stessa e provoca una crescente denaturazione della membrana e degli enzimi di trasporto.

Tra gli altri effetti esercitati sui microrganismi da avverse condizioni di pH, vi è l'interazione tra gli ioni H^+ e gli enzimi della membrana citoplasmatica. Anche la morfologia di alcuni microrganismi può essere influenzata dal pH: la lunghezza delle ife di *Penicillium chrysogenum* è minore quando la crescita avviene in coltura continua con pH superiori a 6,0; a pH 6,7, infatti, il micelio si presenta aggregato in pellet anziché sotto forma di ife libere[45]. Gli ioni extracellulari H^+ e K^+ possono essere in competizione tra loro, per esempio quando lo ione K^+ stimola la fermentazione mentre H^+ la reprime. Il metabolismo del glucosio a opera di cellule di lievito poste in mezzi acidi viene marcatamente stimolato dagli ioni K^+[46]. Inoltre, in presenza di K^+ si osserva un aumento della velocità di consumo di glucosio dell'83% in anaerobiosi e del 69% in aerobiosi.

Altri fattori ambientali interagiscono con il pH. Per esempio, un substrato tende a divenire più acido al crescere della temperatura; la concentrazione di sali influenza le curve di velocità di sviluppo in funzione del pH, come illustrato in figura 3.2, dove si può osservare che l'aggiunta di 0,2 M di NaCl dilata l'intervallo di pH in cui *Alcaligenes faecalis* è in grado di crescere. Un risultato analogo è stato osservato per *Escherichia coli*. Tuttavia, quando il sale è presente in concentrazioni eccessive rispetto a quelle considerate ottimali, l'intervallo di pH in cui si ha lo sviluppo microbico si riduce. Un pH avverso rende le cellule molto più sensibili a un'ampia varietà di agenti tossici; in particolare le cellule giovani sono molto più sensibili alle variazioni di pH rispetto alle cellule in stato vitale avanzato o in fase di crescita stazionaria.

Quando i microrganismi si sviluppano a un valore di pH diverso da quello ottimale per la loro crescita (anche se compreso all'interno dell'intervallo di crescita) si osserva un allungamento della lag fase. L'allungamento atteso è ancora più marcato se il substrato è altamente tamponato rispetto a uno stesso substrato con scarsa capacità tampone. In altre parole, la lunghezza della lag fase dovrebbe riflettere il tempo necessario ai microrganismi per portare il pH del substrato a valori ottimali per il loro sviluppo. L'analisi delle sostanze responsabili di pH sfavorevoli per lo sviluppo microbico è utile per determinare non solo la velocità della futura crescita, ma anche il valore di pH minimo al quale le salmonelle iniziano a svilupparsi. Chung e Goepfert[14] osservarono che il valore di pH mimimo al quale le salmonelle crescevano era 4,05 in presenza di acido cloridrico e acido citrico, e 5,4 e 5,5 in presenza, rispettivamente, di acido acetico e acido propionico. Ciò riflette, indubbiamente, una capacità dei microrganismi di modificare l'ambiente esterno – in modo che risulti loro favorevole – maggiore in presenza degli acidi cloridrico e citrico, rispetto agli altri acidi testati. È inoltre possibile che altri fattori, in aggiunta al pH, entrino in gioco nel variare gli effetti degli acidi organici come inibitori di crescita. Per maggiori informazioni su pH e acidità, si consiglia il testo di Corlett e Brown[17].

3.1.2 Contenuto di umidità

Uno dei metodi più antichi di conservazione degli alimenti è la disidratazione o essiccamento, sebbene non sia noto come tale tecnica sia entrata in uso. La conservazione degli alimenti mediante disidratazione è una conseguenza diretta della sottrazione di umidità o dell'im-

Tabella 3.4 Relazione tra attività dell'acqua e concentrazione di sali in soluzione

Attività dell'acqua	Concentrazione di NaCl	
	Molalità	Percentuale p/v
0,995	0,15	0,9
0,99	0,30	1,7
0,98	0,61	3,5
0,96	1,20	7,0
0,94	1,77	10,0
0,92	2,31	13,0
0,90	2,83	16,0
0,88	3,33	19,0
0,86	3,81	22,0

(Da American Meat Institute Foundation, *The Science of Meat and Meat Products*. W.H. Freeman and Company, San Francisco, copyright ©1960)

Tabella 3.5 Valori minimi indicativi di a_w per lo sviluppo di microrganismi negli alimenti

Microrganismi	a_w	Microrganismi	a_w
Gruppi		**Gruppi**	
Batteri alteranti (la maggior parte)	0,90	Batteri alofili	0,75
Lieviti alteranti (la maggior parte)	0,88	Muffe xerofile	0,61
Muffe alteranti (la maggior parte)	0,80	Lieviti osmofili	0,61
Microrganismi specifici		**Microrganismi specifici**	
Clostridium botulinum, tipo E	0,97	Candida scottii	0,92
Pseudomonas spp.	0,97	Trichosporon pullulans	0,91
Acinetobacter spp.	0,96	Candida zeylanoides	0,90
Escherichia coli	0,96	Geotrichum candidum	~ 0,90
Enterobacter aerogenes	0,95	Trichothecium spp.	~ 0,90
Bacillus subtilis	0,95	Byssochlamys nivea	~ 0,87
Clostridium botulinum, tipi A e B	0,94	Staphylococcus aureus	0,86
Candida utilis	0,94	Alternaria citri	0,84
Vibrio parahaemolyticus	0,94	Penicillium patulum	0,81
Botrytis cinerea	0,93	Eurotium repens	0,72
Rhizopus stolonifer	0,93	Aspergillus glaucus*	0,70
Mucor spinosus	0,93	Aspergillus conicus	0,70
		Aspergillus echinulatus	0,64
		Zygosaccharomyces rouxii	0,62
		Xeromyces bisporus	0,61

* Gli stati perfetti del gruppo *A. glaucus* sono collocati nel genere *Eurotium*.

mobilizzazione delle molecole d'acqua, senza la quale i microrganismi non sono in grado di svilupparsi. Generalmente il fabbisogno d'acqua dei microrganismi viene espresso in termini di *attività dell'acqua* (a_w, *water activity*) dell'ambiente. Questo fattore è definito dal rapporto tra la pressione di vapore dell'acqua del substrato alimentare e la pressione di vapore dell'acqua pura alla stessa temperatura: $a_w = p/p_0$, dove p è la pressione di vapore della soluzione e p_0 è la pressione di vapore del solvente (generalmente acqua). Questo indice è correlato all'umidità relativa (UR) secondo l'espressione UR = $100 \times a_w$[13]. Il valore di a_w dell'acqua pura è uguale a 1,00, quello di una soluzione al 22% di NaCl (w/v) è 0,86, e quello di una soluzione satura di NaCl è 0,75 (tabella 3.4). L'attività dell'acqua di molti frutti freschi è pari a 0,99 circa. I valori minimi riportati per la crescita di alcuni microrganismi negli alimenti sono riportati in tabella 3.5 (vedi anche capitolo 18). I batteri, in generale, necessitano di valori di a_w più elevati rispetto ai funghi, con i Gram-negativi più esigenti rispetto ai Gram-positivi. La maggior parte dei batteri alteranti invece non si sviluppa a valori di a_w inferiori a 0,91, mentre le muffe alteranti possono svilupparsi anche a valori di 0,80. Per quanto riguarda i batteri responsabili di intossicazioni alimentari, *Staphylococcus aureus* può crescere a valori di 0,86, mentre *Clostridium botulinum* non è in grado di crescere a valori inferiori a 0,94. Analogamente a quanto si osserva con il pH, i lieviti e le muffe sono in grado di crescere in un intervallo di a_w più ampio rispetto ai batteri. Per i batteri di interesse alimentare il valore di a_w più basso riportato è 0,75 e appartiene agli alofili (letteralmente, "amanti del sale"), mentre le muffe xerofile (letteralmente, "amanti degli ambienti secchi") e i lieviti osmofili (che prediligono le alte pressioni osmotiche) crescono rispettivamente a valori di a_w di 0,65 e 0,61 (tabella 3.5). Quando per controllare l'a_w si impiega il sale, ne occorrono quantità estremamente elevate per raggiungere valori inferiori a 0,80 (tabella 3.4).

È stata dimostrata l'esistenza di alcune relazioni tra a_w, temperatura e nutrizione. In primo luogo, a qualsiasi temperatura, la capacità di crescita dei microrganismi diminuisce al diminuire dell'a_w; secondariamente, l'intervallo di a_w entro il quale avviene la crescita microbica è più ampio quando la temperatura di crescita è ottimale; infine, la presenza di nutrienti incrementa il range di a_w entro il quale i microrganismi possono sopravvivere[32]. I valori specifici riportati in tabella 3.5, dunque, dovranno essere considerati solo come punti di riferimento, poiché variazioni della temperatura e del contenuto in nutrienti possono consentire lo sviluppo a valori di a_w più bassi.

Effetti di bassi valori di a_w

L'effetto della diminuzione di a_w al di sotto dei valori ottimali consiste, generalmente, nell'allungamento della fase lag e nella riduzione della velocità di crescita degli individui, nonché della dimensione della popolazione finale. Se si considerano le ripercussioni negative su tutte le attività metaboliche causate dalla diminuita presenza di acqua, questi effetti possono essere previsti, soprattutto in virtù del fatto che tutte le reazioni chimiche cellulari richiedono un ambiente acquoso. Occorre tenere ben presente, inoltre, che il valore di a_w è influenzato da altri parametri ambientali, come il pH, la temperatura di sviluppo e il potenziale redox (Eh). Nei loro studi sull'effetto dell'a_w sulla crescita di *Enterobacter aerogenes* in terreni di coltura, Wodzinski e Frazier[54] osservarono che, parallelamente alla riduzione dell'a_w, la fase lag e il tempo di generazione si allungavano progressivamente, fino all'arresto dello sviluppo del microrganismo. Man mano che il valore della temperatura si allontanava da quello ottimale di crescita, i microrganismi diventavano più sensibili e si osservava parallelamente un aumento dell'a_w minima per lo sviluppo. Condizioni sfavorevoli, sia di pH sia di temperatura di incubazione, determinavano un aumento del valore minimo di a_w necessario per lo sviluppo. Gli effetti dell'interazione tra a_w, pH e temperatura sulla crescita delle muffe sulle marmellate sono stati studiati da Horner e Anagnostopoulos[24]; l'interazione più significativa è risultata quella tra a_w e temperatura.

In generale, la strategia di difesa adottata dai microrganismi per fronteggiare lo stress osmotico è rappresentata dall'accumulo di soluti compatibili all'interno della cellula. Gli organismi alofili (per esempio *Halobacterium* spp.) conservano l'equilibrio osmotico mantenendo nel citoplasma una concentrazione di KCl uguale a quella presente nel liquido extracellulare, con un meccanismo definito risposta dell'*accumulo di sale nel citoplasma*. I microrganismi non alofili accumulano i soluti compatibili con un meccanismo a due fasi: nella prima si verifica un aumento di ioni K^+ (e di glutammato sintetizzato per via endogena), mentre nella seconda si ha l'incremento della concentrazione di soluti compatibili, che vengono sintetizzati ex-novo dalla cellula o sono assorbiti dall'ambiente. Questi ultimi, in particolare, sono costituiti da molecole estremamente solubili che, a pH fisiologico, sono sprovviste di carica netta e non aderiscono, o non reagiscono, con le macromolecole intracellulari[49]. I tre soluti compatibili più comuni nella maggior parte dei batteri sono carnitina, glicina betaina e prolina; la prima può essere sintetizzata ex-novo, mentre per le altre due generalmente ciò non è possibile. La prolina è sintetizzata da alcuni batteri Gram-positivi ed è, invece, trasportata dai Gram-negativi; la sua solubilità in 100 mL di acqua a 25 °C è di 162 g, quella della glicina betaina è di 160 g. Rispetto agli altri due osmoliti noti, la glicina betaina è maggiormente impiegata dagli organismi viventi.

Carnitina   Glicina betaina   Prolina

L'assorbimento degli osmoliti è mediato da un sistema di trasporto. In *L. monocytogenes*, per esempio, la glicina betaina è trasportata dai sistemi BetL (che associa l'accumulo di betaina a un meccanismo di trasporto mediante pompa Na^+) e Gbu (che trasporta la betaina), mentre il trasportatore per la carnitina è OpuC[1,49]. Sebbene alcuni batteri Gram-positivi siano in grado di accumulare la prolina, essa viene concentrata in maggiore quantità dai Gram-negativi. I tre sistemi di trasporto in *E. coli* e *S.* Typhimurium sono PutP, ProP e ProU; tra questi il più efficiente è ProP. È stato dimostrato che la sovrapproduzione di prolina da parte di mutanti di *L. monocytogenes* non determina cambiamenti nella virulenza nei confronti del topo[49]. Lo stesso microrganismo in condizioni di stress, provocate da elevate concentrazioni saline, produce 12 proteine, una delle quali è molto simile alla proteina Ctc di *B. subtilis*, che è coinvolta in un meccanismo di tolleranza allo stress osmotico in assenza di osmoprotettori nel mezzo[21]. In *L. monocytogenes* il fattore sigma B (σ^B, vedi capitolo 22) gioca un ruolo importante nella regolazione dell'utilizzo della carnitina, ma non è essenziale per l'utilizzo della betaina[20].

È stato dimostrato che lo sviluppo a bassa temperatura di *L. monocytogenes*, che è in grado di crescere a 4 °C, è favorito dall'accumulo di glicina betaina[29]. Lo stesso vale per le cellule di *Yersinia enterocolitica*, che accumulano osmoliti, compresa la glicina betaina, in risposta a stress osmotici o da basse temperature[36]. Lo shock causato dall'abbassamento della temperatura e dall'aumento di pressione osmotica provoca un assorbimento di 30 volte superiore di glicina betaina radioattiva[36]. In almeno un ceppo di *L. monocytogenes* il trasporto di glicina betaina è mediato da Gbu e BetL e, in misura minore, da OpuC[1].

Riguardo ai composti specifici utilizzati per abbassare l'attività dell'acqua, sono stati riportati risultati analoghi a quelli osservati con i sistemi di assorbimento e desorbimento (vedi capitolo 18). In uno studio sul valore minimo di a_w per la crescita e la germinazione di *Clostridium perfringens* è stato osservato che addizionando a terreni complessi saccarosio o NaCl i valori sono compresi tra 0,95 e 0,97, mentre in presenza di glicerolo il valore minimo di a_w è 0,93[28]. In un altro studio l'effetto di inibizione del glicerolo, a parità di a_w e nel medesimo terreno, sembra essere maggiore rispetto a quello del NaCl per i batteri alotolleranti, mentre tale effetto è minore rispetto a quello esercitato da NaCl nelle specie sensibili al sale[30]. Nei loro studi sulla germinazione di spore di *Bacillus* e *Clostridium*, Jakobsen e Murrel[25] hanno osservato che una forte inibizione della germinazione delle spore viene indotta quando il livello di a_w è regolato da sali quali NaCl o $CaCl_2$, mentre tale effetto è risultato minore impiegando glucosio e sorbitolo e si riduceva ulteriormente utilizzando glicerolo, etilenglicole, acetammide o urea. La germinazione delle spore di clostridi risulta essere completamente inibita a valori di a_w pari a 0,95 in presenza di NaCl, ma nessuna inibizione viene indotta quando lo stesso valore di a_w viene raggiunto impiegando urea, glicerolo o glucosio. Un ulteriore studio mostra che il valore limite di a_w per la formazione di spore mature del ceppo T di *B. cereus* è circa 0,95 per glucosio, sorbitolo e NaCl, mentre è intorno a 0,91 per il glicerolo[26]. I lieviti e le muffe sono risultati più tolleranti al glicerolo che al saccarosio[24]. Impiegando un mezzo con contenuto minimo di glucosio, inoculato con *Pseudomonas fluorescens*, Prior[39] ha scoperto che il glicerolo consente lo sviluppo a valori di a_w più bassi rispetto al saccarosio o a NaCl. Lo stesso gruppo di ricerca ha dimostrato che il catabolismo di glucosio, lattato sodico e DL-arginina è completamente inibito da valori di a_w superiori a quelli minimi necessari per la crescita, nel caso in cui sia impiegato NaCl per regolare il livello di a_w. Il controllo di a_w attuato mediante l'aggiunta di glicerolo consente lo svolgimento delle attività cataboliche a valori di a_w inferiori a quelli necessari per la crescita su glucosio. Ogni qualvolta Prior ha utilizzato NaCl per regolare il livello di a_w, il catabolismo del substrato si è bloccato a un valore di a_w superiore a quello minimo necessario per lo sviluppo, mentre il glicerolo permetteva l'attività catabolica a valori di a_w più bassi di quello minimo per la crescita. Nonostante alcuni pareri contrari, sembra che il glicerolo abbia un minor effetto inibitorio, rispetto al saccarosio e al NaCl, sui microrganismi a metabolismo respiratorio.

I lieviti *osmofili* sono in grado di accumulare gli alcoli poliidrici in concentrazione proporzionale all'a_w extracellulare. Secondo Pitt[38], per crescere a bassi valori di a_w, i funghi xerofili accumulano soluti compatibili o osmoregolatori in risposta alla elevata necessità di soluti intracellulari. In uno studio comparativo sullo stress idrico in lieviti xerotolleranti e non-xerotolleranti, Edgley e Brown[19] hanno scoperto che *Zygosàccharomyces rouxii* reagisce a un basso valore di a_w, controllato mediante polietilenglicole, trattenendo all'interno della cellula quantità crescenti di glicerolo. Tuttavia, la quantità non cambia in modo significativo, né i livelli di arabitolo variano apprezzabilmente in funzione di a_w. D'altra parte, una *S. cerevisiae* non-tollerante risponde a un abbassamento di a_w sintetizzando più glicerolo, ma trattenendone una quantità inferiore a quella prodotta. La risposta di *Z. rouxii* a bassi livelli di a_w è regolata dal meccanismo di permeazione/trasporto del glicerolo, mentre quella di *S. cerevisiae* è di natura metabolica. Secondo questo studio, un basso valore di a_w costringerebbe *S. cerevisiae* a spostare una porzione maggiore della sua attività metabolica verso la produzione di glicerolo, accompagnata da un aumento della quantità di glucosio consumata durante la crescita. Da uno studio successivo è emerso che il 95% della pressione osmotica esterna esercitata su *S. cerevisiae*, *Z. rouxii* e *Debaryomyces hansenii* può essere controbilanciata da un incremento di glicerolo[43]; in particolare, in condizioni di stress *Z. rouxii* accumula più glicerolo, mentre il livello di ribitolo tende a rimanere costante.

È noto che a valori ridotti di a_w alcune cellule possono moltiplicarsi fino a raggiungere un numero elevato, ma non ha luogo la sintesi di alcuni composti extracellulari. Per esempio, la diminuzione di a_w blocca la produzione di enterotossina B in *S. aureus*, sebbene venga contemporaneamente prodotto un elevato numero di cellule[50-51]. Nel caso di *Neurospora crassa* bassi valori di a_w determinano alterazioni non letali della permeabilità della membrana cellulare, con conseguente perdita di diverse molecole essenziali[12]. Risultati simili sono stati osservati con elettroliti e non-elettroliti.

Gli effetti della diminuzione di a_w sulla nutrizione dei microrganismi sembrano di natura generale, in quanto le richieste nutrizionali della cellula vengono soddisfatte in ambiente acquoso e in mancanza di questo tendono progressivamente a essere represse. Oltre agli effetti sui nutrienti, una riduzione di a_w ha indubbiamente conseguenze negative sul funzionamento della membrana cellulare, che deve essere mantenuta in uno stato fluido. In generale, la disidratazione delle zone interne della cellula si verifica quando le cellule, poste in un mezzo a ridotto livello di a_w, raggiungono l'equilibrio idrico con il substrato. Sebbene i meccanismi non siano del tutto chiari, probabilmente tutte le cellule microbiche richiedono lo stesso valore di a_w effettivo interno. Le specie che possono crescere in condizioni estreme di bassa a_w vi riescono, apparentemente, grazie alla capacità di concentrare al loro interno sali, polioli e amminoacidi (ed eventualmente altri tipi di composti) in quantità sufficienti non solo per prevenire la perdita di acqua, ma anche per consentire loro di estrarre acqua da ambienti poveri d'acqua. (Per maggiori approfondimenti, si rimanda ai riferimenti bibliografici 49 e 51.)

3.1.3 Potenziale di ossido-riduzione

Da diversi decenni è noto che i microrganismi mostrano diversi gradi di sensibilità al potenziale di ossido riduzione (O/R, Eh) del loro mezzo di crescita[23]. Il potenziale O/R di un substrato può essere definito, genericamente, come l'attitudine del substrato stesso a cedere o acquistare elettroni. Quando un elemento o un composto cede elettroni, il substrato si dice ossidato, mentre un substrato che acquista elettroni diventa ridotto:

$$Cu \underset{\text{riduzione}}{\overset{\text{ossidazione}}{\rightleftharpoons}} Cu^+ + e^-$$

L'ossidazione può anche avvenire per aggiunta di ossigeno, come illustrato dalla reazione:

$$2Cu + O_2 \rightarrow 2CuO$$

Di conseguenza, una sostanza che cede prontamente elettroni è un buon agente riducente, mentre una sostanza che prontamente accetta elettroni è un buon agente ossidante. Quando gli elettroni sono trasferiti da un composto a un altro, tra i due composti si genera una differenza di potenziale, che può essere misurata mediante uno strumento appropriato ed essere espressa in millivolt (mV). Quanto più una sostanza è ossidata, tanto più positivo sarà il suo potenziale elettrico, mentre quanto più è ridotta, tanto più negativo sarà il suo potenziale. Quando la concentrazione di ossidanti e riducenti è la stessa, il potenziale elettrico sarà uguale a zero. Il potenziale O/R di un sistema si esprime con il simbolo Eh. Per crescere, i microrganismi aerobi necessitano di un valore di Eh positivo, mentre gli anaerobi esigono valori di Eh negativi (ambiente riducente) (figura 3.3). Negli alimenti, tra le sostanze che aiutano a mantenere condizioni riducenti vi sono i gruppi -SH, nella carne, e l'acido ascorbico e gli zuccheri riducenti, in frutta e verdura. I valori estremi positivi e negativi, espressi in mV

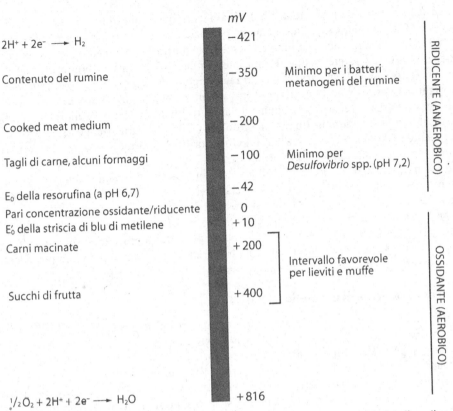

Figura 3.3 Rappresentazione schematica dei potenziali di ossido-riduzione relativi allo sviluppo di alcuni microrganismi.

nella figura 3.3, non sono ottimali per lo sviluppo di aerobi e anaerobi e possono anche essere letali per i rispettivi gruppi (vedi par. 13.6.2).

Il potenziale O/R di un alimento è determinato dai seguenti fattori.

1. Potenziale O/R presentato in origine dall'alimento.
2. Stabilità, cioè capacità dell'alimento di resistere a variazioni di potenziale.
3. Tensione di ossigeno dell'atmosfera che circonda l'alimento.
4. Grado di accesso dell'atmosfera nell'alimento.

In merito alle richieste di Eh dei microrganismi, alcune specie batteriche necessitano di condizioni riducenti (Eh di circa -200 mV) per iniziare a crescere e altre di Eh positivi per lo sviluppo. Nella prima categoria sono compresi batteri anaerobi, come le specie del genere *Clostridium*, mentre nella seconda sono inclusi batteri aerobi, come alcuni membri del genere *Bacillus*. In realtà alcuni batteri aerobi, definiti microaerofili, crescono meglio in condizioni leggermente riducenti; rientrano in questo gruppo, per esempio, i lattobacilli e i campilobatteri. Alcuni batteri, denominati anaerobi facoltativi, possiedono la capacità di crescere in condizioni sia aerobie sia anaerobie. Per la maggior parte, le muffe e i lieviti rinvenuti sulla superficie e all'interno degli alimenti sono aerobi, solo pochi sono anaerobi facoltativi.

Per quanto concerne il valore di Eh degli alimenti, quelli di origine vegetale – in particolare i succhi da essi derivati – presentano un potenziale di ossido-riduzione che varia da +300 a +400 mV. Non sorprende che i batteri aerobi e le muffe siano le cause più comuni di alterazione di prodotti di questo tipo. I tagli interi di carne hanno un valore di Eh fino a – 200 mV, mentre in generale le carni macinate raggiungono circa +200 mV. Diverse tipologie di formaggi presentano valori negativi di Eh, variabili da – 20 a circa – 200 mV.

Barnes e Ingram[2,3] condussero studi sul valore di Eh pre e post rigor mortis; in particolare eseguirono misurazioni di Eh nel muscolo nelle 30 ore post mortem e osservarono i suoi effetti sullo sviluppo dei batteri anaerobi. Gli autori riscontrarono nel muscolo sternocefalico del cavallo, subito dopo la morte, un Eh di +250 mV, al quale i clostridi non erano in grado di moltiplicarsi. Dopo 30 ore dalla morte, in assenza di crescita batterica, il valore di Eh era sceso a circa 30 mV. In condizioni che consentivano invece lo sviluppo batterico Eh si era ridotto a – 250 mV. La crescita dei clostridi fu osservata a valori di Eh pari o inferiori a 36 mV. Barnes e Ingram confermarono per la carne di cavallo i risultati ottenuti in precedenza per la carne di balena: i batteri anaerobi cominciano a proliferare solo quando ha inizio il rigor mortis a causa dell'elevato Eh che caratterizza la carne nelle ore precedenti. Lo stesso si verifica nel manzo, nel maiale e in altre carni di questo tipo.

Effetti del potenziale di ossido-riduzione

Durante la crescita, i microrganismi sono in grado di influenzare il valore di Eh del loro ambiente proprio come accade con il pH. Ciò è vero in particolare per gli aerobi, che possono ridurre il potenziale Eh del loro ambiente, mentre i microrganismi anaerobi non vi riescono. Durante la crescita dei microrganismi aerobi, l'O_2 nel mezzo si esaurisce, determinando una diminuzione di Eh. Tuttavia, lo sviluppo non appare rallentato quanto ci si aspetterebbe, grazie alla capacità delle cellule di utilizzare sostanze, presenti nel mezzo, in grado di donare O_2 o di ricevere idrogeno. Come risultato finale il terreno di crescita si impoverisce di sostanze ossidanti e si arricchisce di sostanze riducenti[32]. L'Eh del mezzo può essere ridotto dall'azione dei microrganismi, in seguito alla produzione di alcuni sottoprodotti del metabolismo come H_2S, in grado di abbassare Eh a – 300 mV. Poiché H_2S reagisce prontamente con O_2, si accumula solo in ambiente anaerobio.

Eh dipende dal pH del substrato e la relazione diretta tra questi due fattori è il valore rH, che si ricava dalla seguente equazione:

$$Eh = 2{,}303\frac{RT}{F}(rH\text{-}2pH)$$

dove R = 8,315 joule, F = 96.000 coulomb e T è la temperatura assoluta[34]. Di conseguenza dato un valore di Eh, il pH del substrato è fissato. Normalmente Eh viene misurato a pH 7,0 (espresso come Eh'). A pH 7,0, a 25 °C e in un sistema in cui tutte le concentrazioni siano 1,0 M, Eh = Eh_0' (equazione di Nernst semplificata). In natura, Eh tende a essere più negativo man mano che le condizioni diventano più alcaline.

Tra i nutrienti naturalmente presenti, l'acido ascorbico e gli zuccheri riducenti, nei vegetali e nella frutta, e i gruppi -SH, nelle carni, sono di primaria importanza. La presenza o l'assenza nel mezzo di adeguate quantità di agenti ossidanti o riducenti è fondamentale per lo sviluppo e l'attività di tutti i microrganismi.

Si ritiene che la crescita dei microrganismi anaerobi avvenga normalmente a valori ridotti di Eh, ma l'esclusione di O_2 può risultare indispensabile per alcuni di essi. Quando *Clostridium perfringens*, *Bacteroides fragilis* e *Peptococcus magnus* erano coltivati in presenza di O_2, il loro sviluppo era inibito, anche quando il mezzo presentava un Eh negativo di -50 mV[52]. Gli autori della ricerca hanno osservato che, in assenza di O_2, la crescita avveniva anche con Eh di 325 mV.

Uno studio ha valutato l'effetto di Eh sulla produzione di lipidi da parte di *Saccharomyces cerevisiae*: le cellule cresciute in anaerobiosi producevano una quantità totale di lipidi più bassa rispetto alle cellule cresciute in aerobiosi, una frazione gliceridica altamente variabile e una frazione fosfolipidica e sterolica ridotta[41]. I lipidi prodotti dalle cellule cresciute in anaerobiosi erano caratterizzati da un elevato contenuto (fino al 50% degli acidi totali) in acidi da C8:0 a C14:0 e da un basso livello di acidi grassi insaturi nella frazione fosfolipidica. Nelle cellule cresciute in aerobiosi, invece, l'80-90% della componente di acidi grassi era associata al gliceride e i fosfolipidi erano formati da acidi 16:1 e 18:1. Diversamente dalle cellule cresciute in aerobiosi, le cellule di *S. cerevisiae* cresciute in ambiente anaerobio richiedono la presenza di lipidi e steroli.

3.1.4 Contenuto di nutrienti

Per svilupparsi e funzionare regolarmente, i microrganismi di interesse alimentare necessitano dei seguenti fattori:

1. acqua;
2. fonte di energia;
3. fonte di azoto;
4. vitamine e fattori di crescita correlati;
5. minerali.

L'importanza dell'acqua per lo sviluppo e il benessere dei microrganismi è già stata discussa in questo stesso capitolo. Per quanto riguarda invece gli altri quattro fattori, le meno esigenti sono le muffe, seguite dai batteri Gram-negativi, dai lieviti e dai batteri Gram-positivi.

Quali fonti di energia, i microrganismi presenti negli alimenti possono utilizzare gli zuccheri, gli alcoli e gli amminoacidi, sebbene alcuni di essi siano in grado di utilizzare anche carboidrati complessi, come amidi e cellulosa, che devono essere precedentemente degradati a zuccheri semplici per svolgere il loro ruolo energetico. Anche i grassi vengono utilizzati dai microrganismi come fonte di energia, ma questi composti sono attaccati da un numero relativamente piccolo di specie microbiche presenti negli alimenti.

Le principali fonti di azoto utilizzate dai microrganismi eterotrofi sono rappresentate dagli amminoacidi, ma numerosi altri composti possono svolgere la medesima funzione per diversi tipi di microrganismi. Alcune specie, per esempio, sono in grado di utilizzare nucleotidi e amminoacidi liberi, mentre altre prediligono peptidi e proteine. Generalmente i composti semplici, come gli amminoacidi, vengono impiegati per primi da quasi tutti gli organismi, prima di attaccare composti più complessi, come le proteine ad alto peso molecolare. Lo stesso principio vale per polisaccaridi e grassi.

I microrganismi necessitano di piccole quantità di vitamine del gruppo B e quasi tutti gli alimenti naturali ne contengono in abbondanza per soddisfare le richieste dei microrganismi che non sono in grado di sintetizzarle. I batteri Gram-negativi sono quelli che le sintetizzano in minore quantità; di conseguenza, devono procurarsi uno o più di questi composti per poter iniziare a crescere, mentre i batteri Gram-positivi e le muffe, possono sintetizzare la maggior parte, se non tutti, i composti di cui necessitano. Gli ultimi due gruppi di microrganismi, dunque, possono essere rinvenuti e svilupparsi in alimenti contenenti basse quantità di vitamine B. La frutta presenta un contenuto in vitamina B minore rispetto a quello delle carni; tale caratteristica, unitamente ai bassi valori di pH e al valore Eh positivo, contribuisce a spiegare perché sia frequentemente alterata da muffe più che da batteri.

3.1.5 Costituenti antimicrobici

La stabilità di alcuni alimenti contro l'attacco dei microrganismi è dovuta alla presenza di alcune sostanze naturalmente presenti, che possiedono ed esprimono attività antimicrobica. Alcune specie vegetali sono note in quanto contengono oli essenziali dotati di attività antimicrobica. Tra questi vi sono: l'eugenolo presente nei chiodi di garofano; l'allicina nell'aglio; l'aldeide cinnamica e l'eugenolo nella cannella; l'isotiocianato di allile nella senape; l'eugenolo e il timolo nella salvia; il carvacrolo (isotimolo) e il timolo nell'origano[47]. Il latte di vacca contiene diverse sostanze antimicrobiche, tra le quali lattoferrina (vedi di seguito), conglutinina e sistema lattoperossidasi (vedi di seguito). Nel latte crudo è stato ritrovato un inibitore di rotavirus in grado di inibire fino a 10^6 ufp/mL (unità formanti placche/mL), ma tale sostanza viene distrutta dalla pastorizzazione. La caseina e alcuni acidi grassi liberi del latte hanno mostrato, in determinate condizioni, attività antimicrobica.

Le uova, come pure il latte, contengono lisozima, un enzima che, unitamente alla conalbumina, consente alle uova di rimanere fresche grazie a un efficiente sistema antimicrobico. I derivati dell'acido idrossicinnamico (acidi *p*-cumarico, ferulico, caffeico e clorogenico), presenti in frutta, verdura, tè, melassa e altre fonti vegetali, sono tutti dotati di attività antibatterica e, in alcuni casi, anche di attività antifungina. La lattoferrina è una glicoproteina che lega il ferro in grado di inibire lo sviluppo di numerosi batteri di interesse alimentare. Il suo impiego come agente limitante la crescita microbica sulle carcasse di manzo è discusso nel capitolo 13. La ovotransferrina, presente nell'albume d'uovo crudo, sembra inibire lo sviluppo di *Salmonella enteritidis*[4].

I vacuoli cellulari delle crucifere (cavolo, cavoletti di Bruxelles, broccolo, rape ecc.) contengono *glucosinolati*, da cui derivano isotiocianati in seguito a lesione o rottura meccanica della struttura. Alcuni tra questi possiedono attività antifungina e antibatterica. (Maggiori informazioni sui composti antimicrobici negli alimenti si trovano nel capitolo 13.)

Il sistema lattoperossidasi

Si tratta di un sistema di inibizione dei microrganismi, naturalmente presente nel latte bovino e costituito da tre componenti: lattoperossidasi, tiocianato e H_2O_2; affinché vi sia l'effetto antimicrobico, devono essere presenti tutti e tre questi composti. I Gram-negativi psicrotrofi, come le Pseudomonadaceae, sono piuttosto sensibili a tale sistema. La concentrazione di lattoperossidasi necessaria è 0,5-1,0 ppm, laddove il latte bovino, normalmente, ne contiene circa 30 ppm[6]. Anche il tiocianato e l'H_2O_2 sono normalmente presenti nel latte, ma le loro quantità sono variabili. L'H_2O_2 è in grado di svolgere la sua attività inibitoria a concentrazione di 100 U/mL, ma il latte ne contiene normalmente 1-2 U/mL; invece l'attività del tiocianato si manifesta a una concentrazione di circa 0,25 mM e nel latte la sua presenza varia tra 0,02 e 0,25 mM[6].

Il sistema lattoperossidasi viene attivato aggiungendo al latte crudo una quantità di tiocianato pari a 0,25 mM, contemporaneamente all'aggiunta di una quantità equimolecolare di H_2O_2. In queste condizioni la shelf life viene prolungata fino a 5 giorni, contro le 48 ore dei controlli[6]. Il sistema sembra avere quale bersaglio cellulare la membrana citoplasmatica e risulta più efficiente a 30 che a 4 °C; inoltre, si osserva un incremento dell'effetto antibatterico all'aumentare dell'acidità. Oltre all'aggiunta diretta di H_2O_2, può essere fornita una fonte esogena mediante aggiunta di glucosio e glucosio ossidasi. Per evitare l'aggiunta diretta di glucosio ossidasi, questo enzima può essere immobilizzato su biglie di vetro, in modo che il glucosio venga generato solo nelle quantità necessarie, mediante l'impiego di β-galattosidasi immobilizzata[7]. Questo sistema si è dimostrato efficiente nel latte di capra, in particolare nei confronti di *P. fluorescens* e *E. coli*, la cui crescita viene controllata, rispettivamente, per 3 e 2 giorni a 8 °C[55].

Il sistema lattoperossidasi può essere impiegato per la conservazione del latte crudo nei Paesi in cui la refrigerazione non è comunemente impiegata. L'aggiunta di circa 12 ppm di SCN^- e di 8 ppm di H_2O_2 risulta innocua per il consumatore[44]. Un aspetto interessante di questo sistema è l'influenza che esso esercita sulle proprietà termiche. In uno studio è stato dimostrato, infatti, che causa la riduzione del valore termico D a 57,8 °C, nell'80% dei casi per *L. monocytogenes*, e a 55,2 °C nell'86% dei casi per *S. aureus*[27]. Sebbene il meccanismo che determina l'aumento dell'effetto di distruzione termica non sia ancora ben chiaro, si possono prospettare alcune interessanti implicazioni.

3.1.6 Strutture biologiche

Il naturale rivestimento di alcuni alimenti fornisce loro un'eccellente protezione contro l'ingresso e il successivo danneggiamento a opera di microrganismi alteranti. In questa categoria sono comprese strutture come il guscio dei semi, la buccia esterna dei frutti, il guscio delle nocciole, la pelle degli animali e i gusci delle uova. In particolare nelle nocciole, come pure nelle noci pecan e nelle noci, il guscio – o rivestimento – è sufficiente per prevenire l'ingresso di tutti gli organismi; ovviamente, una volta rotto, i gherigli sono soggetti ad alterazione da parte delle muffe. La parte più esterna del guscio e le membrane delle uova, se intatti, impediscono l'ingresso di quasi tutti i microrganismi, purché la conservazione avvenga in condizioni appropriate di umidità e temperatura. Frutta e verdure che presentano rivestimenti lesionati, sono soggette più rapidamente ad alterazione rispetto ai prodotti non danneggiati. La pelle che riveste i pesci e le carni, come quella di manzo e di maiale, previene la contaminazione e il deterioramento di questi alimenti, in parte perché essa tende ad asciugare più rapidamente rispetto alle superfici appena tagliate.

Considerati complessivamente, questi sei parametri intrinseci rappresentano la strategia attraverso la quale la natura difende i tessuti animali e vegetali dall'attacco dei microrganismi. Determinando l'entità di ciascun parametro in un dato alimento, è possibile prevedere quali tipologie di microrganismi vi si svilupperanno con maggiore probabilità e, di conseguenza, conoscere la stabilità complessiva dell'alimento stesso. L'analisi dei parametri intrinseci può inoltre essere d'aiuto nel determinare l'età dell'alimento e consente anche di ricostruirne la "storia", ossia il tipo di trattamenti cui è stato sottoposto nel tempo.

3.2 Parametri estrinseci

I parametri estrinseci degli alimenti sono indipendenti dal substrato; possono essere definiti come l'insieme delle caratteristiche dell'ambiente di conservazione, che influenzano sia gli alimenti sia i microrganismi in essi presenti. Quelli di maggiore importanza per lo sviluppo dei microrganismi di interesse alimentare sono:

1. temperatura di conservazione;
2. umidità relativa;
3. presenza e concentrazione di gas;
4. presenza e attività di altri microrganismi.

3.2.1 Temperatura di conservazione

I microrganismi, singolarmente o come gruppo, crescono entro un range di temperatura molto ampio. Di conseguenza, è bene valutare con attenzione l'intervallo di temperatura nel quale si sviluppano i microrganismi di interesse alimentare, poiché questo aiuta a scegliere la temperatura appropriata per la conservazione dei diversi tipi di alimenti.

La temperatura più bassa riportata per lo sviluppo microbico è – 34 °C, mentre la più alta può superare (di poco) i 100 °C. Di norma i microrganismi vengono collocati in tre gruppi in funzione della loro temperatura di crescita. Sono definiti: psicrotrofi i microrganismi che crescono a temperature uguali o inferiori a 7 °C e presentano un optimum compreso tra 20 e 30 °C (vedi capitolo 16); mesofili i microrganismi in grado di crescere in un intervallo di temperatura compreso tra 20 e 45 °C con optimum tra 30 e 40 °C; termofili i microrganismi che si sviluppano a temperature di 45 °C e oltre, con optimum compreso tra 55 e 65 °C. (Le caratteristiche fisiologiche di questi gruppi sono trattate nei capitoli 16 e 17.)

Per quanto riguarda i batteri, le specie e i ceppi psicrotrofi sono situati tra i generi trattati nel capitolo 2 e sono: *Alcaligenes*, *Shewanella*, *Brochothrix*, *Corynebacterium*, *Flavobacterium*, *Lactobacillus*, *Micrococcus*, *Pectobacterium*, *Pseudomonas*, *Psychrobacter*, *Enterococcus* e altri. Gli psicrotrofi rinvenuti con maggiore frequenza negli alimenti sono quelli che appartengono ai generi *Pseudomonas* e *Enterococcus* (vedi capitolo 16); questi microrganismi crescono bene a temperature di refrigerazione (5-7 °C) e sono causa di alterazione in carni, pesce, pollame, uova e altri alimenti abitualmente conservati a queste temperature. In tali alimenti, le conte totali su piastra dei microrganismi vitali risultano generalmente più elevate incubando a circa 7 °C per almeno 7 giorni, rispetto all'incubazione a 30 °C e oltre. Le specie e i ceppi mesofili sono presenti in tutti i generi descritti nel capitolo 2 e possono essere riscontrati negli alimenti conservati a temperature di refrigerazione. In genere essi non sono in grado di crescere a queste temperature, ma possono farlo se le altre condizioni sono ottimali. Va sottolineato che alcuni microrganismi, tra cui *Enterococcus faecalis*, possono crescere a temperature comprese tra 0 °C e >40 °C.

La maggior parte dei batteri termofili di interesse alimentare appartiene ai generi *Bacillus*, *Paenibacillus*, *Clostridium*, *Geobacillus*, *Alicyclobacillus* e *Thermoanaerobacter*. Sebbene non tutte le specie di questi generi siano termofile, esse sono di grande interesse per i microbiologi e i tecnologi alimentari che operano nell'industria conserviera.

Oltre a crescere entro intervalli più ampi di pH, pressione osmotica e contenuto in nutrienti, le muffe sono anche in grado di svilupparsi in un ampio intervallo di temperatura, come i batteri. Molte muffe crescono a temperature di refrigerazione, specialmente alcuni ceppi di *Aspergillus*, *Cladosporium* e *Thamnidium*, che possono essere rinvenuti su uova, mezzene di manzo e frutta. I lieviti invece si sviluppano nei range di temperatura tipici degli psicrotrofi e dei mesofili, ma generalmente non in quelli dei termofili.

Nella scelta della temperatura di conservazione, occorre considerare anche la qualità del prodotto alimentare. Sebbene sia opinione comune che conservare tutti gli alimenti a temperature di refrigerazione – o addirittura inferiori – rappresenti la prassi corretta, per alcuni alimenti non sempre questa pratica è la migliore per mantenere la qualità desiderata. Per esempio, le banane si conservano meglio se tenute a 13-17 °C piuttosto che a 5-7 °C, mentre 10 °C è la temperatura ideale per gran parte dei vegetali, tra cui patate, sedano, cavolo e molte altre. In ogni caso, il successo della temperatura di refrigerazione dipende in larga misura dall'umidità relativa (UR) dell'ambiente e dalla presenza o assenza di gas come CO_2 e O_3.

La temperatura di conservazione è il più importante tra i parametri che influenzano il deterioramento di alimenti altamente deperibili; ciò è emerso anche dal lavoro di Olley, Ratkowsky e dei loro colleghi, secondo i quali l'alterazione degli alimenti può essere predetta mediante una curva della velocità di alterazione[34]. Tale curva consente di determinare i giorni di conservazione a 0 °C e prevedere la shelf life residua a tale temperatura. È stato dimostrato che la velocità di alterazione del pollame fresco a 10 e a 15 °C è, rispettivamente, doppia e tripla rispetto a quella rilevata a 5 °C[18,22]. Invece di applicare l'equazione derivante dalla legge di Arrhenius, per descrivere la relazione esistente tra la temperatura e la velocità di crescita dei microrganismi è stata sviluppata l'equazione qui riportata, attraverso la definizione di un minimo e di un optimum di temperatura[40].

$$\sqrt{r} = B\left(T - T_0\right)$$

dove r è la velocità di crescita, B è la pendenza della retta di regressione lineare e T_0 è una temperatura arbitraria, non significativa dal punto di vista metabolico. La relazione lineare può essere applicata allo studio di batteri e funghi alteranti, quando si sviluppano negli alimenti o utilizzano amminoacidi[40]. L'inserimento dei dati relativi alla crescita microbica nelle equazioni matematiche, allo scopo di prevedere il comportamento dei microrganismi nei sistemi alimentari, è ulteriormente discusso nel capitolo 20.

3.2.2 Umidità relativa dell'ambiente

L'umidità relativa (UR) dell'ambiente di conservazione è importante sia dal punto di vista dell'a_w presente negli alimenti, sia per lo sviluppo dei microrganismi in superficie. Quando l'a_w di un alimento è 0,60, è importante che questo venga conservato in condizioni di UR tali da non consentire all'alimento di assorbire umidità dall'ambiente; infatti, il conseguente aumento dell'attività dell'acqua sulla superficie e all'interno dell'alimento favorirebbe la crescita microbica. Quando alimenti con bassa a_w vengono posti in ambienti ad alta UR tendono ad assorbire acqua fino a stabilire un equilibrio con l'ambiente esterno. Allo stesso modo alimenti con elevata a_w, posti in ambienti a bassa UR, perdono umidità. Tra UR e temperatura esiste una relazione che va considerata quando si scelgono gli ambienti di conservazione degli alimenti. In generale quanto maggiore è la temperatura, tanto più bassa è l'UR, e viceversa.

Gli alimenti soggetti all'attacco superficiale da parte di muffe, lieviti e taluni batteri devono essere conservati in condizioni di bassa UR. Se non adeguatamente confezionate, a temperature di frigorifero carni come il pollo intero e i tagli di manzo tendono a essere soggette ad alterazione superficiale prima che si verifichi un deterioramento profondo. Ciò è dovuto ai valori elevati di UR del frigorifero e al fatto che i microrganismi che alterano la carne sono essenzialmente aerobi. Sebbene sia possibile ridurre le probabilità di contaminazione superficiale di alcuni alimenti, conservandoli in condizioni di bassa UR, va tenuto presente che in tali condizioni l'alimento perde umidità, divenendo talora poco gradevole dal punto di vista sensoriale. Nella scelta delle condizioni di UR, occorre considerare sia la possibilità di sviluppo microbico superficiale, sia il mantenimento della qualità dell'alimento. Modificando la composizione dell'atmosfera di conservazione, è comunque possibile ritardare l'alterazione superficiale dell'alimento, senza abbassare il valore di UR.

3.2.3 Presenza e concentrazione di gas nell'ambiente

L'anidride carbonica (CO_2) è il principale gas atmosferico impiegato per controllare i microrganismi negli alimenti[15,35]. CO_2 e O_2, sono i due gas maggiormente utilizzati per gli alimenti confezionati in atmosfera modificata (MAP, *modified atmosphere packaged*), che saranno discussi nel capitolo 14.

L'ozono (O_3), è un altro gas atmosferico con proprietà antimicrobiche; è stato testato per alcuni decenni come agente per prolungare la shelf life di alcuni alimenti. In effetti si è dimostrato efficace nei confronti di diversi microrganismi[9]; tuttavia, essendo un forte agente ossidante, non può essere utilizzato per alimenti ad alto contenuto lipidico, nei quali causerebbe fenomeni di irrancidimento. L'ozono è stato testato su colture di *Escherichia coli* O157: H7: in concentrazioni da 3 a 18 ppm è risultato letale in un intervallo di tempo compreso tra 20 e 50 minuti[10]. Il gas è stato somministrato mediante un generatore di ozono: su triptone soia agar il valore di *D* a 18 ppm è stato di 1,18 minuti, mentre in tampone fosfato è stato di 3,18 minuti. Per ottenere il 99% di inattivazione di circa 10.000 cisti/mL di *Giardia lamblia*, la concentrazione a 25 e a 5 °C, è stata quantificata in 0,17 e 0,53 mg-min/L, rispettivamente[53]. A 25 °C questo protozoo è circa tre volte più sensibile all'O_3 rispetto a 5 °C. L'impiego di O_3 negli alimenti è permesso in Australia, Francia, Giappone e Stati Uniti, dove, nel 1997, è stato classificato come GRAS (*generally regarded as safe*, considerato sicuro per la salute). In generale, concentrazioni di O_3 comprese tra 0,15 e 5,00 ppm in atmosfera si sono dimostrate efficaci per inibire alcuni batteri alteranti oltre che i lieviti. L'utilizzo di O_3 come agente di sanitizzazione è trattato nel capitolo 13.

3.2.4 Presenza e attività di altri microrganismi

Vi sono microrganismi di origine alimentare che producono sostanze in grado di inibire o distruggere altre specie microbiche: per esempio, antibiotici, batteriocine, perossido di idrogeno e acidi organici. Le batteriocine e alcuni tipi di antibiotici sono trattati nel capitolo 13. L'effetto inibitorio che alcuni membri della microflora di un alimento esercitano su altri è un fenomeno ben studiato e verrà discusso anch'esso nel capitolo 13.

Bibliografia

1. Angelidis AS, Smith GM (2003) Three transportors mediate uptake of glycine betaine and carnitine in Listeria monocytogenes in response to hyperosmotic stress. *Appl Environ Microbiol*, 69: 1013-1022.

2. Barnes EM, Ingram M (1955) Changes in the oxidation–reduction potential of the sterno-cephalicus muscle of the horse after death in relation to the development of bacteria. *J Sci Food Agric*, 6: 448-455.

3. Barnes EM, Ingram M (1956) The effect of redox potential on the growth of Clostridium welchii strains isolated from horse muscle. *J Appl Bacteriol*, 19: 117-128.

4. Baron F, Gautier M, Brule G (1997) Factors involved in the inhibition of Salmonella enteritidis in liquid egg white. *J Food Protect*, 60: 1318-1323.

5. Bate-Smith EC (1948) The physiology and chemistry of rigor mortis, with special reference to the aging of beef. *Adv Food Res*, 1: 1-38.

6. Björck L (1978) Antibacterial effect of the lactoperoxidase system on psychrotrophic bacteria in milk. *J Dairy Res* 45: 109-118.

7. Björck L, Rosen CG (1976) An immobilized two-enzyme system for the activation of the lactope-roxidase antibacterial system in milk. *Biotechnol Bioeng*, 18: 1463-1472.

8. Briskey EJ (1964) Etiological status and associated studies of pale, soft, exudative porcine muscu-lature. *Adv Food Res*, 13: 89-178.

9. Burleson GR, Murray TM, Pollard M (1975) Inactivation of viruses and bacteria by ozone, with and without sonication. *Appl Microbiol*, 29: 340-344.

10. Byun MW, Kwon LJ, Yook HS, Kim KS (1998) Gamma irradiation and ozone treatment for inac-tivation of Escherichia coli O157:H7 in culture media. *J Food Protect*, 61: 728-730.

11. Callow EH (1949) Science in the imported meat industry. *J R Sanitary Inst*, 69: 35-39.

12. Charlang G, Horowitz NH (1974) Membrane permeability and the loss of germination factor from Neurospora crassa at low water activities. *J Bacteriol*, 117: 261-264.

13. Christian JHB (1963) Water activity and the growth of microorganisms. In: Leitch JM, Rhodes DN (eds) *Recent Advances in Food Science*, vol. 3. Butterworths, London, pp. 248-255.

14. Chung KC, Goepfert JM (1970) Growth of Salmonella at low pH. *J Food Sci*, 35: 326–328.

15. Clark DS, Lentz CP (1973) Use of mixtures of carbon dioxide and oxygen for extending shelf-life of prepackaged fresh beef. *Can Inst Food Sci Technol J*, 6: 194-196.

16. Conway EJ, Downey M (1950) pH values of the yeast cell. *Biochem J*, 47: 355-360.

17. Corlett DA Jr, Brown MH (1980) pH and acidity. In: *Microbial Ecology of Foods*. Academic Press, New York, pp. 92-111.

18. Daud HB, McMeekin TA, Olley J (1978) Temperature function integration and the development and metabolism of poultry spoilage bacteria. *Appl Environ Microbiol*, 36: 650-654.

19. Edgley M, Brown AD (1978) Response of xerotolerant and nontolerant yeasts to water stress. *J Gen Microbiol*, 104: 343-345.

20. Fraser KR, Sue D, Wiedmann M, Boor K, O'Bryne CP (2003) Role of σ^B in regulating the compa-tible solute uptake systems of Listeria monocytogenes: Osmotic induction of opuC is σ^B dependent. *Appl Environ Microbiol*, 69: 2015-2022.

21. Gardan R, Duché O, Leroy-Sétrin S, European Listeria genome consortium, Labadie J (2003) Role of ctc from Listeria monocytogenes in osmotolerance. *Appl Environ Microbiol*, 69: 154-161.

22. Goepfert JM, Kim HU (1975) Behavior of selected foodborne pathogens in raw ground beef. *J Milk Food Technol*, 38: 449-452.

23. Hewitt LF (1950) *Oxidation–Reduction Potentials in Bacteriology and Biochemistry* (6th ed). Livingston, Edinburgh.

24. Horner KJ, Anagnostopoulos GD (1973) Combined effects of water activity, pH and temperature on the growth and spoilage potential of fungi. *J Appl Bacteriol*, 36: 427-436.

25. Jakobsen M, Murrell WG (1977) The effect of water activity and the a_w-controlling solute on germination of bacterial spores. *Spore Res*, 2: 819-834.

26. Jakobsen M, Murrell WG (1977) The effect of water activity and a_w-controlling solute on sporulation of Bacillus cereus T. *J Appl Bacteriol*, 43: 239-245.

27. Kamau DN, Doores S, Pruitt KM (1990) Enhanced thermal destruction of Listeria monocytogenes and Staphylococcus aureus by the lactoperoxidase system. *Appl Environ Microbiol*, 56: 2711-2716.

28. Kang CK, Woodburn M, Pagenkopf A, Cheney R (1969) Growth, sporulation, and germination of Clostridium perfringens in media of controlled water activity. *Appl Microbiol*, 18: 798-805.

29. Ko R, Smith LT, Smith GM (1994) Glycine betaine confers enhanced osmotolerance and cryo-tolerance on Listeria monocytogenes. *J Bacteriol*, 176: 426-431.

30. Marshall BJ, Ohye F, Christian JHB (1971) Tolerance of bacteria to high concentrations of NaCl and glycerol in the growth medium. *Appl Microbiol*, 21: 363-364.

31. Mayerhauser CM (2001) Survival of enterohemorrhagic Escherichia coli O157:H7 in retail mustard. *J Food Protect*, 64: 783-787.

32. Morris EO (1962) Effect of environment on microorganisms. In: Hawthorn J, Leitch JM (eds) *Recent Advances in Food Science*, vol. 1. Butterworths, London, pp. 24-36.

33. Mossel DAA, Ingram M (1955) The physiology of the microbial spoilage of foods. *J Appl Bacteriol*, 18: 232-268.

34. Olley J, Ratkowsky DA (1973) The role of temperature function integration in monitoring fish spoilage. *Food Technol N Z*, 8: 13-17.

35. Parekh KG, Solberg M (1970) Comparative growth of Clostridium perfringens in carbon dioxide and nitrogen atmospheres. *J Food Sci*, 35: 156-159.

36. Park S, Smith LT, Smith GM (1995) Role of glycine betaine and related osmolytes in osmotic stress adaptation in Yersinia entercolitica ATCC 9610. *Appl Environ Microbiol*, 61: 4378-4381.

37. Peña A, Cinco G, Gomez-Puyou A, Tuena M (1972) Effect of pH of the incubation medium on glycolysis and respiration in Saccharomyces cerevisiae. *Arch Biochem Biophys*, 153: 413-425.

38. Pitt JI (1975) Xerophilic fungi and the spoilage of foods of plant origin. In: Duckworth RB (ed) *Water Relations of Foods*. Academic Press, London, pp. 273-307.

39. Prior BA (1978). The effect of water activity on the growth and respiration of Pseudomonas fluorescens. *J Appl Bacteriol*, 44: 97-106.

40. Ratkowsky DA, Olley J, McMeekin TA, Ball A (1982) Relationship between temperature and growth rate of bacterial cultures. *J Bacteriol*, 149: 1-5.

41. Rattray JBM, Schibeci A, Kidby DK (1975) Lipids of yeasts. *Bacteriol Rev*, 39: 197-231.

42. Reay GA, Shewan JM (1949) The spoilage of fish and its preservation by chilling. *Adv Food Res*, 2: 343-398.

43. Reed RK, Chudek JA, Foster K, Gadd GM (1987) Osmotic significance of glycerol accumulation in exponentially growing yeasts. *Appl Environ Microbiol*, 53: 2119-2123.

44. Reiter B, Harnulv G (1984) Lactoperoxidase antibacterial system: Natural occurrence, biological functions and practical applications. *J Food Protect*, 47: 724-732.

45. Rose AH (1965) *Chemical Microbiology*. Butterworths, London.

46. Rothstein A, Demis G (1953) The relationship of the cell surface to metabolism: The stimulation of fermentation by extracellular potassium. *Arch Biochem Biophys*, 44: 18-29.

47. Shelef LA (1983) Antimicrobial effects of spices. *J Food Safety*, 6: 29-44.

48. Sherman JM, Holm GE (1922) Salt effects in bacterial growth. II. The growth of Bacterium coli in relation to H-ion concentration. *J Bacteriol*, 7: 465-470.

49. Sleator RD, Hill C (2001) Bacterial osmoadaptation: The role of osmolytes in bacterial stress and virulence. *FEMS Microbiol Rev*, 26: 49-71.

50. Stier RF, Bell L, Ito KA, Shafer BD, Brown LA, Seeger ML, Allen BH, Porcuna MN, Lerke PA (1981) Effect of modified atmosphere storage on C. botulinum toxigenesis and the spoilage microflora of salmon fillets. *J Food Sci*, 46: 1639-1642.

51. Troller JA (1986) Water relations of foodborne bacterial pathogens: an updated review. *J Food Protect*, 49: 656-670.

52. Walden WC, Hentges DJ (1975) Differential effects of oxygen and oxidation–reduction potential on the multiplication of three species of anaerobic intestinal bacteria. *Appl Microbiol*, 30: 781-785.

53. Wickramanayake GB, Rubin AJ, Sproul OJ (1984) Inactivation of Giardia lamblia cysts with ozone. *Appl Environ Microbiol*, 48: 671-672.

54. Wodzinski RJ, Frazier WC (1961) Moisture requirements of bacteria. II. Influence of temperature, pH, and maleate concentration on requirements of Aerobacter aerogenes. *J Bacteriol*, 81: 353-358.

55. Zapico P, Gaya P, Nuñez M, Medina M (1994) Activity of goats' milk lactoperoxidase system on Pseudomonas fluorescens and Escherichia coli at refrigeration temperatures. *J Food Protect*, 58: 1136-1138.

Parte III

I MICRORGANISMI NEGLI ALIMENTI

I capitoli dal 4 al 9 trattano le tipologie e le quantità di microrganismi isolati da diversi prodotti alimentari e definiscono il ruolo che essi esercitano nell'alterazione degli alimenti. La fermentazione e i prodotti lattiero-caseario fermentati sono discussi nel capitolo 7, mentre i prodotti fermentati non appartenenti a tale categoria sono trattati nel capitolo 8. Per ulteriori approfondimenti si consigliano i seguenti testi.

Davies A, Board R (eds) (1998) *The Microbiology of Meat and Poultry*. Aspen Publishers, Gaithersburg, MD. Eccellente trattato sulla microbiologia delle carni e del pollame.

International Commission on Microbiological Specifications of Foods (ICMSF) (1996) *Microorganisms in Foods* (5th ed). New York: Kluwer Academic Publishers. Accurata trattazione dei parametri che influenzano i microrganismi di interesse, compresi i virus, e i parassiti animali.

Kraft AA (1992) *Psychrotrophic Bacteria in Foods: Disease and Spoilage*. CRC Press, Boca Raton, FL. Contiene informazioni storiche sui microrganismi di interesse alimentare.

Lamikanra O (2002) *Fresh-Cut Fruits and Vegetables: Science, Technology and Market*. CRC Press, Boca Raton, FL. Testo di microbiologia generale dei prodotti ortofrutticoli pronti al consumo, compresi i MAP e altre tipologie.

Mossel DAA, Corry J, Struijk C et al. (eds) (1995) *Essentials of the Microbiology of Foods*. John Wiley & Sons, New York. Questo testo costituisce un eccellente strumento di consultazione per la maggior parte degli aspetti della microbiologia degli alimenti.

Robinson RK (ed) (2002) *Dairy Microbiology Handbook* (3rd ed). Wiley & Sons, New York. Esame approfondito di numerosi prodotti lattiero-caseari.

Capitolo 4
Carne fresca e pollame

È noto che, al momento della macellazione, i tessuti interni degli animali sani da macello non sono contaminati da batteri, a meno che i capi di bestiame non siano in condizioni di stress o di eccessiva stanchezza. Diverse sono invece le concentrazioni e le tipologie di microrganismi che si riscontrano nella carne fresca e nel pollame nei punti vendita al dettaglio. Le fonti e le principali vie attraverso le quali i microrganismi giungono alle carni fresche sono riportate di seguito, con particolare considerazione per le carni rosse.

1. *Coltello cavo* Dopo essere stati storditi e sollevati per le zampe posteriori, gli animali (per esempio i manzi) vengono abbattuti per dissanguamento, fendendo la vena giugulare con un "coltello cavo". Se la lama non è sterile, i microrganismi si diffondono attraverso il circolo ematico e possono raggiungere qualunque parte della carcassa.

2. *Pelle dell'animale* I microrganismi presenti sulla pelle sono tra quelli che penetrano nella carcassa veicolati dalla lama, mentre altri possono essere depositati sulla carcassa scuoiata o sulle superfici appena tagliate. Alcune popolazioni microbiche, tipicamente presenti sulla pelle degli animali, possono passare nell'aria e contaminare le carcasse integre non ancora scuoiate, come osservato in seguito. (Le operazioni di sanitizzazione e lavaggio delle carcasse saranno discusse alla fine di questo capitolo.)

3. *Tratto gastrointestinale* In seguito a perforazione dei visceri, il contenuto intestinale, unitamente al pesante carico microbico, può essere trasferito sulla superficie delle carcasse non ancora scuoiate. A tale riguardo, è particolarmente importante il rumine degli animali ruminanti, in quanto contiene solitamente circa 10^{10} batteri per grammo.

4. *Mani degli operatori addetti alle lavorazioni* Come già osservato nel capitolo 2, le mani rappresentano per le carni appena macellate una fonte di patogeni umani. Il trasferimento dei microrganismi da una carcassa all'altra può verificarsi anche quando gli operatori indossano guanti protettivi.

5. *Contenitori* È evidente che i tagli di carne posti in contenitori non sterili possono essere contaminati dai microrganismi presenti nei contenitori. Questa pratica sarebbe la principale fonte di microrganismi per le carni tritate o macinate.

6. *Manipolazione e ambiente di conservazione* Come visto nel capitolo 2, l'aria che circola negli ambienti è una fonte non trascurabile di microrganismi per le superfici di tutti gli animali macellati.

7. *Linfonodi* Nelle carni rosse, i linfonodi solitamente circondati da grasso contengono un elevato numero di microrganismi, specialmente batteri. È lecito attendersi, quindi, che questi ultimi si diffondano nel prodotto, se i linfonodi vengono tagliati dalle lame o aggiunti a porzioni di carne macinata.

65

J.M. Jay et al., *Microbiologia degli alimenti*
© Springer-Verlag Italia 2009

In generale, le fonti di contaminazione più importanti sono costituite dai contenitori non sterili. Quando diverse migliaia di animali vengono macellati e lavorati in un solo giorno nello stesso stabilimento, la microflora superficiale delle carcasse tende a normalizzarsi, sebbene sia necessario qualche giorno per raggiungere tale equilibrio. La conseguenza pratica di questo fenomeno è la prevedibilità delle popolazioni microbiche che possono essere rinvenute nei prodotti destinati al commercio al dettaglio.

4.1 Eventi biochimici che conducono al rigor mortis

Quando un bovino ben riposato viene macellato, si verificano una serie di eventi che portano alla produzione della carne destinata al consumo. Lawrie[106] descrisse dettagliatamente questi eventi, qui riportati in forma essenziale. Di seguito sono riassunte le fasi che si succedono durante la macellazione dell'animale.

1. La circolazione sanguigna cessa: la capacità di risintetizzare l'ATP (adenosina trifosfato) viene persa; la mancanza di ATP determina l'associazione di actina e miosina con formazione del complesso actinomiosina, che porta all'irrigidimento muscolare.
2. Le riserve di ossigeno si esauriscono, determinando una riduzione del potenziale O/R (ossido-riduzione).
3. La riserva di vitamine e antiossidanti si esaurisce, avviando un lento processo di irrancidimento.
4. La regolazione nervosa e ormonale cessa, provocando una abbassamento della temperatura e la solidificazione dei grassi dell'animale.
5. La respirazione cessa e si interrompe la sintesi di ATP.
6. Comincia il processo di glicolisi, che conduce alla conversione di gran parte del glicogeno in acido lattico, che a sua volta determina un abbassamento del pH da circa 7,4 fino a 5,6. Questo fenomeno, inoltre, dà inizio al processo di denaturazione proteica e alla liberazione e attivazione delle catepsine e completa il rigor mortis. La denaturazione delle proteine è accompagnata anche dal passaggio di ioni mono e bivalenti nelle proteine del muscolo.
7. Il sistema reticoloendoteliale cessa di svolgere la sua attività di pulizia dell'organismo; ciò consente ai microrganismi di crescere incontrollati.
8. I diversi metaboliti accumulati favoriscono la denaturazione delle proteine.

Questi eventi richiedono da 24 a 36 ore alle temperature (2-5 °C) alle quali viene generalmente mantenuta la carne bovina appena macellata. Mentre parte dei microrganismi presenti comunemente nella carne deriva dai linfonodi dell'animale[109], ulteriore contaminazione può derivare dalla lama utilizzata per il dissanguamento, dalla pelle dell'animale, dal tratto intestinale, dalla polvere, dalle mani degli operatori, dalle lame dei coltelli da taglio, dai recipienti e da altre fonti analoghe.

Quando la carne viene conservata per un tempo prolungato a temperature di refrigerazione, ha inizio l'alterazione microbica. Se all'interno della carcassa la temperatura non raggiunge valori di refrigerazione, l'alterazione ha luogo presumibilmente a opera di batteri provenienti da fonti di contaminazione interne. *Clostridium perfringens* e i generi della famiglia delle Enterobacteriaceae sono le forme batteriche predominanti[90]. D'altra parte, l'alterazione microbica delle carni refrigerate è, in gran parte, un fenomeno superficiale, causato da batteri alteranti apportati da fonti di contaminazione esterne[90].

4.2 Microflora* delle carni e del pollame

I principali generi di batteri, lieviti e muffe isolati da questi prodotti prima del loro deterioramento sono elencati nelle tabelle 4.1 e 4.2. Comunemente, la flora batterica presente nelle carni riflette quello dell'ambiente di macellazione e di trasformazione, nei quali – come osservato in precedenza – vi è una netta prevalenza di batteri Gram-negativi. Tra i Gram-positivi, invece, gli enterococchi insieme ai lattobacilli costituiscono i generi batterici rinvenuti con maggiore frequenza. A causa della loro diffusa presenza negli ambienti di lavorazione della carne, può anche essere riscontrato un numero piuttosto elevato di generi di muffe. Tra questi, sono compresi i generi *Penicillium*, *Mucor* e *Cladosporium*. I lieviti più diffusi in carni e pollame appartengono ai generi *Candida* e *Rhodotorula* (tabella 4.2). (Per un esame più approfondito, si veda il riferimento bibliografico 35.)

4.3 Incidenza/prevalenza di microrganismi nelle carni rosse fresche

L'incidenza e la prevalenza dei microrganismi in alcune carni rosse sono presentate in tabella 4.3; in particolare, i risultati delle conte aerobie su piastra della carne macinata fresca, sono considerevolmente alti se comparati con quelli riportati dal Department of Agriculture statunitense (USDA[176]). In quest'ultima indagine, effettuata su 563 campioni di carne macinata fresca, provenienti da diverse zone degli Stati Uniti, il valore medio del $\log_{10}$ per carica mesofila aerobia è stato soltanto di 3,90, mentre per coliformi, *Clostridium perfringens* e *Staphylococcus aureus* i valori riportati sono stati rispettivamente 1,98, 1,83 e 1,49. Non è chiaro in quale misura questi valori più bassi, ottenuti per la carne bovina fresca macinata, derivino da una tendenza alla riduzione della carica batterica in questo tipo di prodotto, oppure dalle metodiche di laboratorio impiegate.

Per diversi decenni le carni tritate hanno mostrato un numero di microrganismi più elevato rispetto a quelle integre, come le bistecche, ed esistono precise ragioni per giustificare questo fenomeno.

1. Le carni macinate in commercio sono ottenute dalla rifilatura di diversi tagli, che vengono spesso manipolati in modo eccessivo e che, solitamente, contengono un'elevata carica microbica. Le carni macinate ottenute, invece, a partire da grossi tagli tendono a essere contaminate in misura minore.
2. La carne macinata espone una maggiore area superficiale, e questo giustifica in parte l'incremento della contaminazione microbica. Occorre quindi considerare che, riducendo la dimensione delle particelle, l'area superficiale totale aumenta, con conseguente incremento dell'energia superficiale.
3. Questa maggiore area superficiale della carne macinata favorisce lo sviluppo di batteri aerobi che, solitamente, sono causa di alterazioni a basse temperature.
4. In alcune attività commerciali raramente le macchine tritacarne, le lame da taglio e gli utensili per la conservazione vengono puliti con la frequenza e l'accuratezza necessarie per prevenire l'accumulo progressivo di microrganismi. Tale carenza è emersa dai risul-

---

* Nel testo originale inglese gli autori osservano, correttamente, che i termini *flora* e *microflora* risalgono all'epoca in cui si credeva che i batteri fossero piante primitive e, pertanto, utilizzano generalmente *biota* e *microbiota*. Questi ultimi termini, tuttavia, sono scarsamente utilizzati nella letteratura scientifica italiana, pertanto nella traduzione si è preferito attenersi all'uso corrente (*N.d.C.*).

Tabella 4.1 Generi di batteri rinvenuti con maggiore frequenza in carni e pollame

Genere	Colorazione di Gram	Carni fresche	Fegati freschi	Pollame
Acinetobacter	–	XX	X	
Aeromonas	–	XX		XX
Alcaligenes	–			X
Arcobacter	–	X	X	X
Bacillus	+	X		
Brochothrix	+	X		X
Campylobacter	–	X	X	X
Carnobacterium	+			XX
Caseobacter	+	X		
Citrobacter	–	X		
Clostridium	+	X		X
Corynebacterium	+	X		X
Enterobacter	–	X	X	XX
Enterococcus	+	XX		X
Erysipelothrix	+	X	X	X
Escherichia	–	X		X
Flavobacterium	–	X	X	
Hafnia	–	X	X	X
Kocuria	+	X		
Kurthia	+	X	X	X
Lactobacillus	+	X		
Lactococcus	+	X		
Leuconostoc	+	X		
Listeria	+	X	X	
Microbacterium	+	X		XX
Micrococcus	+	X		X
Moraxella	–	X	XX	XX
Paenibacillus	+	XX	X	X
Pantoea	–	X		X
Pediococcus	+	X		X
Proteus	–	X		
Pseudomonas	–	XX		X
Psychrobacter	–	XX		XX
Salmonella	–	X		X
Serratia	–	X		X
Shewanella	–	X		X
Staphylococcus	+	X	X	X
Vagococcus	+			XX
Weissella	+	X	X	
Yersinia	–	X		

X = rinvenuto.
XX = rinvenuto frequentemente.

Tabella 4.2 Generi di funghi rinvenuti con maggiore frequenza su carni e pollame

Genere	Carni fresche e refrigerate	Pollame	Genere	Carni fresche e refrigerate	Pollame
Muffe			**Lieviti**		
Alternaria	X	X	Candida	XX	XX
Aspergillus	X	X	Cryptococcus	X	X
Aureobasidium	X		Debaryomyces	X	XX
Cladosporium	XX	X	Hansenula	X	
Eurotium	X		Pichia	X	X
Fusarium	X		Rhodotorula	X	XX
Geotrichum	XX	X	Saccharomyces	X	
Monascus	X		Torulopsis	XX	X
Monilia	X		Trichosporon	X	X
Mucor	XX	X	Yarrowia	XX	
Neurospora	X				
Penicillium	X	X			
Rhizopus	XX	X			
Sporotrichum	XX				
Thamnidium	XX				

X = rinvenuto; XX = rinvenuto frequentemente.
Fonte: Dati tratti dai riferimenti 34, 35 e 94.

tati ottenuti da una ricerca batteriologica condotta in diverse aree del reparto macelleria di un grande negozio di alimentari. Le lame utilizzate per tagliare la carne e il tagliere sono stati campionati per mezzo di tamponi, ottenendo i seguenti risultati medi: le lame da taglio presentavano una conta totale di 5,28 $\log_{10}/in^2$ (1 inch^2 = 6,45 cm^2) i dati ottenuti per coliformi, enterococchi, stafilococchi e micrococchi sono stati, rispettivamente: 2,3; 3,64; 1,60; 3,69. La conta totale media del tagliere è stata di 5,69 $\log_{10}/in^2$; con 2,04 per i coliformi, 3,77 per gli enterococchi, < 1,00 per gli stafilococchi e 3,79 per i micrococchi. Questi rappresentano le principali fonti di contaminazione batterica per le carni macinate e sono responsabili dell'elevata conta batterica totale.

5. Un pezzo di carne pesantemente contaminato è sufficiente per contaminarne anche altri: può essere coinvolto l'intero lotto, poiché le carni passano tutte attraverso lo stesso tritacarne. La porzione di carne contaminata contiene spesso dei linfonodi, solitamente situati nella parte grassa. È stato dimostrato che i linfonodi contengono un elevato numero di microrganismi e ciò spiega, in parte, perché la carne degli hamburger presenta comunemente una conta totale maggiore di quella ritrovata nella carne macinata di bovino. Infatti, in alcuni casi la prima può contenere fino al 30% di grasso bovino, mentre il contenuto in grassi della carne macinata non deve superare il 20% (Reg CE 2076/2005).

4.3.1 Batteri

L'alta prevalenza di enterococchi nelle carni è stata dimostrata da uno studio condotto nel 2001-2002 sulle carni vendute al dettaglio nello Iowa. Su 255 campioni di maiale, 247 (97%) sono risultati positivi per la presenza di questi microrganismi, con il 54 e il 38% degli isolati appartenenti, rispettivamente, alle specie *Enterococcus faecalis* e *E. faecium*[84]. Tutti i 262

Tabella 4.3 Percentuali relative di microrganismi in carni rosse che soddisfano specifici valori soglia (concentrazioni espresse in $\log_{10}$ di ufc/g o mL)

Prodotti	N. di campioni	Gruppi microbici/ Limiti (log$_{10}$)	% campioni conformi	Rif. bibl.
Pasticcio di carne bovina cruda	735	Carica mesofila aerobia $\leq 6,00$/g	76	170
	735	Coliformi $\leq 2,00$/g	84	170
	735	E. coli $\leq 2,00$/g	92	170
	735	S. aureus $\leq 2,00$/g	85	170
	735	Assenza di salmonelle	99	170
Carne bovina macinata fresca*	1.830	Carica mesofila aerobia $\leq 6,70$/g	89	21
	1.830	S. aureus $\leq 2,00$/g	92	21
	1.830	E. coli $\leq 1,70$/g	84	21
	1.830	Assenza di salmonelle	98	21
	1.830	Assenza di C. perfringens	80	21
Carne bovina macinata fresca	1.090	Carica mesofila aerobia a 35 °C $\leq 7,00$/g	88	142
	1.090	Coliformi fecali $\leq 2,00$/g	76	142
	1.090	S. aureus: $<2,00$/g	91	142
Pasticcio congelato di carne bovina macinata	605	Carica mesofila aerobia $\leq 6,00$/g	67	74
	604	E. coli $<2,70$/g	85	74
	604	E. coli $\leq 3,00$/g MPN	91	74
Hamburger fritto	107	Carica mesofila aerobia 72 h a 21 °C $<3,00$/g;	76	43
	107	Assenza di enterococchi, coliformi, S. aureus e salmonelle	100	43
Carni macinate di selvaggina di grossa taglia	113	Coliformi $\leq 2,00$/g	42	163
	113	E. coli $\leq 2,00$/g	75	163
	113	S. aureus $\leq 2,00$/g	96	163

* Secondo la legge allora vigente nell'Oregon.
Carica mesofila aerobia = conta aerobia in piastra.
MPN = most probable number.

campioni di carne bovina, invece, contenevano enterococchi; in particolare, il 65% degli isolati è risultato ascrivibile alla specie *E. faecium*, il 17% a *E. faecalis* e il 14% a *E. hirae*[84].

I membri del genere *Paenibacillus*, *Bacillus* e *Clostridium* sono stati trovati in carni di tutti i tipi. In uno studio sull'incidenza delle spore di anaerobi putrefattivi (PA), in macinati di carne di maiale freschi o trasformati e in carne di maiale in scatola, Steinkraus e Ayres[165] scoprirono che questi microrganismi erano presenti a livelli molto bassi, generalmente inferiori a 1/g. Greenberg e colleghi[76], in uno studio sull'incidenza delle spore di clostridi nelle carni, hanno riscontrato su 2.358 campioni un conteggio medio di spore di PA di 2,8 per grammo. Delle 19.727 spore di PA isolate, solo una è stata attribuita alla specie *Clostridium botulinum* ed è stata isolata da pollo. I numerosi campioni di carne (manzo, maiale e pollo) analizzati in questo studio provenivano da ogni parte degli Stati Uniti e del Canada. L'importanza delle spore di PA nelle carni è dovuta ai problemi incontrati durante i processi di distruzione termica di tali forme nelle industrie conserviere (vedi capitolo 17).

Erysipelothrix rhusiopathiae è stato rinvenuto nel 34% dei campioni di carne di maiale venduta al dettaglio in Giappone, mentre in Svezia le percentuali vanno dal 4 al 54%. Sono state isolate diverse serovar dalla carne di maiale e nove sono state rinvenute in Giappone tra gli isolati ottenuti da campioni di pollo[133]. È stato suggerito che il pollo potrebbe rappresentare un serbatoio di *Erysipelothrix* spp. per le infezioni umane. (Maggiori informazioni su questo batterio sono riportate nel capitolo 31.)

Da uno studio sull'incidenza di *Clostridium perfringens* in un'ampia varietà di alimenti statunitensi, Strong e colleghi[169] hanno isolato questo microrganismo nel 16,4% dei campioni di carne cruda, pollame e pesce. È stato anche isolato da altri prodotti: nelle spezie (5%), in frutta e vegetali (3,8%), in alimenti congelati preparati industrialmente (2,7%) e in cibi preparati in ambito domestico (1,8%). Altri ricercatori hanno riscontrato basse concentrazioni di questo microrganismo, in carne sia fresca sia trasformata. Su 95 campioni di carne bovina macinata *C. perfringens* è stato trovato in concentrazione non superiore a 1000 ufc/g nell'87% dei casi; mentre nel 47% dei casi (45 campioni su 95) il microrganismo era presente in concentrazione inferiore a 100 ufc/g[103]. In un'altra ricerca su *C. perfringens* nella carne di maiale, il microrganismo non è stato isolato né dalle carcasse, né dai cuori, né dalle milze, mentre i fegati sono risultati positivi nel 21,4% dei casi[13]. Le salsicce di maiale destinate al commercio, hanno mostrato una prevalenza del 38,9%. In uno studio condotto nel biennio 2001-2002 negli Stati Uniti, su 445 campioni di carne cruda suina, bovina e di pollame (sia intera, sia macinata, sia emulsionata), le spore di *C. perfringens* non raggiungevano mai valori superiori a 2,0 $\log_{10}$, con un valore medio di 1,56 $\log_{10}$ ufc/g[173]. Quando diversi di questi campioni sono stati inoculati con circa 3,0 $\log_{10}$/g di tre diversi ceppi di *C. perfringens* e, successivamente, cotti e conservati per 14 giorni sotto vuoto a 4 °C, le cellule inoculate hanno mostrato un leggero calo al termine del trattamento termico, ma il loro numero è rimasto praticamente invariato in seguito al raffreddamento del prodotto da 54,5 °C a 7,2 °C[173]. (L'importanza della presenza di questo microrganismo negli alimenti è discussa nel capitolo 24.)

È stato osservato che alcuni membri della famiglia delle Enterobacteriaceae sono piuttosto comuni nelle carni fresche e congelate di bovino e maiale e nei prodotti derivati. Esaminando 442 campioni di carne, Stiles e Ng[169] hanno isolato batteri enterici nell'86% di essi, e tutti i 127 campioni di carne bovina macinata sono risultati positivi. Tra le specie isolate con maggiore frequenza vi sono: il biotipo I di *Escherichia coli* (29%), *Serratia liquefaciens* (17%) e *Pantoea agglomerans* (12%); 721 isolati (32%) erano rappresentati da *Citrobacter freundii*, *Klebsiella pneumoniae*, *Enterobacter cloacae* e *E. hafniae*. In un esame effettuato su 702 alimenti appartenenti a 10 diverse categorie, e finalizzato alla rilevazione dei coliformi totali attraverso il metodo del numero più probabile (MPN, *most probable number*), il valore più elevato – determinato con il calcolo della media geometrica secondo la procedura della AOAC (Association of Official Analytical Chemists) – è stato 59/g, riscontrato nei 119 campioni di carne bovina macinata[3]. Il valore medio rilevato nei 94 campioni di salsiccia di maiale è stato 7,9/g. Nei 32 campioni di carne di capra macinata il contenuto medio di coliformi, Enterobacteriaceae e carica mesofila aerobia è stato, rispettivamente: 2,88; 3,07; 6,57 $\log_{10}$[131]. (Per maggiori informazioni sull'incidenza/prevalenza di coliformi, enterococchi e altri microrganismi indicatori si rinvia al capitolo 20.)

Come si è visto, su 563 campioni di carne bovina macinata, esaminati negli Stati Uniti, il 53% conteneva *C. perfringens* e il 30% *S. aureus*[176]. In Giappone, utilizzando la nested PCR, la specie enterotossigena di *Clostridium perfringens* è stata rilevata, rispettivamente, nel 2, 12 e 0% di 50 campioni di carne bovina, di pollo e di maiale[128].

In uno studio australiano, condotto su 470 carcasse di pecora subito dopo l'abbattimento, il valore medio della carica mesofila aerobia è stato 3,92 $\log_{10}/cm^2$, quando determinato a 25 °C dopo 72 ore, e 3,48 $\log_{10}/cm^2$, quando determinato a 5 °C dopo 14 giorni di incubazione[179]. (Per una trattazione più ampia sulla presenza di batteri Gram-positivi nelle carni, si consiglia il riferimento bibliografico 87.)

Escherichia coli (biotipo I)

Questo batterio costituisce il principale indicatore dello stato igienico-sanitario degli alimenti freschi; insieme ad altri microrganismi indicatori, è descritto e discusso nel capitolo 20. Per valutare la sicurezza della carne bovina, una commissione internazionale ha raccomandato la ricerca di microrganismi indicatori piuttosto che di patogeni specifici[17].

In uno studio statunitense, su pasticci di carne bovina congelati, la conta media degli aerobi in piastra (APC, carica mesofila aerobia) è stata <3,0 $\log_{10}$ ufc/g, mentre lo stesso indice per coliformi e biotipo I di *E. coli* è stato <1,0 $\log_{10}$ ufc/g[144]. Gli autori di questa ricerca hanno anche osservato l'assenza di correlazione diretta tra basso numero di *E. coli* biotipo I e *E. coli* O157:H7. In una ricerca canadese i coliformi e le specie di *E. coli* isolati dalle superfici dei tavoli e dai convogliatori negli stabilimenti per la lavorazione delle carni erano paragonabili a quelli isolati dai tagli e dai quarti di carne bovina; questi risultati dimostrano il ruolo svolto dalle attrezzature di trasporto nella contaminazione dei tagli di carne da parte dei microrganismi citati in precedenza[70].

L'incidenza e la prevalenza dei ceppi di *E. coli* biotipo I varia considerevolmente tra le carni rosse poste in vendita. In uno studio realizzato in Australia, il 75% dei campioni prelevati da 470 carcasse di pecora conteneva questo microrganismo[181], mentre in un'altra ricerca è risultato positivo l'11% di 812 campioni prelevati da carcasse di bovino australiane lavorate per l'esportazione[141]. Negli Stati Uniti *E. coli* è stato isolato dal 25% di 404 campioni di carne bovina macinata[186], mentre su 100 campioni di carcasse di maiale nella fase di post-dissanguamento è stato rinvenuto nel 30% dei casi; la stessa percentuale è stata riscontrata nelle carcasse testate dopo il raffreddamento[172].

Arcobacter e *Campylobacter* spp.

Questi generi sono strettamente correlati dal punto di vista filogenetico e non sorprende il fatto che essi condividano gli stessi habitat. I dati relativi all'incidenza e alla prevalenza in vari tipi di carni e nel pollame sono riassunti e presentati in tabella 4.4. Generalmente *Arcobacter* spp. è molto più comune nel pollame che nei prodotti derivati dalle carni rosse; ciò sembra valere anche per le specie appartenenti al genere *Campylobacter*. *A. butzleri* è una specie comunemente rinvenuta: è stata ritrovata in tutte e 25 le carcasse di pollo analizzate in uno studio in Danimarca[4], mentre *A. cryaerophilus* è stata isolata da 13 delle 25 carcasse e *A. skirrowii* solo da due.

Negli Stati Uniti, in uno studio condotto su 200 campioni di carne di maiale fresca impiegando differenti metodi di recupero, Ohlendort e Murano[136] hanno rilevato specie appartenenti al genere *Arcobacter* nel 20% dei campioni con basso tenore di grasso e solo nel 4% dei campioni contenenti elevate quantità di grasso; inoltre, questi microrganismi sono stati isolati più frequentemente dai maiali giovani rispetto a quelli vecchi.

Gli uccelli selvatici e migratori sono anche portatori di specie del genere *Campylobacter*. Su 1794 volatili, appartenenti alle 107 specie presenti in Europa, il 22,2% ospita *Campylobacter* spp.; in particolare, le specie *C. lari*, *C. jejuni* e *C. coli* in percentuali, rispettivamente, del 5,6, 4,9 e 0,95%[182]. La più alta percentuale di *Campylobacter* spp. (76,8%) è stata riscontrata in 383 specie di uccelli che si nutrono di invertebrati in prossimità delle zone costiere. Su 464 insettivori arboricoli solo lo 0,6% è risultato positivo per la presenza di *Campylobacter*[182].

Tabella 4.4 Incidenza/prevalenza di *Arcobacter*, *Campylobacter* e *Helicobacter* spp. in carni e pollame freschi e congelati

Prodotto	Genere	% di positivi/ totale campioni	Paese	Rif. bibl.
Maiale	*Arcobacter*	32/200	Stati Uniti	13
Carne bovina	*Arcobacter butzleri*	9/200	Stati Uniti	75
Carne di tacchino	*Arcobacter*	77/391	Stati Uniti	117
Pollo da arrosto (broiler)	*Arcobacter*	95/480	Belgio	88
Pollo e broiler	*Arcobacter*	60/25	Danimarca	4
Pollo	*Arcobacter*	40/45	Messico	181
Maiale	*Arcobacter*	64/200	Stati Uniti	134
Bovino	*Arcobacter*	29/45	Messico	181
Maiale	*Arcobacter*	5/45	Messico	181
Pollo fresco	*Campylobacter*	94/63	Irlanda del Nord	130
Pollo congelato	*Campylobacter*	77/44	Irlanda del Nord	130
Pollo fresco	*Campylobacter*	85/35	Olanda	42
Pollo congelato	*Campylobacter*	87/38	Olanda	42
Carni di pollo	*Campylobacter*	83/90	Regno Unito	102
Fegato di agnello	*Campylobacter*	73/96	Regno Unito	102
Fegato di maiale	*Campylobacter*	72/99	Regno Unito	102
Fegato di maiale	*Campylobacter*	ca. 6/400	Irlanda del Nord	129
Fegato di bue	*Campylobacter*	54/96	Regno Unito	129
Carne di maiale al dettaglio	*Campylobacter*	1,3/384	Stati Uniti	41
Broiler	*Campylobacter*	88/1.297	Stati Uniti	177
Carcasse di pecora	*Campylobacter*	1,3/470	Australia	179
Carne macinata bovina	*Campylobacter*	<1/563	Stati Uniti	176
Campioni di suino	*Campylobacter*	0,99/202	Stati Uniti	138
Carcasse di tacchino prima del raffreddamento	*Campylobacter*	41,3/1.198	Stati Uniti	115
Broiler	*Campylobacter*	27/12.233	Regno Unito	139
Carni fresche	*Campylobacter*	12/405	Stati Uniti	167
Carni congelate	*Campylobacter*	2,3/396	Stati Uniti	166
Pollo	*Campylobacter*	30/360	Stati Uniti	166
Carni rosse	*Campylobacter*	5/1.800	Stati Uniti	178
Tagli bovini	*Helicobacter pylori*	0/20	Stati Uniti	168
Rumine, campioni di mucosa*	*Helicobacter*	0/105	Stati Uniti	168

* Mucosa del rumine e dell'abomaso di bovini.

Salmonelle

La prevalenza nella carne e nel pollame delle specie appartenenti al genere *Salmonella* è riassunta in tabella 4.5. Le carni e il pollame rappresentano una fonte comune di *Salmonella* spp., così come lo sono per le specie appartenenti ai generi *Arcobacter* e *Campylobacter*.

Nel 2000, nel Regno Unito, sono state trovate salmonelle nel 9,1% di 109 confezioni di salsicce refrigerate e nel 7,5% di 53 confezioni di salsicce congelate, pari complessivamente all'8,6% dei prodotti esaminati[119]. Alcune sono state isolate da campioni fritti, grigliati o cotti sul barbecue. I campioni grigliati per almeno 12 minuti hanno tutti raggiunto una temperatura al cuore >75 °C e, dalle analisi, sono risultati negativi alla presenza di salmonelle. Su 51 confezioni esaminate, nessuna conteneva *Campylobacter* spp.

In merito alle fonti di salmonelle nelle fasi che precedono la macellazione dei suini, uno studio condotto in Brasile ha dimostrato che i recinti di sosta rappresentano una fonte significativa di *Salmonella enterica*[152]. Questi risultati sono basati sullo studio di un elevato

Tabella 4.5 Prevalenza di *Salmonella* spp. in carni e prodotti avicoli freschi e congelati

Prodotto	% di positivi/ totale campioni	Paese	Rif. bibl.
Polli da arrosto	20/1.297	Stati Uniti	177
Polli da arrosto	25,9/27	Corea	26
Rossi d'uovo	0/1.620	Corea	26
Carne macinata di tacchino congelata	38/50	Stati Uniti	78
Carcasse di tacchino[a]	12/208	Stati Uniti	18
Carcasse di tacchino	69/230	Canada	105
Involtini crudi di tacchino	27/336	Stati Uniti	18
Carcasse di pollo	61/670	Canada	105
Carcasse di pollo	34,8/69	Canada	44
Carcasse di pollo	91/45	Venezuela	150
Carcasse di pollo	60/192	Spagna	22
Carne bovina macinata	20/55	Botswana	65
Carne bovina macinata	7,5/563	Stati Uniti	176
Carne bovina macinata	11/88	Mexico	85
Carne bovina di macelleria	9,9/354	Botswana	65
Carcasse di bovino	0/62	Belgio	99
Carcasse di bovino	2,6/666	Canada	105
Carcasse di bovino[b]	0/812	Australia	141
Carcassa di manzo/vitella	1/2.089	Stati Uniti	178
Carcasse di pecora	5,7/470	Australia	179
Carcassa di maiale	27/49	Belgio	99
Carcasse di maiale	17,5/596	Canada	105
Carcasse di suino[c]	73/100	Stati Uniti	172
Carcasse di suino refrigerate	0,7/122	Stati Uniti	172
Maiale	1/8.066	Stati Uniti	10

[a] Prima della trasformazione.
[b] Campioni per l'esportazione.
[c] Post dissanguamento.

numero di animali. Un altro studio statunitense, condotto su 8.066 campioni per valutare la presenza di salmonelle nell'ambiente di macellazione dei maiali, ha riportato i seguenti risultati: suini 83%, suolo dei recinti 54%, stivali degli operatori 32%, mosche 16%, topi 9%, gatti 3% e volatili 3%[10]. Gli autori della ricerca hanno osservato che i gatti e le calzature da lavoro sono le nicchie ecologiche in cui le salmonelle sono presenti in maggiore quantità. I sierotipi ritrovati con maggiore frequenza sono *S.* Derby, Agona, Worthington e Uganda[10]. Sono invece stati ottenuti risultati molto differenti da una ricerca effettuata per determinare l'incidenza delle salmonelle in cinque macelli svedesi: tutti i 3.388 campioni analizzati in laboratorio sono risultati negativi[174]. Per quanto riguarda *S.* Typhimurium, il 3,5% di 404 campioni di carne bovina macinata, prelevati nel 1998 negli Stati Uniti, sono risultati positivi; in particolare, 5 dei 14 isolati, identificati come ceppi DT-104A (*S.* Typhimurium var Copenhagen) erano stati prelevati da campioni provenienti dall'area di San Francisco[186]. Inoltre, nel 25% dei 404 campioni analizzati è stata riscontrata la presenza di *E. coli* tipo I. In uno studio canadese, condotto per valutare il contenuto di salmonelle nelle feci di maiali sani di 5 mesi, il 5,2% di 1420 capi è risultato positivo per 12 diversi sierotipi; tra questi, *S.* Brandenburg è stato rinvenuto nel 42% dei casi[111]. In Spagna, nel 1992, in un macello per pollame sono stati isolati 112 ceppi di salmonelle: il 77% apparteneva alla specie *S.* Enteritidis[22].

Per comprendere meglio come sono distribuite le salmonelle nelle diverse fasi della produzione di polli, sono stati esaminati campioni prelevati nei seguenti punti del ciclo (tra parentesi la percentuale di positività alle salmonelle): centro di riproduzione (6%), incubatoio (98%), fase precedente l'ingrasso (24%), fase d'ingrasso (60%), carcasse dopo la lavorazione (7%)[8]. Questa ricerca indica che gli incubatoi costituiscono l'area che necessita maggiormente di disinfezione. Una ricerca analoga è stata effettuata in Brasile, dove sono stati esaminati diversi punti in 60 piccoli macelli avicoli (< 200 volatili/giorno), rilevando le seguenti percentuali di positività per la presenza di salmonella: carcasse 42%, utensili 23%, acqua 71%, congelatore 71%, frigorifero 62%. Complessivamente il 41% dei campioni conteneva salmonelle; tra i 17 sierotipi isolati, è risultato dominante *S.* Enteritidis (30%), seguito da *S.* Albany e *S.* Hadar (entrambi 12%)[62].

Listeria e Yersinia spp.

La prevalenza di *L. monocytogenes* varia ampiamente in carni rosse e pollame crudi ; i prodotti avicoli, elencati all'inizio della tabella 4.6, presentano tassi di contaminazione che variano dal 5 al 62%. La percentuale più elevata è stata riscontrata nel pollo crudo in pezzi, dal quale sono stati isolati i sierotipi 1/2a, 1/2c e 4b. Gli isolati rappresentavano 14 differenti tipologie di profili PFGE (*pulsed field gel electrophoresis*, elettroforesi su gel in campo pulsato, vedi capitolo 11)[127].

In Messico è stata valutata la presenza di *Yersinia* spp. in carne di maiale cruda e in prodotti ottenuti da pollo: è risultato positivo il 27% dei campioni esaminati[147]. È stato confermato il 24% dei 706 ceppi isolati simili a *Yersinia*; il 49% dei confermati è risultato ascrivibile a *Y. enterocolitica*, il 25% a *Y. kristensenii*, il 15% a *Y. intermedia* e il 9% a *Y. frederiksenii*. In una ricerca effettuata su carne di maiale proveniente da un macello, su 43 campioni 8 contenevano *Y. enterocolitica*, *Y. intermedia*, *Y. kristensenii* e *Y. frederiksenii*[82]. In un altro studio condotto negli Stati Uniti sui maiali, è stato isolato almeno un ceppo di *Y. enterocolitica* in 95 lotti su 103 (92%); il 99% dei patogeni isolati era del sierotipo O:5, mentre solo il 3,7% era del sierotipo O:3[61]. In Finlandia, *Y. enterocolitica* è stata identificata nel 92% di 51 campioni di lingua e nel 25% di 255 campioni di carne macinata[57]. Utilizzando la

Tabella 4.6 Prevalenza di *Listeria monocytogenes* in carni fresche e prodotti avicoli

Prodotto	% di positivi/ totale campioni	Paese	Rif. bibl.
Broiler (polli da arrosto)	15/1.297	Stati Uniti	177
Polli	30,2/86	Corea	7
Porzioni di broiler (crudo)	62/61	Finlandia	127
Porzioni di pollo	13/160	Stati Uniti	67
Carne di tacchino	5/180	Stati Uniti	66
Carne bovina macinata	12/563	Stati Uniti	176
Carne bovina macinata	16/88	Messico	85
Carne bovina	4,3/70	Corea	7
Carcasse di bovino	22/62	Belgio	99
Carcasse di manzo/vitella	4/2.089	Stati Uniti	178
Carcasse di agnello	4,3/69	Brasile	3
Carcasse di maiale	2/49	Belgio	99
Carne di maiale	19,1/84	Corea	7

PCR, oltre alle tecniche colturali, è stata riscontrata positività in oltre il 98% dei campioni di lingua di maiale, con prevalenza del biotipo IV. Da 31 lingue di maiale, provenienti da animali appena macellati, sono stati isolati 21 ceppi; tra questi, è risultato predominante il sierotipo O:8, seguito dal sierotipo O:6,30[38]. In uno studio condotto in Brasile, sulla presenza di *Yersinia* in carne bovina e pollame crudi, è risultato positivo l'80% dei campioni, con percentuali del 60% nella carne bovina macinata e nel fegato e del 20% nel pollame[183].

Nelle salsicce stagionate turche (*sucuk*) si osserva una diminuzione di *Yersinia enterocolitica* da 5,0 a 1,8 $\log_{10}$ ufc/g dopo 4 giorni di fermentazione e da 5,0 a 0,5 $\log_{10}$ ufc/g dopo 12 giorni di stagionatura, senza l'aggiunta diretta di batteri lattici[25]. Aggiungendo circa 7,0 $\log_{10}$ ufc/g di *Lactobacillus sakei* e di *Pediococcus acidilactici*, la concentrazione del patogeno è scesa a 0,5 $\log_{10}$ ufc/g dopo soli 3 giorni di fermentazione; dopo 4 giorni il numero era talmente basso da non poter essere rilevato[25].

Ceppi patogeni di *Escherichia coli*

La presenza di *E. coli* O157:H7 nelle carni rosse e nel pollame è molto variabile: da una totale negatività in 990 campioni di carne bovina senz'osso a una positività del 17% in altri due tipi di carne rossa (tabella 4.7). A Seattle (Stato di Washington), dove nel 1993 si è registrata un'epidemia causata da carne macinata, sono stati prelevati 296 campioni di carne bovina macinata e di feci del bestiame. Dei ceppi non-O157:H7 produttori di Stx (Shiga toxin), isolati da Brooks e colleghi[16], il sierotipo riscontrato con maggiore frequenza è stato O128:H2, che è in grado di produrre Stx1 e 2, oltre ad altre tre tipologie di tossine. In questo studio, su 218 campioni non è stato rinvenuto nessun ceppo O157:H7.

In mortadella libanese di grande e medio diametro, durante il processo di affumicatura si raggiungono fino a 5 riduzioni logaritmiche di *E. coli* O157:H7[69]. Il processo fermentativo consiste di tre fasi: la prima di 8 ore a 26,7 °C, la seconda di 24 ore a 37,8 °C, la terza della durata di 24 ore a 43,3 °C (tutte le temperature sono misurate al cuore del prodotto). La materia di partenza – che aveva pH 4,4, un contenuto di NaCl del 4% e basse percentuali di grassi (10-13%) – è stata inoculata con *E. coli* O157:H7 in concentrazioni variabili da 7,5 a 7,9 $\log_{10}$ ufc/g[69].

Tabella 4.7 Prevalenza di *E. coli* O157:H7 e relativi sierotipi patogeni in alcune carni fresche e congelate, in prodotti avicoli e in altri animali da macello e/o loro derivati

Prodotto	% di positivi/ totale campioni	Paese	Rif. bibl.
Pollo	0/36[a]	Nuova Zelanda	16
Carne macinata	17/296	Stati Uniti	154
Carne bovina senz'osso	0/990	Australia	141
Carcasse di bovino	0,1/1.275	Australia	141
Carcasse di bovino	1,4/1.500	Regno Unito	27
Bovini sani	1,5/201	Stati Uniti	19
Bovini sedati	4,9/203	Stati Uniti	19
Carcasse di manzo/vitella	0,2/2.081	Stati Uniti	178
Carne di agnello/montone	17/37	Nuova Zelanda	16
Carcasse di agnello	0,7/1.500	Regno Unito	27
Prodotti derivati da carne di agnello	7,4/7.200	Regno Unito	27
Carcasse di pecora (congelate)	0,3/343	Australia	179
Maiale	4/35[a]	Nuova Zelanda	16
Carne venduta al dettaglio	12/91[a]	Nuova Zelanda	16
Carne cruda	0,44/4.983	Regno Unito	27
Feci bovine	18/296	Regno Unito	154
Carcasse di bovino da esportazione	0,1/812	Australia	141
Mangimi del bestiame	14,9/504	Stati Uniti	36
Vitellini[b] <1 mese	31,4/35	Giappone	98
Vitellini da 1 a 3 mesi	8,1/107	Giappone	98
Vitelle da 3 a 6 mesi	26,1/88	Giappone	98
Vitelle > 6 mesi	14,5/214	Giappone	98
Prodotti di carne bovina	12,9/4.800	Regno Unito	27

[a] Ceppi non O157:H7 Stx. [b] Campioni di feci rettali.

4.3.2 Carni macinate addizionate di proteine di soia

Una pratica piuttosto diffusa nell'industria dei fast food – quanto meno negli Stati Uniti – è l'aggiunta di proteine di soia (farina di soia, fiocchi di soia, proteine di soia strutturanti), in concentrazioni del 10-30%, in pasticci di carne macinata; per tale motivo sono state valutate le caratteristiche microbiologiche di queste miscele di soia. Lo studio più recente e dettagliato è stato condotto da Craven e Mercuri[30]; i due autori hanno osservato che quando la carne bovina macinata o il pollo venivano miscelati con il 10 o il 30% di soia e poi conservati a 4 °C per 8-10 giorni, la loro carica mesofila aerobia aumentava e raggiungeva valori superiori a quelli dei controlli che non avevano subìto aggiunte. I coliformi, invece, risultavano più elevati nei prodotti di carne bovina miscelati con soia, rispetto ai controlli, ma non nelle miscele di pollo e soia. Generalmente, la carica mesofila aerobia era più elevata quando il contenuto di soia era del 30%, rispetto al 10%. In uno studio, in cui campioni di carni bovine macinate sono state addizionate con il 25% di soia e poi conservate a 4 °C, il tempo medio necessario per osservare l'alterazione è stato di 5,3 giorni per l'impasto di soia e carne bovina e di 7,5 giorni per la carne bovina non addizionata[14]. In un'altra ricerca, che prevedeva l'aggiunta del 10, 20 e 30% di soia, la carica mesofila aerobia aumentava significativamente all'aumentare sia della concentrazione di soia nell'impasto sia del tempo[97].

Riguardo alla qualità microbiologica dei prodotti addizionati di soia, la media geometrica della carica mesofila aerobia su 1.226 unità-campione di prodotto stagionato, è stata di 1.500/g, mentre per muffe, coliformi, *E. coli* e *Staphylococcus aureus* i valori delle conte sono stati, rispettivamente, 25, 3, 3 e 10/g[171].

Non è chiaro perché i batteri crescano più rapidamente negli impasti di carne addizionati con soia, che nei controlli che ne sono privi. Infatti la soia, di per sé, non altera la microflora iniziale e il meccanismo generale di alterazione dei prodotti addizionati non è diverso da quello che si osserva in tutti i campioni di controllo. Una differenza rilevante è il pH leggermente più alto (di 0,3-0,4 unità) dei prodotti addizionati di soia e questo fattore, da solo, potrebbe giustificare l'incremento della velocità di sviluppo. Questa osservazione è stata fatta da Harrison e colleghi[83], utilizzando acidi organici per abbassare il pH dei prodotti miscelati con la soia fino ai valori solitamente riscontrati nella carne bovina. Addizionando piccole quantità di una soluzione al 5% di acido acetico, in impasti con percentuali di soia del 20%, l'alterazione è stata ritardata di circa 2 giorni rispetto ai controlli, ma non tutta l'attività inibitoria era dovuta unicamente all'abbassamento del pH. Nella carne macinata con un contenuto in grassi del 25%, la conta batterica non aumentava in modo proporzionale come invece si verificava nella carne addizionata di soia[97]. È possibile che le proteine della soia aumentino l'area superficiale delle miscele di carne e soia, favorendo la proliferazione dei batteri aerobi che predominano nelle carni a temperature di refrigerazione, ma mancano ancora dati a supporto di tale ipotesi. L'alterazione dei prodotti di carne miscelati con soia è discussa in seguito. (Per approfondimenti, si consiglia il riferimento bibliografico 39.)

4.3.3 Carni disossate meccanicamente

Quando gli animali da carne destinati al consumo umano vengono macellati, solitamente la carne viene asportata dalle carcasse con appositi coltelli. Tuttavia, il modo più economico per non sprecare piccoli pezzi e porzioni di carne magra che rimangono aderenti alle ossa, è effettuare l'operazione impiegando macchine apposite. La produzione di carne disossata meccanicamente (MDM, *mechanical deboned meat*) è diffusa soprattutto negli Stati Uniti, in Europa è consentita, ma non ha largo impiego e non è regolata da una normativa specifica. Tale pratica, iniziata negli anni Settanta, era già in uso per le carni di pollo dalla fine degli anni Cinquanta e per il pesce dalla fine degli anni Quaranta[53,58]. Poiché durante la disossatura piccole quantità di polvere d'osso entrano nel prodotto finito, nel 1978 l'USDA ha stabilito che la quantità di residuo osseo (valutato in base al contenuto di calcio) non deve superare lo 0,75% (il contenuto di calcio della carne è 0,01%). La MDM dovrebbe avere un contenuto proteico minimo del 14% e una percentuale di sostanza grassa non superiore al 30%. Il parametro di sviluppo microbico più significativo, che differenzia le MDM dalle carni processate in modo tradizionale, è il pH più elevato (di solito 6,0-7,0[53,54]), dovuto alla presenza di midollo.

Sebbene la maggior parte degli studi microbiologici sulle MDM abbiano dimostrato che non sono dissimili dalle carni ottenute con procedure convenzionali, alcuni hanno riscontrato in esse cariche microbiche più elevate. La qualità microbiologica del pollame disossato è stata comparata con altri prodotti avicoli crudi: sebbene le conte siano risultate paragonabili, i valori MPN dei coliformi nei prodotti MDM commerciali variavano da 460 fino a oltre 1110/g. Su 54 campioni esaminati, 6 contenevano salmonelle e 4 *C. perfringens*, ma in nessun caso è stato rinvenuto *S. aureus*[137]. Nei petti di agnello disossati manualmente è stata rilevata una carica mesofila aerobia di 680.000/g, mentre in agnelli di 1 settimana disossati meccanicamente tale valore era 650.000/g[55]. In campioni di pesce diliscato meccanicamente posto in commercio è stato riscontrato un numero di microrganismi dieci volte superiore ai valori solitamente rilevati nel pesce, ma le metodiche di conta adottate per la carne di pesce disossata tradizionalmente e per quella disossata meccanicamente (MDF, *mechanical deboned fish*) erano differenti[146]. Questi ricercatori non sono riusciti a isolare *S. aureus* e sono giunti alla conclusione che l'alterazione di MDF è simile a quella dei prodotti lavorati in maniera tradizionale. In uno studio successivo, è stato osservato che le MDM favoriscono uno sviluppo più rapido dei batteri psicrotrofi rispetto alle carni bovine magre macinate[149].

Diversi studi hanno riportato l'assenza di *S. aureus* nelle MDM; probabilmente, ciò riflette il fatto che questi prodotti sono meno lavorati con lame. Generalmente, la conta dei microrganismi mesofili è un po' più alta di quella degli psicrotrofi e si rilevano meno Gramnegativi. Secondo Field[53], adottando buone pratiche di lavorazione, le MDM non dovrebbero presentare problemi microbiologici; analoga conclusione è stata raggiunta da Froning[58] in relazione al disossamento di pollame e pesce.

4.3.4 Carni disossate a caldo

Nelle carni lavorate secondo la pratica tradizionale (disossatura a freddo), dopo la macellazione le carcasse vengono raffreddate, per almeno 24 ore, per essere poi lavorate allo stato refrigerato (dopo il rigor mortis). La disossatura a caldo (lavorazione a caldo), invece, prevede generalmente la lavorazione entro 1-2 ore dalla macellazione (prima del rigor mortis), mentre la carcassa è ancora "calda".

Le caratteristiche microbiologiche delle carni disossate a caldo sono paragonabili a quelle delle carni disossate a freddo, sebbene siano state riportate alcune differenze. Uno dei primi studi sui prosciutti disossati a caldo è stato condotto allo scopo di valutare la qualità microbiologica dei prosciutti stagionati ottenuti da carni disossate a caldo (prosciutti lavorati a caldo). La carica mesofila aerobia (a 37 °C) di questi prosciutti è risultata significativamente più elevata rispetto ai prosciutti disossati a freddo; inoltre, il 67% dei campioni conteneva stafilococchi, contro il 47% dei prodotti lavorati a freddo[145]. Nei tagli principali disossati a caldo il conteggio dei mesofili a 35 °C è risultato significativamente più elevato rispetto a quelli disossati a freddo, sia prima sia dopo la conservazione sotto vuoto a 2 °C per 20 giorni[101].

Lo sviluppo di coliformi, invece, non sembrava influenzato dalla disossatura a caldo. Tra gli studi "storici" vi è anche quello condotto da Barbe e colleghi[9], che esaminando 19 coppie di prosciutti, disossati rispettivamente a caldo e a freddo, trovarono nei primi un contenuto di 200 batteri per grammo e nei secondi di 220 batteri per grammo. In una ricerca effettuata su carcasse disossate a caldo mantenute a 16 °C e su carcasse di bovino disossate a freddo mantenute a 2 °C, per un periodo superiore a 16 ore, non è stata riscontrata nessuna differenza rilevante tra i risultati derivanti dalle conte mesofile e psicrofile[96]. Sia le carni bovine disossate a caldo sia quelle disossate a freddo presentavano una contaminazione iniziale ridotta, ma dopo un periodo di conservazione di 14 giorni, le prime hanno mostrato conteggi più elevati rispetto alle seconde[59]. Questi ricercatori hanno concluso che il controllo della temperatura durante le prime ore di raffreddamento della carne disossata a caldo rappresenta un fattore critico; da uno studio successivo è emerso che il raffreddamento a 21 °C entro 3-9 ore risulta essere soddisfacente[60]. In uno studio su salsicce prodotte con carne di maiale sono risultate significativamente più alte le conte delle specie mesofile e lipolitiche dei prodotti derivati da carne disossata a caldo, rispetto a quelli ottenuti da carne disossata a freddo; non sono invece emerse differenze di rilievo nel contenuto di psicrotrofi[114].

L'effetto che un raffreddamento tardivo potrebbe avere sulla microflora delle carni bovine disossate a caldo, dopo 1 ora circa dalla macellazione, è stato esaminato da McMillin e colleghi[125]. Dopo la macellazione, porzioni di carne sono state raffreddate per 1, 2, 4 e 8 ore, quindi sono state macinate, formate in piccoli pasticci, congelate e analizzate. Nessuna differenza significativa è stata riscontrata tra questi prodotti e quelli ottenuti da carne disossata a freddo relativamente al contenuto di coliformi, stafilococchi, psicrotrofi e mesofili. Uno studio di tassonomia numerica, effettuato su carni bovine disossate a caldo e a freddo, ha esaminato la microflora presente nelle carni al momento della lavorazione e dopo conservazione sotto vuoto a 2 °C per 14 giorni; i risultati ottenuti non hanno evidenziato differenze statisticamente significative tra le popolazioni microbiche dei due tipi di carne[108]. In entrambi i casi, al termine del periodo di conservazione, sono risultati dominanti gli "streptococchi" (più probabilmente enterococchi) e i lattobacilli; nei prodotti disossati a caldo appena lavorati (quindi prima del periodo di conservazione) è stato invece trovato un maggior numero di stafilococchi e bacilli. Tuttavia, complessivamente, i due prodotti sono risultati del tutto comparabili.

Dall'esame della carica microbica presente in arrosti crudi di carne di agnello ristrutturata, prodotti con carne disossata a caldo e con il 10 o il 30% di MDM, entrambi i prodotti sono risultati complessivamente di buona qualità[148]. Le conte dei prodotti crudi erano $< 3,0 \times 10^4$/g, con valori generalmente più elevati nei prodotti contenenti quantità maggiori di MDM. I coliformi e i coliformi fecali, in particolare, sono risultati più elevati nei prodotti con il 30% di MDM e si è ipotizzato che ciò fosse legato alla contaminazione derivante dalle zampe e dalle regioni pelviche, durante la macellazione e l'eviscerazione. *S. aureus* e *C. perfringens* non sono stati rinvenuti nel prodotto crudo (in 0,1 g); su 25 g di campione non sono state riscontrate salmonelle, *Yersinia enterocolitica* e *Campylobacter jejuni*. In tutti i prodotti, la cottura aveva ridotto la conta delle cellule a valori < 30/g.

Dalla revisione di Kotula[100] di 10 lavori condotti sugli effetti della disossatura a caldo sulla microbiologia delle carni, è emerso che sei ricerche non hanno messo in evidenza alcun effetto, tre hanno riscontrato effetti limitati e una sola ha rilevato conte più alte. Sulla base dei risultati ottenuti, l'autore ha concluso che la disossatura a caldo, di per sé, non influenza le conte microbiche. La disossatura a caldo è spesso abbinata a un processo di pressurizzazione pre rigor, che consiste nell'applicazione di circa 15.000 psi (lb/in^2) per 2 minuti. Tale processo migliora il colore dei muscoli e l'aspetto generale e aumenta la tenerezza; tuttavia, sembra che non abbia alcun effetto sulla microflora.

Effetto della stimolazione elettrica

Quando la temperatura delle carcasse bovine diminuisce fino a < 10 °C, prima che il pH raggiunga valori $\leq 5,9$, la carne è soggetta a una "contrazione da freddo" e tende a indurirsi. La stimolazione elettrica accelera la riduzione del pH aumentando la velocità della conversione del glicogeno in acido lattico ed eliminando, così, la rigidità. Tale metodo prevede l'impiego di un'apparecchiatura elettrica, che viene collegata alla carcassa e genera impulsi della durata di 0,5-1,0 o più secondi, con una differenza di potenziale tra gli elettrodi di oltre 400 V. Dall'analisi dei risultati ottenuti da 10 gruppi di ricerca nello studio degli effetti di questo processo, è emerso che 6 gruppi di lavoro non hanno osservato alcun effetto della stimolazione elettrica sulla microflora, due hanno riscontrato solo effetti lievi e gli altri due gruppi hanno rilevato una certa influenza[100]. Le carni esaminate erano di bovino, agnello e maiale.

Tra i ricercatori che hanno osservato una riduzione della carica mesofila aerobia per effetto della stimolazione elettrica vi erano Ockerman e Szczawinski[135], che hanno rilevato una riduzione significativa della carica mesofila aerobia nei campioni di carne bovina inoculata prima della stimolazione elettrica, mentre nei campioni di carne inoculata subito dopo la stimolazione elettrica non hanno riscontrato alcuna riduzione di rilievo. Quest'ultimo risultato suggerisce che alcuni fenomeni associati alla stimolazione elettrica – quali la distruzione delle membrane lisosomiali e il conseguente rilascio di catepsine[45] – non influenzano lo sviluppo microbico. L'intenerimento associato alla stimolazione elettrica delle carni sarebbe, in parte, legato alla distruzione dei lisosomi[45]. In una ricerca è stato osservato che nelle carcasse di bovino il trattamento non induce riduzioni apprezzabili della carica microbica superficiale, mentre una riduzione significativa si è verificata nel muscolo in corrispondenza del coxale[113]. Questi ricercatori hanno sottoposto a stimolazione elettrica alcune colture batteriche, tra quelle abitualmente rinvenute nelle carni, e hanno dimostrato che i batteri Gram-positivi hanno una maggiore sensibilità al trattamento, seguiti dai Gram-negativi e dalle forme sporigene. Quando specie come *E. coli, Shewanella putrefaciens* e *Pseudomonas fragi* vengono sottoposte a un trattamento di 5 minuti a 30 V in una soluzione salina o in una soluzione salina tamponata a base di fosfato, si verifica una riduzione di 5 unità logaritmiche, mentre in soluzioni allo 0,1% di peptone o 2,5 M di saccarosio, non si osserva nessun cambiamento di rilievo. Sembra che la stimolazione elettrica, di per sé, non abbia effetti misurabili sulla flora microbica delle carni disossate a caldo.

Nel periodo che precede il rigor mortis le carni possono essere intenerite mediante trattamenti con alte pressioni, come la somministrazione di circa 100 megapascal (MPa) per diversi minuti, o attraverso un processo chiamato Hydrodyne. Quest'ultimo prevede l'impiego di piccole quantità di esplosivo che generano nelle carni bovine uno shock idrodinamico in acqua[164]. Non è chiaro se il trattamento Hydrodyne influenzi la flora batterica, ma quando è stato applicato a intensità comprese tra 55 e 60 MPa non è stato in grado di distruggere *Trichinella spiralis* nel maiale[63].

4.3.5 Interiora e frattaglie

In questo paragrafo saranno trattati diversi organi, tra i quali fegato, rene, cuore e lingua, di origine bovina, suina e ovina. Questi differiscono dai tessuti muscolari scheletrici dei rispettivi animali, in quanto mostrano – il fegato in particolare – valori più elevati di pH e glicogeno. Il pH del fegato fresco di bovini e suini varia tra 6,1 e 6,5; quello dei reni tra 6,5 e 7,0. In questi prodotti la maggior parte dei ricercatori ha generalmente riscontrato un basso numero di microrganismi, con valori di crescita superficiale che oscillano da $\log_{10}$ 1,69 a 4,20/cm^2 per fegati freschi, reni, cuori e lingua. Dallo studio della popolazione microbica ini-

Tabella 4.8 Valori medi di carica mesofila aerobia e di coliformi in interiora e frattaglie pronte per la spedizione

Prodotti	Carica mesofila aerobia media $\log_{10}$ ufc/g	Coliformi media $\log_{10}$ ufc/g
Abomaso	2,1	3,0
Cuore	4,2	2,2
Intestino crasso	4,9	3,3
Fegato	4,5	2,6
Trippa	5,0	2,5
Omaso	6,0	2,9
Coda	4,7	2,7
Animella	4,3	2,1
Lingua	5,6	2,0

(Dati da Delmore et al.[33])

zialmente presente in questi prodotti, si è constatato che essa è rappresentata in larga misura da cocchi Gram-positivi, corineformi, forme sporigene aerobie, *Moraxella-Acinetobacter* e da *Pseudomonas* spp. In una ricerca accurata, Hanna e colleghi[79] hanno scoperto che micrococchi, "streptococchi" e corineformi costituiscono indubbiamente i tre gruppi rinvenuti con maggiore frequenza in fegati freschi, reni e cuore. In un altro studio per forme quali *C. perfringens*, stafilococchi coagulasi-positivi e coliformi sono state ottenute conte da $\log_{10}$ 0,9 a $\log_{10}$ 1,37/cm^2, mentre non è stata rinvenuta nessuna salmonella[153]. I valori medi della carica mesofila aerobia e della conta dei coliformi in varie tipologie di interiora e frattaglie sono presentati in tabella 4.8.

4.4 Alterazione microbica delle carni rosse fresche

La maggior parte delle ricerche sull'alterazione delle carni è stata condotta sui bovini e la trattazione che segue si basa principalmente su studi effettuati su carni bovine. Si presume che l'alterazione delle altre carni (per esempio maiale, agnello e vitello) sia simile.

Le carni sono più deperibili rispetto alla maggior parte degli alimenti, ciò è giustificato in parte dalla composizione chimica caratteristica dei muscoli dei mammiferi adulti dopo la morte (tabella 4.9). Le carni contengono abbondanti quantità di tutti i nutrienti necessari per lo sviluppo di batteri, lieviti e muffe e adeguate quantità di questi costituenti sono presenti in forma disponibile nelle carni fresche. La tabella 4.10 riporta la composizione chimica percentuale media di alcuni tipi di carne e prodotti derivati.

I generi di batteri rinvenuti con maggiore frequenza nelle carni e nel pollame alterato sono elencati in tabella 4.1; ovviamente non tutti i generi considerati caratteristici di un determinato prodotto vengono sempre isolati da esso; i microrganismi che più frequentemente causano alterazioni sono indicati in corrispondenza dei diversi prodotti. In tabella 4.2 sono elencati i generi di lieviti e muffe isolati e identificati con maggiore frequenza dalle carni e dai prodotti derivati. Quando si analizzano prodotti carnei alterati, vengono isolati solo alcuni dei numerosi generi di batteri, muffe o'lieviti; quasi sempre l'alterazione di un determinato tipo di prodotto è causata da uno o più generi, in grado di coesistere nel prodotto stesso. La microflora riscontrata sulle carni non alterate può essere considerata rappresentativa dei microrganismi presenti nell'ambiente in cui le carni vengono prodotte, oppure derivante dalla contaminazione apportata con i processi di lavorazione, manipolazione, confezionamento o conservazione.

La domanda che si pone, quindi, è per quale motivo solo alcuni tra essi causino fenomeni alterativi nelle carni. Può essere d'aiuto, in questo caso, ritornare alla discussione sui parametri intrinseci ed estrinseci che influenzano lo sviluppo dei microrganismi alteranti.

Le carni fresche di bovino, maiale e agnello, come pure quelle di pollame, molluschi e crostacei e le carni trasformate, presentano tutte valori di pH favorevoli allo sviluppo della maggior parte dei microrganismi elencati in tabella 4.1; il contenuto in nutrienti e l'umidità sono adeguati per consentire la proliferazione di tutti i generi citati. Sebbene il potenziale O/R delle carni integre sia basso, in superficie i valori tendono a essere più elevati; in questo modo sia gli aerobi stretti e gli anaerobi facoltativi, sia gli anaerobi stretti generalmente trovano condizioni adatte per il loro sviluppo. Non sembra che i prodotti in questione contengano livelli efficaci di costituenti antimicrobici. Riguardo ai parametri estrinseci, la temperatura di conservazione rappresenta il parametro di maggiore rilievo nel controllare i tipi di microrganismi che proliferano sulle carni, poiché questi prodotti sono normalmente conservati a temperature di refrigerazione. Praticamente tutti gli studi sull'alterazione di carni,

Tabella 4.9 Composizione chimica caratteristica (% p/p) del muscolo di mammifero adulto dopo il rigor mortis, ma prima dei cambiamenti che portano alla degradazione post mortem

Componente	% peso/peso
Acqua	75,5
Proteine	18,0
Miofibrillari	
Miosina, tropomiosina, proteina X	7,5
Actina	2,5
Sarcoplasmatiche	
Miogenina, globulina	5,6
Mioglobina	0,36
Emoglobina	0,04
Mitocondriali - citocromo C	ca. 0,002
Reticolo sarcoplasmatico, collagene, elastina,	
"reticulina", enzimi insolubili, tessuto connettivo	2,0
Grassi	3,0
Sostanze solubili non proteiche	3,5
Azotate	
Creatina	0,55
Inosina monofosfato	0,30
Nucleotidi di- e trifosfopirimidinici	0,07
Amminoacidi	0,35
Carnosina, anserina	0,30
Carboidrati	
Acido lattico	0,90
Glucosio-6-fosfato	0,17
Glicogeno	0,10
Glucosio	0,01
Composti inorganici	
Fosforo solubile totale	0,20
Potassio	0,35
Sodio	0,05
Magnesio	0,02
Calcio	0,007
Zinco	0,005
Tracce di intermedi glicolitici,	
tracce di metalli, vitamine ecc.	ca. 0,10

(Da Lawrie[106], *Meat Science*, copyright © 1966, Pergamon Press, con autorizzazione)

pollame e prodotti della pesca effettuati negli ultimi cinquant'anni hanno preso in esame l'analisi di prodotti conservati a basse temperature.

Per quanto riguarda le specie fungine responsabili dell'alterazione delle carni, in particolare bovine, sono stati isolati da carni intere in diversi stadi di alterazione: *Thamnidium*, *Mucor* e *Rhizopus*, che producono sulla carne bovina la cosiddetta crescita "a basetta"; *Cladosporium*, una causa frequente di "black spot"; *Penicillium*, responsabile invece della

Tabella 4.10 Composizione chimica percentuale media di carne e derivati

Carni	Acqua	Carboidrati	Proteine	Grassi	Ceneri
Bovino, hamburger	55,0	0,0	16,0	28,0	0,8
Bovino, arrotolato	69,0	0,0	19,5	11,0	1,0
Mortadella	62,4	3,6	14,8	15,9	3,3
Pollo (arrosto)	71,2	0,0	20,2	7,2	1,1
Frankfurter	60,0	2,7	14,2	20,5	2,7
Agnello	66,3	0,0	17,1	14,8	0,9
Fegato (bovino)	69,7	6,0	19,7	3,2	1,4
Maiale, semigrasso	42,0	0,0	11,9	45,0	0,6
Tacchino, semigrasso	58,3	0,0	20,1	20,2	1,0

(Da Watt e Merrill[184])

"macchia verde"; *Sporotrichum* e *Chrysosporium*, che causano la cosiddetta "macchia bianca" (white spot). Le muffe generalmente non crescono nelle carni se la temperatura è inferiore a 5 °C[116]. Tra i generi di lievito isolati da carne di manzo refrigerata alterata vi sono *Candida* e *Rhodotorula*. *C. lipolytica* e *C. zeylanoides* rappresentano le specie ritrovate con maggior frequenza nelle carni bovine macinate[89].

Diversamente dall'alterazione delle carcasse bovine fresche, la carne bovina macinata e gli hamburger sono alterati esclusivamente da batteri; i generi più frequentemente rinvenuti sono: *Pseudomonas*, *Alcaligenes*, *Acinetobacter*, *Moraxella* e *Aeromonas*. In particolare, le specie dei generi *Pseudomonas* e *Acinetobacter-Moraxella* sono considerate le cause principali di alterazione, con altre che rivestono un ruolo secondario. I risultati ottenuti da due studi suggeriscono che, nelle carni bovine alterate, *Acinetobacter* e *Moraxella* spp. potrebbero non essere così abbondanti come riportato in precedenza[50,51]. In un ulteriore lavoro, i generi *Psychrobacter* e *Moraxella* sono risultati relativamente abbondanti sulle carcasse fresche di agnello, ma scarsamente presenti dopo l'alterazione delle carcasse[143].

Occorre sottolineare che, sebbene negli ultimi settant'anni siano state considerate le specie batteriche predominanti nell'alterazione di carni fresche refrigerate, pollame e prodotti ittici, negli ultimi anni il coinvolgimento di *Pseudomonas* spp. è stato riconsiderato, a causa del trasferimento di almeno 40 specie in oltre 10 nuovi generi (vedi capitolo 2). Il genere *Pseudomonas*, recentemente ridimensionato, appartiene al sottogruppo gamma dei Proteobatteri e include, tra le altre, *P. fluorescence*, *P. fragi* e *P. aeruginosa*. Alcune specie, prima collocate in questo genere, sono state trasferite nel sottogruppo alfa dei Proteobatteri (*Brevundimonas*, *Devosia*, *Sphingomonas*), mentre altre (*Acidovorax*, *Comamonas* e *Telluria*) si trovano ora nel sottogruppo beta. Rimane ora da stabilire in quali generi collocare questi microrganismi, un tempo attribuiti al genere *Pseudomonas*. Fino a quando tale questione non verrà chiarita, i riferimenti alle Pseudomonadaceae, in questo e nei capitoli successivi, verranno effettuati basandosi sulle informazioni riportate nell'edizione del *Bergey's Manual* del 1986, che considera le specie di cui sopra come facenti ancora parte del genere *Pseudomonas*.

Una ricerca condotta sui batteri aerobi Gram-negativi isolati da carne bovina, agnello, maiale e salsicce fresche ha messo in evidenza che tutti i 231 bastoncini dotati di flagelli polari isolati erano Pseudomonadaceae e che dei 110 microrganismi non mobili rinvenuti, 61 potevano essere attribuiti al genere *Moraxella* e 49 al genere *Acinetobacter*[32]. Le Pseudomonadaceae che causano alterazione della carne a basse temperature, generalmente non corrispondono ad alcuna specie citata nel *Bergey's Manual*.

In seguito ai loro studi di tassonomia numerica, Shaw e Latty[156,157] hanno raggruppato la maggior parte dei microrganismi da loro isolati in 4 cluster, sulla base dei test effettuati per determinare la fonte di carbonio utilizzata. Dei 787 ceppi di *Pseudomonas* isolati dalle carni, i ricercatori ne hanno identificato l'89,7%: di questi il 49,6% è stato collocato nel cluster 2, il 24,9% nel cluster 1 e l'11,1% nel cluster 3[157]. I microrganismi dei cluster 1 e 2, non fluorescenti e negativi al test del tuorlo d'uovo, erano somiglianti alla specie *P. fragi*, mentre quelli collocati nel cluster 3 mostravano una caratteristica fluorescenza e sono risultati gelatinasi positivi. *P. fluorescens* biotipo I e biotipo III erano rappresentati, rispettivamente, dal 3,9% e dallo 0,9% dei ceppi; un unico ceppo è stato attribuito alla specie *P. putida*. L'incidenza relativa dei diversi cluster in carne bovina, suina e di agnello e su carni fresche e alterate è risultata simile[157].

I girelli e i quarti di carni bovine sono noti per essere soggetti a un tipo di alterazione che si verifica in profondità, generalmente vicino all'osso, specialmente al coxale. Questo difetto viene spesso definito "puzzo d'osso" o "inacidimento". Solamente i batteri risultano implicati in questo fenomeno alterativo; i principali agenti responsabili sono rappresentati, in particolare, dai generi *Clostridium* ed *Enterococcus*.

La temperatura di conservazione è la principale ragione per la quale solo pochi generi di batteri sono rinvenuti nelle carni alterate, rispetto alle carni fresche. In uno studio, solo quattro dei nove generi presenti nella carne bovina fresca macinata sono stati rinvenuti dopo l'alterazione a temperature di refrigerazione[93]. Ayres[5] osservò che, dopo la lavorazione, più dell'80% della popolazione microbica presente nelle carni bovine macinate fresche era rappresentato da batteri cromogeni e sporigeni e da muffe e lieviti; in seguito ad alterazione, invece, erano rinvenuti batteri non cromogeni e corti bacilli Gram-negativi. Sebbene alcuni dei batteri ritrovati nelle carni fresche possano crescere in terreni colturali a temperature di refrigerazione, essi non sembrano in grado di competere con successo con i generi *Pseudomonas* e *Acinetobacter-Moraxella*.

I tagli bovini, come le bistecche o gli arrosti, tendono a essere soggetti a un'alterazione di tipo superficiale; possono essere responsabili dell'alterazione sia batteri sia muffe, a seconda del grado di umidità. Le carni appena tagliate e conservate in un frigorifero con elevata umidità sono soggette, invariabilmente, ad alterazione causata da batteri piuttosto che da muffe. La caratteristica essenziale di tale alterazione è la comparsa di una patina superficiale, dalla quale possono quasi sempre essere isolati i microrganismi responsabili. Il potenziale O/R relativamente elevato, la presenza di umidità e la bassa temperatura favoriscono lo sviluppo di Pseudomonadaceae. Sulla superficie dei tagli di carne bovina è talora possibile osservare la presenza di colonie batteriche isolate, in particolare quando il livello di contaminazione è basso. La patina è il risultato della coalescenza delle colonie che si sviluppano in superficie ed è, in larga misura, responsabile della sgradevole consistenza delle carni alterate.

Ayres[5] dimostrò che i cattivi odori possono essere percepiti quando la conta batterica superficiale delle carni è compresa tra $\log_{10}$ 7,0 e $\log$ 7,5/cm^2 e che la patina superficiale diventa visibile solitamente a valori compresi tra $\log_{10}$ 7,5 e $\log$ 8,0/cm^2 (figura 4.1). Tale fenomeno è anche illustrato in figura 4.2, nella quale la concentrazione di batteri è messa in relazione con l'alterazione superficiale delle carni (pollame, carni rosse e prodotti ittici freschi) e di altri prodotti alimentari.

Le muffe tendono a prevalere nell'alterazione dei tagli bovini quando la superficie è troppo asciutta per consentire lo sviluppo batterico oppure quando l'animale è stato trattato con antibiotici come le tetracicline. Teoricamente, le muffe non si sviluppano mai sulle carni quando le condizioni sono idonee anche per la crescita batterica. La ragione di tale fenomeno sembra essere la moltiplicazione più rapida dei batteri che, consumando gran parte del-

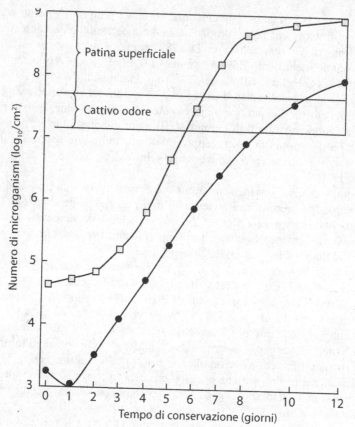

Figura 4.1 Sviluppo di odore sgradevole e patina superficiale in carni confezionate di pollo (quadrati) e bovino (cerchi) durante conservazione a 5 °C. (Da Ayres[5])

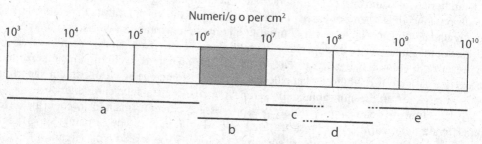

Figura 4.2 Importanza del numero totale di cellule microbiche vitali, relativamente al loro impiego come indicatori di alterazione nei prodotti alimentari. (a) Alterazione microbica che solitamente non viene percepita con la possibile eccezione del latte crudo, che a intervalli di 10^5-10^6, può andare incontro a inacidimento. (b) Alcuni prodotti alimentari mostrano i primi segni di alterazione in questo intervallo. Le carni conservate sotto vuoto spesso manifestano la presenza di odori sgradevoli e possono andare incontro a difetti. (c) Cattivi odori solitamente associati a carni e verdure conservate in condizioni aerobie. (d) Quasi tutti gli alimenti mostrano chiari segni di alterazione. Sulle carni conservate in condizioni aerobie è comunemente prodotta patina. (e) In questo stadio si verificano cambiamenti strutturali definitivi.

Tabella 4.11 Alcuni metodi suggeriti per la rilevazione dell'alterazione microbica in carni, pollame e prodotti ittici

Metodi chimici
a. Quantità di H_2S prodotto
b. Quantità di mercaptani prodotti
c. Determinazione dell'azoto non coagulabile
d. Determinazione delle di- e trimetilammine
e. Determinazione di complessi tirosinici
f. Determinazione dell'indolo e dello scatolo
g. Determinazione degli amminoacidi
h. Determinazione delle sostanze volatili riducenti
i. Determinazione dell'azoto amminico
j. Determinazione della domanda biochimica di ossigeno
k. Determinazione del grado di riduzione del nitrato
l. Quantità di azoto totale
m. Quantità di catalasi
n. Determinazione del contenuto di creatinina
o. Determinazione della capacità di riduzione del colore
p. Quantità di ipoxantina
q. Quantità di ATP derivante dai microrganismi
r. Misurazione radiometrica della CO_2
s. Produzione di etanolo (alterazione del pesce)
t. Quantità di acido lattico
u. Modificazioni del colore
v. Quantità di CO_2 sviluppata

Metodi fisici
a. Misura delle variazioni di pH
b. Misura dell'indice di rifrazione dell'estratto muscolare
c. Rilevazione di alterazioni nella conducibilità elettrica
d. Determinazione della tensione superficiale
e. Misura dell'illuminazione ultravioletta (fluorescenza)
f. Determinazione della carica elettrica superficiale
g. Determinazione delle proprietà crioscopiche
h. Cambiamenti di resistenza
i. Micro-calorimetria
j. Efflusso e afflusso protonico da e all'interno della cellula batterica

Metodi batteriologici diretti
a. Determinazione dei microrganismi aerobi totali
b. Determinazione dei microrganismi anaerobi totali
c. Determinazione del rapporto tra aerobi e anaerobi totali
d. Una o più delle precedenti determinazioni a differenti temperature
e. Determinazione delle endotossine prodotte da Gram-negativi

Metodi chimico-fisici
a. Determinazione del volume di estratto rilasciato
b. Determinazione della capacità di ritenzione dell'acqua
c. Determinazione della viscosità
d. Determinazione della capacità di rigonfiamento della carne
e. Determinazione degli acidi organici volatili mediante spettrofotometria di massa della reazione di trasferimento di protoni (PTR-MS)

l'ossigeno disponibile presente sulla superficie, sottraggono alle muffe un elemento indispensabile per la loro attività metabolica.

Diversamente da quanto avviene per i tagli o i quarti bovini, nella carne bovina macinata non si osserva uno sviluppo visibile di muffe, tranne quando vengono impiegati specifici agenti antibatterici come conservanti oppure quando la carica batterica totale viene ridotta da un lungo periodo di congelamento. Tra i primi segni di alterazione della carne macinata vi è lo sviluppo di odori sgradevoli, seguito dalla perdita di appetibilità, che indica la presenza di batteri produttori di sostanze mucillaginose. La patina che si forma su carni fresche, pollame e prodotti della pesca, che subiscono l'attacco da parte dei microrganismi alteranti a temperature di refrigerazione, è un biofilm, di cui si tratterà ulteriormente nel capitolo 22.

Nessun elemento indica che il tipo di alterazione che si verifica nelle carni macinate addizionate di soia sia dissimile da quello delle carni macinate non addizionate, sebbene la velocità con la quale si verifica l'alterazione risulti maggiore nel primo caso.

Il ruolo specifico dei microrganismi responsabili dei fenomeni alterativi delle carni non è ancora del tutto chiaro, tuttavia sono stati compiuti significativi progressi. Alcune conoscenze sul meccanismo di alterazione delle carni sono utilizzate nelle numerose tecniche proposte per rilevarla (tabella 4.11).

4.4.1 Meccanismo

È ragionevole presumere che metodi attendibili per rilevare l'alterazione nelle carni, dovrebbe essere basati sulle cause e sui meccanismi che portano al verificarsi dei fenomeni alterativi. I metodi chimici presentati in tabella 4.11 si basano sul presupposto che quando nelle carni si verificano fenomeni alterativi alcuni substrati vengono consumati – o possono essere trasformati in nuovi prodotti – dalla popolazione microbica responsabile dell'alterazione stessa. È noto che l'alterazione delle carni a basse temperature è accompagnata dalla produzione di composti che ne modificano il colore, come ammoniaca, H_2S, indolo e ammine. I microrganismi alteranti non sono tutti ugualmente capaci di produrre queste sostanze e a ciò sono legate le problematiche relative all'uso di queste metodiche. In alcune di esse, inoltre, è implicita l'errata convinzione che l'alterazione a basse temperature sia accompagnata dalla degradazione delle proteine principali[91].

I metodi fisici e batteriologici diretti tendono tutti a dimostrare ciò che in realtà è evidente: cioè che le carni visibilmente alterate dal punto di vista organolettico (odore, consistenza, aspetto e sapore) sono senza dubbio alterate. Essi non consentono ciò che un test sulla freschezza della carne dovrebbe idealmente permettere: prevedere l'alterazione o la shelf life dell'alimento. Tra i sottoprodotti metabolici delle carni alterate, le diammine cadaverina e putrescina sono state studiate come indicatori di alterazione delle carni. La produzione delle diammine avviene nel modo seguente:

$$\text{Lisina} \xrightarrow{\text{decarbossilasi}} \underset{\text{cadaverina}}{H_2N(CH_2)_5NH_2}$$

$$\text{Ornitina o arginina} \xrightarrow{\text{decarbossilasi}} \underset{\text{putrescina}}{H_2N(CH_2)_4NH_2}$$

Queste diammine sono state studiate per valutarne l'impiego come indicatori di qualità delle carni bovine sotto vuoto, conservate a 1 °C per 8 settimane[46]. È stato osservato che nelle carni conservate sotto vuoto la cadaverina aumenta in misura maggiore rispetto alla putrescina; risultati opposti sono stati ottenuti in campioni conservati in aerobiosi. Nelle carni sotto vuoto con un contenuto iniziale di cellule vitali di $10^6/cm^2$ i livelli di cadaverina raggiunti dopo il periodo di incubazione sono risultati dieci volte superiori rispetto a quelli iniziali, mentre la variazione del contenuto di putrescina è stata modesta. In generale i risultati suggeriscono che queste diammine potrebbero essere utili indicatori per le carni sotto vuoto. In carni fresche di bovino, maiale e agnello le concentrazioni di putrescina e cadaverina variano, rispettivamente, da 0,4 a 2,3 ppm e da 0,1 a 1,3 ppm[47,132,185]. La putrescina è la principale diammina sintetizzata dalle Pseudomonadaceae, mentre le Enterobacteriaceae producono concentrazioni più elevate di cadaverina[162]. Dalla tabella 4.12 si può osservare che, in un campione di carne bovina contaminato naturalmente e conservato a 5 °C per 4 giorni, la putrescina aumenta da 1,2 a 26,1 ppm, mentre le concentrazioni di cadaverina risultano molto più basse. In un altro campione entrambe le diammine raggiungono valori più elevati nelle medesime condizioni. Da un'altra ricerca[155] è emerso che la cadaverina costituisce l'unica ammina correlata con lo sviluppo dei coliformi nella carne bovina macinata. Il fatto che le quantità di cadaverina e putrescina, nella carne bovina, cambino significativamente solo quando la carica mesofila aerobia supera i 4×10^7 fa sorgere dubbi circa l'utilità della loro rilevazione nel predire lo stato di alterazione delle carni[47]. In realtà, questo problema è comune a molti, se non tutti, i metaboliti che vengono monitorati come indicatori di alterazione dei prodotti, in quanto la loro produzione e concentrazione sono strettamente correlate al tipo di microrganismo considerato. In uno studio, i cambiamenti osservati nelle concentrazioni di istamina e tiramina, nelle carni bovine e suine, sono stati troppo modesti per considerare queste sostanze dei validi indicatori di alterazione; tuttavia le variazioni delle concentrazioni di putrescina, per la carne bovina, e di cadaverina, per quella suina, sono risultate più ampie quando l'alterazione era già in atto[20].

La tecnica basata sul volume di estratto rilasciato (ERV, *extract-release volume*), descritta per la prima volta nel 1964, si è rivelata importante sia per determinare l'imminenza del

Tabella 4.12 Sviluppo microbico e concentrazioni di diammine in carni bovine macinate contaminate naturalmente e conservate a 5 °C

Campione[a]	Tempo di conservazione (giorni)	Putrescina[b] µg/g	Cadaverina µg/g	Enterobacteriaceae log_{10}/g	Conta aerobia in piastra log_{10}/g
E	0	1,2	0,1	3,81	6,29
	1	1,8	0,1	3,56	7,66
	2	4,2	0,5	4,57	8,49
	3	10,0	0,5	5,86	9,48
	4	26,1	0,6	7,54	9,97
F	0	2,3	1,3	6,18	7,49
	1	3,9	4,5	6,23	7,85
	2	12,4	17,9	6,69	8,73
	3	29,9	35,2	7,94	9,69
	4	59,2	40,8	9,00	9,91

[a] I campioni E e F sono stati ottenuti da due diversi punti vendita.
[b] I valori di diammina costituiscono la media di due determinazioni.
(Da Edwards et al.[47], copyright © 1983, Blackwell Scientific Publications)

processo di alterazione nelle carni, sia per prevedere la shelf life a temperature di refrigerazione[92]. Questo metodo si basa sul volume di estratto acquoso rilasciato da un omogeneizzato di carne, dopo filtrazione su carta da filtro per un determinato periodo di tempo. Mediante questa tecnica, si osserva che le carni bovine con buone caratteristiche organolettiche e
microbiologiche rilasciano un maggior volume di estratto, mentre le carni bovine di scarsa
qualità microbiologica ne rilasciano un volume ridotto o addirittura nullo (figura 4.3). La
tecnica ERV è importante soprattutto per le informazioni che ha fornito circa il meccanismo
di alterazione delle carni bovine a bassa temperatura.

Il metodo ERV ha rivelato due aspetti fondamentali del meccanismo alterativo. Il primo è
che l'alterazione delle carni a bassa temperatura avviene in assenza o con minima degradazione delle proteine principali. Sebbene questo fenomeno sia stato verificato mediante analisi delle proteine totali delle carni fresche e alterate, è anche implicito nel metodo; in altre
parole, quando le carni vengono alterate dai microrganismi ERV diminuisce anziché aumentare, come accadrebbe se fosse intervenuta l'idrolisi completa delle proteine. Il secondo
aspetto rivelato dal metodo ERV, è rappresentato dall'aumento della capacità di idratazione
delle proteine delle carni attraverso un meccanismo tuttora sconosciuto, sebbene sia stato
dimostrato un ruolo fondamentale dei complessi ammino-glucidici prodotti dalla microflora
alterante[160]. In assenza della completa idrolisi delle proteine, è lecito domandarsi come i
microrganismi responsabili dell'alterazione soddisfino le loro esigenze nutrizionali.

Quando le carni fresche vengono stoccate a temperatura di refrigerazione, i microrganismi
in grado di crescere a quella particolare temperatura cominciano a moltiplicarsi. Nel caso
delle carni fresche con pH finale intorno a 5,6 sono presenti quantità di glucosio, e di altri carboidrati semplici, sufficienti per consentire la crescita di 10^8 microrganismi/cm^2 [71,73]. Nell'ete-

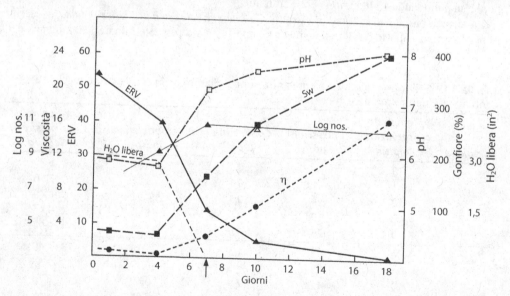

Figura 4.3 Risultati di diversi test chimico-fisici relativi all'alterazione di carne bovina macinata conservata a 7 °C fino al raggiungimento dell'evento alterativo. La freccia indica il primo giorno in cui veniva
percepito cattivo odore. ERV = volume di estratto rilasciato; H$_2$O libera = misura della capacità di legare l'acqua presente (valore inversamente correlato); Sw = gonfiore della carne; h = viscosità; log nos.
= batteri aerobi totali/g. (Da Shelef e Jay[159], copyright © 1969, Institute of Food Technologists)

rogenea microflora della carne fresca, i microrganismi che si sviluppano più rapidamente e utilizzano il glucosio a temperature di refrigerazione sono le Pseudomonadaceae; inoltre l'O_2 disponibile presente sulla superficie del prodotto ha una particolare influenza sul loro sviluppo[73]. Anche *Brochothrix thermosphacta* utilizza il glucosio e il glutammato, ma la sua crescita lenta lo rende scarsamente competitivo nei confronti delle Pseudomonadaceae. Quando viene raggiunta una contaminazione superficiale di circa $10^8/cm^2$, la scorta di carboidrati semplici viene esaurita e i cattivi odori possono essere percepiti o meno a seconda dell'entità e della modalità di utilizzo degli amminoacidi liberi. Non appena i carboidrati semplici sono esauriti, le Pseudomonadaceae, unitamente ad altri microrganismi psicrotrofi Gram-negativi – come *Moraxella*, *Alcaligenes*, *Aeromonas*, *Serratia* e *Pantoea* – utilizzano gli amminoacidi liberi e i composti azotati semplici correlati come fonte di energia. Le specie del genere *Acinetobacter* utilizzano prima gli amminoacidi e successivamente i lattati; il loro sviluppo è ridotto a pH pari o inferiore a 5,7[73]. Per quanto riguarda il pollame, la conversione del glucosio in gluconato sembra apportare alle Pseudomonadaceae un vantaggio competitivo[95].

Impiegando estratto di agnello a pH 6,0 e a 4 °C, un gruppo di ricercatori ha suggerito che la prevalenza della specie *P. fragi* potesse derivare dalla sua capacità di utilizzare creatina e creatinina[40]. Diversi autori hanno osservato che, sulle carni fresche, *P. fluorescens* è più abbondante di *P. fragi*, ma che quest'ultimo tende a divenire predominante con il tempo[107].

Gli odori nauseabondi, solitamente associati all'alterazione delle carni, derivano dalla presenza di amminoacidi liberi e composti correlati (H_2S da amminoacidi solforati, NH_3 da numerosi amminoacidi, e indolo e triptofano). Gli odori e i sapori sgradevoli compaiono solamente quando iniziano a essere consumati gli amminoacidi (vedi di seguito). Nel caso di carni scure, compatte e secche (DFD, *dark, firm and dry*), che presentano un pH finale > 6 e contengono scarse riserve di carboidrati semplici, l'alterazione avviene molto più rapidamente e gli odori sgradevoli vengono percepiti quando il numero di cellule è circa $10^6/cm^2$[134]. Nelle carni normali e DFD le proteine principali vengono attaccate solo quando le scorte di costituenti semplici sono esaurite. È stato dimostrato, per esempio, che il potere antigenico delle proteine bovine solubili in soluzioni saline non viene distrutto nelle usuali condizioni di alterazione a bassa temperatura[118].

Per quanto riguarda il pesce, si è visto che l'alterazione dell'estratto filtrato di pesce crudo avviene con le stesse modalità di quella del pesce crudo intero[110]. Ciò può indicare il mancato attacco delle proteine solubili da parte dei microrganismi responsabili dell'alterazione, poiché tali proteine sono assenti nell'estratto pressato. La stesso sembra valere per la carne bovina e per prodotti simili. Nella fase immediatamente precedente l'alterazione si osserva, tra l'altro, incremento del pH, aumento del numero di batteri e aumento della capacità di idratazione delle proteine della carne. Nella carne bovina macinata il pH può arrivare fino a 8,5 (carne putrefatta), sebbene il pH medio osservato all'inizio dell'alterazione sia 6,5[161]. Tracciando la curva di crescita della popolazione microbica alterante, si possono osservare le normali fasi di sviluppo e la fase di declino può essere ascritta all'esaurimento dei nutrienti utilizzabili dalla maggior parte dei microrganismi e all'accumulo di metaboliti batterici tossici. Non sono ancora chiare le modalità precise con cui le proteine della carne vengono idrolizzate a bassa temperatura. (Per approfondimenti, si consiglia il riferimento bibliografico 91.)

Dainty e colleghi[31] inocularono la patina superficiale di carne bovina in fette di carne bovina cruda, ponendole poi a incubare a 5 °C. I cattivi odori e la mucillagine comparvero dopo 7 giorni con conte di $2 \times 10^9/cm^2$; non si osservò alcuna attività proteolitica né nella frazione sarcoplasmatica né in quella miofibrillare delle fette di carne bovina. Anche 2 giorni dopo, nella frazione sarcoplasmatica non erano rilevabili cambiamenti, sebbene la carica batterica avesse raggiunto valori di $10^{10}/cm^2$; contemporaneamente si manifestarono i primi segni di idrolisi delle proteine miofibrillari con la comparsa di una nuova banda e l'attenuazione di un'altra. Tutti i fasci miofibrillari scomparverono dopo 11 giorni con il contemporaneo indebolimento di diverse bande della frazione sarcoplasmatica. Nelle carni bovine contaminate naturalmente, gli odori e la patina superficiale furono osservati dopo 12 giorni, quando la conta raggiunse il valore di $4 \times 10^8/cm^2$. Fino al diciottesimo giorno di conservazione non si osservarono modificazioni strutturali delle proteine miofibrillari. Mediante l'impiego di colture pure questi ricercatori dimostrarono che le Pseudomonadaceae attaccavano le proteine miofibrillari, mentre altri microrganismi erano più attivi nei confronti di quelle sarcoplasmatiche. *Aeromonas* spp. risultarono attivi nei confronti sia delle proteine miofibrillari sia di quelle sarcoplasmatiche. Con colture pure le variazioni nelle proteine furono rilevate solo quando le conte superarono $3,2 \times 10^9/cm^2$. Precedentemente, Borton e colleghi[15] avevano dimostrato che *P. fragi* determinava la perdita di bande proteiche nel muscolo suino inoculato, ma non venivano fornite indicazioni sulla concentrazione minima di microrganismo necessaria affinché ciò si verificasse. (Per un approfondimento sull'alterazione microbica delle carni, vedi anche la revisione di Ellis e Goodacre[49].)

4.5 Alterazione del fegato fresco

I fenomeni che si verificano durante l'alterazione dei fegati di bovini, suini e agnelli non sono stati chiariti come quelli che avvengono nelle carni. Il contenuto medio di carboidrati e NH_3 e il pH di dieci fegati di agnello freschi sono presentati in tabella 4.13[72]. Considerando l'elevato contenuto in carboidrati e il valore medio di pH di 6,41, ci si attenderebbe un'attività alterante di tipo fermentativo, con conseguente calo del pH al di sotto di 6,0. Ciò indubbiamente accadrebbe se i fegati venissero sminuzzati, o tagliati a cubetti, e conservati a temperature di frigorifero, ma la maggior parte degli studi è stata condotta su fegati interi, nei quali lo sviluppo microbico è stato stimato in superficie, nell'essudato o nel tessuto profondo. In uno studio sull'alterazione di fegati bovini tagliati a cubetti, il pH iniziale di 6,3 è diminuito fino a circa 5,9 dopo 7-10 giorni di conservazione a 5 °C; i batteri lattici sono risultati i principali responsabili dell'alterazione[158]. Nella maggior parte degli altri studi la flora batterica prevalente durante l'alterazione è risultata formata essenzialmente dagli stessi microrganismi che prevalgono nell'alterazione delle carni. In fegati di maiale conservati a 5 °C per 7 giorni i più importanti microrganismi isolati sono stati *Pseudomonas*, *Alcaligenes*, *Escherichia*, streptococchi lattici e *B. thermosphacta*[64]. In cinque fegati bovini, conservati a 2 °C per 14 giorni, il genere *Pseudomonas* costituiva dal 7 al 100% della flora alterante, mentre il pH medio era sceso da un valore medio iniziale di 6,49 a uno di 5,93[82]. In un altro stu-

Tabella 4.13 pH e concentrazione di glicogeno, glucosio, acido lattico e ammoniaca in 10 campioni di fegato fresco

Componente	Concentrazione media e intervallo
Glucosio	2,73 (0,68–6,33) mg/g
Glicogeno	2,98 (0,70–5,43) mg/g
Acido lattico	4,14 (3,42–5,87) mg/g
Ammoniaca	7,52 (6,44–8,30) μmol/g
pH	6,41 (6,26–6,63)

(Da Gill e DeLacy[72], copyright © 1982 American Society for Microbiology)

dio su fegati di bovini, suini e agnelli la popolazione microbica dominante, rinvenuta dopo 5 giorni a 2 °C, è risultata differente nei tre tipi di prodotto: nei fegati bovini dominavano streptococchi, lieviti, corineformi e Pseudomonadaceae; nei fegati di agnello corineformi, micrococchi e "streptococchi" e nei fegati suini stafilococchi, *Moraxella-Acinetobacter* e "streptococchi"[80]. Durante la conservazione, il pH medio era diminuito, seppure in misura modesta, in ciascuna delle tre tipologie di fegato esaminate. In uno studio sull'alterazione dei fegati di agnello, condotto da Gill e DeLacy[72], la microflora presente sulla supeficie alterata era costituita prevalentemente da *Pseudomonas*, *Acinetobacter* e *Enterobacter*. Negli essudati derivati da fegati interi la popolazione dominante era rappresentata da *Pseudomonas* e *Enterobacter*, mentre nei tessuti profondi prevalevano *Enterobacter* e lattobacilli. Sempre in questo studio è stato osservato che, in campioni trattati con antibiotici, il pH iniziale cala da circa 6,4 a circa 5,7; ciò indica che i fenomeni glicolitici che si realizzano nel fegato possono determinare una riduzione del pH indipendentemente dalla presenza di microrganismi, la cui concentrazione in questi campioni era $<10^4/cm^2$. L'elevato contenuto di glucosio ha consentito la formazione di colonie visibili sulla superficie prima dello sviluppo di cattivi odori; ciò può spiegare la prevalenza nei fegati di microrganismi alteranti di tipo non lattico.

Poiché, rispetto ai batteri lattici Gram-positivi di tipo fermentativo, la maggior parte dei batteri ossidativi psicrotrofi Gram-negativi cresce più velocemente ed è favorita da un elevato potenziale O/R superficiale, non stupisce la loro prevalenza nell'alterazione di fegati integri. La concentrazione più elevata di carboidrati sembra ritardare lo sviluppo dei microrganismi che utilizzano gli amminoacidi; ciò spiegherebbe perché, durante l'alterazione del fegato integro, non si osserva un innalzamento del pH, a differenza di quanto avviene nelle carni. A tale proposito, è lecito attendersi che il fegato tagliato a cubetti favorisca la crescita di batteri lattici a causa della ridistribuzione della microflora superficiale nel campione: in queste condizioni i batteri lattici dovrebbero essere favoriti dall'alto tenore in carboidrati e dal potenziale O/R più basso rispetto a quello superficiale. In qualche modo questo fenomeno è analogo a quello che si verifica durante l'alterazione superficiale delle carcasse, nelle quali i lieviti a lento accrescimento e le muffe si sviluppano quando le condizioni non sono favorevoli alla crescita batterica; i funghi non svolgono mai un ruolo primario nell'alterazione delle carni macinate, a meno che non siano state adottate misure specifiche per inibire la crescita batterica. Alla luce di tale analogia, si può quindi affermare che i batteri lattici costituiscono una popolazione scarsamente coinvolta nell'alterazione dei fegati integri, poiché le condizioni favoriscono i batteri Gram-negativi psicrotrofi a crescita più rapida.

4.6 Incidenza/prevalenza di microrganismi in pollame fresco

Il pollame integro tende ad avere una più bassa contaminazione microbica rispetto al pollame tagliato a pezzi. La maggior parte dei microrganismi presenti su questi prodotti risiede sulla superficie; per tale motivo le conte per cm^2 di superficie sono generalmente più valide, rispetto a quelle condotte sia sulla superficie sia sui tessuti interni. May[120] ha dimostrato che i valori delle conte di superficie aumentano nel corso delle successive fasi di lavorazione del pollame. In uno studio condotto su polli interi provenienti da 6 stabilimenti di lavorazione, il valore medio iniziale della conta di superficie era $\log_{10} 3,30/cm^2$. Tale valore aumentava a $\log_{10} 3,81$, dopo il sezionamento dei polli, e successivamente a $\log_{10} 4,08$, dopo il confezionamento. Il convogliatore, utilizzato per la movimentazione dei volatili, presentava una conta di $\log_{10} 4,76/cm^2$. Quando le medesime analisi sono state condotte in cinque diversi esercizi di vendita al dettaglio, May ha riscontrato una conta media di $\log_{10} 3,18$, nel pollo intero, che aumentava a $\log_{10}$ 4,06 dopo il taglio e il confezionamento. Sui taglieri è stata rilevata una conta totale di $\log_{10}$ 4,68/cm^2.

Nei prodotti derivati dalla carne di tacchino, *Campylobacter jejuni* è ritrovato meno frequentemente delle salmonelle. In uno studio è stato osservato che le uova fertili e i pulcini di tacchino appena nati non sono contaminati da questi microrganismi[2]. Dopo 2 settimane dalla nascita, tuttavia, fino al 76% dei campioni fecali di pulcini allevati in un'incubatrice è risultato positivo. In uno studio condotto in punti vendita al dettaglio e all'ingrosso, non è stato possibile recuperare il microrganismo né dalla superficie delle carcasse di tacchino decongelate, né dal liquido derivante dallo scongelamento; ciò sembra dovuto alle operazioni di scottatura e lavaggio cui vengono sottoposte le carcasse[1].

Tra i diversi prodotti cotti ottenuti dal pollame, gli arrotolati di tacchino precotti hanno presentato una carica microbica sensibilmente più bassa rispetto a tutte le altre tipologie (tabella 4.14). In uno studio effettuato su 118 campioni di prodotti ottenuti da pollo arrosto, *C. perfringens* è stato isolato nel 2,6% dei casi[112]; in un'altra ricerca condotta in Argentina su carcasse di pollo, su 70 campioni, 7 sono risultati positivi per specie del genere *Yersinia*, tra le quali *Y. enterocolitica* (4,3%), *Y. frederiksenii* (4,3%) e *Y. intermedia* (1,4%). Tutti i ceppi di *Y. enterocolitica* isolati appartenevano al biogruppo 1A, sierotipo O:5 e fagotipo

Tabella 4.14 Qualità microbiologica generale di alcuni prodotti derivati da carne di tacchino (tutti i valori logaritmici sono indicati come $\log_{10}$)

Prodotti	N. di campioni	Gruppi microbici/ Limiti	% di campioni conformi	Rif. bibl.
Arrotolato precotto di tacchino	6	Carica mesofila aerobia <log 3,00/g	100	126
	6	Coliformi ≤log 2,00/g	67	126
	6	*Enterococchi* ≤log 2,00/g	83	126
	48	Assenza di salmonelle	96	126
	48	Assenza di *C. perfringens*	100	126
Arrotolato di tacchino precotto/carne di tacchino a fette	30	Carica mesofila aerobia <log 2,00/g	20	187
	29	Assenza di coliformi	79	187
	29	Assenza di *E. coli* o salmonelle	100	187
Carne di tacchino fresca macinata	74	Carica mesofila aerobia ≤log 7,00/g	51	77
	75	Assenza di coliformi	1	77
	75	Assenza di *E. coli*	59	77
	75	Assenza di streptococchi fecali	5	77
	75	Assenza di *S. aureus*	31	77
	75	Assenza di salmonelle	72	77
Carne di tacchino macinata congelata	50	Carica mesofila aerobia a 32 °C <10^6/g	54	78
	50	Psicrotrofi <10^6/g	32	78
	50	MPN *E. coli* <10/g	80	78
	50	MPN *S. aureus* <10/g	94	78
	50	MPN "streptococchi fecali" <10/g	54	78

MPN = most probable number.

X_2[56]. Gli enterococchi sono comuni sui prodotti avicoli. Su 227 campioni di tacchino analizzati nell'Iowa tra il 2001 e il 2002, 226 sono risultati positivi per questi microrganismi: il 60% degli isolati è stato identificato come *E. faecium* e il 31% come *E. faecalis*[84]. Di 237 campioni di pollo, invece, 236 campioni sono risultati positivi: il 79% degli isolati è stato identificato come *E. faecium* e il 16% come *E. faecalis*.

Cox e colleghi[29] hanno osservato l'andamento dei batteri enterici durante le varie fasi di raffreddamento del pollame. Prima del raffreddamento delle carcasse, la conta APC era $\log_{10}$ 3,17 ufc/cm^2 e quella delle Enterobacteriaceae $\log_{10}$ 2,27 ufc/cm^2. Dopo il raffreddamento, si è osservata una riduzione maggiore delle Enterobacteriaceae rispetto a quella riscontrata per l'APC. Al giorno 0, l'85% delle specie enteriche era rappresentato da *E. coli*, ma dopo 10 giorni a 4 °C tale percentuale era scesa al 14%; nel medesimo arco di tempo, invece, la percentuale di *Enterobacter* spp. è aumentata dal 6 all'88%. In un altro studio condotto sul pollame durante le fasi della lavorazione, *Micrococcus* spp. è risultato il genere numericamente più rappresentato; in particolare il numero di microrganismi riscontrato sui campioni di pelle del collo era maggiore di quello presente sulle piume, sia prima sia dopo la scottatura delle carcasse[68]. Nello stesso studio, le specie del genere *Corynebacterium* sono state ritrovate in alte concentrazioni nei campioni d'aria. In uno studio condotto nel 1994-1995, in tutti gli Stati Uniti, su 1297 carcasse di pollo, *Clostridium perfringens* e *Staphylococcus aureus* sono stati rinvenuti rispettivamente nel 43 e nel 64% dei casi[177]. La prevalenza di *Arcobacter* e *Campylobacter* spp. su alcuni prodotti avicoli è riassunta in tabella 4.4; quelle di *Salmonella* spp., *L. monocytogenes* e *E. coli* O157:H7 nelle tabelle 4.5, 4.6 e 4.7.

Sono stati isolati i lieviti cresciuti su carcasse di pollo conservate a 4 °C, fino a un periodo di 14 giorni; sono stati identificati almeno 7 generi, tra i quali è risultato predominante *Candida*, seguito da *Cryptococcus* e *Yarrowia*[86].

4.7 Alterazione microbica del pollame

Numerosi studi sulla popolazione batterica del pollame fresco, hanno rivelato la presenza di oltre 25 generi diversi (tabella 4.1). Tuttavia, quasi tutti gli autori di queste ricerche concordano sul fatto che quando queste carni subiscono alterazioni a basse temperature, i principali microrganismi coinvolti appartengono al genere *Pseudomonas*. In uno studio su 5.920 ceppi isolati da carcasse di pollo[104], le Pseudomonadaceae rappresentavano il 30,5%, *Acinetobacter* il 22,7%, *Flavobacterium* il 13,9% e *Corynebacterium* il 12,7%, mentre lieviti, Enterobacteriaceae e altri microrganismi sono stati rinvenuti in percentuali minori. Tra le Pseudomonadaceae isolate, il 61,8% era fluorescente in King B medium e il 92,5% era in grado di ossidare il glucosio. Barnes e Impey[11], in un precedente studio per la caratterizzazione delle Pseudomonadaceae presenti in pollame alterato, avevano dimostrato che le specie pigmentate diminuivano dal 34 al 16%, dall'inizio della conservazione alla comparsa di odori sgradevoli, mentre le specie non pigmentate aumentavano dall'11 al 58%. *Acinetobacter* e altre specie di batteri diminuivano insieme alle Pseudomonadaceae. Un fenomeno simile si osserva nel pesce in fase di alterazione.

I miceti sono considerevolmente meno importanti nei fenomeni alterativi del pollame, tranne quando vengono impiegati antibiotici per sopprimere lo sviluppo batterico; in questo caso, infatti, le muffe diventano i principali agenti alterativi. I generi *Candida*, *Rhodotorula*, *Debaryomyces* e *Yarrowia* sono tra i più importanti rinvenuti nel pollame (tabella 4.2). La caratteristica essenziale dell'alterazione del pollame è la formazione di una patina viscosa sulle superfici di taglio o sulle parti esterne della carcassa. La cavità viscerale spesso emana odori acidi, comunemente definiti "puzzo di interiora". Il fenomeno è particolarmente evidente nell'alterazione del pollame non eviscerato. Questo tipo di alterazione è causata dai generi batterici già citati e dagli enterococchi, che si diffondono attraverso le pareti intestinali e invadono i tessuti interni della cavità addominale.

In una ricerca condotta in Sud Africa, sui lieviti presenti su carcasse di pollame fresco e alterato, i generi *Candida* e *Debaryomyces* spp. sono risultati prevalenti in carcasse sia fresche sia alterate, mentre il genere *Rhodotorula* non è stato isolato da carcasse alterate[180]. *Trichosporon* spp. non sono stati rinvenuti nel pollame fresco, ma sono stati trovati nel 5% dei prodotti alterati; infine, *Yarrowia* era presente nel 3% e nell'11%, rispettivamente, delle carcasse fresche e alterate. *Candida zeylanoides* e *Debaryomyces hansenii* erano le due specie più abbondanti nel pollame sia fresco sia alterato[180].

S. putrefaciens si sviluppa bene a 5 °C e produce odori sgradevoli fortissimi dopo una crescita di 7 giorni su tessuto muscolare di pollo[124]. Tra i microrganismi produttori di cattivi odori, vi sono determinate specie particolarmente "potenti" che fanno parte della flora presente sul pollame fresco[122]. Lo studio citato è stato condotto sul muscolo pettorale, soggetto a fenomeni alterativi diversi da quelli che interessano la coscia, che presenta un pH più elevato. Dopo conservazione a 2 °C per 16 giorni, la microflora del muscolo della coscia è rappresentata per il 79% da Pseudomonadaceae, per il 17% da *Acinetobacter-Moraxella* e per il 4% da *S. putrefaciens*[123]. Tutti gli isolati attribuiti a quest'ultima specie producono odore di uova marce e generano H_2S, metilmercaptano e dimetilsolfuro; la produzione di questi composti non si verifica nell'alterazione del muscolo pettorale.

In genere, nel pollame alterato gli odori sgradevoli vengono percepiti quando il numero di microrganismi è circa $\log_{10} 7,2$-$8,0/cm^2$, mentre la patina superficiale si manifesta solitamente subito dopo, quando la carica microbica giunge a circa $\log_{10} 8/cm^2$[6]. La conta degli aerobi totali effettuata sulla patina raramente risulta superiore $\log_{10} 9,5/cm^2$. Quando la crescita microbica è inizialmente confinata alla superficie della carcassa, per un certo periodo i tessuti sottostanti la pelle non vengono contaminati; tuttavia, gradualmente i batteri cominciano a penetrare nei tessuti profondi, causando un aumento della capacità di idratazione delle proteine muscolari, più o meno come avviene nelle carni bovine. Non è ancora chiaro se i fenomeni di autolisi abbiano un ruolo importante nei meccanismi di alterazione dei tessuti interni del pollame.

Le ragioni principali per le quali l'alterazione del pollame è soprattutto circoscritta alle superfici sono invece note. Le parti più profonde dei tessuti sono solitamente sterili o contengono un numero relativamente basso di microrganismi, che in genere non crescono a basse temperature. La popolazione microbica alterante, quindi, è concentrata sulle superfici e sulla pelle, dove viene depositata dall'acqua, durante le lavorazioni e la manipolazione. Le superfici del pollame fresco conservato in ambienti ad alta umidità favoriscono lo sviluppo di batteri aerobi come le Pseudomonadaceae; questi microrganismi formano piccole colonie che tendono a confluire producendo la patina superficiale (biofilm) caratteristica del pollame alterato. May e colleghi[121] hanno dimostrato che la pelle del pollame favorisce la crescita della microflora alterante più del tessuto muscolare. Nelle fasi di alterazione avanzata, la superficie del pollame appare spesso fluorescente alla luce ultravioletta, proprio per la presenza di un elevato numero di Pseudomonadaceae fluorescenti. I microrganismi responsabili dell'alterazione superficiale possono essere recuperati direttamente dalla patina per essere striciati in piastra; in alternativa, si possono allestire vetrini per l'osservazione spalmandovi piccole quantità di patina. Mediante colorazione di Gram l'aspetto dei microrganismi appare uniforme e indistinguibile. Per stimare l'attività microbica sulla superficie del pollame può essere utilizzato tetrazolio (2,3,5-trifeniltetrazolio cloruro); questo composto, spruzzato sulla carcassa eviscerata, provoca la comparsa di una pigmentazione rossa in corrispondenza delle aree a elevata attività microbica. Generalmente queste aree sono rappresentate dalle superfici di taglio del muscolo o da zone danneggiate, per esempio in corrispondenza dei follicoli delle piume[140]. Quando la pelle viene rimossa da una carcassa di pollo fresco, i muscoli delle cosce vanno incontro più rapidamente ad alterazione rispetto a quelli del petto; infatti, i primi presentano valori di pH compresi tra 6,3 e 6,6, mentre i valori dei secondi sono intorno a 5,7-5,9.

Lo sviluppo delle Pseudomonadaceae è favorito dalle basse temperature; infatti, quando l'alterazione del pollame avviene a 1 °C questi microrganismi sono predominanti, mentre a 10 e a 15 °C predominano batteri enterici e di altro tipo[12]. (Per ulteriori approfondimenti sull'alterazione del pollame, si consiglia il riferimento bibliografico 28; nel capitolo 14 sono trattati argomenti riguardanti le alterazioni del pollame e di altre carni confezionate sotto vuoto o in atmosfera modificata.)

4.8 Sanitizzazione/lavaggio delle carcasse

Al momento della macellazione le superfici esterne del bestiame sono ricoperte di polvere, sporcizia e materiale fecale. È inevitabile che alcuni dei microrganismi derivanti da queste fonti di contaminazione vengano poi rinvenuti sulle carcasse degli animali macellati e sebbene la maggior parte di essi non siano patogeni, alcuni possono esserlo. Allo scopo di ridurre il numero e i tipi di patogeni presenti sulle carcasse e sui prodotti finiti, sono impiegati diversi metodi.

1. Rifilatura: rimozione della pelle o dei tessuti più esterni.
2. Lavaggio: impiego di acqua a diverse temperature e pressioni.
3. Acidi organici: acido acetico, citrico o lattico vengono addizionati all'acqua di lavaggio, in concentrazioni variabili dal 2 al 5%.
4. Altri agenti chimici: l'acqua di lavaggio viene addizionata con perossido di idrogeno, diossido di cloro o clorexidina.
5. Trattamenti con vapore sotto vuoto: applicazione di vapore, per 5-10 secondi a temperature pari o superiori a 80 °C, durante la fase finale di preparazione della carcassa.
6. Combinazione di due o più trattamenti precedenti.

Il programma dell'USDA per la riduzione dei patogeni nelle carcasse bovine prevede che una carcassa ogni 300 venga esaminata mediante prelievo per tampone di 100 cm^2, da tre punti della superficie della carcassa (scamone, pancia e petto) per la ricerca di *E. coli*, che deve risultare <5 ufc/cm^2 [175]. Il prelievo mediante spugna è uno dei 6 metodi confrontati in uno studio sulle carcasse bovine[37].

Sono stati condotti numerosissimi studi sulle tecniche citate per la riduzione dei microrganismi dalle carcasse: in genere si ottiene un abbattimento della carica mesofila aerobia dell'ordine di 1-3 unità logaritmiche. Molti di questi studi hanno impiegato ceppi geneticamente modificati di alcuni patogeni miscelati con campioni di feci animali e distribuiti sui tagli di carne in esame; ci si attenderebbe che la rimozione dei microrganismi così applicati sia diversa rispetto a quella dei microrganismi acquisiti naturalmente, ma mancano studi comparativi in proposito. Gli effetti a lungo termine dei trattamenti con acidi e vapore sui microrganismi generalmente presenti sulle carni sono tuttora sconosciuti, poiché l'uso commerciale di queste procedure è relativamente recente. L'emergere di microrganismi acido-resistenti, dopo un uso protratto, è probabilmente un risultato dell'impiego continuativo e su larga scala di antimicrobici. È stato osservato che l'uso di trattamenti multipli è preferibile rispetto all'impiego di un singolo trattamento[23], anche perché questo approccio può ridurre l'emergere di microrganismi resistenti. La shelf life del filetto di pesce gatto è stata prolungata dopo aver somministrato, sotto forma di spray, concentrazioni del 4% di acido lattico o del 2-4% di acido propionico[52].

La combinazione del lavaggio con acqua calda seguito dal risciacquo con acidi organici risulta più efficace per le carcasse di maiale, rispetto all'impiego separato di uno dei due metodi: tale abbinamento consente una riduzione nel numero di microrganismi di 2 unità logaritmiche[48]. Sulla base delle stesse ricerche è stato suggerito l'impiego di acqua a 80 °C.

Applicando, per 30 secondi, una soluzione spray al 4% di acido lattico sulle superfici di carcasse bovine fredde precedentemente contaminate con *E. coli* O157:H7 e *S.* Typhimurium, è stata ottenuta una riduzione di 5,2 unità logaritmiche di entrambi i microrganismi[24]. Un trattamento spray post refrigerazione con acido lattico al 4% a 55 °C determina un'ulteriore riduzione di 2-2,4 unità logaritmiche per *E. coli* O157:H7 e 1,6-1,9 per *S.* Typhimurium.

La contaminazione microbica durante le diverse fasi della lavorazione delle carcasse di maiale è stata studiata in dettaglio in un mattatoio iberico. La concentrazione di *E. coli* diminuiva effettuando le operazioni di bruciatura delle setole e di scottatura, ma aumentava con la depilazione[151]; la conta in piastra di *E.coli* era significativamente diminuita dalla legatura dell'ano e dall'eviscerazione; il lavaggio finale delle carcasse con acqua potabile ad alta pressione non è risultato efficace nella riduzione della carica microbica superficiale[151].

Bibliografia

1. Acuff GR, Vanderzant C, Hanna MO, Ehlers JG, Golan FA, Gardner FA (1986) Prevalence of Campylobacter jejuni in turkey carcass processing and further processing of turkey products. *J Food Protect*, 49: 712-717.
2. Acuff GR, Vanderzant C, Gardner FA, Golan FA (1982) Examination of turkey eggs, poults, and brooder house facilities for Campylobacter jejuni. *J Food Protect*, 45: 1279-1281.
3. Antoniollo PG, da Silva Bandeira F, Jantzen MM, Duval EH, da Silva WP (2003) Prevalence of Listeria spp. in feces and carcasses of a lamb packing plant in Brazil. *J Food Protect*, 66: 328-330.
4. Atabay HI, Corry JEL, On SLW (1998) Diversity and prevalence of Arcobacter spp. in broiler chickens. *J Appl Microbiol*, 84: 1007-1016.
5. Ayres JC (1960) The relationship of organisms of the genus Pseudomonas to the spoilage of meat, poultry and eggs. *J Appl Bacteriol*, 23: 471-486.
6. Ayres JC, Ogilvy WS, Stewart GF (1950) Post mortem changes in stored meats. I. Microorganisms associated with development of slime on eviscerated cut-up poultry. *Food Technol*, 4: 199-205.
7. Baek SY, Lim SY, Lee DH, Min KH, Kim CM (2000) Incidence and characterization of Listeria monocytogenes from domestic and imported foods in Korea. *J Food Protect*, 63: 186-189.
8. Bailey JS, Cox NA, Craven SE, Cosby DE (2002) Serotype tracking of Salmonella through integrated broiler chicken operations. *J Food Protect*, 65: 742-745.
9. Barbe CD, Mandigo RW, Henrickson RL (1966) Bacterial flora associated with rapid-processed ham. *J Food Sci*, 31: 988-993.
10. Barber DA, Bahnson PB, Isaacson R, Jones CJ, Weigei RM (2002) Distributioon of Salmonella in swine production ecosystems. *J Food Protect*, 65: 1861-1868.
11. Barnes EM, Impey CS (1968) Psychrophilic spoilage bacteria of poultry. *J Appl. Bacteriol*, 31: 97-107.
12. Barnes EM, Thornley MJ (1966) The spoilage flora of eviscerated chickens stored at different temperatures. *J Food Technol*, 1: 113-119.

13. Bauer FT, Carpenter JA, Reagan JO (1981) Prevalence of Clostridium perfringens in pork during processing. *J Food Protect*, 44: 279-283.

14. Bell WN, Shelef LA (1978) Availability and microbial stability of retail beef-soy blends. *J Food Sci*, 43: 315-318, 333.

15. Borton RJ, Bratzler J, Price JF (1970) Effects of four species of bacteria on porcine muscle. 2. Electrophoretic patterns of extracts of salt-soluble protein. *J Food Sci*, 35: 783-786.

16. Brooks HJL, Mollison BD, Bettelheim KA, Matejka K, Patterson KA, Ward VK (2001) Occurrence and virulence factors of non-O157 Shiga toxin-producing Escherichia coli in retail meat in Dunedin, New Zealand. *Lett Appl Microbiol*, 32: 118-122.

17. Brown MH, Gill CO, Hollingsworth J, Nickelson R II, Seward S, Sheridan JJ, Stevenson T, Sumner JL, Theno DM, Usborne WR, Zink D (2000) The role of microbiological testing in systems for assuring the safety of beef. *Int J Food Microbiol*, 62: 7-16.

18. Bryan FL, Ayres JC, Kraft AA (1968) Salmonellae associated with further-processed turkey products. *Appl Microbiol*, 16: 1-9.

19. Byrne CM, Erol I, Call JE, Kasper CW, Buege DR, Hiemke CJ, Fedorka-Cray PJ, Benson AK, Wallace FM, Luchansky JB (2003) Characterization of Escherichia coli O157:H7 from downer and healthy dairy cattle in the upper midwest region of the United States. *Appl Environ Microbiol*, 69: 4683-4688.

20. Byun JS, Min JS, Kim IS, Kim JW, Chung MS, Lee M (2003) Comparison of indicators of microbial quality of meat during aerobic cold storage. *J Food Protect*, 66: 1733-1737.

21. Carl KE (1975) Oregon's experience with microbial standards for meat. *J Milk Food Technol*, 38: 483-486.

22. Carramiñana JJ, Vangüella J, Blanco D, Rota C, Agustin AI, Ariño A, Herrera A (1997) Salmonella incidence and distribution of serotypes throughout processing in a Spanish poultry slaughterhouse. *J Food Protect*, 60: 1312-1317.

23. Castillo AL, Lucia M, Goodson KJ, Savell JW, Acuff GR (1998) Comparison of water wash, trimming, and combined hot water and lactic acid treatments for reducing bacteria of fecal origin on beef carcasses. *J Food Protect*, 61: 823-828.

24. Castillo A, Lucia LM, Roberson DB, Stevenson TH, Mercado L, Acuff GR (2001) Lactic acid sprays reduce bacterial pathogens on cold beef carcass surfaces and in subsequently produced ground beef. *J Food Protect*, 64: 58-62.

25. Ceylan E, Fung DYC (2000) Destruction of Yersinia enterocolitica by Lactobacillus sake and Pediococcus acidilactici during low-temperature fermentation of Turkish dry sausage (sucuk). *J Food Sci*, 65: 876-879.

26. Chang YH (2000) Prevalence of Salmonella spp. in poultry broilers and shell eggs in Korea. *J Food Protect*, 63: 655-658.

27. Chapman PA, Malo ATC, Ellin M, Ashton R, Harkin MA (2001) Escherichia coli O157:H7 in cattle and sheep at slaughter, on beef and lamb carcasses and in raw beef and lamb products in South Yorkshire, UK. *Int J Food Microbiol*, 64: 139-150.

28. Cox NA, Russell SM, Bailey JS (1998) The microbiology of stored poultry. In: Davies A, Board R (eds) *The Microbiology of Meat and Poultry*. Kluwer Academic Publishers, New York, pp. 266-287.

29. Cox NA, Mercuri AJ, Thompson JE (1975) Enterobacteriaceae at various stages of poultry chilling. *J Food Sci*, 40: 44-46.

30. Craven SE, Mercuri AJ (1977) Total aerobic and coliform counts in beef-soy and chicken-soy patties during refrigerated storage. *J Food Protect*, 40: 112-115.

31. Dainty RH, Shaw BG, DeBoer KA, Scheps ESJ (1975) Protein changes caused by bacterial growth on beef. *J Appl Bacteriol*, 39: 73-81.

32. Davidson CM, Dowdell MJ, Board RG (1973) Properties of Gram negative aerobes isolated from meats. *J Food Sci*, 38: 303-305.

33. Delmore RJ, Sofos JN, Belk KE, Lloyd WR, Bellinger GL, Schmidt GR, Smith GC (1999) Good manufacturing practices for improving the microbiological quality of beef variety meats. *Dairy Fd Environ Sanit*, 19: 742-752.

34. Dillon VM, Board RG (1991) Yeasts associated with red meats. *J Appl Bacteriol*, 71: 93-108.
35. Dillon VM (1998) Yeasts and moulds associated with meat and meat products. In: Davies A, Board R (eds) *The Microbiology of Meat and Poultry*. Kluwer Academic Publishers, New York, pp. 85-117.
36. Dodd CC, Sanderson MW, Sargeant JM, Nagaraja TG, Oberst RD, Smith RA, Griffin DD (2003) Prevalence of Escherichia coli O157 in cattle feeds in midwestern feedlots. *Appl Environ Microbiol*, 69: 5243-5247.
37. DorsaWJ, Cutter EN, Siragusa GR (1996) Evaluation of six sampling methods for recovery of bacteria from beef carcass surfaces. *Lett Appl Microbiol*, 22: 39-41.
38. Doyle MP, Hugdahl MB, Taylor SL (1981) Isolation of virulent Yersinia enterocolitica from porcine tongues. *Appl Environ Microbiol*, 42: 661-666.
39. Draughon FA (1980) Effect of plant-derived extenders on microbiological stability of foods. *Food Technol*, 34: 69-74.
40. Drosinos EH, Board RG (1994) Metabolic activities of pseudomonads in batch cultures in extract of minced lamb. *J Appl Bacteriol*, 77: 613-620.
41. Duffy EA, Belk KE, Sofos JN, Bellinger GR, Pape A, Smith GC (2001) Extent of microbial contamination in United States pork retail products. *J Food Protect*, 64: 172-178.
42. Defrenne J, Ritmeester W, Delfgou-van Asch E, van Leusden F, de Jonge R (2001) Quantification of the contamination of chicken and chicken products in the Netherlands with Salmonella and Campylobacter. *J Food Protect*, 64: 538-541.
43. Duitschaever CL, Bullock DH, Arnott DR (1977) Bacteriological evaluation of retail ground beef, frozen beef patties, and cooked hamburger. *J Food Protect*, 40: 378-381.
44. Duitschaever CL (1977). Incidence of Salmonella in retailed raws cut-up chicken. *J Food Protect*, 40: 191-192.
45. Dutson TR, Smith GC, Carpenter ZL (1980) Lysosomal enzyme distribution in electrically stimulated ovine muscle. *J Food Sci*, 45: 1097-1098.
46. Edwards RA, Dainty RH, Hibbard CM (1985) Putrescine and cadaverine formation in vacuum packed beef. *J Appl Bacteriol*, 58: 13-19.
47. Edwards RA, Dainty RH, Hibbard CM (1983) The relationship of bacterial numbers, and types of diamine concentration in fresh and aerobically stored beef, pork and lamb. *J Food Technol*, 18: 777-788.
48. Eggenberger-Solarzano, Niebuhr LSE, Acuff GR, Dickson JS (2002) Hot water and organic acid interventions to control microbiological contamination on hog carcasses during processing. *J Food Protect*, 65: 1248-1252.
49. Ellis DI, Goodacre R (2001) Rapid and quantitative detection of the microbial spoilage of muscle foods: current status and future trends. *Trends Fd Sci Technol*, 12: 414-424.
50. Eribo BE, Jay JM (1985) Incidence of Acinetobacter spp. and other Gram-negative oxidase-negative bacteria in fresh and spoiled ground beef. *Appl Environ Microbiol*, 49: 256-257.
51. Eribo BE, Lall SD, Jay JM (1985) Incidence of Moraxella and other Gram-negative, oxidase-positive bacteria in fresh and spoiled ground beef. *Food Microbiol*, 2: 237-240.
52. Fernandes CF, Flick GJ, Cohen J, Thomas TB (1998) Role of organic acids during processing to improve quality of channel catfish fillets. *J Food Protect*, 61: 495-498.
53. Field RA (1976) Mechanically deboned red meat. *Food Technol*, 30: 38-48.
54. Field RA (1981) Mechanically deboned red meat. *Adv Food Res*, 27: 23-107.
55. Field RA, Riley ML (1974) Characteristics of meat from mechanically deboned lamb breasts. *J Food Sci* 39: 851-852.
56. Floccari ME, Carranza MM, Parada JL (2000) Yersinia enterocolitica biogroup 1A, serotype 0:5 in chicken carcasses. *J Food Protect*, 63: 1591-1593.
57. Frediksson-Ahomaa M, Hielm S, Korkeala H (1999) High prevalence of yadA-positive Yersinia enterocolitica on pig tongues and minced meat at the retail level in Finland. *J Food Protect*, 62: 123-127.
58. Froning GW (1981) Mechanical deboning of poultry and fish. *Adv Food Res*, 27: 109-147.
59. Fung DYC, Kastner CL, Hunt MC, Dikeman ME, Kropf DH (1980) Mesophilic and psychro-trophic bacterial populations on hot-boned and conventionally processed beef. *J Food Protect*, 43: 547-550.

60. Fung DYC, Kastner CL, Lee CY, Hunt MC, Dikeman ME, Kropf DH (1981) Initial chilling rate effects of bacterial growth on hot-boned beef. *J Food Protect*, 44: 539-544.

61. Funk JA, Troutt HF, Isaacson RE, Fossler CP (1998) Prevalence of pathogenic Yersinia enterocolitica in groups of swine at slaughter. *J Food Protect*, 61: 677-682.

62. Fuzihara TO, Fermandes SA, Franco BDGM (2000) Prevalence and dissemination of Salmonella serotypes along the slaughtering process in Brazilian small poultry slaughterhouses. *J Food Protect* 63: 1749-1753.

63. Gamble HR, Solomon MB, Long JB (1998) Effects of hydrodynamic pressure on the viability of Trichinella spiralis in pork. *J Food Protect*, 61: 637-639.

64. Gardner GA (1971) A note on the aerobic microflora of fresh and frozen porcine liver stored at 5 °C. *J Food Technol*, 6: 225-231.

65. Gashe BA, Mpuchane S (2000) Prevalence of salmonellae on beef products at butacheries and their antibiotic resistance profiles. *J Food Sci*, 65: 880-883.

66. Genigeorgis CA, Oanca P, Dutulescu D (1990) Prevalence of Listeria spp. in turkey meat at the supermarket and slaughterhouse level. *J Food Protect*, 53: 288.

67. Genigeorgis CA, Dutulescu D, Garayzabal JF (1989) Prevalence of Listeria spp. in poultry meat at the supermarket and slaughter level. *J Food Protect*, 53: 282-288.

68. Geornaras I, de Jesus AE, von Holy A (1998) Bacterial populations associated with the dirty area of a South African poultry abattoir. *J Food Protect*, 61: 700-703.

69. Getty KJK, Phebus RK, Marsden JL, Schwenke JR, Kastner CJ (1999) Control of Escherichia coli O157:H7 in large (115 mm) and intermediate (90 mm) diameter Lebanon-style bologna. *J Food Sci*, 64: 1100-1107.

70. Gill CO, McGinnis JC, Bryant J (2001) Contamination of beef chucks with Escherichia coli during carcass breaking. *J Food Protect*, 64: 1824-1827.

71. Gill CO (1976) Substrate limitation of bacterial growth at meat surfaces. *J Appl Bacteriol*, 41: 401-410.

72. Gill CO, DeLacy KM (1982) Microbial spoilage of whole sheep livers. *Appl Environ Microbiol*, 43: 1262-1266.

73. Gill CO, Newton KG (1977) The development of aerobic spoilage flora on meat stored at chill temperatures. *J Appl Bacteriol*, 43: 189-195.

74. Goepfert JM (1977) Aerobic plate count and Escherichia coli determination on frozen ground-beef patties. *Appl Environ Microbiol*, 34: 458-460.

75. Golla SC, Murano EA, Johnson LG, Tipton NC, Currengton EA, Savell JW (2002) Determination of the occurrence of Arcobacter butzleri in beef and dairy cattle from Texas by various isolation methods. *J Food Protect*, 65: 1849-1853.

76. Greenberg RA, Tompkin RB, Bladel B, Kittaka RS, Anellis A (1966) Incidence of mesophilic Clostridium spores in raw pork, beef, and chicken in processing plants in the United States and Canada. *Appl Microbiol*, 14: 789-793.

77. Guthertz LS, JT Fruin, RL Okoluk, JL Fowler (1977) Microbial quality of frozen comminuted turkey meat. *J Food Sci*, 42: 1344-1347.

78. Guthertz LS, JT Fruin, D Spicer, and JL Fowler (1976) Microbiology of fresh comminuted turkey meat. *J Milk Food Technol*, 39:823-829.

79. Hanna MO, Smith GC, Savell JW, McKeith FK, Vanderzant C (1982) Microbial flora of livers, kidneys and hearts from beef, pork and lamb: Effects of refrigeration, freezing and thawing. *J Food Protect*, 45: 63-73.

80. Hanna MO, Smith GC, Savell JW, McKeith FK, Vanderzant C (1982) Effects of packaging methods on the microbial flora of livers and kidneys from beef or pork. *J Food Protect*, 45: 74-81.

81. Hanna MO, Smith GC, Savell JW, McKeith FK, Vanderzant C (1982) Effects of packaging methods on the microbial flora of livers and kidneys from beef or pork. *J Food Protect*, 45: 74-81.

82. Harmon MC, Swaminathan B, Forrest JC (1984) Isolation of Yersinia enterocolitica and related species from porcine samples obtained from an abattoir. *J Appl Bacteriol*, 56 :421-427.

83. Harrison MA, Draughton FA, Melton CC (1983) Inhibition of spoilage bacteria by acidification of soy extended ground beef. *J Food Sci*, 48: 825-828.

84. Hayes JR, English LL, Carter PJ, Proescholdt T, Lee KY, Wagner DD, White DG (2003) Prevalence and antimicrobial resistance of Enterococcus species isolated from retail meats. *Appl Environ Microbiol*, 69: 7153-7160.

85. Heredia N, Garcia S, Rojas G, Salazar L (2001) Microbiological condition of ground meat retailed in Monterrey, Mexico. *J Food Protect*, 64: 1249-1251.

86. Hinton Jr A, Cason JA, Ingram KD (2002) Enumeration and identification of yeasts associated with commercial poultry processing and spoilage of refrigerated broiler carcasses. *J Food Protect*, 65: 993-998.

87. Holzapfel WH (1998) The Gram-positive bacteria associated with meat and meat products. In: Davies A, Board R (eds) *The Microbiology of Meat and Poultry*. Kluwer Academic Publishers, New York, pp. 35-84.

88. Houf K, De Zutter L, Van Hoof J, Vandamme P (2002) Occurrence and distribution of Arcobacter species in poultry processing. *J Food Protect*, 65: 1233-1239.

89. Hsieh DY, Jay JM (1984) Characterization and identification of yeasts from fresh and spoiled ground beef. *Int J Food Microbiol*, 1: 141-147.

90. Ingram M, Dainty RH (1971) Changes caused by microbes in spoilage of meats. *J App Bacteriol*, 34: 21-39.

91. Jay JM, Shelef LA (1991) The effect of psychrotrophic bacteria on refrigerated meats. In: Rossmoore HW (ed) *Biodeterioration and Biodegradation* (8th ed). Elsevier Applied Sciences, London, pp. 147-159.

92. Jay JM (1964) Beef microbial quality determined by extract-release volume (ERV). *Food Technol*, 18: 1637-1641.

93. Jay JM (1967) Nature, characteristics, and proteolytic properties of beef spoilage bacteria at low and high temperatures. *Appl Microbiol*, 15: 943-944.

94. Jay JM (1987) Meats, poultry, and seafoods. In: Beuchat LR (ed) *Food and Beverage Mycology*, (2nd ed). Kluwer Academic Publishers, New York.

95. Kakouri A, Nychas GJE (1994) Storage of poultry meat under modified atmospheres or vacuum packs: Possible role of microbial metabolites as indicator of spoilage. *J Appl Bacteriol*, 76: 163-172.

96. Kastner CL, Leudecke LO, Russell TS (1976) A comparison of microbial counts on conventionally and hot-boned carcasses. *J Milk Food Technol*, 39: 684-685.

97. Keeton JT, Melton CC (1978) Factors associated with microbial growth in ground beef extended with varying levels of textured soy protein. *J Food Sci*, 43: 1125-1129.

98. Kobayashi H, Miura A, Hayashi H, Ogawa T, Endo T, Hata E, Eguchi M, Yamamoto K (2003) Prevalence and characteristics of *eae*-positive Escherichia coli from healthy cattle in Japan. *Appl Environ Microbiol*, 69: 5690-5692.

99. Korsak N, Daube G, Ghafir Y, Chahed A, Jolly S, Vindevogel H (1998) An efficient sampling technique used to detect four foodborne pathogens on pork and beef carcasses in nine Belgian abattoirs. *J Food Protect*, 61: 535-541.

100. Kotula AW (1981) Microbiology of hot-boned and electrostimulated meat. *J Food Protect*, 44: 545-549.

101. Kotula AW, Emswiler-Rose BS (1981) Bacteriological quality of hot-boned primal cuts from electrically stimulated beef carcasses. *J Food Sci*, 46: 471-474.

102. Kramer JM, Frost JA, Bolton FJ, Wareing DRA (2000) Campylobacter contamination of raw meat and poultry at retail sale: Identification of multiple types and comparison with isolates from human infection. *J Food Protect*, 63: 1654-1659.

103. Ladiges WC, Foster JF, Ganz WM (1974) Incidence and viability of Clostridium perfringens in ground beef. *J Milk Food Technol*, 37: 622-623.

104. Lahellec C, Meurier C, Benjamin G (1975) A study of 5,920 strains of psychrotrophic bacteria isolated from chickens. *J Appl Bacteriol* 38: 89-97.

105. Lammerding AM, Garcia MW, Mann ED, Robinson Y, Dorward WJ, Truscott RB, Tittiger F (1988) Prevalence of Salmonella and thermophilic campylobacters in fresh pork, beef, veal and poultry in Canada. *J Food Protect*, 51: 47-52.

106. Lawrie RA (1966) *Meat Science.* Pergamon Press, New York.

107. Lebert I, Begot C, Lebert A (1998) Growth of Pseudomonas fluorescens and Pseudomonas fragi in a meat medium as affected by pH (5.8-7.0), water activity (0.97-1.00) and temperature (7-25 °C). *Int J Food Microbiol,* 39: 53-60.

108. Lee CY, Fung DYC, Kastner EL (1982) Computer-assisted identification of bacteria on hot-boned and conventionally processed beef. *J Food Sci,* 47: 363-367, 373.

109. Lepovetsky BC, Weiser HH, Deatherage FE (1953) A microbiological study of lymph nodes, bone marrow and muscle tissue obtained from slaughtered cattle. *Appl Microbiol,* 1: 57-59.

110. Lerke P, Adams R, Farber L (1963) Bacteriology of spoilage of fish muscle. I. Sterile press juice as a suitable experimental medium. *Appl Microbiol,* 11: 458-462.

111. Letellier A, Messier S, Quessay S (1999) Prevalence of Salmonella spp. and Yersinia enterocolitica in finishing swine at Canadian abattoirs. *J Food Protect,* 62: 22-25.

112. Lillard HS (1971) Occurrence of Clostridium perfringens in broiler processing and further processing operations. *J Food Sci,* 36: 1008-1010.

113. Lin CK, Kennick WH, Sandine WE, Koohmaraie M (1984) Effect of electrical stimulation on meat microflora: Observations on agar media, in suspensions and on beef carcasses. *J Food Protect,* 47: 279-283.

114. Lin HS, Topel DG, Walker HW (1979) Influence of prerigor and postrigor muscle on the bacteriological and quality characteristics of pork sausage. *J Food Sci,* 44: 1055-1057.

115. Logue CM, Sherwood JS, Elijah LM, Olah PA, Dockter MR (2003) The incidence of Campylobacter spp. on processed turkey from processing plants in the midwestern United States. *J Appl Microbiol,* 95: 234-241.

116. Lowry PD, Gill CO (1984) Temperature and water activity minima for growth of spoilage moulds from meat. *J Appl Bacteriol,* 56: 193-199.

117. Manke TR, Wesley IV, Dickson JS, Harmon KM (1998) Prevalence and genetic variability of Arcobacter species in mechanically separated turkey. *J Food Protect,* 61: 1623-1628.

118. Margitic S, Jay JM (1970) Antigenicity of salt-soluble beef muscle proteins held from freshness to spoilage at low temperatures. *J Food Sci,* 35: 252-255.

119. Mattick KL, Bailey RA, Jorgensen F, Humphrey TJ (2002) The prevalence and number of Salmonella in sausages and their destruction by frying, grilling or barbecuing. *J Appl Microbiol,* 93: 541-547.

120. May KN (1962) Bacterial contamination during cutting and packaging chicken in processing plants and retail stores. *Food Technol,* 16: 89-91.

121. May KN, Irby JD, Carmon JL (1961) Shelf life and bacterial counts of excised poultry tissue. *Food Technol,* 16: 66-68.

122. McMeekin TA (1975) Spoilage association of chicken breast muscle. *Appl Microbiol,* 29: 44-47.

123. McMeekin TA (1977) Spoilage association of chicken leg muscle. *Appl Microbiol,* 33: 1244-1246.

124. McMeekin TA, Patterson JT (1975) Characterization of hydrogen sulfide-producing bacteria isolated from meat and poultry plants. *Appl Microbiol,* 29: 165-169.

125. McMillin DJ, Sebranek JG, Kraft AA (1981) Microbial quality of hot-processed frozen ground beef patties processed after various holding times. *J Food Sci,* 46:488-490.

126. Mercuri AJ, Banwart GJ, Kinner JA, Sessoms AR (1970) Bacteriological examination of commercial precooked Eastern-type turkey rolls. *Appl Microbiol,* 19: 768-771.

127. Miettinen MK, Palmu L, Björkroth KJ, Korkeala H (2001) Prevalence of Listeria monocytogenes in broilers at the abattoir, processing plant, and retail level. *J Food Protect,* 64: 994-999.

128. Miwa N, Nishina T, Kubo S, Atsumi M, Honda H (1998) Amount of enterotoxogenic Clostridium perfringens in meat detected by nested PCR. *Int J Food Microbiol,* 42: 195-200.

129. Moore JE, Madden RH (1998) Occurrence of thermophilic Campylobacter spp. in porcine liver in Northern Ireland. *J Food Protect,* 61: 409-413.

130. Moore JE, Wilson TS, Wareing DRA, Humphrey TJ, Murphy PG (2002) Prevalence of thermophilic Campylobacter spp. in ready-to-eat foods and raw poultry in Northern Ireland. *J Food Protect,* 65: 1326-1328.

131. Murthy TRK (1984) Relative numbers of coliforms, Enterobacteriaceae (by two methods), and total aerobic bacteria counts as determined from minced goat meat. *J Food Protect* 47: 142-144.

132. Nakamura M, Wada Y, Sawaya H, Kawabata T (1979) Polyamine content in fresh and processed pork. *J Food Sci*, 44: 515-517.

133. Nakazawa H, Hayashidani H, Higashi J, Kaneko KI, Takahashi T, Ogawa M (1998) Occurrence of Erysipelothrix spp. in broiler chickens at an abattoir. *J Food Protect*, 61: 907-909.

134. Newton KG, Gill CO (1978) Storage quality of dark, firm, dry meat. *Appl Environ Microbiol*, 36: 375-376.

135. Ockerman HW, Szczawinski J (1983) Effect of electrical stimulation on the microflora of meat. *J Food Sci*, 48: 1004-1005, 1007.

136. Ohlendorf DS, Murano EA (2002) Prevalence of Arcobacter spp. in raw ground pork from several geographical regions according to various isolation methods. *J Food Protect*, 65: 1700-1705.

137. Ostovar K, MacNeil JH, O'Donnell K (1971) Poultry product quality. 5. Microbiological evaluation of mechanically deboned poultry meat. *J Food Sci*, 36: 1005-1007.

138. Pearce RA, Wallace FM, Call JE, Dudley RL, Oser A, Yoder L, Sheridan JJ, Luchansky JB (2003) Prevalence of Campylobacter within a swine slaughter and processing facility. *J Food Protect*, 66: 1550-1556.

139. Pearson AD, Greenwood MH, Feltham RKA, Healing TD, Donaldson J, Jones DM, Colwell RR (1996) Microbial ecology of Campylobacter jejuni in a United Kingdom chicken supply chain: Intermittent common source, vertical transmission, and amplification by flock propagation. *Appl Environ Microbiol*, 62: 4614-4620.

140. Peel JL, Gee JM (1976) The role of micro-organisms in poultry taints. In: Skinner FA, Carr JG (eds) *Microbiology in Agriculture, Fisheries and Food*. Academic Press, New York, pp. 151-160.

141. Phillips DJ, Sumner J, Alexander JF, Dutton KM (2001) Microbiological quality of Australian beef. *J Food Protect*, 64: 692-696.

142. Pivnick H, Erdman IE, Collins-Thompson D, Roberts G, Johnston MA, Conley DR, Lachapelle G, Purvis UT, Foster R, Milling M (1976) Proposed microbiological standards for ground beef based on a Canadian survey. *J Milk Food Technol*, 39: 408-412.

143. Prieto M, Garcia-Armesto MR, Garcia-López ML, Otero A, Moreno B (1992) Numerical taxonomy of Gramnegative nonmotile, nonfermentative bacteria isolated during chilled storage of lamb carcasses. *Appl Environ Microbiol*, 58: 2245-2249.

144. Pruett Jr WP, Biela T, Lattuada CP, Mrozinski PM, Barbour WM, Flowers RS, Osborne W, Reagan JO, Theno D, Cook V, McNamara AM, Rose B (2002) Incidence of Escherichia coli O157:H7 in frozen beef patties produced over an 8-hour shift. *J Food Protect*, 65: 1363-1370.

145. Pulliam JD, Kelley DC (1965) Bacteriological comparisons of hot processed and normally processed hams. *J Milk Food Technol*, 28: 285-286.

146. Raccach M, Baker RC (1978) Microbial properties of mechanically deboned fish flesh. *J Food Sci*, 43: 1675-1677.

147. Ramírez EIQ, Vázquez-Salinas C, Rodas-Suárez OR, Pedroche FF (2000) Isolation of Yersinia from raw meat (pork and chicken) and precooked meat (porcine tongues and sausage) collected from commercial establishments in Mexico City. *J Food Protect*, 63: 542-544.

148. Ray B, Field RA (1983) Bacteriology of restructured lamb roasts made with mechanically deboned meat. *J Food Protect*, 46: 26-28.

149. Ray B, Johnson C, Field RA (1984) Growth of indicator, pathogenic and psychrotrophic bacteria in mechanically separated beef, lean ground beef and beef bone marrow. *J Food Protect*, 47: 672-677.

150. Rengel A, Medoza S (1984) Isolation of Salmonella from raw chicken in Venezuela. *J Food Protect*, 47: 213-216.

151. Rivas T, Vizcaino JA, Herrera FJ (2000) Microbial contamination of carcasses and equipment from an Iberian pig slaughterhouse. *J Food Protect*, 63: 1670-1675.

152. Rostagno MH, Hurd HS, McKean JD, Ziemer CJ, Gailey JK, Leite RC (2003) Preslaughter holding environment in pork plants is highly contaminated with Salmonella enterica. *Appl Environ Microbiol*, 69: 4489-4494.

153. Rothenberg CA, Berry BW, Oblinger JL (1982) Microbiological characteristics of beef tongues and livers as affected by temperature-abuse and packaging systems. *J Food Protect*, 45: 527-532.

154. Samadpour M, Kubler M, Buck FC, Dapavia GA, Mazengia E, Stewart J, Yang P, Alfi D (2002) Prevalence of Shiga toxin-producing Escherichia coli in ground beef and cattle feces from King County, Washington. *J Food Protect*, 65: 1322-1325.

155. Sayem-El-Daher N, Simard RE (1985) Putrefactive amine changes in relation to microbial counts of ground beef during storage. *J Food Protect*, 48: 54-58.

156. Shaw BG, Latty JB (1982) A numerical taxonomic study of Pseudomonas strains from spoiled meat. *J Appl Bacteriol*, 52: 219-228.

157. Shaw BG, Latty JB (1984) A study of the relative incidence of different Pseudomonas groups on meat using a computer-assisted identification technique employing only carbon source tests. *J Appl Bacteriol*, 57: 59-67.

158. Shelef LA (1975) Microbial spoilage of fresh refrigerated beef liver. *J Appl Bacteriol*, 39: 273-280.

159. Shelef LA, Jay JM (1969) Relationship between meat-swelling, viscosity, extract-release volume, andwater-holding capacity in evaluating beef microbial quality. *J Food Sci*, 34: 532-535.

160. Shelef LA, Jay JM (1969) Relationship between amino sugars and meat microbial quality. *Appl Microbiol*, 17: 931-932.

161. Shelef LA, Jay JM (1970) Use of a titrimetric method to assess the bacterial spoilage of fresh beef. *Appl Microbiol*, 19: 902-905.

162. Slemr J (1981) Biogene Amine als potentieller chemischer Qualitätsindikator für Fleisch. *Fleischwirt*, 61: 921-925.

163. Smith FC, Field RA, Adams JC (1974) Microbiology ofWyoming big game meat. *J Milk Food Technol*, 37: 129-131.

164. Solomon MB, Long JB, Eastridge JS (1997) The Hydrodyne: A new process to improve beef tenderness. *J Anim Sci*, 75: 1534-1537.

165. Steinkraus KH, Ayres JC (1964) Incidence of putrefactive anaerobic spores in meat. *J Food Sci*, 29: 87-93.

166. Stern NJ, Hernandez MP, Blankenship L, Deibel KE, Doores S, Doyle MP, Ng H, Pierson MD, Sotos JN, Sveum WH, Westhoff DC (1985) Prevalence and distribution of Campylobacter jejuni and Campylobacter coli in retail meats. *J Food Protect*, 48: 595-599.

167. Stern NJ, Green SS, Thaker N, Krout DJ, Chiu J (1984) Recovery of Campylobacter jejuni from fresh and frozen meat and poultry collected at slaughter. *J Food Protect*, 47: 372-374.

168. Stevenson TH, Bauer N, Lucia LM, Acuff GR (2000) Attempts to isolate Helicobacter from cattle and survival of Helicobacter pylori in beef products. *J Food Protect*, 63: 174-178.

169. Stiles ME, Ng LK (1981) Biochemical characteristics and identification of Enterobacteriaceae isolated from meats. *Appl Environ Microbiol*, 41: 639-645.

170. Surkiewicz BF, Harris ME, Elliott RP, Macaluso JF, Strand MM (1975) Bacteriological survey of raw beef patties produced at establishments under federal inspection. *Appl Microbiol*, 29: 331-334.

171. Swartzentruber A, Schwab AH, Wentz BA, Duran AP, Read Jr RB (1984) Microbiological quality of biscuit dough, snack cakes and soy protein meat extender. *J Food Protect*, 47: 467-470.

172. Tamplin ML, Feder I, Palumbo SA, Oser A, Yoder L, Luchansky JB (2001) Salmonella spp. and Escherichia coli biotype I on swine carcasses processed under the hazard analysis and critical control point-based inspection models project. *J Food Protect*, 64: 1305-1308.

173. Taormina PJ, Bartholomew GW, Dorsa WJ (2003) Incidence of Clostridium perfringens in commercially produced cured rawmeat product mixtures and behavior in cooked products during chilling and refrigerated storage. *J Food Protect*, 66: 72-81.

174. Thorberg BM, Engvall A (2001) Incidence of Salmonella in five Swedish slaughterhouses. *J Food Protect*, 64: 542-545.

175. United States Department of Agriculture (USDA) (1996) Pathogen reduction; hazard analysis and critical control point (HACCP) systems; final rule. *Federal Register*, 61: 38806.

176. USDA (1996) *Nationwide Federal Plant Raw Ground Beef Microbiological Survey*. USDA, Washington, D.C.

177. USDA (1996) *Nationwide Broiler Chicken Microbiological Baseline Data Collection Program.* USDA, Washington, D.C.

178. USDA (1994) *Nationwide Beef Microbiological Baseline Data Collection Program: Steers and Heifers.* USDA, Washington, D.C.

179. Vanderlinde PB, Shay B, Murray J (1999) Microbiological status of Australian sheep meat. *J Food Protect*, 62: 380-385.

180. Viljoen BC, Geornaras I, Lamprecht A, von Holy A (1998) Yeast populations associated with processed poultry. *Food Microbiol*, 15: 113-117.

181. Villarruel-López, Marquess-González AM, Garay-Martinez LE, Zepeda H, Castillo A, Mota de la Garza L, Murano EA, Torres-Vitela R (2003) Isolation of Arcobacter spp. from retail meats and cytotoxic effects of isolates against Vero cells. *J Food Protect*, 66: 1374-1378.

182. Waldenström J, Broman T, Carlsson I, Hasselquist D, Achterberg RP, Wagenaar JA, Olsen B (2002) Prevalence of Campylobacter jejuni, Campylobacter lari, and Campylobacter coli in different ecological guilds and taxa of migrating birds. *Appl Environ Microbiol*, 68: 5911-5917.

183. Warnken MB, Nunez MP, Noleto ALS (1987) Incidence of Yersinia species in meat samples purchased in Rio de Janeiro, Brazil. *J Food Protect*, 50: 578-579.

184. Watt BK, Merrill AL (1950) Composition of foods - Raw, processed, prepared. *Agricultural Handbook* No. 8. USDA, Washington, D.C.

185. Yamamoto S, Itano H, Kataoka H, Makita M (1982) Gas-liquid chromatographic method for analysis of Di- and polyamines in foods. *J Agric Food Chem*, 30: 435-439.

186. Zhao T, Doyle MP, Fedorka-Cray PJ, Zhao P, Ladely S (2002) Occurrence of Salmonella enterica serotype Typhimurium DT 104A in retail ground beef. *J Food Protect*, 65: 403-407.

187. Zottola EA, Busta FF (1971) Microbiological quality of further-processed turkey products. *J Food Sci*, 36: 1001-1004.

Capitolo 5
Carni e prodotti ittici trasformati

5.1 Carni trasformate

Per carni trasformate (o "curate") si intendono tutti i prodotti carnei ottenuti mediante salagione, affumicatura o cottura. I microrganismi più spesso associati a questi prodotti sono elencati in tabella 5.1. Gli aspetti relativi alle carni trasformate conservate sotto vuoto o in atmosfera modificata sono discussi nel capitolo 14.

5.1.1 Salagione

Sebbene questa tecnica fosse impiegata nell'antichità per conservare la carne, oggi essa è utilizzata soprattutto per conferire aroma e colore. Gli ingredienti normalmente impiegati per questi trattamenti della carne sono NaCl (tra tutti, il più importante), nitriti o nitrati e zuccheri (saccarosio, glucosio, fruttosio e lattosio). In aggiunta a questi, alcuni prodotti possono contenere ulteriori componenti, quali fosfati, ascorbato o eritorbato di sodio, sorbato di potassio, glutammato monosodico, proteine vegetali idrolizzate, lattati o spezie.

Nei prodotti salati stagionati le miscele di NaCl, nitriti o nitrati e zuccheri non vengono addizionate di acqua, mentre nei prodotti salati per immersione questi stessi ingredienti vengono aggiunti all'acqua e costituiscono la salamoia.

Il sale previene lo sviluppo microbico, sia durante sia dopo il trattamento, e può essere rinvenuto nei prodotti finiti in percentuali fino al 2,5%. I nitriti o i nitrati vengono impiegati per il mantenimento del colore rosso delle carni, contribuiscono allo sviluppo del caratteristico aroma di queste carni trasformate, ritardano l'irrancidimento e prevengono la germinazione delle spore clostridiche. Gli isomeri sodio ascorbato e sodio eritorbato sono usati per stabilizzare il colore e per accelerare e rendere più uniforme il processo. Essendo più stabile, l'eritorbato trova maggiore impiego rispetto al suo isomero; inoltre, incrementa la produzione di ossido nitrico a partire da nitrito e acido nitroso. A concentrazioni di 550 ppm entrambi gli isomeri riducono la formazione di nitrosammine. Lo zucchero svolge almeno tre funzioni nel trattamento di salagione: contribuisce alla stabilizzazione del colore e allo sviluppo dell'aroma del prodotto e costituisce il substrato per la fermentazione lattica; inoltre attenua il forte sapore impartito da NaCl. Per sviluppare l'aroma, lo zucchero può essere sostituito da sciroppo di mais, melassa o miele.

I fosfati sono impiegati nella maggior parte delle carni trasformate – quali bacon, prosciutto, roast beef e pastrami – per legare una maggior quantità di acqua. Il sodio tripolifosfato è l'ingrediente più utilizzato per le salamoie, ma è ampiamente diffuso anche l'impie-

J.M. Jay et al., *Microbiologia degli alimenti*
© Springer-Verlag Italia 2009

Tabella 5.1 Generi di batteri e funghi più frequentemente rinvenuti nelle carni trasformate

Batteri			Funghi	
Genere	Colorazione di Gram	Prevalenza Relativa	Genere	Prevalenza Relativa
Acinetobacter	–	X	**Lieviti**	
Aeromonas	–	X	Candida	X
Alcaligenes	–	X	Debaryomyces	XX
Bacillus	+	X	Saccharomyces	X
Brochothrix	+	X	Trichosporon	X
Carnobacterium	+	X	Yarrowia	X
Corynebacterium	+	X		
Enterobacter	–	X		
Enterococcus	+	X	**Muffe**	
Hafnia	+	X	Alternaria	X
Kocuria	+	X	Aspergillus	XX
Kurthia	+	X	Botrytis	X
Lactobacillus	+	XX	Cladosporium	X
Lactococcus	+	X	Fusarium	X
Leuconostoc	+	X	Geotrichum	X
Listeria	+	X	Monilia	X
Microbacterium	+	X	Mucor	X
Micrococcus	+	X	Penicillium	XX
Moraxella	–	X	Rhizopus	X
Paenibacillus	+	X	Scopulariopsis	X
Pediococcus	+	X	Thamnidium	X
Pseudomonas	–	XX		
Serratia	–	X		
Staphylococcus	+	X		
Vibrio	–	X		
Weissella	+	X		
Yersinia	–	X		
Carnimonas	–	X		
Clostridium	+	XX		
Macrococcus	+	X		
Shewanella	–	X		

X = rinvenuto; XX = rinvenuto frequentemente.

go di una miscela di sodio tripolifosfato e sodio esametafosfato. (Per maggiori informazioni sull'impiego dei polifosfati come agenti antimicrobici, si veda il capitolo 13).

I salumi (dal latino *salsus*, "salato" o "conservato") costituiscono uno dei principali gruppi di prodotti carnei conservati e possono essere così classificati:

1. freschi (pasticci di carne, salamelle);
2. affumicati crudi (tipo *mettwurst* e salsiccia polacca);
3. affumicati cotti (come *wiener*, *frankfurter* e mortadella);
4. cotti (salame di fegato);
5. stagionati (salame Genova e salsiccia stagionata piccante);
6. semistagionati (salame affumicato libanese e *cervelat*).

I salumi semistagionati hanno un pH finale di circa 4,7-5,0 e devono essere conservati a temperature di refrigerazione, mentre quelli stagionati – pur presentando i medesimi valori di pH – sono più stabili per il minore contenuto di umidità. La sicurezza relativa di questi prodotti è discussa in seguito.

Il bacon statunitense viene salato a secco o – più comunemente – mediante immersione; la salatura può essere seguita dall'affumicatura. Il bacon canadese si caratterizza perché è piuttosto magro, in quanto ottenuto dai muscoli della lombata del maiale; il Wiltshire bacon è invece ottenuto da mezzene di maiali selezionati, mediante iniezione forzata di salamoia e conservanti e successiva immersione in salamoia.

Per la maggior parte, i prosciutti commercializzati sono stati sottoposti a salagione; il trattamento può essere effettuato mediante iniezione forzata della soluzioni saline attraverso le arterie principali, oppure utilizzando macchine siringatrici dotate di uno o più aghi che distribuiscono la salamoia all'interno del prodotto. Per i prosciutti artigianali stagionati, il trattamento di salagione viene effettuato per sfregamento ed è seguito da conservazione a temperature di refrigerazione per un periodo compreso tra 28 e 50 giorni, a seconda delle dimensioni e dello spessore del prodotto.

Tutti gli ingredienti utilizzati per la salagione possono contenere microrganismi; occorre, quindi, prestare attenzione affinché specie microbiche indesiderabili non vengano trasferite ai prodotti durante il trattamento.

5.1.2 Affumicatura

Questo trattamento viene applicato a diversi tipi di carni salate, principalmente allo scopo di:

- conferire aroma e sapore;
- preservare i prodotti;
- creare nuovi prodotti;
- sviluppare colore;
- formare una pellicola protettiva sui salami a impasto emulsionato;
- proteggere il prodotto dai processi ossidativi[73].

Il fumo, sia derivante dalla combustione di legni duri sia in forma liquida (aromatizzanti di affumicatura) contiene fenoli, alcoli, acidi organici, carbonili, idrocarburi e gas. Le proprietà antimicrobiche dell'affumicatura sono legate all'azione delle sostanze contenute nel fumo e al calore che si libera con la combustione del legno. Il fumo liquido contiene tutti i composti essenziali presenti nel fumo generato dalla combustione del legno, tranne il benzopirene, notoriamente cancerogeno.

5.2 Salami, pancette, mortadelle e prodotti affini

In aggiunta al carico microbico apportato dalla carne, gli insaccati sono esposti a ulteriori fonti di contaminazioni rappresentate da ingredienti di formulazione e aromatizzanti solitamente impiegati per la loro produzione. Molte spezie e condimenti presentano elevate cariche microbiche. I batteri lattici e i lieviti presenti in alcuni prodotti sono generalmente apportati dall'aggiunta di latte in polvere. Nel caso degli insaccati ottenuti da carne di maiale, è stato dimostrato che il budello naturale contiene un elevato numero di batteri. Riha e Solberg[76], nel loro studio sui budelli impiegati per l'insaccatura, hanno riscontrato conte comprese tra $\log_{10}$ 4,48 e $\log_{10}$ 7,77 ufc/g per quelli conservati sotto sale, e tra $\log_{10}$ 5,26 e $\log_{10}$ 7,36 ufc/g per quelli conservati in salamoia. Oltre il 60% delle specie isolate da questi budelli naturali era costituito da *Bacillus* spp., seguito da clostridi e Pseudomonadaceae. È stato dimostrato che, tra i singoli ingredienti impiegati per la preparazione delle salsicce fresche di maiale, i budelli apportano il maggior numero di batteri[76-88].

Le carni trasformate, come mortadelle e salami, rispecchiano presumibilmente – sia per numero sia per tipo di microrganismi – la somma delle specie apportate dai vari ingredienti. È stato dimostrato che la microflora dei würstel è costituita in gran parte da microrganismi Gram-positivi, quali micrococchi, bacilli, lattobacilli, microbatteri, enterococchi e leuconostoc, e da lieviti[24]. Nella stessa ricerca, studiando la patina che si forma sulla superficie dei würstel, furono isolate 353 specie, 257 delle quali erano batteri e 78 lieviti; *B. thermosphacta* era la specie rinvenuta con maggior frequenza.

Per quanto riguarda l'incidenza di spore di *C. botulinum* in salsicce di fegato commerciali, la tossina botulinica di tipo A è stata rinvenuta in 3 su 276 prodotti sottoposti a trattamento termico (75 °C per 20 minuti) e in 2 su 276 prodotti non trattati termicamente[43]. In questi prodotti la stima del numero più probabile (MPN) di spore botuliniche era 0,15/kg.

Per il Wiltshire bacon è generalmente riportata una conta totale di $\log_{10}$ 5-6/g[53], mentre per il bacon trattato con alte concentrazioni saline e conservato sotto vuoto le conte riportate sono di norma più basse (circa $\log_{10}$ 4/g). La microflora presente nel bacon affettato conservato sotto vuoto è costituita prevalentemente da cocchi catalasi-positivi, così come da stafilococchi coagulasi-negativi e da batteri lattici catalasi-negativi quali lattobacilli, lecuconostoc, pediococchi e enterococchi[3,13,59]. La flora microbica isolata dai salumi cotti è costituita principalmente da lattobacilli.

Per quanto riguarda le preparazioni a base di frattaglie (*soul food*), è lecito attendersi un'elevata carica microbica, poiché essi sono ottenuti dalle interiora dell'animale, che si trovano a contatto diretto con la microflora presente nel tratto intestinale, oppure da altre parti (come le zampe e le orecchie del maiale) che non sono trattate con particolare attenzione durante la macellazione e le lavorazioni. Ciò è stata confermato da Sewart[86], che ha rilevato per la conta aerobia in piastra (APC) le seguenti medie geometriche: $\log_{10}$ 7,92/g per il *chitterling* (specialità ottenuta dall'intestino del maiale, $\log_{10}$ 7,51/g per lo stomaco e $\log_{10}$ 7,32/g per il pudding di fegato. La conta di *S. aureus*, espressa in $\log_{10}$, è risultata pari a 5,18/g nelle trippe, 5,70/g negli stomaci e 5,15/g nel pudding di fegato.

Il *jerky* è un prodotto essiccato, dunque con lunga shelf life, ottenuto soprattutto da fette di carne, ma anche di pesce, leggermente salate e speziate. Quando l'essiccamento, che porta l'a_w a 0,86 o meno, viene effettuato entro 3 ore, non vi è il rischio di problemi derivanti dallo sviluppo di patogeni, quando invece l'essiccamento non è rapido e si protrae a lungo a temperature <60 °C, *S. aureus* può sopravvivere[49]. Nel 1993, in New Mexico, il jerky di manzo ha originato 93 casi di salmonellosi, causati da tre serovar: *S.* Montevideo, *S.* Kentucky e *S.* Typhimurium[14]. Il jerky responsabile dell'epidemia era stato prodotto da un'azienda, ma non è stato chiarito come sia avvenuta la contaminazione. È stato osservato che, durante la lavorazione del jerky, per ottenere una riduzione di a_w fino a valori di 0,86, l'essiccamento deve essere effettuato a 52,9 °C per 2,5-3,0 ore[50]. Pur non essendo letale per i microrganismi patogeni di interesse alimentare, questo trattamento risulta comunque efficace per impedire lo sviluppo di *S. aureus*, qualora la contaminazione abbia luogo dopo il processo di trasformazione. Per il jerky di manzo, l'essicamento a 60 °C per 10 ore consente di ridurre di 5,5-6,0 unità logaritmiche la concentrazione di *E. coli* O157:H7, *L. monocytogenes* e *Salmonella* serovar Typhimurium[42]. Per quanto riguarda la preparazione del jerky in ambito domestico, è stato stimato che, per ottenere una riduzione di 5 unità logaritmiche di *E. coli* O157:H7, devono verificarsi le seguenti condizioni: circa 20 ore di essicamento a 51,7 °C (125 °F), circa 12 ore a 57,2 °C (135 °F), circa 8 ore a 62,8 °C (145 °F) oppure 4 ore a 68,3 °C (155 °F)[11]. Questo microrganismo è risultato più sensibile nella carne con il 5% di grassi rispetto a quella che ne contiene il 20%. Per esempio, per il jerky con il 5% di grassi si ottiene una riduzione di 5 unità logaritmiche in circa 8 ore a 51,7 °C (125 °F).

Su 32.800 confezioni di würstel, esaminate negli Stati Uniti dalla FDA, *L. monocytogenes* è stata isolata in 532 campioni (1,6%); il 90% degli isolati apparteneva al sierotipo 1/2a[96]. In uno studio condotto in Maryland e California per valutare la presenza di *L. monocytogenes* in carni trasformate pronte al consumo, sono risultati positivi 82 campioni su 9199 (0,89%)[38].

5.2.1 Alterazioni

Le alterazioni cui vanno incontro questi prodotti sono solitamente di tre tipi: formazione di patina superficiale, inacidimento e inverdimento.

La *patina superficiale* si forma all'esterno dei budelli, in particolare dei würstel, e può manifestarsi inizialmente con la comparsa di colonie isolate, che negli stadi successivi possono formare per coalescenza uno strato uniforme, viscido e grigiastro. Dalla patina possono essere isolati lieviti e batteri lattici – dei generi *Lactobacillus*, *Enterococcus* e *Weisella* – nonché il batterio *B. thermosphacta*. *W. viridescens* causa sia la formazione di patina sia fenomeni di inverdimento. La formazione della patina è favorita dall'umidità superficiale ed è generalmente localizzata all'esterno del budello; rimuovendo il materiale viscoso, con acqua calda o fredda, il prodotto risulta essenzialmente invariato.

L'*inacidimento* è invece un'alterazione che si manifesta sotto il budello degli insaccati e risulta dallo sviluppo di lattobacilli, enterococchi e microrganismi simili, generalmente apportati dal latte in polvere addizionato durante la lavorazione. Tale difetto compare in seguito a fermentazione microbica del lattosio e di altri zuccheri, con produzione di acidi. Rispetto alla maggior parte delle altre carni trasformate, gli insaccati contengono generalmente una microflora più varia a causa dei numerosi agenti aromatizzanti impiegati, che contribuiscono alla flora microbica caratteristica del prodotto. Molti ricercatori hanno osservato che *B. thermosphacta* è il principale microrganismo alterante degli insaccati.

È improbabile che i cambiamenti causati dai batteri sulla carne fresca si verifichino nelle carni trasformate, poiché in queste ultime ha luogo un aumento dell'acidità: diversi batteri Gram-negativi presenti nelle carni fresche, infatti, non sono in grado di moltiplicarsi ai più bassi valori di a_w e di pH delle carni trasformate. Anche nelle carni fresche i fenomeni alterativi che modificano la struttura delle proteine non avvengono finché non si raggiungono valori di APC dell'ordine di 10^9-10^{10} [54].

Sebbene non comune, l'alterazione di questi prodotti da parte di muffe può verificarsi in condizioni favorevoli. I prodotti con alti valori di a_w, conservati in condizioni di elevata umidità, sono soggetti all'attacco da parte di batteri e lieviti. È probabile che l'alterazione causata da muffe si verifichi solo quando le superfici dei prodotti divengono asciutte o quando le condizioni di conservazione non sono favorevoli allo sviluppo di batteri o lieviti.

Sulle carni rosse trasformate e conservate possono verificarsi due tipi di *inverdimento*, a seconda che la causa sia H_2O_2 o H_2S. Il primo tipo, che si riscontra comunemente sui würstel e su altre carni salate confezionate sotto vuoto, si manifesta in genere quando i prodotti mantenuti in condizioni di anaerobiosi vengono esposti all'aria. Infatti, in condizioni di aerobiosi si genera H_2O_2, che reagisce con il nitrosoemocromo producendo porfirina ossidata di colore verdastro[73]. Se i nitriti distruggono la catalasi, durante il riscaldamento può accumularsi H_2O_2, che reagisce con i pigmenti della carne per formare coleglobina, responsabile

Tabella 5.2 Pigmenti rinvenuti in carni fresche, trasformate o cotte

Pigmento	Modalità di formazione	Stato del ferro	Nucleo di ematina	Stato della globina	Colore
1. Mioglobina	Riduzione della metamioglobina; deossigenazione dell'ossimioglobina	Fe^{2+}	Intatto	Nativo	Rosso porpora
2. Ossimioglobina	Ossigenazione della mioglobina	Fe^{2+}	Intatto	Nativo	Rosso brillante
3. Metamioglobina	Ossidazione di mioglobina e ossimioglobina	Fe^{3+}	Intatto	Nativo	Bruno
4. Nitrosomioglobina	Combinazione di mioglobina e ossido nitrico	Fe^{2+}	Intatto	Nativo	Rosso brillante
5. Metamioglobina nitrito	Combinazione di metamioglobina e nitrito in eccesso	Fe^{3+}	Intatto	Nativo	Rosso bruno
6. Globina mioemocromogeno	Effetto di calore e agenti denaturanti su mioglobina e ossimioglobina; irradiazione di globina emicromogeno	Fe^{2+}	Intatto	Denaturato	Rosso scuro
7. Globina mioemicromogeno	Effetto di calore e agenti denaturanti su mioglobina, ossimioglobina, metamioglobina e emocromogeno	Fe^{3+}		Denaturato	Bruno
8. Nitroso mioemocromogeno	Effetto di calore e agenti denaturanti sulla nitrosomioglobina	Fe^{2+}	Intatto	Denaturato	Rosso brillante
9. Sulfomioglobina	Effetto di H_2S e ossigeno sulla mioglobina	Fe^{2+}	Intatto ma con un doppio legame saturato	Nativo	Verde
10. Coleglobina	Effetto di H_2O_2 su mioglobina o ossimioglobina; effetti di acido ascorbico o altri agenti riducenti sull'ossimioglobina	Fe^{2+} o Fe^{3+}	Intatto ma con un doppio legame saturato	Nativo	Verde
11. Verdoeme	Intensificazione dell'effetto sui pigmenti di calore o agenti denaturanti (come in 6-8)	Fe^{3+}	Anello porfirinico aperto	Assente	Verde
12. Pigmenti biliari	Intensificazione dell'effetto sui pigmenti di calore o agenti denaturanti (come in 6-8)	Ferro assente	Anello porfirinico distrutto; catena di pirroli	Assente	Giallo o incolore

(Da L.A. Lawrie, *Meat Science*, copyright © 1996 Pergamon Press, per cortese autorizzazione)

della colorazione verde. L'invadimento può essere causato anche dallo sviluppo di microrganismi alteranti nel centro del prodotto, dove il basso potenziale di ossido-riduzione (Eh) consente l'accumulo di H_2O_2. *Weisella viridescens* è il microrganismo più comunemente coinvolto in questo tipo di invadimento, ma anche *Leuconostoc*, *Enterococcus faecium* e *Enterococcus faecalis* sono in grado di causare questa alterazione dei prodotti. L'invadimento può essere provocato da produttori di H_2O_2, quali *Lactobacillus fructivorans* e *Lactobacillus jensenii*. *W. viridescens* è resistente a concentrazioni >200 ppm di $NaNO_2$ e può crescere in presenza del 2-4% di NaCl ma non a concentrazioni del 7%[73]. Quest'ultimo microrganismo è stato isolato da würstel alterati in condizioni di anaerobiosi e da lonza di maiale affumicata e würstel, conservati in atmosfera di CO_2 o di N_2[8]. Nonostante l'alterazione del colore, il consumo di prodotti inverditi non sarebbe nocivo.

Il secondo tipo di invadimento si verifica solitamente sulle carni rosse fresche conservate a 1-5 °C in confezioni impermeabili ai gas o sotto vuoto. Questa alterazione è causata dalla formazione di H_2S, che reagisce con la mioglobina formando sulfomioglobina (tabella 5.2); in genere non si manifesta quando il pH della carne è inferiore a 6,0. In uno studio *Pseudomonas mephitica* è stato ritenuto responsabile dell'invadimento[71], mentre in un'altra ricerca, realizzata su carni DFD, il microrganismo responsabile della produzione di H_2S è risultato *S. putrefaciens*[37]. In quest'ultimo caso l'alterazione si verificava anche in presenza di glucosio e poteva essere prevenuta abbassando il pH a valori inferiori a 6,0. Dalla carne bovina fresca confezionata sotto vuoto sono stati isolati lattobacilli produttori di H_2S ed è stato osservato che il composto veniva prodotto quando il pH era compreso nel range 5,4-6,5[81]; l'invadimento era modesto e l'H_2S derivava dalla cisteina, con un meccanismo di natura plasmidica. Il microrganismo raggiunge concentrazioni di $3 \times 10^7/cm^2$ dopo 7 giorni, per arrivare infine a $10^8/cm^2$ a 50 °C. Nessun difetto è stato riscontrato negli affettati pronti al consumo confezionati sotto vuoto, quando altre specie di lattobacilli raggiungono nel prodotto concentrazioni di $10^8/cm^2$.

Almeno un ceppo di *Lactobacillus sakei* si è mostrato in grado di produrre H_2S in carni bovine confezionate sotto vuoto; gli effetti del pH e del glucosio sulla produzione di H_2S sono riportati nella tabella 5.3[26]. L'invadimento causato da *L. sakei* era meno intenso di quello pro-

Tabella 5.3 Influenza di pH e glucosio sulla produzione di solfuro di idrogeno nelle carni, impiegando una coltura pura di *Lactobacillus sakei* L13, in carne bovina a 5 °C, in condizioni di anaerobiosi

	Produzione di solfuro di idrogeno*		
Giorni	pH 5,6-5,7	pH 6,4-6,6	pH 6,4-6,6 con 250 µg di glucosio/g di carne
8	–	–	–
9	–	+[b]	–
11	–	+	–
15	–	+	–
18	+[a]	+	+[b]
21	+	+	+

* Ogni trattamento è stato eseguito in triplice: (–) tutti e tre i tubi negativi; (+) tutti e tre i tubi positivi.
[a] Un tubo su tre positivo.
[b] Due tubi su tre positivi.
(Da Egan et al.[26])

Tabella 5.4 Quadro riassuntivo di alcune alterazioni microbiche delle carni trasformate

Alterazione	Prodotti interessati	Eziologia	Rif. bibl.
Inverdimento	Mortadella sotto vuoto	C. viridans	48
Inverdimento	Carne bovina sotto vuoto	L. sakei	26
Inverdimento	Carne rossa fresca	P. mephitica, S. putrefaciens	41, 71
Inverdimento	Carne DFD	S. putrefaciens	37
Inverdimento e patina	Würstel, mortadella	W. viridescens	Diversi
Ingiallimento	Carni trasformate pronte al consumo sotto vuoto	E. casseliflavus	101
Macchia nera	Carni conservate	C. nigrificans	36
Inacidimento	Salami, salsicce	B. thermosphacta	66
Bombaggio	Carni sotto vuoto	C. frigidicarnis, C. gasigenes	9, 10
Deterioramento generale	Carni sotto vuoto	L. algidus, L. fuchuensis	57, 79

vocato da *S. putrefaciens* e si verificava solo dopo circa 6 settimane a 0 °C. Inoltre, il lattobacillo produceva H_2S solo in assenza di ossigeno e di zuccheri disponibili. Utilizzando film con permeabilità all'ossigeno di 1 mL o di 300 mL $O_2/m^2/24$ h, non è stato osservato alcun fenomeno di inverdimento, mentre l'alterazione si è verificata quando la velocità di permeazione dell'ossigeno era compresa tra 25 e 200 mL/m²/24 h[26]. Un inverdimento evidente è stato osservato solo nei campioni confezionati con film aventi permeabilità di 100 e 200 mL/m²/24 h e solo dopo 75 giorni di conservazione. Nella carne con pH compreso tra 6,4 e 6,6 la presenza di H_2S è stata rilevata quando la carica microbica aveva raggiunto valori di 10^8/g.

In carne di manzo confezionata sotto vuoto la comparsa di una colorazione giallastra era causata apparentemente da *Enterococcus casseliflavus*; tale difetto si manifestava sui prodotti conservati a 4,4 °C con la comparsa di piccole macchie fluorescenti, se osservate alla luce ultravioletta[10]. La comparsa del fenomeno richiedeva da 3 a 4 settimane; il microrganismo responsabile era in grado di sopravvivere a 71,1 °C per 20 minuti, ma non per 30. Oltre che a 4,4 °C, il difetto è stato riscontrato anche a 10 °C, ma non a 20 °C o a temperature superiori. Sebbene sperimentalmente identificato come *E. casseliflavus*, il microrganismo responsabile dell'alterazione non reagiva con l'antisiero del gruppo D. L'altra specie enterococcica in grado di formare pigmenti di colore giallo è *E. mundtii*; le caratteristiche di entrambe le specie sono discusse nel capitolo 20. La tabella 5.4 presenta una sintesi delle diverse alterazioni microbiche che si possono riscontrare nelle carni trasformate.

5.3 Bacon e prosciutti stagionati

La natura di questi prodotti e le procedure impiegate per la preparazione di alcuni di essi, per esempio l'affumicatura e la salagione, fanno sì che essi siano per lo più resistenti all'attacco della maggior parte dei batteri. L'alterazione più comune cui è soggetto il bacon è l'ammuffimento, che può essere dovuto a specie appartenenti a diversi generi, tra i quali *Aspergillus*, *Alternaria*, *Fusarium*, *Mucor*, *Rhizopus*, *Botrytis* e *Penicillium* (tabella 5.1). Per l'elevato contenuto in grassi e il basso valore di a_w, questo prodotto è ideale per questo tipo di alterazione. Batteri dei generi *Enterococcus*, *Lactobacillus* e *Micrococcus* crescono bene su alcuni tipi di bacon, come il Wiltshire; *E. faecalis* è spesso presente su diverse tipologie. Il bacon confezionato sotto vuoto tende a essere soggetto a inacidimento dovuto principalmente all'attività di micrococchi e lattobacilli; il bacon a basso contenuto di sale, confezionato sotto vuoto e conservato a temperature superiori a 20 °C può andare incontro ad alterazioni causate da stafilococchi[92].

Le alterazioni dei prosciutti stagionati sono diverse da quelle che si verificano nei prosciutti freschi o affumicati; ciò è dovuto, in primo luogo, al fatto che la salamoia iniettata all'interno dei prosciutti contiene zuccheri che vengono fermentati sia dalla microflora naturalmente presente sia da quella apportata dalla salamoia stessa, come nel caso dei lattobacilli. La fermentazione degli zuccheri causa fenomeni di inacidimento di vario tipo, a seconda della localizzazione all'interno del prodotto. Sono ritenuti responsabili di inacidimento del prosciutto numerosi generi batterici, tra i quali *Acinetobacter, Bacillus, Pseudomonas, Lactobacillus, Proteus, Micrococcus* e *Clostridium*. Nei prosciutti stagionati possono anche verificarsi fenomeni di rigonfiamento, causati da specie appartenenti al genere *Clostridium*.

In uno studio sul bacon affettato e confezionato sotto vuoto, Cavett, Tonge e colleghi[92] hanno osservato che, nel bacon ad alta concentrazione salina (8-12% di NaCl) mantenuto a 20 °C per 22 giorni, la microflora era dominata da cocchi catalasi-positivi, mentre a 30 °C diventavano dominanti gli stafilococchi coagulasi-negativi. Nel bacon a bassa concentrazione salina (5-7% di NaCl) mantenuto a 20 °C diventavano dominanti i micrococchi e *E. faecalis*; a 30 °C diventavano dominanti gli stafilococchi coagulasi-negativi, *E. faecalis* e i micrococchi. In uno studio sui prosciutti iberici stagionati, oltre il 97% delle specie isolate erano stafilococciche, con prevalenza di *S. equorum, S. xylosus, S. saprophyticus* e *S. cohnii*[77]. Uno dei ceppi di *S. xylosus* isolati è stato ibridizzato con una sonda di DNA per enterossine stafilococciche C e D, ma i ricercatori hanno osservato che gli isolati in cui l'ibridizzazione è stata condotta con esito positivo non sempre producevano enterotossine.

In una ricerca condotta su Wiltshire bacon magro, conservato in condizioni aerobie a 5 °C per 35 giorni o a 10 °C per 21 giorni, Gardner[35] ha osservato che i nitrati vengono ridotti a nitriti quando la carica microbica raggiunge valori di circa 10^9/g. In questa fase, la microflora prevalente era costituita da micrococchi, vibrio e da lieviti del genere *Candida* e *Torulopsis*. Prolungando la conservazione, le conte microbiche arrivavano a circa 10^{10}/g e i nitriti non erano più rilevabili. In questo stadio diventavano più importanti i generi *Acinetobacter, Alcaligenes* e *Arthrobacter-Corynebacterium* spp. I micrococchi erano sempre presenti, mentre i vibrioni erano rinvenuti in tutti i bacon con concentrazione salina >4%. In uno studio sui salami fermentati stagionati italiani le specie stafilococciche isolate con maggiore frequenza sono state *S. xylosus, S. saprophyticus, S. aureus* e *S. sciuri*[34]. *S. xylosus* sembra essere la specie isolata più frequentemente da diversi salami italiani stagionati. Nei prosciutti stagionati iberici le due specie predominanti durante il processo di stagionatura sono *Staphylococcus equorum* e *S. xylosus*, che si pensa contribuiscano al caratteristico aroma.

5.3.1 Sicurezza

I prodotti carnei fermentati hanno una lunga tradizione di sicurezza in tutto il mondo. Ciò non vuol dire che non siano mai stati veicolo di epidemie di malattie a trasmissione alimentare, ma che quando queste si sono verificate hanno avuto carattere sporadico. Negli anni Novanta, negli Stati Uniti, i prodotti carnei fermentati sono stati coinvolti in diverse epidemie; come conseguenza l'USDA ha prescritto la riduzione di 5 unità logaritmiche del numero massimo di patogeni, in particolare *E. coli* O157:H7, tollerato nel processo produttivo di salumi stagionati e semistagionati. Per valutare l'efficacia dei processi produttivi domestici e industriali nel raggiungimento di tale obiettivo, sono stati condotti diversi studi.

Nel 1994, negli Stati della California e di Washington, un'epidemia di *E. coli* O157:H7 causata da salami stagionati ha provocato la morte di 23 persone[15]. In seguito a questo episodio, sono stati condotti diversi studi per capire quali condizioni del processo produttivo del salame piccante potessero determinare la riduzione di 5 unità logaritmiche di determinati patogeni. Utilizzando una miscela costituita da 5 ceppi di *E. coli* O157:H7 in concentrazioni $\geq 2 \times 10^7$/g, è stato osservato che il processo tradizionale – senza trattamento termico – consente di ridurre la carica microbica di sole 2 unità logaritmiche/g e che, per ottenere una riduzione di 5-6 unità logaritmiche, era necessario un trattamento termico, successivo alla fermentazione, capace di portare la temperatura interna a 63 °C istantaneamente oppure a 53 °C per 60 minuti[46]. In una ricerca più ampia, questi salumi sono stati prima fermentati in un ambiente a 36 °C, con l'85% di umidità relativa (UR), fino a raggiungere un pH $\leq 4,8$ e, successivamente, essiccati a 13 °C, in presenza del 65% di UR fino a ottenere un rapporto umidità/proteine $\leq 1,6:1$[29]. In queste condizioni la miscela costituita dai 5 ceppi patogeni si era ridotta di sole 2 unità logaritmiche. Per ottenere una riduzione di 5 unità logaritmiche nella salame a fette è stato necessario conservare il prodotto all'aria, a temperatura ambiente, per almeno 2 settimane. In un altro studio è stato osservato che fermentando salami a 41 °C fino a un pH di 4,6 o 5,0 e portando la temperatura interna a 54 °C per 30 minuti nella fase di post-fermentazione, la concentrazione di *E. coli* subisce un calo superiore a 5 unità logaritmiche[12].

In una ricerca simile sulla produzione e sulla conservazione di salami piccanti, in presenza di *S.* Typhimurium DT104, è stato rilevato che questo patogeno viene distrutto più facilmente di *E. coli* O157:H7; di conseguenza, i trattamenti che consentono di ridurre di 5 unità logaritmiche il numero di *E. coli* O157:H7 sono più che adeguati anche per *S. typhimurium* DT104[52]. La sopravvivenza di *S. aureus* in prosciutti stagionati artigianali è stata valutata nebulizzando 4 ceppi del microrganismo – in concentrazione di $\log_{10} 8,57$ e $\log_{10} 8,12$ – sulla superficie di prosciutti freschi, successivamente sottoposti a salatura, affumicatura a freddo e stagionatura. Dopo 4 mesi di maturazione, la concentrazione di *S. aureus* è risultata inferiore ai livelli rilevabili mediante piastramento, sebbene alcune cellule siano state recuperate con tecniche di arricchimento[74]. Il nitrito di sodio era impiegato in alcune salamoie e il livello di a_w era controllato con il 4,45 o il 3,37% di NaCl. Al termine del periodo di stagionatura, il 40% dei prosciutti inoculati e il 50% dei controlli sono risultati positivi per la presenza di enterotossine.

5.4 Prodotti ittici

5.4.1 Pesce, crostacei e molluschi

In questo capitolo con la definizione "prodotti ittici" si intendono pesci, crostacei e molluschi provenienti da tutte le acque dolci e marine, calde o fredde. Generalmente la microflora presente nei prodotti ittici freschi rispecchia quella delle acque da cui essi provengono; inoltre, come per le carni animali, si suppone che anche i tessuti interni dei pesci sani siano sterili. La flora microbica del pesce si può facilmente ritrovare nello strato mucoso esterno, nelle branchie e nell'intestino dei pesci di allevamento. I pesci che vivono in acque dolci o calde presentano una popolazione microbica composta da un maggior numero di batteri Gram-positivi mesofili rispetto ai pesci che vivono in acque marine fredde, che invece presentano una microflora costituita soprattutto da batteri Gram-negativi (la flora batterica indigena degli ambienti marini è formata da batteri Gram-negativi).

Tabella 5.5 Generi di batteri, lieviti e muffe rinvenuti con maggiore frequenza nel pesce fresco e alterato e in altri prodotti ittici

Batteri	Gram	Prevalenza
Acinetobacter	–	X
Aeromonas	–	XX
Alcaligenes	–	X
Bacillus	+	X
Corynebacterium	+	X
Enterobacter	–	X
Enterococcus	+	X
Escherichia	–	X
Flavobacterium	–	X
Lactobacillus	+	X
Listeria	+	X
Microbacterium	+	X
Moraxella	–	X
Photobacterium	–	X
Pseudomonas	–	XX
Psychrobacter	–	X
Shewanella	–	XX
Vibrio	–	XX
Weissella	+	X
Pseudoalteromonas	–	X

Lieviti	Prevalenza
Candida	XX
Cryptococcus	XX
Debaryomyces	X
Hansenula	X
Pichia	X
Rhodotorula	XX
Sporobolomyces	X
Trichosporon	X

Muffe	Prevalenza
Aspergillus	X
Aureobasidium (Pullularia)	XX
Penicillium	X
Scopulariopsis	X

X = presenza nota; XX = riportato con maggiore frequenza.

I microrganismi che compongono la microflora dei prodotti ittici sono elencati in tabella 5.5; il ruolo che essi svolgono nell'alterazione di questi prodotti è discusso nel paragrafo sulle più comuni alterazioni che si osservano in pesci, molluschi e crostacei.

5.4.2 Microrganismi

Come già osservato, le caratteristiche igienico-sanitarie delle acque dalle quali questi animali provengono sono strettamente correlate alla qualità microbiologica dei prodotti finiti. Oltre che dall'acqua, i microrganismi vengono apportati anche dai processi di trasformazione, come l'eliminazione della pelle, la sgusciatura, l'eviscerazione e l'impanatura.

Studiando 91 campioni di gamberi di diverso tipo, Silverman e colleghi[84] hanno riscontrato in tutti i campioni precotti, tranne uno, una conta totale $< \log_{10} 4,00/g$. Il 59% dei campioni crudi aveva conte totali inferiori a $\log_{10} 5,88$, mentre nel 31% il valore era inferiore a $\log_{10} 5,69$. In uno studio su 204 campioni di gamberi sgusciati, cotti e congelati, nel 52% dei casi la conta totale di microrganismi è stata $< \log_{10} 4,70/g$, mentre nel 71% non superava $\log_{10} 5,30/g$[62]. La qualità microbiologica di alcuni prodotti ittici è presentata in tabella 5.6.

In uno studio sui filetti di eglefino, si è constatato che la maggior parte della contaminazione microbica ha luogo durante le operazioni di filettatura e la successiva manipolazione che precede il confezionamento[70]. Gli autori della ricerca hanno dimostrato che, all'interno dello stesso stabilimento di trasformazione, nel corso della giornata la conta totale aumenta: $\log_{10} 5,61/g$ al mattino, $\log_{10} 5,65/g$ a mezzogiorno, $\log_{10} 5,94/g$ la sera. Secondo lo stesso studio, i risultati ottenuti in altri stabilimenti erano analoghi, purché le operazioni di sanificazione effettuate durante la notte fossero accurate. Lo stesso andamento crescente, dalla mattina alla sera, è stato osservato per cappe molli (soft clam, *Mya arenaria*) sgusciate. Sia per i filetti di eglefino sia per le cappe molli, le conte medie per le specie clostridiche sono risultate basse (inferiori a 2/g), con valori leggermente più alti per i bivalvi. Nei filetti di pesce persico d'allevamento il valore medio delle conte totali era $\log_{10} 5,54/g$, con $\log_{10}$ 2,69/g per muffe e lieviti[58].

Nei bivalvi è logico attendersi di trovare microrganismi tipicamente presenti nelle acque di provenienza. Nel 43% di 60 campioni di questi molluschi provenienti dalla costa della Florida sono state riscontrate salmonelle, rinvenute anche nelle ostriche in concentrazione pari a 2,2/100 g di parte edibile[33]. Si è osservato che le cappe dure trattengono concentrazioni maggiori di *S.* Typhimurium che di *E. coli*[33].

La flora iniziale nei filetti di aringa è costituita principalmente da *S. putrefaciens* e *Pseudomonas* spp.; in particolare, quest'ultimo genere prevale a 2 °C, mentre *S. putrefaciens* è predominante tra 2 e 15 °C[69].

In generale, i prodotti ittici surgelati – come gli altri alimenti surgelati – presentano una carica microbica più bassa rispetto ai corrispondenti prodotti freschi. In uno studio su 597 campioni di specie ittiche fresche e surgelate, prelevati in punti vendita al dettaglio, le medie geometriche delle conte aerobie su piastra variavano da $\log_{10} 3,54/g$ a $\log_{10} 4,97/g$ per i 240 campioni surgelati, e da $\log_{10} 4,89/g$ a $\log_{10} 8,43/g$ per i 357 campioni freschi[32]. Per quanto riguarda i coliformi, le medie geometriche dei valori MPN variavano da 1 a 7,7/g per i prodotti surgelati e da 7,78 fino a 4.800/g per i prodotti freschi. Impiegando il metodo MPN, solo il 4,7% dei 597 campioni è risultato positivo per *E. coli*; *S. aureus* e *C. perfringens* sono stati rinvenuti, rispettivamente, nel 7,9 e nel 2% dei campioni. Tutti i campioni sono risultati negativi alle salmonelle e a *Vibrio parahaemolyticus* (tabella 5.6).

Per i prodotti ittici le conte in piastra sono generalmente più alte quando i campioni vengono incubati a 30 anziché a 35 °C; ciò è confermato dai risultati ottenuti per polpa di granchio, ostriche e altri bivalvi freschi da Wentz e colleghi[100]. Le media geometriche delle conte aerobie su piastra erano: $\log_{10}$ 5,15/g a 35 °C e $\log_{10}$ 5,72 a 30 °C in 896 campioni di polpa di granchio; $\log_{10}$ 5,59/g a 35 °C e $\log_{10}$ 5,95 a 30 °C in 1.337 campioni di ostriche sgusciate; $\log_{10}$ 2,83/g a 35 °C e 4,43 a 30 °C in 358 campioni di cappe molli. Tale osservazione è stata verificata anche in gamberi crudi non sgusciati e in code di aragosta crude surgelate: le medie geometriche delle conte aerobie su piastra sono state, rispettivamente, $\log_{10}$ 5,48/g a 35 °C e $\log_{10}$ 5,90 a 30 °C, per i gamberi, e $\log_{10}$ 4,62/g a 35 °C e $\log_{10}$ 5,15 a 30 °C, per le code di aragosta[89].

In uno studio sulla prevalenza delle Aeromonadaceae nel pesce gatto condotto su 228 campioni di filetti di pesce gatto puntato (*Ictalurus punctatus*), provenienti da tre stabilimenti di lavorazione nel delta del Mississippi, sono state rinvenute sia *A. hydrophila* sia *A. sobria* nel 36% dei campioni, mentre *A. caviae* è stato isolato nell'11% dei campioni[97]. La maggior parte delle due specie dominanti produceva alfa emolisine nei globuli rossi del sangue di pecora. In uno studio della microflora presente sugli impianti utilizzati per la lavorazione del pesce gatto in due stabilimenti, la popolazione dominante era costituita dai generi *Aeromonas* e *Pseudomonas*[22].

Nel sud della Francia, nel triennio compreso tra il 1995 e il 1998, è stato condotto mensilmente uno studio sulla contaminazione virale, relativa a 4 gruppi di virus, su 108 campioni di ostriche e 73 di mitili. I risultati hanno evidenziato concentrazioni virali generalmente più alte durante i mesi freddi (da novembre a marzo), nonostante le differenze osservate per i diversi virus[61]. I rotavirus non hanno mostrato una distribuzione particolare su base stagionale, tuttavia sono state rilevate concentrazioni differenti da un mese all'altro; in particolare in luglio la prevalenza è risultata inferiore, anche per gli enterovirus e gli astrovirus. Il picco massimo per i norovirus si è osservato in novembre, mentre per altri tre gruppi di virus l'apice è stato raggiunto nei mesi di dicembre e gennaio, quando almeno il 70% dei campioni sono risultati positivi.

In uno studio condotto negli Stati Uniti (da giugno 1998 a luglio 1999) è stata valutata la presenza di *Vibrio vulnificus* e *V. parahaemolyticus* in 370 lotti di ostriche non sgusciate prelevati da 275 esercizi di ristorazione o commerciali e provenienti dalle acque costiere di 29 Stati. Il numero più elevato dei due microrganismi è stato riscontrato nelle ostriche provenienti dalla Gulf Coast, nelle quali la densità è risultata spesso superiore a 10^5 MPN/g, mentre nei campioni provenienti dal nord Atlantico, dal Pacifico e dalle coste del Canada il valore di *V. vulnificus* è risultato nella maggior parte dei casi inferiore al limite rilevabile (0,2 MPN/g) e in nessun caso ha superato 100 MPN/g[21]. Nei lotti provenienti da una stessa area la densità di *V. parahaemolyticus* era maggiore di quella di *V. vulnificus*. Il gene dell'emolisina termostabile diretta, associato con la virulenza di *V. parahaemolyticus*, è stato rilevato in 9 su 3.429 (0,3%) colture di *V. parahaemolyticus* e nel 4% dei lotti di ostriche. Tra i 345 campioni di ostriche vendute al dettaglio, provenienti da una ventina di Stati e da due Province canadesi, la maggiore densità di *V. parahaemolyticus* (25×10^5) è stata rilevata nei lotti prelevati in Florida; il più alto valore per *V. vulnificus* è stato invece rinvenuto nelle ostriche provenienti dallo stato del Mississippi ($> 8,8 \times 10^5$ MPN/g)[21].

In una precedente ricerca del 1997, condotta su ostriche provenienti da 39 località dello Stato di Washington, 9 campioni contenevano concentrazioni di *V. parahaemolyticus* $< 3/g$[23]; nello stesso studio 34 campioni di ostriche provenienti dalla Baia di Galveston nel Texas presentavano invece per questo microrganismo un valore medio di $\log_{10}$ 2,36-2,73 ufc/g. Negli Stati Uniti il livello di allarme per il contenuto di *V. parahaemolyticus* nelle ostriche è 10^4 MPN/g[27]. In uno studio condotto su molluschi prelevati, tra il 1999 e il 2000, nelle acque di 14 località lungo la Gulf Coast e lungo la costa atlantica, il 6% di 671 campioni è risultato

Tabella 5.6 Generi di batteri, lieviti e muffe rinvenuti con maggiore frequenza nel pesce fresco e alterato e in altri prodotti ittici

Prodotti	N. di campioni	Gruppi microbici/Limiti	% di campioni conformi	Rif. bibl.
Filetto di pesce gatto congelato	41	APC 32 °C $\leq 10^5$/g	100	32
	41	Coliformi MPN <3/g	100	32
	41	S. aureus MPN <3/g	100	32
Trancio di salmone congelato	43	APC 32 °C $\leq 10^5$/g	98	32
	43	Coliformi MPN <3/g	93	32
	43	S. aureus MPN <3/g	98	32
Molluschi bivalvi freschi	53	APC 32 °C $\leq 10^5$/g	53	32
	53	Coliformi MPN <3/g	51	32
	53	S. aureus MPN <3/g	91	32
Ostriche fresche	59	APC 32 °C $\leq 10^7$/g	49	32
	59	Coliformi MPN ≤ 1.100/g	22	32
	59	S. aureus MPN <3/g	90	32
Ostriche sgusciate (al dettaglio)	1.337	APC 30 °C $\leq 10^6$/g	51	100
	1.337	Coliformi MPN ≤ 460/g	94	100
	1.337	Coliformi fecali MPN ≤ 460/g	96	100
Polpa di granchio blu (al dettaglio)	896	APC 30 °C $\leq 10^6$/g	61	100
	896	Coliformi MPN ≤ 1.100/g	93	100
	896	E. coli MPN <3/g	97	100
	896	S.aureus MPN ≤ 1.100/g	94	100
Cappe dure (all'ingrosso)	1.124	APC 30 °C $\leq 10^6$/g	99	100
	1.130	Coliformi MPN ≤ 460/g	96	100
	161	Coliformi fecali MPN <3/g	91	100
Cappe molli (all'ingrosso)	351	APC 30 °C $\leq 10^6$/g	96	100
	363	Coliformi MPN ≤ 460/g	98	100
	75	Coliformi fecali MPN <3/g	72	100

segue

segue **Tabella 5.6**

Prodotto				
Gamberi sgusciati (crudi)	1.468	APC 30 °C ≤10^7/g	94	89
	1.468	Coliformi MPN ≤64/g	97	89
	1.468	E. coli MPN <3/g	97	89
	1.468	S. aureus MPN ≤64/g	97	89
Gamberi sgusciati (cotti)	1.464	APC 30 °C ≤10^5/g	81	89
	1.464	Coliformi MPN <3/g	86	89
	1.464	S. aureus MPN <3/g	99	89
	1.464	S. aureus MPN <3/g	99	89
Coda di aragosta (congelata, cruda)	1.315	APC 30 °C ≤10^6/g	74	89
	1.315	Coliformi MPN ≤64/g	91	89
	1.315	E. coli MPN <3/g	95	89
	1.315	S. aureus MPN <3/g	76	95
Gambero congelato, impanato, crudo al dettaglio	27	APC ≤6,00/g	52	95
	27	Coliformi ≤3,00/g	100	95
	27	Assenza di E. coli	96	95
	27	Assenza di S. aureus	41	4
Pesce gatto di fiume fresco	335	APC ≤7,00/g	93	4
	335	Coliformi fecali <2,60/g	71	4
	335	Assenza di salmonelle	95	4
Pesce gatto di fiume congelato	342	APC ≤7,00/g	92	4
	342	Coliformi fecali 2,60/g	98	4
	342	Assenza di salmonelle	52	62
Gamberi cotti sgusciati, congelati	204	APC <4,70/g	71	62
	204	APC ≤5,30/g	52	62
	204	Coliformi assenti o <0,3/g	75	62
	204	Coliformi <3/g	—	25
Trota iridata fresca*	74	Intervallo di APC $\log_{10}$ 2,4-8,6; APC medio $\log_{10}$ 6,2 ufc/g	—	—
Prodotti ittici vari	82	Assenza di salmonelle	98	—

* 51% contiene *L. monocytogenes*. APC = conta aerobia in piastra; MPN = most probable number.

positivo per *V. parahaemolyticus* con sonde di DNA e tecniche di coltura tradizionali[20]. Inoltre, il numero dei campioni positivi è stato messo in relazione con la temperatura delle acque di provenienza, constatando che le concentrazioni più elevate erano associate alle acque più calde. *V. parahaemolyticus* è stato infatti riscontrato nelle acque dell'Atlantico settentrionale solo durante il periodo estivo, mentre nelle acque del Golfo del Messico è stato rinvenuto in tutte le stagioni. 21 specie di *Erysipelothrix* sono state isolate dai frutti di mare in Australia, sebbene questi microrganismi siano generalmente associati ai maiali[30].

Per quanto riguarda la presenza di norovirus nelle ostriche, in una ricerca effettuata in Svizzera tra novembre 2001 e febbraio 2002, l'11,5% di 87 campioni (prelevati da 435 ostriche importate da tre Paesi europei) è risultato positivo (tutte le specie appartenevano al sierogruppo II, vedi capitolo 31), mentre nel 2,3% è stata riscontrata la presenza di enterovirus (coxsackie e ECHO). In nessun caso è stato trovato il virus dell'epatite A[7]. In uno studio condotto in Finlandia, su 147 campioni di uova di tre specie di pesce, *Listeria* spp. è stata individuata nel 17% dei campioni; *L. monocytogenes* è stata rinvenuta nel 4,7% [68] ed era presente in percentuale maggiore nelle uova di trota. Il valore medio della carica aerobia su piastra è risultato $\log_{10}$ 6,6 ufc/g, quello dei coliformi $\log_{10}$ 3,2 ufc/g; sulla base di tali risultati, i campioni analizzati sono stati posti nella classe "accettabile" (*moderate*) per quanto riguarda la conta aerobia, e in quella "insoddisfacente" (*unacceptable*), in relazione al numero di coliformi presenti.

Uno studio condotto nel nord della Francia, con tecnica PCR-ELISA, ha individuato la presenza di spore di *C. botulinum* in 31 di 214 campioni ambientali. La maggior parte dei campioni positivi conteneva < 10 spore/25 g di pesce. Il 16,6% dei campioni di pesce di mare e il 4% dei campioni di sedimento sono risultati positivi per le spore di *C. botulinum*: nel 70% dei casi le spore erano di tipo B, nel 22,5% di tipo A, nel 9,6% di tipo E, mentre non sono state riscontrate spore di tipo F [28].

In uno studio condotto in Spagna su 106 bacilli non mobili Gram-negativi, isolati da pesce d'acqua dolce conservato su ghiaccio, 64 sono stati identificati come *Psychrobacter* spp., seguiti da 24 *Acinetobacter*, 6 *Moraxella*, 5 *Chryseobacterium*, 2 *Myroides*, 1 *Flavobacterium* e 1 *Empedobacter*; 3 erano sconosciuti[39]. I generi *Chryseobacterium*, *Empedobacter* e *Myroides*, erano classificati precedentemente nel genere *Flavobacterium*.

In uno studio condotto nel 2001 negli Stati Uniti, per valutare la presenza di specie del genere *Listeria* in crostacei crudi e trasformati, 31 campioni su 337 (9,2%) sono risultati positivi, ma solo 4 per *L. monocytogenes*[91]. In un'altra indagine statunitense, condotta in due Stati tra il 2000 e il 2001, *L. monocytogenes* è stata isolata nel 4,7% di 2.446 campioni di insalata di mare pronta al consumo e nel 4,3% di 2.644 campioni di prodotti ittici affumicati pronti al consumo.

Negli Stati Uniti, per un periodo complessivo di nove anni (1990-1999), la FDA ha esaminato pesci e frutti di mare nazionali e importati per studiare la presenza di salmonelle. Su 11.312 campioni importati e 768 campioni nazionali la percentuale di positività è stata rispettivamente del 7,2 e dell'1,3%[44]; il sierotipo riscontrato con maggior frequenza è stato *S.* Weltvreden.

Da una ricerca condotta in Spagna, per valutare la prevalenza di micobatteri non tubercolosici in prodotti ittici congelati, il 20% dei 50 campioni esaminati è risultato positivo; le specie più frequentemente riscontrate sono state *M. fortuitum* e *M. nonchromogenicum*[67]. La metà circa degli isolati ha potuto essere identificata ed è stata attribuita a 6 specie. Comunque, le informazioni sull'importanza della presenza di questi microrganismi sono insufficienti; si ritiene, tuttavia, che essi non svolgano un ruolo significativo nell'alterazione dei prodotti ittici a causa del loro lento sviluppo.

5.5 Alterazione di pesci, crostacei e molluschi

5.5.1 Pesci

Sia i pesci di acqua salata sia quelli di acqua dolce contengono valori relativamente elevati di proteine e altri costituenti azotati (tabella 5.7); il contenuto in carboidrati è nullo, mentre la percentuale di grassi varia da valori bassi a valori piuttosto alti a seconda delle specie. Di particolare importanza nella carne del pesce è la natura dei composti azotati. La percentuale relativa di N totale e N proteico è presentata in tabella 5.8, nella quale si può osservare che non tutti i composti azotati presenti nel pesce sono di natura proteica. Tra i composti azotati non proteici, vi sono amminoacidi liberi, basi azotate volatili (come ammoniaca e trimetilammina), creatina, taurina, betaina, acido urico, anserina, carnosina e istamina.

I microrganismi noti per essere responsabili dell'alterazione del pesce sono indicati in tabella 5.5. Il pesce fresco tenuto su ghiaccio è alterato invariabilmente da batteri, mentre quello salato o essiccato è soggetto soprattutto ad alterazioni di natura fungina. La flora batterica del pesce alterato è costituita da bacilli Gram-negativi non sporigeni, quali *Pseudomonas* e *Acinetobacter-Moraxella*. Numerosi batteri responsabili di alterazione del pesce sono in grado di crescere tra 0 e 1 °C; Shaw e Shewan[80] hanno osservato che numerosi *Pseudomonas* spp. causano alterazione a 3 °C, anche se a velocità bassa.

L'alterazione dei pesci marini e di quelli d'acqua dolce sembra avvenire essenzialmente nello stesso modo; le differenze principali sono legate alle esigenze della microflora marina, che necessita di un ambiente simile a quello d'origine, e alla composizione chimica dei diversi pesci, in relazione al contenuto di componenti azotati non proteici. La parte del pesce maggiormente deperibile è la regione branchiale, comprese le branchie stesse; infatti, i primi segni di alterazione organolettica possono essere rilevati proprio con l'esame olfattivo delle branchie. Se i pesci di allevamento non vengono immediatamente eviscerati, in breve tempo i batteri intestinali attraversano le pareti dell'intestino e penetrano nelle carni della cavità

Tabella 5.7 Composizione chimica percentuale media di pesci, crostacei e molluschi

	Acqua	Carboidrati	Proteine	Grassi	Ceneri
Pesci ossei					
Pesce azzurro	74,6	0,0	20,5	4,0	1,2
Merluzzo	82,6	0,0	16,5	0,4	1,2
Eglefino	80,7	0,0	18,2	0,1	1,4
Ippoglosso	75,4	0,0	18,6	5,2	1,0
Aringa (Atlantico)	67,2	0,0	18,3	12,5	2,7
Sgombro (Atlantico)	68,1	0,0	18,7	12,0	1,2
Salmone (Pacifico)	63,4	0,0	17,4	16,5	1,0
Pesce spada	75,8	0,0	19,2	4,0	1,3
Crostacei					
Granchio	80,0	0,6	16,1	1,6	1,7
Aragosta	79,2	0,5	16,2	1,9	2,2
Molluschi					
Molluschi bivalvi (polpa)	80,3	3,4	12,8	1,4	2,1
Ostriche	80,5	5,6	9,8	2,1	2,0
Cappesante	80,3	3,4	14,8	0,1	1,4

(Da Watt e Merrill[99])

Tabella 5.8 Distribuzione dell'azoto nelle carni di pesci, crostacei e molluschi

Specie	% di N totale	% di N proteico	Rapporto tra N proteico e N totale
Merluzzo (Atlantico)	2,83	2,47	0,87
Aringa (Atlantico)	2,90	2,53	0,87
Sardina	3,46	2,97	0,86
Eglefino	2,85	2,48	0,87
Aragosta	2,72	2,04	0,75

(Da Jacquot[55], copyright © 1961 Academic Press)

addominale. Tale processo sarebbe favorito sia dall'azione degli enzimi proteolitici presenti naturalmente nell'intestino del pesce, sia dagli enzimi di origine batterica provenienti dal canale intestinale. I batteri responsabili dell'alterazione dei pesci sembrano avere qualche difficoltà a svilupparsi nello strato mucillaginoso e sul tegumento più esterno dei pesci. La mucillagine superficiale è costituita da componenti mucopolisaccaridiche, amminoacidi liberi, ossido di trimetilammina, derivati della piperidina e altri composti simili. Come per l'alterazione del pollame, anche in questo caso è meglio effettuare le conte in piastra con campioni prelevati dalla superficie del pesce, rapportando il numero di microrganismi ai centimetri quadrati di superficie esaminata.

Sembra che i microrganismi alteranti utilizzino dapprima i composti più semplici, rilasciando diverse sostanze volatili dall'odore sgradevole. Secondo Shewan[83], la concentrazione di composti, quali ossido di trimetilammina, creatina, taurina e anserina, unitamente ad alcuni amminoacidi, diminuisce durante l'alterazione del pesce con la formazione di trimetilammina, ammoniaca, istamina, idrogeno solforo, indolo e altri composti. Rispetto alle carni dei mammiferi, quelle dei pesci vanno incontro più rapidamente al processo di autolisi. Sebbene secondo alcuni ricercatori tale processo, parallelo all'alterazione microbica, favorisca sia lo sviluppo di microrganismi alterativi sia il processo di deterioramento[45], sono stati effettuati – con molta difficoltà – alcuni tentativi per valutare separatamente i due fenomeni. In uno studio approfondito condotto su ceppi isolati da pesce per valutarne la capacità di alterare l'omogeneizzato sterile ottenuto dai muscoli del pesce, Lerke e colleghi[64] hanno osservato che i microrganismi alterativi appartenevano ai generi *Pseudomonas* e *Acinetobacter-Moraxella*, mentre non è risultata alterante nessuna specie dei generi *Corynebacterium*, *Micrococcus* o *Flavobacterium*. Nella caratterizzazione degli alteranti, sulla base della loro capacità di metabolizzare alcuni composti, questi ricercatori hanno constatato che la maggior parte di essi non era capace di degradare la gelatina o di digerire l'albumina dell'uovo. Ciò suggerisce che i processi di alterazione del pesce avvengano con meccanismo analogo a quello della carne bovina, cioè generalmente in assenza di completa proteolisi da parte della microflora alterante.

L'inoculo di colture pure in muscolo di pesci quali merluzzo ed eglefino non ha determinato l'intenerimento del muscolo[45]. I pesci con elevato contenuto lipidico (come aringhe, sgombri e salmoni) sono maggiormente soggetti a irrancidimento durante l'alterazione microbica. Occorre considerare che la pelle dei pesci è ricca di collagene; le squame della maggior parte dei pesci sono costituite di una scleroproteina appartenente al gruppo delle cheratine ed è assai probabile che queste parti siano tra le ultime a essere decomposte.

In uno studio su 159 batteri Gram-negativi, isolati da pesce di acqua dolce alterato con una conta aerobica totale di circa 10^8 ufc/g, circa il 46% erano Pseudomonadaceae e il 38%

Shewanella spp.[85]. Poiché le specie del genere *Shewanella* producono H_2S e riducono l'ossido di trimetilammina (TMAO), sono considerate da alcuni autori le principali responsabili dell'alterazione batterica del pesce.

Studi sulla flora microbica presente sulla pelle di quattro diverse specie di pesci hanno dimostrato che i microrganismi più comuni sono *Pseudomonas-Alteromonas* (32-60%) e *Moraxella-Acinetobacter* (18-37%)[47]. Nei filetti di aringa la microflora iniziale era dominata da *S. putrefaciens* e da Pseudomonadaceae; dopo l'alterazione in condizioni aerobie questi microrganismi rappresentavano il 62-95% della microflora[69]. Quando l'alterazione avveniva a 4 °C, in atmosfera al 100% di CO_2, la microflora dei filetti di aringa era dominata quasi completamente da lattobacilli[69]. Nei filetti di scorfano, conservati a 4 °C per 21 giorni in atmosfera costituita per l'80% di CO_2 e per il 20% di aria, la flora microbica era costituita per il 71-87% da lattobacilli e da alcune Pseudomonadaceae pigmentanti[56]. In uno studio sulle Enterobacteriaceae psicrotrofe isolate da salmone affumicato a freddo, confezionato sia sotto vuoto sia in presenza di CO_2, le specie più frequentemente rinvenute sono state *Pantoea agglomerans* e *Serratia liquefaciens*[40]; nei prodotti alterati le Enterobacteriaceae variavano tra 10^3 e $1,2 \times 10^7$/g, ma il loro ruolo nel processo alterativo non è chiaro. In una ricerca condotta sulle specie di *Pseudomonas* rinvenute in orate provenienti dal Mediterraneo, conservate sia in aerobiosi sia in atmosfera modificata (MAP), è emerso che *Pseudomonas lundensis* e *P. fluorescens* sono le specie predominanti durante l'alterazione in aerobiosi[93]. In alcuni pesci alterati provenienti da acque marine si rinviene spesso *Photobacterium phosphoreum*.

È stato dimostrato che quantità consistenti di alcol feniletilico sono prodotte nel pesce da un microrganismo specifico designato come "Achromobacter" dagli autori di due ricerche[17,16]. Questo composto è stato recuperato, unitamente al fenolo, da una frazione a elevato punto di ebollizione di filetto di eglefino mantenuto a 2 °C. In queste condizioni, nessuna delle dieci specie conosciute di *Acinetobacter* e una sola delle nove specie note di *Moraxella* producevano alcol feniletilico. Etanolo, propanolo e isopropanolo sono prodotti dai microrganismi che alterano il pesce; su 244 batteri, isolati da salmone reale e trota e testati in estratti di pesce, 244 (100%) producevano etanolo, 241 (98,8%) isopropanolo e 227 (93%) propanolo[2].

La riduzione di TMAO a trimetilammina (TMA) è stata utilizzata con un certo successo per rilevare la presenza di fenomeni alterativi nel pesce:

$$\text{Trimetilammina-}N\text{-ossido} \longrightarrow \underset{H_3C}{\overset{H_3C}{{>}}} N - CH_3$$

Trimetilammina

TMAO è normalmente presente nei prodotti ittici, mentre TMA è contenuta in piccole quantità o è addirittura assente nei pesci appena pescati. La presenza di TMA è generalmente correlata al metabolismo microbico, sebbene nelle masse muscolari di alcune specie ittiche siano presenti enzimi che riducono TMAO. Inoltre, una certa quantità di TMAO può essere ridotto a dimetilammina. Non tutti i batteri possiedono la stessa capacità di ridurre TMAO a TMA (la riduzione di TMAO è pH dipendente). I metodi impiegati per la determinazione di TMA prevedono l'estrazione del composto dal pesce con toluene e idrossido di potassio, seguita dalla reazione con acido picrico oppure dal lavaggio dell'estratto e dall'ulteriore estrazione con una soluzione di permanganato alcalino[31,90]. La tecnica gascromatografica viene impiegata per individuare la presenza di TMA nello spazio di testa; il campionamento e le analisi richiedono meno di 5 minuti e forniscono risultati coerenti con i test sensoriali[60].

Come metodo rapido per determinare l'alterazione di pesce gatto refrigerato è stato proposto la rilevazione della CO_2 con l'impiego di un rivelatore a infrarossi[18]; con tale tecnica i risultati possono essere ottenuti in meno di quattro ore e risultano ben correlati con la conta aerobia su piastra. Anche l'istamina, la diammina e le sostanze volatili totali sono utilizzate come indicatori dell'alterazione del pesce. L'istamina è prodotta dall'amminoacido istidina, per azione della istidina decarbossilasi di origine microbica:

$$\text{Istidina} \xrightarrow{\text{decarbossilasi}} \text{Istamina}$$

L'istamina è associata all'avvelenamento da sgombroidi (discusso nel capitolo 31). La cadaverina e la putrescina sono le più importanti diammine impiegate come indicatori di alterazione del pesce, come pure della carne e del pollame.

La tiramina è prodotta da alcuni microrganismi responsabili dell'alterazione del pesce; ne è stata riportata la produzione da parte di ceppi isolati da pesce *sugar-salted* confezionato sotto vuoto e identificati come *Carnobacterium piscicola* e *Weisella viridescens*[63]. Questo prodotto, normalmente conservato refrigerato per 2-4 settimane, può contenere $\log_{10}$ 7-10 ufc/g di batteri lattici; la produzione di tiramina è risultata ridotta abbassando la temperatura di stoccaggio da 9 a 4 °C[63].

La tiramina è il prodotto della decarbossilazione dell'amminoacido tirosina:

La frazione volatile totale comprende: basi volatili totali (TVB), acidi volatili totali (TVA), sostanze volatili totali (TVS) e azoto volatile totale (TVN). TVB include ammoniaca, dimetilammina e trimetilammina; TVN include TVB e altri composti azotati ottenuti dalla distillazione di vapore dei campioni; TVS comprende invece le sostanze che possono essere evaporate dal prodotto e riducono soluzioni alcaline di permanganato. A causa della capacità riducente di tali composti, questo metodo viene spesso definito delle sostanze volatili riducenti. TVA include acido acetico, propionico e altri acidi organici simili. TVN è stato impiegato in Australia e Giappone per i gamberi, nei quali il livello massimo consentito per prodotti di qualità accettabile è 30 mg di TVN/100g, unitamente a un valore massimo di 5 mg di TMA/100 g. Nei gamberi l'alterazione è evidente quando TVN è maggiore di 30 mg N/100 g[19]. In uno studio è stato osservato che valori di circa 45 mg di TVB/100 g di pesce corrispondono a circa 10.000 ng di lipopolisaccaridi e indicano qualità scadente in un pesce magro[87]. Tra i vantaggi di questi metodi per valutare la freschezza del pesce, vi è il fatto che non si basano su un singolo metabolita; tra gli svantaggi vi è l'incapacità di individuare l'incipienza dell'alterazione.

5.5.2 Crostacei e molluschi

Crostacei

I crostacei più largamente consumati sono gamberi, aragoste, granchi e astici. A meno che non sia altrimenti specificato, l'alterazione di ognuno di questi prodotti ittici è fondamentalmente

Tabella 5.9 Pricipali batteri presenti in gamberi alterati

Temperatura (°C)	Giorni	Microrganismi
0,0	13	Pseudomonas
5,6	9	Moraxella
11,1	7	Moraxella
16,7	5	Proteus
22,2	3	Proteus

(Da Matches[65])

la stessa; le principali differenze nell'alterazione di questi diversi alimenti sono riconducibili, in genere, al modo in cui vengono lavorati e alla loro specifica composizione chimica.

I crostacei differiscono dai pesci in quanto contengono circa lo 0,5% di carboidrati (nei pesci il contenuto è nullo) (tabella 5.7). Rispetto ai pesci, i gamberi presentano un maggiore contenuto di amminoacidi liberi; inoltre contengono enzimi simili alle catepsine che degradano rapidamente le proteine.

La microflora batterica dei crostacei appena pescati dovrebbe riflettere quella delle acque d'origine e i contaminanti provenienti dai ponti delle navi, dagli addetti e dalle acque di lavaggio. Molti dei microrganismi riportati per il pesce fresco sono presenti anche in questi prodotti; in particolare, in seguito ad alterazione microbica nella polpa dei crostacei predominano Pseudomonadaceae, *Acinetobacter-Moraxella* e alcune specie di lieviti. In uno studio è stato osservato che nei gamberi lasciati alterare a 0 °C per 13 giorni i microrganismi alteranti dominanti erano specie del genere *Pseudomonas*; i batteri Gram-positivi, che nel prodotto fresco sono presenti in percentuale del 38%, costituivano solo il 2% della flora alterante[65]. A 5,6 e 11,1 °C l'alterazione è causata soprattutto da *Moraxella*, mentre a 16,7 e a 22,2 °C prende il sopravvento il genere *Proteus* (tabella 5.9).

L'alterazione della polpa dei crostacei sembra essere abbastanza simile a quella del pesce fresco. A causa della struttura anatomica di questi animali, l'alterazione dovrebbe avere inizio dalle loro superfici più esterne. I muscoli dei crostacei presentano un contenuto di azoto considerevolmente più elevato rispetto ai pesci, con valori superiori a 300 mg/100 g di polpa[94]. La presenza di maggiori quantità di amminoacidi liberi e, in generale, di estrattivi azotati rende le carni dei crostacei piuttosto suscettibili all'attacco rapido da parte dei microrganismi alteranti. L'alterazione iniziale della polpa dei crostacei è accompagnata dalla produzione di grandi quantità di basi azotate volatili, analogamente a quanto avviene nel pesce. Parte delle basi azotate volatili deriva dalla riduzione del TMAO (assente nella maggior parte dei molluschi). Sia nei crostacei sia nei molluschi, la creatina è scarsa e prevale l'arginina. L'alterazione microbica dei gamberi è accompagnata da un incremento della capacità di idratazione, analogamente a quanto si verifica per le carni e il pollame[82].

Molluschi

I molluschi cui ci si riferisce in questo paragrafo sono ostriche e altri bivalvi, calamari e cappesante. La composizione chimica di questi animali differisce da quella dei pesci teleostei e dei crostacei per il significativo contenuto di carboidrati e il minore contenuto totale di azoto. Dato il livello dei carboidrati, rappresentati soprattutto da glicogeno, ci si può attendere che parte dell'alterazione microbica sia di tipo fermentativo. Le carni dei molluschi contengono alte percentuali di basi azotate, analogamente ai crostacei, nonché alte concentrazioni di arginina e acidi aspartico e glutammico, superiori a quelle riscontrate nei pesci. La differenza più significativa tra crostacei e molluschi è rappresentata dal maggior contenuto di carboidrati dei secondi: per esempio, i carboidrati (in gran parte glicogeno) costitui- .scono il 3,4% della polpa di bivalvi e cappesante e il 5,6% della polpa delle ostriche. Il livello più elevato di carboidrati è responsabile della differenza tra i fenomeni alterativi caratteristici dei molluschi e quelli degli altri prodotti ittici.

La microflora tipica dei molluschi varia considerevolmente in funzione delle caratteristiche dell'ambiente marino da cui provengono e della qualità dell'acqua impiegata durante le operazioni di lavaggio, nonché da altri fattori. Nelle ostriche alterate sono stati rinvenuti i seguenti generi batterici: *Serratia*, *Pseudomonas*, *Proteus*, *Clostridium*, *Bacillus*, *Escherichia*, *Enterobacter*, *Pseudoalteromonas*, *Shewanella*, *Lactobacillus*, *Flavobacterium* e *Micrococcus*. Nelle fasi iniziali dell'alterazione prevalgono le specie dei generi *Pseudomonas* e *Acinetobacter-Moraxella*, mentre enterococchi, lattobacilli e lieviti prendono il sopravvento negli stadi più avanzati. Una specie di *Pseudoalteromonas* presente nelle acque marine cilene è risultata il batterio più abbondante nelle ostriche alterate a 18 °C[78].

A causa dei livelli relativamente elevati di glicogeno, l'alterazione dei molluschi è di tipo essenzialmente fermentativo. Per determinare la qualità microbiologica delle ostriche, diversi autori (tra i quali Hunter e Linden[51] e Potting[75]) hanno suggerito l'impiego della seguente scala di pH:

pH 6,2-5,9	Buono
pH 5,8	Non accettabile
pH 5,7-5,5	Stantio
pH 5,2 o meno	Inacidito o putrido

Per verificare l'alterazione nelle ostriche e negli altri molluschi, la misura della riduzione del pH sembra più attendibile rispetto alla determinazione delle basi azotate volatili. La valutazione della freschezza delle ostriche mediante la misura del contenuto in acidi volatili, sperimentata da Becham[6], si è rivelata inaffidabile. Sebbene la misurazione del pH sia considerata da molti ricercatori il metodo obiettivamente più valido per l'esame della qualità delle ostriche, Abbey e colleghi[1] sostengono che la valutazione organolettica e la conta microbica totale siano indici di qualità microbiologica più utili per questo tipo di prodotto.

I fenomeni alterativi delle ostriche sono comuni agli altri molluschi bivalvi e alle cappesante; nelle carni dei calamari, invece, si osserva un aumento delle basi azotate volatili, così come avviene in quelle dei crostacei. (L'alterazione di pesci, crostacei e molluschi è discussa approfonditamente nel lavoro di Ashie e colleghi[5].)

Bibliografia

1. Abbey A, Kohler RA, Upham SD (1957) Effect of aureomycin chlortetracycline in the processing and storage of freshly shucked oysters. *Food Technol*, 11: 265-271.
2. Ahmed A, Matches JR (1983) Alcohol production by fish spoilage bacteria. *J Food Protect*, 46: 1055-1059.
3. Allen JR, Foster EM (1960) Spoilage of vacuum-packed sliced processed meats during refrigerated storage. *Food Res*, 25: 1-7.
4. Andrews WH, Wilson CR, Poelma PL, Romero A (1977) Bacteriological survey of the channel catfish (Ictalurus punctalus) at the retail level. *J Food Sci*, 42: 359-363.
5. Ashie INA, Smith JP, Simpson BK (1996) Spoilage and shelf-life extension of fresh fish and shellfish. *Crit Rev Food Sci Nutr*, 36: 87-121.

6. Beacham LM (1946) A study of decomposition in canned oysters and clams. *J Assoc Off Anal Chem*, 29: 89-92.

7. Beuret C, Baumgardner A, Schluep J (2003) Virus-contaminated oysters: A three-month monitoring of oysters imported to Switzerland. *Appl Environ Microbiol*, 69: 2292-2297.

8. Blickstad E, Molin G (1983) The microbial flora of smoked pork loin and frankfurter sausage stored in different gas atmospheres at 4°C. *J Appl Bacteriol*, 54: 45-56.

9. Broda DM, Lawson PA, Bell RG, Musgrave DR (1999) Clostridium frigidicarnis sp. nov., a psychro-tolerant bacterium associated with "blown pack" spoilage of vacuum-packed meats. *Int J Syst Bacteriol*, 49: 1539-1550.

10. Broda DM, Saul GJ, Lawson PA, Bell RG, Musgrave DR (2000) Clostridium gasigenes sp. nov., a psychrophile causing spoilage of vacuum-packaged meat. *Int J Syst Enol Microbiol*, 50: 107-118.

11. Buege D, Luchansky J (1999) Ensuring the safety of home-prepared jerky. *Meat Poultry*, 45(2): 56-59.

12. Calicioglu M, Faith NG, Buege DR, Luchansky JB (1997) Viability of Escherichia coli O157:H7 in fermented semidry low-temperature-cooked beef summer sausage. *J Food Protect*, 60: 1158-1162.

13. Cavett JJ (1962) The microbiology of vacuum packed sliced bacon. *J Appl Bacteriol*, 25: 282-289.

14. Centers for Disease Control and Prevention (1995) Outbreak of salmonellosis associated with beef jerky – New Mexico, 1995. *Morb Mort Wkly Rept*, 44: 785-788.

15. Centers for Disease Control and Prevention (1995). Escherichia coli O157:H7 outbreak linked to commercially distributed dry-cured salami – Washington and California, 1994. *Morb Mort Wkly Rept*, 44: 157-160.

16. Chen TC, Levin RE (1974) Taxonomic significance of phenethyl alcohol production by Achromo-bacter isolates from fishery sources. *Appl Microbiol*, 28: 681-687.

17. Chen TC, Nawar WW, Levin RE (1974) Identification of major high-boiling volatile compounds produced during refrigerated storage of haddock fillets. *Appl Microbiol*, 28: 679-680.

18. Chew SY, Hsieh YHP (1988) Rapid CO_2 evolution method for determining shelf life of refrigerated catfish. *J Food Sci*, 63: 768-771.

19. Cobb BF III, Vanderzant C (1985) Development of a chemical test for shrimp quality. *J Food Sci*, 40: 121-124.

20. Cook DW, Bowers JC, DePaola A (2000) Density of total and pathogenic (tdh+) Vibrio parahaemo-lyticus in Atlantic and Gulf Coast molluscan shellfish at harvest. *J Food Protect*, 65: 1873-1880.

21. Cook DW, Leary PO, Hunsucker JC, Sloan EM, Bowsers JC, Blodgett RJ, DePaola A (2002) Vibrio vulnificus and Vibrio parahaemolyticus in U.S. retail shell oysters: A national survey from June 1998 to July 1999. *J Food Protect*, 65: 79-87.

22. Cotton LN, Marshall DL (1998) Predominant microflora on catfish processing equipment. *Dairy Food Environ Sanit* 18: 650-654.

23. DePaola A, Kaysner CA, Bowers J, Cook DW (2000) Environmental investigation of Vibrio para-haemolyticus in oysters after outbreaks in Washington, Texas, and New York (1997 and 1998). *Appl Environ Microbiol*, 66: 4649-4654.

24. Drake SD, JB Evans, Niven CF (1958) Microbial flora of packaged frankfurters and their radiation resistance. *Food Res* 23: 291-296.

25. Draughon FA, Anthony BA, Denton ME (1999) Listeria species in fresh rainbow trout purchased from retail markets. *Dairy Fd Environ Sanit*, 19: 90-94.

26. Egan AF, Shaw BJ, Rogers PJ (1989) Factors affecting the production of hydrogen sulphide by Lactobacillus sake L13 growing on vacuum-packaged beef. *J Appl Bacteriol*, 67: 255-262.

27. Ellison RK, Malnari E, DePaola A, Bowers J, Rodrick GE (2001) Populations of Vibrio parahaemo-lyticus in retail oysters from Florida using two methods. *J Food Protect*, 64: 682-686.

28. Fach P, Perelle S, Dilasser F, Grout J et al. (2002) Detection by PCR-enzyme-linked immunosor-bent assay of Clostridium botulinum in fish and environmental samples from a coastal area in nor-thern France. *Appl Environ Microbiol*, 68: 5870-5876.

29. Faith NG, Parniere N, Larson T, Lorang TD, Luchansky JB (1998) Viability of Escherichia coli O157:H7 in pepperoni during the manufacture of sticks and the subsequent storage of slices at 21, 4, and -20°C under air, vacuum, and CO_2. *Int J Food Microbiol*, 37: 47-54.

30. Fidalgo SG, Wang Q, Riley TV (2000) Comparison of methods for detection of Erysipelothrix spp. and their distribution in some Australasian seafoods. *Appl Environ Microbiol*, 66: 2066-2070.

31. Fields ML, Richmond BS, Baldwin RE (1968) Food quality as determined by metabolic by-products of microorganisms. *Adv Food Res*, 16: 161-229.

32. Foster JF, Fowler JL, Dacey J (1977) A microbial survey of various fresh and frozen seafood products. *J Food Protect*, 40: 300-303.

33. Fraiser MB, Koburger JA (1984) Incidence of salmonellae in clams, oysters, crabs and mullet. *J Food Protect*, 47: 343-345.

34. Gardini E, Tofalo R, Suzzi G (2003) A survey of antibiotic resistance in Micrococcaceae isolated from Italian dry fermented sausages. *J Food Protect*, 66: 937-945.

35. Gardner GA (1971) Microbiological and chemical changes in lean Wiltshire bacon during aerobic storage. *J Appl Bacteriol*, 34: 645-654.

36. Garriga M, Ehrmann MA, Arnau J, et al. (1998) Carnimonas nigrificans gen. nov., sp. nov., a bacterial causative agent for black spot formation on cured meat products. *Int J Syst Bacteriol*, 48: 677-686.

37. Gill CO, Newton KG (1979) Spoilage of vacuum-packaged dark, firm, dry meat at chill temperatures. *Appl Environ Microbiol*, 37: 362-364.

38. Gombas EE, Chen Y, Clavero RS, Scott VN (2003) Survey of Listeria monocytogenes in ready-to-eat foods. *J Food Protect*, 66: 559-569.

39. González CJ, Santos JA, Carcía-López ML, Otero A (2000) Psychrobacters and related bacteria in freshwater fish. *J Food Protect*, 63: 315-321.

40. Gram L, Christensen AB, Ravn L, Molin S, Givskov M (1999) Production of acylated homoserine lactones by psychrotrophic members of the Enterobacteriaceae isolated from foods. *Appl Environ Microbiol*, 65: 3458-3463.

41. Grant GF, McCurdy AR, Osborne AD (1988) Bacterial greening in cured meats: A review. *Can Inst Food Sci Technol J*, 21: 50-56.

42. Harrison JA, Harrison MA (1996) Fate of Escherichia coli O157:H7, Listeria monocytogenes, and Salmonella typhimurium during preparation and storage of beef jerky. *J Food Protect*, 59: 1336-1338.

43. Hauschild AHW, Hilsheimer R (1983) Prevalence of Clostridium botulinum in commercial liver sausage. *J Food Protect*, 46: 243-244.

44. Heinitz ML, Ruble RD, Wagner DE, Tatini SR (2000) Incidence of Salmonella in fish and seafood. *J Food Protect*, 63: 579-592.

45. Herbert RA, Hendrie MS, Gibson DM, Shewan JM (1971) Bacteria active in the spoilage of certain sea foods. *J Appl Bacteriol*, 34: 41-50.

46. Hinkens JC, Faith NG, Lorang TD, Bailey P, Buege D, Kaspar CW, Luchansky JB (1996) Validation of pepperoni processes for control of Escherichia coli O157:H7. *J Food Protect*, 59: 1260-1266.

47. Hobbs G (1983) Microbial spoilage of fish. In: Roberts TA, Skinner FA (eds) *Food Microbiology: Advances and Prospects*. Academic Press, London, pp. 217-229.

48. Holle RA, Guan TY, Peirson M, Yost CK (2002) Carnobacterium viridans sp. nov., an alkaliphilic, facultative anaerobe isolated from refrigerated, vacuum-packed bologna sausage. *Int J Syst Evol Microbiol*, 52: 1881-1885.

49. Holley RA (1985) Beef jerky: Fate of Staphylococcus aureus in marinated and corned beef during jerky manufacture and 2.5°C storage. *J Food Protect*, 48: 107-111.

50. Holley RA (1985) Beef jerky: Viability of food-poisoning microorganisms on jerky during its manufacture and storage. *J Food Protect*, 48: 100-106.

51. Hunter AC, Linden BA (1923) An investigation of oyster spoilage. *Amer Food J*, 18: 538-540.

52. Ihnot AM, Roering AM, Wierzba RK, Faith NG, Luchansky JB (1998). Behavior of Salmonella Typhimurium DT104 during the manufacture and storage of pepperoni. *Int J Food Microbiol* 40: 117-121.

53. Ingham M (1960). Bacterial multiplication in packed Wiltshire bacon. *J Appl Bacteriol*, 23: 206-215.

54. Ingram M, Dainty RH (1971) Changes caused by microbes in spoilage of meats. *J Appl Bacteriol*, 34: 21-39.

55. Jacquot R (1961) Organic constituents of fish and other aquatic animal foods. In: Borgstrom G (ed) *Fish as Food*, vol. 1. Academic Press, New York, pp. 145-209.

56. Johnson AR, Ogrydziak DM (1984) Genetic adaptation to elevated carbon dioxide atmospheres by Pseudomonaslike bacteria isolated from rock cod (Sebastes spp.). *Appl Environ Microbiol*, 48: 486-490.

57. Kato Y, Sakala RM, Hayashidani H, Kiuchi A, Kaneuchi C, Ogawa M (2000) Lactobacillus algidus sp. nov., a psychrophilic lactic acid bacterium isolated from vacuum-packaged refrigerated beef. *Int J Syst Evol Microbiol*, 50: 1143-1149.

58. Kazanas N, Emerson JA, Seagram HL, Kempe LL (1966) Effect of γ-irradiation on the microflora of freshwater fish. I. Microbial load, lag period, and rate of growth on yellow perch (Perca flavescens) fillets. *Appl Microbiol*, 14: 261-266.

59. Kitchell AG (1962) Micrococci and coagulase negative staphylococci in cured meats and meat products. *J Appl Bacteriol*, 25: 416-431.

60. Krzymien ME, Elias L (1990) Feasibility study on the determination of fish freshness by trimethylamine headspace analysis. *J Food Sci*, 55: 1228-1232.

61. LeGuyader F, Haugarreau L, Miossec L, Dubois E, Pommepuy M (2000) Three-year study to assess human enteric viruses in shellfish. *Appl Environ Microbiol*, 66: 3241-3248.

62. Leininger HV, Shelton LR, Lewis KH (1971) Microbiology of frozen cream-type pies, frozen cooked-peeled shrimp, and dry food-grade gelatin. *Food Technol*, 25: 224-229.

63. Leisner JJ, Millan JC, Huss HH, Larsen LM (1994) Production of histamine and tyramine by lactic acid bacteria isolated from vacuum-packaged sugar-salted fish. *J Appl Bacteriol*, 76: 417-423.

64. Lerke P, Adams R, Farber L (1965) Bacteriology of spoilage of fish muscle. III. Characteristics of spoilers. *Appl Microbiol*, 13: 625-630.

65. Matches JR (1982) Effects of temperature on the decomposition of Pacific coast shrimp (Pandalus jordani). *J Food Sci*, 47: 1044-1047, 1069.

66. McLean RA, Sulzbacher WL (1953) Microbacterium thermosphactum spec. nov., a non-heat resistant bacterium from fresh pork sausage. *J Bacteriol*, 65: 428-432.

67. Mediel MJ, Rodriguez V, Codina G, Martin-Casabona N (2000) Isolation of mycobacteria from frozen fish destined for human consumption. *Appl Environ Microbiol*, 66: 3637-3638.

68. Miettinen H, Arvola A, Luoma T, Wirtanen G (2003) Prevalence of Listeria monocytogenes in, and microbiological sensory quality of, rainbow trout, whitefish, and vendace roes from Finnish retail markets. *J Food Protect*, 66: 1832-1839.

69. Molin G, Stenstrom IM (1984) Effect of temperature on the microbial flora of herring fillets stored in air or carbon dioxide. *J Appl Bacteriol*, 56: 275-282.

70. Nickerson JTR, Goldblith SA (1964) A study of the microbiological quality of haddock fillets and shucked, soft-shelled clams processed and marketed in the greater Boston area. *J Milk Food Technol*, 27: 7-12.

71. Nicol DJ, Shaw MK, Ledward DA (1970) Hydrogen sulfide production by bacteria and sulfmyoglobin formation in prepacked chilled beef. *Appl Microbiol*, 19: 937-939.

72. Ng DLK, Koh BB, Tay L, Yeo M (1999) The presence of Salmonella in local food and beverage items in Singapore. *Dairy Fd Environ Sanit*, 19: 848-852.

73. Pearson AM, Gillett TA (1999) *Processed Meats*, Kluwer Academic Publishers, New York.

74. Portocarrero SM, Newman M, Mikel B (2002) Staphylococcus aureus survival, staphylococcal enterotoxin production and shelf stability of country-cured hams manufactured under different processing procedures. *Meat Sci*, 62: 267-273.

75. Pottinger SR (1948) Some data on pH and the freshness of shucked eastern oysters. *Comm Fisheries Rev*, 10(9): 1-3.

76. Riha WE, Solberg M (1970) Microflora of fresh pork sausage casings. 2. Natural casings. *J Food Sci*, 35: 860-863.

77. Rodríguez M, Núñez F, Córdoba JJ, Bermúdez E, Asensio MA (1996) Gram-positive, catalase-positive cocci from dry cured Iberian ham and their enterotoxigenic potential. *Appl Environ Microbiol*, 62: 1897-1902.

78. Romero J, González N, Espero RT (2002) Marine Pseudoalteromonas sp. composes most of the bacterial population developed in oysters (Tiostrea chilensis) spoiled during storage. *J Food Sci*, 67: 2300-2303.

79. Sakala RM, Kato Y, Hayashidanik H, Murakami M, Kaneuchi C, Ogawa M (2002) Lactobacillus fuchuensis sp. nov., isolated from vacuum-packaged refrigerated beef. *Int J Syst Evol Microbiol*, 52: 1151-1154.

80. Shaw BG, Shewan JM (1968) Psychrophilic spoilage bacteria of fish. *J Appl Bacteriol*, 31: 89-96.

81. Shay BJ, Egan AF (1981) Hydrogen sulphide production and spoilage of vacuum-packaged beef by a Lactobacillus. In: Roberts TA, Hobbs G, Christian JHB, et al (eds) *Micro-Organisms in Spoilage and Pathogenicity*. Academic Press, London, pp. 241-251

82. Shelef LA, Jay JM (1971) Hydration capacity as an index of shrimp microbial quality. *J Food Sci*, 36: 994-997.

83. Shewan JM (1961) The microbiology of sea-water fish. In: Borgstrom G (ed) *Fish as Food*, vol. 1. Academic Press, New York, pp. 487-560

84. Silverman GJ, Nickerson JTR, Duncan DW, Davis NS, Schachter JS, Joselow MM (1961) Microbial analysis of frozen raw and cooked shrimp. I. General results. *Food Technol*, 15: 455-458.

85. Stenstrom IM, Molin G (1990) Classification of the spoilage flora of fish, with special reference to Shewanella putrefaciens. *J Appl Bacteriol*, 68: 601-618.

86. Stewart AW (1983) Effect of cooking on bacteriological population of "soul foods". *J Food Protect*, 46: 19-20.

87. Sullivan JD Jr, Ellis PC, Lee RG, Combs WS Jr, Watson SW (1983) Comparison of the Limulus amoebocyte lysate test with plate counts and chemical analyses for assessment of the quality of lean fish. *Appl Environ Microbiol*, 45: 720-722.

88. Surkiewicz BF, Harris ME, Elliott RP, Macaluso JF, Strand MM (1975) Bacteriological survey of raw beef patties produced at establishments under federal inspection. *Appl Microbiol*, 29: 331-334.

89. Swartzentruber A, Schwab AH, Duran AP, Wentz BA, Read RB Jr (1980) Microbiological quality of frozen shrimp and lobster tail in the retail market. *Appl Environ Microbiol*, 40: 765-769.

90. Tarr HLA (1954) Microbiological deterioration of fish post mortem, its detection and control. *Bacteriol Rev*, 18: 1-15.

91. Thimothe J, Walker J, Suvanich V, Call KL, Moody MW, Wiedmann M (2002) Detection of Listeria in crawfish processing plants and in raw, whole crawfish and processed crawfish (Procambarus spp.). *J Food Protect*, 65: 1735-1739.

92. Tonge RJ, Baird-Parker AC, Cavett JJ (1964) Chemical and microbiological changes during storage of vacuum packed sliced bacon. *J Appl Bacteriol*, 27: 252-264.

93. Tryfinopoulou P, Tsakalidou E, Nychas GJE (2002) Characterization of Pseudomonas spp. associated with spoilage of gilt-head sea bream stored under various conditions. *Appl Environ Microbiol*, 68: 65-72.

94. Velankar NK, Govindan TK (1958) A preliminary study of the distribution of nonprotein nitrogen in some marine fishes and investebrates. *Proc Indian Acad Sci Secft B*, 47: 202-209.

95. Vanderzant C, Matthys AW, Cobb BF III (1973) Microbiological, chemical, and organoleptic characteristics of frozen breaded raw shrimp. *J Milk Food Technol*, 36: 253-261.

96. Wallace RM, Call JE, Porto ACS, Cocoma GJ, the ERRC Sepc. Proj. Team, Luchansky JB (2003) Recovery rate of Listeria monocytogenes from commercially prepared frankfurters during extended refrigerated storage. *J Food Protect*, 66: 584-591.

97. Wang C, Silva JL (1999) Prevalence and characteristics of Aeromonas species isolated from processed channel catfish. *J Food Protect*, 62: 30-34.

98. Wardlaw FB, Skelley GC, Johnson MG, Ayres JC (1973) Changes in meat components during fermentation, heat processing and drying of a summer sausage. *J Food Sci*, 38: 1228-1231.

99. Watt BK, Merrill AL (1950) Composition of foods: Raw, processed, prepared. *Agricultural Handbook* No. 8. U.S. Department of Agriculture, Washington, DC.

100. Wentz BA, Duran AP, Swartzentruber A, Schwab AH, Read RB Jr (1983) Microbiological quality of fresh blue crabmeat, clams and oysters. *J Food Protect*, 46: 978-981.

101. Whiteley AM, D'Souza MD (1989) A yellow discoloration of cooked cured meat products – Isolation and characterization of the causative organisms. *J Food Protect*, 52: 392-395.

Capitolo 6
Prodotti ortofrutticoli

Si presume che la flora microbica dei prodotti della terra rispecchi quella del suolo in cui questi sono cresciuti, sebbene esistano delle eccezioni. Gli attinomiceti (forme appartenenti ai Gram-positivi) sono i batteri più abbondanti nei terreni stabili, tuttavia raramente vengono rinvenuti sui prodotti vegetali. Per contro, i batteri lattici, pur essendo raramente presenti nel suolo, rappresentano una parte significativa della popolazione batterica dei vegetali e dei prodotti da essi derivati. La completa esposizione all'ambiente dei prodotti vegetali fornisce numerose opportunità di contaminazione microbica. I rivestimenti protettivi di frutta e ortaggi, come pure i valori di pH, che in alcuni casi sono inferiori a quelli ideali per lo sviluppo dei microrganismi, costituiscono parametri importanti per la microbiologia di questi prodotti.

Per quanto difficile, in questo capitolo si è tentato di trattare separatamente frutta e verdura. Nella pratica comune, infatti, prodotti come pomodori e cetrioli sono considerati ortaggi, sebbene dal punto di vista botanico siano frutti. Gli agrumi sono botanicamente frutti e tali sono comunemente considerati. In generale, le distinzioni tra frutta e ortaggi sono basate sul pH, senza tener conto delle classificazioni scientifiche.

6.1 Ortaggi freschi e surgelati

È logico attendersi che l'incidenza dei microrganismi nei vegetali rifletta la qualità igienico-sanitaria delle fasi di trasformazione e le condizioni microbiologiche della materia prima lavorata. In uno studio sui fagiolini, condotto in due stabilimenti di trasformazione[50], sono state riscontrate conte totali per grammo variabili da $5,60 \log_{10}$ a oltre $6,0 \log_{10}$, prima della scottatura (*blanching*), e di $3,00$-$3,60 \log_{10}$ dopo il blanching. Al termine delle diverse fasi di lavorazione e del confezionamento, le conte sono risultate comprese tra $4,72$ e $5,94 \log_{10}$. Per i fagiolini verdi, uno degli aumenti più rilevanti del numero di microrganismi si è osservato immediatamente dopo il taglio; lo stesso si è verificato per i piselli e il mais. Prima del blanching, le conte totali dei piselli verdi prodotti in tre diverse aziende agricole erano comprese tra $4,94$ e $5,95 \log_{10}$. I valori risultavano ridotti dopo il blanching, ma aumentavano nuovamente in ciascuna delle successive fasi di lavorazione. Per quanto riguarda le cariossidi intere di mais già sottoposte a scottatura, le conte mostravano un nuovo aumento sia dopo le operazioni di taglio sia al termine del trasferimento del prodotto al lavaggio con nastro trasportatore; infatti, dopo il blanching il valore era circa $3,48 \log_{10}$, mentre nel prodotto confezionato è risultato pari a $5,94 \log_{10}/g$. Dal 40 al 75% della flora batterica di piselli, fagiolini e mais era rappresentato da leuconostoc e "streptococchi", mentre molti dei bastoncini Gram-positivi, catalasi-positivi, presentavano caratteristiche analoghe ai corinebatteri[48,49].

J.M. Jay et al., *Microbiologia degli alimenti*
© Springer-Verlag Italia 2009

Tabella 6.1 Cariche microbiche di alcuni ortaggi freschi osservate in diversi studi

Prodotti	Log$_{10}$ ufc/g	Rif. bibl.
Mix di carote e cicoria rossa e verde	APC 7,94	57
	Coliformi 7,03	57
	Coliformi fecali 6,74	57
	Batteri lattici 6,18	57
Mix di carote e cicoria rossa e indivia	APC 6,14	57
	Coliformi 4,68	57
	Coliformi fecali 4,51	57
	Batteri lattici 5,86	57
Germogli di fagioli	APC 7,26; 7,99	23
	Coliformi 7,49; 6,99	
Broccoli	APC 3,97	37
Carote	APC 4,20	37
Cavolfiori	APC 6,97	37
Sedano	APC 10,0	37
Insalata di cavolo, carote, cipolla e maionese	APC 7,00	37
Ravanelli	APC 6,04	37
Germogli	APC 8,7; coliformi 7,2	55
Lattuga	APC 8,6; coliformi 5,6	55
Sedano	APC 7,5	55
Cavolfiori	APC 7,4; coliformi 2,9	55
Broccoli	APC 6,3; coliformi 4,8	55
Lattuga fresca al dettaglio[a]	APC 6,94; coliformi 3,25	30

APC = conta aerobia in piastra.

[a] Valore medio su 10 campioni, che presentavano anche valori di 1,64 per *E. coli* e 5,62 per i funghi.

In tabella 6.1 sono riportati i valori delle conte microbiche per diversi tipi di ortaggi freschi. Si può osservare che, negli ortaggi considerati, sono comuni valori di APC compresi tra 6 e 7 log$_{10}$ ufc/g e che non sono rare conte di coliformi di 5-6 log$_{10}$.

I cocchi lattici sono associati a molti vegetali, sia crudi sia trasformati[29]. Nei piselli, nei fagiolini e nel mais congelati questi cocchi costituiscono dal 41 al 75% della conta aerobia in piastra[46]. In campioni di piselli freschi, fagiolini e mais sono state rinvenute specie stafilococciche coagulasi-positive, dopo il processo di trasformazione[48]: la conta più elevata è stata trovata nei piselli (0,86 log$_{10}$/g), il 64% dei campioni di mais conteneva questi microorganismi. Gli autori dello studio hanno riscontrato un generale accumulo di stafilococchi negli ortaggi, man mano che questi venivano sottoposti alle successive fasi di lavorazione; la principale fonte di contaminazione era rappresentata dalle mani degli addetti. Sebbene possano essere rinvenuti sui vegetali durante la lavorazione, in genere gli stafilococchi non sono in grado di moltiplicarsi in presenza dei più comuni batteri lattici. Sia i coliformi (tranne *E. coli*) sia gli enterococchi sono stati ritrovati nella maggior parte delle fasi di lavorazione dei vegetali, ma non sembrano rappresentare un rischio per la salute pubblica[47].

In uno studio sull'incidenza di *Clostridium botulinum*, condotto su 100 prodotti vegetali surgelati confezionati in busta sotto vuoto, il microrganismo è risultato assente nei 50 campioni di fagiolini verdi, mentre sono state isolate spore di tipo A e B in 6 dei 50 campioni di spinaci esaminati[20].

Tabella 6.2 Qualità microbiologica complessiva degli ortaggi surgelati

Prodotti	N. di campioni	Gruppi microbici /Limiti	% campioni conformi	Rif. bibl.
Cavolfiori	1.556	APC 35 °C $\leq 10^5$/g	75	5
	1.556	Coliformi MPN < 20/g	79	5
	1.556	*E. coli* MPN < 3/g	98	5
Mais	1.542	APC 35 °C $\leq 10^5$/g	94	5
	1.542	Coliformi MPN < 20/g	71	5
	1.542	*E. coli* MPN < 3/g	99	5
Piselli	1.564	APC 35 °C $\leq 10^5$/g	95	5
	1.564	Coliformi MPN < 20/g	78	5
	1.564	*E. coli* MPN < 3/g	99	5
Ortaggi scottati	575	Assenza di coliformi fecali	63	49
(17 specie diverse)	575	n = 5, c = 3, m = 10, M = 10^3	33	49
	575	n = 5, c = 3, m = 10, M = 10^3	33	49
Fagiolini verdi tagliati, spinaci in foglie, piselli	144	Intervallo APC medio per gruppo: 4,73-4,93 $\log_{10}$/g	–	47
Fagioli americani, mais, broccoli, cavoletti di Bruxelles	170	Intervallo APC medio per gruppo: 5,30-5,36 $\log_{10}$/g	–	47
Fagiolini verdi, verdure a pezzi, zucchine	135	Intervallo APC medio per gruppo: 5,48-5,51 $\log_{10}$/g	–	47
Spinaci tagliati, cavolfiori	80	Intervallo APC medio per gruppo: 5,54-5,65 $\log_{10}$/g	–	47
Broccoli in pezzi	45	Intervallo APC medio 6,26 $\log_{10}$/g	–	47

APC = conta aerobia in piastra; MPN = most probable number.

Sugli ortaggi surgelati il numero totale di batteri tende a essere minore rispetto a quello riscontrato sui corrispondenti prodotti freschi. Ciò è dovuto principalmente al blanching che precede il congelamento, alla più elevata qualità delle materie prime e alla morte di alcuni batteri associata al congelamento (vedi capitolo 16). Nella tabella 6.2 si può osservare che i valori di APC per gli ortaggi verdi surgelati considerati sono intorno a 5,0 $\log_{10}$ ufc/g, decisamente inferiori a quelli riportati in tabella 6.1 per i prodotti freschi. La tabella 6.3 riassume i valori di APC in $\log_{10}$ per alcuni prodotti surgelati ottenuti dalla lavorazione delle patate. Poiché l'interno delle patate fresche e non danneggiate è esente da batteri, i valori riportati riflettono la contaminazione post cottura dei prodotti sottoposti a trattamento termico.

Tabella 6.3 Valori di APC ($\log_{10}$) per alcuni prodotti surgelati ottenuti dalla lavorazione delle patate

Prodotti	Intervallo APC
Patate in insalata	2,6-5,1
Patate disidratate	2,5-5,5
Patate al forno	4,0-6,4
Patate fritte (bastoncini)	2,0-6,7
Patate fritte (julienne o dadini)	3,2-8,7

Tabella 6.4 Composizione chimica generale dei costituenti le piante superiori

Carboidrati e composti correlati

1. Polisaccaridi: pentosani (arabani), esosani (cellulosa, amido, xilani, fruttani, mannani, galattani, levani)

2. Oligosaccaridi: tetrasaccaridi (stachiosio), trisaccaridi (robinosio, mannotriosio, raffinosio), disaccaridi (maltosio, saccarosio, cellobiosio, melibiosio, trealosio)

3. Monosaccaridi: esosi (mannosio, glucosio, galattosio, fruttosio, sorbosio), pentosi (arabinosio, xilosio, ribosio, L-ramnosio, L-fucosio)

4. Alcol: glicerolo, ribitolo, mannitolo, sorbitolo, inositolo

5. Acidi: acidi uronici, acido ascorbico

6. Esteri: tannini

7. Acidi organici: citrico, scichimico, D-tartarico, ossalico, lattico, glicolico, malonico, ecc.

Proteine: albumine, globuline, gluteline, prolamine, peptidi e amminoacidi

Lipidi: acidi grassi, acidi grassi esterificati, fosfolipidi, glicolipidi, ecc.

Acidi nucleici e derivati: basi puriniche e pirimidiniche, nucleotidi ecc.

Vitamine: liposolubili (A, D, E); idrosolubili (tiamina, niacina, riboflavina ecc.)

Minerali: Na, K, Ca, Mg, Mn, Fe ecc.

Acqua

Altri: alcaloidi, porfirine, composti aromatici ecc.

Tabella 6.5 Composizione chimica media percentuale di alcuni ortaggi

	Acqua	Carboidrati	Proteine	Grassi	Ceneri
Angurie	92,1	6,9	0,5	0,2	0,3
Barbabietole	87,6	9,6	1,6	0,1	1,1
Broccoli	89,9	5,5	3,3	0,2	1,1
Cavolfiori	91,7	4,9	2,4	0,2	0,8
Cavolini di Bruxelles	84,9	8,9	4,4	0,5	1,3
Cavoli	92,4	5,3	1,4	0,2	0,8
Cetrioli	96,1	2,7	0,7	0,1	0,4
Cipolle	87,5	10,3	1,4	0,2	0,6
Fagiolini	89,9	7,7	2,4	0,2	0,8
Lattuga	94,8	2,9	1,2	0,2	0,9
Mais	73,9	20,5	3,7	1,2	0,7
Meloni	94,0	4,6	0,2	0,2	0,6
Patate	77,8	19,1	2,0	0,1	1,0
Patate dolci	68,5	27,9	1,8	0,7	1,1
Piselli	74,3	17,7	6,7	0,4	0,9
Pomodori	94,1	4,0	1,0	0,3	0,6
Ravanelli	93,6	4,2	1,2	0,1	1,0
Sedano	93,7	3,7	1,3	0,2	1,1
Spinaci	92,7	3,2	2,3	0,3	1,5
Zucca d'estate	95,0	3,9	0,6	0,1	0,4
Zucca d'inverno	90,5	7,3	1,2	0,2	0,8
Valori medi	**88,3**	**8,6**	**2,0**	**0,3**	**0,8**

(Da Watt e Merrill[60])

6.1.1 Alterazione

La composizione generale delle piante superiori è presentata in tabella 6.4, mentre quella di 21 comuni ortaggi è riportata in tabella 6.5. I vegetali contengono in media circa l'88% di acqua, l'8,6% di carboidrati, il 2,0% di proteine, lo 0,3% di grassi e lo 0,8% di ceneri. Il contributo percentuale complessivo di vitamine, acidi nucleici e altri costituenti è solitamente inferiore all'1%. Per quanto riguarda il contenuto di nutrienti, gli ortaggi sono in grado di supportare lo sviluppo di muffe, lieviti e batteri; di conseguenza sono soggetti all'alterazione da parte di alcuni o tutti questi microrganismi. Il maggior contenuto di acqua degli ortaggi favorisce la crescita dei batteri alterativi e le percentuali relativamente basse di carboidrati e grassi suggeriscono che quest'acqua sia presente per lo più in forma disponibile. Il pH della maggior parte di questi prodotti è situato nell'intervallo favorevole allo sviluppo di numerosi batteri; non sorprende, quindi, che i batteri siano comuni agenti di alterazione dei vegetali. Il potenziale di ossido-riduzione (O/R) relativamente elevato di questi prodotti e la loro scarsa stabilità suggeriscono una possibile prevalenza di aerobi e anaerobi facoltativi rispetto agli anaerobi. È proprio ciò che si verifica: alcuni tra i più diffusi agenti responsabili dell'alterazione dei vegetali sono specie dei generi *Erwinia* e *Pectobacterium*, associate a piante e ortaggi nel loro ambiente naturale di crescita. Il tipo di alterazione che accomuna questi microrganismi è definito *marciume molle batterico*.

6.1.2 Agenti batterici

Il genere *Erwinia* è stato ridimensionato dal trasferimento di 10 specie e 5 sottospecie in due nuovi generi, riportati in tabella 6.6. Va tuttavia sottolineato che alcuni tassonomisti non sono completamente d'accordo con la ricollocazione di alcune di queste specie nel genere *Pectobacterium* e suggeriscono ulteriori cambiamenti[63]. Numerose Pseudomonadaceae associate ai vegetali sono state trasferite in nuovi generi, tra i quali *Acidovorax*, *Burkholderia* e *Hydrogenophaga*. Anche nell'ambito del genere *Xanthomonas* sono stati apportati cambiamenti, e sembra che tale processo continuerà soprattutto in seguito all'impiego dei metodi di genetica molecolare in sostituzione dei tradizionali test fenotipici. Il genere *Pantoea* è strettamente correlato a *Erwinia* ed è, unitamente ai generi *Citrobacter* e *Klebsiella*, più importante di quanto sembri nelle alterazioni dei vegetali conservati. I generi batterici più spesso

Tabella 6.6 Ricollocazione di 10 specie e 5 sottospecie, prima appartenenti al genere *Erwinia*, nei nuovi generi *Pectobacterium* e *Brenneria*[18]

Pectobacterium	***Precedente collocazione nel genere Erwinia***
P. carotovorum subsp. atrosepticum	E. carotovora subsp. atroseptica
P. carotovorum subsp. carotovorum	E. carotovora subsp. carotovora
P. carotovorum subsp. betavasculorum	E. carotovora subsp. betavasculorum
P. carotovorum subsp. odoriferum	E. carotovora subsp. odorifera
P. carotovorum subsp. wasabiae	E. carotovora subsp. wasabiae
P. cacticidum	E. cacticida
P. chrysanthemi	E. chrysanthemi
P. cypripedii	E. cypripedii
Brenneria	
B. alni, B. nigrifluens, B. paradisiaca,	in precedenza tutte appartenenti
B. quercina, B. rubrifaciens, B. salicis	al genere *Erwinia*

associati al deterioramento dei vegetali – sia in campo sia durante l'immagazzinamento – sono *Pseudomonas*, *Pectobacterium*, *Erwinia* e *Xanthomonas*; alcune specifiche alterazioni sono elencate in tabella 6.7.

Il marciume molle colpisce numerose specie di piante; quello delle carote è ben noto. Il termine "molle" si riferisce alla consistenza assunta dai vegetali o dagli ortaggi, in contrasto con altre alterazioni nelle quali il prodotto conserva la propria struttura compatta. *Pectobacterium* spp., in particolare *P. carotovorum* subsp. *carotovorum* e *P. carotovorum* subsp. *odoriferum*, sono le specie associate con maggiore frequenza al marciume molle delle carote. Dopo che il processo di alterazione ha avuto inizio, vengono coinvolti nell'attività alterativa anche diversi batteri residenti nel terreno; tra questi, oltre a *Pseudomonas* spp., vi sono *Bacillus*, *Paenibacillus* e *Clostridium*. In frutti e ortaggi, come pomodori e patate, *P. carotovorum* subsp. *carotovorum* provoca marciume molle penetrando attraverso lesioni e ferite

Tabella 6.7 Alcuni esempi di alterazioni batteriche in campo e durante l'immagazzinamento di prodotti ortofrutticoli

Microrganismo	Tipo di alterazione/Prodotti
Acidovorax valerianellae	Macchie nere del fogliame della lattuga
Clavibacter michiganensis subsp. *michiganensis*	Avvizzimento vascolare, cancro e maculatura di foglie e frutti del pomodoro e di altri prodotti
C. michiganensis subsp. *nebraskensis*	Maculatura fogliare, ruggine delle foglie e avvizzimento del frumento
C. michiganensis subsp. *sepedonicus*	Marciume del tubero o delle patate bianche
Curtobacterium flaccumfaciens (prima *Corynebacterium flaccumfaciens*)	Avvizzimento batterico del fagiolo
Erwinia amylovora	Colpo di fuoco in meli e peri
Janthinobacterium agaricidamnosum	Marciume molle dei funghi
Pseudomonas agarici, P. tolaasii	Umidificazione delle lamelle dei funghi
Pseudomonas corrugata	Necrosi centrale del pomodoro
Pseudomonas cichorii - gruppo	Maculatura zonale di cavolo e lattuga
Pseudomonas marginalis - gruppo	Marciume molle degli ortaggi, viscosità sul bordo della lattuga
Pseudomonas morsprunorum - gruppo (prima *P. phaseolicola*)	Maculatura ad alone del fagiolo
Pseudomonas syringae pv. *syringae*	Cancro batterico delle drupacee
P. syringae pv. *glycinea* (prima *P. glycinea*)	Malattia dei semi di soia
P. syringae pv. *lachrymans* (prima *P. lachrymans*)	Maculatura fogliare del cetriolo
P. syringae pv. *pisi* (prima *P. pisi*)	Ruggine batterica delle pere
P. tomato - gruppo	Macchiettatura batterica dei pomodori
Ralstonia spp.	Avvizzimento dei pomodori
Rathayibacter spp.	Gommosi vegetali
Streptomyces spp.	Scabbia della patata
Xanthomonas axonopodis pv. *citri*	Cancro degli agrumi
X. campestris pv. *campestris*	Marciume nero di cavoli e cavolfiori
X. oryzae pv. *oryzae*	Ruggine batterica del riso
X. oryzae pv. *oryzicola*	Striatura batterica fogliare del riso
Xylella fastidiosa	Morbo di Pierce

presenti sulla superficie. Le radici di alcuni ortaggi, come le carote, sono protette dall'invasione microbica poiché possiedono perossido e superossido di idrogeno; per superare questo meccanismo di difesa, alcuni microrganismi producono catalasi e superossido dismutasi. Tali enzimi sono prodotti dal gruppo di *Pseudomonas syringae* e da *Erwinia* spp.

La sostanza cementante del corpo vegetale induce la formazione delle pectinasi, che idrolizzando la pectina provocano il tipico rammollimento del prodotto. È stato dimostrato che nelle patate la macerazione dei tessuti è causata da una endopoligalatturonato trans-eliminasi prodotta da *Pectobacterium*[28]. *P. chrysanthemi* produce due pectine metilesterasi, almeno sette pectato liasi, una poligalatturonasi e una pectina liasi[19]. Dopo che la pectina è stata distrutta, la microflora produce e utilizza oligogalatturonidasi. A causa del precoce e relativamente rapido sviluppo dei batteri, le muffe che tendono a colonizzare la superficie del prodotto hanno una responsabilità minore nell'alterazione degli ortaggi suscettibili all'attacco batterico.

Una volta che la barriera esterna del vegetale è stata distrutta dai microrganismi produttori di pectinasi, anche le specie microbiche sprovviste di tali enzimi penetrano nei tessuti vegetali e contribuiscono ad attuare la fermentazione dei carboidrati semplici in essi presenti. Le quantità di composti azotati semplici, di vitamine (in particolare del complesso B) e di sali minerali sono adeguate per sostenere la crescita dei microrganismi invasori fino a quando l'ortaggio non risulta del tutto consumato o distrutto. La comparsa di odori sgradevoli è il risultato diretto della produzione di composti volatili (quali NH_3, acidi volatili e simili) da parte dei microrganismi presenti. Quando si sviluppano in mezzi acidi, i microrganismi tendono a decarbossilare gli amminoacidi rilasciando ammine, che causano un incremento del pH verso valori prossimi alla neutralità e anche superiori. I carboidrati complessi, come la cellulosa, sono in genere gli ultimi a essere degradati, solitamente da varie specie di muffe e di altri microrganismi originari del suolo, poiché la degradazione della cellulosa da parte di *Erwinia* spp. è incerta. Probabilmente i costituenti aromatici e le porfirine vengono degradati solo nelle fasi finali del processo alterativo, e ancora una volta sono responsabili i microrganismi presenti nel terreno. Il genere *Brenneria* provoca alcune malattie delle piante, come cancro della corteccia, necrosi del noce, essudato di linfa dalle ghiande eccetera[18].

I geni di *P. carotovorum* subsp. *carotovorum* responsabili della macerazione del tubero della patata sono stati clonati. I plasmidi contenenti il DNA clonato hanno mediato la produzione di endopectato liasi, esopectato liasi, endopoligalatturonasi e cellulasi[39]. I ceppi di *Escherichia coli* contenenti i plasmidi clonati hanno dimostrato che l'endopectato liasi, unitamente all'endopoligalatturonasi o all'esopectato liasi, causa la macerazione delle patate affettate. Questi enzimi, insieme alla fosfatidato-fosfoidrolasi e alla fosfolipasi A, sono implicati nel marciume molle provocato dal microrganismo. Le carote infettate con *Agrobacterium tumefaciens* vanno incontro molto rapidamente a senescenza a causa dell'aumentata sintesi di etilene. Nelle piante normali, non infettate, la sintesi di etilene è regolata dalle auxine, ma *A. tumefaciens* incrementa la sintesi di acido indolacetico che, a sua volta, determina livelli più elevati di etilene.

Alla fine degli anni Novanta, *Xanthomonas axonopodis* patovar (pv.) *citri*, responsabile del cancro degli agrumi, ha arrecato danni enormi alla produzione di agrumi della Florida. Questa malattia si manifesta con la formazione di croste e lesioni di aspetto simile al sughero sulla superficie di arance, lime, pompelmi e altri agrumi. Il microrganismo penetra nella pianta da frutto attraverso gli stomi delle foglie; una volta all'interno, utilizza un sistema di secrezione di tipo III (vedi capitolo 22) per indurre l'aumento della divisione cellulare, che conduce all'insorgenza del cancro degli agrumi. I frutti infettati producono maggiori quantità di etilene, che determina senescenza, maturazione precoce e caduta prematura dei frutti

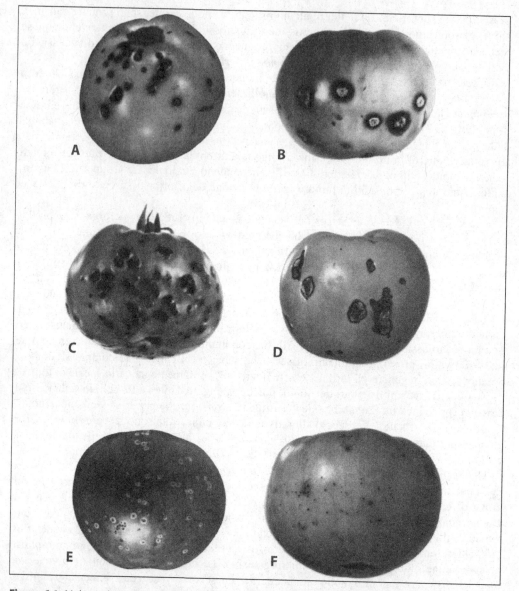

Figura 6.1 Malattie batteriche del pomodoro. A, B, C, D: maculature batteriche; E: cancro batterico; F: macchiettatura batterica. (Da *Agricolture Handbook* 28, USDA, 1968, Fungus and Bacterial Diseases of Fresh Tomatoes)

dagli alberi; le piante non vengono distrutte dall'infezione. Il batterio si diffonde da un albero all'altro trasportato da vento, pioggia, insetti e altri veicoli.

Il genere *Xanthomonas* è attualmente oggetto di riclassificazione, perciò alcune delle specie e dei patotipi (o patovar) elencati in tabella 6.6 saranno probabilmente ricollocati. La maggior parte forma colonie gialle mucoidi e lisce e produce *xantomonadine* di colore giallo. L'aspetto mucoide delle colonie è dovuto alla presenza di xantani, che sono caratteristici

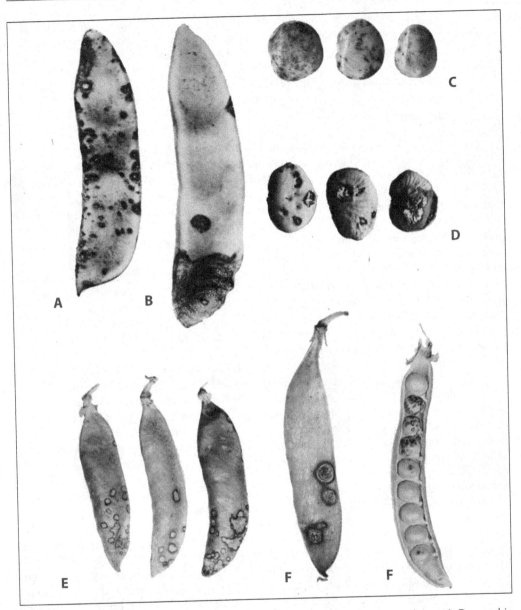

Figura 6.2 Malattie del fagiolo lima. A, B: ruggine del baccello; C: maculatura dei semi; D: macchie provocate da lieviti. Malattie del pisello. E: maculatura del baccello; F: antracnosi; G: scabbia. (Da *Agriculture Handbook* 303, USDA, 1996)

di questo genere[56]. Il cancro batterico dei frutti con nocciolo è provocato da *P. syringae* pv. *syringae*, un patovar considerato responsabile di malattia in oltre 180 specie di piante[25].

Alcuni dei più importanti batteri che causano alterazione dei vegetali, sia in campo sia durante l'immagazzinamento, sono presentati in tabella 6.7; occorre tuttavia considerare che per alcuni dei generi e delle specie elencati sono in corso cambiamenti tassonomici. I corinebatteri delle piante sono rappresentati da diversi microrganismi, molti dei quali non appartengono a questo genere in quanto ricollocati in altri. Anche le Pseudomonadaceae e le Xanthomonadaceae patogene dei vegetali e responsabili di alterazioni in campo presentano caratteristiche diverse.

Le figure 6.1 e 6.2 mostrano alcuni vegetali colpiti da alterazioni batteriche e fungine.

6.1.3 Agenti fungini

Un quadro sinottico di alcune comuni alterazioni fungine dei prodotti ortofrutticoli è presentato in tabella 6.8. Alcune di queste alterazioni si manifestano prima del raccolto, altre successivamente. Tra le prime vi sono, per esempio, il marciume grigio che colpisce diverse specie di frutti (causato dall'invasione del fiore da parte di *Botrytis*), l'antracnosi delle banane (causata dall'attacco dell'epidermide da parte di *Colletotrichum*) e il marciume lenticellare (scatenato dall'attacco delle lenticelle delle mele da parte di *Gloeosporium*)[13]. La maggior parte delle alterazioni dei frutti e degli ortaggi destinati alla vendita si verifica dopo la raccolta; sebbene i funghi invadano più spesso i prodotti ammaccati e danneggiati, alcuni di essi riescono a penetrare in corrispondenza di aree specifiche. Per esempio, *Thielaviopsis* invade il gambo del frutto dell'ananas causando il tipico marciume nero, mentre *Colletotrichum* invade la parte che congiunge la banana al casco, provocando il marciume del colletto[13]. Il marciume nero delle patate dolci è causato da *Ceratocystis*; il marciume del colletto delle cipolle da *Botrytis allii*; la peronospora della lattuga da *Bremia* spp.[9]. Alcune delle alterazioni elencate in tabella 6.8 sono discusse di seguito.

Muffa grigia L'agente responsabile di questa alterazione è *Botrytis cinerea*, che produce un micelio grigio. L'alterazione è favorita da umidità elevata e temperature miti. Tra gli ortaggi colpiti vi sono asparagi, cipolle, aglio, fagioli (fagiolini verdi, lima e a maturazione cerosa), carote, pastinache, sedano, pomodori, indivie, carciofi, lattuga, rabarbaro, cavolo, cavoletti di Bruxelles, cavolfiori, broccoli, ravanelli, rape, cetrioli, zucche, zucchine, peperoni e patate dolci. In questa patologia il fungo responsabile si sviluppa sulle parti danneggiate dando luogo a uno strato di muffa grigia prominente; esso può anche penetrare nei frutti e negli ortaggi attraverso la cuticola intatta o tagli e fessurazioni.

Marciume acido (marciume da oospora, marciume molle acquoso) Questa alterazione è provocata da *Geotrichum candidum* e da altri microrganismi. Tra gli ortaggi che possono essere colpiti vi sono asparagi, cipolle, aglio, fagioli (fagiolini verdi, lima e a maturazione cerosa), carote, pastinache, prezzemolo, indivie, carciofi, lattuga, cavolo, cavoletti di Bruxelles, cavolfiori, broccoli, ravanelli, rape e pomodori. Il fungo responsabile è ampiamente distribuito nel terreno e sui frutti e sulle verdure deteriorate. *Drosophila melanogaster* (moscerino della frutta) trasporta sul suo corpo spore e frammenti di micelio raccolti da frutta e ortaggi alterati depositandoli su fessurazioni e lesioni iniziali di prodotti sani. Poiché il fungo non è in grado di penetrare attraverso la cuticola integra, le infezioni si diffondono generalmente a partire da una lesione[27].

Marciume molle da Rhizopus Questa patologia è causata da *Rhizopus stolonifer* e da altre specie che rendono il vegetale molle e pastoso. Lo sviluppo cotonoso della muffa, caratterizzato dai piccoli puntini neri degli sporangi, spesso ricopre gli ortaggi; tra i prodotti colpiti, vi sono fagioli (fagiolini verdi, lima e a maturazione cerosa), carote, patate, patate dolci, cavoli, cavoletti di Bruxelles, cavolfiori, broccoli, ravanelli, rape, cetrioli, meloni, zucca, zucchine, angurie e pomodori. Questo fungo è veicolato da *D. melanogaster*, che depone le uova nelle lesioni iniziali di svariati frutti e verdure; è disseminato anche da altri mezzi, ma penetra sempre in corrispondenza di una ferita o di altri tipi di lesioni della cuticola.

Tabella 6.8 Alcuni esempi di alterazioni fungine di vegetali e relativi agenti eziologici

Tipo di alterazione	Agente eziologico	Prodotti più colpiti
Alternariosi	*Alternaria tenuis*	Agrumi
Antracnosi	*Colletotrichum coccodes*	Pomodori
	Colletotrichum lagenarium	Cucurbitaceae
	Colletotrichum lindemuthianum	Fagioli
Brusone del riso	*Magnaporthe grisea*	Riso
Carbone del mais	*Ustilago maydis*	Mais
Cladosporiosi	*Cladosporium herbarum*	Ciliegie, pesche
Mal dello sclerozio	*Sclerotinia sclerotiorum*	Carote
Mal d'inchiostro	*Phytophthora cinnamomi*	Castagni
Marciume acido	*Geotrichum candidum*	Pomodori, agrumi
Marciume dell'asse carpellare	*Phomopsis citri, Diplodia natalensis, Alternaria citri*	Agrumi
Marciume dello stipite, marciume nero	*Ceratocystis paradoxa* (= *Thielaviopsis paradoxa*)	Palma da dattero, ananas
Marciume lenticellare	*Cryptosporiopsis malicorticis* (= *Gloeosporium perennans*), *Phlyctaena vagabunda* (= *Gloeosporium album*)	Mele, pere
Marciume molle	*Rhizopus stolonifer*	Patate dolci, pomodori
Marciume radicale	*Phytophthora sojae*	Soia
Marciume rosa	*Trichothecium roseum*	Frutta e ortaggi
Marciume secco	*Fusarium* spp.	Patate
Marciumi bruni	*Monilinia fructicola* (= *Sclerotinia fructicola*)	Pesche, ciliegie
	Phytophthora spp.	Agrumi
Marciumi del colletto	*Phytophthora cactorum*	Drupacee e altri vegetali
	Colletotrichum musae	Banane
Marciumi neri	*Aspergillus niger, Alternaria*	Cipolle, Cavoli
	Ceratocystis fimbriata	Patate dolci
	Aspergillus niger	Pesche, albicocche
Morte improvvisa della quercia	*Phytophthora ramorum*	Querce
Muffa azzurra	*Penicillium italicum*	Agrumi
Muffa grigia	*Botrytis cinerea*	Uva e altri frutti
Muffa verde	*Penicillium digitatum*	Agrumi
Peronospora della patata	*Phytophthora infestans*	Patata
Peronospora della vite	*Plasmopara viticola, Phytophthora* spp., *Bremia* spp.	Uva
Rizottoniosi	*Rhizoctonia* spp.	Ortaggi
Scabbia	*Fusarium graminearum*	Frumento, orzo
Verticilliosi	*Verticillium theobromae*	Banane

Figura 6.3 Alcune malattie della cipolla. A: marciume nero; B: marciume bianco fungino; C: attacco di Diplodia. (Da *Agriculture Handbook* 303, USDA, 1966)

Marciumi da Phytophthora   Queste patologie, causate da *Phytophthora* spp., si manifestano ampiamente sotto forma di ruggine in campo e di marciume nei frutti commercializzati. Sembrano essere più variabili rispetto alle altre "malattie" tipiche dei prodotti sul mercato e si presentano con modalità diverse a seconda della specie colpita. Asparagi, cipolle, aglio, meloni, angurie, pomodori, melanzane e peperoni sono tra gli ortaggi più soggetti a questo tipo di alterazioni.

Antracnosi   Questa patologia delle piante – caratterizzata da maculatura di foglie, frutti o baccelli – è causata da *Colletotrichum coccodes* e da altre specie. Questi funghi sono considerati debolmente patogeni per le piante; sopravvivono da una stagione all'altra sui residui vegetali presenti nel suolo e nei semi di diverse piante (per esempio di pomodoro). La loro diffusione è favorita dal clima caldo-umido. Tra i vegetali colpiti vi sono fagioli, cetrioli, angurie, zucche, zucchine, pomodori e peperoni.

Muffe azzurre e verdi   Sono patologie post-raccolta tipiche dei frutti (soprattutto agrumi) causate da varie specie di *Penicillium* (mentre le muffe grigie sono provocate da *Botrytis cinerea*). Per controllare lo sviluppo di questi funghi sui frutti, è stato tentato l'impiego di *Candida sake* e *Pantoea agglomerans* quali agenti di biocontrollo[32]. Impiegando questi microrganismi in rapporto 50:50, in concentrazioni, rispettivamente, di 2×10^7 e 8×10^7 ufc/mL e conservando a temperatura ambiente, la muffa azzurra non si è manifestata e le lesioni da muffa grigia sono state ridotte di oltre il 95%.

La figura 6.3 mostra diverse alterazioni delle cipolle.

6.2 Alterazione dei frutti

La composizione generale di 18 frutti comuni è presentata in tabella 6.9, dalla quale risulta che il contenuto medio di acqua è circa l'85% e quello dei carboidrati circa il 13%. La frutta si differenzia dagli ortaggi per il contenuto minore di acqua e maggiore di zuccheri. Le percentuali medie di proteine, grassi e ceneri della frutta sono rispettivamente 0,9, 0,5 e 0,5% circa, poco più basse di quelle degli ortaggi, tranne che per le ceneri. Come gli ortaggi, anche i frutti contengono vitamine e altri composti organici. Sulla base del contenuto in nutrienti, questi prodotti sembrano in grado di supportare lo sviluppo di batteri, lieviti e muffe; tuttavia il loro pH è inferiore ai valori che generalmente favoriscono la proliferazione batterica e ciò è sufficiente per spiegare perché i batteri sono generalmente assenti nelle fasi iniziali del deterioramento della frutta. Poiché crescono in un intervallo di pH più ampio, i lieviti e le muffe sono gli agenti alterativi più adatti per la frutta.

Con l'eccezione di *Erwinia*, che può provocare marciume delle pere, i batteri hanno scarsa rilevanza nell'avvio dei fenomeni alterativi. Non è chiaro perché le pere, che presentano un intervallo di pH compreso tra 3,8 e 4,6, siano soggette all'alterazione di natura batterica, sebbene si possa supporre che l'attacco iniziale da parte di *Erwinia* e *Pectobacterium* spp. avvenga soprattutto sulla superficie di questi frutti, dove il pH è presumibilmente più elevato rispetto all'interno.

Numerosi generi di lievito possono essere rinvenuti sui frutti ed essi sono spesso causa dell'alterazione di questi prodotti, specialmente in campo. Molti lieviti sono in grado di attaccare e fermentare gli zuccheri presenti nella frutta, con produzione di alcol e anidride carbonica. A causa del loro sviluppo generalmente più rapido, solitamente i lieviti precedono le muffe nel processo alterativo dei frutti in determinate circostanze. Sembra che alcune muffe siano dipendenti dall'azione iniziale dei lieviti nei processi di alterazione di ortaggi e frutta, sebbene tale meccanismo non sia ancora ben chiaro. Rispetto ai lieviti, le muffe sono

Tabella 6.9 Composizione percentuale media di alcuni dei frutti più comuni

Frutto	Acqua	Carboidrati	Proteine	Grassi	Ceneri
Albicocche	85,4	12,9	1,0	0,6	0,1
Ananas	85,3	13,7	0,4	0,4	0,2
Arance	87,2	11,2	0,9	0,5	0,2
Banane	74,8	23,0	1,2	0,8	0,2
Ciliegie e amarene	83,0	14,8	1,1	0,6	0,5
Fichi	78,0	19,6	1.4	0.6	0,4
Fragole	89,9	8,3	0,8	0,5	0,5
Lamponi	80,6	15,7	1,5	0,6	1,6
Lime	86,0	12,3	0,8	0,8	0,1
Limoni	89,3	8,7	0,9	0,5	0,6
Mele	84,1	14,9	0,3	0,3	0,4
More	84,8	12,5	1,2	0,5	1,0
Pere	82,7	15,8	0,7	0,4	0,4
Pesche	86,9	12,0	0,5	0,5	0,1
Prugne	85,7	12,9	0,7	0,5	0,2
Rabarbaro	94,9	3,8	0,5	0,5	0,1
Uva	88,8	10,1	0,5	0,7	0,2
Uva americana	81,9	14,9	1,4	0,4	1,4
Media	**84,9**	**13,2**	**0,88**	**0,53**	**0,46**

(Da Watt e Merrill[60])

maggiormente responsabili della degradazione dei costituenti ad alto peso molecolare della frutta; molte specie sono in grado di utilizzare alcol come fonte di energia e quando questo e altri composti semplici sono esauriti attaccano le rimanenti parti del frutto, come i polisaccaridi strutturali e le bucce. Il *colpo di fuoco batterico* dei meli e dei peri è provocato da *Erwinia amilovora*. Tra i metodi studiati per controllare questa patologia dei vegetali, vi è l'impiego di agenti biologici quali *Pantoea agglomerans* e *P. dispersa*, che prevengono l'invasione da parte dei microrganismi patogeni senza danneggiare le piantagioni. Studi in vitro hanno dimostrato che l'azione inibitrice di *P. agglomerans* è determinata da un complesso antibiotico costituito da pantocina A e pantocina B[61]. Questi inibitori sembrano essere attivi anche nei confronti di altri batteri Gram-negativi.

6.3 Prodotti freschi pronti al consumo

Nello scorso decennio, la produzione di prodotti di quarta gamma, cioè di insalate di frutta e di verdura pretagliate e confezionate (minimamente processate), ha determinato un'esplosione nelle vendite e nel consumo di questi prodotti, e questa tendenza non sembra mostrare segni di cedimento. Le insalate di ortaggi, per esempio di lattuga e carote, come pure quelle di frutta, per esempio di melone e anguria, vengono prodotte tagliando, affettando e confezionando gli alimenti in appositi contenitori trasparenti; questi vengono poi conservati a temperature di refrigerazione e possono essere consumati subito dopo l'acquisto. Se il confezionamento viene effettuato con film altamente permeabili all'ossigeno, le problematiche maggiori riguardano la qualità del prodotto e l'imbrunimento enzimatico (per gli alimenti di colore chiaro). Tuttavia quando si impiegano imballaggi con bassa permeabilità all'O_2 e i tempi di conservazione sono lunghi, possono svilupparsi microrganismi patogeni come *C. botulinum* e *L. monocytogenes*. Per tale ragione sono stati condotti numerosi studi sulla sicurezza dei processi produttivi degli alimenti pronti al consumo; alcuni di questi sono presentati e riassunti di seguito. Il capitolo 14 tratta in maggiore dettaglio il confezionamento in atmosfera modificata o sotto vuoto, spesso utilizzati per questa tipologia di prodotti. (Per ulteriori approfondimenti si consiglia il riferimento bibliografico 14.)

6.3.1 Carica microbica

In generale, i prodotti RTE (*ready-to-eat*, cioè pronti al consumo) non vanno considerati privi di microrganismi. In alcuni Paesi, come gli Stati Uniti, prima di essere tagliati e confezionati, i vegetali vengono lavati con acqua contenente da 50 a 200 ppm di cloro; in altri Paesi in sostituzione del cloro come disinfettante nelle acque di lavaggio degli ortaggi di quarta gamma viene attualmente impiegata acqua ossigenata). Mentre il lavaggio determina una riduzione del numero di microrganismi, le operazioni di taglio possono causare la ricontaminazione del prodotto; inoltre, i vegetali tagliati presentano percentuali più elevate di umidità e di nutrienti semplici e una maggiore superficie esposta. Complessivamente queste caratteristiche rendono i prodotti RTE più suscettibili all'attacco microbico, rispetto alle materie prime non lavorate.

La tabella 6.10 riporta le conte aerobie su piastra di otto vegetali RTE, provenienti dall'Ontario (Canada), registrate al giorno 0 e al giorno 4, dopo conservazione a 4 °C[33]. Come si può osservare, al giorno 0 il numero di microrganismi variava da 4,82 $\log_{10}$/g fino a quasi 6,0 $\log_{10}$/g, mentre dopo 4 giorni di conservazione variava da 5,45 $\log_{10}$/g a valori >7,0 $\log_{10}$/g. In uno studio precedente, condotto su 12 prodotti RTE, i valori di APC al momento della raccolta erano intorno a 10^5-10^8/g; il giorno successivo alla data limite di vendita, dopo conservazione a 7 °C, i valori di APC erano compresi tra 7,7 e 9,0 $\log_{10}$/g e tutti i prodotti erano ancora accettabili dal punto di vista organolettico[10]. Nel primo studio[33], il conteggio per i coliformi variava da 5,1 a 7,2 $\log_{10}$/g, ma non erano stati isolati ceppi di *E. coli* tipo 1; la maggior parte dei microrganismi predominanti era costituita da *Pseudomonas* e *Pantoea*. In una ricerca[4], condotta per valutare i tipi di microrganismi presenti nei prodotti RTE, negli spinaci conservati per 12 giorni a 10 °C, i mesofili variavano tra 10^7 e 10^{10}/g, gli psicrotrofi e le Pseudomonadaceae tra 10^6 e 10^{10}/g e i batteri enterici tra 10^4 e 10^7/g. Nel capitolo 20 sono presentati i risultati delle conte aerobie su piastra di alcuni campioni di lattuga e finocchio analizzati in Italia negli anni Settanta.

6.3.2 Germogli di semi

Questi prodotti derivano dalla germinazione di alcuni semi di vegetali, per esempio alfalfa (erba medica), ravanello, trifoglio e soia verde. Negli Stati Uniti la loro popolarità è aumentata significativamente negli ultimi vent'anni e l'attuale interesse per le loro caratteristiche microbiologiche è dovuto al fatto che questi prodotti sono spesso coinvolti in epidemie di malattie a trasmissione alimentare.

Per produrre germogli in ambito domestico o su piccola scala si pongono in un barattolo 25-30 g di semi da germinazione e si aggiungono circa 400-500 mL di acqua di rubinetto (ma sarebbe meglio impiegare acqua sterile o preventivamente bollita). Per consentire ai semi di imbibirsi in modo ottimale, occorrono almeno 3 ore; dopo tale periodo i semi vengono scolati e quindi incubati a circa 25 °C, in ambiente buio. I semi rigonfi e in germinazione vengono risciacquati quotidianamente, fino a quando non sono pronti per la raccolta o il recupero. Su scala commerciale vengono utilizzati grandi tamburi rotanti, in grado di contenere 10 kg o più di semi, che vengono movimentati a intervalli di tempo determinati, con l'aggiunta periodica di acqua. I germogli possono essere raccolti dopo 3-7 giorni.

Poiché i semi in germinazione sono ricchi di nutrienti semplici (per consentire lo sviluppo delle piantine fin quando non sono in grado di sintetizzare il nutrimento attraverso la fotosintesi), non stupisce che possano contenere un elevato numero di microrganismi, in particolare batteri. In uno studio la carica batterica dei germogli è risultata pari a circa 2-3 unità logaritmiche al giorno uno e 10^8 ufc/g il giorno successivo[15]. In uno studio più recente, sulla APC della soia verde, il valore medio iniziale di 10^6/g aumentava fino a 10^8 dopo 2 giorni di germinazione[45]; in un'altra ricerca l'APC della soia passava da un valore iniziale di 10^4 ufc/g a $7,7 \times 10^8$ dopo due giorni di germinazione[1]. Valori di 7-9 $\log_{10}$ ufc/g non sono rari e alcuni ricercatori hanno rilevato anche concentrazioni di 10^{11} ufc/g[26].

Tra i generi batterici rinvenuti nei germogli di alfalfa, nella maggior parte dei casi sono risultati predominanti *Pseudomonas* spp., seguiti da *Pantoea* e *Acinetobacter* spp. e dai generi *Escherichia*, *Erwinia*, *Enterobacter* e *Stenotrophomonas*, con una specie ciascuno[26]. È stato osservato che il numero di batteri presenti nell'acqua proveniente dall'irrigazione rispecchia quello presente nei germogli[15]. In un altro studio la microflora dei germogli è risultata costituita per il 69% da batteri Gram-negativi e per il 17% da bastoncini Gram-positivi[45]. Un certo numero di muffe è stato riscontrato sulla soia verde: il 98% di 750 semi non disinfettati e solo l'1,8% dei semi disinfettati in superficie contenevano diversi generi di muffe, incluse alcune specie produttrici di aflatossine, sebbene non siano state rilevate tossine[1]. Per quanto riguarda i semi di alfalfa, solo il 21% di 500 campioni conteneva lieviti e muffe.

Poiché i germogli vengono consumati senza essere sottoposti a riscaldamento o cottura, sorgono problemi quando la partita di semi germogliati contiene patogeni quali *Salmonella* o *E. coli* O157:H7. Come osservato in precedenza, l'ottimo contenuto in nutrienti dei semi in fase di germinazione favorisce lo sviluppo di microrganismi patogeni. Allo scopo di controllare lo sviluppo di patogeni, i semi da germoglio sono sottoposti a diversi trattamenti. Per ridurre la concentrazione di patogeni, la Food and Drug Administration (FDA) raccomanda l'utilizzo di 20000 ppm di ipoclorito di calcio per 15 minuti: un trattamento che non riduce significativamente l'efficienza di germinazione o la lunghezza dei germogli.

Tabella 6.10 Conta aerobia in piastra ($\log_{10}$/g) di ortaggi RTE conservati a 4 °C *

Prodotto	Giorno 0	Giorno 4
Lattuga tagliata	4,85	5,63
Insalata mista	5,35	6,05
Infiorescenze di cavolfiore	4,82	5,45
Sedano a fette	5,67	6,59
Insalata mista di cavolo, carote, cipolle e maionese	5,14	6,95
Carote julienne	5,13	6,27
Infiorescenze di broccoli	5,58	6,59
Peperoni verdi	5,99	7,22

* La shelf life raccomandata per i prodotti era di 7 giorni.
(Da Odumeru et al.[33])

6.3.3 Patogeni

Tra i patogeni associati agli ortaggi pronti al consumo, quello che desta maggiore preoccupazione è *C. botulinum*, per ragioni che sono state individuate in diversi studi. In uno di questi, cinque prodotti RTE (zucca invernale, insalata mista, cavolo rapa, lattuga romana e un fritto di verdure miste) sono stati inoculati con spore prodotte da una miscela di 10 ceppi, cinque proteolitici e cinque non proteolitici[3]. I prodotti sono stati poi sigillati in vaschette di polistirolo con OTR (vedi capitolo 14) di 2100 mL/m^2/24 h e, quindi, incubati a 5, 10 o 25 °C. Tutti e cinque gli ortaggi sono diventati tossici dopo lo stesso periodo di conservazione. Nella zucca invernale la tossina prodotta dai ceppi non proteolitici è stata individuata dopo 7 giorni di conservazione a 10 °C in atmosfera contenente il 27,8% di CO_2, mentre la tossina dei ceppi proteolitici è stata rinvenuta dopo 3 giorni a 25 °C, con il 64,7% di CO_2[3]. Sempre nella zucca d'inverno, inoculata con una concentrazione di 10^3/g di ceppi non proteolitici e conservata a 5 °C, la tossina è stata individuata dopo 21 giorni. Al momento della rilevazione della tossina, in tutti i campioni la concentrazione di O_2 era inferiore all'1%. Sebbene il materiale da imballaggio impiegato nello studio avesse una permeabilità ai gas ben diversa da zero, la respirazione dei prodotti aveva determinato una riduzione di O_2 e un aumento di CO_2. Secondo gli autori dello studio, la temperatura di stoccaggio degli ortaggi RTE esaminati aveva un'importanza cruciale per la sicurezza finale dei prodotti. Al momento della rilevazione della tossina la maggior parte dei prodotti era evidentemente alterata.

In un altro studio, campioni di cavolo e di lattuga sono stati prima inoculati con circa 10^2 spore/g, prodotte da un mix di 10 diversi ceppi, e poi confezionati impiegando pellicole con OTR basso (LOTR) o elevato (HOTR), con valori pari, rispettivamente a 3000 e 7000 mL/m^2/24 h; i prodotti sono stati successivamente conservati a 4, 13 e 21 °C, per 21 o 28 giorni[17]. In nessuna delle condizioni sperimentali utilizzate sono state rilevate tossine; inoltre, le caratteristiche organolettiche di entrambi gli ortaggi apparivano alterate prima che la tossina potesse essere prodotta. Dopo conservazione a 21 °C per 10 giorni, la percentuale di CO_2 era del 69,4% nel cavolo confezionato in condizioni di LOTR e del 41,9% in quello confezionato in HOTR; nella lattuga conservata a 21 °C, dopo 8 giorni la percentuale di CO_2 era del 41,9 e del 9%, rispettivamente, in condizioni LOTR e HOTR. A differenza di quanto osservato nello studio precedente[3], nel quale si erano riscontrate percentuali di O_2 <1,0%, in questa ricerca le percentuali di O_2 variavano tra l'1 e il 7,9%, poiché i materiali di confezionamento erano più permeabili al gas (OTR 3000 e 7000 mL/m^2/24 h contro 2100). La maggiore permeabilità della pellicola può anche aver consentito lo sviluppo di altri microrganismi, che hanno interferito con *C. botulinum*.

Larson e colleghi[24] hanno inoculato cinque ortaggi (broccoli, cavolo, carote, lattuga e fagiolini) con un mix costituito da 10 ceppi, dei quali 7 proteolitici e 3 non proteolitici. La tossina botulinica è stata individuata in tutti i campioni di broccoli visibilmente alterati, conservati a 21 °C, nella metà dei campioni di broccoli visibilmente alterati conservati a 12 °C; la tossina è stata inoltre rilevata in un terzo dei campioni di lattuga visibilmente alterati mantenuti a 21 °C. In questi due vegetali la tossina non è stata individuata prima dell'alterazione; negli altri tre ortaggi presi in esame non è stata rilevata la presenza di tossina. A differenza dei due studi citati sopra, in questa ricerca le verdure sono state confezionate sotto vuoto spinto, impiegando materiale da imballaggio con OTR variabile da 3000 a 16 544 mL/m^2/24 h. In particolare, i broccoli sono stati imballati in materiali con OTR variabile da 13 013 a 16 544, mentre il cavolo (che non è diventato tossico) è stato confezionato in imballaggi con OTR compreso tra 3000 e 8000. Dopo sette giorni a 21 °C, la confezione di broccoli conteneva una concentrazione di O_2 <2% e circa il 12% di CO_2; la lattuga, mantenuta per sei giorni alla stessa temperatura, presentava percentuali di CO_2 fino al 40%[24]. La conta aerobia su piastra dei prodotti alterati variava tra 10^8 e $>10^9$.

In un quarto studio, campioni di lattuga romana e di cavolo in pezzi sono stati inoculati con un mix di spore prodotte da nove ceppi proteolitici e non proteolitici; la quantità inoculata era di 100 spore per grammo. I campioni sono stati conservati in sacchetti di plastica areati e non areati[35]; nei sacchetti privi di fori è stato fatto il vuoto. Il cavolo confezionato sotto vuoto è diventato tossico, se conservato per sette giorni a 21 °C, ma non lo è diventato se conservato fino a 28 giorni a 4,4 o 12,7 °C. La lattuga romana è diventata tossica dopo 14 giorni a 21 °C in sacchetti non areati e dopo 21 giorni in sacchetti areati. I campioni diventati tossici apparivano alterati dal punto di vista organolettico prima che la tossina venisse rilevata.

Gli studi sopra riportati evidenziano un potenziale rischio per la salute associato agli ortaggi RTE in relazione alla presenza di tossina botulinica in questi prodotti. Tuttavia, questi studi, come pure altri, sottolineano l'importanza della temperatura di conservazione per il controllo di questo e di altri patogeni, inclusi quelli presentati di seguito. La temperatura e il tempo di conservazione dei prodotti RTE sono ovviamente critici per la loro sicurezza. Maggiori dettagli su *C. botulinum* e altri patogeni negli imballaggi sotto vuoto o in atmosfera modificata sono riportati nel capitolo 14.

È stato dimostrato che *L. monocytogenes* si sviluppa sugli ortaggi refrigerati, inclusi lattuga, broccoli, cavolfiore e asparagi; nei pomodori crudi cresce a 21 °C, ma non a 10 °C[7]. Il microrganismo non solo non si sviluppa sulle carote crude, ma la sua concentrazione è stata addirittura ridotta aggiungendo l'1% di succo di carota a un brodo di coltura (figura 6.4). Questo effetto anti listeria delle carote viene distrutto dalla cottura[8].

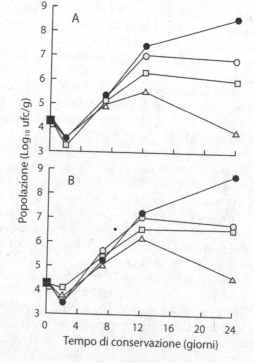

Figura 6.4 Sviluppo di *L. monocytogenes* Scott A (A) e LCDC 81-86 (B) in tryptose phosphate broth (TPB) contenente 0% (●), 1% (O), 10% (□) e 50% (△) (v/v) di succo di carota in sostituzione dell'acqua. (Riprodotto, per cortese autorizzazione, da: L.R. Beuchat e R.E. Brackett, Inibitory Effects of Raw Carrots on Listeria Monocytogenes, *Applied Environmental Microbiology*, vol. 56, p. 1741; copyright © 1990 American Society for Microbiology)

Uno studio condotto sulla sopravvivenza di *Shigella sonnei* nel cavolo tagliato ha rivelato che le concentrazioni di questo microrganismo rimanevano pressoché invariate per 1-3 giorni con tre diversi tipi di imballaggio: in presenza di aria, sotto vuoto e in atmosfera contenente N_2 30% + CO_2 70%[40]. Dopo 3 giorni, tuttavia, il numero decresce parallelamente all'abbassamento del pH. In condizioni di refrigerazione o a temperatura ambiente, quindi, il microrganismo è in grado di sopravvivere ma non si sviluppa.

6.3.4 Penetrazione dei patogeni

Diversi studi hanno dimostrato che alcuni patogeni di interesse alimentare sono in grado di penetrare all'interno delle piante e dei loro frutti dalla fase della germinazione del seme o da quella della fioritura. Di seguito è riportata una sintesi di queste ricerche; per un approfondimento si consiglia la consultazione del lavoro di Burnett e Beuchat[11].

È stato dimostrato che durante la fase germinativa dei semi di alfalfa la concentrazione di *Salmonella* aumenta. In uno studio i semi naturalmente contaminati contenevano meno di 1 microrganismo/g (MPN); durante il processo di germinazione la concentrazione aumentava fino a 10^2-10^3/g in un lotto di semi e fino a 10^2-10^4/g in un altro lotto[51]. Il valore massimo si raggiungeva dopo 48 ore. Quando *S.* Anatum e *S.* Montevideo sono stati aggiunti ai semi di soia verde, dopo 2 giorni di germinazione la loro concentrazione era aumentata da 10^2 a 10^7/g circa[1].

Le salmonelle inoculate su piante di pomodoro in fase di fioritura, sono sopravvissute nei frutti durante il periodo di maturazione, determinando positività per la presenza del microrganismo nel 37% di 30 pomodori ottenuti dalle piante inoculate[16]. I campioni di tessuto prelevati dalla superficie e in corrispondenza della cicatrice del picciolo hanno presentato contaminazione, rispettivamente, nell'82 e nel 73% dei casi. *S.* Montevideo è stata isolata dopo 49 giorni dal suo inoculo e *S.* Poona era presente in 5 degli 11 campioni trovati positivi per la presenza di *Salmonella*[16]. Per quanto riguarda invece la presenza di *L. monocytogenes*, uno studio ha rivelato che su 425 cavoli (raccolti in aziende nel sud del Texas) 20, ossia il 4,7%, contenevano questo microrganismo[36]. Altri 6 ceppi sono stati isolati da acqua e campioni ambientali provenienti dalle stesse aziende. È bene sottolineare che i cavoli non sono stati lavati tra la raccolta e l'analisi microbiologica. In figura 6.5 è rappresentato lo sviluppo di *S.* Stanley in semi di alfalfa, analizzati dopo 342 ore[22].

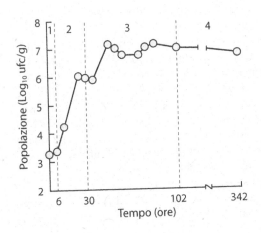

Figura 6.5 Sviluppo di *S.* Stanley in semi di alfalfa durante le fasi di rigonfiamento (1), germinazione (2), germogliamento (3) e sopravvivenza durante mantenimento a temperature di refrigerazione[22].

Per studiare la penetrazione di *E. coli* nelle mele, un ceppo del microrganismo è stato distribuito sulla superficie di un terreno, sul quale sono poi state poste tre diverse varietà di mele per simulare la caduta dei frutti dagli alberi. Dopo 10 giorni di esposizione al terreno contaminato, *E. coli* è stato rinvenuto nella parte interna e nei campioni di polpa di tutte e tre le varietà di mele[41]. In uno studio su 14 frutteti di mele e pere, condotto in diverse aree degli Stati Uniti nel 1999, nel 74% dei campioni di frutta sono stati trovati coliformi, localizzati nella polpa nel 40% dei frutti analizzati[38]. *E. coli* O157:H7 non è stato isolato da nessun campione di frutta analizzato. In uno studio statunitense, su 202 funghi e 206 campioni di germogli di alfalfa, non sono stati rinvenuti né *E. coli* O157:H7 né alcuna specie di *Salmonella*, mentre un campione di germogli è risultato positivo per *L. monocytogenes*[52]. In un altro studio un ceppo di *E. coli* O157:H7 marcato con EGFP, una mutazione di GFP (proteina fluorescente verde) che produceva una lunghezza d'onda maggiore, è stato utilizzato come indicatore per determinare il tipo di attacco che si realizza nei prodotti; dai risultati è emerso che nelle foglie verdi di lattuga e pomodori la contaminazione avviene preferenzialmente a carico dei tessuti danneggiati, mentre la superficie intatta dello stelo e dei tessuti non risulta interessata[53]. Le cellule di *E. coli* sono state evidenziate mediante microscopia confocale a scansione laser. È stata dimostrata l'internalizzazione nella lattuga di un ceppo O157:H7 contenente GFP proveniente dal terreno e dall'acqua di irrigazione contaminati da letame. In questo studio i ricercatori hanno impiegato la tecnica di microscopia confocale a epifluorescenza per dimostrare che le cellule batteriche si diffondono alle parti edibili della lattuga attraverso l'apparato radicale[44]. Inoculando i semi di lattuga nel terreno con 10^4 ufc/mL di patogeno, le piantine di lattuga non erano invase, mentre risultavano infette con concentrazioni di inoculo di 10^6 e 10^8 ufc/g.

Un ceppo di *E. coli*, marcato mediante bioluminescenza, è stato monitorato in piante di spinacio in fase di sviluppo ed è stato osservato che il microrganismo penetra nei tessuti della radice e, in grado minore, negli ipocotili[58]. Aggiunto al terreno attraverso i semi e coltivato per 42 giorni, il batterio poteva essere coltivato dalle radici e dalle foglie. Nella coltivazione idroponica, l'agente patogeno riusciva a penetrare quando era presente in concentrazione di 10^2 o 10^3 ufc/mL di soluzione, e il processo sembrava favorito rispetto alla coltivazione nel suolo[59]. Utilizzando ceppi di *E. coli* e *S.* Montevideo marcati mediante bioluminescenza, entrambi i microrganismi sono stati internalizzati nei germogli di soia verde dopo 24 h dall'inizio della fase germinativa[59]. L'impiego di 20 000 ppm di ipoclorito di sodio non si è dimostrato efficace nel liberare i germogli dai microrganismi patogeni. I tessuti interni e lo stoma dei cotiledoni dei germogli di ravanello cresciuti da semi inoculati con *E. coli* O157:H7 sono stati internalizzati da questo microrganismo, che si è dimostrato insensibile al trattamento della superficie dell'ipocotile con $HgCl_2$[21].

Negli Stati Uniti è stata valutata l'incidenza e la prevalenza, in diversi prodotti freschi e succhi, delle specie di *Mycobacterium* spp. non responsabili di tubercolosi; in 25 prodotti dei 121 analizzati (20,7%) sono state rinvenute sette diverse specie di micobatteri[2]. Tra i prodotti esaminati vi erano funghi, germogli, broccoli, lattuga, porri, prezzemolo e succo di mela. *M. avium* è stata la specie rinvenuta con maggior frequenza (12 ceppi su 29 identificati), seguita da *M. simiae* e *M. gordonae* (3 isolati ciascuno) e da *M. flavescens* (2 isolati). La presenza sui prodotti freschi di micobatteri a rapido sviluppo non sorprende, poiché questi microrganismi fanno parte della microflora stabile dei terreni delle aziende agricole. Sembra invece improbabile la penetrazione nei prodotti agricoli e nei germogli di semi della microflora zimogena, in quanto questa si sviluppa nel suolo molto lentamente.

È stato dimostrato che *S.* Enteritidis può penetrare nei manghi, sia acerbi sia maturi. Dopo immersione in acqua a 21 °C contenente il patogeno (marcato con GFP), sono risultati internalizzati l'80% dei manghi immaturi e l'87% di quelli maturi[34]. La parte terminale del gambo si è rivelata più suscettibile all'attacco, rispetto ad altre parti del mango; il patogeno è stato individuato nella polpá del frutto dopo una settimana di incubazione a 10-30 °C.

Un elenco dei patogeni isolati dagli ortaggi è stato redatto da Beuchat[6], mentre la International Fresh-Cut Association ha prodotto e pubblicato la sintesi di un modello di sistema HACCP per i prodotti freschi di quarta gamma.

6.3.5 Episodi epidemici

Da un'accurata revisione delle epidemie verificatesi in Canada nel periodo 1981-1999 è emerso che 18 epidemie sono state causate da nove tipologie di prodotti; in particolare: germogli di alfalfa (n = 5), lamponi (n = 4), meloni (n = 2), insalata di patate (n = 2), lattuga, prezzemolo, more e insalate di cavoli e di ortaggi (n = 1 per ciascuno)[42]. Il genere *Salmonella* è stato responsabile di sette epidemie (ognuna causata da un serovar diverso), seguito da *Cyclospora cayetanensis*. *E. coli* O157:H7 e un calicivirus sono stati coinvolti in 2 epidemie ciascuno, mentre *L. monocytogenes*, *Shigella sonnei* e *Staphylococcus aureus* sono stati la causa di 1 episodio epidemico ciascuno. Quattro epidemie sono state provocate da protozoi presenti in more e lamponi importati[42]. Tra i succhi di frutta che costituiscono veicoli di patogeni di origine alimentare, quello più frequentemente implicato è il succo di mela (episodi sporadici causati da salmonelle, *E. coli* O157:H7 e *Cryptosporidium parvum*). Il latte di cocco è stato invece il veicolo negli episodi provocati da *Vibrio cholerae*[11].

Poiché l'insalata di cavolo è stata incriminata per un'epidemia da *E. coli* O157:H7, è stato condotto uno studio per determinare il tempo di sopravvivenza di questo patogeno nel prodotto. Sono state preparate due diverse insalate di cavolo: una a pH 4,3 e l'altra a pH 4,5. Entrambe sono state successivamente inoculate con 5,31 $\log_{10}$ ufc/g di microrganismi e mantenute per 3 giorni a 4, 11 e 21 °C[62]. Non è stato osservato sviluppo del patogeno a nessuna delle tre temperature, mentre a 21 °C si è verificata una riduzione nel numero di cellule di 0,4-0,5 $\log_{10}$ ufc/g. I ricercatori hanno ipotizzato che il decremento potesse essere stato causato, in parte, dalla competizione tra i microrganismi dell'inoculo e quelli della normale popolazione microbica dei campioni[62].

Non è raro riscontrare virus intestinali sui prodotti freschi; spesso vi giungono apportati dall'acqua impiegata per il lavaggio; i norovirus sono i più comuni (vedi capitolo 31). Quando viene utilizzata acqua contaminata, è logico attendersi che siano presenti virus dell'epatite A e E, come pure rotavirus e astrovirus, analogamente a quanto avviene per gli altri agenti patogeni gastrointestinali. (Per maggiori informazioni sui virus intestinali si rinvia al capitolo 31; un'ampia discussione sui virus nei prodotti freschi si trova nel lavoro di Seymour e Appleton[43].)

Per una revisione delle infezioni causate dai germogli di semi, si vedano Taormina et al.[54] e NACM[31]; quest'ultimo, in particolare, non tratta solo le malattie associate al consumo di germogli, ma anche molti altri aspetti della filiera dei prodotti ortofrutticoli.

Bibliografia

1. Andrews WH, Mislivec PB, Wilson CR, Bruce VR, Poelma PL, Gibson R, Trucksess MW, Young K (1982) Microbial hazards associated with bean sprouting. *J Assoc Off Anal Chem*, 65: 241-248.
2. Argueta C, Yoder S, Holtzman AE, Aronson TW, Glover N, Berlin GGW, Stelma Jr GN, Froman S, Tomasek P (2000) Isolation and identification of nontuberculous mycobacteria from foods as possible exposure sources. *J Food Protect*, 63: 930-933.

3. Austin JW, Doss KL, Blanchfield B, Farber JM (1998) Growth and toxin production by Clostridium botulinum on inoculated fresh-cut packaged vegetables. *J Food Protect*, 61: 324-328.

4. Babic I, Roy S, Watada AE, Wergin WP (1996) Changes in microbial populations on fresh cut spinach. *Int J Food Microbiol*, 31: 107-119.

5. Bernard RJ, Duran AP, Swartzentruber A, Schwab AH, Wentz BA, Read RB Jr (1982) Microbiological quality of frozen cauliflower, corn, and peas obtained at retail markets. *Appl Environ Microbiol*, 44: 54-58.

6. Beuchat LR (1996) Pathogenic microorganisms associated with fresh produce. *J Food Protect*, 59: 204-216.

7. Beuchat LR, Brackett RE (1991) Behavior of Listeria monocytogenes inoculated into raw tomatoes and processed tomato products. *Appl Environ Microbiol*, 57: 1367-1371.

8. Beuchat LR, Brackett RE (1990) Inhibitory effects of raw carrots on Listeria monocytogenes. *Appl Environ Microbiol*, 56: 1734-1742.

9. Brackett RE (1987) Fungal spoilage of vegetables and related products. In: Beuchat LR (ed) *Food and Beverage Mycology* (2nd ed). Kluwer Academic Publishers, New York, pp. 129-154.

10. Brocklehurst TF, Zaman-Wong CM, Lund BM (1987) A note on the microbiology of retail packs of prepared salad vegetables. *J Appl Microbiol*, 63: 409-415.

11. Burnett SL, Beuchat LR (2000) Human pathogens associated with raw produce and unpasteurized juices, difficulties in decontamination. *J Ind Microbiol Biotechnol*, 25: 281-287.

12. Doan CH, Davidson PM (2000) Microbiology of potatoes and potato products: A review. *J Food Protect*, 63: 668-683.

13. Eckert JW (1979) Fungicidal and fungistatic agents: Control of pathogenic microorganisms on fresh fruits and vegetables after harvest. In: Rhodes ME (ed) *Food Mycology*. Hall, Boston, pp. 164-199.

14. Francis GA, Thomas C, O'Beirne D (1999) Review paper: The microbiological safety of minimally processed vegetables. *Int J Food Sci Technol*, 34: 1-22.

15. Fu T, Stewart D, Reineke K, Ulaszek J, Schlesser J, Tortorello M (2001) Use of spent irrigation water for microbiological analysis of alfalfa sprouts. *J Food Protect*, 64: 802-806.

16. Guo X, Chen J, Brackett RE, Beuchat LR (2001) Survival of salmonellae on and in tomato plants from the time of inoculation at flowering and early stages of fruit development through fruit ripening. *Appl Environ Microbiol*, 67: 4760-4764.

17. Hao YY, Brackett RE, Beuchat LR, Doyle MP (1998) Microbiological quality and the inability of proteolytic Clostridium botulinum to produce toxin in film-packaged fresh-cut cabbage and lettuce. *J Food Protect*, 61: 1148-1153.

18. Hauben L, Moore ERB, Vauterin L, Steenackers M, Mergaert J, Verdonck L, Swings J (1998) Phylogenetic position of phytopathogens within the Enterobacteriaceae. *System Appl Microbiol*, 21: 384-397.

19. Hugouvieux-Cotte-Pattat N, Condemine G, Nasser W, Reverchon S (1996) Regulation of pectinolysis in Erwinia chrysanthemni. *Annu Rev Microbiol*, 50: 213-257.

20. Insalata NF, Witzeman JS, Berman JH, Berker E (1968) *A study of the incidence of the spores of Clostridium botulinum in frozen vacuum pouch-pack vegetables*. Proc 96th Ann Meet, Amer Pub Hlth Assoc, 124.

21. Ito Y, Sugita-Konishi Y, Kasuga F, Iwaki M, Hara-Kudo Y, Saito N, Noguchi Y, Konuma H, Kumagai S (1998) Enterohemorrhagic Escherichia coli 0157:H7 present in radish sprouts. *Appl Environ Microbiol*, 64: 1532-1535.

22. Jacquette CB, Beuchat LR, Mahon BE (1996) Efficacy of chlorine and heat treatment in killing Salmonella stanley inoculated onto alfalfa seeds and growth and survival of the pathogen during sprouting and storage. *Appl Environ Microbiol*, 62: 2212-2215.

23. Jinneman KC, Trost PA, Hill WE, Weagant SD, Bryant JL, Kaysner CA, Wekell MM (1995) Comparison of template-preparation methods from foods for amplification of Escherichia coli 0157 Shiga-like toxins type I and II DNA by multiplex polymerase chain reaction. *J Food Protect*, 58: 722-726.

24. Larson AE, Johnson EA, Barmore CR, Hughes MD (1997) Evaluation of the botulism hazard from vegetables in modified atmosphere packaging. *J Food Protect*, 60: 1208-1214.

25. Little EL, Bostock RM, Kirkpatrick BC (1998) Genetic characterization of Pseudomonas syringae pv. syringae strains from some fruits in California. *Appl Environ Microbiol*, 64: 3818-3823.

26. Matsos A, Garland JL, Fett WF (2002) Composition and physiological profiling of sprout-associated microbial communities. *J Food Protect*, 65: 1903-1908.

27. McColloch LP, Cook HT, Wright WR (1968) Market diseases of tomatoes, peppers, and eggplants. *Agricultural Handbook No. 28*. Agricultural Research Service, Washington, DC.

28. Mount MS, Bateman DF, Basham HG (1970) Induction of electrolyte loss, tissue maceration, and cellular death of potato tissue by an endopolygalacturonate trans-eliminase. *Phytopathology*, 60: 924-1000.

29. Mundt JO, Graham WF, McCarty IE (1967) Spherical lactic acid-producing bacteria of southern-grown raw and processed vegetables. *Appl Microbiol*, 15: 1303-1308.

30. Nascimento MS, Silva N, Catanozi MPL, Silva KC (2003) Effects of different disinfection treatments on the natural microbiota of lettuce. *J Food Protect*, 66: 1697-1700.

31. National Advisory Committee on Microbiological Criteria for Foods (1999) Microbiological safety evaluations and recommendations on sprouted seeds. *Int J Food Microbiol*, 52: 123-153.

32. Nunes C, Usall J, Teixidó N, Torres R, Viñas I (2002) Control of Penicillium expansum and Botrytis cinerea on apples and pears with the combination of Candida sake and Pantoea agglomerans. *J Food Protect*, 65: 178-184.

33. Odumeru JA, Mitchell SJ, Alves DM et al. (1997) Assessment of the microbiological quality of ready-to-eat vegetables for health-care food services. *J Food Protect*, 60: 954-960.

34. Penteado AL, Eblen BS, Miller AJ (2004) Evidence of Salmonella internalization into fresh mangos during simulated postharvest insect disinfestation procedures. *J Food Protect*, 67 :181-184.

35. Petran RL, Sperber WH, Davis AB (1995) Clostridium botulinum toxin formation in romaine lettuce and shredded cabbage: Effect of storage and packaging conditions. *J Food Protect*, 58: 624-627.

36. Prazak AM, Murano EA, Mercado I, Acuff GR (2002) Prevalence of Listeria monocytogenes during production and postharvest processing of cabbage. *J Food Protect*, 65: 1728-1734.

37. Rafil F, Holland MA, Hill WE, Cerniglia CE (1995) Survival of Shigella flexneri on vegetables and detection by polymerase chain reaction. *J Food Protect*, 58: 727-732.

38. Riordan DCR, Sapers GM, Hankinson TR, Magee M, Mattrazzo AM, Annous BA (2001) A study of U.S. orchards to identify potential sources of Escherichia coli 0157:H7. *J Food Protect*, 64: 1320-1327.

39. Roberts DP, Berman PM, Allen C, Stromberg VK, Lacy GH, Mound MS (1986) Requirement for two or more Erwinia carotovora subsp. carotovora pectolytic gene products for maceration of potato tuber tissue by Escherichia coli. *J Bacteriol*, 167: 279-284.

40. Satchell FB, Stephenson P, Andrews WH, Estela L, Allen G (1990) The survival of Shigella sonnei in shredded cabbage. *J Food Protect*, 53: 558-562.

41. Seeman BK, Sumner SS, Marini R, Kniel KE (2002) Internalization of Escherichia coli in apples under natural conditions. *Dairy Fd Environ Sanit*, 22: 667-673.

42. Sewell AM, Farber JM (2001) Foodborne outbreaks in Canada linked to produce. *J Food Protect*, 64: 1863-1877.

43. Seymour IJ, Appleton H (2001) Foodborne viruses and fresh produce. *J Appl Microbiol*, 91: 759-773.

44. Solomon EB, Yaron S, Matthews KR (2002) Transmission of Escherichia coli 0157:H7 from contaminated manure and irrigation water to lettuce plant tissue and its subsequent internalization. *Appl Environ Microbiol*, 68: 397-400.

45. Splittstoesser DF, Queale DT, Andaloro BW (1983) The microbiology of vegetable sprouts during commercial production. *J Food Safety*, 5: 79-86.

46. Splittstoesser DF (1973) The microbiology of frozen vegetables: How they get contaminated and which organisms predominate. *Food Technol*, 27: 54-56.

47. Splittstoesser DF, Corlett DA Jr (1980) Aerobic plate counts of frozen blanched vegetables processed in the United States. *J Food Protect*, 43: 717-719.

48. Splittstoesser DF, Hervey GER II, Wettergreen WP (1965) Contamination of frozen vegetables by coagulasepositive staphylococci. *J Milk Food Technol*, 28: 149-151.
49. Splittstoesser DF, Queale DT, Bowers JL, Wilkison M (1980) Coliform content of frozen blanched vegetables packed in the United States. *J Food Safety*, 2: 1-11.
50. Splittstoesser DF, Wettergreen WP, Pederson CS (1961) Control of microorganisms during preparation of vegetables for freezing. I. Green beans. *Food Technol*, 15: 329-331.
51. Stewart DS, Reineke KF, Ulaszek JM, Tortorello ML (2001) Growth of Salmonella during sprouting of alfalfa seeds associated with salmonellosis outbreaks. *J Food Protect*, 64: 618-622.
52. Strapp CM, Shearer AEH, Joerger RD (2003) Survey of retail alfalfa sprouts and mushrooms for the presence of Escherichia coli O157:H7, Salmonella, and Listeria with BAX, and evaluation of this polymerase chain reaction-based system with experimentally contaminated samples. *J Food Protect*, 66: 182-187.
53. Takeuchi K, Frank JF (2001) Expression of red-shifted green fluorescent protein by Escherichia coli O157:H7 as a marker for the detection of cells on fresh produce. *J Food Protect*, 64: 298-304.
54. Taormina PJ, Beuchat LR, Slutsker L (1999) Infections associated with eating seed sprouts: An international concern. *Emerg Inf Dis*, 5: 626-634.
55. Thunberg RL, Tran TT, Bennett RW, Matthews RN, Belay N (2002) Microbial evaluation of selected fresh produce obtained in retail markets. *J Food Protect*, 65: 677-682.
56. Vauterin L, Hoste B, Kersters K, Swings J (1995) Reclassification of Xanthomonas. *Int J Syst Bacteriol*, 45: 472-489.
57. Vescova M, Orsi C, Scolari G, Torriani S (1995) Inhibitory effect of selected lactic acid bacteria on microflora associated with ready-to-eat vegetables. *Lett Appl Microbiol*, 21: 121-125.
58. Warriner K, Ibrahim F, Dickinson M, Wright C, Waites WM (2003a) Interaction of Escherichia coli with growing salad spinach plants. *J Food Protect*, 66: 1790-1797.
59. Warriner K, Spaniolas S, Dickinson M, Wright C, Waites WM (2003b) Internalization of bioluminescent Escherichia coli and Salmonella Montevideo in growing bean sprouts. *J Appl Microbiol*, 95: 719-727.
60. Watt BK, Merrill AL (1950) Composition of foods – Raw, processed, prepared. *Agric. Handbook* No. 8. U.S. Department of Agriculture, Washington, DC.
61. Wright SA, Zumoff CH, Schneider L, Beer SV (2001) Pantoea agglomerans strain EH318 produces two antibiotics that inhibit Erwinia amylovora in vitro. *Appl Environ Microbiol*, 67: 284-292.
62. Wu FM, Beuchat LR, Doyle MP, Garrett V, Wells JG, Swaminathan B (2002) Fate of Escherichia coli O157:H7 in coleslaw during storage. *J Food Protect*, 65: 845-847.
63. Yap MN, Barak JD, Charkowski AO (2004) Genomic diversity of Erwinia carotovora subsp. carotovora and its correlation with virulence. *Appl Environ Microbiol*, 70: 3013-3023.

Capitolo 7

Latte, fermentazione e prodotti lattiero-caseari fermentati e non fermentati

Sebbene questo capitolo sia interamente dedicato al latte e ai prodotti derivati, il primo paragrafo riguarda la fermentazione, in virtù dell'importanza che tale processo riveste nella produzione dei prodotti lattiero-caseari.

7.1 Fermentazione

7.1.1 Principi generali

La produzione e le caratteristiche di molti prodotti alimentari sono dovute alle attività fermentative dei microrganismi. Formaggi stagionati, sottaceti, crauti e salumi sono tutti alimenti caratterizzati da una shelf life considerevolmente più lunga rispetto a quella delle materie prime da cui originano. Oltre a essere più stabili dal punto di vista della conservazione, tutti i prodotti fermentati sono caratterizzati da aroma e sapore propri, che sono il risultato, diretto o indiretto, dell'attività dei microrganismi che attuano la fermentazione. In alcuni casi il contenuto vitaminico e la digeribilità dei prodotti fermentati sono superiori a quelli delle materie prime da cui originano. Il processo fermentativo è in grado di ridurre la tossicità naturale di alcuni alimenti (per esempio il *gari* in Africa e il *peujeum* in Indonesia, entrambi ottenuti dalla fermentazione di cassava, meglio conosciuta come mandioca, manioca, tapioca o yucca), oppure può renderne altri estremamente tossici (come nel caso del *bongkrek* ottenuto da farina di cocco). Tutte le informazioni raccolte indicano che nessun altro gruppo, categoria di alimenti o prodotti alimentari ha avuto in passato, e ha tuttora, un ruolo importante come quello svolto dai prodotti fermentati nel contribuire al benessere nutrizionale del mondo intero.

L'ecologia microbica degli alimenti e le fermentazioni a essi associate sono oggetto di studio da molti anni, come nel caso di formaggi stagionati, crauti, vini e altri prodotti: le fermentazioni microbiche a essi correlate, dipendono da parametri intrinseci ed estrinseci di crescita, descritti nel capitolo 3. Per esempio, quando le materie prime naturali sono acide e contengono zuccheri liberi, si sviluppano prontamente i lieviti e l'alcol prodotto dalla loro attività limita la proliferazione di gran parte dei microrganismi contaminanti. Per contro, se l'acidità dei prodotti vegetali consente un buono sviluppo batterico ed è presente nel contempo un alto contenuto in zuccheri semplici, ci si può attendere che siano i batteri lattici a prendere il sopravvento, soprattutto quando bassi livelli di NaCl favoriscono il loro sviluppo rispetto a quello dei lieviti (come avviene nella fermentazione dei crauti).

I prodotti contenenti polisaccaridi, ma quantità marginali di zuccheri semplici, sono in grado di resistere all'attacco di lieviti e batteri lattici, in quanto la maggior parte di questi

J.M. Jay et al., *Microbiologia degli alimenti*
© Springer-Verlag Italia 2009

microrganismi è priva di amilasi. Per dare il via all'attività fermentativa in questi prodotti, occorre quindi fornire una fonte esogena di tali enzimi, come avviene per esempio nei birrifici e nelle distillerie, dove il malto d'orzo viene usato nel processo di produzione e rende possibile la fermentazione operata dai lieviti, che porta alla degradazione degli zuccheri a etanolo, grazie alla fase di maltazione. Un altro esempio di come le fermentazioni lattica e alcolica possano avvenire in materie prime che contengono basse concentrazioni di zuccheri ed elevate quantità di amido e proteine, è quello dei prodotti derivanti dalla soia, nei quali viene usato il *koji* (coltura starter di *Aspergillus* spp.). Mentre, infatti, gli enzimi del malto compaiono a seguito della germinazione dell'orzo, quelli del *koji* sono prodotti da *Aspergillus oryzae*, che si sviluppa sul riso imbito o esposto al vapore, come pure su altri cereali (il prodotto commerciale *takadiastase* è il risultato dello sviluppo di *A. oryzae* sulla crusca di frumento). I composti idrolizzati a partire dal *koji* possono venire così fermentati da batteri lattici e da lieviti, come avviene per la produzione della salsa di soia, oppure gli enzimi del *koji* possono svolgere la loro attività idrolitica direttamente sui semi di soia, dando luogo a prodotti quali il *miso* giapponese.

7.1.2 Definizione e caratteristiche

In passato il termine fermentazione ha assunto diversi significati. Secondo la definizione tratta da un dizionario essa è "un processo di trasformazione chimica accompagnato da effervescenza ... uno stato di agitazione o tumulto ... ognuna delle diverse trasformazioni che si verificano nelle sostanze organiche." Il termine entrò in uso prima che Pasteur iniziasse i suoi studi sul vino. Prescott e Dunn [57] e Doelle [13] hanno contribuito al dibattito sul concetto storico di fermentazione; i primi osservarono che, nel senso più generale del termine comunemente utilizzato, la fermentazione è "un processo costituito da un insieme di trasformazioni chimiche determinate dall'azione di enzimi microbici su un substrato organico." In questo capitolo il termine è utilizzato con il suo significato più ampio. Nei birrifici industriali, e in particolare in quelli di produzione delle birre *ale*, la fermentazione alta avviene impiegando ceppi di lievito che svolgono la loro attività nelle parti superiori di grandi tini di fermentazione, mentre la fermentazione bassa necessita di ceppi di lievito che svolgono la loro attività sul fondo del tino, come nel caso delle birre *lager*.

Dal punto di vista biochimico, la fermentazione è il processo metabolico durante il quale i carboidrati e i composti a essi correlati vengono parzialmente ossidati, con conseguente rilascio di energia in assenza di qualunque tipo di accettore esterno di elettroni. Sono i composti organici derivanti direttamente dalla scissione dei carboidrati a fungere da accettori finali degli elettroni e, di conseguenza, l'ossidazione incompleta dei composti di partenza determina il rilascio solo di una piccola quantità di energia durante tale processo. I prodotti della fermentazione sono rappresentati da composti organici più ridotti di altri.

7.1.3 Batteri lattici

Attualmente, questo gruppo è composto da 13 generi di batteri Gram-positivi:

Carnobacterium	*Leuconostoc*	*Tetragenococcus*
Enterococcus	*Oenococcus*	*Vagococcus*
Lactococcus	*Pediococcus*	*Weissella*
Lactobacillus	*Paralactobacillus*	
Lactosphaera	*Streptococcus*	

Da quando gli enterococchi e i lattococchi sono stati rimossi dal genere *Streptococcus*, *S. salivarius* subsp. *thermophilus* ne è divenuto il più importante esponente di interesse alimentare. *S. diacetylactis*, invece, è stato riclassificato come ceppo in grado di utilizzare il citrato prodotto da *Lactococcus lactis* subsp. *lactis*. Sebbene non facciano parte dei batteri lattici, alcuni generi sono correlati con questo gruppo; tra questi vi sono i generi *Aerococcus*, *Microbacterium* e *Propionibacterium*. Quest'ultimo, in particolare, è stato ridimensionato a causa del trasferimento di alcune specie al nuovo genere *Propioniferax*, che raggruppa le specie in grado di produrre acido propionico come acido carbossilico principale, generato a partire dalla degradazione del glucosio[81]. Le informazioni storiche relative agli streptococchi lattici e alla loro ecologia sono state raccolte da Sandine e colleghi[64], che ritengono che la materia vegetale sia l'habitat naturale di questo gruppo, a eccezione di *Lactococcus cremoris*. È stato inoltre suggerito che gli streptococchi di origine vegetale costituiscano un gruppo di microrganismi ancestrale, da cui sono derivati altre specie e ceppi[48].

Sebbene il gruppo dei batteri lattici sia stato definito in modo approssimativo, senza fissare confini precisi, tutti i suoi membri hanno in comune la caratteristica di produrre acido lattico dagli esosi. Come gli altri microrganismi fermentanti, sono sprovvisti dei sistemi annessi al gruppo eme funzionale al trasporto degli elettroni (ovvero dei citocromi) e, non potendo usufruire del ciclo di Krebs, ricavano l'energia loro necessaria dalla fosforilazione del substrato, durante l'ossidazione dei carboidrati.

Sulla base dei prodotti finali derivanti dal metabolismo del glucosio, Kluyver suddivide i batteri lattici in due gruppi. Sono definiti omofermentanti i batteri lattici che hanno l'acido lattico quale principale o unico prodotto della fermentazione del glucosio (figura 7.1, A).

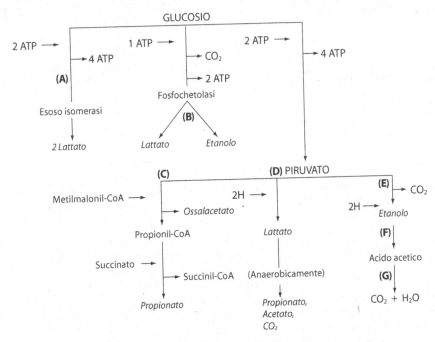

Figura 7.1 Vie metaboliche di diversi microrganismi per la produzione di alcuni prodotti di fermentazione del glucosio: (A) batteri lattici omofermentanti; (B) batteri lattici eterofermentanti; (C, D) *Propionibacterium* (figura 7.3); (E) *Saccharomyces* spp.; (F) *Acetobacter* spp.; (G) *Acetobacter* "superossidanti".

Tabella 7.1 Elenco di alcuni batteri lattici omo- ed eterofermentanti

Omofermentanti	Eterofermentanti
Lactobacillus	**Lactobacillus**
L. acetotolerans	L. brevis
L. acidipiscis	L. buchneri
L. acidophilus	L. cellobiosus
L. alimentarius	L. coprophilus
L. casei	L. fermentum
L. coryniformis	L. hilgardii
L. curvatus	L. sanfranciscensis
subsp. curvatus	L. trichoides
subsp. melibiosus	L. pontis
L. delbrueckii	L. fructivorans
subsp. bulgaricus	L. kimchii
subsp. delbrueckii	L. paralimentarius
subsp. lactis	L. panis
L. fuchuensis	L. sakei
L. helveticus	subsp. sakei
L. jugurti	subsp. carnosus
L. jensenii	**Leuconostoc**
L. kefiranofaciens	L. argentinum
subsp. kefiranofaciens	L. citreus
subsp. kefirgranum	L. fallax
L. leichmannii	L. carnosum
L. mindensis	L. gelidum
L. plantarum	L. inhae
L. salivarius	L. kimchii
Lactococcus	L. lactis
L. lactis	L. mesenteroides
subsp. lactis	subsp. cremoris
subsp. cremoris	subsp. dextranicum
subsp. diacetylactis	subsp. mesenteroides
subsp. hordniae	**Carnobacterium**
L. garvieae	C. divergens
L. plantarum	C. gallinarum
L. raffinolactis	C. mobile
Paralactobacillus	C. piscicola
P. selangorensis	C. viridans
Pediococcus	**Oenococcus**
P. acidilactici	O. oeni
P. claussenii	**Weissella**
P. pentosaceus	W. cibaria
P. damnosus	W. confusa
P. dextrinicus	W. hellenica
P. inopinatus	W. halotolerans
P. parvulus	W. kandleri

segue

segue **Tabella 7.1**

Omofermentanti	*Eterofermentanti*
Streptococcus	W. kimchii
S. bovis	W. minor
S. salivarius	W. thialandensis
subsp. salivarius	W. paramesenteroides
subsp. thermophilus	W. viridescens
Tetragenococcus	W. koreensis
T. halophilus	
T. muriaticus	
Vagococcus	
V. fluvialis	
V. salmoninarum	

Rispetto agli eterolattici, gli omolattici sono in grado di ricavare da una determinata quantità di glucosio circa il doppio dell'energia. Il processo omofermentativo è messo in atto quando viene metabolizzato il glucosio, ma ciò non accade necessariamente nel caso in cui i pentosi costituiscano la principale fonte di energia: in tali condizioni, alcune specie omolattiche sono in grado di portare alla formazione di acidi lattico e acetico, quali prodotti finali del metabolismo. Inoltre, il carattere omofermentante tipico delle specie omolattiche può essere soggetto a cambiamenti, modificando in alcuni ceppi le condizioni di sviluppo correlate alla concentrazione di glucosio, al pH e al contenuto limitato in nutrienti[8,43].

I batteri lattici capaci di produrre quantità equimolecolari di lattato, anidride carbonica ed etanolo, a partire dagli esosi, sono definiti eterofermentanti (figura 7.1, B). Tutti i membri del genere *Pediococcus*, *Streptococcus*, *Lactococcus* e *Vagococcus* rientrano tra gli omofermentanti, assieme ad alcune specie di lattobacilli, mentre *Leuconostoc*, *Oenococcus*, *Weisella*, *Carnobacterium*, *Lactosphaera* e diversi lattobacilli fanno parte del gruppo degli eterofermentanti (tabella 7.1). Le specie eterolattiche sono più importanti delle omolattiche per quanto riguarda la produzione di composti, quali acetaldeide e diacetile, che contribuiscono alla formazione del sapore e dell'aroma (figura 7.2).

Il genere *Lactobacillus* è stato storicamente suddiviso in tre sottogeneri: *Betabacterium*, *Streptobacterium* e *Thermobacterium*. In particolare tutti i lattobacilli eterolattici presenti in tabella 7.1 sono betabatteri. Gli streptobatteri (come *L. casei* e *L. plantarum*) sono in grado di produrre fino all'1,5% di acido lattico quando si sviluppano alla temperatura ottimale di 30 °C, mentre i termobatteri (quali *L. acidophilus* e *L. delbrueckii* subsp. *bulgaricus*) possono produrre fino al 3% di acido lattico e hanno una temperatura ottimale di sviluppo di 40 °C[44].

Recentemente il genere *Lactobacillus* è stato suddiviso in tre gruppi, sulla base principalmente delle caratteristiche fermentative delle specie[71]. Il gruppo 1 include le specie omofermentanti obbligate (*L. acidophilus*, *L. delbrueckii* subsp. *bulgaricus* ecc.), cioè fondamentalmente termobatteri che non fermentano i pentosi. Il gruppo 2 comprende le specie eterofermentanti facoltative (*L. casei*, *L. plantarum*, *L. sakei* ecc.), in grado di fermentare i pentosi. Il gruppo 3 è costituito invece dalle specie eterofermentanti obbligate, quali *L. fermentum*, *L. brevis*, *L. reuteri*, *L. sanfranciscensis* e altri, che presentano la caratteristica di produrre CO_2 a partire da glucosio. In alcuni alimenti che contengono carboidrati fermentiscibili i lattobacilli possono determinare una riduzione del pH fino a 4,0; inoltre sono in grado di crescere fino a pH pari a circa 7,1[71].

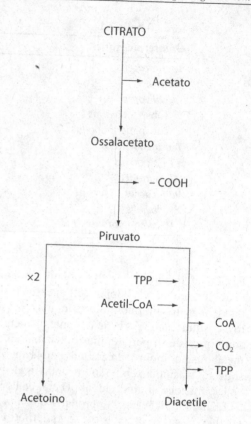

Figura 7.2 Via metabolica generale attraverso la quale acetoino e diacetile vengono prodotti, a partire dal citrato, da lattococchi e *Leuconostoc* spp. Il piruvato può essere prodotto a partire dal lattato e l'acetil coenzima A (CoA) dall'acetato.

Dal punto di vista delle esigenze nutrizionali, i batteri lattici necessitano di amminoacidi liberi, vitamine del gruppo B e basi puriniche e pirimidiniche; di conseguenza, di ciò occorre tener conto nelle analisi di laboratorio che coinvolgono questi microrganismi. Sebbene siano mesofili, alcuni sono in grado di crescere anche sotto i 5 °C e altri fino a 45 °C; riguardo al pH, la maggior parte cresce nel range 4,0-4,5, nonostante alcune specie siano capaci di crescere a pH estremi (fino a 3,2 e 9,6). I batteri lattici possiedono, inoltre, una debole attività proteolitica e lipolitica[70].

Schleifer e Kandler[65] hanno condotto studi approfonditi sulle cellule mucopeptidiche sia di batteri lattici sia di altre specie batteriche. Nonostante i generi appartenenti ai batteri lattici differiscano notevolmente tra loro, i lattobacilli omofermentanti del subgenere *Thermobacterium* sono accomunati da numerose caratteristiche: per esempio, presentano tutti all'interno della catena del peptidoglicano l'amminoacido L-lisina, mentre l'acido D-aspartico fa parte della struttura caratteristica dei ponti peptidici. I lattococchi presentano invece mucopeptidi simili nella composizione della parete.

Per stabilizzare le fermentazioni operate da *L. lactis*, McKay e colleghi hanno impiegato metodiche di genetica molecolare. Infatti, poiché i geni responsabili della fermentazione del lattosio sono di origine plasmidica, la perdita del plasmide stesso provoca anche la scomparsa dell'attività fermentativa. In una sperimentazione condotta allo scopo di rendere più costante la fermentazione del lattosio, i geni *lac*+ di *L. lactis* sono stati clonati in uno specifico vettore, che è stato poi inserito all'interno di un ceppo di *Streptococcus sanguis*[29]. Quindi i geni *lac* provenienti da *L. lactis* sono stati trasformati in *S. sanguis* attraverso il vettore plasmidico; il processo di trasformazione può avvenire anche utilizzando specifici frammenti di DNA, attraverso i quali i geni vengono integrati all'interno del cromosoma delle cellule ospiti[30]. Nell'ultimo caso la fermentazione del lattosio risulta più stabile rispetto a quella che ha luogo quando i geni lac sono di origine plasmidica.

7.1.4 Vie metaboliche e rendimento molare del processo

I prodotti finali derivanti dalla degradazione del glucosio da parte di batteri lattici omofermentanti ed eterofermentanti sono diversi, per ragioni di natura sia genetica sia fisiologica (figura 7.1). I batteri omolattici possiedono enzimi aldolasi ed esoso isomerasi, ma sono privi delle fosfochetolasi (figura 7.1, A); essi utilizzano la via Embden-Meyerhof-Parnas (EMP) per produrre 2 molecole di lattato a partire da una molecola di glucosio. Gli eterolattici, d'altra parte, presentano l'enzima fosfochetolasi, ma sono privi di aldolasi ed esoso isomerasi e, anziché adottare la via metabolica di EMP, utilizzano per la degradazione del glucosio la via dei pentosi o quella dell'esoso monofosfato (figura 7.1, B). La misurazione dei rendimenti molari fornisce importanti informazioni relative al tipo di fermentazione del substrato e alla via metabolica seguita dai microrganismi. Rilevando questo parametro è possibile determinare il peso secco in microgrammi, relativo alle cellule prodotte per micromole di substrato fermentato, che costituisce nient'altro che la costante molare di resa, indicata con la lettera Y. Si assume che nessun substrato a base di carbonio venga impiegato per la biosintesi cellulare, che l'ossigeno non rappresenti l'accettore finale di elettroni o di idrogeno e che tutta l'energia prodotta dal consumo del substrato venga utilizzata per la biosintesi cellulare[26]. Quando, per esempio, il substrato è costituito da glucosio, la costante molare di resa, Y_G, è data da:

$$Y_G = \frac{\text{peso secco di cellule in g}}{\text{moli di glucosio fermentato}}$$

Se per un dato substrato è noto il rendimento in adenosina trifosfato (ATP) o il numero di moli di ATP prodotte per mole di substrato, la quantità di biomassa prodotta per mole di ATP può essere calcolata nel seguente modo:

$$Y_{ATP} = \frac{\text{peso secco di cellule in g/moli di ATP prodotto}}{\text{moli di substrato fermentato}}$$

Numerosi microrganismi fermentanti, monitorati durante il loro sviluppo, hanno mostrato $Y_{ATP} = 10,5$ o valori molto vicini. Tale rendimento si presume costante; di conseguenza, un microrganismo in grado di fermentare il glucosio producendo 2 ATP/mole attraverso la via metabolica EMP, dovrebbe avere $Y_{ATP} = 21$ (cioè, dovrebbe essere in grado di produrre 21 g di biomassa cellulare/mole di glucosio). Ciò è vero per *E. faecalis*, *Saccharomyces cerevisiae*, *S. rosei* e *L. plantarum*, considerando quale substrato zuccherino il glucosio (quando $Y_G = 21$, $Y_{ATP} = 10,5$, entro i limiti dell'errore sperimentale).

Da uno studio condotto da Brown e Collins[8] è risultato che i valori di Y_G e di Y_{ATP} per *Lactococcus lactis* subsp. *lactis* biovar *diacetylactis* e *Lactococcus lactis* subsp. *cremoris* differiscono a seconda che le cellule, in aerobiosi, vengano fatte sviluppare su un terreno poco specifico, a basse o ad alte concentrazioni di glucosio, o su un terreno più complesso. Nel primo caso – ossia su un mezzo di crescita poco specifico – in presenza di basse concentrazioni di glucosio (1-7 μmol/mL) *Lactococcus lactis* subsp. *lactis* biovar *diacetylactis* presenta $Y_G = 35,3$ e $Y_{ATP} = 15,6$, mentre per *Lactococcus lactis* subsp. *cremoris* i valori sono $Y_G = 31,4$ e $Y_{ATP} = 13,9$. Nello stesso terreno, ma con concentrazioni maggiori di glucosio (1-15 µmol/mL), *Lactococcus lactis* subsp. *lactis* biovar *diacetylactis* ha presentato un valore di Y_G pari a 21, mentre i valori di Y_{ATP} per i medesimi due microrganismi in un terreno complesso contenente 2 µmol/mL di glucosio, sono stati pari a 21,5 e 18,9, rispettivamente, per *Lactococcus lactis* subsp. *lactis* biovar *diacetylactis* e per *Lactococcus lactis* subsp. *cremoris*.

Il rendimento molare di sviluppo delle specie enterococciche, a basse concentrazioni di glucosio e in condizioni anaerobie di crescita, è stato studiato da Johnson e Collins[37]. *Zymomonas mobilis* utilizza la via metabolica Entner-Doudoroff per produrre solo 1 ATP/mole di glucosio fermentato ($Y_G = 8,3$, $Y_{ATP} = 8,3$). Quando il lattato prodotto viene metabolizzato ulteriormente, la resa molare di sviluppo è più elevata. *Bifidobacterium bifidum* è in grado di produrre 2,5-3 ATP/mole di glucosio fermentato; di conseguenza i valori di Y_G e di Y_{ATP} sono entrambi pari a 13[72].

7.2 Batteri acetici

Questi batteri Gram-negativi appartengono alla famiglia delle Acetobacteriaceae e al sottogruppo alfa dei Proteobatteri. I generi riconosciuti sono: *Acetobacter*, *Asaia*, *Acidomonas*, *Gluconobacter*, *Gluconacetobacter* e *Kozakia*[80]. Con l'eccezione di *Asaia*, tutti producono grandi quantità di acido acetico a partire da etanolo e sono in grado di crescere in presenza di percentuali di acido acetico dello 0,35%. La via metabolica utilizzata dai ceppi in grado di sintetizzare acido acetico è illustrata in figura 7.1 (F e G), mentre *Asaia* produce piccolissime quantità di acido acetico da etanolo o addirittura non ne produce affatto; inoltre le specie appartenenti a questo genere non crescono in presenza dello 0,35% di acido acetico[80]. Le tre specie note di questo genere ossidano l'acetato e il lattato a CO_2 e acqua. Per una classificazione più recente e dettagliata dei batteri acetici, si consiglia la consultazione del lavoro di Cleenwerck e De Vos[11].

7.3 Prodotti lattiero-caseari

7.3.1 Latte

Nel mondo intero l'uomo consuma il latte e/o i prodotti da esso derivati, ottenuti da almeno una tra diverse specie di mammiferi allevati. Nei paragrafi successivi sarà preso in esame il latte vaccino, che può essere considerato rappresentativo di altre tipologie. Diversi degli

Tabella 7.2 Composizione chimica media (%) di latte intero bovino*

Acqua	87,0
Proteine	3,50
Grassi	3,90
Carboidrati	4,90
Ceneri	0,70

* Dati ricavati dalla letteratura.

aspetti microbiologici del latte, che non possono essere approfonditi in questa sede, sono stati presentati e passati in rassegna da Frank[18] e Murphy e Boor[51].

Composizione

Confrontando la composizione chimica media del latte di vacca presentata in tabella 7.2 e quella delle carni rosse riportata in tabella 4.9, appaiono immediatamente evidenti numerose differenze. Innanzi tutto, il contenuto proteico del latte risulta essere considerevolmente più basso (3,5 contro 18% delle carni rosse), mentre il tenore in carboidrati è considerevolmente più elevato (14,9% contro l'1% circa). Il contenuto più elevato in proteine strutturali delle carni rosse consente loro di esistere in forma solida. Nonostante il contenuto percentuale medio di acqua sulla superficie delle carni fresche, pari a circa il 75,5%, sia più basso del valore medio indicato per il latte (87%), in entrambi i prodotti l'a_w è prossima a 1,0.

La composizione del latte di pecora e di capra è simile a quella del latte di vacca. La proteina principale del latte è la caseina, costituita da diverse frazioni: α, β ecc. Se il pH del latte diminuisce fino a valori inferiori a 4,6, la caseina – che rappresenta l'80-85% del contenuto proteico totale del latte – precipita; la parte liquida restante viene definita siero di latte. Le proteine che rimangono nel siero di latte sono la sieroalbumina, le immunoglobuline, l'α-lattoalbumina ecc. I carboidrati del latte sono rappresentati principalmente da lattosio, presente in quantità consistenti nelle diverse razze di vacche da latte (si aggira attorno al 5%). Oltre al lattosio, che costituisce lo zucchero quantitativamente più importante, sono presenti anche piccole quantità di glucosio e di acido citrico.

Il contenuto di grassi è variabile dal 3,5 al 5,0% circa, a seconda della razza, ed è costituito principalmente da trigliceridi, composti da acidi grassi C_{14}, C_{16}, C_{18}, e $C_{18:1}$, e in piccola parte anche da digliceridi e fosfolipidi. I lipidi del latte sono presenti in gran parte sottoforma di globuli di grasso, che sono circondati da uno strato fosfolipidico. Il contenuto di ceneri è circa 0,7% e a tale percentuale contribuisce in buona misura il Ca^{2+}, mentre il contenuto in Fe^{2+} è piuttosto basso. In generale, comunque, il contenuto di solidi di origine non lipidica si aggira attorno al 9% per il latte di vacca, mentre la percentuale di solidi totali è compresa tra il 12,5 e il 14,5%, con un valore medio di circa 12,9%, variabile a seconda della razza considerata. Il pH del latte fresco intero è circa 6,6, ma può arrivare a 6,8 nei casi in cui la vacca sia affetta da mastite; questa infezione caratteristica della mammella è causata il più delle volte da *Streptococcus agalactiae* e da *S. uberis*, sebbene le specie *Staphylococcus aureus* e *Streptococcus dysgalactiae* siano anch'esse sporadicamente coinvolte. Il latte fresco derivante da una vacca affetta da mastite è caratterizzato da un contenuto di leucociti (globuli bianchi del sangue) $>10^6$/mL, contrariamente a quanto si riscontra nel latte non mastitico, che presenta valori intorno a 70.000/mL.

Il latte contiene buone quantità di vitamine del gruppo B; in particolar modo di acido pantotenico e di riboflavina. Le vitamine A e D, che vengono talora aggiunte al latte destinato al consumo umano, non sembrano avere particolari effetti sull'attività dei microrganismi.

In generale, per la sua composizione chimica, il latte intero di vacca costituisce un terreno di crescita ideale per i microrganismi eterotrofi, inclusi i batteri lattici Gram-positivi, considerati estremamente esigenti dal punto di vista nutrizionale. Le modalità con cui i microrganismi tipici del latte utilizzano questi costituenti, determinando fenomeni alterativi, verranno trattate in seguito.

Trasformazione

Il latte viene trasformato in diversi modi, ottenendo un'ampia gamma di prodotti, tra i quali panna, formaggio e burro. Il latte fresco intero viene trasformato in numerose tipologie di prodotti, che presentano per lo più consistenza fluida. Il latte scremato (0,5% di grassi) e parzialmente scremato (con un contenuto in grassi fino al 2%) sono prodotti mediante centrifugazione ad alta velocità, seguita da riscaldamento a circa 37 °C (100 °F), per separare il grasso che potrà essere impiegato per il burro o la panna oppure essere addizionato al latte scremato allo scopo di raggiungere un determinato contenuto lipidico. Quest'ultimo viene pastorizzato a 65,6-68,3 °C (150-155 °F) per 30 minuti o a 74,4-79,4 °C (166-175 °F) per 15 secondi, prima di essere raffreddato a circa 4 °C[79].

Il latte evaporato è ottenuto rimuovendo circa il 60% di acqua dal latte intero; al termine del processo il contenuto in lattosio è dell'11,5%. Il latte condensato dolce viene invece prodotto mediante aggiunta di saccarosio o glucosio, nella fase che precede l'evaporazione.

Negli Stati Uniti il latte crudo di categoria A, destinato alla pastorizzazione, non dovrebbe avere valori di conta aerobia su piastra superiori a 300.000 ufc/mL, quando mescolato o miscelato, oppure superiori a 100.000 ufc/mL se proveniente da un singolo produttore. Dopo il trattamento di pastorizzazione, la carica aerobia su piastra non deve essere > 20.000 ufc/mL e il numero di coliformi non deve superare le 10 ufc/mL[16]. Il latte crudo non dovrebbe essere conservato per più di 5 giorni a 4,4 °C (40 °F), prima di essere pastorizzato.

Per quanto riguarda il latte al cioccolato, il trattamento termico viene condotto a temperatura un po' superiore rispetto a quella prevista per il latte (75 °C, anziché 72 °C, per 15 secondi). Da uno studio condotto su campioni di questo prodotto prelevati in quattro diverse località è emerso che il valore della conta aerobia su piastra è maggiore nel prodotto dopo 14 giorni dal trattamento rispetto a quello del latte non aromatizzato, nonostante le cariche microbiche iniziali fossero per entrambi le medesime[14]. Al giorno 14, il 76,1% del latte non aromatizzato e il 91,6% del latte al cioccolato hanno presentato conte > 20.000 ufc/mL; il 26,1% del primo e il 53,7% del secondo hanno presentato conte APC > 10[6] ufc/mL. Secondo gli autori della ricerca, l'impiego della polvere di cioccolato potrebbe contribuire a incrementare lo sviluppo dei microrganismi[14], sebbene la carica microbica più elevata non sia stata attribuita specificatamente alla polvere di cacao.

Pastorizzazione

Scopo del processo di pastorizzazione del latte è la distruzione di tutti i microrganismi patogeni. Tuttavia le endospore di patogeni e di alteranti, quali *Clostridium botulinum*, *Clostridium tyrobutyricum*, *Clostridium sporogenes* o *Bacillus cereus*, non vengono distrutte da questo tipo di trattamento. Sebbene i microrganismi patogeni possano essere distrutti anche mediante trattamenti non termici, la pastorizzazione del latte viene realizzata esclusivamente con l'impiego di calore.

Il metodo in batch – che prevede l'impiego di basse temperature per tempi lunghi (LTLT, *low temperature long time)* – consiste nel riscaldamento del prodotto ad almeno 63 °C (145 °F) per 30 minuti. L'altro metodo, più diffuso, prevede invece alte temperature per tempi ridotti (HTST, *hight temperature short time)* e viene condotto portando la temperatura fino a 72 °C (161 °F) per 15 secondi; questo metodo istantaneo risulta molto meno dannoso per le caratteristiche organolettiche del latte rispetto al metodo in batch.

La determinazione dei parametri del trattamento termico, e in particolare la combinazione tempo/temperatura, viene stabilita sulla base del tempo di morte termica (TDT, *thermal death time)* dei microrganismi patogeni non sporigeni, che nel latte presentano una maggiore resistenza al calore. Prima del 1950, il metodo LTLT prevedeva il riscaldamento del latte a circa 62 °C (143 °F) per 30 minuti, sulla base del TDT di *Mycobacterium tuberculosis*; tuttavia, dopo la scoperta dell'agente eziologico della febbre Q (*Coxiella burnetti*) e della sua presenza nel latte delle specie bovine, caprine e ovine, il metodo LTL è stato modificato in modo da prevedere il riscaldamento a 63 °C (145 °F) per 30 minuti, in funzione del TDT di questo patogeno. Nel latte correttamente pastorizzato, normalmente l'enzima fosfatasi alcalina viene distrutto[77].

Un altro trattamento termico è quello UHT (*ultra-high temperature*), che consente non solo la distruzione delle forme patogene non sporigene, ma anche la riduzione del numero di alcune forme sporigene. In genere, il trattamento viene effettuato somministrando calore a 135-140 °C (275-284 °F) per pochi secondi (il trattamento minimo è di 130 °C per 1 secondo). Il latte intero UHT, confezionato asetticamente in contenitori sterili, è considerato commercialmente sterile e presenta una shelf life di 40-45 giorni a 4,4 °C (40 °F)[7]. Alcuni sostengono che il latte UHT intero sia più saporito, probabilmente a causa della formazione di alcuni prodotti della reazione di Maillard.

Nonostante il latte pastorizzato non contenga forme patogene sporigene, esso non può essere considerato sterile. È stata studiata l'efficacia sia del trattamento LTLT sia di quello HTST nella distruzione della sottospecie micobatterica associata all'insorgenza nell'uomo del morbo di Crohn (questo argomento sarà esaminato nel paragrafo relativo alle patologie causate dal latte).

Molti, se non tutti, i batteri Gram-negativi (in particolar modo gli psicrotrofi) vengono distrutti insieme a diversi Gram-positivi. I batteri Gram-positivi termodurici – appartenenti ai generi *Enterococcus*, *Streptococcus* (specialmente *S. salivarius* subsp. *thermophilus*), *Microbacterium*, *Lactobacillus*, *Mycobacterium*, *Corynebacterium* – e quasi tutte (se non tutte) le forme sporigene sopravvivono. Tra i superstiti vi sono inoltre diverse specie psicrotrofe appartenenti al genere *Bacillus*[46].

7.3.2 Microflora totale del latte

In teoria il latte secreto dalla mammella di una vacca sana non dovrebbe essere contaminato da alcun tipo di microrganismo; tuttavia, il latte appena munto in genere non è sterile, tanto che sono spesso rinvenute conte microbiche comprese tra diverse centinaia e qualche migliaia di ufc/mL. La contaminazione deriva, in alcuni casi, dal trasferimento del latte attraverso i dotti galattofori e, in altri, dalla presenza di microrganismi nelle estremità inferiori dei capezzoli. Sebbene nel latte prodotto da vacche sane la conta aerobia su piastra sia generalmente <10^3 ufc/mL, non sono rari valori anche di 10^4 ufc/mL[51].

7.3.3 Patogeni del latte

Poiché il latte è un'eccellente fonte di nutrienti e poiché gli animali da latte possono ospitare microrganismi responsabili di patologie nell'uomo, non sorprende che il latte crudo possa costituire un veicolo di malattie. Alcune delle più ovvie, qui riportate, sono tipiche patologie animali che possono colpire anche l'uomo (zoonosi) attraverso il consumo di latte di vacca:

brucellosi	antrace
tubercolosi	listeriosi
salmonellosi	febbre Q
campilobatteriosi	morbo di Crohn (?)
coliti enteroemorragiche	infezioni stafilococciche/streptococciche (mastiti)

Prima della diffusione dell'impiego dei dispositivi di mungitura meccanica, il latte crudo è stato un veicolo sia di malattie respiratorie (per esempio, la difterite) sia di infezioni enteriche (per esempio, la febbre tifoide). Inoltre, il latte raccolto in contenitori aperti, durante le operazioni di mungitura, può essere contaminato da individui infetti (o portatori sani) attraverso colpi di tosse o, semplicemente, attraverso il contatto con le mani. In seguito alla scoperta della correlazione diretta tra il consumo di latte crudo e i casi di scarlattina, difterite e febbre tifoide registrati agli inizi del Novecento, il Board of Health della città di New York introdusse, nel 1910, l'obbligo del trattamento di pastorizzazione del latte. L'approvazione di tale legge fu la conseguenza di una grande epidemia di febbre tifoide verificatasi a New York l'anno precedente e ricondotta a una fornitura di latte contaminato da individui portatori del microrganismo responsabile[59]. Gli agenti eziologici di tutte le malattie sopra elencate vengono distrutti dal trattamento di pastorizzazione del latte.

Nonostante la grande diffusione del processo di pastorizzazione, il latte continua a rappresentare un veicolo di diverse patologie.

Non sorprende, per esempio, che nel latte venga rinvenuto l'agente eziologico della campilobatteriosi, in quanto quest'ultimo è tipicamente presente nelle feci bovine. In un'indagine condotta nel Wisconsin, su 108 campioni provenienti da grossi serbatoi di latte crudo solamente uno è risultato positivo per *C. jejuni*, mentre i campioni di feci derivanti da vacche di categoria A sono risultati positivi per la presenza dello stesso microrganismo nel 64% dei casi[15]. Nei Paesi Bassi, invece, su 904 campioni di feci bovine e sullo stesso numero di campioni di latte crudo la presenza di *C. jejuni* è stata riscontrata, rispettivamente, nel 22% e nel 4,5% dei casi[6]. *Helicobacter pylori* non è stato isolato da 120 campioni di latte bovino crudo; inoltre quando il microrganismo è stato addizionato a latte sterile, poi refrigerato alla temperatura di 4 °C, la sua presenza non è stata rinvenuta dopo 6 giorni[36].

Nel 2001, il consumo di latte crudo proveniente da un allevamento di categoria A ha causato nel Wisconsin un'epidemia di 75 casi di campilobatteriosi[10]. Tra il 1973 e il 1992, 46 epidemie e 1.733 casi di gastroenterite sono stati ricondotti a latte crudo e segnalati al Center for Disease Control and Prevention degli Stati Uniti. Il 57% dei 1.733 casi è stato provocato da *Campylobacter*, il 26% da *Salmonella* e il 2% da *E. coli* O157:H7[32]. Nei 28 dei 50 Stati dell'Unione in cui è consentita la vendita di latte crudo circa l'1% delle epidemie causate da latte, verificatesi negli anni passati, è stato ricondotto al consumo di latte crudo. Il trasporto e la vendita interstatali di latte crudo sono stati vietati negli Stati Uniti nel 1987. Il consumo di latte è stato anche la causa di alcune delle prime epidemie di listeriosi nell'uomo (vedi capitolo 25).

Sebbene le epidemie associate a prodotti lattiero-caseari possano originare dalla diffusione di ceppi virulenti attraverso il latte, tale meccanismo non è stato sempre confermato. In una ricerca è stato osservato che *L. monocytogenes* veniva eliminata attraverso il latte proveniente dal capezzolo anteriore sinistro di una mucca mastitica, mentre era assente nel latte ottenuto dagli altri capezzoli non infetti[21]. In alcuni Stati, situati sulla costa nord occidentale del Pacifico, sono stati analizzati i serbatoi di latte derivante da 474 vacche: *L. monocytogenes* è risultata presente nel 4,9% dei casi nel 2000, mentre l'anno successivo la percentuale di campioni positivi è stata del 7,0%; in entrambi gli anni il sierotipo 1/2a è stato quello rinvenuto con maggiore frequenza[49].

Anche *Yersinia enterocolitica* è stata spesso isolata in diversi studi condotti su campioni di latte crudo; la prima epidemia documentata causata da questo microrganismo si è registrata negli Stati Uniti ed è stata ricondotta al consumo di latte al cioccolato (questo episodio è trattato in maggiore dettaglio nel capitolo 28). Nel Wisconsin, su 100 campioni di latte crudo, 12 sono risultati positivi per *Y. enterocolitica*, solo 1 campione è risultato positivo tra quelli pastorizzati[47]. Su 219 campioni di latte crudo esaminati in Brasile, 37 (16,9%) contenevano *Listeria* spp. e 71 (32,4%) *Y. enterocolitica*[75]. Il 13,7% di 280 campioni di latte pastorizzato è risultato positivo per *Yersinia* spp., con il 41,5% confermato come *Y. enterocolitica*. Quest'ultima specie è molto comune nel latte crudo, mentre *Y. frederiksenii* risulta essere quella maggiormente presente nel latte pastorizzato (56,1% dei casi)[75].

Le due più grandi epidemie di salmonellosi verificatesi negli Stati Uniti sono state provocate da latte e da gelato e saranno discusse nel capitolo 26.

Per quanto riguarda la presenza di aflatossina M_1 (AFM$_1$), in Messico è stato condotto uno studio su 290 campioni di latte pastorizzato e ultrapastorizzato (2 litri ciascuno), delle 7 marche più diffuse, che differivano per il tenore in grasso. Sono stati riscontrati livelli di AFM$_1$ $\geq 0,05$ µg/L e $\geq 0,5$ µg/L rispettivamente nel 40 e nel 10% dei campioni, con valori compresi tra 0 e 8,35 µg/L nel 40% dei campioni in cui la concentrazione era più bassa e nel 10% di quelli con concentrazione più alta[9]. Il latte con tenore di grasso più elevato aveva una probabilità lievemente maggiore di contenere AFM$_1$[9].

Una ricerca condotta nella zona orientale del Tennessee ha analizzato il contenuto di *E. coli* O157:H7 in campioni di feci, derivanti da bovine riformate, e in campioni di latte, proveniente dai serbatoi di raccolta; 8 campioni di feci su 415 (2%) e 2·campioni di latte su 268 (0,7%) sono risultati positivi a questo microrganismo[50]. Almeno un'epidemia di *E. coli* O157:H7 è stata ricondotta al consumo di latte crudo (vedi il capitolo 27).

Desta continua preoccupazione la possibile presenza nel latte del batterio responsabile della malattia di Johne o paratubercolosi (tipica del bestiame), che sembra essere implicato anche nel morbo di Crohn, una patologia che colpisce l'uomo. I microrganismi in questione sono classificati come segue. *Mycobacterium avium* subsp. *avium*: è causa di tubercolosi negli uccelli e può infettare i pazienti affetti da AIDS; *M. avium* subsp. *paratuberculosis:* è un patogeno obbligato dei ruminanti e si pensa sia coinvolto nell'eziologia del morbo di Crohn; *M. avium* subsp. *silvaticum*: è un patogeno obbligato degli animali, è responsabile di paratubercolosi nei mammiferi e di tubercolosi negli uccelli[74]. *M. avium* subsp. *paratuberculosis* è il ceppo di maggiore interesse in relazione al latte di vacca, per il possibile coinvolgimento nel morbo di Crohn; è, quindi, di primaria importanza capire se il trattamento di pastorizzazione adottato è adeguato per distruggere il microrganismo. In uno studio è stato osservato che, in tutti i campioni di latte esaminati, né il metodo HTST né quello LTLT sono stati in grado di distruggere concentrazioni di 10^3-10^4 ufc/mL di questo microrganismo[25], ma in un'altra ricerca un trattamento HTST attuato alla temperatura di 72 °C per 15 secondi è stato sufficiente per distruggere concentrazioni fino a 10^6ufc/mL[69].

Il morbo di Crohn è una malattia infiammatoria dell'intestino (ileite regionale), che interessa l'ileo terminale e a volte l'intestino cieco e il colon ascendente, che si presentano spesso ispessiti e ulcerati; il notevole restringimento del lume intestinale della regione interessata porta a una conseguente occlusione intestinale. In un'indagine, condotta nel Regno Unito per circa 17 mesi, nel periodo 1999-2000, su 814 campioni·di latte bovino, il 7,8 e l'11,8%, rispettivamente, di latte crudo e pastorizzato sono stati trovati positivi per il DNA di *M. avium* subsp. *paratuberculosis*[23]. La conferma colturale è stata ottenuta nell'1,6% dei campioni di latte crudo·e nell'1,8% dei campioni di latte pastorizzato. I campioni di latte pastorizzato esaminati in questo studio erano fosfatasi negativi. In un'altra ricerca su latte di vacca crudo e pastorizzato, sempre effettuata nel Regno Unito, *M. avium* subsp. *paratuberculosis* è stato rinvenuto in 4 (6,7%) dei 60 campioni di latte crudo e in 10 (6,9%) dei 144 campioni di latte pastorizzato[24]. I ricercatori hanno rilevato microrganismi vitali in campioni di latte sottoposti a quattro diversi tipi di trattamento, incluso il riscaldamento a 73 °C per 25 secondi.

È stata anche studiata l'evoluzione di questo microrganismo nel formaggio sottoposto a stagionatura[73]. Secondo la FDA, le regole da seguire per produrre un formaggio sicuro dal punto di vista igienico-sanitario sono due: 1) usare esclusivamente latte pastorizzato, 2) lasciare stagionare il formaggio per almeno 60 giorni a 2 °C. Nello studio citato è stato ricercato il numero di cellule vitali presenti in un formaggio bianco a pasta molle, prodotto a partire da latte pastorizzato, preparato variando il pH e il contenuto in NaCl e inoculato con concentrazioni di 10^6 cellule di *M. avium* subsp. *paratuberculosis*; le analisi sono state effettuate dopo un periodo di stagionatura definito. Nel formaggio prodotto a partire da latte pastorizzato HTST, con pH 6, concentrazione di NaCl del 2% e lasciato maturare per 60 giorni si è osservata una riduzione decimale di 3 unità logaritmiche delle cellule di *M. avium* subsp. *paratuberculosis*[73]. In una revisione sul morbo di Crohn, Harris e Lammerding[31] sono arrivati alla conclusione che le evidenze causa-effetto non sono ancora sufficienti per determinare il coinvolgimento di *M. avium* subsp. *paratuberculosis* in questa patologia.

7.3.4 Alterazioni

In quanto unica fonte naturale del disaccaride lattosio, il latte subisce un'alterazione microbica unica nel suo genere. A differenza di quanto si verifica per il saccarosio e il maltosio, infatti, solo un numero relativamente piccolo di batteri comunemente presenti nel latte è in grado di ottenere energia da questo zucchero (specie a temperatura di refrigerazione), e i batteri lattici sono particolarmente adatti per svolgere questo compito. Tra i batteri Gram-negativi, i coliformi sono i maggiori utilizzatori di lattosio. L'alterazione batterica del latte crudo o pastorizzato determina una produzione iniziale di acido lattico, da parte di questi e altri utilizzatori di lattosio, con conseguente abbassamento del pH (da circa 6,6 fino a 4,5) e precipitazione della caseina (coagulazione). I ceppi termodurici di *Streptococcus salivarius* subsp. *thermophilus* utilizzano preferenzialmente il glucosio derivante dalla degradazione del lattosio e rilasciano galattosio, che costituisce un substrato pronto per i microrganismi che non utilizzano il lattosio.

L'alterazione del latte UHT è causata da specie di *Bacillus*, che sono in grado di sopravvivere al trattamento termico. Grazie al potenziale Eh relativamente elevato del latte, la presenza di spore anaerobie non sembra costituire un problema. Tra le specie del genere *Bacillus* isolate da prodotti alterati vi sono *B. cereus*, *B. licheniformis*, *B. badius* e *B. sporothermodurans*[56]. Il genere *Paenibacillus* è stato rinvenuto anche in prodotti UHT. Durante la conservazione a freddo del latte pastorizzato, *Bacillus weihenstephanensis* provoca la "coagulazione dolce" a causa della sua particolare attività peptidasica e proteasica. L'alterazione del latte UHT può manifestarsi in seguito all'azione di lipasi e proteasi prodotte da alcune forme psicrotrofe, particolarmente resistenti al trattamento al calore, presenti nel latte crudo. Per ulteriori approfondimenti su questo argomento, si rimanda al riferimento bibliografico 18.

La *filamentosità*, che può talora manifestarsi nel latte crudo, è causata da *Alcaligenes viscolactis*, la cui crescita è favorita dalle basse temperature alle quali il latte crudo viene mantenuto per diversi giorni. Il *filamento* di consistenza mucillaginosa, prodotto dalle cellule batteriche, è in grado di conferire al prodotto una consistenza viscosa.

7.4 Probiotici e prebiotici

La definizione di probiotico risale alla metà degli anni Sessanta ed è stata modificata durante lo scorso decennio. In genere si tratta di un prodotto contenente microrganismi vivi e vitali, il cui consumo si ritiene abbia effetti benefici sulla salute. L'ingestione di microrganismi vitali, come quelli dello yogurt e del latte fermentato, è alla base del significato originario.

Il termine probiotico è stato adottato anche per molti prodotti in grado di produrre diversi benefici clinici, pur non contenendo cellule vive. Un esempio di ciò è dato dall'attenuazione dei sintomi dell'intolleranza al lattosio determinata dal consumo di yogurt termizzato (per approfondimenti, vedi riferimento 54). Una definizione di probiotico comprensiva anche del significato originario è stata proposta da Salminen e colleghi[62]. In assenza di organismi vitali, è stato anche suggerito il termine "abiotico"[38,68]. Per avere una definizione ancora più ampia, il termine è stato applicato a quei batteri impiegati come agenti di controllo negli ambienti di acquacoltura[78]. Per un esame più dettagliato relativamente ai probiotici, vedi riferimento 38.

Lo yogurt sembra essere il prodotto probiotico maggiormente consumato (soprattutto negli Stati Uniti), scelto da alcuni in quanto prodotto fermentato e da altri per i benefici, veri o presunti, che apporta alla salute. Sebbene le colture starter tipiche dello yogurt siano costituite da *Streptococcus salivarius* subsp. *thermophilus* e da *Lactobacillus delbrueckii* subsp. *bulgaricus*, alcune preparazioni prevedono l'aggiunta di bifidobatteri. Secondo la legislazione svizzera sulle derrate alimentari di origine animali e lo standard del FIL/IDFR (International Dairy Federation), questi prodotti devono contenere almeno 10^6 ufc/mL cellule vitali, mentre la Fermented Milk and Lactic Acid Beverages Association giapponese richiede la presenza di almeno 10^7 ufc/mL cellule vitali (vedi riferimento 67); in quest'ultimo caso, tuttavia, non è chiaro se il numero di cellule si riferisca sia ai batteri lattici sia ai bifidobatteri, oppure a uno solo di questi gruppi. Quando vengono impiegati nella fermentazione dello yogurt, i bifidobatteri non sono in grado di sopravvivere durante la conservazione; questi microrganismi sono anaerobi che necessitano di condizioni di Eh negativo e di valori di pH prossimi alla neutralità[67]. È stato studiato l'effetto del siero, derivante dalle proteine idrolizzate del latte, su alcuni batteri probiotici: è emerso che il siero favorisce inizialmente lo sviluppo di *Bifidobacterium longum* e di due specie di lattobacilli, ma che dopo 28 giorni a temperatura di frigorifero i microrganismi probiotici raggiungono concentrazioni pari a quelle presenti nel latte di controllo[45].

Le spore vitali di *Bacillus* spp. vengono anch'esse impiegate come probiotici; le tre specie utilizzate più frequentemente sono *B. clausii*, *B. pumilus* e *B. cereus* in concentrazione di circa 10^9/g. Sono stati dimostrati effetti positivi sulla salute, che sembrano dovuti alle proprietà immunogeniche delle spore e non a quelle delle cellule vegetative.

L'influenza di tre colture starter sulla sopravvivenza di *Yersinia enterocolitica* nello yogurt è illustrata in figura 7.3, nella quale la rapida acidificazione degli starter provoca una riduzione di ben 5 unità logaritmiche in 72 ore, mentre l'acidificazione lenta comporta un calo di 5,6 unità logaritmiche in 96 ore[7]. Nei prodotti probiotici effetti inibitori di questo tipo sono in grado di contrastare lo sviluppo di agenti patogeni di origine alimentare e tale influenza è stata studiata per numerosi patogeni. La riduzione del pH rappresenta uno dei fattori di inibizione, ma anche la produzione di batteriocine e la tossicità di alcuni acidi organici sono senza dubbio implicati come fattori aggiuntivi; questo aspetto verrà discusso ulteriormente nel capitolo 13. Le cause dell'intolleranza al lattosio e la sua diagnosi sono descritte di seguito.

I prebiotici non sono microrganismi, bensì substrati per i batteri probiotici che risiedono nel colon. Non essendo digeribili, questi substrati attraversano l'intestino tenue; si tratta di oligosaccaridi – come i fruttoligosaccaridi, di cui l'inulina è un esempio – che vengono metabolizzati dai bifidobatteri e dai lattobacilli anaerobi (entrambi indigeni del colon). Il potenziale Eh del colon, infatti, favorisce lo sviluppo e l'attività di questi microrganismi, e ciò determina un ambiente ostile alla crescita dei microrganismi patogeni aerobi. Diversamente dai probiotici, questi substrati possono essere addizionati a diversi tipi di alimenti che

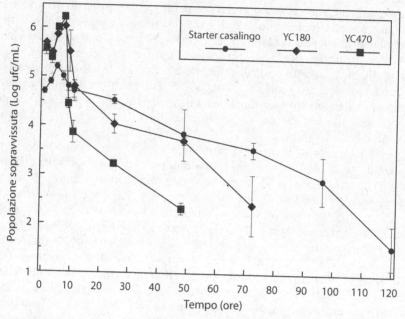

Figura 7.3 Sopravvivenza di *Yersinia enterocolitica* nello yogurt, durante la fermentazione a 44 °C e la conservazione a 4 °C. Lo yogurt è stato preparato utilizzando colture starter in grado di acidificare il prodotto lentamente (YC 180) e rapidamente (YC 470) e una coltura starter d'uso domestico. Le barre di errore rappresentano la deviazione standard media[7]. (Copyright © 1998 Institute of Food Technologists, con autorizzazione)

non supportano a lungo la vitalità cellulare. Il loro impiego consente di soddisfare le esigenze di colture che possono così persistere nel piccolo intestino.

7.4.1 Intolleranza al lattosio

L'intolleranza al lattosio (malassorbimento del lattosio, ipolattemia intestinale) rappresenta una condizione normale per il mammifero adulto, compresa la maggior parte degli esseri umani; i gruppi intolleranti a questo zucchero sono molto più numerosi di quelli che lo tollerano[41]. Tra le relativamente poco numerose popolazioni con una maggioranza di adulti che tollera il lattosio vi sono i nordeuropei, gli americani bianchi e i membri di due tribù nomadi africane dedite alla pastorizia[41]. Quando consumano determinate quantità di latte o di gelato, i soggetti intolleranti al lattosio avvertono immediatamente disturbi quali flatulenza e diarrea. Questa condizione è legata all'assenza o a quantità ridotte di lattasi intestinale, che permettono ai batteri del colon di utilizzare il lattosio con produzione di gas. Per determinare l'intolleranza al lattosio, viene impiegato un test respiratorio (breath test) che misura la quantità di idrogeno prodotto e si basa sull'aumento del livello di H_2 causato dai batteri anaerobi e anaerobi facoltativi che utilizzano il lattosio non assorbito.

Secondi alcuni autori il latte acido o acidofilo "dolce" può prevenire i sintomi dell'intolleranza al lattosio, mentre altri ritengono sia inefficace. Questo prodotto, sviluppato da M. L. Speck e colleghi, è un normale latte pastorizzato addizionato di un numero molto elevato di cellule vitali di *L. acidophilus* sottoforma di concentrati congelati. Finché il latte rimane

Tabella 7.3 Principali benefici, accertati o presunti, derivanti dai probiotici [38,54,62,63]

Benefici	Osservazioni
Intolleranza al lattosio	Benefici consolidati (vedi testo)
Gastroenteriti acute	Incidenza/durata spesso ridotta
Riduzione del colesterolo serico	Risultati positivi in vitro; risultati misti in vivo
Riduzione dell'estensione del tumore/	Studi limitati
tasso di sopravvivenza	
Riduzione dell'insorgenza di tumori secondari	Risultati positivi su studi limitati
Produzione di IFN α, β	Risultati positivi su studi limitati
Candidosi vaginali	Risultati misti
Effetti antipertensivi	Risultati positivi effettivi
Azione preventiva nell'insorgenza di	Alcuni effetti positivi dimostrati
cancro al colon	
Infezione da *Helicobacter pylori*	Produzione di sostanze inibitorie
Resistenza nei confronti di patogeni enterici	Alcuni effetti positivi dimostrati
Diarrea del viaggiatore	Effetti positivi riportati
Attenuazione dell'iperplasia del colon	Risultati positivi in topi
Aumento della longevità nell'uomo	Non ancora provato

refrigerato, il microrganismo non si sviluppa, ma quando viene bevuto il consumatore trae dei benefici legati alla presenza delle cellule vitali di *L. acidophilus*. Si definisce "dolce" in quanto è privo della caratteristica acidità del tradizionale latte acidofilo. In una ricerca condotta su 18 pazienti carenti di lattasi è stato osservato che, dopo aver consumato latte inalterato per una settimana e latte acido o acidofilo "dolce" per la settimana seguente, tutti i soggetti sono risultati intolleranti a entrambi i tipi di prodotto[52]. Il latte privo di lattosio, ormai molto diffuso, viene prodotto mediante un trattamento con β-galattosidasi. In uno studio condotto sui ratti, i batteri dello yogurt si sono dimostrati poco efficaci nel prevenire il malassorbimento di lattosio. I batteri lattici che colonizzano l'intestino tendono a essere soppressi in seguito al consumo di yogurt e ciò ha determinato un cambiamento nelle specie di lattobacilli caratteristiche dell'animale; in particolare, al termine della sperimentazione la microflora, inizialmente costituita da specie eterofermentanti, presentava soprattutto specie omofermentanti. Sono stati condotti diversi studi, uno dei quali molto ampio[63], sui possibili effetti salutari derivanti dai batteri probiotici, sia vitali sia non vitali. Un sintesi di tali effetti è presentata in tabella 7.3.

7.5 Colture starter e prodotti fermentati

I prodotti che saranno considerati in questo paragrafo richiedono l'impiego di appropriate colture starter. Lo starter lattico rappresenta la coltura starter di base largamente utilizzata nell'industria dei prodotti lattiero-caseari. Nel processo produttivo di tutti i tipi di formaggio la produzione di acido lattico è fondamentale, e il fermento lattico è utilizzato proprio a tale scopo. Gli starter lattici vengono inoltre impiegati nella produzione di burro, siero di latte, ricotta e panna acida e sono spesso riferiti a tali prodotti (starter del burro, starter del siero e così via). I fermenti lattici selezionati includono sempre i batteri che convertono il lattosio ad acido lattico; frequentemente sono impiegate specie quali *L. lactis* subsp. *lactis*, *L. lactis*

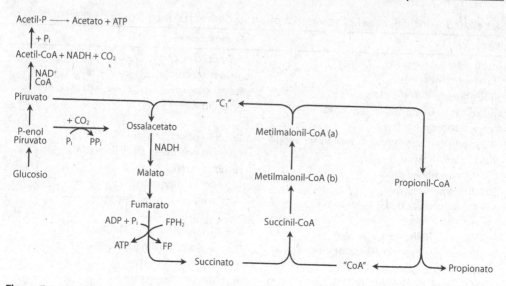

Figura 7.4 Reazioni che accompagnano la fermentazione acida propionica e la formazione di acetato, CO_2, propionato e ATP. Me-malonil-CoA indica metilmalonil-CoA e (a) e (b) rappresentano i due isomeri. FP è la flavoproteina e FPH_2 è la flavoproteina ridotta. Il bilancio complessivo delle reazioni è: 1,5 glucosio + 6 P_i + 6 ADF → 6 ATP + $2H_2O$ + CO_2 + acetato + 2 propionato. (Da Allen et al.[3], copyright © 1964 American Society for Microbiology)

subsp. *cremoris* o *L. lactis* subsp. *lactis* biovar *diacetylactis*. Quando lo sviluppo di sostanze come il diacetile, che influenzano il sapore e l'aroma del prodotto, costituisce una caratteristica desiderata del prodotto stesso, lo starter lattico dovrà contenere specie eterolattiche quali *Leuconostoc mesenteroides* subsp. *cremoris*, *L. lactis* subsp. *lactis* biovar *diacetylactis* o *Leuconostoc mesenteroides* subsp *dextranicum* (per la via metabolica, vedi figura 7.4). Le colture starter, costituite da ceppi singoli o combinati, possono essere prodotte in notevoli quantità e conservate mediante congelamento in azoto liquido[20] o mediante liofilizzazione. In genere i lattococchi rappresentano circa il 90% della popolazione di uno starter lattico per prodotti lattiero-caseari; una buona coltura starter può convertire la maggior parte del lattosio in acido lattico. L'acidità titolabile del prodotto, calcolata come acido lattico, può aumentare fino a 0,8-1,0%, mentre il pH generalmente diminuisce fino a 4,3-4,5[17].

7.5.1 Prodotti fermentati

Burro, siero di latte e panna acida sono generalmente prodotti inoculando la crema di latte pastorizzata con colture starter e monitorando il processo fino a quando non viene raggiunto il valore di acidità desiderato. Nel caso del burro ottenuto inoculando la panna, si procede alla zangolatura della panna acidificata per ottenere il prodotto finale, che viene poi lavato, salato e confezionato[55]. Il siero di latte, come suggerisce il nome stesso, è il liquido che si separa dopo l'operazione di zangolatura che porta alla produzione del burro. Il prodotto commerciale si prepara, solitamente, inoculando il latte scremato con una coltura starter lattica o con sieroinnesto e lasciando riposare fino al raggiungimento del valore di acidità ideale. La cagliata risultante viene rotta, mediante agitazione, in piccole particelle, ottenendo il cosiddetto siero di latte fermentato. La panna acida fermentata viene di norma prodotta mediante fermentazione di panna scremata, pastorizzata e omogeneizzata, a opera di colture starter lattiche. Il sapore acido di questi prodotti è dovuto alla presenza di acido lattico, mentre l'aroma e il sapore butirrico al diacetile.

In seguito a un'epidemia di enterite da *Campylobacter*, verificatasi in Louisiana nel 1995 e attribuita a burro all'aglio, sono stati condotti alcuni studi per valutare l'influenza dell'aglio sull'evoluzione di microrganismi patogeni di interesse alimentare nel burro. In una ricerca il burro aromatizzato con aglio è stato inoculato con circa 10^4 e 10^6 ufc/g di *C. jejuni* e poi mantenuto a 5 o a 21 °C. A 5 °C, dopo 3 ore, in due batch la concentrazione di patogeno è diminuita fino a valori <10 ufc/g, mentre in un terzo batch il medesimo risultato è stato raggiunto dopo 24 ore[82]. Nel burro senza aglio *C. jejuni* è sopravvissuto per 13 giorni a 5 °C; a 21 °C, la concentrazione di patogeno è diminuita, entro 5 ore, fino a valori <10 ufc/g in due batch e fino a 50 ufc/g, in 5 ore, in un terza produzione[82]. Complessivamente, nel burro con l'aglio vengono distrutte fino a 10^5 cellule in poche ore, ma il microrganismo potrebbe sopravvivere per giorni nel burro refrigerato. In un altro lavoro è stato osservato che nel burro non salato, con o senza il 20% di aglio, mantenuto per 48 ore a 4,4, 21 o 37 °C , *Salmonella*, *E. coli* O157:H7 e *L. monocytogenes* non sono in grado di crescere[1].

Lo yogurt è prodotto con specifici starter selezionati: colture miste di *S. salivarius* subsp. *thermophilus* e *Lactobacillus delbrueckii* subsp. *bulgaricus* in rapporto 1:1. In coltura mista i cocchi crescono più rapidamente dei bacilli e sono i principali responsabili delle fasi iniziali di acidificazione, che avvengono con maggiore velocità di quella che si osserva quando le specie vengono fatte sviluppare separatamente. Inoltre, quando cresce in associazione con *S. salivarius* subsp. *thermophilus*, *Lactobacillus delbrueckii* subsp. *bulgaricus* produce maggiori quantità di acetaldeide (la principale sostanza volatile responsabile del sapore dello yogurt)[58]. I cocchi possono produrre fino allo 0,5% circa di acido lattico, mentre i bacilli ne producono in percentuale variabile dallo 0,6 allo 0,8% (pH pari a 4,2-4,5). Tuttavia, prolungando il periodo di incubazione, il pH può scendere ulteriormente fino a circa 3,5, con concentrazioni di acido lattico prossime al 2%[33].

Lo yogurt è preparato riducendo di almeno un quarto il contenuto di acqua sia del latte intero sia di quello scremato; ciò può essere ottenuto in autoclave sotto vuoto, dopo la sterilizzazione del latte, oppure aggiungendo circa il 5% di latte in polvere, che provoca la riduzione dell'acqua (effetto condensante). Il latte concentrato viene quindi riscaldato fino a 82-93 °C, per circa 30-60 minuti, e poi raffreddato fino a circa 45 °C[55]. Gli starter dello yogurt vengono oggi addizionati a concentrazioni del 2% circa in volume e incubati a 45 °C per 3-5 ore, al termine delle quali la temperatura viene abbassata a 5 °C. L'acidità titolabile del prodotto finito deve essere pari a circa 0,85-0,90%; per ottenere tale valore viene interrotta l'incubazione a 45 °C quando il prodotto in fermentazione raggiunge un'acidità intorno a 0,65-0,70%[12]. Uno yogurt di buona qualità si conserva bene per 1 o 2 settimane a 5 °C. I cocchi crescono bene durante le prime fasi della fermentazione, seguiti poi dai bacilli: dopo circa 3 ore, la concentrazione di entrambi i microrganismi dovrebbe essere approssimativamente la medesima. Un'elevata acidità, per esempio del 4%, può essere raggiunta prolungando la fermentazione del prodotto: in tal caso i bacilli saranno presenti in numero maggiore rispetto ai cocchi. Infatti, nello yogurt con pH di 4,2-4,4 gli streptococchi tendono a essere inibiti, mentre i lattobacilli possono tollerare valori di pH compresi nell'intervallo 3,5-3,8. L'acido lattico dello yogurt è sintetizzato in gran parte a partire dal glucosio (più che dal galattosio) derivante dalla scissione del lattosio. Goodenough e Kleyn[22] hanno rilevato solo tracce di glucosio durante la fermentazione dello yogurt, mentre la percentuale di galattosio tendeva ad aumentare rispetto ai valori iniziali dell'1,2%; nei campioni di yogurt commerciale si riscontravano solo tracce di glucosio, mentre le percentuali di galattosio variavano tra l'1,5 e il 2,5%.

Lo yogurt appena prodotto contiene di norma intorno a 10^9 microrganismi/g, ma durante la conservazione a 5 °C – specie se protratta per oltre 60 giorni – questo numero si riduce fino a 10^6 per grammo[28]. Il numero dei bacilli solitamente diminuisce più rapidamente rispetto a quello dei cocchi. L'aggiunta allo yogurt di frutta non sembra influenzare particolarmente la concentrazione dei fermenti lattici[28]. Secondo quanto disposto dall'International Dairy Federation, lo yogurt deve presentare un numero pari o superiore a 10^7 microrganismi/g. Da una ricerca condotta su *E. coli* O157:H7 è risultato che questo microrganismo non è in grado di sopravvivere nel latte scremato a pH 3,8 e che è inattivato in modo analogo nello yogurt, nella panna acida e nel siero di latte[27].

Le caratteristiche antimicrobiche di yogurt, siero di latte, panna acida e formaggio cottage sono state analizzate inoculando, separatamente, *Enterobacter aerogenes* ed *Escherichia coli* in prodotti commerciali e monitorando questi microrganismi durante la conservazione dei prodotti a 7,2 °C. Dopo 24 ore, nello yogurt e nel siero di latte è stata osservata una riduzione netta di entrambi i coliformi; dopo 3 giorni nessuna delle due specie è stata rilevata nello yogurt. Sebbene il numero di coliformi sia diminuito anche nella panna acida, la riduzione è stata meno rapida che nello yogurt. In diversi campioni di formaggio cottage si è osservato un aumento del numero di coliformi, probabilmente causato dagli elevati valori di pH riscontrati nei prodotti. Gli intervalli di pH iniziali, dei prodotti presi in esame in questa ricerca, erano: 3,65-4,40 per lo yogurt, 4,1-4,9 per il siero di latte, 4,18-4,70 per la panna acida e 4,80-5,10 per i campioni di formaggio cottage.

In un'altra ricerca, condotta nell'Ontario su yogurt commerciale, solo il 15% dei 152 campioni esaminati presentava un rapporto 1:1 di cocchi e bacilli[5]; gli stafilococchi e i coliformi sono stati rinvenuti, rispettivamente, nel 27,6 e nel 14% di questi campioni di yogurt. Il 26% dei campioni presentava una conta di lieviti superiore a 1000/g, e quasi il 12% una conta di psicrotrofi superiore a 1000/g. In uno studio condotto in Gran Bretagna su campioni di yogurt commerciale non aromatizzato, Davis[12] ha riscontrato per i due starter conte che variavano da un minimo di 82 milioni fino a un massimo di 1 miliardo per grammo, mentre i valori di pH erano compresi nell'intervallo 3,75-4,20. L'attività antimicrobica dei batteri lattici è discussa nei capitoli 3 e 13.

Il kefir è preparato con l'impiego di granuli di kefir, che contengono una o più specie batteriche, in particolare dei generi *Acetobacter*, *Lactobacillus*, *Lactococcus*, *Leuconostoc*, e una o più specie di lieviti, dei generi *Candida*, *Kluyveromyces* e *Saccharomyces*. Questi microrganismi simbionti vengono mantenuti insieme da proteine coagulate[19]. Le specie più importanti del genere *Lactobacillus* presenti nel kefir sono: *L. kefiri*, *L. parakefiri*, *L. kefiranofaciens* subsp. *kefiranofaciens* e *L. kefiranofaciens* subsp. *kefirgranum*[76]. In particolare, le ultime due specie sono responsabili della produzione di kefirano (un polisaccaride solubile in acqua), contenuto per circa il 24% nei granuli di kefir[76]. Il kumiss è un prodotto analogo al kefir, tranne che per il tipo di latte utilizzato, che in questo caso è di cavalla. Le colture di microrganismi impiegate non sono in forma di granuli e l'alcol prodotto può raggiungere concentrazioni del 2%.

Il latte acido o acidofilo viene prodotto inoculando *L. acidophilus*, un ceppo di origine intestinale, in latte sterile scremato. L'aggiunta dell'1-2% di inoculo è seguita dall'incubazione del prodotto a 37 °C, fino allo sviluppo di una cagliata morbida. Una famosa variante di questo prodotto, commercializzata negli Stati Uniti, è rappresentata dall'aggiunta di una coltura di un ceppo di *L. acidophilus* a latte intero pastorizzato (scremato o parzialmente scremato al 2%), poi raffreddato in tini e immediatamente imbottigliato. Il pH è quello normale del latte ed è più gradevole al palato rispetto ai prodotti più acidi. La concentrazione di *L. acidophilus* dovrebbe essere compresa tra 10^7 e 10^8/mL[33]. Anche il latte bulgaro è prodot-

Tabella 7.4 Alcuni dei più diffusi prodotti ottenuti dalla fermentazione del latte

Alimenti e prodotti	Materie prime	Microrganismo	Luogo di produzione
Latte acido o acidofilo	Latte	*Lactobacillus acidophilus*	Diversi Paesi
Latte bulgaro		*L. delbrueckii* subsp. *bulgaricus*	Balcani e altre aree
Formaggi (stagionati)	Cagliata del latte	Starter lattici	In tutto il mondo
Kefir	Latte	*Lactococcus lactis*, *L. delbrueckii* subsp. *bulgaricus*, *Torula* spp.	Sudest asiatico
Kumiss	Latte crudo di cavalla	*Lactobacillus leichmannii*, *L. delbrueckii* subsp. *bulgaricus*, *Torula* spp.	Russia
Taette	Latte	*S. lactis* var. *taette*	Penisola scandinava
Tarhana*	Farina di frumento e yogurt	Fermenti lattici	Turchia
Yogurt**	Latte, latte in polvere	*L. delbrueckii* subsp. *bulgaricus*, *S. salivarius* subsp. *thermophilus*	In tutto il mondo
Biogurt	Latte, latte in polvere	*L. acidophilus* *L. lactis*	In tutto il mondo

* Simile al kishk in Syria e al kushuk in Iran.
** Prodotti analoghi sono: matzoon in Armenia; leben in Egitto; naja in Bulgaria; gioddu in Sardegna; dadhi in India.

to in modo analogo, utilizzando però come inoculo o coltura starter un ceppo di *L. bulgaricus*, che a differenza di *L. acidophilus* non è un microrganismo tipico dell'intestino umano. Un riepilogo delle diverse tipologie di latti fermentati è presentato in tabella 7.4.

Il burro contiene circa il 15% di acqua e l'81% di grasso e solitamente presenta un contenuto di carboidrati e proteine inferiore allo 0,5%. Sebbene non sia un prodotto altamente deperibile, è suscettibile all'attacco da parte di batteri e muffe. La principale fonte di contaminazione microbica del burro è la panna, sia dolce sia acida, sia pastorizzata sia non pastorizzata. È logico attendersi che la microflora del latte intero sia la stessa che si ritrova nella panna, poiché durante l'affioramento in superficie le goccioline di grasso trascinano con sé anche i microrganismi. Il processo di trasformazione della panna, sia cruda sia pastorizzata, utilizzata per la produzione del burro determina una riduzione del numero di tutti i microrganismi presenti, con valori che vanno da 100.000/g nella crema pronta per la lavorazione a qualche centinaio nel burro salato. Quest'ultimo può contenere fino al 2% di sale e ciò significa che le gocce d'acqua in esso presenti possono contenerne il 10%, rendendo il prodotto ancora più ostile nei confronti dei batteri alteranti[33].

I batteri causano due principali tipi di alterazione nel burro. La prima, nota come "odore di putrido", è provocata dallo sviluppo in superficie di *Pseudomonas putrefaciens*. Di norma questo microrganismo prolifera a temperature comprese tra 4 e 7 °C, causando un'alterazione che diventa evidente dopo 7-10 giorni. L'odore caratteristico sembra dovuto alla liberazione di alcuni acidi organici, in particolare all'acido isovalerico. Lo stesso difetto, accompagnato dallo sviluppo di un aroma di mela, è anche causato da *Chryseobacterium joostei*[35]. Il secondo tipo più comune di alterazione del burro è l'irrancidimento, dovuto fondamentalmente all'idrolisi del grasso con liberazione di acidi grassi liberi. Anche lipasi di origine non microbica possono causare questo tipo di difetto. Il microrganismo responsabile di tale alterazione è *Pseudomonas fragi*, sebbene anche *P. fluorescens* sia stato in qualche occasione rinvenuto. I batteri possono causare nel burro tre tipi di alterazioni meno comuni. L'aroma di malto è un difetto causato dallo sviluppo di *Lactococcus lactis* var. *maltigenes*. Un odore sgradevole e ripugnante è stato descritto e associato in relazione a *Pseudomonas mephitica*, mentre *P. nigrifaciens* è responsabile dell'annerimento del burro.

Il burro, inoltre, è soggetto piuttosto frequentemente ad alterazioni di natura fungina da parte di specie appartenenti ai generi *Cladosporium*, *Alternaria*, *Aspergillus*, *Mucor*, *Rhizopus*, *Penicillium* e *Geotrichum*, in particolar modo da parte di *G. candidum* (*Oospora lactis*). Questi microrganismi possono svilupparsi visibilmente sulla superficie del burro, producendo colorazioni diverse a seconda del colore delle loro spore. I lieviti neri del genere *Torula* sono anch'essi implicati nei fenomeni di alterazione del colore di questo prodotto. Un'analisi microscopica del burro ammuffito rivela la presenza di un micelio fungino che si estende a una certa distanza dallo sviluppo visibile. Il contenuto elevato di lipidi e ridotto di acqua rende il burro più soggetto all'attacco di muffe che di batteri.

Il formaggio cottage invece è suscettibile all'attacco da parte di diversi batteri, lieviti e muffe. Il tipo di alterazione che si manifesta con maggiore frequenza, e di cui sono responsabili i batteri, è detto "coagulo molle". I microrganismi più spesso ritenuti responsabili del deterioramento di questo prodotto appartengono al genere *Alcaligenes,* sebbene *Pseudomonas*, *Proteus*, *Enterobacter* e *Acinetobacter* siano anch'essi implicati. *Penicillium*, *Mucor*, *Alternaria* e *Geotrichum* sono tutti generi che si sviluppano bene sul formaggio cottage, al quale impartiscono i caratteristici sapori di stantio, di muffa e di lievito. In uno studio canadese, la shelf life del formaggio cottage destinato al commercio è risultata ridotta per la presenza di lieviti e muffe[60]. Nonostante il 48% dei campioni di formaggio contenesse coliformi, questi microrganismi non sono proliferati durante la conservazione a 40 °F (4,4 °C) per circa 16 giorni. (Per maggiori dettagli sui prodotti lattiero-caseari fermentati, si consiglia la consultazione dei riferimenti bibliografici 53 e 55.)

7.5.2 Formaggi

Per la maggior parte i formaggi sono ottenuti per fermentazione lattica del latte; in generale il processo produttivo consiste di due fasi principali.

1. Il latte viene preparato e inoculato con uno starter lattico selezionato; lo starter produce acido lattico che, unitamente all'aggiunta di chimosina, provoca la formazione della cagliata. La tipologia di starter impiegato varia a seconda del tipo di formaggio e della quantità di calore somministrato alla cagliata. Per l'acidificazione delle cagliate sottoposte a cottura (fino a una temperatura di 60 °C) viene impiegato *S. salivarius* subsp. *thermophilus*, poiché è più resistente al calore rispetto agli starter lattici comunemente utilizzati. Nelle cagliate sottoposte a un processo di cottura medio possono invece essere utilizzate in combinazione le specie *S. salivarius* subsp. *thermophilus* e *L. lactis* subsp. *lactis*.
2. La cagliata viene spurgata, pressata e, successivamente, sottoposta a salatura; quindi viene lasciata maturare in condizioni specifiche a seconda del tipo di formaggio.

Sebbene la maggior parte dei formaggi stagionati sia prodotta grazie all'attività metabolica dei batteri lattici, diversi tipi, ben noti, devono le loro caratteristiche allo sviluppo di altri microrganismi. Per esempio, nei formaggi svizzeri vengono frequentemente impiegate colture miste di *L. delbrueckii* subsp. *bulgaricus* e di *S. salivarius* subsp. *thermophilus* associate a colture di *Propionibacterium shermanii* o di *P. freundenreichii*, che vengono aggiunte in quanto durante il processo di stagionatura contribuiscono alla formazione delle caratteristiche sensoriali e delle tipiche occhiature (vedi figura 7.1, C e D, per un quadro sintetico della via metabolica dei propionibatteri, e figura 7.4 per informazioni più dettagliate). Questi microrganismi sono stati studiati approfonditamente da Hettinga e Reinbold[34]. Per i formaggi blu, come il roquefort, la cagliata viene inoculata con spore di *Penicillium roqueforti*, che influenza la stagionatura e impartisce la caratteristica venatura blu tipica di questo formaggio. In modo simile il latte o la superficie del formaggio camembert vengono inoculati con spore di *Penicillium camemberti*.

Due specie di batteri corineformi, appartenenti al genere *Brachybacterium*, sono stati isolati dalla superficie dei formaggi francesi gruyère e beaufort[66], ma il ruolo di questi microrganismi nel processo di stagionatura non è chiaro. In uno studio sulla presenza di *L. monocytogenes* in formaggi a scorza rossa europei (molli, semimolli e duri) il 5,8% dei 329 campioni esaminati conteneva *Listeria* spp.; il 6,4 e il 10,6% dei ceppi isolati sono stati attribuiti rispettivamente alle specie *L. monocytogenes* e *L. innocua*[61]. In particolare, in otto campioni la conta di *L. monocytogenes* era superiore a 100/cm², mentre in due campioni la concentrazione dello stesso microrganismo raggiungeva le 10^4 ufc/cm².

Esistono oltre 400 varietà di formaggi classificate e raggruppate in circa 20 distinte tipologie sulla base della consistenza o del contenuto di umidità e, nel caso di prodotto stagionati, dei microrganismi impiegati per la stagionatura (batteri o muffe). A seconda della consistenza della pasta, vengono riconosciute tre tipologie di formaggi: formaggi duri, semiduri o molli.

Esempi di formaggi duri sono il provolone, il pecorino romano, il parmigiano reggiano, il gruyère, l'emmentaler e l'edam, tutti stagionati con l'intervento di specie batteriche per un periodo variabile da 2 a 16 mesi. Tra i formaggi semiduri vi sono il münster, il roquefort, il limburger e il gouda, che vengono stagionati per un periodo superiore a 1-8 mesi in presenza di specie batteriche. Il blu del Moncenisio e il roquefort sono due esempi di formaggi semiduri stagionati in presenza di muffe per un periodo di 2-12 mesi. Il limburger è un formaggio molle maturato in presenza di specie batteriche, mentre il brie e il camembert sono formaggi molli prodotti con l'impiego di muffe. Tra i formaggi non stagionati vi sono la ricotta, il fior di latte, la mozzarella e il neufchâtel.

Grazie al basso contenuto di umidità, i formaggi duri e semiduri stagionati sono scarsamente suscettibili all'alterazione operata dalla maggior parte dei microrganismi, ma le muffe – com'è prevedibile – possono svilupparsi su questi prodotti. Alcuni formaggi stagionati hanno un potenziale di ossido-riduzione sufficientemente basso da favorire lo sviluppo di microrganismi anaerobi; non sorprende, quindi, che proprio questi microrganismi siano responsabili delle alterazioni che si manifestano nei prodotti in cui l'attività dell'acqua ne consente lo sviluppo. *Clostridium* spp., specialmente *C. pasteurianum, C. butyricum, C. sporogenes* e *C. tyrobutyricum*, sono stati indicati quali responsabili della comparsa di fenomeni di gonfiore tardivo nei formaggi.

In particolare, a *C. tyrobutyricum* è stata imputata la fermentazione butirrica, o gonfiore tardivo, in formaggi come il gouda e l'emmentaler[40]. Con l'aggiunta dello 0,5% di miscele di polifosfati a lunga catena, lo sviluppo di *C. tyrobutyricum* è stato inibito per almeno 8 giorni e il microrganismo non è stato rilevato dopo 16-50 giorni (vedi figura 7.5). Con percentuali di polifosfati dell'1% la crescita è stata completamente inibita[42]; ciò era dovuto al sequestro di ioni Ca^{2+}/Mg^{2+} da parte dei polifosfati, che nelle cellule provoca un aspetto fila-

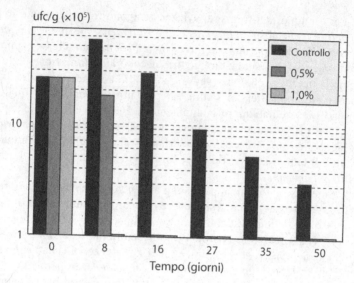

Figura 7.5 Inibizione di *Clostridium tyrobutyricum* durante il processo di produzione del formaggio spalmabile (miscela di formaggio B) con lo 0,5% e l'1% di polifosfati HBS. (Riprodotto da Loessner et al.[42] con autorizzazione del *J Food Protect* © 1997 International Association for Food Protection, Des Moines, IA, USA)

mentoso e lisi. Una specie aerobia produttrice di spore, *Paenibacillus polymyxa*, è stata individuata come responsabile di episodi di gonfiore. Questa condizione è provocata dalla produzione di CO_2 a partire da acido lattico.

Nel periodo 1973-1992 negli Stati Uniti si sono registrate 32 epidemie associate al consumo di formaggio, con 1.700 casi e 58 decessi, 52 dei quali causati da *L. monocytogenes*, in un'epidemia verificatasi in California nel 1985[4]. I formaggi molli sono stati il veicolo più comune e le improprie modalità di pastorizzazione una delle cause più frequenti.

7.6 Malattie causate da batteri lattici

Sebbene gli effetti benefici dei batteri lattici sulla salute dell'uomo e degli animali siano indiscutibili, alcuni di questi batteri sono associati a patologie umane. Dalla revisione di Aguirre e Collins[2] è emerso che, in un periodo di circa 50 anni, sono stati segnalati 68 casi clinici causati da lattobacilli. Diverse specie di *Leuconostoc* sono state implicate in 27 casi di malattia nell'arco di 7 anni, i pediococchi sono stati responsabili di 18 casi in 3 anni e numerosi casi sono stati ascritti a specie di enterococchi. Questi ultimi sono la terza causa di infezioni nosocomiali (acquisite in ambito ospedaliero); le due specie rinvenute con maggior frequenza sono state *E. faecalis* e *E. faecium*.

I batteri lattici sarebbero microrganismi opportunisti, non in grado di provocare infezione in soggetti in buona salute. In Germania è stato condotto uno studio per determinare la resistenza alla vancomicina nelle specie enterococciche (VRE, vancomycin-resistant enterococci); analizzando 555 campioni di carne macinata bovina e di maiale è stato osservato che l'incidenza di VRE nella carne macinata bovina è troppo bassa per essere considerata una fonte importante di infezioni nosocomiali[39].

Bibliografia

1. Adler BB, Beuchat LR (2002) Death of Salmonella, Escherichia coli O157:H7, and Listeria mono-cytogenes in garlic butter as affected by storage temperature. *J Food Protect*, 65: 1976-1980.

2. Aguirre M, Collins MD (1993) Lactic acid bacteria and human clinical infection. *J Appl Bacteriol*, 75: 95-107.

3. Allen SHG, Killermeyer RW, Stjernholm RL, Wood HG (1964) Purification and properties of enzymes involved in the propionic acid fermentation. *J Bacteriol*, 87: 171-187.

4. Altekruse SF, Timbo BB, Mobray JC, Bean NH, Potter ME (1998) Cheese-associated outbreaks of human illness in the United States, 1973 to 1992: Sanitary manufacturing practices protect consumers. *J Food Protect*, 61: 1405-1407.

5. Arnott DR, Duitschaever CL, Bullock DH (1974) Microbiological evaluation of yogurt produced commercially in Ontario. *J Milk Food Technol*, 37: 11-13.

6. Beumer RR, Cruysen JJM, Birtantie IRK (1988) The occurrence of Campylobacter jejuni in raw cows' milk. *J Appl Bacteriol*, 65: 93-96.

7. Bodnaruk PW, Williams RG, Golden DA (1998) Survival of Yersinia enterocolitica during fermentation and storage of yogurt. *J Food Sci*, 63: 535-537.

8. Brown WV, Collins EB (1977) End products and fermentation balances for lactic streptococci grown aerobically on low concentrations of glucose. *Appl Environ Microbiol*, 33: 38-42.

9. Carvajal M, Bolanos A, Rojo F, Méndez I (2003) Aflatoxin M_1 in pasteurized and ultrapasteurized milk with different fat content in Mexico. *J Food Protect*, 66: 1885-1892.

10. Centers for Disease Control and Prevention (2002) Outbreak of Campylobacter jejuni infections associated with drinking unpasteurized milk procured through a cow-leasing program – Wisconsin, 2001. *Morb Mort Wkly Rept*, 51: 548-549.

11. Cleenwerck I, De Vos P (2008) Polyphasic taxonomy of acetic acid bacteria: An overview of the currently applied methodology. *Int J Food Microbiol*, 125(1): 2-14.

12. Davis JG (1975) The microbiology of yoghurt. In: Carr JG, Cutting CV, Whiting GC (eds) *Lactic Acid Bacteria in Beverages and Food*. Academic Press, New York, pp. 245-263.

13. Doelle HA (1975) *Bacterial Metabolism*. Academic Press, New York.

14. Douglas SA, Gray MJ, Crandall AD, Boor KJ (2000) Characterization of chocolate milk spoilage patterns. *J Food Protect*, 63: 516-521.

15. Doyle MP, Roman DJ (1982) Prevalence and survival of Campylobacter jejuni in unpasteurized milk. *Appl Environ Microbiol*, 44: 1154-1158.

16. Food and Drug Administration, United States (1995) *Grade A pasteurized milk ordinance*. U.S. Department of Health and Human Services, Public Health Service, Washington, DC.

17. Foster EM, Nelson FE, Speck ML, Doetsch RN, Olson JC (1957) *Dairy Microbiology*. Prentice-Hall, Englewood Cliffs, NJ.

18. Frank JF (2001) Milk and dairy products. In: Doyle MP, Beuchat LR, Montville TJ (eds) *Food Microbiology: Fundamentals and Frontiers* (2nd ed). ASM Press, Washington, DC., pp. 111-126

19. Garrote GL, Abraham AG, de Antoni GL (2000) Inhibitory power of kefir: The role of organic acids. *J Food Protect*, 63: 364-369.

20. Gilliland SE, Speck ML (1974) Frozen concentrated cultures of lactic starter bacteria: A review. *J Milk Food Technol*, 37: 107-111.

21. Gitter M, Bradley R, Blampied PH (1980) Listeria monocytogenes infection in bovine mastitis. *Vet Rec*, 107: 390-393.

22. Goodenough ER, Kleyn DH (1976) Qualitative and quantitative changes in carbohydrates during the manufacture of yoghurt. *J Dairy Sci*, 59: 45-47.

23. Grant IR, Ball HJ, Rowe MT (2002a) Incidence of Mycobacterium paratuberculosis in bulk raw and commercially pasteurized cows' milk from approved dairy processing establishments in the United Kingdom. *Appl Environ Microbiol*, 68: 2428-2435.

24. Grant IR, Hitchings EI, McCartney A, Ferguson F, Rowe MT (2002b) Effect of commercial-scale high-temperature, short-time pasteurization on the viability of Mycobacterium paratuberculosis in naturally infected cows' milk. *Appl Environ Microbiol*, 68: 602-607.

25. Grant IR, Ball HJ, Neill SD, Rowe MT (1996) Inactivation of Mycobacterium paratuberculosis in cows' milk at pasteurization temperatures. *Appl Environ Microbiol*, 62: 631-636.

26. Gunsalus IC, Shuster CW (1961) Energy yielding metabolism in bacteria. In: Gunsalus IC, Stanier RY (eds) *The Bacteria*, vol. 2. Academic Press, New York, pp. 1-58.

27. Guraya R, Frank JF, Hassan AN (1998) Effectiveness of salt, pH, and diacetyl as inhibitors of Escherichia coli O157:H7 in dairy foods stored at refrigeration temperatures. *J Food Protect*, 61: 1098-1102.

28. Hamann WT, Marth EH (1984) Survival of Streptococcus thermophilus and Lactobacillus bulgaricus in commercial and experimental yogurts. *J Food Protect*, 47: 781-786.

29. Harlander SK, McKay LL (1984) Transformation of Streptococcus sanguis Challis with Streptococcus lactis plasmid DNA. *Appl Environ Microbiol*, 48: 342-346.

30. Harlander SK, McKay LL, Schachtels CF (1984) Molecular cloning of the lactose-metabolizing genes from Streptococcus lactis. *Appl Environ Microbiol*, 48: 347-351.

31. Harris JE, Lammerding AM (2001) Crohn's disease and Mycobacterium avium subsp. paratuberculosis: Current issues. *J Food Protect*, 64: 2103-2110.

32. Headrick ML, Korangy S, Bean NH, Angulo FJ, Altekruse SF, Potter ME, Klontz KC (1998) The epidemiology of rawmilk-associated foodborne disease outbreaks reported in the United States, 1973 through 1992. *J Amer Public Health*, 88: 1219-1221.

33. Henning DR (1999) Personal communication.

34. Hettinga DH, Reinbold GW (1972) The propionic-acid bacteria – A review. *J Milk Food Technol*, 35: 295-301, 358-372, 436-447.

35. Hugo CJ, Segers P, Hoste B, Vancanneyt M, Kersters K (2003) Chryseobacterium joostei sp. nov., isolated from the dairy environment. *Int J Syst Evol Microbiol*, 53: 771-777.

36. Jiang X, Doyle MP (2002) Optimizing enrichment culture conditions for detecting Helicobacter pylori in foods. *J Food Protect*, 65: 1949-1954.

37. Johnson MG, Collins EB (1973) Synthesis of lipoic acid by Streptococcus faecalis 10C1 and end-products produced anaerobically from low concentrations of glucose. *J Gen Microbiol*, 78: 47-55.

38. Klaenhammer TR (2001) Probiotics and prebiotics. In: Doyle MP, Beuchat LR, Montville TJ (eds) *Food Microbiology: Fundamentals and Frontiers* (2nd ed) ASM Press, Washington DC., pp. 97-811.

39. Klein G, Pack A, Reuter G (1998) Antibiotic resistance patterns of enterococci and occurrence of vancomycin-resistant enterococci in raw minced beef and pork in Germany. *Appl Environ Microbiol*, 64: 1825-1830.

40. Klijn N, Nieuwenhof FFJ, Hoolwerf JD, van derWaals CB, Weerkamp AH (1995) Identification of Clostridium tyrobutyricum as the causative agent of late blowing in cheese by species-specific PCR amplification. *Appl Environ Microbiol*, 61: 2919-2924.

41. Kretchmer N (1972) Lactose and lactase. *Sci Am*, 227(10): 71-78.

42. Loessner MJ, Maier SK, Schiwek P, Scherer S (1997) Long-chain polyphosphates inhibit growth of Clostridium tyrobutyricum in processed cheese spreads. *J Food Protect*, 60: 493-498.

43. London J (1976) The ecology and taxonomic status of the lactobacilli. *Ann Rev Microbiol*, 30: 279-301.

44. Marth EH (1974) Fermentations. In: Webb BH, Johnson AH, Alford JA (eds) *Fundamentals of Dairy Chemistry*. AVI, Westport, CT.

45. McComas KA Jr, Gilliland SE (2003) Growth of probiotic and traditional yogurt cultures in milk supplemented with whey protein hydrolysate. *J Food Sci*, 68: 2090-2095.

46. Meer RR, Baker J, Bodyfelt FW, Griffiths MW (1991) Psychrotrophic Bacillus spp. in fluid milk products: A review. *J Food Protect*, 54: 969-979.

47. Moustafa MK, Admed AAH, Marth EH (1983) Occurrence of Yersinia enterocolitica in raw and pasteurized milk. *J Food Protect*, 46: 276-278.

48. Mundt JO (1975) Unidentified streptococci from plants. *Int J Syst Bacteriol*, 25: 281-285.

49. Muraoka W, Gay C, Knowles D, Borucki M (2003) Prevalence of Listeria monocytogenes subtypes in bulk milk of the Pacific Northwest. *J Food Protect*, 66: 1413-1419.

50. Murinda SE, Nguyen KT, Ivey SJ, Gillespie BE, Almeida RA, Draughon FA, Oliver SP (2002) Prevalence and molecular characterization of Escherichia coli O157:H7 in bulk tank milk and fecal samples from cull cows: A 12-month survey of dairy farms in east Tennessee. *J Food Protect*, 65: 752-759.

51. Murphy SC, Boor KJ (2000) Trouble-shooting sources and causes of high bacteria counts in raw milk. *Dairy Fd Environ Sanit*, 20: 606-611.

52. Newcomer AD, Park HS, O'Brien PC, McGill DB (1983) Response of patients with irritable bowel syndrome and lactase deficiency using unfermented acidophilus milk. *Am J Clin Nutr*, 38: 257-263.

53. National Academy of Science, USA (1992). *Applications of Biotechnology to Traditional Fermented Foods*. National Academy Press, Washington, DC.

54. Ouwehand AC, Salminen SJ (1998) The health effects of cultured milk products with viable and non-viable bacteria. *Int Dairy J*, 8: 749-758.

55. Pederson CS (1979) *Microbiology of Food Fermentations* (2nd ed). AVI, Westport, CT.

56. Pettersson B, Lembke F, Hammer P, Stackebrandt E, Priest FG (1996) Bacillus sporothermodurans, a new species producing highly heat-resistant endospores. *Int J System Bacteriol*, 46: 759-764.

57. Prescott SC, Dunn CG (1957) *Industrial Microbiology*. McGraw-Hill, New York.

58. Radke-Mitchell L, Sandine WE (1984) Associative growth and differential enumeration of Streptococcus thermophilus and Lactobacillus bulgaricus: A review. *J Food Protect*, 47: 245-248.

59. Rosen G (1958). *A History of Public Health*. MD Publications, New York, pp. 358-360.

60. Roth LA, Clegg LFL, Stiles ME (1971) Coliforms and shelf life of commercially produced cottage cheese. *Can Inst Food Technol J*, 4: 107-111.

61. Rudolf M, Scherer S (2001) High incidence of Listeria monocytogenes in European red smear cheese. *Int J Food Microbiol*, 63: 91-98.

62. Salminen S, Ouwehand A, Benno YH, Lee YK (1999) Probiotics: How should they be defined? *Trends Food Sci Technol*, 10: 107-110.

63. Sanders ME (1999) Probiotics. *Food Technol*, 53(11): 67-77.

64. Sandine WE, Radich PC, Elliker PR (1972) Ecology of the lactic streptococci: A review. *J Milk Food Technol*, 35: 176-185.

65. Schleifer KH, Kandler O (1972) Peptidoglycan types of bacterial cell walls and their taxonomic implications. *Bacteriol Rev*, 36: 407-477.

66. Schubert K, Ludwig W, Springer N, Kroppenstedt RM, Accolas JP, Fiedler F (1996) Two coryneform bacteria isolated from the surface of French Gruyère and Beaufort cheeses are new species of the genus Brachybacterium: Brachybacterium alimentarium sp. nov. and Brachybacterium tyrofermentans sp. nov. *Int J Syst Bacteriol*, 46: 81-87.

67. Shin MS, Lee JH, Pestka JJ, Ustunol Z (2000) Viability of bifidobacteria in commercial dairy products during refrigerated storage. *J Food Protect*, 63: 327-331.

68. Shortt C (1998) The probiotic century: Historical and current perspectives. *Trends Food Sci Technol*, 10: 411-417.

69. Stabel JR, Steadham EM, Bolin CA (1997). Heat inactivation of Mycobacterium paratuberculosis in raw milk: Are current pasteurization conditions effective? *Appl Environ Microbiol*, 63: 4975-4977.

70. Stamer JR (1976). Lactic acid bacteria. In: deFigueiredo MP, Splittstoesser DF (eds) *Food Microbiology: Public Health and Spoilage Aspects*. Kluwer Academic Publishers, New York, pp. 404-426.

71. Stiles ME, Holzapfel WH (1997) Lactic acid bacteria of foods and their current taxonomy. *Int J Food Microbiol*, 36: 1-29.

72. Stouthamer AH (1969) Determination and significance of molar growth yields. *Methods Microbiol*, 1: 629-663.

73. Sung N, Collins MT (2000) Effect of three factors in cheese production (pH, salt, and heat) on Mycobacterium avium subsp. paratuberculosis viability. *Appl Environ Microbiol*, 66: 1334-1339.

74. Thorel MF, Krichevsky M, Levy-Frébault VV (1990) Numerical taxonomy of mycobactin-dependent mycobacteria, emended description of Mycobacterium avium, and description of Mycobacterium

avium subsp. avium subsp. nov., and Mycobacterium avium subsp. silvaticum subsp. nov. *Int J Syst Bacteriol*, 40: 254-260.

75. Tibana A, Warnken MB, Nunes MP, Ricciaradi ID, Noleto ALS (1987) Occurrence of Yersinia species in raw and pasteurized milk in Rio de Janeiro, Brazil. *J Food Protect*, 50: 580-583.

76. Vancanneyt M, Mengaud J, Cleenwerck I, Vanhonacker K, Hoste H, Dawyndt P, Degivry MC, Ringuet D, Janssens D, Swings J (2004) Reclassification of Lactobacillus kefirgranumTakizawa et al. 1994 Lactobacillus kefiranofaciens subsp. kefirgranum subsp. nov. and emended description of L. kefiranofaciens Fujisawa et al. 1988. *Int J Syst Evol Microbiol*, 54: 551-556.

77. Vaclavik VA, Christian EW (2003) *Essentials of Food Science* (2nd ed). Springer, New York.

78. Verschuere L, Rombaut G, Sorgeloos P, Verstraete W (2000) Probiotic bacteria as biological control agents in aquaculture. *Microbiol Mol Biol Rev*, 64: 655-671.

79. Vieira ER (1996) *Elementary Food Science* (4th ed). Kluwer/Plenum Publishing, New York.

80. Yukphan P, Potacharoen W, Tanasupawat S, Tanticharoen M, Yamada Y (2004) Asaia krungthepensis sp. nov., an acetic acid bacterium in the alpha-Proteobacteria. *Int J Syst Evol Microbiol*, 54: 313-316.

81. Yokota A, Tamura T, Takeuchi M, Weiss N, Stackebrandt E (1994) Transfer of Propionibacterium innocuum Pitcher and Collins 1991 to Propioniferax gen. nov. as Propioniferax innocua comb. nov. *Int J Syst Bacteriol*, 44: 579-582.

82. Zhao T, Doyle MP, Berg DE (2000) Fate of Campylobacter jejuni in butter. *J Food Protect*, 63: 120-122.

Capitolo 8
Alimenti e prodotti fermentati non lattiero-caseari

8.1 Prodotti carnei

I salumi fermentati sono generalmente prodotti stagionati o semistagionati, sebbene alcuni presentino caratteristiche intermedie. I salumi stagionati o prodotti alla maniera italiana contengono circa il 30-40% di umidità; di norma non vengono affumicati o trattati mediante calore e sono consumati senza cottura[58]. La loro preparazione prevede l'aggiunta degli ingredienti per la salagione e degli aromatizzanti alla carne macinata, il riempimento dei budelli e l'incubazione a circa 26-35 °C (80-95 °F) per periodi di tempo variabili. I tempi di incubazione sono di solito più brevi quando sono impiegate colture starter selezionate. Tra gli ingredienti per la salagione addizionati all'impasto, vi sono il glucosio, come substrato per i microrganismi fermentanti, e nitrati e/o nitriti come antimicrobici e stabilizzanti del colore. Quando vengono utilizzati solo nitrati, è necessario che il salame contenga specie batteriche in grado di ridurli a nitriti; in genere si tratta di micrococchi presenti nella microflora naturale o addizionati all'impasto. Dopo l'incubazione, durante la quale ha luogo l'attività fermentativa, i prodotti vengono posti in camere di asciugatura, con il 55-65% di umidità relativa, per periodi variabili tra 10 e 100 giorni oppure, nel caso del salame di tipo ungherese, fino a 6 mesi[47]. I salami Genova e Milano sono altri esempi di prodotti stagionati.

In uno studio condotto sui salami stagionati è stato osservato che il pH si riduce da 5,8 a 4,8, durante i primi 15 giorni di stagionatura, per poi rimanere costante[36]. In nove differenti marche commerciali di salumi stagionati gli autori della ricerca hanno riscontrato valori di pH variabili tra 4,5 e 5,2, con una media di 4,87. In merito ai cambiamenti della microflora, che si verificano durante la fermentazione dei salumi preparati senza l'impiego di starter, Urbaniak e Pezacki[82] hanno osservato una prevalenza complessiva dei microrganismi omofermentanti; in particolare, *L. plantarum* è stata la specie isolata con maggiore frequenza. Durante i sei giorni di incubazione, gli eterofermentanti – quali *L. brevis* e *L. buchneri* – sono aumentati per effetto delle variazioni di pH e di Eh determinate dall'attività degli omofermentanti.

La preparazione dei salumi semistagionati è essenzialmente uguale a quella dei prodotti stagionati, tranne per il fatto che il periodo di stagionatura è più breve. Essi contengono il 50% circa di umidità e vengono affinati portandone la temperatura interna a 60-68 °C (140-154 °F) durante l'affumicatura. Alcuni esempi di prodotti semistagionati sono la coppa di 60 giorni, i "salumi estivi" (*summer sausage*) e la mortadella affumicata di Lebanon. Con la definizione "salumi estivi" si indicano quei prodotti tradizionali – stagionati o semistagionati – originari del nord Europa, preparati, conservati e maturati nei mesi più freddi per essere consumati durante la stagione estiva.

La mortadella di Lebanon (originariamente prodotta nell'omonima località della Pennsylvania) è un tipico salume semistagionato; è ottenuto da sola carne di manzo fortemente affumicata e speziata e può essere prodotto utilizzando colture starter di *Pediococcus cerevisiae*[19]. La preparazione prevede l'aggiunta, alla carne di manzo tagliata a cubetti, del 3% circa di NaCl, oltre a zucchero, aromatizzanti, nitrati e/o nitriti. La carne salata viene lasciata maturare a temperatura di refrigerazione per circa 10 giorni, durante i quali è favorito lo sviluppo dei batteri lattici naturalmente presenti, o dei ceppi starter, ed è inibito quello dei Gram-negativi. Una maggiore attività microbica accompagnata da un certo grado di disidratazione si verifica durante l'affumicatura a temperature più alte. Per la mortadella di Lebanon è stato studiato un processo di produzione controllato[52], che prevede la maturazione della carne bovina salata a 5 °C per 10 giorni, seguita da 4 giorni di affumicatura a 35 °C, in condizioni di elevata umidità relativa (UR). La fermentazione del prodotto può essere compiuta sia dalla microflora naturalmente presente nella carne, sia da starter selezionati di *P. cerevisiae* o *P. acidilactici*. L'acidità può arrivare allo 0,8-1,2%[8,57].

Il rischio associato al consumo di salumi fermentati preparati in ambito domestico con modalità improprie è stato confermato da un'epidemia di trichinellosi: su 50 persone che avevano consumato salame estivo non sottoposto a cottura, 23 hanno contratto la malattia[62]. Il salame era stato prodotto in 2 giorni diversi, in 3 partite, seguendo una ricetta di famiglia che prevedeva l'affumicatura a freddo, ritenendo che la bassa temperatura favorisse aroma e sapore migliori. Tutte le partite contenevano carne di bovino allevato in proprio. In aggiunta, due partite consumate dalle vittime contenevano carne di maiale: in una la carne proveniva da allevamenti controllati dall'USDA, nell'altra da maiale allevato in proprio. Le larve di *Trichinella spiralis* sono state trovate solo nella carne di maiale controllata dall'USDA. Questo microrganismo può essere distrutto da un trattamento termico, purché la temperatura all'interno del prodotto arrivi almeno a 60 °C (140 °F) (vedi capitolo 29).

Nella produzione di salumi stagionati i lattobacilli producono amminopeptidasi che determinano la formazione di amminoacidi liberi dalle proteine; gli amminoacidi contribuiscono allo sviluppo del sapore tipico di questi prodotti. *Lactobacillus sakei* produce decarbossilasi che danno luogo alla formazione di ammine biogene: questi composti possono inibire le amminopeptidasi, riducendo così lo sviluppo del sapore dei salumi stagionati (vedi riferimento 71)

È stato osservato che i salumi fermentati prodotti senza l'aggiunta di starter selezionati contengono un numero elevato di lattobacilli, quali *L. plantarum*[20]. L'impiego di colture selezionate di *P. cerevisiae* consente di ottenere prodotti più ricercati[19,36]. In uno studio su salumi fermentati prodotti per la vendita, Smith e Palumbo[77] hanno riscontrato conte aerobie in piastra di 10^7-10^8/g, con prevalenza di batteri lattici. Il pH finale dei prodotti era compreso tra 4,0 e 4,5, quando erano impiegati starter lattici, e tra 4,6 e 5,0 quando non erano impiegati starter. Per i salumi estivi sono stati riportati valori di pH di 4,5-4,7 dopo 72 ore di fermentazione[2]. Gli autori di questa ricerca hanno osservato che la fermentazione a 30 e 37 °C consente di raggiungere un pH finale più basso rispetto a quello ottenuto a 22 °C e che il livello di acidità è direttamente correlato alla quantità di acido lattico prodotto. Nel corso della stagionatura, il pH dei salumi fermentati può aumentare di 0,1-0,2 unità per l'eventuale azione tamponante dovuta alla produzione di composti basici[90]. Il pH finale raggiunto al termine dell'attività fermentativa dipende dal tipo di zucchero addizionato. Sebbene il glucosio sia il più utilizzato, è stato osservato che il saccarosio è uno zucchero fermentiscibile altrettanto efficace per ottenere bassi valori di pH[1]. L'influenza di uno starter concentrato congelato (*P. acidilactici*) sulla fermentazione di diversi zuccheri addizionati è illustrata in figura 8.1. In uno studio è stato dimostrato che l'impiego di colture starter di *Lactobacillus gasseri* per la fermentazione della carne nella preparazione dei salumi è efficace per preve-

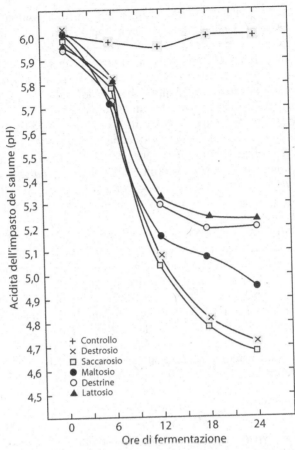

Figura 8.1 Tasso di riduzione del pH durante la fermentazione di salumi contenenti dallo 0% all'1% di diversi carboidrati. (Da Acton et al.[1], copyright © 1977 Institute of Food Technologists)

nire la formazione di enterotossine da parte di *Staphylococcus aureus*[6]. *L. gasseri* si è rivelata più efficace di altre 5 specie di *Lactobacillus*.

Prima della fine degli anni Cinquanta per la fermentazione dei salumi si ricorreva all'aggiunta di un inoculo derivante da una precedente lavorazione, oppure si favoriva lo sviluppo dei microrganismi desiderati naturalmente presenti nelle materie prime. Fino a non molto tempo fa la preparazione di questi, come quella di numerosi altri prodotti fermentati, rappresentava un'arte più che una scienza. Con l'avvento delle colture starter pure non solo i tempi di produzione si sono ridotti, ma è stato possibile ottenere prodotti più uniformi e sicuri[25]. Sebbene le colture starter siano impiegate da molti anni nell'industria lattiero-casearia, il loro utilizzo a livello mondiale in numerosi altri prodotti fermentati si è diffuso solo recentemente e presenta grandi prospettive. Per esempio, "*Micrococcus aurantiacus*" è stato impiegato in associazione con altri starter nella produzione di alcune tipologie di salumi europei[47]. L'aggiunta di specie dei generi *Micrococcus* o *Staphylococcus*, in particolare *S. carnosus*, alle colture di batteri lattici rappresenta una pratica comune in Europa. Le specie non lattiche riducono i nitrati a nitriti e producono catalasi che favoriscono lo sviluppo dei batteri lattici.

Le muffe sono note in quanto contribuiscono alla qualità dei salumi stagionati prodotti alla maniera europea, come i salami italiani. In un ampio studio sui funghi presenti nei prodotti carnei stagionati, Ayres e colleghi[7] hanno riscontrato 9 specie di penicilli e 7 di aspergilli sui salumi fermentati, concludendo che questi microrganismi svolgono un ruolo importante nella conservazione di questa tipologia di prodotti. È stato riscontrato un numero inferiore di specie di muffe appartenenti ad altri generi. Uno studio sui salumi a fermentazione naturale prodotti nell'Italia settentrionale ha dimostrato che la microflora fungina è costituita per il 96% da penicilli e per il 4% da aspergilli[5]. Oltre il 95% della popolazione microbica iniziale era costituito da lieviti. Dopo 2 settimane il rapporto tra lieviti e muffe era circa 50:50, ma dopo 4-8 settimane le muffe rappresentavano più del 95% della microflora[5]. Il 50% della popolazione fungina era costituito da *Penicillium nalgiovensis*. L'aggiunta di *Penicillium camemberti* e *P. nalgiovensis,* allo scopo di prevenire lo sviluppo di muffe produttrici di micotossine durante la salagione dei salami crudi stagionati, è risultata più efficace del sorbato di potassio[11].

Nel sud degli Stati Uniti vengono prodotti prosciutti artigianali salati a secco. Durante il periodo di salagione e stagionatura, che va da 6 mesi a 2 anni, sulla superficie del prodotto ha luogo un abbondante sviluppo di muffe. Sebbene Ayres e colleghi[7] abbiano osservato che la presenza di muffe è casuale e che il buon risultato della stagionatura non dipende dalla loro presenza, è assai probabile che alcuni aspetti dello sviluppo dell'aroma di questi prodotti siano legati a una crescita consistente di tali microrganismi e in misura minore a quella dei lieviti. L'abbondante crescita di muffe, ostacolando l'attività dei batteri patogeni e alteranti, contribuisce alla conservazione del prodotto. Ayres e colleghi hanno osservato che aspergilli e penicilli sono le muffe predominanti nei prosciutti artigianali[7].

La lavorazione dei prosciutti artigianali viene effettuata all'inizio della stagione invernale; la prima fase prevede lo sfregamento con zucchero della superficie esposta della carne. Dopo un certo periodo di tempo, tutte le parti non coperte dalla cotenna vengono strofinate con NaCl; i prosciutti vengono quindi incartati, racchiusi singolarmente in sacchetti di cotone e lasciati distesi su un piano per diversi giorni a una temperatura compresa tra 32 e 40 °C. Infine vengono appesi per l'estremità dello stinco in locali di stagionatura per almeno 6 settimane; durante tale periodo possono essere esposti al fumo di legno di noce americano, ma l'affumicatura non è essenziale per un prodotto pregiato.

I prosciutti artigianali prodotti secondo la tradizione italiana subiscono solo il trattamento con NaCl. La salatura dura circa un mese, il prodotto viene poi lavato, asciugato e lasciato stagionare per 6-12 mesi o più[33]. Sebbene il numero di batteri alofili e alotolleranti aumenti durante la stagionatura dei prosciutti italiani, in generale si ritiene che la microflora svolga solo un ruolo secondario[56]. In Europa, le muffe sono un fattore critico nella produzione di prodotti sicuri e di alta qualità, quali i salami e i prosciutti, come quelli di Parma e di Serrano, prodotti in Italia e Spagna. (Per informazioni più dettagliate sulle colture starter impiegate per la carne e le formulazioni dei salumi fermentati, con la descrizione degli ingredienti utilizzati nella salatura dei prosciutti artigianali, si consigliano i riferimenti 6 e 57.)

8.2 Prodotti ittici

I prodotti ittici fermentati sono piuttosto diffusi in Asia, dove gli alimenti derivanti dalla pesca contribuiscono all'apporto proteico della dieta umana più di quanto accade nella maggior parte del mondo occidentale. Di seguito sono trattate solo due tipologie di prodotti ittici fermentati: salse e paste.

Le *salse di pesce* sono molto popolari nel sudest asiatico, dove sono conosciute con nomi diversi, come *ngapi* (Birmania), *nuoc-man* (Cambogia e Vietnam), *nam-pla* (Laos e Tailandia), *ketjap-ikan* (Indonesia) e altri. La produzione di alcune di esse comincia con l'aggiunta di sale ai pesci non eviscerati, con un rapporto sale:pesce di circa 1:3. Il pesce salato viene quindi trasferito in contenitori di fermentazione in cemento, costruiti sotto il livello del suolo, oppure in recipienti di terracotta che vengono interrati. In entrambi i casi, i contenitori vengono riempiti e sigillati per almeno 6 mesi per consentire la liquefazione dei pesci. Al termine di tale periodo, il prodotto liquefatto viene recuperato, filtrato, trasferito in contenitori di terracotta e lasciato stagionare al sole per 1-3 mesi. Il prodotto finito è ambrato o marrone scuro ed è caratterizzato da aroma e sapore particolari[70]. In uno studio sulla salsa di pesce fermentata tailandese, dall'inizio alla fine del processo il pH variava da 6,2 a 6,6, con un contenuto di NaCl del 30% circa e un periodo di fermentazione di oltre 12 mesi[70]. Questi parametri, unitamente a una temperatura di fermentazione relativamente elevata, favoriscono lo sviluppo di aerobi sporigeni alofili, che costituiscono i microrganismi predominanti in questo tipo di prodotti. Sono stati riscontrati in minore quantità streptococchi, micrococchi e stafilococchi che sembrano coinvolti, insieme a *Bacillus* spp., nello sviluppo dell'aroma e del sapore. Certamente le proteasi presenti nel pesce contribuiscono in parte alla liquefazione del prodotto. Sebbene la temperatura e il pH della fermentazione rientrino pienamente negli intervalli di crescita di numerosi microrganismi indesiderati, la sicurezza di questi prodotti è dovuta all'elevata concentrazione di NaCl (30-33%).

Anche gli *impasti di pesce fermentati* sono diffusi in Asia meridionale, ma in questi prodotti il ruolo dei microrganismi fermentanti sembra minimo. Tra i numerosi prodotti ittici fermentati, paste di pesce e salse di pesce, vi sono: *mam-tom* (Cina); *mam-ruoc* (Cambogia); *bladchan* (Indonesia); *shiokara* (Giappone); *belachan* (Malesia); *bagoong* (Filippine); *kapi*, *hoi-dong*, *plà-mam*, *nam-pla*, *pla-ra*, *pla-chom* e *pla-com* (Thailandia); *fessik* (Africa). Anche il *kung-chom* è prodotto in Thailandia ed è ottenuto dalla fermentazione dei gamberi.

Le *salse di soia* sono condimenti fermentati di diversi vegetali. Normalmente, i materiali vegetali subiscono prima una fermentazione fungina e, successivamente, una fermentazione in salamoia, a opera di specie appartenenti al genere *Tetragenococcus*. Nella salsa di soia cinese vengono utilizzati esclusivamente i semi di soia, mentre in Giappone vengono impiegati sia la soia sia il grano. *T. halophilus*, che può tollerare fino al 18% di NaCl, è attivo nelle salamoie impiegate per la produzione di salsa di soia[68]. *Tetragenococcus muriaticus* è stato isolato dalla salsa fermentata di fegato di seppia[72]; questa specie può crescere in presenza di concentrazioni di NaCl comprese tra 1 e 25% e produce istamina. Alcune salse di soia sono prodotte mediante idrolisi acida dei semi di soia.

8.3 Pane e prodotti da forno

La preparazione del pane a pasta acida (come quello di San Francisco) è simile in numerosi Paesi. Storicamente, lo starter impiegato per questo prodotto è rappresentato dalla microflora naturale del lievito da panificazione (fermento acido o madre, in cui una parte di ogni impasto viene conservata per fungere da starter per la lavorazione successiva). Il lievito di birra contiene in genere una miscela di lieviti e batteri lattici. Nell'impasto acido di San Francisco il lievito isolato è stato identificato come *Saccharomyces exiguus* (*Candida holmii*[80]), mentre i batteri sono rappresentati da *Lactobacillus sanfranciscensis*, *L. fermentum*, *L. fructivorans*, alcuni ceppi di *L. brevis* e *L. pontis*[89]. La specie batterica più importante è *L. sanfranciscensis*, che fermenta preferenzialmente il maltosio rispetto al glucosio e richiede estratto di lievito fresco e acidi grassi insaturi[34]. L'acidificazione è dovuta agli acidi prodotti da questi batteri, mentre il lievito è responsabile della lievitazione, sebbene parte della CO_2 sia prodotta dalla microflora batterica. Il pH dell'impasto acido varia tra 3,8 e 4,5; sono prodotti sia acido acetico sia acido lattico e al primo si deve il 20-30% dell'acidità totale[40]. *Lactobacillus paralimentarius* è un altro batterio tipico delle paste acide[15].

Le paste acide sono classificate in tre gruppi, ognuno caratterizzato da un'attività microbica fermentativa differente. Le paste acide di tipo I sono fermentate a 20-30 °C e le due specie più importanti sono *L. sanfranciscensis* e *L. pontis*. Quelle di tipo II sono prodotte utilizzando il tradizionale lievito per panificazione, i batteri lattici dominanti sono *L. pontis* e *L. panis*, più un numero variabile (da uno a nove) di altre specie di lattobacilli. Infine, le paste acide di tipo III comprendono prodotti disidratati delle fermentazioni tradizionali (vedi riferimento 21). Le paste acide greche di frumento appartengono al tipo I; il gruppo di batteri che attua la fermentazione di questo prodotto tradizionale comprende *L. sanfranciscensis*, *L. brevis*, *L. paralimentarius* e *Weissella cibaria*[21]. Tra gli altri microrganismi trovati in alcune paste acide vi sono *Candida humilis*, *Dekkera bruxellensis*, *S. cerevisiae* e *S. uvarum*.

L'*idli* è un prodotto fermentato simile al pane diffuso nel sud dell'India; è ottenuto da riso e mungo nero (fagioli urd). I due ingredienti vengono reidratati separatamente in acqua per 3-10 ore e successivamente macinati in proporzioni variabili, miscelati e lasciati fermentare tutta la notte. Il prodotto fermentato e lievitato viene cotto a vapore e servito caldo e potrebbe ricordare un impasto acido per panificazione cotto a vapore[78]. Durante la fermentazione, il pH cala da 6,0 circa fino a 4,3-5,3. In un interessante studio, dopo 20 ore di fermentazione il pH dell'impasto è risultato uguale a 4,7 ed era associato al 2,5% di acido lattico, calcolato sul peso della farina asciutta[46]. Nei loro studi sull'idli, Steinkraus e colleghi[78] hanno riscontrato, dopo 20-22 ore di fermentazione, conte batteriche totali di 10^8-10^9 ufc/g; la maggior parte dei microrganismi era costituita da cocchi Gram-positivi o da corti bastoncini, con *L. mesenteroides* singola specie più abbondante, seguita da *E. faecalis*. La lievitazione dell'idli è dovuta a *L. mesenteroides* e questo è l'unico caso noto nel quale un batterio lattico svolge tale ruolo nella produzione di pane fermentato naturalmente[46]. I risultati di questo studio hanno confermato il lavoro di altri ricercatori, che avevano sostenuto che i fagioli urd costituiscono una fonte di batteri lattici più importante rispetto al riso. *L. mesenteroides* raggiunge il suo valore massimo dopo 24 ore, mentre *E. faecalis* comincia a crescere solo dopo 20 ore. Tra gli altri microrganismi probabilmente coinvolti nel processo fermentativo vi sono *L. delbrueckii* subsp. *delbrueckii*, *L. fermentum* e *Bacillus* spp[69]. *P. cerevisiae* diventa attivo solo dopo 30 ore di fermentazione dell'idli. Il prodotto di solito non viene fermentato per più di 24 ore, poiché la massima attività lievitante si ha entro tale intervallo e poi tende a ridursi. Quando l'idli viene lasciato fermentare più a lungo si produce una maggiore acidità; è stato osservato che l'acidità totale (espressa come grammi di acido lattico per grammo di cereale secco) aumenta dal 2,71% dopo 24 ore al 3,70% dopo 71 ore, mentre il pH scende da 4,55 a 4,10 nello stesso periodo[65]. (Reddy e colleghi[65] hanno trattato approfonditamente la fermentazione dell'idli.)

8.4 Prodotti vegetali

8.4.1 Crauti

I crauti sono ottenuti dalla fermentazione del cavolo cappuccio fresco; gli starter microbici utilizzati per la loro produzione sono di solito quelli normalmente presenti sul vegetale stesso. L'aggiunta di 2,25-2,5% di sale limita l'attività dei batteri Gram-negativi e favorisce lo sviluppo di bastoncini e cocchi lattici. *Leuconostoc mesenteroides*, *Lactobacillus plantarum* e *Leuconostoc fallax* sono le tre specie lattiche dominanti nella produzione dei crauti; le due specie di *Leuconostoc* presentano tempo di generazione e ciclo di vita più brevi. L'attività dei cocchi normalmente cessa quando l'acidità arriva allo 0,7-1,0%. Le fasi finali della produzione dei crauti sono condotte da *L. plantarum* e *L. brevis*, ma anche *P. cerevisiae* e *E. faecalis* possono contribuire allo sviluppo del prodotto. L'acidità totale finale è generalmente dell'1,6-1,8%, con l'1,0-1,3% di acido lattico e un pH compreso tra 3,1 e 3,7.

Le alterazioni microbiche dei crauti ricadono generalmente nelle seguenti categorie: crauti molli, crauti viscosi, crauti marci e crauti rosa. Il rammollimento dei crauti si verifica quando le specie batteriche che normalmente si sviluppano solo nelle fasi finali della produzione cominciano a proliferare in anticipo. I crauti divengono invece viscosi a causa del rapido sviluppo di *Lactobacillus cucumeris* e *L. plantarum*, in particolar modo a temperature elevate. Il marciume dei crauti può essere provocato da batteri, muffe e/o lieviti, mentre l'anomala colorazione rosa è causata dalla crescita in superficie di *Torula* spp., in particolare di *T. glutinis*. A causa dell'elevata acidità, il prodotto finito viene solitamente alterato da muffe che si sviluppano in superficie; la crescita di questi microrganismi determina un incremento del pH fino a valori che consentono la proliferazione di numerosi batteri, prima inibiti dalle condizioni di elevata acidità.

8.4.2 Olive

Le olive fermentate (spagnole, greche o siciliane) vengono prodotte grazie alla naturale microflora presente sulle olive verdi, rappresentata da un'ampia varietà di batteri, lieviti e muffe. La fermentazione delle olive è abbastanza simile a quella dei crauti, ma il processo è più lento, prevede un trattamento con soda e può richiedere l'aggiunta di starter selezionati. I batteri lattici divengono dominanti durante gli stadi intermedi di fermentazione. *L. mesenteroides* e *P. cerevisiae* sono le prime specie lattiche che diventano predominanti; sono seguite da lattobacilli, i più importanti dei quali sono *L. plantarum* e *L. brevis*[87].

La fermentazione delle olive è preceduta da un trattamento con soda, che viene aggiunta alle olive verdi in percentuali variabili dall'1,6 al 2%, a seconda della tipologia di frutto; il processo viene condotto a 21-25 °C per 4-7 ore allo scopo di rimuovere parte del sapore amaro di questi frutti. Dopo la completa rimozione della soda, mediante ammollo e lavaggio, le olive verdi vengono trasferite in barili di rovere e poste in salamoia, in modo da mantenere il livello salinometrico costantemente a 28-30°. Può essere necessario inoculare *L. plantarum*, in quanto il trattamento con soda determina la distruzione di gran parte dei microrganismi. La fermentazione può durare da 6 a 10 mesi; il prodotto finale ha un pH di 3,8-4,0, dovuto alla produzione di acido lattico fino all'1%.

Tra i diversi tipi di alterazione microbica cui le olive sono soggette, una delle più caratteristiche è la cosiddetta *zapatera*; questa condizione, che si manifesta talora nelle olive in salamoia, è caratterizzata da una fermentazione maleodorante. L'odore sgradevole sembra dovuto all'acido propionico prodotto da alcune specie di *Propionibacterium*[61]. Oltre all'acido propionico, possono essere prodotti anche acidi formico, butirrico, succinico, isobutirrico, n-valerico e cicloesancarbossilico, come pure metanolo, etanolo, 2-butanolo e n-butanolo (vedi riferimento bibliografico 31).

Secondo uno studio sul rammollimento delle olive verdi di tipo spagnolo, questa alterazione sarebbe causata dai lieviti *Rhodotorula glutinis* var. *glutinis*, *R. minuta* var. *minuta* e *R. rubra*[88], tutti produttori di poligalatturonasi, responsabile del rammollimento dei tessuti delle olive. In opportune condizioni colturali, si è visto che i microrganismi producono pectina metilesterasi, come pure poligalatturonasi. Patel e Vaughn[55] hanno dimostrato che l'alterazione della cuticola delle olive mature della California era causata da *Cellulomonas flavigena*; questa specie presentava un'elevata attività cellulosolitica, che veniva incrementata dalla crescita di altri microrganismi, quali *Xanthomonas*, *Enterobacter* e *Escherichia* spp.

È stato dimostrato che durante il trattamento con salamoia ha luogo la produzione di alcune ammine biogene, in particolare nelle olive verdi di tipo spagnolo[32]. Le ammine ritrovate comprendevano cadaverina, istamina, tiramina, triptamina e putréscina; quest'ultima era presente in maggiori concentrazioni dopo 3 mesi di trattamento con salamoia, le altre ammine sono state rilevate nei campioni dopo 12 mesi[32].

8.4.3 Cetrioli fermentati

Questi prodotti sono ottenuti dalla fermentazione dei cetrioli freschi; come avviene per la produzione dei crauti, la coltura starter è rappresentata in genere dalla normale microflora presente sul vegetale stesso. Nella produzione naturale dei sottaceti sono coinvolti i seguenti batteri lattici, elencati in ordine crescente di prevalenza: *L. mesenteroides*, *E. faecalis*, *P. cerevisiae*, *L. brevis* e *L. plantarum*. Tra questi, i pediococchi e *L. plantarum* sono le specie di maggiore rilievo; per la sua capacità di produrre gas, *L. brevis* rappresenta una specie indesiderata. Nei sottaceti, come pure nei crauti, *L. plantarum* è la specie più importante.

Durante la lavorazione i cetrioli selezionati sono posti in recipienti di legno contenenti salamoia, con concentrazione iniziale del 5% circa di NaCl (20° salinometrici). Durante le 6-9 settimane di fermentazione, la concentrazione della salamoia viene aumentata gradualmente, fino a raggiungere un valore di circa 60° salinometrici (15,9% NaCl). Oltre a esercitare un effetto inibitorio nei confronti dei batteri Gram-negativi indesiderati, il sale estrae dai cetrioli l'acqua e i costituenti idrosolubili, come gli zuccheri, che vengono convertiti in acido lattico dai batteri lattici. Il prodotto risultante al termine del processo è un cetriolo salato, dal quale si possono ottenere diverse preparazioni fermentate (prodotti sottaceto o agrodolci, salse con mostarda ecc.).

La comune tecnica per la produzione di cetrioli in salamoia è in uso da molti anni, ma spesso comporta rilevanti perdite economiche a causa di alterazioni dei prodotti quali rigonfiamenti, rammollimento e alterazione del colore. È stata messa a punto la fermentazione industriale controllata dei cetrioli in salamoia; oltre a ridurre le perdite economiche, questo processo consente di ottenere un prodotto più uniforme in tempi più brevi. La fermentazione controllata prevede l'impiego di salamoia clorurata a 25° salinometrici, l'acidificazione con acido acetico, l'aggiunta di acetato di sodio e l'inoculo con *P. cerevisiae* e *L. plantarum*, oppure solo con quest'ultima specie. L'andamento di una fermentazione della durata di 10-14 giorni è rappresentato in figura 8.2.

Con un pH finale intorno a 4,0, i cetrioli sono soggetti all'attacco da parte di batteri e muffe. L'annerimento può essere causato da *Bacillus nigrificans*, che produce un pigmento scuro solubile in acqua. *Enterobacter* spp., lattobacilli e pediococchi sono invece stati considerati responsabili dell'alterazione conosciuta come "rigonfiamento", dovuta alla formazione di gas all'interno dei cetrioli. Il rammollimento di questi prodotti è provocato dall'azione di microrganismi pectolitici appartenenti ai generi *Bacillus*, *Fusarium*, *Penicillium*, *Phoma*, *Cladosporium*, *Alternaria*, *Mucor*, *Aspergillus* e altri; tale alterazione può essere causata da uno o più di questi microrganismi o da altri a essi correlati. Il rammollimento risulta dalla produzione di pectinasi, che degradano le sostanze cementanti presenti nella parete cellulare del prodotto.

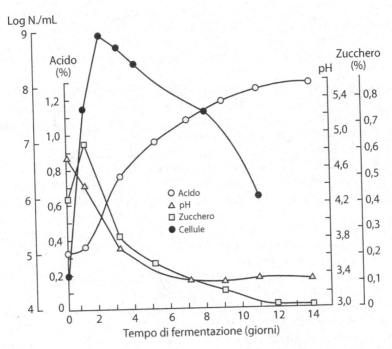

Figura 8.2 Fermentazione controllata di cetrioli in salamoia prodotti industrialmente. Durante il processo, la concentrazione della salamoia è mantenuta costantemente a valori di NaCl del 6,4%; la temperatura di incubazione è pari a 27 °C. (Da Etchells et al.[24], copyright © 1975 Academic Press)

8.5 Birra, *ale*, vino, sidro e distillati

8.5.1 *Birra e ale*

La birra convenzionale e la ale (a fermentazione alta) sono bevande a base di malto prodotte mediante il processo di birrificazione; una fase fondamentale di tale processo è costituita dalla fermentazione dei carboidrati a etanolo. Poiché la maggior parte dei carboidrati contenuti nei cereali impiegati per la birrificazione è presente sotto forma di amido, e poiché i lieviti fermentanti non producono amilasi per degradare l'amido, per la produzione della birra è necessario fornire malto o altre fonti esogene di amilasi, affinché l'amido venga idrolizzato in zuccheri. Il malto, che rappresenta la fonte di amilasi (ma possono anche essere utilizzate amilasi fungine), viene preparato facendo germinare le cariossidi dell'orzo. Nel processo sono coinvolte sia le β- sia le α-amilasi; l'azione delle α-amilasi determina la liquefazione dell'amido, mentre le β-amilasi incrementano la formazione di zucchero. Schematicamente, il processo di birrificazione ha inizio con la miscelazione di malto, luppolo e acqua. Al malto possono essere aggiunti altri cereali e prodotti da essi derivati, zuccheri e altri carboidrati che costituiscono sostanze fermentiscibili del processo. Il luppolo viene aggiunto in quanto fonte di tannini (pirogallolo e catecolo), resine, oli essenziali e altri costituenti, allo scopo di precipitare le proteine instabili durante la bollitura del mosto di malto e di assicurare stabilità biologica; inoltre contribuisce alla formazione del caratteristico sapore amarognolo e dell'aroma complessivo del prodotto. Il processo durante il quale il malto e gli altri ingredienti vengono disciolti e riscaldati e gli amidi digeriti è detto ammostatura. La frazione solubile dei materiali ammostati viene invece definita *mosto di malto* (paragonabile al *koji*). In alcuni birrifici alla miscela vengono aggiunti lattobacilli, che producendo acido lattico abbassano il pH del mosto; la specie generalmente impiegata a tale scopo è *L. delbrueckii* subsp. *delbrueckii* [39].

Il mosto e il luppolo vengono miscelati e bolliti per 1,5-2,5 ore per consentire l'inattivazione degli enzimi, l'estrazione delle sostanze solubili del luppolo, la precipitazione delle proteine coagulabili, la concentrazione e la sterilizzazione del mezzo. Al termine della bollitura il mosto viene filtrato, raffreddato e fermentato. La fermentazione del mosto, ricco di zuccheri, viene condotta mediante inoculo di *S. cerevisiae*. La birra ale risulta dall'attività di lieviti che fermentano in superficie (*top fermentation*), che riducono il pH fino a valori di circa 3,8; i lieviti (ceppi di *S."carlsbergensis"*) che fermentano in profondità (*bottom fermentation*) danno invece origine alle birre lager e ad altre tipologie caratterizzate da valori di pH di 4,1-4,2. La fermentazione alta viene completata in 5-7 giorni, mentre la fermentazione bassa richiede 7-12 giorni. Prima di essere commercializzati, i prodotti appena fermentati vengono maturati e addizionati di CO_2 fino a raggiungere valori di 0,45-0,52%. Per distruggere i microrganismi alteranti, la birra può essere pastorizzata a 60 °C (140 °F). Quando sono presenti batteri lattici, nelle birre prodotte con fermentazione alta si rinvengono più comunemente lattobacilli, in quelle prodotte con fermentazione bassa pediococchi [39].

Le alterazioni delle birre e delle ale prodotte a livello industriale sono comunemente indicate come malattie della birra e sono causate da lieviti e batteri. Questi fenomeni alterativi possono essere classificati in quattro gruppi: filamentosità (o filosità o viscosità), male della sarcina, inacidimento e torbidità. La filamentosità, nella quale il liquido diviene viscoso e scorre come un olio, è causata da *Acetobacter*, *Lactobacillus*, *Pediococcus cerevisiae* e *Gluconobacter oxydans* (in passato *Acetomonas*) [26,64,91]. Il male della sarcina è causato da *P. cerevisiae*, responsabile dell'odore di miele; questo odore caratteristico risulta dalla combinazione tra il diacetile prodotto dal microrganismo alterante e il normale odore della birra. L'inacidimento della birra è causato da specie del genere *Acetobacter*, che ossidano l'etanolo ad acido acetico, determinando un aumento della concentrazione di quest'ultimo. La torbidità e lo sviluppo di odori sgradevoli sono provocati da *Zymomonas anaerobia* (in passato *Achromobacter anaerobium*) e da diversi lieviti, tra i quali *Saccharomyces* spp. La crescita di batteri nella birra è resa possibile dall'intervallo di pH, normalmente intorno a 4-5, e dal buon contenuto di nutrienti utilizzabili.

Alcuni batteri Gram-negativi anaerobi obbligati sono stati isolati da birre alterate e dal sedimento (deposito di cellule sul fondo al termine della fermentazione); le sei specie isolate appartengono a quattro generi:

Megasphaera cerevisiae	*Selenomonas lacticifex*
Pectinatus cerevisiiphilus	*Zymophilus paucivorans*
P. frisingensis	*Z. raffinosivorans*

Tranne *M. cerevisiae*, tutte queste specie producono acidi acetico e propionico; *S. lacticifex* produce anche lattato [73]. Sebbene *M. cerevisiae* produca quantità trascurabili di acidi acetico e propionico, produce grandi quantità di acido isovalerico in aggiunta a H_2S [23]. Di questi microrganismi, il primo a essere associato alle alterazioni della birra è stato *P. cerevisiiphilus*, isolato nel 1978 da birra torbida e maleodorante [43]; da allora è stato rinvenuto non solo nei birrifici statunitensi, ma anche in diversi Paesi europei e in Giappone. Tra le caratteristiche inusuali di questi microrganismi, come responsabili dell'alterazione della birra, vi è la reazione alla colorazione di Gram e l'essere anaerobi obbligati. In precedenza si riteneva che l'alterazione della birra fosse causata soprattutto da batteri lattici e acetici e da lieviti. *Megasphaera* e *Selenomonas* sono note come appartenenti alla microflora del rumine. Oltre agli acidi organici già ricordati, *Pectinatus* spp. producono H_2S e acetoino; le birre più suscettibili al loro attacco sono quelle con contenuto di alcol inferiore al 4,4%.

Considerando le alterazioni che si manifestano nelle birre confezionate in bottiglia, uno dei contaminanti più frequenti è *Saccharomyces diastaticus*, che – a differenza dei normali lieviti della birra (*S. "carlsbergensis"* e *S. cerevisiae*) – è in grado di utilizzare le destrine[39]. L'alterazione della birra è talvolta causata da pediococchi, *Flavobacterium proteus* (in passato *Obesumbacterium*) e *Brettanomyces*.

8.5.2 Vini

I vini sono ottenuti dalla normale fermentazione alcolica di uve sane, seguita da una fase di invecchiamento. Numerosi altri frutti, tra cui pesche e pere, possono essere fermentati per produrre vino, ma in questo caso il vino prende il nome dal frutto: per esempio vino di pesca, vino di pera eccetera. Poiché la frutta è ricca di zuccheri fermentiscibili, non è necessario l'impiego di fonti esogene di amilasi, come avviene invece nel caso dei cereali utilizzati per produrre birra o whiskey. La produzione del vino ha inizio con la selezione delle uve adatte, che vengono quindi pigiate e trattate con solfiti (per esempio metabisolfito di potassio), per ritardare lo sviluppo di batteri acetici, lieviti selvaggi e muffe. Il succo derivante dalla pigiatura del frutto, chiamato *mosto*, viene inoculato con ceppi da vinificazione selezionati di *S. "ellipsoideus"*. La fermentazione viene lasciata proseguire per 3-5 giorni a una temperatura compresa tra 21 e 32 °C (tra 70 e 90 °F); un buon ceppo di lievito può produrre fino al 14-18% di etanolo[58]. Dopo la fermentazione il vino viene travasato per allontanare le fecce o i sedimenti, che contengono bitartrato di potassio (cremor tartaro). La chiarificazione e lo sviluppo delle caratteristiche sensoriali hanno luogo durante la conservazione e il processo di maturazione.

I vini rossi sono prodotti lasciando fermentare inizialmente il mosto in presenza delle bucce, operazione che consente l'estrazione del pigmento nel succo; i vini bianchi invece sono ottenuti da mosto privato delle bucce.

Lo champagne – vino frizzante ottenuto mediante fermentazione secondaria del vino – è prodotto aggiungendo zucchero, acido citrico e colture starter di lieviti specifici alle bottiglie di un vino per lo più bianco, precedentemente preparato e selezionato. Dopo tappatura e gabbiettatura, le bottiglie vengono conservate in posizione orizzontale, a idonea temperatura, per circa 6 mesi; quindi vengono mosse, agitate e lasciate invecchiare per un periodo di tempo che può arrivare a 4 anni. La sedimentazione finale delle cellule di lievito e dei tartrati viene accelerata riducendo la temperatura del vino fino a valori inferiori a 15 °C e mantenendola per 1-2 settimane. La chiarificazione dello champagne si ottiene facendo sì che i sedimenti sul fondo si raccolgano vicino al tappo, operazione che richiede 2-6 settimane, durante le quali le bottiglie vengono ruotate frequentemente; infine il sedimento raccolto nel collo della bottiglia viene congelato e fatto fuoriuscire con una brevissima rimozione del tappo.

I vini sono soggetti ad alterazioni causate da batteri e lieviti; tra questi ultimi la specie più importante è *Candida valida*, che si sviluppa sulla superficie del vino, formando una sottile pellicola. Questa specie attacca l'alcol e altri costituenti, dando luogo a un'alterazione conosciuta come *fioretta*. Tra i batteri responsabili di alterazioni del vino, vi sono specie del genere *Acetobacter*, che ossidano l'alcol ad acido acetico (producendo aceto). La più grave e più diffusa malattia del vino è definita *girato* ed è causata da microrganismi anaerobi o anaerobi facoltativi, che utilizzano gli zuccheri e sembrano prediligere un basso contenuto alcolico. Questo difetto è caratterizzato da un aumento di acidità volatile e da una lieve torbidità;

nelle fasi più avanzate dell'alterazione compaiono odore e aroma sgradevoli (per esempio, di "topo"), dovuti alla presenza di *Brettanomyces* spp., frequenti nei Bordeaux.

La fermentazione malolattica è un'alterazione dei vini di particolare rilievo. Gli acidi malico e tartarico sono tra gli acidi organici più abbondanti nel mosto d'uva e nel vino; nella fermentazione malolattica i batteri contaminanti degradano l'acido malico ad acido lattico e CO_2

$$L(-) \text{ acido malico} \xrightarrow{\text{enzima malo-lattico}} L(+) \text{ acido lattico} + CO_2$$

l'acido-L-malico può anche essere decarbossilato a produrre acido piruvico[41]. Questa conversione determina la riduzione dell'acidità e influenza l'aroma del vino. La fermentazione malolattica (che può avvenire anche nel sidro) viene attuata da numerosi batteri lattici, compresi leuconostoc, pediococchi e lattobacilli[63]. Sebbene il ruolo della fermentazione malolattica per i microrganismi fermentanti non sia ancora del tutto chiaro, è stato osservato che lo sviluppo di *Oenococcus oeni* risulta favorito[60]. Un altro fenomeno indesiderato nei vini è la degradazione dell'acido tartarico, attuata da alcuni ceppi di *Lactobacillus plantarum*, secondo la reazione

$$\text{acido tartarico} \longrightarrow \text{acido lattico} + \text{acido acetico} + CO_2$$

che determina la riduzione dell'acidità del vino. A differenza della fermentazione malolattica, poche specie di batteri lattici sono in grado di degradare l'acido tartarico. Il rallentamento o l'arresto della fermentazione alcolica del vino è provocato dallo sviluppo di *Lactobacillus kunkeei* e *L. nagelii*.

Oenococcus oeni è un batterio acidofilo in grado di crescere nel mosto d'uva e nel vino a pH 3,5-3,8, sebbene il pH ottimale nella fase iniziale dello sviluppo sia 4,8[22]. Esso può svilupparsi in presenza del 10% di etanolo, ma necessita di speciali fattori di crescita presenti nei succhi d'uva o di pomodoro. (Per una trattazione completa, si consiglia il riferimento 44.)

8.5.3 Sidro

Negli Stati Uniti il sidro viene prodotto mediante fermentazione parziale del succo di mela a opera dei lieviti naturalmente presenti. Le fasi iniziali della produzione del sidro di mela prevedono la selezione, il lavaggio e la macinatura dei frutti. La polpa viene poi pressata per ottenere il succo, che viene filtrato e posto in vasche dove ha luogo la sedimentazione delle sostanze particolate, che richiede di norma 12-36 ore oppure diversi giorni, se la temperatura viene mantenuta a 4,4 °C (40 °F) o meno. Il succo chiarificato è il sidro. Se prevista, la pastorizzazione viene condotta a 76,7 °C (170 °F) per 10 minuti; il trattamento chimico a scopo preservativo più utilizzato viene attuato con sorbato di sodio in concentrazione dello 0,10%. La conservazione del sidro può anche essere effettuata mediante refrigerazione o congelamento. Oltre all'acetaldeide, il prodotto finale contiene piccole quantità di etanolo. Il mantenimento del sidro non pastorizzato e privo di conservanti a temperatura ambiente, comporta la trasformazione del prodotto in aceto di sidro e ciò indica che in questi prodotti sono presenti batteri acetici. La via metabolica dei batteri acetici è riassunta nel capitolo 7 e in figura 7.1f,g.

Nel loro studio sull'ecologia dei batteri acetici durante la produzione di sidro, Passmore e Carr[53] hanno isolato sei specie di *Acetobacter* e hanno osservato che quelle che preferiscono i substrati zuccherini tendono a essere presenti negli stadi iniziali del processo produttivo, mentre i ceppi più acidotolleranti e capaci di ossidare gli alcoli compaiono dopo che i lieviti hanno effettuato la conversione degli zuccheri in etanolo. *Zymomonas* spp., batteri Gram-negativi che fermentano il glucosio a etanolo, sono stati isolati dal sidro, ma si ritiene che la loro presenza sia scarsamente rilevante. *Saccharobacter fermentatus*, isolato dal succo delle foglie di agave, è simile a *Zymomonas*, poiché fermenta il glucosio a etanolo e CO_2[92]; tuttavia la sua presenza e il possibile ruolo nell'alterazione del sidro devono ancora essere determinati. *Zymobacter palmae* è stato isolato dalla linfa della palma[51] ed è in grado di produrre etanolo a partire da mannitolo[37].

In seguito a diverse epidemie associate al consumo di sidro di mela, è stato condotto uno studio sulla carica microbica del sidro prodotto nello Iowa e delle mele provenienti da 21 diversi produttori. Sono stati rilevati i seguenti valori: APC da 15 a $> 1,1 \times 10^5$/mL; coliformi da < 1 a $2,1 \times 10^3$; *E. coli* < 10/mL[18]. Semanchek e Golden[75] hanno monitorato l'evoluzione di *E. coli* O157:H7 nel sidro di mele durante la fermentazione: dopo 3 giorni a 20 °C, questi autori hanno osservato una riduzione della concentrazione del microrganismo da un valore iniziale di 6,4 $\log_{10}$ ufc/mL a $< 0,5$ $\log_{10}$ ufc/mL, mentre nel sidro non fermentato, dopo 10 giorni a 20 °C, il numero iniziale di *E. coli* era diminuito solamente fino a valori di 2,9 $\log_{10}$ ufc/mL. Sebbene il pH dei due prodotti non fosse significativamente diverso, nei prodotti fermentati la concentrazione di etanolo è risultata del 6,1% dopo 10 giorni a 20 °C. Secondo i due ricercatori la combinazione tra basso valore di pH e presenza di etanolo avrebbe un ruolo importante nella riduzione del patogeno. In un'altra ricerca sulla sopravvivenza di *E. coli* O157:H7 in quattro diverse varietà di mela (Golden Delicious, Red Delicious, Roma e Winesap), il microrganismo si è comportato fondamentalmente nello stesso modo in ognuna delle varietà considerate[28].

8.5.4 Distillati

I distillati alcolici sono ottenuti mediante distillazione dei prodotti della fermentazione operata da lieviti su cereali e prodotti derivati, melassa, frutta e prodotti derivati. Whiskey, gin, vodka, rum, cordiali e liquori sono esempi di distillati alcolici. Sebbene il processo di produzione della maggior parte di questi prodotti sia abbastanza simile a quello delle birre, il contenuto di alcol del prodotto finale è considerevolmente più elevato nei distillati. Due tra i whiskey più diffusi negli Stati Uniti sono il *rye* e il *bourbon*. Nel rye la segale e il malto di segale o la segale e il malto d'orzo sono utilizzati in proporzioni diverse, ma per legge è richiesto almeno il 51% di segale. Il bourbon è invece ottenuto da mais, malto d'orzo o malto di frumento, e generalmente da un altro cereale, in diverse proporzioni, ma per legge è richiesto almeno il 51% di mais. Il mosto è mantenuto acido per controllare i microrganismi indesiderati; l'acidificazione avviene naturalmente o mediante aggiunta di acido. In genere la miscela di malto e acqua viene acidificata inoculandola con specie omolattiche, come *L. delbrueckii* subsp. *delbrueckii*, che è in grado di abbassare il pH a circa 3,8 in 6-10 ore[58]. Gli enzimi del malto (diastasi) convertono gli amidi dei cereali cotti in destrine e zuccheri; una volta completate l'azione della diastasi e la produzione di acido lattico, la miscela viene sottoposta a trattamento termico per distruggere tutti i microrganismi; successivamente viene raffreddata fino a 24-27 °C (75-80 °F) e inoculata con un ceppo di *S. cerevisiae* per la produzione di etanolo. Al termine della fermentazione il liquido viene distillato per recuperare l'alcol e altri composti volatili; queste sostanze vengono lavorate e conservate in condizioni diverse a seconda del tipo di distillato. Lo scotch whisky è ottenuto principalmente dall'orzo ed è prodotto da malto d'orzo essiccato in forni scaldati mediante combustione di torba. Il rum risulta dalla distillazione di zucchero di canna o melassa fermentati, mentre il brandy è ottenuto dalla distillazione di vini d'uva o di altri frutti.

Tabella 8.1 Alcuni prodotti fermentati e relativi substrati e microrganismi fermentanti

Prodotti	Substrato	Microrganismi fermentanti	Paese d'origine
Prodotti vari			
Bongkrek	Polpa di cocco	*Rhizopus oligosporus*	Indonesia
Semi di cacao	Frutto del cacao (baccello)	*Candida crusei (Issatchenkia orientalis), Geotrichum* spp.	Africa, Sud America
Caffè in grani	Bacche di caffè	*Erwinia dissolvens, Saccharomyces* spp.	Brasile, Congo, Hawaii, India
Gari	Manioca	"*Corynebacterium manihot*", *Geotrichum* spp.	Africa orientale
Kenkey	Mais	*Aspergillus* spp., *Penicillium* spp., lattobacilli, lieviti	Ghana, Nigeria
Kimchi	Cavolo, altre verdure	Batteri lattici	Corea
Miso	Semi di soia	*Aspergillus oryzae, Zygosaccharomyces rouxii*	Giappone
Ogi	Mais	*L. plantarum, L. lactis, Zygosaccharomyces rouxii*	Nigeria
Olive	Olive verdi	*L. mesenteroides, L. plantarum*	Tutto il mondo
Ontjom*	Panello di arachidi	*Neurospora sitophila*	Indonesia
Peujeum	Manioca	Muffe	Indonesia
Sottaceti	Cetrioli	*P. cerevisiae, L. plantarum*	Tutto il mondo
Poi	Radici del taro	Batteri lattici	Hawaii
Crauti	Cavolo	*L. mesenteroides L. plantarum*	Tutto il mondo
Salsa di soia (shoyu)	Semi di soia	*A. oryzae* o *A. sojae, Z. rouxii, L. delbrueckii*	Giappone
Sufu	Semi di soia	*Mucor* spp.	Cina e Taiwan
Tao-si	Semi di soia	*A. oryzae*	Filippine
Tempeh	Semi di soia	*Rhizopus oligosporus, R. oryzae*	Indonesia, Nuova Guinea, Surinam
Bevande e affini			
Arrack	Riso	Lieviti, batteri	Estremo Oriente
Birra e ale	Mosto di malto	*Saccharomyces cerevisiae*	Tutto il mondo
Binuburan	Riso	Lieviti	Filippine
Bourbon whiskey	Mais, segale	*S. cerevisiae*	Stati Uniti
Birra Bouza	Grani di frumento	Lieviti	Egitto
Birra di kaffir	Kaffir corn (cereale africano)	Lieviti, muffe, batteri lattici	Nyasaland (Malawi)
Magon	Mais	*Lactobacillus* spp.	Bantù del Sud Africa
Mezcal	Pianta centenaria	Lieviti	Messico
Oo	Riso	Lieviti	Thailandia
Pulque**	Succo di agave	Lieviti e batteri lattici	Messico, sudest USA
Sake	Riso	*Saccharomyces sake*	Giappone
Sidro	Mele; altri	*Saccharomyces* spp.	Tutto il mondo

segue

segue **Tabella 8.1**

Prodotti	Substrato	Microrganismi fermentanti	Paese d'origine
Scotch whisky	Orzo	*S. cerevisiae*	Scozia
Teekwass (Kombucha)	Foglie di tè	*Acetobacter xylinum*, *Schizosaccharomyces pombe*	Cina, Russia e altri Paesi
Thumba	Miglio	*Endomycopsis fibuliges*	India, Bangladesh
Tibi	Fichi secchi, uva secca	*Betabacterium vermiforme*, *Saccharomyces intermedium*	
Vodka	Patate	Lieviti	Russia, Scandinavia e altri Paesi
Vini	Uva e altri frutti	Ceppi di *Saccharomyces* "ellipsoideus"	Tutto il mondo
Vino di palma	Linfa di palma	*Acetobacter* spp., batteri lattici, lieviti	Nigeria
Aceto	Sidro, vino, riso, mosto di malto	*Acetobacter* spp.	Tutto il mondo
Prodotti da forno			
Idli	Riso e farina di fagioli	*L. mesenteroides*	Sud dell'India
Pane, torte, ecc.	Farine di frumento	*S. cerevisiae*	Tutto il mondo
Pane di San Francisco	Farina di frumento	*S. exiguus, L. sanfranciscensis*	Nord della California
Pane acido integrale di segale	Farina di frumento	*L. mesenteroides*	Svizzera e altri Paesi

* *N. sitophila* è utilizzata per produrre ontjom rosso, *R. oligosporus* per ontjom bianco.
** Distillato per la produzione di tequila.

Il vino di palma, tipico prodotto nigeriano, è una bevanda alcolica consumata ai tropici e prodotta mediante fermentazione naturale della linfa di palma. La linfa, dolce e di colore bruno scuro, contiene il 10-12% di zuccheri, principalmente saccarosio. Con il processo di fermentazione la linfa assume un aspetto bianco lattiginoso dovuto alla presenza di numerosi batteri e lieviti fermentanti. Questo prodotto è unico nel suo genere, poiché i microrganismi sono vivi quando viene consumato. La fermentazione è stata controllata e studiata da Faparusi e Bassir[26] e da Okafor[49], che nel prodotto finale hanno riscontrato la prevalenza di batteri appartenenti ai generi *Micrococcus*, *Leuconostoc*, "*Streptococcus*", *Lactobacillus* e *Acetobacter*. I lieviti predominanti erano *Saccharomyces* e *Candida* spp., il primo dei quali più comune[48]. Durante la fermentazione, che richiede 36-48 ore, il pH della linfa diminuisce drasticamente da 7,0-7,2 a <4,5. I prodotti della fermentazione sono rappresentati da acidi organici ed etanolo. Nelle fasi iniziali della fermentazione si osserva un aumento del numero delle specie dei generi *Serratia* e *Enterobacter*, successivamente si sviluppano lattobacilli e leuconostoc; dopo 48 ore compaiono anche alcune specie del genere *Acetobacter*[26,50].

Il *sake* è una bevanda alcolica comunemente prodotta in Giappone. Il substrato è costituito da amido di riso cotto a vapore, la cui idrolisi – che porta al rilascio di zuccheri – è realizzata da *A. oryzae* con produzione del *koji*. La fermentazione vera e propria viene compiuta da *Saccharomyces sake* in 30-40 giorni e risulta in un prodotto con il 12-15% di alcol e circa lo 0,3% di acido lattico[58], derivante dall'azione dei lattobacilli sia etero sia omolattici.

Nella tabella 8.1 sono riportati altri prodotti fermentati di questo tipo.

Kombucha è un tè preparato a livello casalingo fermentando il tè nero zuccherato con una coltura mista di batteri e lieviti. Viene consumato da oltre 2000 anni, principalmente in Cina, Russia e Germania, e alcuni credono che abbia numerosi effetti benefici sulla salute. La fermentazione del tè avviene a temperatura ambiente per 7-10 giorni; il prodotto finale contiene acidi organici, componenti del tè, vitamine e minerali ed è leggermente frizzante[35]. Il microrganismo predominante durante la fermentazione è *Acetobacter xylinum*; tra i numerosi lieviti presenti, vi sono specie dei generi *Brettanomyces, Candida, Pichia, Saccharomyces* e *Zygosaccharomyces*.

8.6 Prodotti vari

I chicchi di caffè, che si sviluppano all'interno di bacche simili a ciliegie, sono circondati da uno strato esterno carnoso e da un involucro mucillaginoso, che devono essere rimossi prima che i chicchi possano essere essiccati e tostati. Il metodo umido sembra fornire prodotti di migliore qualità e consiste nella rimozione della polpa e della mucillagine, seguita dall'essiccamento. Mentre la rimozione della polpa viene effettuata meccanicamente, l'eliminazione della mucillagine viene completata mediante fermentazione naturale. Poiché lo strato mucillaginoso è composto in gran parte da sostanze pectiche[29], il ruolo dei microrganismi pectinolitici è significativo per la sua rimozione. *Erwinia dissolvens* è la specie batterica più importante nella fermentazione delle bacche di caffè nelle Hawaii[30] e in Congo[83]; Pederson e Breed[59] hanno osservato che la fermentazione delle bacche di caffè in Messico e Colombia viene realizzata da caratteristici batteri lattici (leuconostoc e lattobacilli). Nel loro studio sulle bacche di caffè condotto nello stato del Mysore, in India, Agate e Bhat[3] hanno notato che alcuni lieviti pectinolitici (*Saccharomyces marxianus, S. bayanus, S. "ellipsoideus"* e *Schizosaccharomyces* spp.) sono predominanti e svolgono un ruolo importante nel distacco e nella rimozione dello strato mucillaginoso. Le muffe sono comuni sui chicchi di caffè verde; in uno studio il 99,1% dei prodotti provenienti da 31 Paesi diversi, conteneva questi microrganismi, generalmente sulla superficie[45]. Nella popolazione microbica prevalevano sette specie di aspergilli: *A. ochraceus* è stata la specie isolata con maggiore frequenza dai chicchi prima della disinfezione della superficie, seguita da *A. niger* e da specie del gruppo di *A. glaucus*. Sono state inoltre trovate muffe tossinogene, quali *A. flavus* e *A. versicolor*, così come specie di *P. cyclopium, P. citrinum* e *P. expansum*, ma i penicilli sono stati trovati meno frequentemente degli aspergilli[45]. A differenza di quanto si verifica per i semi di cacao, i microrganismi non contribuiscono allo sviluppo del sapore e dell'aroma dei chicchi di caffè.

I semi, o fave, di cacao sono ottenuti dal frutto o dai baccelli della pianta di cacao, presente in diverse regioni dell'Africa, dell'Asia e del Sud America. Dai semi si ottiene la polvere di cacao, mentre il cioccolato è il risultato del processo di trasformazione. I semi vengono estratti dai frutti e fermentati in ammassi, casse o vasche per 2-12 giorni, a seconda del tipo e della dimensione. Durante la fermentazione si sviluppano temperature elevate (45-50 °C) e vengono rilasciate grandi quantità di liquido. Dopo essiccamento al sole o all'aria, durante il quale il contenuto d'acqua si riduce fino al 7,5% circa, i semi vengono tostati per sviluppare il sapore e l'aroma caratteristici. La fermentazione avviene in due fasi. Nella prima gli zuccheri contenuti nella polpa acida (pH 3,6 circa) vengono convertiti ad alcol; nella seconda l'alcol viene ossidato ad acido acetico. In uno studio, condotto da Camargo e colleghi[16] sui semi di cacao brasiliano, la microflora caratteristica riscontrata il primo giorno di fermentazione a 21 °C era costituita da lieviti. Al terzo giorno la temperatura era aumentata fino a 49 °C e la conta dei lieviti era diminuita fino a rappresentare non più del 10% della popolazione microbica totale. Al settimo giorno di fermentazione il pH era aumentato da 3,9 a 7,1. L'arresto dell'attività dei lieviti e dei batteri intorno al terzo giorno di fermentazione è dovuta alla temperatura sfavorevole, alla carenza di zuccheri fermentiscibili e all'aumento della concentrazione di alcol. Sebbene il numero dei batteri acetici risulti ridotto per effetto della temperatura elevata, non tutti questi microrganismi vengono distrutti. L'importanza dell'acido lattico per l'intero processo è stata esaminata da diversi autori[54,66].

In una ricerca la fermentazione del cacao è stata realizzata con una specifica associazione microbica composta di soli cinque microrganismi, rispetto ai circa 50 isolati durante le fermentazioni naturali[74]. Le cinque specie in questione sono: *Saccharomyces cerevisiae* var. *chevalieri*, *Lactobacillus plantarum*, *L. lactis*, *Acetobacter aceti* e *Gluconobacter oxidans* subsp. *suboxidans*. L'inoculo così composto ha portato all'ottenimento di un prodotto molto simile a quello risultante dalla fermentazione naturale. Il ruolo chiave dei lieviti è quello di innalzare il pH da 3,2 a 4,2, degradare l'acido citrico presente nella polpa, produrre etanolo e acidi organici (ossalico, succinico, malico ecc.); questi ultimi determinano la frantumazione dei cotiledoni dei semi di cacao, liberando sostanze volatili, che contribuiscono allo sviluppo del sapore, e riducendo la viscosità della polpa. *S. cerevisiae* era il microrganismo di maggiore rilievo durante il processo.

Sebbene i lieviti abbiano un ruolo importante nella produzione di alcol durante la fermentazione dei semi di cacao, la loro presenza sembra ancora più rilevante per lo sviluppo del gradevole sapore di cioccolato finale dei semi tostati. Levanon e Rossetini[42] hanno osservato che gli enzimi endogeni rilasciati per autolisi dei lieviti sono responsabili della formazione di composti precursori del prodotto finale. L'acido acetico, apparentemente, rende i tegumenti dei semi permeabili agli enzimi dei lieviti. È stato dimostrato che l'aroma tipico del cioccolato si forma solo dopo la tostatura dei semi di cacao e che se questa viene effettuata su semi non fermentati non produce l'aroma caratteristico. Gli zuccheri riducenti e gli amminoacidi liberi sono in qualche modo coinvolti nella formazione dell'aroma finale del cioccolato[67]. (Per una trattazione più approfondita, si veda il riferimento 81.)

Il processo produttivo della salsa di soia (o shoyu) consta di due stadi: il primo, detto koji (analogo alla maltazione della birrificazione) consiste nell'inoculo di semi di soia o di una miscela di semi e farina di frumento con *A. oryzae* o *A. sojae*, seguito da un periodo di sviluppo di 3 giorni, che dà luogo alla produzione di grandi quantità di zuccheri fermentescibili, peptidi e amminoacidi. Il secondo stadio, chiamato moromi, prevede l'aggiunta di circa il 18% di NaCl e l'incubazione a temperatura ambiente per almeno un anno, al termine del quale la salsa di soia è pronta. Durante l'incubazione del moromi, i batteri lattici – in particolare *L. delbrueckii* subsp. *delbrueckii* – e i lieviti, tra cui *Zygosaccharomyces rouxii*, effettuano una fermentazione anaerobia del koji idrolizzato. Colture pure di *A. oryzae*, per il koji, e di *L. delbrueckii* subsp. *delbrueckii* e di *Z. rouxii*, per il moromi, consentono di ottenere salsa di soia di buona qualità[93].

Il tempeh è un prodotto ottenuto dalla fermentazione dei semi di soia. Sebbene esistano numerose varianti del processo produttivo, il metodo più diffuso è quello indonesiano, che consiste nel lasciare i semi in ammollo per una notte intera, per rimuovere il rivestimento o la pula. Una volta rimosso l'involucro, i semi di soia vengono sottoposti a cottura in acqua bollente per circa 30 minuti e successivamente distribuiti su graticci di bamboo per farli raffreddare e asciugare. Piccole quantità di tempeh, conservate dalla fermentazione precedente, vengono utilizzate come starter, quindi i semi di soia vengono avvolti in foglie di banana. Gli involti così preparati sono mantenuti a temperatura ambiente per 1 o 2 giorni, durante i quali la crescita delle muffe determina la saldatura dei semi in una specie di torta: il tempeh. Si può preparare un prodotto eccellente utilizzando sacchetti o tubi di plastica perforati, in cui la fermentazione si completa in 24 ore a 31 °C [27]. Il microrganismo più indicato per la fermentazione è _Rhizopus oligosporus_, in particolare per il tempeh di frumento. Un buon tempeh di soia può essere prodotto impiegando _R. oryzae_ o _R. arrhizus_. Durante la fermentazione il pH dei semi di soia aumenta da circa 5,0 fino a 7,5.

Il miso, un prodotto a base di soia fermentata comune in Giappone, viene preparato miscelando o macinando i semi di soia cotti (eventualmente a vapore) con koji e sale; l'impasto viene lasciato fermentare per un periodo variabile da 4 a 12 mesi. Il miso bianco o dolce può essere fermentato anche per una sola settimana, mentre il prodotto marrone scuro (mame), considerato di qualità migliore, può richiedere anche 2 anni di fermentazione. In Israele, Ilany-Feigenbaum e colleghi[38] hanno preparato un prodotto simile al miso utilizzando, anziché semi di soia interi, fiocchi sgrassati di semi di soia, lasciati fermentare per circa 3 mesi. Il koji utilizzato per questi prodotti è stato preparato facendo crescere _A. oryzae_ in mais, frumento, orzo, miglio o avena, patate, barbabietole da zucchero o banane; secondo gli autori della ricerca i prodotti ottenuti reggevano bene il confronto con il miso giapponese. Poiché _A. oryzae_ può produrre sostanze tossiche, il koji è stato preparato mediante fermentazione del riso con _Rhizopus oligosporus_ a 25 °C per 90 giorni; il prodotto ottenuto è stato considerato un'alternativa accettabile al koji preparato con _A. oryzae_[76].

L'ogi è un cereale di base dello Yorubas, in Nigeria, ed è spesso il primo alimento consumato dai bambini durante lo svezzamento. Di norma viene prodotto lasciando in ammollo le cariossidi del mais in acqua tiepida per 2-3 giorni; quindi il prodotto viene macinato ancora umido e vagliato mediante un setaccio. Il materiale passato al setaccio viene lasciato sedimentare e fermentare ed è venduto sotto forma di tortino umido avvolto in foglie. Con l'ogi fermentato si preparano numerosi piatti[10]. Durante l'ammollo del cereale diventano predominanti _Corynebacterium_ spp., che sembrano essere responsabili dell'azione diastasica necessaria per lo sviluppo di lieviti e batteri lattici[4]. Insieme ai corinebatteri sono stati trovati anche _S. cerevisiae_ e _L. plantarum_, considerati importanti per la fermentazione tradizionale dell'ogi, come lo sono _Cephalosporium_, _Fusarium_, _Aspergillus_ e _Penicillium_. La maggior parte dell'acidità prodotta deriva dall'acido lattico, che abbassa favorevolmente il pH del prodotto, fino a circa 3,8. I corinebatteri si sviluppano inizialmente e la loro attività cessa dopo il primo giorno di fermentazione, mentre quella di lattobacilli e lieviti continua. Per la preparazione dell'ogi è stato sviluppato e testato un nuovo processo, che sembra fornire un prodotto di qualità migliore rispetto a quello ottenuto con il metodo tradizionale[9]. La nuova procedura prevede la produzione di farina mediante macinatura asciutta di mais intero e di mais decorticato. Dopo l'aggiunta di acqua, la miscela viene cotta, raffreddata e inoculata con una coltura mista (starter) di _L. plantarum_, _L. lactis_ e _Z. rouxii_. Il tutto viene successivamente incubato a 32 °C per 28 ore, nel corso delle quali il pH del mais scende da 6,1 a 3,8. Questa fase evita l'impiego di batteri per idrolizzare l'amido. Oltre alla riduzione dei tempi di fermentazione, il processo riduce il rischio di fermentazioni anomale.

Il gari è un alimento base dell'Africa occidentale ed è ottenuto dalle radici della manioca. Poiché le radici di questo vegetale contengono i glucosidi cianogenici linamarina e lotaustralina, sono tossiche se consumate fresche o crude. La detossificazione può essere effettuata aggiungendo linamarasi, attiva su entrambi i glucosidi[13]. Nella pratica le radici sono rese sicure mediante il processo di fermentazione, durante il quale i glucosidi tossici vengono degradati con liberazione di acido idrocianidrico gassoso. Nelle preparazioni casalinghe del gari, la buccia esterna e la corteccia spessa delle radici della manioca vengono rimosse e la restante parte viene macinata o grattugiata. La polpa viene successivamente schiacciata, per rimuovere il succo residuo, e posta in sacchetti per 3 o 4 giorni per consentire la fermentazione[17]. Tra i microrganismi più importanti per l'attività fermentativa vi sono *L. plantarum*, *E. faecium* e *Leuconostoc mesenteroides*[13]. Il prodotto fermentato viene cotto mediante frittura.

Il bongkrek, o semaji, è un esempio di alimento fermentato che ha causato in passato un gran numero di morti. Tipico dell'Indonesia centrale, è ottenuto dalla pressatura delle noci di cocco e può diventare tossico soprattutto se preparato in casa. I prodotti sicuri, fermentati da *R. oligosporus*, appaiono come torte ricoperte e infiltrate da un micelio bianco. Per ottenere uno sviluppo fungino ottimale, è essenziale che le condizioni consentano una buona crescita nei primi 1-2 giorni di incubazione. Tuttavia, se in tale fase è favorito lo sviluppo batterico e il prodotto è contaminato da *Burkholderia cocovenenans*, il batterio si sviluppa e produce due sostanze tossiche: toxoflavina e acido bongkrekico[84,85,86,94]. Questi composti possiedono attività antibatterica e antifungina, sono tossici per l'uomo e gli animali e sono termostabili. La produzione di entrambi è favorita dallo sviluppo dei microrganismi sulla noce di cocco (la toxoflavina può essere prodotta in terreni di coltura complessi). Le formule di struttura dei due antibiotici – toxoflavina, che agisce come trasportatore di elettroni, e acido bongkrekico, che inibisce la fosforilazione ossidativa nei mitocondri – sono le seguenti:

L'acido bongkrekico si è dimostrato letale per tutte le 17 muffe studiate da Subik e Behun[79], impedendo la germinazione delle spore e il conseguente sviluppo del micelio. Lo sviluppo di *B. cocovenenans* durante la preparazione del bongkrek viene inibito mantenendo il pH delle materie prime a valori non superiori a 5,5[84]. È stato dimostrato che lo sviluppo delle tossine del bongkrek nel tempeh può essere prevenuto combinando il 2% di NaCl con una quantità di acido acetico sufficiente per portare il pH a 4,5[14].

Un prodotto fermentato a base di farina di granturco, preparato in alcune regioni della Cina, è stato causa di episodi di intossicazione alimentare da *B. cocovenenans*. Questo prodotto viene preparato lasciando il mais immerso in acqua a temperatura ambiente per 2-4 settimane, quindi risciacquandolo con acqua e macinandolo fino a ottenere una farina, che può essere destinata a varie preparazioni. Sembra che i microrganismi produttori di tossine si sviluppino nel mais umido, durante la conservazione a temperatura ambiente. Il microrganismo responsabile produce sia acido bongkrekico sia toxoflavina, proprio come *B. cocovenenans* nel bongkrek.

L'ontjom (oncom) è un prodotto fermentato dell'Indonesia simile al precedente, ma molto più popolare; è prodotto sotto forma di croccante con il panello che residua dall'estrazione dell'olio dalle arachidi. Il panello è lasciato in ammollo in acqua per circa 24 ore, quindi viene cotto a vapore e successivamente pressato in forme, che vengono coperte con foglie di banana e inoculate con *Neurospora sitophila* o *R. oligosporus*; l'ontjom è pronto per il consumo dopo 1-2 giorni. (Per una descrizione dettagliata della fermentazione dell'ontjom e del suo valore nutritivo si consiglia il lavoro condotto da Beuchat[12].)

Bibliografia

1. Acton JC, Dick RL, Norris EL (1977) Utilization of various carbohydrates in fermented sausage. *J Food Sci*, 42: 174-178.
2. Acton JC, Williams JG, Johnson MG (1972) Effect of fermentation temperature on changes in meat properties and flavor of summer sausage. *J Milk Food Technol*, 35: 264-268
3. Agate AD, Bhat JV (1966) Role of pectinolytic yeasts in the degradation of mucilage layer of Coffea robusta cherries. *Appl Microbiol*, 14: 256-260.
4. Akinrele IA (1970) Fermentation studies on maize during the preparation of a traditional African starch-cake food. *J Sci Food Agric*, 21: 619-625.
5. Andersen SJ (1995) Compositional changes in surface mycoflora during ripening of naturally fermented sausages. *J Food Protect*, 58: 426-429.
6. Arihara K, Ota H, Itoh M, Kondo Y, Sameshima T, Akimoto M, Kanai S, Miki T (1998) Lactobacillus acidophilus group lactic acid bacteria applied to meat fermentation. *J Food Sci*, 63: 544-547.
7. Ayres JC, Lillard DA, Leistner L (1967) Mold ripened meat products. In: *Proceedings of the 20th Annual Reciprocal Meat Conference*. National Live Stock and Meat Board, Chicago, pp. 156-168.
8. Bacus J (1984) *Utilization of Microorganisms in Meat Processing: A Handbook for Meat Plant Operators*. John Wiley & Sons, New York.
9. Banigo EOI, deMan JM, Duitschaever CL (1974) Utilization of high-lysine corn for the manufacture of ogi using a new, improved processing system. *Cereal Chem*, 51: 559-572.
10. Banigo EOI, Muller HG (1972) Manufacture of ogi (a Nigerian fermented cereal porridge): Comparative evaluation of corn, sorghum and millet. *Can Inst Food Sci Technol J*, 5: 217-221.
11. Berwal JS, Dincho D (1995) Molds as protective cultures for raw dry sausages. *J Food Protect*, 58: 817-819.
12. Beuchat LR (1976) Fungal fermentation of peanut press cake. *Econ Bot*, 30: 227-234.
13. Bokanga M (1995) Biotechnology and cassava processing in Africa. *Food Technol*, 49: 86-90.
14. Buckle KA, Kartadarma E (1990) Inhibition of bongkrek acid and toxoflavin production in tempe bongkrek containing Pseudomonas cocovenenans. *J Appl Bacteriol*, 68: 571-576.
15. Cai Y, Okada H, Mori H, Benno Y, Nakase T (1999) Lactobacillus paralimentarius sp. nov., isolated from soughdough. *Int J Syst Bacteriol*, 49: 1451-1455.
16. de Camargo R, Leme J Jr, Filho AM (1963) General observations on the microflora of fermenting cocoa beans (Theobroma cacao) in Bahia (Brazil). *Food Technol*, 17: 1328-1330.
17. Collard P, Levi S (1959) A two-stage fermentation of cassava. *Nature*, 183: 620-621.
18. Cummings A, Reitmeier C, Wilson L, Glatz B (2002) A survey of apple cider production practices and microbial loads in cider in the state of Iowa. *Dairy Food Environ Sanit*, 22: 745-751.
19. Deibel RH, Niven CF Jr (1957) Pediococcus cerevisiae: A starter culture for summer sausage. *Bacteriol Proc*, 14-15.
20. Deibel RH, Niven CF Jr, Wilson GD (1961) Miccrobiology of meat curing. III. Some microbiological and related technological aspects in the manufacture of fermented sausages. *Appl Microbiol*, 9: 156-161.
21. De Vuyst L, Schrijvers V, Paramithiotis S et al. (2002) The biodiversity of lactic acid bacteria in Greek traditional wheat sourdoughs is reflected in both composition and metabolite formation. *Appl Environ Microbiol*, 68: 6059-6069.
22. Dicks LMT, Dellaglio F, Collins MD (1995) Proposal to reclassify Leuconostoc oenos to Oenococcus oeni [corrig.]. gen. nov., comb. nov. *Int J Syst Bacteriol*, 45: 395-397.

23. Engelmann U, Weiss N (1985) Megasphaera cerevisiae sp. nov.: A new Gram-negative obligately anaerobic coccus isolated from spoiled beer. *Syst Appl Microbiol*, 6: 287-290.

24. Etchells JL, Fleming HP, Bell TA (1975) Factors influencing the growth of lactic acid bacteria during the fermentation of brined cucumbers. In: Carr JG, Cutting CV, Whiting GC (eds) *Lactic Acid Bacteria in Beverages and Food*. Academic Press, New York, pp. 281-305.

25. Everson CW, Danner WE, Hammes PA (1970) Improved starter culture for semidry sausage. *Food Technol*, 24: 42-44.

26. Faparusi SI, Bassir O (1971) Microflora of fermenting palm-wine. *J Food Sci Technol*, 8: 206-210.

27. Filho AM, Hesseltine CW (1964) Tempeh fermentation: Package and tray fermentations. *Food Technol*, 18: 761-765.

28. Fisher TL, Golden DA (1998) Fate of Escherichia coli O157:H7 in ground apples used in cider production. *J Food Protect*, 61: 1372-1374.

29. Frank HA, Lum NA, Dela Cruz AS (1965) Bacteria responsible for mucilage-layered composition in Kona coffee cherries. *Appl Microbiol*, 13: 201-207.

30. Frank HA, Dela Cruz AS (1964) Role of incidental microflora in natural decomposition of mucilage layer in Kona coffee cherries. *J Food Sci*, 29: 850-853.

31. García-García P, Barranco R, Durán Quintana MC, Garrido-Fernández A (2004) Biogenic amine formation and "zapatera" spoilage of fermented green olives: Effect of storage temperature and debittering process. *J Food Protect*, 67: 117-123.

32. García-García P, Brenes-Balbuena M, Hornero-Méndez D, García-Borrego A, Garrido-Fernández A (2000) Content of biogenic amines in table olives. *J Food Protect*, 63: 111-116.

33. Giolitti G, Cantoni CA, Bianchi MA, Renon P (1971) Microbiology and chemical changes in raw hams of Italian type. *J Appl Bacteriol*, 34: 51-61.

34. Gobbetti M, Corsetti A (1997) Lactobacillus sanfrancisco a key sourdough lactic acid bacterium: A review. *Food Microbiol*, 14: 175-187.

35. Greenwalt CJ, Steinkraus KH, Ledford RA (2000) Kombucha, the fermented tea: Mcrobiology, composition, and claimed health effects. *J Food Protect*, 63: 976-981.

36. Harris DA, Chaiet L, Dudley RP, Ebert P (1957) The development of commercial starter culture for summer sausages. *Bacteriol Proc Amer Soc Microbiol*, 15.

37. Horn SJ, Aasen IM, Østgaard K (2000). Production of ethanol from mannitol by Zymobacter palmae. *J Ind Microbiol Biotechnol*, 24: 51-57.

38. Ilany-Feigenbaum J, Diamant J, Laxer S, Pinsky A (1969) Japanese miso-type products prepared by using defatted soybean flakes and various carbohydrate-containing foods. *Food Technol*, 23: 554-556.

39. Kleyn J, Hough J (1971) The microbiology of brewing. *Annu Rev Microbiol*, 25: 583-608.

40. Kline L, Sugihara TF (1971) Microorganisms of the San Francisco sour dough bread process. II. Isolation and characterization of undescribed bacterial species responsible for the souring activity. *Appl Microbiol*, 21: 459-465.

41. Kunkeé RE (1975). A second enzymatic activity for decomposition of malic acid by malo-lactic bacteria. In: Carr JG, Cutting CV, Whiting GC (eds) *Lactic Acid Bacteria in Beverages and Food*. Academic Press, New York, pp. 29-42.

42. Levanon Y, Rossetini SMO (1965) A laboratory study of farm processing of cocoa beans for industrial use. *J Food Sci*, 30: 719-722.

43. Lee SY, Mabee MS, Jangaard NO (1978) Pectinatus, a new genus of the family Bacteroidaceae. *Int J Syst Bacteriol*, 28: 582-594.

44. Liu SQ (2002) Malolactic fermentation in wine beyond deacidification. *J Appl Microbiol*, 92: 589-601.

45. Mislivec PB, Bruce VR, Gibson R (1983) Incidence of toxigenic and other molds in green coffee beans. *J Food Protect*, 46: 969-973.

46. Mukherjee SK, Albury MN, Pederson CS, et al. (1965) Role of Leuconostoc mesenteroides in leavening the batter of idli, a fermented food of India. *Appl Microbiol*, 13: 227-231.

47. Niinivaara FP, Pohja MS, Komulainen SE (1964) Some aspects about using bacterial pure cultures in the manufacture of fermented sausages. *Food Technol*, 18: 147-153.

48. Okafor N (1972) Palm-wine yeasts from parts of Nigeria. *J Sci Food Agric*, 23: 1399-1407.
49. Okafor N (1975) Microbiology of Nigerian palm wine with particular reference to bacteria. *J Appl Bacteriol*, 38: 81-88.
50. Okafor N (1975) Preliminary microbiological studies on the preservation of palm wine. *J Appl Bacteriol*, 38: 1-7.
51. Okamoto T, Taguchi H, Nakamura K, Ikenaga H, Kuraishi H, Yamasato K (1993) Zymobacter palmae gen. nov., sp. nov., a new ethanol-fermenting peritrichous bacterium isolated from palm sap. *Arch Microbiol*, 160: 333-337.
52. Palumbo SA, Smith JL, Kerman SA (1973) Lebanon bologna. I. Manufacture and processing. *J Milk Food Technol*, 36: 497-503.
53. Passmore SM, Carr JG (1975) The ecology of the acetic acid bacteria with particular reference to cider manufacture. *J Appl Bacteriol*, 38: 151-158.
54. Passos FML, Silva DO, Lopez A, Ferreira CLLF, Guimaraes WV (1984) Characterization and distribution of lactic acid bacteria from traditional cocoa bean fermentations in Bahia. *J Food Sci*, 49: 205-208.
55. Patel IB, Vaughn RH (1973) Cellulolytic bacteria associated with sloughing spoilage of California ripe olives. *Appl Microbiol*, 25: 62-69.
56. Pearson AM, Gillett TA (1999) *Processed Meats*. Kluwer Academic Publishers, New York.
57. Pearson AM, Tauber FW (1984) *Processed Meats* (2nd ed). Kluwer Academic Publishers, New York.
58. Pederson CS (1979) *Microbiology of Food Fermentations* (2nd ed). Kluwer Academic Publishers, New York.
59. Pederson CS, Breed RS (1946) Fermentation of coffee. *Food Res*, 11: 99-106.
60. Pilone GJ, Kunkee RE (1976) Stimulatory effect of malo-lactic fermentation on the growth rate of Leuconostoc oenos. *Appl Environ Microbiol*, 32: 405-408.
61. Plastourgos S, Vaughn RH (1957) Species of Propionibacterium associated with zapatera spoilage of olives. *Appl Microbiol*, 5: 267-271.
62. Potter ME, Kruse MB, Matthews MA, Hill RO, Martin RJ (1976) A sausage-associated outbreak of trichinosis in Illinois. *Amer J Pub Hlth*, 66: 1194-1196.
63. Radler F (1975) The metabolism of organic acids by lactic acid bacteria. In: Carr JG, Cutting CV, Whiting GC (eds) *Lactic Acid Bacteria in Beverages and Food*. Academic Press, New York, pp. 17-27.
64. Rainbow C (1975) Beer spoilage lactic acid bacteria. In: Carr JG, Cutting CV, Whiting GC (eds) *Lactic Acid Bacteria in Beverages and Food*. Academic Press, New York, pp. 149-158.
65. Reddy NR, Sathe SK, Pierson MD, Salunkha DK (1981) Idli, an Indian fermented food: A review. *J Food Qual*, 5: 89-101.
66. Roelofsen PA (1958) Fermentation, drying, and storage of cacao beans. *Adv Food Res*, 8: 225-296.
67. Rohan TA, Stewart T (1966) The precursors of chocolate aroma: Changes in the sugars during the roasting of cocoa beans. *J Food Sci*, 31: 206-209.
68. Röling WFM, van Verseveld HW (1996) Charcteristics of Tetragenococcus helophila populations of Indonesian soy mash (kecap) fermentation. *Appl Environ Microbiol*, 62: 1203-1207.
69. Rose AH (1982) *Fermented Foods*. Economic Microbiology Series, 7. Academic Press, New York.
70. Saisithi P, Kasemsarn BO, Liston J, Dollar AM (1966) Microbiology and chemistry of fermented fish. *J Food Sci*, 31: 105-110.
71. Sanz Y, Toldra F (1998) Aminopeptidases from Lactobacillus sake affected by amines in dry sausages. *J Food Sci*, 63: 894-896.
72. Satomi M, Kimura B, Mizoi M, Sato T, Fujii T (1997) Tetragenococcus muriaticus sp. nov., a new moderately halophilic lactic acid bacterium isolated from fermented squid liver sauce. *Int J Syst Bacteriol*, 47: 832-836.
73. Schleifer KH, Leuteritz M, Weiss N, Ludwig W, Kirchhof G, Seidel-Rufer H (1990) Taxonomic study of anaerobic, Gram-negative, rodshaped bacteria from breweries: Emended description of Pectinatus cerevisiiphilus and description of Pectinatus frisingensis sp. nov., Selenomonas lacticifex sp. nov., Zymophilus paucivorans sp. nov. *Int J System Bacteriol*, 49: 19-27.

74. Schwan RF (1998) Cocoa fermentations conducted with a defined microbial cocktail inoculum. *Appl Environ Microbiol*, 64: 1477-1483.
75. Semanchek JJ, Golden DA (1996) Survival of Escherichia coli 0157:H7 during fermentation of apple cider. *J Food Protect*, 59: 1256-1259.
76. Shieh YSG, LR Beuchat (1982) Microbial changes in fermented peanut and soybean pastes containing kojis prepared using Aspergillus oryzae and Rhizopus oligosporus. *J Food Sci*, 47: 518-522.
77. Smith JL, Palumbo SA (1973) Microbiology of Lebanon bologna. *Appl Microbiol*, 26: 489-496.
78. Steinkraus KH, van Veen AG, Thiebeau DB (1967) Studies on idli – An Indian fermented black gram-rice food. *Food Technol*, 21: 916-919.
79. Subik J, Behun M (1974) Effect of bongkrekic acid on growth and metabolism of filamentous fungi. *Arch Microbiol*, 97: 81-88.
80. Sugihara TF, Kline L, Miller MW (1971) Microorganisms of the San Francisco sour dough bread process. I. Yeasts responsible for the leavening action. *Appl Microbiol*, 21: 456-458.
81. Thompson SS, Miller KB, Lopez AS (2001) Cocoa and coffee. In: Doyle MP, Beuchat LR, Montville TJ (eds) *Food Microbiology: Fundamentals and Frontiers* (2nd ed). ASM Press, Washington, DC., pp. 721-733.
82. Urbaniak L, Pezacki W (1975) Die Milchsäure bildende Rohwurst-Mikroflora und ihre technologisch bedingte Veränderung. *Fleischwirts*. 55: 229-237.
83. Van Pee W, Castelein JM (1972) Study of the pectinolytic microflora, particularly the Enterobacteriaceae, from fermenting coffee in the Congo. *J Food Sci*, 37: 171-174.
84. van Veen AG (1967) The bongkrek toxins. In: Mateles RI, Wogan GN (eds) *Biochemistry of Some Foodborne Microbial Toxins*. MIT Press, Cambridge, MA, pp. 43-50.
85. van Veen AG, Mertens WK (1934) Die Gifstoffe der sogenannten Bongkrek-vergiftungen auf Java. *Rec Trav Chim*, 53: 257-268.
86. van Veen AG, Mertens WK (1934) Das Toxoflavin, der gelbe Gifstoff der Bongkrek. *Rec Trav Chim*, 53: 398-404.
87. Vaughn RH (1975) Lactic acid fermentation of olives with special reference to California conditions. In: Carr JG, Cutting CV, Whiting GC (eds) *Lactic Acid Bacteria in Beverages and Food*. Academic Press, New York, pp. 307-323.
88. Vaughn RH, Jakubczyk T, MacMillan JD, Higgins TE, Dave BA, Crampton VM (1969) Some pink yeasts associated with softening of olives. *Appl Microbiol*, 18: 771-775.
89. Vogel RF, Böcker G, Stolz P, Ehrmann M, Fanta D, Ludwig W, Pot B, Kersters K, Schleifer KH, Hammes WP (1994) Identification of lactobacilli from sourdough and description of Lactobacillus pontis sp. nov. *Int J Syst Bacteriol*, 44: 223-229.
90. Wardlaw FB, Skelley GC, Johnson MG, Acton JC (1973) Changes in meat components during fementation, heat processing and drying of a summer sausage. *J Food Sci*, 38: 1228-1231.
91. Williamson DH (1959) Studies on lactobacilli causing ropiness in beer. *J Appl Bacteriol*, 22: 392-402.
92. Yaping J, Xiaoyang L, Jiaqi Y (1990) Saccharobacter fermentatus gen. nov., sp. nov., a new ethanol-producing bacterium. *Int J Syst Bacteriol*, 40: 412-414.
93. Yong FM, Wood BJB (1974) Microbiology and biochemistry of the soy sauce fermentation. *Adv Appl Microbiol*, 17: 157-194.
94. Zhao N, Qu C, Wang E, Chen W (1995) Phylogenetic evidence for the transfer of Pseudomonas cocovenenans (van Damme et al. 1960) to the genus Burkholderia as Burkholderia cocovenenans (van Damme et al. 1960) comb. nov. *Int J Syst Bacteriol*, 45: 600-603.

Capitolo 9
Prodotti alimentari diversi

Questo capitolo contiene una breve descrizione delle caratteristiche e della microflora – in assenza e in presenza di alterazioni – di differenti tipologie di prodotti alimentari.

9.1 Prodotti di gastronomia

Prodotti come insalate gastronomiche e tramezzini sono talvolta implicati nell'insorgenza di epidemie di origine alimentare. Questi alimenti sono spesso preparati manualmente e il contatto diretto con le mani può causare un aumento dell'incidenza di agenti responsabili di tossinfezioni alimentari, come le specie del genere *Staphylococcus*. Se contaminano insalate di carne o panini, tali microrganismi possono proliferare rapidamente, grazie alla riduzione della popolazione microbica degli ingredienti precedentemente sottoposti a cottura.

In uno studio su insalate e panini venduti al dettaglio[6] il 36% di 53 campioni di insalate e il 16% di 60 campioni di panini presentavano una conta totale di $\log_{10}/g > 6,00$; nel 57% dei campioni di panini la carica di coliformi è stata stimata in $\log_{10}/g < 2,00$; *S. aureus* è stato isolato nel 60% dei panini e nel 39% delle insalate. È stato riscontrato un numero elevato di lieviti e di muffe, con valori di $\log_{10}/g > 6,00$ in sei campioni.

In una ricerca condotta su 517 insalate (provenienti da circa 170 esercizi diversi), contenenti pollo, uova, pasta e gamberi, dal 71 al 96% dei campioni presentava valori di conta aerobia in piastra (APC) di $\log_{10}/g < 5,00$[45]. In quasi tutti i campioni (96-100%) è stato rilevato *S. aureus* coagulasi positivo in concentrazione di $\log_{10}/g < 2,00$. Lo stesso microrganismo è stato rinvenuto in 6 su 64 campioni di insalate esaminati in un altro studio[12] condotto su 12 differenti tipi di prodotto; gli autori di questa ricerca hanno riscontrato conte totali comprese tra 2,08 e 6,76 $\log_{10}/g$; i valori più elevati sono stati osservati nelle insalate a base di uovo, gamberi e, in alcuni casi, pasta. In nessun campione sono stati trovati salmonelle e ceppi di *C. perfringens*. In un lavoro condotto su 42 campioni di insalate, Harris e colleghi[18] hanno riscontrato in genere una buona qualità microbiologica. Il valore medio di APC era $\log_{10} 5,54 /g$; per sei prodotti diversi il valore medio relativo ai coliformi è stato $\log_{10} 2,66/g$. Gli stafilococchi sono stati isolati da alcuni di questi alimenti, specialmente dalle insalate contenenti prosciutto.

In uno studio le insalate di vegetali freschi (insalata verde, mista e di cavolo) hanno mostrato un conteggio medio totale variabile tra $\log_{10}/g$ 6,67, per l'insalata di cavolo, e $\log_{10}/g$ 7,28 per l'insalata verde[13]. I coliformi fecali sono stati isolati nel 26% delle insalate miste, nel 28% delle insalate verdi e nel 29% delle insalate di cavolo, mentre i valori relati-

J.M. Jay et al., *Microbiologia degli alimenti*
© Springer-Verlag Italia 2009

Tabella 9.1 Caratteristiche microbiologiche generali di alcuni prodotti alimentari

Prodotti	N. di campioni	Gruppo microbico /Limiti	% campioni conformi	Rif. bibl.
Torte alla crema surgelate	465	APC $\leq 10^4$/g	96	60
	465	Funghi $\leq 10^3$/g	98	60
	465	Coliformi <10/g	89	60
	465	*E. coli* ≤ 10/g	99	60
	465	*S. aureus* <25/g	99	60
	465	Assenza di salmonelle	100	60
Anelli di cipolla impanati surgelati (precotti o parzialmente cotti)	1590	APC a 30 °C $\leq 10^5$/g	99	66
	1590	Coliformi MPN <3/g	89	66
	1590	*E. coli* MPN < 3/g	99	66
	1590	*S. aureus* MPN <10/g	99,6	66
Tortino di tonno congelato	1290	APC a 30 °C $\leq 10^5$/g	97,6	66
	1290	Coliformi MPN ≤ 64/g	93	66
	1290	*E. coli* MPN < 3/g	97	66
	1290	*S. aureus* MPN <10/g	98	66
Tofu (commerciale)	60	APC $<10^6$/g	83	50
	60	Psicrotrofi $<10^4$/g	83	50
	60	Coliformi $<10^3$/g	67	50
	60	*S. aureus* <10/g	100	50
Gelatina disidratata	185	APC $\leq$3,00*/g	74	33
Insalate gastronomiche	764	Entro i limiti stabiliti da US Army e US Air Force	44	12
	764	APC $\leq$5,00*/g	84	12
	764	Coliformi $\leq$1,00*/g	78	12
	764	Lieviti e muffe $\leq$1,30*/g	55	12
	764	"Streptococchi fecali" $\leq$1,00*/g	77	12
	764	Assenza di *S. aureus*	91	12
	764	Assenza di *C. perfringens* e salmonelle	100	12
	517	APC $\leq$5,00*/g	26-85	44
	517	Coliformi $\leq$2,00*/g	36-79	44
	517	*S. aureus* $\leq$2,00*/g	96-100	44
Insalate vendute al dettaglio	53	APC $\leq$6,00*/g	64	6
	53	Coliformi $\leq$2,00*/g	57	6
	53	Assenza di *S. aureus*	61	6
Panini al dettaglio	62	APC $\leq$6,00*/g	84	6
	62	Coliformi $\leq$3,00*/g	88	6
	62	Assenza di *S. aureus*	40	6
Spezie ed erbe importate	113	APC $\leq$6,00*/g	73	23
	114	Spore $\leq$6,00*/g	75	23
	113	Lieviti/muffe $\leq$5,00*/g	97	23

segue

segue **Tabella 9.1**

Prodotti	N. di campioni	Gruppo microbico /Limiti	% campioni conformi	Rif. bibl.
Spezie ed erbe importate (*segue*)	114	TA spore ≤3,00*/g	70	23
	114	Assenza di *E. coli, S. aureus* e salmonelle	100	23
Spezie lavorate	114	APC ≤5,00*/g	70	49
	114	APC ≤6,00*/g	91	49
	114	Coliformi ≤2,00*/g	97	49
	114	Lieviti/muffe ≤4,00*/g	96	49
	114	*C. perfringens* <2,00*/g	89	49
	110	Assenza di *B. cereus*	47	48
Alimenti disidratati per missioni spaziali	129	APC <4,00*/g	93	47
	129	Coliformi <1/g	98	47
	129	*E. coli* assente in 1 g	99	47
	102	"Streptococchi fecali" 1,30*/g	88	47
	104	*S. aureus* assente in 5 g	100	47
	104	Salmonelle assenti in 10 g	98	47
Insalate di verdure pronte al consumo[a]	2.950	Assenza di *Listeria spp.*	96	51
		Assenza di *L. monocytogenes* (10^2 solo in 1 campione)	97	
Alimenti pronti al consumo (Gran Bretagna)	4.469	Assenza di *Campylobacter*	100	39
Alimenti serviti in vari ristoranti (Spagna)	103	Assenza di *L. monocytogenes*	97	55

APC = conta aerobia in piastra; MPN = most probable number.
[a] Negativo per la presenza di *Campylobacter* spp., *E. coli* O157:H7 e *Salmonella* spp.
* Valore $\log_{10}$.

Tabella 9.2 Prevalenza media di *Listeria monocytogenes* e di *Salmonella* spp. in prodotti a base di carne o pollame pronti al consumo monitorati negli Stati Uniti dal 1990 al 1999 (N. campioni positivi / N. testato / % positivi)

Prodotti	*L. monocytogenes*	*Salmonella* spp.
Carne di manzo cotta, arrosto o in scatola	163 / 5.272 / 3,1	12 / 5.444 / 0,2
Prosciutto e carne pronti al consumo	118 / 2.287 / 5,2	5 / 2.293 / 0,2
Salsicce cotte (piccolo diametro)	243 / 6.820 / 3,6	14 / 6.996 / 0,2
Salsicce cotte (grande diametro)	56 / 4.262 / 1,3	3 / 4.328 / 0,07
Jerky	4 / 770 / 0,5	2 / 648 / 0,3
Prodotti avicoli cotti	145 / 6.836 / 2,1	7 / 7.020 / 0,1
Insalate, prodotti spalmabili, paté	119 / 3.932 / 3,0	2 / 4.204 / 0,05

(Da Levine et al.[35])

Tabella 9.3 Presenza di *Aeromonas* spp. in alimenti pronti al consumo venduti a Napoli (1999)

Prodotti	Numero	% di positivi	A. hydrophila	A. caviae	A. sobria
Verdure*	100	25	11	15	0
Formaggi*	100	10	6	5	1
Prodotti carnei*	100	11	10	3	0
Gelato	20	0	0	0	0

* Per ciascuna categoria sono stati esaminati cinque diversi tipi di prodotti.
(Da Villari et al.[62])

vi a *S. aureus* sono stati rispettivamente: 8, 14 e 3%. Per quanto riguarda il prezzemolo, *E. coli* è stato isolato in 11 campioni di prodotto fresco non lavato, su 64 esaminati, e in oltre il 50% dei campioni congelati[24]; il valore medio di conta aerobia in piastra del prezzemolo fresco lavato è stato di $\log_{10} 7,28/g$. Salmonelle e *S. aureus* non sono stati isolati da nessun campione.

In uno studio sulla qualità microbiologica di torte con creme non a base di latte, appositamente prodotte in scarse condizioni igienico-sanitarie, Surkiewicz[56] ha riscontrato un aumento progressivo della carica microbica durante i successivi stadi di lavorazione. Per esempio, in un caso, la miscela base della torta presentava una carica batterica inferiore a $\log_{10}/g$ 2,00 dopo il trattamento termico finale a 71,1 °C (160 °F) e di $\log_{10}/g$ 4,15 dopo essere stata conservata per una notte. Gli ingredienti della farcitura presentavano un conteggio piuttosto basso prima di essere aggiunti all'impasto base ($\log_{10} 2,78/g$), mentre dopo essere stati distribuiti sulla torta avevano una conta di $\log_{10} 7,00/g$. In una ricerca condotta per valutare la qualità microbiologica delle patate fritte, Surkiewicz e colleghi[57] hanno osservato che anche in questo tipo di prodotto si verifica un aumento della carica microbica con il progredire delle fasi di lavorazione. Poiché le patatine fritte sono sottoposte a cottura al termine del ciclo produttivo, l'incidenza di microrganismi nel prodotto finale non riflette le condizioni igieniche del processo produttivo.

La media geometrica della conta aerobia su piastra di 1187 singoli campioni di impasti refrigerati per biscotti è risultata pari a 34.000/g, mentre le conte medie per funghi, coliformi, *E. coli* e *S. aureus* sono risultate, rispettivamente, pari a 46, 11, <3 e <3/g[58]. Nello stesso studio la media geometrica delle conte aerobie di 1396 porzioni di snack dolci è risultata 910/g, con valori <3/g per coliformi, *E. coli* e *S. aureus* (tabella 9.1).

Uno studio batteriologico effettuato su 580 torte a base di crema congelate (al limone, al cocco, al cioccolato e alla banana) ha evidenziato una qualità eccellente dei prodotti esaminati: il 98% dei campioni presentava valori di APC non superiori a $\log_{10} 4,70/g$[33]. La qualità microbiologica complessiva di altri prodotti analoghi è presentata in tabella 9.1. La tabella 9.2 riporta i valori medi, relativi a *L. monocytogenes* e *Salmonella* spp., per 11 tipologie di prodotti pronti al consumo monitorati negli Stati Uniti dal 1990 al 1999[35]. In tabella 9.3 sono riportati i dati di uno studio condotto a Napoli nel 1999 sulla prevalenza di *Aeromonas* spp. in quattro categorie di alimenti pronti al consumo[62].

9.2 Uova

L'uovo di gallina è un eccellente esempio di prodotto normalmente protetto dalle proprie caratteristiche intrinseche. Esternamente l'uovo fresco presenta tre strutture, ciascuna delle quali ritarda in qualche misura l'ingresso dei microrganismi: la cuticola esterna del guscio, il guscio e la membrana interna del guscio (figura 9.1). Nell'albume è presente il lisozima, piuttosto efficace nei confronti dei batteri Gram-positivi, e l'avidina, che forma un complesso con la biotina, rendendo questa vitamina non disponibile per i microrganismi. Inoltre l'albume ha un pH elevato (circa 9,3) e contiene conalbumina, che formando un complesso con il ferro rende lo ione non disponibile per i microrganismi. D'altra parte, per il contenuto in nutrienti del tuorlo e il suo pH nel prodotto fresco (circa 6,8), l'uovo è un ottimo terreno di crescita per la maggior parte delle specie microbiche.

Al momento della deposizione le uova sono generalmente sterili; tuttavia, dopo un periodo di tempo relativamente breve, sul guscio esterno si accumulano numerosi microrganismi che, in condizioni favorevoli, possono penetrare e proliferare all'interno dell'uovo, alterandolo. La velocità con la quale i microrganismi penetrano all'interno dell'uovo dipende dalla temperatura di conservazione, dall'età dell'uovo e dal grado di contaminazione. Rispetto al raffreddamento convenzionale, l'impiego di gas criogenico (CO_2) per raffreddare rapidamente il prodotto ha determinato una maggiore riduzione della carica batterica interna, sebbene le differenze fossero meno significative dopo 30 giorni di conservazione a 7 °C[8]. Da uno studio condotto per valutare la migrazione di *S.* Enteritidis dall'albume al tuorlo, su 860 uova contaminate artificialmente, è emerso che il batterio poteva essere individuato nel tuorlo dopo un giorno, a seconda della temperatura di conservazione e del grado di contaminazione: la migrazione avveniva in un giorno a 30 °C, ma solo dopo 14 giorni a 7 °C[2]. È stato osservato, inoltre, che le uova di 1 giorno erano più resistenti rispetto a quelle di 4 settimane e che la velocità di migrazione era positivamente correlata con il livello di contaminazione. È stato dimostrato che *S.* Enteritidis può penetrare nelle uova di gallina prima che queste vengano deposte (vedi il riferimento 22). Tra i batteri rinvenuti vi sono specie dei generi *Pseudomonas*, *Acinetobacter*, *Proteus*, *Aeromonas*, *Alcaligenes*, *Escherichia*, *Micrococcus*, *Salmonella*, *Serratia*, *Enterobacter*, *Flavobacterium* e *Staphylococcus*. Per quanto riguarda le muffe, sono solitamente presenti specie del genere *Mucor*, *Penicillium*, *Hormodendron*, *Cladosporium* e altre; "*Torula*" è l'unico lievito che può essere di qualche interesse. L'alterazione batterica che si verifica più frequentemente nelle uova è il *rotting*, che si manifesta con la comparsa di macchie di colori diversi. *Pseudomonas* spp., in particolare *P. fluorescens*, causa macchie verdi; *Pseudomonas*, *Acinetobacter* e altre specie sono causa di macchie non colorate; i generi *Proteus*, *Pseudomonas* e *Aeromonas* sono responsabili della formazione di macchie nere; *Pseudomonas* può dare luogo alla comparsa di macchie rosa; lo sviluppo di *Serratia* spp. causa alterazioni rosse, mentre il rotting "cremoso" è causato da

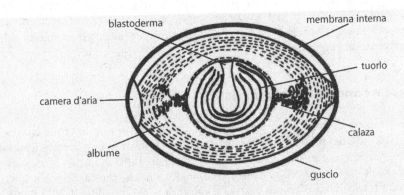

Figura 9.1 Sezione logitudinale di uovo di gallina. (Da Brooks e Hale[3], con autorizzazione di Elsevier)

Proteus vulgaris e *P. intermedium*. L'alterazione da muffe delle uova è generalmente definita macchia a spillo (*pinspot*), dall'aspetto del micelio che si sviluppa all'interno, osservato in controluce. *Penicillium* e *Cladosporium* spp. sono tra le cause più comuni di pinspot e di rotting fungino delle uova. Alcuni batteri, come *Pseudomonas graveolens* e *Proteus* spp., possono provocare alterazioni simili a quelle causate da muffe.

La penetrazione dei microrganismi all'interno dell'uovo è facilitata da condizioni di elevata umidità, nelle quali la crescita microbica sulla superficie delle uova è favorita ed è seguita dalla penetrazione dei microrganismi attraverso il guscio e la membrana interna. Quest'ultima struttura costituisce la barriera più importante contro la penetrazione dei batteri all'interno dell'uovo, seguita dal guscio e dalla membrana esterna[36]. Dal tuorlo vengono isolati più batteri che dall'albume; l'assenza di microrganismi nell'albume è molto probabilmente dovuta al suo elevato contenuto di sostanze antimicrobiche. Durante la conservazione, inoltre, l'albume cede parte dell'acqua al tuorlo, con conseguente riduzione del suo volume e diluizione del tuorlo. Tale fenomeno fa sì che il tuorlo entri a contatto diretto con la membrana interna, dove può essere infettato direttamente dai microrganismi. Una volta penetrati nel tuorlo, i batteri si sviluppano rapidamente, producendo sottoprodotti del metabolismo proteico e amminoacidico, quali H_2S e altri composti dall'odore sgradevole. Gli effetti di una crescita importante sono lo scolorimento e la "liquefazione" del tuorlo. In genere le muffe proliferano inizialmente nella camera d'aria, dove sono favorite dalla presenza di ossigeno. In condizioni di elevata umidità è possibile osservare la crescita delle muffe sulla superficie esterna dell'uovo; d'altra parte, in condizioni di bassa umidità e bassa temperatura non è favorito lo sviluppo di muffe, ma le uova perdono acqua rapidamente, diventando indesiderabili dal punto di vista commerciale.

Oltre ai costituenti antimicrobici discussi nel capitolo 3, l'albume dell'uovo di gallina contiene ovotransferrina (o conalbumina), che è in grado di chelare gli ioni metallici(in particolare il Fe^{3+}), e ovoflavoproteina, che lega la riboflavina. Ai suoi normali valori di pH (9,0-10,0) l'albume dell'uovo possiede azione antimicrobica nei confronti di batteri Gram-positivi e lieviti sia a 30 °C sia a 39,5 °C[61]. L'aggiunta di ferro riduce le proprietà antimicrobiche dell'albume dell'uovo.

Per quanto riguarda l'eliminazione delle salmonelle nelle uova bollite con il guscio, è appurato che la cottura fino a completa solidificazione del tuorlo è sufficiente per distruggere *S. enterica* sierotipo Enteritidis. In uno studio la bollitura per 7 minuti ha determinato la distruzione di 10^8 ufc di *S.* Typhimurium inoculata in precedenza[1]. In un'altra ricerca, il metodo dell'American Egg Board (organizzazione di produttori di uova statunitensi), che prevede il riscaldamento delle uova fino a 100 °C, l'allontanamento dalla fonte di calore e un periodo di riposo di 15 minuti, si è rivelato il migliore dei tre testati[5]. (Le raccomandazioni per la corretta manipolazione delle uova, allo scopo di prevenire gli episodi di salmonellosi, sono riportate nel capitolo 26.)

9.3 Maionese e condimenti per insalate

La maionese può essere definita come un'emulsione semisolida di olio vegetale commestibile (non meno del 50% del prodotto finale), tuorlo d'uovo o uovo intero, aceto e/o succo di limone e altri ingredienti, come sale, aromatizzanti e glucosio. Il pH di questo prodotto varia da 3,6 a 4,0; l'acidità è dovuta principalmente all'acido acetico, che rappresenta lo 0,29-0,5% del prodotto totale (la fase acquosa arriva a valori del 2%), il valore di a_w è 0,925. La fase acquosa contiene il 9-11% di sale e il 7-10% di zucchero[53].

Pur avendo una composizione abbastanza simile a quella della maionese, i condimenti per insalata (*salad dressing*) contengono almeno il 30% di olio vegetale e presentano un a_w di 0,929, un pH compreso tra 3,2 e 3,9 e una concentrazione di acido acetico (generalmente l'acido principale) variabile da 0,9 a 1,2% del prodotto totale. La fase acquosa contiene dal 3,0 al 4,0% di sali e dal 20 al 30% di zucchero[53]. Sebbene i nutrienti contenuti in questi prodotti costituiscano un buon terreno di crescita per numerosi microrganismi alteranti, il pH, gli acidi organici e il ridotto valore di a_w limitano i possibili agenti alteranti ai lieviti e solo a pochi batteri e muffe. Il lievito *Zygosaccharomyces bailii* è noto per essere la causa di alterazione di questi condimenti, ketchup, bevande gassate e alcuni tipi di vino. I lieviti del genere *Saccharomyces* sono stati implicati nell'alterazione di maionese, condimenti per insalate e vinaigrette. I due microrganismi rinvenuti con maggiore frequenza in questi prodotti sono *Lactobacillus fructivorans* e *Z. bailii*. I difetti causati da *Z. bailii* nelle maionesi si manifestano con la separazione del prodotto in fasi e con la liberazione di un caratteristico odore di "lievito". In uno studio è stata prolungata la shelf life della maionese aggiungendo cellule incapsulate di *Bifidobacterium bifidum* e *B. infantis*[27], che hanno ritardato lo sviluppo di muffe e lieviti di circa 12 settimane rispetto al controllo (nel quale non era stato inoculato alcun microrganismo); inoltre i bifidobatteri hanno migliorato le caratteristiche sensoriali del prodotto. Un altro microrganismo alterativo è *Lactobacillus brevis* subsp. *lindneri*; il suo sviluppo in condimenti a base di siero di latte con pH intorno a 3,8-4,2 è stato inibito per un periodo di incubazione di 90 giorni[41] da una concentrazione di nisina di 200 ppm.

La specie *Bacillus vulgatus* è stata isolata da una varietà di salsa per insalata (Thousand Island), nella quale aveva causato annerimento e separazione dell'emulsione. In uno studio condotto sullo stesso tipo di prodotto, è stato dimostrato che la contaminazione da parte di *B. vulgatus* era dovuta al pepe e alla paprika aggiunti alla salsa[46]. In questo prodotto l'alterazione da muffe si manifesta esclusivamente sulla superficie, quando è disponibile ossigeno in quantità sufficiente. La separazione dell'emulsione è, generalmente, uno dei primi segni di alterazione di questi prodotti, sebbene lo sviluppo di bolle di gas e l'odore di rancido dovuto alla produzione di acido butirrico, possano precedere la separazione delle fasi. I microrganismi alteranti degradano gli zuccheri fermentandoli. Sembra che il valore del pH rimanga basso, impedendo così l'attività della maggior parte dei batteri proteolitici e lipolitici; in tali condizioni non è quindi sorprendente riscontrare lieviti e batteri lattici. Kurtzman e colleghi[31] hanno condotto una ricerca su campioni alterati e non alterati di maionese, di prodotti analoghi e di salsa a base di blue cheese. Nella maggior parte dei 17 campioni alterati esaminati sono state riscontrate conte elevate di lieviti, mentre la conta di lattobacilli è risultata superiore al limite solo in due campioni. Il pH dei prodotti analizzati variava da 3,6 a 4,1. In due terzi dei campioni alterati era presente *Z. bailii*; in alcuni casi è stato isolato *L. fructivorans* e in soli due campioni sono state rinvenute forme sporigene aerobie. Nei 10 campioni non alterati esaminati il numero dei microrganismi era basso o addirittura non determinabile.

È stato dimostrato che i microrganismi patogeni di interesse alimentare non sono in grado di crescere in maionese o in salse prodotte industrialmente con pH uguale a 4,4 e acidità titolabile della fase acquosa di almeno 0,43 di acido acetico[53]. I patogeni di origine alimentare in genere non sopravvivono in questi prodotti, ma alcuni studi hanno dimostrato che *E. coli* O157:H7 vi può persistere diverse settimane (vedi riferimento 53). La maionese preparata in ambito domestico è stata coinvolta in diverse epidemie di infezioni alimentari associate all'uso di uova crude contaminate e a quantità di acidi organici insufficienti per abbassare il pH a valori tali da distruggere *S.* Enteritidis. Per ottenere una riduzione del pH a valori pari o inferiori a 3,30, è stato raccomandato di aggiungere almeno 20 mL di succo di limone puro (acido citrico ≥5% p/v) per ogni tuorlo d'uovo[67]. In un prodotto con tale composizione mantenuto per almeno 72 ore a temperatura pari o superiore a 22 °C la carica microbica risulta abbattuta. Nel capitolo 27 sono presi in esame i ceppi patogeni di *E. coli* che possono contaminare le maionesi.

9.4 Cereali, farine e impasti

La microflora di frumento, segale, mais e prodotti correlati deriva presumibilmente dal terreno, dagli ambienti di stoccaggio e dalle fasi di lavorazione di tali derrate. Sebbene il contenuto di proteine e carboidrati di questi prodotti sia elevato, il loro basso valore di a_w limita la proliferazione di tutti i microrganismi, se le modalità di conservazione sono adeguate. La carica microbica della farina è relativamente bassa, poiché viene ridotta da alcuni agenti sbiancanti. Quando il valore di a_w favorisce la crescita, gli unici microrganismi in grado di svilupparsi sono *Bacillus* spp. e diversi generi di muffe. Numerose forme sporigene aerobie producono amilasi, che consentono loro di utilizzare farina e prodotti simili quali fonti di energia, a condizione che sia presente umidità sufficiente per consentirne lo sviluppo. In condizioni di minore umidità ha luogo la crescita di muffe, che si manifesta con la formazione del tipico micelio e la produzione di spore. I membri del genere *Rhizopus* sono comuni in questi alimenti e possono essere riconosciuti per le caratteristiche spore nere.

L'alterazione degli impasti freschi refrigerati, inclusi quelli per biscotti al latte, panini, panini dolci e pizza è causata principalmente da batteri lattici. In uno studio effettuato da Hesseltine e colleghi[19] il 92% delle specie isolate erano Lactobacillaceae: oltre la metà apparteneva al genere *Lactobacillus*, il 35% a *Leuconostoc* e il 3% al genere "*Streptococcus*". In generale, nei prodotti alterati è stato rinvenuto un basso numero di muffe; nei prodotti freschi la concentrazione di batteri lattici arrivava a 8,38 $\log_{10}$/g.

9.5 Prodotti da forno

Il pane commerciale lavorato correttamente presenta, di norma, un contenuto di umidità insufficiente per consentire lo sviluppo di qualsiasi microrganismo, tranne le muffe. Tra queste, una delle più comuni è *Rhizopus stolonifer*, spesso definita "muffa del pane"; talora viene riscontrata anche *Neurospora sitophila*, comunemente nota come "muffa rossa del pane". Poiché la conservazione del pane in condizioni di bassa umidità ritarda lo sviluppo delle muffe, questo tipo di alterazione si osserva in genere quando il prodotto viene mantenuto ad alte percentuali di umidità o quando viene confezionato ancora caldo. Il pane fatto in casa è facilmente soggetto all'alterazione filante (*ropiness*), causata dallo sviluppo di alcuni ceppi di *Bacillus subtilis* (*B. mesentericus*) e dalla conseguente produzione di amilasi; la caratteristica filamentosità può essere facilmente osservata spezzando il pane in due parti. La farina rappresenta la fonte dei microrganismi, che si sviluppano quando l'impasto viene mantenuto a temperature favorevoli per un periodo di tempo sufficiente. In uno studio recente, nel pane lievitato con bicarbonato (pH 7-9), parzialmente cotto e conservato a temperatura ambiente, la filamentosità si è manifestata dopo 2 giorni; sono stati isolati e identificati come responsabili dell'alterazione *B. subtilis*, *B. pumilus* e *B. licheniformis*[34].

Per l'elevata concentrazione di zuccheri, che riduce l'acqua disponibile, le torte di ogni tipo sono raramente soggette all'attacco batterico. La forma più comune di alterazione osservata in questi prodotti è l'ammuffimento; tutti gli ingredienti utilizzati per le torte – in particolare zucchero, frutta secca e spezie – costituiscono una possibile fonte di muffe alteranti. Sebbene la cottura in forno sia generalmente sufficiente per distruggere i microrganismi presenti nell'impasto, altri vengono apportati dall'aggiunta di glasse, meringhe, guarnizioni eccetera; inoltre, la contaminazione da parte di muffe delle torte dopo la cottura può essere causata dalla manipolazione o dal contatto con l'aria. La crescita di muffe in superficie è favorita da condizioni di elevata umidità e dalla guarnizione delle torte con frutta – secca e fresca – dopo la cottura. Il protrarsi dello sviluppo di muffe su pane e torte determina l'indurimento dei prodotti.

9.6 Pasticci di carne surgelati

Dall'inizio della loro commercializzazione, la qualità microbiologica delle torte salate ripiene di carne surgelate è migliorata costantemente. Ciascun ingrediente aggiunto può determinare un incremento della conta microbica totale e il prodotto finale rispecchia, in generale, la qualità complessiva degli ingredienti, della lavorazione e della conservazione. Secondo molti ricercatori, questi preparati di carne dovrebbero essere prodotti in modo che la conta non superi valori di 5,00 $\log_{10}$/g. In uno studio condotto su 48 pasticci di carne l'84% dei campioni presentava valori di conta aerobia in piastra < 5 $\log_{10}$/g[38], mentre in un'altra ricerca, effettuata su 188 prodotti dello stesso tipo, valori analoghi sono stati riscontrati nel 93% dei campioni esaminati[25]. Sulla base di questi risultati, per tali prodotti un valore < 5 $\log_{10}$/g, come criterio microbiologico, dovrebbe essere conseguibile (vedi capitolo 21 per ulteriori informazioni su criteri e standard microbiologici). In uno studio su 1290 torte salate congelate a base di tonno la media geometrica della conta aerobia su piastra è risultata pari a 3,20 $\log_{10}$ a 35 °C e a 3,38 $\log_{10}$ a 30 °C[66]; per coliformi, *E. coli* e *S. aureus* sono stati rilevati, rispettivamente, valori medi di 5/g, <3/g e <10/g (tabella 9.1).

9.7 Zuccheri, dolciumi e spezie

Grazie al ridotto tenore di umidità, se vengono preparati, trasformati e conservati correttamente, questi prodotti sono raramente soggetti ad alterazione microbica. Lo zucchero – sia di canna sia di barbabietola – può contenere microrganismi; i contaminanti batterici di maggiore rilievo appartengono ai generi *Bacillus*, *Paenibacillus* e *Clostridium*, che talora causano problemi alle industrie conserviere (vedi capitolo 17). Generalmente questi microrganismi possono svilupparsi sulle superfici esposte se gli zuccheri vengono conservati in condizioni di umidità estremamente elevata; naturalmente la loro crescita è legata alla disponibilità di quantità adeguate di acqua e di nutrienti essenziali, oltre che di carboidrati. Il genere "*Torula*" e i ceppi osmofili di *Saccharomyces* (*Zygosaccharomyces* spp.), in grado di operare l'inversione degli zuccheri, sono causa di problemi negli zuccheri a elevata umidità. Uno dei microrganismi che dà maggiori problemi nelle raffinerie di zucchero è *Leuconostoc mesenteroides*, che idrolizza il saccarosio e sintetizza destrano, un polimero del glucosio gommoso e viscoso che può provocare l'ostruzione delle linee e dei tubi in cui scorrono le soluzioni zuccherine.

Tra i dolciumi soggetti ad alterazione microbica vi sono le creme di cioccolato, che talora sono oggetto di fermentazione tumultuosa. I responsabili di tali alterazioni sono stati individuati tra le specie del genere *Clostridium*, in particolare *C. sporogenes*, che può contaminare questi prodotti, attraverso l'aggiunta di zucchero, amido e altri ingredienti.

Sebbene non siano soggette all'alterazione microbica nell'accezione corrente, le spezie possono – se non contengono principi antimicrobici e se presentano un tenore sufficiente di umidità – essere attaccate dalle muffe e da alcuni batteri.

La salsa di senape può essere alterata da lieviti e batteri quali *Proteus* e *Bacillus* spp., generalmente attraverso fermentazione con produzione di gas. Il trattamento con ossido di propilene delle spezie, utilizzato per ridurre il numero di microrganismi, non distrugge le forme sporigene e le muffe; tuttavia, finché l'umidità dei prodotti viene mantenuta bassa, la presenza di microrganismi non dovrebbe causare problemi.

Nella tabella 9.1 sono riportate le caratteristiche microbiologiche di alcune varietà di spezie. In uno studio realizzato su alcune spezie poste in commercio in Austria, tutti i 160 campioni esaminati sono risultati negativi per *S. aureus* (nessun ceppo confermato) e solamente uno è risultato positivo per la presenza di una specie di salmonella (*S. Arizonae*)[30]. Le concentrazioni più elevate di microrganismi sono state riscontrate nelle spezie provenienti dalla Cina ($2,6 \times 10^7$/g) e nel pepe nero ($2,2 \times 10^7$/g). Oltre la metà dei 160 campioni è risultata positiva per la presenza di batteri enterici e presentava valori di conta aerobia in piastra di 10^4-10^6 ufc/g[30]. Solo 3 (tutti di paprika) dei 160 campioni contenevano muffe in grado di produrre aflatossine.

9.8 Noci

Per l'elevato contenuto di grassi e la ridotta percentuale d'acqua (tabella 9.4), questi prodotti (quali noci e noci pecan) sono piuttosto resistenti alle alterazioni batteriche. Le muffe sono in grado di proliferare se le condizioni di conservazione ne consentono lo sviluppo e l'analisi dei gherigli rivela la presenza di muffe di diversi generi che vengono accumulate durante le fasi di raccolta, rottura, estrazione e confezionamento dei gherigli (vedi capitolo 30 per un approfondimento relativo alla presenza di aflatossine nei gherigli di noci).

Tabella 9.4 Composizione percentuale media di diversi alimenti

Alimento	Acqua	Carboidrati	Proteine	Grassi	Ceneri
Birra (4% di alcol)	90,2	4,4	0,6	0,0	0,2
Pane bianco speciale	34,5	52,3	8,2	3,3	1,7
Burro	15,5	0,4	0,6	81,0	2,5
Torta	19,3	49,3	7,1	23,5	0,8
Dolci a base di fichi	13,8	75,8	4,2	4,8	1,4
Marmellata	34,5	65,0	0,2	0,0	0,3
Margarina	15,5	0,4	0,6	81,0	2,5
Maionese	1,7	21,0	26,1	47,8	3,4
Burro di arachidi	16,0	3,0	1,5	78,0	1,5
Mandorle (essiccate)	4,7	19,6	18,6	34,1	3,0
Noci del Brasile	5,3	11,0	14,4	65,9	3,4
Anacardi	3,6	27,0	18,5	48,2	2,7
Arachidi	2,6	23,6	26,9	44,2	2,7
Noci pecan	3,0	13,0	9,4	73,0	1,6
Media	**3,8**	**18,8**	**17,6**	**57,1**	**2,7**

(Da Watt e Merrill[65])

9.9 Alimenti disidratati

In uno studio sulla microbiologia delle minestre disidratate, condotto da Fanelli e colleghi[10,11], tutte le 17 tipologie di prodotto esaminate, di nove diverse marche, presentavano conte totali medie inferiori a 5,00 $\log_{10}$/g. Tra le minestre analizzate vi erano tagliolini o riso con pollo, tagliolini con carne di manzo, verdure, funghi, piselli, cipolla, pomodoro e altri ingredienti. In alcuni campioni la conta totale è risultata piuttosto elevata, fino a 7,30 $\log_{10}$/g, mentre in altri era molto più bassa, intorno a 2,00 $\log_{10}$/g. Nelle zuppe di cipolla disidratate ricostituite gli autori della ricerca hanno riscontrato conte totali medie di 5,11 $\log_{10}$/mL, con valori di 3,00 $\log_{10}$ per i coliformi, 4,00 $\log_{10}$ per gli sporigeni aerobi e 1,08 $\log_{10}$/mL per lieviti e muffe. Dopo la cottura le conte totali erano ridotte in media a 2,15 $\log_{10}$, mentre i valori relativi a coliformi, sporigeni, lieviti e muffe erano, rispettivamente, < 0,26, 1,64 e <1,00 $\log_{10}$/mL. In uno studio condotto su preparati per salse e sughi disidratati, *C. perfringens* è stato isolato da 10 dei 55 campioni analizzati[42]. Le conte relative agli anaerobi facoltativi variavano da 3,00 fino a >6,00 $\log_{10}$/g. In una ricerca condotta su 185 campioni di gelatina per alimenti disidratata, i valori di conta aerobia in piastra sono risultati tutti non superiori a 3,70 $\log_{10}$/g[33]. In uno studio, condotto per valutare la qualità microbiologica degli alimenti per gli astronauti, il 93% dei 129 campioni esaminati presentava conte totali < 4,00 $\log_{10}$/g[47].

Le uova e il latte in polvere contengono spesso un numero elevato di microrganismi: dell'ordine di 6-8 $\log_{10}$/g. Gli elevati valori di carica microbica riscontrati nei prodotti disidratati sarebbero in parte dovuti al fatto che il trattamento di concentrazione del prodotto determina anche la concentrazione dei microrganismi in esso presenti. Lo stesso vale, in genere, per i concentrati di succo di frutta, che tendono ad avere una carica microbica maggiore dei prodotti freschi da cui sono ottenuti.

9.10 Soluzioni per la nutrizione enterale

Le soluzioni per la nutrizione enterale (ENS, *enteral nutrient solutions*) vengono somministrate direttamente mediante sonda; sono disponibili in polvere, nel qual caso devono essere ricostituite, o in forma liquida. Solitamente vengono somministrate ad alcuni pazienti ricoverati in ospedale o in altre strutture di cura, ma possano essere utilizzate anche per i pazienti non ospedalizzati. La somministrazione, che avviene per gocciolamento continuo da apposite sacche della soluzione a temperatura ambiente, può durare 8 ore o più. Gli alimenti per la nutrizione enterale sono prodotti e commercializzati da diverse aziende come pasti completi, che necessitano solo di essere ricostituiti con acqua prima dell'uso, oppure come pasti incompleti, che richiedono l'aggiunta di latte, uova o prodotti simili. Le preparazioni ENS sono formulate per soddisfare il fabbisogno di nutrienti, con concentrazioni di proteine, peptidi, carboidrati eccetera, variabili a seconda delle esigenze del paziente.

Alcuni ricercatori ospedalieri hanno valutato le caratteristiche microbiologiche di questi alimenti, riscontrando una microflora batterica – variabile per numero e tipo – che potrebbe rappresentare una fonte di infezione per i pazienti. Cariche fino a 10^8/mL sono state rinvenute in alcuni tipi di ENS durante l'infusione[14]. In uno studio condotto su un ENS commerciale ricostituito la conta, il cui valore iniziale era di 9×10^3/mL, risultava di 7×10^4/mL dopo 8 ore a temperatura ambiente[20]; valori altrettanto elevati ($1,2 \times 10^5$/mL) sono stati riscontrati in un altro campione della stessa preparazione. Il microrganismo isolato con maggiore frequente è stato *Staphylococcus epidermidis*, con *Corynebacterium*, *Citrobacter* e *Acinetobacter* spp. tra gli altri isolati. In uno studio britannico effettuato su alcuni alimenti per la nutrizione enterale, la carica microbica è risultata di 10^4-10^6 microrganismi/mL, con prevalenza di coliformi e *Pseudomonas aeruginosa*[15].

Per cinque differenti ENS commerciali è stata provata, nelle normali condizioni d'uso, la capacità di supportare lo sviluppo di *Enterobacter cloacae*[9]; la concentrazione di questo batterio è stata ridotta di tre unità logaritmiche, rispetto al controllo, aggiungendo lo 0,2% di sorbato di potassio. Sono stati riportati casi di pazienti che hanno contratto infezioni da *E. cloacae* e *Salmonella enteritidis* associate alla somministrazione di ENS[4,14]. In letteratura sono reperibili le procedure che dovrebbero essere impiegate nella preparazione/manipolazione degli ENS per minimizzare il rischio di contaminazione microbica[17]. (Per approfondimenti circa la storia e gli aspetti non microbiologici degli ENS o di altri alimenti simili, si consiglia la consultazione del riferimento 52.)

9.11 Single-cell protein (SCP)

La coltivazione di microrganismi unicellulari come fonte diretta di alimenti per l'uomo fu proposta agli inizi del Novecento. L'espressione *single-cell protein* (SCP) è stata coniata presso il Massachusetts Institute of Technology, intorno al 1966, per descrivere l'impiego dei microrganismi come fonte alimentare[54]. Nonostante tale definizione non sia del tutto corretta, poiché le proteine non costituiscono l'unico nutriente presente nelle cellule microbiche,

Tabella 9.5 Substrati che supportano la crescita microbica nella produzione di SCP

Substrati	Microrganismi
CO_2 e luce solare	Chlorella pyrenoidosa Scenedesmus quadricauda Spirulina maxima
n-Alcani, kerosene	Candida intermedia, C. lipolytica, C. tropicalis Nocardia spp.
Metano	Methylomonas sp. (Methanomonas) Methylococcus capsulatus Trichoderma spp.
H_2 e CO_2	Alcaligenes eutrophus (Hydrogenomonas eutropha)
Gasolio	Acinetobacter calcoaceticus (Micrococcus cerificans) Candida lipolytica
Metanolo	Methylomonas methanica (Methanomonas methanica)
Etanolo	Candida utilis Acinetobacter calcoaceticus
Lisciva al solfito esausto	Candida utilis
Cellulosa	Cellulomonas spp. Trichoderma viride
Amidi	Saccharomycopsis fibuligera
Zuccheri	Saccharomyces cerevisiae Candida utilis Kluyveromyces fragilis

essa ha il pregio di ovviare alla necessità di riferirsi a ogni prodotto con espressioni specifiche quali "proteine d'alga", "proteine di lievito" e altre. Sebbene dal punto di vista del consumo umano (potenziale e reale) differiscano dagli altri alimenti trattati in questo capitolo, gli SCP vengono prodotti in modo sostanzialmente analogo, con l'eccezione di quelli ottenuti da cellule algali.

9.11.1 Razionale della produzione di SCP

La ricerca di nuove fonti di cibo, che garantiscano alle generazioni future un'alimentazione adeguata, è di fondamentale importanza. Una fonte alimentare completa dal punto di vista nutrizionale richiede un minimo di terreno, tempo e investimenti economici per ottenere un prodotto finale che sia desiderabile per il consumatore. Oltre a rispondere a questi criteri, gli SCP possono essere prodotti sfruttando numerosi materiali di scarto. Di seguito sono riportati alcuni dei vantaggi che i prodotti SCP presentano rispetto alle fonti alimentari proteiche di natura vegetale e animale[28].

1. I microrganismi hanno un tempo di generazione molto breve e possono quindi fornire un rapido incremento della massa.
2. I microrganismi possono essere modificati geneticamente con facilità, per ottenere cellule con caratteristiche desiderabili.
3. Il contenuto proteico è elevato.
4. Per la produzione di SCP possono essere impiegate materie prime prontamente disponibili in grandi quantità.
5. La produzione di SCP può avvenire in coltura continua e non è, dunque, influenzata da cambiamenti climatici.

Per comprendere quanto la produzione di proteine di origine microbica sia più veloce ed efficiente rispetto a quella delle proteine animali e vegetali, basti pensare che un manzo di circa 450 kg produce circa 450 g di nuove proteine al giorno; i semi di soia ne producono circa 36 kg (ripartiti nell'arco di una stagione), mentre da una coltura di lieviti in un giorno è possibile ottenere circa 50 tonnellate di biomassa proteica.

9.11.2 Microrganismi e substrati di fermentazione

Un elevato numero di alghe, lieviti, muffe e batteri sono stati studiati come possibili fonti di SCP. Tra i generi e le specie più promettenti, vi sono i seguenti.

Alghe: *Chlorella* spp. e *Scenedesmus* spp.
Lieviti: *Candida guilliermondii*, *C. utilis*, *C. lipolytica* e *C. tropicalis*; *Debaryomyces kloeckeri*; *Candida famata*, *C. methanosorbosa*; *Pichia* spp.; *Kluyveromyces fragilis*; *Hansenula polymorpha*; *Rhodotorula* spp.; *Saccharomyces* spp.
Funghi filamentosi: *Agaricus* spp.; *Aspergillus* spp.; *Fusarium* spp.; *Penicillium* spp.; *Saccharomycopsis fibuligera* e *Trichosporon cutaneum*.
Batteri: *Bacillus* spp.; *Acinetobacter calcoaceticus*; *Cellulomonas* spp.; *Nocardia* spp.; *Methylomonas* spp.; *Aeromonas hydrophila*; *Alcaligenes eutrophus* (*Hydrogenomonas eutropha*), *Mycobacterium* sp.; *Spirulina maxima* e *Rhodopseudomonas* sp.

Di questi gruppi, i lieviti hanno ricevuto da tempo le maggiori attenzioni.

La scelta di un determinato microrganismo è dettata, in larga misura, dal tipo di substrato o materiale di scarto che si intende trattare. Il cianobatterio *Spirulina maxima* si sviluppa in acque poco profonde con percentuali elevate di bicarbonato, a 30 °C e con valori di pH di 8,5-11,00. Esso può essere recuperato dall'acqua stagnante e disidratato per uso alimentare. Queste cellule costituiscono da molti anni una fonte alimentare per la popolazione della Repubblica del Chad[54]. Altri cianobatteri necessitano della luce solare, di CO_2, minerali, acqua e appropriate temperature di sviluppo. Tuttavia l'impiego su larga scala di queste cellule come fonti di SCP è praticabile solo nelle regioni situate sotto i 35° di latitudine, nelle quali la luce solare è disponibile per la maggior parte dell'anno[37].

Batteri, lieviti e muffe possono proliferare in un'ampia varietà di materiali, inclusi gli scarti delle industrie alimentari (per esempio siero dei caseifici, residui di lavorazione della birra, delle patate, del caffè e dei conservifici), i rifiuti industriali (come la lisciva al solfito esausto dell'industria della carta e i gas di combustione) e gli scarti cellulosici (come i residui della lavorazione della canna da zucchero, la carta da giornale e la paglia dell'orzo). Nel caso degli scarti cellulosici è necessario impiegare microrganismi in grado di utilizzare la cellulosa, quali *Cellulomonas* sp. o *Trichoderma viride*. A tale scopo, è stata impiegata una coltura mista di *Cellulomonas* e *Alcaligenes*. Per i materiali amidacei è stata utilizzata una combinazione di *Saccharomycopsis fibuligera* e di una specie di *Candida* (come *C. utilis*): la prima specie idrolizza gli amidi, mentre la seconda si nutre dei prodotti idrolizzati producendo biomassa. Nella tabella 9.5 sono riportati alcuni substrati e microrganismi impiegati per la produzione di SCP.

9.11.3 Prodotti SCP

Le cellule possono essere usate come fonte proteica nella formulazione dei mangimi per il bestiame, rendendo disponibili per il consumo umano cereali come il mais; oppure possono essere impiegate come fonte proteica o come ingrediente nella preparazione di alimenti. Quando sono destinate all'alimentazione animale, le cellule disidratate possono essere utilizzate senza ulteriori lavorazioni. Come si è osservato, le cellule intere di *Spirulina maxima* vengono consumate dagli abitanti di almeno una regione del continente africano.

Per quanto riguarda i prodotti destinati all'uomo, la maggior parte di essi è costituita da concentrati o isolati di SCP, che possono essere ulteriormente trasformati per ottenere prodotti SCP strutturati o funzionali. Per produrre fibre proteiche funzionali, le cellule vengono distrutte meccanicamente, viene rimossa la parete cellulare mediante centrifugazione, quindi le proteine vengono fatte precipitare dalle cellule lisate. Le proteine vengono poi estruse attraverso orifizi simili a quelli delle siringhe, grazie all'impiego di soluzioni idonee, quali tampone acetato, $HClO_4$, acido acetico e simili. Le fibre SCP possono così essere utilizzate per ottenere proteine strutturali. Un esempio di questo tipo di prodotto sono le proteine del lievito da panificazione, approvate negli Stati Uniti come ingrediente per alimenti.

9.11.4 Valore nutrizionale e sicurezza dei prodotti SCP

Le analisi chimiche dei microrganismi valutati per la produzione di SCP hanno mostrato che, per contenuto e tipo di amminoacidi, sono paragonabili alle fonti alimentari di origine vegetale e animale, tranne che per la concentrazione di metionina, che è più bassa in alcuni prodotti SCP. Tutti presentano un elevato contenuto di azoto. Per esempio, le percentuali medie di azoto, sul peso secco, sono le seguenti: batteri 12-13%, lieviti 8-9%, alghe 8-10% e funghi filamentosi 5-8%[28]. Oltre alle proteine, i microrganismi contengono livelli adeguati di carboidrati, lipidi e sali minerali e sono eccellenti fonti di vitamine del gruppo B. In questi prodotti il contenuto in grassi è variabile, con valori più elevati nelle cellule algali e più bassi in quelle batteriche. In relazione al peso secco, gli acidi nucleici rappresentano in media il 3-8% nelle alghe, il 6-12% nei lieviti e l'8-16% nei batteri[28]. Il contenuto in vitamine del gruppo B è elevato in tutte le fonti SCP. Negli animali da laboratorio è stato osservato che la digeribilità dei prodotti SCP è minore rispetto a proteine animali, come la caseina. Un'accurata revisione ha esaminato gli studi condotti sulla composizione chimica dei prodotti SCP ottenuti da un'ampia varietà di microrganismi[7,64].

Sono stati effettuati, con successo, studi sui ratti alimentati con diversi prodotti SCP, mentre le ricerche condotte sull'uomo hanno portato a risultati minori, tranne nel caso di alcuni prodotti ottenuti da cellule di lievito. I disturbi gastrointestinali sono effetti collaterali comuni associati al consumo di SCP di origine algale o batterica: questi e altri problemi legati al consumo di SCP sono stati analizzati attentamente in un'altra ricerca[64]. Quando vengono impiegati come fonti di SCP destinati al consumo umano batteri Gram-negativi, è necessario rimuovere o detossificare le endotossine.

L'elevato contenuto in acidi nucleici dei prodotti SCP è causa di calcolosi renale e/o gotta. La percentuale di acidi nucleici negli SCP batterici può arrivare al 16%, laddove la dose giornaliera raccomandata è circa 2 g. L'assunzione eccessiva di acidi nucleici determina l'accumulo di acido urico, che è solo in parte solubile nel plasma. In seguito alla scissione degli acidi nucleici, vengono rilasciate basi puriniche e pirimidiniche; l'adenina e la guanina (purine) sono metabolizzate ad acido urico. Le specie animali che possiedono l'enzima uricasi sono capaci di degradare l'acido urico in allantoina solubile; di conseguenza, il consumo di elevate quantità di acidi nucleici non causa loro problemi metabolici, a differenza di quanto accade nell'uomo che è sprovvisto di tale enzima. Nelle prime fasi di sviluppo e impiego dei prodotti SCP questi elevato contenuto di acidi nucleici rappresentava un problema; attualmente, tuttavia, questi composti possono essere ridotti a livelli inferiori al 2% mediante tecniche quali la precipitazione con acidi, l'idrolisi acida o alcalina o l'impiego di RNasi pancreatiche endogene e bovine[37].

9.12 Acqua in bottiglia

"Acqua venduta in bottiglia" è la definizione molto semplice, e tuttavia incompleta, dell'acqua posta in commercio imbottigliata. Essa è regolata dal *Codex Alimentarius Commission* e dalle normative europea (Direttiva 80/777/CEE) e nazionali (in Italia, DLgs 105/92 e sgg.) e controllata dagli stessi organi che si occupano degli alimenti. I tipi più comuni di acqua in bottiglia rientrano in uno dei seguenti gruppi[21,29]:

– acqua minerale naturale;
– acqua minerale naturale totalmente degasata;
– acqua minerale naturale parzialmente degasata;
– acqua minerale naturale rinforzata col gas della sorgente;
– acqua minerale naturale addizionata di anidride carbonica;
– acqua minerale naturale naturalmente gasata o effervescente naturale.

Indipendentemente dalla classificazione, l'acqua in bottiglia deve essere potabile: ciò significa che deve essere esente da agenti patogeni e sostanze tossiche e non deve presentare odore, colore, torbidità o sapore sgradevole[21]. Il pH dell'acqua non addizionata di anidride carbonica dovrebbe essere prossimo alla neutralità, mentre quello dell'acqua addizionata di CO_2 è solitamente compreso tra 3 e 4,0, con valori ottimali non superiori a 3,5.

La microbiologia dell'acqua potabile – in generale complessa – è stata oggetto di una revisione condotta da Szewzyk e colleghi[59]. Sebbene le acque in bottiglia siano generalmente esenti da patogeni intestinali, occorre considerare che, se presenti, alcuni possono sopravvivervi: è stato dimostrato che *Legionella pneumophila* (responsabile della legionellosi) può persistere per mesi nell'acqua potabile[59]. La sicurezza igienico-sanitaria dell'acqua in bottiglia viene determinata ricercando i coliformi totali, non specificatamente quelli fecali o *E. coli*; tuttavia, nel caso venga eseguita la ricerca dei coliformi fecali, il valore limite raccomandato dal WHO nel 1993, è < 1 ufc/100 mL. Quando l'esame viene condotto utilizzando il metodo delle membrane filtranti, la concentrazione di coliformi non dovrebbe essere superiore a 3/100 mL. La conta aerobia in piastra è di scarsa utilità per determinare la sicurezza dell'acqua in bottiglia, poiché i valori non dovrebbero essere superiori a $10^2/100$ mL. Per le acque imbottigliate addizionate di CO_2 la ricerca dei coliformi non è necessaria, in quanto il basso pH ha un effetto distruttivo sui microrganismi.

I microrganismi rinvenuti nelle acque potabili in bottiglia sono Gram-negativi, poiché essendo meno esigenti dei Gram-positivi possono sopravvivere su tracce di materia organica. Un esempio è offerto da alcune Pseudomonadaceae: desta particolare preoccupazione la presenza, nelle acque in bottiglia, di *P. aeruginosa* o *Burkholderia cepacia* per il potere infettivo che questi microrganismi possiedono nei confronti dei soggetti debilitati. Nelle industrie delle acque in bottiglia la presenza di microrganismi di questo tipo viene minimizzata mediante trattamenti con ozono. Il trattamento con ozono delle acque durante l'imbottigliamento, approvato dalla FDA statunitense nel 1997, prevede valori massimi di 0,4 ppm[29]; in base alla mormativa europea, tale trattamento deve comunque essere segnalato in etichetta (Direttiva 2003/40/CE).

Diverse ricerche, sulla presenza di *E. coli* e di altri coliformi, hanno dimostrato che la sopravvivenza di *E. coli* O157:H7 nelle acque imbottigliate inoculate con questo microrganismo è variabile. Un'analisi condotta su 104 marche di acqua in bottiglia, provenienti da 10 diversi Paesi, non ha evidenziato la presenza di *E. coli* né quella di altri coliformi[16]. In un altro studio sulla presenza di norovirus (vedi capitolo 31), su 1436 campioni di acqua confezionata in contenitori di diversa dimensione non è stata individuata nessuna specie; la RT-PCR ha evidenziato la presunta positività per 34 campioni (2,4%), ma i risultati non sono stati confermati dall'analisi delle sequenze di DNA[32]. Una ricerca ha dimostrato che, nelle acque di sorgente e minerali imbottigliate inoculate con un mix di 10 ceppi diversi a concentrazioni di 3,24-6,54 $\log_{10}$ ufc/mL, *E. coli* O157:H7 è in grado di sopravvivere per oltre 300 giorni[63]; gli autori della ricerca hanno osservato che i microrganismi inoculati formano un biofilm sulle pareti dei contenitori. Da precedenti studi era emerso che la concentrazione di *E. coli* subiva da 3 a 5 riduzioni decimali mantenendo l'acqua minerale a 20-25 °C.

In uno studio dettagliato è stato esaminato lo sviluppo di un ceppo non tossigeno di *E. coli* O157:H7 inoculato in concentrazioni di 10^3 e 10^6 ufc/mL in tre tipi di acqua minerale naturale, non addizionata di CO_2, imbottigliata e conservata a 15 °C per 10 settimane: dopo 35 giorni non è stata osservata nessuna differenza in merito alla sopravvivenza del batterio nelle acque in esame[26]. In generale, le cellule inoculate sono sopravvissute più a lungo nelle acque naturali non gasate. È stato dimostrato che il contenuto cellulare delle cellule lisate durante la conservazione rende possibile la sopravvivenza della flora batterica autoctona.

Per quanto riguarda il ghiaccio utilizzato per raffreddare le bibite, il 9% di 3528 campioni conteneva coliformi; l'1% conteneva anche *E. coli* o enterococchi in concentrazioni superiori a 10^2 ufc/100 mL[43]. La conta aerobia in piastra (a 37 °C) è risultata superiore a 10^3 ufc/mL nell'11% dei campioni. La qualità igienica del ghiaccio utilizzato per gli alimenti è risultata scarsa: il 23% dei campioni conteneva coliformi e il 5% *E. coli*[43].

Da acqua imbottigliata aromatizzata alla frutta è stata isolata *Asaia* sp., una specie relativamente nuova di batterio acetico[40]. L'acqua imbottigliata contenente questo microrganismo è stata individuata prima dell'immissione sul mercato poiché appariva torbida; dalle analisi è risultato che la concentrazione del batterio acetico era pari o superiore a 10^6 ufc/mL[40].

Bibliografia

1. Baker RC, Hogarty S, Poon W (1983) Survival of Salmonella Typhimurium and Staphylococcus aureus in egg products cooked by different methods. *Poult Sci*, 62: 1211-1216.
2. Braun P, Fehlhaber K (1995) Migration of Salmonella Enteritidis from the albumen into the egg yolk. *Int J Food Microbiol*, 25: 95-99.
3. Brooks J, Hale HP (1959) The mechanical properties of the thick white of the hen's egg. *Biochem Biophys Acta*, 32: 237-250.
4. Casewell MW, Cooper JE, Webster M (1981) Enteral feeds contaminated with Enterobacter cloacae as a cause of septicaemia. *Br Med J*, 282: 973.
5. Chantarapanont W, Slutsker L, Tauxe RV, Beuchat LR (2000) Factors influencing inactivation of Salmonella enteritidis in hard-cooked eggs. *J Food Protect*, 63: 36-43.
6. Christiansen LN, King NS (1971) The microbial content of some salads and sandwiches at retail outlets. *J Milk Food Technol*, 34: 289-293.
7. Cooney CL, Rha C, Tannenbaum SR (1980) Single-cell protein: Engineering, economics, and utilization in foods. *Adv Food Res*, 26: 1-52.
8. Curtis PA, Anderson KE, Jones FT (1995) Cryogenic gas for rapid cooling of commercially processed shell eggs before packaging. *J Food Protect*, 58: 389-394.
9. Fagerman KE, Paauw JD, McCamish MA, Dean RE (1984) Effects of time, temperature, and preservative on bacterial growth in enteral nutrient solutions. *Am J Hosp Pharm*, 41: 1122-1126.
10. Fanelli MJ, Peterson AC, Gunderson MF (1965) Microbiology of dehydrated soups. I. A survey. *Food Technol*, 19: 83-86.
11. Fanelli MJ, Peterson AC, Gunderson MF (1965) Microbiology of dehydrated soups. III. Bacteriological examination of rehydrated dry soup mixes. *Food Technol*, 19: 90-94.
12. Fowler JL, Clark WS Jr (1975) Microbiology of delicatessen salads. *J Milk Food Technol*, 38: 146-149.
13. Fowler JL, Foster JF (1976) A microbiological survey of three fresh green salads: Can guidelines be recommended for these foods? *J Milk Food Technol*, 39: 111-113.
14. Furtado D, Parrish A, Beyer P (1980) Enteral nutrient solutions (ENS): In vitro growth supporting properties of ENS for bacteria. *J Paren Ent Nutr*, 4: 594.
15. Gill KJ, Gill P (1981) Contaminated enteral feeds. *Br Med J*, 282: 1971.
16. Grant MA (1998) Analysis of bottled water for Escherichia coli and total coliforms. *J Food Protect*, 61: 334-338.
17. Gröschel DHM (1983) Infection control considerations in enteral feeding. *Nutr Suppl Serv*, 3: 48-49.
18. Harris ND, Martin SR, Ellias L (1975) Bacteriological quality of selected delicatessen foods. *J Milk Food Technol*, 38: 759-761.
19. Hesseltine CW, Graves RR, Rogers R, Burmeister HR (1969) Aerobic and facultative microflora of fresh and spoiled refrigerated dough products. *Appl Microbiol*, 18: 848-853.
20. Hostetler C, Lipman TO, Geraghty M, Parker HR (1982) Bacterial safety of reconstituted continuous drip tube feeding. *J Paren Ent Nutr*, 6: 232-235.
21. ICMSF (1986) *Microorganisms in Foods. 2. Sampling for Microbiological Analysis: Principles and Specific Applications* (2nd ed). University of Toronto Press, Toronto, pp. 234-243.
22. Jones DR, Northcutt JK, Musgrove MT et al. (2003) Survey of shell egg processing plant sanitation programs: Effects of egg contact surfaces. *J Food Protect*, 66: 1486-1489.

23. Julseth RM, Deibel RH (1974) Microbial profile of selected spices and herbs at import. *J Milk Food Technol*, 37: 414-419.

24. Käferstein FK (1976) The microflora of parsley. *J Milk Food Technol*, 39: 837-840.

25. Kereluk K, Gunderson MF (1959) Studies on the bacteriological quality of frozen meat pies. I. Bacteriological survey of some commercially frozen meat pies. *Appl Microbiol*, 7: 320-323.

26. Kerr M, Fitzgerald M, Sheridan JJ, McDowell DA, Blair IS (1999) Survival of Escherichia coli O157:H7 in bottled natural mineral water. *J Appl Microbiol*, 87: 833-841.

27. Khalil AH, Mansour EH (1998) Alginate encapsulated bifidobacteria survival in mayonnaise. *J Food Sci*, 63: 702-705.

28. Kihlberg R (1972) The microbe as a source of food. *Annu Rev Microbiol*, 26: 427-466.

29. Kim H, Feng P (2001) Bottled water. In: Downes FP, Ito K (eds) *Compendium of Methods for the Microbiological Examinaation of Foods* (4th ed). American Public Health Association, Washington, DC., pp. 573-576

30. Kneifel W, Berger E (1994) Microbiological criteria of random samples of spices and herbs retailed on the Austrian market. *J Food Protect*, 57: 893-901.

31. Kurtzman CP, Rogers R, Hesseltine CW (1971) Microbiological spoilage of mayonnaise and salad dressings. *Appl Microbiol*, 21: 870-874.

32. Lamothe GT, Putallaz T, Joosten H, Marugg JD (2003) Reverse transcription-PCR analysis of bottled and natural mineral waters for the presence of noroviruses. *Appl Environ Microbiol*, 69: 6541-6549.

33. Leininger HV, Shelton LR, Lewis KH (1971) Microbiology of frozen cream-type pies, frozen cooked-peeled shrimp, and dry food-grade gelatin. *Food Technol*, 25: 224-229.

34. Leuschner RGK, O'Callaghan MJA, Arendt EK (1998) Bacilli spoilage in part-baked and rebaked brown soda bread. *J Food Sci*, 63: 915-918.

35. Levine P, Rose B, Green S, Ransom G, Hill W (2001) Pathogen testing of ready-to-eat meat and poultry products collected at federally inspected establishments in the United States, 1990 to 1999. *J Food Protect*, 64: 1188-1193.

36. Lifshitz A, Baker RG, Naylor HB (1964) The relative importance of chicken egg exterior structures in resisting bacterial penetration. *J Food Sci*, 29: 94-99.

37. Litchfield JH (1977) Single-cell proteins. *Food Technol*, 31: 175-179.

38. Litsky W, Fagerson IS, Fellers CR (1957) A bacteriological survey of commercially frozen beef, poultry and tuna pies. *J Milk Food Technol*, 20: 216-219.

39. Meldrum RJ, Ribeiro CD (2003) Campylobacter in ready-to-eat foods: The result of a 15-month survey. *J Food Protect*, 66: 2135-2137.

40. Moore JE, McCalmont M, Xu J, Miller BC, Heaney N (2002) Asaia sp., an unusual spoilage organism of fruitflavored bottled water. *Appl Environ Microbiol*, 68: 4130-4131.

41. Muriana PM, Kanach L (1995) Use of Nisaplin™ to inhibit spoilage bacteria in buttermilk ranch dressing. *J Food Protect*, 58: 1109-1113.

42. Nakamura M, Kelly KD (1968) Clostridium perfringens in dehydrated soups and sauces. *J Food Sci*, 33: 424-426.

43. Nichols G, Gillespie I, de Louvois J (2000) The microbiological quality of ice used to cool drinks and ready-to-eat food from retail and catering premises in the United Kingdom. *J Food Protect*, 63: 78-82.

44. Pace PJ (1975) Bacteriological quality of delicatessen foods: Are standards needed? *J Milk Food Technol*, 38: 347-353.

45. Paradis DC, Stiles ME (1978) A study of microbial quality of vacuum packaged, sliced bologna. *J Food Protect*, 41: 811-815.

46. Pederson CS (1930) Bacterial spoilage of a thousand island dressing. *J Bacteriol*, 20: 99-106.

47. Powers EM, Ay C, El-Bisi HM, Rowley DB (1971) Bacteriology of dehydrated space foods. *Appl Microbiol*, 22: 441-445.

48. Powers EM, Latt TG, Brown T (1976) Incidence and levels of Bacillus cereus in processed spices. *J Milk Food Technol*, 39: 668-670.

50. Rehberger TG, Wilson LA, Glatz BA (1984) Microbiological quality of commercial tofu. *J Food Protect*, 47: 177-181.

51. Sagoo SK, Little CL, Mitchell RT (2003) Microbiological quality of open ready-to-eat salad vegetables: Effectiveness of food hygiene training of management. *J Food Protect*, 66: 1581-1586.

52. Schmidl MK, Labuza TP (1992) Medical foods. *Food Technol*, 46: 87-96.

53. Smittle RB (2000) Microbiological safety of mayonnaise, salad dressings, and sauces produced in the United States: A review. *J Food Protect*, 63: 1144-1153.

54. Snyder HE (1970) Microbial sources of protein. *Adv Food Res*, 18: 85-140.

55. Soriano JM, Rico H, Moltó JC, Mañes J (2001) Listeria species in raw and ready-to-eat foods from restaurants. *J Food Protect*, 64(4): 551-553.

56. Surkiewicz BF (1966) Bacteriological survey of the frozen prepared foods industry. *Appl Microbiol*, 14: 21-26.

57. Surkiewicz BF, Groomes RJ, Padron AP (1967) Bacteriological survey of the frozen prepared foods industry. III. Potato products. *Appl Microbiol*, 15: 1324-1331.

58. Swartzentruber A, Schwab AH, Wentz BA, Duran AP, Read RB Jr (1984) Microbiological quality of biscuit dough, snack cakes and soy protein meat extender. *J Food Protect*, 47: 467-470.

59. Szewzyk U, Szewzyk R, Manx W, Schleifer KH (2000) Microbiological safety of drinking water. *Ann Rev Microbiol*, 54: 81-127.

60. Todd ECD, Jarvis GA, Weiss KF, Charbonneau S (1983) Microbiological quality of frozen cream-type pies sold in Canada. *J Food Protect*, 46: 34-40.

61. Tranter HS, Board RG (1984) The influence of incubation temperature and pH on the antimicrobial properties of hen egg albumen. *J Appl Bacteriol*, 56: 53-61.

62. Villari P, Crispino M, Montuori P, Stanzione S (2000) Prevalence and molecular characterization of Aeromonas spp. in ready-to-eat foods in Italy. *J Food Protect*, 63: 1754-1757.

63. Warburton DW, Austin JW, Harrison BH, Sanders G (1998) Survival and recovery of Escherichia coli O157:H7 in inoculated bottled water. *J Food Protect*, 61: 948-952.

64. Waslien CI (1976) Unusual sources of proteins for man. *CRC Crit Rev Food Sci Nutr*, 6: 77-151.

65. Watt BK, Merrill AL (1950) Composition of foods - Raw, processed, prepared. *Agricultural Handbook* No. 8. USDA, Washington, DC.

66. Wentz BA, Duran AP, Swartzentruber A, Schwab AB, Read RB Jr (1984) Microbiological quality of frozen breaded onion rings and tuna pot pies. *J Food Protect*, 47: 58-60.

67. Xiong R, Xie G, Edmondson AS (1999) The fate of Salmonella Enteritidis PT4 in home-made mayonnaise prepared with citric acid. *Lett Appl Microbiol*, 28: 36-40.

Parte IV

RICERCA DEI MICRORGANISMI
E DEI LORO METABOLITI NEGLI ALIMENTI

Posto che il livello qualitativo di una disciplina scientifica dipende in modo determinante dalla sua metodologia, gli argomenti dei prossimi tre capitoli sono fondamentali per la microbiologia degli alimenti. Nei capitoli 10 e 11 i metodi tradizionali sono presentati insieme a nuove metodiche concepite per ottenere precisione, accuratezza e rapidità superiori a quelle precedenti. Le aree interessate sono oggetto di costante miglioramento nei laboratori di ricerca e una loro trattazione completa andrebbe oltre gli scopi di questo volume. Per una conoscenza approfondita dell'argomento è utile consultare i riferimenti bibliografici riportati di seguito. I metodi di analisi su animali e colture tissutali, trattati nel capitolo 12, sono stati selezionati per fornire i principi di base di queste tecniche di indagine biologica. Ulteriori informazioni sulla maggior parte dei patogeni di interesse alimentare sono disponibili nei capitoli della parte VII.

1. Feng P (1997) Impact of molecular biology on the detection of foodborne pathogens. *Mol Biotechnol*, 7: 267-278. Fornisce elenchi dei metodi molecolari e immunologici disponibili, con la descrizione di quelli più diffusi.
2. Hill WE (1996) The polymerase chain reaction: Applications for the detection of foodborne pathogens. *Crit Rev Food Sci Nutr*, 36: 123-173. Offre una rassegna dettagliata delle tecniche PCR di base e delle loro applicazioni a numerosi microrganismi di interesse alimentare. Fornisce anche un elenco di primer per i patogeni trasmessi dagli alimenti.
3. McKillip JL, Drake M (2004) Real-time nucleic acid-based detection methods for pathogenic bacteria in food. *J Food Protect*, 67: 823-832. Una rassegna delle metodologie real time basate su acidi nucleici per l'identificazione dei patogeni trasmessi dagli alimenti, con una lista dei test reperibili in commercio.
4. McMeekin TA (ed) (2003) *Detecting Pathogens in Foods*. CRC Press, Boca Raton, FL. Un testo di 370 pagine che illustra diversi dei metodi presentati nei capitoli 10 e 11.
5. Scheu PM, Berghof K, Stahl U (1998) Detection of pathogenic and spoilage microorganisms in food with the polymerase chain reaction. *Food Microbiol*, 15: 13-31. Un'ampia rassegna delle tecniche PCR impiegate per i microrganismi di origine alimentare.
6. Tortorello ML, Gendel SM (eds) (2002) *Food Microbiology and Analytical Methods*. Marcel Dekker, New York.

Capitolo 10
Tecniche di coltura, di microscopia e di campionamento

L'analisi degli alimenti condotta per determinare presenza, tipologia e numero dei microrganismi e/o dei loro metaboliti è di fondamentale importanza per la microbiologia degli alimenti. Ciò nonostante, nessuna delle metodiche di uso comune consente di determinare con esattezza il numero di microrganismi presenti in un prodotto alimentare. Sebbene alcuni metodi di analisi siano migliori di altri, tutti presentano limitazioni intrinseche associate al loro impiego.

I quattro metodi base utilizzati per determinare il numero "totale" sono i seguenti.

1. Conta convenzionale su piastra (SCP, *standard plate count*), o conta aerobia in piastra (APC, *aerobic plate count*), per la determinazione delle cellule vitali o delle unità formanti colonia (ufc).
2. Tecnica del numero più probabile (MPN, *most probable number*), metodo statistico per la determinazione delle cellule vitali.
3. Tecnica di riduzione del colorante, per la stima del numero di cellule vitali che possiedono capacità riducente.
4. Conta diretta al microscopio (DMC, *direct microscopic count*) per la conta delle cellule vitali e non vitali.

Nel capitolo sono descritte queste tecniche e fornite indicazioni sul loro impiego nella determinazione dei microrganismi a seconda del substrato di provenienza. Per le procedure dettagliate di ciascun metodo si rimanda ai riferimenti bibliografici riportati in tabella 10.1. Oltre a una descrizione dei metodi e degli sforzi per migliorarne l'efficienza complessiva, sono anche riportate alcune varianti impiegate per l'esame microbiologico delle superfici.

Tabella 10.1 Alcuni riferimenti bibliografici per i metodi di analisi microbiologica degli alimenti

	Riferimenti bibliografici							
	72	12	79	73	31	80	36	89
Conta diretta al microscopio				x	x	x	x	x
Conta in piastra convenzionale			x	x	x		x	x
Most probable number (MPN)			x	x	x		x	x
Riduzione del colorante					x			
Coliformi			x	x	x		x	x
Funghi		x			x		x	x
Anticorpi fluorescenti					x		x	x
Piani di campionamento			x		x	x	x	
Parassiti	x							

J.M. Jay et al., *Microbiologia degli alimenti*
© Springer-Verlag Italia 2009

10.1 Conta in piastra standard (SPC)

Con questo metodo, porzioni dei campioni alimentari vengono miscelate o omogeneizzate, per consentire l'allestimento di diluizioni seriali che sono successivamente piastrate sulla superficie o all'interno di uno specifico terreno agarizzato; una volta effettuata la semina, le piastre vengono incubate a temperatura appropriata per un dato periodo di tempo, trascorso il quale tutte le colonie visibili vengono contate avvalendosi di un contatore elettronico Quebec. Il metodo SPC è di gran lunga il più utilizzato per determinare il numero di cellule o di unità formanti colonia (ufc) nei prodotti alimentari. Quando per uno specifico prodotto sono riportate le conte totali vitali, i valori dovrebbero essere valutati in funzione di alcuni tra i seguenti fattori.

1. Metodo di campionamento utilizzato.
2. Distribuzione dei microrganismi nel campione alimentare.
3. Natura della microflora dell'alimento.
4. Natura della matrice alimentare.
5. Storia del prodotto alimentare prima dell'esame.
6. Idoneità nutrizionale del terreno di crescita utilizzato.
7. Temperatura e tempo di incubazione impiegati.
8. pH, a_w e Eh del terreno di crescita.
9. Tipo di soluzione utilizzata per le diluizioni.
10. Numero relativo di microrganismi nel campione alimentare.
11. Presenza di microrganismi competitivi o antagonisti.

Oltre ai limiti intrinseci già ricordati, per alcuni gruppi di microrganismi la scelta delle procedure di piastramento risulta ulteriormente limitata dal grado di inibizione e di efficacia degli agenti selettivi e/o differenziali impiegati.

Sebbene il più delle volte la conta su piastra venga effettuata per inclusione del campione nel terreno, risultati paragonabili possono essere ottenuti mediante spatolamento superficiale, che prevede l'impiego di piastre di terreno agarizzato, solidificato e asciutto in superficie. I campioni diluiti vengono versati sulla superficie delle piastre; quindi, con l'ausilio di spatole sterili, viene distribuito sull'intera superficie in modo uniforme e con cautela un quantitativo di inoculo pari a 0,1 mL per piastra. Il piastramento superficiale è particolarmente utile per determinare la concentrazione nei prodotti alimentari dei microrganismi psicrotrofi sensibili al calore, in quanto questi non vengono a contatto con l'agar liquido. Tale metodo è inoltre di scelta quando le caratteristiche delle colonie sono importanti per l'identificazione del microrganismo e per la maggior parte dei terreni selettivi. Gli aerobi stretti sono chiaramente avvantaggiati dalla semina superficiale, mentre i microaerofili tendono a crescere più lentamente. Tra gli svantaggi del piastramento superficiale vi sono i problemi legati alla distribuzione in superficie (in particolar modo quando questa non è stata adeguatamente asciugata) e all'affollamento delle colonie, che rende il conteggio più difficoltoso. (Vedi oltre la tecnica di semina a spirale.)

10.1.1 Omogeneizzazione dei campioni

Prima della seconda metà degli anni Settanta, i microrganismi venivano estratti dai campioni di alimenti per il piastramento utilizzando quasi sempre miscelatori meccanici (tipo Waring). Intorno al 1971, in Inghilterra, Sharpe e Jackson[114] hanno sviluppato il Colwell stomacher (di solito indicato semplicemente come stomacher), uno strumento ora utilizzato in molti laboratori per omogeneizzare i campioni di alimenti da sottoporre a conta. Questo dispositivo, relativamente semplice, consente di omogeneizzare il campione in sacchetti di plastica speciali grazie all'azione vigorosa esercitata da due pale. L'azione meccanica disgrega il campione alimentare e i microrganismi vengono rilasciati nella soluzione diluente. In commercio sono disponibili diversi modelli, ma il modello 400 è il più ampiamente utilizzato nei laboratori di microbiologia degli alimenti, in quanto consente di trattare volumi complessivi (soluzione diluente e campione alimentare) compresi tra 40 e 400 mL.

Numerosi studi hanno confrontato lo stomacher con miscelatori ad alta velocità per l'analisi di alimenti. Le conte in piastra ottenute da campioni trattati con stomacher sono simili a quelle ottenute con i miscelatori. In generale lo stomacher è preferito per i seguenti motivi:

– non è necessario pulire e riporre i contenitori del miscelatore;
– non si ha accumulo di calore durante le fasi operative (solitamente 2 minuti);
– i campioni omogeneizzati possono essere conservati nei sacchetti dello stomacher, in congelatore, per un uso successivo;
– il rumore è meno fastidioso di quello dei miscelatori meccanici.

In uno studio effettuato da Sharpe e Harshman[113] è stato dimostrato che, rispetto al miscelatore, lo stomacher è meno letale per *Staphylococcus aureus*, *Enterococcus faecalis* e *Escherichia coli*. Un ricercatore ha osservato che i conteggi ottenuti con l'impiego dello stomacher erano significativamente più alti rispetto a quelli ottenuti impiegando il miscelatore[129], mentre altri ricercatori hanno conseguito conteggi più elevati con il miscelatore[5]. Questi ultimi ricercatori, in particolare, hanno dimostrato che i risultati ottenuti con lo stomacher variano a seconda dell'alimento analizzato: il dispositivo consente risultati più attendibili per alcuni alimenti, ma non per altri. In un'altra ricerca, le analisi di conta su piastra effettuate con stomacher, miscelatore e agitatore non hanno condotto a risultati significativamente differenti, sebbene le conte relative ai Gram-negativi siano state più alte per i campioni trattati con lo stomacher rispetto a quelle ottenute con gli altri due metodi[63]. Un altro vantaggio dello stomacher rispetto al miscelatore riguarda l'omogeneizzazione della carne effettuata prima del test di riduzione del colorante. Holley e colleghi[54] hanno dimostrato che l'estrazione dei batteri dalla carne utilizzando lo stomacher non causa una distruzione rilevante dei tessuti della carne; di conseguenza vi è una minore quantità di composti riducenti in grado di interferire con il test di riduzione della resazurina. Utilizzando il miscelatore, invece, la quantità di composti riducenti rilasciati rende i risultati del test non significativi.

Un altro dispositivo, piuttosto simile allo stomacher, è il Pulsifier, che generando una forte turbolenza nel campione di alimento da analizzare, causa il rilascio dei microrganismi.

10.1.2 Piastratore a spirale

Il piastratore a spirale è un dispositivo meccanico che distribuisce l'inoculo liquido sulla superficie di una piastra rotante, contenente un terreno agarizzato solidificato. Partendo da un punto vicino al centro della piastra, il braccio di distribuzione procede verso l'esterno della stessa, depositando il campione in una spirale di Archimede. Una siringa speciale eroga volumi progressivamente decrescenti di campione, in modo da creare su una singola piastra differenze di concentrazione fino a 10.000:1. Dopo incubazione a temperatura idonea, lo sviluppo delle colonie in corrispondenza delle cellule depositate vicino al centro rivela una densità maggiore, che si riduce progressivamente spostandosi verso il bordo della piastra.

Sulle piastre così preparate, il conteggio delle colonie viene effettuato utilizzando una particolare griglia (figura 10.1A). A seconda della densità relativa delle colonie, vengono contate le colonie presenti in una o più aree specifiche della griglia applicata. Una piastra di agar preparata mediante piastratore a spirale è rappresentata in figura 10.1B; in figura 10.1C sono evidenziate le corrispondenti aree della griglia su cui è stato effettuato il conteggio. In questo esempio sono stati depositati 0,0018 mL di campione e il numero di colonie conteggiate nelle due aree di riferimento è stato, rispettivamente, 44 e 63, corrispondenti a una conta totale di $6,1 \times 10^4$ batteri per millilitro.

Il piastratore a spirale qui descritto è stato ideato da Gilchrist e colleghi[44], sebbene alcuni principi legati al suo funzionamento fossero già stati presentati da altri ricercatori, tra i quali Reyniers[105] e Trotman[128]. Il metodo è stato studiato da numerosi ricercatori e confrontato con altri metodi di conteggio di microrganismi vitali. Per esempio, è stato confrontato con il metodo di conta su piastra convenzionale nell'analisi di 201 campioni di latte crudo e pastorizzato, ottenendo risultati complessivamente concordanti[30]. Una ricerca condotta in collaborazione da sei analisti su campioni di latte ha dimostrato che i risultati ottenuti con l'impiego del piastratore a spirale sono comparabili con quelli ottenuti con la conta su piastra convenzionale. La deviazione standard relativa al piastramento a spirale è stata 0,109, mentre quella relativa al metodo convenzionale è stata 0,110.[94] In un'altra ricerca il piastratore a spirale è stato confrontato con altri tre metodi (inclusione, semina di superficie e agar droplet): al livello di significatività del 5% non sono state rilevate differenze tra le quattro tecniche[62]. In un altro studio i conteggi ottenuti con il piastratore a spirale sono risultati altrettanto validi di quelli ottenuti con agar droplet[51]. La semina a spirale è un metodo ufficiale dell'AOAC (Association of Official Analytical Chemists).

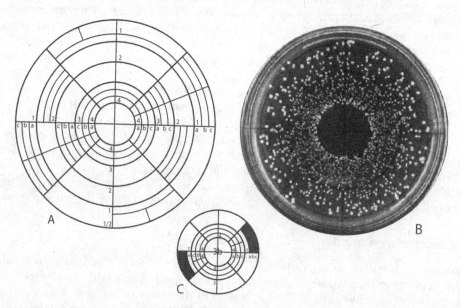

Figura 10.1 Griglia per il conteggio delle colonie utilizzata nel piastramento a spirale (A); crescita di microrganismi in una piastra dopo semina a spirale (B); aree della piastra in cui viene effettuata la conta (C). In questo esempio sono stati inoculati 0,0018 mL; il numero di colonie risultanti nelle due aree di riferimento è stato, rispettivamente, 44 e 63, con una conta totale media di $6,1 \times 10^4$ batteri per millilitro. (Per gentile concessione di Spiral System Instruments, Bethesda, Maryland)

Rispetto alla semina standard, questo metodo presenta, tra gli altri, i seguenti vantaggi: minore impiego di agar; utilizzo di un numero inferiore di piastre, diluizioni e pipette; possibilità di analizzare in un'ora un numero di campioni tre o quattro volte superiore rispetto alle metodiche tradizionali[69]. Possono essere preparate anche 50 o 60 piastre all'ora, e ciò richiede un addestramento limitato[62]. Tra gli svantaggi del metodo vi è il rischio di ostruzione della punta di erogazione, causata dall'eventuale presenza di particelle di alimento. Anche per questo motivo, il metodo è più indicato per gli alimenti liquidi come il latte. È stato ideato un contatore di colonie a raggio laser da utilizzare con questo dispositivo. A causa del costo elevato, tale dispositivo non è sempre presente nei laboratori che non devono analizzare quotidianamente un gran numero di piastre. (Questo metodo è ulteriormente descritto nel riferimento bibliografico 36.)

10.2 Membrane filtranti

Questa tecnica prevede l'impiego di membrane con pori di dimensioni tali da trattenere i batteri (in genere 0,45 μm), ma da permettere il passaggio dell'acqua o della soluzione utilizzata per le diluizioni. Dopo raccolta dei batteri mediante filtrazione di un dato volume di campione, la membrana viene posta su una piastra di agar o su un tampone assorbente imbevuto del terreno di coltura scelto e incubata in condizioni appropriate; una volta sviluppate, le colonie vengono contate. In alternativa può essere effettuata la conta diretta al microscopio. In questo caso i microrganismi raccolti sulla membrana vengono osservati e contati al microscopio, dopo colorazione, lavaggio e trattamento della membrana per renderla trasparente. Queste tecniche sono particolarmente adatte per campioni contenenti un numero ridotto di batteri. Sebbene volumi relativamente elevati di acqua possano passare attraverso una membrana senza intasarla, una singola membrana può essere utilizzata per filtrare solo piccoli campioni di alimenti, opportunamente omogeneizzati e diluiti.

L'efficienza globale dei metodi con membrane filtranti per la determinazione del numero di microrganismi mediante conta diretta al microscopio è stata migliorata dall'introduzione di coloranti fluorescenti. Questi coloranti, insieme ai microscopi a epifluorescenza, sono stati utilizzati piuttosto ampiamente dai primi anni Settanta per determinare la carica batterica delle acque. I filtri di cellulosa sono stati tra i primi a essere impiegati; tuttavia i filtri nucleopore in policarbonato offrono il vantaggio di trattenere tutti i batteri sulla superficie del filtro. Analizzando le acque di lago e di oceano con entrambi i tipi di membrana, il valore della conta microbica ottenuto con le membrane nucleopore è risultato doppio rispetto a quello ottenuto con le membrane di cellulosa[52].

10.2.1 Conta diretta su filtro con microscopio in epifluorescenza (DEFT)

Questa tecnica di filtrazione su membrana può essere considerata una variante migliorativa del metodo di base. La DEFT (*direct epifluorescent filter technique*), che è basata sull'impiego di coloranti fluorescenti e della microscopia a fluorescenza[52], è stata valutata da numerosi ricercatori come metodo rapido per la determinazione dei microrganismi negli alimenti. Di norma, il campione di alimento omogeneizzato e diluito viene filtrato attraverso un filtro di nylon con porosità da 5 μm; il filtrato viene raccolto e trattato con 2 mL di Triton X-100 e 0,5 mL di tripsina, che ha la funzione di lisare le cellule somatiche e prevenire l'intasamento dei filtri. Dopo incubazione il filtrato trattato viene fatto passare attraverso una membrana nucleopore in policarbonato con pori di 0,6 μm; il filtro viene quindi colorato con arancio di acridina. Dopo essiccamento, le cellule colorate vengono contate utilizzando il microscopio a epifluorescenza; il numero di cellule per grammo si calcola moltiplicando il numero medio per campo per il fattore del microscopio. I risultati possono essere ottenuti in 25-30 minuti ed è possibile rilevare concentrazioni di sole 6.000 ufc/g in prodotti carnei e latte.

La DEFT è stata impiegata per il latte[97], ottenendo risultati coerenti con quelli rilevati mediante conta aerobia in piastra e metodo standard breed DMC nel latte crudo che conteneva tra 5×10^3 e 5×10^8 batteri per millilitro. Il metodo è stato adattato per contare i batteri Gram-negativi vitali e tutti i batteri Gram-positivi presenti nel latte in circa 10 minuti[108]. In circa 20 minuti è stato possibile rilevare concentrazioni di soli 5.700 batteri per millilitro in latte e prodotti derivati sottoposti a trattamento termico[98]. In uno studio, condotto in collaborazione da sei laboratori, sono state confrontate la DEFT e la conta aerobia in piastra: il coefficiente di correlazione era generalmente superiore a 0,9, ma rispetto all'APC la ripetibilità del metodo DEFT è risultata 1,5 volte minore e la riproducibilità 3 volte minore[96]. Gli alimenti solidi possono essere esaminati mediante DEFT dopo appropriata filtrazione; in uno studio è stato possibile rilevare un numero di microrganismi < 60.000 per grammo[99]. La DEFT è stata impiegata con successo per valutare la carica microbica in carne e pollame[120] e sulle superfici a contatto con gli alimenti[53]. (Per ulteriori informazioni si consiglia la consultazione del riferimento bibliografico 95.)

10.2.2 DEFT per la conta di microcolonie

La DEFT consente la conta diretta delle cellule al microscopio; la microcolony-DEFT è una variante che permette di determinare solo le cellule vitali presenti nel campione. In genere, i campioni di alimenti omogeneizzati vengono filtrati attraverso le membrane DEFT, queste vengono quindi poste sulla superficie di idonei terreni colturali e incubate per consentire lo sviluppo delle microcolonie. Per i batteri Gram-negativi sono necessarie 3 ore di incubazione, per i Gram-positivi 6 ore[107]. Le microcolonie che si sviluppano devono essere osservate al microscopio. In 8 ore è stato possibile rilevare concentrazioni di coliformi, Pseudomonadaceae e stafilococchi pari a sole 10^3 cellule per grammo[107].

Un'altra variante della microscopia a epifluorescenza delle microcolonie combina il metodo DEFT con quello del filtro a griglia a membrana idrofobica (HGMF)[106]. Con questo metodo il campione, che non deve essere trattato né con detergenti né con enzimi, viene filtrato attraverso membrane nucleopore in policarbonato; le membrane vengono poi trasferite sulla superficie di un terreno agarizzato selettivo e incubate per 3 o 6 ore, a seconda che debbano svilupparsi batteri Gram-negativi o Gram-positivi (analogamente alla procedura seguita per il microcolony-DEFT). Al termine dell'incubazione, le membrane vengono colorate con arancio di acridina e le microcolonie possono essere enumerate mediante microscopia a epifluorescenza. Se non vengono effettuati passaggi per recuperare i microrganismi danneggiati, i risultati possono essere ottenuti in meno di 6 ore, altrimenti sono necessarie 12 ore[106].

10.2.3 Filtro con membrana idrofobica reticolata

Questa tecnica (HGMF, *hydrophobic grid membrane filter*), inizialmente proposta da Sharpe e Michaud[118,119], è stata poi ulteriormente sviluppata e utilizzata per determinare la conta microbica in diversi prodotti alimentari. Il metodo impiega un filtro appositamente realizzato, costituito da un reticolo di 1600 celle posto su un singolo filtro a membrana, che limita la crescita e le dimensioni della colonia all'interno di un'unica cella. Su un filtro possono essere contate – con il metodo del MPN (eventualmente automatizzato) – da 10 a 9×10^4 cel-

lule[19]. Tale tecnica consente di rilevare anche solo 10 cellule per grammo e i risultati possono essere ottenuti in 24 ore circa[116]; può essere utilizzata per determinare tutte le ufc oppure
gruppi specifici, tra i quali microrganismi indicatori[8,15,33], funghi[17], salmonelle[32] e Pseudomonadaceae[66]. L'AOAC ne ha approvato l'impiego per la conta di coliformi totali, coliformi
fecali, salmonelle, lieviti e muffe. Il metodo con membrane reticolate ISO per la ricerca di
funghi prevede l'impiego di uno speciale terreno per il piastramento, contenente due antibiotici antibatterici e trypan blue, che conferisce alle colonie fungine una colorazione blu; possono essere rilevate anche sole 10 ufc in 48 ore.

In una tipica applicazione, 1 mL di campione omogeneizzato diluito in rapporto 1:10
viene filtrato attraverso una membrana filtrante; la membrana viene quindi posta su un terreno di crescita agarizzato e si procede all'incubazione per una notte per permettere la crescita delle colonie. Le celle che contengono le colonie vengono contate e si calcola il MPN.
Il metodo consente di filtrare fino a 1 g di alimento per membrana[117]. Il metodo ISO con
membrana reticolata (ISO-GRID), per l'isolamento di *E. coli* negli alimenti, prevede l'impiego di 39 SD agar, che si è dimostrato più versatile rispetto al LMG agar (lattosio monensin glucuronato), se utilizzato in associazione con MUG (4-metilumbelliferil-β-D-glucuroni-
de), poiché consente di rilevare contemporaneamente *E. coli* O157:H7 e di *E. coli* β-glucuronidasi positivi[34]. Il metodo con 39 SD agar fornisce i risultati in circa 24 ore con una sensibilità <10, mentre il metodo LMG richiede circa 30 ore.

Quando confrontata con il metodo MPN a 5 tubi per coliformi, la tecnica HGMF – che
prevede una fase di rivitalizzazione dei microrganismi – ha prodotto risultati statisticamente
equivalenti, sia per i coliformi sia per i coliformi fecali[19]. Per l'enumerazione dei coliformi
fecali, i filtri HGMF sono stati posti prima su agar tripticase soia (TSA) per 4 ore a 35 °C
(per rivitalizzare le cellule danneggiate) e poi trasferiti su m-FC agar e incubati nuovamente. È stata sviluppata una procedura HGMF, basata sul dosaggio immuno-enzimatico (ELA),
per il recupero di ceppi di *E. coli* O157:H7 enteroemorragici (EHEC) dagli alimenti[126]. Tale
metodo prevede l'impiego di un particolare terreno di crescita in piastra che consente ai
ceppi IIC di svilupparsi a 44,5 °C. Il terreno speciale HC agar contiene solo lo 0,113% di sali
biliari n. 3 rispetto all'usuale 0,15%. Con questo terreno è stato recuperato da carne bovina
macinata circa il 90% dei ceppi HC[124]. Il metodo HGMF-ELA prevede l'impiego di HC agar,
l'incubazione a 43 °C per 16 ore, il lavaggio delle colonie cresciute sulle membrane, l'esposizione delle membrane a una soluzione fissante e, infine, l'immersione in un complesso
costituito da proteine e anticorpi coniugati con perossidasi A estratta da radice di rafano. Con
questa tecnica, le colonie ELA-positive assumono una colorazione violacea e il 95% dei
ceppi HC può essere recuperato entro 24 ore, con un limite di sensibilità di 10 ceppi HC per
grammo di carne.

10.3 Conta delle colonie al microscopio

I metodi per la conta delle colonie al microscopio prevedono il conteggio delle microcolonie
che si sviluppano su uno strato di agar posto sui vetrini da osservazione. Il primo metodo
ideato è stato quello di Frost, che consisteva nella distribuzione di 0,1 mL di una miscela
latte-agar su 4 cm^2 di un vetrino. Dopo incubazione, essiccamento e colorazione, le microcolonie venivano contate con l'ausilio di un microscopio. In un altro metodo, 2 mL di agar
fuso erano miscelati con 2 mL di latte tiepido, quindi 0,1 mL dell'agar inoculato venivano
distribuiti su un'area di 4 cm^2. Dopo colorazione con blu tionina, il vetrino era osservato con
un microscopio a campo largo con obiettivo da 16 mm[65].

10.4 Agar droplet

In questo metodo (noto anche come agar goccia), ideato da Sharpe e Kilsby[115], l'alimento omogeneizzato viene diluito in tubi contenenti agar fuso (45 °C). Per ogni campione viene impiegata una serie di tre tubi di agar, inoculando il primo con 1 mL di alimento omogeneizzato. Dopo miscelazione, con una pipetta capillare sterile (che teoricamente lascia cadere gocce da 0,033 mL), si forma sul fondo di una piastra Petri vuota una linea di 5 gocce da 0,1 mL di terreno inoculato con il campione. Con la stessa pipetta si prelevano tre gocce (0,1 mL) dal primo tubo e si trasferiscono nel secondo tubo; dopo miscelazione con l'agar fuso contenuto all'interno di quest'ultimo, si forma, accanto alla prima, un'altra linea di 5 gocce da 0,1 mL. Questa serie di passaggi viene ripetuta anche per il terzo tubo. La piastra Petri contenente le gocce di agar viene incubata per 24 ore e le colonie successivamente enumerate con l'aiuto di un obiettivo 10×. Con questo metodo, i risultati ottenuti per colture pure, carni e vegetali erano confrontabili con quelli ottenuti con il metodo di conta in piastra tradizionale; per la carne macinata i valori erano leggermente più elevati rispetto a quelli ottenuti dalla conta in piastra. Il metodo dell'agar droplet fornisce, dopo incubazione per 24 ore, risultati confrontabili con quelli ottenuti dalla conta in piastra tradizionale dopo 48 ore di incubazione, ed è quindi più rapido di quest'ultima; inoltre, non è necessario allestire il bianco ed è sufficiente una sola piastra Petri per campione.

10.5 Film reidratabili e metodi analoghi

Le piastre pronte all'uso reidratabili, prodotte dalla 3M e note come Petrifilm, sono costituite da due pellicole di materiale plastico unite per un lato, ricoperte dagli ingredienti del terreno di coltura e da un agente gelificante solubile in acqua fredda. Sono disponibili piastre Petrifilm con terreni non selettivi, per effettuare la conta in piastra aerobia (APC), oppure con terreni selettivi, per determinare specifici gruppi di microrganismi. Questo sistema, approvato dalla AOAC, rappresenta un'alternativa accettabile ai metodi convenzionali di conta in piastra, che fanno uso di normali piastre Petri.

Nella pratica, 1 mL di diluente viene posto tra le due pellicole e distribuito sulla superficie dei nutrienti esercitando una pressione mediante un apposito dispositivo piatto. Dopo incubazione, le microcolonie appaiono rosse sul film non selettivo per la presenza di coloranti a base di tetrazolio nella fase nutriente. Oltre che per la determinazione della conta aerobia in piastra, sono disponibili piastre Petrifilm che consentono lo sviluppo e la conta di gruppi specifici, tra i quali coliformi ed *E. coli*. Nella determinazione della conta aerobia in piastra di 108 campioni di latte il metodo del film reidratabile è risultato altamente correlato con il metodo di conta tradizionale e si è quindi dimostrato una valida alternativa[45]. Nel conteggio dei coliformi in 120 campioni di latte crudo il metodo VRB-Petrifilm ha fornito risultati coerenti con quelli ottenuti con il metodo tradizionale del violet red bile agar (VRBA) e con il metodo MPN[84]. Per la conta di *E. coli* in terreno reidratabile (EC agar) è stato sviluppato un metodo che prevede l'impiego di un substrato per la β-glucuronidasi, che consente di differenziare agevolmente *E. coli* dagli altri coliformi, grazie alla formazione di un alone blu attorno alle colonie. In uno studio condotto su 319 campioni alimentari, il metodo che impiega il terreno EC ha fornito risultati analoghi a quelli dei metodi MPN e VRBA classici[75].

Il terreno per piastre Redigel non contiene agar quale agente solidificante; per il suo impiego, gli ingredienti presterilizzati vengono inoculati con il campione alimentare omogeneizzato o diluito, si miscela il tutto e si attende la solidificazione che avviene dopo circa 30 minuti. Questo mezzo di crescita è particolarmente indicato per la determinazione degli psicrotrofi: questi, infatti, non vengono esposti all'azione dell'agar fuso, che ne ridurrebbe la concentrazione nel campione a causa della loro estrema sensibilità al calore. D'altra parte le colonie sul terreno Redigel tendono a presentare dimensioni piuttosto ridotte. Comparando questo metodo con tecniche quali Petrifilm, ISO-GRID e piastratore a spirale su sette tipologie di alimenti diversi, sono stati ottenuti risultati statisticamente equivalenti[21].

Il metodo colturale SimPlate si basa sull'azione di diversi enzimi, comuni a un gran numero di microrganismi di interesse alimentare. Il terreno di sviluppo contiene alcuni tipi di substrati che vengono idrolizzati da tali enzimi, con conseguente rilascio di MUG (vedi capitolo 11), la cui fluorescenza si manifesta alla lunghezza d'onda della luce ultravioletta. Il metodo impiega piastre speciali munite di fori o pozzetti di incubazione, disponibili in due misure, da 84 o da 198 pozzetti. In sostanza si tratta di un metodo MPN: a differenza dei metodi convenzionali di piastramento, non consente la caratterizzazione dell'aspetto delle colonie. In uno studio comparativo condotto sui frutti di mare, non è stata trovata alcuna differenza tra i risultati ottenuti impiegando diversi metodi quali conta aerobia in piastra con Petrifilm, Redigel, ISO-GRID e SimPlate[26]. In un'altra ricerca effettuata su 751 campioni alimentari il metodo SimPlate si è dimostrato una valida alternativa ai metodi convenzionali in piastra e a quelli che impiegano Petrifilm e Redigel[16]. Tuttavia, alcuni alimenti (come fegato crudo, farina di frumento e noci) danno luogo a falsi-positivi. Nella determinazione dei batteri eterotrofi presenti nell'acqua, condotta da sei laboratori diversi, è emerso che il metodo SimPlate e la conta in piastra standard forniscono risultati comparabili[61].

10.6 Most probable number (MPN)

In questo metodo le diluizioni dei campioni alimentari sono allestite come descritto per la conta convenzionale in piastra. Si preparano tre diluizioni seriali decimali, con le quali si seminano 9 o 15 tubi contenenti uno specifico terreno, a seconda che vengano impiegati 3 o 5 tubi per ciascuna diluizione. Il numero di microrganismi nel campione di partenza è calcolato mediante tabelle standard MPN. La determinazione è di tipo statistico e i risultati ottenuti sono in genere più elevati rispetto a quelli del metodo tradizionale.

Questo metodo di analisi, introdotto da McCrady nel 1915, non è preciso. Infatti, quando viene condotto utilizzando la serie di tre tubi, con un intervallo di confidenza del 95%, il range dei valori è compreso tra 21 e 395. Quando si utilizza la serie di tre tubi, il 99% di tutti i risultati è rappresentato da 20 delle 62 possibili combinazioni, mentre con la serie di 5 tubi il 99% di tutti i risultati è rappresentato da 49 combinazioni su 214 possibili[131]. In uno studio collaborativo sulla densità dei coliformi negli alimenti, il valore MPN per il test a tre tubi condotto su 10 prodotti è stato di 34, mentre in un'altra fase dello studio il limite superiore era 60[121].

Sebbene Woodward[131] abbia concluso che molti valori MPN sono improbabili, questo metodo di analisi è diventato molto popolare. Tra i vantaggi che esso offre, vi sono i seguenti:

1. è relativamente semplice;
2. vi è maggiore probabilità, rispetto al metodo di conta in piastra convenzionale, che i risultati ottenuti da laboratori diversi siano concordanti;
3. utilizzando appropriati terreni selettivi e differenziali, il metodo consente la determinazione di specifici gruppi di microrganismi;
4. è il metodo di scelta per determinare la concentrazione dei coliformi fecali.

Tra gli svantaggi del metodo, si ricordano: il non poter osservare la morfologia delle colonie, la scarsa precisione e la grande quantità di vetreria necessaria (soprattutto quando viene condotto con la serie di cinque tubi).

TEMPO è un metodo basato sul MPN che utilizza una scheda di conteggio associata a uno specifico terreno, che consente la rilevazione rapida mediante fluorescenza di microrganismi target; i risultati possono essere ottenuti entro 24 ore. Questo metodo non richiede diluizioni seriali.

10.7 Metodi basati sulla riduzione del colorante

I coloranti comunemente impiegati in questa procedura per la stima del numero di microrganismi vitali in determinati prodotti sono il blu di metilene e la resazurina. Per effettuare il test di riduzione del colorante, i surnatanti adeguatamente preparati dei campioni alimentari vengono addizionati a soluzioni standard impiegate sia per la riduzione del blu di metilene, che passa dalla colorazione blu a quella bianca, sia per la riduzione della resazurina, che vira da una colorazione iniziale blu ardesia a rosa o bianco. Il tempo richiesto per la riduzione del colorante è inversamente proporzionale al numero di microrganismi presenti nel campione.

La riduzione del blu di metilene e della resazurina è stata studiata nel latte: con due eccezioni, su 100 colture è stata osservata una buona corrispondenza tra il numero di batteri e il tempo necessario per la riduzione dei due coloranti[43]. In uno studio sull'impiego del test di riduzione della resazurina, come metodo rapido per valutare il deterioramento della carne macinata, la perdita di colore del colorante, il punteggio relativo all'odore e la conta su piastra sono risultati significativamente correlati[111]. Uno dei problemi associati alla riduzione del colorante in particolari alimenti è l'intrinseca presenza di sostanze riducenti. Austin e Thomas[9] hanno osservato che nelle carni crude la riduzione della resazurina è meno utile che nelle carni cotte. Circa 600 campioni di carni cotte sono stati esaminati con successo mediante riduzione della resazurina aggiungendo 20 mL di una soluzione allo 0,0001% di resazurina a 100 g di carne affettata contenuta in una busta di plastica. Un altro modo per evitare che le sostanze contenute nelle carni fresche influenzino i risultati del test di riduzione del colorante è omogeneizzare il campione con lo stomacher, piuttosto che con il miscelatore Waring. Gli omogeneizzati di carne cruda ottenuti utilizzando lo stomacher hanno dato risultati soddisfacenti al test di riduzione della resazurina, quando sono stati addizionati a una soluzione di resazurina al 10% in latte scremato[54]. Gli omogeneizzati ottenuti mediante stomacher contenevano una minore quantità di tessuti lesionati e, di conseguenza, una più bassa concentrazione di composti riducenti. Il metodo elaborato da Holley e colleghi[54] è stato ulteriormente valutato da Dodsworth e Kempton[29]; questi hanno osservato che la carne cruda con valori di conta in piastra superiori a 10^7 batteri per grammo poteva essere individuata in 2 ore. Quando è stata comparata con nitro blu di tetrazolio (NT) e indofenil nitrofenil tetrazolio (INT), la resazurina ha fornito risultati più rapidi[104]. Con i campioni di superficie provenienti da carcasse di pecora la resazurina è stata ridotta in 30 minuti da 18.000 ufc/m², NT in 600 minuti da 21.000 ufc/m² e INT in 660 minuti da 18.000 ufc/m²[108]. La riduzione del blu di metilene è stata confrontata con la conta aerobia in piastra su 389 campioni di piselli congelati: i risultati erano linearmente correlati nell'intervallo di conta aerobia compreso tra 2 e 6 $\log_{10}$ unità formanti colonie. I tempi medi di decolorazione sono stati, rispettivamente, di 8 e 11 ore per concentrazioni di 10^5 e 10^4 ufc/g.

I test di riduzione del colorante sono impiegati, ormai da moltissimo tempo, nell'industria lattiero-casearia per valutare la qualità microbiologica complessiva del latte crudo. Semplicità, rapidità e bassi costi sono i punti di forza di questo metodo; inoltre, solamente le cellule vitali riducono attivamente il colorante. D'altra parte, va sottolineato che non tutti i microrganismi riducono il colorante allo stesso modo e che il metodo non è applicabile ai campioni alimentari che contengono enzimi di riduzione, a meno che non si ricorra a particolari trattamenti. (L'impiego di substrati modificati con composti fluorogeni e cromogeni in microbiologia degli alimenti è discusso nel capitolo 11.)

10.8 Roll tubes (provette in rotazione)

Questo metodo si basa sull'impiego di appositi tubi con tappo a vite. Volumi predeterminati di agar fuso e inoculato vengono aggiunti e lasciati solidificare nel tubo mantenuto in rotazione, in modo da formare sulla superficie interna uno strato sottile. Dopo adeguata incubazione, le colonie vengono contate osservando il tubo in trasparenza. Attuato in assenza di ossigeno, questo metodo si è dimostrato eccellente per il conteggio dei microrganismi anaerobi più esigenti. (Per una revisione del metodo si consiglia il lavoro di Anderson e Fung[3].)

10.9 Conta diretta al microscopio (DMC)

Nella forma più semplice della tecnica DMC i campioni di alimenti o le colture vengono strisciati su un vetrino e colorati con un appropriato colorante; l'osservazione e la conta delle cellule vengono effettuate con l'aiuto di un microscopio (mediante immersione dell'obiettivo in olio). Questi metodi sono i più ampiamente utilizzati nell'industria lattiero-casearia per valutare la qualità microbiologica del latte crudo e di prodotti derivati dal latte; nello specifico, il metodo impiegato è quello originariamente sviluppato da R.S. Breed (conta Breed). In sintesi, il metodo consiste nel distribuire 0,01 mL di un campione su 1 cm^2 di superficie di un vetrino da microscopio; dopo fissazione, sgrassamento e colorazione del campione, i microrganismi o gli aggregati di microrganismi vengono contati per mezzo di un microscopio calibrato (per ulteriori dettagli, vedi il riferimento 73). Il metodo si è dimostrato adatto per l'esame microbiologico rapido di altri prodotti, come alimenti essiccati o surgelati.

Tra i vantaggi offerti dal metodo DMC vi sono, oltre alla semplicità e alla rapidità, la possibilità di valutare la morfologia delle cellule e di impiegare sonde fluorescenti per aumentare l'efficienza. Tra gli svantaggi, i principali sono: la conduzione dell'analisi risulta piuttosto faticosa (come tutti i metodi microscopici); vengono contate sia le cellule vitali sia quelle non vitali; le particelle di alimento non sono sempre distinguibili dai microrganismi; le cellule microbiche non sono uniformemente distribuite, quindi alcune non assorbono bene il colorante e non possono essere contate; i conteggi ottenuti risultano invariabilmente più alti di quelli della conta in piastra convenzionale. Nonostante questa serie di svantaggi, il metodo DMC è il più rapido per stimare le cellule microbiche presenti in un prodotto alimentare.

Un metodo di osservazione su vetrino, messo a punto per individuare ed enumerare le cellule vitali[11], utilizza il sale di tetrazolio (*p*-iodofenil-3-*p*-nitrofenil)-5-fenil tetrazolio cloruro (INT). Le cellule vengono esposte a INT filtrato e sterilizzato per 10 minuti, a 37 °C a bagnomaria; quindi si filtra attraverso una membrana speciale con porosità di 0,45 μm. Dopo essiccamento per 10 minuti a 50 °C, la membrana viene preparata su un vetrino con olio di semi di cotone, coperta con un coprioggetto e osservata. Il metodo si è dimostrato adatto per colture pure di lieviti e batteri, ma utilizzato per il latte ha fornito sottostime, rispetto ai valori di APC, di 1-1,5 unità logaritmiche. Impiegando il microscopio a fluorescenza e il colorante Viablue (fluorocromo modificato del blu di anilina), è possibile distinguere le cellule di lievito vitali da quelle morte[60,67]. Le cellule vitali possono essere determinate con il metodo della conta diretta con arancio acridina (AODC, *acridine orange direct count*), che in sintesi prevede: colorazione con arancio acridina (0,01%), seguita da microscopia a epifluorescenza e conteggio delle cellule di colore arancio fluorescente.

10.9.1 Conta delle muffe con il metodo di Howard

Questo metodo, basato sull'osservazione di vetrini al microscopio, fu ideato da B.J. Howard nel 1911 per monitorare i prodotti derivati dal pomodoro. Il metodo richiede l'impiego di una camera (vetrino) apposita per il conteggio del micelio fungino e non è applicabile ai prodotti derivati dal pomodoro che sono stati sminuzzati. Un metodo simile a quello di Howard per la conta delle muffe – e anch'esso descritto dalla AOAC[89] – è utilizzato per quantificare *Geotrichum candidum* in frutti e bevande conservati in scatola. Su campioni di concentrato di pomodoro, autoclavato e non autoclavato, il DEFT si è dimostrato positivamente correlato con il metodo di conta delle muffe; per tale motivo può essere utilizzato in alternativa alla conta delle muffe di Howard[100].

10.10 Esame microbiologico delle superfici

La necessità di mantenere le superfici a contatto con gli alimenti in corrette condizioni igieniche è evidente. Il problema principale che deve essere risolto quando si effettua l'esame microbiologico delle superfici e degli utensili è rappresentato dal prelievo di una percentuale significativa della microflora presente. Anche se un determinato metodo non è in grado di recuperare tutti i microrganismi, il suo impiego sistematico in aree specifiche di uno stabilimento di trasformazione degli alimenti può fornire informazioni utili, purché si tenga conto del fatto che non tutti i microrganismi vengono recuperati. Nei paragrafi seguenti sono presentati i metodi più frequentemente impiegati per la valutazione delle superfici nelle industrie alimentari.

10.10.1 Metodi tampone/tampone-risciacquo

Il prelievo mediante tamponi è il metodo più antico e anche più largamente impiegato per l'esame microbiologico delle superfici, non solo nelle industrie alimentari ma anche negli ospedali e nei ristoranti. Il metodo tampone-risciacquo – sviluppato da W.A. Manheimer e T. Ybanez – impiega tamponi sia di cotone sia di alginato di calcio. Per analizzare un'area determinata di una certa superficie, possono essere preparate sagome di misure corrispondenti alle dimensioni dell'area da esaminare, per esempio di 1 cm^2. La sagoma sterile viene applicata sulla superficie e l'area delimitata viene strofinata accuratamente con un tampone inumidito. Il tampone viene quindi reinserito all'interno della provetta, contenente un appropriato diluente, e conservato in frigorifero fino al piastramento. All'occorrenza, il diluente può contenere anche una sostanza neutralizzante. Quando si impiegano tamponi di cotone, è necessario rimuovere i microrganismi dalle fibre, mentre nel caso di tamponi di alginato di calcio i microrganismi vengono rilasciati nella soluzione diluente, in seguito alla dissoluzione dell'alginato mediante esametafosfato di sodio. I microrganismi contenuti nel diluente vengono successivamente enumerati con un metodo idoneo, come la conta in piastra tradizionale, ma per determinare specifici gruppi di microrganismi è possibile utilizzare appropriati terreni selettivi. Secondo un innovativo metodo tampone-risciacquo, proposto da Koller[68], 1,5 mL di fluido vengono versati su una superficie piana e tamponati per 15 secondi su un'area di 3 cm²; volumi di 0,1 e 0,5 mL di fluido sono quindi prelevati mediante micropipette e piastrati in superficie o per inclusione utilizzando un terreno per la conta in piastra convenzionale o terreni selettivi.

Per quanto riguarda l'efficacia relativa dei tamponi di cotone e di alginato di calcio, la maggior parte dei ricercatori concorda nel ritenere che il secondo metodo consente di raccogliere un numero superiore di microrganismi. Mediante tamponi, alcuni ricercatori hanno recuperato appena il 10% dei microrganismi dalle carcasse bovine[87], il 47% di spore di *Bacillus subtilis* dalle superfici in acciaio inossidabile[7] e fino al 79% dalla superficie delle carni[22,93]. I risultati ottenuti dai tamponi effettuati sulle carcasse di carne bovina sono risultati mediamente 100 volte più alti rispetto a quelli forniti dal metodo della piastra a contatto e la deviazione è stata considerevolmente più bassa[87]. In quest'ultimo caso i ricercatori hanno constatato che il metodo del tampone è il più adatto per superfici flessibili, irregolari e fortemente contaminate. La facilità con cui i microrganismi vengono asportati dalla superficie dipende dalla struttura della superficie stessa e dalla natura e tipologia della flora microbica presente. Nonostante i suoi limiti, il metodo del tampone-risciacquo resta comunque un sistema rapido, semplice ed economico per valutare la popolazione microbica delle superfici degli alimenti e degli utensili.

Il test basato sulla misura dell'ATP, per determinare la presenza di cellule entro 2-5 minuti dal prelievo, consente l'impiego in linea del metodo con tampone. Sebbene in questa applicazione il test basato sull'ATP non sia specifico per i batteri, esso fornisce informazioni utili sulla contaminazione delle superfici e può essere impiegato per valutazioni rapide dell'efficacia delle procedure di sanificazione. (I fondamenti di questa tecnica sono riportati nel capitolo 11.)

10.10.2 Metodo della piastra a contatto diretto

Il metodo a contatto diretto (RODAC, *replicate organism direct agar contact*) impiega particolari piastre Petri, nelle quali vengono versati volumi di 15,5-16,5 mL di un appropriato terreno agarizzato, con il risultato che lo spessore del terreno è maggiore rispetto alla norma. Capovolgendo la piastra, l'agar solido viene portato a contatto diretto con la superficie da esaminare. Questa metodica è stata elaborata da Gunderson e Gunderson nel 1945 e ulteriormente sviluppata da Hall e Hartnett nel 1964. Quando le superfici da esaminare sono state pulite con taluni detergenti, occorre includere nel terreno una sostanza neutralizzante (per esempio lecitina, Tween 80 ecc.). Una volta esposte, le piastre vengono coperte e incubate; successivamente vengono contate le colonie.

Tra gli svantaggi principali di questo metodo vi sono la completa copertura della superficie della piastra di agar da parte delle colonie e la sua inefficacia nel caso di superfici fortemente contaminate. Questi limiti possono essere minimizzati utilizzando piastre con superfici perfettamente asciutte e contenenti terreni selettivi[28]. Il metodo RODAC è di scelta quando le superfici da esaminare sono lisce, solide e non porose[7,87]. Sebbene la procedura non sia adatta per le superfici fortemente contaminate, è stato stimato che per rilevare la contaminazione su una superficie – sia con il metodo della piastra a contatto sia con quello del tampone – la soluzione contaminante deve contenere almeno 10 cellule per millilitro[87]. Gli autori di quest'ultima hanno osservato, inoltre, che il metodo della piastra a contatto diretto è in grado di asportare solo lo 0,1% circa della popolazione microbica presente in superficie: ciò significa che se con questo metodo vengono rilevate 10 ufc/cm², il numero di microrganismi realmente presenti sulla superficie esaminata sarà di circa 10^4 ufc/cm². Quando superfici di acciaio inossidabile sono state contaminate da endospore di *B. subtilis*, con il metodo RODAC è stato rilevato il 41% delle spore e con la tecnica del tampone il 47%[7]. In un'altra ricerca quest'ultimo metodo si è dimostrato migliore rispetto a quello della piastra a contatto quando il grado di contaminazione era di 100 o più microrganismi per 21-25 cm[2,112]. D'altra parte, il metodo della piastra a contatto fornisce migliori risultati a basse concentrazioni di contaminanti. Nella determinazione del grado di contaminazione delle superfici, i due metodi risultano ben correlati.

10.10.3 Metodi agar siringa/agar sausage

Il metodo agar siringa è stato proposto da W. Litsky nel 1955 e successivamente modificato[6]. In questa tecnica si impiega una siringa privata dell'estremità inferiore per creare un cilindro cavo, che viene riempito con agar. Uno strato di agar viene spinto direttamente a contatto con la superficie da analizzare mediante lo stantuffo della siringa. Tale strato viene quindi tagliato e posto su una piastra Petri; dopo incubazione si procede con la conta delle colonie. Il metodo "agar sausage" (noto anche come "agar salsiccia"), proposto da L. ten Cate[125], è simile al precedente ma impiega tubi di plastica anziché siringhe modificate; è stato ampiamente utilizzato in Europa per valutare la contaminazione delle carcasse e delle superfici degli impianti per la lavorazione degli alimenti. Entrambi i metodi sono considerati varianti del RODAC e presentano gli stessi svantaggi legati alla copertura delle piastre da parte delle colonie e alla loro limitata applicabilità ai campioni con basso livello di contaminazione superficiale. Poiché aggregati o catene di microrganismi presenti sulle superfici possono dare luogo a singole colonie, le conte ottenute con questi metodi sono più basse rispetto a quelle risultanti dai metodi che consentono la separazione delle catene e degli aggregati.

Per l'esame delle carcasse delle carni, Nortje e colleghi[88] hanno confrontato tre metodi: doppio tampone, asportazione e agar salsiccia. Il metodo dell'asportazione del campione è risultato il più affidabile; il metodo dell'agar sausage modificato ha presentato una correlazione con quello dell'asportazione maggiore rispetto al doppio tampone. Il metodo dell'agar sausage è raccomandato dai ricercatori per la sua semplicità, velocità e accuratezza.

10.10.4 Altri metodi per l'analisi delle superfici

Analisi diretta della superficie
Diversi ricercatori hanno impiegato metodi di piastramento diretto delle superfici, nei quali agar fuso viene versato sulla superficie o sull'utensile da analizzare. Dopo solidificazione la forma di agar viene posta in una piastra Petri e successivamente incubata. Angelotti e Foter[6] hanno proposto l'utilizzo di questa tecnica come metodo di riferimento per la determinazione della contaminazione superficiale, poiché è eccellente per l'enumerazione dei microrganismi vitali contenuti nei particolati[35]. Il metodo è stato applicato con successo per determinare la sopravvivenza delle endospore di *Clostridium sporogenes* sulle superfici in acciaio inossidabile[83]. Nonostante sia considerato un'efficace strumento di ricerca, il metodo non si presta all'impiego in analisi di routine negli stabilimenti alimentari.

Film adesivi
Il metodo dei film adesivi di Thomas è stato utilizzato con un certo successo da Mossel e colleghi[82]. Viene condotto premendo un film o un nastro adesivo contro la superficie del campione, la superficie esposta del film viene successivamente premuta su una piastra contenente terreno solido. Questo metodo è risultato meno efficace rispetto a quello del tampone nel recu-

pero della popolazione batterica presente su superfici di legno[82]. Un metodo basato sull'impiego di nastro adesivo è stato impiegato con successo nella determinazione dei microrganismi sulla superficie delle carni[41]. In un recente studio condotto su carcasse di maiale sono stati messi a confronto i metodi tampone, RODAC e nastro adesivo (Mylar); la correlazione tra RODAC e quello con nastro adesivo è risultata migliore rispetto alla correlazione tra tampone e nastro adesivo o tra tampone e RODAC [25]. Tamponi con supporti di plastica contenenti terreno di coltura sono stati usati per monitorare i microrganismi nelle bottiglie[27].

Metodo tampone/agar slant

Il metodo tampone/agar slant, descritto nel 1962 da N-H. Hansen e utilizzato con buoni risultati da alcuni ricercatori europei, consiste nel prelievo del campione per mezzo di tamponi di cotone, che vengono direttamente trasferiti su provette inclinate (slant). Dopo essere state incubate, le provette vengono suddivise in due gruppi di unità logaritmiche, a seconda del numero di colonie sviluppatesi. Il numero medio di colonie è determinato osservando la distribuzione dei risultati su una tabella delle probabilità. Un metodo che può essere considerato simile al precedente è quello tampone/piastra, proposto da Ølgaard[90]. Per eseguire tale tecnica è necessario individuare e delimitare la superficie da campionare mediante una mascherina sterile e strofinare roteando la punta del tampone sulla superficie; per l'interpretazione dei dati è necessario rifarsi a standard di riferimento presenti in letteratura.

Dispositivi a ultrasuoni

Questi dispositivi possono essere utilizzati per determinare la contaminazione microbica superficiale; le superfici da esaminare devono però essere di piccole dimensioni e asportabili, per poter essere poste all'interno di un contenitore immerso nel diluente. Una volta collocato il contenitore nell'apparecchio a ultrasuoni, l'energia generata provoca il rilascio dei microrganismi nella soluzione diluente. Un possibile impiego più pratico degli ultrasuoni è la rimozione dei batteri dai tamponi di cotone utilizzati nel metodo tampone-risciacquo[102].

Spray gun

Il metodo "spray gun", ideato da Clark[22,23], è basato sull'azione di un getto di soluzione di lavaggio su una superficie circoscritta; la soluzione recuperata viene successivamente seminata in piastra. Sebbene l'apparecchiatura sia portatile, è necessario un generatore di aria compressa. Nel recupero dei batteri dalle superfici delle carni tale metodo si è dimostrato più efficace di quello con tampone.

10.11 Microrganismi metabolicamente danneggiati

Quando i microrganismi sono soggetti a stress ambientali, quali riscaldamento e congelamento subletali, molte cellule riportano un danno metabolico che si traduce nell'incapacità di formare colonie su terreni selettivi, tollerati dalle cellule non danneggiate. La presenza di eventuali danni metabolici in una coltura può essere determinata piastrando aliquote separate su un terreno non selettivo e su un terreno selettivo e contando le colonie che si sono sviluppate dopo un adeguato periodo di incubazione. Le colonie sviluppate sul terreno non selettivo derivano sia dalle cellule danneggiate sia da quelle non danneggiate, mentre sul terreno selettivo si sviluppano solo le cellule non danneggiate. La differenza tra il numero di colonie riscontrate sui due terreni è la misura del numero di cellule danneggiate presenti nella coltura o nella popolazione originaria. Questo principio è illustrato nella figura 10.2, ricavata da dati dello studio di Tomlins e colleghi[127] sul danno subletale da calore in *S. aureus*. In questa ricerca il microrganismo è stato sottoposto a una temperatura di 52 °C per un tempo di 15 minuti in tampone fosfato a pH 7,2, allo scopo di danneggiare le cellule. La semina in piastra al tempo zero e dopo 15 minuti di trattamento termico, in un terreno non selettivo, come TSA (*trypticase soy agar*) e selettivo, come TSAS (*stress medium*: TSA + 7,0% di NaCl), ha evidenziato sul terreno TSA solo una leggera riduzione del numero di cellule, mentre sul terreno TSAS i valori sono risultati considerevolmente ridotti, indicando un danno di grado elevato rispetto alla capacità di sopportare concentrazioni saline normalmente tollerate dalle cellule non danneggiate. Per consentire il recupero della loro funzionalità, le cellule danneggiate dal trattamento termico sono state poste in nutrient broth (terreno di recupero) e successivamente incubate alla temperatura di 37 °C per 4 ore. Piastrando su

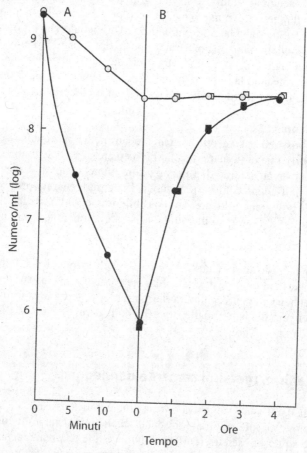

Figura 10.2 Curva di sopravvivenza e recupero di *S. aureus* MF-31. (A) Danno riportato in seguito a esposizione a 52 °C per 15 minuti in una soluzione tampone di fosfato di potassio 100 mM. (B) Recupero delle cellule danneggiate dall'esposizione al calore in nutrient broth (NB) a 37 °C. Simboli: (○) campioni seminati in piastra su TSA per la conta vitale totale; (●) campioni seminati in piastra su TSAS per la stima della popolazione microbica danneggiata: recupero delle cellule in NB contenente 100 µg/mL di cloramfenicolo; (■) campioni seminati in piastra su TSAS. (Da Tomlins et al.[127], *Canadian Journal of Microbiology* 17: 759-765, 1971, National Research Council of Canada, con autorizzazione)

TSAS aliquote derivanti dal terreno di recupero dopo ogni ora di incubazione, si può osservare che le cellule danneggiate riacquistano la capacità di resistere a concentrazioni del 7% di NaCl dopo 4 ore di incubazione.

La presenza di cellule metabolicamente danneggiate negli alimenti e la loro capacità di recupero durante la coltivazione è di fondamentale importanza, in relazione sia ai microrganismi patogeni sia a quelli alteranti. I dati riportati suggeriscono che, se per individuare la presenza di *S. aureus* in prodotti pastorizzati con trattamento termico venisse utilizzato un mezzo a elevata concentrazione salina, il numero di cellule vitali rinvenute risulterebbe di circa 3 unità logaritmiche inferiore a quello reale. Numerosi studi hanno dimostrato che il danneggiamento dei microrganismi presenti negli alimenti non è indotto solo dal riscaldamento e dal congelamento subletali, ma anche da trattamenti di liofilizzazione, essiccamento, irradiazione, aerosolizzazione, colorazione, come pure dalla presenza negli alimenti di sodio azide, sali, metalli pesanti, antibiotici, oli essenziali e altre sostanze chimiche come acido etilendiamminotetracetico (EDTA) e disinfettanti.

Il riconoscimento degli stress subletali nei microrganismi di interesse alimentare e lo studio della loro influenza sulla crescita microbica in diverse condizioni risale agli anni attorno al 1900; tuttavia la comprensione completa di questo fenomeno è stata conseguita solo alla fine degli anni Sessanta. All'inizio dello stesso decennio si osservò che un'iniziale rapida diminuzione del numero dei microrganismi metabolicamente danneggiati era seguita da un recupero limitato durante il processo di riparazione ("Phoenix phenomenon"). Nel 1943 Nelson[85] constatò che i batteri sottoposti a trattamento termico presentavano maggiori richieste nutrizionali. (Nelson condusse anche una rassegna dei precedenti lavori di altri ricercatori.) Gunderson e Rose[46] osservarono che il numero di coliformi isolati da prodotti a base di pollo surgelati, in grado di crescere su VRBA, diminuiva progressivamente all'aumentare del tempo di conservazione dei prodotti. Hartsell[50] inoculò salmonelle in alcuni alimenti, congelò gli alimenti inoculati e, quindi, studiò il destino dei microrganismi in essi presenti durante la conservazione. Su terreni altamente nutritivi e non selettivi è stato possibile recuperare un numero di microrganismi maggiore rispetto a quello recuperato su terreni selettivi quali MacConkey, desossicolato o VRBA. L'importanza del terreno di isolamento nel recupero delle cellule stressate è stata sottolineata anche da Postgate e Hunter[101] e da Harris[48]. Oltre a maggiori esigenze nutrizionali, i microrganismi di interesse alimentare soggetti a stress ambientali manifestano il danno subito con l'aumento della lag fase e della sensibilità nei confronti di vari agenti contenuti nei terreni selettivi, con il danneggiamento delle membrane cellulari e degli enzimi del ciclo degli acidi tricarbossilici (TCA), con la rottura dei ribosomi e il danneggiamento del DNA. Sebbene il danno da calore subletale sembri interessare in modo specifico ribosomi e membrane cellulari, non tutti gli agenti nocivi producono danni identificabili.

10.11.1 Recupero / "riparazione"

Le cellule metabolicamente danneggiate, per lo meno quelle di *S. aureus*, possono riprendere la propria funzionalità se poste in terreno di recupero (no-growth medium)[59] alla temperatura di 15 °C, ma non a 10 °C[42]. In alcuni casi il processo di recupero non è immediato, poiché è stato dimostrato che non tutti i coliformi stressati hanno la capacità di recuperare nella stessa misura e che il processo avviene gradualmente[76]. Non tutte le cellule della popolazione riportano un danno della stessa entità. Hurst e colleghi[56] hanno osservato che le cellule di *S. aureus* gravemente danneggiate dalla disidratazione non erano in grado di svilupparsi in un terreno di recupero non selettivo (TSA), ma recuperavano aggiungendo allo stesso terreno piruvato. È stato inoltre dimostrato che le cellule di *S. aureus* sottoposte a trattamento termico subletale possono recuperare la loro tolleranza a NaCl prima del ripristino di alcune funzioni della membrana [58]. È assodato che la riparazione del danno non richiede la presenza della parete cellulare e la sintesi proteica. Nella figura 10.2 si può osservare che la presenza di cloramfenicolo nel terreno di recupero di *S. aureus* non influenza la riparazione del danno causato da un trattamento termico subletale. Nel caso di danni provocati da alte temperature, congelamento, essiccamento e irradiazione la riparazione dei ribosomi cellulari e della membrana sembra fondamentale per il recupero.

La protezione delle cellule dai danni causati dal calore e dal congelamento è favorita dai terreni complessi e brodi o da specifici componenti in essi presenti. Il latte fornisce una maggiore protezione rispetto alle soluzioni saline o alle miscele di amminoacidi[81], e i componenti in esso presenti che sembrano avere un ruolo principale sono il fosfato, il lattosio e la caseina. Il saccarosio avrebbe un'azione protettiva contro i danni provocati dal calore[2,70], mentre il glucosio ridurrebbe la protezione contro il calore in *S. aureus*[81]. È stato osservato che gli zuccheri e i polioli non metabolizzabili, quali arabinosio, xilosio e sorbitolo proteggono *S. aureus* dai danni provocati dal calore subletale, ma il meccanismo di tale azione non è chiaro[122].

Busta[20] ha esaminato le conseguenze del mancato impiego di una fase di recupero. Il terreno trypticase soy broth (TSB), associato a un periodo di incubazione compreso tra 1 e 24 ore a temperature variabili da 20 a 37 °C, è ampiamente utilizzato per diversi microrganismi. La conta di ceppi di *S. aureus* danneggiati da riscaldamento subletale è stata studiata in diversi terreni di coltura [14,37,56]; in uno di questi studi è stata comparata la capacità di sette terreni per stafilococchi di recuperare 19 ceppi di *S. aureus* danneggiati da riscaldamento subletale: il mezzo Baird-Parker è risultato nettamente il migliore tra quelli esaminati, incluso il TSA non selettivo. Sulla base di risultati analoghi ottenuti da altri ricercatori, questo terreno è stato adottato nei metodi ufficiali della AOAC per la determinazione diretta di *S. aureus* in alimenti contenenti ≥ 10 cellule per grammo. La maggiore efficacia del terreno Baird-Parker è dovuta al suo contenuto in piruvato; è stato suggerito l'impiego di questo mezzo di crescita dopo il recupero in un terreno non selettivo contenente antibiotici[56]. Sebbene questo approccio possa essere adatto per recuperare *S. aureus*, alcuni problemi potrebbero derivare dal largo impiego di antibiotici nei mezzi di recupero per prevenire lo sviluppo cellulare. È stato dimostrato che le spore di *C. perfringens* danneggiate da trattamento termico sono più sensibili alla polimixina e alla neomicina[10] ed è appurato che gli antibiotici che influenzano la sintesi della parete cellulare determinano varianti di forme L in molti batteri.

Il piruvato è noto per l'azione riparatrice nei confronti delle cellule danneggiate, non solo di *S. aureus*, ma anche di altri microrganismi, come *E. coli*; la sua presenza nei terreni consente di ottenere conte più elevate dopo danno cellulare provocato da diversi tipi di agenti. Quando aggiunto a TSB contenente il 10% di NaCl, si è sviluppato un numero più elevato di *S. aureus*, sia stressati sia non stressati[14]; inoltre, cellule di *E. coli* danneggiate dal calore o dal congelamento hanno mostrato un recupero significativamente migliore con l'aggiunta di piruvato[77].

Un altro agente che favorisce il recupero dei microrganismi aerobi danneggiati è la catalasi. L'azione di questo enzima, osservata per la prima volta da Martin e colleghi[74], è stata confermata da molti altri ricercatori. La catalasi è efficace per le cellule danneggiate da trattamento termico subletale di *S. aureus*, *Pseudomonas fluorescens*, *Salmonella* Typhimurium ed *E. coli*[74]; inoltre favorisce la ripresa di *S. aureus* in presenza del 10% di NaCl[14] e dopo stress causato da mancanza di acqua[37]. Un'altra sostanza che presenta la stessa efficacia del piruvato per le cellule di *E. coli* danneggiate dal calore è l'acido 3,3′-tiodipropionico[77].

Il danno da radiazioni riportato dalle spore di *C. botulinum* di tipo E dopo esposizione a 4 kGy si manifesta con l'incapacità di crescere a 10 °C in presenza di polimixina e neomicina[110]. È stato osservato che le cellule danneggiate riportano un danno al sistema di post germinazione e formano filamenti asettati durante la crescita, mentre il sistema di germinazione non risulta compromesso. Il danno provocato dalle radiazioni è stato riparato in circa 15 ore a 30 °C su agar tellurite polymyxin egg yolk (TPEY), privo di antibiotici. Quando le spore di *C. botulinum* vengono danneggiate da ipoclorito, i siti di germinazione della L-alanina risultano alterati e occorrono concentrazioni maggiori di alanina per consentire il recupero[39]. I siti di germinazione della L-alanina possono essere attivati dal lattato e le spore trattate con ipoclorito possono germinare per azione di lisozima e ciò dimostra che il cloruro rimuove il rivestimento proteico[40]. (Per maggiori dettagli sul danneggiamento delle spore si rimanda al lavoro di Foegeding e Busta[38].)

I lieviti stressati da trattamenti termici subletali sono inibiti da alcuni oli essenziali (spezie a basse concentrazioni, per esempio 25 ppm)[24]. Gli oli delle spezie influenzano la dimensione delle colonie e la produzione di pigmenti.

Speck e colleghi[123] e Hartman e colleghi[49] hanno messo a punto speciali procedure di piastramento per consentire la riparazione del danno e la successiva enumerazione in un unico passaggio. Le procedure sono basate su una tecnica di piastramento su agar sovrapposto. Dapprima, su uno strato di TSA vengono seminati i microrganismi danneggiati; dopo 1 o 2 ore di incubazione a 25 °C, per consentire il recupero delle cellule, lo strato di TSA viene ricoperto con VRBA e incubato a 35 °C per 24 ore. Il metodo della sovrapposizione di Hartman e colleghi prevede l'uso di VRBA modificato. Naturalmente, questa tecnica può essere impiegata con altri terreni selettivi ed è stata raccomandata per il recupero dei coliformi. Con questo metodo i coliformi vengono piastrati su TSA e incubati a 35 °C per 2 ore e, successivamente, viene sovrapposto lo strato di VRBA.

Comparando 18 terreni solidi e 7 brodi di arricchimento per il recupero di cellule di *Vibrio parahaemolyticus* danneggiate dal calore, Beuchat e Lechowich[13] hanno osservato che i terreni solidi più efficaci erano water blue-alizarin, yellow agar e arabinose-ammonium-sulfate-chocolate agar, mentre il brodo di arricchimento più adatto era arabinose-ethyl violet.

10.11.2 Meccanismi di recupero

Sia il piruvato sia la catalasi degradano i perossidi e ciò indica che le cellule metabolicamente danneggiate sono prive di tale capacità. L'incapacità delle cellule di *E. coli* danneggiate dal calore di crescere in un determinato terreno, sia quando piastrate in superficie sia quando seminate per inclusione[47], può essere spiegata dalla perdita di perossidasi.

Numerosi ricercatori hanno osservato che il danno metabolico è accompagnato da alterazioni della membrana cellulare, dei ribosomi, del DNA o degli enzimi; in particolare, la membrana sembra essere la struttura cellulare più colpita[55]. I componenti lipidici della membrana sono gli obiettivi principali, soprattutto se il danno è causato dal calore; il danno ai ribosomi sarebbe invece dovuto alla perdita di Mg^{2+} e non all'azione diretta del calore[57]. D'altra parte, al microscopio elettronico sono state osservate zone prive di ribosomi nelle cellule di *S. aureus* danneggiate dal calore[64]. Dopo riscaldamento prolungato a 50 °C, non è stato praticamente individuato nessun ribosoma; inoltre, le cellule erano caratterizzate dalla comparsa di vescicole superficiali e da ingrossamento delle membrane interne[64]. Nelle cellule di *S. aureus* danneggiate dall'esposizione ad acidi (quali acetico, cloridrico e lattico) a 37 °C è stata osservata la riduzione dell'attività della coagulasi e della nucleasi termostabile[132]. Sebbene il danno provocato dagli acidi non interessasse le membrane cellulari, la sintesi dell'RNA risultava alterata. (Per ulteriori informazioni sul danneggiamento cellulare e sulle metodiche di recupero, si veda il riferimento bibliografico 4.)

10.12 Microrganismi vitali ma non coltivabili

In determinate condizioni e in alcuni ambienti, i risultati della conta standard in piastra possono suggerire l'assenza di unità formanti colonie o valori di popolazione vitale considerevolmente più bassi di quelli reali. Sebbene ciò possa sembrare il risultato di uno dei danni metabolici descritti, queste cellule vitali ma non coltivabili (VBNC, *viable but nonculturable cells*) si trovano, in realtà, in uno stato diverso da quello delle cellule danneggiate. Per esempio, piastrate in un terreno non selettivo privo di inibitori, le cellule metabolicamente danneggiate possono recuperare la propria funzionalità, mentre ciò non accade per le VBNC.

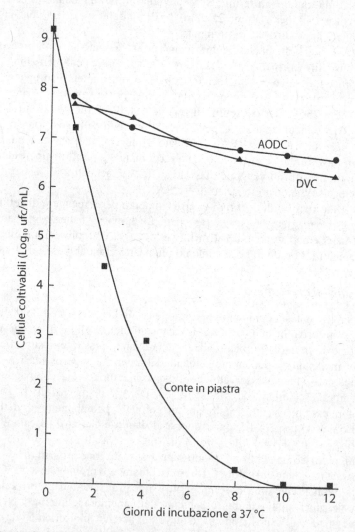

Figura 10.3 Determinazione quantitativa della vitalità di *Campylobacter* quale indice di vitalità della microflora stabile presente in acque correnti. Confronto tra: conta in piastra (5% di sheep blood agar) (■), DVC (basata sulla sintesi proteica in assenza di replicazione del DNA) (▲) e AODC (●). (Da Rollins e Colwell[109], copyright © 1986 American Society for Microbiology)

La condizione VBNC è stata osservata per la prima volta nei vibrioni marini, che risultavano difficili da coltivare in acqua marina durante i mesi invernali. È noto che un abbassamento della temperatura fino a circa 5 °C induce le cellule a passare in questo stato. In uno dei primi studi su *Campylobacter jejuni*, le cellule in fase log avevano quasi sempre forma a spirale, mentre quelle in avanzata fase stazionaria avevano per lo più morfologia coccica[109]; a 4 °C lo stato VBNC è stato mantenuto per oltre 4 mesi. Impiegando la conta in piastra standard il numero delle VBNC appariva basso, ma risultava di circa 7 unità logaritmiche più elevato utilizzando la conta vitale diretta (DVC, *direct viable count*) e la conta diretta con arancio acridina (AODC) (figura 10.3).

Le cellule nello stato VBNC hanno morfologia coccica; in uno studio su *V. vulnificus* questa condizione è stata indotta, in acqua di mare artificiale con un ridotto contenuto in nutrienti, dopo 27 giorni a 5 °C [86]. In un'altra ricerca lo stato VBNC è stato indotto in *V. vulnificus* nei 7 giorni successivi all'abbassamento della temperatura fino a 5 °C [91]. Riportando la temperatura a valori di circa 21 °C, la rivitalizzazione ha luogo in genere entro 24 ore[92]. Tra i cambiamenti che si verificano all'interno della cellula, quando il microrganismo entra nello stato di non coltivabilità, vi sono quelli legati alla sintesi cellulare di lipidi e proteine. Si è osservato che, riducendo la temperatura da 23 a 13 °C, il tempo di generazione di *V. vulnificus* aumentava da 3,0 a 13,1 ore e venivano sintetizzate 40 nuove proteine[78]. È stato inoltre dimostrato che quando *V. vulnificus* si trova in uno stato vitale ma non coltivabile esso è in grado di conservare la propria virulenza, sebbene in misura ridotta[91]. La condizione VBNC è stata accertata anche in *Salmonella* Enteritidis, *Shigella*, *Vibrio cholerae* e *E. coli* enteropatogeno. Sebbene i risultati di uno studio suggeriscano che *E. coli* O157:H7 sia in grado di entrare nello stato VBNC in acqua[130], in un altro studio i ricercatori non sono riusciti a indurre tale stato in diversi batteri enterici, tra i quali *E. coli*[18].

Utilizzando una coltura di *Pseudomonas fluorescens* marcata con una proteina fluorescente verde, le cellule che venivano stressate a 37,5 °C ed entravano nello stato VBNC emettevano fluorescenza di intensità pari al 50% circa di quella delle cellule non stressate, mentre le cellule che entravano nello stato VBNC dopo mancanza di nutrienti, presentavano fluorescenza di intensità pari al 90-120% rispetto alle cellule non private di nutrienti[71]. Poiché le cellule morte non emettono fluorescenza, si può dedurre che lo stato VBNC è una condizione nella quale le cellule mantengono la propria vitalità. Quando *Vibrio harveyi* e *V. fischeri* sono stati indotti a entrare nello stato di non coltivabilità limitando la concentrazione di nutrienti, entrambe le specie hanno perso la capacità di emettere luminescenza, ma l'hanno riacquistata al cessare della condizione limitante, dopo aggiunta di nutrienti[103].

Bibliografia

1. Alcock SJ, Hall LP, Blanchard JH (1987) Methylene blue test to assess the microbial contamination of frozen peas. *Food Microbiol*, 4: 3-10.
2. Allwood MC, Russell AD (1967) Mechanism of thermal injury in Staphylococcus aureus. I. Relationship between viability and leakage. *Appl Microbiol*, 15: 1266-1269.
3. Anderson KL, Fung DYC (1983) Anaerobic methods, techniques and principles for food bacteriology: A review. *J Food Protect*, 46: 811-822.
4. Andrew MHE, Russell AD (1984) *The Revival of Injured Microbes*. Academic Press, London.
5. Andrews WH, Wilson CR, Poelma PL, Romero A, Rude RA, Duran AP, McClure FD, Gentile DE (1978) Usefulness of the Stomacher in a microbiological regulatory laboratory. *Appl Environ Microbiol*, 35: 89-93.

6. Angelotti R, Foter MJ (1958) A direct surface agar plate laboratory method for quantitatively detecting bacterial contamination on nonporous surfaces. *Food Res*, 23: 170-174.

7. Angelotti R, Wilson JL, Litsky W, Walter WG (1964) Comparative evaluation of the cotton swab and rodac methods for the recovery of Bacillus subtilis spore contamination from stainless steel surfaces. *Health Lab Sci*, 1: 289-296.

8. Association of Official Analytical Chemists (1983) Enumeration of coliforms in selected foods. Hydrophobic grid membrane filter method, official first action. *J Assoc Off Anal Chem*, 66: 547-548.

9. Austin BL, Thomas B (1972) Dye reduction tests on meat products. *J Sci Food Agric*, 23: 542.

10. Barach JT, Flowers RS, Adams DM (1975) Repair of heat-injured Clostridium perfringens spores during outgrowth. *Appl Microbiol*, 30: 873-875.

11. Betts RP, Bankes P, Board JG (1989) Rapid enumeration of viable micro-organisms by staining and direct microscopy. *Lett Appl Microbiol*, 9: 199-202.

12. Beuchat LR (ed) (1987) *Food and Beverage Mycology* (2nd ed). Kluwer Academic Publishers, New York.

13. Beuchat LR, Lechowich RV (1968) Effect of salt concentration in the recovery medium on heat-injured Streptococcus faecalis. *Appl Microbiol*, 16: 772-776.

14. Brewer DG, Martin SE, Ordal ZJ (1977) Beneficial effects of catalase or pyruvate in a most-probable-number technique for the detection of Staphylococcus aureus. *Appl Environ Microbiol*, 34: 797-800.

15. Brodsky MH, Entis P, Sharpe AN, Jarvis GA (1982) Enumeration of indicator organisms in foods using the automated hydrophobic grid membrane filter technique. *J Food Protect*, 45: 292-296.

16. Beuchat LR, Copeland F, Curiale MS, Danisavich D, Ganger V, King BW, Lawlis TL, Likin RO, Owkusoa J, Smith CE, Townsend DE (1998) Comparison of SimPlate total plate count method with Petrifilm, Redigel, and conventional pour-plate methods for enumerating aerobic microorganisms in foods. *J Food Protect*, 61: 14-18.

17. Brodsky MH, Entis P, Entis MP, Sharpe AN, Jarvis GA (1982) Determination of aerobic plate and yeast and mold counts in foods using an automated hydrophobic grid membrane filter technique. *J Food Protect*, 45: 301-304.

18. Bogosian G, Morris PJL, O'Neil JP (1998) A mixed culture recovery method indicates that enteric bacteria do not enter the viable but nonculturable state. *Appl Environ Microbiol*, 64: 1736-1742.

19. Brodsky MH, Boleszczuk P, Entis P (1982) Effect of stress and resuscitation on recovery of indicator bacteria from foods using hydrophobic grid-membrane filtration. *J Food Protect*, 45: 1326-1331.

20. Busta FF (1976) Practical implications of injured microorganisms in food. *J Milk Food Technol*, 39: 138-145.

21. Chain VS, Fung DYC (1991) Comparison of Redigel, Petrifilm, Spiral plate system, Isogrid, and aerobic plate count for determining the numbers of aerobic bacteria in selected foods. *J Food Protect*, 54: 208-211.

22. Clark DS (1965) Method of estimating the bacterial population of surfaces. *Can J Microbiol*, 11: 407-413.

23. Clark DS (1965) Improvement of spray gun method of estimating bacterial populations on surfaces. *Can J Microbiol*, 11: 1021-1022.

24. Conner DE, Beuchat LR (1984) Sensitivity of heat-stressed yeasts to essential oils of plants. *Appl Environ Microbiol*, 47: 229-233.

25. Cordray JC, Huffman DL (1985) Comparison of three methods for estimating surface bacteria on pork carcasses. *J Food Protect*, 48: 582-584.

26. Cormier A, Chiasson S, Léger A (1993) Comparison of maceration and enumeration procedures for aerobic count in selected seafoods by standard method, Petrifilm, Redigel, and Isogrid. *J Food Protect*, 56: 249-255.

27. Cousin MA (1982) Evaluation of a test strip used to monitor food processing sanitation. *J Food Protect*, 45: 615-619, 623.

28. de Figueiredo MP, Jay JM (1976) Coliforms, enterococci, and other microbial indicators. In: de Figueiredo MP, Splittstoesser DF (eds) *Food Microbiology: Public Health and Spoilage Aspects*. Kluwer Academic Publishers, New York, pp. 271-297.

29. Dodsworth PJ, Kempton AG (1977) Rapid measurement of meat quality by resazurin reduction. II. Industrial application. *Can Inst Food Sci Technol J*, 10: 158-160.

30. Donnelly CB, Gilchrist JE, Peeler JT, Campbell JE (1976) Spiral plate count method for the examination of raw and pasteurized milk. *Appl Environ Microbiol*, 32: 21-27.

31. Downes FP, Ito K (eds) (2001) *Compendium of Methods for the Microbiological Examination of Foods*. American Public Health Association, Washington, DC.

32. Entis P (1985) Rapid hydrophobic grid membrane filter method for Salmonella detection in selected foods. *J Assoc Off Anal Chem*, 68: 555-564.

33. Entis P (1983) Enumeration of coliforms in non-fat dry milk and canned custard by hydrophobic grid membrane filter method: Collaborative study. *J Assoc Off Anal Chem*, 66: 897-904.

34. Entis P, Lerner I (1998) Enumeration of β-glucuronidase-positive Escherichia coli in foods by using the ISO-GRID method with SD-39 agar. *J Food Protect*, 61: 913-916.

35. Favero MS, McDade JJ, Robertsen JA, Hoffman RK, Edwards RW (1968) Microbiological sampling of surfaces. *J Appl Bacteriol*, 31: 336-343.

36. FDA (1995) *Bacteriological Analytical Manual* (8th ed) Association of Official Analytical Chemists Int, McLean, VA.

37. Flowers RS, Martin SE, Brewer DG, Ordal ZJ (1977) Catalase and enumeration of stressed Staphylococcus aureus cells. *Appl Environ Microbiol*, 33: 1112-1117.

38. Foegeding PM, Busta FF (1981) Bacterial spore injury – An update. *J Food Protect*, 44: 776-786.

39. Foegeding PM, Busta FF (1983) Proposed role of lactate in germination of hypochlorite-treated Clostridium botulinum spores. *Appl Environ Microbiol*, 45: 1369-1373.

40. Foegeding PM, Busta FF (1983) Proposed mechanism for sensitization by hypochlorite treatment of Clostridium botulinum spores. *Appl Environ Microbiol*, 45: 1374-1379.

41. Fung DYC, Lee CY, Kastner CL (1980) Adhesive tape method for estimating microbial load on meat surfaces. *J Food Protect*, 43: 295-297.

42. Fung DY, VandenBosch LL (1975) Repair, growth, and enterotoxigenesis of Staphylococcus aureus S-6 injured by freeze-drying. *J Milk Food Technol*, 38: 212-218.

43. Garvie EI, Rowlands A (1952) The role of micro-organisms in dye-reduction and keeping-quality tests. II. The effect of micro-organisms when added to milk in pure and mixed culture. *J Dairy Res*, 19: 263-274.

44. Gilchrist JE, Campbell JE, Donnelly CB, Peeler JT, Delany JM (1973) Spiral plate method for bacterial determination. *Appl Microbiol*, 25: 244-252.

45. Ginn RE, Packard VS, Fox TL (1984) Evaluation of the 3M dry medium culture plate (Petrifilm SM) method for determining numbers of bacteria in raw milk. *J Food Protect*, 47: 753-755.

46. Gunderson MF, Rose KD (1948) Survival of bacteria in a precooked, fresh-frozen food. *Food Res*, 13: 254-263.

47. Harries D, Russell AD (1966) Revival of heat-damaged Escherichia coli. *Experientia*, 22: 803-804.

48. Harris ND (1963) The influence of the recovery medium and the incubation temperature on the survival of damaged bacteria. *J Appl Bacteriol*, 26: 387-397.

49. Hartman PA, Hartman PS, Lanz WW (1975) Violet red bile 2 agar for stressed coliforms. *Appl Microbiol*, 29: 537-539.

50. Hartsell SE (1951) The longevity and behavior of pathogenic bacteria in frozen foods: The influence of plating media. *Am J Public Health*, 41: 1072-1077.

51. Hedges AJ, Shannon R, Hobbs RP (1978) Comparison of the precision obtained in counting viable bacteria by the spiral plate maker, the droplette and the Miles and Misra methods. *J Appl Bacteriol*, 45: 57-65.

52. Hobbie JE, Daley RJ, Jasper S (1977) Use of nucleopore filters for counting bacteria by fluorescence microscopy. *Appl Environ Microbiol*, 33: 1225-1228.

53. Holah JT, Betts RP, Thorpe RH (1988) The use of direct epifluorescent microscopy (DEM) and the direct epifluorescent filter technique (DEFT) to assess microbial populations on food contact surfaces. *J Appl Bacteriol*, 65: 215-221.

54. Holley RA, Smith SM, Kempton AG (1977) Rapid measurement of meat quality by resazurin reduction. I. Factors affecting test validity. *Can Inst Food Sci Technol J*, 10: 153-157.

55. Hurst A (1977) Bacterial injury: A review. *Can J Microbiol*, 23: 935-944.

56. Hurst A, Hendry GS, Hughes A, Paley B (1976) Enumeration of sublethally heated staphylococci in some dried foods. *Can J Microbiol*, 22: 677-683.

57. Hurst A, Hughes A (1978) Stability of ribosomes of Staphylococcus aureus S-6 sublethally heated in different buffers. *J Bacteriol*, 133: 564-568.

58. Hurst A, Hughes A, Beare-Rogers JL, Collins-Thompson DL (1973) Physiological studies on the recovery of salt tolerance by Staphylococcus aureus after sublethal heating. *J Bacteriol*, 116: 901-907.

59. Hurst A, Hughes A, Collins-Thompson DL, Shah BG (1974) Relationship between loss of magnesium and loss of salt tolerance after sublethal heating of Staphylococcus aureus. *Can J Microbiol*, 20: 1153-1158.

60. Hutcheson TC, McKay T, Farr L, Seddon B (1988) Evaluation of the stain Viablue for the rapid estimation of viable yeast cells. *Lett Appl Microbiol*, 6: 85-88.

61. Jackson RW, Osborne K, Barnes G, Jolliff C, Zamani D, Roll B, Stillings A, Herzog D, Cannon S, Loveland S (2000) Multiregional evaluation of the SimPlate heterotrophic plate count method compared to the standard plate count agar pour plate method in water. *Appl Environ Microbiol*, 66: 453-454.

62. Jarvis B, Lach VH, Wood JM (1977) Evaluation of the spiral plate maker for the enumeration of micro-organisms in foods. *J Appl Bacteriol*, 43: 149-157.

63. Jay JM, Margitic S (1979) Comparison of homogenizing, shaking, and blending of the recovery of microorganisms and endotoxins from fresh and frozen ground beef as assessed by plate counts and the Limulus amoebocyte lysate test. *Appl Environ Microbiol*, 38: 879-884.

64. Jones SB, Palumbo SA, Smith JL (1983) Electron microscopy of heat-injured and repaired Staphylococcus aureus. *J Food Safety*, 5: 145-157.

65. Juffs HS, Babel FJ (1975) Rapid enumeration of psychrotrophic bacteria in raw milk by the microscopic colony count. *J Milk Food Technol*, 38: 333-336.

66. Knabel SJ, Walker HW, Kraft AA (1987) Enumeration of fluorescent pseudomonads on poultry by using the hydrophobic-grid membrane filter method. *J Food Sci*, 52: 837-841, 845.

67. Koch HA, Bandler R, Gibson RR (1986) Fluorescence microscopy procedure for quantification of yeasts in beverages. *Appl Environ Microbiol*, 52: 599-601.

68. Koller W (1984) Recovery of test bacteria from surfaces with a simple new swab-rinse technique: A contribution to methods for evaluation of surface disinfectants. *Zent Bakteriol Hyg I Orig B*, 179: 112-124.

69. Konuma H, Suzuki A, Kurata H (1982) Improved Stomacher 400 bag applicable to the spiral plate system for counting bacteria. *Appl Environ Microbiol*, 44: 765-769.

70. Lee AC, Goepfert JM (1975) Influence of selected solutes on thermally induced death and injury of Salmonella typhimurium. *J Milk Food Technol*, 38: 195-200.

71. Lowder M, Unge A, Maraha N, Jansson JK, Swiggett J, Oliver JD (2000) Effect of starvation and the viable but-nonculturable state on green fluorescent protein (GFP) fluorescence in GFP-tagged Pseudomonas fluorescens A506. *Appl Environ Microbiol*, 66: 3160-3165.

72. P. Murray, Baron E, Jorgensen J, Pfaller M, Yolken M (eds) (2003) *Manual of Clinical Microbiology* (8th ed). ASM Press, Washington, DC.

73. Marshall RT (ed) (1993) *Standard Methods for the Examination of Dairy Products* (16th ed). American Public Health Association, Washington, DC.

74. Martin SE, Flowers RS, Ordal ZJ (1976) Catalase: Its effect on microbial enumeration. *Appl Environ Microbiol*, 32: 731-734.

75. Matner RR, Fox TL, McIver DE, Curiale MS (1990) Efficacy of Petrifilm™ count plates for E. coli and coliform enumeration. *J Food Protect*, 53: 145-150.

76. Maxcy RB (1973) Condition of coliform organisms influencing recovery of subcultures on selective media. *J Milk Food Technol*, 36: 414-416.

77. McDonald LC, Hackney CR, Ray B (1983) Enhanced recovery of injured Escherichia coli by compounds that degrade hydrogen peroxide or block its formation. *Appl Environ Microbiol*, 45: 360-365.

78. McGovern VP, Oliver JD (1995) Induction of cold-responsive proteins in Vibrio vulnificus. *J Bacteriol*, 177: 4131-4133.

79. ICMSF (1982) *Microorganisms in Foods – Their Significance and Methods of Enumeration*, vol. 1, (2nd ed). University of Toronto Press, Toronto.

80. ICMSF (1986) *Microorganisms in Foods – Sampling for Microbiological Analysis: Principles and Specific Applications*, vol. 2, (2nd ed). University of Toronto Press, Toronto.

81. Moats WA, Dabbah R, Edwards VM (1971) Survival of Salmonella anatum heated in various media. *Appl Microbiol*, 21: 476-481.

82. Mossel DAA, Kampelmacher EH, Van Noorle Jansen LM (1966) Verification of adequate sanitation of wooden surfaces used in meat and poultry processing. *Zent Bakteriol Parasiten Infek Hyg Abt I*, 201: 91-104.

83. Neal ND, Walker HW (1977) Recovery of bacterial endospores from a metal surface after treatment with hydrogen peroxide. *J Food Sci*, 42: 1600-1602.

84. Nelson CL, Fox TL, Busta FF (1984) Evaluation of dry medium film (Petrifilm VRB) for coliform enumeration. *J Food Protect*, 47: 520-525.

85. Nelson FE (1943) Factors which influence the growth of heat-treated bacteria. I. A comparison of four agar media. *J Bacteriol*, 45: 395-403.

86. Nilsson L, Oliver JD, Kjelleberg S (1991) Resuscitation of Vibrio vulnificus from the viable but nonculturable state. *J Bacteriol*, 173: 5054-5059.

87. Niskanen A, Pohja MS (1977) Comparative studies on the sampling and investigation of microbial contamination of surfaces by the contact plate and swab methods. *J Appl Bacteriol*, 42: 53-63.

88. Nortje GL, Swanepoel E, Naude RT, Holzapfel WH, Steyn PL (1982) Evaluation of three carcass surface microbial sampling techniques. *J Food Protect*, 45: 1016-1017, 1021.

89. AOAC (1995) *Official Methods of Analysis*, vol. I, (16th ed). Association of Official Analytical Chemists, Arlington, VA.

90. Ølgaard K (1977) Determination of relative bacterial levels on carcasses and meats – A new quick method. *J Appl Bacteriol*, 42: 321-329.

91. Oliver JD, Bockian R (1995) In vivo resuscitation, and virulence towards mice, of viable but nonculturable cells of Vibrio vulnificus. *Appl Environ Microbiol*, 61: 2620-2623.

92. Oliver JD, Hite F, McDougald D, Andon NL, Simpson LM (1995) Entry into, and resuscitation from, the viable but nonculturable state by Vibrio vulnificus in an estuarine environment. *Appl Environ Microbiol*, 61: 2624-2630.

93. Patterson JT (1971) Microbiological assessment of surfaces. *J Food Technol*, 6: 63-72.

94. Peeler JT, Gilchrist JE, Donnelly CB, Campbell JE (1977) A collaborative study of the spiral plate method for examining milk samples. *J Food Protect*, 40: 462-464.

95. Pettipher GL (1983) *The Direct Epifluorescent Filter Technique for the Rapid Enumeration of Microorganisms*. Wiley, New York.

96. Pettipher GL, Fulford RJ, Mabbitt LA (1983) Collaborative trial of the direct epifluorescent filter technique (DEFT), a rapid method for counting bacteria in milk. *J Appl Bacteriol*, 54: 177-182.

97. Pettipher GL, Mansell R, McKinnon CH, Cousins CM (1980) Rapid membrane filtration-epifluorescent microscopy technique for direct enumeration of bacteria in raw milk. *Appl Environ Microbiol*, 39: 423-429.

98. Pettipher GL, Rodrigues UM (1981) Rapid enumeration of bacteria in heat-treated milk and milk products using a membrane filtration-epifluorescent microscopy technique. *J Appl Bacteriol*, 50: 157-166.

99. Pettipher GL, Rodrigues UM (1982) Rapid enumeration of microorganisms in foods by the direct epifluorescent filter technique. *Appl Environ Microbiol*, 44: 809-813.

100. Pettipher GL, Williams RA, Gutteridge CS (1985) An evaluation of possible alternative methods to the Howard mould count. *Lett Appl Microbiol*, 1: 49-51.

101. Postgate JR, Hunter JR (1963) Metabolic injury in frozen bacteria. *J Appl Bacteriol*, 26: 405-414.

102. Puleo JR, Favero MS, Petersen NJ (1967) Use of ultrasonic energy in assessing microbial contamination on surfaces. *Appl Microbiol*, 15: 1345-1351.

103. Ramaiah N, Ravel J, Straube WL, Hill RT, Colwell RR (2002) Entry of Vibrio harveyi and Vibrio fischeri into the viable but nonculturable state. *J Appl Microbiol*, 93: 108-116.

104. Rao DN, Murthy VS (1986) Rapid dye reduction tests for the determination of microbiological quality of meat. *J Food Technol*, 21: 151-157.

105. Reyniers JA (1935) Mechanising the viable count. *J Pathol Bacteriol*, 40: 437-454.

106. Rodrigues UM, Kroll RG (1989) Microcolony epifluorescence microscopy for selective enumeration of injured bacteria in frozen and heat-treated foods. *Appl Environ Microbiol*, 55: 778-787.

107. Rodrigues UM, Kroll RG (1988) Rapid selective enumeration of bacteria in foods using a microcolony epifluorescence microscopy technique. *J Appl Bacteriol*, 64: 65-78.

108. Rodrigues UM, Kroll RG (1985) The direct epifluorescent filter technique (DEFT): Increased selectivity, sensitivity and rapidity. *J Appl Bacteriol*, 59: 493-499.

109. Rollins DM, Colwell RR (1986) Viable but nonculturable stage of Campylobacter jejuni and its role in survival in the natural aquatic environment. *Appl Environ Microbiol*, 52: 531-538.

110. Rowley DB, Firstenberg-Eden R, Shattuck GE (1983) Radiation-injured Clostridium botulinum type E spores: Outgrowth and repair. *J Food Sci*, 48: 1829-1831, 1848.

111. Saffle RL, May KN, Hamid HA, Irby JD (1961) Comparing three rapid methods of detecting spoilage in meat. *Food Technol*, 15: 465-467.

112. Scott E, Bloomfield SF, Barlow CG (1984) A comparison of contact plate and calcium alginate swab techniques of environmental surfaces. *J Appl Bacteriol*, 56: 317-320.

113. Sharpe AN, Harshman GC (1976) Recovery of Clostridium perfringens, Staphylococcus aureus, and molds from foods by the Stomacher: Effect of fat content, surfactant concentration, and blending time. *Can Inst Food Sci Technol J*, 9: 30-34.

114. Sharpe AN, Jackson AK (1972) Stomaching:Anewconcept in bacteriological sample preparation. *Appl Microbiol*, 24: 175-178.

115. Sharpe AN, Kilsby DC (1971) Arapid, inexpensive bacterial count technique using agar droplets. *J Appl Bacteriol*, 34: 435-440.

116. Sharpe AN, Diotte MP, Dudas I, Malcolm S, Peterkin PI (1983) Colony counting on hydrophobic grid-membrane filters. *Can J Microbiol*, 29: 797-802.

117. Sharpe AN, Peterkin PI, Malik N (1979) Improved detection of coliforms and Escherichia coli in foods by a membrane filter method. *Appl Environ Microbiol*, 38: 431-435.

118. Sharpe AN, Michaud GL (1974) Hydrophobic grid-membrane filters: New approach to microbiological enumeration. *Appl Microbiol*, 28: 223-225.

119. Sharpe AN, Michaud GL (1975) Enumeration of high numbers of bacteria using hydrophobic grid membrane filters. *Appl Microbiol*, 30: 519-524.

120. Shaw BG, Harding CD, Hudson WH, Farr L (1987) Rapid estimation of microbial numbers on meat and poultry by direct epifluorescent filter technique. *J Food Protect*, 50: 652-657.

121. Silliker JH, Gabis DA, May A (1979) ICMSF methods studies. XI. Collaborative/comparative studies on determination of coliforms using the most probable number procedure. *J Food Protect*, 42: 638-644.

122. Smith JL, Benedict RC, Haas M, Palumbo SA (1983) Heat injury in Staphylococcus aureus 196E: Protection by metabolizable and non-metabolizable sugars and polyols. *Appl Environ Microbiol*, 46: 1417-1419.

123. Speck ML, Ray B, Read RB Jr (1975) Repair and enumeration of injured coliforms by a plating procedure. *Appl Microbiol*, 29: 549-550.

124. Szabo RA, Todd ECD, Jean A (1986) Method to isolate Escherichia coli O157:H7 from food. *J Food Protect*, 49: 768-772.

125. ten Cate L (1963) An easy and rapid bacteriological control method in meat processing industries using agar sausage techniques in Rilsan artificial casing. *Fleischwarts*, 15: 483-486.

126. Todd ECD, Szabo RA, Peterkin P, Sharpe AN, Parrington L, Bundle D, Gidney MAJ, Perry MB (1988) Rapid hydrophobic grid membrane filter-enzyme-labeled antibody procedure for identification and enumeration of Escherichia coli O157 in foods. *Appl Environ Microbiol*, 54: 2526-2540.

127. Tomlins RI, Pierson MD, Ordal ZJ (1971) Effect of thermal injury on the TCA cycle enzymes of Staphylococcus aureus MF 31 and Salmonella Typhimurium 7136. *Can J Microbiol*, 17: 759-765.

128. Trotman RE (1971) The automatic spreading of bacterial culture over a solid agar plate. *J Appl Bacteriol*, 34: 615-616.

129. Tuttlebee JW (1975) The Stomacher – Its use for homogenization in food microbiology. *J Food Technol*, 10: 113-122.

130. Wang G, Doyle MP (1998) Survival of enterohemorrhagic Escherichia coli O157:H7 in water. *J Food Protect*, 61: 662-667.

131. Woodward RL (1957) How probable is the most probable number? *J Am Water Works Assoc*, 49: 1060-1068.

132. Zayaitz AEK, Ledford RA (1985) Characteristics of acid-injury and recovery of Staphylococcus aureus in a model system. *J Food Protect*, 48: 616-620.

Capitolo 11

Saggi e metodi chimici, biochimici e fisici

La maggior parte dei metodi trattati in questo capitolo per la ricerca e la caratterizzazione dei microrganismi sono stati sviluppati a partire dal 1960. Molti possono essere utilizzati per stimare il numero di cellule o la quantità di sottoprodotti cellulari. Diversamente dalla conta diretta al microscopio, gran parte dei metodi discussi di seguito si basa sull'attività metabolica dei microrganismi su specifici substrati, sulla valutazione della crescita, sulla determinazione di alcuni componenti cellulari – inclusi gli acidi nucleici – oppure sulla combinazione di queste tecniche.

11.1 Metodi chimici

I metodi presentati in questo paragrafo sono utilizzati principalmente per rilevare, enumerare o identificare microrganismi di origine alimentare o loro prodotti:

- nucleasi termostabile (per *Staphylococcus aureus*);
- *Limulus* amoebocyte lysate test (LAL Test) (per batteri Gram-negativi);
- determinazione del contenuto di ATP (per cellule vive);
- radiometria;
- substrati fluorogenici/cromogenici (per identificare/differenziare ceppi o specie microbiche).

La sensibilità relativa di questi metodi, confrontata con quella di altri metodi discussi in questo capitolo, è presentata in tabella 11.1.

11.1.1 Nucleasi termostabile

Concentrazioni significative di *S. aureus* negli alimenti possono essere determinate dalla presenza di nucleasi termostabile (DNAsi); ciò è possibile grazie all'elevata correlazione esistente tra produzione di coagulasi e nucleasi termostabile da parte dei ceppi di questo microrganismo, in particolare di quelli enterotossigeni. Per esempio, in uno studio condotto su 250 ceppi enterotossigeni, 232 (93%) sono risultati produttori di coagulasi e 242 (95%) di nucleasi termostabile[118]. Altre specie microbiche, diverse da *S. aureus*, in grado di produrre DNAsi sono trattate nel capitolo 23.

L'analisi degli alimenti per rilevare la presenza di questi enzimi è stata condotta per la prima volta da Chesbro e Auborn[32], impiegando un metodo spettrofotometrico per la determinazione della nucleasi. Questi ricercatori hanno dimostrato che, nei sandwich di prosciut-

Tabella 11.1 Livelli minimi di tossine o microrganismi rilevabili con metodi biologici, chimici e fisici

Metodi	Microrganismo o tossina	Sensibilità
Citometria a flusso	S. Typhimurium in latte	10^3/mL in 40 minuti, 10/mL dopo 6 ore in terreno di arricchimento non selettivo
Impedenza	Coliformi nelle carni	10^3/g in 6,5 ore
	Coliformi in terreni di coltura	10 in 3,8 ore
Microcalorimetria	Cellule di S. aureus	2 cellule in 12-13 ore
	S. aureus	Minimo HPR* ~10^4 cellule/mL
Misura dell'ATP	Carcasse bovine	10^2/cm^2 in ~5 minuti
Radiometria	Popolazione microbica di succo d'arancia congelato	10^4 cellule/g in 6-10 ore
	Coliformi nell'acqua	1-10 cellule in 6 ore
Anticorpi fluorescenti	Salmonelle	10^6 cellule/mL
	Enterotossina stafilococcica B	~50 ng/mL
Nucleasi termostabile	Isolata da S. aureus	10 ng/g
	Isolata da S. aureus	2,5-5 ng
LAL Test	Endotossine di Gram-negativi	2-6 pg di LPS di E. coli
Radioimmunologia	Enterotossine stafilococciche di tipo A, B, C, D ed E negli alimenti	0,5-1,0 ng/g
	Enterotossina B stafilococcica in latte in polvere scremato	2,2 ng/mL
	Enterotossina A e B stafilococcica	0,1 ng/mL per A; 0,5 ng/mL per B
	Enterotossina C2 stafilococcica	100 pg
	Enterotossina ST$_a$ di E. coli	50-500 pg/tubo
	Aflatossina M$_1$ nel latte	0,5 ng/mL
	Ocratossina A	20 ppb
	Cellule batteriche	50-1.000 cellule in 8-10 minuti
	Aflatossina B$_1$ in mais, frumento, burro di arachidi	6 ng/g
	Deossinivalenolo in mais, frumento	20 ng/g
Elettroimmunodiffusione	Enterotossina di C. perfringens	10 ng
	Tossine botuliniche	Nel topo 3,7-5,6 LD$_{50}$/0,1 mL
Micro-Ouchterlony	Enterotossina A e B stafilococcica	10-100 ng/mL
	Tossina di C. perfringens di tipo A	500 ng/mL
Fago *lux*	*Listeria monocytogenes*	<1 cell/g di alimento
Emolisi immuno-passiva	Enterotossina LT di E. coli	<100 ng
Emoagglutinazione	Enterotossina di B. cereus	4 ng/mL
Agglutinazione al lattice	Enterotossina LT di E. coli	32 ng/mL
Immunodiffusione radiale singola	Enterotossine di S. aureus	0,3 µg/mL
Inibizione della emoagglutinazione	Enterotossina stafilococcica B	1,3 ng/mL
Emoagglutinazione passiva inversa	Enterotossina stafilococcica B	1,5 ng/mL
	Tossina di tipo A di C. perfringens	1 ng/mL

segue

segue **Tabella 11.1**

Metodi	Microrganismo o tossina	Sensibilità
ELISA	Enterotossina stafilococcica A in würstel	0,4 ng
	Enterotossine stafilococciche A, B e C negli alimenti	0,1 ng/mL
	Enterotossine stafilococciche A, B, C, D e E negli alimenti	$\geq 0,1$ ng/g
	Tossina botulinica di tipo A	~ 9 topi LD_{50}/mL con anticorpi monoclonali
	Tossina botulinica di tipo A	50-100 topi LD_{50} i.p.
	Tossina botulinica di tipo E	100 topi LD_{50}
	Aflatossina B_1	25 pg/test
	Aflatossina M_1 nel latte	0,25 ng/mL
	Aflatossina B_1	<1 pg/test
	Salmonelle	10^4-10^5 cellule/mL
	AFB_1	0,2 ng/mL (monoclonali)
	AFB_1	0,4 ng/mL (policlonali)
	AFM_1	1,0 ng/mL (monoclonali)
	Fumonisine in mangimi	250 ng/g
	Zearalenone in mais	1 ng/g
	E. coli O157:H7 in carne macinata	<1 cell/g
	Enterotossina di C. perfringens	1 pg/mL
	AFB_1 in burro di arachidi	2,5 ng/g
	Ocratossina in orzo	1 ng/mL
PCR	E. coli	1-5 cellule/100 mL di H_2O
	E. coli	1 cellula
	L. monocytogenes	1-10 cellule
	V. vulnificus	10^2 ufc/g (ostriche)
	C. perfringens	<1 ufc, 2-6 ore
	Stx1 e Stx2 di E. coli	1 cellula/g in 12 ore
	Tossine da A a E di C. botulinum	10 fg (~ 3 cellule)
	Y. enterocolitica	10-30 ufc/g di carne
Saggio basato sulla PCR in fluorescenza	E. coli	0,5 ufc/g
Real-time PCR	L. monocytogenes	1 cellula
Real-time PCR	Giardia lamblia	1 oociste
PCR-Sistema probelia	Salmonelle negli alimenti	soglia di sensibilità 10^2
RT-PCR	Cryptosporidium parvum	1 oociste/L, 3 ore
PCR Multiplex	Listeria	1-5 ufc/25 g
PCR Multiplex	E. coli O157:H7	<1 ufc/g
PCR in fluorescenza	E. coli	3 ufc/25 g
Separazione immunomagnetica	E. coli O157:H7	<10^3 ufc/g
Nucleazione del ghiaccio	Salmonelle	~ 25/g

* HPR, grado esotermico di produzione del calore.

to, la crescita del numero di cellule era accompagnata dall'aumento della quantità di nucleasi termostabile di origine stafilococcica. Essi hanno inoltre concluso che la presenza di 0,34
unità di nucleasi è sicuramente indicativa di crescita stafilococcica e che, a tale concentrazione, è improbabile sia presente una quantità di enterotossina sufficiente per provocare un'intossicazione alimentare. È stato dimostrato che 0,34 unità corrispondono a $9,5 \times 10^{-3}$ µg di
enterotossine prodotte dal ceppo 234 di *S. aureus*. L'attendibilità dei test sulla nucleasi termostabile, quale indicatore dello sviluppo di *S. aureus*, è stata confermata da altri ricercatori[50].
Nella ricerca dei ceppi enterotossigeni, questo metodo è stato considerato valido quanto i test
sulla coagulasi[146]; un ulteriore studio ha messo in evidenza che tutti gli alimenti contenenti
enterotossine contenevano anche nucleasi termostabile e che questa era presente nella maggior parte degli alimenti con una concentrazione di *S. aureus* di 10^6 cellule per grammo[156];
peraltro questo enzima è prodotto anche da alcuni enterococchi. In uno studio condotto su
latte e prodotti lattiero-caseari, dei 728 enterococchi isolati circa il 30% produceva nucleasi,
ma solo il 4,3% (31) era positivo per la nucleasi termostabile[11].

Il quantitativo medio di nucleasi termostabile prodotto dai ceppi enterotossigeni è minore rispetto a quello prodotto dai ceppi non-enterotossigeni, con valori che uno studio ha individuato, rispettivamente, in 19,4 e 25,5 µg/mL[146]. Per rilevare la presenza di nucleasi sono
sufficienti concentrazioni di 10^5-10^6 cellule/mL, mentre occorrono concentrazioni superiori
a 10^6 cellule/mL per la determinazione delle enterotossine[147]. Durante il recupero di cellule
danneggiate da trattamenti termici in trypticase soy broth (TSB) è stato osservato un aumento della nucleasi, sebbene questa diminuisse in seguito[228]. Tale diminuzione era dovuta alla
presenza di enzimi proteolitici ed è stata annullata dall'aggiunta di inibitori delle proteasi.

L'impiego della nucleasi termostabile quale indicatore dell'attività e dello sviluppo di *S.
aureus* presenta, tra gli altri, i seguenti vantaggi.

1. Grazie alla sua natura termostabile, l'enzima persiste anche se le cellule vengono distrutte da calore, agenti chimici o batteriofagi o se vengono indotte nella forma L.
2. La nucleasi termostabile può essere rilevata più rapidamente rispetto all'enterotossina
   (circa 3 ore anziché 3 giorni)[115].
3. La nucleasi sembra essere prodotta dalle cellule enterotossigene prima delle enterotossine (figura 11.1).
4. La nucleasi può essere rilevata nei campioni alimentari anche se presente in bassa concentrazione, mentre per la rilevazione delle enterotossine è necessario concentrare i campioni.
5. La nucleasi è stabile al calore come le enterotossine.

Sebbene *S. epidermidis* e alcuni micrococchi siano in grado di produrre nucleasi, questa
non è stabile al calore quanto la nucleasi prodotta da *S. aureus*[118]. La nucleasi termostabile
può resistere all'ebollizione per 15 minuti; infatti sono stati rilevati un valore di *D* (D_{130}) pari
a 16,6 minuti in brodo brain-heart infusion (BHI) a pH 8,2 e un valore di *z* uguale a 51[50].

11.1.2 LAL test per il rilevamento di endotossine

I batteri Gram-negativi sono caratterizzati dalla produzione di endotossine; queste consistono di uno strato lipopolisaccaridico (LPS) (membrana esterna) del rivestimento della cellula
e del lipide A, che si trova immerso nello spessore della membrana esterna. Il lipopolisaccaride possiede attività pirogenica ed è responsabile di alcuni sintomi associati alle infezioni
causate dai batteri Gram-negativi. Il LAL test (*Limulus* amoebocyte lysate) prevede l'impiego di un lisato ottenuto dalle cellule (amebociti) del sangue (in realtà emolinfa) di limulo

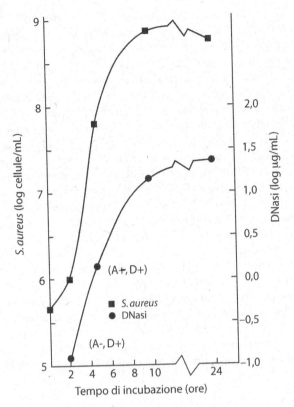

Figura 11.1 Sviluppo di *S. aureus* (196E) e produzione di DNAsi ed enterotossine in brain-heart infusion broth a 37 °C. La DNAsi e l'enterotossina D sono state individuate in 4 ore in una popolazione di 2×10^6, mentre l'enterotossina A è stata trovata dopo 4 ore in una popolazione cellulare più abbondante. La DNAsi è stata rilevata in colture non concentrate, mentre l'enterotossina in colture concentrate di 50 volte. (Da Tatini et al. *Journal of Food Science*, 40: 353, copyright © 1975 Institute of Food Technologies)

(*Limulus polyphemus*), un artropode dalla caratteristica forma a ferro di cavallo. Questo lisato è la più sensibile sostanza conosciuta per la determinazione di endotossine. Sei differenti preparazioni LAL, fornite da cinque aziende, sono risultate da 3 a 300 volte più sensibili alla presenza di endotossine rispetto al test della febbre dei conigli, come descritto dalla Pharmacopeia statunitense[214]. Il LAL test viene condotto addizionando aliquote di sospensioni di alimento, o di altro materiale da testare, a piccole quantità di una preparazione di lisato e incubando successivamente a 37 °C per 1 ora; la presenza di endotossine causa la gelificazione del materiale lisato. È disponibile un reagente LAL in grado di individuare 1 pg di lipopolisaccaride. Poiché le cellule di *E. coli* contengono circa 3,0 fg di LPS, è possibile rilevare <300 cellule Gram-negative. Negli studi condotti sulle Pseudomonadaceae isolate da carne sono state individuate fino a 10^2 ufc/mL[54]. I diversi metodi LAL impiegati per rilevare la presenza di microrganismi negli alimenti sono stati oggetto di approfondite valutazioni[36,95].

La prima applicazione su campioni alimentari è stato l'utilizzo del LAL test per determinare l'alterazione microbica della carne macinata[90,91]. Il titolo in endotossine aumenta proporzionalmente alla conta vitale dei batteri Gram-negativi[94]; poiché l'alterazione delle carni fresche refrigerate è solitamente causata da batteri Gram-negativi, il LAL test è un indicatore valido e rapido del numero totale di questi microrganismi nel campione. Il metodo si è dimostrato adatto per la valutazione rapida della qualità igienica del latte relativamente alla presenza di coliformi prima e dopo la pastorizzazione[206]. Questo metodo può essere utilizzato per determinare la storia del latte latte crudo e pastorizzato, in relazione al contenuto di batteri Gram-negativi. Poiché con il LAL test vengono rilevati batteri Gram-negativi sia vitali sia non vitali, è necessario un parallelo piastramento tradizionale per determinare il numero di ufc. Il metodo è stato applicato con successo per il monitoraggio del latte e dei prodotti lattiero-caseari [88,227], della qualità microbiologica del pesce crudo[199] e degli involtini di tacchino cotti confezionati sotto vuoto. In quest'ultimo caso è stato trovato un rapporto lineare diretto, statisticamente significativo, tra il titolo LAL e il numero di Enterobacteriaceae[45].

Negli alimenti la concentrazione LAL può essere determinata sia mediante diluizioni seriali dirette sia con il parametro MPN, con risultati sostanzialmente analoghi[185]. Per l'estrazione delle endotossine dagli alimenti lo Stomacher ha fornito risultati generalmente migliori rispetto ai miscelatori Waring o all'agitazione del prodotto in bottiglie da diluizione[93].

In questo test è stato purificato l'enzima della coagulazione del reagente di *Limulus*: una serin proteasi con peso molecolare di circa 150.000 dalton. Quando la proteasi viene attivata dalla presenza di Ca^{2+} e di endotossina, si verifica la gelificazione della proteina coagulabile. Il coagulogeno di *Limulus* ha un peso molecolare di 24.500 Dalton; quando viene attivato dall'enzima della coagulazione di *Limulus*, il coagulogeno rilascia un peptide solubile formato da circa 45 residui amminoacidici e una coagulina insolubile formata da circa 170 amminoacidi. Questi ultimi interagiscono tra di loro formando il coagulo, che implica il taglio dei legami arg-lys o arg-gly [204]. Il processo può essere schematicamente illustrato come segue[144]:

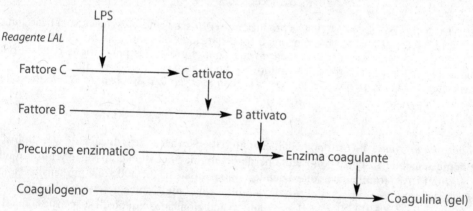

Sono disponibili in commercio substrati che contengono sequenze amminoacidiche simili a quelle del coagulogeno. Nel substrato cromogenico usato per l'endotossina queste sostanze sono legate alla *p*-nitroanilina; quando l'enzima attivato dall'endotossina attacca il substrato cromogenico si forma *p*-nitroanilina libera, che può essere determinata quantitativamente mediante spettrofotometria a 405 nm. La quantità di composto cromogenico liberato è proporzionale alla quantità di endotossina presente nel campione. Impiegando un substrato cromogenico, Tsuji e colleghi[210] hanno messo a punto un metodo automatizzato per la determinazione dell'endotossina, che si è dimostrato sensibile alla presenza di soli 30 pg di endotossina per millilitro.

Assumendo che la quantità di endotossina per ogni cellula batterica Gram-negativa sia generalmente costante e che le cellule di tutti i generi contengano la stessa quantità di endotossina, è possibile calcolare il numero di cellule (vitali e non vitali) dalle quali è stata prodotta l'endotossina determinata sperimentalmente. Ipotizzando inoltre che in un determinato prodotto alimentare il rapporto tra batteri Gram-negativi e Gram-positivi sia più o meno costante, si può per esempio stimare con un test rapido di un'ora il numero totale di batteri presenti in alimenti, come la carne bovina fresca macinata[92]. I valori ottenuti con questa tecnica sono più attendibili quando sono bassi, mentre se sono elevati devono essere confermati mediante altri metodi. In generale il vantaggio reale del LAL test è rappresentato dalla velocità con la quale possono essere ottenuti i risultati. Gli alimenti che presentano titoli LAL elevati possono richiedere conferma con l'impiego di altri metodi; quelli che presentano bassi titoli possono invece essere classificati a basso rischio relativamente al numero di batteri Gram-negativi.

11.1.3 Determinazione dell'ATP

L'adenosin trifosfato (ATP) è la principale fonte di energia di tutte le cellule viventi. Essa scompare entro 2 ore dalla morte cellulare e la sua quantità per cellula è generalmente costante[208], con valori compresi tra 10^{-18} e 10^{-17} moli per cellula batterica, che corrispondono a circa 4×10^{-14} moli ATP/10^5 ufc[208]. Tra i procarioti il contenuto di ATP nelle cellule in fase di crescita esponenziale è normalmente di circa 2-6 nmoli ATP/mg di peso secco, indipendentemente dal tipo di nutrizione del microrganismo[105]. In una ricerca condotta sui batteri del rumine il contenuto cellulare medio è stato di 0,3 fg per cellula; concentrazioni più elevate sono state riscontrate nelle cellule protozoarie presenti nel rumine[151]. L'estrazione completa e la misurazione accurata dell'ATP cellulare può essere rapportata ai singoli gruppi di microrganismi analogamente a quanto avviene per le endotossine nei batteri Gram-negativi.

Uno dei modi più semplici per la determinazione dell'ATP consiste nell'uso del sistema luciferin-luciferasi della lucciola. In presenza di ATP la luciferasi emette luce che viene misurata con un luminometro. La quantità di luce prodotta dalla luciferasi è direttamente proporzionale alla quantità di ATP aggiunta[157].

La misura dell'ATP come metodo rapido per stimare la concentrazione microbica è utilizzata in microbiologia clinica: nei laboratori clinici è stata impiegata per il controllo dei campioni di urine. Il metodo è stato utilizzato con successo per la determinazione della bacteriuria e per valutare la biomassa nei fanghi attivi[157], suggerendo la sua applicazione agli alimenti. Il metodo si presta all'automazione e ha eccellenti potenzialità nella stima rapida dei microrganismi nei prodotti alimentari. Il problema principale dell'uso di questa tecnica è legato alla rimozione dell'ATP di origine non microbica. L'impiego del metodo per gli alimenti è stato proposto da Sharpe e colleghi[187]. Thore e colleghi[208] hanno usato Triton X-100 e apirasi per la distruzione selettiva di ATP non batterica in campioni di urine e hanno osservato che i valori di ATP risultanti erano molto simili a quelli ottenuti in colture di laboratorio per concentrazioni di 10^5 cellule per millilitro. Il problema dell'ATP non batterico nelle carni è stato trattato da Stannard e Wood[194], che hanno suddiviso il procedimento sperimentale in tre fasi: centrifugazione iniziale, utilizzo di una resina a scambio cationico e filtrazione per eliminare le particelle di alimento e raccogliere i batteri sulla superficie di un filtro da 0,22 μm. Analisi dell'ATP sono state effettuate su batteri eluiti da filtri a membrana recuperando circa il 70-80% della maggior parte dei microrganismi presenti. È stata evidenziata una relazione lineare tra l'ATP microbico e il numero di batteri, nell'intervallo 10^6-10^9 ufc/g. Impiegando questi metodi per l'esame della carne bovina macinata, i risultati sono stati ottenuti in 20-25 minuti. In un altro studio su 75 campioni di carne bovina macinata è stata evidenziata, dopo incubazione dei campioni a 20 °C, un'alta correlazione tra log_{10} della carica aerobia in piastra e log_{10} ATP [108]. In questo studio la quantità di ATP/ufc variava da 0,6 a 17,1 fg, con 51 dei 75 campioni contenenti quantitativi di ATP $\leq 5,0$ fg. Il saggio dell'ATP è stato inoltre utilizzato con esiti positivi per l'analisi sui frutti di mare e per l'individuazione dei lieviti nelle bevande.

Il test dell'ATP è stato inoltre adottato per la determinazione della carica microbica nelle carcasse di pollo[12], come pure in quelle suine e bovine[190]. Le carcasse di pollo sono state risciacquate e i risultati sono stati ottenuti in 10 minuti, ma il metodo non è riuscito a rilevare in modo affidabile valori $<1 \times 10^4$/mL a causa dell'ATP non microbico presente nella carcassa[12]. Per mezzo di una particolare spugna ATP-free, sono stati prelevati campioni da superfici di 500 cm^2 di una carcassa bovina e di 50 cm^2 di una carcassa di maiale. Il test è stato completato in circa 5 minuti e il valore minimo rilevabile è stato di 2,0 ufc/cm^2 per la carcassa bovina e di 3,2 ufc/cm^2 per quella di maiale[190].

Il test per la determinazione quantitativa dell'ATP è ampiamente utilizzato come metodo rapido e di pronto utilizzo per il monitoraggio delle superfici destinate al contatto con gli alimenti: viene condotto effettuando un tampone su un'area circoscritta e utilizzando il luminometro per la lettura dell'unità di luce relativa (RLU, *relative light units*). Poiché l'ATP di origine non microbica può contribuire ai valori di RLU, questi metodi – sebbene utili per il monitoraggio – non possono essere impiegati per determinare il numero di microrganismi presenti.

11.1.4 Radiometria

La rilevazione radiometrica dei microrganismi è basata sull'incorporazione di un metabolita marcato con ^{14}C in un terreno di crescita, così che quando i microrganismi utilizzano questo metabolita si ha il rilascio di $^{14}CO_2$, che può essere misurata mediante un contatore di radioattività. Per i microrganismi che utilizzano glucosio viene generalmente impiegato il ^{14}C-glucosio, mentre per quelli che non sono in grado di metabolizzare il glucosio vengono utilizzati altri composti, quali il ^{14}C-formato o il ^{14}C-glutammato. La procedura prevede l'impiego di provette da sierologia da 15 mL, con tappo, alle quali vengono aggiunti da 12 a 36 mL di terreno contenente il metabolita marcato. I flaconcini vengono adattati agli aerobi o agli anaerobi inserendovi gas appropriati e sono successivamente inoculati. Dopo incubazione, lo spazio di testa viene regolarmente controllato per la presenza di $^{14}CO_2$; il tempo necessario per rilevare la CO_2 marcata è inversamente correlato al numero di microrganismi presenti nel prodotto. Il Bactec è un sistema di rilevazione disponibile in commercio.

L'utilizzo della radiometria per rilevare la presenza di microrganismi è stato suggerito per la prima volta da Levin e colleghi[124]. Pur essendo destinato soprattutto ai laboratori di microbiologia clinica, questo sistema è stato anche applicato all'analisi degli alimenti e dell'acqua. Previte[165] ha studiato la rilevazione sperimentale nel polpettone di manzo di *S. aureus*, di *Salmonella* Typhimurium, dell'anaerobio putrefattivo (PA) 3679 (*Clostridium sporogenes*) e di *Clostridium botulinum*. La quantità di inoculo impiegata variava da circa 10^4 a 10^6/mL di terreno; il tempo necessario per il rilevamento è risultato compreso tra 2 ore, per *S.* Typhimurium, e 5-6 ore per le spore di *Clostridium botulinum*. Per condurre questa sperimentazione sono stati utilizzati 0,0139 μCi di ^{14}C-glucosio per millilitro di tryptic soy broth. In un altro lavoro Lampi e colleghi[119] hanno osservato che una cellula per millilitro di *S.* Typhimurium o di *S. aureus* poteva essere rilevata con un metodo radiometrico in 9 ore; il tempo richiesto per rilevare 10^4 cellule è stato invece di 3-4 ore. Per quanto riguarda l'anaerobio putrefattivo 3679, 90 spore sono state rilevate in 11 ore, mentre 10^4 potevano essere rileva-te in 7 ore. Questi e altri ricercatori hanno dimostrato che la determinazione delle spore richiede 3-4 ore in più rispetto al rilevamento delle forme vegetative. Sulla base dei risulta-ti ottenuti da Lampi e colleghi[119], il rilevamento radiometrico potrebbe essere adottato come procedura di screening per matrici alimentari contenenti un numero elevato di microrgani-smi, ottenendo risultati entro 5-6 ore; per gli alimenti con bassa carica microbica sono inve-ce necessari tempi più lunghi.

Con questo metodo è possibile rilevare microrganismi non fermentanti il glucosio impie-gando metaboliti contenenti, per esempio, formato e/o glutammato marcati. È stato dimostra-to che numerosi microrganismi di origine alimentare possono essere individuati con questo metodo in 1-6 ore. Mediante rilevazione radiometrica, Bachrach e Bachrach[9] hanno indivi-duato 1-10 coliformi in acqua in 6 ore, impiegando come substrato ^{14}C-lattosio in un terreno liquido e incubando a 37 °C. Si possono ragionevolmente discriminare *E. coli* e coliformi fecali dai coliformi totali incubando parallelamente a 44 °C e a 37 °C.

La radiometria è stata utilizzata per la rilevazione dei microrganismi in succo di arancia concentrato congelato[78]. I ricercatori hanno impiegato ^{14}C-glucosio, quattro lieviti e quattro batteri lattici; a una concentrazione di microrganismi di 10^4 cellule il rilevamento è stato effettuato in 6-10 ore. Sono stati esaminati 600 campioni di succo: in 44 (con conte di 10^4/mL) il rilevamento ha richiesto 12 ore e in 41 8 ore; nessun falso negativo è stato osser-vato e sono stati individuati solo 2 falsi positivi.

Questo metodo è stato utilizzato anche per alimenti cotti per determinare se le conte erano inferiori a 10^5 ufc/mL; i risultati sono stati comparati con quelli ottenuti mediante conta aerobia in piastra. Circa il 75% dei 404 campioni, rappresentativi di sette diversi tipi di ali-menti, è stato correttamente classificato, come accettabile o inaccettabile, entro 6 ore[174]. Non più di 5 campioni sono stati classificati in modo errato. Tale studio ha impiegato ^{14}C-gluco-sio, acido glutammico e formato di sodio.

11.1.5 Substrati fluorogenici e cromogenici

Alcuni dei substrati fluorogenici e cromogenici impiegati nei terreni di coltura per microbio-logia degli alimenti sono:

- 4-metilumbelliferil-β-D-glucuronide (MUG);
- 4-metilumbelliferil-β-D-galattoside (MUGal);
- 4-metilumbelliferil fosfato (MUP);
- *o*-nitrofenil-β-D-galattopiranoside (ONPG);
- L-alanina-*p*-nitroanilide (LAPN);
- Acido 5-bromo-4-cloro-3-indolil-β-D-glucuronico (sali di sodio o di cicloesilammonio: BCIG, X-Gluc, X-GlcA);
- 5-bromo-4-cloro-3-indolil-β-D-galattopiranoside (X-Gal);
- Indosil-β-D-glucuronide (IBDG).

Questi substrati vengono utilizzati in vari modi nei terreni per la semina in piastra, in quelli liquidi per la determinazione del MPN e nei metodi di filtrazione su membrana. Il MUG è il più largamente impiegato dei substrati fluorogenici: viene idrolizzato dall'enzima β-D-glucuronidasi (GUD), con rilascio del composto fluorescente 4-metilumbelliferone, che viene rilevato mediante luce ultravioletta. Poiché *E. coli* è il principale produttore di GUD, il MUG è ampiamente utilizzato come agente differenziale nei terreni e nei metodi di ricerca di questo microrganismo. Anche un numero limitato di salmonelle e di shigelle e alcuni corinebatteri sono positivi al GUD.

I primi a utilizzare il MUG per l'individuazione di *E. coli* sono stati Feng e Hartman[57]; incorporando tale substrato in lauryl tryptose broth (LBT) e in altri mezzi selettivi per coliformi, questi ricercatori hanno osservato che nel LBT-MUG era possibile rilevare una cellula di *E. coli* in 20 ore. Poiché sono necessarie circa di 10^7 cellule di *E. coli* per produrre una quantità di GUD sufficiente per avere risultati MUG rilevabili, il tempo richiesto per il completamento dell'esame dipende dal numero iniziale di cellule. Sebbene la maggior parte delle risposte positive si siano avute in 4 ore, alcuni ceppi debolmente GUD-positivi hanno richiesto fino a 16 ore per la reazione. Un aspetto importante di questo metodo è la comparsa della fluorescenza prima della produzione di gas dal lattosio. Impiegando il metodo Feng-Hartman, un altro gruppo di ricercatori ha esaminato 1.020 campioni mediante il test MPN a tre tubi ed è riuscito a individuare più campioni positivi per *E. coli* rispetto al test MPN convenzionale[213]. La maggiore efficacia della tecnica LTB-MUG è dovuta al fatto che alcuni ceppi di *E. coli* sono anaerogeni. Non sono stati ottenuti falsi negativi.

In uno studio che ha preso in esame 270 campioni per valutare il test con MUG addizionato a lauryl sulfate broth (LSB) rispetto a un altro metodo utilizzato per la ricerca di *E. coli*, si è osservata una concordanza del 94,8%; con il 4,8% di falsi positivi e nessun falso negativo[172]. Sebbene le ostriche contengano glucuronidasi endogene, un metodo basato sull'utilizzo del terreno EC broth-MUG (adatto per *E. coli*) è stato impiegato con successo in uno studio in cui 102 su 103 tubi fluorescenti erano positivi per *E. coli*[113]. Una procedura basata sull'impiego di MUG con provetta a 20 minuti è stata applicata a 682 ceppi di *E. coli*: 630 (92,4%) sono risultate positive per la presenza del microrganismo[207]. Su 188 ceppi di *E. coli* O157, 166 erano MUG-negativi e tutti sono risultati positivi per la presenza di vero-tossina. Questo metodo rapido può quindi essere utilizzato per prevedere gli isolati di *E. coli* positivi per verocitotossine, poiché la probabilità che i ceppi MUG negativi siano verotossigeni è assai elevata[207].

In una ricerca condotta sui molluschi, l'impiego di EC-MUG broth, con concentrazioni di MUG di 50 ppm, ha evidenziato il 95% di positività per *E. coli*, con una percentuale di falsi negativi pari all'11%.[169]. Quando paragonato al metodo utilizzato dall'AOAC (Association of Official Analytical Chemists) per la determinazione di *E. coli*, il metodo LST-MUG (con lauryl sulfate tryptose) è risultato equivalente per l'analisi di un prodotto e migliore per altri[163]; in un ulteriore studio il metodo LST-MUG è risultato comparabile con il metodo MPN dell'AOAC[164].

Il substrato fluorogenico MUGal è stato oggetto di un numero limitato di studi, ma in uno di questi è stato utilizzato per determinare i coliformi fecali nell'acqua mediante il metodo della membrana filtrante, grazie al quale è stato possibile rilevare una concentrazione di 1 ufc/100 mL di acqua in 6 ore[16]. Il metodo è stato anche utilizzato per differenziare specie enterococciche[128] aggiungendo a un terreno selettivo per enterococchi il substrato unitamente ad amido colorato. Osservando l'idrolisi e la fluorescenza dell'amido, l'86% degli enterococchi derivanti dai campioni ambientali è stato correttamente differenziato.

L'ONPG è un substrato colorimetrico specifico per i coliformi e viene idrolizzato dalle β-galattosidasi con produzione di una colorazione gialla, quantificabile a 420 nm. Per determinare *E. coli* nell'acqua, i microrganismi vengono raccolti su una membrana con porosità di 0,45 μm e incubati su terreno EC per 1 ora; quindi si aggiunge ONPG filtrato e sterilizzato. L'incubazione a 45,5 °C viene protratta fino allo sviluppo del colore, la cui intensità può essere letta a 420 nm[218]. La sensibilità di ONPG è simile a quella del MUG, essendo richieste circa 10^7 cellule per produrre idrolisi misurabili. Il metodo ONPG è anche impiegato in una variante del metodo classico di presenza-assenza di coliformi in acqua[49]. Mediante tale metodo modificato i tubi contenenti i coliformi divengono gialli. Per individuare *E. coli*, ogni tubo giallo viene osservato con una lampada fluorescente manuale (366 nm): quelli che contengono *E. coli* presentano una evidente fluorescenza. Nei sistemi Colilert e ColiQuik, che impiegano sia ONPG sia MUG come unici substrati nutrienti, i coliformi totali sono indicati da una colorazione gialla, mentre *E. coli* dalla fluorescenza del substrato MUG.

Il substrato BCIG (o X-Gluc) è impiegato nei terreni in piastra per la rilevazione di *E. coli*. Quando tale substrato viene addizionato in concentrazione di 500 ppm a peptone-Tergitol agar, *E. coli* produce in 24 ore una colorazione blu, che non diffonde dalle colonie e non necessita di luce fluorescente per essere visualizzata[64]. In un'altra ricerca, effettuata su 50 campioni di carne bovina macinata, non è stata rilevata nessuna differenza rispetto ai risultati ottenuti con un test MPN standard a tre tubi[170]. Quando utilizzato in lauryl tryptose agar, a una concentrazione finale di 100 ppm, solo l'1% di 1.025 colture di *E. coli* presunte positive non ha presentato la tipica colorazione blu, mentre il 5% di 583 colonie non- *E. coli* è risultato falso positivo[219]. Il terreno in piastra è stato incubato a 35 °C per 2 ore e successivamente a 44,5 °C per 22-24 ore.

Il substrato LAPN è specifico per batteri Gram-negativi, essendo l'amminopeptidasi presente solo in questo gruppo. L'enzima taglia la molecola di L-alanina-*p*-nitroanilide liberando *p*-nitroanilina, un composto di colore giallo che può essere quantificato allo spettrofotometro a 390 nm[29]. Quando è stato impiegato per determinare la presenza di batteri Gram-negativi nelle carni, si è osservato che 10^4-5×10^5 ufc era la minima concentrazione rilevabile[41]; concentrazioni di 10^6-10^7 ufc/cm^2 potevano essere rilevate in 3 ore. Il LAL test è stato oggetto di un maggior numero di studi in relazione ai batteri Gram-negativi; poiché è in grado di fornire risultati entro un'ora, il metodo LAPN non può essere considerato paragonabile a esso.

La combinazione di MUP e ONPG è stata impiegata nel tampone HEPES come test per la determinazione di *Clostridium perfringens*: su 333 presunti isolati da agar TSC, 164 sono risultati positivi contro 153 confermati mediante metodi di identificazione standard; i risultati sono stati ottenuti in 4 ore[1]. In uno studio condotto per determinare il livello di contaminazione di campioni di carcasse bovine prelevati mediante tampone, su 70 campioni è stato impiegato un test rapido per la fosfatasi basato sulla luminescenza, ottenendo in 10 minuti risultati altamente correlati con la conta aerobia in piastra[104].

Il terreno solido per *Listeria monocytogenes* contenente un substrato cromogenico (BMC; Biosynth, Inc.) è specifico per *L. monocytogenes* e per *L. ivanovii* ed è basato sulla capacità di queste specie di rispondere a una fosfatidilinositol fosfolipasi C (PI-PLC) specifica. Utilizzando diverse combinazioni del substrato BMC con Oxford agar o Palcam agar su 2000 campioni di origine alimentare e ambientale, un gruppo di ricercatori ha registrato le seguenti sensibilità del metodo: 99,3% per Oxford-BCM; 99,2% per Palcam-BCM e 90,2% per Oxford-Palcam[98].

Poiché le neurotossine botuliniche (BoNT) sono metalloproteasi caratterizzate da una marcata esigenza di precise sequenze amminoacidiche nel substrato, Schmidt e Stafford[180] hanno sviluppato alcuni saggi basati sulle proteasi fluorogeniche per le tossine di tipo A, B ed F. Nei substrati peptidici sintetici utilizzati i residui P_1 e P'_3 erano sostituiti con 2, 4-dinitrofenil-lisina (per P_1) e *S*-(*N*-[4-metil-7-dimetilamminocumarin-3-ile]-carbossiamidometil)-cistina (per P'_3). Quando le BoNT venivano addizionate a questo substrato sintetico, la fluorescenza aumentava nel tempo e i risultati erano ottenuti in 1 o 2 minuti con concentrazioni di BoNT di 60 ng/mL. Le tre BoNT hanno tagliato i substrati nella stessa posizione e i substrati erano selettivi.

11.2 Metodi immunologici

11.2.1 Sierotipizzazione

La sierotipizzazione è ampiamente applicata per la caratterizzazione di batteri patogeni enterici Gram-negativi, come *Salmonella* e *Escherichia*; tra i Gram-positivi, tale tecnica è importante unicamente per il genere *Listeria*. L'elemento fondamentale di una tipica sierotipizzazione è l'impiego di anticorpi specifici (antisiero) per identificare gli antigeni omologhi. Nel caso di molti patogeni di interesse alimentare gli antigeni sono particolati e vengono impiegati metodi di agglutinazione; per gli antigeni solubili, come le tossine, possono essere impiegati metodi come la gel diffusione. Gli antigeni O e H dei batteri enterici sono illustrati in figura 11.2.

La prima classificazione sierologica delle salmonelle risale ai primi anni Quaranta, quando Kauffmann[106] caratterizzò e numerò i primi 20 gruppi O. Questo schema di tipizzazione consiste nel riconoscimento di tre siti antigenici: somatici (O, dal tedesco *ohne*), capsulari (K, *kapsel*) e flagellari (H, *hauch*).

Gli antigeni O consistono di catene O polisaccaridiche laterali esposte sulla superficie (figura 11.2). Queste strutture sono eterogenee e la specificità antigenica è determinata dalla composizione e dai legami degli zuccheri in esse presenti. Le mutazioni che influenzano la composizione in zuccheri e/o i loro legami portano alla formazione di nuovi antigeni O. Sono stati identificati circa 2400 sierotipi O per le salmonelle e ne sono noti più di 200 per *E. coli*. Gli antigeni O sono piuttosto stabili al calore (possono resistere all'ebollizione), mentre gli antigeni K e H sono termolabili. Poiché le proteine flagellari sono meno eterogenee rispetto alle catene laterali di carboidrati, il numero di tipi antigenici H è considerevolmente più basso: circa 30 per *E. coli*.

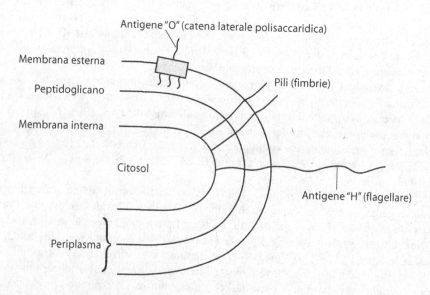

Figura 11.2 Sezione di una cellula batterica Gram-negativa nella quale viene messa in evidenza la posizione degli antigeni O e H.

11.2.2 Anticorpi fluorescenti

Sin dalla sua scoperta, avvenuta nel 1942, questa tecnica è stata ampiamente utilizzata sia in microbiologia clinica sia in microbiologia alimentare. Un anticorpo di un dato antigene viene reso fluorescente marcandolo con un composto fluorescente e quando reagisce con l'antigene complementare, il complesso antigene-anticorpo emette fluorescenza, che può essere rilevata mediante un microscopio a fluorescenza. I marcatori fluorescenti utilizzati sono la rodamina B, l'isocianato di fluorescina e, soprattutto, l'isotiocianato di fluorescina. La tecnica che impiega gli anticorpi fluorescenti (FA) può essere realizzata secondo uno o due metodi principali. Il metodo diretto impiega l'antigene e l'anticorpo specifico coniugato con il composto fluorescente (l'antigene viene rivestito dall'anticorpo specifico marcato). Con il metodo indiretto non è l'anticorpo omologo (anticorpo primario) a essere accoppiato al marcatore fluorescente, ma un anticorpo dell'anticorpo omologo (anticorpo secondario): l'antigene viene rivestito dall'anticorpo primario, che a sua volta viene rivestito dall'anticorpo secondario marcato con il composto fluorescente. Nel metodo indiretto il composto marcato rileva la presenza dell'anticorpo omologo, mentre nel metodo diretto rileva la presenza dell'antigene. Con il metodo indiretto non è necessario preparare FA per ogni microrganismo di interesse. Se vengono impiegati antisieri di tipo H, la tecnica FA non richiede l'isolamento di salmonella in coltura pura. Un coniugato comunemente impiegato per le salmonelle è una globulina OH polivalente marcata con fluorescina isotiocianato, nella quale sono presenti tutti i gruppi somatici dalla A alla Z. A causa della reattività crociata degli antisieri di salmonella con altri microrganismi strettamente correlati (per esempio *Arizona*, *Citrobacter* e *E. coli*) è ragionevole attendersi falsi positivi quando si esaminano alimenti naturalmente contaminati. Gli esordi e lo sviluppo della tecnica FA sono stati analizzati da Cherry e Moody[31], per quanto riguarda la microbiologia clinica, e da Ayres[7], Goepfer e Insalata[69], per le applicazioni in campo alimentare. La popolarità di questo metodo per i patogeni di origine alimentare è diminuita con l'avvento delle tecniche molecolari e di altri metodi di rilevazione dei microrganismi.

11.2.3 Sierologia per arricchimento

L'impiego della sierologia per arricchimento (ES) costituisce uno dei metodi più rapidi per il recupero delle salmonelle dagli alimenti rispetto alla tecnica di coltivazione convenzionale (CCM). Questa metodologia, originariamente sviluppata da Sperber e Deibel[193], prevede quattro fasi: pre-arricchimento in terreno non selettivo per 18 ore, arricchimento selettivo in brodo selenite-cistina e/o tetrationato per 24 ore, arricchimento elettivo in brodo M per 6-8 ore o per 24 ore, agglutinazione con antisiero H polivalente a 50 °C per 1 ora. Rispetto alle 96-120 ore necessarie con il metodo CCM, i risultati possono essere ottenuti in circa 50 ore (a seconda del tempo impiegato per l'arricchimento elettivo). Una variante proposta del metodo ES prevede un periodo di pre-arricchimento di 6 ore e consente di ottenere i risultati in sole 32 ore[200].

In generale, il metodo ES fornisce risultati in 32-50 ore contro le 92-120 della CCM; inoltre i risultati sono comparabili con quelli ottenuti con i metodi CCM e FA e non sono richiesti attrezzature o personale specializzato. I possibili svantaggi della tecnica sono rappresentati dalla necessità di avere almeno circa 10^7 cellule per millilitro e dalla mancanza di risposta delle salmonelle non mobili. Quest'ultimo limite può essere superato sottoponendo la coltura sviluppata in brodo di arricchimento elettivo a un test di agglutinazione su vetrino con antisiero O polivalente[193].

Il test rapido Oxoid per *Salmonella* (ORST) è una variante del metodo ES. Esso viene attuato mediante un contenitore colturale contenente due provette, ciascuna contenente terreno di arricchimento disidratato nel comparto inferiore e terreno selettivo disidratato in quello superiore. I terreni vengono reidratati con acqua distillata sterile; quindi all'interno del contenitore si aggiungono prima un terreno elettivo speciale per salmonelle e un dischetto di novobiocina e, successivamente, 1 mL della coltura di pre-arricchimento. Dopo incubazione a 41 °C per 24 ore, nei terreni selettivi del comparto superiore di entrambe le provette viene valutato il cambiamento di colore, che è indicativo della presenza di salmonelle. Le provette positive vengono poi ulteriormente esaminate mediante il test al lattice Oxoid per *Salmonella* (2 minuti). Per la conferma finale della presenza di salmonelle si utilizzano test biochimici e sierologici tradizionali.

11.2.4 Salmonella 1-2 Test

Questa tecnica è simile ai metodi ES o OSRT. Il metodo ES si basa su una reazione anticorpale che si verifica con i ceppi di salmonelle dotate di flagelli, mentre il test 1-2 prevede l'impiego di una fase semisolida. La prova viene realizzata in un apposito dispositivo di plastica costituito da due camere: la prima contiene il brodo selettivo e la seconda un mezzo non selettivo per salmonelle dotate di mobilità; oltre agli ingredienti selettivi, la seconda camera contiene l'amminoacido L-serina, elettivo per le salmonelle. Dopo l'inoculo della camera con terreno selettivo, il dispositivo viene incubato per un certo periodo di tempo, durante il quale le salmonelle mobili si trasferiscono nella camera contenente il terreno non selettivo. La reazione delle salmonelle con gli anticorpi flagellari, presenti nel terreno non selettivo, provoca la formazione di una immunobanda indicativa dell'avvenuta reazione tra antigene e anticorpo. Dopo l'arricchimento in terreno non selettivo, l'esito del test può essere ottenuto in 8-14 ore[37].

In uno studio comparativo su 196 campioni di alimenti e mangimi, il test 1-2 ha consentito di individuare 34 campioni positivi contro i 26 rilevati da un metodo di coltivazione tradizionale[145]. Con l'aggiunta di un ulteriore passaggio di arricchimento in tetrathionate brillant green broth, il test 1-2 ha rilevato 84 campioni positivi su 314 esaminati – 3 in più rispetto al metodo di coltivazione – e i risultati sono stati ottenuti con un giorno di anticipo[145]. Altri autori hanno dimostrato che, per alimenti contenenti cariche elevate di microrganismi diversi dalle salmonelle, con una fase di pre-arricchimento questo metodo consente di ottenere risultati migliori.

11.2.5 Saggi radioimmunologici

Questa tecnica consiste nell'aggiunta di un marcatore radioattivo a un antigene, cui fanno seguito la reazione dell'antigene marcato con il suo anticorpo specifico e la misurazione della quantità del complesso formatosi antigene marcato-anticorpo mediante un contatore di radioattività. Per saggio radioimmunologico in fase solida (RIA) si intende un metodo che impiega superfici o materiali solidi sui quali un monostrato di molecole anticorpali si lega elettrostaticamente. Tra i materiali solidi utilizzati vi sono polipropilene, polistirene e bromacetilcellulosa. La capacità dei polimeri rivestiti di anticorpi di legarsi in modo specifico agli antigeni marcati radioattivamente è essenziale per il meccanismo alla base della tecnica RIA in fase solida. Quando gli antigeni marcati non legati vengono allontanati tramite lavaggio, le misure della radioattività sono da considerarsi quantitative. Il marcatore più largamente utilizzato è ^{125}I.

Johnson e colleghi[100] hanno sviluppato una procedura RIA in fase solida per la determinazione dell'enterotossina B di *S. aureus* e hanno osservato che tale procedura è 5-20 volte più sensibile rispetto alla tecnica di immunodiffusione. Impiegando polistirene e misurando la radioattività con un contatore a integrazione, questi ricercatori hanno trovato che la sensibilità del test era compresa nell'intervallo 1-5 ng. Collins e colleghi[34] hanno utilizzato la tecnica RIA per determinare la presenza di enterotossina B con anticorpi concentrati legati a una superficie di bromoacetilcellulosa. Sulla base dei risultati ottenuti, la procedura sarebbe 100 volte più sensibile dell'immunodiffusione e sarebbe affidabile anche con concentrazioni di enterotossina di 0,01 µg/mL. Collins e colleghi[33] hanno determinato con la tecnica RIA, in sole 3-4 ore, l'enterotossina stafilococcica A in diversi alimenti, tra i quali prosciutto, prodotti lattiero-caseari e polpa di granchio. Essi concordano con l'opinione di precedenti ricercatori, secondo i quali il metodo sarebbe altamente sensibile e utile fino a concentrazioni di 0,001 µg/mL e quantitativamente attendibile fino a concentrazioni di 0,01 µg/mL di enterotossina A.

Mediante trattamento con iodio delle enterotossine, la tecnica RIA in fase solida può essere utilizzata per rilevare fino a 1 ng di tossina per grammo[17]. Quando la proteina A è stata utilizzata come immunoassorbente, per separare il complesso antigene-anticorpo dalla tossina che non aveva reagito, in 1 giorno di lavoro è stata raggiunta una sensibilità <1 ng/g per le enterotossine stafilococciche A (SEA), SEB, SEC, SED e SEE[17,142]. In un'altra ricerca con l'impiego della proteina A è stato possibile rilevare concentrazioni di 0,1 ng/mL e 0,5 ng/mL di SEA e di 0,5 ng/mL di SEB[3]. Una sensibilità di 100 pg per SEC_2 è stata invece ottenuta utilizzando il metodo RIA a doppio anticorpo[171].

La tecnica RIA si presta all'analisi degli alimenti per la valutazione di altri pericoli biologici, come endotossine, tossine prodotte da molluschi che provocano paralisi e simili. Impiegando anticorpi omologhi marcati con ^{125}I, filtrati e lavati su membrana Millipore, è stato possibile individuare e identificare cellule batteriche in 8-10 minuti[198]. A causa della necessità di impiegare un isotopo radioattivo e della difficoltà associata al suo trasporto, il metodo RIA è raramente usato in microbiologia degli alimenti.

11.2.6 ELISA

La tecnica immunologica ELISA o EIA (*enzime-linked immunosorbent assay*) è simile al RIA, ma si differenzia da quest'ultimo in quanto l'isotopo radioattivo è sostituito da un enzima, che può essere coniugato a un antigene o a un anticorpo. Sostanzialmente analoghe alla tecnica ELISA sono la EMIT (*enzyme-multiplied immunoassay technique*) e la ELAT (*indirect enzyme-linked antibody technique*). Il metodo ELISA viene comunemente realizzato su una fase solida (polistirene) rivestita di antigeni e incubata con antisiero. Dopo incubazione e lavaggio, viene aggiunta una preparazione di enzima marcato con anti-immunoglobuline; dopo un ulteriore delicato risciacquo, l'enzima rimanente nel tubo o in micropozzetti viene saggiato per determinare la quantità di anticorpi specifici nel siero iniziale. Un enzima frequentemente impiegato è la perossidasi di rafano, che viene misurata aggiungendo un substrato per la perossidasi; la quantità di enzima presente è determinata grazie alla reazione colorimetrica del substrato enzimatico. Tra le varianti di questo metodo di base vi è l'ELISA "sandwich", nel quale l'antigene deve avere almeno due siti di legame: l'antigene reagisce con l'anticorpo presente in eccesso nella fase solida; dopo incubazione e lavaggio, l'antigene legato viene trattato con un eccesso di anticorpi marcati. Una variante di questa tecnica è l'ELISA a "doppio sandwich", che impiega un terzo anticorpo.

La tecnica ELISA viene ampiamente utilizzata per individuare e quantificare i microrganismi e/o i loro metaboliti negli alimenti: alcune di queste applicazioni sono schematicamente presentate di seguito.

Salmonelle

1. In uno studio condotto su 142 campioni di alimenti, la tecnica EIA policlonale con la frazione di immunoglobuline G (IgG) degli anticorpi flagellari polivalenti e con perossidasi di rafano è risultata concordante al 92,2% con il metodo di coltivazione classico. La percentuale di falsi positivi con il metodo EIA è stata del 6,4% ed è stata riscontrata una concordanza del 95,8% con il metodo FA[201].
2. La tecnica EIA policlonale è stata applicata impiegando micropiastre di polistirene, sia in una tecnica di immobilizzazione anticorpale sia in un saggio MUG. La soglia di sensibilità è stata stimata in 10^7 cellule/mL e i risultati sono stati ottenuti in 3 giorni di lavoro[143].
3. Il metodo micro-ELISA Salmonella-TEK con anticorpi monoclonali ha consentito di rilevare in 31 ore 1-5 ufc/25 g, con un limite di sensibilità di 10^4-10^5 cellule[213].
4. Anticorpi monoclonali sono stati impiegati nel metodo di fissazione di anticorpi in micropiastra, consentendo di rilevare fino a 10 cellule/25 g in 19 ore, senza reazioni crociate con altri microrganismi[123].

S. aureus e relative enterotossine

1. Un metodo EIA con doppio anticorpo è stato sviluppato per le enterotossine stafilococciche di tipo A (SEA) ed è stato in grado di rilevare concentrazioni di 0,4 ng in 20 ore nelle salsicce, di 3,2 ng/mL in 1-3 ore nel latte e di 1,6 ng/mL nella maionese[178].
2. In uno studio sono state determinate concentrazioni pari o inferiori a 0,1 ng/mL di SEA, SEB e SEC, usando palline di polistirene rivestite singolarmente con i rispettivi anticorpi[196].
3. La tecnica ELISA standard è stata utilizzata per rilevare SEA, SEB, SEC e SEE in carne macinata, consentendo di rilevare concentrazioni inferiori a 0,5 µg/100 g[149].

Muffe e micotossine

1. Con il metodo ELISA è stato possibile determinare la presenza di muffe vitali e non vitali, con risultati comparabili o migliori rispetto a quelli ottenuti mediante conta con cella di Howard[127].
2. Nella determinazione di aflatossine B_1 (AFB_1), mediante tecnica ELISA con anticorpi monoclonali sono state rilevate concentrazioni di 0,1 ng/mL[166], 0,2 ng/mL[26] e 0,5 ng/mL[44]. Con un kit disponibile in commercio sono state rilevate 0,005 ppm (Environmental Diagnostics), con il test ELISA in provetta <10 pg/mL, con il metodo della micropiastra in polistirene 25 pg per test[161] e con palline di nylon o con metodo in piastra di Terasaki 0,1 ng/mL[160].
3. Un kit da campo disponibile in commercio ha consentito di rilevare 0,005 ppm di AFB_2 e AFG_1; la tossina T-2 è stata rilevata fino a valori di 0,05 ng/mL e l'ocratossina A a valori di 25 pg per test[162].

Tossine botuliniche

1. Con la tecnica ELISA a "doppio sandwich" è stato possibile rilevare valori di 50-100 LD_{50} (dosi letali 50%) di tossine di tipo A e valori <100 i.p. LD_{50} di tossine di tipo E; la tecnica ELISA "doppio sandwich" con fosfatasi alcalina e piastre in polistirene si è dimostrata in grado di rilevare 1 dose letale media i.p. su topo della tossina di tipo G[125]. (I metodi immunologici rimangono i più importanti, sebbene oggi sia facile individuare tutte le tossine botuliniche mediante PCR – *N.d.C.*)

Enterotossine di E. coli

1. Un anticorpo monoclonale specifico per ceppi di *E. coli* enteroemorragici (EHEC) si è dimostrato altamente selettivo per tali ceppi quando utilizzato nella tecnica ELISA[154].

2. Sono state sviluppate due procedure ELISA "sandwich" basate sull'immobilizzazione di anticorpi monoclonali murini tossina-specifici e di anticorpi policlonali secondari di coniglio specifici per i geni *stx1* e *stx2* di *E. coli*. Con la tecnica ELISA Stx1 è stato possibile rilevare 200 pg di tossine Stx1 purificate, con ELISA Stx2 75 pg di tossina Stx2[47].

11.2.7 Gel diffusione

I metodi di gel diffusione sono stati ampiamente utilizzati per l'individuazione e la quantificazione di tossine ed enterotossine batteriche. I quattro metodi impiegati con maggiore frequenza sono il single-diffusion tube (Oudin), il microvetrino a diffusione doppia, il vetrino micro-Ouchterlony e l'elettroimmunodiffusione; essi sono stati utilizzati per la determinazione di enterotossine di stafilococco e di *C. perfringens* e di tossine di *C. botulinum*. La sensibilità relativa dei diversi metodi è presentata in tabella 11.1. Sebbene dovrebbero essere adatti per qualsiasi tipo di proteina solubile di cui gli anticorpi possono essere costituiti, questi metodi richiedono che gli antigeni siano in forma precipitabile. Probabilmente la metodica più largamente applicata è la variante di Crowle del test del vetrino Ouchterlony, come modificato da Casmann e Bennet[28] e da Bennett e McClure[15]. Il metodo micro-Ouchterlony, alla pari del test Oudin, è in grado di rilevare 0,1-0,01 µg di enterotossina stafilococcica. Il test a doppia diffusione può rilevare fino a 0,1 µg/mL, ma il periodo di incubazione necessario per concentrazioni così basse è di 3-6 giorni. Questo metodo di immunodiffusione richiede che gli estratti, derivanti da un campione di 100 g, vengano concentrati fino a 0,2 mL. Sebbene altre tecniche, quali RIA (par. 11.2.5) e RPHA (par. 11.2.9), siano più sensibili e rapide dei metodi di gel diffusione, questi ultimi sono stati maggiormente utilizzati. La loro attendibilità all'interno del loro range di sensibilità è indiscutibile. Recenti studi suggeriscono che, incubando i vetrini a 45 °C, i risultati possono essere ottenuti in meno di 8 ore.

11.2.8 Separazione immunomagnetica

Questo metodo impiega biglie paramagnetiche (della dimensione di circa 2-3 µm, in quantità di 10^6-10^8/mL), attivate in superficie, che possono essere coniugate con anticorpi mediante incubazione in frigorifero per un tempo variabile fino a 24 ore. Gli anticorpi non assorbiti vengono rimossi tramite lavaggio. Una volta trattate adeguatamente, le biglie rivestite vengono aggiunte al campione di alimento, precedentemente ridotto in poltiglia, contenente l'antigene omologo (tossina o cellule intere nel caso di batteri Gram-negativi); dopo accurata miscelazione il campione viene incubato, per un periodo variabile da pochi minuti a diverse ore, per consentire la reazione tra l'antigene e l'anticorpo legato sulla superficie delle biglie. Dopo aver recuperato il complesso formatosi per mezzo di un magnete, l'antigene viene eluito o misurato sulle biglie. L'antigene concentrato viene determinato con altri metodi. In uno studio la separazione immunomagnetica è stata associata alla citometria a flusso per determinare *E. coli* O157:H7. Gli antigeni erano marcati con anticorpi fluorescenti, che sono stati misurati mediante citometria a flusso; il metodo combinato ha consentito di rilevare <10^3 ufc/g in coltura pura o 10^3-10^4 ufc/g in carne bovina macinata[186]. Questo metodo può essere utilizzato per diversi altri organismi, inclusi virus e protozoi.

11.2.9 Emoagglutinazione

Mentre con la gel diffusione occorrono almeno 24 ore per ottenere i risultati, questi possono essere forniti in 2-4 ore utilizzando due metodi sierologici comparabili: l'inibizione della emoagglutinazione (HI) e l'emoagglutinazione inversa passiva (RPHA, *reverse passive hemag-glutination*). A differenza dei metodi di gel diffusione, queste tecniche non richiedono che gli antigeni siano in forma precipitabile. Nel test HI, la concentrazione di anticorpo specifico è mantenuta costante e l'enterotossina (antigene) viene diluita. Dopo incubazione di circa 20 minuti, si aggiungono globuli rossi trattati di pecora (SRBC); l'emoagglutinazione (HA) si verifica solo quando gli anticorpi non sono legati dagli antigeni. La HA è inibita quando la tossina è presente in proporzioni ottimali rispetto all'anticorpo. La sensibilità di HI nella rive-lazione di enterotossine è riportata in tabella 11.1. Al contrario di quanto avviene con la tec-nica HI, nel metodo RPHA l'antitossina globulinica viene coniugata direttamente agli SRBC e utilizzata per rilevare la tossina. Una volta aggiunta la tossina diluita, la lettura del test per HA può essere effettuata dopo 2 ore di incubazione. La HA si manifesta solo in presenza di livelli ottimali di antigene e di anticorpo e non ha luogo in assenza di tossina o enterotossina. La tabella 11.1 riporta le concentrazioni di 2 enterotossine rilevate con il metodo RPHA.

11.3 Metodi di genetica molecolare

Sebbene i metodi di identificazione e caratterizzazione fenotipica dei batteri di origine ali-mentare continuino a essere ampiamente utilizzati, la tendenza odierna nella ricerca è orien-tata verso un impiego sempre maggiore di metodi genotipici, in particolare per i patogeni di interesse alimentare. Tale orientamento è favorito dalla disponibilità di kit test, prodotti da un diverso numero di aziende, alcuni dei quali sono elencati nel paragrafo sulla reazione a catena della polimerasi (PCR). L'importanza del 16S rRNA nella classificazione dei batteri e delle linee genotipiche è stata considerata nel capitolo 2; una breve trattazione di come que-ste sono state realizzate è esposta di seguito.

Come osservato nel capitolo 2, il ribosoma batterico 70S contiene 3 specifiche subunità: 5S, 16S e 23S. La prima contiene circa 120 nucleotidi, mentre le frazioni 16S e 23S sono costituite, rispettivamente, da circa 1500 e 3000 nucleotidi. È stato dimostrato che il 16S rRNA rappresenta un ottimo cronometro evolutivo delle forme di vita, in particolar modo per i batteri. Lo studio della sequenza del 16S rRNA e l'ottenimento di dati mediante la tecnica di ibridazione hanno reso possibile l'istituzione della classe dei Proteobatteri, come riporta-to nel capitolo 2. Utilizzando queste sequenze, possono essere definiti nuovi generi batterici su basi genotipiche anziché fenotipiche. Il genere *Pseudomonas* è stato ridimensionato – tra-sferendo oltre 50 specie in 10 nuovi generi – come conseguenza di informazioni derivanti da questi e da altri studi di genetica molecolare (vedi capitolo 2). L'esistenza di numerose ban-che dati, contenenti informazioni genetiche per molti altri taxa batterici di interesse alimen-tare, suggerisce che la ricollocazione di generi e specie non è ancora terminata.

L'estrazione e l'amplificazione del 16S rRNA dalle cellule batteriche è relativamente semplice. Circa 1 g di cellule umide vengono lisate in presenza di DNasi (per distruggere tutto il DNA) e l'RNA può essere estratto utilizzando kit disponibili in commercio. Addizio-nando, in seguito, primer nucleotidici, trascrittasi inversa (RT) e deossiribonucleotidi, la RT legge l'rRNA stampo (templato) e genera copie di DNA (cDNA). La sequenza originale del 16S rRNA può essere dedotta dopo una serie di operazioni.

11.3.1 Sonde molecolari (DNA)

Una sonda di DNA è costituita da una sequenza di DNA derivante da un organismo di inte-resse che può essere utilizzata per rivelare la presenza di sequenze omologhe di DNA o

RNA. In realtà, la sonda di DNA deve ibridizzare con la sequenza del ceppo che si sta cercando. Idealmente la sonda contiene sequenze che codificano per uno specifico prodotto. La sonda di DNA deve essere in qualche modo marcata per consentire di verificare l'avvenuta ibridazione. I marcatori più frequentemente utilizzati sono i radioisotopi ^{3}H, ^{125}I e ^{14}C e, soprattutto, ^{32}P. Sono stati sviluppati e utilizzati anche *reporter group*, come fosfatasi alcalina, perossidasi, fluoresceina, apteni, digossigenina e biotina[46]. Quando si impiega biotina la sua presenza viene rivelata mediante coniugati avidina-enzima, antibiotina o fotobiotina. Il DNA cromosomico è spesso la fonte di acidi nucleici target, ma nella maggior parte dei casi ne contiene solo una copia per cellula. Target multipli sono forniti dalle molecole di mRNA, rRNA e DNA plasmidico, che favoriscono una maggiore sensibilità del sistema di rivelazione. È possibile costruire sonde oligonucleotidiche sintetiche di 20-50 basi e, in condizioni appropriate, è possibile attuare l'ibridazione in soli 30-60 minuti.

In una tipica applicazione di queste sonde vengono preparati frammenti di DNA di microrganismi non noti utilizzando endonucleasi di restrizione. In seguito a separazione elettroforetica dei singoli frammenti, essi vengono trasferiti su filtri di nitrocellulosa e ibridizzati alla sonda marcata. Dopo lavaggio delicato per rimuovere la sonda di DNA non legata, viene determinata la quantità di prodotto ibridizzato mediante autoradiografia.

Il numero minimo di cellule batteriche rilevabile con una sonda standard è compreso tra 10^6 e 10^7, sebbene alcuni ricercatori riportino un limite di sensibilità di 10^4 cellule. Quando le sonde sono utilizzate per alimenti in cui possono essere presenti bassissime concentrazioni di microrganismi target, come 1 ufc/mL, occorre impiegare procedure di arricchimento per consentire che le cellule raggiungano valori in grado di fornire quantità di DNA sufficienti per l'analisi. Con un numero iniziale di 10^8 cellule i risultati possono essere ottenuti in 10-12 ore utilizzando marcatori radioattivi; se sono necessari arricchimenti, il tempo richiesto è pari alla somma del tempo per l'arricchimento più quello necessario per il saggio della sonda, generalmente 44 ore o più. La letteratura offre numerosi esempi di applicazioni di questa tecnica ai microrganismi di interesse alimentare[202], alcuni dei quali sintetizzati di seguito.

1. È stata utilizzata una sonda marcata con digossigenina per determinare concentrazioni ≤10 ufc/g di ceppi enterotossigeni di *C. perfringens* in carne cruda, in 48 ore[10].
2. L'impiego di una sonda colorimetrica di DNA è stato comparato al metodo colturale della FDA per la ricerca di *L. monocytogenes* in campioni lattiero-caseari, carne e prodotti ittici[21]. Su 660 campioni di prodotti lattiero-caseari e ittici, 354 sono stati trovati positivi con il metodo FDA e 393 utilizzando la sonda; su 540 campioni di carne esaminati, 261 sono risultati positivi con il metodo FDA e 378 con la sonda colorimetrica. I risultati sono stati ottenuti in 48 ore utilizzando quest'ultima tecnica, mentre sono stati necessari 3-4 giorni di lavoro con il metodo FDA/USDA.
3. Per *Salmonella* spp., l'impiego della sonda colorimetrica ha consentito di identificare correttamente tutti i 110 sierotipi esaminati e non ha dato luogo ad alcun falso positivo su 61 specie non appartenenti a questo genere[38].
4. Sonde marcate con radioisotopi per salmonelle sono state testate su 269 campioni di carcasse di pollame e di acqua ed è stato possibile rilevare concentrazioni di sole 0,03 cellule/mL dopo due arricchimenti[86]. La sonda è stata in grado di rilevare concentrazioni di sole 10^4 cellule/mL e il metodo è stato approvato dalla AOAC.

Da sequenze di DNA codificanti per gli amminoacidi 207-219 di SEB e SEC, è stata realizzata una sonda per enterotossine di *S. aureus*, che ha interagito con i geni per le enterotossine SEB e 3 SEC[150].

Sonde di DNA vengono utilizzate nei metodi di ibridazione su colonia, nei quali microcolonie del microrganismo target vengono fatte sviluppare direttamente su una membrana e incubate successivamente su mezzo idoneo agarizzato. Una piastra di replicazione viene prodotta come duplicato della piastra originale o della membrana. Le colonie cresciute sulla piastra di replicazione vengono lisate direttamente sulla membrana per ottenere il rilascio degli acidi nucleici e la separazione del DNA in singoli filamenti. Alcuni di questi vengono trasferiti su filtri di nitrocellulosa, sui quali viene condotta l'ibridazione, applicando una sonda di DNA o RNA marcata. È stata sviluppata una variante della tradizionale metodica di ibridazione del DNA delle colonie, che ha consentito l'impiego di 60 filtri, contenenti fino a 48 microrganismi per ciascuno[107].

Il metodo di ibridazione su colonia elaborato da Grunstein e Hogness[71] è stato impiegato con successo per rilevare *Listeria monocytogenes*, *E. coli* enterotossigeno e *Yersinia enterocolitica*. In uno studio sono state costruite sonde polinucleotidiche sintetiche omologhe alla regione codificante per il gene dell'enterotossina ST di *E. coli* che sono state applicate per l'individuazione di ceppi prodotti dall'ibridazione di DNA su colonia[80]. In quest'ultimo caso le colonie sono state poste su un filtro di carta per liberare e denaturare il DNA cellulare, che è stato successivamente ibridizzato per una notte a 40 °C e sottoposto ad autoradiografia. Mediante tale procedura è stato possibile rilevare la presenza di 10^5 cellule in grado di produrre enterotossina ST. In una ricerca precedente, condotta nello stesso laboratorio, la procedura di ibridazione su colonie è stata usata per rilevare, senza arricchimento, *E. coli* in alimenti contaminati artificialmente; grazie a tale metodica è stato possibile determinare la presenza di 100-1.000 cellule per grammo, pari a circa 1-10 cellule per filtro[79]. Maggiori informazioni sulle sonde molecolari sono reperibili in letteratura[225].

11.3.2 Reazione a catena della polimerasi (PCR)

La PCR (*polymerase chain reaction*) è divenuta rapidamente la più utilizzata tra le tecniche di genetica molecolare per la determinazione e l'identificazione di batteri e virus negli alimenti; ciò è dovuto alla sua sensibilità e specificità, nonché alla presenza di un'ampia varietà di formati e alla disponibilità di test in kit. Questa tecnica, sviluppata nel 1971 da Kleppe e colleghi[112], è applicabile più per l'identificazione che per la quantificazione dei microrganismi di origine alimentare. La metodologia utilizzata attualmente è quella elaborata, tra gli altri, da scienziati della Perkin Elmer-Cetus Corp.[177,197]. Per il suo contributo allo sviluppo della PCR, K.B. Mullis è stato insignito del Premio Nobel per la chimica nel 1993.

Schematicamente i test basati sulla PCR sono condotti come segue. Quando il materiale genomico di partenza è DNA a doppia elica (dsDNA, *double-strand DNA*), questo viene riscaldato a 95 °C circa per ottenere la separazione dei filamenti; quando invece è RNA (per esempio RNA virale), esso viene convertito in dsDNA utilizzando la trascrittasi inversa (RT-PCR). Dopo il riscaldamento, i filamenti separati di DNA vengono raffreddati a circa 55 °C in presenza di primer oligonucleotidici, che si appaiano ai singoli filamenti. In presenza di DNA polimerasi e di dATP, dCTP, dTTP e dGTP, si realizza la sintesi dei filamenti complementari. Quando questo processo viene replicato, i due filamenti divengono quattro, i quattro ne generano otto e così via per ogni ciclo addizionale, fino a ottenere diversi milioni di copie dell'originale, dopo un numero sufficiente di cicli. Tra i kit disponibili in commercio vi sono:

- BAX system (Qualicon, Dupont Corp.);
- Probelia (Sanofi Diagnostics Pasteur);
- Foodproof (Biotecon Diagnostics);

AG-9600 Amplisensor Analyzer è un sistema automatizzato basato sulla fluorescenza per individuare i prodotti della PCR. Il BAX è il più vecchio tra i sistemi di rilevazione e la sua applicazione viene discussa e presentata sinteticamente di seguito, unitamente a quella di altri metodi basati sulla PCR.

Multiplex PCR

a. I primer usati per *Escherichia coli* O157:H7 sono stati: hly_{933}k, $fliC_{h7}$, *stx* 1, *stx* 2, *eae*A. È stato possibile rilevare in 24 ore concentrazioni ≤1 ufc/g in campioni di alimenti e di feci di bovino[65].

b. Per *Staphylococcus aureus* sono stati impiegati i primers: *ent*C (gene SEC) e *huc* (gene TNAsi). Con l'amplificazione mediante RFLP sono state determinate in meno di 6 ore concentrazioni di 10 ufc/mL in latte scremato e di 20 ufc/20 g in formaggio Cheddar[205].

c. Per *Listeria*, utilizzando una coppia di primer per il 16S o rRNA specifici per *Listeria* e *L. monocytogenes* è stato possibile individuare simultaneamente entrambe. Sono state rilevate solo le cellule vitali in concentrazione di 1-5 ufc/25 g di alimento[192].

d. Per *Salmonella* e *Campylobacter* sono state utilizzate sonde captive *inv*A (*Salmonella*) e *ceu*E (*Campylobacter*). Per determinare i prodotti della PCR è stata impiegata la tecnica ELISA. È stato possibile individuare 2×10^2 ufc/mL di salmonelle e 4×10^1 ufc/mL di *Campylobacter*[82].

RT-PCR

a. Per *Cryptosporidium parvum* il dsRNA è stato estratto, ibridizzato su Xtra Bind Capture System e amplificato sul materiale del Xtra Bind. In circa 2 ore è stato possibile individuare 1 oocita/l[116].

b. Norwalk virus è stato rilevato sostituendo la RT e la *Taq* polimerasi con la *rTth* polimerasi in singolo tubo. Gli amplicons generati sono stati rilevati con sonde oligonucleotidiche biotinilate tipo ELISA. Su campioni di ostriche e vongole i risultati sono stati ottenuti in 1 giorno[181].

c. Mediante RT-PCR sono stati rilevati valori di 10 ufp di virus della polio e dell'epatite A aggiunti in concentrazioni di 10^1-10^5 ufp a ostriche e concentrati con polietilen glicole[96].

d. Un sistema disponibile in commercio (Genevision, Warnex Diagnostics, Laval, Canada) impiega la RT-PCR per identificare, dopo arricchimento, *Salmonella* spp. in 1 giorno e *Listeria* spp. in circa 2 giorni.

Sistema Probelia

a. Per *Salmonella* spp. negli alimenti il metodo ha mostrato una soglia di sensibilità di 10^2 ufc/mL. Dopo 18 ore di pre-arricchimento è stato possibile individuare concentrazioni di sole 3 ufc/25 g. In uno studio collaborativo, su 285 campioni di alimenti contaminati è stata riscontrata una concordanza del 99,6%. I risultati corrispondevano con quelli ottenuti con il metodo ISO 6579[53].

b. Il metodo per determinare *Listeria monocytogenes* è stato confrontato con quello di coltivazione ISO 11290 per il recupero del microrganismo nel salmone: le due tecniche hanno fornito risultati comparabili, ma il metodo Probelia ha rilevato 20 ufc/mL in 48-50 ore rispetto ai 5 giorni o più richiesti dal metodo ISO[216].

BAX per lo screening di *E. coli*

Confrontato con altri metodi per la determinazione di concentrazioni <3 ufc/g in carne bovina macinata, BAX ha consentito di rilevare il 96,5% di positivi rispetto al 71,5% dei saggi immunologici e al 39% dei migliori metodi di coltivazione[101].

Molecular beacon PCR

È stata progettata una sonda oligonucleotidica con marcatore fluorescente per ibridizzare con una regione del gene *slt*-II di *Escherichia coli* O157:H7: tale regione mostra fluorescenza quando vi è linearità tra la conformazione della forcella e la sequenza target. Nella PCR condotta con DNA ottenuto da latte scremato contaminato, la fluorescenza aumentava con il numero di microrganismi e il metodo è stato in grado di fornire risultati senza ricorrere all'elettroforesi o al Southern blotting[138].

PCR-DGGE

Per *Listeria* spp. sono state effettuate amplificazioni PCR su frammenti del gene *iap*, ottenuti da 5 specie diverse. I prodotti della PCR sono stati analizzati mediante elettroforesi su gel con gradiente di denaturazione (DGGE, *denaturing gradient gel electrophoresis*). La migrazione specie-specifica in DGGE ha permesso l'identificazione di tutte le specie di *Listeria* esaminate. Questa tecnica può essere utilizzata per rivelare *Listeria* spp. e *Listeria monocytogenes* negli alimenti[35].

Sono state sviluppate e testate numerose altre tecniche basate sulla PCR e quest'area è in continua evoluzione. Di seguito vengono elencati alcuni tra i metodi più utilizzati per l'individuazione dei microrganismi di interesse alimentare.

– LAMP (*loop-mediated isothermal amplification*): amplificazione isotermica ciclo-mediata).
– Rep-PCR (*surveys repetitive sequences only*): stima delle sequenze ripetute.
– ERIC (*enterobacterial repetitive intergenic consensus*): sequenze enterobatteriche intergeniche ripetitive di consenso.
– Molecular Beacon: tecnica che impiega oligonucleotidi con marcatori fluorescenti in formato qPCR.
– QC-PCR: PCR quantitativa competitiva.
– VNTR (*variable number of tandem repeats, minisatellites*): numero variabile di ripetizioni tandem-minisatelliti.
– Real-time PCR (qPCR, RTi-PCR): PCR con risultati in tempo reale. Il saggio TaqMan con 5′ nucleasi fluorogenica fornisce risultati in tempo reale.

Alcune delle applicazioni citate sono riassunte di seguito.

L'ibridazione *in situ* con fluorescenza (FISH, *fluorescent in situ hybridization*) impiega una sonda di RNA specifica per 23S rRNA. Per la ricerca di *Salmonella* spp. negli alimenti, sono state utilizzate due sonde oligonucleotidiche (Sal-1 e Sal-3) e una realizzata recentemente. Le sonde sono state marcate con Cy3 (indocarbocianina) e applicate a colture di cellule integre su vetrino[55]. Quando le sonde ibridizzavano con il 23S rRNA dei microrganismi target si osservava fluorescenza (le sequenze del 16S RNA sono utilizzate più frequentemente per i batteri). Dopo l'allestimento, i vetrini sono stati trattati con DAPI ([4′, 6′-diamidino-2-fenilindolo], un colorante specifico per DNA, non intercalante che mostra fluorescenza blu o bianco-bluastra quando si lega al DNA e viene eccitato da luce con lunghezza d'onda di 365 nm)[109] e la fluorescenza è stata valutata mediante microscopio a epifluorescenza. Quando la FISH è stata comparata con un metodo di coltura per rilevare *Salmonella* spp. in 18 differenti alimenti, su 225 campioni almeno una delle tre sonde FISH ha consentito di rilevare fino a 56 positivi, mentre con il metodo di coltura ne sono stati individuati solo 30[55]. Complessivamente, la presenza di salmonelle è stata rilevata nel 64% dei campioni naturalmente contaminati mediante la FISH e nel 13% con i metodi di coltura. La FISH ha ibridizzato con tutti i 52 sierotipi di *Salmonella* testati, ma è risultata negativa quando è stata testata su 46 ceppi (non salmonella) di 22 specie di Enterobacteriaceae e su 14 ceppi di 12 specie non appartenenti alle Enterobacteriaceae. Questo metodo consente di determinare cellule vitali, morte e VBNC (cellule vitali ma non coltivabili). Sono state rilevate le cellule vitali anche quando esposte a condizioni ambientali sfavorevoli, ma in alcuni casi non è stato possibile coltivarle. In questo studio i ricercatori sono stati in grado di individuare le salmonelle in campioni alimentari con 2 o 3 giorni di anticipo rispetto ai metodi colturali. Sebbene non sia ancora chiaro quale sia il numero minimo di cellule necessario per una risposta positiva della FISH, trattandosi di un metodo di microscopia tale valore è probabilmente $>10^4$ ufc/mL.

La LAMP è una tecnica di amplificazione del DNA *in situ* per rilevare batteri mediante microscopia. È simile alla FISH, in quanto viene condotta su vetrino da microscopio e sfrutta la fluorescenza derivante dalla colorazione delle cellule con Cy3 o DAPI. Impiega una DNA polimerasi a basso peso molecolare che penetra nelle cellule integre; una temperatura di reazione di 63 °C consente l'utilizzo di anticorpi fluorescenti (FA) per la rilevazione simultanea delle cellule e genera un gran numero di ripetizioni tandem, che impediscono la fuoriuscita degli ampliconi dalle cellule[134]. Dopo amplificazione del DNA con primer per il gene *stx2* di *E. coli* O157:H7, è stato possibile identificare queste cellule marcandole con FA.

Con il metodo *q*PCR i prodotti dell'amplificazione del gene vengono rilevati utilizzando sonde fluorescenti durante i cicli della PCR; i risultati possono essere ottenuti in 30-90 minuti. Vengono utilizzati diversi tipi di sonde fluorescenti, tra le quali SYBR Green I e FRET (*fluorescence resonance energy transfer*). Queste sonde permettono il monitoraggio dell'intero processo e non richiedono l'elettroforesi dei prodotti finali. La sonda FRET è un corto oligonucleotide complementare a un filamento del DNA[215]. Quando è stato impiegato per determinare in campioni d'acqua e di liquame *Giardia lamblia* (con β-giardin come gene target) e *Cryptosporidium parvum* (con gene target COWP) è stato possibile rilevare 1 cisti della prima e 100 del secondo[74].

Utilizzando SYBR Green I, l'analisi della curva di fusione (melting curve) è stata condotta al termine dei cicli della PCR per individuare i prodotti con specifiche temperature di fusione. Il metodo è stato utilizzato per determinare contemporaneamente *Salmonella* e *L. monocytogenes*, usando geni specifici per ciascun gruppo. Dopo una notte di arricchimento, il metodo ha rilevato 2,5 cellule di sierotipi di *Salmonella* e una cellula di *L. monocytogenes*[103]; sono stati impiegati 29 ceppi di salmonella e 18 di *L. monocytogenes*. Il metodo *q*PCR è stato inoltre usato per individuare simultaneamente i geni *stx1* e *stx2* di *E. coli*[99]. È stata sviluppata una *q*PCR con SYBR Green I per l'identificazione di *Vibrio vulnificus* nei tessuti omogeneizzati di ostrica e nelle acque del Golfo[155]. Dopo 5 ore di arricchimento il metodo ha consentito di individuare una sola cellula; senza arricchimento sono state rilevate 10^2 cellule in 1 g di omogeneizzato di ostriche o in 10 mL di acqua del Golfo. Il metodo ha utilizzato come target il gene specifico per l'emolisina *vvh*; l'intera procedura è stata completata in 8 ore.

11.3.3 Luminescenza del gene lux

La luminescenza in batteri marini come *Vibrio fischeri* e *V. harveyi* è controllato da geni; la capacità di produrre luminescenza può essere conferita ad altri microrganismi trasferendo in essi alcuni di questi geni. I geni primari (*lux*) per la luciferasi sono *lux*A e *lux*B: il primo codifica per la sintesi della subunità α della luciferasi e il secondo per la subunità β. Non è necessario trasferire gli altri otto geni presenti nell'operone della bioluminescenza di questi due batteri marini. Nell'applicazione dei fagi *lux* alla microbiologia degli alimenti, si comincia con batteriofagi specifici per i batteri di interesse, sfruttando il vantaggio del rapporto altamente specifico esistente tra i fagi e i loro ospiti (vedi oltre in questo capitolo il paragrafo sulla tipizzazione dei batteriofagi e il paragrafo sui batteriofagi nel capitolo 20). Se il batterio di interesse è *Y. enterocolitica*, si sceglie un fago in grado di infettare il più ampio intervallo di ceppi ma non le specie strettamente correlate. I geni *lux* vengono inseriti nel fago selezionato mediante metodi di ricombinazione, in quantità di circa 2 kb di DNA. Di per se stessi i fagi trasdotti non sono luminosi, poiché essi non possiedono tutti i componenti necessari per produrre luce. Quando vengono aggiunti al batterio ospite specifico, i fagi contenenti il gene *lux* penetrano nella cellula e si moltiplicano, provocando il fenomeno della luminescenza nella cellula ospite per l'aumento della produzione di gene *lux*. L'emissione di luce richiede la presenza dei composti che partecipano all'equazione:

$$FMNH_2 + RCHO + O_2 \xrightarrow{\text{luciferasi}} FMN + RCOOH + H_2O + \text{luce}$$

dove $FMNH_2$ è il flavin mononucleotide ridotto e RCHO è un'aldeide alifatica a lunga catena, come il dodecanale. La luce emessa può essere misurata mediante luminometro come nel saggio di determinazione dell'ATP. Il tempo necessario per ottenere i risultati dipende dal tempo richiesto dai fagi per penetrare nella cellula ospite e iniziare la fase di moltiplicazione, che di norma è 30-50 minuti.

L'aggiunta di geni *lux* nel genoma fagico è stata descritta per la prima volta da Ulitzur e Kuhn[212], che hanno dimostrato che in 10 minuti potevano essere rilevate sole 10 cellule di *E. coli*. Il metodo in linea per determinare i batteri enterici nei tamponi effettuati sugli impianti di trasformazione della carne ha consentito di rilevare 10^4 ufc/g o cm^2[114]. Diversi studi hanno mostrato che è possibile rilevare un centinaio di salmonelle in 1 ora circa.

Utilizzando il metodo MPN, uno studio è riuscito a individuare in 24 ore la presenza di una sola cellula di *S.* Typhimurium per 100 mL di acqua[211]. Mediante l'aggiunta diretta di costrutti fagici, la metodologia basata sul gene *lux* può essere adattata per rilevare un'ampia tipologia di batteri negli alimenti. Quando le concentrazioni iniziali sono basse, è necessaria la procedura di arricchimento. Il metodo non si presta bene per i batteri Gram-positivi, poiché l'emissione luminosa è 100 volte inferiore rispetto a quella dei Gram-negativi[195].

Per determinare *Listeria monocytogenes* sono stati costruiti numerosi batteriofagi reporter che veicolano la proteina LuxAB di *Vibrio harveyi*[130]. Dopo due ore di incubazione e una fase di arricchimento, mediante un luminometro a singolo tubo sono state individuate concentrazioni di sole 5×10^2-10^3 cellule/mL. È stata rilevata meno di una cellula di *L. monocytogenes*/g di insalata artificialmente contaminata[130]. Nella carne e nel formaggio molle è stato possibile rilevare 10 cellule/g. Su 348 campioni ottenuti da alimenti naturali e dall'ambiente, con il metodo del fago *lux* sono stati trovati 55 positivi e con il metodo di coltivazione in piastra 57[129]. Tale tecnica è in grado di fornire risultati in 24 ore, mentre con i metodi di coltivazione in piastra sono necessari 4 giorni di lavoro. L'efficienza relativa di questo sistema nel determinare la presenza del ceppo *L. monocytogenes* Scott A in 3 diversi alimenti è illustrata in figura 11.3[129].

Sulla base dello stesso principio del saggio del fago *lux*, è stato marcato con una proteina verde fluorescente (GFP) un fago specifico per *E. coli* O157:H7, impiegato per la rilevazione del batterio non solo nel suo stato di vitalità, ma anche in cellule uccise dal calore e in quelle vitali, ma non coltivabili[152]. Dopo 1 ora di incubazione del fago con il batterio a una molteplicità di infezione (MOI, *multiplicity of infection*) pari a 1.000, la fluorescenza della coltura aumentava (a causa della replicazione dei fagi GFP), raggiungendo il plateau dopo 3 ore di incubazione. La fluorescenza è stata misurata con un microscopio a fluorescenza.

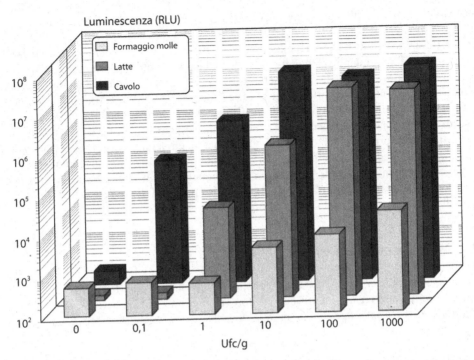

Figura 11.3 Rilevazione di *L. monocytogenes* Scott A e relativi livelli di luminescenza osservati (asse y) in diversi alimenti artificialmente contaminati in laboratorio con diverse concentrazioni di cellule (asse x). Dopo 3 giorni di conservazione a 4 °C e arricchimento in terreni selettivi di coltura per 44 ore, i campioni sono stati esaminati mediante A511::*lux*AB. I limiti di rilevazione in questo esperimento sono stati di 0,1 (cavolo), 1 (latte) e 10 (formaggio camembert) ufc/g[129]. (Copyright © 1997 American Society for Microbiology, con autorizzazione)

Quando questi costrutti fagici sono stati aggiunti a cellule incapaci di dividersi (VBNC o pastorizzate), l'intensità della fluorescenza non è aumentata in seguito a incubazione[152].

11.3.4 Saggio della nucleazione del ghiaccio

Questa tecnica (INA, *ice nucleation assay*) può essere considerata abbastanza simile a quella di luminescenza del gene *lux*, in quanto un gene specifico viene trasferito da un batterio a un altro attraverso batteriofagi. Diversi generi di batteri Gram-negativi che popolano le piante trasportano un gene (*ina*) codificante la sintesi di una proteina, che promuove la nucleazione del ghiaccio (*ice nucleator*). Uno dei più comuni tra questi microrganismi è *Pseudomonas syringae*, il cui gene *ina* è costituito da circa 3600 paia di basi (bp) di DNA, in grado di produrre una singola proteina *ina* di nucleazione del ghiaccio. Queste proteine favoriscono il congelamento dell'acqua a temperature superiori alla norma e provocano danni da congelamento in diverse piante in campo, in quanto causano un sovrarraffreddamento a temperature uguali o inferiori a −6 °C, prima che si attivi il meccanismo di nucleazione. Si tratta di un esempio di nucleazione eterogenea del ghiaccio (nella quale l'acqua sovraraffreddata si lega a composti non acquosi), che può verificarsi a temperature intorno a −2 °C [224]. L'applicazione di questi *ice nucleator* a prodotti alimentari come bianco d'uovo, muscolo di salmone e altri può determinare una riduzione del tempo di congelamento e un risparmio di energia.

Il test diagnostico di nucleazione batterica del ghiaccio (BIND, *bacterial ice nucleation diagnostic*), elaborato dagli scienziati della DNA Plant Technology Corporation, è stato sviluppato per la rilevazione delle salmonelle. In sostanza, il gene *ina* derivante da *P. syringae* viene clonato all'interno di batteriofagi geneticamente modificati specifici per le salmonelle. Se tali microrganismi sono presenti, i fagi li infettano e determinano la sintesi della proteina di nucleazione del ghiaccio nella membrana cellulare esterna. Questo fenomeno si manifesta con la formazione di cristalli di ghiaccio alla temperatura di − 9 °C. Associando un colorante fluorescente come indicatore del congelamento, una colorazione verde indica l'avvenuto congelamento e, quindi, la presenza di salmonelle, mentre una colorazione arancione indica l'assenza di congelamento. Con il fago per salmonelle P22 può essere rilevata la presenza di 25 cellule per grammo entro 24 ore.

11.4 Metodi di fingerprinting

Numerosi metodi, compresi alcuni di genetica molecolare riportati in precedenza, sono impiegati per caratterizzare (identificare, differenziare, tipizzare) specie e ceppi di microrganismi di interesse alimentare; buona parte di questi metodi è elencata e brevemente descritta di seguito.

- Tipizzazione dei batteriofagi (*phage typing*).
- Polimorfismi di lunghezza dei frammenti amplificati (AFLP, *amplified-fragment length polymorphism*).
- Elettroforesi enzimatica multilocus (MEE, *multilocus enzyme electrophoresis*).
- Analisi di restrizione enzimatica (REA, *restriction enzyme analysis*).
- Amplificazione casuale di DNA polimorfico (RAPD, *random amplification polymorphic DNA*).
- Elettroforesi in campo pulsato su gel di agarosio (PFGE, *pulsed field gel electrophoresis*).
- Polimorfismi di lunghezza dei frammenti di restrizione (RFLP, *restriction fragment length polymorphism*).
- Ribotipizzazione (*ribotyping*).
- Microarray.

11.4.1 Tipizzazione dei batteriofagi

La tipizzazione fagica è basata sulla specificità di un determinato fago per il suo ospite batterico; tale relazione consente di utilizzare fagi conosciuti per identificare i rispettivi ospiti. Sebbene tutti i batteri patogeni di origine alimentare possano essere tipizzati con questo metodo, nella pratica viene applicato ad alcuni microrganismi più che ad altri. Per maggiori dettagli sulla tipizzazione fagica, in particolare in relazione ai patogeni specifici trasmessi da alimenti, si rimanda ai rispettivi capitoli.

Uno dei primi e probabilmente più complessi schemi di tipizzazione fagica è stato quello elaborato per *S. aureus* negli anni Cinquanta. Sebbene l'impiego di routine della tipizzazione fagica degli stafilococchi sia andato declinando, tale metodo si è dimostrato uno strumento importante negli studi epidemiologici su *L. monocytogenes*.

Sin dalla loro prima descrizione, avvenuta nel 1945, i batteriofagi specifici per *Listeria* sono stati studiati da numerosi ricercatori, per il loro impiego nella differenziazione delle specie e dei ceppi e per la loro utilità a fini epidemiologici. I fagi di *Listeria* contengono dsDNA e si dividono in due gruppi: Siphoviridae (non dotati di code contrattili) e Myoviridae (dotati di coda contrattile). I recettori dei fagi presenti sulle cellule di *Listeria monocytogenes* sono la *N*-acetilglucosammina e i sostituenti del ramnosio degli acidi teicoici oppure lo stesso peptidoglicano[58,221]. Un ceppo fago-resistente di *L. monocytogenes* non presentava glucosammina nella struttura della parete cellulare[221]. In uno studio condotto in Francia durante il periodo 1958-1978, il 69,4% di 823 ceppi di *L. monocytogenes* è risultato appartenere al sierotipo 4; il sistema di tipizzazione fagica è stato costituito da 12 fagi principali e da 3 di tipo secondario[5]. Sei fagi sono stati utilizzati per differenziare i ceppi aventi sierotipo 1, nove per quelli di sierotipo 4 e solamente due per il sierotipo 2. Utilizzando 20 fagi, è stato possibile tipizzare il 78,4% degli 823 ceppi, assegnandone l'88% al sierotipo 4 e il 57% al sierotipo 1. Per 552 dei 645 ceppi tipizzabili è stato possibile definire 8 principali raggruppamenti fagici[5]. In uno studio multicentrico sono stati utilizzati 29 fagi ed è stato possibile tipizzare nel 77% dei casi il sierotipo 4 e nel 54% dei casi i sierotipi 1/2[173]. Il set di tipizzazione di Audurier e colleghi è suddiviso in tre gruppi: 12 fagi per i ceppi con sierotipo 1/2, 16 per i ceppi 4b e 7 per gli altri ceppi[4]. Utilizzando 35 diversi batteriofagi, la percentuale di tipizzazione di 826 ceppi con sierotipo 4b isolati in Francia tra il 1985 e il 1987 è stata dell'84%, rispetto al 49% di 1.644 ceppi con sierotipo 1. Utilizzando questo schema è stato dimostrato che gli isolati di *L. monocytogenes*, recuperati dalle vittime o dagli alimenti coinvolti in tre epidemie di listeriosi umana, appartenevano tutti allo stesso fagotipo.

In uno studio multicentrico, che ha coinvolto sei diversi laboratori europei, è stata condotta la tipizzazione fagica di 80 colture di *L. monocytogenes*, utilizzando due set di fagi, uno dei quali internazionale. È stato osservato un elevato livello di concordanza tra i laboratori e sono state avanzate proposte per migliorare il set internazionale[110,139].

In uno studio su 127 isolati di *L. monocytogenes*[203] i raggruppamenti costituiti da ceppi litici hanno consentito di definire otto gruppi fagici, ma i risultati hanno suggerito che gli agenti litici erano in realtà monocine: fagi difettosi aventi code mancanti delle regioni di testa[153]. Sebbene la suscettibilità delle monocine pare sia associata ai diversi sierotipi, non è stata trovata alcuna correlazione riguardo alla fonte animale o all'origine geografica dei ceppi di *L. monocytogenes*[203]. Le monocine delle listerie sono profagi criptici strettamente correlati ai fagi intatti e potrebbero essere particelle fagiche assemblate in modo incompleto[231]. Le proteine monocine sono molto simili alla principale proteina delle code del fago e il 75% del DNA del fago di *Listeria* ibridizza con il DNA dei ceppi produttori di monocina[231]. Nella loro regione di contatto le code contengono un principio litico, che può causare la lisi cellulare se, o quando, un numero sufficiente di code aderisce alle cellule. Le monocine di *L. monocytogenes* non sono in grado di attaccare altri batteri[231].

In uno studio condotto su 807 colture di *L. monocytogenes* raccolte in Gran Bretagna da casi umani, nel periodo compreso tra il 1967 e il 1984, la tipizzazione fagica si è dimostrata uno strumento efficace per episodi di listeriosi originati da una fonte comune che hanno coinvolto più di un paziente o per episodi ricorrenti nello stesso paziente[140]. Le 807 colture appartenevano ai sierotipi 1/2, 3 e 4. In un altro studio, che ha utilizzato un set di 16 fagi recuperati da processi lisogenici e da fonti ambientali, 464 ceppi rappresentativi di 5 specie sono stati collocati in quattro gruppi[132]. Nonostante l'elevata riproducibilità dei risultati, la specificità di specie e sierotipi non è risultata conforme a nessun raggruppamento litico. La suscettibilità fagica di *L. monocytogenes* è risultata maggiore per il sierotipo 4 (98%), seguita dal sierotipo 1 (90%) e dal sierotipo 3 (10%). Non è stato possibile limitare nessun fago a una specie o a un sierotipo. *L. grayi* non è stata lisata da nessuno dei fagi selezionati[132]. Una procedura di tipizzazione inversa, ideata da Loessner[131], impiega piastre pronte all'uso contenenti una sospensione di fagi su tryptose agar. Utilizzando un set di 21 fagi genere-specifici, il tasso di tipizzabilità totale è stato dell'89,5% su 1087 ceppi di *Listeria*.

La tipizzazione fagica di 105 ceppi di *E. coli* O157:H7 tossinogena, recuperati tra il 1990 e il 1999 in Finlandia da organismi umani, ha rivelato che il 56% apparteneva al tipo PT2 e l'11% al PT54[176]. Il 70% dei ceppi PT2 conteneva il gene *stx2*, solo e in combinazione. Su 166 ceppi di *Bacillus cereus*, isolati da casi di intossicazione alimentare, il 97% era tipizzabile utilizzando un set di 12 fagi[2]. È interessante osservare che la maggior parte dei ceppi di *B. thuringiensis* è risultato tipizzabile dallo stesso set di fagi.

11.4.2 Polimorfismi dei frammenti amplificati (AFLP)

Questa tecnica fingerprinting basata sulla PCR richiede piccole quantità di dsDNA puro: 10-100 ng ottenuti da 1-3 colonie batteriche[89]. Il DNA viene digerito con due enzimi di restrizione (come *Eco*RI e *Mse*I). La procedura prevede l'impiego di adattatori oligonucleotidici a doppio filamento; un'aliquota è soggetta a 1 o 2 amplificazioni PCR, condotte in condizioni altamente restrittive con primer specifici per gli adattatori. Il primer che amplifica selettivamente il sito di restrizione è marcato mediante fluorescenza. Dopo elettroforesi su gel di poliacrilammide (PAGE, *polyacrylamide gel electrophoresis*) sono ottenute da 40 a 200 bande; il metodo è risultato più riproducibile del RAPD[19].

In uno studio di 147 ceppi di batteri appartenenti a nove diverse specie, con l'analisi AFLP è stato possibile attribuire tutti i ceppi alle rispettive specie[89]. Quando il DNA genomico di 98 ceppi di *Aeromonas* è stato digerito con *Apa*I e *Taq*I, il metodo si è dimostrato in grado di produrre risultati consistenti con i dati di omologia del DNA[85]. Impiegando un metodo automatizzato con due endonucleasi di restrizione, 25 isolati di *Campylobacter*, ottenuti da allevamenti di pollame olandesi, sono stati suddivisi in tre raggruppamenti di *C. jejuni*, differenti da un raggruppamento *C. coli*[48]. Il metodo AFLP a fluorescenza (FAFLP), che impiega primer marcati con fluorofori, è stato utilizzato per differenziare 30 ceppi di *S.* Enteritidis di fagotipo 4 (PT 4), ottenuti da fonti diverse. Quando la tecnica AFLP è stata impiegata con *Xba*I, il 73% dei ceppi PT 4 è stato classificato in un'unica tipologia[43]. Tuttavia, quando la tecnica FAFLP è stata impiegata utilizzando *Eco*RI+O e *Mse*I+C, sono stati ottenuti 23 profili (che presentavano da 1 a 61 differenze dei frammenti amplificati), con un potere discriminante pari a 0,98, rispetto allo 0,47 della tecnica PFGE[43]. La diversità genetica di isolati clinici e ambientali di ceppi di *Vibrio cholerae* (sierotipi O1, O139 e non-O1 e non-O139) è stata studiata utilizzando *Apa*I e *Taq*I; dal DNA genomico di ciascun ceppo sono state generate da 20 a 50 bande[97]. Dei 74 ceppi testati, 26 del sierogruppo O1 mostravano identico profilo, corrispondente al ceppo O1 El Tor della settima pandemia. (Maggiori informazioni su questa tecnica sono reperibili in bibliografia[179].)

11.4.3 Tipizzazione con elettroforesi enzimatica multilocus

Questa tecnica può essere applicata per valutare le relazioni genomiche complessive esistenti tra ceppi di una stessa specie determinando la mobilità elettroforetica relativa di un set di enzimi cellulari idrosolubili. Le differenze nella mobilità elettroforetica possono essere correlate alla variazione allelica e alla variabilità genetica presente all'interno della popolazione di una stessa specie. Di solito vengono testati da 15 a 25 enzimi su gel di amido. Poiché alcuni degli enzimi dei ceppi di una stessa specie possono presentare differente mobilità (essendo polimorfici), la tipizzazione elettroforetica enzimatica multilocus (MEE) può essere utilizzata per la caratterizzazione di ceppi a scopo epidemiologico, così come avviene per la sierotipizzazione o la tipizzazione fagica. La tecnica di base è stata descritta in dettaglio ed è stata oggetto di revisioni scientifiche[183]; alcune applicazioni sono riassunte di seguito.

1. Esaminando le variazioni alleliche in 16 enzimi di 175 isolati di *L. monocytogenes*, sono stati differenziati 45 profili allelici o tipologie MEE, che sono stati suddivisi in due principali gruppi filogenetici, con i sierotipi 4a, 4b e 1/2 b collocati nello stesso raggruppamento.
2. Uno studio ha preso in esame 245 ceppi di *L. monocytogenes* isolati in Danimarca da fonti diverse: sono stati individuati 33 tipi MEE, con il 73% dei ceppi appartenente a una delle due tipologie ET1 ed ET4[148]. La tipologia ET4 è stata riscontrata più frequentemente tra gli isolati da alimenti. In uno studio correlato, con la tecnica MEE è stato dimostrato che 47 isolati da casi clinici e 72 isolati da pesce non costituivano soltanto due linee evolutive separate, ma appartenevano a due gruppi distinti[20].
3. Questa tecnica è stata comparata con il polimorfismo di lunghezza dei frammenti di restrizione (RFLP, vedi oltre in questo capitolo) su 141 ceppi di *L. monocytogenes*: i due metodi sono risultati in sostanziale accordo per quanto riguarda ceppi ricorrenti in determinati prodotti alimentarj[77].

11.4.4 Analisi di restrizione enzimatica (REA)

Con questo metodo il DNA cromosomiale dei ceppi in esame viene digerito utilizzando appropriate endonucleasi di restrizione; questi enzimi riconoscono specifiche sequenze nucleotidiche del doppio filamento di DNA e le tagliano in punti precisi. Una delle endonucleasi di restrizione maggiormente impiegate è *Eco*RI (ottenuta da *E. coli*), che individua la sequenza di basi GAATTC e la taglia tra G e A. Un'altra endonucleasi è *Hha*I (ottenuta da *Haemophilus influenzae*), che riconosce la sequenza GTPyPuAC (Py = pirimidina, Pu = purina) e la taglia tra le basi Py e Pu; *Hha*I si è dimostrata molto utile per studiare l'epidemiologia di *L. monocytogenes*[223].

Dopo che alcuni ceppi di *L. monocytogenes* di sierotipo 4b, associati a tre epidemie di origine alimentare, sono stati sottoposti a REA utilizzando *Hha*I, il metodo è risultato valido sia come strumento tassonomico sia come indicatore epidemiologico[222]. Dei 32 isolati, associati all'epidemia verificatasi nel 1981 in Nuova Scozia (Canada), 29 mostravano un profilo enzimatico di restrizione identico a quello del ceppo isolato dall'insalata di cavolo. Inoltre i profili di nove isolati clinici, prelevati a Boston nel 1983, sono risultati identici tra loro. Alcuni degli isolati durante l'epidemia del 1985 in California sono stati analizzati mediante REA: quelli ottenuti dai pazienti, dai campioni di formaggio sospetto e dai campioni ambientali prelevati nei caseifici sono risultati identici[222].

È stato valutato l'utilizzo combinato di REA e PCR per la subtipizzazione di *L. monocytogenes*. Impiegando 133 ceppi di sierotipo 4b, ottenuti da diverse fonti, e 22 altri sierotipi, la tecnica PCR-REA ha permesso di suddividere i ceppi in due gruppi – I e II – costituiti rispettivamente da 37 e 96 ceppi. Dei sierotipi 4b, 74 appartenevano al fagotipo 2389:2425: 3274:2671:47:108:340 e tutti rientravano nello stesso gruppo II, dopo taglio con *Alu*I.

11.4.5 Amplificazione casuale di DNA polimorfico (RAPD)

Alla base di questa tecnica vi è l'uso della PCR per ottenere profili elettroforetici di DNA polimorfico amplificati casualmente. In sintesi, le cellule vengono raccolte, sospese in acqua e lisate per estrarne il DNA; questo, insieme a primer specifici, come un 10-mer (costituiti da 10 paia di basi, pb), viene miscelato alla *Taq* polimerasi. La PCR viene condotta a temperature variabili per 40 o più cicli; i prodotti di amplificazione vengono successivamente sottoposti a elettroforesi su gel di agarosio. Dopo colorazione del gel (di norma con bromuro di etidio), le bande sono fotografate e analizzate. Per l'esecuzione della RAPD (*random amplifier polymorphic DNA*) non occorre che il DNA genomico sia purificato e non è necessario disporre di precedenti dati di sequenziamento. Utilizzando un termociclatore capillare, in grado di completare 30 cicli in meno di 1 ora, i risultati sono stati ottenuti in 3 ore, compreso il tempo per la crescita della colonia[18].

L'analisi RAPD è stata impiegata da numerosi ricercatori per il riconoscimento di ceppi di *L. monocytogenes* coinvolti in epidemie. 289 ceppi isolati da campioni ambientali di uno stabilimento per la lavorazione di pollame sono stati sottoposti a RAPD impiegando un primer 10-mer: sono stati identificati 18 profili e il 64% dei ceppi mostrava lo stesso profilo[121]. Utilizzando lo stesso primer 10-mer, 29 ceppi di *L. monocytogenes* isolati da latte crudo presentavano sette profili, specifici per gli isolati da latte[122]. In quest'ultimo studio la combinazione di RAPD e sierotipizzazione ha consentito di ottenere un grado più elevato di differenziazione, rispetto all'impiego separato dei singoli metodi. Rispetto all'analisi dei polimorfismi di lunghezza dei frammenti di restrizione, il metodo RAPD è risultato più rapido e meno laborioso; inoltre non richiede DNA purificato[122]. L'analisi RAPD è stata confrontata con la tipizzazione fagica su 104 ceppi di *L. monocytogenes* isolati nel corso di sei diverse epidemie: la concordanza tra i due metodi è risultata del 98% e la tecnica RAPD è stata proposta come alternativa alla tipizzazione fagica[135]. La RAPD si è dimostrata assai più valida del sequenziamento del 16S rRNA per discriminare ceppi di *L. monocytogenes* e ha consentito di differenziare anche ceppi aventi la stessa sequenza del 16S rRNA[39]. Tre primer 10-mer sono stati utilizzati su 52 ceppi di *L. monocytogenes* e su 12 ceppi rappresentativi di altre 5 specie di *Listeria*: con uno solo dei primer impiegati sono stati ottenuti 34 profili diversi[56].

L'amplificazione RAPD non ha luogo con cellule deperite o vitali ma non coltivabili (VBNC); tuttavia anche queste cellule possono essere rivelate fornendo un adeguato apporto di nutrienti a quelle deperite o rivitalizzando le VBNC con un aumento di temperatura[217].

Cinque metodi, tra cui la RAPD, sono stati messi a confronto in uno studio epidemiologico su *L. monocytogenes*: tutti i ceppi 4b esaminati sono stati suddivisi in 2 tipi mediante RAPD e in 4 tipi mediante gel elettroforesi in campo pulsato (PFGE)[122]. La RAPD, assieme alla PFGE e alla ribotipizzazione, è risultata una delle tre tecniche con maggiore potere discriminante.

11.4.6 Elettroforesi su gel in campo pulsato (PFGE)

Questa tecnica comporta la digestione del DNA genomico con uno o più enzimi di restrizione, la separazione dei frammenti di restrizione ottenuti mediante elettroforesi a inversione di campo e la risoluzione dei frammenti su gel di agarosio. A differenza dell'elettroforesi convenzionale, nella quale il gel viene fatto correre in una sola direzione, l'elettroforesi su gel in campo pulsato (PFGE, *pulsed field gel electrophoresis*) prevede l'applicazione alternata di due campi elettrici per periodi di tempo crescenti da 1 a 100 secondi (*switch time*) per un tempo complessivo che può variare a seconda della dimensione delle molecole da separare. I campi elettrici alternati forzano le molecole a cambiare la loro direzione; i profili elettroforetici vengono definiti *pulsovar*. Questa tecnica è stata impiegata per caratterizzare ceppi di diversi patogeni coinvolti in epidemie di malattie a trasmissione alimentare; inoltre è ampiamente utilizzata per identificare lieviti di interesse agroalimentare[165a,165b].

Utilizzando due enzimi di restrizione (*Asc*I e *Apa*I), 176 ceppi di *L. monocytogenes* e 22 altre specie/ceppi di listeria sono stati suddivisi in 87 gruppi genomicamente distinti; l'enzima *Apa*I ha generato il maggior numero di bande[23]. In un'altra ricerca, 42 ceppi di sierotipo 4b di *L. monocytogenes* sono stati suddivisi in almeno 24 diverse varietà genomiche con uno dei tre enzimi di restrizione utilizzati[24]. Sebbene tutte le 42 colture siano state caratterizzate con la PFGE, solamente l'89% era fago-tipizzabile[24]. I ceppi di *L. monocytogenes* di sierotipo 4b, provenienti da 279 pazienti affetti da listeriosi, sono stati analizzati mediante PFGE (oltre che con altri metodi), ottenendo 34 pulsovar; l'89% dei ceppi esaminati è risultato del pulsotipo responsabile di epidemie umane 2/1/3[87]. Utilizzando tre enzimi di restrizione, è stato dimostrato che il ceppo di *L. monocytogenes* responsabile di un'epidemia in Francia nel 1992 era strettamente correlato dal punto di vista genetico a quelli che hanno causato epidemie in California, Danimarca e Svizzera[87].

Oltre che su *L. monocytogenes*, la tecnica PFGE è stata impiegata su numerosi altri batteri di rilievo per gli alimenti. Sono stati differenziati ceppi epidemici e sporadici di *E. coli* O157:H7 coinvolti nell'epidemia di colite emorragica registrata nel 1994 nel Pacifico nord-occidentale[102] ed è stata dimostrata la stretta correlazione esistente tra il sierogruppo O139 di *V. cholerae* e il biotipo Tor E1 O1[75]. Utilizzando l'enzima di digestione *Sma*I e la PFGE sono state estrapolate le dimensioni del genoma di tre specie stafilococciche[67]. Allo scopo di individuare la fonte di questo microrganismo nella trota iridata affumicata a freddo, Autio e colleghi[6] hanno sottoposto a PFGE 303 isolati e hanno osservato che quelli presenti nel prodotto finito erano associati alle fasi di salagione e taglio; i microrganismi presenti sul pesce crudo non sono stati riscontrati nel prodotto finito.

11.4.7 Polimorfismo di lunghezza dei frammenti di restrizione (RFLP)

Questa tecnica (RFLP, *restriction fragment length polymorphism*) si basa sulle differenze della lunghezza dei frammenti di DNA che vengono generati mediante digestione con endonucleasi di restrizione. In sintesi, il DNA cellulare viene digerito con enzimi di restrizione, separato mediante elettroforesi e ibridizzato con la metodica Southern blot mediante una sonda di DNA ottenuta da una determinata libreria genica dell'organismo in questione. Insieme alla MEE, questa tecnica è stata impiegata per dimostrare la frequenza di ceppi di *L. monocytogenes* in latte crudo e alimenti non lattiero-caseari[77].

11.4.8 Ribotipizzazione

Il DNA viene estratto dalle cellule e digerito con una endonucleasi, come *Eco*RI; i frammenti così ottenuti sono quindi separati mediante elettroforesi su gel di agarosio. I frammenti separati vengono trasferiti su una membrana di nylon e ibridizzati impiegando una sonda di DNA complementare (cDNA) marcata in modo appropriato, ottenuta dall'RNA ribosomiale (rRNA) mediante trascrittasi inversa. Il profilo chemiluminescente generato viene registrato. Un sistema di ribotipizzazione automatizzato può essere in grado di processare simultaneamente otto campioni; questo strumento produce i cosiddetti "riboprint", che consentono l'identificazione mediante il confronto con quelli di ceppi conosciuti archiviati in database di riferimento.

Utilizzando la ribotipizzazione e la MEE su 305 ceppi di *L. monocytogenes* sono stati ottenuti 28 ribotipi e 78 profili elettroforetici (ET). I ceppi sono stati suddivisi in due sottogruppi mediante entrambi i metodi, ma nessuno dei due è stato in grado di differenziare in modo soddisfacente i sierogruppi 1/2b e 4b. In generale la tecnica MEE si è rivelata più

Tabella 11.2 Alcune applicazioni della ribotipizzazione su microrganismi di origine alimentare

Microrganismo	Applicazioni	Rif. bibl.
Clostridium botulinum	Con il sistema riboprinter Qualicon è stato utilizzato EcoRI e sono stati testati 31 ceppi dei quattro gruppi principali. Sono stati trovati 15 ribogruppi	191
Ceppi di Escherichia coli	Utilizzando HindIII, non è stato possibile differenziare i ceppi provenienti da specie animali diverse, tuttavia l'enzima può essere impiegato per distinguere i ceppi di origine animale da quelli di origine umana	182
Escherichia coli dell'uomo e degli animali	Sono stati impiegati 40 ceppi isolati dall'uomo e 247 di origine animale (sette animali diversi); la sonda era un frammento di BamHI, derivante dal plasmide PKK contenente i geni del 16S e 23S rRNA di E. coli. La ribotipizzazione è risultata valida per determinare il veicolo di contaminazione fecale	27
Bacillus sporothermodurans	Utilizzando enzimi PvuII e EcoRI, ribotipizzazione automatizzata e fingerprinting REP-PCR, sono stati caratterizzati 38 ceppi derivanti da diverse fonti. Sono stati individuati due raggruppamenti principali.	72

discriminante della ribotipizzazione. Confrontata con la PFGE su 73 isolati appartenenti al genere *Acinetobacter*, la ribotipizzazione ha distinto 39 profili con l'impiego di 2 endonucleasi, mentre la PFGE ne ha differenziati 49[184]. In uno studio condotto su *Salmonella* sierotipo Enteritidis la ribotipizzazione si è rivelata la più discriminante e accurata tra le diverse tecniche genetiche utilizzate per differenziare i ceppi patogeni presenti negli alimenti e nell'acqua; inoltre la tipizzazione fagica ha fornito i migliori risultati nell'ulteriore differenziazione dei ribogruppi[120]. Maggiori dettagli sulle applicazioni della ribotipizzazione sono presentati nella tabella 11.2.

11.4.9 Microarray

Un microarray molto semplice può consistere di una superficie solida (come una membrana in nylon, un vetrino o un chip di silicio) sulla quale vengono fissate piccole quantità di singoli filamenti di DNA (ssDNA) di differenti specie batteriche conosciute. Quando gli ssDNA di specie non note vengono esposte a questi array (DNA chip) i ceppi complementari possono legarsi ai rispettivi siti presenti sui chip. Se viene utilizzata una molecola reporter, l'identità della specie sconosciuta può essere confermata. Un microarray di DNA è, fondamentalmente, un sistema dot-blot avente la capacità di processare e ottenere un gran numero di dati. La tecnica DNA microarray per microrganismi prevede la costruzione di oligonucleotidi (*primer*), di sonde, l'ibridazione e l'analisi dei risultati. La procedura generale è stata presentata ed esaminata da Ye e colleghi[230].

Generalmente da diverse centinaia a diverse migliaia di campioni o sonde possono essere applicati a un supporto solido. In uno studio sui patotipi di *Xanthomonas*, 47 sonde microarray sono state impiegate per caratterizzare 14 ceppi strettamente correlati, mostrando evidenti differenze tra i ceppi presi in esame[111]. Per determinare la concentrazione e i generi dei batteri presenti nella microflora di insalate di verdure pronte al consumo, è stato condotto uno studio sul prodotto appena preparato e dopo conservazione fino a 12 giorni a 4 e 10 °C. Durante la conservazione in atmosfera modificata, sono state utilizzate sonde specifiche ottenute dalle sequenze 16S per identificare i generi batterici presenti nelle insalate, senza ricorrere al loro isolamento[175]. I ricercatori hanno concluso che i metodi basati sugli array di DNA hanno fornito un quadro accurato di questa eterogenea popolazione batterica, che risultava dominata da Pseudomonadaceae dopo conservazione a 4 °C e da batteri enterici dopo conservazione a 10 °C. Un microarray di DNA a fibre ottiche, sviluppato per individuare alcuni patogeni di origine alimentare, consente di rilevare concentrazioni di sole 100 ufc in meno di 1 ora.

I microarray offrono notevoli potenzialità per l'identificazione delle specie e dei ceppi microbici negli alimenti e per la caratterizzazione dei biotipi. Sono oggi disponibili diversi sistemi basati su microarray, che oltre al DNA utilizzano RNA e proteine; array di proteine sono impiegati per la ricerca in proteomica.

11.5 Metodi fisici

11.5.1 Biosensori

In generale un biosensore è un apparato, un metodo o una procedura, che può essere utilizzato per determinare la presenza o l'attività di un microrganismo, vivo o morto. Una definizione più sintetica è *un sistema contenente un elemento biologico sensibile collegato a un trasduttore*. In questa definizione il trasduttore è l'unità che converte la variazione in un segnale misurabile. Non sono inclusi i metodi biochimici o immunologici utilizzati principalmente per misurare le reazioni enzima-substrato o antigene-anticorpo, anche se tali reazioni possono essere componenti di un biosensore. Alcuni biosensori si basano su principi fisici (per esempio, le fibre ottiche), mentre altri su principi biologici (per esempio, la luminescenza del gene *lux*). I metodi che si sono dimostrati validi per la microbiologia degli alimenti sono elencati e brevemente descritti di seguito.

11.5.2 Cristalli piezoelettrici (biosensori acustici)

La piezoelettricità è elettricità o polarità elettrica dovuta alla pressione in una sostanza cristallina come il quarzo. Un quarzo vibrante è un indicatore di peso estremamente sensibile. Se un cristallo è rivestito con un anticorpo, può essere utilizzato un sistema di analisi a iniezione di flusso (FIA) per segnalare l'aggiunta dell'antigene omologo. Il principio di funzionamento di un biosensore piezoelettrico è descritto in figura 11.4: quando al quarzo rivestito con un anticorpo si aggiunge l'analita target, cioè l'antigene omologo, questo si lega all'anticorpo determinando un aumento della massa, con conseguente diminuzione della frequenza di vibrazione.

In uno studio sono state utilizzate superfici di cristallo di quarzo rivestite di oro per sviluppare un sistema FIA per rilevare la presenza di *S.* Typhimurium[229]. Per immobilizzare l'anticorpo, i cristalli sono stati prima rivestiti con DSP (ditiobis-succinimidil-propionato), quindi con l'anticorpo per *S.* Typhimurium e infine con cellule di *S.* Typhimurium. Come si può osservare nella figura 11.5, la risposta in termini di ΔF è stata 90 Hz per il solo DSP, 123 Hz per DSP + anticorpo e 228 Hz per DSP + anticorpo + antigene. I cambiamenti in hertz rappresentano l'effetto del materiale adeso sulla superficie del quarzo. Il metodo è risultato

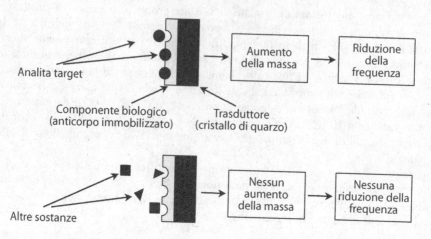

Figura 11.4 Principio di funzionamento di un biosensore piezoelettrico. (Da Babacan et al.[8])

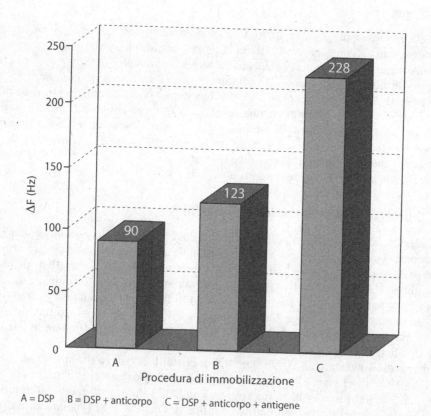

A = DSP   B = DSP + anticorpo   C = DSP + anticorpo + antigene

Figura 11.5 Misurazione a secco delle variazioni di frequenza (ΔF) che si registrano in un sensore piezoelettrico per *Salmonella* nelle diverse fasi: (A) rivestimento con DSP del cristallo di quarzo; (B) adesione dell'anticorpo; (C) legame dell'antigene all'anticorpo. (Da Ye et al.[229])

lineare per concentrazioni di *S.* Typhimurium variabili da 10^5 a 10^9 ufc/mL, con cambiamenti di ΔF da 90 a 170 Hz.

Il livello minimo rilevabile è stato di 10^4 ufc/mL e il biosensore ha presentato un tempo di risposta di circa 25 minuti[229]. In un altro sistema FIA piezoelettrico, come sito di legame per l'anticorpo è stata utilizzata una proteina A invece del DSP[8]. Quest'ultimo sistema è stato in grado di individuare la presenza di *S.* Typhimurium in 30-40 minuti, con una sensibilità di $2,1 \times 10^6$ ufc/mL.

11.5.3 Fibre ottiche

Una fibra ottica è un "cavo di luce" (guida d'onda ottica), costituito di vetro o di materiale polimerico, nel quale le onde luminose si propagano per riflessione interna totale. Un biosensore a fibra ottica utilizza una trasduzione elettronica o ottica per monitorare una reazione biologica e la trasmette sotto forma di segnale ottico.

Un tipico sistema a fibra ottica consiste in una sottile sonda di fibra ottica rivestita con un anticorpo d'interesse. La luce emessa da un diodo laser viaggia attraverso un sistema completamente composto da fibra fino all'estremità della fibra stessa e, quindi, penetra come un'onda evanescente nell'area al di fuori delle estremità. Quando un antigene omologo marcato con sostanze fluorescenti si lega all'anticorpo sull'estremità della fibra, esso reagisce con l'onda evanescente e il segnale fluorescente si irradia in tutte le direzioni, con una parte delle radiazioni che viaggiano indietro verso l'estremità della fibra, fino al sistema di rivelazione[167]. I coloranti fluorescenti (come Cy5) sembrano essere le fonti luminose più idonee.

Con un sistema di risonanza plasmonica superficiale (SPR, *surface plasmon resonance*) basato su fibra ottica, gli anticorpi si legano alla superficie di un sottile film di metallo prezioso che riveste la superficie riflettente di una fibra di vetro otticamente trasparente[167]. Quando luce visibile o nel vicino infrarosso viene trasmessa attraverso la fibra, si verifica una riflessione. La luce riflessa interagisce con un plasma di elettroni sulla superficie metallica e un effetto di risonanza provoca un forte assorbimento che è una conseguenza della concentrazione di complesso antigene-anticorpo sulla superficie riflettente. Quanto maggiore è la reazione antigene-anticorpo, tanto maggiori sono le lunghezze d'onda.

Un biosensore portatile a fibre ottiche a onda evanescente (Analyte 2000, sviluppato presso i Naval Research Laboratories statunitensi) è stato testato in relazione alla capacità di rilevare *E. coli* O157:H7 in carne di manzo tritata[42]. Utilizzando due guide d'onda, il sistema è stato in grado di rilevare 9×10^3 e $5,2 \times 10^2$ ufc/g. Non vi sono stati falsi positivi e i risultati sono stati ottenuti entro 25 minuti dalla preparazione del campione. Tale sistema d'analisi ha impiegato un saggio immunologico sandwich standard e Cy5 per illuminare gli antigeni catturati. L'Analyte 2000 è stato utilizzato per individuare *L. monocytogenes*: con un inoculo <10 ufc/mL, seguito da un arricchimento di 20 ore, i risultati del biosensore sono stati ottenuti in 20-45 minuti[209].

Tra i biosensori disponibili in commercio, vi sono: BIAcore, sistema SPR prodotto in Svezia; Raptor, sviluppato e prodotto nello stato di Washington; un sistema immunomagnetico sviluppato presso l'Università del Rhode Island e prodotto in Massachusetts da Pierson Scientific[167]. Il BIAcore 3000 (un sistema SPR impiegato principalmente a scopo di ricerca) è stato utilizzato per rilevare l'enterotossina B stafilococcica (SEB) in latte e carne: i risultati sono stati ottenuti in 5 minuti utilizzando un anticorpo o in 8 minuti utilizzandone due[168]. Il sistema è stato in grado di rilevare circa 10 ng/mL di SEB. Un altro strumento BIAcore è disponibile per le analisi degli alimenti. Kramer e Lim[117] hanno sviluppato un saggio in grado di rilevare in 20 minuti un livello minimo di 5×10^5 ufc/mL di *S.* Typhimurium in acque provenienti dall'irrigazione di germogli di alfalfa. Il metodo utilizza un sistema Raptor portatile automatizzato basato su un sensore a fibra ottica e impiega un diodo laser a 635 nm per l'eccitazione luminosa. Per catturare il patogeno, è stato usato un anticorpo monoclonale di *S.* Typhimurium marcato con Cy5. Con questo metodo è stato possibile caratterizzare le colonie di *S.* Typhimurium senza interferenze da parte della microflora indigena.

11.5.4 Impedenza

Sebbene la misurazione della crescita microbica tramite impedenza elettrica sia stata proposta da G.N. Stewart nel 1899, il metodo è stato impiegato a tale scopo solo negli anni Settanta. In un circuito elettrico l'impedenza è la resistenza apparente al flusso di corrente alternata, corrispondente alla resistenza effettiva al flusso di corrente continua. Quando crescono in un mezzo colturale i microrganismi metabolizzano substrati a bassa conducibilità trasformandoli in prodotti a conducibilità più elevata, abbassando così l'impedenza del mezzo. Misurando l'impedenza di colture in terreni liquidi, si ottengono curve riproducibili per specie e ceppi; colture miste possono essere identificate con l'utilizzo di specifici inibitori di crescita. La tecnica si è mostrata capace di rilevare anche 10-100 cellule (tabella 11.1). Popolazioni cellulari di 10^5-10^6/mL possono essere determinate in 3-5 ore, popolazioni di 10^4-10^5/mL in 5-7 ore[226]. I tempi indicati sono necessari affinché il microrganismo in questione raggiunga una soglia di 10^6-10^7 cellule per millilitro. Di seguito sono sintetizzate alcune applicazioni dell'impedenza in campo alimentare.

1. In uno studio che ha esaminato 200 campioni di purea di verdure, per rilevare livelli inaccettabili di carica batterica, è stata trovata una corrispondenza del 90-95% tra i risultati ricavati dalla misurazione dell'impedenza e quelli ottenuti con la conta in piastra, [76]. Le analisi di impedenza richiedono 5 ore e il metodo è applicabile a torte alla crema, carne macinata e altri alimenti.

2. La qualità microbiologica del latte pastorizzato è stata determinata utilizzando un tempo di rilevazione dell'impedenza (IDT, *impedance detection time*) di 7 ore o meno, equivalente a una conta aerobia in piastra (APC) di 10^4/mL o più di batteri[25]. Su 380 campioni valutati, 323 (pari all'85%) sono stati correttamente stimati mediante impedenza. Utilizzando lo stesso criterio, sono state necessarie 10 ore per la valutazione di 27 campioni di latte crudo. In uno studio su latte crudo, svolto in collaborazione da sei laboratori, i valori di impedenza ottenuti dai diversi laboratori sono risultati meno variabili della conta standard su piastra (SPC)[59]. In un altro studio su latte crudo, l'impedenza è stata ritenuta valida quando si è utilizzato un tempo soglia (di cutoff) di 7 ore (10^5 ufc/mL) per vagliare i campioni[68]. Un diagramma di dispersione che correla IDT e APC per 132 campioni di latte crudo è presentato in figura 11.6.

3. Nell'industria della birra il tempo necessario per determinare i microrganismi alteranti nel prodotto è stato ridotto da 3 settimane o più a soli 2-4 giorni con l'uso dell'impedenza[52]. La crescita di lieviti nel mosto ne aumenta l'impedenza, mentre quella dei batteri la fa diminuire.

4. Gli IDT per 48 campioni di carne di manzo cruda sono stati riportati in grafico contro il logaritmo del numero di cellule batteriche, evidenziando un coefficiente di regressione di 0,97[59]; l'IDT per le carni è risultato di circa 9 ore. In un altro studio è stato stimato mediante impedenza il livello relativo di contaminazione delle superfici delle carne[22]; per concentrazioni pari o superiori a 10^7 cellule/cm^2 è stato possibile effettuare la rivelazione entro 2 ore[22].

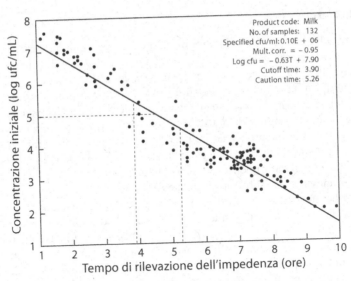

Figura 11.6 Diagramma di dispersione che correla i valori di IDT e di APC per 132 campioni di latte crudo. Campioni contenenti concentrazioni di mesofili >10^5 per millilitro sono stati determinati entro 4 ore. (Per gentile concessione di Ruth Firstenberg-Eden)

5. È stato utilizzato un metodo basato sull'impedenza per valutare l'accettabilità (<10^4 ufc/mL) del succo d'arancia concentrato congelato[220]. Utilizzando tempi di cutoff di 10,2 ore per i batteri e di 15,8 ore per i lieviti, è stato possibile classificare correttamente il 96% di 468 campioni prelevati in esercizi di vendita al dettaglio.

6. Uno studio ha valutato i coliformi in 70 campioni di carne bovina macinata impiegando uno specifico terreno selettivo e la tecnica dell'impedenza[133]; il 79% dei valori ottenuti mediante impedenza sono rientrati entro i limiti di confidenza del 95% della procedura MPN a tre tubi utilizzata per i coliformi; è stato possibile determinare da meno di 100 a 21.000 cellule per grammo entro 24 ore. In un altro studio è stato sviluppato un nuovo mezzo selettivo, che ha fornito valori di impedenza coerenti con il conteggio delle ufc[60]. Inoculando 10 coliformi nel nuovo terreno, l'IDT medio è stato di 3,8 ore e per 96 campioni di carne il coefficiente di correlazione tra l'impedenza e le conte di coliformi corrette su violet red bile agar (VRBA) è stato di 0,90. Per i campioni di carne con 10^3 coliformi è stato necessario un IDT di 6,5 ore; è stato suggerito che un tempo di rilevazione dell'impedenza di 5,5 ore o meno indicasse cariche >10^3 coliformi/g nella carne, mentre l'incapacità di determinare il medesimo segnale in 7,6 ore fosse indicativa di concentrazioni di coliformi <10^3/g[60]. In un altro studio su coliformi, condotto su latte crudo e pastorizzato e su due prodotti derivati, un IDT <9 ore è stato indicativo della presenza di un numero di coliformi >10 cellule/mL, mentre un IDT >12 ore è risultato indicativo di valori <10 cellule/mL[61].

7. La misurazione dell'impedenza è stata utilizzata per rivelare la crescita (test negativo) o l'assenza di crescita (test positivo) di ceppi di *E. coli* O157:H7 in un mezzo contenente sorbitolo, addizionato di uno specifico batteriofago (AR1). Le letture sono state eseguite a intervalli di 6 minuti fino a 20 ore. Dopo 30 minuti l'assenza di cambiamenti di conduttanza nelle provette contenenti il fago AR1 è stata registrata come risultato positivo[30]. Solo 1 ceppo dei 155 di *E. coli* O157:H7 è cresciuto in presenza del fago.

11.5.5 Microcalorimetria

Si tratta dello studio di piccole variazioni di calore: la misura della variazione di entalpia coinvolta nella demolizione dei substrati di crescita. La produzione di calore che si misura è strettamente correlata con le attività cataboliche della cellula[63].

Esistono due tipi di calorimetri: in batch e in flusso. La maggior parte dei primi studi è stata condotta con strumenti di tipo in batch. Uno dei microcalorimetri più comunemente utilizzati in campo microbiologico è il tipo Calvet, sensibile a flussi termici di 0,01 cal/ora in campioni di 10 mL[63]. Per quanto riguarda il suo utilizzo come metodo rapido, grande attenzione è stata dedicata all'identificazione e caratterizzazione dei microrganismi di origine alimentare. I risultati microcalorimetrici variano in funzione della storia del microrganismo, della quantità di inoculo, dei substrati fermentescibili eccetera. Un gruppo di ricercatori ha osservato con i lieviti variazioni tali da mettere in discussione la possibilità di identificarli con questo metodo[14]; tuttavia in uno studio successivo, in cui è stato utilizzato un mezzo sintetico, Perry e colleghi[159] hanno caratterizzato con successo ceppi commerciali di lievito mediante l'impiego di microcalorimetria a flusso. Utilizzando un mezzo a composizione chimica definita contenente sette zuccheri, sono stati prodotti termogrammi specifici da nove batteri lattici (appartenenti ai generi *Enterococcus*, *Leuconostoc* e *Lactobacillus*), sufficientemente discriminanti da consigliare questo metodo per la loro identificazione[66]. Tutte le colture sono state fatte sviluppare a 37 °C, tranne "*S. cremoris*" per la quale è stata impiegata una temperatura di incubazione di 30 °C, con risultati entro 24 ore.

Questo metodo è stato utilizzato per studiare l'alterazione di alimenti in scatola, per differenziare tra loro le Enterobacteriaceae, per individuare la presenza di *S. aureus* e per valutare la carica batterica nella carne macinata. Nella determinazione di *S. aureus* i risultati sono stati conseguiti in 2 ore, utilizzando un numero iniziale di cellule di 10^7-10^8 per millilitro, mentre sono state necessarie 12-13 ore con concentrazioni di 2 cellule per millilitro[119]. La microcalorimetria a flusso è stata utilizzata per monitorare la vitalità di cellule congelate di *S. cerevisiae* nelle 3 ore successive allo scongelamento[13]. In carne macinata, con concentrazioni di 10^5-10^8 ufc/g, è stato possibile registrare entro 24 ore il picco della velocità di produzione di calore (HPR, *heat production rate*) esotermico, con risultati ben correlati con quelli della conta su piastra[70]. Con 10^2 ufc/mL è stato prodotto un HPR misurabile dopo 6 ore, con un picco dopo 10 ore.

11.5.6 Citometria a flusso

La citometria a flusso è la disciplina che riguarda la misura delle componenti (le cellule) e delle proprietà delle singole cellule in sospensioni liquide. In pratica le cellule sospese, una per una, vengono condotte a un rivelatore per mezzo di un canale di flusso. Strumenti che lavorano in condizioni di flusso laminare definiscono le traiettorie e la velocità con cui le cellule attraversano il rivelatore; tra le proprietà della cellula che possono essere determinate vi sono la fluorescenza, l'assorbanza e la diffusione della luce. Con la citometria a flusso è possibile selezionare le singole cellule sulla base della misura delle loro proprietà e misurare da 1 a 3 (o più) proprietà cellulari[141]. Citometri a flusso e selettori di cellule utilizzano una o più fonti di eccitazione, come laser all'argon, al kripton o all'elio-neon, e uno o due coloranti fluorescenti per misurare e caratterizzare diverse migliaia di cellule al secondo. Quando si utilizza un colorante il suo spettro di eccitazione deve essere adeguato alle lunghezze d'onda della fonte di eccitazione[40]. Due coloranti possono essere utilizzati in combinazione per misurare, per esempio, il contenuto di proteine totali e di DNA. In questi casi, entrambi i coloranti devono essere in grado di eccitare alla stessa lunghezza d'onda ed emettere a lunghezze d'onda differenti, in modo che la luce emessa da ciascuno di essi possa essere misurata separatamente. La storia della citometria a flusso dalle origini è stata studiata in dettaglio da Horan e Wheeless[83].

Sebbene la maggior parte degli studi sia stata condotta su cellule di mammiferi, il DNA e le proteine sono state misurate in cellule di lievito. Generalmente le cellule di lievito vengono coltivate, fissate e incubate in una soluzione di RNasi per 1 ora. Le proteine cellulari possono essere marcate con fluoresceina isotiocianato e il DNA con propidio ioduro. Dopo i necessari lavaggi, le cellule marcate vengono sospese in un idoneo tampone e sono quindi pronte per essere sottoposte a citometria a flusso. Lo strumento utilizzato da Hutter e colleghi[84] era equipaggiato con un laser ad argon a 50 mW. Le cellule di lievito sono state eccitate a diverse lunghezze d'onda, con l'ausilio di speciali filtri ottici. Con questo metodo è stato determinato che il lievito da panificazione contiene $4,6 \times 10^{-14}$ g di DNA per cellula e che il contenuto di proteine per cellula è di $1,1 \times 10^{-11}$ g.

La citometria a flusso, combinata con anticorpi monoclonali marcati con composti fluorescenti, è stata in grado di determinare la presenza di *S.* Typhimurium in uova e latte in meno di 40 minuti, con una sensibilità di 10^3 cellule/mL[136]. Utilizzando un arricchimento non selettivo di 6 ore, il limite di rilevazione è stato di dieci cellule per millilitro per il latte e di una cellula per millilitro per le uova.

Per determinare e quantificare i batteri nel latte, è stato sviluppato un metodo di citometria a flusso che prevede l'eliminazione enzimatica dal latte di particelle lipidiche e proteine. Aggiungendo batteri al latte UHT e determinando il numero di cellule mediante APC e citometria a flusso, il numero di cellule recuperate con i due metodi è stato altamente comparabile, ma con la citometria a flusso i risultati sono stati ottenuti in circa 1 ora[73]. Un metodo di citometria a flusso per valutare la reazione di Gram in latte crudo è stato sviluppato utilizzando due coloranti fluorescenti: uno colora solo le cellule Gram-positive, mentre l'altro colora anche le Gram-negative. Con sette Gram-positivi e cinque Gram-negativi, il metodo è stato in grado di riconoscere correttamente le reazioni di Gram nel 99% dei casi[81].

11.5.7 Strumento BioSys

Lo strumento BioSys-32 determina, in maniera automatica e computerizzata, i cambiamenti di colore di tubi di reazione mentre i microrganismi crescono in mezzi colturali specifici, contenenti un substrato che cambia colore in proporzione all'aumento del numero di cellule. Lo strumento è stato utilizzato per determinare simultaneamente *Salmonella* e *Listeria* spp. in 70 alimenti contaminati naturalmente, attraverso la diminuzione della trasmissione di luce in seguito a produzione di H_2S da parte di *Salmonella* spp[158]. Con questo metodo è stato possibile individuare 10-50 salmonelle o listerie/25 g in 24 ore, con l'aggiunta di 6 ore per la conferma dei risultati mediante PCR. Lo strumento BioSys è stato usato con successo per misurare la decarbossilazione degli amminoacidi da parte di batteri enterici[188], *Listeria* spp. in tamponi e spugne ambientali[62], gli effetti di citrato e lattato sulla microflora della carne cruda[189] e l'attività antilisterica di lattato e diacetato in carni pronte al consumo[137].

Bibliografia

1. Adcock PW, Saint CP (2001) Rapid confirmation of Clostridium perfringens by using chromogenic and fluorogenic substrates. *Appl Environ Microbiol*, 67: 4382-4384.

2. Ahmed R, Sankar-Mistry P, Jackson S, Ackermann HW, Kasatiya SS (1995) Bacillus cereus phage typing as an epidemiological tool in outbreaks of food poisoning. *J Clin Microbiol*, 33: 636-640.

3. Areson PWD, Charm SE, Wong BL (1980) Determination of staphylococcal enterotoxins A and B in various food extracts, using staphylococcal cells containing protein. *J Food Sci*, 45: 400-401.

4. Audurier A, Martin C (1989) Phage typing of Listeria monocytogenes. *Int J Food Microbiol*, 8: 251-257.

5. Audurier A, Chatelain R, Chalons F, Piéchaud M (1979) Lysotypie de 823 souches de Listeria monocytogenes isolées en France de 1958 à 1978. *Ann Microbiol (Inst Pasteur)*, 130B: 179-189.

6. Autio T, Hielm S, Miettinen M, Sjöberg AM, Aarnisalo K, Björkroth J, Mattila-Sandholm T, Korkeala H (1999) Sources of Listeria monocytogenes contamination in a cold-smoked rainbow trout processing plant detected by pulsed-field gel electrophoresis typing. *Appl Environ Microbiol*, 65: 150-155.

7. Ayres JC (1967) Use of fluorescent antibody for the rapid detection of enteric organisms in egg, poultry and meat products. *Food Technol*, 21: 631-640.

8. Babacan S, Pivarnik P, Letcher S, Rand A (2002) Piezoelectric flow injection analysis biosensor for the detection of Salmonella Typhimurium. *J Food Sci*, 67: 314-320.

9. Bachrach U, Bachrach Z (1974) Radiometric method for the detection of coliform organisms in water. *Appl Microbiol*, 28: 169-171.

10. Baez LA, Juneja VK (1995) Nonradioactive colony hybridization assay for detection and enumeration of enterotoxigenic Clostridium perfringens in raw beef. *Appl Environ Microbiol*, 61: 807-810.

11. Batish VK, Chander H, Ranganathan G (1984) Incidence of enterococcal thermonuclease in milk and milk products. *J Food Sci*, 49: 1610-1611, 1615.

12. Bautista DA, Vaillancourt JP, Clarke RA, Renwick S, Griffiths MW (1995) Rapid assessment of the microbiological quality of poultry carcasses using ATP bioluminescence. *J Food Protect*, 58: 551-554.

13. Beezer AE, Newell D, Tyrrell HJV (1976) Application of flow microcalorimetry to analytical problems: The preparation, storage and assay of frozen inocula of Saccharomyces cerevisiae. *J Appl Bacteriol*, 41: 197-207.

14. Beezer AE, Newell D, Tyrrell HJV (1978) Characterisation and metabolic studies of Saccharomyces cerevisiae and Kluyveromyces fragilis by flow microcalorimetry. *Antonie Van Leeuwenhoek*, 45: 55-63.

15. Bennett RW, McClure F (1976) Collaborative study of the serological identification of staphylococcal enterotoxins by the microslide gel double diffusion test. *J Assoc Off Anal Chem*, 59: 594-600.

16. Berg JD, Fiksdal L (1988) Rapid detection of total and fecal coliforms in water by enzymatic hydrolysis of 4-methylumbelliferone-β-D-galactoside. *Appl Environ Microbiol*, 54: 2118-2122.

17. Bergdoll MS, Reiser R (1980) Application of radioimmunoassay of detection of staphylococcal enterotoxins in foods. *J Food Protect*, 43: 68-72.

18. Black SF, Gray DI, Fenton DB, Kroll RG (1995) Rapid RAPD analysis for distinguishing Listeria species and Listeria monocytogenes serotypes using a capillary air thermal cycler. *Lett Appl Microbiol*, 20: 188-189.

19. Blears MJ, De Grandis SA, Lee H, Trevors JT (1999) Amplified fragment length polymorphism (AFLP): Review of the procedure and its applications. *J Ind Microbiol Biotechnol*, 21: 99-114.

20. Boerlin P, Boerlin-Petzold F, Bannerman E, Bille J, Jemmi T (1997) Typing Listeria monocytogenes isolates from fish products and human listeriosis cases. *Appl Environ Microbiol*, 63: 1338-1343.

21. Bottari DA, Emmett CD, Nichols CE et al. (1995) Comparative study of a colorimetric DNA hybridization method and conventional culture procedures for the detection of Listeria spp. in foods. *J Food Protect*, 58: 1083-1090.

22. Bulte M, Reuter G (1984) Impedance measurement as a rapid method for the determination of the microbial contamination of meat surfaces, testing two different instruments. *Int J Food Microbiol*, 1: 113-125.

23. Brosch R, Chen H, Luchansky JB (1994) Pulsed-field fingerprinting of listeriae: Identification of genomic divisions for Listeria monocytogenes and their correlation with serovar. *Appl Environ Microbiol*, 60: 2584-2592.

24. Brosch R, Buchrieser C, Rocourt J (1991) Subtyping of Listeria monocytogenes serovar 4b by use of low-frequencycleavage restriction endonucleases and pulsed-field gel electrophoresis. *Res Microbiol*, 142: 667-675.

25. Cady P, Hardy D, Martins S, Duforu SW, Kraeger SJ (1978) Automated impedance measurements for rapid screening of milk microbiol content. *J Food Protect*, 41: 277-283.

26. Candlish AAG, Stimson WH, Smith JE (1985) A monoclonal antibody to aflatoxin B$_1$: Detection of the mycotoxin by enzyme immunoassay. *Lett Appl Microbiol*, 1: 57-61.

27. Carson CA, Shear BL, Ellersieck MR, Asfaw A (2001) Identification of fecal Escherichia coli from humans and animals by ribotyping. *Appl Environ Microbiol*, 67: 1503-1507.

28. Casman EP, Bennett RW (1965) Detection of staphylococcal enterotoxin in food. *Appl Microbiol*, 13: 181-189.

29. Cernic G (1976) Method for the distinction of Gram-negative from Gram-positive bacteria. *Eur J Appl Microbiol*, 3: 223-225.

30. Chang TC, Ding HC, Chen S (2002) A conductance method for the identification of Escherichia coli O157:H7 using bacteriophage AR1. *J Food Protect*, 65: 12-17.

31. Cherry WB, Moody MD (1965) Fluorescent-antibody techniques in diagnostic bacteriology. *Bacteriol Rev*, 29: 222-250.

32. Chesbro WR, Auborn K (1967) Enzymatic detection of the growth of Staphylococcus aureus in foods. *Appl Microbiol*, 15: 1150-1159.

33. Collins WS II, Johnson AD, Metzger JF, Bennett RW (1973) Rapid solid-phase radioimmunoassay for staphylococcal enterotoxin A. *Appl Microbiol*, 25: 774-777.

34. Collins WS II, Metzger JF, Johnson AD (1972) A rapid solid phase radioimmunoassay for staphylococcal B enterotoxin. *J Immunol*, 108: 852-856.

35. Cocolin L, Rantsiou K, Iacumin L, Cantoni C, Comi G (2002) Direct identification in food samples of Listeria spp., and Listeria monocytogenes by molecular methods. *Appl Environ Microbiol*, 68: 6273-6282.

36. Cousin MA, Jay JM, Vasavada PC (2001) Psychrotrophic microorganisms. In: Downes FP, Ito K (eds) *Compendium of Methods for the Microbiological Examination of Foods* (2nd ed). American Public Health Association, Washington, DC.

37. D'Aoust JY, Sewell AM (1988) Reliability of the immunodiffusion 1–2 Test system for detection of Salmonella in foods. *J Food Protect*, 51: 853-856.

38. D'Aoust JY, Sewell AM, Greco P et al. (1995) Performance assessment of the Genetrak colorimetric probe assay for the detection of foodborne Salmonella spp. *J Food Protect*, 58: 1069-1076.

39. Czajka J, Bsat N, Piani M et al. (1993) Differentiation of Listeria monocytogenes and Listeria innocua by 16S rRNA genes and intraspecies discrimination of Listeria monocytogenes strains by random amplified polymorphic DNA polymorphisms. *Appl Environ Microbiol*, 59: 304-308.

40. Dean PN, Pinkel D (1978) High resolution dual laser flow cytometry. *J Histochem Cytochem*, 26: 622-627.

41. de Castro BP, Asenio MA, Sanz B, Ordòñez JA (1988) A method to assess the bacterial content of refrigerated meat. *Appl Environ Microbiol*, 54: 1462-1465.

42. DeMarco DM, Lim DV (2002) Detection of Escherichia coli O157:H7 in 10- and 25-gram ground beef samples with an evanescent-wave biosensor with silica and polystyrene waveguides. *J Food Protect*, 65: 596-602.

43. Desai M, Threlfall EJ, Stanley J (2001) Fluorescent amplified-fragment length polymorphism subtyping of the Salmonella enterica serovar Enteritidis phage type 4 clone complex. *J Clin Microbiol*, 39: 201-206.

44. Dixon-Holland DE, Pestka JJ, Bidigare BA et al. (1988) Production of sensitive monoclonal antibodies to aflatoxin B$_1$ and aflatoxin M$_1$ and their application to ELISA of naturally contaminated foods. *J Food Protect*, 51: 201-204.

45. Dodds KL, Holley RA, Kempton AG (1983) Evaluation of the catalase and Limulus ameobocyte lysate tests for rapid determination of the microbiol quality of vacuum-packed cooked turkey. *Can Inst Food Sci Technol J*, 16: 167-172.

46. Dovey S, Towner KJ (1989) A biotinylated DNA probe to detect bacterial cells in artificially contaminated foodstuffs. *J Appl Bacteriol*, 66: 43-47.

47. Downes FP, Green JH, Greene K, Stockbine N, Wells JG, Wachsmuth IK (1989) Development and evaluation of enzyme-linked immunosorbent assays for detection of Shiga-like toxin I and Shiga-like toxin II. *J Clin Microbiol*, 27: 1292-1297.

48. Duim B, Wassenaar TM, Rigter A, Wagenaar J (1999) High-resolution genotyping of Campylobacter strains isolated from poultry and humans with amplified fragment length polymorphism finger-printing. *Appl Environ Microbiol*, 65: 2369-2375.

49. Edberg SC, Allen MJ, Smith DB, the National Collaboratiave study (1989) National field evaluation of a defined substrate method for the simultaneous detection of total coliforms and Escherichia coli from drinking water: Comparison with presence–absence techniques. *Appl Environ Microbiol*, 55: 1003-1008.

50. Erickson A, Deibel RH (1973) Turbidimetric assay of staphylococcal nuclease. *Appl Microbiol*, 25: 337-341.

51. Ericsson H, Stalhandske P, Danielsson-Tham ML, Bannerman E, Bille J, Jacquet C, Rocourt J, Tham W (1995) Division of Listeria monocytogenes serovar 4b strains into two groups by PCR and restriction enzyme analysis. *Appl Environ Microbiol*, 61: 3872-3874.

52. Evans HAV (1982) A note on two uses for impedimetry in brewing microbiology. *J Appl Bacteriol*, 53: 423-426.

53. Fach P, Dilasser F, Grout J, Tache J (1999) Evaluation of a polymerase chain reaction-based test for detecting Salmonella spp. in food samples: Probelia Salmonella spp. *J Food Protect*, 62: 387-1393.

54. Fallowfield HJ, Patterson JT (1985) Potential value of the Limulus lysate assay for the measurement of meat spoilage. *J Food Technol*, 20: 467-479.

55. Fang Q, Brockmann S, Botzenhart K, Wiedenmann A (2003) Improved detection of Salmonella spp. in foods by fluorescent in situ hybridization with 23S rRNA probes: A comparison with conventional culture methods. *J Food Protect*, 66: 723-731.

56. Farber JM, Addison CJ (1994) RAPD typing for distinguishing species and strains in the genus Listeria. *J Appl Bacteriol*, 77: 242-250.

57. Feng PCS, Hartman PA (1982) Fluorogenic assays for immediate confirmation of Escherichia coli. *Appl Environ Microbiol*, 43: 1320-1329.

58. Fiedler F, Seger J, Schrettenbrunner A, Seeliger HPR (1984) The biochemistry of murein and cell wall teichoic acids in the genus Listeria. *Syst Appl Microbiol*, 5: 360-376.

59. Firstenberg-Eden R (1984) Collaborative study of the impedance method for examining raw milk samples. *J Food Protect*, 47: 707-712.

60. Firstenberg-Eden R, Klein CS (1983) Evaluation of a rapid impedimetric procedure for the quantitative estimation of coliforms. *J Food Sci*, 48: 1307-1311.

61. Firstenberg-Eden R, Van Sise ML, Zindulis J, Kahn P (1984) Impedimetric estimation of coliforms in dairy products. *J Food Sci*, 49: 1449-1452.

62. Firstenberg-Eden R, Shelef LA (2000) A new rapid automated method for the detection of Listeria from environmental swabs and sponges. *Int J Food Microbiol*, 56: 231-237.

63. Forrest WW (1972) Microcalorimetry. *Methods Microbiol*, 6B: 385-318.

64. Frampton EW, Restaino L, Blaszko N (1988) Evaluation of the B-glucuronidase substrate 5-bromo-4-chloro-3-indolyl-β-D-glucuronide (X-GLUC) in a 24-hour direct plating method for Escherichia coli. *J Food Protect*, 51: 402-404.

65. Fratamico PM, Bagi LK, Pepe T (2000) A multiplex polymerase chain reaction assay for rapid detection and identification of Escherichia coli O157:H7 in foods and bovine feces. *J Food Protect*, 63: 1032-1037.

66. Fujita T, Monk PR, Wadso I (1978) Calorimetric identification of several strains of lactic acid bacteria. *J Dairy Res*, 45: 457-463.

67. George CG, Kloos WB (1994) Comparison of the SmaI-digested chromosomes of Staphylococcus epidermidis and the closely related species Staphylococcus capitis and Staphylococcus caprae. *Int J Syst Bacteriol*, 44: 404-409.

68. Gnan S, Luedecke LO (1982) Impedance measurements in raw milk as an alternative to the standard plate count. *J Food Protect*, 45: 4-7.

69. Goepfert JM, Insalata NF (1969) Salmonellae and the fluorescent antibody technique: A current evaluation. *J Milk Food Technol*, 32: 465-473.

70. Gram L, Sogaard H (1985) Microcalorimetry as a rapid method for estimation of bacterial levels in ground meat. *J Food Protect*, 48: 341-345.

71. Grunstein M, Hogness DS (1975) Colony hybridization: A method for the isolation of cloned DNAs that contain a specific gene. *Proc Nat Acad Sci USA*, 72: 3961-3965.

72. Guillaume-Gentil G, Scheldeman P, Marugg J, Herman L, Joosten M, Hendrickx M (2002) Genetic heterogeneity in Bacillus sporothermodurans as demonstrated by ribotyping and repetitive extragenic palindromic-PCR fingerprinting. *Appl Environ Microbiol*, 68: 4216-4224.

73. Gunasekera TS, Attfield PV, Veal DA (2000) A flow cytometry method for rapid detection and enumeration of total bacteria in milk. *Appl Environ Microbiol*, 66: 1228-1232.

74. Guy RA, Payment P, Krull UJ, Horgen PA (2003) Real-time PCR for quantification of Giardia and Cryptosporidium in environmental water samples and sewage. *Appl Environ Microbiol*, 69: 5178-5185.

75. Hall RH, Khambaty FM, Kothary MH, Keasler SP, Tall BD (1994) Vibrio cholerae non-01 serogroup associated with cholera gravis genetically and physiologically resembles 01 El Tor cholera strains. *Infect Immun*, 62: 3859-3863.

76. Hardy D, Dufour SW, Kraeger SJ (1975) Rapid detection of frozen food bacteria by automated impedance measurements. *Proc Inst Food Technol*.

77. Harvey J, Gilmour A (1994) Application of multilocus enzyme electrophoresis and restriction fragment length polymorphism analysis to the typing of Listeria monocytogenes strains isolated from raw milk, nondairy foods, and clinical and veterinary sources. *Appl Environ Microbiol*, 60: 1547-1553.

78. Hatcher WS, DiBenedetto S, Taylor LE, Murdock DL (1977) Radiometric analysis of frozen concentrated orange juice for total viable microorganisms. *J Food Sci*, 42: 636-639.

79. Hill WE, Madden JM, McCardell BA, Shah DB, Jagow JA, Boutin BK (1983) Foodborne enterotoxigenic Escherichia coli. Detection and enumeration by DNA colony hybridization. *Appl Environ Microbiol*, 45: 1324-1330.

80. Hill WE, Payne WL, Zon G, Moseley SL (1985) Synthetic oligodeoxyribonucleotide probes for detecting heatstable enterotoxin-producing Escherichia coli by DNA colony hybridization. *Appl Environ Microbiol*, 50: 1187-1191.

81. Holm C, Jespersen L (2003) A flow-cytometric Gram-staining technique for milk-associated bacteria. *Appl Environ Microbiol*, 69: 2857-2863.

82. Hong Y, Berrang ME, Liu T, Hofacre CL, Sanchez S, Wang L, Maurer JJ (2003) Rapid detection of Campylobacter coli, C. jejuni, and Salmonella enterica on poultry carcasses by using PCR-enzyme-linked immunosorbent assay. *Appl Environ Microbiol*, 69: 3492-3499.

83. Horan PK, Wheeless LL Jr (1977) Quantitative single cell analysis and sorting. *Science*, 198: 149-157.

84. Hutter KJ, Stöhr M, Eipel HE (1980) Simultaneous DNA and protein measurements of micro-organisms. In: Lacrum OD, Lindmo T, Thorud E (eds) *Flow Cytometry*, vol. 4. Universitetsforlaget, Bergen, pp. 100-102.

85. Huys G, Coopman R, Janssen P, Kersters K (1996) High-resolution genotypic analysis of the genus Aeromonas by AFLP fingerprinting. *Int J Syst Bacteriol*, 46: 572-580.

86. Izat AL, Driggers CD, Colberg M, Reiber MA, Adams MH (1989) Comparison of the DNA probe to culture methods for the detection of Salmonella on poultry carcasses and processing waters. *J Food Protect*, 52: 564-570.

87. Jacquet C, Catimel B, Brosch R, Buchrieser C, Dehaumont P, Goulet V, Lepoutre A, Veit P, Rocourt J (1995) Investigations related to the epidemic strain involved in the French listeriosis outbreak in 1992. *Appl Environ Microbiol*, 61: 2242-2246.

88. Jaksch VP, Zaadhof KJ, Terplan G (1982) Zur Bewertung der hygienischen Qualität von Milchprodukten mit dem Limulus-Test. *Molkerei-Zeitung Welt der Milch*, 36: 5-8.

89. Janssen P, Coopman R, Huys G, Swings J, Blecker N, Vos P, Zabeau M, Kersters K (1996) Evaluation of the DNA fingerprinting method AFLP as a new tool in bacterial taxonomy. *Microbiology*, 152: 1881-1893.

90. Jay JM (1974) Use of the Limulus lysate endotoxin test to assess the microbiol quality of ground beef. *Bacteriol Proc*, 13.

91. Jay JM (1977) The Limulus lysate endotoxin assay as a test of microbial quality of ground beef. *J Appl Bacteriol*, 43: 99-109.

92. Jay JM (1981) Rapid estimation of microbial numbers in fresh ground beef by use of the Limulus test. *J Food Protect*, 44: 275-278.

93. Jay JM, Margitic S (1979) Comparison of homogenizing, shaking, and blending on the recovery of microorganisms and endotoxins from fresh and frozen ground beef as assessed by plate counts and the Limulus amoebocyte lysate test. *Appl Environ Microbiol*, 38: 879-884.

94. Jay JM, Margitic S, Shereda AL, Covington HV (1979) Determining endotoxin content of ground beef by the Limulus amoebocyte lysate test as a rapid indicator of microbial quality. *Appl Environ Microbiol*, 38: 885-890.

95. Jay JM (1989) The Limulus amoebocyte lysate (LAL) test. In: Adams MR, Hope CFA (eds) *Progress in Industrial Microbiology: Rapid Methods in Food Microbiology*. Elsevier, Amsterdam, pp. 101-119.

96. Jaykus LA, De Leon R, Sobsey MD (1996) A virion concentration method for detection of human enteric viruses in oysters by PCR and oligoprobe hybridization. *Appl Environ Microbiol*, 62: 2074-2080.

97. Jiang SC, Matte M, Matte G, Huo A, Colwell RR (2000) Genetic diversity of clinical and environmental isolates of Vibrio cholerae determined by amplified fragment length polymorphism fingerprinting. *Appl Environ Microbiol*, 66: 148-153.

98. Jinneman KC, Hunt JM, Eklund CA, Wernberg JS, Sado PN, Johnson JM, Richter RS, Torres ST, Ayotte E, Eliasberg SJ, Istafanos P, Bass D, Kexel-Calabresa N, Lin W, Barton CN (2003a) Evaluation and interlaboratory validation of a selective agar for phosphatidylinositol-specific phospholipase C activity using a chromogenic substrate to detect Listeria monocytogenes from foods. *J Food Protect*, 66: 441-445.

99. Jinneman KC, Yoshitomi KJ, Weagant SD (2003b) Multiplex real-time PCR method to identify Shiga toxin genes stx1 and stx2 and Escherichia coli O157:H7 serotype. *Appl Environ Microbiol*, 69: 6327-6333.

100. Johnson HM, Bukovic JA, Kauffman PE, Peeler JT (1971) Staphylococcal enterotoxin B: Solid-phase radioimmunoassay. *Appl Microbiol*, 22: 837-841.

101. Johnson JL, Brooke CL, Fritschel SJ (1998) Comparison of the BAX for screening/E. coli O157:H7 method with conventional methods for detection of extremely low levels of Escherichia coli O157:H7 in ground beef. *Appl Environ Microbiol*, 64: 4390-4395.

102. Johnson JM, Weagant SD, Jinneman KC, Bryant JL (1995) Use of pulsed-field gel electrophoresis for epidemiological study of Escherichia coli 0157:H7 during a food-borne outbreak. *Appl Environ Microbiol*, 61: 2806-2808.

103. Jothikumar N, Wang X, Griffiths MW (2003) Real-time multiplex SYBR Green I-based PCR assay for simultaneous detection of Salmonella serovars and Listeria monocytogenes. *J Food Protect*, 66: 2141-2145.

104. Kang DH, Siragusa GR (2002) Monitoring beef carcass surface microbial contamination with a luminescencebased bacterial phosphatase assay. *J Food Protect*, 65: 50-52.

105. Karl DM (1980) Cellular nucleotide measurements and applications in microbial ecology. *Microbiol Rev*, 44: 739-796.

106. Kauffmann F (1944) Zur Serologie der Coli-Gruppe. *Acta Path Microbiol Scand*, 21: 20-45.

107. Kaysner CA, Weagant SD, Hill WE (1988) Modification of the DNA colony hybridization technique for multiple filter analysis. *Molec Cell Probes*, 2: 255-260.

108. Kennedy JE Jr, Oblinger JL (1985) Application of bioluminescence to rapid determination of microbial levels in ground beef. *J Food Protect*, 48: 334-340,

109. Kepner RL Jr, Pratt JR (1994) Use of fluorochromes for direct enumeration of total bacteria in environmental samples: Past and present. *Microbiol Rev*, 58: 603-615.

110. Kerouanton A, Brisabois A, Denoyer E, Dilasser F, Grout J, Salvat G, Picard B (1998) Comparison of five typing methods for the epidemiological study of Listeria monocytogenes. *Int J Food Microbiol*, 43: 61-71

111. Kingsley MT, Straub TM, Call DR, Daly DS, Wunschel SC, Chandler DP (2002) Fingerprinting closely related Xanthomonas pathovars with random monamer oligonucleotide microarrays. *Appl Environ Microbiol*, 68: 6361-6370.

112. Kleppe K, Ohtsuka E, Kleppe R, Molineux I, Khorana HG (1971) Studies on polynucleotides. XCVI. Rapid replication of short synthetic DNA's as catalyzed by DNA polymerases. *J Mol Biol*, 56: 341-361.

113. Koburger JA, Miller ML (1985) Evaluation of a fluorogenic MPN procedure for determining Escherichia coli in oysters. *J Food Protect*, 48: 244-245.

114. Kodikara CP, Crew HH, Stewart GSAB (1991) Near on-line detection of enteric bacteria using lux recombinant bacteriophage. *FEMS Microbiol Lett*, 83: 261-266.

115. Koupal A, Deibel RH (1978) Rapid qualitative method for detecting staphylococcal nuclease in foods. *Appl Environ Microbiol*, 35: 1193-1197.

116. Kozwich D, Johansen KA, Landau K, Roehl CA, Woronoff S, Roehl PA (2000) Development of a novel, rapid integrated Cryptosporidium parvum detection assay. *Appl Environ Microbiol*, 66: 2711-2717.

117. Kramer MF, Lim DV (2004) A rapid and automated fiber optic-based biosensor assay for the detection of Salmonella in spent irrigation water used in the sprouting of sprout seeds. *J Food Protect*, 67: 46-52.

118. Lachica BV, Weiss KF, Deibel RH (1969) Relationships among coagulase, enterotoxin, and heat-stable deoxyribonuclease production by Staphylococcus aureus. *Appl Microbiol*, 18: 126-127.

119. Lampi RA, Mikelson DA, Rowley DB, Previte JJ, Wells RE (1974) Radiometry and microcalorimetry: techniques for the rapid detection of foodborne microorganisms. *Food Technol*, 28(10): 52-55.

120. Landeras E, González-Hevia MA, Mendoza MC (1998) Molecular epidemiology of Salmonella serotype Enteritidis. Relationships between food, water and pathogenic strains. *J Food Microbiol*, 43: 81-90.

121. Lawrence LM, Gilmour A (1995) Characterization of Listeria monocytogenes isolated from poultry products and from the poultry-processing environment by random amplification of polymorphic DNA and multilocus enzyme electrophoresis. *Appl Environ Microbiol*, 61: 2139-2144.

122. Lawrence LM, Harvey J, Gilmour A (1993) Development of a random amplification of polymorphic DNA typing method for Listeria monocytogenes. *Appl Environ Microbiol*, 59: 3117-3119.

123. Lee HA, Wyatt GM, Bramham S, Morgan MRA (1990) Enzyme-linked immunosorbent assay for Salmonella typhimurium in food: Feasibility of 1-day Salmonella detection. *Appl Environ Microbiol*, 56: 1541-1546.

124. Levin GV, Harrison VB, Hess WC (1956) Preliminary report on a one-hour presumptive test for coliform organisms. *J Am Water Works Assoc*, 18: 75-80.

125. Lewis GE Jr, Kulinski SS, Reichard DW, Metzger JF (1981) Detection of Clostridium botulinum Type G toxin by enzyme-linked immunosorbent assay. *Appl Environ Microbiol*, 42: 1018-1022.

126. Li J, Lee TC (1995) Bacterial ice nucleation and its potential application in the food industry. *Trends Food Sci Technol*, 6: 259-265.

127. Lin HH, Cousin MA (1987) Evaluation of enzyme-linked immunosorbent assay for detection of molds in food. *J Food Sci*, 52: 1089-1094, 1096.

128. Littel KJ, Hartman PA (1983) Fluorogenic selective and differential medium for isolation of fecal streptococci. *Appl Environ Microbiol*, 45: 622-627.

129. Loessner MJ, Rudolf M, Scherer S (1997) Evaluation of luciferase reporter bacteriophage A511::lux AB for detection of Listeria monocytogenes in contaminated foods. *Appl Environ Microbiol*, 63: 2961-2965.

130. Loessner MJ, Rees CED, Stewart GSAB, Scherer S (1996) Construction of luciferase reporter bacteriophage A511::lux AB for rapid and sensitive detection of viable Listeria cells. *Appl Environ Microbiol*, 62: 1133-1140.

131. Loessner MJ (1991) Improved procedure for bacteriophage typing of Listeria strains and evaluation of new phages. *Appl Environ Microbiol*, 57: 882-884.

132. Loessner MJ, Busse M (1990) Bacteriophage typing of Listeria species. *Appl Environ Microbiol*, 56: 1912-1918.

133. Martins SB, Selby MJ (1980) Evaluation of a rapid method for the quantitative estimation of coliforms in meat by impedimetric procedures. *Appl Environ Microbiol*, 39: 518-524.

134. Maruyama F, Kenzaka T, Yamaguchi N, Tani K, Nasu M (2003) Detection of bacteria carrying the stx2 gene by in site loop-mediated isothermal amplification. *Appl Environ Microbiol*, 69: 5023-5028.

135. Mazurier SI, Audurier A, Marquet-Van der Mee N, Notermans S, Wernars K (1992) A comparative study of randomly amplified polymorphic DNA analysis and conventional phage typing for epidemiological studies of Listeria monocytogenes isolates. *Res Microbiol*, 143: 507-512.

136. McClelland RG, Pinder AC (1994) Detection of Salmonella typhimurium in dairy products with flow cytometry and monoclonal antibodies. *Appl Environ Microbiol*, 60: 4255-4262.

137. Mbandi E, Shelef LA (1998) Automated measurements of antilisterial activities of lactate and diacetate in readyto-eat meat. *Microbiol Meth*, 49: 307-314.

138. McKillip JL, Drake M (2000) Molecular beacon polymerase chain reaction detection of Escherichia coli O157:H7 in milk. *J Food Protect*, 63: 855-859.

139. McLauchlin J, Audurier A, Frommett A, Gerner-Smidt P, Jacquet CH, Loessner MJ, van der Mee-Marquet N, Rocourt J, Shah S, Wilhelms D (1996) WHO study on subtyping Listeria monocytogenes: results of phage-typing. *Int J Food Microbiol*, 32: 289-299.

140. McLauchlin J, Audurier A, Taylor AG (1986) Aspects of the epidemiology of human Listeria monocytogenes infections in Britain 1967–1984: The use of serotyping and phage typing. *J Med Microbiol*, 22: 367-377.

141. Mendelsohn ML (1980) The attributes and applications of flow cytometry. In: Laerum OD, Lindmo T, Thorud E (eds) *Flow Cytometry*, vol. 4. Universitetsforlaget, Bergen, pp. 15-27.

142. Miller BA, Reiser RF, Bergdoll MS (1978) Detection of staphylococcal enterotoxins A, B, C, D, and E in foods by radioimmunoassay, using staphylococcal cells containing protein A as immunoadsorbent. *Appl Environ Microbiol*, 36: 421-426.

143. Minnich SA, Hartman PA, Heimsch RC (1982) Enzyme immunoassay for detection of salmonellae in foods. *Appl Environ Microbiol*, 43: 877-883.

144. Nakamura T, Morita T, Iwanga S (1986) Lipopolysaccharide-sensitive serine-protease zymogen (factor C) found in Limulus hemocytes. Isolation and characterization. *Eur J Biochem*, 154: 511-521.

145. Nath EJ, Neidert E, Randall CJ (1989) Evaluation of enrichment protocols for the 1–2 Test™ for Salmonella detection in naturally contaminated foods and feeds. *J Food Protect*, 52: 498-499.

146. Niskanen A, Koiranen L (1977) Correlation of enterotoxin and thermonuclease production with some physiological and biochemical properties of staphylococcal strains isolated from different sources. *J Food Protect*, 40: 543-548.

147. Niskanen A, Nurmi E (1976) Effect of starter culture on staphylococcal enterotoxin and thermonuclease production in dry sausage. *Appl Environ Microbiol*, 31: 11-20.

148. Nørrung B, Skovgaard N (1993) Application of multilocus enzyme electrophoresis in studies of the epidemiology of Listeria monocytogenes in Denmark. *Appl Environ Microbiol*, 59: 2817-2822.

149. Notermans S, Dufrenne J, van Schothorst M (1978) Enzyme-linked immunosorbent assay for detection of Clostridium botulinum toxin type A. *Jpn J Med Sci Biol*, 31: 81-85.

150. Notermans S, Heuvelman KJ, Wernars K (1988) Synthetic enterotoxin B DNA probes for detection of enterotoxigenic Staphylococcus aureus strains. *Appl Environ Microbiol*, 54:531-533.

151. Nuzback DE, Bartley EE, Dennis SM, Nagaraja TG, Galitzer SJ, Dayton AD (1983) Relation of rumen ATP concentration to bacterial and protozoal numbers. *Appl Environ Microbiol*, 46: 533-538.

152. Oda M, Morita M, Unno H, Tanji Y (2004) Rapid detection of Escherichia coli O157:H7 by using green fluorescent protein-labeled PP01 bacteriophage. *Appl Environ Microbiol*, 70: 527-534.

153. Ortel S (1989) Listeriocins (monocins). *Int J Food Microbiol*, 8: 249-250.

154. Padhye NV, Doyle MP (1991) Production and characterization of a monoclonal antibody specific for enterohemorrhagic Escherichia coli of serotypes O157:H7 and O26:H11. *J Clin Microbiol*, 29: 99-103.

155. Panicker G, Myers ML, Bej AK (2004) Rapid detection of Vibrio vulnificus in shellfish and Gulf of Mexico water by real-time PCR. *Appl Environ Microbiol*, 70: 498-507.
156. Park CE, El Derea HB, Rayman MK (1978) Evaluation of staphylococcal thermonuclease (TNase) assay as a means of screening foods for growth of staphylococci and possible enterotoxin production. *Can J Microbiol*, 24: 1135-1139.
157. Patterson JW, Brezonik PL, Putnam HD (1970) Measurement and significance of adenosine triphosphate in activated sludge. *Environ Sci Technol*, 4: 569-575.
158. Peng M, Shelef LA (1998) Automated simultaneous detection of low levels of listeriae and salmonellae in foods. *Int J Food Microbiol*, 63: 225-235.
159. Perry BF, Beezer AE, Miles RJ (1983) Characterization of commercial yeast strains by flow microcalorimetry. *J Appl Bacteriol*, 54: 183-189.
160. Pestka JJ, Chu FS (1984) Enzyme-linked immunosorbent assay of mycotoxins using nylon bead and Terasaki plate solid phases. *J Food Protect*, 47: 305-308.
161. Pestka JJ, Gaur PK, Chu FS (1980) Quantitation of aflatoxin B_1 and aflatoxin B_1 antibody by an enzyme-linked immunosorbent microassay. *Appl Environ Microbiol*, 40: 1027-1031.
162. Pestka JJ, Li V, Harder WO, Chu FS (1981) Comparison of radioimmunoassay and enzyme-linked immunosorbent assay for determining aflatoxin M_1 in milk. *J Assoc Off Anal Chem*, 64: 294-301.
163. Peterson EH, Nierman ML, Rude RA, Peeler JT (1987) Comparison of AOAC method and fluorogenic (MUG) assay for enumerating Escherichia coli in foods. *J Food Sci*, 52: 409-410.
164. Poelma PL, Wilson CR, Andrews WH (1987) Rapid fluorogenic enumeration of Escherichia coli in selected, naturally contaminated high moisture foods. *J Assoc Off Anal Chem*, 70: 991-993.
165. Previte JJ (1972) Radiometric detection of some food-borne bacteria. *Appl Microbiol*, 24: 535-539.
165a Pulvirenti A, Nguyen H-V, Caggia C, Giudici P, Rainieri S, Zambonelli C (2000) Saccharomyces uvarum a proper species within Saccharomyces sensu stricto. *FEMS Microb Letters*, 192: 191-196.
165b Pulvirenti A, Caggia C, Restuccia C, Gullo M, Giudici P (2001) DNA fingerprinting methods used for identification of yeasts isolated from sicilian sourdoughs. *Annals of Microbiology*, 51: 107-120.
166. Ramakrishna N, Lacey J, Candish AAG, Smith JE, Goodbrand IA (1990) Monoclonal antibody-based enzyme linked immunosorbent assay of aflatoxin B_1, T-2 toxin, and ochratoxin A in barley. *J Assoc Off Anal Chem*, 73: 71-76.
167. Rand AG, Ye J, Brown CW, Letcher SV (2002) Optical biosensors for food pathogen detection. *Food Technol*, 56(3): 32-39.
168. Rasooly A (2001) Surface plasmon reasonance analysis of staphylococcal enterotoxin B in food. *J Food Protect*, 64: 37-43.
169. Rippey SR, Chandler LA, Watkins WD (1987) Fluorometric method for enumeration of Escherichia coli in molluscan shellfish. *J Food Protect*, 50: 685-690.
170. Restaino L, Frampton EW, Lyon RH (1990) Use of the chromogenic substrate 5-bromo-4-chloro-3-indolyl-β-glucuronide (X-GLUC) for enumerating Escherichia coli in 24 h from ground beef. *J Food Protect*, 53: 508-510.
171. Robern H, Dighton M, Yano Y, Dickie N (1975) Double-antibody radioimmunoassay for staphylococcal enterotoxin C_2. *Appl Microbiol*, 30: 525-529.
172. Robison BJ (1984) Evaluation of a fluorogenic assay for detection of Escherichia coli in foods. *Appl Environ Microbiol*, 48: 285-288.
173. Rocourt J, Audurier A, Courtieu AL, Durst J, Ortel S, Schrettenbrunner A, Taylor AG (1985) A multi-centre study on the phage typing of Listeria monocytogenes. *Zentralbl Bakteriol Mikrobiol Hyg [A]*, 259: 489-497.
174. Rowley DB, Previte JJ, Srinivasa HP (1978) A radiometric method for rapid screening of cooked foods for microbial acceptability. *J Food Sci*, 43: 1720-1722.
175. Rudi K, Flateland SL, Hanssen JF, Bengtsson G, Nissen H (2002) Development and evolution of a 16S ribosomal DNA array-based approach for describing complex microbial communities in ready-to-eat vegetable salads packed in a modified atmosphere. *Appl Environ Microbiol*, 68: 1146-1156.

176. Saari M, Cheasty T, Leino K, Siitonen A (2001) Phage types and genotypes of Shiga toxin-producing Escherichia coli 0157:H7 in Finland. *J Clin Microbiol*, 39: 1140-1143.
177. Saiki RK, Gelfand DH, Stoffel S et al. (1988) Primer-directed enzymatic amplification of DNA with a thermostable DNA polymerase. *Science*, 239: 487-491.
178. Saunders GC, Bartlett ML (1977) Double-antibody solid-phase enzyme immunoassay for the detection of staphylococcal enterotoxin A. *Appl Environ Microbiol*, 34: 518-522.
179. Savelkoul PHN, Aarts HJM, de Haas J, Dijkshoorn L, Duim B, Otsen M, Rademaker JLW, Schouls L, Lenstra JA (1999) Amplified-fragment length polymorphism analysis: The state of the art. *J Clin Microbiol*, 37: 3083-3091.
180. Schmidt JJ, Stafford RG (2003) Fluorogenic substrates for the protease activities of botulinum neurotoxins, serotypes A, B, and F. *Appl Environ Microbiol*, 69: 297-303.
181. Schwab KJ, Neill FH, le Guyader F, Estes MK, Atmar RL (2001) Deveopmment of a reverse transcription-PCRDNA enzyme immunoassay for detection of "Norwalk-like" viruses and hepatitis A virus in stool and shellfish. *Appl Environ Microbiol*, 67: 742-749.
182. Scott TM, Parveen S, Portier KM, Rose JB, Tamplin ML, Farrah SR, Koo A, Lukasik J (2003) Geographical variation in ribotype profiles of Escherichia coli isolates from humans, swine, poultry, beef, and dairy cattle in Florida. *Appl Environ Microbiol*, 69: 1089-1092.
183. Selander RK, Caugant DA, Ochman H, Musser JM, Gilmour MN, Whittam TS (1986) Methods of multilocus enzyme electrophoresis for bacterial population genetics and systematics. *Appl Environ Microbiol*, 51: 873-884.
184. Seifert H, Gerner-Smidt P (1995) Comparison of ribotyping and pulsed-field gel electrophoresis for molecular typing of Acinetobacter isolates. *J Clin Microbiol*, 33: 1402-1407.
185. Seiter JA, Jay JM (1980) Comparison of direct serial dilution and most-probable-number methods for determining endotoxins in meats by the Limulus amoebocyte lysate test. *Appl Environ Microbiol*, 40: 177-178.
186. Seo KH, Brackett RE, Frank JF, Hilliard S (1998) Immunomagnetic separation and flow cytometry for rapid detection of Escherichia coli O157:H7. *J Food Protect*, 61: 812-816.
187. Sharpe AN, Woodrow MN, Jackson AK (1970) Adenosine-triphosphate (ATP) levels in foods contaminated by bacteria. *J Appl Bacteriol*, 33: 758-767.
188. Shelef LA, Surtani A, Kanagapandian K, Tan W (1998) Automated detection of amino acid decarboxylation in salmonellae and other enterobacteriaceae. *Food Microbiol*, 15: 199-205.
189. Shelef LA, Mohammed S, Tan W, Webber ML (1997) Rapid optical measurements of microbial contamination in raw ground beef and effects of citrate and lactate. *J Food Protect*, 60: 673-676.
190. Siragusa GR, Cutter CN (1995) Microbial ATP bioluminescence as a means to detect contamination on artificially contaminated beef carcass tissue. *J Food Protect*, 58: 764-769.
191. Skinner GE, Gendel SM, Fingerhut GA, Solomon HA, Ulaszek J (2000) Differentiation between types and strains of Clostridium botulinum by riboprinting. *J Food Protect*, 63: 1347-1352.
192. Somer L, Kashi Y (2003) A PCR method based on 16S rRNA sequence for simultaneous detection of the genus Listeria and the species Listeria monocytogenes in food products. *J Food Protect*, 66: 1658-1665.
193. Sperber WH, Deibel RH (1969) Accelerated procedure for Salmonella detection in dried foods and feeds involving only broth cultures and serological reactions. *Appl Microbiol*, 17: 533-539.
194. Stannard CJ, Wood JM (1983) The rapid estimation of microbial contamination of raw meat by measurement of adenosine triphosphate (ATP). *J Appl Bacteriol*, 55: 429-438.
195. Stewart GSAB, Williams P (1992) Lux genes and the applications of bacterial bioluminescence. *J Gen Microbiol*, 138: 1289-1300.
196. Stiffler-Rosenberg G, Fey H (1978) Simple assay for staphylococcal enterotoxins A, B, and D: Modification of enzyme-linked immunosorbent assay. *J Clin Microbiol*, 8: 473-479.
197. Stoflet ES, Koeberi DD, Sarkar G, Summer SS (1988) Genomic amplification with transcript sequencing. *Science*, 239: 491-494.
198. Strange RE, Powell EO, Pearce TW (1971) The rapid detection and determination of sparse bacterial populations with radioactively labelled homologous antibodies. *J Gen Microbiol*, 67: 349-357.

199. Sullivan JD Jr, Ellis PC, Lee RG, Combs WS Jr, Watson SW (1983) Comparison of the Limulus amoebocyte lysate test with plate counts and chemical analyses for assessment of the quality of lean fish. *Appl Environ Microbiol*, 45: 720-722.

200. Surdy TE, Haas SG (1981) Modified enrichment-serology procedure for detection of salmonellae in soy products. *Appl Environ Microbiol*, 42: 704-707.

201. Swaminathan B, Ayres JC (1980) A direct immunoenzyme method for the detection of salmonellae in foods. *J Food Sci*, 45: 352-355, 361.

202. Swaminathan B, Feng P (1994) Rapid detection of food-borne pathogenic bacteria. *Annu Rev Microbiol*, 48: 401-426.

203. Sword CP, Pickett MJ (1961) The isolation and characterization of bacteriophages from Listeria monocytogenes. *J Gen Microbiol*, 25: 241-248.

204. Tai JY, Seid RC Jr, Hurn RD, Liu TY (1977) Studies on Limulus amoebocyte lysate. II. Purification of the coagulogen and the mechanism of clotting. *J Biol Chem*, 252: 4773-4776.

205. Tamarapu S, McKillip JL, Drake M (2001) Development of a multiplex polymerase chain reaction assay for detection and differentiation of Staphylococcus aureus in dairy products. *J Food Protect*, 64: 664-668.

206. Terplan VG, Zaadhof KJ, Buchholz-Berchtold S (1975) Zum nachweis von Endotoxinen gram-negativer Keime in Milch mit dem Limulus-test. *Arch Lebensmittelhyg*, 26: 217-221.

207. Thompson JS, Hodge DS, Borczyk AA (1990) Rapid biochemical test to identify verocytotoxin-positive strains of Escherichia coli serotype O157. *J Clin Microbiol*, 28: 2165-2168.

208. Thore A, Ånséhn S, Lundin A, Bergman S (1975) Detection of bacteriuria by luciferase assay of adenosine triphosphate. *J Clin Microbiol*, 1: 1-8.

209. Tims TB, Dickey SS, DeMarco DR, Lim DV (2001) Detection of low levels of Listeria monocytogenes within 20 hours using an evanescent wave biosensor. *Amer Clin Lab*, 20(8): 28-29.

210. Tsuji K, Martin PA, Bussey DM (1984) Automation of chromogenic substrate Limulus amebocyte lysate assay method for endotoxin by robotic system. *Appl Environ Microbiol*, 48: 550-555.

211. Turpin PE, Maycroft KA, Bedford J, Rowlands CL, Wellington EMH (1993) A rapid luminescent-phage based MPN method for the enumeration of Salmonella typhimurium in environmental samples. *Lett Appl Microbiol*, 16: 24-27.

212. Ulitzur S, Kuhn J (1987) Introduction of lux genes into bacteria, a newapproach for specific determination of bacteria and their antibiotic susceptibility. In: Schlomerich J et al. (eds) *Biolu-minescence and Chemiluminescence: New Perspectives*. Wiley, New York, pp. 463-472.

213. Van Wart M, Moberg LJ (1984) Evaluation of a novel fluorogenic-based method for detection of Escherichia coli. *Bacteriol Proc*, 201.

214. Wachtel RE, Tsuji K (1977) Comparison of Limulus amebocyte lysates and correlation with the United States Pharmacopeial pyrogen test. *Appl Environ Microbiol*, 33: 1265-1269.

215. Walker NJ (2002) A technique whose time has come. *Science*, 296: 557-559.

216. Wan J, King K, Forsyth S, Coventry MJ (2003) Detection of Listeria monocytogenes in salmon using the Probelia polymerase chain reaction system. *J Food Protect*, 66: 436-440.

217. Warner JM, Oliver JD (1998) Randomly amplified polymorphic DNA analysis of starved and viable but nonculturable Vibrio vulnificus cells. *Appl Environ Microbiol*, 64: 3025-3028.

218. Warren LS, Benoit RE, Jessee JA (1978) Rapid enumeration of fecal coliforms in water by a colo-rimetric β-galactosidase assay. *Appl Environ Microbiol*, 35: 136-141.

219. Watkins WD, Rippey SB, Clavet CS, Kelley-Reitz DJ, Burkhardt W III (1988) Novel compound for identifying Escherichia coli. *Appl Environ Microbiol*, 54: 1874-1875.

220. Weihe JL, Seist SL, Hatcher WS Jr (1984) Estimation of microbial populations in frozen concentrated orange juice using automated impedance measurements. *J Food Sci*, 49: 243-245.

221. Wendlinger G, Loessner MJ, Scherer S (1996) Bacteriophage receptors on Listeria monocytogenes cells are the N-acetylglucosamine and rhamnose substituents of teichoic acids or the peptidoglycan itself. *Microbiology*, 142: 985-992.

222. Wesley IV, Ashton F (1991) Restriction enzyme analysis of Listeria monocytogenes strains associated with foodborne epidemics. *Appl Environ Microbiol*, 57: 969-975.

223. Wesley IV, Wesley RD, Heisick J, Harrel F, Wagner D (1990) Restriction enzyme analysis in the epidemiology of Listeria monocytogenes. In: Richard JL (ed) *Symposium on Cellular and Molecular Modes of Action of Selected Microbial Toxins in Foods and Feeds*. Plenum, New York, pp. 225-238.

224. Wolber PK (1993) Bacterial ice nucleation. *Adv Microbiol Physiol*, 34: 203-237.

225. Wolcott MJ (1991) DNA-based rapid methods for the detection of foodborne pathogens. *J Food Protect*, 54: 387-401.

226. Wood JM, Lach V, Jarvis B (1977) Detection of food-associated microbes using electrical impedance measurements. *J Appl Bacteriol*, 43: 14-15.

227. Zaadhof KJ, Terplan G (1981) Der Limulus-Test - ein Verfahren zur Beurteilung der mikrobiologischen Qualität von Milch und Milch produkten. *Deutsch Molkereizeitung*, 34: 1094-1098.

228. Zayaitz AEK, Ledford RA (1982) Proteolytic inactivation of thermonuclease activity of Staphylococcus aureus during recovery from thermal injury. *J Food Protect*, 45: 624-626.

229. Ye J, Letcher SV, Rand AG (1997) Piezoelectric biosensor for detection of Salmonella typhimurium. *J Food Sci*, 62: 1067-1071, 1086.

230. Ye RW, Wang T, Bedzyk L, Croker KM (2001) Applications of DNA microarrays in microbial systems. *J Microbiol Meth*, 47: 257-272.

231. Zink R, Loessner MJ, Scherer S (1995) Characterization of cryptic prophages (monocins) in Listeria and sequence analysis of a holin/endolysin gene. *Microbiology*, 141: 2577-2584.

Capitolo 12
Saggi e metodi biologici

Dopo aver determinato la presenza di microrganismi patogeni o loro tossine negli alimenti, occorre stabilire se tali microrganismi o tossine sono biologicamente attivi. A tale scopo, se possibile, sono utilizzati animali da laboratorio. Per i casi in cui non possono essere impiegati animali o sistemi animali, sono stati sviluppati diversi sistemi di colture tissutali che forniscono informazioni sull'attività biologica dei patogeni o dei loro prodotti tossici. Questi saggi biologici e i test correlati sono i metodi elettivi per alcuni patogeni; alcuni dei più importanti sono presentati nella tabella 12.1.

12.1 Test su animali

12.1.1 Letalità del topo

Questo metodo è stato impiegato per la prima volta per i patogeni di origine alimentare intorno al 1920 ed è tuttora un importante strumento di analisi biologica. Per valutare la presenza di tossina botulinica negli alimenti, parti di estratti adeguatamente preparati vengono trattate con tripsina (per le tossine dei ceppi non proteolitici di *Clostridium botulinum*). Quindi 0,5 mL di estratto trattato con tripsina e un pari volume di estratto non trattato vengono iniettati nel peritoneo (IP, *injected intraperitoneally*) di una coppia di topi. Preparazioni non trattate con l'enzima, riscaldate per 10 minuti a 100 °C, vengono iniettate in un'altra coppia di topi. Tutti i topi iniettati vengono osservati per 72 ore per la comparsa dei sintomi di botulismo o per la morte. I topi iniettati con le preparazioni trattate termicamente non dovrebbero morire, poiché la tossina botulinica è termolabile. Questo test può essere reso specifico proteggendo i topi con antitossina botulinica nota; analogamente può essere determinato il tipo sierologico specifico di tossina botulinica (vedi il capitolo 24 per i tipi di tossina).

Il metodo basato sulla letalità del topo può essere impiegato anche per altre tossine; Stark e Duncan[45] lo hanno utilizzato per determinare la presenza dell'enterotossina di *Clostridium perfringens*. I topi venivano iniettati IP con preparazioni di enterotossina e osservati fino a 72 ore per il decesso; la dose letale era espressa come reciproco della diluizione più elevata in grado di determinare la morte dei topi entro 72 ore. Genigeorgis e colleghi[18] hanno impiegato questo metodo ricorrendo però a iniezioni intravenose (IV). In questo caso, le preparazioni di enterotossina di *C. perfringens* sono state diluite in tampone fosfato a pH 6,7 per ottenere concentrazioni comprese tra 5 e 12 µg/mL; quindi 0,25 mL di ciascuna diluizione sono stati iniettati in sei topi maschi del peso di 12-20 g, registrando poi il numero di morti e calcolando il valore di LD_{50} (cioè la dose di tossina in grado di provocare la morte del 50%

J.M. Jay et al., *Microbiologia degli alimenti*
© Springer-Verlag Italia 2009

Tabella 12.1 Alcuni test utilizzati per valutare l'attività biologica di diversi patogeni di origine alimentare e/o di loro prodotti (dati ricavati dalla letteratura)

Organismo	Tossina/Prodotto	Saggio biologico	Sensibilità
A. hydrophila	Enterotossina citotossica	Intestino di topo neonato	~30 ng
B. cereus	Tossina diarrogena	Somministrazione a scimmie	
	Tossina diarrogena	Legatura di ileo di coniglio	
	Tossina diarrogena	Pelle di coniglio	
	Tossina diarrogena	Pelle di porcellino d'India	
	Tossina diarrogena	Letalità del topo	
	Tossina emetica	Emesi in *Macaca mulatta*	
	Tossina emetica	*Suncus murinus*	ED_{50} 12,9 µg/kg
C. jejuni	Cellule vitali	Topi adulti	10^4 cellule
	Cellule vitali	Polli	90 cellule
	Cellule vitali	Topi neonati	
	Surnatanti colturali	Legatura di digiuno di ratto adulto	
	Enterotossine	Legatura di ileo di ratto	
C. botulinum	Tossine A, B, E, F, G	Letalità del topo	
C. perfringens A	Enterotossina	Letalità del topo, LD_{50}	1,8 µg
	Enterotossina	Legatura di ileo di topo, test di 90 minuti	1,0 µg
	Enterotossina	Legatura di ileo di coniglio, test di 90 minuti	6,25 µg
	Enterotossina	Pelle di porcellino d'India (eritema)	0,06-0,125 mg/mL
	Endospore	Ratti di 7-12 giorni	
	Endospore	Topi di 9 giorni	1.500 spore
	Endospore	Topi adulti germ-free	700 spore
E. coli	LT	Legatura di ileo di coniglio, test di 18 ore	10 spore
	ST	Topo neonato (accumulo di liquido)	
	ST	Legatura di ileo di coniglio, test di 6 ore	
	ST_a	Topo neonato	
	ST_a	Suinetti di 1 o 3 giorni	
	ST_b	Legatura di digiuno di maiale	
	ST_b	Suinetti svezzati, di 7-9 settimane	
E. coli O157:H7	ETEC	Colonizzazione del topo	
Salmonella spp.	Citotossina termolabile	Legatura di ileo di coniglio (inibizione sintesi proteica)	
S. enterica	Gastroenteriti	Coniglio bianco New Zeland	>10^5 cellule
Staphylococcus aureus	SEB	Pelle di porcellino d'india	0,1-1,0 pg
	Tutte le enterotossine	Vomito in scimmia rhesus	5 µg/2-3 kg di peso corporeo
	SEA, SEB	Vomito in gattino neonato	0,1-0,5 µg/kg di peso corporeo
V. parahaemolyticus	Brodi di coltura	Legatura di ileo di coniglio (risposta nel 50% dei trattati)	10^2 cellule

segue

segue **Tabella 12.1**

Organismo	Tossina/Prodotto	Saggio biologico	Sensibilità
V. parahaemolyticus	Cellule vitali	Legatura di ileo di coniglio adulto (invasività)	
	Tossina diretta termostabile	Letalità del topo, morte in 1 minuto	5 µg/topo
	Tossina diretta termostabile	Letalità del topo, LD_{50} IP	1,5 µg
	Tossina diretta termostabile	Legatura di ileo di coniglio	250 µg
	Tossina diretta termostabile	Skin test in porcellino d'india	2,5 µg
V. vulnificus	Filtrati colturali	Skin test in coniglio	
V. cholerae (non-O1)	Enterotossina	Topo neonato	
Y. enterocolitica	Tossina termostabile	Sereny test	
	Tossina termostabile	Topi neonati (orale)	110 ng
	Enterotossina	Legatura di ileo di coniglio, test da 6 a 18 ore	
	Cellule vitali	Diarrea in coniglio	Dose infettiva 50% = $2,9 \times 10^8$
	Cellule vitali	Letalità del gattino lattante, per iniezione IP	14 cellule
	Cellule vitali	Mortalità di gerbillo, per iniezione IP	100 cellule

LT= Tossina termolabile; ST= Tossina termostabile; SEA = enterotossina stafilococcica A; ED_{50} = vedi testo; ETEC= *E. coli* enterotossigeno.

dei topi iniettati). Il topo è l'animale più utilizzato per valutare la virulenza di *Listeria* spp. Nei topi normali adulti LD_{50} per *L. monocytogenes* è pari a 10^5-10^6 cellule; nei topi giovani di 15 g possono essere letali anche sole 50 cellule (vedi capitolo 25).

Suncus murinus

Questo piccolo animale, simile a un topo, è stato utilizzato in Giappone come modello sperimentale per studiare l'azione emetica di una grande varietà di farmaci[48]; inoltre si è dimostrato sensibile alla *cereulide*, la tossina emetica di *Bacillus cereus*[1]. Il peso degli adulti di *Suncus murinus* non supera i 100 grammi; per scopi sperimentali sono impiegati individui di 50-80 grammi. Nel loro studio sugli effetti della tossina emetica di *B. cereus* su *Suncus*, Agata e colleghi[1] hanno ricavato un valore di ED_{50} (quantità di tossina necessaria per causare emesi nella metà degli animali esposti) di 12,9 µg/kg per somministrazione orale e di 9,8 µg/kg per iniezione intraperitoneale. Non è chiaro se *Suncus* possa rappresentare un modello animale adatto per le enterotossine stafilococciche o di altre specie.

Furetti

La femmina adulta del furetto (peso corporeo medio 735 g) è risultata sensibile all'enterotossina stafilococcica B (SEB); la tossina è stata introdotta mediante sondino dosatore orale nello stomaco di animali tenuti a digiuno per 24 ore ma liberi di bere acqua. Sono state somministrate dosi di 1, 2 o 5 mg di SEB aggiunte a soluzioni saline sterili: gli animali trattati sono stati osservati per 3 ore, rilevando ogni 5 minuti temperatura corporea, pressione, incidenza di conati, vomito e defecazione[52]. Rispetto ai controlli, cui era stata somministrata solo soluzione salina, gli animali trattati con 5 mg di SEB hanno mostrato dopo 75 minuti un significativo aumento della temperatura sottocutanea. Tutti gli animali trattati con 5 mg di SEB hanno avuto conati di vomito (dopo circa 105 minuti, per 18 volte) e vomitato (dopo circa 106 minuti, per 2 volte). Il furetto si era dimostrato precedentemente sensibile alla SEB iniettata per via intravenosa.

12.1.2 Suckling mouse (topo neonato)

Questo modello animale è stato introdotto inizialmente da Dean e colleghi[12] per le enterotossine di *Escherichia coli* ed è ora utilizzato per alcuni altri patogeni di origine alimentare. Dopo essere stati separati dalle madri, ai topi neonati vengono somministrati per via orale 0,05-0,1 mL del materiale da testare, con l'aiuto di un ago ipodermico smussato di calibro 23. Per determinare la presenza nell'intestino tenue del materiale in esame, questo può essere colorato con una goccia di blu Evans al 5% per millilitro. Gli animali vengono solitamente mantenuti a 25 °C per 2 ore e poi uccisi. Dopo rimozione completa dell'intestino tenue, si determina l'attività biologica relativa del materiale testato, calcolando il rapporto peso dell'intestino/peso corporeo (GW/BW). Per le enterotossine di *E. coli* Giannella[19] aveva trovato i seguenti rapporti GW/BW: <0,074 = test negativo; 0,075-0,082 = intermedio (dovrebbe essere ripetuto); >0,083 = test positivo. L'autore ha osservato una variabilità di giorno in giorno compresa tra 10,5 e 15,7% tra i diversi ceppi di *E. coli* e del 9% circa tra le repliche effettuate sullo stesso ceppo. Per *E. coli* ST_a, Mullan e colleghi[32] hanno considerato negativo un valore di GW/BW pari a 0,060; per lo stesso microrganismo, Wood e colleghi[51] hanno considerato positivi valori di GW/BW >0,083. Boyce e colleghi[6], mantenendo a temperatura ambiente per 4 ore i topi trattati con enterotossine termostabili di *Yersinia enterocolitica*, hanno giudicato positivi valori di GW/BW uguali o superiori a 0,083. Negli studi su *Y. enterocolitica*, Okamoto e colleghi[36] hanno tenuto i topi per 3 ore a 25 °C e hanno considerato positivo un valore di 0,083.

Utilizzando come modello il topo neonato, il materiale da testare può anche essere iniettato direttamente nello stomaco dell'animale per via percutanea, attraverso la pelle traslucida, o somministrato per via orogastrica o intraperitoneale. Per lo screening di un elevato numero di colture, gli intestini possono essere ispezionati visivamente per valutarne la dilatazione e l'accumulo di liquidi[38]. Topi neonati e suinetti di 1-3 giorni sono gli animali di scelta per valutare la presenza di enterotossina ST_a di *E. coli*; ST_b è inattiva nei topi neonati ma attiva nei suinetti e nei suinetti svezzati[7,27]. Il saggio del topo neonato non risponde all'enterotossina colerica o alla tossina termolabile (LT) di *E. coli*; per la tossina ST_a di *E. coli*, è ben correlato con il test di 6 ore della legatura di ileo di coniglio.

I topi neonati sono stati impiegati in studi di letalità impiegando iniezioni intraperitoneali. Ausilio e colleghi[3] hanno utilizzato topi Swiss di 1-3 giorni, iniettandoli con 0,1 mL di coltura diluita. I topi sono stati osservati per 7 giorni: i decessi verificatisi entro 24 ore sono stati considerati non specifici, mentre quelli occorsi tra i giorni 2 e 7 sono stati considerati specifici per *Y. enterocolitica*. Con questo metodo può essere calcolato un valore LD_{50} relativo al numero di cellule per inoculo; nel caso di *Y. enterocolitica*, Ausilio e colleghi hanno calcolato un LD_{50} pari a 14 cellule e registrato un tempo medio per la morte dei topi di 3 giorni.

12.1.3 Induzione di diarrea in coniglio e topo

Conigli e topi sono stati impiegati per testare l'azione diarrogena di alcuni patogeni di origine alimentare. Pai e colleghi[37] hanno utilizzato giovani conigli di 500-800 grammi, ai quali hanno somministrato per via orogastrica circa 10^{10} cellule di *Y. enterocolitica* sospese in soluzione di bicarbonato di sodio al 10%; la diarrea si è manifestata nell'87% dei 47 conigli esaminati, dopo un tempo medio di 5,4 giorni. Si è osservata colonizzazione batterica in tutti gli animali, indipendentemente dalla dose di cellule somministrata.

Per testare l'azione diarrogena di *Y. enteorcolitica*, Schiemann[41] ha utilizzato topi privati di acqua per 24 ore, mettendo a loro disposizione acqua peptonata contenente 10^9 cellule/mL; dopo 24 ore l'acqua inoculata è stata sostituita con acqua potabile fresca. Dopo 2 giorni le feci dei topi sono state esaminate per cercare segni di diarrea. Per le enterotossine di *E. coli* e di *Vibrio cholerae* Smith[42] ha impiegato conigli di 6-9 giorni, somministrandogli mediante sondino gastrico 1-5 mL di filtrato colturale. Gli animali sono stati lasciati tornare dalla propria madre e sottoposti a osservazione per la comparsa di diarrea; la risposta è stata considerata positiva se il sintomo si manifestava dopo 6-8 ore. Negli animali deceduti è stata riscontrata la presenza di grandi quantità di liquido giallo sia nel piccolo sia nel grande intestino. L'enterotossina è stata quantificata indirettamente calcolando il rapporto tra peso dell'intestino e peso corporeo. Con un metodo simile sono stati impiegati giovani maiali per testare l'attività dell'enterotossina di ceppi suini di *E. coli*. Conigli neonati sono stati utilizzati anche per rilevare le tossine Shiga-like di *E. coli*[34].

12.1.4 Monkey feeding (somministrazione alla scimmia)

L'impiego di scimmie rhesus (*Macaca mulatta*) per testare le enterotossine stafilococciche fu sviluppato nel 1931 da Jordan e McBroom[26]. Dopo l'uomo, questo è forse l'animale più sensibile alle enterotossine degli stafilococchi. Per determinare le enterotossine con questo metodo, si selezionano giovani macachi di 2-3 kg, ai quali vengono somministrati, mediante sondino gastrico, 50 mL di una soluzione contenente l'alimento omogenato. Gli animali sono poi osservati ininterrottamente per 5 ore. La comparsa di vomito in almeno due animali su sei denota una risposta positiva. La scimmia rhesus si è dimostrata sensibile a livelli di enterotossine A e B di soli 5 µg per 2-3 kg circa di peso corporeo[31].

12.1.5 Kitten test (test del gattino)

Questo metodo è stato sviluppato da Dolman e colleghi[15] per le enterotossine di origine stafilococcica. Il test originale prevedeva l'iniezione di filtrati all'interno della cavità addominale di gattini molto giovani (250-500 grammi di peso), ma tale procedura dava luogo a risultati falsi positivi. Il metodo più comunemente utilizzato consiste nella somministrazione intravenosa dei filtrati e nell'osservazione continua degli animali per la comparsa di vomito. Quando si utilizzano gatti adulti di 2-4 kg, si hanno risposte positive in 2 o 6 ore[10]. La comparsa di vomito è stata riportata per 0,1 e 0,5 µg, rispettivamente, di enterotossina stafilococcica A (SEA) e B (SEB) per chilogrammo di peso corporeo[4]. Questo saggio non possiede la stessa specificità del test sulle scimmie, poiché i filtrati di colture stafilococciche contengono altri prodotti metabolici che possono indurre emesi; il vantaggio è tuttavia rappresentato dal fatto che, rispetto alle scimmie, i gattini possono essere procurati e mantenuti con maggiore facilità.

12.1.6 Skin test su coniglio e porcellino d'india

La cute di questi due animali è utilizzata per saggiare almeno due proprietà delle tossine. Il test della permeabilità vascolare è generalmente condotto utilizzando conigli albini di 1,5-2,0 kg. Di norma, 0,05-0,1 mL di filtrato colturale vengono iniettati per via intradermica (ID)

in un'area rasata della schiena e dei fianchi del coniglio. Da 2 a 18 ore più tardi viene somministrata per via intravenosa una soluzione di blu Evans, lasciando poi permeare il colorante per 1-2 ore; trascorso tale tempo si misurano i diametri delle due aree blu e si approssima
l'area elevando al quadrato i loro valori medi. Sono considerate positive aree di 25 cm². La
tossina termolabile (LT) di *E. coli* fornisce una risposta positiva in questo saggio[16]. Con questo metodo si è dimostrato che la permeabilità del colorante è funzione della concentrazione
di enterotossina diarrogena di *E. coli*.

Simile al precedente è un test dell'attività eritematosa che impiega porcellini d'india. Il
metodo è stato impiegato da Stark e Duncan[45] per valutare l'attività eritematosa delle enterotossine di *C. perfringens*. Porcellini d'india di 300-400 grammi vengono depilati (sul
dorso e sui fianchi) e si contrassegnano aree di cute di 2,5 cm², nel centro delle quali vengono iniettati campioni di 0,05 mL di preparazione di tossina; ogni cavia viene iniettata in due
aree diverse. Dopo 18-24 ore gli animali vengono osservati per la comparsa di eritema nel
sito di iniezione.

L'enterotossina di *C. perfringens* produce un eritema concentrico senza necrosi. Viene
definita unità di attività eritematosa la quantità di enterotossina in grado di provocare un eritema di 0,8 cm di diametro; la preparazione di enterotossina impiegata da Stark e Duncan
conteneva 1.000 unità eritematose/mL. Per favorire la lettura del risultato, dopo 10 minuti
dall'iniezione di enterotossina può essere iniettato per via intracardiaca (IC) 1 mL di blu
Evans allo 0,5%, misurando il diametro dell'eritema dopo 80 minuti[18]. La specificità delle
reazioni cutanee può essere determinata neutralizzando l'enterotossina con antisieri specifici prima dell'iniezione. Per le enterotossine di *C. perfringens* il test dell'eritema si è dimostrato 1000 volte più sensibile della legatura delle anse intestinali di coniglio[23].

12.1.7 Test di Sereny e test di Anton

Il metodo di Sereny, proposto nel 1955, è utilizzato per valutare la virulenza di colture batteriche vitali; l'animale più frequentemente utilizzato è il porcellino d'india. Il test viene
condotto su cavie di 400 grammi circa; servendosi di un'ansa, nella congiuntiva dell'animale viene applicata una goccia di sospensione cellulare in tampone fosfato contenente da
$1,5 \times 10^{10}$ a $2,3 \times 10^{10}$ cellule/mL. Gli occhi degli animali trattati vengono esaminati quotidianamente, per 5 giorni, per la comparsa di segni di cheratocongiuntivite. Nella valutazione di
ceppi di virulenza sconosciuta, è importante testare anche ceppi conosciuti, sia positivi sia
negativi.

È stato sviluppato un test di Sereny che impiega topi Swiss ai quali viene somministrata
la metà della dose riportata sopra. Si è dimostrato molto utile un test di Sereny messo a punto
per ceppi di *Shigella* e di *E. coli* enteroinvasivo (EIEC)[33].

Il test di Anton è simile al metodo di Sereny ed è utilizzato per valutare la virulenza di
Listeria spp; viene condotto applicando negli occhi di conigli o porcellini d'india circa 10⁶
cellule di *L. monocytogenes* e osservando gli animali per la comparsa di congiuntivite[2].

12.2 Modelli animali che richiedono procedure chirurgiche

12.2.1 Tecniche di legatura delle anse intestinali

Queste tecniche si basano sul fatto che alcune enterotossine provocano un accumulo di
liquido nell'intestino tenue di animali suscettibili; sebbene possano essere condotte su

diversi animali, i conigli sono impiegati più frequentemente. Prima dell'intervento chirurgico, i giovani conigli selezionati (7-20 settimane di età e 1,2-2,0 kg di peso) sono tenuti a digiuno e senza acqua per 24 ore oppure a digiuno per 48-72 ore, ma liberi di bere acqua a volontà. Sotto anestesia locale viene effettuata un'incisione di circa 5 cm di lunghezza appena al di sotto della linea mediana dell'addome, attraverso i muscoli e il peritoneo, per esporre l'intestino tenue[11]. Una sezione di intestino – compresa tra le estremità superiore e inferiore o appena al di sopra dell'appendice – viene legata con un filo di seta o con altro materiale adatto, formando segmenti (*loop*) di 8-12 cm, distanziati da segmenti di almeno 1 cm. Possono essere preparate fino a 6 sezioni mediante nodi singoli o doppi. Il campione (o la coltura) da testare, preparato e sospeso in soluzione salina sterile, viene quindi iniettato nel lume dei segmenti intestinali legati. Solitamente si utilizza un inoculo di 1 mL, ma si possono impiegare dosi minori o maggiori. Dosi differenti del materiale da testare possono essere iniettate in sezioni adiacenti o separate da un segmento non trattato o iniettato solo con soluzione salina; l'addome viene quindi chiuso mediante sutura e si lascia che l'animale si riprenda dall'anestesia. Dopo l'intervento, l'animale può essere privato di cibo e acqua per altre 18-24 ore, oppure lo si può lasciare libero di assumere solo cibo o sola acqua o entrambi. Con le legature intatte, l'animale non può sopravvivere più di 30-36 ore[8].

Per valutare l'effetto dei materiali iniettati, l'animale viene sacrificato per esaminare le anse intestinali e aspirare e misurare il liquido accumulato. La reazione biologica può essere quantificata misurando il rapporto tra volume di fluido accumulatosi nell'ansa e la lunghezza di quest'ultima[8], oppure calcolando il volume di fluido secreto per milligrammo di peso secco di intestino[30]. Sono stati riportati valori variabili per la quantità minima di enterotossina di *C. perfringens* necessaria per produrre una reazione positiva nell'ansa intestinale: da 28-40 µg fino a 125 µg utilizzando la tecnica standard; con un metodo più rapido (90 minuti) la reazione enteropatogena si è verificata con soli 6,25 µg di tossina[18].

Questa tecnica è stata sviluppata per studiare la modalità di azione patogena dell'agente eziologico del colera[11]. È stata in seguito impiegata largamente in studi sulla virulenza e sul meccanismo patogenetico di microrganismi di origine alimentare, tra i quali *Bacillus cereus*, *C. perfringens*, *E. coli* e *Vibrio parahaemolyticus*.

Sebbene il coniglio sia il modello animale più utilizzato nei metodi basati sulla legatura dell'intestino, sono impiegate anche altre specie. Per esempio, per le enterotossine di *E. coli* può essere usata l'ansa intestinale di topo, come nello studio condotto da Punyashthiti e Finkelstein[40]. Topi Swiss (18-22 grammi) sono stati tenuti a digiuno per 8 ore prima del test. Dopo l'apertura dell'addome sotto leggera anestesia, sono state preparate due sezioni intestinali di 6 cm, separate da una regione intermedia di 1 cm; le sezioni di intestino sono state quindi inoculate con 0,2 mL del materiale in esame e l'addome è stato richiuso. Gli animali sono stati tenuti a digiuno e senza acqua e uccisi 8 dopo ore. Sono state misurate la quantità di liquido accumulato e la lunghezza delle anse. I risultati sono considerati positivi quando il rapporto tra volume di fluido e lunghezza dell'ansa è almeno pari a 50 mg/cm. In questo studio, per le reazioni positive il rapporto era generalmente compreso tra 50 e 100, occasionalmente vicino a 200 o superiore.

In alternativa, per misurare l'intensità di una reazione tossica, può essere utilizzato l'incremento netto del peso dell'ansa, espresso in milligrammi[53]. Con la legatura dell'ansa intestinale di topo è possibile rilevare 1 µg di enterotossina[53]. Per la determinazione dell'enterotossina ST_b di *E. coli*, è stato proposto un saggio basato sull'impiego di ansa del digiuno di ratto; con questa tecnica la risposta è risultata linearmente correlata alla dose impiegando ratti di 250-350 grammi, ma solo dopo aver bloccato l'attività delle proteasi endogene con l'inibitore della tripsina di soia[49].

12.2.2 Il modello RITARD

Il metodo RITARD (intestinal tie-adult-rabbit diarrhea), sviluppato da Spira e colleghi[44], prevede l'impiego di conigli di 1,6-2,7 kg di peso, tenuti a digiuno per 24 ore ma lasciati liberi di bere acqua. Previa anestesia locale, l'intestino cieco viene esposto e legato a livello della giunzione ileo-cecale; si espone quindi l'intestino tenue che, mediante un nodo, viene legato in prossimità della mesoappendice. Il materiale test, preparato in 10 mL di soluzione tampone fosfato, viene iniettato nel lume del digiuno anteriore. Dopo l'iniezione, i tratti intestinali vengono riposti nella cavità peritoneale e l'incisione viene richiusa. L'animale viene tenuto in un box e dopo 2-4 ore dalla somministrazione della dose test si rimuovono le legature e si rilascia il nodo scorsoio nel tratto intestinale. Se necessario, vengono applicati dei punti di sutura. L'animale viene rimesso in gabbia, mettendogli a disposizione cibo e acqua. Gli animali sono osservati per la comparsa di diarrea o per il decesso ogni 2 ore, fino a 124 ore dall'intervento.

Nel corso dell'autopsia, l'intestino tenue e le sezioni adiacenti vengono legati e rimossi per la misurazione del fluido accumulato. I ceppi enterotossigeni di *E. coli* provocano diarrea profusa e acquosa; la suscettibilità degli animali alle infezioni di *V. cholerae* in questo metodo è simile a quella osservata nel modello del coniglio neonato.

Il modello RITARD si caratterizza per la legatura del cieco, per evitare il passaggio di fluido proveniente dall'intestino tenue, e per la temporanea ostruzione reversibile, mantenuta a livello dell'ileo per un tempo sufficiente per consentire al microrganismo inoculato di iniziare a colonizzare l'intestino tenue. Il metodo è stato impiegato con successo come modello animale per le infezioni di *Campylobacter jejuni*[9] e per testare la virulenza di ceppi di *Aeromonas*[39].

12.3 Sistemi di colture cellulari

Per valutare determinate proprietà patogene delle cellule vitali, sono impiegati numerosi metodi di coltura cellulare. Le proprietà più frequentemente valutate sono l'invasività, la permeabilità, la citotossicità, l'aderenza/adesione/capacità di legare e altre attività biologiche più generali. Alcune colture cellulari sono impiegate per valutare diverse proprietà delle tossine e delle enterotossine. Alcuni esempi di questi modelli sono riportati nella tabella 12.2 e descritti brevemente di seguito.

12.3.1 Cellule di mucosa umana

Nel metodo di Ofek e Beachey[35] cellule di mucosa orale umana (circa 2×10^5 in tampone fosfato) vengono miscelate con 0,5 mL di cellule lavate di *E. coli* (2×10^8 cellule/mL). La miscela viene incubata in agitazione per 30 minuti a temperatura ambiente. Le cellule epiteliali vengono separate dai batteri per centrifugazione differenziale, quindi essiccate e colorate con violetto di genziana. L'aderenza è determinata mediante conta microscopica dei batteri per cellula epiteliale. Thorne e colleghi[47] hanno utilizzato cellule di *E. coli* marcate con ³H-amminoacidi (alanina e leucina) o isotiocianato di fluoresceina. In un'altra applicazione cellule di *V. parahaemolyticus* sono state miscelate con cellule di mucosa epiteliale, incubate a 37 °C per 5 minuti e poi filtrate. Dopo aver allontanato mediante lavaggio le cellule non legate, la coltura è stata essiccata, fissata e colorata con Giemsa. L'aderenza è stata quantificata contando il numero totale di cellule di *V. parahaemolyticus* adese a 50 cellule buccali

Tabella 12.2 Alcuni tessuti e sistemi di coltura cellulare impiegati per studiare l'attività biologica di microrganismi o loro prodotti che causano gastroenterite (dati dalla letteratura)

Sistema di coltura	Patogeno/Tossina	Dimostrazione/impiego
Monostrato di cellule CHO	E. coli LT; tossina di V. cholerae	Attività biologica
	V. parahaemolyticus	Attività biologica
	Tossina di Salmonella	Attività biologica
	Enterotossina di C. jejuni	Attività biologica
Cellule CHO flottanti	Tossina di Salmonella	Attività biologica
Cellule HeLa	E. coli	Invasività
	Y. enterocolitica	Invasività
	V. parahaemolyticus	Aderenza
	C. jejuni	Invasività
Cellule Vero	E. coli O157:H7	Recettori di tossina Shiga-like
Cellule Vero	Enterotossina di C. perfringens	Modalità di azione
	E. coli LT	Attività biologia, analisi
	Tossina di A. hydrophila	Citotossicità
	Enterotossina di C. perfringens	Capacità di legare
	Enterotossina di C. perfringens	Attività biologica
	Citotossina di Salmonella	Inibizione sintesi di proteine
	V. vulnificus	Citotossicità
Cellule surrenali Y-1	E. coli LT	Attività biologica, test
	Tossina di V. cholerae	Attività biologica, test
	V. mimicus	Attività biologica
	Enterotossina di C. perfringens	Capacità di legare
Cellule epiteliali di intestino di coniglio	Citotossina di Salmonella	Inibizione sintesi di proteine
Cellule di milza murine	Enterotossine stafilococciche A, B ed E	Capacità di legare
Macrofagi	Y. enterocolitica	Fagocitosi
Linfociti periferici umani	Enterotossina stafil. A	Effetti biologici
Carcinoma laringeo umano	E. coli; Shigella	Invasività
Henle 407 Intestino umano	E. coli; Shigella	Invasività
Henle 407	L. monocytogenes	Invasività
	E. coli O157:H7	Aderenza
Caco-2	V. cholerae non-O1	Aderenza
	ETEC	Adesione
HT29.74	C. parvum	Modello di infezione
	C. perfringens	Mortalità cellulare
Macrofagi peritoneali	L. monocytogenes	Sopravvivenza intracellulare
Fibroblasti embrionali murini primari	L. monocytogenes	Produzione di interleuchina
Cellule intestinali fetali umane	V. parahaemolyticus	Aderenza
	E. coli enteropatogeno	Aderenza
	Tossine di B. cereus	Attività biologica
Cellule intestinali umane	V. parahaemolyticus	Aderenza
Cellule ileali umane	E. coli enterotossigeno	Aderenza
Cellule mucosali umane	E. coli	Aderenza
	V. parahaemolyticus	Aderenza
Cellule uroepiteliali umane	E. coli	Adesione
Biopsie vitali di duodeno umano	E. coli	Aderenza
Epatociti di ratto	Enterotossina di C. perfringens	Trasporto di amminoacidi
	Enterotossina di C. perfringens	Permeabilità di membrana
Cellule intestinali di cavia	V. parahaemolyticus	Aderenza
Cellule HEp-2	Cereulide di B. cereus	Formazione di vacuoli (rigonfiamento mitocondriale)

LT = tossina termolabile; ETEC = *E. coli* enteropatogeno.

rispetto al controllo. I migliori risultati sono stati ottenuti sospendendo circa 10^9 cellule batteriche e 10^5 cellule epiteliali in tampone fosfato a pH 7,2 per 5 minuti. Tutti e 12 i ceppi testati hanno mostrato capacità di aderenza. Tale proprietà non sembra correlata con la patogenicità di *V. parahaemolyticus*.

12.3.2 Intestino fetale umano

In questo modello per l'aderenza viene utilizzato un monostrato di cellule intestinali di feto umano (HFI, *human fetal intestine*). Dopo lavaggio accurato, le cellule vengono inoculate con una sospensione di *V. parahaemolyticus* e incubate a 37 °C fino a 30 minuti. L'aderenza è valutata mediante esame microscopico delle cellule colorate, dopo l'allontanamento dei batteri non adesi. Tutti i ceppi di *V. parahaemolyticus* testati hanno mostrato aderenza, ma quelli isolati da casi di intossicazione alimentare hanno mostrato una maggiore capacità adesiva di quelli isolati dagli alimenti[22]. Utilizzando questo metodo si è osservato che l'aderenza di un ceppo enteropatogeno di *E. coli* isolato dall'uomo era mediata da plasmidi[50].

12.3.3 Cellule intestinali umane

Per studiare l'aderenza di ceppi enterotossigeni di *E. coli* (ETEC), Deneke e colleghi[13] hanno utilizzato un filter-binding test con cellule di ileo provenienti da individui adulti. Le cellule sono state miscelate con batteri sviluppati su terreno contenente ^{3}H-alanina e ^{3}H-leucina. L'entità del legame è stata determinata con uno scintillatore per isotopi. Rispetto ai controlli, i ceppi ETEC di origine umana hanno mostrato maggiore capacità di legarsi. La capacità di legarsi alle cellule ileali umane è risultata da 10 a 100 volte maggiore rispetto a quella mostrata con le cellule del cavo orale umano.

Monostrati di cellule intestinali sono stati utilizzati da Gingras e Howard[20] per studiare l'aderenza di *V. parahaemolyticus*. Il batterio è stato fatto crescere in presenza di valina marcata con ^{14}C; le cellule marcate sono state aggiunte ai monostrati e incubate fino a 60 minuti. Dopo incubazione le cellule non adese sono state rimosse e quelle adese sono state determinate mediante conteggio della radioattività dei monostrati. Le cellule adese sono state enumerate anche con un microscopio. I microrganismi Kanagawa-positivi e Kanagawa-negativi hanno mostrato capacità di aderenza simile. Non è stata riscontrata correlazione tra produzione di emolisi e aderenza.

12.3.4 Cellule intestinali di porcellino d'india

Per studiare l'aderenza di *V. parahaemolyticus*, Iijima e colleghi[25] hanno impiegato porcellini d'india adulti di circa 300 grammi a digiuno da 2 giorni. Sotto anestesia, l'addome è stato aperto e l'intestino tenue legato a circa 3 cm di distanza dallo stomaco. È stato iniettato nell'intestino 1 mL di una sospensione contenente 2×10^8 cellule di ceppi adesivi e non adesivi; quindi l'addome è stato richiuso. Sei ore dopo gli animali sono stati uccisi e l'intestino tenue è stato rimosso e sezionati in quattro parti. Dopo omogeneizzazione con il 3% di NaCl, è stato determinato il numero di microrganismi presenti nell'omogenato mediante conta in piastra. È stato riscontrato un numero elevato di cellule aderenza-positive, soprattutto nell'omogenato della sezione superiore dell'intestino.

Un altro modello per la valutazione dell'aderenza consiste nell'immobilizzazione su matrici di polistirene[28] delle glicoproteine solubili presenti nella mucosa intestinale del topo. Utilizzando questo modello è stato dimostrato che due ceppi di *E. coli* portatori di plasmidi

(K88 e K99) aderivano facilmente, analogamenti ad altri ceppi di questo microrganismo dotati di capacità di aderenza.

12.3.5 *Cellule HeLa*

Questa linea cellulare è stata utilizzata per determinare sia il potenziale invasivo dei patogeni intestinali sia la loro aderenza. Sebbene si preferisca utilizzare cellule HeLa, possono essere impiegate altre linee cellulari, come quelle del carcinoma laringeo umano e le Henle 407 dell'intestino umano. In generale, monostrati cellulari, preparati con tecniche di coltura standard su vetrini a camera, vengono inoculati con 0,2 mL della sospensione opportunamente preparata di cellule da esaminare. Dopo incubazione per 3 ore a 35 °C, per consentire la crescita batterica, il monostrato cellulare viene lavato, fissato e colorato per l'esame microscopico. Nel caso di *E. coli* invasivo, il batterio è presente nel citoplasma delle cellule del monostrato, ma non nel nucleo. Inoltre, i ceppi invasivi sono fagocitati in misura maggiore rispetto ai non invasivi e solitamente il rapporto batteri/cellule è superiore a 5. Secondo il *Bacterial Analytical Manual*[17], almeno lo 0,5% delle cellule HeLa dovrebbe contenere non meno di cinque batteri. Le risposte positive a questo test vengono generalmente confermate mediante Sereny test[17].

Una variante di questo metodo viene utilizzata per *Yersinia* invasiva: 0,2 mL di sospensione batterica opportunamente preparata vengono inoculati in vetrini a camera (chamber slide) contenenti il monostrato di cellule HeLa. Dopo incubazione per 1,5 ore a 35 °C, le cellule vengono lavate, fissate e colorate per l'esame microscopico. *Y. enterocolitica* è presente all'interno del citoplasma, solitamente nei fagolisosomi. Il tasso di infettività è generalmente superiore al 10%. A differenza di quanto avviene per *E. coli* invasivo, il Sereny test non consente di confermare la presenza di *Y. enterocolitica*, in quanto questo microrganismo – benché invasivo – può non rispondere al test.

Le cellule HeLa sono state usate per testare l'aderenza di *V. parhaemolyticus* e per studiare la penetrazione di *Y. enterocolitica*; ceppi di quest'ultimo batterio che presentavano un indice infettività pari a 3,7-5,0 erano considerati in grado di penetrare le cellule umane[14]. L'infezione di cellule HeLa da parte di *Y. enterocolitica* è stata studiata usando monostrati cellulari in tubi roller. L'entità dell'infezione è stata determinata contando, nell'arco di 24 ore, il numero di batteri intracellulari presenti in 100 cellule HeLa selezionate casualmente dal monostrato colorato[14].

12.3.6 *Cellule ovariche di criceto cinese*

Questo metodo, sviluppato da Guerrant e colleghi[21] per le enterotossine di *E. coli*, impiega cellule ovariche di criceto cinese (CHO) cresciute in un mezzo contenente siero fetale di vitello. Durante lo sviluppo di una coltura cellulare vengono aggiunte le enterotossine. Dopo 24-30 ore le cellule sono esaminate al microscopio per verificare se sono diventate bipolari, se hanno almeno triplicato la loro lunghezza e se hanno perso le naturali protuberanze. Le variazioni morfologiche causate nelle cellule CHO, sia dalle tossine del colera sia dalle enterotossine di *E. coli*, si sono manifestate parallelamente all'aumento di AMP ciclico. È stato dimostrato che, nello studio delle enterotossine di *E. coli*, tale metodo è 100-10.000 volte più sensibile del test della permeabilità vascolare e dei saggi che impiegano anse ileali. Per le tossine LT di *E. coli*, il metodo basato sulle cellule CHO si è dimostrato 5-100 volte più sensibile del test della permeabilità vascolare e dei saggi che impiegano anse ileali di coniglio[21].

12.3.7 Cellule Vero

Questo monostrato cellulare consiste di una linea cellulare continua ottenuta da reni di cercopiteco verde (*Cercopithecus aethiops*) ed è stato impiegato da Speirs e colleghi[43] per analizzare le tossine LT di *E. coli*.

I risultati ottenuti con questo metodo sembrano migliori di quelli ottenuti con il test delle cellule surrenali Y-1 (vedi paragrafo successivo); inoltre, tra i due, il test con cellule Vero è stato considerato più semplice ed economico da mantenere in laboratorio. Ceppi tossigeni sono in grado di produrre nelle cellule Vero una risposta morfologica simile a quella indotta nelle cellule Y-1. L'impiego di cellule Vero nello studio delle tossine di *E. coli* è discusso nel capitolo 27.

Un saggio biologico riproducibile e molto sensibile per l'enterotossina di *C. perfringens*, basato sull'impiego di cellule Vero, è stato sviluppato da McDonel e McClane[29]. Il saggio è basato sull'inibizione, provocata dall'enterotossina, dell'efficienza di piastramento di colture di cellule Vero. Con questo metodo, che ha permesso di rilevare concentrazioni di soli 0,1 ng di enterotossina, è stata ottenuta una curva dose-risposta lineare con dosi comprese tra 0,5 e 5 ng (pari a 5-50 ng/mL). Gli autori di questo studio hanno proposto una nuova unità di misura dell'attività biologica (PEU, *plating efficiency unit*), che corrisponde alla quantità di enterotossina in grado di inibire il 25% di 200 cellule inoculate in 100 μL di terreno.

12.3.8 Saggio con cellule surrenali (Y-1)

In questo saggio, largamente impiegato, vengono utilizzate cellule surrenali di topo (Y-1) sviluppate in monostrato con tecniche di coltura standard. Gli estratti o i filtrati del materiale da testare vengono aggiunti alle cellule monostrato poste in pozzetti per microtitolazione, con successiva incubazione a 37 °C. Per determinare la tossina LT di *E. coli*, filtrati colturali riscaldati e non riscaldati di ceppi conosciuti come LT produttori o non produttori vengono aggiunti ai monostrati cellulari all'interno dei pozzetti; i risultati sono ottenuti mediante esame microscopico. La risposta è considerata positiva quando la percentuale di cellule rotonde è almeno del 50% nei monostrati addizionati di filtrato non riscaldato e non superiore al 10% nei monostrati addizionati di filtrato riscaldati. La specificità della risposta può essere determinata aggiungendo specifici anticorpi ai filtrati contenenti la tossina. Maggiori dettagli sull'applicazione del metodo ai patogeni di origine alimentare sono presentati nel *Bacterial Analytical Manual*[17].

12.3.9 Altri saggi

Boutin e colleghi[5] hanno utilizzato un metodo basato sull'immunofluorescenza, che prevede l'impiego di legature di ileo di coniglio di circa 6 settimane, inoculate con *V. parhaemolyticus*. Dalle legature, rimosse dopo 12-18 ore dall'inoculo, sono stati ottenuti campioni istologici, puliti mediante agitazione. Per la determinazione di *V. parhaemolyticus*, i campioni di tessuto sono stati fissati e colorati con agglutinine trattate con isotiocianato di fluoresceina. La reazione dell'anticorpo marcato con le cellule di *V. parhaemolyticus* nel tessuto è stata valutata mediante esame microscopico. Sfruttando l'immunofluorescenza, è stato possibile dimostrare la penetrazione del microrganismo all'interno della mucosa dell'ileo e, quindi, la capacità del patogeno di invadere il tessuto. Sulla base dei risultati ottenuti in questo studio, la lamina è stata penetrata sia dalle cellule Kanagawa-positive sia da quelle Kanagawa-negative.

La membrana corio-allantoidea di embrioni di pollo di 10 giorni è stata utilizzata per valutare la patogenicità di *Listeria*. La morte dell'embrione è stata causata entro 2-5 giorni da sole 100 cellule per uovo di *L. monocytogenes*; *L. ivanovii* è risultata letale entro 72 ore con un numero di cellule per uovo variabile da 100 a 30.000[46]. Filtrati colturali di *L. monocytogenes* e di *L. ivanovii* rilasciano lattato deidrogenasi (LDH) in monostrati di epatociti di ratto dopo 3 ore di esposizione, mentre altre specie di *Listeria* non mostrano alcun effetto[24].

Bibliografia

1. Agata N, Ohta M, Mori M, Isobe M (1995) A novel dodecadepsipeptide, cereulide, is an emetic toxin of Bacillus cereus. *FEMS Microbiol Lett*, 129: 17-20.
2. Anton W (1934) Kritisch-experimenteller Beitrag zur Biologie des Bacterium monocytogenes. Mit besonderer Berucksichtigung seiner Beziehung zue infektiosen Mononucleose des Menschen. *Zbt Bakteriol Abt I Orig*, 131: 89-103.
3. Aulisio CCG, Hill WE, Stanfield JT, Morris JA (1983) Pathogenicity of Yersinia enterocolitica demonstrated in the suckling mouse. *J Food Protect*, 46: 856-860.
4. Bergdoll MS (1982) The enterotoxins. In: Cohen JO (ed) *The Staphylococci*. Wiley, New York, pp. 301-331.
5. Boutin BK, Townsend SF, Scarpino PV, Twedt RM (1979) Demonstration of invasiveness of Vibrio parahaemolyticus in adult rabbits by immunofluorescence. *Appl Environ Microbiol*, 37: 647-653.
6. Boyce JM, Evans EJ Jr, Evans DG, DuPont HL (1979) Production of heat-stable, methanol-soluble enterotoxin by Yersinia enterocolitica. *Infect Immun*, 25: 532-537.
7. Burgess MN, Bywater RJ, Cowley CM, Mullan NA, Newsome PM (1978) Biological evaluation of a methanolsoluble, heat-stable Escherichia coli enterotoxin in infant mice, pigs, rabbits, and calves. *Infect Immun*, 21: 526-531.
8. Burrows W, Musteikis GM (1966) Cholera infection and toxin in the rabbit ileal loop. *J Infect Dis*, 116: 183-190.
9. Caldwell MB, Walker RI, Stewart SD, Rogers JE (1983) Simple adult rabbit model for Campylobacter jejuni enteritis. *Infect Immun*, 42: 1176-1182.
10. Clark WG, Page JS (1968) Pyrogenic responses to staphylococcal enterotoxins A and B in cats. *J Bacteriol*, 96: 1940-1946.
11. De SN, Chatterje DN (1953) An experimental study of the mechanism of action of Vibrio cholerae on the intestinal mucous membrane. *J Path Bacteriol*, 66: 559-562.
12. Dean AG, Ching YC, Williams RG, Harden LB (1972) Test for Escherichia coli enterotoxin using infant mice: Application in study of diarrhea in children in Honolulu. *J Infect Dis*, 125: 407-411.
13. Deneke CF, McGowan K, Thorne GM, Gerbach SL (1983) Attachment of enterotoxigenic Escherichia coli to human intestinal cells. *Infect Immun*, 39: 1102-1106.
14. Devenish JA, Schiemann DA (1981) HeLa cell infection by Yersinia enterocolitica: Evidence for lack of intracellular multiplication and development of a new procedure for quantitative expression of infectivity. *Infect Immun*, 32: 48-55.
15. Dolman CE, Wilson RJ, Cockroft WH (1936) A new method of detecting Staphylococcus enterotoxin. *Can J Public Health*, 27: 489-493.
16. Evans DJ Jr, Evans DG, Gorbach SL (1973) Production of vascular permeability factor by enterotoxigenic Escherichia coli isolated from man. *Infect Immun*, 8: 725-730.
17. AOAC (1995) *FDA Bacteriological Analytical Manual* (8th ed). Association of Official Analytical Chemists Int, McLean, VA.
18. Genigeorgis C, Sakaguchi G, Riemann H (1973) Assay methods for Clostridium perfringens type A enterotoxin. *Appl Microbiol*, 26: 111-115.
19. Giannella RA (1976) Suckling mouse model for detection of heat-stable Escherichia coli enterotoxin: Characteristics of the model. *Infect Immun*, 14: 95-99.

20. Gingras SP, Howard LV (1980) Adherence of Vibrio parahaemolyticus to human epithelial cell lines. *Appl Environ Microbiol*, 39: 369-371.
21. Guerrant RL, Brunton LL, Schaitman TC, Rebhun LL, Gilman AG (1974) Cyclic adenosine monophosphate and alteration of Chinese hamster ovary cell morphology: A rapid, sensitive in vitro assay for the enterotoxins of Vibrio cholerae and Escherichia coli. *Infect Immun*, 10: 320-327.
22. Hackney CR, Kleeman EG, Ray B, Speck ML (1980) Adherence as a method for differentiating virulent and avirulent strains of Vibrio parahaemolyticus. *Appl Environ Microbiol*, 40: 652-658.
23. Hauschild AHW (1970) Erythemal activity of the cellular enteropathogenic factor of Clostridium perfringens type A. *Can J Microbiol*, 16: 651-654.
24. Huang JC, Huang HS, Jurima-Romet M, Ashton F, Thomas BH (1990) Hepatocidal toxicity of Listeria species. *FEMS Microbiol Lett*, 72: 249-252.
25. Iijima Y, Yamada H, Shinoda S (1981) Adherence of Vibrio parahaemolyticus and its relation to pathogenicity. *Can J Microbiol*, 27: 1252-1259.
26. Jordan EO, McBroom J (1931) Results of feeding Staphylococcus filtrates to monkeys. *Proc Soc Exp Biol Med*, 29: 161-162.
27. Kennedy DJ, Greenberg RN, Dunn JA, Abernathy R, Ryerse JS, Guerrant RL (1984) Effects of Escherichia coli heat-stable enterotoxin ST_b on intestines of mice, rats, rabbits, and piglets. *Infect Immun*, 46: 639-641.
28. Laux DC, McSweegan EF, Cohen PS (1984) Adhesion of enterotoxigenic Escherichia coli to immobilized intestinal mucosal preparations: A model for adhesion to mucosal surface components. *J Microbiol Meth*, 2: 27-39.
29. McDonel JL, McClane BA (1981) Highly sensitive assay for Clostridium perfringens enterotoxin that uses inhibition of plating efficiency of Vero cells grown in culture. *J Clin Microbiol*. 13: 940-946.
30. Mehlman JJ, Fishbein M, Gorbach SL, Sandes AC, Eide EL, Olson JC Jr (1976) Pathogenicity of Escherichia coli recovered from food. *J Assoc Off Anal Chem*, 59: 67-80.
31. Minor TE, Marth EH (1976) *Staphylococci and Their Significance in Foods*. Elsevier, New York.
32. Mullan NA, Burgess MN, Newsome PM (1978) Characterization of a partially purified, methanol-soluble heatstable Escherichia coli enterotoxin in infant mice. *Infect Immun*, 19: 779-784.
33. Murayama SY, Sakai T, Makino S et al. (1986) The use of mice in the Sereny test as a virulence assay of shigellae and enteroinvasive Escherichia coli. *Infect Immun*, 51: 696-698.
34. O'Brien AD, Holmes RK (1987) Shiga and Shiga-like toxins. *Microbiol Rev*, 51: 206-220.
35. Ofek I, Beachey EH (1978) Mannose binding and epithelial cell adherence of Escherichia coli. *Infect Immun*, 22: 247-254.
36. Okamoto K, Inoue T, Shimizu K, Hara S, Miyama A (1982) Further purification and characterization of heat-stable enterotoxin produced by Yersinia enterocolitica. *Infect Immun*, 35: 958-964.
37. Pai CH, Mors V, Seemayer TA (1980) Experimental Yersinia enterocolitica enteritis in rabbit. *Infect Immun*, 28: 238-244.
38. Pai CH, Mors V, Toma S (1978) Prevalence of enterotoxigenicity in human and nonhuman isolates of Yersinia enterocolitica. *Infect Immun*, 22: 334-338.
39. Pazzaglia G, Sack RB, Bourgeois AL, Froehlich J, Eckstein J (1990) Diarrhea and intestinal invasiveness of Aeromonas strains in the removable intestinal tie rabbit model. *Infect Immun*, 58: 1924-1931.
40. Punyashthiti K, Finkelstein RA (1971) Enteropathogenicity of Escherichia coli. I. Evaluation of mouse intestinal loops. *Infect Immun*, 39: 721-725.
41. Schiemann DA (1981) An enterotoxin-negative strain of Yersinia enterocolitica serotype 0:3 is capable of producing diarrhea in mice. *Infect Immun*, 32: 571-574.
42. Smith HW (1972) The production of diarrhea in baby rabbits by the oral administration of cell-free preparations of enteropathogenic Escherichia coli and Vibrio cholerae: The effect of antisera. *J Med Microbiol*, 5: 299-303.
43. Speirs JI, Stavric S, Konowalchuk J (1977) Assay of Escherichia coli heat-labile enterotoxin with Vero cells. *Infect Immun*, 16: 617-622.
44. Spira WM, Sack RB, Froehlich JL (1981) Simple adult rabbit model for Vibrio cholerae and enterotoxigenic Escherichia coli diarrhea. *Infect Immun*, 32: 739-747.

45. Stark RL, Duncan CL (1971) Biological characteristics of Clostridium perfringens type A enterotoxin. *Infect Immun*, 4: 89-96.
46. Terplan G, Steinmeyer S (1989) Investigations on the pathogenicity of Listeria spp. by experimental infection of the chick embryo. *Int J Food Microbiol*, 8: 277-280.
47. Thorne GM, Deneke CF, Gorbach SL (1979) Hemagglutination and adhesiveness of toxigenic Escherichia coli isolated from humans. *Infect Immun*, 23: 690-699.
48. Ueno S, Matsuki N, Saito H (1987) Suncus murinus: A new experimental model in emesis research. *Life Sci*, 41: 513-516.
49. Whipp SC (1990) Assay for enterotoxigenic Escherichia coli heat-stable toxin b in rats and mice. *Infect Immun*, 58: 930-934.
50. Williams PH, Sedgwick MI, Evans N, Turner PJ, George RH, McNeish AS (1978) Adherence of an enteropathogenic strain of Escherichia coli to human intestinal mucosa is mediated by a colicinogenic conjugative plasmid. *Infect Immun*, 22: 393-402.
51. Wood LV, Wolfe WH, Ruiz-Palacios G, Foshee WS, Corman LI, McCleskey F, Wright JA, DuPont HL (1983) An outbreak of gastroenteritis due to a heat-labile enterotoxin-producing strain of Escherichia coli. *Infect Immun*, 41: 931-934.
52. Wright A, Andrews PLR, Titball RW (2000) Induction of emetic, pyrexic, and hehavioral effects of Staphylococcus aureus enterotoxin B in the ferret. *Infect Immun*, 68: 2386-2389.
53. Yamamoto K, Ohishi I, Sakaguchi G (1979) Fluid accumulation in mouse-ligated intestine inoculated with Clostridium perfringens enterotoxin. *Appl Environ Microbiol*, 37: 181-186.

Parte V

PROTEZIONE DEGLI ALIMENTI E PROPRIETÀ DEI BATTERI PSICROTROFI, TERMOFILI E RADIORESISTENTI

La microbiologia di diversi metodi di protezione degli alimenti è discussa nei capitoli dal 13 al 19. Nella precedente edizione di questo libro, tali metodi erano associati alla parola *preservazione*, nell'attuale si è preferito l'impiego del termine più tradizionale e restrittivo *protezione*. Per esempio, la carne fresca ottenuta da un animale infetto può essere preservata ricoprendola con NaCl, ma se i tessuti dell'animale contenevano microrganismi patogeni o alteranti prima del trattamento di conservazione, questi potrebbero essere preservati all'interno dell'alimento. Per protezione degli alimenti, invece, si intende il controllo sia dei microrganismi alteranti sia di quelli patogeni. Il capitolo 13 tratta in dettaglio i sanitizzanti impiegati per gli alimenti e i metodi di "biocontrollo", basati sull'attività di colture microbiche protettive. Per maggiori approfondimenti si consigliano i testi indicati di seguito.

Barbosa-Canovas GV, Zhang QH (2001) *Pulsed Electric Fields in Food Processing*. CRC Press, Boca Raton, FL.

Davidson PM, Branen AL (eds) (1995) *Antimicrobials in Foods* (2nd ed). Marcel Dekker, New York.

Farber JM, Dodds K (eds) (1995) *Principles of Modified-Atmosphere and Sous-Vide Product Packaging*. Technomic Publishing, Lancaster, PA.

Hendrickx MEG, Knorr D (eds) (2002) *Ultra High Pressure Treatments of Foods*. Kluwer Academic Publishers, New York.

Leistner L, Gould GW (2002) *Hurdle Technologies: Combination Treatments for Food Safety, Stability, and Quality*. Kluwer Academic Publishers, New York.

Naidu AS (ed) (2000) *Natural Food Antimicrobial Systems*. CRC Press, Boca Raton, FL.

Novak JS, Sapers GM, Juneja VK (eds) (2003) *Microbial Safety of Minimally Processed Foods*. CRC Press, Boca Raton, FL.

Russell NJ, Gould GW (eds) (2003) *Food Preservatives*. Kluwer Academic Publishers, New York.

Sofos JN (1989) *Sorbate Food Preservatives*. CRC Press, Boca Raton, FL.

Capitolo 13

Protezione degli alimenti mediante sostanze chimiche e sistemi di biocontrollo

L'impiego di sostanze chimiche per prevenire o ritardare l'alterazione degli alimenti deriva in parte dal fatto che tali composti sono utilizzati con grande successo nel trattamento di patologie dell'uomo, degli animali e delle piante. Ciò non implica che qualsivoglia composto chemioterapico possa o debba essere impiegato come conservante per alimenti. D'altra parte vi sono alcuni composti chimici utili come conservanti che potrebbero essere inefficaci o addirittura tossici come chemioterapici. A eccezione di alcuni antibiotici, nessuno dei conservanti per alimenti oggi utilizzati trova un impiego reale per la cura dell'uomo e degli animali. Sebbene molteplici sostanze chimiche abbiano un certo potenziale come conservanti alimentari, solo un numero relativamente piccolo è consentito nei prodotti alimentari, ciò è dovuto in gran parte alle stringenti norme di sicurezza stabilite dalla FDA e in misura minore al fatto che non tutti i composti che mostrano attività antimicrobica in vitro esplicano la stessa azione negli alimenti. Di seguito sono descritti i composti maggiormente utilizzati, le loro modalità di azione – se conosciute – e le tipologie di alimenti in cui vengono impiegati. I conservanti chimici generalmente riconosciuti sicuri (GRAS, *generally recognized as safe*) sono riassunti nella tabella 13.1.

13.1 Acido benzoico e parabeni

In questo paragrafo sono trattati l'acido benzoico (C_6H_5COOH), il suo sale di sodio ($C_7H_5NaO_2$) e gli esteri dell'acido *p*-idrossibenzoico (*parabeni*). Il benzoato di sodio è stato il primo conservante chimico autorizzato negli alimenti dalla FDA ed è tuttora largamente impiegato in numerosi prodotti alimentari. I suoi derivati approvati possiedono le formule di struttura sotto riportate:

Metilparaben
Metil-*p*-idrossibenzoato

HO——⟨ ⟩——COOH₂

Pròpilparaben
Propil *p*-idrossibenzoato

HO——⟨ ⟩——COO(CH₂)₂CH₃

Eptilparaben
n-Eptil-*p*-idrossibenzoato

HO——⟨ ⟩——COO(CH₂)₆CH₃

J.M. Jay et al., *Microbiologia degli alimenti*
© Springer-Verlag Italia 2009

Tabella 13.1 Alcuni conservanti chimici per alimenti classificati come GRAS

Conservanti	Livello max consentito	Microrganismi target	Alimenti/Utilizzo
Acido propionico, propionati	0,32%	Muffe	Pane, torte, alcuni formaggi, inibitori dell'alterazione filante (rope) nel pane
Acido sorbico, sorbati	0,2%	Muffe	Formaggi duri, fichi, sciroppi, condimenti per insalate, gelatine, torte
Acido benzoico, benzoati	0,1%	Lieviti e muffe	Margarina, salse di sottaceti, sidro di mele, bevande analcoliche, ketchup, condimenti per insalate
Parabeni[a]	0,1%[b]	Lieviti e muffe	Prodotti da forno, bevande analcoliche, sottaceti, condimenti per insalate
Anidride solforosa, solfiti	200-300 ppm	Insetti, microrganismi	Melasse, frutta secca, vinificazione, succo di limone (da non usare nelle carni o altre fonti note di tiamina)
Etilene, ossidi di propilene	700 ppm	Lieviti, muffe, vermi	Fumigante per spezie, noci
Diacetato di sodio	0,32%	Muffe	Pane
Nisina	1%	Batteri lattici, clostridi	Alcuni formaggi spalmabili pastorizzati
Acido deidroacetico	65 ppm	Insetti	Fragole, spremute
Nitrito di sodio[c]	120 ppm	Clostridi	Preparazioni di carni salate
Acido caprilico	–	Muffe	Tortillas al formaggio
Lattato di sodio	Fino a 4,8%	Batteri	Carni precotte
Formato di etile	15-220 ppm[d]	Lieviti, muffe	Frutta secca, noci

GRAS (generally recognized as safe), come definiti nella Sezione 201(s)[32] dell'US Food, Drug, and Cosmetic Act.
[a] Metil-, propil- e eptil-esteri dell'acido *p*-idrossibenzoico
[b] Eptil-estere (12 ppm nella birra; 20 ppm nelle bevande non addizionate di CO_2 e a base di frutta).
[c] Possono essere implicati nella mutagenesi e/o carcinogenesi.
[d] Come acido formico.

L'attività antimicrobica del benzoato è correlata al pH ed è più elevata a bassi valori di pH; l'azione antimicrobica è dovuta alla molecola indissociata (vedi oltre). Questi composti sono più attivi ai più bassi valori di pH degli alimenti e praticamente inefficaci a valori neutri. Il pK del benzoato è 4,20: a pH 4,00 il 60% del composto è indissociato, mentre a pH 6,0 lo è solo l'1,5%; per tale motivo, l'impiego dell'acido benzoico e dei suoi sali di sodio è limitato agli alimenti a elevata acidità, come sidro di mele, bevande analcoliche, tomato ketchup e condimenti per insalate. Un'elevata acidità – da sola – è generalmente sufficiente per prevenire in questi alimenti la crescita di batteri, ma non quella di alcune specie di muffe e di lieviti. Impiegato negli alimenti acidi, il benzoato agisce essenzialmente come inibitore di muffe e lieviti, sebbene a concentrazioni comprese tra 50 e 500 ppm sia efficace contro alcuni batteri. A pH 5,0-6,0, i lieviti sono inibiti da concentrazioni di 100-500 ppm, le muffe da 30-300 ppm. Ad alcuni alimenti, come i succhi di frutta, i benzoati possono impartire sapori sgradevoli, descritti come "di pepato" o di bruciato, quando impiegati alla massima concentrazione consentita (0,1%).

I tre parabeni permessi negli Stati Uniti per uso alimentare sono l'eptil-, il metil- e il propilparaben; in alcuni altri paesi sono consentiti il butil- e l'etilparaben. In quanto esteri dell'acido *p*-idrossibenzoico, la loro attività antimicrobica differisce da quella del benzoato, essendo meno sensibili al pH. Sebbene non vi siano molti dati sperimentali circa il suo impiego, l'eptilparaben sembra piuttosto efficace contro i microrganismi: 10-100 ppm inibiscono completamente alcuni batteri Gram-positivi e Gram-negativi. Il propilparaben è più efficace del metilparaben (in termini di ppm): per l'inibizione dei batteri sono necessari fino a 1000 ppm del primo e 1000-4000 ppm del secondo. In generale, i batteri Gram-positivi sono più sensibili dei Gram-negativi ai parabeni[38]. L'eptilparaben sarebbe efficace contro i batteri malolattici. In un brodo di coltura ridotto, 100 ppm di propilparaben ritardano la germinazione e la produzione di tossina da parte di *Clostridium botulinum* tipo A; 200 ppm inibiscono la germinazione fino a 120 ore a 37 °[157]. Per ottenere risultati analoghi con il metilparaben, sono necessarie 1200 ppm.

I parabeni sembrano più efficaci contro le muffe che contro i lieviti. Analogamente a quanto si verifica per i batteri, il propilparaben sembra il derivato più efficace, poiché 100 ppm o meno sono in grado di inibire alcuni lieviti e muffe, mentre con eptilparaben e metilparaben sono richieste, rispettivamente, concentrazioni di 50-200 e 500-1000 ppm.

Come per l'acido benzoico e il suo sale di sodio, il metil- e il propilparaben sono permessi negli alimenti in concentrazioni non superiori allo 0,1%; la concentrazione massima consentita di eptilparaben è di 12 ppm nelle birre e di 20 ppm nelle bibite e nelle bevande a base di frutta. Il pK di questi composti è intorno a 8,47; con l'abbassamento del pH la loro attività antimicrobica aumenta, ma in misura minore rispetto al benzoato; essi sono risultati efficaci fino a pH 8,0. (Per approfondimenti su questi antimicrobici, si consiglia il riferimento bibliografico 38.)

Sono state osservate similitudini tra le modalità di azione dell'acido benzoico e dell'acido salicilico[17]. Quando vengono assorbiti da cellule microbiche che respirano, entrambi i composti bloccano l'ossidazione del glucosio e del piruvato ad acetato (in *Proteus vulgaris*). In *P. vulgaris* l'acido benzoico causa un aumento della velocità del consumo di ossigeno

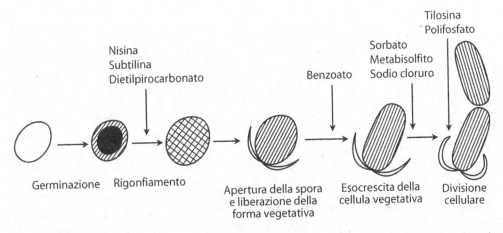

Figura 13.1 Rappresentazione schematica della crescita di una endospora in cellule vegetative, che evidenzia gli stadi inibiti da concentrazioni minime (MIC) di alcuni conservanti per alimenti.

durante la prima parte dell'ossidazione del glucosio[17]. I benzoati, come il propionato e il sorbati, agiscono contro i microrganismi inibendo l'assorbimento cellulare delle molecole di substrato[62]. La fase di germinazione delle endospore più sensibile al benzoato è indicata nella figura 13.1.

La forma indissociata è essenziale per l'attività antimicrobica del benzoato, come pure per quella di altri composti lipofili come il sorbato e il propionato; in tale stato, questi composti sono solubili nella membrana cellulare e sembrano agire come ionofori di protoni[73]. Come tali, essi facilitano l'accumulo di protoni all'interno della cellula e, quindi, aumentano il consumo di energia da parte delle cellule per mantenere il loro normale pH interno. Con la distruzione dell'attività della membrana, il trasporto degli amminoacidi risulta alterato[73]. Il meccanismo d'azione è ulteriormente descritto nel prossimo paragrafo.

13.2 Acido sorbico

L'acido sorbico ($CH_3CH=CHCH=CHCOOH$) è impiegato per la conservazione degli alimenti, solitamente come sale di calcio, sodio o potassio; negli alimenti questi composti sono consentiti in misura non superiore allo 0,2%. Analogamente al benzoato di sodio, sono più efficaci negli alimenti acidi che in quelli neutri; possiedono attività antifungina pari a quella dei benzoati. L'acido sorbico funziona meglio a pH <6,0 ed è generalmente inattivo a pH >6,5. A valori di pH compresi tra 4,0 e 6,0 questi composti sono più efficaci del benzoato di sodio; a pH uguale o inferiore a 3,0 sono leggermente più efficaci dei propionati, ma hanno praticamente lo stesso effetto del benzoato di sodio. Il pK del sorbato è 4,80; a pH 4,0 l'86% del composto è in forma indissociata, mentre a pH 6,0 lo è solo il 6%. Nei prodotti di pasticceria l'acido sorbico può essere impiegato in concentrazione maggiore rispetto ai propionati, senza impartire sapore estraneo al prodotto.

I sorbati sono efficaci principalmente su muffe e lieviti, ma la ricerca ha dimostrato la loro efficacia verso numerosi tipi di batteri. In generale, i cocchi catalasi-positivi sono più sensibili dei catalasi-negativi e gli aerobi sono più sensibili degli anaerobi. La resistenza dei batteri lattici al sorbato, specialmente a pH 4,5 o superiore, permette l'impiego di tale composto come fungistatico in prodotti che subiscono una fermentazione lattica. È stata dimostrata l'efficacia verso *S. aureus*, salmonelle, coliformi, batteri alteranti psicrotrofi (in particolare appartenenti al genere *Pseudomonas*) e *V. parahaemolyticus*; contro quest'ultimo microrganismo sono risultate efficaci concentrazioni di sole 30 ppm. L'impiego di sorbati ha consentito di estendere la shelf life di carni fresche di pollame, prodotti a base di pollame confezionati sotto vuoto, pesce fresco e frutta deperibile. Per ulteriori informazioni, si veda anche la combinazione nitriti-sorbato e la rassegna di Sofos[182].

I sorbati sono stati studiati da molti ricercatori per l'utilizzo nei prodotti carnei in combinazione con i nitriti. Formulazioni per bacon contenenti 120 ppm di $NaNO_2$ senza sorbato preservano le qualità organolettiche desiderate del prodotto e impediscono la crescita di *C. botulinum*. Non sono state osservate differenze significative, in relazione alla qualità organolettica o alla protezione contro il botulino, aggiungendo lo 0,26% (2600 ppm) di sorbato di potassio insieme a 40 ppm di nitriti[90,145]. L'impiego di 40 ppm di $NaNO_2$ in combinazione con lo 0,26% di sorbato di potassio (insieme a 550 ppm di ascorbato di sodio o di eritorbato di sodio) è stato proposto dall'USDA nel 1978 e poi sospeso nel 1979. Tale sospensione non è stata motivata dall'inefficacia del ridotto livello di nitriti in combinazione con il sorbato, ma dal giudizio di un panel di assaggio, secondo il quale il bacon finito presentava sapore di "chimico" e produceva sensazioni pungenti alla bocca[14]. La combinazione di sorbato e di ridotte quantità di nitriti è efficace in diversi prodotti carnei trattati non solo contro *C. botulinum* ma anche verso altri batteri, come *S. aureus* e *Clostridium* alteranti (anaerobio putrefattivo [PA] 3679). Concentrazioni non inibitorie di nitrito e sorbato hanno mostrato attività battericida nei confronti di quest'ultimo batterio[162].

L'impiego più ampio dei sorbati è come fungistatico in prodotti come formaggi, prodotti da forno, succhi di frutta, bevande, condimenti per insalate eccetera. Nel caso delle muffe, l'azione sembra dovuta all'inibizione del sistema della deidrogenasi. L'effetto del sorbato sulla germinazione delle endospore si esplica con l'inibizione dello sviluppo delle cellule vegetative (figura 13.1).

Acidi lipofilici come sorbato, benzoato e propionato sembrano inibire le cellule microbiche con lo stesso meccanismo generale, che coinvolge la forza motrice protonica nella cellula (PMF, *proton motive force*). In sintesi, gli ioni idrogeno (protoni) e gli ioni ossidrile sono separati dalla membrana citoplasmatica: i primi si trovano all'esterno della cellula, dove danno luogo a un pH acido; i secondi si trovano all'interno della cellula, dove determinano un aumento del pH fino a valori prossimi alla neutralità. Il gradiente di membrana così creato rappresenta il potenziale elettrochimico che la cellula impiega per il trasporto attivo di alcuni composti, tra i quali gli amminoacidi. Acidi lipofili deboli agiscono come ionofori di protoni. Dopo la diffusione attraverso la membrana, la molecola indissociata ionizza all'interno della cellula determinando un abbassamento del pH intracellulare. L'indebolimento del gradiente di membrana che ne deriva influenza negativamente il trasporto di amminoacidi. Questa ipotesi è stata supportata da ricerche condotte sul PA 3679, nelle quali il sorbato inibiva l'assorbimento di fenilalanina, riduceva la sintesi proteica e alterava l'accumulo di nucleotidi fosforilati[162,163]. Sebbene l'alterazione della PMF per effetto degli acidi lipofili sia largamente supportata, altri fattori possono essere coinvolti nel meccanismo d'azione[52]. Per esempio, un sistema H^+-ATPasi nella membrana plasmatica di *S. cerevisiae* contribuisce al mantenimento dell'omeostasi cellulare trasportando all'esterno protoni. L'efficacia di questo sistema di membrana plasmatica sembra essere responsabile, almeno in parte, della capacità di adattamento di *S. cerevisiae* all'acido sorbico[85]. Per quanto riguarda la sicurezza, l'acido sorbico è metabolizzato nell'organismo umano a CO_2 e H_2O, con lo stesso meccanismo degli acidi grassi normalmente presenti negli alimenti[44].

13.3 Propionati

L'acido propionico è un acido organico a tre atomi di carbonio con formula di struttura CH_3CH_2COOH. L'impiego di questo acido, e dei suoi sali di calcio e di sodio, è consentito in pane, torte, alcuni formaggi e altri alimenti principalmente per inibire lo sviluppo di muffe. L'acido propionico è impiegato anche per prevenire il difetto noto come "pane filante". Poiché hanno scarsa tendenza a dissociarsi, questo composto e i suoi sali sono attivi in alimenti a bassa acidità. Essi tendono a essere altamente specifici contro le muffe, sulle quali hanno un'azione inibitoria fondamentalmente fungistatica più che fungicida.

In relazione alla modalità di azione antimicrobica, i propionati agiscono in maniera simile al benzoato e al sorbato. Il pK del propionato è 4,87 e a pH 4,0 l'88% del composto è nella forma indissociata, mentre a pH 6,0 lo è solo il 6,7%. La molecola indissociata di questo acido lipofilo è indispensabile per la sua attività antimicrobica. Il meccanismo d'azione dell'acido propionico è già stato descritto con quello dell'acido benzoico. (Vedi anche in questo capitolo il paragrafo dedicato agli acidi grassi e agli esteri a media catena; per ulteriori approfondimenti, si consiglia la rassegna di Doores[47].)

13.4 Anidride solforosa e solfiti

Il biossido di zolfo o anidride solforosa (SO_2) e i sali di sodio e di potassio di solfito (=SO_3), bisolfito (–HSO_3) e metabisolfito (=S_2O_5) sembrano agire in modo simile. SO_2 è utilizzato in forma gassosa o liquida, oppure sotto forma di uno o più dei suoi sali acidi o neutri, sulla frutta secca, in succo di limone, melasse, vini, succhi di frutta eccetera. Il composto precursore era impiegato per conservare gli alimenti già nell'antichità. Negli Stati Uniti l'uso di SO_2 come antimicrobico nelle carni risale almeno al 1813; tuttavia oggi non è consentito nelle carni o in altri alimenti contenenti tiamina. Sebbene SO_2 possieda attività antimicrobica, in alcuni alimenti è utilizzato anche come antiossidante.

La specie ionica predominante dell'acido solforoso dipende dal pH dell'ambiente: SO_2 predomina a pH <3,0, HSO_3^- a pH compresi tra 3,0 e 5,0; SO_3^{2-} a pH ≥ 6,0[144]. La SO_2 ha valori di pK 1,76 e 7,2. I solfiti reagiscono con diversi costituenti degli alimenti, compresi nucleotidi, zuccheri e tutti i composti che contengono legami disolfuro.

In relazione al suo effetto sui microrganismi, a bassi valori di pH la SO_2 ha azione batteriostatica su *Acetobacter* spp. e batteri lattici: concentrazioni di 100-200 ppm sono efficaci nei succhi di frutta e nelle bevande; a concentrazioni più elevate ha azione battericida. In uno studio condotto su carne di maiale macinata esposta ad abusi termici, per ottenere una significativa inibizione delle spore di *C. botulinum*, a una concentrazione di 100 spore/g di prodotto, sono state necessarie almeno 100 ppm di SO_2[198]; come fonte di SO_2 è stato utilizzato metabisolfito di sodio. Impiegando lo stesso sale per raggiungere una concentrazione di SO_2 di 600 ppm, Banks e Board[9] hanno ottenuto l'inibizione della crescita di salmonelle e di altre Enterobacteriaceae in salsicce inglesi fresche. I batteri più sensibili – inibiti da 15-109 ppm a pH 7,0 – erano otto sierotipi di salmonelle; *Serratia liquefaciens*, *S. marcescens* e *Hafnia alvei* erano i più resistenti e hanno richiesto 185-270 ppm di SO_2 libera in brodo di coltura.

I lieviti mostrano una sensibilità alla SO_2 intermedia tra quella dei batteri acetici e lattici e quella delle muffe: le specie aerobie strette sono generalmente più sensibili di quelle fermentanti. L'acido solforoso a concentrazioni di 0,2-20 ppm si è dimostrato efficace contro alcuni lieviti, tra i quali *Saccharomyces*, *Pichia* e *Candida*, mentre l'inibizione di *Zygosaccharomyces bailii* in bibite alla frutta a pH 3,1 ha richiesto fino a 230 ppm[119]. I lieviti possono produrre anidride solforosa durante la fermentazione di succhi di frutta: alcuni ceppi di *S. "carlsbergensis"* e di *S. bayanus* producono, rispettivamente, fino a 1000 e fino a 500 ppm[144]. Le muffe, come *Botrytis*, possono essere controllate sui grappoli d'uva effettuando trattamenti periodici con SO_2 gassosa; il bisolfito può essere impiegato per distruggere le aflatossine[48]. Le aflatossine B_1 e B_2 possono essere entrambe ridotte nel mais[76]. Nel mais contenente fino al 40% di umidità, l'attività antimicrobica del bisolfito di sodio è risultata comparabile con quella dell'acido propionico[76]. (La degradazione delle aflatossine è discussa anche nel capitolo 30.)

Sebbene il reale meccanismo di azione della SO_2 non sia noto, sono state suggerite diverse possibilità, ciascuna supportata da prove sperimentali. Secondo una di queste, l'attività antimicrobica sarebbe dovuta alla forma indissociata dell'acido solforoso o alla SO_2 molecolare; la maggiore efficacia della SO_2 a bassi valori di pH supporterebbe tale ipotesi. Per ottenere un maggiore effetto antimicrobico della SO_2, Vas e Ingram[202] hanno consigliato l'abbassamento del pH di alcuni alimenti mediante aggiunta di acidi. È stato anche ipotizzato che l'effetto antimicrobico sia dovuto al forte potere riducente – che consente a questi composti di abbassare la pressione parziale di ossigeno al di sotto dei livelli ai quali possono crescere i microrganismi aerobi – o all'azione diretta su sistemi enzimatici. Si ritiene anche che la SO_2 sia un veleno per gli enzimi e che possa inibire la crescita dei microrganismi inibendo enzimi essenziali; il suo impiego nell'essiccamento degli alimenti per inibire l'imbrunimento enzimatico è basato proprio su tale ipotesi. Poiché è noto che i solfiti agiscono sui legami disolfuro, si può ipotizzare che alcuni enzimi essenziali siano interessati dalla loro azione, con conseguente inibizione della loro attività catalitica. I solfiti non inibiscono il trasporto cellulare. Nella figura 13.1 si può osservare che il metabisolfito agisce sulla germinazione delle endospore durante lo sviluppo delle cellule vegetative.

13.5 Nitriti e nitrati

Il nitrato e il nitrito di sodio ($NaNO_3$, $NaNO_2$) sono impiegati nelle formulazioni per il trattamento delle carni poiché stabilizzano il colore, inibiscono alcuni microrganismi – sia alteranti sia responsabili di malattie a trasmissione alimentare – e contribuiscono allo sviluppo dell'aroma. Il ruolo dei nitriti nella formazione dell'aroma delle carni trattate è stato ampiamente esaminato[29,74]. È stato dimostrato che il riscaldamento e la conservazione determinano la scomparsa dei nitriti. Occorre anche ricordare che molti batteri sono in grado di utilizzare il nitrato come accettore di elettroni, riducendolo durante tale processo a nitrito. Nelle carni conservate lo ione nitrito è di gran lunga il più importante dei due; è altamente reattivo e in grado di fungere come agente sia riducente sia ossidante. In ambiente acido si ionizza producendo acido nitroso (3HONO), che si decompone ulteriormente a ossido nitrico (NO), composto importante nella fissazione del colore delle carni trattate. Anche l'ascorbato o l'eritorbato agiscono riducendo il NO_2 a NO. In condizioni riducenti, l'ossido nitrico reagisce con la mioglobina per produrre nitrosomioglobina, alla quale si deve la colorazione rossa desiderata (vedi anche la tabella 5.2).

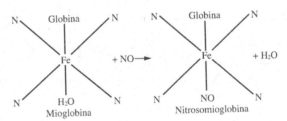

Quando il pigmento della carne è presente sotto forma di ossimioglobina, come nel caso delle carni fresche macinate, questo composto viene ossidato a metamioglobina (colore bruno). In condizioni riducenti, l'ossido nitrico reagisce producendo nitrosomioglobina. Poiché NO è capace di reagire con altri composti contenenti il gruppo porfirinico, come la catalasi, la perossidasi, i citocromi e altri, è ragionevole supporre che alcuni degli effetti antibatterici dei nitriti sui microrganismi aerobi possano essere causati da questa azione (il meccanismo è discusso di seguito). È stato dimostrato che l'effetto antibatterico di NO_2 aumenta quando il pH viene abbassato a valori acidi e che tale effetto è accompagnato da un incremento complessivo della forma indissociata HNO_2.

Il pigmento delle carni trattate cotte è il dinitrosil-ferroemocromo (DNFH), che si forma quando la globina della nitrosomioglobina viene sostituita con un secondo gruppo NO[176]. Per i würstel austriaci è stata messa a punto una formulazione per la cura salina priva di nitriti, che prevede l'impiego di 35 ppm di DNFH incapsulato preparato da eritrociti di bovino, di *terz*-butil-idrossichinone (TBHQ) come antiossidante[220] e di 3000 ppm di ipofosfito di sodio come agente antibotulinico[142,210]. Con tale formula non si è praticamente osservata crescita microbica in 4 settimane di conservazione: un risultato simile a quello ottenuto con la formulazione di controllo contenente nitrito. L'ipofosfito di sodio è risultato il migliore tra i diversi composti testati come possibili sostituti del NO_2[210]; tuttavia, nonostante i tentativi effettuati, non vi sono ancora valide alternative al nitrito[29]. Per quanto riguarda il colore delle carni trattate, uno studio ha dimostrato che, inoculando una coltura starter di *Staphylococcus xylosus* nei salami, la metamioglobina può essere convertita in mioglobina rossa senza l'impiego di nitrito o nitrato[131].

13.5.1 Microrganismi sensibili

Sebbene l'unico microrganismo di maggiore interesse relativamente all'inibizione da nitrito sia *C. botulinum*, il composto è stato valutato come antimicrobico anche per altri microrganismi. Durante la fine degli anni Quaranta il nitrito è stato testato come conservante per i pesci: è risultato di una qualche efficacia, ma generalmente solo a bassi valori di pH. Questo ione è efficace contro *S. aureus* a elevate concentrazioni e, ancora, la sua efficacia aumenta con l'abbassamento del pH. Il composto è generalmente inefficace verso le Enterobacteriaceae, comprese le salmonelle, e verso i batteri lattici, sebbene alcuni effetti – probabilmente dovuti all'interazione del nitrito con altri parametri ambientali piuttosto che al solo nitrito – siano stati riscontrati nelle carni salate e in quelle confezionate sotto vuoto. In alcuni Paesi viene aggiunto ai formaggi per controllare il gonfiore causato da *Clostridium butyricum* e *C. tyrobutyricum*. È efficace contro altri clostridi, inclusi *C. sporogenes* e *C. perfringens*, spesso impiegati negli studi di laboratorio per valutare i potenziali effetti antibotulinici non solo dei nitriti, ma anche di altri inibitori che potrebbero essere utili in combinazione o in sostituzione dei nitriti[161].

13.5.2 Fattore Perigo

La quasi totale assenza di botulismo associato a carni e prodotti ittici trattati, inscatolati e confezionati sotto vuoto ha portato alcuni studiosi, a metà degli anni Sessanta, a ricercare le ragioni per le quali i prodotti carnei che contenevano endospore vitali non divenivano tossici. Nel 1967, impiegando terreni di coltura, si dimostrò che per inibire i clostridi erano necessarie concentrazioni 10 volte superiori di nitrito se questo veniva aggiunto dopo e non prima che il terreno fosse autoclavato. Si concluse che il riscaldamento del mezzo in presenza di nitrito produceva una sostanza o un agente circa dieci volte più inibente del solo nitrito[147,148]. Questo agente è chiamato fattore Perigo. L'esistenza di tale fattore o effetto è stata confermata da alcuni studiosi e messa in discussione da altri. Sebbene il fattore Perigo possa essere discutibile nelle carni salate e in quelle salate deperibili, la prova di un fattore inibitorio nei mezzi di coltura contenenti nitriti, ferro e gruppi SH è più decisiva[194].

Questo effetto inibitorio o antibotulinico che risulta dal trattamento termico o dall'affumicatura di alcuni prodotti carnei e ittici contenenti nitriti giustifica l'impiego di nitrito in tali prodotti. Per la salute pubblica è di maggiore importanza l'attività antibotulinica del nitrito nelle carni salate, piuttosto che gli aspetti relativi al colore o allo sviluppo dell'aroma; per questi ultimi si sono dimostrati adeguati livelli iniziali di nitrito di soli 15-50 ppm per diversi prodotti carnei, comprese le salsicce Thuringer[43]. Con livelli di nitriti di 100 ppm o più sono stati ottenuti risultati ottimali con i salami fermentati, in relazione sia alla formazione dell'aroma sia all'aspetto[111]. L'effetto antibotulinico richiede almeno 120 ppm per il bacon[18,35], per il prosciutto crudo triturato[34] e per la carne in scatola[32]. Molti di questi prodotti inscatolati sono ottenuti con trattamenti termici blandi ($F_0 = 0,1$-$0,6$).

13.5.3 Interazione con gli ingredienti di salatura e con altri fattori

L'effetto dell'interazione di tutti gli ingredienti e fattori coinvolti nelle carni salate e trattate termicamente sull'attività antibotulinica è stato osservato circa quarant'anni fa e diversi studiosi hanno sottolineato che i sali impiegati per la cura delle carni semiconservate sono più efficaci nell'inibire le spore danneggiate dal calore che quelle non danneggiate[49,160]. Ricorrendo per l'inibizione solo alla salamoia e al pH, sono richieste concentrazioni più elevate della prima all'aumentare del secondo; secondo Chang e colleghi[32] nelle conserve di carne in scatola l'effetto inibitorio del sale sulle spore danneggiate termicamente potrebbe essere più importante del fattore Perigo. Con salmone affumicato, inoculato con 10^2 spore per grammo di *C. botulinum* tipo A e E e conservato in film impermeabile all'ossigeno, la produzione di tossine E e A è stata inibita in 7 giorni, rispettivamente, con il 3,8 e il 6,1% di NaCl in fase acquosa. Con 100 ppm o più di NO_2, è stato sufficiente solo il 2,5% di NaCl per inibire la produzione di tossine di tipo E e il 3,5% di NaCl + 150 ppm di $NaNO_3$ per inibire la produzione di tossine di tipo A. Con incubazioni più lunghe o con inoculi di un maggior numero di spore, è stato necessario molto più NaCl o $NaNO_3$.

Studiando l'effetto che l'interazione tra NaCl, $NaNO_2$, $NaNO_3$, isoascorbato, polifosfato, temperature del trattamento termico e rapporto temperatura/tempo di conservazione esercita sullo sviluppo e sulla germinazione delle spore negli impasti di carne di maiale, Roberts e colleghi[158] hanno osservato che era possibile ottenere significative riduzioni nella produzione di tossina aumentando ciascun fattore coinvolto singolarmente. È appurato che bassi valori di pH – risultanti sia dall'aggiunta di acidi sia dallo sviluppo di batteri lattici – sono antagonisti della crescita e della produzione di tossine da parte di *C. botulinum*. Aggiungendo al bacon lo 0,9% di saccarosio insieme a *L. plantarum*, solo 1 campione su 49 è diventato tossico dopo 4 settimane; aggiungendo invece solo saccarosio, 50 campioni su 52 sono diventati tossici in 2 settimane[189]. Aggiungendo solo nitrito in concentrazione di 40 ppm, 47 campioni su 50 sono diventati tossici dopo 2 settimane, ma quando insieme ai 40 ppm di nitrito sono stati aggiunti lo 0,9% di saccarosio e un inoculo di *L. plantarum*, nessuno dei 30 campioni esaminati è diventato tossico. Sebbene ciò fosse molto probabilmente un effetto diretto del pH, altri fattori possono essere stati coinvolti. In studi successivi il bacon è stato preparato con l'aggiunta di 40 o 80 ppm di $NaNO_2$ + 0,7% di saccarosio seguita dall'inoculo di *Pediococcus acidilactici*. Nel bacon inoculato con spore di *C. botulinum* tipo A e B, confezionato sotto vuoto e incubato fino a 56 giorni a 27 °C le proprietà antibotuliniche sono risultate superiori rispetto al controllo preparato solo con 120 ppm di $NaNO_2$ (senza saccarosio o inoculo di batteri lattici)[188]. Il bacon preparato con tale formulazione (Wisconsin process) è stato preferito da un panel sensoriale rispetto a quello preparato con il metodo convenzionale[87]. Anche il Wisconsin process, come il metodo tradizionale, impiega 550 ppm di ascorbato di sodio o di eritorbato di sodio.

13.5.4 Nitrosammine

Quando il nitrito reagisce con le ammine secondarie, si formano le nitrosammine, la maggior parte delle quali è notoriamente carcinogena. In generale, la via che porta alla formazione di nitrosammine è la seguente:

$$R_2NH_2 + HONO \xrightarrow{H^+} R_2N\text{-}NO + H_2O$$

La dimetilammina reagisce con il nitrito per formare N-nitrosodimetilammina:

$$\begin{array}{ccc} H_3C & & H_3C \\ \diagdown & & \diagdown \\ & N-H \; + \; NO_2 \longrightarrow & N-N=O \\ \diagup & & \diagup \\ H_3C & & H_3C \end{array}$$

Oltre alle ammine secondarie, anche le ammine terziarie e i composti dell'ammonio quaternario reagiscono con il nitrito formando nitrosammine in condizioni acide. Nelle carni e nei prodotti ittici trattati sono stati riscontrati bassi livelli di nitrosammine. L'isoascorbato inibisce la formazione di nitrosammine.

È stato dimostrato che, a valori di pH neutri, lattobacilli, enterococchi, clostridi e altri batteri possono nitrosare le ammine secondarie in presenza di nitrito[79]. Il fatto che la nitrosazione si verifichi a pH prossimi alla neutralità indicherebbe che il processo è di tipo enzimatico, sebbene non siano stati recuperati enzimi liberi (esoenzimi)[80]. Diverse specie di cocchi catalasi-negativi, compresi *E. faecalis*, *E. faecium* e *L. lactis*, si sono dimostrati capaci di formare nitrosammine, a differenza di altri batteri lattici e di *Pseudomonas* spp.[36], ma non sono state trovato prove che supportassero la natura enzimatica della reazione. *S. aureus* e alobatteri, isolati da pesce marino salato (contenente nitrosammine), hanno prodotto nitrosammine quando inoculati in omogeneizzati di pesce salato contenente 40 ppm di NO_3 e 5 ppm di NO_2[58].

13.5.5 Nitrito-sorbato e altre combinazioni con nitriti

Nel tentativo di ridurre il potenziale pericolo della formazione di N-nitrosammina nel bacon, nel 1978 l'USDA ha ridotto il livello di NO_2 consentito per il bacon a 120 ppm e fissato a 10 ppb il livello massimo per le nitrosammine. Sebbene 120 ppm di nitrito, insieme a 550 ppm di ascorbato o di eritorbato di sodio, siano adeguati per ridurre il rischio di botulismo, è auspicabile ridurre ulteriormente il loro livello quando la protezione contro la produzione delle tossine può essere conseguita con concentrazioni più basse. A tale scopo, nel 1978 è stato proposto di impiegare per il bacon 40 ppm di nitrito in combinazione con lo 0,26% di sorbato di potassio, ma tale formulazione è stata abbandonata l'anno successivo poiché panel sensoriali hanno rilevato effetti indesiderabili. Contemporaneamente, molti gruppi di ricerca hanno dimostrato che lo 0,26% di sorbato in combinazione con 40 o 80 ppm di nitrito sono efficaci per prevenire la produzione di tossina botulinica.

In uno studio iniziale sull'efficacia di 40 ppm di nitrito + sorbato per prevenire o ritardare la produzione di tossina botulinica in bacon commerciale, Ivey e colleghi[90] hanno utilizzato un inoculo di 1100 spore, di tipo A e B, per grammo e hanno incubato il prodotto a 27 °C fino a 110 giorni. Senza l'aggiunta di nitrito e di sorbato il tempo necessario per rilevare campioni tossici è stato di 19 giorni; con 40 ppm di nitrito, senza sorbato, la tossicità si è manifestata in 27 giorni; nei campioni con 40 ppm di nitrito e 0,26% di sorbato oppure solo 0,26% di sorbato la tossicità è stata rilevata dopo oltre 110 giorni. Queste ridotte concentrazioni di nitrito sono risultate in livelli più bassi di nitrosopirrolidina nel bacon cotto. Risultati piuttosto differenti sono stati riportati da Sofos e colleghi[184] (tabella 13.2), che hanno dovuto impiegare 80 ppm di nitrito per ottenere campioni privi di tossine dopo 60 giorni. Oltre all'effetto inibitorio su *C. botulinum*, il sorbato rallenta la scomparsa del nitrito durante la conservazione[183].

L'isoascorbato aumenta l'effetto inibitorio del nitrito sequestrando il ferro, sebbene in alcune condizioni possa ridurre l'efficienza del nitrito accelerandone la scomparsa[195,197].

L'acido etilendiamminotetracetico (EDTA) in concentrazione di 500 ppm sembra essere anche più efficace dell'eritorbato nel potenziare l'effetto del nitrito; tuttavia pochi studi sono stati riportati a riguardo.

Tabella 13.2 Effetto di nitrito e sorbato sulla produzione di tossine in bacon inoculato con spore di *C. botulinum* tipo A e B e mantenuto fino a 60 giorni a 27 °C

Trattamento	% di campioni tossici
Controllo (assenza di NO_2 e di sorbato)	90,0
0,26% di sorbato, assenza $NaNO_2$	58,8
0,26% di sorbato, 40 ppm $NaNO_2$	22,0
0,26% di sorbato, 80 ppm $NaNO_2$	0,0
Assenza di sorbato, 120 ppm $NaNO_2$	0,4

(Da Sofos et al.[184])

Un altro composto chelante, l'8-idrossichinolina, è stato testato come agente coadiuvante il nitrito: impiegandone 200 ppm in combinazione con 40 ppm di nitrito, una miscela di spore botuliniche di tipo A e B è stata inibita per 60 giorni a 27 °C in carne di maiale macinata[150].

In uno studio sulle interazioni tra nitrito e sorbato l'efficacia relativa della combinazione è risultata dipendente da altri ingredienti usati per la salatura e dai parametri del prodotto. Impiegando liver veal agar a pH 5,8-6,0, specifico per la ricerca di microrganismi anaerobi, la velocità di germinazione delle spore botuliniche di tipo E si riduceva fin quasi allo zero con 1,0, 1,5 o 2,0% di sorbato, ma a pH 7,0-7,2 con le stesse concentrazioni si verificava la germinazione e lo sviluppo di cellule di forma anomala[175]. Quando 500 ppm di nitrito sono stati aggiunti insieme al sorbato al terreno con pH più elevato, si è verificato un incremento della lisi cellulare. Gli autori dello studio hanno anche osservato che, al valore di pH più elevato, 500 ppm di acido linoleico da solo prevenivano sia la germinazione delle spore sia lo sviluppo cellulare. In impasti di carne di maiale, aumentando la concentrazione di NaCl o riducendo il pH e la temperatura di conservazione, il sorbato di potassio diminuiva significativamente la produzione di tossine da parte di spore di tipo A e B[159]. Per inibire la crescita di *C. perfringens* nei würstel di pollo, una miscela di sorbato e betalaina si è dimostrata efficace come il sistema tradizionale basato sull'impiego di nitrito[201].

13.5.6 Modalità d'azione

Sembra che i nitriti inibiscano *C. botulinum* interferendo con enzimi contenenti ferro e zolfo, come la ferredossina, prevenendo così la sintesi di adenosintrifosfato (ATP) a partire da piruvato. La prima evidenza diretta a riguardo è quella di Woods e colleghi[212], che hanno dimostrato che il sistema fosforoclastico di *C. sporogenes* è inibito da NO_2; più tardi hanno dimostrato che lo stesso meccanismo avviene in *C. botulinum*, con un accumulo di acido piruvico nel mezzo di crescita[211].

La reazione fosforoclastica implica la rottura del piruvato con fosfato inorganico e coenzima A per produrre acetil fosfato. In presenza di adenosindifosfato (ADP), l'ATP viene sintetizzato a partire dall'acetil fosfato con produzione di acetato. Nella rottura del piruvato gli elettroni vengono trasferiti prima alla ferredossina e da questa ai protoni H^+ per formare H_2 in una reazione catalizzata dall'idrogenasi. La ferredossina e l'idrogenasi sono proteine o enzimi (non eme) contenenti ferro-zolfo.

Dopo il lavoro di Woods e Wood[211] il risultato più significativo è stato quello di Reddy e colleghi[155], che, sottoponendo estratti di *C. botulinum* trattato con nitrito-ascorbato a risonanza magnetica nucleare, trovarono che l'ossido nitrico reagiva con i complessi ferro-zolfo per formare complessi ferro-nitrosile, la cui presenza risultava nella distruzione degli enzimi contenenti ferro-zolfo, come la ferredossina.

La resistenza dei batteri lattici all'inibizione da nitrito è ben nota, ma la ragione di ciò è chiara solo ora: questi microrganismi non possiedono ferredossina. I clostridi contengono sia ferredossina sia idrogenasi, coinvolte nel trasporto degli elettroni nella rottura anaerobica del piruvato per produrre ATP, H_2 e CO_2. Nei clostridi la ferredossina ha un peso molecolare di 6000 dalton e contiene otto atomi di ferro e otto atomi di zolfo per mole.

Sebbene il primo risultato sperimentale definitivo sia stato riportato nel 1981, lavori precedenti avevano già indicato gli enzimi contenenti ferro e zolfo come probabili bersagli dei nitriti. Nel 1976 O'Leary e Solberg[143] avevano dimostrato che in *C. perfringens* l'inibizione da nitriti causava una riduzione del 91% della concentrazione dei gruppi sulfidrilici liberi dei composti cellulari solubili. Due anni più tardi, Tompkin e colleghi[196] avevano ipotizzato che nelle cellule vegetative di *C. botulinum* l'ossido nitrico reagisse con il ferro, forse quello della ferredossina. L'inibizione da parte dei nitriti del trasporto attivo e del trasporto degli elettroni è stata osservata da diversi ricercatori; questi effetti sono consistenti con l'inibizione da nitriti degli enzimi ferro non eme, come la ferredossina e l'idrogenasi[159,217]. Il potenziamento dell'inibizione in presenza di agenti sequestranti può essere dovuto alla reazione di tali composti con il ferro del substrato: una maggiore quantità di nitrito diviene disponibile per la produzione di NO e per la reazione con i microrganismi.

13.5.7 Riassunto degli effetti dei nitriti

Aggiunti alle carni trasformate – come salsicce, bacon, pesce affumicato e carni salate inscatolate – e successivamente sottoposte a trattamento termico a temperatura subletale, i nitriti possiedono effetti antibotulinici certi; inoltre, determina la formazione del colore e migliora l'aroma dei prodotti carnei trattati. L'effetto antibotulinico consiste nell'inibizione della crescita delle cellule vegetative e nella prevenzione della germinazione e dello sviluppo delle spore, che sopravvivono ai trattamenti termici o di affumicatura, durante la conservazione post processo. I clostridi diversi da *C. botulinum* sono influenzati in maniera simile. Mentre per lo sviluppo del colore e dell'aroma sono sufficienti bassi livelli iniziali di nitrito, per l'effetto antimicrobico sono necessari livelli considerevolmente più elevati.

Quando il nitrito viene riscaldato in alcuni terreni di crescita si forma un fattore di inibizione antibotulinico – noto come fattore Perigo o effetto Perigo – la cui esatta identità non è ancora nota. Tale fattore non si forma nei mezzi sterilizzati e filtrati; si sviluppa nelle carni in scatola solo quando il nitrito è presente durante il riscaldamento. Per l'attività antibotulinica, il livello iniziale di nitrito è più importante di quello residuo. Una volta formato, il fattore Perigo non è influenzato in misura significativa dalle variazioni di pH. I livelli di nitrito diminuiscono considerevolmente sia durante il riscaldamento delle carni sia durante la conservazione post processo (in misura tanto maggiore quanto più elevate sono le temperature di conservazione).

L'attività antibotulinica del nitrito è correlata al pH, al contenuto di sale, alla temperatura di incubazione e al numero di spore botuliniche. Le spore danneggiate dal calore sono più sensibili di quelle non danneggiate. Il nitrito è più efficace in condizioni riducenti (valori negativi del potenziale di ossido riduzione Eh).

I nitriti non diminuiscono la termoresistenza delle spore; la loro attività antibotulinica non è influenzata dall'ascorbato, ma agiscono sinergicamente con esso nella formazione del colore. I batteri lattici sono relativamente resistenti ai nitriti. Le endospore restano vitali in presenza dell'effetto antibotulinico, per germinare quando sono trasferite su terreni privi di nitriti.

Il pK del nitrito è 3,29; di conseguenza a bassi valori di pH è presente come acido nitroso indissociato. La massima concentrazione della forma indissociata dell'acido nitroso, e quindi la maggiore attività antibatterica, si hanno a pH compresi tra 4,5 e 5,5.

Nordin[141] ha osservato che la velocità di esaurimento o scomparsa del nitrito nel prosciutto era proporzionale alla sua concentrazione e correlata esponenzialmente alla temperatura e al pH. La velocità di esaurimento raddoppiava per ogni aumento della temperatura di 12,2 °C o per ogni diminuzione del pH di 0,86 unità e non era influenzata dalla denaturazione termica del prosciutto. A temperatura ambiente queste correlazioni non erano valide, a meno che il prodotto non fosse stato prima riscaldato, suggerendo che microrganismi vitali contribuivano al suo esaurimento.

Sembra che l'attività antibotulinica del nitrito sia dovuta all'inibizione di enzimi ferro-zolfo, non eme.

13.6 Sanitizzanti degli alimenti

Numerosi composti chimici sono stati studiati per valutarne l'efficacia nella distruzione di patogeni – in particolare ceppi di *E. coli* entemorragici, *L. monocytogenes* e salmonelle – sulle superfici di frutta, verdura e carni. Una delle proprietà ricercate in un sanitizzante per alimenti è la capacità di conseguire una riduzione di 5 unità logaritmiche della concentrazione del patogeno di interesse. Oltre che sulla superficie degli alimenti, alcune di queste sostanze vengono applicate direttamente sulle superfici delle attrezzature utilizzate per la lavorazione e la conservazione degli alimenti. Le sostanze considerate in questo paragrafo non sono additivi alimentari come quelli trattati in altre parti del capitolo. Di seguito viene presentata una breve sintesi dei composti che hanno ricevuto maggiore attenzione. (Per approfondimenti, si consiglia la consultazione del riferimento bibliografico 60.)

13.6.1 Clorito di sodio acidificato

Il clorito di sodio acidificato (ASC), prodotto dall'Alcide Corp., è ottenuto da acido citrico o fosforico e da NaCl ed è utilizzato sia a spruzzo (circa 5 secondi) sia per immersione (circa 5 minuti di esposizione) a concentrazioni comprese tra 1000 e 1200 ppm. Questo antimicrobico è un prodotto della dissociazione del clorito e rompe o distrugge in modo non specifico i legami ossidativi sulla superficie delle membrane cellulari[103]. Il composto è stato approvato dalla FDA come sanitizzante per pollame, superfici di carni rosse, prodotti ittici, diversi prodotti ortofrutticoli e alcune carni trasformate. Per il pollame è utilizzato prima e dopo il raffreddamento, sulla carcassa intera o sezionata; può essere usato in acqua o in ghiaccio. Il solfato acido di calcio è una preparazione con caratteristiche simili.

13.6.2 Acqua ossidante elettrolitica

Le proprietà antimicrobiche dell'acqua ossidante elettrolitica (EO) sono state dimostrate per la prima volta in Russia, negli anni Settanta, e successivamente in Giappone. Viene preparata in uno speciale dispositivo, dopo aggiunta di acqua di rubinetto e NaCl. La figura 13.2 riporta uno schema dell'intero processo[10]. L'acqua e il sale (12% circa) sono separati da una membrana. Quando si applica la tensione elettrica, il prodotto che si forma al catodo ha pH di 11,4 circa e un potenziale di ossido-riduzione (ORP) di –795 mV, mentre quello che si forma all'anodo ha pH 2,4-2,6 e un ORP di +1150 mV circa. L'acqua acida contiene cloro

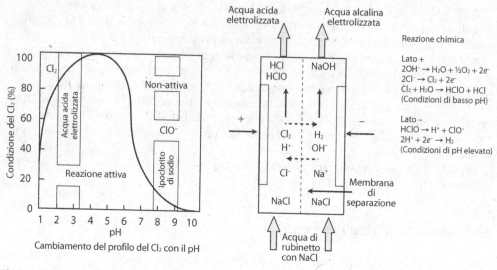

Figura 13.2 Principio di produzione di acqua ossidante elettrolitica (EO)[10]. Si veda il testo per le spiegazioni. (Copyright © 2003 International Association for Food Protection)

libero (Cl_2) (10-80 ppm) e acido ipocloroso e possiede attività antimicrobica superiore rispetto all'acqua catodica (vedi oltre). L'effetto letale dell'acqua ossidante elettrolitica sembra dovuto più al valore estremo di ORP che ad altri fattori, sebbene alcune evidenze assegnino un ruolo ad altri costituenti, come l'acido ipocloroso. I batteri Gram-negativi sembrano più sensibili dei Gram-positivi.

Numerosi studi hanno dimostrato che, in prodotti ortofrutticoli, germogli di soia eccetera, l'acqua EO consente di ridurre la concentrazione dei principali patogeni di 2-5 unità logaritmiche[55]. Quando comparata contro *S.* Typhimurium e *L. monocytogenes* per esposizioni di 5 e 15 minuti a 4 °C, *S.* Typhimurium risultava ridotta dall'acqua acida di oltre 5 unità logaritmiche dopo 15 giorni, mentre *L. monocytogenes* era ridotta di oltre 4 unità logaritmiche (tabella 13.3). L'acqua EO acida era ancora più efficace a 25 °C.

Utilizzando mezzi di coltura, l'esposizione ad acqua EO acida a 4 o 25 °C ha permesso di ridurre di 7-10 unità logaritmiche la concentrazione di una miscela di 5 ceppi di *E. coli* O157:H7, *S. enteritidis* e *L. monocytogenes* [203]. Dopo esposizione di 10 minuti, si verificava la completa inattivazione. L'acqua utilizzata in questo studio aveva pH di 2,4-2,6, ORP intorno a 1150 mV e 43-86 ppm di Cl_2 libero.

Tabella 13.3 Efficacia relativa di acqua EO basica e acida su colture di *L. monocytogenes* e di *S.* Thyphimurium conservate a 4 °C per 5 e 15 giorni (valori della conta aerobia su piastra (APC)/mL espressi in $\log_{10}$)

	Acqua distillata		*EO basica*		*EO acida*	
	5 gg	15 gg	5 gg	15 gg	5 gg	15 gg
S. Typhimurium	8,47	8,39	7,98	7,87	5,13	3,32
L. monocytogenes	8,73	8,74	8,69	8,77	5,36	4,60

(Da Fabrizio et al.[55], modificata)

13.6.3 Lattoferrina attivata (ALF)

Come osservato nel capitolo 3, la lattoferrina è un normale componente del latte fresco che possiede proprietà antimicrobiche note da molti anni. Si tratta di una glicoproteina con un peso molecolare di circa 80.000 dalton. È presente anche nella saliva, nelle lacrime e in altri fluidi corporei. L'activina è un antimicrobico più potente della normale lattoferrina ed è stata sviluppata dalla A.S. Naidu. Nella forma attivata la lattoferrina è immobilizzata su polisaccaridi per alimenti, come la carragenina, e solubilizzata in un tampone acido citrico/bicarbonato con NaCl[134]. È un composto classificato come GRAS dalla FDA.

Alla sua capacità antimicrobica contribuiscono la capacità di chelare il Fe^{2+} e gli ioni HCO^{3-}. La lattoferrina si lega alle superfici cellulari e possiede elevata affinità per le proteine della membrana esterna (OMP) dei batteri Gram-negativi. Secondo Naidu la lattoferrina attivata (activated lactoferrin) è un agente bloccante che interferisce con l'adesione delle cellule batteriche ai tessuti animali[135]. Essa inibisce anche la crescita e neutralizza le endotossine. La sua attività contro i virus, sia a RNA sia a DNA, suggerisce che interagisca anche con gli acidi nucleici. È stata approvata per le carcasse bovine in concentrazione di 65,2 ppm e può essere applicata a spruzzo o nebulizzata. La ALF non è un agente letale, ma agisce prinpicalmente impedendo ai patogeni di colonizzare le superfici della carne. (Il riferimento bibliografico 134 è ricco di numerose informazioni.)

Una coltura di cellule di rene di felino è stata impiegata per propagare un norovirus (calicivirus felino, FCV) e una linea cellulare di rene di scimmia è stata usata per propagare un poliovirus (PV). Incubando le cellule di rene felino con PCV, sia prima sia insieme alla lattoferrina bovina, si sono osservate sostanziali riduzioni delle infezioni FCV[122]. La lattoferrina si è legata a entrambe le linee cellulari, prevenendo apparentemente l'attacco del virus. La lattoferrina B (peptide cationico derivante dalla regione N-terminale della lattoferrina bovina) riduce l'adesione di FCV ma non quello di PV[122].

13.6.4 Ozono

Da oltre 120 anni questo composto gassoso è noto per la sua attività antimicrobica. È un forte ossidante, come il cloro, ma circa 1,5 volte più potente. È efficace sia in soluzione sia in forma gassosa. Poiché è più efficace del cloro nella distruzione di *Cryptosporidium parvum*, è sempre più utilizzato nei sistemi di trattamento delle acque. Normalmente viene prodotto da generatori di ozono. Dopo la reazione non lascia residui, ma la sua attività antimicrobica risulta ridotta dalla presenza di materia organica.

L'odore dell'ozono può essere rilevato a circa 0,01 ppm. La soglia limite per l'esposizione umana a lungo termine (fissata dall'Office for Safety and Health Administration, OSHA) è di 0,1 ppm/giorno/settimana di lavoro; per esposizioni di breve durata il limite è 0,3 ppm per 15 minuti[214]. L'ozono agisce a livello della membrana cellulare, alterandone la permeabilità. È considerato GRAS per le acque imbottigliate e su diversi alimenti freschi, ma per il forte potere ossidante non è raccomandato per le carni rosse. La concentrazione tipicamente utilizzata è 0,1-0,5 ppm, efficace contro batteri Gram-positivi e Gram-negativi, come pure contro virus e protozoi[108]. L'impiego dell'ozono per gli alimenti è consentito in Australia, Francia e Giappone; negli Stati Uniti è stato riconosciuto GRAS nel 1997. Questo gas si è dimostrato efficace nel ridurre i patogeni su numerosi prodotti alimentari; il suo effetto sulla superficie delle mele, sullo stelo e sul calice è mostrato nella figura 13.3, dalla quale risulta che distrugge *E. coli* O157:H7 molto più efficacemente sulla superficie delle mele che sullo stelo o sul calice[2]. Per le mele è risultato più efficace l'ozono gorgogliante in acqua rispetto

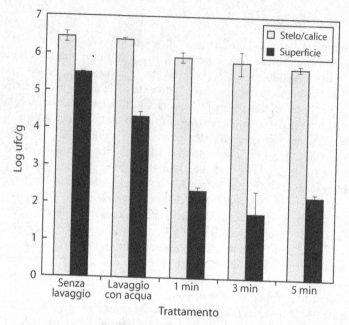

Figura 13.3 Conta su piastra di *E. coli* O157:H7 ($\log_{10}$ cfu/g) su mele inoculate non lavate, lavate con acqua o trattate con ozono gorgogliante in acqua a 22-25 °C; concentrazioni di ozono residuo a 1 minuto: 20,8 mg/L; a 3 minuti: 24,5 mg/L; e a 5 minuti: 27,7 mg/L. Le barre di errore rappresentano la deviazione standard della media di sei mele. (Da Achen e Youself [2])

all'immersione in acqua ozonata. Utilizzando colture e un tempo di esposizione di 40 secondi, 2,5 ppm di ozono riducevano di 5-6 unità logaritmiche quattro specie batteriche (compreso *E. coli* O157:H7)[107]. D'altra parte, in linfa d'acero una concentrazione di ozono di 0,3-1,0 ppm, con 40 secondi di esposizione, è risultata inefficace come sanitizzante, apparentemente a causa dell'antagonismo del saccarosio[112]. L'applicazione di 95 ppm/in² di ozono a carcasse bovine a 28 °C, ha determinato una riduzione di *E. coli* O157:H7 e di *S.* sierotipo Typhimurium molto più marcata rispetto al lavaggio con acqua[30]. Per approfondimenti sull'impiego dell'ozono come sanitizzante per alimenti, si veda il riferimento bibliografico 108.

L'ozono è stato testato contro *E. coli* O157:H7 in mezzi di coltura: concentrazioni di 3-18 ppm distruggevano il batterio in 20-50 minuti[24bis]. In un altro studio il gas è stato somministrato mediante un generatore di ozono: il valore di *D* per 18 ppm è risultato di 1,18 minuti su tryptic soy agar e di 3,18 minuti in tampone fosfato. Per ottenere il 99% di inattivazione di circa 10.000 cisti/mL di *Giardia lamblia*, il valore medio concentrazione × tempo era di 0,17 e 0,53 mg-minuto/L a 25 e a 5 °C, rispettivamente[207bis]. A 25 °C i protozoi sono risultati tre volte più sensibili all'ozono che a 5 °C.

13.6.5 *Perossido di idrogeno*

Questo acido debole, formato in diversa misura da tutti i microrganismi aerobi, viene degradato enzimaticamente dalla *catalasi*:

$$2H_2O_2 \rightarrow 2H_2O + O_2$$

Come si è visto, il perossido di idrogeno è un potente agente ossidante. In combinazione con il calore, ha avuto un impiego limitato nella pastorizzazione del latte e nella lavorazione del saccarosio. Nei sistemi di confezionamento asettico è utilizzato come sterilizzante per le superfici di poliolefine e di polietilene destinate a venire a contatto con gli alimenti. È anche impiegato a livelli minimi dello 0,08 o 0,05% nella pastorizzazione dell'albume d'uovo per iniezione fluente. I vapori di perossido di idrogeno hanno una forte azione microbicida: i valori di *D* per alcune specie microbiche di origine alimentare sono riportati nella tabella 13.4. Il perossido di idrogeno impedisce l'ingrossamento delle spore di *B. cereus* durante il processo di germinazione, ma non influenza il rilascio di acido dipicolinico[126].

Durante l'ultimo decennio l'interesse per tale composto come sanitizzante per gli alimenti è aumentato ed è stato impiegato in combinazione con altri agenti. Oggi la FDA non ne consente l'utilizzo come sanitizzante per alimenti, tranne quando impiegato con acido acetico per formare acido perossiacetico. Comunque, l'Environmental Protection Agency statuni-

Tabella 13.4 Valori *D* (in minuti) per quattro sostanze con effetto sterilizzante nei confronti di alcuni microrganismi di origine alimentare

Microrganismo	D*	Concentrazione	°C	Condizioni	Rif. bib.
			Perossido di idrogeno		
C. botulinum 169B	0,03	35%	88		192
B. coagulans	1,8	26%	25		193
G. stearothermophilus	1,5	26%	25		193
C. sporogenes	0,8	378 ppm	25	Vapore	123
G. stearothermophilus	1,5	370 ppm	25	Vapore	123
B. subtilis ATCC 95244	1,5	20%	25		186
B. subtilis A	7,3	26%	25		192
			Ossido di etilene		
C. botulinum 62A	11,5	700 mg/L	40	47% RH	167
C. botulinum 62A	7,4	700 mg/L	40	23% RH	208
C. sporogenes ATCC 7955	3,25	500 mg/L	54,4	40% RH	105
B. coagulans	7,0	700 mg/L	40	33% RH	16
B. coagulans	3,07	700 mg/L	60	33% RH	16
G. stearothermophilus ATCC 7953	2,63	500 mg/L	54,4	40% RH	105
L. brevis	5,88	700 mg/L	30	33% RH	16
D. radiodurans	3,00	500 mg/L	54,4	40% RH	105
			Ipoclorito di sodio		
A. niger conidiospore	0,61	20 ppm*	20	pH 3,0	33
A. niger conidiospore	1,04	20 ppm*	20	pH 5,0	33
A. niger conidiospore	1,31	20 ppm*	20	pH 7,0	33
			Iodio ($\frac{1}{2}$ I$_2$)		
A. niger conidiospore	0,86	20 ppm	20	pH 3,0	33
A. niger conidiospore	2,04	20 ppm	20	pH 7,0	33
A. niger conidiospore	1,15	20 ppm	20	pH 5,0	33

* Come cloro.

tense ne permette l'impiego in concentrazione dell'1% per il lavaggio di alcuni prodotti agricoli dopo la raccolta[168].

È stato osservato che il 5% di H_2O_2, applicato su mele inoculate con un ceppo non patogeno di *E. coli*, ha un'efficacia solo marginale, poiché questo batterio aderisce a siti inaccessibili e riesce a sopravvivere e a crescere in nicchie ristrette[169]. Va considerato che la vita di questo composto sui prodotti ortofrutticoli può essere ridotta dalla presenza di catalasi nel prodotto. Per una rassegna sull'impiego di perossido di idrogeno su frutta e verdura si consiglia la consultazione del riferimento bibliografico 168.

Utilizzando una linea cellulare di intestino ileocecale umano si è osservato che concentrazioni dello 0,025% di tale composto consentono di ridurre di oltre 5 unità logaritmiche l'infettività di *Cryptosporidium parvum* in sidro di mela, succo di arancia e succo d'uva[110]. Gli acidi malico, citrico e tartarico in concentrazioni dell'1-5% inibiscono il protozoo fino all'88%. Il trattamento di foglie di lattuga con il 2% di H_2O_2 a 50 °C per 60 secondi può ridurre di 4 unità logaritmiche *E. coli* O157:H7 e di 3 unità logaritmiche *S.* Enteritidis, senza influenzare la qualità sensoriale[117].

13.6.6 Cloro e altri agenti chimici

In natura il cloro non esiste in forma libera (Cl_2), ma è presente in diverse forme combinate, come il cloruro di calcio ($CaCl_2$). Tuttavia, la forma molecolare Cl_2 è quella richiesta per la sanitizzazione ed è ottenuta da composti quali clorito di sodio ($NaClO_2$), ipoclorito di sodio ($NaClO$) e diossido di cloro (ClO_2). In una certa misura è simile all'ozono e al perossido di idrogeno, anch'essi forti ossidanti, ma non possiede la stessa forza dell'ozono; tuttavia, a differenza di Cl_2 e O_3, il perossido di idrogeno agisce sul DNA. Il cloro è largamente impiegato per la disinfezione dell'acqua potabile e di quella delle piscine; da lungo tempo è utilizzato come disinfettante per le superfici destinate al contatto con gli alimenti e alla loro lavorazione e per gli scarichi a pavimento.

Tra gli altri agenti testati come potenziali disinfettanti per le industrie alimentari vi sono: cloruro di cetilpiridinio, composti di ammonio quaternario (diversi), acido peracetico (perossiacetico), FIT (un prodotto alcalino per il lavaggio di ortofrutta contenente sette ingredienti GRAS), Tsunami (una soluzione di acido perossiacetico), Avgard (contenente fosfato) e calcio calcinato[11]. Una sintesi degli effetti comparativi di alcuni di questi agenti come sanitizzanti per alimenti è presentata nelle prossime tre tabelle.

L'efficacia relativa del Cl_2 e del calcio calcinato in termini di numero di riduzioni decimali di *E. coli* O157:H7, *S.* Typhimurium e *L. monocytogenes* sulla superficie di pomodori, è riportata nella tabella 13.5, dalla quale risulta che il calcio calcinato determina una riduzione di oltre 7 unità logaritmiche rispetto alle 2-3 unità del Cl_2[11].

Nella tabella 13.6, che riporta l'efficacia relativa di cloro, ASC, H_2O_2 e Tsunami nella riduzione del valore di APC su meloni (varietà cantalupo e honeydew) e asparagi[146], si può

Tabella 13.5 Efficacia di calcio calcinato e cloro nel ridurre la concentrazione di *E. coli* O157:H7, *S. enteritidis* e *L. monocytogenes* sulla superficie di pomodoro[11] (I valori rappresentano la riduzione espressa in unità logaritmiche)

Microrganismo	Cloro	Calcio calcinato
Escherichia coli O157:H7	3,4	7,85
Salmonella Enteritidis	2,1	7,36
Listeria monocytogenes	2,3	7,59

Tabella 13.6 Efficacia relativa di quattro sanitizzanti (tempo di esposizione 3 minuti) sulla conta aerobia su piastra (in $\log_{10}$ ufc) di melone cantalupo, melone honeydew e asparago

Trattamento	Melone cantalupo	Melone honeydew	Asparago
Acqua (controllo)	5,49	3,81	6,71
Cloro 200 ppm	4,73	3,48	6,35
Cloro 2000 ppm	2,86	1,48	6,05
ASC 850 ppm	3,48	2,14	6,14
ASC 1.200 ppm	3,35	1,32	6,19
H_2O_2, 0,2%	4,53	3,40	6,58
H_2O_2, 1,0%	5,15	2,89	6,31
Tsunami, 40 ppm	4,61	2,44	6,51
Tsunami, 80 ppm	4,87	3,13	6,49

(Dati da Park e Beuchat[146])

osservare che 2000 ppm di cloro e 1200 ppm di ASC hanno mostrato la maggiore efficacia. L'asparago si è dimostrato il più difficile dei prodotti presi in esame per tutti e quattro gli agenti disinfettanti.

Numerosi studi hanno dimostrato come la formazione del biofilm, sia sulle superfici destinate alla lavorazione degli alimenti sia su alcuni alimenti, antagonizzi l'azione della maggior parte, se non di tutti, gli agenti sanitizzanti nel rimuovere o distruggere i patogeni di origine alimentare. In uno studio dettagliato, Frank e colleghi[61] hanno confrontato l'efficacia di diversi sanitizzanti nell'inattivazione di *L. monocytogenes*: i valori della riduzione logaritmica media di questo microrganismo nel biofilm coperto da proteine e grassi sono riassunti nella tabella 13.7. ASC è risultato il più efficace tra le quattro combinazioni di sanitizzanti testate, seguito da acido peracetico+acido ottanoico e da un composto dell'ammonio quaternario. I biofilm sono discussi nel capitolo 22.

Per ridurre il numero di *E. coli* O157:H7 su mele Braeburn fresche intere, sono state testate tre preparazioni commerciali di sanitizzanti: Tsunami 100, AgClor 300/tampone Decco (una soluzione tampone fosfato cloro) e Oxina (ClO_2). Le mele sono state esposte fino a 15

Tabella 13.7 Confronto dei trattamenti sanitizzanti per l'inattivazione di un biofilm di *L. monocytogenes* ricoperto da proteine (4 mg) e grassi (365 mg). Analisi statistica effettuata sui dati combinati per tutti i tempi di trattamento e ai livelli di impiego raccomandati

Trattamento sanitizzante	Riduzione $\log_{10}$ media*
Clorito di sodio acidificato	6,02[A]
Acido peracetico + acido ottanoico	5,50[B]
Composti di ammonio quaternario	5,47[B]
Acido peracetico	4,78[C]
Ipoclorito di sodio	4,75[C]
Acqua	< 2,0[D]

* Separazione media per mezzo del test di Duncan basato su intervalli multipli; medie con apici diversi (A, B, C, D) indicano differenze significative a P = 0,05.
(Da Frank et al.[61], copyright © 2003 International Association for Food Protection)

minuti. Un lavaggio con acqua ha ridotto i patogeni di circa 2 unità logaritmiche; quando utilizzati alle concentrazioni raccomandate, nessuno dei sanitizzanti ha determinato 5 riduzioni logaritmiche. Tuttavia, quando utilizzati a concentrazioni di circa 2-16 volte quella raccomandata, lo Tsunami (1280 ppm) ha causato una riduzione di 5,5 unità logaritmiche, l'Ag-Clor (3200 ppm) di circa 4,5 e l'Oxina (80 ppm) di circa 4,0[209]. A nessuna concentrazione testata il diossido di cloro ha determinato una riduzione di 5 unità logaritmiche.

Il prodotto contenente acido perossiacetico si è dimostrato il più efficace in questo studio. La figura 13.4 riporta l'effetto di 1000 ppm di Cl_2 e del 5% di H_2O_2 su *S*. Stanley sulle superfici di meloni cantalupo[200]; entrambi gli agenti sono stati più efficaci del lavaggio con acqua dopo 6 giorni a 20 °C.

Nove sostanze chimiche volatili sono state testate per la distruzione di *Salmonella* spp. su semi e germogli di alfalfa: i tre composti più efficaci sono stati acido acetico, aldeide cinnamica e timolo, che hanno determinato riduzioni > 3 $\log_{10}$ ufc/g rispetto a circa 1,9 $\log_{10}$ ufc/g del controllo[206]. I composti (1000 mg/L di aria) sono stati esposti fino a 7 ore a 50 °C. L'isotiocianato di allile (AIT) è risultato letale per il patogeno, ma ha influenzato negativamente la qualità organolettica del prodotto. Per distruggere *Salmonella* e *E. coli* O157:H7 sui semi di alfalfa sono stati testati FIT e cloro. A 20000 ppm il cloro ha ridotto i patogeni anche di 2,5 unità logaritmiche dopo 30 minuti di esposizione, mentre la riduzione ottenuta con il FIT è stata fino a 2,3 unità logaritmiche[15]. Nessun agente ha eliminato completamente i patogeni dai semi.

Per la sanitizzazione di lattuga prelevata da punti vendita al dettaglio, quattro agenti sono stati confrontati con 200 ppm di ipoclorito di sodio; dopo un tempo di esposizione di 15

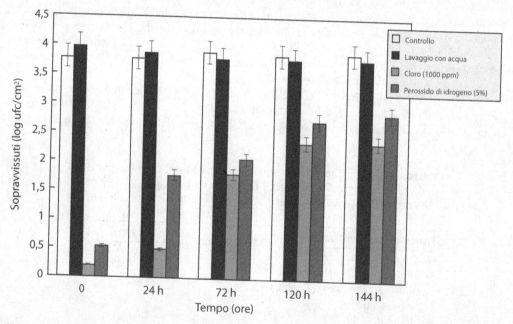

Figura 13.4 Effetto dei trattamenti di sanitizzazione sulla vitalità di *Salmonella* Stanley HO558 adese sulla superficie di meloni cantalupo conservati a 20 °C fino a 6 giorni dopo l'inoculo. I valori rappresentano la media + l'errore standard dei valori ottenuti in tre esperimenti separati. (Da Ukuku e Sapers[200], copyright © 2001 International Association for Food Protection)

minuti, rispetto a NaClO sono risultati equivalenti, o più efficaci, il 4% di acido acetico, 80 ppm di acido peracetico, 200 ppm di dicloroisocianurato di sodio e il 50% di aceto[136]. In un altro studio, della lattuga Iceberg è stata inoculata con circa 10^8 ufc di microflora alterante tipica della lattuga e trattata con Cl_2 (fino a 200 ppm) e con ozono (fino a 7,5 ppm), in aggiunta a questi sanitizzanti combinati; la maggiore riduzione della carica microbica è stata di 1,4 unità logaritmiche, ottenuta con 7,5 ppm di ozono + 150 ppm di cloro[66].

La difficoltà di distruggere i patogeni sui semi, quali alfalfa, senza distruggere la loro capacità di germinare, è dimostrata da uno studio che ha valutato sette sanitizzanti contro una miscela di 6 sierotipi di *Salmonella* precedentemente coinvolti in epidemie di origine alimentare (*Salmonella* Montevideo, *S.* Gaminara, *S.* Infantis, *S.* Anatum, *S.* Cubana e *S.* Stanley). Dopo 10 minuti di esposizione, la riduzione microbica variava tra 2 e 3,2 unità logaritmiche per i seguenti agenti sanitizzanti: 20.000 ppm di $Ca(ClO)_2$; 5% di Na_3PO_4; 8% di H_2O_2; 1% di $Ca(OH)_2$; 1% di calcio calcinato, 5% di acido lattico e 5% di acido citrico[207].

È stato valutato l'effetto dei vapori di isotiocianato contro ceppi antibiotico-resistenti di *E. coli* O157:H7 e contro *S.* Montevideo e *L. monocytogenes* inoculati su lattuga[118]. La lattuga iceberg è stata inoculata con concentrazioni fino a 10^7-10^8 ufc/g e mantenuta a 4 °C fino a 4 giorni; con i vapori generati da 400 μL di isotiocianato di allile sono state ottenute riduzioni fino a 8 unità logaritmiche di *E. coli* O157:H7 (in 2 giorni) e di *S.* Montevideo (in 4 giorni). Complessivamente, l'isotiocianato di allile si è mostrato più efficace dell'isotiocianato di metile contro i due patogeni Gram-negativi; la forma metilica è risultata invece più efficace contro *L. monocytogenes*[118].

Su würstel di tacchino *L. monocytogenes* è stato controllato utilizzando uno dei quattro composti chimici GRAS in concentrazioni dello 0,3%/würstel. Dopo essere stati inoculati con 10^6 ufc/mL di una miscela costituita da cinque ceppi, i würstel venivano immersi nelle soluzioni attive per 1 minuto ciascuno e mantenuti a 4, 13 e 22 °C[89]. Tutti gli agenti testati singolarmente hanno determinato un'immediata riduzione di 1-2 unità logaritmiche; dopo 14 giorni a 4 °C la riduzione era di 3-4 unità logaritmiche, mentre i würstel non trattati si sono alterati entro 7 giorni a 22 °C. In prezzemolo tritato, inoculato con circa 10^3 o 10^6 ufc/g di *Shigella sonnei*, il patogeno aumentava di circa 3 unità logaritmiche dopo un giorno mantenendo il prodotto a 21 °C per 14 giorni, mentre diminuiva di circa 2,5-3,0 unità logaritmiche dopo 14 giorni mantenendo il prodotto a 4 °C[213]. Con aceto (5,2% di acido acetico) o 200 ppm di cloro libero per 5 minuti a 21 °C, si conseguiva una riduzione di oltre 6 unità logaritmiche; con il 7,6% di acido acetico o 250 ppm di cloro libero la riduzione era di 7-7,3 unità logaritmiche[213]. L'effetto dell'ipoclorito e del ClO_2 è stato valutato sulle spore batteriche; in uno studio che utilizzava spore di *B. subtilis* né l'ipoclorito né il diossido di cloro hanno causato il rilascio di acido dipicolinico (DPA), ma le spore così trattate, a differenza di quelle non trattate, rilasciavano il DPA molto più facilmente con un successivo normale trattamento termico subletale[219].

13.7 NaCl e zuccheri

Questi composti sono trattati insieme perché le loro modalità di azione nella conservazione degli alimenti sono simili. Il cloruro di sodio è stato utilizzato come conservante sin dall'antichità; i primi impieghi documentati riguardavano la conservazione della carne. Infatti, a elevate concentrazioni il sale esercita un effetto disidratante sia sugli alimenti sia sui microrganismi. Soluzioni saline allo 0,85-0,90% determinano una condizione isotonica per i microrganismi non marini; in questo caso, le poporzioni di sale e di acqua sono uguali da entrambi i lati della membrana cellulare e l'acqua attraversa la membrana indifferentemente in entrambe le direzioni. Quando le cellule microbiche vengono sospese in una soluzione salina al 5%, la concentrazione di acqua risulta più elevata all'interno della cellula che all'esterno (la concentrazione di acqua è maggiore dove la concentrazione di soluto è minore); per diffusione l'acqua si sposta dall'area in cui la sua concentrazione è più elevata a quella in cui è più bassa. In questo caso, la quantità d'acqua che esce dalla cellula è superiore a quella che vi entra. Il risultato di questo trasferimento è la plasmolisi, che comporta l'inibizione della crescita e talora anche la morte. In sostanza è ciò che accade quando si aggiungono grandi quantità di sale alle carni fresche per conservarle. Sia le cellule microbiche sia quelle della carne subiscono la plasmolisi (*shrinkage*, riduzione del volume), che comporta la disidratazione della carne e l'inibizione o la·morte delle cellule microbiche. Occorre impiegare quantità di sale sufficienti per determinare condizioni ipertoniche. Quanto più elevata è la concentrazione del sale, tanto maggiori sono gli effetti di disidratazione e di conservazione. In assenza di refrigerazione, il pesce e altre carni possono essere preservati efficacemente mediante salatura. A differenza di altri conservanti chimici, gli effetti inibitori del sale non dipendono dal pH. La maggior parte dei microrganismi non marini può essere inibita dal 20% o meno di NaCl, mentre alcune muffe·tollerano generalmente concentrazioni superiori.

I microrganismi che possono crescere in presenza di elevate concentrazioni di sale e quelli che le richiedono sono definiti alofili; quelli che sono in grado di sopravvivere ma non di crescere in tali condizioni sono invece detti alodurici (alotolleranti). L'interazione del cloruro di sodio con i nitriti e altri agenti nell'inibizione di *C. botulinum* è stata discussa nel paragrafo dedicato a nitriti e nitrati.

Gli zuccheri, come il saccarosio, esercitano il loro effetto conservante essenzialmente nella stessa maniera del sale. Una delle principali differenze riguarda la concentrazione relativa. In generale, occorrono concentrazioni di saccarosio circa sei volte maggiori di quelle di NaCl per ottenere lo stesso grado di inibizione. Gli impieghi più comuni degli zuccheri come agenti protettivi sono nella produzione di conserve di frutta, canditi, latte condensato e simili. La stabilità di alcuni dolci e di altri prodotti è dovuta in gran parte all'effetto protettivo di elevate concentrazioni di zucchero che, come il sale, rende l'acqua non disponibile ai microrganismi. In uno studio[139] microrganismi patogeni inoculati a concentrazioni di circa 10^5/g in sciroppi (come sciroppo di mais a elevato contenuto di fruttosio) non erano rilevabili dopo 3 giorni di conservazione alle normali temperature; secondo gli autori la contaminazione accidentale di questi prodotti da parte di patogeni non dovrebbe, quindi, costituire un rischio per la salute pubblica.

I microrganismi differiscono nella loro risposta a concentrazioni ipertoniche di zuccheri; lieviti e muffe sono meno suscettibili dei batteri e alcuni possono crescere anche in presenza del 60% di saccarosio, mentre la maggior parte dei batteri è inibita da concentrazioni molto inferiori. I microrganismi che possono crescere in presenza di elevate concentrazioni di zuccheri sono definiti osmofili; quelli che possono sopravvivere, ma non crescere, in tali condizioni sono detti osmodurici. Alcuni lieviti osmofili, come *Zygosaccharomyces rouxii*, possono crescere in presenza di concentrazioni di zucchero molto elevate.

13.8 Antimicrobici secondari

I composti e i prodotti presentati in questo paragrafo sono aggiunti agli alimenti principalmente per funzioni diverse dalla loro azione antimicrobica; sono pertanto additivi multifunzionali.

13.8.1 Antiossidanti

Sebbene utilizzati negli alimenti principalmente per prevenire l'autossidazione dei lipidi, gli antiossidanti fenolici, elencati nella tabella 13.8, si sono dimostrati in grado di esplicare attività antimicrobica contro un ampio spettro di microrganismi, compresi alcuni virus, micoplasmi e protozoi. Questi composti sono stati testati a fondo come agenti coadiuvanti i nitriti nelle carni trattate e in combinazione con altri inibitori; in materia sono state pubblicate diverse ottime rassegne[19,63].

Il butilidrossianisolo (BHA), il butilidrossitoluene (BHT) e il *terz*-butil-idrossichinone (TBHQ) sono in grado di inibire batteri Gram-positivi e Gram-negativi, come pure lieviti e muffe, a concentrazioni comprese tra 10 e 1000 ppm, a seconda del tipo di substrato. In generale, per inibire i microrganismi all'interno degli alimenti sono necessarie concentrazioni più elevate di quelle richieste per i mezzi di coltura, specialmente per gli alimenti a elevato contenuto di grassi. Contro *Bacillus* spp., il BHA si è dimostrato 50 volte meno efficace in carne di pollo che in nutrient broth[180]. BHA, BHT, TBHQ e gallato di propile (PG) sono risultati meno efficaci in carne di maiale macinata che in mezzi di coltura[65]. Sebbene i ceppi di alcune specie microbiche mostrino ampie variazioni nella sensibilità a questi composti antiossidanti, BHA e TBHQ sembrano molto più efficaci verso batteri e funghi del BHT, mentre quest'ultimo risulta più virostatico. Per prevenire la crescita di *C. botulinum* in un terreno precedentemente ridotto (ipossidico), sono stati necessari 50 ppm di BHA e 200 ppm di BHT; 200 ppm di PG sono risultati, invece, inefficaci[156]. In un altro studio, impiegando 16 Gram-negativi e 8 Gram-positivi in mezzo di coltura, Gailani e Fung[65] hanno riscontrato una maggiore sensibilità nei batteri Gram-positivi a BHA, BHT, TBHQ e PG; ciascuno di questi composti è risultato più efficace in nutrient agar che in brain heart infusion (BHI) broth. L'efficacia relativa è stata: in agar nutriente BHA > PG > TBHQ > BHT; in BHI broth TBHQ > PG > BHA > BHT. La germinazione dei conidi di quattro specie di *Fusarium* è stata

Tabella 13.8 Alcuni antimicrobici chimici GRAS ad azione secondaria utilizzati negli alimenti

Composto	Impiego principale	Microrganismi più sensibili
Butilidrossianisolo (BHA)	Antiossidante	Batteri, alcuni funghi
Butilidrossitoluene (BHT)	Antiossidante	Batteri, virus, funghi
terz-Butil-idrossichinone (TBHQ)	Antiossidante	Batteri, funghi
Gallato di propile (PG)	Antiossidante	Batteri
Acido nordidroguaiaretico	Antiossidante	Batteri
Acido etilendiamminotetracetico (EDTA)	Chelante/stabilizzante	Batteri
Citrato di sodio	Tampone/chelante	Batteri
Acido laurico	Antischiuma	Batteri Gram-positivi
Monolaurina	Emulsionante	Gram-positivi, lieviti
Diacetile	Aromatizzante	Gram-negativi, funghi
D-Carvone e L-Carvone	Aromatizzante	Funghi, Gram-positivi
Fenilacetaldeide	Aromatizzante	Funghi, Gram-positivi
Mentolo	Aromatizzante	Batteri, funghi
Vanillina, etilvanillina	Aromatizzante	Funghi
Fosfati	Umettante/aromatizzante	Batteri
Spezie/Oli essenziali	Aromatizzante	Batteri, funghi

inibita da 200 ppm di BHA o di propilparaben (PP) nel range di pH 4-10; ma in generale il PP è risultato più inibente del BHA[191].

Patogeni di origine alimentare, come *B. cereus*, *V. parahaemolyticus*, *Salmonella* spp. e *S. aureus*, sono efficacemente inibiti a concentrazioni inferiori a 500 ppm, sebbene alcuni siano sensibili anche a concentrazioni di 10 ppm. Le Pseudomonadaceae, in particolare *P. aeruginosa*, sono tra i batteri più resistenti. Tre penicilli produttori di tossine sono stati efficacemente inibiti in salame da BHA, da TBHQ e da una loro combinazione in concentrazioni di 100 ppm; BHT e PG sono invece risultati inefficaci[116].

Combinazioni di BHA/sorbato e BHT/monolaurato hanno mostrato un effetto sinergico contro *S. aureus*[19,39]; la combinazione BHA/sorbato anche verso *S. Tyiphimurium*[39]. La combinazione BHT/TBHQ si è dimostrata efficace verso aspergilli produttori di aflatossine[116].

13.8.2 Aromatizzanti

Alcuni dei numerosi composti impiegati per conferire aromi e sapori agli alimenti possiedono azione antimicrobica; in generale, i composti aromatizzanti tendono a essere più antifungini che antibatterici. I batteri Gram-positivi non lattici sono i più sensibili; i batteri lattici sono piuttosto resistenti. I microbiologi alimentari hanno riservato la maggiore attenzione agli oli essenziali e alle spezie, mentre i composti aromatizzanti sono stati più studiati per l'impiego nei cosmetici e nei detergenti.

In uno studio[97] condotto su 21 agenti aromatizzanti circa la metà dei composti esaminati presentava valori di concentrazione minima inibente (MIC) contro batteri o funghi non superiori a 1000 ppm; tutti sono risultati sensibili al pH, mostrando un aumento dell'inibizione al diminuire del pH e della temperatura di incubazione. Alcuni di questi composti sono riportati nella tabella 13.8.

Uno dei più efficaci composti aromatizzanti è il diacetile, che conferisce aroma di burro[94]. Questa sostanza è piuttosto singolare, essendo più efficace contro i batteri Gram-negativi e i funghi che contro i batteri Gram-positivi. Nella conta in piastra a pH 6,0, con incubazione a 30 °C, 24 batteri Gram-negativi su 25 e 15 lieviti e muffe su 16 sono stati inibiti da 300 ppm di diacetile[91]. In nutrient broth a pH 6,0 e incubando a 5 °C, concentrazioni inferiori a 10 ppm di diacetile inibivano *Pseudomonas fluorescens*, *P. geniculata* e *E. faecalis*; nelle stesse condizioni, ma incubando a 30 °C, per inibire questi e altri microrganismi sono stati necessari 240 ppm di diacetile[97]. Nei batteri Gram-negativi sembra che il diacetile impedisca l'utilizzo dell'arginina reagendo con le proteine che legano tale amminoacido; i Gram-positivi sarebbero più resistenti perché non possiedono proteine periplasmatiche in grado di legare arginina e dispongono di un pool amminoacidico più ampio. Un altro composto che conferisce aroma di burro è il 2,3-pentadione, che a concentrazioni di 500 ppm o meno ha inibito un limitato numero di batteri Gram-positivi e di funghi[95,97].

L'agente L-carvone conferisce un aroma simile a quello della menta verde, mentre il D-carvone ha un aroma simile a quello del seme di cumino: entrambi possiedono azione antimicrobica, con l'isomero L più attivo dell'isomero D; a 1000 ppm o meno sono più efficaci contro i funghi che contro i batteri[97].

La fenilacetaldeide possiede un aroma simile a quello del giacinto e si è dimostrata in grado di inibire *S. aureus* a 100 ppm e *Candida albicans* a 500 ppm[97,132]. Il mentolo, che impartisce un aroma simile a quello della menta piperita, è stato in grado di inibire *S. aureus* a soli 32 ppm ed *Escherichia coli* e *C. albicans* a 500 ppm[97,132]. Anche la vanillina e l'etilvanillina possiedono proprietà inibenti, a concentrazioni <1000 ppm soprattutto nei confronti dei funghi.

13.8.3 Spezie e oli essenziali

Sebbene negli alimenti siano utilizzate soprattutto come aromatizzanti e agenti per la stagionatura, molte spezie possiedono una significativa attività antimicrobica. In tutti i casi, tale azione è dovuta a sostanze specifiche o agli oli essenziali in esse contenuti (alcune sono trattate nel capitolo 3). Alla fine degli anni Settanta la ricerca di agenti in grado di coadiuvare i nitriti ha generato nuovo interesse nei confronti delle spezie e dei loro estratti[179].

È difficile prevedere quali effetti antimicrobici possono derivare dalle spezie quando vengono utilizzate negli alimenti: le quantità impiegate differiscono notevolmente a seconda dei gusti e l'efficacia relativa dipende dalla composizione del prodotto. È difficile accertare il valore MIC di una spezie nei confronti di specifici microrganismi, in quanto le concentrazioni dei costituenti attivi sono variabili nelle diverse spezie e in molti studi si fa riferimento al peso secco di queste ultime. Un'altra ragione alla base dei risultati contraddittori ottenuti da diversi ricercatori risiede nel metodo di analisi impiegato. In generale, si ottengono valori MIC più elevati valutando i composti altamente volatili sulla superficie di terreni di piastramento piuttosto che disciolti in pozzetti o in brodi di coltura. Quando l'eugenolo è stato testato mediante piastramento superficiale su plate count agar (PCA) a pH 6, solo 9 su 14 batteri Gram-negativi e 12 su 20 Gram-positivi (compresi 8 lattici) sono stati inibiti da 493 ppm, mentre in nutrient broth allo stesso pH, sono stati ottenuti valori MIC pari a 32 ppm per *Torulopsis candida* e *Aspergillus niger* e a 63 ppm per *S. aureus* e *E. coli*[95]. Nei mezzi di coltura gli estratti risultano meno efficaci delle relative spezie, probabilmente a causa del più lento rilascio di sostanze volatili da parte di queste ultime[181]. Nonostante le difficoltà nel comparare i risultati ottenuti dai diversi studi, non vi sono dubbi sull'attività antimicrobica delle spezie e numerosi ricercatori hanno dimostrato l'efficacia di almeno 20 spezie o di loro estratti contro la maggior parte dei patogeni di origine alimentare, compresi funghi produttori di micotossine[179].

In generale, le spezie sono meno efficaci negli alimenti che nei mezzi di coltura e i batteri Gram-positivi sono più sensibili dei Gram-negativi, con i batteri lattici più resistenti tra i Gram-positivi[221]. Sebbene i risultati che li riguardano siano discutibili, i funghi sembrano generalmente più sensibili dei batteri Gram-negativi; comunque alcuni Gram-negativi hanno un grado di sensibilità molto elevato. Il contenuto di sostanze antimicrobiche varia dallo 0,3-0,5% di allicina nell'aglio al 16-18% di eugenolo nei chiodi di garofano[179]. Quando vengono impiegate spezie intere, i valori MIC per i microrganismi sensibili variano dall'1% al 5%. Secondo diversi ricercatori, la salvia e il rosmarino sono tra le spezie con maggiore attività antimicrobica: in concentrazione dello 0,3% nei terreni di coltura hanno inibito 21 batteri Gram-positivi su 24 e sono risultate più efficaci del pepe[181]. In un certo numero di alimenti l'olio essenziale di mostarda bianca a livelli di circa 25-100 ppm è risultato efficace contro batteri Gram-positivi e Gram-negativi, come pure contro alcuni lieviti.

Per valutare l'attività inibitoria specifica degli estratti e degli oli essenziali, Huhtanen[87] ha preparato gli estratti in etanolo di 33 spezie e li ha testati in terreno liquido contro *C. botulinum*: gli estratti di achiote (annatto) e di macis hanno prodotto un valore MIC di 31 ppm e sono risultati i più efficaci dei 33 composti testati, seguiti dagli estratti di noce moscata, foglie di alloro e pepe bianco e nero, con valori MIC di 125 ppm.

Impiegando oli essenziali di origano, timo e sassofrasso, nel 1976 Beuchat ossevò che 100 ppm erano letali per *V. parahaemolyticus* in terreno liquido. La crescita e la produzione di aflatossina da parte di *Aspergillus parasiticus* in brodo sono state inibite da 200-300 ppm di oli essenziali di cannella e di chiodi di garofano, da 150 ppm di aldeide cinnamica e da 125 ppm di eugenolo[23].

Il meccanismo mediante il quale le spezie inibiscono i microrganismi non è chiaro e si può presumere che sia diverso per gruppi di spezie non correlate. Che il meccanismo d'azione di origano, rosmarino, salvia e timo possa essere simile è stato suggerito dall'osservazione che lo sviluppo della resistenza a una di queste spezie da parte dei batteri lattici era accompagnato dallo sviluppo della resistenza alle altre tre[221]. Dei nove oli di spezie, testati per l'attività contro la produzione di micotossine da parte di *Aspergillus parasiticus* e *Fusarium moniliforme*, il più efficace è risultato l'eugenolo a 0,25 ppm, seguito da aldeide cinnamica, timolo e carvacrolo, miristina[98].

13.8.4 Fosfati

Questi sali sono comunemente aggiunti ad alcune carni trasformate per aumentare la loro capacità di trattenere acqua; essi contribuiscono anche al sapore e sono antiossidanti.

I fosfati per alimenti contengono da 1 ad almeno 13 gruppi fosfato (per esempio, il fosfato trisodico e il sodio polifosfato, rispettivamente). Negli anni Settanta e Ottanta hanno dimostrato di possedere attività antibotulinica, specialmente quando combinati con i nitriti. In uno studio, con una combinazione di 40 ppm di $NaNO_2$, 0,26% di sorbato di potassio e 0,4% di pirofosfato acido di sodio (SAPP), la produzione di neurotossine da parte di *C. botulinum* in emulsioni di würstel è stata osservata dopo 12-18 giorni rispetto ai 6-12 giorni dei controlli allo stesso pH[204]. Utilizzando 13 batteri Gram-positivi e 12 batteri Gram-negativi in terreni di coltura con lo 0,5% di 3 polifosfati, a pH 7 e 25 °C, il tripoli- e l'esametafosfa-

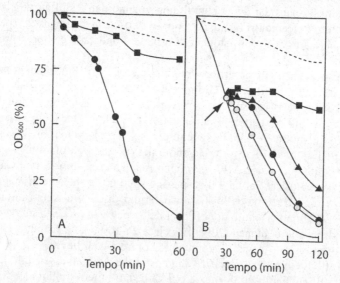

Figura 13.5 Effetto litico di un polifosfato a lunga catena (polyP JOHA HBS) su colture di *B. cereus* WSBC 10030 in fase esponenziale e influenza di cationi metallici bivalenti. (A) Lisi indotta da polyP 0,1%, misurata come densità ottica della sospensione a 600 nm (OD_{600}). L'aggiunta di 70 µg di cloramfenicolo/mL alle colture in fase esponenziale per 20 minuti diminuiva l'effetto litico del polyP: (●) polyP; (■) polyP e cloramfenicolo. Linea tratteggiata: cellule di controllo in acqua. (B) Influenza dei cationi sulla lisi indotta da polyP: 30 minuti dopo polyP 0,1%, alle sospensioni di cellule sono state aggiunte 10 mM (■), 5 mM (▲) e 1 mM (●) di Mg^{2+} oppure 1 mM di Ca^{2+} (○). Linea tratteggiata: cellule di controllo in acqua senza polyP ma con 10 mM di Mg^{2+}; linea continua: cellule di controllo con polyP e senza cationi. (Da Maier et al.[121], copyright © 1999 American Society for Microbiology, con autorizzazione)

to sono risultati i più efficaci, con i batteri Gram-positivi più sensibili dei Gram-negativi[223]. In questo studio, le preparazioni di fosfati sterilizzate per filtrazione sono risultate più inibitorie di quelle sterilizzate in autoclave. Come osservato nel capitolo 7, il fosfato di sodio cristallino allo 0,5% ritardava di 3 settimane la crescita di *C. tyrobutyricum* nel formaggio spalmabile, e una concentrazione dell'1% determinava la completa inibizione nel prodotto inoculato con 5×10^5 spore[120].

Il fosfato trisodico (TSP) è stato testato per la sua attività contro *L. monocytogenes* su cosce intere di pollo e su frammenti di pelle asportati da cosce. Utilizzando un inoculo di circa 10^8 ufc/mL, i campioni sono stati immersi in soluzioni all'8, al 10 o al 12% di TSP o in acqua sterile (controllo)[27]. Dopo 5 giorni di conservazione a 2 °C, il TSP si è dimostrato significativamente più efficace sui frammenti di pelle asportati che sulle cosce intere, con una diminuzione di 4,28 unità logaritmiche per i primi rispetto a 3,3 unità logaritmiche per le cosce intere[27].

In relazione al meccanismo mediante il quale i fosfati inibiscono i batteri, cellule e spore di *B. cereus* sono state trattate con concentrazioni pari o superiori allo 0,1% di un polifosfato di sodio cristallino a lunga catena (poliP): il composto è risultato battericida per le cellule in fase di sviluppo esponenziale, provocandone la lisi (figura 13.5). Per osservare tale effetto era necessaria la crescita attiva delle cellule. Concentrazioni dello 0,1% del composto attivo inibivano la germinazione e lo sviluppo delle spore di *B. cereus* e l'1% era sporicida[121]. L'attività antisporale era inibita dalla presenza di cationi bivalenti. È stato anche osservato che l'inibizione da parte di un polyP di *L. monocytogenes* in mezzo di coltura può regredire in presenza di cationi[222]. Con l'elongazione delle cellule vegetative, esposte per 4 ore a una concentrazione dello 0,05% di polyP, Maier e colleghi[121] hanno concluso che questo composto può influenzare le proteine FtsZ della divisione cellulare, bloccando la polimerizzazione dell'anello Z. Le proteine FtsZ presentano attività GTPasi dipendente da Mg^{2+}.

13.8.5 Acidi grassi ed esteri a media catena

Gli acidi acetico, propionico e sorbico sono acidi grassi a corta catena utilizzati principalmente come conservanti. Gli acidi grassi a media catena sono impiegati soprattutto come tensioattivi o emulsionanti; la loro attività antimicrobica è ben nota nei saponi, che sono sali di acidi grassi. I più comunemente utilizzati sono composti di 12-16 atomi di carbonio. Il maggiore potere antimicrobico si osserva nelle catene a 12 atomi di C, per gli acidi grassi saturi; nelle catene $C_{16:1}$ per i monoinsaturi (contenenti un solo doppio legame); nelle catene $C_{18:2}$ per quelli polinsaturi (contenenti più di un doppio legame)[99]. In generale, gli acidi grassi sono efficaci soprattutto contro batteri Gram-positivi e lieviti. Le catene da C_{12} a C_{16} sono complessivamente più attive contro i batteri, ma quelle da C_{10} a C_{12} sono più efficaci contro i lieviti[99]. Le relazioni tra struttura e funzione degli acidi grassi e degli esteri sono stati studiati da Kabara[99]. Gli acidi grassi alifatici saturi efficaci contro *C. botulinum* sono stati esaminati da Dymicky e Trenchard[50].

I monoesteri del glicerolo e i diesteri del saccarosio mostrano attività antimicrobica superiore a quella degli acidi grassi corrispondenti e paragonabile a quella dell'acido sorbico e dei parabeni. La monolaurina è la più efficace tra i monoesteri del glicerolo e il dicaprilato di saccarosio è il più efficace tra gli esteri del saccarosio. In numerose ricerche la monolaurina (lauricidina), in concentrazione di 5-100 ppm, ha dimostrato di possedere attività inibitoria verso diversi batteri Gram-positivi e alcuni lieviti[19]. A differenza degli acidi grassi a corta catena, che sono più attivi a pH bassi, la monolaurina è efficace nell'intervallo di pH compreso tra 5,0 e 8,0[100].

Poiché gli acidi grassi e gli esteri possiedono uno spettro d'azione limitato e poiché alcune sostanze GRAS – come l'EDTA, il citrato e gli antiossidanti fenolici – presentano limitazioni quando impiegate da sole, Kabara[99] ha raccomandato per il controllo dei microrganismi negli alimenti il *preservative system*, che prevede l'impiego combinato di diversi composti in grado di assicurare la conservazione dell'alimento tenendo conto delle sue caratteristiche. Secondo tale approccio, un sistema di protezione potrebbe consistere di tre composti, per esempio monolaurina/EDTA/BHA. Sebbene possieda una modesta attività antimicrobica, l'EDTA rende i batteri Gram-negativi più suscettibili alla rottura della membrana esterna, potenziando l'effetto degli acidi grassi o degli esteri. Il BHA risulta efficace contro batteri e muffe e agisce contemporaneamente come antiossidante. Con tale metodo, si potrebbe minimizzare lo sviluppo di ceppi resistenti e il pH dell'alimento sarebbe meno importante in relazione all'efficacia del sistema inibitorio.

13.9 Acido acetico e acido lattico

Questi due acidi organici sono tra i conservanti più ampiamente utilizzati. Nella maggior parte dei casi sono prodotti all'interno degli alimenti dai batteri lattici. Prodotti come sottaceti, crauti e latte fermentato sono ottenuti per attività fermentativa di diversi batteri lattici, che producono acido acetico, acido lattico e altri acidi organici.

Gli effetti antimicrobici di acidi organici, quali il propionico e il lattico, sono dovuti sia all'abbassamento del pH al di sotto dei valori di crescita, sia all'inibizione del metabolismo da parte delle molecole indissociate. Per determinare la quantità di acidi organici negli alimenti, l'acidità titolabile è più utile della sola misurazione del pH, poiché quest'ultima riflette solo la concentrazione di idrogenioni e gli acidi organici non ionizzano completamente. Misurando l'acidità titolabile, si determina la quantità di acido in grado di reagire con una quantità nota di base. Per prodotti come i crauti l'acidità titolabile è un indicatore migliore del pH della quantità di acidi presenti. Esponendo diversi batteri patogeni di origine alimentare, tra i quali *E. coli* O157:H7, al 10% di acido acetico a 30 °C per 4 giorni, non è stata osservata alcuna crescita[54]. La stessa concentrazione di acido acetico ha ridotto *E. coli* O157:H7 di 6 unità logaritmiche in 1 minuto. È stato dimostrato che l'acido lattico aumenta la permeabilità della membrana esterna dei batteri Gram-negativi, potenziando l'azione di altri composti antimicrobici[3].

L'effetto battericida dell'acido acetico può essere dimostrato dalla sua attività su alcuni patogeni. Quando due specie di *Salmonella* sono state aggiunte a un condimento per insalata costituito da olio e aceto, l'inoculo iniziale di 5×10^6 cellule non era più rilevabile dopo 5 minuti per *S.* Enteritidis e dopo 10 minuti per *S.* Typhimurium[129].

Gli acidi organici sono impiegati per lavare e sanitizzare le carcasse degli animali dopo la macellazione per ridurre il carico di patogeni e aumentare la shelf life del prodotto (questo tema è trattato nel capitolo 4).

13.9.1 Sali degli acidi acetico e lattico

I sali di sodio e di potassio degli acidi acetico e lattico sono largamente impiegati negli alimenti da moltissimo tempo. Per esempio, il diacetato di sodio ($CH_3COONa \cdot CH_3COOH \cdot x H_2O$) è ampiamente utilizzato nell'industria dei prodotti da forno per prevenire l'ammuffimento di pane e dolci. Negli ultimi due o tre decenni l'interesse per questi composti multifunzionali è aumentato in gran parte per la loro capacità di prolungare la shelf life delle carni trattate.

Negli Stati Uniti, l'obiettivo per la shelf life dei prodotti carnei cotti refrigerati è 75-90 giorni[13], e alcuni di questi composti sono importanti per raggiungere tale scopo. Un'altra ragione dell'aumentato interesse è la loro attività contro patogeni psicrotrofi come *L. monocytogenes*. I sali trattati in questo paragrafo sono più batteriostatici che battericidi. Alcuni dei più recenti risultati della ricerca sono illustrati di seguito. Per una rassegna sui lattati, si vedano Shelef[177] e Shelef e Seiter[178].

Per il controllo di *L. monocytogenes* nei würstel, lattato di sodio (3 o 6%), acetato di sodio (0,25 o 0,5%) e diacetato di sodio (0,25 o 0,5%) sono stati testati sulla superficie di würstel senza pelle inoculati con $\log_{10}$ 304 ufc/cm^2 di patogeno, confezionati sotto vuoto e conservati a 4 °C: il patogeno è stato inibito per 20-70 giorni[13]. La maggiore efficacia è stata espressa dal 3% di lattato di sodio, la minore dallo 0,25% di acetato di sodio. La crescita del patogeno è stata completamente inibita per oltre 90 giorni con lattato di sodio al 6% o con diacetato di sodio allo 0,5%. In un altro studio, würstel tipo wiener sono stati inoculati in superficie con 10^5 ufc di *L. monocytogenes*, confezionati sotto vuoto e conservati per 60 giorni a 4,5 °C; i bratwurst per 84 giorni a 3 e 7 °C. Il lattato di sodio in concentrazione non inferiori al 3% e le combinazioni di lattato e diacetato, rispettivamente a livelli non inferiori all'1% e allo 0,1%, hanno inibito la crescita del patogeno per 60 giorni a 4,5 °C[68]. Il trattamento mediante inclusione degli agenti è risultato più efficace dell'immersione in soluzione. Il lattato di potassio al 2 o al 3% è risultato efficace nel prevenire la crescita di una miscela di 5 ceppi di *L. monocytogenes* nei würstel[152]. Con inoculo di patogeno fino a 500 ufc/confezione, conservazione in buste di nylon-polietilene e incubazione a 4 o 10 °C per 60 o 90 giorni, nelle carni trattate con lattato si è osservata una riduzione del patogeno da 4 a 5 unità logaritmiche rispetto ai controlli non inoculati.

Per controllare la crescita di *C. perfringens* in roast beef ristrutturato cotto e confezionato sotto vuoto, sono stati testati citrato di sodio (2 o 4,8%, pH 4,4-5,6), lattato di sodio (2 o 4,8% di una soluzione al 60%), acetato di sodio (0,25%) e diacetato di sodio (0,25%). La carne era stata inoculata con una miscela di spore di tre ceppi di *C. perfringens*, confezionata sotto vuoto, cotta a 75 °C per 20 minuti e raffreddata lentamente per 18 ore[165]. La spore non sono state distrutte dalla cottura, ma la crescita è stata ridotta a meno di 1 log durante il periodo di raffreddamento dal citrato, dal lattato e dal diacetato[165].

In uno studio condotto per determinare l'effetto del diacetato di sodio (fino allo 0,5%) e del lattato di sodio (fino al 2,5%) su petto di tacchino cotto in busta, il prodotto è stato inoculato con 9-30 spore di una specie psicrotrofa di *Clostridium*, confezionato sotto vuoto, cotto fino al raggiungimento di una temperatura interna di 71,1 °C, raffreddato e incubato a 4 °C fino a 22 settimane[127]. In assenza di inibitori l'alterazione si è verificata entro 6 settimane, mentre i prodotti che contenevano lo 0,25% di diacetato o l'1,25% di lattato si sono alterati solo dopo 13 settimane.

13.10 Antibiotici

Storicamente, gli antibiotici sono metaboliti secondari prodotti dai microrganismi in grado di inibire o uccidere un ampio spettro di altri microrganismi. La maggior parte sono prodotti da muffe e da batteri del genere *Streptomyces* e alcuni da parte di *Bacillus* spp. e *Paenibacillus* spp. Attualmente molti antibiotici impiegati in ambito clinico sono di origine sintetica.

Due antibiotici, subtilina e tilosina, sono stati ampiamenti valutati come aggiunta al trattamento termico nella produzione di conserve in scatola. In passato la clortetraciclina e la ossitetraciclina erano largamente studiate per l'impiego in alimenti freschi, mentre la nata-

Tabella 13.9 Proprietà di alcuni antibiotici[96]

Proprietà	Tetracicline	Subtilina	Tilosina	Nisina	Natamicina
Ampio impiego in alimenti	No	No	No	Sì	Sì
Primo impiego in alimenti	1950	1950	1961	1951	1956
Natura chimica	Tetraciclina	Polipeptide	Macrolide	Polipeptide	Poliene
Utilizzo in aggiunta al calore	No	Sì	Sì	Sì	No
Stabilità al calore	Sensibile	Stabile	Stabile	Stabile	Stabile
Spettro microbico	G+, G−	G+	G+	G+	Funghi
Utilizzo in ambito medico	Sì	No	Sì[a]	No	Sì[b]
Utilizzo nei mangimi	Sì	No	Sì	No	No

[a] Nel trattamento delle malattie dei polli.
[b] Limitato.

micina è impiegata come fungistatico per uso alimentare. Secondo l'Animal Health Institute, nel 2002 negli Stati Uniti sono state vendute circa 10.000 tonnellate di antibiotici destinati agli animali d'allevamento e da compagnia, con un leggero aumento rispetto al 2001. Il 90% di tali composti è stato utilizzato per trattare, controllare e prevenire malattie.

In generale, l'impiego di conservanti chimici negli alimenti non è ben accetto dai consumatori; l'idea di impiegare antibiotici è ancora meno popolare. Qualsiasi additivo alimentare può comportare alcuni rischi, ma questi non dovrebbero avere un peso maggiore dei benefici complessivi. Negli Stati Uniti è opinione diffusa che i possibili benefici derivanti dall'utilizzo di antibiotici negli alimenti abbiano un peso minore dei rischi, alcuni dei quali sono noti e alcuni presunti. Di seguito sono riassunte alcune delle più importanti considerazioni di Ingram e colleghi sull'utilizzo degli antibiotici come conservati per alimenti.

1. L'antibiotico dovrebbe uccidere, non inibire, la flora microbica e dovrebbe idealmente decomporsi in prodotti innocui o essere distrutto dalla cottura degli alimenti che non si consumano crudi.
2. L'antibiotico non dovrebbe essere inattivato dai componenti dell'alimento o dai prodotti del metabolismo microbico.
3. L'antibiotico non dovrebbe favorire rapidamente la comparsa di ceppi resistenti.
4. L'antibiotico non dovrebbe essere impiegato negli alimenti se utilizzato in ambito terapeutico o come additivo per i mangimi.

Le tetracicline sono impiegate sia in ambito clinico sia come additivi per mangimi; la tilosina è usata nei mangimi e solo nel trattamento di alcune malattie del pollame (tabella 13.9). La nisina e la subtilina non sono utilizzate né in ambito medico né nella produzione di mangimi, ma solo la nisina è utilizzata in molti Paesi; le analogie strutturali di questi due antibiotici possono essere osservate in figura 13.6.

Monensina

Questo antibiotico è stato approvato negli anni Settanta dalla FDA come additivo per il mangime del bestiame ed è utilizzato principalmente per migliorare l'efficienza dell'alimentazione nei ruminanti. La sua capacità di legare gli amminoacidi è stata dimostrata in bovine fistolate[113]. Poiché inibisce i batteri Gram-positivi, il suo impiego a lungo termine può determinare nel tratto gastrointestinale il passaggio da una microflora prevalentemente Gram-posi-

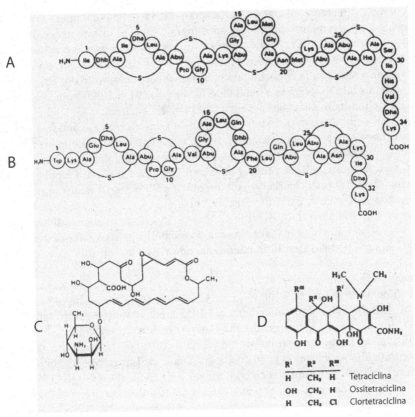

Figura 13.6 Formula di struttura di nisina (A), subtilina (B), natamicina (C) e tetracicline (D).

tiva a una prevalentemente Gram-negativa. La monensina è un composto ionoforo come la nisina (distrugge la permeabilità selettiva della membrana cellulare) e presenta la stessa efficacia di quest'ultima come additivo per i mangimi[26]. Si veda il capitolo 27 per i possibili effetti su *E. coli* O157:H7 nelle feci animali.

Natamicina

Questo antibiotico (conosciuto anche come pimaricina) è un poliene piuttosto efficace contro i lieviti e le muffe, ma non contro i batteri. Natamicina è un nome comune internazionale non brevettato, derivante da *Streptomyces natalensis*, il microrganismo da cui è stato isolato il composto. La formula di struttura è rappresentata in figura 13.6.

Nell'approvare la natamicina come conservante per alimenti, la joint FAO/WHO Expert Committee[59] ha espresso le seguenti considerazioni: non agisce sui batteri, stimola a livelli insolitamente bassi la resistenza nei funghi, è raramente coinvolta in forme di resistenza incrociata con altri polieni antifungini e il trasferimento del DNA tra i funghi avviene in misura minore rispetto a quanto si osserva in alcuni batteri. Inoltre, come mostra la tabella 13.9, il suo impiego è limitato come agente clinico e non è previsto nei mangimi. L'efficacia della natamicina nei confronti di lieviti e muffe è stata dimostrata da numerosi ricercatori; diversi risultati sono riassunti nel riferimento bibliografico 96.

Klis e colleghi[109] hanno confrontato l'efficacia relativa della natamicina con quella dell'acido sorbico e di altri quattro antibiotici antifungini verso 16 differenti funghi (principalmente muffe): contro gli stessi ceppi e nello stesso terreno di coltura, per l'inibizione sono stati necessari 100-1000 ppm di acido sorbico e 1-25 ppm di natamicina. La natamicina è stata confrontata anche con la rimocidina e la nistatina per il controllo dei funghi su fragole e lamponi: insieme alla rimocidina è risultata efficace a livelli di 10-20 ppm, mentre per conseguire lo stesso risultato sono stati necessari 50 ppm di nistatina.

Nel controllo della crescita di funghi sui salami, in una ricerca condotta su prodotti freschi si è dimostrata efficace l'applicazione spray di una soluzione di natamicina allo 0,25%[81]; in un altro studio, invece, l'immersione in una soluzione a 2000 ppm non è servita a prevenire lo sviluppo di muffe sulla superficie di salami stagionati italiani. L'applicazione spray di natamicina (2×1000 ppm) ha dato risultati comparabili o leggermente superiori a quelli ottenuti con una soluzione al 2,5% di sorbato di potassio.

La natamicina sembra avere lo stesso meccanismo di azione di altri antibiotici polienici: si lega agli steroli della membrana, alterando la permeabilità selettiva di quest'ultima[77]. Poiché i batteri non possiedono steroli di membrana, non risultano sensibili a questo agente.

Tetracicline

L'impiego in concentrazione di 7 ppm di clortetraciclina (CTC) e ossitetraciclina (OTC) è stato approvato dalla FDA (rispettivamente, nel 1955 e nel 1956) per controllare l'alterazione batterica di pollame crudo refrigerato, ma l'autorizzazione è stata successivamente revocata. L'efficacia di questo gruppo di antibiotici nel prolungare la shelf life degli alimenti refrigerati è stata dimostrata per la prima volta in Canada da Tarr e colleghi sul pesce[190]. Successivamente, numerose ricerche hanno confermato l'efficacia di CTC e di OTC nel ritardare l'alterazione batterica non solo del pesce e dei prodotti ittici, ma anche del pollame, delle carni rosse, del latte crudo e di altri alimenti (per una rassegna delle diverse applicazioni, si veda il riferimento 96). La CTC è generalmente più efficace della OTC. Tipicamente, il trattamento superficiale delle carni refrigerate con 7-10 ppm determina il prolungamento della shelf life di almeno 3-5 giorni e il prevalere nella flora alterante definitiva di lieviti e muffe anziché di batteri Gram-negativi. La combinazione di CTC con sorbato si è dimostrata in grado di ritardare l'alterazione del pesce anche di 14 giorni. Nei filetti di scorfano immersi in una soluzione di 5 ppm di CTC e 1% di sorbato si è osservata una significativa riduzione, rispetto al controllo, della conta aerobia totale su piastra (APC) dopo confezionamento sotto vuoto e conservazione a 2 °C per 14 giorni[128].

Le tetracicline sono sensibili al calore e instabili durante la conservazione degli alimenti e questi fattori sono stati determinanti per l'approvazione iniziale del loro impiego in campo alimentare. Esse sono utilizzate per il trattamento di malattie umane e animali e, negli Stati Uniti, anche come supplemento per mangimi. Nei Paesi sviluppati i rischi associati al loro impiego come conservanti sono chiaramente superiori ai possibili benefici.

Subtilina

Questo antibiotico è stato scoperto e sviluppato da scienziati del Western Regional Laboratory dell'USDA; le sue proprietà sono state descritte da Dimick e colleghi[46]. La sua struttura è simile a quella della nisina (figura 13.6), sebbene sia prodotto da alcuni ceppi di *B. subtilis*. Come la nisina, è efficace contro i batteri Gram-positivi, è stabile agli acidi e possiede sufficiente resistenza al calore per resistere a 121 °C per 30-60 minuti. Negli alimenti in scatola, a livelli di 5-20 ppm la subtilina previene lo sviluppo delle endospore in fase germinativa; il suo sito di azione è lo stesso della nisina (figura 13.1). Come la nisina, la subtilina non è utilizzata né per il trattamento di infezioni umane o animali né come additivo per mangimi. Sebbene dalla fine degli anni Cinquanta abbia ricevuto scarse attenzioni, questo antibiotico può essere altrettanto efficace della nisina. La sua modalità di azione è discussa con quella della nisina; il suo sviluppo e la sua valutazione sono stati stati oggetto di rassegne riportate in letteratura[96].

Tilosina
Come gli antibiotici impiegati in ambito clinico eritromicina, oleandomicina e altri, la tilosina è un macrolide non polienico. Ha potere inibitorio maggiore rispetto alla nisina e alla subtilina. Denny e colleghi[41] sono stati apparentemente i primi a studiarne il possibile impiego negli alimenti in scatola. Aggiungendo 1 ppm a purea di mais contenente spore responsabili di flat-sour e sottoposto a una cottura sufficiente per eliminare il botulino, non si osservava alcuna alterazione dopo 30 giorni con incubazione a 54 °C[41]. Risultati analoghi sono stati ottenuti negli anni Sessanta[41].

A differenza della nisina, della subtilina e della natamicina, la tilosina è utilizzata sia nell'alimentazione del bestiame sia per trattare alcune malattie del pollame; essendo un macrolide è molto efficace contro i batteri Gram-positivi; inibisce la sintesi proteica associandosi alla subunità ribosomiale 50S e mostra una parziale resistenza incrociata con l'eritromicina.

13.11 Agenti antifungini per la frutta

Nella tabella 13.10 sono elencati alcuni composti applicati alla frutta dopo la raccolta per il controllo dei funghi, principalmente muffe. Il benomyl viene applicato uniformemente, in concentrazioni di 0,5-1,0 g/L, su tutta la superficie dei frutti; può penetrare la superficie di alcuni vegetali ed è utilizzato in tutto il mondo per controllare il marciume del colletto e l'antracnosi delle banane e il marciume dell'asse carpellare degli agrumi. Il benomyl è più efficace del tiabendazolo e penetra con maggiore facilità; entrambi i composti sono efficaci per il controllo del marciume secco causato da *Fusarium* spp. Durante la conservazione prolungata dell'uva, per prevenire il diffondersi di *Botrytis* da un grappolo all'altro, si impiega SO_2, che viene applicato poco dopo la raccolta e successivamente circa una volta alla settimana. Un tipico trattamento prevede un'applicazione iniziale per 20 minuti di una preparazione all'1% seguita da applicazioni di preparazioni allo 0,25% (l'impiego di SO_2 in altri alimenti è stata discussa in precedenza).

Un estratto di una specie di *Trichoderma* (6-pentil-α-pirone, 6-PAP) è un efficace inibitore dei ceppi di *Botrytis* e di *Armillaria* che distruggono i kiwi in Nuova Zelanda; non è chiara l'efficacia su altri funghi.

Tabella 13.10 Alcuni agenti chimici impiegati nel controllo delle alterazioni fungine della frutta fresca

Composto	Frutti
Tiabendazolo	Mele, pere, agrumi, ananas
Benomyl	Mele, pere, banane, agrumi, mango, papaia, pesche, ciliegie, ananas
Difenile	Agrumi
Fumigazione con SO_2	Uva
Sodio-α-fenilfenato	Mele, pere, agrumi, ananas

(Da Eckert[51])

13.12 Ossidi di etilene e di propilene

Gli ossidi di etilene e di propilene e i formati di etile ($HCOOC_2H_5$) e di metile ($HCOOCH_3$) hanno meccanismo d'azione simile. Le strutture degli ossidi sono le seguenti:

$$H_2C \quad\quad CH_2$$
$$| \quad O \quad O \quad |$$
$$H_2C \quad\quad CH \cdot CH_3$$

Gli ossidi esistono come gas e sono impiegati come fumiganti nell'industria alimentare, principalmente come composti antifungini per frutta secca, noci, spezie eccetera.

L'ossido di etilene è un agente alchilante; la sua attività antimicrobica sarebbe correlata all'azione alchilante come segue. In presenza di atomi di H labili, l'anello instabile triatomico dell'ossido di etilene si rompe; l'atomo di H si attacca all'ossigeno, formando un radicale idrossietilico (CH_2CH_2OH), che a sua volta si attacca alla molecola organica nella posizione lasciata vacante dall'atomo di H. Il radicale idrossietilico blocca i gruppi reattivi all'interno delle proteine microbiche, dando luogo all'inibizione. Tra i gruppi in grado di fornire un atomo di H labile vi sono $-COOH$, $-NH_2$, $-SH$ e $O-OH$. L'ossido di etilene sembra agire sulle endospore di *C. botulinum* alchilando le adenine e le guanine del DNA delle spore[167,208].

L'ossido di etilene è usato come sterilizzante gassoso dei contenitori flessibili e semirigidi destinati al confezionamento asettico di alimenti trattati; il gas si dissolve completamente, senza lasciare traccia sui contenitori, dopo la rimozione di questi dalla camera di trattamento. Per quanto riguarda la sua attività antimicrobica, l'efficacia contro le cellule vegetative non è molto superiore rispetto a quella contro le endospore, come può essere osservato dai valori di *D* riportati in tabella 13.4.

13.13 Altri antimicrobici chimici

13.13.1 Chitosani

Questi polisaccaridi cationici sono derivati deacetilati della chitina formati per idrolisi acida o enzimatica; la chitina può essere ottenuta mediante chitosanasi[106]. Il chitosano o-carbometilato (O-CM) è idrosolubile e possiede uno spettro d'azione antimicrobica più ampio rispetto ad alcune altre preparazioni. I chitosani hanno un peso molecolare variabile da soli 30 a oltre 1000 dalton. Questi composti – che sembrano più efficaci contro i batteri Gram-positivi che contro quelli Gram-negativi – sono stati studiati come antimicrobici per l'impiego nei film da imballaggio (*bioactive packaging*). I chitosani policationici si legano alle cellule batteriche cariche negativamente e interferiscono con il meccanismo di trasporto della membrana.

Utilizzando un agar plate disk assay, sono stati testati contro alcuni batteri responsabili dell'alterazione del tofu sei chitosani oligomerici e sei chitosani; i sei chitosani hanno mostrato maggiore attività antimicrobica: allo 0,1% inibivano completamente *Bacillus* spp. dopo 24 ore a 37 °C e comportavano una riduzione da 3 a 4 unità logaritmiche di *Bacillus megaterium* e *B. cereus*[140]. Una concentrazione dello 0,04% di chitosani eliminava completamente *Enterobacter sakazakii*. In uno studio condotto su chitosani in emulsione olio-acqua contro livelli di 10^7 ufc/mL di *L. monocytogenes* e *S.* Typhimurium è stato osservato che lo 0,1% di polisaccaride chitosano era in grado di inibire entrambi i patogeni, sia a 10 °C sia a 25 °C, e che *L. monocytogenes* era più sensibile di *S.* sierotipo Typhimurium[225].

13.13.2 Dimetildicarbonato

Questo composto (DMDC) è utilizzato a livelli dello 0,025% come inibitore dei lieviti nel vino e in alcune bevande alla frutta. Per idrolisi produce metanolo e CO_2. Nel sidro di mela conservato a 4 °C, una concentrazione dello 0,25% ha determinato dopo 3 giorni una significativa riduzione (a <1 ufc/mL) di *E. coli* O157:H7, sia rispetto al controllo senza DMDC sia rispetto al sidro addizionato con bisolfito di sodio o benzoato di sodio, nel quale il patogeno sopravviveva fino a 15 giorni[56].

13.13.3 Etanolo

Questo alcol è presente negli estratti aromatizzanti e agisce come conservante grazie al potere disidratante e denaturante. I vapori di etanolo, che possono essere immessi o formati nello spazio di testa di un imballaggio mediante un generatore di vapore, si sono dimostrati efficaci contro batteri e funghi. Etanolo al 5% è stato impiegato per sensibilizzare *L. monocytogenes* ai bassi pH, agli acidi organici e agli stress osmotici. A pH 3,0, con una concentrazione del 5% è stata ottenuta una riduzione del patogeno di oltre 3 unità logaritmiche dopo 40 minuti di esposizione; con una concentrazione del 10% la stessa riduzione si è verificata dopo 10 minuti[12]. La combinazione più potente è risultata pH 3,0 + 50 mM di formato + 5% di etanolo, che ha determinato una riduzione di 5 unità logaritmiche in 4 minuti. Sembra che l'etanolo alteri la permeabilità di membrana, rendendo le cellule più sensibili ad alcuni altri agenti antimicrobici. Le spore di *B. subtilis* trattate con alcali o etanolo rilasciano DPA. Le spore trattate con etanolo non germinano nei substrati nutritivi o non nutritivi per la germinazione e non recuperano dopo il trattamento con lisozima[174].

L'*acido deidroacetico* (vedi sotto) è utilizzato per conservare le zucche.

Il *dietilpirocarbonato* è stato impiegato come inibitore di lieviti in vini imbottigliati e bevande analcoliche; si decompone per idrolisi o alcolisi formando etanolo e CO_2. L'idrolisi (reazione con acqua) è la seguente:

$$C_2H_5O-CO \diagdown \; O \xrightarrow{H_2O} 2C_2H_5OH + 2CO_2$$
$$C_2H_5O-CO \diagup$$

l'alcolisi (reazione con alcol etilico):

$$C_2H_5O-CO \diagdown \; O \xrightarrow{C_2H_5OH} \begin{array}{c} C_2H_5O \diagdown \\ C_2H_5O \diagup \end{array} C=O + CO_2 + C_2H_5OH$$
$$C_2H_5O-CO \diagup$$

Saccharomyces cerevisiae e i conidi di *A. niger* e *Byssochlamys fulva* sono stati distrutti
da tale composto durante la prima mezz'ora di esposizione, mentre per la massima distruzione
delle ascospore di *B. fulva* sono richieste 4-6 ore. La concentrazione letale per i lieviti varia
da 20 a 1000 ppm, a seconda della specie o del ceppo. Per la distruzione di *L. plantarum* e
Leuconostoc mesenteroides sono necessarie almeno 24 ore. I batteri sporigeni sono abbastanza resistenti a questo composto. Poiché può dare luogo alla formazione di uretano, un composto cancerogeno, il suo impiego non è più permesso negli Stati Uniti.

13.13.4 Glucosio ossidasi

In presenza di O_2 questo enzima catalizza l'ossidazione del glucosio ad acido gluconico e
perossido di idrogeno; è prodotto da alcune muffe e i prodotti della reazione sopprimono la
crescita di alcuni batteri Gram-negativi nei terreni di coltura.

13.13.5 Poliamminoacidi

Almeno due polimeri amminoacidici cationici hanno dimostrato potere inibitorio verso
numerosi batteri e funghi di origine alimentare e minima tossicità per l'uomo; sembrano inte-
ragire con la membrana delle cellule microbiche interferendo con la sua attività.

La epsilon-polilisina è prodotta in Giappone; a livelli di soli 5 ppm ha dimostrato potere
inibitorio, in particolare verso alcuni batteri Gram-positivi. È idrosolubile, efficace in un
ampio intervallo di pH ed è degradata a lisina dalle proteasi. Un altro composto è l'etil-N-
dodecanoil-L-arginina HCl (prodotto in Spagna); che a livelli di circa 200 ppm si è dimostrato efficace contro la popolazione microbica di carni e pollame; nel corpo umano è metabolizzato ad arginina. Entrambi i composti sono riconosciuti come GRAS.

13.14 Biocontrollo

Per biocontrollo si intende l'impiego di uno o più microrganismi per inibire o controllare
altri microrganismi. Il controllo può essere attuato direttamente da un microrganismo vitale
(per esempio un fago) oppure può essere il risultato di azioni o di agenti indiretti (come la
produzione di batteriocine). Gli antibiotici, già trattati in questo capitolo, non sono qui inclusi. In relazione alla protezione degli alimenti, il biocontrollo comprende le attività dei batteri lattici, le batteriocine, le endolisine, i batteriofagi e le "colture protettive" in generale.

13.14.1 Competizione microbica

I prodotti alimentari trattati in questo paragrafo sono positivamente influenzati, senza che
sia alterata la loro identità, da membri selettivi della loro popolazione microbica. Al contrario, i prodotti fermentati trattati nei capitoli 7 e 8 – per esempio yogurt, cetriolini sottaceto
e vino – sono essenzialmente prodotti finali con un'identità diversa da quella della materia
prima dalla quale sono ottenuti. Sebbene gli alimenti fermentati non rientrino nell'ambito
della competizione microbica, va sottolineato che molti microrganismi utili sono anche
coinvolti nelle fermentazioni. La microflora competitiva è costituita essenzialmente da
agenti di biocontrollo.

La competizione microbica si riferisce all'inibizione, o alla distruzione, generale non specifica di un microrganismo da parte di altri membri dello stesso habitat o ambiente. L'anta-

gonismo lattico è un esempio di competizione microbica specifica, ma l'inibizione può verificarsi anche in altri modi non altrettanto ben definiti; alcuni di questi sono illustrati di seguito. L'espressione "competizione batterica" fu suggerita da R. Dubos per descrivere il primo lavoro in questo campo, che riguardava l'antagonismo della normale microflora presente sulla pelle verso alcuni microrganismi patogeni per l'uomo. Nello specifico, negli anni Sessanta e Settanta diversi ricercatori clinici hanno osservato che la normale e innocua microflora stafilococcica delle narici preveniva la colonizzazione da parte di ceppi stafilococcici più virulenti. È stato infatti dimostrato che spruzzando o inoculando le narici di bambini neonati con ceppi avirulenti si preveniva la successiva colonizzazione da parte di ceppi virulenti. Florey[57] ha identificato e riesaminato esempi di competizione batterica risalenti fino al 1877. Tra i primi lavori pubblicati sulla competizione microbica negli alimenti vi sono quelli di Dack e Lippits[37], Peterson e colleghi[149] e Goepfert e Kim[69]. Dack e Lippits hanno osservato che la microflora naturale di torte farcite surgelate inibiva le cellule inoculate di *Staphylococcus aureus*, *E. coli* e *S.* Typhimurium. La repressione di *S. aureus* in torte farcite da parte di 10^5 ufc/g della normale microflora è stata osservata da Peterson e colleghi. L'incapacità dei patogeni di origine alimentare di crescere in carne bovina fresca macinata in presenza di circa 10^5 ufc/g di normale microflora è stata dimostrata da Goepfert e Kim. A partire da questi primi studi, è stato dimostrato l'antagonismo della normale flora indigena contro *L. monocytogenes* e contro ceppi patogeni di *E. coli*. Gli effetti soppressivi di una popolazione batterica aerobia sufficientemente grande sullo sviluppo di *C. botulinum* nelle carni fresche sono ampiamente dimostrati, come pure la soppressione di lieviti e muffe da parte della flora batterica delle carni fresche macinate[93].

I meccanismi dell'interferenza microbica generale non sono chiari, ma alcune osservazioni sono di grande interesse. Innanzi tutto, il numero di cellule vitali della popolazione indigena deve essere maggiore di quello del microrganismo da inibire; in secondo luogo, la popolazione indigena competitiva è generalmente non omogenea e il ruolo specifico svolto dalle singole specie che la costituiscono non è del tutto noto. Tra le spiegazioni proposte nel corso degli anni vi sono le seguenti: 1) competizione per i nutrienti; 2) competizione per i siti di attacco/adesione; 3) sviluppo di condizioni ambientali sfavorevoli; 4) combinazione delle tre precedenti. Poiché, di norma, la competizione si verifica quando il valore di APC è di almeno 10^6 cellule/g, è ipotizzabile che la formazione di biofilm e il *quorum sensing* (sistema di comunicazione tra le cellule) svolgano un ruolo finora sconosciuto in questo fenomeno. Alcuni esempi specifici di competizione e di antagonismo lattico sono presentati di seguito.

Un esempio alquanto inusuale di ciò che può essere chiamato "competizione biotica" è stato osservato nel nematode del suolo *Caenorhabditis elegans*; è stato dimostrato che questo nematode dissemina batteri, con un'apparente preferenza per le cellule Gram-negative rispetto a quelle Gram-positive, sebbene in uno studio avesse ingerito membri di entrambi i gruppi microbici[5]. L'ingestione di *Salmonella* Poona da parte del nematode è risultata nella protezione del batterio dagli effetti dei composti sanitizzanti[25]. La capacità dei nematodi di disseminare microrganismi nel terreno in cui vivono potrebbe dimostrarsi significativa per la disseminazione e la persistenza di alcuni batteri patogeni di origine alimentare nel suolo, specialmente tra i germogli di semi.

Antagonismo lattico

Il fenomeno dell'inibizione o dell'uccisione da parte dei batteri lattici di microrganismi strettamente correlati, patogeni o alteranti, presenti in coltura mista è noto da oltre 80 anni. Il meccanismo preciso di tale fenomeno, comunemente definito antagonismo lattico, non è ancora chiaro. Tra i fattori identificati vi sono la produzione di antibiotici, perossido di idrogeno, diacetile e batteriocine, in aggiunta alla riduzione del pH e al consumo di nutrienti. L'antagonismo lattico è dunque un esempio di competizione microbica.

In uno studio un ceppo di *Lactococcus lactis* produttore di pediocina è stato migliorato geneticamente per produrre quantità di pediocina sufficienti per controllare la crescita di *L. monocytogenes* nel formaggio cheddar in fase di maturazione. Nel formaggio di controllo, la concentrazione del patogeno aumentava fino a circa 10^7/g in 2 settimane e poi diminuiva fino ad arrivare a circa 10^3/g dopo 6 mesi, mentre nel formaggio trattato diminuiva fino a 10^2/g entro la prima settimana e poi fino a sole 10 cellule/g entro tre mesi[24].

Coltivato in latte scremato pastorizzato, *Propionibacterium freudenreichii* subsp. *shermanii* produce un non ben definito sistema inibitorio multicomposto, efficace contro batteri Gram-negativi e muffe; su un sistema di questo genere si basa *Microgard*, molto utilizzato nel formaggio cottage. La *reuterina* (3-idrossipropionaldeide) è prodotta da *Lactobacillus reuteri* a partire da glicerolo. In carne di maiale cruda macinata con una concentrazione di 100 unità arbitrarie (AU) per grammo si è ottenuta una riduzione di *E. coli* O157:H7 di 5 log dopo 1 giorno a 7 °C[53]. Impiegata da sola, la reuterina a 4 AU/mL ha inibito la crescita di *E. coli* e a 8 AU/mL quella di *L. monocytogenes*. Questo inibitore era anche più efficace in combinazione con acido lattico[53].

Lactobacillus reuteri e isotiocianato di allile (AIT, a circa 1300 ppm) sono stati testati – da soli e in combinazione – contro una miscela di 5 ceppi di *E. coli* O157:H7 in carne bovina macinata conservata a 4 °C per 25 giorni. Sono stati utilizzati inoculi di *E. coli* di 3 e 6 $\log_{10}$ ufc/g e sono stati aggiunti 250 mM di glicerolo/kg di carne. *E. coli* è stato ucciso da *L. reuteri* prima del ventesimo giorno in entrambi i livelli di inoculo; entro il venticinquesimo giorno, AIT ha eliminato completamente l'inoculo di 3 $\log_{10}$ e ha determinato nell'inoculo di 6 $\log_{10}$ una riduzione di oltre 4,5 unità logaritmiche[133].

Per studiarne l'effetto protettivo, *Lactobacillus casei* e il suo permeato colturale sono stati testati su insalate pronte al consumo mantenute a 8 °C[199]. Dopo 6 giorni di conservazione, il 3% del permeato aveva ridotto il valore di APC da 6 a 1 $\log_{10}$ ufc/g e soppresso completamente coliformi, enterococchi e *Aeromonas hydrophila*. L'1% di acido lattico ha ridotto di circa 2 unità logaritmiche i coliformi e di circa 1 unità logaritmica i coliformi fecali[199]. L'inibitore principale prodotto da un ceppo di *Staphylococcus equorum* è la *micrococcina* P_1, un antibiotico peptidico macrolide: il batterio è risultato in grado di inibire *L. monocytogenes* sulla superficie di un formaggio molle[28]. Un altro composto antilisteria, la *coagulina*, è stato isolato da un ceppo di *B. subtilis* e classificato nella famiglia delle pediocine delle batteriocine[115].

È stata valutata l'efficacia di *Lactococcus lactis*, *Leuconostoc cremoris*, *Lactobacillus plantarum*, *L. delbrueckii* subsp. *bulgaricus* e *Streptococcus salivarious* subsp. *thermophilus* per controllare *L. monocytogenes* nel latte pastorizzato; il prodotto è stato inoculato con circa 10^4 ufc/mL di patogeno e incubato a 30 °C[151]. Con un pH finale di 4,17-4,21, a 30 o 37 °C, l'inibizione è stata dell'89-100%; la completa inibizione è stata ottenuta con i due lattobacilli dopo 20 ore a 37 °C e dopo 64 ore a 30 °C. In un altro studio 49 batteri lattici isolati da alimenti pronti al consumo sono stati testati su agar spot plate contro *L. monocytogenes*[4]. I tre isolati più efficaci sono stati identificati come *Lactobacillus casei*, *Lactobacillus paracasei* e *Pediococcus acidilactici*. Utilizzando brodo MRS incubato a 5 °C per 28 giorni, la riduzione di *L. monocytogenes* è stata di 3,5 unità logaritmiche, mentre nei würstel la riduzione è stata di 4,2-4,7 unità log. Nel prosciutto cotto, confezionato sotto vuoto e conservato a 5 °C per 28 giorni, la riduzione è stata di 2,6 unità log[4].

Numerosi altri studiosi hanno dimostrato l'efficacia di diversi batteri lattici nell'inibire i patogeni di origine alimentare nelle carni e nei prodotti carnei. Durante la fermentazione di salami, con una coltura starter di *Pediococcus acidilactici* si è ottenuta dopo 24 ore una riduzione di 2,3 unità logaritmiche di *E. coli* O157:H7, *L. monocytogenes* e *S. aureus*, rispetto alla riduzione di 1,3 unità log osservata nel controllo[101]. Aggiunto sulla superficie di bistecche di manzo inoculate con *E. coli* o *S.* Typhimurium e conservate a 5 °C, *L. delbrueckii* subsp. *lactis* ha determinato una riduzione significativa degli psicrotrofi e dei coliformi e una leggera riduzione di *E. coli*[173]. Una riduzione significativa di entrambi i patogeni e degli psicrotrofi è stata ottenuta utilizzando la coltura lattica sulla superficie di carcasse di bovini e suini appena macellati. È stata dimostrata l'efficacia di *Leuconostoc carnosum* contro *L. monocytogenes* su würstel inglesi (saveloy), affettati e confezionati in atmosfera modificata (MAP)[92]. Tra i metodi utilizzati per aggiungere il microrganismo lattico sulla superficie delle carni, il più efficace è risultato l'applicazione spray, che ha mantenuto la concentrazione di *L. monocytogenes* a 10 ufc/g per 4 settimane a 10 °C, mentre nei controlli il patogeno aumentava fino a circa 10^7 ufc/g[92].

Gli effetti protettivi dei batteri lattici nel prodotti carnei sono confermati da altre ricerche. In uno studio condotto in Norvegia su prosciutto cotto, affettato e confezionato in atmosfera modificata, e su salsiccia di carne, un inoculo costituito da 10^4-10^5/g di una miscela di 5 ceppi di *Lactobacillus sakei* ha inibito la crescita di *L. monocytogenes* e di *E. coli* O157:H7 nei campioni mantenuti a 8 °C per 21 giorni; un ceppo di *Yersinia enterocolitica* sierotipo O:3 è invece risultato insensibile[20]. Tutte le carni erano accettabili al termine della conservazione.

1180 psicrotrofi isolati da insalate vegetali sono stati testati con agar plate assay contro *S. aureus*, *E. coli* O157:H7, *L. monocytogenes* e *S.* Montevideo: 37 isolati (3,2%) – 34 dei quali Gram-negativi – hanno mostrato gradi diversi di capacità inibitoria nei confronti di almeno uno dei quattro patogeni[171]. Un ceppo di *Lactobacillus delbrueckii* subsp. *lactis* produttore di perossido di idrogeno è stato aggiunto con *E. coli* O157:H7 e *L. monocytogenes* a diversi vegetali freschi tagliati, poi incubati a 7 °C per 6 giorni: non si è osservata alcuna riduzione dei patogeni, apparentemente perché la catalasi presente nei vegetali tagliati ha distrutto il perossido di idrogeno prodotto dalla coltura lattica[78]. Quando un ceppo di origine alimentare di *Staphylococcus equorum* è stato testato contro 95 ceppi di *Listeria* (tutte le specie erano incluse), tutti sono stati inibiti[28]. *S. equorum* è stato testato anche verso altre specie e ceppi (131) di batteri Gram-positivi, risultando efficace in tutti i casi tranne uno; non ha mostrato invece efficacia contro 37 ceppi di 6 specie Gram-negative[28].

Con la definizione *colture protettive*, secondo il concetto avanzato da Holzapfel e colleghi[83], ci si riferisce a quei microrganismi che, presenti naturalmente o aggiunti, hanno l'effetto di conservare/proteggere un prodotto alimentare. I microrganismi di cui si è parlato in relazione all'antagonismo lattico rispondono a tale definizione. Tra le proprietà che le colture protettive – di cui i batteri lattici costituiscono il gruppo più ampio e importante – dovrebbero possedere vi sono[83]:

– non presentare alcun pericolo per la salute;
– avere effetti benefici sul prodotto;
– non avere effetti negativi sulle proprietà sensoriali;
– servire come "indicatori" in condizioni di abuso.

13.14.2 Nisina e altre batteriocine

Nisina

La nisina, prodotta da alcuni ceppi di *Lactococcus lactis*, è un lantibiotico (contiene i rari amminoacidi *meso*-lantionina e 3-metil-lantionina) ed è il prototipo delle batteriocine di origine alimentare; la sua struttura polipeptidica è mostrata nella figura 13.6 (nella quale si può osservare che gli amminoacidi C-terminali sono simili, mentre quelli N-terminali non lo sono). Il primo impiego alimentare della nisina è stato proposto da Hurst [88] per prevenire l'alterazione del formaggio Svizzero da parte di *Clostridium butyricum*. È il più largamente utilizzato di questi composti per la conservazione degli alimenti: il suo impiego è consentito a differenti livelli in circa 50 Paesi [40]. Negli Stati Uniti è stato approvato per l'uso alimentare nel 1988, il suo impiego è limitato alla superficie dei formaggi pastorizzati stagionati. Si tratta di un composto idrofobico e può essere degradato da metabisolfito, ossido di titanio e da alcuni enzimi proteolitici. È efficace contro i batteri Gram-positivi, principalmente sporigeni, ed è inefficace verso i funghi e i batteri Gram-negativi. *Enterococcus faecalis* è uno dei più resistenti tra i Gram-positivi.

Tra le caratteristiche desiderabili della nisina come conservante alimentare vi sono:

- non è tossica;
- è prodotta naturalmente da ceppi di *Lactococcus lactis*;
- è stabile al calore e ha un'eccellente stabilità durante la conservazione;
- è distrutta dagli enzimi digestivi;
- non contribuisce alla formazione di odori e sapori sgradevoli;
- ha uno spettro d'attività antimicrobica limitato.

Sono state condotte numerose ricerche sull'impiego della nisina in aggiunta al calore nella produzione di alimenti in scatola o come inibitore di spore pretrattate termicamente di ceppi di *Bacillus* e di *Clostridium*; i valori di MIC per prevenire lo sviluppo delle spore in fase germinativa variano da 3 a oltre 5000 UI/mL oppure da <1 a >125 ppm (1 µg di nisina pura equivale a circa 40 IU o RU-*Reading unit*) [88]. A seconda del Paese e del tipo di prodotto alimentare, i livelli utilizzati sono compresi nell'intervallo 2,5-100 ppm, sebbene alcuni paesi non impongano limiti di concentrazione. La nisina è stata combinata con trattamenti termici blandi per distruggere *L. monocytogenes* nella polpa di granchio conservata mediante confezioni refrigerate (cold-pack). Utilizzando una salamoia a pH 8,0 e una concentrazione di nisina di 25 mg/kg di contenuto, a 60 °C per 5minuti e contenitori di due diverse dimensioni, è stata ottenuta una riduzione delle cellule inoculate da 3 a 5 unità logaritmiche, mentre con nisina da sola la riduzione è stata di sole 1-3 unità logaritmiche [22].

Un processo termico convenzionale per alimenti a bassa acidità richiede un F_0 di 6-8 minuti (vedi par. 17.3.4) per inattivare le endospore sia di *C. botulinum* sia dei microrganismi alteranti. Aggiungendo nisina, il trattamento termico può essere ridotto a un $F_0 = 3$ (per inattivare le spore di *C. botulinum*), ottenendo una migliore qualità delle conserve a bassa acidità. Mentre un trattamento blando non distrugge le endospore dei microrganismi alteranti, la nisina ne previene la germinazione agendo precocemente sul loro ciclo (figura 13.1). Oltre all'impiego in alcuni alimenti in scatola, la nisina è più spesso utilizzata nei prodotti lattiero-caseari: formaggi fusi, latte condensato, latte pastorizzato eccetera. In alcuni paesi ne è consentito l'impiego nei prodotti ottenuti dalla trasformazione dei pomodori e nella frutta e nei vegetali in scatola [88]. La nisina è più stabile negli alimenti acidi.

Per la sua efficacia nel prevenire lo sviluppo delle spore di *C. botulinum* in fase germinativa e per la necessità di trovare sostanze sicure che possano sostituire i nitriti nelle carni trasformate, la nisina è stata largamente studiata come possibile alternativa ai nitriti. Sebbene alcuni studi abbiano ottenuto risultati incoraggianti utilizzando *C. sporogenes* e altri microrganismi non patogeni, da una ricerca – che impiegava spore di *C. botulinum* tipo A e B in impasti di maiale – è emerso che 550 ppm di nisina in combinazione con 60 ppm di nitriti non erano in grado di inibire lo sviluppo delle spore [154]. Impiegata in terreni di coltura senza

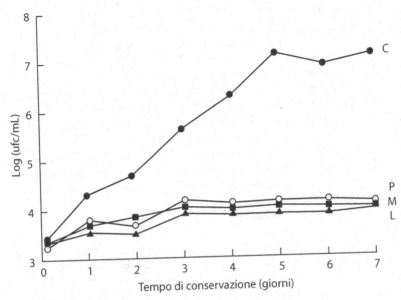

Figura 13.7 Crescita di *S. aureus* in coltura pura (C), in associazione con *L. plantarum* (L), con *P. cerevisiae* (P) e con *L. plantarum* e *P. cerevisiae* in miscela (M) in pollame dissossato meccanicamente e cotto (MDPM) a 15 °C. I batteri lattici sono stati aggiunti in concentrazioni di 10^9 cellule/g. (Da Raccach e Baker[153], copyright © 1978 International Association for Food Protection, con autorizzazione)

aggiunta di nitriti, la quantità di nisina necessaria per inibire il 50% delle spore è stata di 1-2 ppm per *C. botulinum* tipo E, 10-20 ppm per il tipo B e 20-40 ppm per il tipo A[172]. In quest'ultima ricerca è stato osservato che per l'inibizione erano necessari livelli di nisina più elevati nella carne cotta che nel substrato TPYG; secondo gli autori, la nisina sarebbe all'incirca equivalente al nitrito nel prevenire lo sviluppo delle spore di *C. botulinum*.

È stato proposto il sistema di classificazione Klaenhammer, che raggruppa le batteriocine in quattro classi, principalmente in base alla genetica e alla biochimica di questi composti. La classe I comprende i lantibiotici come la nisina, la classe II i piccoli peptidi termostabili come la lactacina F, la classe III le proteine termolabili come la elveticina J e la classe IV le proteine che formano un complesso con altri fattori.

Diversamente dagli antibiotici, le batteriocine generalmente inibiscono solo specie e ceppi strettamente correlati di batteri Gram-positivi; esse consistono di piccole proteine, per la maggior parte codificate attraverso plasmidi. Sembra che alcune specie e alcuni ceppi di tutti i generi di batteri lattici possiedano la capacità di produrre batteriocine o composti simili. Sebbene l'attenzione fosse focalizzata inizialmente sui lattici associati ai prodotti lattiero-caseari, specie e ceppi produttori di batteriocine sono stati recuperati dalle carni e da altri prodotti fermentati non lattiero-caseari. La repressione della crescita di *S. aureus* da parte di *Pediococcus cerevisiae* e *L. plantarum* è illustrata nella figura 13.7.

La nisina e la subtilisina sembrano avere identica modalità d'azione; i geni strutturali sembrano essere gli stessi per questi e per altri antibiotici. Questi metaboliti agiscono sulla membrana citoplasmatica depolarizzandola con la riduzione del potenziale transmembrana e formandovi pori in funzione della differenza di potenziale[1,166]. Il risultato della formazione di un poro è la perdita di amminoacidi accumulati e l'inibizione del trasporto di amminoacidi. È stato dimostrato che un mutante di *L. monocytogenes* resistente alla nisina contiene quantità significativamente inferiori di fosfolipidi nella membrana citoplasmatica[130]. Giacché si ipotizza che il bersaglio per la nisina siano i fosfolipidi di membrana, quanto minore è la quantità di questi ultimi tanto minore è la suscettibilità della membrana alla formazione di pori[139]. A differenza della nisina (batteriocina di classe I), le batteriocine di classe II – come la lattococcina B – possiedono spettri d'azione più ristretti e la loro attività di membrana porta alla perdita di ioni e al consumo di ATP e di forza motrice dei protoni. Nell'ultimo decennio si è resa disponibile una vasta letteratura scientifica sulle batteriocine[8,86,91,170], alla quale si rimanda per maggiori informazioni su questo argomento.

L'inefficacia della nisina sulla carne bovina fresca è dovuta apparentemente alla sua inattivazione da parte del sistema enzimatico glutatione S-transferasi[164]; è stato dimostrato che tre molecole di glutatione si coniugano con una molecola di nisina. In un altro studio, è stato dimostrato l'effetto sinergico tra nisina e CO_2 mediante la perdita di carbossifluorescina dai liposomi nei ceppi selvaggi di *L. monocytogenes* (questo stesso effetto è causato dall'*enterocina P* prodotta da *Enterococcus faecium* P13[82]) dopo esposizione a 2,5 ppm di nisina in atmosfera al 100% di CO_2[137]. Impiegando un ceppo resistente alla nisina, con 2,5 ppm non si è verificata alcuna riduzione del numero di cellule, mentre con un ceppo selvaggio vi è stata una riduzione di 2 unità logaritmiche in aria e di 4,1 unità logaritmiche in presenza del 100% di CO_2[137]. Un effetto sinergico è stato osservato anche nei confronti di *L. monocytogenes* utilizzando lattati di zinco e di alluminio oppure cloruri di zinco e di alluminio in associazione con 100 UI/mL di nisina; i risultati hanno mostrato che il pretrattamento con lattato di zinco sensibilizza il microrganismo alla nisina[124]. Da questi risultati, la membrana cellulare sarebbe il bersaglio più probabile; tale ipotesi è supportata dall'osservazione che nisina e vancomicina hanno lo stesso bersaglio: nello specifico, il precursore della parete cellulare Lipide II ancorato alla membrana, per il quale la nisina presenta elevata affinità[21].

La nisina è stata combinata con lisozima e EDTA in un rivestimento di gelatina per valutarne l'effetto sulla microflora alterante. Il test è stato condotto su prosciutto cotto e mortadella, che sono stati ricoperti con 0,2 g di gelatina al 7% + 25,5g/L di lisozima-nisina (1:3) + 25,5 g/L di EDTA. Ciascun campione è stato inoculato con sei specie batteriche, confezionato sotto vuoto e conservato a 8 °C per 4 settimane[67]. I gel antimicrobici hanno determinato un'immediata riduzione – anche di 4 log cfu/cm² – dei quattro Gram-positivi (*B. thermosphacta*, *L. sakei*, *L. mesenteroides* e *L. monocytogenes*), la cui crescita è stata inibita nelle 4 settimane successive. Sul prosciutto, il trattamento ha determinato una riduzione di *E. coli* O157:H7 di 2 unità logaritmiche, mentre sulla mortadella è risultato inefficace verso questa specie[67].

Utilizzando un progetto sperimentale di Doehlert, è stato osservato che nisina e attività dell'acqua (a_w) avevano effetto sinergico e che il numero di cellule poteva essere ridotto di 4-5 unità logaritmiche con 1000-1400 UI/mL di nisina, pH 5,5-6,5 e a_w di 0,97-0,98[31]. L'effetto osservato era indipendente dal tipo di soluto impiegato per il controllo di a_w.

Altre batteriocine

Due ceppi di *Carnobacterium piscicola*, risultati antilisteria al saggio di diffusione in agar, sono stati testati su salmone affumicato a freddo e conservato a 5 °C: uno è risultato efficace nel ridurre *L. monocytogenes* da 10^3 a <10 ufc/mL dopo 32 giorni[138]; l'altro ceppo, produttore di antimicrobico "non-batteriocina", ha inibito la crescita del patogeno. In un'altra ricerca un ceppo di *C. piscicola* è stato testato su salmone affumicato a freddo verso *L. monocytogenes* ed è risultato letale per il patogeno entro 21 e 12 giorni, rispettivamente a 4 e 12 °C[215]. Estratti purificati di batteri lattici sono risultati inibitori per il patogeno mediante saggio su piastra. Duecento isolati da alimenti e colture provenienti da industrie alimentari di *L. monocytogenes* sono stati testati per la suscettibilità alle batteriocine di classe IIa saka-cina P_1, sakacina A e pediocina PA-1 insieme a nisina. Le concentrazioni del composto atti-vo in grado di conseguire la riduzione del 50% del carico microbico (IC_{50}) sono state deter-minate con il metodo plate assay (su piastra), utilizzando le seguenti concentrazioni espres-se in ng: pediocina PA-1 (0,10-7,34); sakacina A (0,15-44,2); nisina (2,2-781). Nessuno dei ceppi di listeria è risultato resistente alle batteriocine di classe IIa[102]; la sakacina P_1 ha con-sentito di dividere i ceppi in due gruppi distinti.

13.15 Endolisine

Giunti a maturazione all'interno delle cellule batteriche ospiti i batteriofagi neoformati deter-minano il proprio rilascio mediante l'impiego consecutivo di due piccole proteine idrofobi-che: le *holins* (hole-former, proteine formanti pori) e le endolisine. Le holins distruggono la membrana cellulare e formano pori attraverso i quali possono passare le endolisine[218]; que-ste hanno come bersaglio i legami del peptidoglicano delle cellule batteriche (Gram-positi-ve) e dopo la distruzione di questa barriera cellulare viene rilasciata la progenie del fago. (Per un approfondimento, vedi il riferimento bibliografico 205.) Oltre a lisare la cellula bat-terica dall'interno, le endolisine rilasciate dai Gram-positivi lisano i batteri anche dall'ester-no[224]. La produzione e l'impiego di endolisine fagiche per controllare alcuni batteri patoge-ni di origine alimentare è stata dimostrata; di seguito se ne riportano tre esempi.

Un esame del sistema litico della parete cellulare del fago Φ3626 di *Clostridium perfrin-gens* ha rivelato che questo fago produce una olina e una endolisina. La funzione dell'olina è stata dimostrata mediante la sua capacità di sostituire l'olina del fago lambda, eliminata per delezione, all'interno di un vettore fagico modificato. Il gene dell'endolisina (*ply*3626) è stato clonato ed espresso in *E. coli*. Testata contro 48 ceppi di *C. perfringens*, l'endolisina fagica, applicata esogenamente, li ha distrutti tutti con la sua attività litica[224]. *Clostridium fallax*, che possiede un peptidoglicano con struttura simile a quello di *C. perfringens*, è stata la sola altra specie lisata.

Endolisine prodotte da fagi di *L. monocytogenes* sono state introdotte in una coltura star-ter di batteri lattici, consentendo all'enzima fagico di ridurre o eliminare il patogeno duran-te la maturazione del formaggio. Per ottimizzare il rilascio sulla superficie dei formaggi delle endolisine sintetizzate all'interno delle cellule batteriche, il gene codificante per l'endolisi-na è stato modificato per trasportare un peptide segnale. Quando questo costrutto è stato introdotto in una coltura starter di *Lactococcus lactis*, è stato identificato un clone che espri-meva una forte attività litica, che era esportata quantitativamente dalle cellule del Lactococ-cus nel mezzo circostante, dove causava la rapida lisi delle cellule di *L. monocytogenes*[64]. Il vettore è stato introdotto anche in un ceppo di *L. lactis* utilizzatore di lattosio, dove è stato prodotto un enzima funzionale e il vettore si è dimostrato compatibile con i plasmidi nativi del lattococco[64]. Questi ricombinanti sono stati anche utilizzati in esperimenti preliminari di fermentazioni lattiero-casearie per il controllo di *L. monocytogenes*: al termine del periodo di maturazione del formaggio camembert è stata dimostrata una riduzione del 95% del pato-geno (dati non pubblicati: M.J. Loessner et al.).

Una endolisina ad ampio spettro ottenuta da un fago di *Lactobacillus helveticus* si è dimo-strata in grado di lisare diverse specie di lattobacilli, come pure lattococchi, pediococchi, *Enterococcus faecium* e alcuni batteri Gram-positivi[45]. *Listeria innocua, Streptococcus sali-varius* subsp. *thermophilus*, tre specie/ceppi di propionibatteri, come pure *E. coli, Pseudo-monas fluorescens* e *Salmonella* Abortus-ovis non erano influenzati dal costrutto.

13.16 Batteriofagi come agenti di biocontrollo

I fagi litici specifici per determinate specie e ceppi batterici sono notoriamente in grado di distruggere le loro cellule ospiti e questo è alla base della tipizzazione fagica, descritta nel capitolo 11. Per quanto riguarda il controllo dei batteri patogeni e alteranti negli alimenti, la questione è se i fagi possono distruggere le loro specifiche cellule ospiti anche in questo ambiente. In altre parole, può il substrato alimentare prevenire l'attacco del fago alle cellule ospiti? E nel caso ciò non fosse possibile, altri fattori possono prevenire la lisi cellulare? Negli anni Sessanta sono state pubblicate ricerche sulla capacità dei batteriofagi di distruggere le loro cellule ospiti in diversi ambienti e condizioni, tra i quali carne, pollame e alcune patologie umane; alcune di queste ricerche sono state oggetto di review[6,70,75].

Alla fine degli anni Sessanta è stata dimostrata la capacità dei fagi di lisare le loro cellule ospiti isolate da pesce, carni e latte scremato, ma questi studi iniziali utilizzavano fagi e cellule ospiti in colture liquide ed estratto di carne. Sembra che il primo studio condotto su fagi aggiunti direttamente alla carne per il controllo dei batteri alteranti sia stato quello di Greer[75], nel quale sono state utilizzate costate, una specie di Pseudomonas precedentemente isolata da carne bovina alterata e un fago omologo a livelli di 10^8 ufp/mL. Quattro giorni dopo l'aggiunta del fago sulla superficie delle bistecche (conservate a 7 °C), precedentemente inoculata con il batterio ospite, si è osservata una riduzione di 1-2 unità logaritmiche del batterio e un aumento di 2 unità logaritmiche del fago. L'aggiunta di 10^8 ufp/mL di fago determinava un prolungamento della *case-life* (conservabilità nel banco frigorifero) delle bistecche da 1,6 a 2,9 giorni[75]. In generale, lo scolorimento superficiale e l'accettabilità commerciale risultavano migliorate dai trattamenti con il fago.

È stata studiata su frammenti di pelle di pollo la riduzione di *S.* Enteritidis e di *Campylobacter jejuni* da parte di fagi specifici[70]. In presenza di *S.* Enteritidis i fagi aumentavano da 1,0 a 3,49 ufp/cm^2 dopo 48 ore, mentre quelli aggiunti su pelle non inoculata diminuivano. Questi ricercatori hanno utilizzato un valore di molteplicità di infezione (MOI) che correlava i numeri relativi dei fagi ai loro batteri ospiti. Con MOI = 1, il numero dei fagi aumentava e riduceva quello dei due patogeni di < 1 log/cm^2. Con MOI = 100-1000, la concentrazione dei batteri veniva ridotta rapidamente fino a 2 unità logaritmiche in 48 ore. Con MOI = 10^7 non sono state recuperate salmonelle[70].

In uno studio sull'incidenza e sulla prevalenza di fagi di *C. jejuni* su pollame in vendita al dettaglio sono stati trovati fagi in 34 campioni di pollo fresco porzionato su 300, mentre i 150 campioni congelati sono risultati negativi[7]. È stata dimostrata l'efficacia dei fagi ospite-specifici nel ridurre il numero di *C. jejuni* su pelle di pollo artificialmente contaminata[7]. I fagi *Campylobacter* sono dsDNA (DNA a doppio filamento) e appartengono alle famiglie Myxoviridae e Siphoviridae. Per provocare la lisi delle cellule, i fagi necessitano di cellule ospiti in fase di divisione; poiché *C. jejuni* non cresce a temperature inferiori a 30 °C circa, non sembra essere un buon candidato per il controllo fagico nei prodotti refrigerati. Tuttavia se i fagi si attaccano alle cellule refrigerate, possono divenire attivi durante la successiva crescita delle cellule ospiti.

I fagi si sono dimostrati in grado di ridurre il numero di patogeni alimentari come *L. monocytogenes* sulla superficie di formaggi stagionati, come pure di *E. coli* O157:H7 e di salmonelle su pollame fresco. Essi erano liberamente utilizzati nella ex Unione Sovietica per trattare alcune infezioni batteriche umane. I colifagi sono molto comuni sul pollame fresco, dove sembrano ridurre il numero di *E. coli* vitali[104]. I fagi possono costituire un problema per gli utilizzatori di colture starter nei prodotti lattiero-caseari e carnei, in quanto la lisi di uno o più ceppi starter è causa di fermentazioni difettose. Per sfruttare appieno le reali possibilità offerte dai virus batterici nel ridurre la presenza negli alimenti di batteri alteranti e patogeni sono necessarie ancora molti studi.

Fagi di *Vibrio vulnificus* sono stati isolati da ostriche prelevate da acque di estuario in diverse località intorno agli Stati Uniti: le concentrazioni variavano da 10 a 10^5 ufc/g di tessuto di prodotto. Tutti gli isolati, tranne uno, sono risultati specifici per questo patogeno; solo un isolato era in grado di causare la lisi di *V. parahaemolyticus*[42]. Due colifagi hanno dimostrato di possedere un ampio spettro di ospiti, essendo capaci di lisare non solo molti ceppi di *E. coli*, ma anche *Proteus mirabilis*, *Shigella dysenteriae* e due ceppi di salmonelle[71].

13.17 Teoria degli ostacoli (*Hurdle concept*)

Nel capitolo 3 è stato discusso l'effetto dei singoli parametri di crescita, intrinseci ed estrinseci, sulla vitalità dei microrganismi. La teoria degli ostacoli (*hurdle concept*), proposta da L. Leistner in Germania a metà degli anni Settanta, prevede invece l'impiego di più fattori o tecniche per controllare i microrganismi negli alimenti. Questo metodo – noto anche come "tecnologia barriera", "conservazione combinata" e "metodi combinati" – era applicato nella pratica ad alcuni alimenti già da un secolo.

Un semplice esempio di applicazione di tale metodo è rappresentato dalla prevenzione della germinazione delle spore di ceppi proteolitici o del gruppo I di *C. botulinum*. Tra i parametri intrinseci ed estrinseci (ostacoli) notoriamente in grado di prevenirne la germinazione e la crescita vi sono: pH < 4,6, a_w < 0,94, NaCl 10% o più, $NaNO_2$ 120 ppm circa, temperatura di incubazione < 10 °C e una abbondante microflora batterica aerobia. Negli alimenti formulati secondo questo criterio è presente una serie di tali ostacoli, che realizzano un approccio multitarget per l'inibizione, la germinazione e la crescita di queste spore. Va osservato che tra gli ostacoli menzionati è compresa la microflora batterica aerobia, che dà luogo a competizione microbica. Gli importanti parametri pH e a_w possono essere controllati dalla crescita della microflora presente nell'alimento, in particolare dai batteri lattici. La tecnologia basata sulla teoria degli ostacoli è assai più complessa e ampia di quanto possa apparire da questa sintetica descrizione; maggiori informazioni possono essere reperite in Leistner e Gould[114].

Per quantificare meglio gli effetti di questa tecnologia, valutando la sinergia esistente tra due o più parametri[125], è stato proposto il concetto di crescita/non crescita (G/NG, *growth/no-growth*). Con tale metodo si individua quando – durante l'interazione tra due o più parametri – si verifica l'interruzione della crescita, cioè il limite tra crescita e non crescita. La definizione e la determinazione precisa di quali fattori/parametri permettono la crescita di un dato microrganismo e di quali la prevengono dovrebbero consentire la creazione di modelli per la teoria degli ostacoli. (Per ulteriori informazioni, si consiglia il riferimento bibliografico 125.)

Bibliografia

1. Abee T (1995) Pore-forming bacteriocins of Gram-positive bacteria and self-protection mechanisms of producer organisms. *FEMS Microbiol Lett*, 129: 1-10.
2. Achen M, Yousef AE (2001) Efficacy of ozone against Escherichia coli O157:H7 on apples. *J Food Sci*, 66: 1380-1384.
3. Alakomi HL, Skytta E, Saarela M, Mattila-Sandholm T, Latva-Kala K, Helander IM (2000) Lactic acid permeabilizes Gram-negative bacteria by disrupting the outer membrane. *Appl Environ Microbiol*, 66: 2001-2005.

4. Amézquita A, Brashears MM (2002) Competitive inhibition of Listeria monocytogenes in ready-to-eat meat products by lactic acid bacteria. *J Food Protect*, 65: 316-325.

5. Anderson GL, Caldwell KC, Beuchat LR, Williams PL (2003) Interaction of a free-living soil nematode, Caenorhabditis elgans, with surrogates of foodborne pathogenic bacteria. *J Food Protect*, 66: 1543-1549.

6. Atterbury RJ, Connerton PL, Dodd CER, Rees CED, Connerton IF (2003) Application of host-specific bacteriophages to the surface of chicken skin leads to a reduction in recovery of Campylobacter jejuni. *Appl Environ Microbiol*, 69: 6302-6306.

7. Atterbury RJ, Connerton PL, Dodd CER, Rees CED, Connerton IF (2003) Isolation and characterization of Campylobacter bacteriophages from retail poultry. *Appl Environ Microbiol*, 69: 4511-4518.

8. Aymerich MT, Hugas M, Monfort JM (1998) Review: Bacteriocinogenic lactic acid bacteria associated with meat products. *Food Sci Technol Int*, 4: 141-158.

9. Banks JG, Board RG (1982) Sulfite inhibition of Enterobacteriacae including Salmonella in British fresh sausage and in culture systems. *J Food Protect*, 45: 1292-1297, 1301.

10. Bari ML, Sabina Y, Isobe S, Uemura T, Isshiki K (2003) Effectiveness of electrolyzed acidic water in killing Escherichia coli O157:H7, Salmonella Enteritidis, and Listeria monocytogenes on the surfaces of tomatoes. *J Food Protect*, 66: 542-548.

11. Bari ML, Inatsu Y, Kawasaki S et al. (2002) Calcinated calcium killing of Escherichia coli O157:H7, Salmonella, and Listeria monocytogenes on the surface of tomatoes. *J Food Protect*, 65: 1706-1711.

12. Barker C, Park SF (2001) Sensitization of Listeria monocytogenes to low pH, organic acids, and osmotic stress by ethanol. *Appl Environ Microbiol*, 67: 1594-1600.

13. Bedie GK, Samelis J, Sofos JN, Belk KE, Scanga JA, Smith GC (2001) Antimicrobials in the formulation to control Listeria monocytogenes postprocessing contamination on frankfurters stored at 4 °C in vacuum packages. *J Food Protect*, 64: 1949-1955.

14. Berry BW, Blumer TN (1981) Sensory, physical, and cooking characteristics of bacon processed with varying levels of sodium nitrite and potassium sorbate. *J Food Sci*, 46: 321-327.

15. Beuchat LR, Ward TE, Pettigrew CA (2001) Comparison of chlorine and a prototype produce wash product for effectiveness in killing Salmonella and Escherichia coli O157:H7 on alfalfa seeds. *J Food Protect*, 64: 152-158.

16. Blake DF, Stumbo CR (1970) Ethylene oxide resistance of microorganisms important in spoilage of acid and high-acid foods. *J Food Sci*, 35: 26-29.

17. Bosund I (1962) The action of benzoic and salicylic acids on the metabolism of microorganisms. *Adv Food Res*, 11: 331-353.

18. Bowen VG, Deibel RH (1974) Effects of nitrite and ascorbate on botulinal toxin formation in wieners and bacon. In: *Proceedings of the Meat Industry Research Conference*. American Meat Institute Foundation, Chicago, pp. 63-68.

19. Branen AL, Davidson PM, Katz B (1980) Antimicrobial properties of phenolic, antioxidants and lipids. *Food Technol*, 34(5): 42-53, 63.

20. Bredholt S, Nasbakken T, Holck A (1999) Protective cultures inhibit growth of Listeria monocytogenes and Escherichia coli O157:H7 in cooked, sliced, vacuum- and gas-packaged meat. *Int J Food Microbiol*, 53: 43-52.

21. Breukink E, Wiedemann I, van Kraaij C, Kulpers OP, Sahl HG, de Kruijff B (1999) Use of the cellwall precursor lipid II by a pore-forming peptide antibiotic. *Science*, 286: 2361-2364.

22. Budu-Amoako E, Ablett RF, Harris J, Delves-Broughton J (1999) Combined effect of nisin and moderate heat on destruction of Listeria monocytogenes in cold-pack lobster meat. *J Food Protect*, 62: 46-50.

23. Bullerman LB, Lieu FY, Seier SA (1977) Inhibition of growth and aflatoxin production by cinnamon and clove oils, cinnamic aldehyde and eugenol. *J Food Sci*, 42: 1107-1109, 1116.

24. Buyong N, Kok J, Luchansky JB (1998) Use of a genetically enhanced, pedio-producing starter culture, Lactococcus lactis subsp. lactis MM217, to control Listeria monocytogenes in Cheddar cheese. *Appl Environ Microbiol*, 64: 4842-4845.

24bis Byun M-W, Kwon O-J, Yook H-S, Kim K-S (1998) Gamma Irradiation and Ozone Treatment for Inactivation of Escherichia coli O157:H7 in Culture Media. *J Food Protect*, 61:728-730.

25. Caldwell KN, Adler BB, Anderson GL, Williams PI, Beuchat LR (2003) Ingestion of Salmonella enterica serotype Poona by a free-living nematode, Caenorhabditis elegans, and protection against inactivation by produce sanitizers. *Appl Environ Microbiol*, 69: 4103-4110.

26. Callaway TR, Carneiro de Melo AMS, Russell JB (1997) The effect of nisin and monensin on ruminal fermentations in vitro. *Curr Microbiol*, 35: 90-96.

27. Capita R, Alonso-Calleja C, Prieto M, del Camino Garcia-Fernández M, Moreno B (2003) Effectiveness of trisodium phosphate against Listeria monocytogenes on excised and nonexcised chicken skin. *J Food Protect*, 66: 61-64.

28. Carnio MC, Höltzel A, Rudolf M, Henle T, Jung G, Scherer S (2000) The macrocyclic peptide antibiotic micrococcin P_1 is secreted by the food-borne bacterium Staphylococcus equorum WS2733 and inhibits Listeria monocytogenes on soft cheese. *Appl Environ Microbiol*, 66: 2378-2384.

29. Cassens RG (1995) Use of sodium nitrite in cured meats today. *Food Technol*, 49(7): 72-80, 115.

30. Castillo A, McKenzie KS, Lucia LM, Acuff GR (2003) Ozone treatment for reduction of Escherichia coli O157:H7 and Salmonella serotype Typhimurium on beef carcass surfaces. *J Food Protect*, 66: 775-779.

31. Cerrutti P, Terebiznik MR, de Huergo MS, Jagus R, Pilosof AMR (2001) Combined effect of water activity and pH on the inhibition of Escherichia coli by nisin. *J Food Protect*, 64: 1510-1514.

32. Chang PC, Akhtar SM, Burke T, Pivnick H (1974) Effect of sodium nitrite on Clostridium botulinum in canned luncheon meat: Evidence for a Perigo-type factor in the absence of nitrite. *Can Inst Food Sci Technol J*, 7: 209-212.

33. Cheng MKC, Levin RE (1970) Chemical destruction of Aspergillus niger conidiospores. *J Food Sci*, 35: 62-66.

34. Christiansen LN, Johnston RW, Kautter DA, Howard JW, Aunan WJ (1973) Effect of nitrite and nitrate on toxin production by Clostridium botulinum and on nitrosamine formation in perishable canned comminuted cured meat. *Appl Microbiol*, 25: 357-362.

35. Christiansen LN, Tompkin RB, Shaparis AB, Kueper TV, Johnston RW, Kautter DA, Kolari OJ (1974) Effect of sodium nitrite on toxin production by Clostridium botulinum in bacon. *Appl Microbiol*, 27. 733-737.

36. Collins-Thompson DL, Sen NP, Aris B, Schwinghamer L (1972) Nonenzymic in vitro formation of nitrosamines by bacteria isolated from meat products. *Can J Microbiol*, 18: 1968-1971.

37. Dack GM, Lippitz G (1962) Fate of staphylococci and enteric microorganisms introduced into slurry of frozen pot pies. *Appl Microbiol*, 10: 472-479.

38. Davidson PM (1983) Phenolic compounds. In: Branen AL, Davidson PM (eds) *Antimicrobials in Foods*. Marcel Dekker, New York. pp. 37-73.

39. Davidson PM, Brekke CJ, Branen AL (1981) Antimicrobial activity of butylated hydroxyanisole, tertiary butylhydroquinone, and potassium sorbate in combination. *J Food Sci*, 46: 314-316.

40. Delves-Broughton J (1990) Nisin and its uses as a food preservative. *Food Technol*, 44(11): 100, 102, 104, 106, 108, 111-112, 117.

41. Denny CB, Sharpe LE, Bohrer CW (1961) Effects of tylosin and nisin on canned food spoilage bacteria. *Appl Microbiol*, 9: 108-110.

42. DePaola A, Motes ML, Chan AM, Suttle CA (1998) Phages infecting Vibrio vulnificus are abundant and diverse in oysters (Crassostrea virginica) collected from the Gulf of Mexico. *Appl Environ Microbiol*, 64: 346-351.

43. Dethmers AE, Rock H, Fazio T, Johnston RW (1975) Effect of added sodium nitrite and sodium nitrate on sensory quality and nitrosamine formation in Thuringer sausage. *J Food Sci*, 40: 491-495.

44. Deuel HJ Jr, Calbert CE, Anisfeld L, McKeechan H, Blunden HD (1954) Sorbic acid as a fungistatic agent for foods. II. Metabolism of α,β-unsaturated fatty acids with emphasis on sorbic acid. *Food Res*, 19: 13-19.

45. Deutsch SM, Guezenec S, Piot M, Foster S, Lortal S (2004) Mur-LH, the broad-spectrum endolysin of Lactobacillus helveticus temperate-bacteriophage (Φt0303). *Appl Environ Microbiol*, 70: 96-103.

46. Dimick KP, Alderton G, Lewis JC, Lightbody HD, Fevold HL (1947) Purification and properties of subtilin. *Arch Biochem*, 15: 1-11.

47. Doores S (1983) Organic acids. In: Branen AL, Davidson PM (eds) *Antimicrobials in Foods*. Marcel Dekker, New York, pp. 75-107.

48. Doyle MP, Marth EH (1978) Bisulfite degrades aflatoxins. Effect of temperature and concentration of bisulfite. *J Food Protect*, 41: 774-780.

49. Duncan CL, Foster EM (1968) Role of curing agents in the preservation of shelf-stable canned meat products. *Appl Microbiol*, 16: 401-405.

50. Dymicky M, Trenchard H (1982) Inhibition of Clostridium botulinum 62A by saturated *n*-aliphatic acids, *n*-alkyl formates, acetates, propionates and butyrates. *J Food Protect*, 45: 1117-1119.

51. Eckert JW (1979) Fungicidal and fungistatic agents: Control of pathogenic microorganisms on fresh fruits and vegetables after harvest. In: Rhodes ME (ed) *Food Mycology*. Hall, Boston, pp. 164-199.

52. Eklund T (1985) The effect of sorbic acid and esters of *p*-hydroxybenzoic acid on the protonmotive force in Escherichia coli membrane vesicles. *J Gen Microbiol*, 131: 73-76.

53. El-Ziney MG, van den Tempel MGT, Debevere J (1999) Application of reuterin produced by Lactobacillus reuteri 12002 for meat decontamination and preservation. *J Food Protect*, 62: 257-261.

54. Entani E, Asai M, Tsujihata S, Tsukamoto Y, Ohta M (1998) Antibacterial action of vinegar against food-borne pathogenic bacteria including Escherichia coli O157:H7. *J Food Protect*, 61: 953-959.

55. Fabrizio KA, Cutter CN (2003) Stability of electrolyzed oxidizing water and its efficacy against cell suspensions of Salmonella Typhimurium and Listeria monocytogenes. *J Food Protect*, 66: 1379-1384.

56. Fisher TL, Golden DA (1998) Survival of Escherichia coli O157:H7 in apple cider as affected by dimethyl dicarbonate, sodium bisulfite, and sodium benzoate. *J Food Sci*, 63: 904-906.

57. Florey HW (1946) The use of micro-organisms for therapeutic purposes. *Yale J Biol Med*, 19: 101-118.

58. Fong YY, Chan WC (1973) Bacterial production of di-methyl nitrosamine in salted fish. *Nature*, 243: 421-422.

59. Food and Agriculture Organization/World Health Organization (FAO/WHO) (1976) *Evaluation of Certain Food Additives*. WHO Technical Report Series 599.

60. Francis GA, Thomas C, O'Beirne D (1999) Review paper: The microbiological safety of minimally processed vegetables. *Int J Food Sci Technol*, 34: 1-22.

61. Frank JF, Ehlers J, Wicker L (2003) Removal of Listeria monocytogenes and poultry soil-containing biofilms using chemical cleaning and sanitizing agents under static conditions. *Food Protect Trends*, 23: 654-663.

62. Freese E, Sheu CW, Galliers E (1973) Function of lipophilic acids as antimicrobial food additives. *Nature*, 241: 321-325.

63. Fung DYC, Lin CCS, Gailani MB (1985) Effect of phenolic antioxidants on microbial growth. *CRC Crit Rev Microbiol*, 12: 153-183.

64. Gaeng S, Scherer S, Neve H, Loessner MJ (2002) Gene cloning and expression and secretion of Listeria monocytogenes bacteriophage-lytic enzymes in Lactococcus lactis. *Appl Environ Microbiol*, 66: 2951-2958.

65. Gailani MB, Fung DYC (1984) Antimicrobial effects of selected antioxidants in laboratory media and in ground pork. *J Food Protect*, 47: 428-433.

66. Garcia A, Mount JR, Davidson PM (2003) Ozone and chlorine treatment of minimally processed lettuce. *J Food Sci*, 68: 2747-2751.

67. Gill AO, Holley RA (2000) Surface application of lysozyme, nisin, and EDTA to inhibit spoilage and pathogenic bacteria on ham and bologna. *J Food Protect*, 63: 1338-1346.

68. Glass KA, Granberg DA, Smith AL, McNamara AM, Hardin M, Mattias J, Ladwig K, Johnson EA (2002) Inhibition of Listeria monocytogenes by sodium diacetate and sodium lactate on wieners and cooked bratwurst. *J Food Protect*, 65: 116-123.

69. Goepfert JM, Kim HU (1975) Behavior of selected foodborne pathogens in raw ground beef. *J Milk Food Technol*, 35: 449-452.

70. Goode D, Allen VM, Barrow PA (2003) Reduction of experimental Salmonella and Campylobacter contamination of chicken skin by application of lytic bacteriophages. Appl Environ Microbiol, 69: 5032-5036.

71. Goodridge L, Gallaccio A, Griffiths MW (2003) Morphological, host range, and genetic characterization of two coliphages. Appl Environ Microbiol, 69: 5364-5371.

72. Gould GW (1964) Effect of food preservatives on the growth of bacteria from spores. In: Molin G (ed) Microbial Inhibitors in Foods. Almquist & Wiksell, Stockholm, pp. 17-24.

73. Gould GW, Brown MH, Fletcher BC (1983) Mechanisms of action of food preservation procedures. In: Roberts TA, Skinner FA (eds) Food Microbiology: Advances and Prospects. Academic Press, New York, pp. 67-84.

74. Gray JI, Pearson AM (1984) Cured meat flavor. Adv Food Res, 29: 1-86.

75. Greer GG (1986) Homologous bacteriophage control of Pseudomonas growth and beef spoilage. J Food Protect, 49: 104-109.

76. Hagler WM Jr, Hutchins JE, Hamilton PB (1982) Destruction of aflatoxin in corn with sodium bisulfite. J Food Protect, 45: 1287-1291.

77. Hamilton-Miller JMT (1974) Fungal sterols and the mode of action of the polyene antibiotics. Adv Appl Microbiol, 17: 109-134.

78. Harp E, Gilliland SE (2003) Evaluation of a select strain of Lactobacillus delbrueckii subsp. lactis as a biological control agent for pathogens on fresh-cut vegetables stored at 7°C. J Food Protect, 66: 1013-1018.

79. Hawksworth G, Hill MJ (1971) The formation of nitrosamines by human intestinal bacteria. Biochem J, 122: 28-29P.

80. Hawksworth G, Hill MJ (1971) Bacteria and the N-nitrosation of secondary amines. Brit J Cancer, 25: 520-526.

81. Hechelman H, Leistner L (1969) Hemmung von unerwunschtem Schimmelpilzwachstum auf Rohwursten durch Delvocid (Pimaricin). Fleischwirtschaft, 49: 1639-1641.

82. Herranz C, Chen V, Chung HJ, Cintas LM, Hernández PE, Montville TJ, Chikindas ML (2001) Enterocin P selectively dissipates the membrane potential of Enterococcus faecium T136. Appl Environ Microbiol, 67: 1689-1692.

83. Holzapfel WH, Geisen R, Schillinger U (1995) Biological preservation of foods with reference to protective cultures, bacteriocins and food-grade enzymes. Int J Food Microbiol, 24: 343-362.

84. Holley RA (1981) Prevention of surface mold growth on Italian dry sausage by natamycin and potassium sorbate. Appl Environ Microbiol, 41: 422-429.

85. Holyoak CD, Stratford M, McMullin A, Cole MB, Crimmins K, Brown AJP, Coote PJ (1996) Activity of the plasma membrane H-ATPase and optimal glycolytic flux are required for rapid adaptation and growth of Saccharomyces cerevisiae in the presence of the weak-acid preservative sorbic acid. Appl Environ Microbiol, 62: 3158-3164.

86. Hoover DG, Steenson LR (eds) (1993) Bacteriocins of Lactic Acid Bacteria. Academic Press, New York.

87. Huhtanen CN (1980) Inhibition of Clostridium botulinum by spice extracts and aliphatic alcohols. J Food Protect, 43: 195-196, 200.

88. Hurst A (1981) Nisin. Adv Appl Microbiol, 27: 85-123.

89. Islam M, Chen J, Doyle MP, Chinnan M (2002) Control of Listeria monocytogenes on turkey frankfurters by generally-recognized-as-safe preservatives. J Food Protect, 65: 1411-1416.

90. Ivey FJ, Shaver KJ, Christiansen LN, Tompkin RB (1978) Effect of potassium sorbate on toxinogenesis by Clostridium botulinum in bacon. J Food Protect, 41: 621-625.

91. Jack RW, Tagg JR, Ray B (1995) Bacteriocins of Gram-positive bacteria. Microbiol Rev, 59: 171-200.

92. Jacobsen T, Budde BB, Koch AG (2003) Application of Leuconostoc carnosum for biopreservation of cooked meat products. J Appl Microbiol, 95: 242-249.

93. Jay JM (1997) Do background microorganisms play a role in the safety of fresh foods? Trends Food Sci Technol, 8: 421-424.

94. Jay JM (1982) Antimicrobial properties of diacetyl. Appl Environ Microbiol, 44: 525-532.

95. Jay JM (1982) Effect of diacetyl on foodborne microorganisms. *J Food Sci*, 47: 1829-1831.

96. Jay JM (1983) Antibiotics as food preservatives. In: Rose AH (ed) *Food Microbiology*. Academic Press, New York, pp. 117-143.

97. Jay JM, Rivers GM (1984) Antimicrobial activity of some food flavoring compounds. *J Food Safety*, 6: 129-139.

98. Juglal S, Govinden R, Odhav B (2002) Spice oils for the control of co-occurring mycotoxin-producing fungi. *J Food Protect*, 65: 683-687.

99. Kabara JJ (1983) Medium-chain fatty acids and esters. In: Branen AL, Davidson PM (eds) *Antimicrobials in Foods*. Marcel Dekker, New York, pp. 109-139.

100. Kabara JJ, Vrable H, Lie Ken Jie MSF (1977) Antimicrobial lipids: Natural and synthetic fatty acids and monoglycerides. *Lipids*, 12: 753-759.

101. Kang DH, Fung DYC (2000) Stimulation of starter culture for further reduction of foodborne pathogens during salami fermentation. *J Food Protect*, 63: 1492-1495.

102. Katla T, Naterstad K, Vancanneyt M, Swings J, Axelsson L (2003) Differences in susceptibility of Listeria monocytogenes strains to sakacin P, sakacin A, pediocin PA 1, and nisin. *Appl Environ Microbiol*, 69: 4431-4437.

103. Kemp GK, Aldrich ML, Waldroup AL (2000) Acidified sodium chlorite antimicrobial treatment of broiler carcasses. *J Food Protect*, 63: 1087-1092.

104. Kennedy JE Jr, Oblinger JL, Bitton B (1984) Recovery of coliphages from chicken, pork sausage and delicatessen meats. *J Food Protect*, 47: 623-626.

105. Kereluk K, Gammon HA, Lloyd RS (1970) Microbiological aspects of ethylene oxide sterilization. II. Microbial resistance to ethylene oxide. *Appl Microbiol*, 19: 152-156.

106. Kim KW, Thomas RL, Lee C, Park HJ (2003) Antimicrobial activity of native chitosan, degraded chitosan, and o-carboxymethylated chitosan. *J Food Protect*, 66: 1495-1498.

107. Kim JG, Yousef AE (2000) Inactivation kinetics of foodborne spoilage and pathogenic bacteria by ozone. *J Food Sci*, 65: 521-528.

108. Kim JG, Yousef AE, Dave SA (1999) Application of ozone for enhancing the microbiological safety and quality of foods: A review. *J Food Protect*, 62: 1071-1087.

109. Klis JB, Witter LD, Ordal ZJ (1964) The effect of several antifungal antibiotics on the growth of common food spoilage fungi. *Food Technol*, 13: 124-128.

110. Kniel KE, Sumner SS, Lindsay DS, Hackney CR, Pierson MD, Zajac AM, Golden DA, Fayer D (2003) Effect of organic acids and hydrogen peroxide on Cryptosporidium parvum viability in fruit juices. *J Food Protect*, 66: 1650-1657.

111. Kueper TV, Trelease RD (1974) Variables affecting botulinum toxin development and nitrosamine formation in fermented sausages. In: *Proceedings of the Meat Industry Research Conference*. American Meat Institute Foundation, Chicago, pp. 69-74.

112. Labbe RG, Kinsley M, Wu J (2001) Limitations in the use of ozone to disinfect maple sap. *J Food Protect*, 64: 104-107.

113. Lana RP, Russell JB (1997) Effect of forage quality and monensin on the ruminal fermentation of fistulated cows fed continuously at a constant intake. *J Anim Sci*, 75: 224-229.

114. Leistner L, Gould G (2002) *Hurdle Technologies – Combination Treatments for Food Stability, Safety and Quality*. Kluwer Academic Publishers, New York.

115. LeMarrec C, Hyronimus B, Bressollier P, Verneuil B, Urdaci MC (2000) Biochemical and genetic characterization of coagulin, a new antilisterial bacteriocin in the pediocin family of bacteriocins, produced by Bacillus coagulans I_4. *Appl Environ Microbiol*, 66: 5213-5220.

116. Lin CCS, Fung DYC (1983) Effect of BHA, BHT, TBHQ, and PG on growth and toxigenesis of selected aspergilli. *J Food Sci*, 48: 576-580.

117. Lin CM, Moon SS, Doyle MP, McWatters KH (2002) Inactivation of Escherichia coli O157:H7, Salmonella enterica serotype Enteritidis, and Listeria monocytogenes on lettuce by hydrogen peroxide and lactic acid and by hydrogen peroxide with mild heat. *J Food Protect*, 65: 1215-1220.

118. Lin CM, Kim J, Du WX, Wei CI (2000) Bactericidal activity of isothiocyanate against pathogens on fresh produce. *J Food Protect*, 63: 25-30.

119. Lloyd AC (1975) Preservation of comminuted orange products. *J Food Technol*, 10: 565-567.

120. Loessner MJ, Maier SK, Schiwek P, Scherer S (1997) Long-chain polyphosphates inhibit growth of Clostridium tyrobutyricum in processed cheese spreads. *J Food Protect*, 60: 493-498.

121. Maier SK, Scherer S, Loessner MJ (1999) Long-chain polyphosphate causes cell lysis and inhibits Bacillus cereus septum formation, which is dependent on divalent cations. *Appl Environ Microbiol*, 65: 3942-3949.

122. McCann KB, Lee A, Wan J, Roginski H, Coventry MJ (2003) The effect of bovine lactoferrin and lactoferricin B on the ability of feline calicivirus (a norovirus surrogate) and poliovirus to infect cell cultures. *J Appl Microbiol*, 95: 1026-1033.

123. McDonnell G, Grignol G, Ankloga K (2002) Vapor phase hydrogen peroxide decontamination of food contact surfaces. *Dairy Food Environ Sanit*, 22: 868-873.

124. McEntire JC, Montville TJ, Chikindas ML (2003) Synergy between nisin and select lactates against Listeria monocytogenes is due to the metal cations. *J Food Protect*, 66: 1631-1636.

125. McMeekin TA, Presser K, Ratkowsky D et al. (2000) Quantifying the hurdle concept by modeling the bacterial growth/no growth interface. *Int J Food Microbiol*, 55: 93-98.

126. Melly E, Cowan AE, Setlow P (2002) Studies on the mechanism of killing of Bacillus subtilis spores by hydrogen peroxide. *J Appl Microbiol*, 93: 316-325.

127. Meyer JD, Cerveny JG, Luchansky JB (2003) Inhibition of nonproteolytic, psychrotrophic clostridia and anaerobic sporeformers by sodium diacetate and sodium lactate in cook-in-bag turkey breast. *J Food Protect*, 66: 1474-1478.

128. Miller SA, Brown WD (1984) Effectiveness of chlortetracycline in combination with potassium sorbate or tetrasodium ethylene-diaminetetraacetate for preservation of vacuum packed rockfish fillets. *J Food Sci*, 49: 188-191.

129. Miller ML, Martin ED (1990) Fate of Salmonella Enteritidis and Salmonella Typhimurium into an Italian salad dressing with added eggs. *Dairy Food Environ Sanit*, 10(1): 12-14.

130. Ming X, Daeschel MA (1995) Correlation of cellular phospholipid content with nisin resistance of Listeria monocytogenes Scott A. *J Food Protect*, 58: 416-420.

131. Morita H, Sakata R, Nagata Y (1998) Nitric oxide complex of iron (II) myoglobin converted from metmyoglobin by Staphylococcus xylosus. *J Food Sci*, 63: 352-355.

132. Morris JA, Khettry A, Seitz EW (1979) Antimicrobial activity of aroma chemicals and essential oils. *J Am Oil Chem Soc*, 56: 595-603.

133. Muthukumarasamy PJ, Han H, Holley RA (2003) Bactericidal effects of Lactobacillus reuteri and allyl isohiocyanate on Escherichia coli O157:H7 in refrigerated ground beef. *J Food Protect*, 66: 2038-2044.

134. Naidu AS (2002) Activated lactoferrin - A new approach to meat safety. *Food Technol*, 56(3): 40-45.

135. Naidu AS (2000) Microbial blocking agents: A new approach to meat safety. *Food Technol*, 54(2): 112.

136. Nascimento HS, Silva N, Catanozi MPLM, Silva KC (2003) Effects of different disinfection treatments on the natural microbiota of lettuce. *J Food Protect*, 66: 1697-1700.

137. Nilsson L, Chen V, Chikindas ML, Huss HH, Gram L, Montville TJ (2000) Carbon dioxide and nisin act synergistically on Listeria monocytogenes. *Appl Microbiol Environ*, 66: 769-774.

138. Nilsson L, Gram L, Huss HH (1999) Growth control of Listeria monocytogenes on cold-smoked salmon using a competitive lactic acid bacteria flora. *J Food Protect*, 62: 336-342.

139. Niroomand F, Sperber WH, Lewandowski VJ, Hobbs LJ (1998) Fate of bacterial pathogens and indicator organisms in liquid sweeteners. *J Food Protect*, 61: 295-299.

140. No HK, Park NY, Lee SH, Hwang HJ, Meyers SP (2002) Antibacterial activities of chitosans and chitosan oligomers with different molecular weights on spoilage bacteria isolated from tofu. *J Food Sci*, 67: 1511-1514.

141. Nordin HR (1969) The depletion of added sodium nitrite in ham. *Can Inst Food Sci Technol J*, 2: 79-85.

142. O'Boyle AR, Rubin LJ, Diosady LL, Aladin-Kassam N, Comer F, Brightwell W (1990) A nitrite-free curing system and its application to the production of wieners. *Food Technol*, 44(5): 88, 90-91, 93, 95-96, 98, 100, 102-104.

143. O'Leary V, Solberg M (1976) Effect of sodium nitrite inhibition on intracellular thiol groups and on the activity of certain glycolytic enzymes in Clostridium perfringens. *Appl Environ Microbiol*, 31: 208-212.

144. Ough CS (1983) Sulfur dioxide and sulfites. In: Branen AL, Davidson PM (eds) *Antimicrobials in Foods*. Marcel Dekker, New York, pp. 177-203.

145. Paquette MW, Robach MC, Sofos JN, Busta F (1980) Effects of various concentrations of sodium nitrite and potassium sorbate on color and sensory qualities of commercially prepared bacon. *J Food Sci*, 45: 1293-1296.

146. Park CM, Beuchat LR (1999) Evaluation of sanitizers for killing Escherichia coli O157:H7, Salmonella, and naturally occurring microorganisms on cantaloupes, honeydewmelons, and asparagus. *Dairy Food Environ Sanit*, 19: 842-847.

147. Perigo JA, Roberts TA (1968) Inhibition of clostridia by nitrite. *J Food Technol*, 3: 91-94.

148. Perigo JA, Whiting E, Bashford TE (1967) Observations on the inhibition of vegetative cells of Clostridium sporogenes by nitrite which has been autoclaved in a laboratory medium, discussed in the context of sublethally processed meats. *J Food Technol*, 2: 377-397.

149. Peterson AC, Black JJ, Gunderson MF (1962) Staphylococci in competition. I. Growth of naturally occurring mixed populations in precooked frozen foods during defrost. *Appl Microbiol*, 10: 16-22.

150. Pierson MD, Reddy NR (1982) Inhibition of Clostridium botulinum by antioxidants and related phenolic compounds in comminuted pork. *J Food Sci*, 47: 1926-1929, 1935.

151. Pitt WM, Harden TJ, Hull RR (2000) Behavior of Listeria monocytogenes in pasteurized milk during fermentation with lactic acid bacteria. *J Food Protect*, 63: 916-920.

152. Porto ACS, Franco BDGM, Sant'Anna ES, Call JK, Piva A, Luchansky JB (2002) Viability of a five-strain mixture of Listeria monocytogenes in vacuum-sealed packages of frankfurters, commercially prepared with and without 2.0 or 3.0% added potassium lactate, during extended storage at 4 and 10 °C. *J Food Protect*, 65: 308-315.

153. Raccach M, Baker RC (1978) Lactic acid bacteria as an antispoilage and safety factor in cooked, mechanically deboned poultry meat. *J Food Protect*, 41: 703-705.

154. Rayman K, Malik N, Hurst A (1983) Failure of nisin to inhibit outgrowth of Clostridium botulinum in a model cured meat system. *Appl Environ Microbiol*, 46: 1450-1452.

155. Reddy D, Lancaster JR Jr, Cornforth DP (1983) Nitrite inhibition of Clostridium botulinum: Electron spin resonance detection of iron–nitric oxide complexes. *Science*, 221: 769-770.

156. Robach MC, Pierson MD (1979) Inhibition of Clostridium botulinum types A and B by phenolic antioxidants. *J Food Protect*, 42: 858-861.

157. Robach MC, Pierson MD (1978) Influence of para-hydroxybenzoic acid esters on the growth and toxin production of Clostridium botulinum 10755A. *J Food Sci*, 43: 787-789, 792.

158. Roberts TA, Gibson AM, Robinson A (1981) Factors controlling the growth of Clostridium botulinum types A and B in pasteurized, cured meats. II. Growth in pork slurries prepared from "high" pH meat (range 6.3–6.8). *J Food Technol*, 16: 267-281.

159. Roberts TA, Gibson AM, Robinson A (1982) Factors controlling the growth of Clostridium botulinum types A and B in pasteurized, cured meats. III. The effect of potassium sorbate. *J Food Technol*, 17: 307-326.

160. Roberts TA, Ingram M (1966) The effect of sodium chloride, potassium nitrate and sodium nitrite on the recovery of heated bacterial spores. *J Food Technol*, 1: 147-163.

161. Roberts TA, Smart JL (1974) Inhibition of spores of Clostridium spp. by sodium nitrite. *J Appl Bacteriol*, 37: 261-264.

162. Ronning IE, Frank HA (1988) Growth response of putrefactive anaerobe 3679 to combinations of potassium sorbate and some common curing ingredients (sucrose, salt, and nitrite), and to noninhibitory levels of sorbic acid. *J Food Protect*, 51: 651-654.

163. Ronning IE, Frank HA (1987) Growth inhibition of putrefactive anaerobe 3679 caused by stringent-type response induced by protonophoric activity of sorbic acid. *Appl Environ Microbiol*, 53: 1020-1027.

164. Rose NL, Palcic MM, Sporns P, McMullen LM (2002) Nisin: A novel substrate for glutathione S-transferase isolated from fresh beef. *J Food Sci*, 67: 2288-2293.

165. Sabah JR, Thippareddi H, Marsden JL, Fung DYC (2003) Use of organic acids for the control of Clostridium perfringens in cooked vacuum-packaged restructured roast beef during an alternative cooling procedure. *J Food Protect*, 66: 1408-1412.

166. Sahl HG, Kordel M, Benz R (1987) Voltage-dependent depolarization of bacterial membranes and artificial lipid bilayers by the peptide antibiotic nisin. *Arch Microbiol*, 149: 120-124.

167. Savage RA, Stumbo CR (1971) Characteristics of progeny of ethylene oxide treated Clostridium botulinum type 62A spores. *J Food Sci*, 36: 182-184.

168. Sapers GM, Sites JE (2003) Efficacy of 1% hydrogen peroxide wash in decontaminating apples and cantaloupe melons. *J Food Sci*, 68: 1793-1797.

169. Sapers GM, Miller RL, Jantschke M, Mattrazzo AM (2000) Factors limiting the efficacy of hydrogen peroxide washes for decontamination of apples containing Escherichia coli. *J Food Sci*, 65: 529-532.

170. Schillinger U, Geisen R, Holzapfel WH (1996) Potential of antagonistic microorganisms and bacteriocins for the biological preservation of foods. *Trends Food Sci Technol*, 7: 158-164.

171. Schuenzel KM, Harrison MA (2002) Microbial antagonists of foodborne pathogens on fresh, minimally processed vegetables. *J Food Protect*, 65: 1909-1915.

172. Scott VN, Taylor SL (1981) Effect of nisin on the outgrowth of Clostridium botulinum spores. *J Food Sci*, 46: 117-120, 126.

173. Senne MM, Gilliland SE (2003) Antagonistic action of cells of Lactobacillus delbrueckii subsp. lactis against pathogenic and spoilage microorganisms in fresh meat systems. *J Food Protect*, 66: 418-425.

174. Setlow B, Loshon CA, Genest PC, Cowan AW, Setlow C, Setlow P (2002) Mechanisms of killing spores of Bacillus subtilis by acid, alkali and ethanol. *J Appl Microbiol*, 92: 362-375.

175. Seward RA, Deibel RH, Lindsay RC (1982) Effects of potassium sorbate and other antibotulinal agents on germination and outgrowth of Clostridium botulinum type E spores in microcultures. *Appl Environ Microbiol*, 44: 1212-1221.

176. Shahidi F, Rubin LJ, Diosady LL, Chew V, Wood DF (1984) Preparation of dinitrosyl ferrohemo-chrome from hemin and sodium nitrite. *Can Inst Food Sci Technol J*, 17: 33-37.

177. Shelef LA (1994) Antimicrobial effects of lactates: A review. *J Food Protect*, 57: 445-450.

178. Shelef LA, Seiter JA (1993) Indirect antimicrobials. In: Davidson PM (ed) *Antimicrobials in Foods* (2nd ed). Marcel Dekker, New York, pp. 539-569.

179. Shelef LA (1983) Antimicrobial effects of spices. *J Food Safety*, 6: 29-44.

180. Shelef LA, Liang P (1982) Antibacterial effects of butylated hydroxyanisole (BHA) against Bacillus species. *J Food Sci*, 47: 796-799.

181. Shelef LA, Naglik OA, Bogen DW (1980) Sensitivity of some common food-borne bacteria to the spices sage, rosemary, and allspice. *J Food Sci*, 45: 1042-1044.

182. Sofos JN (1989) *Sorbate Food Preservatives*. CRC Press, Boca Raton, FL.

183. Sofos JN, Busta FF, Allen CE (1980) Influence of pH on Clostridium botulinum control by sodium nitrite and sorbic acid in chicken emulsions. *J Food Sci*, 45: 7-12.

184. Sofos JN, Busta FF, Bhothipaksa K, Allen CE, Robach MC, Paquette MW (1980) Effects of various concentrations of sodium nitrite and potassium sorbate on Clostridium botulinum toxin production in commercially prepared bacon. *J Food Sci*, 45: 1285-1292.

185. Splittstoesser DF, Wilkison M (1973) Some factors affecting the activity of diethylpyrocarbonate as a sterilant. *Appl Microbiol*, 25: 853-857.

186. Swartling P, Lindgren B (1968) The sterilizing effect against Bacillus subtilis spores of hydrogen peroxide at different temperatures and concentrations. *J Dairy Res*, 35: 423-428.

187. Tanaka N, Gordon NM, Lindsay RC, Meske LM, Doyle MP, Traisman E (1985) Sensory characteristics of reduced nitrite bacon manufactured by the Wisconsin process. *J Food Protect*, 48: 687-692.

188. Tanaka N, Meske L, Doyle MP, Traisman E, Thayer DW, Johnston RW (1985) Plant trials of bacon made with lactic acid bacteria, sucrose and lowered sodium nitrite. *J Food Protect*, 48: 679-686.

189. Tanaka N, Traisman E, Lee MH, Cassens RG, Foster EM (1980) Inhibition of botulinum toxin formation in bacon by acid development. *J Food Protect*, 43: 450-457.

190. Tarr HLA, Southcott BA, Bissett HM (1952) Experimental preservation of flesh foods with antibiotics. *Food Technol*, 6: 363-368.

191. Thompson DP, Metevia L, Vessel T (1993) Influence of pH alone and in combination with phenolic antioxidants on growth and germination of mycotoxigenic species of Fusarium and Penicillium. *J Food Protect*, 56: 134-138.

192. Toledo RT (1975) Chemical sterilants for aseptic packaging. *Food Technol*, 29(5): 102-107.

193. Toledo RT, Escher FE, Ayres JC (1973) Sporicidal properties of hydrogen peroxide against food spoilage organisms. *Appl Microbiol*, 26: 592-597.

194. Tompkin RB (1983) Nitrite. In: Branen AL, Davidson PM (eds) *Antimicrobials in Foods*. Marcel Dekker, New York, pp. 205-206.

195. Tompkin RB, Christiansen LN, Shaparis AB (1978) Enhancing nitrite inhibition of Clostridium botulinum with isoascorbate in perishable canned cured meat. *Appl Environ Microbiol*, 35: 59-61.

196. Tompkin RB, Christiansen LN, Shaparis AB (1978) Causes of variation in botulinal inhibition in perishable canned cured meat. *Appl Environ Microbiol*, 35:886-889.

197. Tompkin RB, Christiansen LN, Shaparis AB (1979) Iron and the antibotulinal efficacy of nitrite. *Appl Environ Microbiol*, 37: 351-353.

198. Tompkin RB, Christiansen LN, Shaparis AB (1980) Antibotulinal efficacy of sulfur dioxide in meat. *Appl Environ Microbiol*, 39: 1096-1099.

199. Torriani S, Orsi C, Vescova M (1997) Potential of Lactobacillus casei culture permeate, and lactic acid to control microorganisms in ready-to-use vegetables. *J Food Protect*, 60: 1564-1567.

200. Ukuku DO, Sapers GM (2001) Effect of sanitizer treatments on Salmonella Stanley attached to the surface of cantaloupe and cell transfer to fresh-cut tissues during cutting practices. *J Food Protect*, 64: 1286-1292.

201. Vareltzis K, Buck EM, Labbe RG (1984) Effectiveness of a betalains/potassium sorbate system versus sodium nitrite for color development and control of total aerobes, Clostridium perfringens and Clostridium sporogenes in chicken frankfurters. *J Food Protect*, 47: 532-536.

202. Vas K, Ingram M (1949) Preservation of fruit juices with less SO_2. *Food Manuf*, 24: 414-416.

203. Venkitanarayanan KS, Ezeike GO, Hung YC, Doyle MP (1999) Efficacy of electrolyzed oxiding water for inactivating Escherichia coli 0157:H7, Salmonella Enteritidis, and Listeria monocytogenes. *Appl Environ Microbiol*, 65: 4276-4279.

204. Wagner MK, Busta FF (1983) Effect of sodium acid pyrophosphate in combination with sodium nitrite or sodium nitrite/potassium sorbate on Clostridium botulinum growth and toxin production in beef/pork frankfurter emulsions. *J Food Sci*, 48: 990-991, 993.

205. Wang IN, Smith DL, Young R (2000) Holins: The protein clocks of bacteriophage infections. *Ann Rev Microbiol*, 54: 799-825.

206. Weissinger WR, Watters KH, Beuchat LR (2001) Evaluation of volatile chemical treatments for lethality to Salmonella on alfalfa seeds and sprouts. *J Food Protect*, 64: 442-450.

207. Weissinger WR, Beuchat LR (2000) Comparison of aqueous chemical treatments to eliminate Salmonella on alfalfa seeds. *J Food Protect*, 63: 1475-1482.

207bis Wickramanayake GB, Rubin AJ, Sproul OJ (1984) Inactivation of Giardia lamblia Cysts with Ozone. *Appl Environ Microbiol*, 48:671-672.

208. Winarno FG, Stumbo CR (1971) Mode of action of ethylene oxide on spores of Clostridium botulinum 62A. *J Food Sci*, 36: 892-895.

209. Wisniewsky MA, Glatz BA, Gleason ML, Reitmeier CA (2000) Reduction of Escherichia coli O157:H7 counts on whole fresh apples by treatment with sanitizers. *J Food Protect*, 63: 703-708.

210. Wood DS, Collins-Thompson DL, Usborne WR, Pickard B (1986) An evaluation of antibotulinal activity in nitrite-free curing systems containing dinitrosyl ferrohemochrome. *J Food Protect*, 49: 691-695.

211. Woods LFJ, Wood JM (1982) A note on the effect of nitrite inhibition on the metabolism of Clostridium botulinum. *J Appl Bacteriol*, 52: 109-110.

212. Woods LFJ, Wood JM, Gibbs PA (1981) The involvement of nitric oxide in the inhibition of the phosphoroclastic system in Clostridium sporogenes by sodium nitrite. *J Gen Microbiol*, 125: 399-406.

213. Wu FM, Doyle MP, Beuchat LR, Wells JG, Mintz ED, Swaminathan B (2000) Fate of Shigella sonnei on parsley and methods of disinfection. *J Food Protect*, 63: 568-572.

214. Xu L (1999) Use of ozone to improve the safety of fresh fruits and vegetables. *Food Technol*, 53(10): 58-61, 63.

215. Yamazaki K, Suzuki M, Kawai Y, Inoue N, Montville TJ (2003) Inhibition of Listeria monocytogenes in coldsmoked salmon by Carnobacterium piscicola CS526 isolated from frozen surimi. *J Food Protect*, 66: 1420-1425.

216. Yang H, Svem BL, Li Y (2003) The effect of pH on inactivation of pathogenic bacteria on freshcut lettuce by dipping treatment with electrolyzed water. *J Food Sci*, 68: 1013-1017.

217. Yarbrough JM, Rake JB, Egon RG (1980) Bacterial inhibitory effects of nitrite: Inhibition of active transport, but not of group translocation, and of intracellular enzymes. *Appl Environ Microbiol*, 39: 831-834.

218. Young R, Bläsi U (1995) Holins: Form and function in bacteriophage lysis. *FEMS Microbiol Rev*, 17: 191-205.

219. Young SB, Setlow P (2003) Mechanisms of killing of Bacillus subtilis spores by hypochlorite and chlorine dioxide. *J Appl Microbiol*, 95: 54-67.

220. Yun J, Shahidi F, Rubin LJ, Diosady LL (1987) Oxidative stability and flavour acceptability of nitrite-free curing systems. *Can Inst Food Sci Technol J*, 20: 246-251.

221. Zaika LL, Kissinger JC, Wasserman AE (1983) Inhibition of lactic acid bacteria by herbs. *J Food Sci*, 48: 1455-1459.

222. Zaika LL, Scullen OJ, Fanelli JS (1997) Growth inhibition of Listeria monocytogenes by sodium polyphosphate as affected by polyvalent metal ions. *J Food Sci*, 62: 867-869, 872.

223. Zessin KG, Shelef LA (1988) Sensitivity of Pseudomonas strains to polyphosphates in media systems. *J Food Sci*, 53: 669-670.

224. Zimmer M, Vukov N, Scherer S, Loessner MJ (2002) The murein hydrolase of the bacteriophage o3626 dual lysis system is active against all tested Clostridium perfringens strains. *Appl Environ Microbiol*, 68: 5311-5317.

225. Zivanovic S, Basurto CC, Chi S, Davidson PM, Weiss J (2004) Molecular weight of chitosan influences – antimicrobial activity in oil-in-water emulsions. *J Food Protect*, 67: 952-959.

Capitolo 14
Conservazione degli alimenti mediante atmosfere modificate

Questo capitolo tratta dei diversi metodi di confezionamento in atmosfera modificata (MAP, *modified atmosphere packaging*) impiegati per cambiare l'ambiente gassoso sopra e intorno all'alimento allo scopo di estenderne la shelf life. Complessivamente, consiste delle diverse modalità in cui l'anidride carbonica (CO_2) è utilizzata come gas preservante. È noto dal 1882 che aumentate concentrazioni di CO_2 prolungano la shelf life delle carni fresche e l'applicazione pratica di questo gas per estendere la shelf life delle carni rosse è stata praticata per molti decenni (tabella 14.1). L'effetto della CO_2 su alcuni prodotti vegetali fu osservato già nel 1821[84]. Negli Stati Uniti circa il 90% delle carni confezionate è sotto vuoto/MAP e circa il 90-95% della pasta fresca venduta in Inghilterra è confezionata in atmosfera modificata[76].

14.1 Definizioni

Non vi è consenso sulla terminologia utilizzata per descrivere le diverse metodologie per aumentare il livello di CO_2 e diminuire quello di O_2. La terminologia più ampiamente utilizzata è definita e descritta brevemente di seguito.

14.1.1 Conservazione ipobarica

Questa tecnica prevede la conservazione degli alimenti in aria in condizioni di bassa pressione, bassa temperatura ed elevata umidità: questi parametri sono controllati con precisione insieme alla ventilazione. Lo stato ipobarico determina ridotte concentrazioni di ossigeno, che, a loro volta, risultano in una riduzione dell'ossidazione dei grassi. Atmosfere di circa 10 mmHg si sono dimostrate efficaci per le carni e i prodotti ittici, 10-80 mmHg per frutta e verdure e 10-50 mmHg per i fiori recisi (1 atm = 760 mmHg). In uno studio su lonza di maiale, una pressione di 10 mmHg associata a circa –18 °C (0 °F) e al 95% di umidità relativa è risultata sei volte più efficace della conservazione in aria per prolungare la shelf life[49]. Questo metodo è stato descritto per la prima volta intorno al 1960 da Stanley Burg; un contenitore ipobarico commerciale è stato sviluppato nel 1976 (tabella 14.1). Poiché il ricorso alla conservazione ipobarica è limitato, il metodo non sarà ulteriormente approfondito.

14.1.2 Confezionamento sotto vuoto

Con questo metodo (*vacuum packaging*), l'aria viene rimossa dalla busta impermeabile ai gas e poi viene realizzata la chiusura ermetica; tale processo ha l'effetto di ridurre la pres-

Tabella 14.1 Cronologia dei primi impieghi delle atmosfere modificate e delle relative tecnologie

1882	Si dimostra che livelli elevati di CO_2 estendono la shelf life delle carni di 4-5 settimane
1889	Si dimostra l'attività antibatterica della CO_2
1895	Lopriore osserva che il 100% di CO_2 inibisce la germinazione delle spore delle muffe
1910	Si diffonde l'impiego del confezionamento in atmosfere modificate per preservare alcuni tipi di alimenti
1938	Circa il 26% delle carni della Nuova Zelanda e il 60% di quelle australiane sono spedite in atmosfera di CO_2
1960	Stanley Burg descrive il sistema ipobarico
1972	Negli Stati Uniti viene introdotto il processo Tectrol per il trasporto su lunga distanza di carni, pollame e prodotti ittici
1972	La Union Carbide Corporation brevetta un sistema di atmosfera criogenica a base di O_2 e N_2 liquidi
1976	La Grumman Corporation produce il sistema Dormavac, un contenitore per la conservazione ipobarica durante il trasporto su strada basato sull'ipotesi di Burg

sione residua dell'aria dalla pressione usuale di 1 bar fino a valori di circa 0,3-0,4 bar: in questo modo viene rimossa anche parte dell'ossigeno presente (1 bar = 0,9869 atm). Nella conservazione di un prodotto alimentare confezionato sotto vuoto, per effetto della respirazione dei tessuti e della crescita microbica, si verifica un aumento di anidride carbonica e un consumo di un uguale volume di ossigeno. Nel caso delle carni, in quattro ore si può sviluppare fino al 10-20% di CO_2 e la concentrazione finale può arrivare anche al 30% per effetto dell'attività respiratoria della flora aerobica (tabella 14.2).

Il confezionamento sotto vuoto può essere realizzato schematicamente in due modi: inserendo l'alimento in un sacchetto a elevata barriera ai gas, facendo il vuoto (10-745 mmHg) nella confezione per evacuare l'aria e sigillando a caldo oppure immergendo la confezione sigillata in acqua a 80-90 °C per far aderire perfettamente l'involucro al prodotto. Un metodo adatto per le carni fresche consiste semplicemente nell'evacuare l'eccesso di aria dalla confezione e nel sigillare a caldo. Oltre a rallentare la crescita dei microrganismi alteranti aerobi, il confezionamento sotto vuoto minimizza il calo di peso del prodotto e ritarda l'ossidazione dei grassi e la perdita di colore. Le proprietà di trasmissione dei gas e del vapore d'acqua di alcune plastiche impiegate per il confezionamento sotto vuoto sono riportate nella

Tabella 14.2 Percentuale di CO_2 e di O_2 in confezioni impermeabili ai gas di carne fresca di maiale conservata da 3 ore a 14 giorni a 2 e a 16 °C

Tempo	2°C		16°C	
di conservazione	CO_2	O_2	CO_2	O_2
3 ore	3-5	20	3-5	–
4 giorni	13	20	30	1
5 giorni	–	–	30	1
10 giorni	15	1	–	–
14 giorni	15	1	–	–

(Adattato con autorizzazione da GA Garden et al[28]. Bacteriology of prepacked pork with reference to the gas composition within the pack, *Journal of Applied Bacteriology*, 30: 321-333, copyright © 1967 Blackwell Scientific Publishers)

Tabella 14.3 Proprietà di trasmissione di gas e vapore acqueo di alcuni film utilizzati per il confezionamento degli alimenti

Proprietà di trasmissione	Osservazioni
1. OTR 7,8-9,3 mL/m²/24 h/37,8 °C/70% RH	Barriera estremamente elevata
2.a OTR 8 mL/m²/24 h/4 °C/100% RH	Barriera estremamente elevata
2.b CO₂TR 124 mL/m²/24 h/100% RH	
2.c WVTR 18,6 g/m²/24 h/37 °C/100% RH	
3. OTR 10 mL/m²/24 h/22,8 °C/0% RH	
4.a OTR 32 mL/m²/24 h/23,9 °C/50% RH	Barriera elevata
4.b CO₂TR 47 mL/m²/24 h/23,9 °C/70% RH	
4.c WVTR 0,8-1,8 g/m²/24 h/23,9 °C/70% RH	
5. OTR 52 mL/m²/24 h/1 atm/25 °C/75% RH	Barriera elevata
6. OTR 154 mL/m²/24 h	Sacchetti whirl-pak
7. OTR 300 mL/m²/24 h/25 °C/1 atm/100% RH	Comunemente usato per sotto vuoto
8. OTR 1.000 mL/m²/24 h/25 °C/1 atm/90% RH	Essenzialmente aerobico
9. OTR 6.500 mL/m²/24 h/23 °C/0% RH	Altamente permeabile
10. OTR 7.800-13.900 mL/m²/24 h	Film PVC
WVTR 240-419 g/m²/24 h	
11. OTR 6.500 mL/m²/24 h/23 °C/0% RH	Avvolto con film estensibile

OTR = velocità di trasmissione dell'ossigeno. CO₂TR = velocità di trasmissione dell'anidride carbonica. WVTR = velocità di trasmissione del vapor d'acqua. RH = umidità relativa. PVC = polivinilcloruro.

tabella 14.3. In generale, la permeabilità alla CO_2 di tali film è sempre più elevata rispetto a quella all'ossigeno di un fattore compreso tra 2 e 5.

14.1.3 *Confezionamento in atmosfera modificata*

In generale, il MAP è un processo iperbarico che consiste nell'alterazione della composizione dell'atmosfera presente nell'ambiente o nella confezione in cui viene conservato l'alimento mediante insufflamento di miscele variabili di CO_2, N_2 e/o O_2. La concentrazione iniziale dei gas non può essere variata in modo controllato durante la conservazione. Vi sono essenzialmente due tipi di MAP[29]:

1. MAP in elevate concentrazioni di O_2: possono essere impiegate concentrazioni fino al 70% di O_2, insieme a circa il 20-30% di CO_2 e allo 0-20% di N_2. La crescita dei microrganismi aerobi è rallentata ma non inibita da concentrazioni moderate di CO_2. Questo metodo è indicato per il confezionamento di carni rosse, poiché livelli elevati di O_2 contribuiscono al mantenimento del colore rosso. Durante la conservazione, la concentrazione dei gas cambia spontaneamente.
2. MAP in basse concentrazioni di O_2: i livelli di O_2 possono arrivare al 10%, mentre la concentrazione di CO_2 viene mantenuta intorno al 20-30%; se necessario si addiziona N_2.

14.1.4 *Atmosfera modificata in equilibrio*

Questo tipo di confezionamento (EMA, *equilibrium-modified atmosphere*), impiegato per prodotti ortofrutticoli freschi[76], è realizzato introducendo gas all'interno di una confezione permeabile ai gas oppure sigillando la stessa senza apportare alcuna modifica.

14.1.5 Confezionamento o stoccaggio in atmosfera controllata

Sebbene alcuni autori ritengano che il confezionamento e lo stoccaggio in atmosfera controllata (CAP, CAS) siano diverse dal MAP, le due tecnologie possono essere considerate varianti di quest'ultima. Mentre nel MAP la composizione dei gas cambia spontaneamente nel corso della conservazione, nel CAP la composizione dei gas realizzata viene poi mantenuta forzatamente invariata. Inoltre, i sistemi MAP a bassa ed elevata concentrazione di O_2 possono essere realizzati con film plastici altamente impermeabili ai gas, la tecnologia CAP richiede invece laminati di fogli di alluminio o contenitori metallici o di vetro, poiché il singolo film plastico (non multistrato) non offre una completa impermeabilità ai gas.

Dal momento che i metodi sotto vuoto, MAP o CAP alterano, seppure con modalità differenti, la concentrazione di O_2 e di CO_2, la distinzione tra queste tecnologie è spesso trascurata negli studi sull'efficacia e sulle modalità di azione della CO_2. Nei prossimi paragrafi sono esaminati, inidipendentemente dalla metodologia usata, gli effetti di aumentate concentrazioni di CO_2 sull'inibizione dei microrganismi e sulla qualità degli alimenti.

14.2 Principali effetti della CO_2 sui microrganismi

Esponendo per tempi prolungati i microrganismi a concentrazioni non inferiori al 10% di anidride carbonica, si verificano i fenomeni descritti di seguito.

1. L'attività inibitoria aumenta al diminuire della temperatura di incubazione o conservazione. Ciò è dovuto sia alla maggiore solubilità in acqua della CO_2 alle basse temperature sia all'effetto additivo di una temperatura di crescita inferiore a quella ottimale. A 1 atm, 100 mL di acqua assorbono 88 mL di CO_2 a 20 °C e solo 36 mL a 60 °C.
2. Sebbene siano state impiegate concentrazioni di CO_2 comprese tra 5 e 100%, sembrano ottimali livelli del 20-30%, poiché valori più elevati non apportano ulteriori benefici. Ciò vale soprattutto per le carni fresche, per le quali è considerato ideale il 20% circa[30,31]. Livelli maggiori possono essere usati per i prodotti ittici. Per mantenerne il colore rosso, le carni possono essere esposte prima a monossido di carbonio (CO)* e poi all'atmosfera arricchita di CO_2, oppure possono essere conservate in atmosfera di CO_2 e O_2 in rapporto 20:80.
3. L'effetto inibitorio aumenta quando il valore di pH diminuisce fino al range di acidità; per tale motivo, la CO_2 è più efficace per le carni rosse fresche che per i prodotti ittici. Il confezionamento sotto vuoto delle carni rosse con pH>6,0 non è efficace. La shelf life del pesce confezionato sotto vuoto è ridotta dalla crescita di *Photobacterium phosphoreum*[16] e di *Shewanella putrefaciens*[1].
4. In generale, i batteri Gram-negativi sono più sensibili dei Gram-positivi all'inibizione da CO_2; *Pseudomonas* spp. sono tra le specie più sensibili e *Clostridium* spp. tra quelle più resistenti (tabella 14.4). Durante la conservazione prolungata delle carni, la CO_2 determina una variazione sostanziale nella popolazione microbica presente: da una ampiamente rappresentata da batteri Gram-negativi – tipica del prodotto fresco – a una rappresentata per lo più, o quasi esclusivamente, da batteri Gram-positivi. Come si può osservare dai dati riportati nella tabella 14.5, tale fenomeno si verifica anche per lonza di maiale affumicata e würstel[6].

---

* L'impiego di CO, tuttavia, non è consentito in alcuni Paesi, tra i quali l'Italia (*N.d.C.*).

Tabella 14.4 Sensibilità relativa dei microrganismi alla CO_2 riferita a confezioni sotto vuoto e in atmosfera modificata

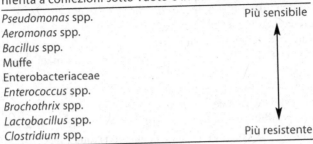

Pseudomonas spp.	Più sensibile
Aeromonas spp.	
Bacillus spp.	
Muffe	
Enterobacteriaceae	
Enterococcus spp.	
Brochothrix spp.	
Lactobacillus spp.	
Clostridium spp.	Più resistente

(Adattata da Molin[68], *European Journal of Applied Microbiology and Biotechnology*, 18: 214-217, copyright © 1983 Springer-Verlag, New York con autorizzazione)

5. L'esposizione alla CO_2 determina un rallentamento sia della fase lag sia di quella esponenziale del ciclo di crescita microbica.
6. La CO_2 sotto pressione, rispetto a quella a pressione atmosferica, risulta considerevolmente più efficace verso i microrganismi: pressioni compresa tra 6 e 30 megapascal (MPa) possono distruggere batteri e funghi in diverse condizioni (si veda il capitolo 19 sulle alte pressioni idrostatiche). Si ritiene che l'azione distruttiva si verifichi quando la pressione viene rilasciata improvvisamente.

Tabella 14.5 Effetto della conservazione sulla microflora di due tipi di carne mantenuti a 4 °C per un periodo compreso tra 48 e 140 giorni

	Lonza di maiale affumicata			
	0 gg	SV 48 gg	CO_2 48 gg	N2 48 gg
Log APC/g	2,5	7,6	6,9	7,2
pH	5,8	5,8	5,9	5,9
Microflora dominante (%)	*Flavobacterium* (20) *Arthrobacter* (20) Lieviti (20) *Pseudomonas* (11) *Corynebacterium* (10)	*Lactobacillus* (52)[a]	*Lactobacillus* (74)[b]	*Lactobacillus* (67)[c]

	Würstel			
	0 gg	SV 98 gg	CO_2 140 gg	N2 140 gg
Log APC/g	1,7	9,0	2,4	4,8
pH	5,9	5,4	5,6	5,9
Microflora dominante (%)	*Bacillus* (34) *Corynebacterium* (34) *Flavobacterium* (8) *Brochothrix* (8)	*Lactobacillus* (38)	*Lactobacillus* (88)[d]	*Lactobacillus* (88)[e]

SV = sotto vuoto.
[a,b,c,d,e] Percentuali di microflora rappresentata da *Weissella viridescens*: [a]40; [b]72; [c]50; [d]22; [e]35.
(Adattata da Blickstad e Molin[6])

14.2.1 Modalità d'azione

Sono state proposte due differenti spiegazioni del meccanismo di inibizione microbica della CO_2. Secondo King e Nagel[57] la CO_2 blocca il metabolismo di *Pseudomonas aeruginosa* e sembra esercitare un'azione di massa sulla decarbossilazione enzimatica. Sear e Eisenberg[79] hanno osservato che la CO_2 influenzava la permeabilità della membrana cellulare; Enfors e Molin[22], nei loro studi sulla germinazione delle endospore di *Clostridium sporogenes* e *C. perfringens*, hanno trovato evidenze a supporto di tale ipotesi. Alla pressione di 1 atm veniva stimolata la germinazione delle spore di queste due specie, mentre quella delle spore di *Bacillus cereus* era inibita. Come dimostrato da altri ricercatori, tale azione stimolante della CO_2 è maggiore a valori più bassi di pH. A una pressione di CO_2 di 55 atm era in grado di germinare solo il 4% delle spore di *C. sporogenes*; la stessa percentuale di germinazione si osservava per *C. perfringens* a una pressione di 50 atm di CO_2[22]. Gli autori di questa ricerca hanno ipotizzato che l'inibizione da CO_2 fosse dovuta al suo accumulo nel doppio strato lipidico della membrana cellulare, che determinerebbe un aumento della fluidità della membrana stessa. Un effetto negativo sulla permeabilità di membrana è stato suggerito anche da altri studiosi. Quando la CO_2 disciolta è presente anche come acido carbonico (HCO_3^-, uno dei prodotti della sua dissociazione), può causare variazioni della permeabilità cellulare[7]. Disciolta nell'acqua, la CO_2 si dissocia nei seguenti prodotti:

$$CO_2 + H_2O \rightleftharpoons H_2CO_3 \rightleftharpoons H^+ + HCO^{3-} \rightleftharpoons 2H + CO_3^{2-}$$

Lo spettro antimicrobico della CO_2 è molto simile a quello del diacetile; sebbene di per sé ciò non significhi che i due composti possiedano lo stesso meccanismo di azione, le straordinarie somiglianze sono degne di nota. Il diacetile è un antagonista dell'arginina; la sua modalità di azione è stata discussa insieme a quella di altri composti α-dicarbonilici[51]. La maggiore sensibilità dei batteri Gram-negativi agli inibitori α-dicarbonilici sembra essere dovuta alla loro capacità di inattivare le proteine leganti amminoacidi – in particolare quelle in grado di legare arginina – presenti nel periplasma cellulare. Pertanto, sembra ragionevole ipotizzare che il sito di azione di CO_2 sia il periplasma, dove interferisce con il normale funzionamento delle proteine leganti amminoacidi.

14.2.2 Prodotti alimentari

Il successo dell'uso dei metodi di confezionamento sotto vuoto, MAP e CAS per estendere la shelf life di una grande varietà di alimenti è ben documentato; di seguito sono riassunti alcuni specifici aspetti antimicrobici di queste tecnologie.

Carni fresche e trasformate

Tra i primi a dimostrare l'efficacia di elevati livelli di CO_2 nella conservazione di carni tagliate si ricordano: in Inghilterra, J. Brooks, che nel 1933 ne studiò l'effetto su carne magra, E. Callow, che lo studiò su carne di maiale e bacon, e R.B. Haines, che dimostrò l'azione di CO_2 sui microrganismi alteranti; in Australia, W.A. Empey, che nel 1933 impiegò CO_2 per la conservazione di carni bovine[73].

In generale la shelf life delle carni rosse può essere estesa fino a 2 mesi, se confezionata in atmosfera di O_2 75% + CO_2 25% e conservata a $-1\,°C$. L'elevato livello di ossigeno assicura il mantenimento del colore rosso. È stato dimostrato che è necessario almeno il 15% di CO_2 per ritardare la crescita microbica su bistecche di bovino e che una miscela costituita di

CO_2 15% + O_2 75% + N_2 10% è più efficace del vuoto sia per il mantenimento del colore rosso sia per la qualità microbiologica nelle carni[4]. L'importanza della temperatura di stoccaggio per le carni MAP è stata inizialmente dimostrata da Jaye e colleghi[52], che hanno osservato notevoli differenze di qualità nella carne bovina macinata a seconda che fosse conservata a 30 o a 38 °C. Questi autori hanno confrontato gli imballaggi di Saran (più impermeabile ai gas) con quelli di cellophane (permeabile). Precedentemente, Halleck e colleghi[38] avevano dimostrato lo straordinario effetto inibitorio del confezionamento sotto vuoto e della conservazione a 1,1-3,3 °C. L'importanza della temperatura di conservazione è stata dimostrata in un altro studio usando il metodo Captech, che combina procedure di lavorazione igieniche, conservazione a –1 °C, livelli elevati di CO_2 e bassi di O_2 e imballaggio impermeabile ai gas[36]. Il processo era applicato a lonze di maiale in condizioni che simulavano quelle dell'esposizione negli esercizi di vendita al dettaglio, nei quali la temperatura può arrivare anche a 8 °C. I batteri lattici crescevano senza diminuzione apprezzabile della fase lag, raggiungendo cariche di $10^7/cm^2$ entro 9 settimane. Il comportamento della popolazione microbica di lonza di maiale affumicata e di würstel conservati sotto vuoto e in presenza di CO_2 è riassunto nella tabella 14.5. Com'è tipico delle carni MAP, la microflora, inizialmente eterogenea, diventa omogenea nel corso della conservazione prolungata sotto vuoto o MAP, durante la quale il pH diminuisce per la predominanza di batteri lattici[6].

L'efficacia relativa del confezionamento MAP e del sotto vuoto delle carni rosse può essere valutata determinando le variazioni della capacità di idratazione. Quando la carne di bovino fresca macinata veniva conservata in sacchetti a elevata barriera e mantenuta a 7 °C fino

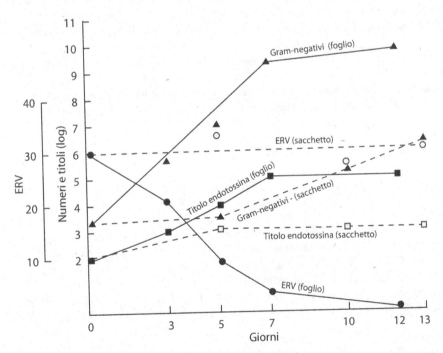

Figura 14.1 Perdita dell'aumento della capacità di idratazione di carne bovina fresca macinata e conservata in sacchetti a elevata barriera a 7 °C per 13 giorni, misurata dal volume di estratto rilasciato (ERV). Come risulta dall'aumento dell'idratazione e dalla concentrazione di endotossine, i campioni avvolti in fogli subiscono un'alterazione aerobica.

a 13 giorni, la capacità di idratazione – determinata dal valore del volume estratto-rilasciato (ERV, vedi capitolo 4) – rimaneva essenzialmente invariata rispetto ai campioni di controllo avvolti in fogli in condizioni aerobiche (figura 14.1). I batteri Gram-negativi aumentavano di circa 6 unità log nelle carni mantenute in condizioni aerobiche e di soli 3 unità log in quelle conservate in sacchetti a elevata barriera. Risultati analoghi possono essere ottenuti impiegando il metodo con carta da filtro per misurare la capacità di idratazione[50]. L'aumentata idratazione era determinata dalla crescita preferenziale di batteri Gram-negativi associata all'aumento del pH verso valori alcalini.

Nei loro studi condotti su fegati di bovino e di suino e su reni di bovino confezionati in sacchetti a elevata barriera, Hanna e colleghi[43] hanno osservato che il pH diminuiva nei prodotti mantenuti a 2 °C fino a 28 giorni. Il valore di ERV è stato utilizzato per valutare l'alterazione di carni confezionate sotto vuoto[75].

In uno studio condotto su carni bovine macinate normali e DFD, conservate fino a 11 giorni a 3 °C in atmosfera al 100% di CO_2, la shelf life aumentava di circa 3-4 giorni, con sviluppo preferenziale della flora batterica lattica e di *Brochothrix thermosphacta*; nei campioni conservati in aria predominavano invece le Pseudomonadaceae[72]. Dopo conservazione di 11 giorni, il lattato risultava aumentato nelle carni normali con pH basso confezionate sotto CO_2 e diminuito nei campioni conservati in aria. In salsiccia greca conservata sotto vuoto e in atmosfera contenente il 100% di CO_2 a 4 e a 10 °C, *Lactobacillus sakei/curvatus* dominava (92-96% della microflora) dopo 30 giorni[77]. La concentrazione di D-lattato aumentava in misura maggiore nei prodotti conservati in atmosfera di CO_2 o sotto vuoto rispetto a quelli conservati in condizioni aerobiche[77]. Secondo gli autori di questa ricerca la CO_2 non aveva un effetto significativo sul prolungamento della shelf life di salsiccia greca.

Complessivamente, lo stoccaggio a basse temperature delle carni fresche confezionate sotto vuoto o MAP dà risultati molto soddisfacenti. Ciò è dovuto, in gran parte, alla presenza di acido lattico e di batteri lattici: quando le carni fresche vengono conservate a bassa temperatura in atmosfera con livelli bassi di ossigeno e alti di CO_2, la normale microflora previene la crescita dei microrganismi patogeni grazie alla diminuzione del pH, alla competizione per l'O_2, alla possibile produzione di sostanze antimicrobiche e ad altri fattori.

Pollame

L'efficacia del MAP per la conservazione di pollame fresco è stata dimostrata agli inizi degli anni Cinquanta[73]; da allora sono stati riportati numerosi studi. Hotchkiss[48] ha utilizzato dal 60 all'80% di CO_2 su pollame crudo in contenitori di vetro, osservando un'estensione della shelf life di almeno 35 giorni a 2 °C. In un altro studio, condotto su pollo intero o in pezzi mantenuto a 5 °C, i campioni confezionati con un film a elevata barriera (OTR di circa 18 mL/m²/24 h) presentavano una carica batterica inferiore e si conservavano più a lungo di quelli avvolti con un film estensibile con OTR di 6500 mL/m²/24 h (figura 14.2)[58]. Dopo 16 giorni a 10 °C, conservando il pollame in aria il valore di conta aerobia su piastra dell'essudato era 9,40 $\log_{10}$, mentre in atmosfera al 20% di CO_2 era 6,14 $\log_{10}$[92]. Il valore di pH iniziale generalmente più alto è la ragione principale per la quale il pollame fresco MAP ha una shelf life inferiore a quella della carne bovina fresca confezionata con lo stesso metodo.

Prodotti ittici

I metodi di confezionamento MAP o sotto vuoto si sono dimostrati in grado di prolungare la shelf life di filetti di merluzzo, dentice, trota iridata, aringhe, sgombri, sardine, pesce gatto e di altri prodotti ittici. Nel 1933, in Inghilterra, F.P. Coyne avrebbe dimostrato per primo l'effetto preservante della CO_2 sul pesce[73].

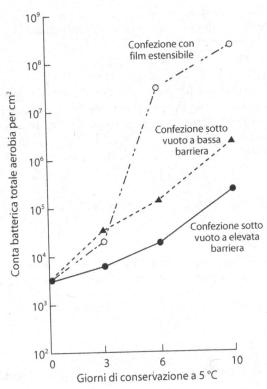

Figura 14.2 Numero di batteri mesofili aerobi totali isolati da pollame intero confezionato in condizioni aerobiche (controllo) e in confezioni sotto vuoto. (Da Kraft et al[58], *Journal of Food Science*, 47: 381, copyright © 1982 Institute of Food Technologists, con autorizzazione)

Per il pesce, utilizzando CO_2 80% + aria 20%, dopo 14 giorni a 35 °C la carica microbica era di circa log 6/cm², mentre nel controllo conservato in aria era superiore a log 10,5/cm². Dopo 14 giorni, da un valore iniziale di 6,75 circa, il pH era diminuito a 6,30 circa nei prodotti conservati in atmosfera di CO_2 e aumentato a 7,45 nei controlli[74]. La shelf life dello scorfano e del salmone conservati a 4,5 °C è stata prolungata dal 20-80% di CO_2[8]. Conservando trote e ombrine in atmosfera di CO_2 a 4 °C, è stato ottenuto almeno 1 unità logaritmica di differenza nella conta microbica rispetto ai controlli[39]. Confezionati in atmosfera al 100% di CO_2 e conservati in ghiaccio, i gamberetti si sono conservati anche per 2 settimane; in tali condizioni, dopo 14 giorni la conta batterica era più bassa di quella riscontrata dopo 7 giorni nei controlli conservati in aria[64]. In uno studio condotto su filetti di merluzzo conservati a 2 °C, i campioni stoccati in aria si sono alterati in 6 giorni, con un valore di APC di log_{10} 7,7/g, mentre quelli conservati in atmosfera di CO_2 50% + O_2 50%, di CO_2 50% + N_2 50% o di CO_2 100% hanno mostrato segni di alterazione batterica solo dopo 26, 34 e 34 giorni, rispettivamente, con valori di APC di log_{10} 7,2, log_{10} 6,6 e log_{10} 5,5[88]. È stato suggerito che l'impiego di atmosfere contenenti il 50% di CO_2 e il 50% di O_2 è tecnicamente più realizzabile rispetto a quelle contenenti il 100% di CO_2. Mentre nella pratica per le carni rosse il limite superiore per la CO_2 è intorno al 20%, concentrazioni più elevate possono essere utilizzate per il pesce, poiché essi contengono livelli inferiori di mioglobina.

La conservazione di filetti di salmone in atmosfere contenenti CO_2 60% + N_2 40% a –2 e a 4 °C per 24 giorni, risultava più efficace che in aria confrontando la qualità sensoriale a 21 giorni[83]. I filetti conservati in MAP e a 4 °C si alteravano dopo 10 giorni mentre quelli conservati in aria si alteravano in 7 giorni. La qualità sensoriale complessiva dei filetti non veniva influenzata negativamente durante la conservazione in MAP[83].

L'impiego della tecnologia MAP per i prodotti ittici desta preoccupazione sia perché alcuni ceppi non proteolitici di botulino sono stati riscontrati nelle acque e possono crescere a temperature inferiori a 4 °C, sia perché il pH dei prodotti ittici, in generale, è più elevato e più favorevole alla crescita dei patogeni. Per ulteriori informazioni sulla MAP nei prodotti ittici e sulla relativa sicurezza di impiego leggere in seguito.

14.3 Sicurezza degli alimenti conservati in atmosfera modificata

14.3.1 *Clostridium botulinum*

Come regola generale, gli alimenti che vengono conservati in atmosfera modificata dovrebbero possedere uno o più dei seguenti ostacoli alla crescita di *Clotridium botulinum* e alla produzione delle sue tossine:

- a_w inferiore a 0,93;
- pH non superiore a 4,6;
- trattamento con NaCl o NO_2;
- elevato livello di microrganismi non patogeni (per carni fresche, pollame ecc.);
- conservazione allo stato congelato;
- conservazione a temperature non superiori a 4,4 °C (40 °F);
- shelf life ben definita (per esempio non superiore a 10 giorni).

Poiché questo microrganismo è quello che desta maggiori preoccupazioni in tali prodotti, sono stati condotti numerosi studi sul suo comportamento in condizioni di conservazione in atmosfera modificata.

La questione relativa alle caratteristiche organolettiche dei prodotti ittici MAP al momento della produzione di tossina botulinica è stata studiata da diversi ricercatori, tra i quali Garcia e colleghi[27]. Con un inoculo di 13 tipi di spore di ceppi non proteolitici appartenenti ai gruppi B, E e F a livelli di 10^1-10^4, campioni di 50 grammi di filetti di salmone sono stati conservati a diverse temperature e valutati per la presenza di tossina botulinica nelle seguenti condizioni: sotto vuoto; CO_2 100%; CO_2 70% + aria 30%. In generale, il rilevamento della tossina coincideva con la comparsa dei segni di alterazione a 30 °C, li precedeva a 8 e 12 °C ed era invece posteriore a 4 °C[27]. Relativamente al tempo necessario per individuare la comparsa della tossina, i filetti risultavano tossici dopo 1 giorno se conservati a 30 °C, 2 giorni a 16 °C, 6 giorni a 12 °C, 6-12 giorni a 8 °C e liberi da tossina per 60 giorni a 4 °C. Solo la tossina di tipo B è stata rilevata. In un altro studio campioni di pesce gatto sono stati inoculati con una miscela di quattro ceppi di tipo E, a una concentrazione di 3 o 4 spore per grammo, e conservati in atmosfera costituita da CO_2 e N_2 in rapporto 80:20 in sacchetti impermeabili all'ossigeno a 4 e 10 °C[9]. Tutti i campioni conservati a 10 °C contenevano tossina al sesto giorno; quelli conservati a 4 °C contenevano tossina dopo 9 giorni se avvolti in confezioni overwrapped (permeabili all'ossigeno), ma solo dopo 18 giorni in MAP. Questi ricercatori hanno osservato che il rilevamento della tossina e l'alterazione microbica coincidevano a

10 °C, mentre a 4 °C l'alterazione precedeva l'individuazione della tossina. Quando carne bovina cruda, inoculata con spore botuliniche di tipo A e B, è stata conservata a 25 °C fino a 15 giorni, il rilevamento della tossina è stato possibile dopo 6 giorni ed era sempre accompagnato da significative modificazioni organolettiche, indicando che i campioni tossici confezionati sotto vuoto potevano essere scartati prima del consumo[45]. In uno studio più recente, fettine di patata cruda sono state conservate in sacchetti impermeabili all'ossigeno in atmosfera di N_2 30% + CO_2 70% e incubate a 22 °C[85]; le fettine non trattate divenivano tossiche in 4 o 5 giorni, mentre quelle trattate con $NaHSO_3$ diventavano tossiche dopo 4 giorni, ma apparivano accettabili fino al settimo giorno. La tossina di tipo A veniva riscontrata prima di quella del tipo B. In Colorado si sono verificati due casi di botulismo causati dal consumo di insalata di patate[7]; negli avanzi dell'alimento, che era stato esposto ad abusi termici durante la conservazione domestica, è stata rilevata tossina di tipo A.

Cinque tipologie di verdure (lattuga, cavoli, broccoli, carote e fagiolini) sono state impiegate in uno studio per valutare il rischio di botulismo associato al MAP. I vegetali sono stati inoculati con una miscela di spore di 10 tipi A, B e E (7 proteolitici e 3 non proteolitici) e conservati in buste con OTR variabile tra 3000 e 16.544 mL/m²/24 h a 4, 12 o 21°C[59]. La tossina è risultata assente in tutti i campioni conservati a 4 °C fino a 50 giorni e non è stata rilevata in nessuno dei campioni di cavolo, carote e fagiolini; è stata, invece, isolata in tutti i campioni di broccoli conservati a 21 °C, nella metà dei campioni di broccoli mantenuti a 12 °C e in un terzo dei campioni di lattuga a 21 °C[59]. I vegetali in cui è stata riscontrata la presenza di tossina apparivano evidentemente alterati; gli autori dello studio hanno concluso che la produzione di sostanza tossica non precede l'alterazione così palese. In uno studio, condotto su cavoli MAP, 7 ceppi di tipo A e 7 ceppi proteolitici di tipo B sono stati inoculati in campioni di prodotto affettato sottilmente, conservati in buste a elevata barriera in atmosfera di CO_2 70% + N_2 30% e incubati a 22-25 °C[86]. La concentrazione dell'inoculo era di 100-200 spore per grammo. Solo i ceppi di tipo A crescevano e producevano tossina dopo 4 giorni, quando il prodotto appariva ancora organoletticamente accettabile. Al terzo giorno la tossina non era rilevabile; il prodotto appariva inaccettabile dal punto di vista sensoriale al settimo giorno[86]. I ceppi di tipo B non producevano tossine neppure con inoculi di 14.000 spore per grammo.

In un'indagine effettuata negli Stati Uniti su confezioni commerciali (di circa 450 grammi) di verdure pretagliate e conservate in atmosfera modificata, solo 4 confezioni su 1118 contenevano spore di tipo A: una di cavolo, una di peperone verde e una di insalata mista all'italiana; un'altra insalata mista conteneva tossine sia di tipo A sia di tipo B[62].

Campioni di pasta fresca ripiena italiana sono stati inoculati con spore botuliniche di tipo A, B e F a livelli di $1,2 \times 10^2$ spore/g e conservati a 12 e 20 °C fino a 50 giorni in atmosfera di CO_2 15% + N_2 83% + O_2 2%[18]. Nei campioni conservati a 12 °C non è stata rilevata tossina; a 20 °C, la tossina botulinica è stata isolata dopo 30 giorni nei ravioli ripieni di salmone (pH 6,1; a_w 0,95) e dopo 50 giorni in quelli ripieni di carne e di ricotta e spinaci; nei ravioli ripieni di carciofi dopo 50 giorni non è stata rilevata tossina[18].

In uno studio sulla produzione di tossina botulinica in carne di tacchino cotta non trattata, inoculata con spore non proteolitiche di tipo B, confezionata in buste impermeabili all'O_2 in atmosfera modificata, la tossina era prodotta in 7 giorni a 15 °C, in 14 giorni a 10 °C e in 28 giorni a 4 °C[60]. A 4 °C, in atmosfera al 100% di N_2, la presenza di tossina era rilevabile dopo 14 giorni e precedeva o coincideva con l'alterazione sensoriale.

La produzione di tossina è stata monitorata utilizzando petto di tacchino cotto, inoculato con un ceppo di *C. botulinum* non proteolitico di tipo B e conservato in buste impermeabili all'O_2 in presenza di N_2 100% oppure di N_2 70% + CO_2 30%. Dopo sufficiente tempo di incubazione, la carne di tacchino è risultata positiva per la presenza di tossina a tutte le temperature e a tutte le combinazioni MAP utilizzate. A 15 °C la tossina era rilevata dopo 7 giorni, a 10 °C dopo 4 giorni e a 4 °C dopo 14 giorni (in presenza di N_2 100% e dopo 28 giorni in presenza di $CO_2 + N_2$)[60].

14.3.2 *Listeria monocytogenes*

Il fatto che questo batterio possa crescere a temperature di refrigerazione è il motivo delle preoccupazioni circa la sua presenza e il possibile sviluppo in alimenti conservati in atmosfera modificata. In uno studio condotto su girello di manzo fresco macinato con pH 5,47, confezionata sotto vuoto e mantenuta a 4 °C fino a 56 giorni, un ceppo era aumentato di 2,3 unità logaritmiche (da 4,25 a 6,53) dopo 35 giorni, un altro di 1,8 unità logaritmiche dopo 35 giorni e un terzo era rimasto invariato dopo 56 giorni[3]. Con carne bovina a elevato valore di pH (6,14), tre ceppi di *Listeria monocytogenes* – ma non il ceppo Scott A – aumentavano in modo significativo in 28 giorni.

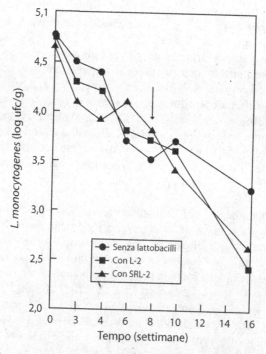

Figura 14.3 Sopravvivenza di *L. monocytogenes* (miscela di cinque ceppi) in campioni di carne bovina macinata conservata sotto vuoto durante la conservazione refrigerata senza o con aggiunta di *L. alimentarius* FloraCarn L-2 o del mutante antibiotico-resistente SRL-2. La freccia indica l'aumento della temperatura dei campioni di carne da 4 a 7 °C. Gli esperimenti sono stati condotti in doppio e i risultati rappresentano il valore medio, espressi in $\log_{10}$ ufc/g. (Da Juven et al.[54], Virginia Polytechnic and State University, Blacksburg, Virginia. Growth and Survival of *L. monocytogenes* in vacuum packaged ground beef inoculated with *Lactobacillus alimentarius* FloraCarn L-2, *Journal of Food Protection*, 61: 553, copyright © 1998 International Association of Milk, Food and Environmental Sanitarians, con autorizzazione)

In uno studio sulla crescita e la sopravvivenza di *L. monocytogenes* in carne bovina macinata confezionata sotto vuoto (pH iniziale 5,4) inoculata con *Lactobacillus alimentarius* (ceppo FloraCarn L-2, uno psicrotrofo omofermentante in grado di crescere a 2 °C), la concentrazione di *L. monocytogenes* veniva ridotta dagli effetti antilisteria del lattobacillo, legati alla produzione di acido lattico (figura 14.3)[54].

Per quanto riguarda il comportamento di questo microrganismo in carne bovina confezionata sotto vuoto, è stato dimostrato che i fattori critici sono: temperatura, pH, tipo di tessuto e contenuto di grasso[35]. La crescita del microrganismo era più abbondante nella carne grassa e non risultava influenzata dalla microflora indigena; a 5,3 °C la carica del batterio aumentava da circa 10^3 a circa 10^7 ufc/cm^2 in 16 giorni nella carne grassa, mentre in quella magra arrivava a 10^6 ufc/cm^2 in 20 giorni[35]. Nel controfiletto si osservava uno sviluppo più rapido sui campioni a pH 6,0-6,1, che in quelli a pH 5,5-5,7. Dopo 76 giorni di conservazione a 0 °C, il microrganismo raggiungeva concentrazioni di 10^6 ufc/cm^2 su campioni grassi e di 10^4 ufc/cm^2 su campioni magri[35].

In uno studio sulla prevalenza di *Listeria* spp. in campioni di carni trasformate confezionate sotto vuoto, provenienti da esercizi di vendita al dettaglio australiani, sono state isolate specie di listeria in 93 dei 175 campioni esaminati. *L. monocytogenes* è stata trovata in 78 dei 93 campioni risultati positivi[34], principalmente in manzo e prosciutto in scatola; in due campioni di manzo in scatola la concentrazione era $>10^4$ ufc/g. In fette di tacchino arrotolate inoculate con 10^3 ufc/g e confezionate in buste a elevata barriera in atmosfera di CO_2 70% + N_2 30% il ceppo Scott A non cresceva dopo 30 giorni né a 4 né a 10 °C [25]. Una miscela costituita da CO_2 e N_2 50:50 aveva minore effetto inibitorio.

In uno studio sulla crescita di *L. monocytogenes* e di *Yersinia enterocolitica*, in pollame cotto confezionato in MAP, il prodotto è stato conservato in presenza di una miscela di CO_2 e N_2 in rapporto 44:56 a 3,5, 6,5 o 10 °C fino a 5 settimane[2]. Entrambi i microrganismi crescevano in tutte le condizioni testate, senza essere influenzati dalla microflora naturalmente presente. In uno studio sull'effetto di MAP e nisina su *L. monocytogenes* in filetto di maiale cotto, CO_2 100% oppure CO_2 80% + aria 20% combinati con 10^3 o 10^4 UI di nisina diminuivano la crescita non solo di *L. monocytogenes* ma anche di *Pseudomonas fragi*[23].

In una ricerca, condotta per valutare i cambiamenti nelle popolazioni di *L. monocytogenes* in verdure fresche pretagliate, sette tipi di vegetali sono stati inoculati con 10^3 ufc/g di una miscela di cinque ceppi e conservati in buste con OTR pari a 2.100 mL/m^2/24 h; la concentrazione del batterio è rimasta costante in tutte le verdure conservate a 4 °C per 9 giorni, tranne nelle carote, dove è diminuita, e nella zucca, dove è aumentata[24]. A 10 °C la crescita si verificava in tutti i campioni, tranne nelle carote grattugiate. Le proprietà antilisteria delle carote sono state dimostrate (si veda il capitolo 6). Nelle patate sbucciate, inoculate con *L. monocytogenes* e confezionate sotto vuoto in buste a elevata barriera, a 4 °C per 21 giorni non si osservava crescita, ma a 15 °C il batterio arrivava a 7 $\log_{10}$/g in 12 giorni[53]. In questo studio sono stati impiegati anche due inibitori dell'imbrunimento, che non hanno avuto alcun effetto inibitorio sulla crescita del microrganismo a 15 °C.

14.3.3 Altri patogeni

Nelle mortadelle cotte e confezionate sotto vuoto veniva limitata la crescita di *Yersinia enterocolitica* e di salmonelle ma non quella di *Staphylococcus aureus*[70]. L'inibizione della crescita di *Clostridium perfringens* è stata attribuita alla normale microflora.

In uno studio sulla sopravvivenza relativa di *Campylobacter jejuni* in carni bovine macinate conservate in quattro diverse atmosfere protettive, non sono state osservate differenze rilevanti; tuttavia il numero di sopravvissuti è risultato più elevato con il 100% di N_2[89]. La carne è stata inoculata con circa 10^5 ufc/g e conservata a 4 °C per 2 settimane con le seguenti atmosfere: O_2 5% + CO_2 10% + N_2 85%; CO_2 80% + N_2 20%; sotto vuoto; N_2 100%. In un altro studio su *C. jejuni* in carne bovina, la concentrazione di due ceppi (su tre inoculati) diminuiva leggermente con la conservazione a 20 e a 4 °C per 48 ore, ma aumentava a 37 °C, indipendentemente dalla miscela di gas utilizzata[44]; sono state testate le seguenti condizioni di conservazione: sotto vuoto; CO_2 20% + N_2 80%; O_2 5% + CO_2 10% + N_2 85%. La microflora indigena non avrebbe avuto alcun effetto su *C. jejuni*.

A 5 °C per 22 giorni, in presenza del 100% di CO_2, il numero di cellule di *Aeromonas hydrophila* – sia danneggiate sia non danneggiate termicamente – diminuiva costantemente; la crescita di entrambi i tipi di cellula era invece favorita in presenza di N_2[33]. Le cellule danneggiate termicamente non sembravano particolarmente svantaggiate nelle condizioni testate.

Aeromonas hydrophila, *S. aureus*, *C. perfringens* e *C. botulinum* tipo E non sono stati riscontrati su gamberi di fiume crudi conservati a 4-10 °C per 30 giorni[63]. Code di gamberi di fiume cotti sono state inoculate con 10^3 ufc/g spore di *C. botulinum* tipo E, confezionate sotto vuoto sia con film a elevata barriera sia in buste impermeabili all'aria e conservate a 4 e 10 °C per 30 giorni: la tossina di tipo E non è stata rilevata in nessuna confezione[63].

14.4 Alterazione delle carni confezionate in atmosfera modificata e sotto vuoto

Dai risultati di numerose ricerche, è evidente che quando le carni sotto vuoto si alterano dopo conservazione prolungata a temperatura di refrigerazione spesso i microrganismi predominanti sono lattobacilli, altri batteri lattici, *B. thermosphacta* o tutti questi insieme. Altri microrganismi possono essere riscontrati e prevalere. Diversi fattori determinano le tipologie di microrganismi prevalenti; tra questi:

1. se il prodotto è crudo o cotto;
2. concentrazione di nitriti presenti;
3. carica relativa di batteri psicrotrofi;
4. grado di impermeabilità all'ossigeno del film usato per il confezionamento sotto vuoto;
5. pH del prodotto.

Carni cotte o parzialmente cotte, insieme alle carni DFD (dark, firm, dry: scure, dure e secche) e alle DCB (dark-cutting beef: carni scure al taglio) possiedono pH più elevato di quello delle carni crude di aspetto normale; le specie microbiche che predominano in questi prodotti durante la conservazione sotto vuoto sono generalmente diverse da quelle presenti nelle carni normali conservate nelle stesse condizioni. Nelle carni DFD confezionate sotto vuoto e tenute a 2 °C per 6 settimane, la popolazione microbica dominante consisteva di *Yersinia enterocolitica*, *Serratia liquefaciens*, *Shewanella putrefaciens* e una specie di *Lactobacillus*[32]. *S. putrefaciens* causava l'inverdimento del prodotto, ma un pH < 6,0 era in grado di inibirne la crescita. Quando carne DCB con pH 6,6, veniva confezionata sotto vuoto e conservata a 0-2 °C, dopo 6 settimane prevalevano i lattobacilli, ma dopo 8 settimane diventavano dominanti le Enterobacteriaceae psicrotrofe[75]. La maggior parte delle Enterobacteriaceae assomigliava a *S. liquefaciens*, le rimanenti a *Hafnia alvei*. In carne bovina a pH 6,0 confezionata sotto vuoto, dopo 6 settimane a 0-2 °C sono stati trovati livelli di 10^7 ufc/g di microrganismi simili a *Y. enterocolitica*, ma sulle carni con pH < 6,0 la loro concentrazione non superava 10^5 ufc/g anche dopo 10 settimane[80]. Nella carne con elevato pH cresce anche *S. putrefaciens*, con conte che arrivano a $\log_{10}$ 6,58/g dopo 10 settimane.

Nella carne bovina cruda normale con pH finale di circa 5,6, confezionata sotto vuoto, predominano lattobacilli e altri batteri lattici. In carne bovina lasciata alterare aerobicamente si sviluppavano aromi acidi quando il valore di APC era intorno a 10^7-10^8 ufc/cm^2, con il 15% circa della microflora costituita da *Pseudomonas* spp; l'alterazione dei campioni sotto vuoto era accompagnata da un leggero rialzo del pH con un generale aumento del valore di ERV[42]. Dopo 9 settimane di conservazione a 0-1 °C, Hitchener e colleghi[46] hanno osservato che il 75% della microflora presente su carne bovina cruda sotto vuoto consisteva di microrganismi catalasi negativi. Caratterizzando ulteriormente i 177 isolati, 18 sono stati identificati come *Leuconostoc mesenteroides* e i rimanenti come lattobacilli (115 eterofermentanti e 44 omofermentanti). Utilizzando film a elevata barriera all'ossigeno, dopo 12 e 24 giorni la popolazione microbica dominante su bistecche di bovino confezionate sotto vuoto consisteva di lattobacilli eterofermentanti, con *Lactobacillus cellobiosus* isolato dal 92% delle bistecche[90]. Nel 59% dei campioni *L. cellobiosus* costituiva il 50% o più della popolazione microbica. Con film a media barriera all'ossigeno si riscontravano generalmente alte percentuali di microrganismi come *Aeromonas*, *Enterobacter*, *Hafnia*, *B. thermosphacta*, pseudomonadaceae e *Morganella morganii*.

Quando presenti in elevate concentrazioni, i nitriti generalmente inibiscono *B. thermosphacta* e le Enterobacteriaceae psicrotrofe e i batteri lattici diventano dominanti, poiché sono relativamente insensibili alla loro azione[69]. Tuttavia, basse concentrazioni di nitriti sembrano non influenzare la crescita di *B. thermosphacta*, specialmente nei prodotti cotti e confezionati sotto vuoto. Egan e colleghi[19] hanno inoculato questo microrganismo e due lattobacilli (uno omofermentante e uno eterofermentante) in carne in scatola (corned beef) e in prosciutto affettato contenenti 240 ppm di nitrato e 20 ppm di nitrito: *B. thermosphacta* cresceva senza una fase lag misurabile. Il tempo di generazione di questo microrganismo era di 12-16 ore a 5 °C; quello del lattobacillo eterofermentante era compreso tra 13 e 16 ore e quello del lattobacillo omofermentante tra 18 e 22 ore. La concentrazione di 10^8 ufc/g è stata raggiunta, rispettivamente, dopo 9,9-12 giorni e 12-20 giorni. 2-3 giorni dopo il raggiungimento di 10^8 ufc/g di *B. thermosphacta* si sviluppavano cattivi odori (off-odors); per i lattobacilli omo ed eterofermentanti ciò si verificava solo dopo 11 e 21 giorni, rispettivamente. I batteri lattici hanno un ruolo meno significativo di *B. thermosphacta* nell'alterazione dei salumi stagionati confezionati sotto vuoto[20]; d'altra parte, questo microrganismo possiede una fase lag più lunga e una velocità di crescita più bassa rispetto ai lattobacilli[31]. Quando i due gruppi microbici sono presenti in uguale concentrazione, generalmente predominano i lattobacilli.

In uno studio condotto su salsicce viennesi affumicate confezionate sotto vuoto alterate sono stati esaminati 540 isolati: il 58% era rappresentato da lattobacilli omofermentanti e il 36% da *Leuconostoc*, che insieme raggiungevano 10^7-10^8 ufc/g di prodotto alterato[91]. In questi prodotti non sono stati trovati carnobatteri.

Sembra che almeno due specie di *Leuconostoc*, *L. carnosum* e *L. gelidum*, siano specificamente adatte alle carni confezionate sotto vuoto e MAP. In una ricerca, condotta su lonza confezionata con elevati livelli di O_2 e CO_2, specie di *Leuconostoc* non identificate costituivano dall'88 al 100% della microflora[78]; tali specie erano risultate dominanti anche in un'altra ricerca analoga[40]. Dopo un ampio studio dei batteri lattici isolati da carni confezionate sotto vuoto, sono stati identificati *L. carnosum* e *L. gelidum*[81]. Entrambe le specie crescevano a 1 °C ma non a 37 °C e producevano gas da glucosio. *L. carnosum* è risultato il microrganismo alterante specifico in campioni alterati di prosciutto cotto affettato e confezionato sotto vuoto[5].

Il genere *Carnobacterium* svolge un ruolo importante nell'alterazione di carni sotto vuoto e MAP. Questi batteri catalasi negativi sono eterofermentanti, producono solo acido L(+)-lattico (normalmente i betabatteri eterofermentanti producono sia D- sia L- lattato). Prima del 1987 i carnobatteri erano considerati appartenenti ai lattobacilli. In una ricerca condotta su carne bovina sotto vuoto, per 115 dei 159 isolati di lattobacilli non è stata possibile l'identificazione a livello di specie[46]; ceppi simili erano stati isolati da carne di manzo, maiale, agnello e da bacon sotto vuoto[81]. Un altro gruppo di ricercatori ha isolato microrganismi simili da carne bovina sotto vuoto e li ha identificati, dopo ulteriori studi, con il nome *Lactobacillus divergens*[47]; questo microrganismo costituiva il 6,7% dei 120 isolati psicrotrofi, nessuno dei quali cresceva a pH 3,9 o a 4 °C in MRS broth. Mediante la tecnica di ibridizzazione DNA-DNA e altre indagini, è stato costituito il genere *Carnobacterium*, nel quale sono stati collocati *L. divergens* e altre due specie[12]. *C. divergens* è associato alle carni confezionate sotto vuoto, mentre *C. piscicola* e *C. mobile* sono state associate, rispettivamente, al pesce e al pollame irradiato. Poiché non produce H_2S o altri composti dall'odore ripugnante, *C. divergens* può non essere un microrganismo alterante; infatti, insieme agli altri due *Leuconostoc*, può risultare utile nelle confezioni impermeabili ai gas, dove produce quantità di CO_2 sufficienti per inibire microrganismi indesiderati. In carne bovina confezionata alterata *Carnobacterium* era favorito da N_2 100% a –1 °C, mentre *Leuconostoc* era favorito dal vuoto e da CO_2 100%[71].

B. thermosphacta cresce su carne bovina a pH 5,4 in aerobiosi, ma non cresce in anaerobiosi a pH < 5,8[10]; in queste ultime condizioni, il pH minimo per la crescita sembra uguale a 6,0. Anche *Shewanella putrefaciens* è sensibile al pH: non cresce sulle carni con valori normali di pH, ma si sviluppa sulle carni DFD.

L'effetto del MAP sulla crescita di muffe sui prodotti da forno è stato studiato impiegando prodotti da forno di consistenza spugnosa; a 25 °C con il 100% di CO_2 non è stata osservata nessuna crescita fino a 28 giorni, a prescindere dall'a_w[37]. Valori di a_w pari a 0,8-0,9 non influenzavano significativamente la crescita fungina. La fase lag raddoppiava quando a_w era uguale a 0,85 e la CO_2 aumentava fino al 70% nello spazio di testa.

L'alterazione di salmone fresco e scongelato conservato in MAP è stata studiata a 2 °C; in queste condizioni il microrganismo dominante era *Photobacterium phosphoreum*, che riduceva la shelf life dei prodotti freschi a circa 14 giorni e quella dei prodotti scongelati a 21 giorni[21]. Questo microrganismo è stato eliminato mediante congelazione e conservazione a 2 °C, aumentando la shelf life del prodotto di 1-2 settimane. La microflora alterante del salmone scongelato e confezionato in atmosfera modificata era dominata da *Carnobacterium piscicola*, che sembrava responsabile della produzione di tiramina rilevata al termine della conservazione. *P. phosphoreum* superava 10^6 ufc/g ed è stato considerato il microrganismo specifico di alterazione[21].

14.4.1 Componenti volatili di carni e pollame confezionati sotto vuoto

I cattivi odori e sapori che si formano nei prodotti carnei confezionati sotto vuoto, per effetto della microflora alterante, sono riassunti nella tabella 14.6. In generale, acidi grassi a corta catena sono formati sia da lattobacilli sia da *B. thermosphacta*; è prevedibile, dunque, che i prodotti alterati contengano questi composti, che conferiscono odori pungenti. Nelle carni in scatola confezionate sotto vuoto, i composti più significativi per la produzione del caratteristico odore di carne alterata sono acetoino e diacetile[87]. Utilizzando un terreno di coltura (Tween-ATP) contenente glucosio e altri carboidrati semplici, la formazione degli acidi isobutirrico e isovalerico da parte di *B. thermosphacta* era favorita da basse concentrazioni di glucosio e da valori di pH vicini alla neutralità; la produzione di acetoino, acido acetico,

Tabella 14.6 Composti volatili prodotti dalla microflora alterante o da microrganismi alteranti specifici di carne, pollame, prodotti ittici o mezzi colturali

Microrganismo/ inoculo	Substrato/ condizioni	Composti volatili principali	Rif. bibl.
Shewanella putrefaciens	Carne sterile di pesce, 1-2 °C per 15 giorni	Dimetildisolfuro, dimetiltrisolfuro, metilmercaptano, trimetilammina, propionaldeide, 1-penten-3-olo, H_2S ecc.	66
"Achromobacter" sp.	Come sopra	Come sopra, tranne per dimetiltrisolfuro o H_2S	66
P. fluorescens	Come sopra	Metilsolfuro, dimetilsolfuro	66
P. perolens	Come sopra	Metilsolfuro, dimetildisolfuro, dimetiltrisolfuro, metilmercaptano, 2-metossi-3-isopropilpirazina (odore di patata)	67
Moraxella spp.	TSY agar, 2-4 °C per 14 giorni	16 composti, tra cui dimetildisolfuro, dimetiltrisolfuro, metilisobutirrato e metil-2-metil butirrato	61
P. fluorescens	Come sopra	Tutti i composti di cui sopra a eccezione del metilisobutirrato	61
P. putida	Come sopra	14 composti: gli stessi indicati per Moraxella spp., a eccezione del metilisobutirrato e del metil-2-metil butirrato	61
B. thermosphacta	Carne di manzo in scatola sotto vuoto inoculata, 5 °C	7 composti, tra cui diacetile, acetoino, nonano, 3-metil-butanale e 2-metil-butanolo	87
	Fette di manzo inoculate conservate in condizioni aerobiche a 1°C per 14 giorni, pH 5,5-5,8	Acetoino, acido acetico, acido isobutirrico/isovalerico: l'acido acetico aumentava di circa 4 volte dopo 28 giorni	13
	Come sopra, pH 6,2-6,6	Acido acetico, acido isobutirrico, acido isovalerico e acido n-butirrico	13
	APT broth a pH 6,5 e 0,2% di glucosio;	Acetoino, acido acetico, acido isobutirrico e acido isovalerico	13
	APT broth a pH 6,5, senza glucosio;	Come sopra ma senza acetoino	13
B. thermosphacta (15 ceppi)	APT broth a pH 6,5, 0,2% di glucosio;	Acetoino, acido acetico, acido isobutirrico, acido isovalerico, tracce di 3-metilbutanolo	14
S. putrefaciens	Crescita in pollo radappertizzato, 5 giorni a 10 °C	H_2S, metilmercaptano, dimetildisolfuro, metanolo, etanolo	26
P. fragi	Come sopra	Metanolo, etanolo, metilacetato, etilacetato, dimetilsolfuro	26
B. thermosphacta	Come sopra	Metanolo, etanolo	26
Microflora	Pollame alterato	Composti dell'idrogeno compreso H_2S, metanolo, etanolo, metilmercaptano, dimetilsolfuro e dimetildisolfuro	26

2,3-butandiolo, 3-metilbutanolo e 3-metilpropanolo era invece favorita da elevate concentrazioni di glucosio e bassi valori di pH[13,14]. Secondo questi ricercatori, l'acetoino è il principale composto volatile prodotto su carni, crude o cotte, conservate in atmosfera contenente O_2.
I composti volatili prodotti da *B. thermosphacta* possono quindi variare a seconda che il substrato contenga alte o basse concentrazioni di glucosio. È stato dimostrato che l'aggiunta del
2% di glucosio a carne bovina macinata determina una riduzione del pH e ritarda lo sviluppo di cattivi odori e la formazione di patina superficiale, senza influenzare la microflora alterante[82]; sebbene gli studi citati non siano stati condotti su carni confezionate sotto vuoto,
l'aggiunta di glucosio potrebbe essere un modo per favorire la produzione di acetoino e di
altri composti derivanti dal glucosio a discapito degli acidi grassi a corta catena. Poiché le
carni con elevato pH confezionate sotto vuoto hanno una shelf life molto più breve, l'aggiunta di glucosio potrebbe essere utile.

In uno studio condotto su bistecche confezionate sotto vuoto alterate, l'odore sulfureo era
evidente con cariche microbiche di 10^7-10^8 ufc/cm^2 [41]. I microrganismi dominanti isolati erano
Hafnia alvei, lattobacilli e *Pseudomonas*; *H. alvei* era probabilmente la causa dell'odore sulfureo. Entro una settimana dalla lavorazione la carne bovina cruda confezionata sotto vuoto
subiva un'alterazione caratterizzata da un'elevata produzione di gas con odore di H_2 e marcata proteolisi[56]. L'agente responsabile era *Clostridium laramie*, una specie psicrotrofa[55]. Un
altro clostridio psicrotrofo, isolato da carne di maiale refrigerata confezionata sotto vuoto, è
C. algidicarnis. Da carni refrigerate sotto vuoto alterate è stato isolato un batterio che produce grandi quantità di H_2, CO_2, butanolo e acido butanoico, insieme a esteri e composti volatili contenenti zolfo[15]; l'isolato era uno psicrofilo in grado di crescere tra 1 e 15 °C, ma non a
22 °C; questo microrganismo è stato classificato come *Clostridium estertheticum*[11].

Dalla tabella 14.6, risulta evidente che tutti i microrganismi, tranne *B. thermosphacta*,
producevano dimetildisolfuro o trisolfuro o metilmercaptano. Il dimetildisolfuro era prodotto nel pollo da 8 delle 11 colture esaminate da Freeman e colleghi[26]; l'etanolo da 7 colture e
il metanolo e l'acetato di etile da 6 colture ciascuno. Quando cresce in carni confezionate
sotto vuoto, *Shewanella putrefaciens* produce H_2S. In petto di pollo inoculato con ceppi di
Pseudomonas e conservato a 2 °C per 14 giorni, gli odori rilevati mediante picchi cromato-
grafici sono stati descritti da McMeekin come sulfurei, di latte evaporato e di frutta[65].

Bibliografia

1. Adams MR, Moss MO (1995) *Food Microbiology*. Royal Society of Chemistry, Cambridge, England.
2. Barakat RK, Harris LJ (1999) Growth of Listeria monocytogenes and Yersinia enterocolitica on
    cooked modified atmosphere-packaged poultry in the presence and absence of a naturally occurring
    microbiota. *Appl Environ Microbiol*, 65: 342-345.
3. Barbosa WB, Sofos JN, Schmidt GR, Smith GC (1995) Growth potential of individual strains of
    Listeria monocytogenes in fresh vacuum-packaged refrigerated ground top round of beef. *J Food
    Protect*, 58: 398-403.
4. Bartkowski L, Dryden FD, Marchello JA (1982) Quality changes of beef steaks stored in controlled
    gas atmospheres containing high or low levels of oxygen. *J Food Protect*, 45: 42-45.
5. Björkroth KJ, Vandamme P, Korkeala HJ (1998) Identification and characterization of Leuconostoc
    carnosum, associated with production and spoilage of vacuum-packaged sliced, cooked ham. *Appl
    Environ Microbiol*, 64: 3313-3319.
6. Blickstad E, Molin G (1983) The microbial flora of smoked pork loin and frankfurter sausage stored
    in different gas atmospheres at 4 °C. *J Appl Bacteriol*, 54: 45-56.

7. Brent J, Gomez H, Judson F et al. (1995) Botulism from potato salad. *Dairy Food Environ Sanit*, 15: 420-422.

8. Brown WD, Albright M, Watts DA, Heyer B, Spruce B, Price RJ (1980) Modified atmosphere storage of rockfish (Sebastes miniatus) and silver salmon (Oncorhynchus kisutch). *J Food Sci*, 45: 93-96.

9. Cai P, Harrison MA, Huang YW, Silva JL (1997) Toxin production by Clostridium botulinum type E in packaged channel catfish. *J Food Protect*, 60: 1358-1363.

10. Campbell RJ, Egan AF, Grau FH, Shay BJ (1979) The growth of Microbacterium thermosphactum on beef. *J Appl Bacteriol*, 47: 505-509.

11. Collins MD, Rodrigues UM, Dainty RH, Edwards RA, Roberts TA (1992) Taxonomic studies on a psychrophilic Clostridium from vacuum-packed beef: Description of Clostridium estertheticum sp. nov. *FEMS Microbiol Lett*, 96: 235-240.

12. Collins MD, Farrow JAE, Phillips BA, Ferusu S, Jones D (1987) Classification of Lactobacillus divergens, Lactobacillus piscicola, and some catalase-negative, asporogenous, rod-shaped bacteria from poultry in a new genus, Carnobacterium. *Int J System Bacteriol*, 37: 310-316.

13. Dainty RH, Hibbard CM (1980) Aerobic metabolism of Brochothrix thermosphacta growing on meat surfaces and in laboratory media. *J Appl Bacteriol*, 48: 387-396.

14. Dainty RH, Hofman FJK (1983) The influence of glucose concentration and culture incubation time on end-product formation during aerobic growth of Brochothrix thermosphacta. *J Appl Bacteriol*, 55: 233-239.

15. Dainty RH, Edwards RA, Hibbard CM (1989) Spoilage of vacuum-packed beef by a Clostridium sp. *J Sci Food Agric*, 49: 473-486.

16. Dalgaard P, Munoz LG, Mejlholm O (1998) Specific inhibition of Photobacterium phosphoreum extends the self-life of modified-atmosphere-packaged cod fillets. *J Food Protect*, 61: 1191-1194.

17. Daniels JA, Krishnamurthi R, Rizvi SSH (1985) A review of effects of carbon dioxide on microbial growth and food quality. *J Food Protect*, 48: 532-537.

18. Del Torre M, Stecchini ML, Peck MW (1998) Investigation of the ability of proteolytic Clostridium botulinum to multiply and produce toxin in fresh Italian pasta. *J Food Protect*, 61: 988-993.

19. Egan AF, Ford AL, Shay BJ (1980) A comparison of Microbacterium thermosphactum and lactobacilli as spoilage organisms of vacuum-packaged sliced luncheon meats. *J Food Sci*, 45: 1745-1748.

20. Egan AF, Shay BJ (1982) Significance of lactobacilli and film permeability in the spoilage of vacuum-packaged beef. *J Food Sci*, 47: 1119-1122, 1126.

21. Emborg J, Laursen BG, Rathjen T, Dalgaard P (2002) Microbial spoilage and formation of biogenic amines in fresh and thawed modified atmosphere-packaged salmon (Salmo solar) at 2°C. *J Appl Microbiol*, 92 :790-799.

22. Enfors SO, G Molin (1978) The influence of high concentrations of carbon dioxide on the germination of bacterial spores. *J Appl Bacteriol*, 45: 279-285.

23. Fang TJ, Lin LW (1994) Growth of Listeria monocytogenes and Pseudomonas fragi on cooked pork in a modified atmosphere packaging/nisin combination system. *J Food Protect*, 57: 479-485.

24. Farber JM, Wang SL, Cai Y, Zhang S (1998) Changes in populations of Listeria monocytogenes inoculated on packaged fresh-cut vegetables. *J Food Protect*, 61: 192-195.

25. Farber JM, Daley E (1994) Fate of Listeria monocytogenes on modified-atmosphere packaged turkey roll slices. *J Food Protect*, 57: 1098-1100.

26. Freeman LR, Silverman GJ, Angelini P, Merritt C Jr, Esselen WB (1976) Volatiles produced by microorganisms isolated from refrigerated chicken at spoilage. *Appl Environ Microbiol*, 32: 222-231.

27. Garcia GW, Genigeorgis C, Lindroth S (1987) Risk of growth and toxin production by Clostridium botulinum nonproteolytic types B, E, and F in salmon fillets stored under modified atmospheres at low and abused temperatures. *J Food Protect*, 50: 330-336.

28. Gardner GA, Carson AW, Patton J (1967) Bacteriology of prepacked pork with reference to the gas composition within the pack. *J Appl Bacteriol*, 30: 321-333.

29. Gill CO, Molin G (1998) Modified atmospheres and vacuum packaging. In: Russell NJ, Gould GW (eds) *Food Preservatives*. Kluwer Academic Publishers, New York, pp. 172-199.

30. Gill CO, Tan KH (1980) Effect of carbon dioxide on growth of meat spoilage bacteria. *Appl Environ Microbiol*, 39: 317-319.

31. Gill CO (1983) Meat spoilage and evaluation of the potential storage life of fresh meat. *J Food Protect*, 46: 444-452.

32. Gill CO, Newton KG (1979) Spoilage of vacuum-packaged dark, firm, dry meat at chill temperatures. *Appl Environ Microbiol*, 37: 362-364.

33. Golden DA, Eyles MJ, Beuchat LR (1989) Influence of modified-atmosphere storage on the growth of uninjured and heat-injured Aeromonas hydrophilia. *Appl Environ Microbiol*, 55: 3012-3015.

34. Grau FH, Vanderlinde PB (1992) Occurrence, numbers, and growth of Listeria monocytogenes on some vacuumpackaged processed meats. *J Food Protect*, 55: 4-7.

35. Grau FH, Vanderlinde PB (1990) Growth of Listeria monocytogenes on vacuum-packaged beef. *J Food Protect*, 53: 739-741.

36. Greer GG, Stilts BD, Jeremiah LE (1993) Bacteriology and retail case life of pork after storage in carbon dioxide. *J Food Protect*, 56: 689-693.

37. Guynot ME, Marin S, Sanchis Y et al. (2003) Modified atmosphere packaging for prevention of mold spoilage of bakery products with different pH and water activity levels. *J Food Protect*, 66: 1864-1872.

38. Halleck FE, Ball CO, Stier EF (1958) Factors affecting the quality of prepackaged meat. IV. Microbiological studies. B. Effect of package characteristics and of atmospheric pressure in package upon bacterial flora of meat. *Food Technol*, 12: 301-306.

39. Hanks H, Nickelson R II, Finne G (1980) Shelf-life studies on carbon dioxide packaged finfish from the Gulf of Mexico. *J Food Sci*, 45: 157-162.

40. Hanna MO, Vanderzant C, Smith GC, Savell JW (1981) Packaging of beef loin steaks in 75% O_2 + 25% CO_2. II. Microbiological properties. *J Food Protect*, 44: 928-933.

41. Hanna MO, Smith GC, Hall LC, Vanderzant C (1979) Role of Hafnia alvei and a Lactobacillus species in the spoilage of vacuum-packaged strip loin steaks. *J Food Protect*, 42: 569-571.

42. Hanna MO, Vanderzant C, Carpenter ZL, Smith GC (1977) Microbial flora of vacuum-packaged lamb with special reference to psychrotrophic, Gram-positive, catalase-positive pleomorphic rods. *J Food Protect*, 40: 98-100.

43. Hanna MO, Smith GC, Savell JW, McKeith FK, Vanderzant C (1982) Effects of packaging methods on the microbial flora of livers and kidneys from beef or pork. *J Food Protect*, 45: 74-81.

44. Hänninen ML, Korkeala H, Pakkala P (1984) Effect of various gas atmospheres on the growth and survival of Campylobacter jejuni on beef. *J Appl Bacteriol*, 57: 89-94.

45. Hauschild AHW, Poste LM, Hilsheimer R (1985) Toxin production by Clostridium botulinum and organoleptic changes in vacuum-packaged raw beef. *J Food Protect*, 48 :712-716.

46. Hitchener BJ, Egan AF, Rogers PJ (1982) Characteristics of lactic acid bacteria isolated from vacuum-packaged beef. *J Appl Bacteriol*, 52: 31-37.

47. Holzapfel WH, Gerber ES (1983) Lactobacillus divergens sp. nov., a new heterofermentative Lactobacillus species producing L(+)-lactate. *Syst Appl Bacteriol*, 4: 522-534.

48. Hotchkiss JH, Baker RC, Qureshi RA (1985) Elevated carbon dioxide atmospheres for packaging poultry. II. Effects of chicken quarters and bulk packages. *Poultry Sci*, 64: 333-340.

49. Jamieson W (1980) Use of hypobaric conditions for refrigerated storage of meats, fruits, and vegetables. Food Technol, 3: 64-71.

50. Jay JM (1966) Response of the extract-release volume and water-holding capacity phenomena to microbiologically spoiled beef and aged beef. *Appl Microbiol*, 14: 492-496.

51. Jay JM (1983) Antimicrobial properties of α-dicarbonyl and related compounds. *J Food Protect*, 46: 325-329.

52. Jaye M, Kittaka RS, Ordal ZJ (1962) The effect of temperature and packaging material on the storage life and bacterial flora of ground beef. *Food Technol*, 16(4): 95-98.

53. Juneja VK, Martin ST, Sapers GM (1998) Control of Listeria monocytogenes in vacuum-packaged pre-peeled potatoes. *J Food Sci*, 63: 911-914.

54. Juven BJ, Barefoot SF, Pierson MD, McCaskill LH, Smith B (1998) Growth and survival of Listeria monocytogenes in vacuum-packaged ground beef inoculated with Lactobacillus alimentarius Flora-Carn L-2. *J Food Protect*, 61: 551-556.
55. Kalchayanand N, Ray B, Field RA (1993) Characteristics of psychrotrophic Clostridium laramie causing spoilage of vacuum-packaged refrigerated fresh and roasted beef. *J Food Protect*, 56: 13-17.
56. Kalchayanand N, Ray B, Field RA, Johnson MC (1989) Spoilage of vacuum-packaged refrigerated beef by Clostridium. *J Food Protect*, 52: 424-426.
57. King AD Jr, Nagel CW (1975) Influence of carbon dioxide upon the metabolism of Pseudomonas aeruginosa. *J Food Sci*, 40: 362-366.
58. Kraft AA, Reddy KV, Hasiak RJ, Lind KD, Galloway DE (1982) Microbiological quality of vacuum packaged poultry with or without chlorine treatment. *J Food Sci*, 47: 380-385.
59. Larson AE, Johnson EA, Barmore CR, Hughes MD (1997) Evaluation of the botulism hazard from vegetables in modified atmosphere packaging. *J Food Protect*, 60: 1208-1214.
60. Lawlor KA, Pierson MD, Hackney CR et al. (2000) Nonproteolytic Clostridium botulinum toxigenesis in cooked turkey stored under modified atmospheres. *J Food Protect*, 63: 1511-1516.
61. Lee ML, Smith DL, Freeman LR (1979) High-resolution gas chromatographic profiles of volatile organic compounds produced by microorganisms at refrigerated temperatures. *Appl Environ Microbiol*, 37: 85-90.
62. Lilly T Jr, Solomon HM, Rhodehamel EJ (1996) Incidence of Clostridium botulinum in vegetables packaged under vacuum or modified atmosphere. *J Food Protect*, 59: 59-61.
63. Lyon WJ, Reddmann CS (2000) Bacteria associated with processed crawfish and potential toxin production by Clostridium bottulinum type E in vacuum-packaged and aerobically packaged crawfish tails. *J Food Protect*, 63: 1687-1696.
64. Matches JR, Lavrisse ME (1985) Controlled atmosphere storage of spotted shrimp (Pandalus platyceros). *J Food Protect*, 48: 709-711.
65. McMeekin TA (1975) Spoilage association of chicken breast muscle. *Appl Microbiol*, 29: 44-47.
66. Miller A III, Scanlan RA, Lee JS, Libbey LM (1973) Volatile compounds produced in sterile fish muscle (Sebastes melanops) by Pseudomonas putrefaciens, Pseudomonas fluorescens, and an Achromobacter species. *Appl Microbiol*, 26: 18-21.
67. Miller A III, Scanlan RA, Lee JS, Libbey LM, Morgan ME (1973) Volatile compounds produced in sterile fish muscle (Sebastes melanops) by Pseudomonas perolens. *Appl Microbiol*, 25: 257-261.
68. Molin G (1983) The resistance to carbon dioxide of some food related bacteria. *Eur J Appl Microbiol Biotechnol*, 18: 214-217.
69. Nielsen HJS (1983) Influence of nitrite addition and gas permeability of packaging film on the microflora in a sliced vacuum-packed whole meat product under refrigerated storage. *J Food Technol*, 18: 573-585.
70. Nielsen HJS, Zeuthen P (1985) Influence of lactic acid bacteria and the overall flora on development of pathogenic bacteria in vacuum-packed, cooked, emulsion-style sausage. *J Food Protect*, 48: 28-34.
71. Nissen H, Serheim O, Dainty R (1996) Effects of vacuum, modified atmospheres and storage temperature on the microbial flora of packaged beef. *Food Microbiol*, 13: 183-191.
72. Nychas GJ, Arkoudelos JS (1990) Microbiological and physicochemical changes in minced meats under carbon dioxide, nitrogen or air at 3 °C. *Int J Food Sci Technol*, 25: 389-398.
73. Ogilvy WS, Ayres JC (1951) Post-mortem changes in stored meats. II. The effect of atmospheres containing carbon dioxide in prolonging the storage life of cut-up chicken. *Food Technol*, 5: 97-102.
74. Parkin KL, Wells MJ, Brown WD (1981) Modified atmosphere storage of rockfish fillets. *J Food Sci*, 47: 181-184.
75. Patterson JT, Gibbs PA (1977) Incidence and spoilage potential of isolates from vacuum-packaged meat of high pH value. *J Appl Bacteriol*, 43: 25-38.
76. Phillips CA (1996) Review: Modified atmosphere packaging and its effects on the microbiological quality and safety of produce. *Int J Food Sci Technol*, 31: 463-479.
77. Samelis J, Georgiadou KG (2000) The microbial association of Greek taverna sausage stored at 4 and 10 °C in air, vacuum or 100% carbon dioxide, and its spoilage potential. *J Appl Microbiol*, 88: 58-86.

78. Savell JW, Hanna MO, Vanderzant C, Smith GC (1981) An incident of predominance of Leuconostoc sp. in vacuum-packaged beef strip loins – Sensory and microbial profile of steaks stored in O_2–CO_2–N_2 atmospheres. *J Food Protect*, 44: 742-745.

79. Sears DF, Eisenberg RM (1961) A model representing a physiological role of CO_2 at the cell membrane. *J Gen Physiol*, 44: 869-887.

80. Seelye RJ, Yearbury BJ (1979) Isolation of Yersinia enterocolitica-resembling organisms and Alteromonas putrefaciens from vacuum-packaged chilled beef cuts. *J Appl Bacteriol*, 46: 493-499.

81. Shaw BG, Harding CD (1984) A numerical taxonomic study of lactic acid bacteria from vacuum-packed beef, pork, lamb and bacon. *J Appl Bacteriol*, 56: 25-40.

82. Shelef LA (1977) Effect of glucose on the bacterial spoilage of beef. *J Food Sci*, 42: 1172-1175.

83. Silvertsvik M, Rosnes JT, Kleiber GH (2003) Effect of modified atmosphere packaging and super-chilled storage on the microbial and sensory quality of Atlantic salmon (Salmo solar) fillets. *J Food Sci*, 68: 1467-1472.

84. Smith WH (1964) The use of carbon dioxide in the transport and storage of fruits and vegetables. *Adv Food Res*, 12: 95-146.

85. Solomon HM, Rhodehamel EJ, Kautter DA (1998) Growth and toxin production by Clostridium botulinum on sliced raw potatoes in a modified atmosphere with and without sulfite. *J Food Protect*, 61: 126-128.

86. Solomon HM, Kautter DA, Lilly T, Rhodehamel EJ (1990) Outgrowth of Clostridium botulinum in shredded cabbage at room temperature under a modified atmosphere. *J Food Protect*, 53: 831-833.

87. Stanley G, Shaw KJ, Egan AF (1981) Volatile compounds associated with spoilage of vacuum-packaged sliced luncheon meat by Brochothrix thermosphacta. *Appl Environ Microbiol*, 41: 816-818.

88. Stenstrom IM (1985) Microbial flora of cod fillets (Gadus morhua) stored at 2 °C in different mixtures of carbon dioxide and nitrogen/oxygen. *J Food Protect*, 48: 585-589.

89. Stern NJ, Greenberg MD, Kinsman DM (1986) Survival of Campylobacter jejuni in selected gaseous environments. *J Food Sci*, 51: 652-654.

90. Vanderzant C, Hanna MO, Ehlers JG, Savell JW, Smith GC, Griffin B, Terrell RN, Lind KD, Galloway DE (1982) Centralized packaging of beef loin steaks with different oxygen-barrier films: Microbiological characteristics. *J Food Sci*, 47: 1070-1079.

91. von Holy A, Cloete TE, Holzapfel WH (1991) Quantification and characterization of microbial populations associated with spoiled, vacuum-packed Vienna sausages. *Food Microbiol*, 8: 95-104.

92. Wabeck CJ, Parmalee CE, Stadelman WJ (1968) Carbon dioxide preservation of fresh poultry. *Poultry Sci*, 47: 468-474.

Capitolo 15

Protezione degli alimenti mediante radiazioni e radioresistenza dei microrganismi

Nonostante il primo brevetto per l'impiego di radiazioni nella conservazione o protezione degli alimenti sia stato registrato nel 1929, questo metodo cominciò a ricevere una seria considerazione solo verso la fine della seconda guerra mondiale. La sua applicazione si è diffusa con una certa lentezza, ma ha destato grande interesse nell'ambito scientifico, rappresentando un'importante sfida per i microbiologi del settore alimentare.

La radiazione può essere definita come l'emissione e propagazione di energia attraverso lo spazio o attraverso un mezzo concreto. La radiazione di maggiore interesse nella conservazione degli alimenti è quella elettromagnetica. Lo spettro elettromagnetico è riportato nella figura 15.1; le diverse radiazioni sono distinte in base alla loro lunghezza d'onda, con quella più corta con maggior potenziale distruttivo verso i microrganismi. In relazione all'interesse della radiazione nella conservazione degli alimenti, lo spettro elettromagnetico può essere ulteriormente suddiviso in: microonde, raggi ultravioletti, raggi X, raggi gamma. Le radiazioni più importanti in questo campo sono quelle ionizzanti, che hanno lunghezza d'onda non superiore a 2000 Å, per esempio, le particelle alfa, i raggi beta, i raggi gamma e i raggi X; i loro quanti contengono energia a sufficienza per ionizzare le molecole che incon-

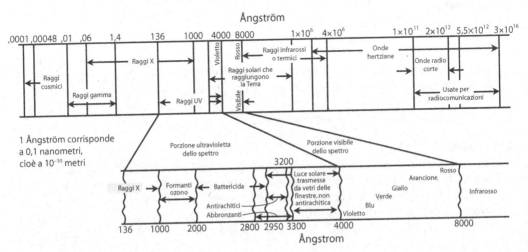

Figura 15.1 Spettro delle radiazioni. (Da Westinghouse Sterilamp and the Rentschler-James Process of Sterilization; Westinghouse Electric and Manufacturing Co., Inc., per gentile concessione)

trano sul percorso di propagazione. Poiché esse distruggono i microrganismi senza provocare un aumento apprezzabile della temperatura, il processo è definito sterilizzazione a freddo. Considerando l'applicazione delle radiazioni agli alimenti, è utile chiarire alcuni concetti fondamentali. Il röntgen è un'unità di misura utilizzata per esprimere la dose di esposizione ai raggi X o ai raggi gamma; un milliröntgen corrisponde a 1/1000 di röntgen. Un curie è la quantità di sostanza radioattiva nella quale avvengono $3,7 \times 10^{10}$ disintegrazioni per secondo (dps o becquerel, Bq). Per scopi pratici, 1 g di radio puro possiede la radioattività di 1 Curie di radio. Un rad è un'unità equivalente all'assorbimento di 100 erg/g di materia. Un kilorad (krad) è pari a 1000 rad e un megarad (Mrad) a 1 milione di rad. Nel Sistema Internazionale l'unità di misura attualmente impiegata per la dose assorbita di radiazione è il Gray (1 Gy = 100 rad = 1 joule/kg; 1 kGy = 10^5 rad). L'energia acquistata da un elettrone quando passa attraverso una differenza di potenziale (ddp) di 1 volt è definita elettronvolt (eV). Un MeV è pari a 1 milione di elettronvolt. Il rad e l'eV esprimono l'intensità dell'irradiazione.

15.1 Radiazioni impiegate per la preservazione degli alimenti

Luce ultravioletta

La luce ultravioletta (UV) è un potente agente battericida, la lunghezza d'onda più efficace è intorno a 2600 Å (pari a 260 nm). Essa non è ionizzante ed è assorbita dalle proteine e dagli acidi nucleici, nei quali provoca modificazioni fotochimiche che possono condurre alla morte della cellula. Il meccanismo della morte per radiazioni UV nelle cellule batteriche implica la produzione di mutazioni letali per effetto dell'azione sugli acidi nucleici. Per il loro scarso potere penetrante, l'impiego della luce UV per gli alimenti è limitato alle applicazioni in superficie, dove essa può catalizzare processi ossidativi che determinano rancidità, perdita di colore e altre reazioni; nel trattamento superficiale di alcuni alimenti possono formarsi anche piccole quantità di ozono. La luce UV è talvolta utilizzata per trattare prodotti da forno a base di frutta o alimenti simili, prima del confezionamento.

Raggi beta

I raggi beta sono fasci di elettroni emessi da sostanze radioattive. I raggi catodici sono uguali ai raggi beta, tranne per il fatto che sono emessi dal catodo di un tubo a vuoto. Questi raggi possiedono un basso potere penetrante. Tra le fonti commerciali di raggi catodici vi sono il generatore di Van de Graaff e gli acceleratori lineari. Questi ultimi sembrano essere più adatti per le applicazioni agli alimenti. Sussistono alcune preoccupazioni in ordine ai limiti superiori del livello energetico dei raggi catodici che possono essere impiegati senza indurre radioattività in alcuni costituenti degli alimenti.

Raggi gamma

Queste radiazioni elettromagnetiche sono emesse dai nuclei eccitati di elementi quali ^{60}Co e ^{137}Cs. Queste radiazioni sono le più economiche da impiegare per la conservazione degli alimenti, poiché gli elementi da cui sono generate sono ottenuti da sottoprodotti della fissione atomica o da scorie radioattive. A differenza dei raggi beta, i raggi gamma possiedono un eccellente potere penetrante. Il ^{60}Co ha un'emivita di 5 anni, il ^{137}Cs di circa 30 anni.

Raggi X

Questi raggi sono prodotti all'interno di un tubo a vuoto bombardando alcuni metalli pesanti con elettroni ad alta velocità (raggi catodici). Per altri versi, sono analoghi ai raggi gamma.

Microonde

L'effetto dell'energia delle microonde può essere schematizzato come segue[24]. Quando alimenti elettricamente neutri sono posti all'interno di un campo elettromagnetico, le molecole con distribuzione asimmetrica della carica vengono forzate a orientarsi prima in un senso e poi in quello opposto. Durante tale processo, ciascuna molecola asimmetrica tenta di allinearsi con il campo che cambia rapidamente generato dalla corrente alternata. Quando le molecole oscillano intorno al proprio asse nel tentativo di avvicinarsi ai corrispondenti poli negativi e positivi, si generano attriti intermolecolari che determinano produzione di calore. Le ricerche in questo campo sono state condotte utilizzando prevalentemente due frequenze: 915 e 2450 megacicli (in presenza di microonde alla frequenza di 915 megacicli, le molecole oscillano 915 milioni di volte per secondo[24]). Nello spettro delle radiazioni elettromagnetiche le microonde sono comprese tra le onde infrarosse e le onde radio. (La distruzione della larva di trichina mediante microonde nei prodotti a base di carne di maiale è discussa nel capitolo 29.)

15.2 Fattori che influenzano la distruzione dei microrganismi mediante irradiazione

Per comprendere gli effetti delle radiazioni sui microrganismi, occorre considerare diversi fattori, alcuni dei quali sono presentati e discussi di seguito.

Tipo di microrganismo

I batteri Gram-positivi sono molto più resistenti dei Gram-negativi alle radiazioni. In generale gli sporigeni sono molto più resistenti dei non sporigeni (a eccezione delle specie discusse alla fine di questo capitolo). Tra gli sporigeni, *Paenibacillus larvae* sembra possedere un grado di resistenza maggiore rispetto agli altri sporigeni aerobi. Le spore di *Clostridium botulinum* tipo A sembrano le più resistenti tra tutte le spore di clostridio. Tra i batteri non sporigeni i più resistenti sono *Enterococcus faecium* R53, micrococchi e lattobacilli omofermentanti. I più sensibili alle radiazioni sono le Pseudomonadaceae e i flavobatteri (come pure i nuovi generi creati dalla loro suddivisione, vedi capitolo 2), mentre altri batteri Gram-negativi presentano una resistenza intermedia. Uno spettro generale della sensibilità alle radiazioni – dagli enzimi agli animali superiori – è presentato nella figura 15.2. I possibili meccanismi della radioresistenza sono discussi di seguito.

A eccezione delle endospore e delle specie altamente resistenti già citate, nei batteri la resistenza alle radiazioni è generalmente associata alla resistenza al calore. I lieviti sono più resistenti delle muffe ed entrambi sono in generale meno sensibili rispetto ai batteri Gram-positivi. Per taluni ceppi appartenenti al genere *Candida* è stata riportata una resistenza confrontabile a quella di alcune endospore batteriche.

Numero di microrganismi

Rispetto all'efficacia delle radiazioni, il numero dei microrganismi ha un'influenza analoga a quella che si osserva per il calore, la disinfezione chimica e altri agenti: maggiore è il numero iniziale dei microrganismi, minore è l'effetto di una determinata dose.

Composizione del mezzo di sospensione (alimento)

I microrganismi, in generale, sono molto più sensibili alle radiazioni quando sono sospesi in soluzioni tampone piuttosto che in mezzi contenenti proteine. Per esempio, studiando un

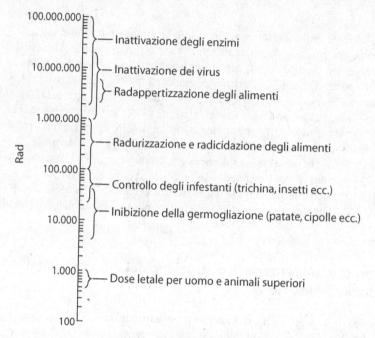

Figura 15.2 Dosi di irradiazione per diverse applicazioni. (Adattata da Grünewald[28])

ceppo di *Clostridium perfringens*, Midura e colleghi[52] hanno riscontrato un valore di *D** pari a 0,23 kGy in tampone fosfato e pari a 3 kGy in brodo di carne cotta. Le proteine esercitano un effetto protettivo nei confronti delle radiazioni, come nei confronti di alcuni agenti chimici e del calore. Alcuni ricercatori hanno osservato che la presenza di nitriti tende a rendere le endospore batteriche più sensibili alle radiazioni.

Presenza o assenza di ossigeno

La radioresistenza dei microrganismi è maggiore in assenza di ossigeno. La completa rimozione di ossigeno dalla sospensione di cellule di *Escherichia coli* ha più che triplicato la radioresistenza del microrganismo[58]. L'aggiunta di sostanze riducenti, come i composti sulfidrilici, in genere determina un aumento di radioresistenza analogo a quello prodotto da un ambiente anaerobico.

Stato fisico dell'alimento

La resistenza alle radiazioni di cellule disidratate, in generale, è considerevolmente più elevata di quella delle cellule umide. Ciò è molto probabilmente conseguenza diretta della radiolisi dell'acqua per effetto delle radiazioni ionizzanti (discussa più avanti in questo capitolo). Le cellule congelate presentano resistenza maggiore di quelle non congelate. Studiando gli effetti delle radiazioni gamma, Grecz e colleghi[26] hanno osservato che nelle carni bovine macinate irradiate a −196 °C la letalità diminuiva del 47% rispetto a quelle irradiate a temperatura di 0 °C.

---

* Il valore di *D* (o D_{10}) rappresenta la dose di radiazione necessaria per distruggere il 90% della popolazione batterica (*N.d.C.*).

Età dei microrganismi

I batteri tendono a essere molto più resistenti alle radiazioni nella fase lag, immediatamente precedente la divisione cellulare attiva. Le cellule entranti nella fase esponenziale (fase log) del loro ciclo di crescita diventano più sensibili alle radiazioni, raggiungendo il livello minimo di sensibilità al termine di tale fase.

15.3 Preparazione degli alimenti per l'irradiazione

Così come avviene solitamente per il congelamento o la sterilizzazione, anche prima dell'esposizione a radiazioni ionizzanti gli alimenti devono essere sottoposti ad alcune operazioni preparatorie.

Selezione: per l'irradiazione dovrebbero essere rigorosamente selezionati alimenti freschi e di buona qualità; in particolare, vanno scartati i prodotti che mostrano segni di alterazione incipiente.

Pulizia: per ridurre il numero di microrganismi da distruggere con il successivo trattamento di irradiazione, occorre rimuovere detriti e sporco visibili.

Confezionamento: gli alimenti da irradiare dovrebbero essere confezionati in contenitori in grado di proteggerli da eventuale ricontaminazione; quando esposti a dosi di radiazioni di circa 10 kGy, i contenitori di vetro trasparente subiscono variazioni di colore che possono essere indesiderabili.

Blanching o trattamento termico: dosi sterilizzanti di radiazione sono insufficienti per inattivare gli enzimi naturali degli alimenti (figura 15.2); questi devono quindi essere distrutti per prevenire alterazioni enzimatiche successive all'irradiazione. Il metodo migliore consiste nell'effettuare, prima dell'irradiazione, il blanching per i vegetali e un trattamento termico blando per le carni.

15.4 Applicazione dell'irradiazione

Le due tecniche di irradiazione più utilizzate impiegano raggi gamma, generati da ^{60}Co o ^{137}Cs, o fasci di elettroni prodotti da acceleratori lineari.

15.4.1 Irradiazione con raggi gamma

Il vantaggio di questo metodo consiste nel fatto che il ^{60}Co e il ^{137}Cs rappresentano sottoprodotti della fissione atomica relativamente economici. Normalmente, nelle camere sperimentali di irradiazione che impiegano tali elementi, il materiale radioattivo è posto su un elevatore in modo da essere sollevato per effettuare l'irradiazione o immerso in acqua quando non è utilizzato. I materiali da irradiare sono posti intorno alla sorgente radioattiva alla distanza opportuna per ottenere l'esposizione desiderata. Dopo l'allontanamento di tutto il personale dalla camera (che ha pareti di cemento rivestite di piombo), la sorgente radioattiva è sollevata in posizione e i raggi gamma irradiano gli alimenti. L'irradiazione a determinate temperature può essere ottenuta sia collocando i campioni all'interno di contenitori a temperatura controllata, sia controllando la temperatura dell'intera camera. Tra gli svantaggi connessi all'impiego di materiali radioattivi vi è il fatto che la sorgente irradia in tutte le direzioni e non può

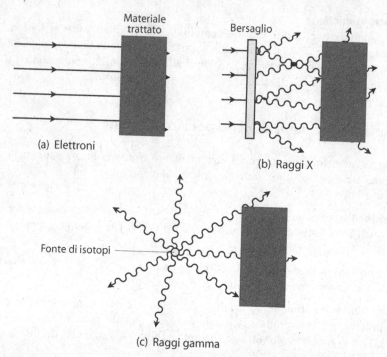

Figura 15.3 Principali tecniche utilizzate per l'irradiazione degli alimenti: interazioni di elettroni, raggi X e raggi gamma nel mezzo. (Da Kock e Eisenhower[39]. In: *Radiation and Preservation of Foods*. Publication 1273, Advisory Board on Military Personnel Supplies, National Academy of Science, National Research Council, 1965)

essere accesa o spenta a discrezione (figura 15.3). Inoltre, l'emivita del ^{60}Co (5,27 anni) richiede la periodica sostituzione della sorgente per mantenere un adeguato livello di radioattività; tale svantaggio può essere superato impiegando ^{137}Cs, la cui emivita è di circa 30 anni.

15.4.2 Fasci di elettroni accelerati

Rispetto agli elementi radioattivi, l'impiego degli acceleratori di elettroni offre alcuni vantaggi che rendono questa forma di irradiazione più interessante per scopi commerciali. Koch e Eisenhower[39] hanno elencato i seguenti aspetti.

1. L'elevata efficienza del trasferimento dell'energia del fascio degli elettroni primari consente impianti ad alta capacità produttiva.
2. L'efficiente conversione dell'energia degli elettroni in energia dei raggi X consente il trattamento di prodotti molto spessi, che non possono essere trattati direttamente con fasci di elettroni o raggi gamma.
3. La facilità di regolazione del flusso e dell'energia del fascio di elettroni permette flessibilità nella scelta della superficie e della profondità dei trattamenti a seconda dei tipi di prodotti, delle condizioni e delle stagioni.
4. La caratteristica monodirezionale degli elettroni primari e secondari e dei raggi X a elevata energia consente grande flessibilità nel design delle confezioni.

5. La possibilità di programmare e regolare automaticamente, in ogni istante, con semplici sensori e circuiti elettronici, i vari parametri del fascio consente di trattare efficacemente prodotti di piccole dimensioni, di forma complessa e con struttura eterogenea.

6. La facilità con cui un acceleratore di elettroni può essere acceso o spento ne consente la disattivazione durante periodi di non utilizzo, senza problemi di manutenzione, e permette di trasportare la sorgente di radiazioni senza massicci schermi di protezione.

Tra i raggi gamma e gli elettroni accelerati vi sono due differenze degne di nota. La prima riguarda la capacità di penetrazione: i raggi gamma sono più penetranti degli elettroni, ma la capacità penetrante di questi ultimi aumenta all'aumentare della loro energia. Per esempio, elettroni a 10 MeV sono più penetranti di quelli a 4 MeV. La seconda differenza riguarda l'intensità di dose (dose rate), che nei raggi gamma generati da ^{60}Co è di 1-100 Gy/min, mentre nei fasci di elettroni prodotti da acceleratori è di 10^3-10^6 Gy/s.

15.5 Radappertizzazione, radicidazione e radurizzazione degli alimenti

15.5.1 Definizioni

La terminologia inizialmente utilizzata per la distruzione dei microrganismi negli alimenti mediante radiazioni ionizzanti era mutuata da quella della distruzione termica e chimica. Sebbene i microrganismi possano in effetti essere distrutti sia da agenti chimici, sia dal calore sia dalle radiazioni, l'impiego della stessa terminologia nel caso degli alimenti trattati con radiazioni comporta una mancanza di precisione. Per tale motivo, nel 1964, un gruppo internazionale di microbiologi ha suggerito la seguente terminologia per l'irradiazione degli alimenti[25].

La *radappertizzazione*, è equivalente al trattamento di sterilizzazione commerciale (detto anche appertizzazione, dal nome di N. Appert), caratteristico dell'industria conserviera. Tale processo prevede livelli di irradiazione di 30-40 kGy.

Il termine *radicidazione* indica un processo equivalente, per esempio, al trattamento UHT del latte. Più specificatamente, si riferisce a una riduzione del numero di patogeni specifici vitali non sporigeni, diversi dai virus, tale da non permetterne l'individuazione con nessuno dei metodi standard. I livelli tipici impiegati per conseguire tale effetto sono 2,5-10 kGy.

La *radurizzazione* può essere considerata equivalente alla pastorizzazione; si riferisce al miglioramento della qualità di un alimento grazie alla sostanziale riduzione del numero di microrganismi alteranti vitali specifici mediante irradiazione. Sono comunemente impiegate dosi di 0,75-2,5 kGy per carni fresche, pollame, prodotti ittici, frutta, verdure e cereali in grani.

15.5.2 Radappertizzazione

La radappertizzazione di qualsiasi alimento può essere realizzata applicando una dose efficace di radiazione in condizioni appropriate. L'effetto di questo trattamento sulle endospore e sulle esotossine di *C. botulinum* è di ovvio interesse. Le spore di tipo E sono caratterizzate da valori di D dell'ordine di 1,2-1,7 kGy[71]; quelle di tipo A e B sono caratterizzate da valore di D, rispettivamente, di 2,79 e 2,38 kGy[37]. Le spore di tipo E sono dunque le più sensibili.

L'effetto della temperatura di irradiazione sul valore di D delle spore di *C. botulinum* è riportato nella tabella 15.1: la resistenza aumenta alle basse temperature e diminuisce alle alte[27]. Livelli diversi di inoculo non hanno avuto effetti significativi sul valore di D, il cui andamento risultava lineare al variare della temperatura. I valori di D di quattro ceppi di *C. botulinum* in tre diversi alimenti sono presentati in tabella 15.2, dalla quale risulta che cia-

Tabella 15.1 Effetto della temperatura di irradiazione sui valori di *D* di due differenti inoculi di *C. botulinum* 33A in carne bovina macinata precotta

Temperatura (°C)	D (kGy)	
	~5×10⁶ spore/contenitore	~2×10⁸ spore/contenitore
−196	5,77	5,95
−150	5,32	5,43
−100	4,83	4,86
−50	4,34	4,30
0	3,85	3,73
25	3,60	3,45
65	3,21	2,99

I dati sono basati sulla distruzione lineare delle spore.
(Da Grecz et al.[27], *Canadian Journal of Food Microbiology*, 1971; 17: 135-142, National Research Council of Canada, con autorizzazione)

scun ceppo presentava in ogni alimento un diverso grado di resistenza alla radiazione; inoltre, nelle carni trasformate irradiate si osservavano i valori di *D* più bassi (il possibile significato di tale effetto, in presenza di nitriti e nitrati, è discusso nel capitolo 13). Sono elencate di seguito le dosi minime di radiazione, espresse in kGy, che consentono di ottenere 12 riduzioni decimali (cioè 12 D) necessarie per la radappertizzazione di nove prodotti carnei e ittici[3,13,35]. A eccezione del bacon (irradiato a temperatura ambiente), ciascuno di questi prodotti è stato trattato a − 30±10 °C :

bacon	23
carne bovina	47
pollo	45
prosciutto	37
carne di maiale	51
gamberetti	37
polpette di merluzzo	32
carne di manzo in scatola	25
salsiccia di maiale	24-27

Per ottenere 12 riduzioni decimali in prodotti carnei a circa 30 °C è necessario impiegare le seguenti dosi di radiazioni[74]: 41,2-42,7 kGy per carne bovina e pollame; 31,4-31,7 kGy per

Tabella 15.2 Valori di *D** in tre prodotti carnei inoculati con quattro diversi ceppi di *C. botulinum* e irradiati a −30 ± 10 °C

Numero del ceppo	D(kGy)		
	polpette di merluzzo	manzo in scatola	salsiccia di maiale
33A	2,03	1,29	1,09
77A	2,38	2,62	0,98
41B	2,45	1,92	1,84
53B	3,31	1,83	0,76

*I valori sono stati calcolati con l'equazione di Schmidt.
(Da Anellis et al.[3], copyright © 1972 American Society for Microbiology)

prosciutto e polpette di merluzzo; 43,7 kGy per carne di maiale; 25,5-26,9 kGy per carne bovina in scatola e salsiccia di maiale. Con questi trattamenti di irradiazione gli alimenti non diventano radioattivi[74].

Roberts e Ingram[72] hanno studiato la resistenza alle radiazioni di spore di *C. botulinum* in mezzi acquosi, ottenendo valori considerevolmente più bassi di quelli osservati nei prodotti carnei; il valore di *D* variava tra 1,0 e 1,4 per tre ceppi di tipo A, tra 1,0 e 1,1 per due ceppi di tipo B e tra 0,8 e 1,6 per due ceppi di tipo E. L'unico ceppo di tipo F esaminato da questi autori mostrava un valore di *D* pari a 2,5 kGy. Tutti i ceppi sono stati irradiati a 18-23 °C e per il calcolo di *D* è stata ipotizzata una velocità esponenziale di morte.

Per quanto riguarda l'effetto dell'irradiazione su *C. perfringens*, per ciascuno di cinque differenti ceppi esaminati (A, B, C, E e F) sono stati riscontrati valori di *D* compresi tra 1,5 e 2,5 kGy in ambiente acquoso[72]. Per 8 ceppi di questo microrganismo sono stati osservati valori 12 D compresi tra 30,4 e 41,4 kGy, a seconda del ceppo e del metodo impiegato per il calcolo delle dosi 12 D[8].

In campioni di mozzarella e di gelato, per *Listeria monocytogenes* sono stati trovati valori di *D* pari, rispettivamente, a 1,4 e 2,0 kGy, con il ceppo Scott A irradiato a 78 °C[29]; i rispettivi valori 12 D calcolati erano 16,8 e 24,4 kGy. 40 kGy sono stati sufficienti per la radappertizzazione del gelato e dello yogurt gelato, ma non per la mozzarella e per il formaggio cheddar[30]. La dose di radappertizzazione per *Bacillus cereus* in formaggio e gelato è stata di 40-50 kGy.

Come indicato nella figura 15.2, i virus sono considerevolmente più resistenti dei batteri alle radiazioni. Per 30 virus, Sullivan e colleghi[78] hanno trovato valori di *D* compresi tra 3,9 e 5,3 kGy in Eagle's essential medium supplementato con il 2% di siero. Tra i 30 virus esaminati erano compresi coxsackievirus, echovirus e poliovirus. Per cinque dei virus selezionati sottoposti a raggi generati da ^{60}Co in acqua distillata, i valori di *D* variavano tra 1,0 e 1,4 kGy. I valori di *D* determinati per coxsackievirus B-2 a −30 e −90 °C in diversi mezzi di sospensione sono riportati in tabella 15.3. L'impiego di un trattamento di irradiazione 12 D per *C. botulinum* in prodotti carnei consentirebbe, pertanto, la sopravvivenza di particelle virali che non siano state precedentemente distrutte mediante altri trattamenti, per esempio termici.

Anche gli enzimi sono altamente resistenti all'irradiazione: in carne bovina macinata una dose di 20-60 kGy distrugge non più del 75% dell'attività proteolitica[48]. Tuttavia, combinando un blanching a 64 o 70 °C con dosi di radiazione di 45-52 kGy è stato distrutto almeno il 95% dell'attività proteolitica. La tabella 15.4 riporta i valori di *D* per diversi microrganismi esposti a radiazioni.

Tabella 15.3 Valori di *D* per Coxsackievirus B-2

Mezzo di sospensione	D(kGy)	
	−30 °C	−90 °C
Eagle's essential medium + 2% di siero	6,9	6,4
Acqua distillata	–	5,3
Carne bovina macinata cotta	6,8	8,1
Carne bovina macinata cruda	7,5	6,8

Nota: è stato ipotizzato un modello lineare per la distruzione mediante irradiazione e per il calcolo di *D*.
(Da Sullivan et al.[78], copyright © 1973 American Society for Microbiology)

Tabella 15.4 Alcuni valori di *D* per irradiazione riportati in letteratura

Microrganismo/Sostanza	D (kGy)	Rif. bibl.
Batteri		
Acinetobacter calcoaceticus	0,26	87
Aeromonas hydrophila	0,14	60
Arcobacter butzleri	0,27	10
Bacillus cereus	1,485	42
Bacillus pumilus (spore) ATCC 27142	1,40	87
Campylobacter jejuni (5 ceppi)	0,175-0,235	7
C. jejuni	0,19	10
Clostridium botulinum, type E (spore)	1,1-1,7	19, 46
C. botulinum, tipo E Beluga	0,8	48
C. botulinum, 62A (spore)	1,0	48
C. botulinum, tipo A (spore)	2,79	27
C. botulinum, tipo B (spore)	2,38	27
C. botulinum, tipo F (spore)	2,5	48
C. bifermentans (spore)	1,4	48
C. butyricum (spore)	1,5	48
C. perfringens, tipo A (spore)	1,2	48
C. sporogenes (spore) (PA 3679/S2)	2,2	48
C. sordellii (spore)	1,5	48
Enterobacter cloacae	0,18	87
Escherichia coli	0,20	87
E. coli O157:H7 (carne bovina macinata, –20 °C)	0,98	80
E. coli O157:H7 (carne bovina macinata, 4 °C)	0,39	80
E. coli O157:H7 (5 ceppi)	0,241-0,307	7
Klebsiella pneumoniae	0,183	42
Listeria monocytogenes	0,42-0,55	61
L. monocytogenes (media di 7 ceppi)	0,35	32
L. monocytogenes	0,42-0,43	1
su carne bovina a 5 °C	~ 0,44	83
su carne bovina a 0 °C	0,45	83
su carne bovina a –20 °C	1,21	83
Moraxella phenylpyruvica	0,86	62
M. osloensis	0,191	42
Pseudomonas putida	0,08	62
P. aeruginosa	0,13	87
Salmonella Typhimurium	0,50	61
S. Enteritidis in carne di pollo a 22 °C	0,37	54
in albume d'uovo a 15 °C	0,33	54
Salmonella sp.	0,13	87
Salmonella spp.[a]	0,621-0,800	7
S. Mbandaka (semi di alfalfa, 20 °C)	0,98	81
Staphylococcus aureus (carne bovina macinata, 0 °C)	0,51	80
S. aureus (carne bovina macinata, –20 °C)	0,88	80
Staphylococcus aureus	0,16	87
S. aureus ent. tossina A in impasto di carne	61,18; 208,49	73
Yersinia enterocolitica, carne bovina, 25 °C	0,195	16
Y. enterocolitica, carne bovina macinata a 30 °C	0,388	16

segue

segue **Tabella 15.4**

Microrganismo/Sostanza	D (kGy)	Rif. bibl.
Funghi		
Aspergillus flavus spore (media)	0,66	70
A. flavus	0,055-0,06	75
A. niger	0,042	75
Penicillium citrinum, NRRL 5452 (media)	0,88	70
Penicillium sp.	0,42	87
Virus		
Adenovirus (4 ceppi)	4,1-4,9	50
Coxsackievirus (7 ceppi)	4,1-5,0	50
Echovirus (8 ceppi)	4,4-5,1	50
Herpes simplex	4,3	50
Poliovirus (6 ceppi)	4,1-5,4	50

[a] Cinque ceppi compresi i sierotipi Dublin, Enteritidis e Typhimurium.

I principali inconvenienti associati all'applicazione delle radiazioni ad alcuni alimenti sono rappresentati dall'alterazioni di colore e/o dalla produzione di cattivi odori; di conseguenza, hanno ricevuto maggiore attenzione per la radappertizzazione commerciale solo gli alimenti meno soggetti a tale effetti indesiderati.

Il bacon è un prodotto che subisce solo lievi variazioni di colore e aroma per effetto della radappertizzazione. Il bacon radappertizzato ha ottenuto punteggi medi di gradimento leggermente inferiori, ma molto simili, a quelli del bacon di controllo[95]. L'accettabilità di una grande varietà di prodotti alimentari è stata giudicata positivamente[35].

La radappertizzazione del bacon è un modo per ridurre le nitrosammine. Irradiando bacon contenente 20 ppm di $NaNO_2$ + 550 ppm di ascorbato di sodio con una dose di 30 kGy, il livello di nitrosammine risultante era simile a quello del bacon senza nitriti aggiunti[18].

Esaminando 539 valori di *D* riportati in 39 articoli pubblicati, è risultato che gli sporigeni più resistenti alle radiazioni erano *Geobacillus stearothermophilus* e *Clostridium sporogenes*, mentre i non sporigeni più resistenti erano *Enterococcus faecium*, *Alcaligenes* spp. e il gruppo *Moraxella-Acinetobacter*[91]. Dalla rassegna di queste pubblicazioni, è risultato che i batteri Gram-negativi sono generalmente più sensibili dei Gram-positivi.

15.5.3 Radicidazione

Secondo molti autori, irradiazioni con dosi di 2-5 kGy sono efficaci per distruggere i patogeni non sporigeni e non virali e non presentano rischi per la salute. Kamapelmacher[36] ha osservato che la carne di pollame cruda dovrebbe essere considerata con la massima priorità, perché è spesso contaminata da salmonelle e perché la radicidazione è efficace sui prodotti preconfezionati, eliminando così il rischio di contaminazione crociata. Il trattamento di carcasse di pollo refrigerate e congelate con 2,5 kGy si è dimostrato altamente efficace per la distruzione di salmonelle[53,54]. Dosaggi fino a 7 kGy (0,7 Mrad) sono stati approvati dal WHO in quanto *incondizionatamente sicuri per il consumo umano*[19].

Trattando semi interi di cacao con 5 kGy, è stato distrutto il 99% della flora batterica e le spore di *Penicillium citrinum* sono state ridotte di circa 5 unità logaritmiche per grammo; impiegando 4 kGy, le spore di *Aspergillus flavus* sono state ridotte di circa 7 unità logaritmi-

Tabella 15.5 Alcuni alimenti e prodotti approvati per l'irradiazione da diversi Paesi e dal WHO

Prodotto	Obiettivo	Dose (kGy)	N. di Paesi[a]
Patate	Inibizione della germogliazione	0,1-0,15	17
Cipolle	Inibizione della germogliazione	0,1-0,15	10
Aglio	Inibizione della germogliazione	0,1-0,15	2
Funghi	Inibizione della crescita	2,5 massimo	
Grano, farina di grano	Disinfestazione (insetti)	0,2-0,75	4
Frutta secca	Disinfestazione (insetti)	1,0	2
Fave di cacao	Disinfestazione (insetti)	0,7	1
Concentrati di alimenti secchi	Disinfestazione (insetti)	0,7-1,0	1
Pollame fresco	Radicidazione[b]	7,0 massimo	2
Merluzzo e scorfano	Radicidazione	2,0-2,2	1
Spezie-condimenti	Radicidazione	8,0-10,0	1
Semiconserve di carne	Radurizzazione	6,0-8,0	1
Frutta fresca[c]	Radurizzazione	2,5	6
Asparagi	Radurizzazione	2,0	1
Carni crude	Radurizzazione	6,0-8,0	1
Filetti di merluzzo e di eglefino	Radurizzazione	1,5 massimo	1
Pollame eviscerato	Radurizzazione	3,0-6,0	2
Gamberi	Radurizzazione	0,5-1,0	1
Papaya	Radurizzazione	0,25	
Uova in guscio	Radurizzazione	3,0	
Preparazioni gastronomiche a base di carne	Radurizzazione	8,0	1
Pasti congelati	Radappertizzazione	25,0 minimo	2
Alimenti freschi e liquidi	Radappertizzazione	25,0 minimo	1

[a] Comprese le raccomandazioni WHO.
[b] Per le salmonelle.
[c] Comprende pomodori, pesche, albicocche, fragole, ciliege, uva ecc.
(Da Urbani[89] e altre fonti)

che per grammo[70]. Pollame fresco, merluzzo e scorfano, spezie e condimenti sono stati approvati per l'applicazione della radicidazione in alcuni Paesi (tabella 15.5).

L'irradiazione di bistecche inoculate con circa 10^5 ufc/g di *Escherichia coli* O157:H7 con dosi di 1,5 kGy si è dimostrata efficace per eliminare completamente il microrganismo[21]. Nelle stesse condizioni, *Yersinia enterocolitica* è stata ridotta a livelli non rilevabili. Irradiando con 1,5 o 3,0 kGy carne di pollo disossata meccanicamente, inoculata con circa 400 spore di 20 ceppi di *C. botulinum* tipo A e B, in nessun campione è stata dimostrata tossicità dopo conservazione refrigerata per quattro settimane, mentre i campioni mantenuti a 28 °C sono diventati tossici in 18 ore[79]. In prodotti simili, un livello iniziale di 3,86 $\log_{10}$/g di *Salmonella* Enteritidis è stato ridotto a < 10 ufc/g dopo quattro settimane a 5 °C.

In uno studio, ostriche vive sono state poste in acqua alla quale erano state aggiunte colture di *S.* Enteritidis, *S.* Infantis e *Vibrio parahaemolyticus*; dopo 13 ore i molluschi contenevano circa 4-6 log ufc/g[33]. L'irradiazione con 3 kGy ha ridotto le due salmonelle di 5-6 unità logaritmiche; 1,0 kGy ha ridotto *Vibrio parahaemolyticus* di 6 unità logaritmiche. Le ostriche sono state uccise solo con dosi di 3 kGy.

15.6 Germogli di semi e altri vegetali

Su alfalfa e broccoli inoculati con *E. coli* O157:H7 isolati da carne o da verdura sono stati rilevati valori di *D* pari, rispettivamente, a 0,34 e 0,30 kGy; invece sugli stessi vegetali inoculati con cocktail di salmonelle isolate da carne o da verdura sono stati rilevati valori di *D* pari, rispettivamente, a 0,54 e 0,46 kGy[68]. Non sono state individuate salmonelle su germogli irradiati con dosi pari o superiori a 0,5 kGy. Il valore di *D* per *S*. Mbandaka su semi di alfalfa è risultato pari a 0,81 ± 0,02 kGy[81]. Nello stesso studio, *S*. Mbandaka è stata eliminata da semi naturalmente contaminati con una dose di 4 kGy, ma non con una di 3 kGy. In un altro studio, una dose di 2 kGy ha ridotto il valore della conta aerobia su piastra da 10^5-10^8 a 10^3-10^5 ufc/g, mentre i coliformi sono stati ridotti in misura ancora maggiore[67]. Questo trattamento si è dimostrato in grado di prolungare di 10 giorni il mantenimento della qualità rispetto al controllo, con leggeri effetti avversi sulla germinazione dei semi e sulla qualità dei germogli. Sebbene la FDA abbia approvato l'impiego di dosi di 8 kGy per i semi di alfalfa e per i germogli, radiazioni di 3 kGy determinano una riduzione della germinazione. In uno studio successivo, condotto su semi di alfalfa, dosi di 2 kGy hanno determinato una riduzione di *E. coli* O157:H7 e *Salmonella*, rispettivamente, di 3,3 e di 2 unità logaritmiche, senza perdita significativa della capacità di germinazione[82]. Gli stessi autori hanno osservato che tali microrganismi sono più resistenti alle radiazioni su semi di alfalfa che su carni o pollame. In un altro studio, per *E. coli* O157:H7 isolato non da vegetali è stato rilevato un valore di *D* pari a 1,43 kGy, mentre per lo stesso microrganismo isolato da vegetali è stato trovato un valore di *D* pari a 1,11[69]. La microflora di germogli di broccoli è stata ridotta da 10^6-10^7 a 10^4-10^5 ufc/g, con un aumento della shelf life di 10 giorni.

Due diversi studi hanno valutato la combinazione di irradiazione e MAP per la conservazione di lattuga romana fresca tagliata. Nel primo, il valore iniziale di APC di 10^5-10^6 ufc/g è stato ridotto di circa 1,5 unità logaritmiche dopo 14 giorni a 4 °C con una dose di 0,35 kGy[64]; il trattamento comportava la perdita del 10% della consistenza del prodotto. La lattuga era confezionata in buste laminate di polietilene con un'atmosfera iniziale costituita dall'1,5% di O_2, dal 4% di CO_2 e per il resto da N_2[64]. Nel secondo studio campioni di lattuga iceberg sono stati meglio conservati con dosi di 1-2 kGy, in grado di ridurre le perdite di elettroliti rispetto a quanto osservato in campioni esposti a dosi >2 kGy[17]. Per la maggior parte del periodo di conservazione a 3 °C, nei campioni irradiati il contenuto di O_2 è risultato inferiore e quello di CO_2 superiore rispetto ai controlli non irradiati. Uno studio ha valutato l'effetto dell'irradiazione con 2,0 e 4,0 kGy su una miscela di 5 ceppi di *Listeria monocytogenes* inoculata in sei differenti prodotti carnei pronti al consumo conservati a 4 e 10 °C: nei campioni irradiati con 4,0 kGy non sono state rilevate cellule microbiche; tra i campioni trattati con 2,0 kGy, in quelli conservati a 10 °C sono state recuperate colture ancora vitali dopo la seconda settimana, mentre in quelli conservati a 4 °C sono stati recuperati sopravvissuti solo dopo 5 settimane[20].

15.6.1 Radurizzazione

Diversi studi hanno valutato trattamenti di irradiazione per prolungare la shelf life di prodotti ittici, vegetali e frutta. La shelf life di gamberetti, granchi, eglefini, pettini e vongole può essere estesa da due a sei volte mediante radurizzazione con dosi da 1 a 4 kGy. Risultati simili possono essere ottenuti per pesce e molluschi in diverse condizioni di confezionamento[59]. In uno studio, i pettini conservati a 0 °C mostravano una shelf life di 13 giorni se non irradiati e di 18, 23 e 42 giorni se irradiazione, rispettivamente, con 0,5, 1,5 e 3,0 kGy[63]. I Gram-negativi non sporigeni bastoncellari sono tra i batteri più sensibili alle radiazioni e sono i principali responsabili dell'alterazione di questi alimenti. Nella carne di maiale macinata, confezionata sotto vuoto, irradiata con 1,0 kGy e conservata a 5 °C per 9 giorni, il 97% della microflora consisteva di batteri Gram-positivi, la maggior parte dei quali corineformi[15]. I coccobacilli Gram-negativi appartenenti ai generi *Moraxella* e *Acinetobacter* hanno mostrato un grado di resistenza alle radiazioni più elevato degli altri Gram-negativi. In studi condotti su carne bovina macinata irradiata con 272 krad, Tiwari e Maxcy[86] hanno osservato che il 73-75% della microflora sopravvissuta consisteva di tali generi microbici, che rappresentavano solo l'8% della microflora nella carne non irradiata. *Moraxella* spp. sembrano più resistenti di *Acinetobacter* spp.

Confrontando la radiosensibilità di alcuni batteri non sporigeni in tampone fosfato a −80 °C, Anellis e colleghi[2] hanno osservato che *Deinococcus radiodurans* sopravviveva a dosi di 18 kGy, alcuni ceppi di *Enterococcus faecium* a 9-15 kGy e *E. faecalis* a 6-9 kGy, mentre *Lactobacillus lactis* non sopravviveva a 6 kGy. *Staphylococcus aureus*, *Lactobacillus casei* e *Lactobacillus arabinosus* non sopravvivevano a dosi di 3 kGy. È stato dimostrato che la sensibilità diminuiva al diminuire della temperatura di irradiazione, come nel caso delle endospore.

L'alterazione estrema dei prodotti alimentari radurizzati e conservati a basse temperature è invariabilmente causata da uno o più ceppi di *Acinetobacter-Moraxella* o di batteri lattici. L'irradiazione di carne macinata con 2,5 kGy ha distrutto tutte le Pseudomonadaceae, le Enterobacteriaceae e *Brochothrix thermosphacta* e diminuito il valore di APC da 6,18 a 1,78 $\log_{10}$/g; i batteri lattici sono stati ridotti solo di 3,4 log/g[57].

La radurizzazione della frutta con dosi di 2-3 kGy consente di estenderne la shelf life di almeno 14 giorni. La tabella 15.5 riporta un elenco di alimenti che possono essere sottoposti a radurizzazione e il numero di Paesi nei quali il trattamento è consentito. In generale, per la frutta l'estensione della shelf life è inferiore rispetto alle carni e ai prodotti ittici, poiché le muffe sono generalmente più resistenti all'irradiazione dei batteri Gram-negativi responsabili dell'alterazioni di questi ultimi prodotti. Pasticci di carne bovina macinata confezionati sotto vuoto e irradiati con dosi di 2,9 kGy si sono conservati inalterati per oltre 60 giorni in condizioni di refrigerazione[55]. In un altro studio, nei pasticci di carne bovina macinata non irradiata la conta aerobia in piastra aumentava da un valore iniziale di 10^6/g a 10^8/g dopo 8 giorni di conservazione a 4 °C, mentre nei campioni irradiati con 2 kGy (range 1,9-2,4) il valore di APC raggiungeva solo 10^6/g dopo 55 giorni a 4 °C. È stato osservato che nella carne bovina macinata dosi di 2,5 kGy sarebbero sufficienti per distruggere $10^{8,1}$ di *E. coli* O157:H7, $10^{3,1}$ di salmonelle e $10^{10,6}$ di *Campylobacter jejuni*[7].

Uova di insetti e larve possono essere distrutte con 1 kGy, mentre le cisti di *Taenia solium* e di *T. saginata* possono essere distrutte con dosi anche più basse (carni infestate con cisti di tenia possono essere risanate dai parassiti con dosi comprese tra 0,2 e 0,5 kGy[92]).

15.7 Aspetti normativi dell'irradiazione degli alimenti

A partire dal 1989 circa 40 Paesi hanno approvato l'irradiazione di alcuni alimenti[47]. La FDA ha approvato il trattamento di almeno 20 materiali per l'imballaggio degli alimenti con dosi di 10 o 60 kGy. Già nel 1983 la FDA aveva consentito l'irradiazione di spezie ed erbe per condimento con dosi fino a 10 kGy e nel 1985 aveva approvato il trattamento della carne di maiale, con dosi fino a 1 kGy, per il controllo di *Trichinella spiralis*. In Thailandia, nel 1986,

La normativa europea sul trattamento degli alimenti con radiazioni ionizzanti

In Europa il trattamento degli alimenti e dei loro ingredienti con radiazioni ionizzanti è regolamentato dalle Direttive 1999/2/CE e 1999/3/CE, relative al ravvicinamento delle legislazioni degli Stati membri, entrate in vigore il 20 settembre 2000. L'emanazione di tali direttive è nata dalla duplice esigenza di armonizzare le differenti legislazioni nazionali e le relative condizioni di impiego dell'irraggiamento (che potrebbero condizionare la libera circolazione dei prodotti alimentari) e di tutelare i consumatori, per i quali l'irradiazione costituisce un motivo di preoccupazione e un tema di pubblica discussione.
A partire dal 20 marzo 2001, quindi, tutti gli alimenti e i loro ingredienti irradiati immessi sul mercato europeo devono ottemperare alle disposizioni di queste direttive. La Direttiva quadro 1999/2/CE copre gli aspetti generali e tecnici dell'attuazione del processo, mentre la direttiva di applicazione 1999/3/CE stabilisce un elenco comunitario di alimenti e loro ingredienti che possono essere trattati con radiazioni ionizzanti. Il trattamento può essere effettuato solo mediante i seguenti tipi di radiazioni:

- raggi gamma emessi da radionuclidi ^{60}Co o ^{137}Cs;
- raggi X emessi da sorgenti artificiali attivate a un livello energetico nominale pari o inferiore a 5 MeV;
- elettroni emessi da sorgenti artificiali attivate a un livello energetico nominale pari o inferiore a 10 MeV.

Nel nostro Paese, le direttive comunitarie citate sono state recepite con il DLgs n. 94 del 30 gennaio 2001. Tale decreto si inserisce in un quadro normativo che già prevedeva una disciplina generale in materia di radiazioni ionizzanti; per quanto riguarda specificamente gli alimenti, si colloca nel quadro normativo tracciato dai DM 30 agosto 1973 e dal DM 18 luglio 1996, n. 454, che autorizzano, rispettivamente, l'irraggiamento di aglio, patate e cipolle e di erbe aromatiche e spezie.
La tabella 15.6 riporta l'elenco degli alimenti autorizzati nei diversi Stati membri pubblicato nel 2002 (List of Member State's authorization of foods and ingredients which may be treated with ionising radiation. *Official Journal of EC* 2002/C 174/03).

Tabella 15.6 Alcuni prodotti per i quali è autorizzato il trattamento con radiazioni ionizzanti

Nazione	Tipologie di alimenti
Belgio	Patate, cipolle, aglio, scalogno, pollame, cosce di rana e gamberi surgelati, albume d'uovo
Francia	Piante aromatiche surgelate, cipolle, aglio, scalogno, frutta e verdura secca, fiocchi e germi di cereali, farina di riso, gomma arabica, pollame, cosce di rana e gamberi surgelati, albume d'uovo, caseina e caseinati
Italia	Patate, aglio, cipolle
Paesi Bassi	Legumi, frutta e verdura secca, fiocchi di cereali, gomma arabica, cosce di rana e gamberi surgelati, pollame, albume d'uovo
Regno Unito	Patate, cipolle, aglio, scalogno, legumi, frutta e verdura fresca e secca (inclusi funghi e pomodori), cereali, pollame, pesci e molluschi

si irradiavano con dosi non inferiori a 2,0 kGy salsicce di maiale fermentate (nham), poi vendute a Bangkok[47]. Nello stesso anno in Porto Rico il mango veniva irradiato con dosi fino a 1,0 kGy e poi trasportato e commercializzato a Miami. Nel 1987 la papaya delle Hawaii veniva trattata con dosi di 0,41-0,51 kGy per il controllo degli infestanti e poi venduta al pubblico. L'USDA ha approvato l'irradiazione della papaia hawaiana per il controllo degli insetti nel 1989. L'anno successivo, lo stesso Dipartimento statunitense ha approvato l'irradiazione del pollame con dosi fino a 3,0 kGy e nel 1993 il pollame irradiato è stato venduto al dettaglio nell'Illinois per la prima volta[65]. Le fragole destinate alla vendita venivano irradiate con dosi di 2,0 kGy in Francia nel 1987 e in Florida nel 1992. Nel 1995, gli Stati del Maine e di New York hanno autorizzato la vendita di alimenti irradiati. L'inibizione della germogliazione e la disinfestazione da insetti è tuttora l'applicazione diretta più ampiamente utilizzata dell'irradiazione degli alimenti.

In un rapporto del 1981 sull'irradiazione degli alimenti un comitato misto di esperti della FAO (Food and Agriculture Organization), della IAEA (International Atomic Energy Agency) e del WHO (World Health Organization) ha dichiarato che l'impiego di dosi fino a 10,0 kGy non presenta alcun rischio per la salute umana. L'impiego delle radiazioni per uno o più prodotti alimentari è stato approvato da almeno 40 Paesi; 29 dei quali impiegano tale metodo di conservazione-risanamento a livello commerciale. Negli Stati Uniti, nel 1995 è stato approvato l'impiego di 2-25 kGy per il controllo di salmonella nei mangimi e negli alimenti per animali da compagnia; nel 1997 è stata autorizzata l'irradiazione di carne bovina cruda macinata con 4,5 kGy, se refrigerata, e con 7,5 kGy se congelata.

Nei primi anni Settanta, il Canada ha approvato per un test di marketing l'impiego di una dose massima di 1,5 kGy per filetti di merluzzo fresco. Nel 1983 la *Codex Alimentarius Commission* ha suggerito l'impiego di 1,5 o 2,2 kGy per pesci teleostei e prodotti ittici[19]. Negli Stati Uniti, ma anche nei Paesi europei, uno degli ostacoli all'approvazione su scala più ampia dell'irradiazione degli alimenti risiede nella stessa definizione di radiazione, considerata un additivo piuttosto che un processo, quale è di fatto; ciò implica che gli alimenti irradiati siano etichettati come tali. Altri motivi di preoccupazione sono rappresentati dall'effetto del trattamento sulle spore di *C. botulinum* (vedi oltre) e dalla possibilità che – con l'esposizione a dosi inferiori a quelle necessarie per la radappertizzazione (sterilità commerciale) – microrganismi non patogeni diventino patogeni o che vi sia un aumento della virulenza delle specie patogene. Tuttavia, questi ultimi effetti non sono dimostrati[74].

A partire dal 2003, oltre 7000 supermercati e altri punti vendita al dettaglio negli Stati Uniti vendevano carne bovina macinata irradiata, in accordo con l'American Council on Science and Health. L'irradiazione degli alimenti è stata approvata dall'American Medical Association, dall'American Dietetic Association, dall'Institute of Food Technologists e dalle Nazioni Unite. Il CDC ha stimato che se venisse irradiata solo la metà delle carni macinate di bovino, suino, pollame e delle preparazioni a base di carne pronte al consumo (*luncheon meats*), negli Stati Uniti vi sarebbero oltre 880.000 casi in meno di malattie a trasmissione alimentare (*Food Protection Trends*, luglio 2003). Un'agenzia del governo statunitense ha approvato l'impiego, a partire dal 2004, di carne bovina macinata irradiata per la ristorazione scolastica.

Sono invece giustificate le preoccupazioni in merito alla sicurezza degli alimenti a bassa acidità irradiati con dosi non sufficienti per distruggere le spore di *C. botulinum*, specialmente quando tali alimenti vengono conservati in condizioni che permettono la crescita e la produzione di tossine. Naturalmente, le preoccupazioni riguardano solamente i prodotti sottoposti a radicidazione e radurizzazione, in quanto questi microrganismi dovrebbero essere distrutti dalla radappertizzazione. In relazione alla radurizzazione del pesce, Giddings[22] ha osservato che le specie con carni magre sono le più adatte all'irradiazione, mentre quelle con elevato contenuto di grassi non lo sono poiché favoriscono lo sviluppo di *C. botulinum*; inoltre nelle parti edibili dei pesci a carni magre le spore botuliniche, quando sono presenti, non superano valori di 1/g.

15.8 Effetti dell'irradiazione sulla qualità degli alimenti

I cambiamenti indesiderati che si verificano in alcuni alimenti irradiati possono essere causati direttamente dalla radiazione o essere il risultato indiretto di reazioni che hanno luogo dopo l'esposizione.

Quando viene irradiata, l'acqua va incontro a radiolisi secondo la reazione:

$$3H_2O \xrightarrow{\text{radiolisi}} H + OH + H_2O_2 + H_2$$

Inoltre, lungo il percorso degli elettroni primari si formano radicali liberi, che reagiscono gli uni con gli altri a causa della diffusione[13]. Alcuni dei prodotti formati lungo tale percorso sfuggono e possono reagire con le molecole di soluti. Irradiando in condizioni anaerobiche, la produzione di sapori e odori indesiderati risulta minimizzata, in quanto in assenza di ossigeno non si ha la formazione di perossidi. Uno dei metodi migliori per ridurre la minimo la produzione di cattivi odori è irradiare a temperature inferiori a quelle di congelamento[88]; infatti, tali temperature riducono o impediscono la radiolisi e la conseguente formazione di reattivi. Altri metodi per ridurre gli effetti indesiderati negli alimenti sono presentati in tabella 15.7.

Oltre all'acqua, le proteine e altri composti azotati sembrano essere i più sensibili agli effetti delle radiazioni negli alimenti. I prodotti dell'irradiazione di amminoacidi, peptidi e proteine variano a seconda della dose di radiazione, della temperatura, della quantità di ossigeno, dell'umidità e di altri fattori; tra di essi sono stati riportati NH_3, idrogeno, CO_2, H_2S, ammidi e carbonili. Gli amminoacidi aromatici tendono a essere più sensibili degli altri e subiscono variazioni nella struttura dell'anello. Tra i più sensibili all'irradiazione vi sono: metionina, cisteina, istidina, arginina e tirosina. L'amminoacido più sensibile all'irradiazione con fasci di elettroni è la cistina. Johnson e Moser[34] hanno osservato nella carne bovina macinata irradiata una perdita del 50% circa di tale amminoacido; il triptofano subiva una perdita del 10%, mentre per gli altri amminoacidi le perdite erano modeste o nulle. Gli amminoacidi si sono dimostrati più resistenti ai raggi gamma che ai fasci di elettroni.

Tabella 15.7 Metodi per ridurre gli effetti indesiderati in alimenti esposti a radiazioni ionizzanti

Metodo	Meccanismo
Riduzione della temperatura	Immobilizzazione dei radicali liberi
Riduzione della tensione di O_2	Riduzione del numero di radicali liberi ossidativi, in grado di attivare molecole
Aggiunta di assorbitori di radicali liberi	Competizione per i radicali liberi da parte di assorbitori specifici
Distillazione-radiazione concorrenti	Rimozione dei precursori volatili di cattivi odori e sapori
Riduzione della dose	Evidente

(Da Goldblith[23])

Diversi ricercatori hanno riportato che l'irradiazione dei lipidi e dei grassi determina la produzione di carbonili e di altri prodotti di ossidazione, tra cui i perossidi, specialmente se il trattamento e/o la successiva conservazione vengono effettuati in presenza di ossigeno. L'effetto organolettico più evidente dell'irradiazione dei lipidi in presenza di aria è lo sviluppo di rancidità.

È stato osservato che in alcuni alimenti, specialmente carni, dosi elevate di radiazioni causano la produzione di "odore di irradiato". Wick e colleghi[94] hanno analizzato i componenti volatili di carne bovina cruda macinata irradiata con 20-60 kGy a temperatura ambiente, riscontrando numerosi composti odorosi. Degli oltre 45 costituenti identificati da questi ricercatori, 17 contenevano zolfo, 14 idrocarburi, 9 carbonili e almeno 5 erano di natura basica e alcolica. Quanto più elevato è il livello di irradiazione, tanto maggiore è la quantità di composti volatili prodotta. Molti di questi composti sono stati identificati in diversi estratti di carne bovina macinata cotta non irradiata.

Per quanto riguarda le vitamine del gruppo B, Liuzzo e colleghi[46] hanno rilevato che, nelle ostriche, radiazioni da ^{60}Co comprese tra 2 e 6 kGy comportano la distruzione parziale di: tiamina, niacina, pirodossina, biotina e B_{12}. Per riboflavina, acido pantotenico e acido folico è stato invece riportato un aumento per effetto dell'irradiazione, probabilmente dovuto alla liberazione di vitamine legate. In generale, gli effetti riportati per le vitamine idrosolubili non sono rilevanti[84].

Oltre alle modificazioni di sapore e odore in alcuni alimenti, sono stati riportati effetti dannosi dell'irradiazione su particolari varietà di frutta e verdura. Uno dei più gravi è il rammollimento causato dalla degradazione di pectina e cellulosa, i polisaccaridi strutturali dei vegetali. Massey e Bourke[49] hanno dimostrato che tale effetto è provocato dalle dosi impiegate per la radappertizzazione. La sintesi dell'etilene nelle mele è influenzata dall'irradiazione, con il risultato che la maturazione dei frutti irradiati non è rapida quanto quella dei frutti di controllo non irradiati[49]. Nei limoni verdi, invece, la sintesi di etilene è stimolata dall'irradiazione, che determina una maturazione più rapida rispetto ai controlli[50].

Tra i prodotti radiolitici che si sviluppano durante l'irradiazione, alcuni mostrano attività antibatterica quando posti in terreni di coltura. Nelle carni trattate con 15 kGy, tuttavia, non è stata riscontrata alcuna attività antimicrobica[12]. La sicurezza e il rischio di tossicità degli alimenti irradiati sono state oggetto di diverse rassegne[76,85].

15.9 Stabilità degli alimenti irradiati

È lecito attendersi che gli alimenti sottoposti a radappertizzazione abbiano la stessa stabilità commerciale degli alimenti sterilizzati mediante trattamento termico. Tuttavia vi sono due differenze, tra gli alimenti processati con queste due tecnologie, che influenzano la stabilità durante la conservazione. Con la radappertizzazione non si ottiene la distruzione degli enzimi intrinseci, che possono continuare a esplicare la loro attività biologica, e possono avere luogo alcuni cambiamenti dopo il trattamento di irradiazione. Irradiando con 45 kGy carni diverse (pollo, bacon e carne di maiale fresca e cotta alla griglia) nelle quali erano stati inattivati gli enzimi, Heiligman[31] ha osservato che i prodotti radappertizzati rimanevano accettabili per periodi di conservazione fino a 24 mesi; quelli conservati a circa 21 °C (70 °F) erano più accettabili di quelli conservati a circa 37 °C (100 °F).

Licciardello e colleghi hanno riportato l'effetto dell'irradiazione su bistecche di bovino, carne bovina macinata e salsiccia di maiale conservati a temperature di refrigerazione per 12 anni[45]. Gli alimenti erano stati confezionati in presenza di conservanti del sapore e trattati con

10,8 kGy. Dopo 12 anni, gli autori dello studio hanno definito l'aspetto delle carni eccellente; il lieve odore di irradiato percepito è stato giudicato irrilevante. Le carni presentavano sapore pungente e amaro, probabilmente dovuto alla cristallizzazione della tirosina. Il contenuto di azoto amminico libero prima e dopo la conservazione successiva all'irradiazione era, rispettivamente, 75 e 175 mg% nelle bistecche e 67 e 167 mg% negli hamburger.

Gli alimenti sottoposti a radurizzazione, infine, vanno incontro ad alterazione causata dai microrganismi sopravvissuti, se conservati a temperature adatte alla loro crescita. La normale microflora alterante dei prodotti ittici è così sensibile alle radiazioni ionizzanti, che generalmente il 99% viene distrutto trattando questi prodotti con dosi dell'ordine di 2,5 kGy. L'alterazione finale dei prodotti radurizzati è prerogativa dei pochi microrganismi che sopravvivono al trattamento di irradiazione. Per ulteriori informazioni su tutti gli aspetti dell'irradiazione degli alimenti, si consiglia la consultazione dei riferimenti bibliografici 66 e 89.

15.10 Natura della radioresistenza dei microrganismi

Tra i batteri Gram-negativi, i più sensibili alle radiazioni ionizzanti sono bastoncelli come le Pseudomonadaceae, mentre i più resistenti sono quelli a forma coccobacillare dei generi *Moraxella* e *Acinetobacter*. I cocchi Gram-positivi, compresi micrococchi, stafilococchi e enterococchi, sono i più resistenti tra i batteri non sporigeni. I fattori che rendono un microrganismo più sensibile o più resistente di un altro alle radiazioni sono un tema di enorme interesse non solo per la ricerca biologica, ma anche per le applicazioni pratiche nella conservazione/protezione degli alimenti. Una migliore comprensione dei meccanismi di resistenza può spiegare l'aumento della resistenza o della sensibilità alla radiazione e quindi rendere possibile l'impiego di dosi minori per il trattamento degli alimenti.

La tabella 15.8 presenta i risultati di studi sugli effetti di condizioni ossidanti e riducenti sulla resistenza di *Deinococcus radiodurans* in tampone fosfato. L'iniezione di flussi di N_2 o O_2 (*gas flushing*) nelle sospensioni, come pure la presenza di 100 ppm di H_2O_2, non ha effetti significativi sulla sensibilità alle radiazioni rispetto al controllo. Il trattamento con cisteina rende le cellule meno sensibili, mentre l'ascorbato determina un aumento della sensibilità. Uno studio ha dimostrato che la resistenza alle radiazioni viene ridotta dall'acido

Tabella 15.8 Effetti di condizioni ossidanti o riducenti sulla resistenza alle radiazioni di *Deinococcus radiodurans*

Condizioni	Log della frazione di sopravvissuti*
Tampone non modificato	−3,11542
Ossigeno flussato	−3,89762
Azoto flussato	−2,29335
H_2O_2 (100 ppm)	−3,47710
Tioglicolato (0,01M)	−1,98455
Cisteina (0,1M)	−0,81880
Ascorbato (0,1M)	−5,36050

* Media aritmetica di quattro repliche.
I valori sono stati determinati attraverso la riduzione della conta dopo esposizione a radiazioni gamma (10 kGy) in tampone fosfato 0,05M. LSD: P = 0,05 (1,98116); P = 0,01 (2,61533). (Da Giddings[22])

iodoacetico ma non dalla N-etilmaleimide, quando impiegata a livelli non tossici[41]; la presenza o l'assenza di ossigeno non influenza l'effetto di questi due composti.

15.10.1 Biologia delle specie altamente resistenti

Tra i batteri non sporigeni conosciuti, i più resistenti sono rappresentati da varie specie del genere *Deinococcus* e da alcune specie di altri generi, tra i quali *Deinobacter*, *Rubrobacter* e *Acinetobacter*. La tabella 15.9 riassume le caratteristiche di alcune di queste specie. I deinococchi, originariamente assegnati al genere *Micrococcus*, costituiscono – insieme a *Deinobacter* e al genere di archeobatteri *Thermus* – uno dei dieci maggiori gruppi filogenetici accomunati dal tratto 16S dell'RNA ribosomiale (rRNA)[90,93,96]. I deinococchi si presentano in coppie o tetradi, hanno un optimum di crescita a 30 °C, contengono pigmenti rossi insolubili in acqua e L-ornitina come amminoacido di base della mureina (diverso da quello dei micrococchi, che contengono lisina) e non contengono acidi teicoici; sono inoltre caratterizzati da un contenuto percentuale molare di G +C compreso tra 62 e 70. Una delle caratteristiche più atipiche di questo genere è la presenza di una membrana esterna, assente negli altri Gram-positivi; per tale motivo, il genere è stato definito come un clone di un'antica linea Gram-negativa[11].

Tra le altre caratteristiche inusuali dei deinococchi vi sono la presenza di palmitoleato (16:1), che costituisce circa il 60% degli acidi grassi del loro involucro e circa il 25% del contenuto totale cellulare di acidi grassi, e anche l'elevato contenuto di acidi grassi, peculiare dei batteri Gram-negativi. Il chinone isoprenoide predominante nella membrana plasmatica dei deinococchi è un menachinone: uno dei due gruppi di naftochinoni coinvolti nel trasporto di elettroni, nella fosforilazione ossidativa e, probabilmente, nei processi di trasporto attivo[9]. La lunghezza delle catene laterali legate in C-3 varia da 1 a 14 unità isopreniche (MK) e i deinococchi – come i micrococchi, i planococchi, gli stafilococchi e gli enterococchi – sono caratterizzati da catene di 8 unità isopreniche (MK-8)[9]. I deinococchi non contengono fosfatidilglicerolo o difosfatidilglicerolo nei fosfolipidi, bensì fosfoglicolipidi come componente principale.

Tabella 15.9 Alcuni dei batteri non sporigeni più altamente resistenti alle radiazioni

Microrganismo	Gram	Morfologia	Pigmento	Membrana esterna
Deinococcus radiodurans	+	C	Rosso	+
D. radiophilus	+	C	Rosso	+
D. proteolyticus	+	C	Rosso	+
D. radiopugnans	+	C	Rosso	+
D. murrayi	+	C	Arancio	+
Deinobacter grandis	–	R	Rosso/rosa	+
D. geothermalis	+	C	Arancio	+
Hymenobacter actinosclerus	–	R	Rosso	+
Kineococcus radiotolerans	+	C	Arancio	–
Kocuria erythromyxa	+	C	Arancio	+
Methylobacterium radiotolerans	–	R	Arancio	+
Rubrobacter xylanophilus	+	R	Rosa	+

Morfologia: C = coccica; R = bastoncellare.

Il genere *Deinobacter* condivide la maggior parte delle caratteristiche dei deinococchi, salvo per il fatto che i suoi membri sono bastoncelli Gram-negativi. *Rubrobacter radiotolerans* è un bastoncello Gram-positivo molto simile ai deinococchi, ma l'amminoacido di base della sua mureina è L-lisina anziché L-ornitina. *Acinetobacter radioresistens* è un coccobacillo Gram-negativo che differisce dai deinococchi per diverse caratteristiche. Il contenuto percentuale molare G+C del suo DNA è compreso tra 44,1 e 44,8% e il chinone isoprenoide predominante è Q-9 anziché MK-8.

I deinococchi sono stati isolati da carne bovina macinata, salsiccia di maiale, eglefino, pelle di animali e corsi d'acqua[40]; sono stati riscontrati anche in feci, segatura e aria. *Deinobacter* spp. sono stati isolati da feci di animali e da pesci d'acqua dolce, *Rubrobacter* spp. da una sorgente di acqua calda radioattiva in Giappone e *A. radioresistens* da cotone e da suolo.

Le specie elencate in tabella 15.9 sono aerobie, catalasi positive e generalmente inattive su substrati per test biochimici. I deinococchi possiedono diversi carotenoidi e la loro membrana plasmatica, isolata, appare rosso vivo.

Nelle specie non deinococciche i valori di D per l'irradiazione sono compresi tra 1,0 e 2,2 kGy, mentre la maggior parte dei ceppi di deinococchi può sopravvivere a 15 kGy; *D. radiophilus* è la specie più radioresistente.

15.10.2 Probabile meccanismo della resistenza

Il motivo per cui questi microrganismi sono così resistenti alle radiazioni non è chiaro. È stato ipotizzato che l'estrema resistenza all'essiccazione osservata nei deinococchi sia in qualche modo associata alla radioresistenza. La complessità dell'involucro cellulare di tali microrganismi potrebbe essere uno dei fattori responsabili; in proposito, tuttavia, mancano dati precisi. Tutti questi microrganismi sono fortemente pigmentati e contengono diversi carotenoidi, ciò che suggerisce possibili relazioni con la radioresistenza. Tuttavia, non è stato dimostrato alcun ruolo di questi pigmenti nella resistenza di *D. radiophilus*[38,44].

Alcuni degli eventi chimici che hanno luogo nella materia organica in seguito a irradiazione sono schematizzati nella figura 15.4. La radiolisi dell'acqua porta alla formazione di radicali liberi e perossidi e i microrganismi sensibili alle radiazioni sembrano incapaci di sopportarne gli effetti deleteri. Sostanze chimiche che contengono gruppi –SH tendono a essere radioprotettive[14], ma non è ancora chiaro quale sia il loro eventuale ruolo nell'elevata resistenza alle radiazioni di alcuni batteri.

Una delle caratteristiche insolite di *D. radiodurans* è che le cellule in fase stazionaria producono quattro copie del proprio genoma. Le cellule che si dividono attivamente possono contenere da quattro a dieci copie del loro cromosoma. Sebbene tale abbondanza di DNA non sia necessaria per un'elevata resistenza alle radiazioni, è concepibile che, in seguito all'esposizione a radiazioni, questo DNA extra renda possibile la sintesi di un nuovo genoma nella cellula danneggiata. È stato osservato che in seguito a irradiazione questi microrganismi subiscono un'immediata ed estesa rottura del DNA cromosomiale, e ciò sembra concorrere al processo di riparazione del DNA. Inoltre il genoma di *D. radiodurans* è caratterizzato da un DNA molto compatto e ordinato che può facilitare il processo di riparazione[43]. Ulteriori informazioni sulla radioresistenza di *D. radiodurans*, possono essere tratte dalla letteratura[6].

Si è già ricordato che in *D. radiodurans* è presente una membrana esterna, caratteristica dei batteri Gram-negativi. Esaminando la tabella 15.8 è possibile notare come vari altri batteri radioresistenti Gram-positivi presentino tale membrana; a differenza dei Gram-negativi, tuttavia, essi non possiedono lipopolisaccaridi o il lipide A. Il loro involucro esterno consiste in cinque strati che avvolgono la membrana plasmatica[51].

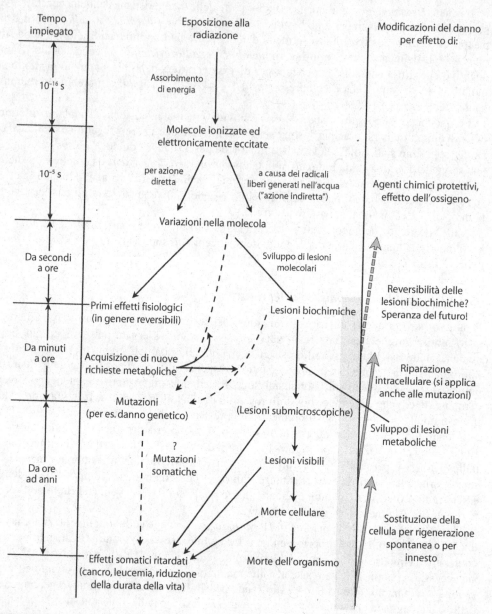

Figura 15.4 Sintesi degli effetti che si verificano nella materia organica durante e dopo l'irradiazione. (Con l'autorizzazione degli autori, da Bacq e Alexander[5], *Fundamentals of Radiobiology*, copyrigth © 1961 Pergamon Press)

Bibliografia

1. Andrews LS, Marshall DL, Grodner RM (1995) Radiosensitivity of Listeria monocytogenes at various temperatures and cell concentrations. *J Food Protect*, 58: 748-751.

2. Anellis A, Berkowitz D, Kemper D (1973) Comparative resistance of nonsporogenic bacteria to low-temperature gamma irradiation. *Appl Microbiol*, 25: 517-523.
3. Anellis A, Berkowitz D, Swantak W, Strojan C (1972) Radiation sterilization of prototype military foods: Low temperature irradiation of codfish cake, corned beef, and pork sausage. *Appl Microbiol*, 24: 453-462.
4. Anellis A, Shattuck E, Rowley DB, Ross EW Jr, Whaley DN, Dowell VR Jr (1975) Low-temperature irradiation of beef and methods for evaluation of a radappertization process. *Appl Microbiol*, 30: 811-820.
5. Bacq ZM, Alexander P (1961) *Fundamentals of Radiobiology* (2nd ed). Pergamon, Oxford.
6. Battista JR (1997) Against all odds: The survival strategies of Deinococcus radiodurans. *Ann Rev Microbiol*, 51: 203-224.
7. Clavero MRS, Monk JD, Beuchat LR, Doyle MP, Brackett RE (1994) Inactivation of Escherichia coli O157:H7, salmonellae, and Campylobacter jejuni in raw ground beef by gamma irradiation. *Appl Environ Microbiol*, 60: 2069-2075.
8. Clifford WJ, Anellis A (1975) Radiation resistance of spores of some Clostridium perfringens strains. *Appl Microbiol*, 29: 861-863.
9. Collins MD, Jones D (1981) Distribution of isoprenoid quinone structural types in bacteria and their taxonomic implications. *Microbiol Rev*, 45: 316-354.
10. Collins CI, Murano EA, Wesley IV (1996) Survival of Arcobacter butzleri and Campylobacter jejuni after irradiation treatment in vacuum-packaged ground pork. *J Food Protect*, 59: 1164-1166.
11. Counsell TJ, Murray RGE (1986) Polar lipid profiles of the genus Deinococcus. *Int J Syst Bacteriol*, 36: 202-206.
12. Dickson JS, Maxcy RB (1984) Effect of radiolytic products on bacteria in a food system. *J Food Sci*, 49: 577-580.
13. Doty DM (1965) Chemical changes in irradiated meats. In: *Radiation Preservation of Foods*. National Research Council, National Academy of Sciences, Washington, DC., pp. 121-125.
14. Duggan DE, Anderson AW, Elliker PR (1963) Inactivation of the radiation-resistant spoilage bacterium Micrococcus radiodurans. II. Radiation inactivation rates as influenced by menstruum temperature, preirradiation heat treatment, and certain reducing agents. *Appl Microbiol*, 11: 413-417.
15. Ehioba RM, Kraft AA, Molins RA, Walker HW, Olson DG, Subbaraman G, Skowronski RP (1988) Identification of microbial isolates from vacuum-packaged ground pork irradiated at 1 kGy. *J Food Sci*, 53: 278-279, 281.
16. EI-Zawahry YA, Rowley DB (1979) Radiation resistance and injury of Yersinia enterocolitica. *Appl Environ Microbiol*, 37: 50-54.
17. Fan X, Sokorai KJB (2002) Sensorial and chemical quality of gamma-irradiated fresh-cut Iceberg lettuce in modified atmosphere packages. *J Food Protect*, 65: 1760-1765.
18. Fiddler W, Gates RA, Pensabene JW, Phillips JG, Wierbicki E (1981) Investigations on nitrosamines in irradiationsterilized bacon. *J Agric Food Chem*, 29: 551-554.
19. Food and Agriculture Organization/IAEA/World Health Organization (1977) *Wholesomeness of Irradiated Food*. Report of joint FAO/IAEA/WHO Expert Committee, WHO Technical Report Series 604.
20. Foong SCC, Gonzalez GL, Dickson JS (2004) Reduction and survival of Listeria monocytogenes in ready-to-eat meats after irradiation. *J Food Protect*, 67: 77-82.
21. Fu AH, Sebranek JG, Murano EA (1995) Survival of Listeria monocytogenes, Yersinia enterocolitica, and Escherichia coli O157:H7 and quality changes after irradiation of beef steaks and ground beef. *J Food Sci*, 60: 972-977.
22. Giddings GG (1984) Radiation processing of fishery products. *Food Technol*, 38(4): 61-65, 94-97.
23. Goldblith SA (1963) Radiation preservation of foods – Two decades of research and development. In: *Radiation Research*. U.S. Department of Commerce, Office of Technical Services, Washington, DC., pp. 155-167
24. Goldblith SA (1966) Basic principles of microwaves and recent developments. *Adv Food Res*, 15: 277-301.

25. Goresline HE, Ingram M, Macuch P et al. (1964) Tentative classification of food irradiation processes with microbiological objectives. *Nature*, 204: 237-238.
26. Grecz N, Snyder OP, Walker AA, Anellis A (1965) Effect of temperature of liquid nitrogen on radiation resistance of spores of Clostridium botulinum. *Appl Microbiol*, 13: 527-536.
27. Grecz N, Walker AA, Anellis A, Berkowitz D (1971) Effects of irradiation temperature in the range −196 to 95 °C on the resistance of spores of Clostridium botulinum 33A in cooked beef. *Can J Microbiol*, 17: 135-142.
28. Grünewald T (1961) Behandlung von Lebensmitteln mit energiereichen Strahlen. *Ernährungs-Umschau*, 8: 239-244.
29. Hashisaka AE, Weagant SD, Dong FM (1989) Survival of Listeria monocytogenes in mozzarella cheese and ice cream exposed to gamma irradiation. *J Food Protect*, 52: 490-492.
30. Hashisaka AE, Matches JR, Batters Y, Hungate FP, Dong FM (1990) Effects of gamma irradiation at −78 °C on microbial populations in dairy products. *J Food Sci*, 55: 1284-1289.
31. Heiligman F (1965) Storage stability of irradiated meats. *Food Technol*, 19: 114-116.
32. Huhtanen CN, Jenkins RK, Thayer DW (1989) Gamma radiation sensitivity of Listeria monocytogenes. *J Food Protect*, 52: 610-613.
33. Jakabi M, Gelli DS, Torre JCMD, Rodas MAB, Franco BDGM, Destro MT, Landgraf M (2003) Inactivation by ionizing radiation of Salmonella Enteritidis, Salmonella Infantis, and Vibrio parahaemolyticus in oysters (Crassostrea brasiliana). *J Food Protect*, 66: 1025-1029.
34. Johnson B, Moser K (1967) Amino acid destruction in beef by high energy electron beam irradiation. In: *Radiation Preservation of Foods*. American Chemical Society, Washington, DC., pp. 171-179.
35. Josephson ES, Brynjolfsson A, Wierbicki E (1975) The use of ionizing radiation for preservation of food and feed products. In: Nygaard OF, Adler HI, Sinclair WK (eds) *Radiation Research – Biomedical, Chemical, and Physical Perspectives*. Academic Press, New York, pp. 96-117.
36. Kampelmacher EH (1983) Irradiation for control of Salmonella and other pathogens in poultry and fresh meats. *Food Technol*, 37(4): 117-119, 169.
37. Kempe LL (1965) The potential problems of type E botulism in radiation-preserved seafoods. In: *Radiation Preservation of Foods*. National Research Council, National Academy of Science, Washington, DC., pp. 211-215.
38. Kilburn RE, Bellamy WD, Terni SA (1958) Studies on a radiation-resistant pigmented Sarcina sp. *Radiat Res*, 9: 207-215.
39. Koch HW, Eisenhower EH (1965) Electron accelerators for food processing. In: *Radiation Preservation of Foods*. National Research Council, National Academy of Science, Washington, DC., pp. 149-180.
40. Krabbenhoft KL, Anderson AW, Elliker PR (1965) Ecology of Micrococcus radiodurans. *Appl Microbiol*, 13: 1030-1037.
41. Lee JS, Anderson AW, Elliker PR (1963) The radiation-sensitizing effects of N-ethylmaleimide and iodoacetic acid on a radiation-resistant Micrococcus. *Radiat Res*, 19: 593-598.
42. Lefebvre N, Thibault C, Charbonneau R (1992) Improvement of shelf-life and wholesomeness of ground beef by irradiation. 1. Microbial aspects. *Meat Sci*, 32: 203-213.
43. Levin-Zaidman S, Englander J, Shimoni E, Sharma AK, Minton KW, Minsky A (2003) Ringlike structure of the Deinococcus radiodurans genome: A key to radioresistance? *Science*, 299: 254-256.
44. Lewis NF, Madhavesh DA, Kumta US (1974) Role of carotenoid pigments in radio-resistant micrococci. *Can J Microbiol*, 20: 455-459.
45. Licciardello JJ, Nickerson JTR, Goldblith SA (1966) Observations on radio-pasteurized meats after 12 years of storage at refrigerator temperatures above freezing. *Food Technol*, 20: 1232.
46. Liuzzo JS, Barone WB, Novak AF (1966) Stability of B-vitamins in Gulf oysters preserved by gamma radiation. *Fed Proc*, 25: 722.
47. Loaharanu P (1989) International trade in irradiated foods: Regional status and outlook. *Food Technol*, 43(7): 77-80.
48. Losty T, Roth JS, Shults G (1973) Effect of irradiation and heating on proteolytic activity of meat samples. *J Agric Food Chem*, 21: 275-277.

49. Massey LM Jr, Bourke JB (1967) Some radiation-induced changes in fresh fruits and vegetables. In: *Radiation Preservation of Foods*. American Chemical Society, Washington, DC., pp. 1-11

50. Maxie E, Sommer N (1965) Irradiation of fruits and vegetables. In: *Radiation Preservation of Foods*. National Research Council, National Academy of Science, Washington, DC., pp. 39-52.

51. Makarova KS, Aravind L, Wolf YI, Tatusov RL, Minton KW, Koonin EV, Daly MJ (2001) Genome of the extremely radiation-resistant bacterium Deinococcus radiodurans viewed from the perspective of comparative genomics. *Microbiol Mol Biol Rev*, 65: 44-79

52. Midura TF, Kempe LL, Graikoski JT, Milone NA (1965) Resistance of Clostridium perfringens type A spores to gamma-radiation. *Appl Microbiol*, 13: 244-247.

53. Mulder RW (1984) Ionizing energy treatment of poultry. *Food Technol Aust*, 36: 418-420.

54. Mulder RW, Notermans S, Kampelmacher EH (1977) Inactivation of salmonellae on chilled and deep frozen broiler carcasses by irradiation. *J Appl Bacteriol*, 42: 179-185.

55. Murano EA (1995) Irradiation of fresh meats. *Food Technol*, 49(12): 52-54.

56. Murano PS, Murano EA, Olson DG (1998) Irradiated ground beef: Sensory and quality changes during storage under various packaging conditions. *J Food Sci*, 63: 548-551.

57. Niemand JG, van derLinde HJ, Holzapfel WH (1983) Shelf-life extension of minced beef through combined treatments involving radurization. *J Food Protect*, 46: 791-796.

58. Niven CF Jr (1958) Microbiological aspects of radiation preservation of food. *Annu Rev Microbiol*, 12: 507-524.

59. Novak AF, Grodner RM, Rao MRR (1967) Radiation pasteurization of fish and shellfish. In: *Radiation Preservation of Foods*. American Chemical Society, Washington, DC., pp. 142-151.

60. Palumbo SA, Jenkins RK, Buchanan RL, Thayer DW (1986) Determination of irradiation D-values for Aeromonas hydrophila. *J Food Protect*, 49: 189-191.

61. Patterson M (1989) Sensitivity of Listeria monocytogenes to irradiation on poultry meat and in phosphate buffered saline. *Lett Appl Microbiol*, 8: 181-184.

62. Patterson MF (1988) Sensitivity of bacteria to irradiation on poultry meat under various atmospheres. *Lett Appl Microbiol*, 7: 55-58.

63. Poole SE, Wilson P, Mitchell GE, Wills PA (1990) Storage life of chilled scallops treated with low dose irradiation. *J Food Protect*, 53: 763-766.

64. Prakash A, Guner AR, Caporado E, Foley DM (2000) Effects of low-dose gamma irradiation on the shelf life and quality characteristics of cut Romaine lettuce packaged under modified atmosphere. *J Food Sci*, 65: 549-553.

65. Pszczola D (1993) Irradiated poultry makes U.S. debut in midwest and Florida markets. *Food Technol*, 47(11): 89-96.

66. Radomyski T, Murano EA, Olson DG, Murano PS (1994) Elimination of pathogens of significance in food by low-dose irradiation: A review. *J Food Protect*, 57: 73-86.

67. Rajkowski KT, Thayer DW (2001) Alfalfa seed germination and yield ratio and alfalfa sprout microbial keeping quality following irradiation of seeds and sprouts. *J Food Protect*, 64: 1988-1995.

68. Rajkowski KT, Thayer DW (2000) Reduction of Salmonella spp. and strains of Escherichia coli O157:H7 by gamma radiation of inoculated sprouts. *J Food Protect*, 63: 871-875.

69. Rajkowski KT, Boyd G, Thayer DW (2003) Irradiation D-values for Escherichia coli O157:H7 and Salmonella sp. on inoculated broccoli seeds and effects of irradiation on broccoli sprout keeping quality and seed viability. *J Food Protect*, 66: 760-766.

70. Restaino L, Myron JJJ, Lenovich LM, Bills S, Tschernoff K (1984) Antimicrobial effects of ionizing radiation on artificially and naturally contaminated cacao beans. *Appl Environ Microbiol*, 47: 886-887.

71. Roberts TA, Ingram M (1965) The resistance of spores of Clostridium botulinum Type E to heat and radiation. *J Appl Bacteriol*, 28: 125-141.

72. Roberts TA, Ingram M (1965) Radiation resistance of spores of Clostridium species in aqueous suspension. *J Food Sci*, 30: 879-885.

73. Rose SA, Modi NK, Tranter HS, Bailey NE, Stringer MF, Hambleton P (1988) Studies on the irradiation of toxins of Clostridium botulinum and Staphylococcus aureus. *J Appl Bacteriol*, 65: 223-229.

74. Rowley DB, Brynjolfsson A (1980) Potential uses of irradiation in the processing of food. *Food Technol*, 34(10): 75-77.

75. Saleh YG, Mayo MS, Ahearn DG (1988) Resistance of some common fungi to gamma irradiation. *Appl Environ Microbiol*, 54: 2134-2135.

76. Skala JH, McGown EL, Waring PP (1987) Wholesomeness of irradiated foods. *J Food Protect*, 50: 150-160.

77. Sullivan R, Fassolitis AC, Larkin EP, Read RB Jr, Peeler JT (1971) Inactivation of thirty viruses by gamma radiation. *Appl Microbiol*, 22: 61-65.

78. Sullivan R, Scarpino PV, Fassolitis AC, Larkin EP, Peeler JT (1973) Gamma radiation inactivation of coxsackievirus B-2. *Appl Microbiol*, 26: 14-17.

79. Thayer DW, Boyd G, Huhtanen CN (1995) Effects of ionizing radiation and anaerobic refrigerated storage on indigenous microfiora, Salmonella, and Clostridium botulinum types A and B in vacuum canned, mechanically deboned chicken meat. *J Food Protect*, 58: 752-757.

80. Thayer DW, Boyd G (2001) Effect of irradiation temperature on inactivation of Escherichia coli O157:H7 and Staphylococcus aureus. *J Food Protect*, 64: 1624-1626.

81. Thayer DW, Boyd G, Fett WF (2003) Gamma-radiation decontamination of alfalfa seeds naturally contaminated with Salmonella Mbandaka. *J Food Sci*, 68: 1777-1781.

82. Thayer DW, Rajkowski KT, Boyd G, Cooke PH, Soroka DS (2003b) Inactivation of Escherichia coli O157:H7 and Salmonella by gamma irradiation of alfalfa seed intended for production of food sprouts. *J Food Protect*, 66: 175-181.

83. Thayer DW, Boyd G (1995) Radiation sensitivity of Listeria monocytogenes on beef as affected by temperature. *J Food Sci*, 60: 237-240.

84. Thayer DW, Fox JB Jr, Lakritz L (1991) Effects of ionizing radiation on vitamins. In: Thorne S (ed) *Food Irradiation*. Elsevier Applied Science, New York, pp. 285-325.

85. Thayer DW, Christopher JP, Campbell LA, Ronning DC, Dahlgren RR, Thomson GM, Wierbicki E (1987) Toxicology studies of irradiation-sterilized chicken. *J Food Protect*, 50: 278-288.

86. Tiwari NP, Maxcy RB (1972) Moraxella-Acinetobacter as contaminants of beef and occurrence in radurized product. *J Food Sci*, 37: 901-903.

87. Tsuji K (1983) Low-dose cobalt 60 irradiation for reduction of microbial contamination in raw materials for animal health products. *Food Technol*, 37(2): 48-54.

88. Urbain WM (1965) Radiation preservation of fresh meat and poultry. In: *Radiation Preservation of Foods*. National Research Council, National Academy of Science, Washington, DC., pp. 87-98.

89. Urbain WM (1978) Food irradiation. *Adv Food Res*, 24: 155-227.

90. Van den Eynde H, Van de Peer Y, Vandenabeele H, van Bogaert M, de Wachter R (1990) 5S rRNA sequences of myxobacteria and radioresistant bacteria and implications for eubacterial evolution. *Int J Syst Bacteriol*, 40: 399-404.

91. Van Gerwen SJC, Rombouts FM, van't Riet K, Zwietering MH (1999) A data analysis of the irradiation parameter D_{10} for bacteria and spores under various conditions. *J Food Protect*, 62: 1024-1032.

92. Verster A, du Plessis TA, van den Heever LW (1977) The eradication of tapeworms in pork and beef carcasses by irradiation. *Radiat Phys Chem*, 9: 769-771.

93. Weisburg WG, Giovannoni SJ, Woese CR (1989) The Deinococcus-Thermus phylum and the effect of rRNA composition on phylogenetic tree construction. *Syst Appl Microbiol*, 11: 128-134.

94. Wick E, Murray E, Mizutani J, Koshika M (1967) Irradiation flavor and the volatile components of beef. In: *Radiation Preservation of Foods*. American Chemical Society, Washington, DC., pp. 12-25.

95. Wierbicki E, Simon M, Josephson ES (1965) Preservation of meats by sterilizing doses of ionizing radiation. In: *Radiation Preservation of Foods*. National Research Council, National Academy of Science, Washington, DC.. pp. 383-409.

96. Woese CR (1987) Bacterial evolution. *Microbiol Rev*, 51: 221-271.

Capitolo 16
Protezione degli alimenti mediante basse temperature e caratteristiche dei microrganismi psicrotrofi

L'impiego delle basse temperature per la conservazione degli alimenti si basa sul fatto che l'attività dei microrganismi può essere rallentata a temperature di poco superiori a 0 °C ed è generalmente inibita a temperature inferiori. La ragione di tale fenomeno è che tutte le reazioni metaboliche dei microrganismi sono catalizzate da enzimi e che la velocità di tali reazioni è funzione della temperatura. Un aumento di temperatura determina un aumento della velocità di reazione. Il coefficiente termico (Q_{10}) è generalmente definito come segue:

$$Q_{10} = \frac{\text{Velocità a una data temperatura} + 10\ ^\circ\text{C}}{\text{Velocità alla temperatura T}}$$

Il Q_{10} per la maggior parte dei sistemi biologici è compreso tra 1,5 e 2,5, cosicché per ogni aumento di temperatura di 10 °C – all'interno di un range appropriato – la velocità di reazione raddoppia e, viceversa, si dimezza per ogni diminuzione di 10 °C. Pertanto la trattazione che segue sarà centrata principalmente sugli effetti delle basse temperature sui microrganismi patogeni e alteranti, ai fini della conservazione dei prodotti alimentari. Occorre ricordare, tuttavia, che la temperatura è legata all'umidità relativa (UR) e che temperature inferiori a quella di congelamento influiscono sul valore di UR, sul pH e, forse, anche su altri parametri della crescita microbica.

16.1 Definizioni

Il termine psicrofilo – coniato da Schmidt-Nielsen nel 1902 per i microrganismi che crescono a 0 °C[31] – è ora utilizzato per indicare i microrganismi che crescono nel range di temperature compreso tra valori inferiori a 0 °C e non superiori a 20 °C, con un optimum tra 10 e 15 °C[47]. Intorno al 1960, fu suggerito il termine psicrotrofo (psychros, "freddo", e trephein, "nutrimento" o sviluppo) per i microrganismi in grado di crescere a 5 °C o a temperature inferiori[13,50]. Attualmente, per quasi tutti i microbiologi alimentari, uno psicrotrofo è un microrganismo che può crescere tra 0 e 7 °C, producendo colonie visibili (o torbidità) nell'arco di 7-10 giorni. Alcuni psicrotrofi sono in realtà mesofili, in quanto sono in grado di crescere anche a 43 °C. Sulla base di queste definizioni, gli psicrofili dovrebbero essere presenti solo nei prodotti provenienti da acque oceaniche o da climi estremamente freddi. I microrganismi che provocano l'alterazione della carne, del pollame e dei vegetali nel range compreso tra 0 e 5 °C sono psicrotrofi a tutti gli effetti.

Poiché non tutti gli psicrotrofi crescono con la stessa velocità nel range 0-7 °C, sono stati proposti i termini *euripsicrotrofi* (*eurys*: largo, ampio), per indicare i microrganismi che tipicamente formano colonie visibili solo tra il sesto e il decimo giorno, e *stenopsicrotrofi* (*stenos*: stretto, vicino), per indicare i microrganismi che tipicamente formano colonie entro il quinto giorno[34]. Secondo Mossel[50] gli psicrotrofi possono essere distinti dai non psicrotrofi in quanto, a differenza di questi ultimi, non sono in grado di crescere su un terreno non selettivo a 43 °C in 24 ore. È stato dimostrato che alcuni batteri – tra i quali *Enterobacter cloacae*, *Hafnia alvei* e *Yersinia enterocolitica* (ATCC 27739) – crescono bene sia a 7 °C, entro 10 giorni, sia a 43 °C[34]: questi batteri sono evidentemente euripsicrotrofi; ve ne sono altri, tuttavia, che crescono bene a 43 °C, ma in modo stentato a 7 °C in 10 giorni. Tipici stenopsicrotrofi sono *Pseudomonas fragi* (ATCC 4973) e *Aeromonas hydrophila* (ATCC 7965), che crescono bene a 7 °C, sviluppando colonie visibili in 3-5 giorni, ma non crescono a 40 °C[34].

Vi sono tre distinti intervalli di temperatura per gli alimenti conservati mediante impiego del freddo. Il primo è compreso tra 5-7 °C e la temperatura ambiente, con un valore medio generalmente intorno a 10-15 °C; queste temperature sono adatte per la conservazione di alcuni prodotti ortofrutticoli, tra i quali cetrioli, patate e lime. Le temperature di refrigerazione sono invece comprese tra 0 e 7 °C (teoricamente non superiori a 4 °C). Le temperature di stoccaggio dei prodotti surgelati, infine, sono inferiori a –18 °C e, in circostanze normali, inibiscono la crescita di tutti i microrganismi; tuttavia, alcune specie possono crescere a tali temperature, seppure a velocità estremamente bassa.

16.2 Temperatura minima di crescita

Le specie e i ceppi batterici che possono crescere a temperature pari o inferiori a 7 °C sono ampiamente diffusi tra i generi Gram-negativi ma meno tra i Gram-positivi (tabelle 16.1 e 16.2). La più bassa temperatura di crescita per un microrganismo d'interesse alimentare è stata registrata per un lievito rosa (–34 °C). La crescita a temperature inferiori a 0 °C è riscontrata più frequentemente tra i lieviti e le muffe, che tra i batteri; ciò è coerente con la crescita dei funghi in presenza di più bassi valori di attività dell'acqua (a_w). Per alcuni batteri sono state riportate temperature di crescita intorno a –20 e a –12 °C[45]. Tra gli alimenti che possono supportare la crescita microbica a temperature inferiori a 0 °C sono compresi succhi di frutta concentrati, pancetta, gelato e alcuni frutti. Questi prodotti contengono sostanze crioprotettive che abbassano il punto di congelamento dell'acqua.

16.3 Preparazione degli alimenti per il congelamento

La preparazione dei vegetali per il congelamento prevede la selezione, la cernita, il lavaggio, la scottatura (o *blanching*) e il confezionamento. Gli alimenti che presentano qualsiasi segno evidente di alterazione dovrebbero essere scartati. Tutti gli alimenti – in particolare carni, pollame, prodotti ittici e uova – dovrebbero essere il più possibile freschi.

Il *blanching* viene realizzato sia mediante breve immersione dell'alimento in acqua calda sia utilizzando vapore; le sue funzioni principali sono:

1. inattivazione degli enzimi che possono causare modificazioni indesiderate del prodotto congelato durante la conservazione;
2. miglioramento o mantenimento del colore verde di alcuni vegetali;

Tabella 16.1 Alcuni generi di batteri che contengono specie o ceppi in grado di crescere a temperature pari o inferiori a 7 °C

Gram-negativi	Frequenza relativa*	Gram-positivi	Frequenza relativa*
Acetobacterium	XX	Bacillus	XX
Acinetobacter	XX	Brevibacterium	X
Aeromonas	XX	Brochothrix	XXX
Alcaligenes	X	Carnobacterium	XXX
Alteromonas	XX	Clostridium	XX
Burkholderia	X	Corynebacterium	X
Cedecea	X	Deinococcus	X
Chromobacterium	X	Enterococcus	XXX
Chryseobacterium	X	Kurthia	X
Citrobacter	X	Lactobacillus	XX
Enterobacter	XX	Lactococcus	XX
Erwinia	XX	Leuconostoc	X
Escherichia	X	Listeria	XX
Flavobacterium	XX	Macrococcus	X
Frigoribacterium	XX	Micrococcus	XX
Halobacterium	X	Paenibacillus	X
Hafnia	XX	Pediococcus	X
Janthinobacterium	XX	Propionibacterium	X
Klebsiella	X	Staphylococcus	X
Moraxella	XX	Vagococcus	XX
Morganella	X		
Photobacterium	X		
Pantoea	XX		
Proteus	X		
Providencia	X		
Pseudomonas	XXX		
Psychrobacter	XX		
Salmonella	X		
Serratia	XX		
Shewanella	XXX		
Vibrio	XXX		
Yersinia	XX		

* Importanza relativa e prevalenza come psicrotrofi: X = minore; XX = intermedia; XXX = molto significativa.

3. riduzione del numero di microrganismi presenti sugli alimenti;
4. agevolazione del confezionamento dei vegetali a foglia mediante perdita del turgore tipico dei vegetali freschi;
5. allontanamento dell'aria intrappolata nei tessuti vegetali.

Il metodo utilizzato per il blanching varia a seconda delle caratteristiche del prodotto, delle dimensioni della confezione e di altri parametri. Quando viene impiegata acqua calda, occorre garantire che non si accumuli una quantità di spore batteriche sufficiente per contaminare gli alimenti. La riduzione della carica microbica iniziale ottenuta con il blanching sarebbe del 99% circa. È bene ricordare che la maggior parte delle cellule batteriche vegetative possono essere distrutte alle temperature di pastorizzazione del latte (63 °C o 145 °F per 30 minuti); ciò vale soprattutto per la maggior parte dei batteri responsabili dell'alterazione dei vegetali.

Tabella 16.2 Temperature minime di crescita di alcuni microrganismi di interesse alimentare in grado di svilupparsi a temperature pari o inferiori a 7 °C.

Specie/ceppo	Temperatura (°C)	Osservazioni
Lievito rosa	–34	
Lieviti rosa (2)	–18	
Muffe non specificate	–12	
Vibrio spp.	–5	Veri psicrofili
Cladosporium cladosporiodes	–5	
Yersinia enterocolitica	–2	
Bacillus psychrotolerans	da –2 a 1	
Acetobacterium bakii	1,0	
Carnobacterium viridans	2,0	
Clostridium algidixylanolyticum	2,5	
Janthinobacterium agaricidamnosum	2,0	
Frigoribacterium faeni	2,0	
Lactobacillus algidus	0	
Bacillus psychrodurans	da –2 a 0	
Coliformi non specificati	–2	
Brochothrix thermosphacta	–0,8	Entro 7 giorni; a 4 °C in 10 giorni
Aeromonas hydrophila	–0,5	
Enterococcus spp.	0	Diverse specie/ceppi
Leuconostoc carnosum	1,0	
L. gelidum	1,0	
Listeria monocytogenes	1,0	
Thamnidium elegans	–1	
Leuconostoc sp.	2,0	Entro 12 giorni
L. sakei/curvatus	2,0	Entro 12 giorni; a 4 °C in 10 giorni
Lactobacillus alimentarius	2,0	
C. botulinum B, E, F	3,3	
Pantoea agglomerans	4,0	
Salmonella Panama	4,0	In 4 settimane
Bacillus weihenstephanensis	4,0	
Serratia liquefaciens	4,0	
Vibrio parahaemolyticus	5,0	
Vagococcus salmonirarum	5,0	
Salmonella Heidelberg	5,3	
Pediococcus sp.	6,0	Debole crescita in 8 giorni
Lactobacillus brevis	6,0	In 8 giorni
Weissella viridescens	6,0	In 8 giorni
Salmonella Typhimurium	6,2	
Staphylococcus aureus	6,7	
Klebsiella pneumoniae	7,0	
Bacillus spp.	7,0	165 di 520 specie/ceppi
Salmonella spp.	7,0	65 di 109, entro 4 settimane

(Dati tratti da Bonde[9]; Mossel et al.[49]; Reuter[57] e altri autori)

Sebbene la distruzione dei microrganismi non sia la funzione primaria del blanching, la quantità di calore necessaria per denaturare la maggior parte degli enzimi presenti negli alimenti è sufficiente anche per ridurre significativamente il numero delle cellule vegetative.

16.4 Congelamento degli alimenti e relativi effetti

Il congelamento degli alimenti può essere effettuato mediante raffreddamento rapido oppure lento. Il *quick freezing*, o *fast freezing*, è il processo attraverso il quale la temperatura degli alimenti viene portata a circa –20 °C entro 30 minuti; questo trattamento può essere realizzato per immersione diretta dei prodotti confezionati in liquidi criogenici, per contatto indiretto dell'alimento con un mezzo refrigerante o facendo circolare tra gli alimenti da congelare un flusso di aria fredda forzata. Lo *slow freezing* è invece il processo che consente di raggiungere la temperatura desiderata in 3-72 ore ed è essenzialmente il metodo di congelamento degli apparecchi domestici. In termini di qualità del prodotto, il quick freezing è più vantaggioso rispetto allo slow freezing (vedi box in basso in questa pagina).

Lo slow freezing favorisce la formazione di cristalli di ghiaccio extracellulari di grandi dimensioni, mentre il quick freezing favorisce la formazione di piccoli cristalli intracellulari. La crescita dei cristalli di ghiaccio è uno dei fattori che limita la shelf life di alcuni alimenti congelati; infatti, l'aumento delle dimensioni causa danni meccanici – con distruzione delle membrane, delle pareti e delle strutture interne – che rendono il prodotto scongelato assai diverso da quello originale, sia nella tessitura sia nel sapore. Durante lo scongelamento, gli alimenti congelati con il metodo lento tendono a perdere maggiori quantità di liquido o di essudato (gocciolamento per le carni, colìo per le verdure) rispetto a quelli congelati con il metodo rapido e conservati per lo stesso periodo di tempo. I vantaggi della formazione di cristalli piccoli per la qualità degli alimenti congelati possono essere considerati anche dal punto di vista dei fenomeni che si verificano durante il congelamento. Durante tale processo l'acqua viene rimossa dalla soluzione e trasformata in cristalli di ghiaccio con un elevato, seppure variabile, grado di purezza[17]. Inoltre, il congelamento degli alimenti è accompagnato dalla variazione di diverse proprietà chimico-fisiche, tra le quali pH, acidità titolabile, forza ionica, viscosità, pressione osmotica, pressione di vapore, punto di congelamento, tensione superficiale e interfacciale e potenziale di ossido-riduzione (O/R) (vedi i riferimenti bibliografici riportati di seguito).

Confronto tra metodi di congelamento

Congelamento rapido
- Formazione di cristalli di ghiaccio di piccole dimensioni
- Blocco o soppressione del metabolismo
- Breve esposizione a fattori avversi
- Nessun adattamento microbico alle basse temperature
- Shock termico (transizione troppo brusca)
- Nessun effetto protettivo
- Congelamento di microrganismi nei cristalli (?)
- Si evita lo squilibrio metabolico

Congelamento lento
- Formazione di cristalli di ghiaccio di grandi dimensioni
- Squilibrio metabolico
- Lunga esposizione a fattori avversi
- Adattamento microbico graduale alle basse temperature
- Nessuno shock
- Accumulo di soluti concentrati con effetti benefici

16.5 Conservabilità degli alimenti congelati

È stato dimostrato che numerose specie microbiche possono crescere a temperature pari o inferiori a 0 °C; tale capacità dipende – oltre che da caratteristiche intrinseche del microrganismo – anche da altri fattori, quali il contenuto di nutrienti, il pH e la disponibilità di acqua allo stato liquido. Il valore di a_w degli alimenti diminuisce quando la temperatura scende sotto il punto di congelamento; la relazione tra temperatura e a_w dell'acqua e del ghiaccio è riportata in tabella 16.3. Il valore di a_w è 1 per l'acqua a 0 °C, ma scende a 0,8 per l'acqua a –20 °C e a 0,62 per l'acqua a –50 °C circa. I microrganismi che crescono a temperature inferiori al punto di congelamento, pertanto, devono essere in grado di crescere a livelli ridotti di attività dell'acqua, a meno che il valore di a_w non sia favorevolmente influenzato da costituenti dell'alimento in relazione alla crescita microbica. Nei succhi di frutta concentrati, gli zuccheri – presenti a livelli relativamente elevati – tendono a mantenere l'a_w a valori più alti di quanto ci si aspetterebbe in acqua pura, consentendo la crescita microbica anche a temperature inferiori a 0 °C. Un effetto analogo può essere ottenuto con l'aggiunta di glicerolo al mezzo di coltura. Non tutti gli alimenti congelano alla stessa temperatura (tabella 16.4); il punto di congelamento iniziale per un determinato alimento è dovuto in gran parte alla natura dei soluti in esso presenti e alla concentrazione relativa dei costituenti in grado di abbassare il punto di congelamento.

Tabella 16.3 Pressione di vapore di acqua e ghiaccio a diverse temperature

Temperatura (°C)	Acqua liquida (mmHg)	Ghiaccio (mmHg)	$a_w = P_{ghiaccio}/P_{acqua}$
0	4,579	4,579	1,00
–5	3,163	3,013	0,953
–10	2,149	1,950	0,907
–15	1,436	1,241	0,864
–20	0,943	0,776	0,823
–25	0,607	0,476	0,784
–30	0,383	0,286	0,75
–40	0,142	0,097	0,68
–50	0,048	0,030	0,62

(Da Scott[60])

Tabella 16.4 Temperature di congelamento approssimative di alcuni alimenti

Alimento	°F	°C	Alimento	°F	°C
Arachidi	17	–8,3	Carote	29	–1,7
Noci	20	–6,7	Lamponi	29,5	–1,4
Cocco	24,5	–4,4	Asparagi	30	–1,1
Banane	25	–3,9	Piselli	30,5	–0,8
Aglio	25,5	–3,6	Cavolfiori	31	–0,6
Agnello, vitello	27	–2,8	Lattuga, cavoli	31,5	–0,3
Patate	28	–2,2			
Manzo, pesce	28,5	–2,0	Acqua	32	0,0

(Modificata da Desrosier[11])

Sebbene l'attività metabolica di tutti i microrganismi possa essere inibita alle temperatura di congelamento, gli alimenti congelati non possono essere conservati indefinitamente, se si vuole che – una volta scongelati – presentino il sapore e la consistenza originali. Alla maggior parte degli alimenti congelati è assegnata una "scadenza" ben definita; il periodo massimo di conservazione di tali prodotti non è basato sulla loro microbiologia, bensì su fattori come consistenza, sapore, tenerezza, colore e valore nutrizionale complessivo che si riscontrano in seguito allo scongelamento e alla successiva cottura.

Alcuni alimenti congelati impropriamente confezionati subiscono, durante la conservazione, bruciature da freddo (freezer burn), caratterizzate da inscurimento dei prodotti di colore chiaro (come la pelle del pollame). Tale fenomeno è causato dalla perdita di umidità alla superficie, che aumenta la porosità della parte interessata. La condizione è irreversibile e colpisce in particolare alcuni frutti, pollame, carne e pesce, sia crudi sia cotti.

16.6 Effetti del congelamento sui microrganismi

Nel considerare gli effetti del congelamento sui microrganismi incapaci di crescere a temperature inferiori a 0 °C, è noto che il congelamento è uno dei metodi per conservare le colture microbiche; in particolare, la liofilizzazione (congelamento sotto vuoto) sembra sia il metodo che dà migliori risultati. Tuttavia, le temperature di congelamento possono uccidere alcuni microrganismi di origine alimentare. Ingram[32] ha riassunto i fenomeni salienti che interessano alcuni microrganismi durante il congelamento.

1. Subito dopo il congelamento, si verifica un'improvvisa mortalità, variabile a seconda della specie microbica.
2. Le cellule sopravvissute immediatamente dopo il congelamento muoiono gradualmente durante la conservazione del prodotto congelato.
3. La riduzione del numero di cellule vitali è relativamente rapida a temperature appena al di sotto del punto di congelamento, specialmente intorno a –2 °C, ma diventa meno rapida a temperature più basse e rallenta generalmente sotto i –20 °C.

I batteri differiscono per la capacità di sopravvivere durante il congelamento: i cocchi sono generalmente più resistenti dei bastoncini Gram-negativi. Tra i batteri patogeni veicolati dagli alimenti, le salmonelle sono meno resistenti di *Staphylococcus aureus* o delle cellule vegetative dei clostridi, mentre le endospore e le tossine non sembrano influenzate dalle basse temperature[21]. L'effetto del congelamento su diverse specie di *Salmonella* mantenute a –25,5 °C fino a 270 giorni è riportato nella tabella 16.5; sebbene durante tale periodo si verifichi per la maggior parte delle specie una significativa riduzione del numero di cellule vitali, in nessun caso si osserva la morte di tutte le cellule.

Dal punto di vista della conservazione degli alimenti, il congelamento non dovrebbe essere considerato un mezzo per distruggere i microrganismi di origine alimentare. I tipi di microrganismi che perdono la propria vitalità in questo stato differiscono da ceppo a ceppo e dipendono dal metodo di congelamento impiegato, dalla natura e dalla composizione dell'alimento, dalla durata della conservazione dell'alimento congelato e da altri fattori, tra i quali la temperatura di conservazione. Basse temperature di mantenimento, intorno a –20 °C, sono meno dannose per i microrganismi di valori intermedi, come –10 °C. Per esempio, a –4 °C vengono distrutti più microrganismi che a temperature pari o inferiori a –15 °C; temperature inferiori a –24 °C non sembrano avere effetti addizionali. È stato osservato che

Tabella 16.5 Sopravvivenza a diversi giorni di colture pure di microrganismi enterici in chow mein* con pollo a −25,5 °C

	Conta batterica (×10⁵/g) dopo diversi giorni (da 0 a 270)								
	0	2	5	9	14	28	50	92	270
Salmonella Newington	7,5	56,0	27,0	21,7	11,1	11,1	3,2	5,0	2,2
S. Typhimurium	167,0	245,0	134,0	118,0	11,0	95,5	31,0	90,0	34,0
S. Typhi	128,5	45,5	21,8	17,3	10,6	4,5	2,6	2,3	0,86
S. Gallinarum	68,5	87,0	45,0	36,5	29,0	17,9	14,9	8,3	4,8
S. Anatum	100,0	79,0	55,0	52,5	33,5	29,4	22,6	16,2	4,2
S. Paratyphi B	23,0	205,0	118,0	93,0	92,0	42,8	24,3	38,8	19,0

* Vermicelli cinesi fritti.

(Da Gunderson e Rose[25], copyright © 1948 Institute of Food Technologists)

alcuni ingredienti e costituenti degli alimenti – come albume, saccarosio, sciroppo di mais, derivati del pesce, glicerolo ed estratti di carne non denaturati – aumentano la vitalità microbica durante il congelamento, specialmente dei batteri patogeni, mentre condizioni acide hanno l'effetto opposto[21]. Di seguito sono riportati alcuni dei fenomeni che hanno luogo durante il congelamento delle cellule microbiche.

1. L'acqua che congela è la cosiddetta acqua libera. Durante il congelamento, l'acqua libera forma cristalli di ghiaccio. La crescita dei cristalli di ghiaccio avviene per accrescimento di piccoli nuclei, così che tutta l'acqua libera di una cellula microbica può trasformarsi in un numero relativamente piccolo di cristalli di ghiaccio. Nel congelamento lento i cristalli si formano all'esterno della cellula, in quello rapido all'interno. L'acqua legata non congela. Il congelamento sottrae alle cellule l'acqua liquida disponibile, disidratandole.
2. Il congelamento determina un aumento della viscosità del materiale cellulare, come diretta conseguenza della concentrazione dell'acqua in forma di cristalli di ghiaccio.
3. Il congelamento provoca una perdita di gas cellulari, quali O_2 e CO_2. Per le cellule aerobie la perdita di ossigeno comporta l'inibizione del metabolismo respiratorio. Inoltre, la maggiore diffusione dell'ossigeno può comportare un aumento delle reazioni di ossidazione all'interno della cellula.
4. Il congelamento causa variazioni di pH nel materiale cellulare; diversi ricercatori hanno riportato variazioni comprese tra 0,3 e 2,0 unità. Sono stati riportati aumenti e diminuzioni di pH associati sia al congelamento sia allo scongelamento.
5. Il congelamento causa la concentrazione degli elettroliti cellulari; tale effetto è anche una conseguenza della concentrazione dell'acqua in forma di cristalli di ghiaccio.
6. Il congelamento determina un'alterazione generale dello stato colloidale del protoplasma cellulare. Nelle cellule vitali molti costituenti del protoplasma, come le proteine, esistono in uno stato colloidale dinamico, per il quale è indispensabile un'adeguata quantità di acqua.
7. Il congelamento provoca un certo grado di denaturazione delle proteine cellulari. Non è ben chiaro come ciò avvenga, ma è noto che durante il congelamento alcuni gruppi –SH scompaiono e alcune lipoproteine si separano. La riduzione del contenuto di acqua, con la concentrazione degli elettroliti, influisce certamente sullo stato fisico e chimico delle proteine.
8. Il congelamento induce in alcuni microrganismi uno shock termico; ciò vale più per i microrganismi termofili e mesofili che per gli psicrofili. Quando la diminuzione della temperatura durante il congelamento è rapida, muoiono più cellule.

9. Ad alcune cellule microbiche, tra le quali specie di *Pseudomonas*, il congelamento causa danni metabolici. In alcuni batteri vi è un aumento delle richieste nutrizionali dopo lo scongelamento: fino al 40% della popolazione di una coltura può riportare tale alterazione.

È evidente che gli effetti del processo di congelamento su cellule vitali, quali batteri e altri microrganismi, come pure sugli alimenti, sono complessi. Secondo Mazur[41] la risposta dei microrganismi alle temperature inferiori a 0 °C sarebbe in gran parte determinata dalla concentrazione di soluti e dal congelamento intracellulare, sebbene ciò sia stato dimostrato chiaramente solo in alcuni casi.

Perché solo certi batteri, ma non tutte le cellule, vengono uccisi dal congelamento? A differenza della maggior parte dei batteri, alcuni organismi piccoli e microscopici sono incapaci di sopravvivere al congelamento; ne sono esempio il virus responsabile della malattia piede-bocca (foot-and-mouth disease) e l'agente della trichinellosi (*Trichinella spiralis*). In assenza di composti protettivi, i protozoi sono generalmente uccisi quando vengono congelati a temperature inferiori a -5 o $-10\,°C$[41].

16.6.1 Effetti dello scongelamento

Per la sopravvivenza dei microrganismi al congelamento ha grande importanza il processo di scongelamento. Congelamenti e scongelamenti ripetuti possono distruggere i batteri per rottura della membrana cellulare; inoltre, quanto più rapido è lo scongelamento, tanto maggiore è il numero di batteri che sopravvivono, anche se le ragioni di tale fenomeno non sono ancora ben chiare. Dall'elenco riportato dei cambiamenti che avvengono durante il congelamento, risulta evidente che il processo di scongelamento diventa critico se porta al ripristino dell'attività vitale. È stato osservato che lo scongelamento è intrinsecamente più lento del congelamento e ha un andamento potenzialmente più dannoso. Tra i problemi associati allo scongelamento di campioni e prodotti che scambiano energia termica sostanzialmente per conduzione vi sono i seguenti[18].

1. Lo scongelamento è intrinsecamente più lento del congelamento quando viene effettuato con differenziali di temperatura comparabili.
2. Nella pratica, il massimo differenziale di temperatura applicabile durante lo scongelamento è molto inferiore rispetto a quello utilizzato durante il congelamento.
3. La combinazione tempo-temperatura caratteristica dello scongelamento è potenzialmente più dannosa rispetto a quella del congelamento. Durante lo scongelamento, la temperatura aumenta rapidamente fino al punto di fusione e rimane praticamente costante durante il lungo processo di scongelamento: ciò favorisce considerevolmente le reazioni chimiche, la ricristallizzazione e anche la crescita microbica, specie se lo scongelamento è estremamente lento.

È stato appurato che i microrganismi muoiono più nel corso dello scongelamento, che durante il congelamento. Secondo Luyet[39] il motivo per il quale alcuni microrganismi riescono a sopravvivere al congelamento e altri no dipende dalla capacità di sopravvivere alla disidratazione e di andare incontro a disidratazione quando il mezzo di coltura congela. Per quanto riguarda la capacità di sopravvivere alla liofilizzazione, Luyet ha osservato che potrebbe essere dovuta al fatto che i batteri non congelano ma semplicemente si disidratano (per approfondimenti sull'effetto della liofilizzazione sui microrganismi, vedi il capitolo 18).

È certo che il ciclo congelamento-scongelamento determina: 1) nucleazione del ghiaccio; 2) disidratazione; 3) danni di tipo ossidativo. È stato dimostrato che durante lo scongelamento si ha un innesco di reazioni ossidative; la superossido dismutasi (SOD) fornisce un'importante protezione contro gli effetti deleteri dell'ossidazione. In uno studio condotto su *Campylobacter coli* è stato osservato che, durante il ciclo congelamento-scongelamento, si formava la SOD ma non la catalasi[62]. La SOD svolge un ruolo importante anche per la resistenza delle cellule di *Campylobacter* allo stress ossidativo che si verifica durante la loro sopravvivenza negli alimenti, durante la colonizzazione intestinale del pollame e durante la loro sopravvivenza nei macrofagi[62].

La maggior parte dei produttori di alimenti surgelati sconsiglia il ricongelamento degli alimenti dopo lo scongelamento. Sebbene le ragioni siano legate soprattutto alla consistenza, al sapore e alla qualità nutrizionale del prodotto, l'aspetto microbiologico degli alimenti scongelati non è di secondaria importanza. Alcuni ricercatori hanno osservato che i prodotti scongelati si alterano più rapidamente degli stessi alimenti conservati allo stato fresco. Durante il congelamento si verificano modificazioni strutturali che favoriscono la penetrazione dei microrganismi di superficie nelle parti più profonde dell'alimento, facilitando il processo di alterazione. È noto che durante lo scongelamento sulla superficie del prodotto si verifica la condensazione dell'acqua e si concentrano sostanze idrosolubili, come amminoacidi, minerali, vitamine del gruppo B e probabilmente altri nutrienti. Il congelamento ha l'effetto di distruggere molti termofili e alcuni mesofili, determinando una minore competizione tra i microrganismi sopravvissuti dopo lo scongelamento; è ragionevole, pertanto, che in presenza di un numero relativo maggiore di psicrotrofi negli alimenti scongelati vi sia un aumento della velocità di alterazione. Per alcuni batteri psicrotrofi sono stati riportati valori di Q_{10} superiori di 4,0 rispetto alle temperature di refrigerazione. Per esempio, per *P. fragi* è stato riportato un Q_{10} di 4,3 a 0 °C; organismi di questo tipo possono raddoppiare la loro velocità di crescita con un aumento di temperatura di soli 4-5 °C. In realtà, la possibilità che gli alimenti scongelati si alterino con maggiore rapidità di quelli freschi dipende da numerosi fattori, tra i quali il metodo di congelamento, il numero relativo e il tipo di microrganismi presenti sul prodotto fresco e la temperatura alla quale il prodotto è mantenuto durante lo scongelamento. Sebbene non siano noti effetti tossici associati al ricongelamento di alimenti scongelati, il ricorso a tale procedura dovrebbe essere per quanto possibile evitato nell'interesse della qualità nutrizionale complessiva dei prodotti.

Uno degli effetti del congelamento e dello scongelamento dei tessuti animali è rappresentato dal rilascio di enzimi lisosomiali, che comprendono catepsine, nucleasi, fosfatasi e glucosidasi. Una volta rilasciati, questi enzimi possono operare la degradazione delle macromolecole, rendendo disponibili composti più semplici che sono più facilmente utilizzati dalla microflora alterante.

16.7 Alcune caratteristiche dei microrganismi psicrotrofi e psicrofili

Aumento dei residui di acidi grassi insaturi
Di norma il contenuto lipidico della maggior parte dei batteri è compreso tra il 2 e il 5% e si trova in gran parte, o esclusivamente, nella membrana cellulare. I grassi batterici sono esteri del glicerolo di due tipi: lipidi neutri, nei quali uno, due o tutti e tre i gruppi –OH del glicerolo sono esterificati con acidi grassi a lunga catena, e fosfolipidi, nei quali uno dei gruppi –OH è legato attraverso un legame fosfodiesterico a colina, etanolammina, glicerolo, inositolo o serina; i rimanenti due gruppi –OH sono esterificati con acidi grassi a lunga catena[58].

Tabella 16.6 Effetti della temperatura di incubazione sulla composizione in acidi grassi di colture stazionarie di *Candida utilis*

Temperatura di incubazione (°C)	Concentrazione di cellule (mg/mL)	Composizione in acidi grassi*				
		16:0	16:1	18:1	18:2	18:3
30	2,0	18,9	4,6	39,1	34,3	2,1
20	2,0	20,3	11,4	31,6	27,7	6,1
10	2,0	27,4	20,6	20,7	17,6	10,7
5	1,7	19,2	15,9	18,2	16,3	27,3

* I valori riportati sono espressi come percentuali rispetto alla quantità totale di acidi grassi. Gli acidi grassi sono indicati con x:y; dove x è il numero degli atomi di carbonio e y è il numero dei doppi legami per molecola.
(Da McMurrough e Rose[43] copyright © 1973 American Society for Microbiologists)

Quando crescono a basse temperature, molti psicrotrofi sintetizzano lipidi neutri e fosfolipidi contenenti proporzioni aumentate di acidi grassi insaturi. In specie di *Candida* mesofile e psicrotrofe – lasciate crescere a 10 °C anziché a 25 °C – si è osservato un aumento anche del 50% nel grado di insaturazione degli acidi grassi[36]; la composizione fosfolipidica di questi lieviti rimaneva invariata. L'aumento degli acidi grassi insaturi in *Candida utilis*, abbassando la temperatura di crescita da 30 a 5 °C, è riportato nella tabella 16.6; alle temperature più basse l'acido linolenico aumenta a spese dell'acido oleico.

È stato condotto uno studio comparativo su quattro specie di *Vibrio*, fatte crescere tra −5 e 15 °C, e su quattro specie di *Pseudomonas*, fatte crescere tra 0 e 25 o 27 °C. Abbassando la temperatura da 15 a −5 °C, sono state osservate variazioni significative nei fosfolipidi totali dei vibrioni; l'abbassamento della temperatura nell'intervallo considerato per gli *Pseudomonas* non ha invece prodotto variazioni di rilievo[6,7,27]. Peraltro, nelle Pseudomonadaceae l'aumento del grado di insaturazione dei lipidi, quando vengono abbassate le temperature di crescita, non è da attendersi: infatti i ceppi psicrotrofi contengono dal 59 al 72% di lipidi insaturi, risultando più versatili di molti altri microrganismi. A differenza della maggior parte degli altri psicrotrofi, in risposta all'abbassamento della temperatura in *Micrococcus cryophilus* si verifica un accorciamento delle catene degli acidi grassi che ridurrebbe il punto di fusione dei lipidi presenti nella sua membrana[59].

La grande diffusione delle variazioni, indotte dalle basse temperature, nella composizione degli acidi grassi suggerisce che esse sono associate ai meccanismi fisiologici della cellula. È noto che un aumento del grado di insaturazione degli acidi grassi dei lipidi porta a una riduzione del punto di fusione dei lipidi. È stato ipotizzato che l'aumento della sintesi di acidi grassi insaturi alle basse temperature abbia la funzione di mantenere liquidi e mobili i lipidi, preservando l'attività di membrana. Questo concetto, noto come teoria della *solidificazione dei lipidi*, è stato proposto per la prima volta da Gaughran[20] e Allen[3]. Byrne e Chapman[10] hanno dimostrato che il punto di fusione delle catene laterali di acidi grassi nei lipidi è più importante dell'intera struttura lipidica.

Quando *L. monocytogenes* è stata coltivata a 12-13 °C, si sono osservate deviazioni significative nelle percentuali degli acidi grassi di tipo *i* 15:0 (*i = iso*) e *a* 15:0 (*a = anteiso*), insieme a una probabile deviazione nella percentuale degli *a* 17:0, che determinavano un cambiamento significativo del contenuto totale di acidi grassi a catena ramificata[54]. La membrana citoplasmatica di *L. monocytogenes* coltivata a basse temperature contiene grandi quantità di acidi grassi a corta catena, nei quali i punti di ramificazione si sono spostati dalla forma *iso* alla forma *anteiso*[38].

Gli psicrotrofi sintetizzano elevati livelli di polisaccaridi

Un esempio ben noto di tale effetto è la produzione di filamenti (rope) nel latte e nel pane, favorita dalle basse temperature. La produzione di destrani extracellulari da parte di *Leuconostoc* spp. e *Pediococcus* spp. è favorita da temperature inferiori a quelle ottimali per la loro crescita. La maggiore produzione di destrani a temperature più basse sembra dovuta al fatto che gli enzimi destransucrasi vengono inattivati molto rapidamente a temperature superiori a 30 °C[53]. Un sistema termosensibile per la sintesi di enzimi destransucrasi è stato dimostrato anche in una specie di *Lactobacillus*[12].

In pratica, l'aumento della sintesi di polisaccaridi alle basse temperature si manifesta nel caratteristico aspetto delle carni alterate a basse temperature. La formazione di una patina superficiale viscida è caratteristica dell'alterazione batterica di würstel, pollame fresco e carne bovina macinata. La coalescenza delle colonie superficiali rende tali carni viscide e contribuisce certamente all'aumento della capacità di idratazione che accompagna l'alterazione della carne a bassa temperatura. Questo materiale extrapolimerico svolge indubbiamente un ruolo nella formazione di biofilm (vedi capitolo 22).

È favorita la produzione di pigmenti

Questo effetto sembra limitato ai microrganismi che sintetizzano fenazina e carotenoidi. L'esempio meglio documentato di tale fenomeno è la produzione di pigmento da parte di *Serratia marcescens*; questo microrganismo produce un enzima abnormemente sensibile al calore, che catalizza l'accoppiamento di un precursore monopirrolo a un bipirrolo a dare prodigiosina (il pigmento rosso)[72]. L'aumento della produzione di pigmenti a temperature subottimali è stata riportata anche da altri autori[65,72]. È interessante osservare che un numero elevato di psicrotrofi marini (e forse anche psicrofili) – sia batteri sia lieviti – appaiono pigmentati. D'altra parte, nessuno dei termofili più comunemente studiati è pigmentato.

Differente utilizzo del substrato da parte di alcuni ceppi

È stato riportato che la fermentazione degli zuccheri a temperature inferiori a 30 °C dà luogo ad acidi e gas, mentre sopra i 30 °C vengono prodotti solo acidi[23]. Analogamente, altri ricercatori hanno riscontrato psicrotrofi che fermentano glucosio e altri zuccheri con formazione di acidi e gas a temperature pari o inferiori a 20 °C, ma producono solo acidi a temperature più elevate[67]. La sola produzione di acidi è stata atribuita a un sistema formico-deidrogenasi sensibile alla temperatura. È stato dimostrato che i batteri responsabili dell'alterazione della carne liquefano la gelatina e utilizzano le proteine idrosolubili della carne più velocemente a 5 °C che a 30, ma non è chiaro se tale effetto sia dovuto agli enzimi termosensibili.

16.8 Effetto delle basse temperature sulla fisiologia dei microrganismi

Tra gli effetti che le basse temperature hanno sulla crescita e sull'attività dei microrganismi di origine alimentare, quelli illustrati di seguito hanno ricevuto maggiore attenzione.

Gli psicrotrofi hanno un metabolismo più lento

Le ragioni precise per le quali le reazioni metaboliche sono rallentate alle basse temperature non sono ancora del tutto comprese. Con la riduzione della temperatura, la crescita degli psicrotrofi diminuisce più lentamente di quella dei mesofili. Diversi ricercatori hanno dimostrato che i coefficienti di temperatura (Q_{10}) per alcuni substrati, come acetato e glucosio, sono più bassi per gli psicrotrofi in fase di crescita che per i mesofili. I prodotti finali del metabolismo del glucosio per i mesofili e gli psicrotrofi sono praticamente gli stessi: le differenze scompaiono completamente quando vengono distrutte le cellule[29]. In altre parole, i coefficienti di temperatura sono all'incirca gli stessi per psicrotrofi e mesofili quando vengono utilizzati estratti cellulari.

È noto che con l'abbassamento della temperatura la velocità della sintesi delle proteine diminuisce in assenza di variazioni nella quantità di DNA cellulare. Una ragione può essere l'aumento dei legami idrogeno intramolecolari, che si verifica a basse temperature e comporta un aumento del ripiegamento nella struttura degli enzimi con perdita dell'attività catalitica[37]. D'altra parte, la diminuzione della sintesi proteica sembra essere correlata a una sintesi ridotta di enzimi specifici a basse temperature di crescita. Sebbene il meccanismo preciso della riduzione della sintesi proteica non sia ancora del tutto conosciuto, è stato ipotizzato che le basse temperature influenzino la sintesi di una proteina repressore[40] e che tale proteina sia termolabile[64]. Secondo diversi ricercatori, le basse temperature potrebbero influenzare la fedeltà di traduzione dell'RNA messaggero (mRNA) durante la sintesi proteica. Per esempio, in studi condotti su *E. coli* è stato dimostrato che un ceppo di questo mesofilo auxotrofo per leucina, e fatto crescere in assenza dell'amminoacido, a 0 °C incorporava nelle proteine leucina marcata[22]. È stato suggerito che a tale temperatura tutte le fasi essenziali nella sintesi proteica avrebbero luogo e coinvolgerebbero una grande varietà di proteine. Per questo microrganismo, a 0 °C la velocità della sintesi sarebbe circa 350 volte più bassa di quella a 37 °C. È stato ipotizzato che, in generale, l'arresto della sintesi dell'RNA potrebbe essere il fattore di controllo nel determinare la crescita a basse temperature[26]; inoltre è stato dimostrato che in *E. coli* lasciato crescere a temperature inferiori a quella ottimale la formazione di polisomi è assente. La formazione dei polisomi è dunque sensibile alle basse temperature (almeno in alcuni organismi) e la sintesi proteica potrebbe essere influenzata negativamente.

Qualunque sia il meccanismo specifico della riduzione dell'attività metabolica dei microrganismi al diminuire della temperatura di crescita, gli psicrotrofi che crescono a basse temperature hanno dimostrato di possedere buona attività enzimatica, poiché a 0 °C si osservano motilità, formazione e germinazione dell'endospora[63]. *P. fragi*, tra gli altri microrganismi, produce lipasi entro 2-4 giorni a –7 °C, entro 7 giorni a –18 °C e entro 3 settimane a –29 °C[2]. La minima temperatura di crescita può essere determinata dalla struttura degli enzimi e della membrana cellulare, come pure dalla sintesi degli enzimi[63]. L'assenza di produzione di enzimi alle alte temperature da parte degli psicrotrofi, d'altra parte, sembra dovuta all'inattivazione stessa delle reazioni di sintesi degli enzimi, piuttosto che all'inattivazione degli enzimi coinvolti nelle reazioni[63], sebbene quest'ultima circostanza possa verificarsi (vedi oltre). Rispetto a specifici gruppi di enzimi, *Pseudomonas fluorescens* produce maggiori quantità di enzimi proteolitici endocellulari se fatta crescere a 10 °C piuttosto che a 20 o a 35 °C[56]; è stato dimostrato che *P. fragi* produce preferenzialmente lipasi alle basse temperature, ma non produce enzimi a temperature pari o superiori a 30 °C[51,52]. È stato osservato che *P. fluorescens* produce la stessa quantità di lipasi sia a 5 sia a 20 °C, ma ne produce solo una piccola quantità a 30 °C[1]. D'altra parte, un sistema enzimatico proteolitico di *P. fluorescens* presentava maggiore attività su albume ed emoglobina a 25 °C piuttosto che a 15 e a 5 °C[28].

È stato ipotizzato che nelle cellule microbiche, indipendentemente dalla temperatura alla quale sono cresciute, vi siano elementi preformati con sensibilità termica selettiva[35]. I microrganismi possono cessare di crescere a determinate basse temperature per eccessiva sensibilità di uno o più meccanismi di controllo, gli effettori dei quali non possono essere forniti nel mezzo di crescita[30]. Secondo questi ultimi ricercatori, l'interazione tra le molecole effettrici e le corrispondenti proteine allosteriche potrebbe essere fortemente correlata alla temperatura.

Le membrane degli psicrotrofi trasportano soluti con maggiore efficienza

Diversi studi hanno dimostrato che abbassando la temperatura di crescita dei mesofili entro il range adatto per gli psicrotrofi, si ha una riduzione dell'assorbimento dei soluti. Gli studi condotti da Baxter e Gibbons[4] indicano che la temperatura minima di crescita dei mesofili è determinata dalla temperatura alla quale sono inattivate le permeasi implicate nel trasporto dei soluti. Farrel e Rose[16] hanno proposto tre meccanismi di base mediante i quali le basse temperature potrebbero influenzare l'assorbimento dei soluti.

1. inattivazione di determinate permeasi come risultato di cambiamenti conformazionali indotti dalle basse temperature e dimostrati in alcune proteine.
2. variazioni nell'architettura molecolare della membrana citoplasmatica che impediscono l'azione della permeasi.
3. carenza di energia richiesta per il trasporto attivo dei soluti.

Sebbene il ridotto assorbimento di soluti alle basse temperature non abbia ancora una chiara spiegazione, il secondo meccanismo proposto sembra il più probabile[16].

In studi condotti su quattro vibrioni psicrofili il massimo assorbimento di glucosio e di lattosio si verificava a 0 °C e diminuiva aumentando la temperatura a 15 °C, mentre con quattro Pseudomonadaceae psicrotrofe il massimo di assorbimento di questi substrati si osservava nel range 15-20 °C e diminuiva riducendo la temperatura a 0 °C[27]. I vibrioni mostravano variazioni significative nel contenuto totale di fosfolipidi a 0 °C, mentre non si osservavano variazioni di rilievo per le Pseudomonadaceae quando veniva abbassata la loro temperatura di crescita. In studi condotti su *Listeria monocytogenes* a 10 °C, il metabolismo alle basse temperature è stato associato a un sistema di trasporto dello zucchero resistente al freddo, in grado di assicurare elevate concentrazioni intracellulari del substrato[71]. Questi ricercatori hanno osservato che un sistema di trasporto per lo zucchero resistente al freddo è il tratto più facilmente identificabile come caratteristica specifica degli psicrotrofi; ciò non vale solo per *Listeria monocytogenes*, ma anche per *Erysipelothrix rhusiopathiae* e *Brochothrix thermosphacta*[70]. È stato suggerito che la temperatura minima di crescita di un microrganismo può essere definita dall'inibizione dell'assorbimento di substrato.

Come osservato in precedenza, gli psicrotrofi tendono a possedere nella loro membrana lipidi che la rendono più fluida. La maggiore mobilità della membrana degli psicrotrofi dovrebbe facilitare il trasporto di membrana alle basse temperature. Inoltre le permeasi di trasporto degli psicrotrofi, rispetto a quelle dei mesofili, sembrano più efficaci in tali condizioni. Qualunque sia lo specifico meccanismo dell'aumentato trasporto di membrana, è stato dimostrato che gli psicrotrofi sono più efficienti dei mesofili nell'assorbimento dei soluti alle basse temperature. Baxter e Gibbons[4] hanno dimostrato che una specie di *Candida* psicrotrofa incorporava glucosammina più rapidamente di una specie di *Candida* mesofila. A 0 °C la specie psicrotrofa trasportava glucosammina, mentre a tale temperatura, e anche a 10 °C, la specie mesofila ne trasportava una quantità trascurabile.

In alcuni microrganismi – coltivati prima a 35-37 °C e poi a temperature prossime al loro valore minimo di crescita – è stata dimostrata la formazione di proteine sensibili al freddo (CsPs, *cold-shock proteins*). Le CsPs, note come RNA-chaperon, sono proteine che legano l'RNA e mediano la trascrizione e la stabilità del messaggio genetico; hanno una dimensione tipica di 7 kDa e sono ritrovate nella maggior parte dei batteri. In *Listeria monocytogenes*, lasciata crescere a 37 °C e successivamente posta a 5 °C, sono state individuate 12 diverse CsPs, con un peso molecolare variabile da 14.000 a 48.000[5]. In un altro studio, condotto in condizioni analoghe, sono state individuate 32 CsPs, 4 delle quali sono state indicate come proteine di acclimatamento al freddo (Caps[38]). Le proteine Cap risultano da un aumento della sintesi durante la crescita bilanciata a basse temperature.

L'adattamento di *L. monocytogenes* alle basse temperature portava alla produzione di CsPs, che si verificava anche dopo trattamento ad alte pressioni (HHP) per 10 minuti a 200 MPa a 30 °C. Una diminuzione della temperatura da 37 a 10 °C determinava un aumento di 10 volte della produzione di CsP1 e di 3,5 volte della produzione di CsP3[68]. Gli aumenti di CsPs osservati dopo trattamento HHP erano più contenuti di quelli osservati dopo shock da freddo; tuttavia, il livello di sopravvivenza delle cellule esposte a shock da freddo per trattamento HHP era 100 volte maggiore di quello delle cellule cresciute a 37 °C. In uno studio lo shock da freddo determinava un incremento della sensibilità termica in 9 ceppi di *L. monocytogenes*[46]. I valori di riduzione decimale D_{60} erano ridotti del 13-37% rispetto ai controlli, con effetti maggiori nelle cellule che dopo lo stress da freddo si trovavano in fase staziona- ria piuttosto che in fase di adattamento (lag) o di sviluppo esponenziale (log)[46].

Da uno studio sull'espressione genica in *L. monocytogenes*, è emerso che l'adattamento alla crescita a 10 °C probabilmente coinvolge carenza di amminoacidi, stress ossidativi, sintesi di proteine aberranti, rimodellamento della superficie cellulare, alterazioni nel metabolismo degradativo e induzione di risposte di regolazione globale[38]. Quando *E. coli* è stata trasferita da un terreno a 37 °C a uno a 5 °C si formavano 12 CsPs diverse. Aumenti nella produzione di CsPs e di CaPs, dopo abbassamento della temperatura di crescita, sono stati dimostrati in *Vibrio* sp., *Pseudomonas fluorescens*, *Lactobacillus lactis*, *Bacillus subtilis* e *Vibrio vulnificus*[5].

Uno studio ha confrontato la risposta allo shock da freddo di due ceppi di *E. coli* O157:H7 con quella di due ceppi non patogeni. Le colture sono state prima esposte a 10 °C oppure a 20 °C e quindi congelate a −18 °C fino a 24 ore in quattro substrati diversi. Nei ceppi pato- geni congelati in BHIA (agar a base di infuso cuore-cervello) e in succo di mela si è osser- vato un aumento della capacità di sopravvivenza del 25-35%; nelle stesse condizioni, nei ceppi non patogeni l'aumento è stato solo del 5%[24]. Il congelamento in yogurt o in carne bovina macinata non ha mostrato lo stesso effetto. Se la criotolleranza sia una caratteristi- ca dei ceppi patogeni di *E. coli* non è ancora chiaro. In uno studio sullo shock da freddo in *E. coli* O157:H7 in differenti substrati sono stati riscontrati aumenti della capacità di soprav- vivenza in latte, uova intere o salsicce, ma non in carne bovina o suina[8]. La crescita del microrganismo in trypticase soy broth a pH 5,0 sembrava negare l'effetto protettivo dello shock da freddo. L'effetto protettivo dello shock da freddo sembrava associato con la com- parsa di una nuova proteina.

Alcuni psicrotrofi producono cellule più grandi

Lieviti, muffe e batteri producono cellule di dimensioni maggiori in condizioni di crescita psicrotrofe anziché mesofile. Per *Candida utilis* l'incremento delle dimensioni cellulari è stato attribuito all'aumento del contenuto di RNA e proteine[58]. Anche altri autori hanno riscontrato una sintesi maggiore di RNA a bassa temperatura. Un gruppo di ricercatori non ha invece osservato alcuna differenza nel contenuto di RNA di cellule del ceppo 92 di *Pseu- domonas* lasciate crescere a 2 °C piuttosto che a 30 °C, ma nelle stesse condizioni; nello stes- so studio non è stato riscontrato aumento di dimensioni cellulari, contenuto proteico o atti- vità della catalasi[19]. D'altra parte, generalmente si ritiene che gli psicrotrofi possiedano livel- li maggiori sia di RNA sia di proteine[27].

La sintesi dei flagelli è più efficiente

Tra i microrganismi che, a basse temperature, producono più efficientemente flagelli vi sono *E. coli*, *Bacillus inconstans* e *Salmonella* Paratyphi B, oltre che alcuni psicrofili.

Tabella 16.7 Effetto di temperatura di crescita, fonte di carbonio e aerazione sul tempo di generazione (ore) di *Pseudomonas fluorescens*

Terreno di crescita*	Coltura	Temperatura di crescita					
		4 °C	10 °C	15 °C	20 °C	25 °C	32 °C
Glucosio	Stazionaria	8,20	3,52	2,02	1,47	0,97	1,19
	Aerata	5,54	2,61	2,00	1,46	0,93	1,51
Citrato	Stazionaria	8,20	3,46	2,00	1,43	1,01	1,24
	Aerata	6,68	2,95	2,02	1,26	0,98	1,45
Amminoacidi	Stazionaria	7,55	3,06	1,78	1,36	1,12	0,95
derivati dalla caseina	Aerata	4,17	2,57	1,56	1,12	0,87	1,10

* Miscela di sali di base + 0,02% di estratto di lievito + la fonte di carbonio indicata.
(Da Olsen e Jezeski[55])

Gli psicrotrofi sono influenzati positivamente dall'aerazione

L'effetto dell'aerazione sul tempo di generazione di *P. fluorescens* a temperature comprese tra 4 e 32 °C, impiegando tre differenti fonti di carbonio, è riassunto nella tabella 16.7. L'effetto maggiore dell'aerazione (*shaking*) si verificava a 4 e a 10 °C, mentre a 32 °C le colture aerate presentavano un tempo di generazione più lungo[55]. Il significato di tale effetto non è chiaro. In uno studio condotto su psicrotrofi anaerobi facoltativi, in condizioni anaerobiche i microrganismi crescevano più lentamente, sopravvivevano più a lungo, morivano rapidamente a temperature più elevate e avevano una resa massima (in termini di concentrazione cellulare) più bassa[66]. Per molti alimenti è comune riscontrare valori di conta in piastra più elevati incubando a basse temperature piuttosto che a 30 °C o più. Le conte generalmente più elevate sono dovute in parte all'aumento della solubilità, e quindi della disponibilità, di ossigeno[61]. È stato osservato che – quando l'ossigeno non è un fattore limitante – la produzione di cellule può essere ugualmente elevata sia con basse sia con alte temperature di incubazione[61]. La maggiore disponibilità di ossigeno negli alimenti refrigerati ha indubbiamente un effetto selettivo sulla microflora alterante di tali alimenti. I batteri psicrotrofi studiati sono in grande maggioranza aerobi o anaerobi facoltativi associati all'alterazione di alimenti conservati a temperature di refrigerazione. Relativamente pochi psicrotrofi anaerobi sono stati isolati e studiati; tra questi, uno dei primi è stato *Clostridium putrefaciens*[42].

Alcuni psicrotrofi mostrano un'aumentata richiesta di nutrienti organici

In uno studio, il tempo di generazione di isolati batterici acquatici non identificati è risultato due o tre volte più lungo in mezzi di crescita poveri piuttosto che in mezzi ricchi di nutrienti[69].

16.9 Natura della bassa resistenza al calore di psicrotrofi e psicrofili

È noto da anni che i microrganismi psicrotrofi sono generalmente incapaci di crescere a temperature molto superiori a 30-45 °C. Tra i primi a proporre una spiegazione di tale fenomeno sono stati Edwards e Rettger[14], secondo i quali le temperature massime di crescita dei batteri possono presentare una precisa correlazione con le temperature minime di inattivazione degli enzimi respiratori. Tale ipotesi è stata confermata dai risultati ottenuti da numerosi ricercatori. È stato dimostrato che molti enzimi respiratori sono inattivati alle temperature massime di crescita di diversi microrganismi psicrotrofi (tabella 16.8). Pertanto, negli psi-

Tabella 16.8 Alcuni enzimi termolabili di microrganismi psicrotrofi

Enzima	Microrganismo	Temperatura di crescita massima (°C)	Temperatura di inattivazione dell'enzima (°C)
Lipasi extracellulare*	*P. fragi*	30	–
Enzimi sintetizzanti l'α-ossoglutarato e altri enzimi	*Cryptococcus*	~28	30
Alcol deidrogenasi	*Candida* sp.	<30	–
Acido formico liasi	Psicrofilo ceppo 82	35	45
Idrogenasi	Psicrofilo ceppo 82	35	>20
Malico deidrogenasi	Vibrio marino	30	30
Piruvato deidrogenasi	*Candida* sp.	~20	25
Isocitrato deidrogenasi	*Arthrobacter* sp.	~35	37
Enzimi fermentativi	*Candida* sp. P16	~25	35
Ossidasi del NAD ridotto	Psicrofilo 82	35	46
Citocromo c reduttasi	Psicrofilo 82	35	46
Lattico e glicerolo deidrogenasi	Psicrofilo 82	35	46
Enzimi catabolici del piruvato	Psicrofilo 82	35	46
Enzimi sintetizzanti proteine e RNA	*Micrococcus cryophilus*	25	30

* Sistema di sintesi enzimatica inattivato.

crotrofi la sensibilità termica di alcuni enzimi è almeno uno dei fattori che ne limita la crescita alle basse temperature.

Esponendo alcuni psicrotrofi a temperature superiori a quella massima per la loro crescita, la morte delle cellule era accompagnata dal rilascio di diversi costituenti cellulari, tra i quali protcine, DNA, RNA, amminoacidi liberi e fosfolipidi (questi ultimi farebbero parte della membrana citoplasmatica). Le ragioni precise del rilascio di costituenti cellulari non sono ancora del tutto chiare, sembra comunque coinvolta la rottura della membrana cellulare. Questi eventi sembrano fare seguito all'inattivazione enzimatica.

Qualunque sia il reale meccanismo della morte degli psicrotrofi a temperature di poco superiori a quella massima di crescita, la distruzione a temperature relativamente basse è una caratteristica di questo gruppo di microrganismi; ciò vale, in particolare, per le specie con un optimum di crescita non superiore a 20 °C. Dai risultati degli studi condotti negli ultimi decenni su isolati di psicrotrofi emerge che tutti sono in grado di crescere a 0 °C, con valori ottimali di 15 °C o compresi tra 20 e 25 °C e valori massimi tra 20 e 35 °C. Questi microrganismi includono bastoncini Gram-negativi, bastoncini aerobi e anaerobi Gram-positivi, sporigeni e non sporigeni, cocchi Gram-positivi, vibrioni e lieviti. Morita e Albright[48] hanno dimostrato che *Vibrio fischeri* (*marinus*) ha un optimum di crescita a 15 °C, con un tempo di generazione di 80,7 minuti. In quasi tutti i casi, la temperatura massima di crescita di questi microrganismi supera di soli 5-10 °C quella ottimale.

Alquanto sorprendentemente, le proteinasi di molti batteri isolati in latte crudo sono resistenti al calore; ciò vale per le Pseudomonadaceae e gli sporigeni. La tipica Pseudomonadacea psicrotrofa del latte crudo produce una metalloproteinasi termostabile, con un peso molecolare compreso tra 40 e 50 kDa, e ha un valore di *D* a 70 °C non inferiore a 118 minuti[15]. Le spore di alcuni bacilli psicrotrofi hanno valori di *D* a 90 °C pari a 5-6 minuti[44].

Bibliografia

1. Alford JA, Elliott LE (1960) Lipolytic activity of microorganisms at low and intermediate temperatures. I. Action of Pseudomonas fluorescens on lard. *Food Res*, 25: 296-303.

2. Alford JA, Pierce DA (1961) Lipolytic activity of microorganisms at low and intermediate temperatures. III. Activity of microbial lipases at temperatures below 0 °C. *J Food Sci*, 26: 518-524.

3. Allen MB (1953) The thermophilic aerobic sporeforming bacteria. *Bacteriol Rev*, 17: 125-173.

4. Baxter RM, Gibbons NE (1962) Observations on the physiology of psychrophilism in a yeast. *Can J Microbiol*, 8: 511-517.

5. Bayles DO, Annous BA, Wilkinson BJ (1996) Cold stress proteins induced in Listeria monocytogenes in response to temperature downshock and growth at low temperatures. *Appl Environ Microbiol*, 62: 1116-1119.

6. Bhakoo M, Herbert RA (1979) The effect of temperature on psychrophilic Vibrio spp. *Arch Microbiol*, 121: 121-127.

7. Bhakoo M, Herbert RA (1980) Fatty acid and phospholipid composition of five psychrotrophic Pseudomonas spp. grown at different temperatures. *Arch Microbiol*, 126: 51-55.

8. Bollman J, Ismond A, Blank G (2001) Survival of Escherichia coli O157:H7 in frozen foods: impact of the cold shock response. *Int J Food Microbiol*, 64: 127-138.

9. Bonde GJ (1981) Phenetic affiliation of psychrotrophic Bacillus. In: Roberts TA, Hobbs G, Christian JHB, Skovgaard N (eds) *Psychrotrophic Microorganisms in Spoilage and Pathogenicity*. Academic Press, New York, pp. 39-54.

10. Byrne P, Chapman D (1964) Liquid crystalline nature of phospholipids. *Nature*, 202: 987-988.

11. Desrosier NW (1963) *The Technology of Food Preparation*. AVI, Westport, CT.

12. Dunican LK, Seeley HW (1963) Temperature-sensitive dextransucrase synthesis by a lactobacillus. *J Bacteriol*, 86: 1079-1083.

13. Eddy BP (1960) The use and meaning of the term "psychrophilic". *J Appl Bacteriol*, 23: 189-190.

14. Edwards OF, Rettger LF (1937) The relation of certain respiratory enzymes to the maximum growth temperatures of bacteria. *J Bacteriol*, 34: 489-515.

15. Fairbairn DJ, Law BA (1986) Proteinases of psychrotrophic bacteria: Their production, properties, effects, and control. *J Dairy Res*, 53: 139-177.

16. Farrell J, Rose A (1967) Temperature effects on micro-organisms. *Annu Rev Microbiol*, 21: 101-120.

17. Fennema O, Powrie W (1964) Fundamentals of low-temperature food preservation. *Adv Food Res*, 13: 219-347.

18. Fennema OR, Powrie WD, Marth EH (1973) *Low-Temperature Preservation of Foods and Living Matter*. Marcel Dekker, New York.

19. Frank HA, Reid A, Santo LM, Lum NA, Sandler ST (1972) Similarity in several properties of psychrophilic bacteria grown at low and moderate temperatures. *Appl Microbiol*, 24: 571-574.

20. Gaughran ERI (1947) The thermophilic microorganisms. *Bacteriol Rev*, 11: 189-225.

21. Georgala DL, Hurst A (1963) The survival of food poisoning bacteria in frozen foods. *J Appl Bacteriol*, 26: 346-358.

22. Goldstein A, Goldstein DB, Lowney LI (1964) Protein synthesis at 0 °C in Escherichia coli. *J Mol Biol*, 9: 213-235.

23. Greene VW, Jezeski JJ (1954) The influence of temperature on the development of several psychrophilic bacteria of dairy origin. *Appl Microbiol*, 2: 110-117.

24. Grzadkowska D, Griffiths MW (2001) Cryotolerance of Escherichia coli O157:H7 in laboratory media and food. *J Food Sci*, 66: 1169-1173.

25. Gunderson MF, Rose KD (1948) Survival of bacteria in a precooked fresh-frozen food. *Food Res*, 13: 254-263.

26. Harder W, Veldkamp H (1968) Physiology of an obligately psychrophilic marine Pseudomonas species. *J Appl Bacteriol*, 31: 12-23.

27. Herbert RA (1981) A comparative study of the physiology of psychrotrophic and psychrophilic bacteria. In: Roberts TA, Hobbs G, Christian JHB, Skovgaard N (eds) *Psychrotrophic Microorganisms in Spoilage and Pathogenicity*. Academic Press, New York, pp. 3-16.

28. Hurley WC, FA Gardner, Vanderzant C (1963) Some characteristics of a proteolytic enzyme system of Pseudomonas fluorescens. *J Food Sci*, 28: 47-54.

29. Ingraham JL, Bailey GF (1959) Comparative study of effect of temperature on metabolism of psychrophilic and mesophilic bacteria. *J Bacteriol*, 77: 609-613.

30. Ingraham JL, Maaløe O (1967) Cold-sensitive mutants and the minimum temperature of growth of bacteria. In: Prosser CL (ed) *Molecular Mechanisms of Temperature Adaptation*, Pub. No. 84. American Association for the Advancement of Science, Washington, DC., pp. 297-309.

31. Ingraham JL, Stokes JL (1959) Psychrophilic bacteria. *Bacteriol Rev*, 23: 97-108.

32. Ingram M (1951) The effect of cold on microorganisms in relation to food. *Proc Soc Appl Bacteriol*, 14: 243.

33. Jay JM (1967) Nature, characteristics, and proteolytic properties of beef spoilage bacteria at low and high temperatures. *Appl Microbiol*, 15: 943-944.

34. Jay JM (1987) The tentative recognition of psychrotrophic Gram-negative bacteria in 48 h by their surface growth at 10 °C. *Int J Food Microbiol*, 4: 25-32.

35. Jezeski JJ, Olsen RH (1962) The activity of enzymes at low temperatures. In: *Proceedings, Low Temperature Microbiology Symposium – 1961*. Campbell Soup Co, Camden, NJ, pp. 139-155.

36. Kates M, Baxter RM (1962) Lipid comparison of mesophilic and psychrotrophic yeasts (Candida species) as influenced by environmental temperature. *Can J Biochem Physiol*, 40: 1213-1227.

37. Kavanau JL (1950) Enzyme kinetics and the rate of biological processes. *J Gen Physiol*, 34: 193-209.

38. Liu S, Graham JE, Bigelow L et al. (2002) Identification of Listeria monocytogenes genes expressed in response to growth at low temperatures. *Appl Environ Microbiol*, 68: 1697-1705.

39. Luyet B (1962) Recent developments in cryobiology and their significance in the study of freezing and freeze-drying of bacteria. In: *Proceedings, Low Temperature Microbiology Symposium – 1961*. Campbell Soup Co, Camden, NJ, pp. 63-87.

40. Marr AG, Ingraham JL, Squires CL (1964) Effect of the temperature of growth of Escherichia coli on the formation of β-galactosidase. *J Bacteriol*, 87: 356-362.

41. Mazur P (1966) Physical and chemical basis of injury in single-celled microorganisms subjected to freezing and thawing. In: Merryman HT (ed) *Cryobiology*. Academic Press, New York, ch. 6.

42. McBryde CN (1911) *A Bacteriological Study of Ham Souring*. Bulletin No. 132. U.S. Bureau of Animal Industry, Beltsville, MD.

43. McMurrough I, Rose AH (1973) Effects of temperature variation on the fatty acid composition of a psychrophilic Candida species. *J Bacteriol*, 114: 451-452.

44. Meer RR, Baker J, Bodyfelt FW, Griffiths MW (1991) Psychrotrophic Bacillus spp. in fluid milk products: A review. *J Food Protect*, 54: 969-979.

45. Michener H, Elliott R (1964) Minimum growth temperatures for food-poisoning, fecal-indicator, and psychrophilic microorganisms. *Adv Food Res*, 13: 349-396.

46. Miller AJ, Bayles DO, Eblen S (2000) Cold shock induction of thermal sensitivity in Listeria monocytogenes. *Appl Environ Microbiol*, 66: 4345-4350.

47. Morita RY (1975) Psychrophilic bacteria. *Bacteriol Rev*, 39: 144-167.

48. Morita RY, Albright LJ (1965) Cell yields of Vibrio marinus, an obligate psychrophile, at low temperatures. *Can J Microbiol*, 11: 221-227.

49. Mossel DAA, Jansma M, De Waart J (1981) Growth potential of 114 strains of epidemiologically most common salmonellae and arizonae between 3 and 17 °C. In: Roberts TA, Hobbs G, Christian JHB, Skovgaard N (eds) *Psychrotrophic Microorganisms in Spoilage and Pathogenicity*. Academic Press, New York, pp. 29-37.

50. Mossel DAA, Zwart H (1960) The rapid tentative recognition of psychrotrophic types among Enterobacteriaceae isolated from foods. *J Appl Bacteriol*, 23: 183-188.

51. Nashif SA, Nelson FE (1953) The lipase of Pseudomonas fragi. I. Characterization of the enzyme. *J Dairy Sci*, 36: 459-470.

52. Nashif SA, Nelson FE (1953) The lipase of Pseudomonas fragi. II. Factors affecting lipase production. *J Dairy Sci*, 36: 471-480.

53. Neely WB (1960) Dextran: Structure and synthesis. *Adv Carbohydr Chem*, 15: 341-369.

54. Nichols DS, Presser KA, Olley J, Ross T, McMeekin TA (2002) Variation of branched-chain fatty acids marks the normal physiological range for growth in Listeria monocytogenes. *Appl Environ Microbiol*, 68: 2809-2813.

55. Olsen RH, Jezeski JJ (1963) Some effects of carbon source, aeration, and temperature on growth of a psychrophilic strain of Pseudomonas fluorescens. *J Bacteriol*, 86: 429-433.

56. Peterson AC, Gunderson MF (1960) Some characteristics of proteolytic enzymes from Pseudomonas fluorescens. *Appl Microbiol*, 8: 98-104.

57. Reuter G (1981) Psychrotrophic lactobacilli in meat products. In: Roberts TA, Hobbs G, Christian JHB, Skovgaard N (eds) *Psychrotrophic Microorganisms in Spoilage and Pathogenicity*. Academic Press, New York, pp. 253-258.

58. Rose AH (1968) Physiology of microorganisms at low temperature. *J Appl Bacteriol*, 31: 1-11.

59. Russell NJ (1971) Alteration in fatty acid chain length in Micrococcus cryophilus grown at different temperatures. *Biochim Biophys Acta*, 231: 254-256.

60. Scott WJ (1962) Availablewater and microbial growth. In: *Proceedings, Low Temperature Microbiology Symposium – 1962*. Campbell Soup Co, Camden, NJ, pp. 89-105.

61. Sinclair NA, Stokes JL (1963) Role of oxygen in the high cell yields of psychrophiles and mesophiles at low temperatures. *J Bacteriol*, 85: 164-167.

62. Stead D, Park SF (2000) Roles of Fe superoxide dismutase and catalase in resistance of Campylobacter coli to freeze-thaw stress. *Appl Environ Microbiol*, 66: 3110-3112.

63. Stokes JL (1967) Heat-sensitive enzymes and enzyme synthesis in psychrophilic microorganisms. In: Prosser CL (ed) *Molecular Mechanisms of Temperature Adaptation*, Pub. No. 84. American Association for the Advancement of Science, Washington, DC., pp. 311-323.

64. Udaka S, Horiuchi T (1965) Mutants of Escherichia coli having temperature sensitive regulatory mechanism in the formation of arginine biosynthetic enzymes. *Biochem Biophys Res Commun*, 19: 156-160.

65. Uffen RL, Canale-Parola E (1966) Temperature-dependent pigment production by Bacillus cereus var. alesi. *Can J Microbiol*, 12: 590-593.

66. Upadhyay J, Stokes JL (1962) Anaerobic growth of psychrophilic bacteria. *J Bacteriol*, 83: 270-275.

67. Upadhyay J, Stokes JL (1963) Temperature-sensitive formic hydrogenlyase in a psychrophilic bacterium. *J Bacteriol*, 85: 177-185.

68. Wemekamp-Kamphuis HH, Karatzas AK, Wouters JA, Abee T (2002) Enhanced levels of cold shock proteins in Listeria monocytogenes LO28 upon exposure to low temperature and high hydrostatic pressure. *Appl Environ Microbiol*, 68: 456-463.

69. Wiebe WJ, Sheldon WM Jr, Pomeroy LR (1992) Bacterial growth in the cold: Evidence for an enhanced substrate requirement. *Appl Environ Microbiol*, 58: 359-364.

70. Wilkins PO (1973) Psychrotrophic Gram-positive bacteria: Temperature effects on growth and solute uptake. *Can J Microbiol*, 19: 909-915.

71. Wilkins PO, Bourgeois R, Murray RG (1972) Psychrotrophic properties of Listeria monocytogenes. *Can J Microbiol*, 18: 543-551.

72. Williams RP, Goldschmidt ME, Gott CL (1965) Inhibition by temperature of the terminal step in biosynthesis of prodigiosin. *Biochem Biophys Res Commun*, 19: 177-181.

Capitolo 17

Protezione degli alimenti mediante alte temperature e caratteristiche dei microrganismi termofili

L'impiego delle alte temperature per la conservazione degli alimenti è basato sui loro effetti distruttivi sui microrganismi. Per alte temperature si intendono tutte le temperature superiori a quella ambiente. Ai fini della conservazione degli alimenti, le categorie di temperatura di uso comune sono quelle di pastorizzazione e di sterilizzazione. La *pastorizzazione* mediante calore implica la distruzione di tutti i microrganismi patogeni (come nella pastorizzazione del latte) oppure la distruzione, o la riduzione del numero, dei microrganismi alteranti (come nella pastorizzazione dell'aceto). La pastorizzazione del latte è conseguita impiegando una delle seguenti combinazioni tempo-temperatura:

- 63 °C (145 °F) per 30 minuti (bassa temperatura, lungo tempo di esposizione: LTLT, *low temperature, long time*);
- 72 °C (161 °F) per 15 secondi (alta temperatura, breve tempo di esposizione: HTST, *high temperature, short time*);
- 89 °C (191 °F) per 1,0 secondi;
- 90 °C (194 °F) per 0,5 secondi;
- 94 °C (201 °F) per 0,1 secondi;
- 100 °C (212 °F) per 0,01 secondi.

Questi trattamenti termici hanno effetto equivalente e sono sufficienti per distruggere la maggior parte dei microrganismi patogeni termoresistenti non sporigeni, inclusi *Mycobacterium tuberculosis* e *Coxiella burnetii*. In uno studio, cellule di *M. avium* subsp. *paratuberculosis* sono state aggiunte in concentrazione variabile da 40 a 100.000 ufc/ml a latte crudo, successivamente sottoposto a trattamento termico LTLT o HTST: dopo incubazione per 4 mesi su mezzi di coltura adatti non sono stati rilevati microrganismi vitali[26].

Le temperature utilizzate per la pastorizzazione del latte sono sufficienti per distruggere anche tutti i lieviti, le muffe, i batteri Gram-negativi e molti Gram-positivi. I microrganismi che sopravvivono alla pastorizzazione del latte appartengono al gruppo dei termodurici o a quello dei termofili. I microrganismi termodurici sono quelli in grado di sopravvivere all'esposizione a temperature relativamente elevate, ma che non necessariamente crescono a tali temperature. I microrganismi non sporigeni che sopravvivono alla pastorizzazione del latte generalmente appartengono ai generi *Streptococcus* e *Lactobacillus*, e talvolta ad altri generi. I microrganismi termofili non solo sopravvivono a temperature relativamente elevate, ma *richiedono* alte temperature per la crescita e le attività metaboliche. I generi *Bacillus*, *Clostridium*, *Alicyclobacillus*, *Geobacillus* e *Thermoanaerobacter* contengono le specie ter-

J.M. Jay et al., *Microbiologia degli alimenti*
© Springer-Verlag Italia 2009

mofile di maggiore importanza per gli alimenti (vedi oltre in questo capitolo). A livello industriale, la pastorizzazione della birra (finalizzata alla distruzione della microflora alterante) viene solitamente effettuata a 60 °C per 8-15 minuti.

Per *sterilizzazione* si intende la distruzione di tutti i microrganismi vitali, verificabile mediante conta in piastra o altra tecnica di conteggio. Le conserve sono definite "commercialmente sterili" per indicare che nessun microrganismo vitale può essere rilevato mediante i comuni metodi colturali o che il numero di sopravvissuti è così basso da non avere alcun significato nelle condizioni di confezionamento e conservazione previste. Inoltre, i microrganismi possono essere presenti nelle conserve, ma non essere in grado di crescervi a causa di valori inadeguati del pH, del potenziale di ossido riduzione (Eh) o della temperatura di conservazione.

Il trattamento termico del latte e dei prodotti a base di latte può essere effettuato anche con l'impiego di temperature ultra elevate (UHT, ultra-high temperature); essendo un prodotto a se stante, il latte così trattato deve essere distinto da quello pastorizzato. Tra le principali caratteristiche del trattamento UHT vi sono la continuità del processo, la necessità di confezionamento e lavorazione in condizioni asettiche a valle dello sterilizzatore (poiché viene effettuato sul prodotto allo stato sfuso, prima del confezionamento) e l'impiego di temperature molto elevate (140-150 °C), combinate con tempi di esposizione molto brevi (pochi secondi), necessarie per ottenere la sterilità commerciale[24]. Il latte UHT è maggiormente accettato dai consumatori rispetto a quello ottenuto mediante pastorizzazione convenzionale; inoltre, grazie alla sterilità commerciale può essere conservato a temperatura ambiente fino a 8 settimane, senza modificazioni del sapore.

17.1 Fattori che influenzano la resistenza termica dei microrganismi

Lo stesso numero di batteri in soluzione fisiologica o brodo nutriente, allo stesso pH, non è distrutto dal calore con la stessa facilità. Di seguito sono illustrati 12 fattori o parametri, relativi ai microrganismi e al loro ambiente, studiati per gli effetti sulla distruzione mediante calore[22].

17.1.1 Acqua

La resistenza termica dei microrganismi aumenta al diminuire dell'umidità ambientale o dell'attività dell'acqua (a_w); tale fenomeno è illustrato nella tabella 17.1 per le spore di *Bacillus cereus*. Per esempio, quando il valore di a_w è 1,00 e il pH è 6,5, il tempo di riduzione decimale a 95 °C ($D_{95°C}$) risulta pari a 2,386 minuti (tempo di esposizione a 95 °C necessario per conseguire una riduzione decimale del numero iniziale di cellule vitali), mentre quando a_w è uguale a 0,86, $D_{95°C}$ è pari a 13,842 minuti[18].

Cellule microbiche disidratate, poste in provette e riscaldate a bagnomaria sono considerevolmente più resistenti di cellule umide dello stesso tipo. Poiché è appurato che la denaturazione delle proteine avviene a velocità maggiore quando sono riscaldate in acqua piuttosto che in aria, è stato suggerito che tale denaturazione – o comunque un fenomeno a essa strettamente associato – sia alla base della morte dei microrganismi per effetto del calore (vedi oltre in questo capitolo). Il modo preciso mediante il quale l'acqua facilita la denaturazione termica delle proteine non è completamente chiaro, ma è stato osservato che il riscaldamento di proteine umide causa la formazione di gruppi –SH liberi, con conseguente aumento della capacità delle proteine di legare acqua. La presenza di acqua favorisce la rottura termica dei legami peptidici; in assenza di acqua, tale processo richiede più energia, con conseguente maggiore refrattarietà al calore.

Tabella 17.1 Influenza di temperatura, a_w e pH sui valori di D per le spore di *Bacillus cereus*

°C	a_w	D (minuti)		
		pH 6,5	pH 5,5	pH 4,5
95	1,00	2,386	1,040	0,511
95	0,95	5,010	2,848	1,409
95	0,86	13,842	14,513	7,776
85	1,00	63,398	13,085	5,042
85	0,86	68,909	91,540	33,910

(Modificata, con autorizzazione, da Gaillard et al[18]. Model for combined effects of temperature, pH and water activity on thermal inactivation of Bacillus cereus spores, *Journal of Food Science* 63: 887-889, copyright © 1998 Institute of Food Technologists)

17.1.2 Grassi

In presenza di grassi, si osserva un generale incremento della resistenza termica di alcuni microrganismi (tabella 17.2); si ritiene che tale effetto protettivo da parte dei grassi aumenti la resistenza termica influenzando direttamente l'umidità della cellula. L'effetto protettivo nei confronti del calore esercitato dagli acidi grassi a lunga catena sulle cellule di *Clostridium botulinum* è stato dimostrato da Sugiyama[56]. Sembra che gli acidi grassi a lunga catena abbiano un effetto protettivo maggiore rispetto agli acidi grassi a corta catena.

17.1.3 Sali

L'effetto dei sali sulla resistenza al calore dei microrganismi è variabile e dipende dal tipo di composto, dalla concentrazione impiegata e da altri fattori. Alcuni sali svolgono un'azione protettiva nei confronti dei microrganismi; altri, invece, tendono a rendere le cellule più sensibili al calore. È stato suggerito che alcuni sali possano diminuire l'attività dell'acqua e aumentare, quindi, la resistenza termica con un meccanismo analogo a quello della disidratazione, mentre altri (come Ca^{2+} e Mg^{2+}) possano aumentare l'attività dell'acqua e, conseguentemente, aumentare la sensibilità al calore. È stato dimostrato che la supplementazione del terreno di sporulazione di *Bacillus megaterium* con $CaCl_2$ determina la produzione di spore più resistenti al calore, mentre l'aggiunta di L-glutammato, L-prolina o fosfato diminuisce la resistenza al calore[31].

Tabella 17.2 Effetto del terreno di crescita sul punto di morte termica* di *Escherichia coli*

Mezzo	Punto di morte termica (°C)
Panna	73
Latte intero	69
Latte scremato	65
Siero di latte	63
Brodo	61

* Tempo di riscaldamento 10 minuti.
(Da Carpenter[12], con autorizzazione di Saunders, Philadelphia)

Tabella 17.3 Valori di *D* a 60 °C per cellule starved di *Listeria monocytogenes* in impasti di carne di maiale addizionati di NaCl e sodio pirofosfato (SPP), singolarmente e in combinazione tra loro

%SPP	%NaCl	Valori di D (Deviazione standard)
0	0	1,18 (0,15)
0	3	1,56 (0,32)
0	6	3,50 (0,46)
0,5	0	1,46 (0,09)
0,5	3	1,80 (0,23)
0,5	6	3,07 (0,35)

(Dati da Lihono et al.[32])

L'effetto di NaCl e di sodio pirofosfato (SPP) sui valori di *D* a 60 °C di cellule starved di *L. monocytogenes* è illustrato nella tabella 17.3: con il 6% di NaCl il valore di *D* è significativamente più alto (3,50 minuti) rispetto a quello riscontrato nel controllo privo di NaCl (1,18 minuti)[32]. In un altro studio condotto su *L. monocytogenes* il valore di *D* a 60 °C nei funghi era pari a 1,6 per le cellule starved e a 0,7 per quelle non starved[35].

17.1.4 Carboidrati

La presenza di zuccheri nel mezzo causa un aumento della resistenza termica dei microrganismi in esso sospesi. Tale effetto è almeno in parte dovuto alla diminuzione dell'attività dell'acqua causata da elevate concentrazioni di zuccheri. Vi è, tuttavia, una grande variazione tra zuccheri e alcoli in relazione al loro effetto sulla resistenza al calore, come si può osservare dai valori di *D* per *Salmonella* Senftenberg 775W riportati nella tabella 17.4. A parità di valori di a_w, ottenuti utilizzando glicerolo e saccarosio, vi erano ampie differenze nella sensibilità al calore[3,21]. Corry[13] ha osservato che il saccarosio aumentava la resistenza termica di *S.* Senftenberg più degli altri quattro carboidrati testati, secondo l'ordine: saccarosio > glucosio > sorbitolo > fruttosio > glicerolo.

17.1.5 pH

Al pH ottimale per la propria crescita – generalmente intorno a 7,0 – i microrganismi sono più resistenti al calore; abbassando o aumentando il pH rispetto al valore ottimale, si verifica un aumento della sensibilità termica (figura 17.1 e tabella 17.1). Da tale fenomeno deriva un vantaggio nei trattamenti termici di alimenti a elevata acidità, per i quali si ottiene la sterilità commerciale con una quantità di calore considerevolmente inferiore rispetto a quella necessaria per gli alimenti con pH prossimo alla neutralità. L'albume d'uovo costituisce un esempio di alimento alcalino che viene neutralizzato prima della pastorizzazione termica, una pratica non effettuata per altri alimenti. Quando l'albume, il cui pH è prossimo a 9,0, viene riscaldato a 60-62 °C per 3,5-4 minuti, si verifica la coagulazione delle proteine insieme a un marcato aumento della viscosità; tali variazioni influenzano il volume e la consistenza delle torte preparate con albume pastorizzato. Cunningham e Lineweaver[14] hanno osservato che il bianco d'uovo può essere pastorizzato con la stessa procedura seguita per l'uovo intero, se il pH viene preventivamente ridotto a circa 7,0; questa riduzione rende sia i microrganismi sia le proteine dell'albume più stabili al calore. L'aggiunta di sali di ferro o di alluminio aumenta la stabilità della conalbumina – una proteina altamente termolabile dell'uovo

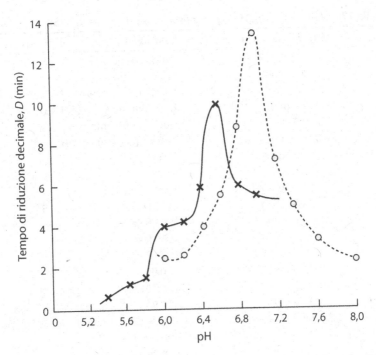

Figura 17.1 Effetto del pH sul valore di *D* di *Enterococcus faecalis* (C e G) esposti a 60 °C in tampone citrato-fosfato (croci) e in tampone fosfato (cerchi) a diversi valori di pH. (Da White[61])

– a tal punto da consentire la pastorizzazione a 60-62 °C. A differenza di quanto si osserva in altri materiali, i batteri sono più resistenti al calore nelle uova intere liquide a pH 5,4-5,6 piuttosto che a pH 8,0-8,5 (tabella 17.4), purché l'abbassamento del pH sia ottenuto utilizzando un acido forte come HCl; quando si utilizzano acidi organici, come l'acetico o il lattico, si osserva invece una riduzione della resistenza termica.

17.1.6 Proteine e altre sostanze

Le proteine presenti nel mezzo sottoposto a trattamento termico hanno un effetto protettivo sui microrganismi. Di conseguenza, per ottenere lo stesso risultato finale, gli alimenti a elevato contenuto proteico devono essere trattati più drasticamente di quelli con basso tenore di proteine. A parità di numero iniziale di microrganismi, anche la presenza nel mezzo di particelle di dimensioni colloidali offre protezione contro il calore. Per esempio, nelle stesse condizioni di pH, numero iniziale di microrganismi eccetera, occorre un tempo di esposizione al calore maggiore per un purè di piselli che per un brodo nutritivo.

17.1.7 Numero di microrganismi

Quanto maggiore è il numero di microrganismi, tanto più elevato è il grado di resistenza al calore (tabella 17.5). È stato suggerito che il meccanismo alla base di tale fenomeno sia legato alla produzione da parte delle cellule di sostanze protettive, la cui esistenza sarebbe stata dimostrata da alcuni ricercatori. Poiché è noto che le proteine offrono una certa protezione

Tabella 17.4 Valori di *D* riportati per *Salmonella* Senftenberg 775W

°C	*Valori di D (min)*	*Condizioni*
61	1,1 min	Uovo liquido intero
61	1,19 min	Tryptose broth
60	9,5 min[a]	Uovo liquido intero, pH ~5,5
60	9,0 min[a]	Uovo liquido intero, pH ~6,6
60	4,6 min[a]	Uovo liquido intero, pH ~7,4
60	0,36 min[a]	Uovo liquido intero, pH ~8,5
65,6	34–35,3 sec	Latte
71,7	1,2 sec	Latte
70	360–480 min	Latte al cioccolato
55	4,8 min	TSB[b], fase log di crescita, 35 °C
55	12,5 min	TSB[b], fase log di crescita, 44 °C
55	14,6 min	TSB[b], fase stazionaria, 35 °C
55	42,0 min	TSB[b], fase stazionaria, 44 °C
57,2	13,5 min[a]	a_w 0,99 (4,9% glicerolo), pH 6,9
57,2	31,5 min[a]	a_w 0,90 (33,9% glicerolo), pH 6,9
57,2	14,5 min[a]	a_w 0,99 (15,4% saccarosio), pH 6,9
57,2	62,0 min[a]	a_w 0,90 (58,6% saccarosio), pH 6,9
60	0,2–6,5 min[c]	HIB[d], pH 7,4
60	2,5 min	a_w 0,90, HIB, glicerolo
60	75,2 min	a_w 0,90, HIB, saccarosio
65	0,29 min	tampone fosfato 0,1 M, pH 6,5
65	0,8 min	30% saccarosio
65	43,0 min	70% saccarosio
65	2,0 min	30% glucosio
65	17,0	70% glucosio
65	0,95 min	30% glicerolo
65	0,70 min	70% glicerolo
55	35 min	a_w 0,997, tryptone soya agar, pH 7,2

[a] Valori medi. [b] Trypticase soy broth. [c] Totale di 76 colture. [d] Heart infusion broth.

Tabella 17.5 Effetto del numero di spore di *Clostridium botulinum* sul tempo di morte termica a 100 °C

Numero di spore	Tempo di morte termica (minuti)
72.000.000.000	240
1.640.000.000	125
32.000.000	110
650.000	85
16.400	50
328	40

(Da Carpenter[12], con autorizzazione di Saunders, Philadelphia)

nei confronti del calore, si può ipotizzare che in una coltura la natura proteica di molti composti extracellulari sia in grado di fornire qualche effetto protettivo.

Per la maggiore resistenza al calore delle popolazioni microbiche numerose è, forse, altrettanto importante la maggiore probabilità che siano presenti microrganismi con differenti gradi di naturale resistenza termica.

17.1.8 Età dei microrganismi

Le cellule batteriche tendono a essere più resistenti al calore quando sono in fase di crescita stazionaria (cellule vecchie) e meno resistenti durante la fase logaritmica; ciò vale, per esempio, per *S.* Senftenberg (tabella 17.4), le cui cellule in fase stazionaria possono essere diverse volte più resistenti di quelle in fase logaritmica[42]. È stato osservato che la resistenza termica è elevata anche all'inizio della fase di adattamento (lag), ma diventa minima quando le cellule entrano nella fase di sviluppo esponenziale. Le spore batteriche vecchie si sono dimostrate più resistenti al calore di quelle giovani. Il meccanismo dell'aumentata resistenza al calore delle cellule microbiche meno attive è indubbiamente complesso e non ancora ben compreso.

17.1.9 Temperatura di crescita

La resistenza termica dei microrganismi tende ad aumentare con la temperatura di incubazione; ciò vale specialmente per i batteri sporigeni. Sebbene il meccanismo preciso di tale effetto non sia chiaro, si può ipotizzare che con l'esposizione a temperature progressivamente più elevate la selezione genetica favorisca la crescita dei ceppi più resistenti al calore. È stato osservato che *S.* Senftenberg cresciuta a 44 °C era circa tre volte più resistente al calore delle colture cresciute a 35 °C (tabella 17.4).

17.1.10 Composti inibitori

Nella maggior parte dei microrganismi si verifica una diminuzione della resistenza al calore quando il riscaldamento viene eseguito in presenza di antibiotici termoresistenti, SO_2 e altri composti antimicrobici. L'impiego di calore in combinazione con antibiotici o con nitriti è risultato più efficace nel controllo dell'alterazione di alcuni alimenti rispetto agli stessi trattamenti effettuati non in combinazione. L'aggiunta di inibitori agli alimenti prima del trattamento termico consente di ridurre la quantità di calore che sarebbe necessaria impiegando il solo riscaldamento (vedi capitolo 13).

17.1.11 Tempo e temperatura

Ci si aspetterebbe un effetto distruttivo del calore tanto maggiore quanto più lungo è il tempo di esposizione, ma troppo spesso vi sono eccezioni a questa regola di base. Una regola più attendibile è che quanto più elevata è la temperatura, tanto maggiore è l'effetto distruttivo del calore; ciò è illustrato in tabella 17.6 per le spore batteriche: all'aumentare della temperatura, diminuisce il tempo necessario per ottenere lo stesso effetto.

Queste regole presuppongono che gli effetti del riscaldamento siano immediati e non meccanicamente impediti o ostacolati. Sono anche importanti le dimensioni del contenitore e la sua composizione (vetro, metallo, plastica). La pastorizzazione o la sterilizzazione richiedono più tempo quando si impiegano contenitori di grandi dimensioni; lo stesso vale per i contenitori con pareti con bassa conducibilità termica.

Tabella 17.6 Effetto della temperatura sul tempo di morte termica (*D*) di spore microbiche

Temperatura	*C. botulinum (60 miliardi di spore sospese in tampone a pH 7)*	*Termofilo (150.000 spore per mL di succo di mais a pH 6,1)*
100 °C	260 minuti	1.140 minuti
105 °C	120	
110 °C	36	
115 °C	12	180
120 °C	5	60
		17

(Da Carpenter[12], con autorizzazione di Saunders, Philadelphia)

17.1.12 Effetti degli ultrasuoni

L'esposizione di endospore batteriche a ultrasuoni subito prima o durante il riscaldamento determina una riduzione della resistenza al calore delle spore (vedi il par. 19.4).

17.2 Resistenza termica relativa dei microrganismi

In generale, la resistenza termica dei microrganismi è correlata alla loro temperatura ottimale per la crescita. Gli psicrofili sono i più sensibili al calore, seguiti dai mesofili e dai termofili. I batteri sporigeni sono più resistenti al calore dei non sporigeni e gli sporigeni termofili sono, in generale, più resistenti degli sporigeni mesofili. I batteri Gram-positivi tendono a essere più resistenti al calore dei Gram-negativi, con i cocchi generalmente più resistenti dei bastoncini non sporigeni. Lieviti e muffe tendono a essere piuttosto sensibili al calore; le ascospore dei lieviti sono solo leggermente più resistenti delle forme vegetative; le spore asessuate delle muffe sono leggermente più resistenti dei miceli. Gli sclerozi sono i più termoresistenti tra questi tipi e possono sopravvivere e causare problemi nelle conserve di frutta. La resistenza termica relativa di alcuni batteri e funghi che alterano alimenti a elevata acidità è riportata in tabella 17.7. All'interno del genere *Alicyclobacillus*, *A. acidoterrestris* è una delle specie maggiormente resistenti trovata in alcuni prodotti a base di succo di frutta.

17.2.1 Resistenza delle spore

L'estrema resistenza al calore delle endospore batteriche rappresenta un problema nella conservazione degli alimenti mediante calore. Nonostante diversi decenni di studio intenso, la precisa ragione per la quale le spore batteriche sono così termoresistenti non è ancora del tutto chiara. La resistenza delle spore è stata associata alla disidratazione del protoplasto, alla mineralizzazione e all'adattamento termico. L'acido dipicolinico, presente solo nelle spore batteriche, è stato ritenuto responsabile della resistenza termica, specialmente nella forma complessata con il calcio; tuttavia, è stato dimostrato che la resistenza termica è indipendente da tale complesso, il cui ruolo specifico nel meccanismo di resistenza al calore non è ancora chiaro. Nelle spore vi sono piccole proteine solubili negli acidi (SASP) del tipo α/β che, prevenendo la depurinazione del DNA, contribuiscono alla resistenza termica. La resistenza al calore sembra associata alla contrattilità della corteccia, che consente di ridurre il contenuto di acqua del protoplasto o di mantenerlo allo stato disidratato. È stato dimostrato che la disidratazione dei protoplasti e la riduzione del loro volume sono i principali responsabili della resistenza termica delle spore[8], ma vi sono altri fattori che hanno un effetto addizionale[41].

Tabella 17.7 Valori di D di alcuni microrganismi che alterano alimenti acidi e molto acidi

Microrganismo	Substrato	°C	D (min)	z	Rif. bibl.
Neosartorya fischeri	Tampone PO_4, pH 7,0	85	35,25	4,0	45
Neosartorya fischeri	Tampone PO_4, pH 7,0	87	11,1	4,0	45
Neosartorya fischeri	Tampone PO_4, pH 7,0	89	3,90	4,0	45
Neosartorya fischeri	Succo di mela	87,8	1,4	5,6	48
Neosartorya fischeri	Farcitura ai mirtilli	91	<2,0	5,4-11*	10
Talaromyces flavus	Farcitura ai mirtilli	91	2,5-5,4	9,7-16,6*	10
Talaromyces flavus	Succo di mela	90,6	2,2	5,2	48
Alicyclobacillus	Succo di bacche	91,1	3,8	–	37
Alicyclobacillus	Succo di bacche	95	1,0	–	37
Alicyclobacillus	Succo di bacche	87,8	11,0	–	37
Alicyclobacillus	Succo d'uva (Concord, 30)	85,0	76,0	6,6	52
Alicyclobacillus	Succo d'uva (Concord, 30)	90	18,0	6,6	52
Alicyclobacillus	Succo d'uva (Concord, 30)	95	2,3	6,6	52

* Intervallo per tre differenti ceppi.

Le endospore di una data specie cresciute alla massima temperatura sono più resistenti di quelle cresciute a temperatura più basse[62]; sembra, infatti, che il contenuto di acqua del protoplasto sia abbassato da questo adattamento termico, risultando in spore più resistenti al calore[7]. La resistenza termica è influenzata estrinsecamente da variazioni del contenuto di minerali. Sebbene tutti e tre i fattori citati contribuiscano alla resistenza termica delle spore, la disidratazione sembra essere il più importante[7]. Per ulteriori approfondimenti sulle spore batteriche relativamente alla microbiologia alimentare, si veda Setlow e Johnson[49].

I generi conosciuti di batteri sporigeni eterotrofi sono elencati in tabella 17.8; alcuni di essi non sono noti per l'importanza negli alimenti, ma poiché sono generalmente presenti nell'ambiente è possibile che non siano stati identificati correttamente. Uno dei più interessanti è *Anaerobacter polyendosporus*, che produce fino a 5-7 spore/cellula[51]. L'effetto di alcune sostanze chimiche sulle spore è discusso nel capitolo 13.

17.3 Distruzione termica dei microrganismi

Per comprendere meglio la distruzione termica dei microrganismi in relazione alla protezione e alla conservazione degli alimenti, è necessario chiarire alcuni fondamenti di questa tecnologia. Di seguito sono esaminati alcuni dei più importanti concetti, ma per un trattamento più approfondito della termobatteriologia può essere consultata la monografia di Stumbo[54].

17.3.1 Tempo di morte termica

Il tempo di morte termica (TDT, thermal death time) è il tempo necessario per uccidere un dato numero di microrganismi a una specifica temperatura. Con questo metodo, la temperatura è mantenuta costante e viene determinato il tempo necessario per uccidere tutte le cellule. Di minore importanza è il punto di morte termica, che equivale alla temperatura necessaria per uccidere un dato numero di microrganismi in un tempo prefissato, solitamente 10 minuti. Per determinare il valore di TDT sono stati proposti diversi metodi, che impiegano

Tabella 17.8 Presenza negli alimenti di alcuni generi di batteri eterotrofi sporigeni

Genere	Gram	Morfologia	Presenza in alimenti
Aerobi			
Alicyclobacillus	+	B	Sì
Amphibacillus	+	B	Sì
Aneurinibacillus	+	B	?
Bacillus	+	B	Sì
Brevibacillus	+	B	Sì
Desulfotomaculum	+*	B	Sì
Geobacillus	+	B	Sì
Gracilibacillus	+	B	?
Halobacillus	+	B	Sì
Paenibacillus	+	B	Sì
Salibacillus	+	B	?
Serratia marcescens subsp. Sakuensis	–	B	?
Sporolactobacillus	+	B	Sì
Sporosarcina	+	C	?
Virgibacillus	+	B	?
Thermoactinomycetes	+	B	?
Ureibacillus	+	B	?
Anaerobi			
Anaerobacter	+	B	?
Caloramator	+	B	?
Clostridium	+	B	Sì
Filifactor	+	B	?
Moorella	+	B	Sì
Oxobacter	+	B	?
Oxolophagus	+	B	?
Sporohalobacter	?	B	?
Syntrophospora	?	B	?
Thermoanaerobacter	+	B	Sì
Thermoanaerobacterium	+	B	Sì

* Spesso riportati come Gram-negativi.
B = bastoncino; C = cocco; ? = sconosciuta.

contenitori di materiali e dimensioni differenti. La procedura generale per determinare il TDT mediante tali metodi consiste nel porre un numero noto di cellule o spore microbiche in un numero sufficiente di contenitori sigillati per ottenere il numero desiderato di sopravvissuti per ciascun periodo test. I contenitori vengono quindi posti in un bagno a olio e riscaldati per il tempo richiesto; al termine del periodo di riscaldamento, i contenitori vengono rimossi e raffreddati rapidamente in acqua fredda. I microrganismi vengono quindi trasferiti in terreni di crescita adatti; in alternativa, se il microrganismo è già sospeso in un mezzo adatto alla sua crescita, viene posto a incubare l'intero contenitore utilizzato per il trattamento termico. Le sospensioni o i contenitori vengono incubati alla temperatura ottimale per la crescita dello specifico microrganismo. La morte è definita come l'incapacità del microrganismo di formare colonie visibili dopo un periodo prolungato di incubazione.

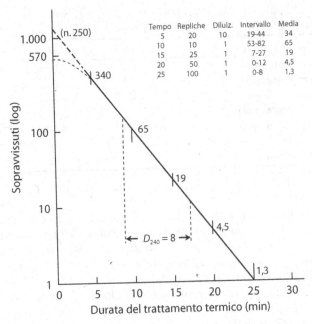

Figura 17.2 Curva di sopravvivenza di spore di un ceppo responsabile di flat sour (FS 7) trattate a 240 °F (115,6 °C) in piselli in scatola a pH 6,2. (Da Gillespy[20], per gentile concessione di Butterworths, London)

17.3.2 Valore D

Si tratta del tempo di riduzione decimale o del tempo richiesto per distruggere il 90% dei microrganismi. Tale valore corrisponde al numero di minuti richiesto per compiere un ciclo logaritmico sulla curva di sopravvivenza (figura 17.2); matematicamente è uguale al reciproco della pendenza della curva di sopravvivenza ed è una misura della velocità di morte di un microrganismo. Per confrontare diversi trattamenti termici, si utilizza come riferimento il valore di D a 121 °C (250 °F), indicato con D_r. L'effetto del pH sul valore di D è mostrato in tabella 17.9 per *C. botulinum* in diversi alimenti e in tabella 17.4 per *S*. Senftenberg 775W

Tabella 17.9 Effetto del pH sul valore di D per spore di *C. botulinum* 62A sospese in tre prodotti alimentari a 115 °C (240 °F)

pH	Spaghetti al pomodoro con formaggio	Maccheroni alla creola	Riso alla spagnola
4,0	0,128	0,127	0,117
4,2	0,143	0,148	0,124
4,4	0,163	0,170	0,149
4,6	0,223	0,223	0,210
4,8	0,226	0,261	0,256
5,0	0,260	0,306	0,266
6,0	0,491	0,535	0,469
7,0	0,515	0,568	0,550

(Da Xezones e Hutchings[65], copyright © 1965 Institute of Food Technologists)

Tabella 17.10 Valori di *D* (a 60 °C in tampone di acido citrico 0,1 M e pH 4,0) per sette funghi responsabili di alterazioni della frutta

Microrganismo	D
Penicillium citrinum	0,009
Torulaspora delbrueckii	0,018
Rhodotorula mucilaginosa	0,158
Zygosaccharomyces rouxii	0,008
Penicillium roquefortii	0,290
Aspergillus niger	0,449
Saccharomyces cerevisiae	2,80

(Da Shearer et al.[50])

in varie condizioni. Sono stati riportati valori di *D* a 65,5 °C (150 °F) di 0,20-2,20 minuti per ceppi di *S. aureus*, di 0,5-0,60 minuti per *Coxiella burnetii* e di 0,2-0,30 minuti per *Mycobacterium tuberculosis*[54]. Per spore di ceppi di *Bacillus licheniformis*, in grado di elevare il pH in derivati di pomodoro, è stato riportato un valore di $D_{95°C}$ di 5,1 minuti; mentre per *B. coagulans* il valore di $D_{95°C}$ è risultato pari a 13,7 minuti[39].

I valori di *D* di alcuni lieviti e muffe responsabili di alterazione della frutta sono elencati insieme ai valori di $D_{60°C}$ in tabella 17.10, nella quale si può osservare che *Saccharomyces cerevisiae* era la più resistente delle sette specie considerate[50].

I valori di $D_{70°C}$ per *Listeria innocua* e per una miscela di sei sierotipi di *Salmonella*, determinati in sei differenti prodotti a base di carne e pollame, sono elencati in tabella 17.11[40]. Complessivamente, la resistenza termica delle salmonelle è risultata di poco superiore a quella di *L. innocua*. Una rassegna ha esaminato i valori di *D* termico per *Salmonella* in diversi prodotti alimentari, riscontrando i valori più elevati in albume e tuorlo liquidi[16].

Impiegando un impianto pilota per la pastorizzazione e cinque ceppi di *Mycobacterium avium* subsp. *paratuberculosis* è stato determinato un valore medio di $D_{72°C}$ inferiore a 2,03 minuti[46]. Da questi risultati, si deduce che per uccidere più di 10^7 cellule di questo microrganismi è sufficiente l'esposizione a 72 °C per 15 secondi.

17.3.3 Valore z

Il valore *z* si riferisce alla variazione di temperatura, espressa in gradi Fahrenheit (°F), necessaria affinché la curva di morte termica (TDT) attraversi un ciclo logaritmico. Matematicamente, tale valore equivale al reciproco della pendenza della curva TDT (figura 17.3). Men-

Tabella 17.11 Valori di $D_{70°C}$ di una miscela di sei sierotipi * di *Salmonella enterica* e di *Listeria innocua*, determinati in cinque prodotti alimentari

Campione di alimento	Salmonella	L. innocua
Hamburger di pollo	0,32	0,21
Cotolette di pollo	0,32	0,29
Würstel	0,39	0,36
Hamburger di manzo	0,25	0,29
Hamburger di manzo e tacchino	0,37	0,18

* S. California, Heidelberg, Mission, Montevideo, Senftenberg e Typhimurium.
(Da Murphy et al.[40])

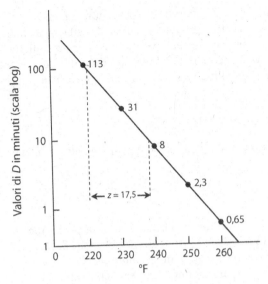

Figura 17.3 Curva di morte termica. Spore di un ceppo responsabile di flat sour (FS 7) sottoposte a trattamento termico in piselli in scatola a pH 6,2. (Da Gillespy[20], per gentile concessione di Butterworths Pubblishers, London)

tre D riflette la resistenza di un microrganismo a una specifica temperatura, z fornisce informazioni sulla resistenza relativa di un microrganismo a differenti temperature distruttive e consente, quindi, di calcolare i trattamenti termici con effetto equivalente. Per esempio, se 3,5 minuti a 60 °C (140 °F) è considerato un trattamento termico adeguato e il valore di z è uguale a 8,0, allora 0,35 minuti a 64,4 °C (148 °F) oppure 35 minuti a 55,6 °C (132 °F) possono essere considerati trattamenti termici equivalenti.

La tabella 17.12 riporta i valori di $D_{60°C}$ e z riscontrati per *Pectinatus* spp. (batteri che causano alterazione della birra): delle tre colture testate, *P. frisingensis* presenta i valori più elevati per entrambi i parametri[59]. Gli autori dello studio hanno osservato che le proprietà termiche dei microrganismi testati differivano a seconda del ceppo e del mezzo di riscaldamento impiegato. Per una miscela di otto ceppi di salmonelle i valori medi di $D_{60°C}$ – determinati mediante regressione lineare – sono risultati 1,30 e 5,48 minuti in carne bovina (contenente il 12,5% di grassi) e 5,70 minuti in pollo (contenente il 7% di grassi)[25].

17.3.4 Valore F

Questo parametro, detto anche effetto sterilizzante, rappresenta il tempo equivalente, espresso in minuti, a 121,1 °C (250 °F), necessario affinché un trattamento termico distrugga un particolare microrganismo sia in forma vegetativa sia sotto forma di spora. Il valore integra-

Tabella 17.12 Valori di D e z di tre specie di *Pectinatus*, determinati a 60 °C in mosto d'orzo fresco a pH 5,2

Microrganismo	Valori $D_{60°C}$	z (°C)
Pectinatus cerevisiiphilus	0,12	3,53
P. frisingensis	1,69	8,49
Pectinatus sp.	1,17	6,13

(Da Watier et al.[59])

to di tale parametro rispetto al calore ricevuto in tutti i punti di un contenitore durante il processo di riscaldamento è F_s o F_0. Questo parametro rappresenta una misura della capacità di un trattamento termico di ridurre il numero di spore o di cellule vegetative di un dato microrganismo in ciascun contenitore. Quando si assume che il riscaldamento e il raffreddamento attraverso il contenitore (contenente le spore, le cellule vegetative o l'alimento) siano istantanei, F_0 può essere calcolato come segue:

$$F_0 = D_r (\log a - \log b)$$

dove *a* e *b* sono, rispettivamente, il numero di cellule microbiche nella popolazione iniziale e in quella finale.

17.3.5 Curva di morte termica (TDT)

Per illustrare una curva di distruzione termica e il valore *D*, sono stati utilizzati i dati raccolti da Gillespy[20] relativi alla distruzione a 115 °C (240 °F) di spore responsabili di *flat sour* (acidificazione senza produzione di gas) in piselli in scatola in salamoia a pH 6,2. Le conte microbiche sono state effettuate a intervalli di 5 minuti, ottenendo i seguenti valori medi.

Tempo (minuti)	Conta vitale media
5	340,0
10	65,0
15	19,0
20	4,5
25	1,3

Il tempo di riscaldamento, espresso in minuti, viene riportato sull'asse delle ascisse e il numero di cellule sopravvissute sull'asse delle ordinate (scala logaritmica), ottendendo la curva TDT rappresentata in figura 17.2. Tale curva è essenzialmente lineare, indicando che la distruzione termica dei batteri ha andamento logaritmico e segue una cinetica del primo ordine. Anche se talvolta può essere difficile rappresentare le estremità della curva, nell'industria alimentare i calcoli per la morte termica sono effettuati su base logaritmica. Dai dati riportati in figura 17.2, il valore di *D* a 240 °F risulta pari a 8 minuti, cioè $D_{240°F} = 8,0$.

I valori di *D* possono essere utilizzati per esprimere la resistenza relativa delle spore o delle cellule vegetative al calore. Le spore più termoresistenti dei ceppi di *C. botulinum* tipi A e B hanno un D_r pari a 0,21 minuti, mentre le spore termofile più resistenti al calore hanno valori D_r di 4,0-5,0 minuti. Stumbo e colleghi[55] hanno trovato valori di D_r pari a 2,47 per l'anaerobio putrefattivo (PA) 3679 in purea di mais (*cream-style corn*) e a 0,84 per le spore del ceppo 617 responsabile di flat sour in latte intero.

La resistenza termica delle spore di microrganismi alteranti termofili e mesofili può essere comparata utilizzando i valori D_r.

Geobacillus stearothermophilus	4,0-5,0
Thermoanaerobacterium thermosaccharolyticum	3,0-4,0
Clostridium nigrificans	2,0-3,0
C. botulinum (tipi A e B)	0,1-0,2
C. sporogenes (incluso PA 3679)	0,1-1,5
B. coagulans	0,01-0,07

L'effetto del pH e del mezzo di crescita sui valori del tempo di riduzione decimale, delle spore di *C. botulinum* è presentato nella tabella 17.9. Come già osservato, i microrganismi sono più resistenti a pH neutro o prossimo alla neutralità e mostrano differenti gradi di resistenza al calore nei diversi alimenti.

Per determinare il valore di *z*, i valori di *D* sono riportati sull'asse delle ordinate in scala logaritmica e la temperatura (espressa in gradi centigradi o Fahrenheit) sull'asse delle ascisse in scala lineare. Sulla base dei dati riportati in figura 17.3, il valore di *z* è pari a 17,5. I valori di *z* per *C. botulinum* variano tra 14,7 e 16,3, mentre per PA 3679 tra 6,6 e 20,5. Per alcune spore il valore di *z* arriva fino a 22. Sono stati riportati valori di *z* pari a 47 per la perossidasi, a 50 per la riboflavina e a 56 per la tiamina.

17.3.6 Criterio delle 12 D

Il criterio delle dodici riduzioni decimali si riferisce alla durata dei processi termici letali utilizzati nell'industria conserviera e implica che il minimo trattamento con calore riduca la probabilità di sopravvivenza delle spore più termoresistenti di *C. botulinum* a 10^{-12} cellule per unità di prodotto. Poiché le spore di *C. botulinum* non germinano e non producono tossine a pH inferiore a 4,6, questo criterio è osservato solo per gli alimenti con pH superiore a tale valore. Stumbo[54] ha illustrato questo concetto dal punto di vista della tecnologia delle conserve. Assumendo che ciascuna confezione di prodotto contenga una sola spora di *C. botulinum* e ricordando le altre ipotesi già discusse, F_0 può essere calcolato utilizzando l'equazione generale della curva di sopravvivenza:

$$F_0 = D_r (\log a - \log b)$$
$$F_0 = 0,21 (\log 1 - \log 10^{-12})$$
$$F_0 = 0,21 \times 12 = 2,52$$

Un trattamento termico a 250 °F per 2,52 minuti dovrebbe, quindi, ridurre il numero di spore di *C. botulinum* a 1 spora in 1 confezione di alimento su mille miliardi (10^{12}). Considerando che alcune spore responsabili di *flat sour* hanno valori di D_r intorno a 4,0 e che alcune conserve sono sottoposte a trattamenti F_0 pari a 6,0-8,0, il numero potenziale di spore di *C. botulinum* è ridotto a livelli non determinabili.

17.4 Alcune caratteristiche dei termofili

Sulla base delle temperature di crescita, i termofili possono essere classificati come microrganismi con una temperatura minima di crescita intorno a 45 °C, un optimum tra 50 e 60 °C e un massimo pari o superiore a 70 °C. Secondo tale definizione, specie e ceppi termofili sono presenti tra cianobatteri, archeobatteri, actinomiceti[58], batteri anaerobi fotosintetici, tiobacilli, alghe, funghi, bacilli, clostridi, batteri lattici e altri gruppi. I microrganismi termofili di maggiore importanza per gli alimenti appartengono ai generi *Bacillus*, *Clostridium*, *Alicyclobacillus*, *Geobacillus* e *Thermoanaerobacterium*.

Durante la crescita dei termofili, la fase lag è breve e talora difficile da misurare. Le spore germinano e crescono rapidamente; anche la fase esponenziale di crescita è breve. Per alcuni termofili, fatti crescere a temperature elevate, è stato osservato un tempo di generazione di soli 10 minuti. La velocità di morte è elevata. Una caratteristica di questi microrganismi è la perdita di vitalità, o "autosterilizzazione", a temperatura inferiore al loro intervallo di crescita. Nella figura 17.4 sono comparate le curve di crescita di un batterio a 55, 37 e 20 °C.

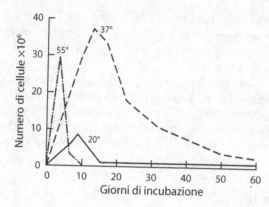

Figura 17.4 Curve di crescita di un ceppo batterico incubato a 20, 37 e 55 °C. (Da Tanner e Wallace[57], con autorizzazione)

Il motivo per cui alcuni microrganismi richiedono temperature di crescita che sono letali per altri è di interesse non solo in relazione alla conservazione degli alimenti, ma anche dal punto di vista della biologia dei termofili. Alcune delle caratteristiche note dei termofili sono riassunte di seguito.

17.4.1 Enzimi

Gli enzimi dei termofili possono essere classificati nei seguenti tre gruppi.

1. Enzimi che sono stabili alla temperatura di produzione e richiedono temperature leggermente più elevate per l'inattivazione: per esempio, malico deidrogenasi, adenosintrifosfatasi (ATPasi), pirofosfatasi inorganica, aldolasi e alcune peptidasi.
2. Enzimi che sono inattivati alla temperatura di produzione in assenza di specifici substrati: per esempio, asparaginasi, catalasi, piruvato ossidasi, isocitrato liasi e alcuni enzimi legati alla membrana cellulare.
3. Enzimi e proteine con elevata resistenza al calore: per esempio, α-amilasi, alcune proteasi, gliceraldeide-3-fosfato deidrogenasi, alcuni enzimi che attivano gli amminoacidi, proteine flagellari, esterasi e termolisina.

In generale, gli enzimi dei microrganismi termofili prodotti in condizioni di crescita ottimali sono più resistenti di quelli sintetizzati dai mesofili (tabella 17.13). Di particolare rilievo è l'α-amilasi prodotta da un ceppo di *G. stearothermophilus*, che rimane attiva dopo riscaldamento a 70 °C per 24 ore. In uno studio la temperatura ottimale per l'attività dell'amilasi prodotta da *G. stearothermophilus* è risultata pari a 82 °C, con un optimum di pH di 6,9[53]. Per la termostabilità dell'enzima è necessaria la presenza di Ca^{2+}. La stabilità al calore delle proteine citoplasmatiche isolate da quattro termofili è risultata maggiore di quella delle proteine isolate da quattro mesofili[28].

Vi sono diverse possibili spiegazioni della resistenza al calore degli enzimi dei termofili; una di queste è l'esistenza di livelli più elevati di amminoacidi idrofobici rispetto agli analoghi enzimi prodotti dai mesofili. Una proteina più idrofobica dovrebbe essere più resistente al calore. In relazione agli amminoacidi, è stato osservato che la lisina sostituita alla glutammina diminuisce la termostabilità di un enzima, mentre la sostituzione con altri ammi-

Tabella 17.13 Confronto tra stabilità al calore e altre proprietà di enzimi derivanti da batteri mesofili e termofili

Specie	Enzima	(%)	Stabilità al calore*	Half-cistina (mole/mole di proteina)	Peso molecolare	Metalli necessari per la stabilità
B. subtilis	Subtilisina BPN'	45	(50 °C, 30 minuti)	0	28.000	Si
B. subtilis	Proteasi neutra	50	(60 °C, 15 minuti)	0	44.700	Si
P. aeruginosa	Proteasi alcalina	80	(60 °C, 10 minuti)	0	48.400	Si
P. aeruginosa	Elastasi	86	(70 °C, 10 minuti)	4,6	39.500	Si
		10	(75 °C, 10 minuti)			
Streptococchi del gruppo A	Proteasi streptococcica	0	(70 °C, 30 minuti)	1	32,000	
C. histolyticum	Collagenasi	1,5	(50 °C, 20 minuti)	0	90.000	
S. griseus	Pronase	60	(60 °C, 10 minuti)		Si	Si
B. thermoproteolyticus	Termolisina	95	(60 °C, 120 minuti)	0	42.700	
		50	(80 °C, 60 minuti)			
B. subtilis	α-amilasi	55	(65 °C, 20 minuti)	0	50.000	Si
G. stearothermophilus	α-amilasi	100	(70 °C, 24 ore)	4	15.500	Si

* Attività residua dopo il trattamento termico indicato tra parentesi.
(Da Matsubara[34], copyright © 1967 The American Association for the Advancement of Science)

noacidi aumenta la resistenza al calore[30]. Un altro fattore è rappresentato dalla capacità di legare ioni metallici come il Mg^{2+}. È stato dimostrato che l'integrità strutturale della membrana dei protoplasti di *G. stearothermophilus* è influenzata dai cationi bivalenti[63].

In generale, le proteine dei termofili hanno peso molecolare, composizione amminoacidica, effettori allosterici, composizione delle subunità e sequenza primaria simili alle mesofile corrispondenti. Microrganismi termofili estremi e termofili obbligati sintetizzano macromolecole con sufficiente stabilità molecolare intrinseca per sopportare stress termici[1].

17.4.2 Ribosomi

In generale, la stabilità termica dei ribosomi corrisponde alla temperatura massima di crescita di un microrganismo (come mostrato in tabella 17.14). La termoresistenza è stata riscontrata nei ribosomi, ma non nel DNA. In uno studio condotto su ribosomi di *G. stearothermophilus* non è stata individuata nessuna caratteristica chimica delle loro proteine che potesse spiegarne la termostabilità[2]. In un altro studio non sono state riscontrate differenze significative di dimensioni e struttura dei filamenti superficiali dei ribosomi di *G. stearothermophilus* e di *Escherichia coli*[4].

È stato dimostrato che la composizione in basi dell'RNA ribosomiale (rRNA) influenza la stabilità termica dei ribosomi. In uno studio su 19 microrganismi, il contenuto di G-C delle molecole di rRNA aumentava e quello di A-U diminuiva all'aumentare della temperatura massima di crescita[43]. L'aumento del contenuto di G-C rende la struttura più stabile grazie al maggior numero di legami idrogeno. D'altra parte, la stabilità al calore dell'RNA solubile dei termofili e dei mesofili sembra simile.

Tabella 17.14 Temperatura massima di crescita e temperatura di fusione dei ribosomi

Microrganismo e numero di ceppo	T max di crescita (°C)	T$_f$ ribosomi (°C)
1. *Vibrio marinus* (15381)	18	69
2. 7E-3	20	69
3. 1–1	28	74
4. *Vibrio marinus* (15382)	30	71
5. 2–1	35	70
6. *Desulfovibrio desulfuricans* (chlonicus)	40	71
7. *Desulfovibrio vulgaris* (8303)	40	73
8. *Escherichia coli* (B)	45	72
9. *Escherichia coli* (Q13)	45	72
10. *Spirillum itersonii* (SI–1)	45	73
11. *Bacillus megaterium* (Paris)	45	75
12. *Bacillus subtilis* (SB-19)	50	74
13. *Bacillus coagulans* (43P)	60	74
14. *Desulfotomaculum nigrificans* (8351)	60	75
15. Termofilo T-107	73	78
16. Termofilo 194	73	78
17. *Geobacillus stearothermophilus* (1503R)	73	79
18. Termofilo B	73	79
19. *Geobacillus stearothermophilus* (10)	73	79

(Da Pace e Campbell[43])

17.4.3 Flagelli

I flagelli dei termofili sono più stabili al calore di quelli dei mesofili: i primi rimangono intatti anche a temperature di 70 °C, mentre i secondi sono distrutti a 50 °C [27,29]. Probabilmente nei flagelli dei termofili – più resistenti all'urea e all'acetammide di quelli dei mesofili – sono presenti legami idrogeno più efficienti.

17.5 Altre caratteristiche dei microrganismi termofili

17.5.1 Richiesta di nutrienti

Quando crescono a intervalli di termofilia, le richieste di nutrienti dei termofili sono generalmente più elevate di quelle dei mesofili. Sebbene questo aspetto della termofilia non sia stato molto studiato, le variazioni nella richiesta di nutrienti con l'aumentare della temperatura di incubazione potrebbero essere dovute a una generale scarsa efficienza da parte del complesso metabolico. L'aumento della temperatura di incubazione potrebbe influenzare alcuni sistemi enzimatici, come pure l'intero processo di sintesi degli enzimi.

17.5.2 Pressione parziale di ossigeno

La crescita dei termofili è influenzata dalla pressione parziale di ossigeno. All'aumentare della temperatura di incubazione, la velocità di crescita dei microrganismi aumenta; di conseguenza, aumenta nel mezzo di coltura la richiesta di ossigeno, mentre la solubilità di quest'ultimo diminuisce. Alcuni ricercatori considerano tale fenomeno uno dei più importanti fattori limitanti la crescita dei termofili nei mezzi di coltura. Downey[15] ha dimostrato che la crescita dei termofili è ottimale a una concentrazione di ossigeno pari o vicina a quella normalmente disponibile nell'intervallo di temperatura dei mesofili (da 143 a 240 µM). Sebbene si possa ipotizzare che i termofili siano in grado di crescere a temperature elevate grazie alla loro capacità di consumare e conservare ossigeno alle alte temperature –una caratteristica assente nei mesofili e negli psicrofili – a supporto di tale ipotesi sono necessari ulteriori studi.

17.5.3 Lipidi cellulari

Anche lo stato dei lipidi cellulari influenza la crescita dei termofili. Poiché un aumento del grado di insaturazione dei lipidi cellulari è associato alla crescita degli psicrotrofi, è ragionevole ipotizzare un effetto contrario nel caso dei termofili. Tale idea è supportata da numerose ricerche. Nei mesofili cresciuti a temperature superiori al loro range massimo, Gaughran[19] riscontrò una diminuzione del contenuto lipidico e un maggior grado di saturazione; secondo questo autore, le cellule non possono crescere a temperature inferiori al punto di solidificazione dei lipidi in esse contenuti. Marr e Ingraham[33] hanno dimostrato che, all'aumentare della temperatura di incubazione, in *E. coli* si verifica un progressivo aumento degli acidi grassi saturi e una corrispondente diminuzione di quelli insaturi. La generale diminuzione della quantità di acidi grassi insaturi all'aumentare della temperatura di crescita è stata riscontrata in una grande varietà di animali e piante. Gli acidi grassi saturi formano legami idrofobici più forti rispetto agli acidi grassi insaturi. Tra gli acidi grassi saturi ve ne sono alcuni con catene laterali ramificate; la sintesi preferenziale di acido eptadecanoico ramificato e la totale eliminazione di acidi grassi insaturi è stata riscontrata in due specie termofile del genere *Bacillus*[60].

I batteri mesofili mostrano variazioni nella composizione dei lipidi di membrana quando crescono a temperature significativamente superiori o inferiori al loro intervallo di crescita normale. Sono stati determinati i valori di $D_{57°C}$ per quattro ceppi di *E. coli* adattati termicamente (compreso *E. coli* O157:H7 e un mutante *rpoS*), riscontrando per tutti i ceppi considerati tempi di riduzione decimali più lunghi anche di 3,9 minuti rispetto ai controlli[64]. Nella membrana di due ceppi si è osservato un aumento di acido palmitico (16:0) e di acido cis-vaccenico (18:1 ω-7). Nei ceppi adattati al calore il contenuto di verotossina diminuiva all'interno della cellula ma aumentava all'esterno, probabilmente a causa della maggiore fluidità della membrana cellulare[64].

17.5.4 Membrane cellulari

La natura delle membrane cellulari influisce sulla crescita dei termofili. Secondo Brock[11] il meccanismo molecolare della termofilia sarebbe correlato alla funzione e alla stabilità delle membrane della cellula più che alle proprietà di specifiche macromolecole. Questo ricercatore ha sottolineato che non vi sono evidenze che i microrganismi siano uccisi dal calore a causa dell'inattivazione di proteine o di altre macromolecole: un punto di vista largamente condiviso. Secondo Brock, l'analisi delle curve di morte termica di diversi microrganismi dimostra che esse rappresentano processi del primo ordine, compatibili con un effetto del calore su alcune grandi strutture come la membrana, poiché un singolo buco nella membrana può determinare la perdita di costituenti cellulari e, quindi, la morte. Brock ha anche evidenziato come la morte termica dovuta all'inattivazione di enzimi o ribosomi sensibili al calore – dei quali vi sono molte copie all'interno della cellula – non dovrebbe manifestarsi con una semplice cinetica del primo ordine.

La perdita di materiali in grado di assorbire la radiazione ultravioletta e di altri materiali, da parte delle cellule che subiscono uno "shock da freddo", supporterebbe il ruolo della membrana nella morte delle cellule alle alte temperature. Poiché la maggior parte degli animali muore quando la temperatura corporea raggiunge valori compresi tra 40 e 45 °C e la maggior parte dei batteri psicrofili viene uccisa più o meno alle stesse temperature, l'ipotesi che il danno letale sia dovuto alla fusione dei costituenti lipidici della cellula o della membrana cellulare non solo è plausibile, ma è anche supportata dai risultati ottenuti da diversi ricercatori. L'unità di base della membrana cellulare consiste di strati di lipidi circondati da strati di proteine e la sua funzione biologica dipende proprio dagli strati lipidici. Ci si aspetta che la distruzione di questa struttura causi un danno cellulare e talora la morte. Considerando le variazioni relative al grado di saturazione dei lipidi cellulari, di cui si è detto, l'integrità della membrana cellulare sembra essere un fattore critico per la crescita e la sopravvivenza alle temperature termofile.

17.5.5 Effetto della temperatura

Brock[11] richiamò l'attenzione sul fatto che i termofili – alla loro temperatura ottimale – sembrano non crescere tanto velocemente quanto ci si aspetterebbe o si crede comunemente. Confrontando, in un intervallo di temperature di incubazione, grafici di Arrhenius rappresentanti la crescita termofila con quelli relativi alla crescita di *E. coli*, è risultato che, complessivamente, i microrganismi mesofili sono più efficienti. Brock osservò che gli enzimi termofili sono intrinsecamente meno efficienti di quelli mesofili a causa della loro stabilità termica; in altre parole, ciò significa che, per sopravvivere, i termofili hanno dovuto rinunciare alla propria efficienza di crescita.

17.5.6 Genetica

Una scoperta di grande rilievo per la comprensione delle basi genetiche della termofilia si deve a McDonald e Matney[36]. Questi ricercatori hanno realizzato la trasformazione della termofilia in *B. subtilis* facendo crescere cellule di un ceppo non in grado di svilupparsi a temperature superiori a 50 °C in presenza di DNA estratto da un ceppo capace di crescere a 55 °C. Il ceppo più sensibile al calore è stato trasformato con una frequenza pari a 10^{-4}. Gli autori hanno osservato che solo il 10-20% dei trasformanti conservava la resistenza a elevati livelli di streptomicina del ricevente e ciò indicava che i loci genetici per la resistenza alla streptomicina e per la crescita a 55 °C erano strettamente legati.

Sebbene sia stato compreso molto sulla termofilia nei microrganismi, il meccanismo preciso sottostante questo fenomeno rimane un mistero. I termofili facoltativi, come alcuni ceppi di *B. coagulans*, presentano un quadro complesso almeno quanto i termofili obbligati. Bausum e Matney[6], studiando alcuni ceppi del genere *Bacillus* in grado di crescere sia a 37 sia a 55 °C, osservarono che tali microrganismi passavano dalla mesofilia alla termofilia nell'intervallo compreso tra 44 e 52 °C.

17.6 Alterazione delle conserve alimentari

Sebbene l'obiettivo della sterilizzazione termica delle conserve sia la distruzione dei microrganismi, in particolari condizioni questi prodotti possono comunque subire alterazioni microbiche. Le ragioni principali di ciò sono processo di sterilizzazione insufficiente, raffreddamento inadeguato, contaminazione del contenitore per imperfetta tenuta delle giunzioni e alterazione precedente il trattamento di sterilizzazione. Poiché per alcune conserve in scatola è previsto un trattamento termico più blando, è possibile che un numero piuttosto grande di diversi tipi di microrganismi venga rilevato all'esame microbiologico.

Come guida al tipo di alterazione cui possono essere soggette le conserve alimentari, è utile la classificazione di questi prodotti sulla base della loro acidità.

17.6.1 Conserve a bassa acidità (pH > 4,6)

Questa categoria comprende prodotti carnei e ittici, latte, alcuni vegetali (mais, fagioli Lima), miscele di carne e vegetali eccetera. Questi alimenti vengono alterati da microrganismi termofili responsabili di flat sour (*Geobacillus stearothermophilus*, *B. coagulans*), dagli alteranti solfito riduttori (*Clostridium nigrificans*, *C. bifermentans*) e /o da alteranti produttori di gas (*Thermoanaerobacterium thermosaccharolyticum*). Tra gli alteranti mesofili vi sono gli anaerobi putrefattivi (specialmente PA 3679). Se presenti, può verificarsi l'alterazione e la produzione di tossine da parte di ceppi proteolitici di *C. botulinum*. Gli alimenti a media acidità sono quelli con valori di pH compresi nell'intervallo 5,3-4,6, mentre quelli a bassa acidità hanno pH $\geq$ 5,4.

17.6.2 Conserve acide (pH da 3,7-4,0 a 4,6)

In questa categoria di conserve sono compresi frutti come pomodori, pere e fichi. Tra gli alteranti termofili sono inclusi ceppi di *B. coagulans*; tra i mesofili *P. polymyxa*, *P. macerans* (*B. betanigrificans*), *C. pasteurianum*, *C. butyricum*, *Thermoanaerobacterium thermosaccharolyticum*, lattobacilli e altri.

17.6.3 Conserve a elevata acidità (pH < 4,0-3,7)

Questa categoria comprende frutta e prodotti a base di frutta e verdure, quali pompelmo, rabarbaro, crauti e sottaceti. Questi alimenti sono generalmente alterati da mesofili non sporigeni come lieviti, muffe, *Alicyclobacillus* spp, e/o batteri lattici. Le specie di *Alicyclobacillus* possono causare l'alterazione di succo di mele, di pomodoro o di uva bianca[52]. Il limite inferiore di pH per la crescita del fungo *Byssochlamys* è 2,0, per *Neosartorya fischeri* è 3,0[9].

I microrganismi responsabili di alterazione delle conserve possono essere ulteriormente classificati come segue.

Microrganismi mesofili
– anaerobi putrefattivi;
– anaerobi butirrici;
– acido resistenti responsabili di flat sour;
– lattobacilli;
– lieviti;
– muffe.

Microrganismi termofili
– anaerobi termofili solfito riduttori;
– spore responsabili di flat sour;
– anaerobi termofili non solfito riduttori.

I segni delle alterazioni causate da questi microrganismi sono riassunti nella tabella 17.15.

Alcune alterazioni a carico di alimenti acidi e di altri alimenti confezionati e sterilizzati da parte di lieviti, muffe e batteri sono state riscontrate ripetutamente. I lieviti *Torula lactis-condensi* e *T. globosa* sono causa di alterazione gassosa del latte condensato zuccherato, che non è trattato termicamente. La muffa *Aspergillus repens* è associata con la formazione di macchie sulla superficie del latte condensato zuccherato. *Lactobacillus brevis* (*L. lycopersici*) causa una vigorosa fermentazione in tomato ketchup, salsa Worcestershire e in altri prodotti simili. *Leuconostoc mesenteroides* è responsabile di formazione di gas in ananas sciroppato e filamentosità (*ropiness*) nelle pesche. La muffa *Byssochlamys fulva* altera le conserve di frutta, provocandone il rammollimento per effetto della degradazione della pectina[5]. *Torula stellata* ha causato alterazione di limonata amara, crescendo a pH 2,5[44].

Il succo d'arancia concentrato surgelato può essere alterato da lieviti e batteri. Hays e Reister[23] hanno studiato campioni di questo prodotto alterato da batteri e caratterizzati da odore (acetoso o di burro) e sapore sgradevoli; sono stati isolati *L. plantarum* var. *mobilis*, *L. brevis*, *Leuconostoc mesenteroides* e *L. mesenteroides* subsp. *dextranicum*. Le caratteristiche dell'alterazione potevano essere riprodotte inoculando gli isolati nel succo d'arancia fresco.

Le temperature minime di crescita dei termofili alteranti rivestono una certa importanza nell'individuare la causa di alterazione delle conserve. È stato osservato che *B. coagulans* (*B. thermoacidurans*) cresce solo lentamente a 25 °C, mentre cresce bene a temperature comprese tra 30 e 55 °C. *G. stearothermophilus* non cresce a 37 °C, poiché ha un optimum di temperatura intorno a 65 °C, con alcune varianti lisce che mostrano un tempo di generazione più breve a questa temperatura rispetto alle varianti rugose[17]. *T. thermosaccharolyticum* cresce a 37 °C ma non a 30 °C. In letteratura sono disponibili diverse rassegne sull'alterazione delle conserve acide e a bassa acidità[9,38,52].

Per individuare la causa di alterazione delle conserve, è importante anche l'aspetto del contenitore ancora chiuso. I fondelli di un barattolo di alimenti sono normalmente piatti o

Tabella 17.15 Segni di alterazione in conserve acide e a bassa acidità

Tipo di microrganismo	Aspetto e segni	Condizioni del prodotto
Prodotti acidi		
1. *B. thermoacidurans* (sapore acido: succo di pomodoro)	Contenitore piatto; piccole variazioni nello spazio di testa	Lieve alterazione del pH; odore e sapore sgradevoli
2. Anaerobi butirrici (pomodori e succo di pomodoro)	Contenitore bombato; può scoppiare	Prodotto fermentato, odore di acido butirrico
3. Non sporigeni (soprattutto lattici)	Contenitore bombato; di solito scoppia se non si blocca il bombaggio	Odore acido
Prodotti a bassa acidità		
1. Microrganismi responsabili di flat sour	Contenitore piatto; possibile perdita del vuoto durante la conservazione	Aspetto generalmente non alterato; pH marcatamente abbassato, acido; può avere odore lievemente anomalo talvolta liquido torbido
2. Anaerobi termofili	Contenitore bombato; può scoppiare	Odore di fermentato, acido, caseoso o butirrico
3. Alteranti solfito riduttori	Contenitore piatto; l'H_2S è assorbito dal prodotto	In genere annerito; odore di uova marce
4. Anaerobi putrefattivi	Contenitore bombato; può scoppiare	Può essere parzialmente digerito; pH lievemente superiore alla norma; tipico odore di putrido
5. Aerobi sporigeni (ceppi insoliti)	Contenitore piatto; nel caso di carne trattata può gonfiarsi se sono presenti NO_3 e zucchero	Coaguli in latte evaporato, barbabietole nere

(Da Schmitt[47])

leggermente concavi; quando i microrganismi crescono e producono gas, i contenitori sono soggetti a una serie di cambiamenti visibili dall'esterno. Un contenitore in banda stagnata è definito *flipper* quando in seguito a pressione o riscaldamento uno dei fondelli diventa convesso; è definito *springer* quando entrambi i fondelli sono bombati, ma è possibile farne rientrare uno o entrambi premendoli con un dito, oppure quando premendo su un fondello l'altro scatta verso l'esterno; l'espressione *soft swell* viene utilizzata per indicare un contenitore con i fondelli bombati, ma ancora comprimibili, mentre con *hard swell* si intende un contenitore bombato a tal punto da non essere più comprimibile.

Questi fenomeni tendono a manifestarsi in successione e diventano importanti per predire il tipo di alterazione in atto. I contenitori flipper e springer possono essere incubati in luogo riparato, a una temperatura adatta al pH e al tipo di alimento, per consentire l'ulteriore crescita di qualsiasi microrganismo eventualmente presente; questi difetti dei contenitori, infatti, non sempre riflettono un'alterazione microbica. I barattoli soft swell, come pure gli hard swell, spesso indicano alterazione microbica. Negli alimenti a elevata acidità, tuttavia, gli hard swell sono spesso il risultato della produzione di idrogeno gassoso per azione degli acidi presenti negli alimenti sul ferro del contenitore. Gli altri due gas più comunemente riscontrati nei contenitori di conserve alterate sono CO_2 e H_2S, entrambi derivanti dall'atti-

Tabella 17.16 Alcune caratteristiche delle alterazioni dei prodotti in scatola causate da inadeguata sterilizzazione e da chiusura difettosa

Caratteristica	Sterilizzazione inadeguata	Chiusura difettosa
Barattolo o contenitore in banda stagnata	Piatto o rigonfio; di solito appare normale	Gonfio; può mostrare difetti
Aspetto del prodotto	Caramelloso o fermentato	Fermentazione schiumosa; viscosità
Odore	Normale, acido o putrido, ma in genere normale	Acido, fecale; in genere variabile da un contenitore all'altro
pH	In genere abbastanza costante	Ampiamente variabile
Aspetti microscopici e colturali	Colture pure, sporigeni; crescita a 98 °F e/o 113 °F; possono avere morfologia caratteristica su mezzi speciali, come agar acido con succo di pomodoro	Colture miste, generalmente bastoncini e cocchi; crescita solo alle temperature usuali
Storia	Alterazione solitamente limitata ad alcune parti del contenitore; nei prodotti acidi la diagnosi può essere meno chiaramente definita; microrganismi simili possono essere coinvolti sia nella mancata sterilizzazione, sia nelle perdite	Dispersione casuale delle porzioni alterate

(Da Shmitt[47])

vità metabolica di microrganismi. Il solfuro di idrogeno può essere identificato dal caratteristico odore (di uova marce), mentre l'anidride carbonica e l'idrogeno possono essere rilevati effettuando un semplice test. Si realizza un dispositivo costituito da un tubo di vetro o di plastica che viene collegato a un punzone cavo munito di una larga guarnizione di gomma. L'estremità libera del tubo viene inserita in una provetta contenente una soluzione diluita di KOH, quindi si capovolge la provetta immergendola in un beaker riempito con la medesima soluzione. Forando con il punzone cavo un fondello del contenitore, i gas in esso presenti spingeranno fuori dalla provetta la soluzione di KOH. Prima di sollevare dal beaker la provetta, occorre chiuderne l'apertura con il pollice. Per verificare la presenza di CO_2, si agita la provetta e si osserva la formazione di vuoto resa manifesta dall'aspirazione esercitata sul polpastrello. La presenza di idrogeno si evidenzia facilmente avvicinando un fiammifero acceso all'estremità della provetta e allontanando rapidamente il dito; un piccolo scoppio indica la presenza del gas.

L'alterazione detta *leakage-type* è causata da microflora non sporigena che non potrebbe sopravvivere al normale trattamento termico cui sono sottoposti gli alimenti conservati mediante calore. Questi microrganismi penetrano nel contenitore all'inizio della fase di raffreddamento attraverso giunzioni difettose, che generalmente derivano da una cattiva gestione dei barattoli. I microrganismi che causano questo tipo di alterazione possono essere riscontrati sia sui contenitori sia nell'acqua di raffreddamento. Il problema può essere minimizzato utilizzando per il raffreddamento dei barattoli acqua con carica < 100 batteri/ml. Questo tipo di alterazione può essere differenziata da quella derivante da inadeguata sterilizzazione (tabella 17.16).

Bibliografia

1. Amelunxen RE, Murdock AL (1978) Microbial life at high temperatures: Mechanisms and molecular aspects. In: Kushner DJ (ed) *Microbial Life in Extreme Environments*. Academic Press, New York, pp. 217-278.
2. Ansley SB, Campbell LL, Sypherd PS (1969) Isolation and amino acid composition of ribosomal proteins from Bacillus stearothermophilus. *J Bacteriol*, 98: 568-572.
3. Baird-Parker AC, Boothroyd M, Jones E (1970) The effect of water activity on the heat resistance of heat sensitive and heat resistant strains of salmonellae. *J Appl Bacteriol*, 33: 515-522.
4. Bassel A, Campbell LL (1969) Surface structure of Bacillus stearothermophilus ribosomes. *J Bacteriol*, 98: 811-815.
5. Baumgartner JG, Hersom AC (1957) *Canned Foods*. D. Van Nostrand, Princeton, NJ.
6. Bausum HT, Matney TS (1965) Boundary between bacterial mesophilism and thermophilism. *J Bacteriol*, 90: 50-53.
7. Beaman TC, Gerhardt P (1986) Heat resistance of bacterial spores correlated with protoplast dehydration, mineralization, and thermal adaptation. *Appl Environ Microbiol*, 52: 1242-1246.
8. Beaman TC, Greenamyre JT, Corner TR, Pankratz HS, Gerhardt P (1982) Bacterial spore heat resistance correlated with water content, wet density, and protoplast/sporoplast volume ratio. *J Bacteriol*, 150: 870-877.
9. Beuchat LR (1998) Spoilage of acid products by heat-resistant molds. *Dairy Food Environ Sanit*, 18: 588-593.
10. Beuchat LR (1986) Extraordinary heat resistance of Talaromyces flavus and Neosartorya fischeri ascospores in fruit products. *J Food Sci*, 52: 1506-1510.
11. Brock TD (1967) Life at high temperatures. *Science*, 158: 1012-1019.
12. Carpenter PL (1967) *Microbiology* (2nd ed). W.B. Saunders, Philadelphia.
13. Corry JEL (1974) The effect of sugars and polyols on the heat resistance of salmonellae. *J Appl Bacteriol*, 37: 31-43.
14. Cunningham FE, Lineweaver H (1965) Stabilization of egg-white proteins to pasteurizing temperatures above 60 °C. *Food Technol*, 19: 1442-1447.
15. Downey RJ (1966) Nitrate reductase and respiratory adaptation in Bacillus stearothermophilus. *J Bacteriol*, 91: 634-641.
16. Doyle ME, Mazzotta AS (2000) Review of studies on the thermal resistance of salmonellae. *J Food Protect*, 63: 779-795.
17. Fields ML (1970) The flat sour bacteria. *Adv Food Res*, 18: 163-217.
18. Gaillard S, Leguerinel I, Mafart P (1998) Model for combined effects of temperature, pH and water activity on thermal inactivation of Bacillus cereus spores. *J Food Sci*, 63: 887-889.
19. Gaughran ERL (1947) The saturation of bacterial lipids as a function of temperature. *J Bacteriol*, 53: 506.
20. Gillespy TG (1962) The principles of heat sterilization. *Recent Adv Food Sci*, 2: 93-105.
21. Goepfert JM, Iskander IK, Amundson CH (1970) Relation of the heat resistance of salmonellae to the water activity of the environment. *Appl Microbiol*, 19: 429-433.
22. Hansen NH, Riemann H (1963) Factors affecting the heat resistance of nonsporing organisms. *J Appl Bacteriol*, 26: 314-333.
23. Hays GL, Riester DW (1952) The control of "off-odor" spoilage in frozen concentrated orange juice. *Food Technol*, 6: 386-389.
24. Jelen P (1982) Experience with direct and indirect UHT processing of milk – A Canadian viewpoint. *J Food Protect*, 45: 878-883.
25. Juneja VK, Eblen BS, Ransom GM (2001) Thermal inactivation of Salmonella spp. in chicken broth, beef, pork, turkey, and chicken: Determination of D- and z-values. *J Food Sci*, 66: 146-152.
26. Keswani J, Frank JF (1998) Thermal inactivation of Mycobacterium paratuberculosis in milk. *J Food Protect*, 61: 974-978.

27. Koffler H (1957) Protoplasmic differences between mesophiles and thermophiles. *Bacteriol Rev*, 21: 227-240.

28. Koffler H, Gale GO (1957) The relative thermostability of cytoplasmic proteins from thermophilic bacteria. *Arch Biochem Biophys*, 67: 249-251.

29. Koffler H, Mallett GE, Adye J (1957) Molecular basis of biological stability to high temperatures. *Proc Natl Acad Sci USA*, 43: 464-477.

30. Koizumi JI, Zhang M, Imanaka T, Aiba S (1990) Does single-amino-acid replacement work in favor of or against improvement of the thermostability of immobilized enzyme? *Appl Environ Microbiol*, 56: 3612-3614.

31. Levinson HS, Hyatt MT (1964) Effect of sporulation medium on heat resistance, chemical composition, and germination of Bacillus megaterium spores. *J Bacteriol*, 87: 876-886.

32. Lihono MA, Mendonca AF, Dickson JS, Dixon PM (2003) A predictive model to determine the effects of temperature, sodium pyrophosphate, and sodium chloride on thermal inactivation of starved Listeria monocytogenes in pork slurry. *J Food Protect*, 66: 1216-1221.

33. Marr AG, Ingraham JL (1962) Effect of temperature on the composition of fatty acids in Escherichia coli. *J Bacteriol*, 84: 1260-1267.

34. Matsubara H (1967) Some properties of thermolysin. In: Prosser CL (ed) *Molecular Mechanisms of Temperature Adaptation*, Pub. No. 84. American Association for the Advancement of Science, Washington, DC., pp. 283-294.

35. Mazzotta AS (2001) Heat resistance of Listeria monocytogenes in vegetables: Evaluation of blanching processes. *J Food Protect*, 64: 385-387.

36. McDonald WC, Matney TS (1963) Genetic transfer of the ability to grow at 55 °C in Bacillus subtilis. *J Bacteriol*, 85: 218-220.

37. McIntyre S, Ikawa JY, Parkinson N, Hagland J, Lee J (1995) Characteristics of an acidophilic Bacillus strain isolated from shelf-stable juices. *J Food Protect*, 58: 319-321.

38. Morton RD (1998) Spoilage of acid products by butyric acid anaerobes – A review. *Dairy Food Environ Sanit*, 18: 580-584.

39. Montville TJ, Sapers GM (1981) Thermal resistance of spores from pH elevating strains of Bacillus licheniformis. *J Food Sci*, 46: 1710-1712.

40. Murphy RY, Duncan LK, Johnson ER, Davis MD, Smith JN (2002) Thermal inactivation D- and z-values of Salmonella serotypes and Listeria innocua in chicken patties, chicken tenders, franks, beef patties, and blended beef and turkey patties. *J Food Protect*, 65: 53-60.

41. Nakashio S, Gerhardt P (1985) Protoplast dehydration correlated with heat resistance of bacterial spores. *J Bacteriol*, 162: 571-578.

42. Ng H, Bayne HG, Garibaldi JA (1969) Heat resistance of Salmonella: The uniqueness of Salmonella Senftenberg 775W. *Appl Microbiol*, 17: 78-82.

43. Pace B, Campbell LL (1967) Correlation of maximal growth temperature and ribosome heat stability. *Proc Natl Acad Sci USA*, 57: 1110-1116.

44. Perigo JA, Gimbert BL, Bashford TE (1964) The effect of carbonation, benzoic acid, and pH on the growth rate of a soft drink spoilage yeast as determined by a turbidostatic continuous culture apparatus. *J Appl Bacteriol*, 27: 315-332.

45. Rajashekhara E, Suresh ER, Ethiraj S (1996) Influence of different heating media on thermal resistance of Neosartorya fischeri isolated from papaya fruit. *J Appl Bacteriol*, 81: 337-340.

46. Pearce LE, Truong HT, Crawford RA, Yates GF, Cavaignac S, de Lisle GW (2001) Effect of turbulent-flow pasteurization on survival of Mycobacterium avium subsp. paratuberculosis added to raw milk. *Appl Environ Microbiol*, 67: 3964-3969.

47. Schmitt HP (1966) Commercial sterility in canned foods, its meaning and determination. *Assoc Food Drug Off U.S. Q Bull*, 30: 141-151.

48. Scott VN, Bernard DT (1987) Heat resistance of Talaromyces flavus and Neosartorya fischeri isolated from commercial fruit juices. *J Food Protect*, 50: 18-20.

49. Setlow P, Johnson EA (2001) Spores and their significance. In: Doyle MP et al. (eds) *Food Microbiology – Fundamentals and Frontiers* (2nd ed). ASM Press, Washington, DC., pp. 33-70.

50. Shearer AEH, Mazzotta AS, Chuyate R, Gombas DE (2002) Heat resistance of juice spoilage microorganisms. *J Food Protect*, 65 :1271-1275.
51. Siunov AV, Nikitin DV, Suzina NE, Dmitriev VV, Kuzmin NP, Duda VI (1999) Phylogenetic status of Anaerobacter polyendosporus, an anaerobic, polysporogenic bacterium. *Int J Syst Bacteriol*, 49: 1119-1124.
52. Splittstoesser DF, Lee CY, Churey JJ (1998) Control of Alicyclobacillus in the juice industry. *Dairy Food Environ Sanit*, 18: 585-587.
53. Srivastava RAK, Baruah JN (1986) Culture conditions for production of thermostable amylase by Bacillus stearothermophilus. *Appl Environ Microbiol*, 52: 179-184.
54. Stumbo CR (1973) *Thermobacteriology in Food Processing* (2nd ed). Academic Press, New York.
55. Stumbo CR, Murphy JR, Cochran J (1950) Nature of thermal death time curve for P.A. 3679 and Clostridium botulinum. *Food Technol*, 4: 321-326.
56. Sugiyama H (1951) Studies on factors affecting the heat resistance of spores of Clostridium botulinum. *J Bacteriol*, 62: 81-96.
57. Tanner FW, Wallace GI (1925) Relation of temperature to the growth of thermophilic bacteria. *J Bacteriol*, 10: 421-437.
58. Tendler MD, Burkholder PR (1961) Studies on the thermophilic Actinomycetes. I. Methods of cultivation. *Appl Microbiol*, 9: 394-399.
59. Watier D, Leguerinel I, Hornez JP, Chowdhury I, Dubourguier HC (1995) Heat resistance of Pectinatus sp., a beer spoilage anaerobic bacterium. *J Appl Bacteriol*, 78: 164-168.
60. Weerkamp A, Heinen W (1972) Effect of temperature on the fatty acid composition of the extreme thermophiles, Bacillus caldolyticus and Bacillus caldotenax. *J Bacteriol*, 109: 443-446.
61. White HR (1963) The effect of variation in pH on the heat resistance of cultures of Streptococcus faecalis. *J Appl Bacteriol*, 26: 91-99.
62. Williams OB, Robertson WJ (1954) Studies on heat resistance. VI. Effect of temperature of incubation at which formed on heat resistance of aerobic thermophilic spores. *J Bacteriol*, 67: 377-378.
63. Wisdom C, Welker NE (1973) Membranes of Bacillus stearothermophilus. Factors affecting protoplast stability and thermostability of alkaline phosphatase and reduced nicotinamide adenine dinucleotide oxidase. *J Bacteriol*, 114: 1336-1345.
64. Yuk HG, Marshall DL (2003) Heat adaptation alters Escherichia coli O157:H7 membrane lipid composition and verotoxin production. *Appl Environ Microbiol*, 69: 5115-5119.
65. Xezones H, Hutchings IJ (1965) Thermal resistance of Clostridium botulinum (62A) spores as affected by fundamental food constituents. *Food Technol*, 19: 1003-1005.

Capitolo 18
Conservazione degli alimenti mediante disidratazione

La conservazione degli alimenti mediante disidratazione si basa sul fatto che i microrganismi e gli enzimi necessitano di acqua per essere attivi; l'obiettivo di tali metodi è ridurre il contenuto di umidità fino a inibire l'attività dei microrganismi alteranti e patogeni. Gli alimenti disidratati, essiccati o a bassa umidità (LMF, *low moisture foods*) generalmente non contengono più del 25% di umidità e hanno un valore di a_w compreso tra 0,00 e 0,60; questi sono gli alimenti secchi tradizionali, che comprendono anche i prodotti liofilizzati. Un'altra categoria di alimenti stabili – definiti alimenti a umidità intermedia (IMF, *intermediate moisture foods*) – sono quelli che contengono dal 15 al 50% di umidità e presentano valori di a_w compresi tra 0,6 e 0,85. Alcuni degli aspetti microbiologici degli IMF e degli LMF sono trattati in questo capitolo.

18.1 Preparazione e disidratazione degli alimenti a bassa umidità

La tecnica più antica per conservare gli alimenti, riducendone il contenuto di umidità, consisteva nell'esporli al sole fino a ottenerne l'essiccamento. Con tale tecnica alcune tipologie di alimenti possono essere conservate con successo, purché la temperatura e l'umidità relativa (UR) siano adeguate. Frutti come l'uva, le prugne, i fichi e le albicocche possono essere essiccati con questo metodo, che richiede quantità di spazio proporzionate alle quantità di prodotto da trattare. Tra le tecnologie di disidratazione di maggiore importanza commerciale vi sono l'essiccamento spray e a tamburo rotante, l'evaporazione e la liofilizzazione.

La preparazione degli alimenti da essiccare è assai simile a quella prevista per il congelamento, con poche eccezioni. Alcuni frutti, come le prugne, vengono immersi in soluzioni calde alcaline a concentrazione compresa tra 0,1 e 1,5%; tale operazione viene effettuata in particolare prima dell'essiccamento al sole. Frutti di colore chiaro e alcune verdure sono trattati con SO_2 in modo che ne assorbano livelli compresi tra 1000 e 3000 ppm; questo trattamento aiuta a mantenere il colore, a preservare alcune vitamine, a prevenire o rallentare cambiamenti nel corso della conservazione e a ridurre la carica microbica iniziale. Dopo l'essiccamento, i frutti sono solitamente sottoposti a pastorizzazione termica a 65,6-85 °C (150-185 °F) per 30-70 minuti.

Analogamente alla preparazione degli ortaggi per il congelamento, il blanching o scottatura è una fase essenziale prima della disidratazione e viene effettuata per immersione in acqua calda per 1-8 minuti, a seconda del tipo di prodotto. La funzione principale di tale operazione è distruggere gli enzimi che potrebbero causare cambiamenti indesiderati nel prodotto finito. I vegetali a foglia generalmente richiedono un blanching di durata inferiore rispetto a piselli, fagioli o carote. Temperature di 60,0-62,8 °C (140-145 °F) sono sicure per l'essiccamento di molti ortaggi. Per ottenere qualità e conservabilità soddisfacenti, il contenuto di umidità dei prodotti vegetali dovrebbe essere ridotto a valori inferiori al 4%. La stabilità di molti prodotti ortofrutticoli può essere aumentata mediante un pretrattamento con SO_2 o con solfiti. L'essiccamento dei prodotti vegetali viene solitamente effettuato in essiccatori a tunnel, a nastro o ad armadio.

La carne viene solitamente cotta prima della disidratazione; il contenuto finale di umidità delle carni bovine e suine essiccate dovrebbe essere del 4% circa.

La disidratazione del latte – sia intero sia scremato – può essere realizzata con essiccatori a tamburi rotanti o con essiccatori spray. Rimuovendo il 60% circa di acqua si ottiene latte evaporato, che contiene l'11,5% circa di lattosio. Il latte condensato zuccherato viene prodotto aggiungendo saccarosio o glucosio prima dell'evaporazione, in modo che il contenuto totale medio di tutti gli zuccheri in soluzione sia del 54% circa o superiore al 64%; la stabilità di questo prodotto è dovuta anche al fatto che gli zuccheri legano parte dell'acqua rendendola non disponibile per la crescita microbica.

Le uova intere, il tuorlo o l'albume possono essere essiccati per ottenere i relativi prodotti in polvere. È possibile aumentare la stabilità del prodotto disidratato, riducendo il contenuto di glucosio prima dell'essiccamento. L'essiccamento *spray drying* è il metodo più comunemente impiegato.

Nel processo *freeze drying* (liofilizzazione, criofilizzazione) il congelamento è preceduto da blanching, nel caso di vegetali, e da precottura, nel caso delle carni. Le velocità di congelamento e di scongelamento dei prodotti alimentari sono influenzate dai seguenti fattori[12]:

1. differenza di temperatura (forza motrice del processo) tra prodotto e mezzo di raffreddamento o riscaldamento;
2. meccanismo di trasferimento del calore verso, da e all'interno del prodotto (conduzione, convezione, irraggiamento);
3. tipo, dimensione e forma dell'imballaggio;
4. dimensione, forma e proprietà termiche del prodotto.

Il congelamento rapido consente di preservare meglio la qualità dei prodotti rispetto a quello lento; infatti, permette la formazione di piccoli cristalli di ghiaccio che causano un danno meccanico minore alla struttura dell'alimento. Allo scongelamento, gli alimenti sottoposti a congelamento rapido trattengono più acqua e, in generale, mostrano caratteristiche più simili al prodotto fresco rispetto agli alimenti congelati lentamente. Dopo il congelamento, l'acqua presente sotto forma di cristalli di ghiaccio viene rimossa per sublimazione; tale processo viene realizzato riscaldando (con diversi mezzi) il prodotto in una camera sotto vuoto spinto. Il contenuto d'acqua degli alimenti proteici può essere differenziato in acqua congelabile e acqua non congelabile (legata); quest'ultima è stata definita come l'acqua che rimane non congelata a temperature inferiori a −30 °C. La rimozione dell'acqua congelabile ha luogo durante la prima fase della sublimazione, che consente di eliminare dal 40 al 95% dell'umidità totale; l'acqua rimanente è generalmente acqua legata, parte della quale può essere rimossa durante l'essiccamento finale. A meno che non venga effettuato un trattamento termico prima della liofilizzazione, gli enzimi rimangono inalterati. Studi condotti su carni liofilizzate hanno dimostrato che il 40-80% dell'attività enzimatica non viene distrutta e può essere preservata anche dopo 16 mesi di conservazione a −20 °C[24]. Negli alimenti liofilizzati il livello di umidità del prodotto finale può essere del 2-8% circa, con valori di a_w pari a 0,10-0,25[37].

La liofilizzazione è generalmente preferita all'essiccamento sotto vuoto a temperature elevate, che rispetto alla prima tecnologia presenta, tra gli altri, i seguenti svantaggi[17]:

1. marcata contrazione del volume degli alimenti solidi;
2. migrazione dei costituenti disciolti verso la superficie durante l'essiccamento dei solidi;
3. marcata denaturazione delle proteine;
4. indurimento del prodotto (*case hardening*) dovuto alla formazione in superficie di uno strato impermeabile, relativamente duro, determinato da una o più delle tre modificazioni precedenti; tale fenomeno rallenta sia la velocità di disidratazione sia quella di ricostituzione;
5. formazione di solidi con struttura dura e impermeabile quando vengono essiccati alimenti liquidi;
6. reazioni chimiche indesiderate nei materiali sensibili al calore;
7. eccessiva perdita di aromi;
8. difficoltà di reidratazione come risultato di uno o più degli altri cambiamenti.

18.2 Effetto della disidratazione sui microrganismi

Sebbene alcuni microrganismi siano distrutti durante l'essiccamento, tale processo non è di per sé letale per i microrganismi; infatti, molte specie microbiche possono essere recuperate dagli alimenti essiccati, specialmente se si utilizzano materie prime di scarsa qualità o se le fasi dell'essiccamento non vengono condotte rispettando le norme di buona prassi igienica.

I batteri richiedono livelli di umidità relativamente elevati per la loro crescita, mentre i lieviti sono meno esigenti e le muffe ancora meno. Poiché la maggior parte dei batteri richiede per la crescita valori di a_w superiori a 0,90, essi non hanno alcun ruolo nell'alterazione degli alimenti essiccati. Rispetto alla stabilità di questi alimenti, Scott[29] ha correlato i livelli di a_w alla probabilità di alterazione nel modo seguente. A valori di a_w compresi tra 0,80 e 0,85 l'alterazione si verifica prontamente a opera di diversi funghi nell'arco di 1-2 settimane. Con a_w pari a 0,75 l'alterazione è ritardata e può essere causata da un numero minore di tipi di microrganismi. Con a_w pari a 0,70 l'alterazione risulta molto più ritardata o può non verificarsi anche durante una conservazione prolungata. Quando a_w è uguale a 0,65 può crescere un numero molto limitato di microrganismi ed è assai improbabile che si verifichi alterazione, anche per periodi di 2 anni. Secondo alcuni ricercatori, gli alimenti essiccati da conservare per diversi anni dovrebbero essere processati in modo da avere un valore finale di a_w compreso tra 0,65 e 0,75 (la maggior parte suggerisce 0,70).

A livelli di a_w intorno a 0,90, i microrganismi che crescono con maggiore probabilità sono lieviti e muffe; tale valore è vicino al minimo per la maggior parte dei lieviti comuni. Sebbene l'alterazione microbica sia quasi prevenuta a valori di a_w inferiori a 0,65, alcune muffe sono in grado di crescere molto lentamente con a_w pari a 0,60-0,62. In particolari condizioni lieviti osmofili, come ceppi di *Zygosaccharomyces rouxii*, sono in grado di crescere a valori di a_w di 0,65. Il gruppo di microrganismi che dà più problemi negli alimenti essiccati è rappresentato dalle muffe: la specie più nota in grado di crescere a bassi valori di a_w è *Aspergillus glaucus*. La tabella 18.1 riporta i valori minimi di a_w per la germinazione e la crescita di alcune specie di muffe e di lieviti. Pitt e Christian[26] hanno osservato che le muffe alteranti predominanti nelle prugne secche e a elevata umidità erano membri del gruppo *A. glaucus* e *Xeromyces bisporus*. Le aleuriospore (conidi) di *X. bisporus* erano in grado di germinare in 120 giorni con un valore di a_w pari a 0,605. Generalmente, erano richiesti livelli più elevati di umidità sia per la sporulazione asessuata sia per quella sessuata.

Tabella 18.1 Valori minimi di a_w riportati per la germinazione e la crescita di lieviti e muffe responsabili di alterazioni

Microrganismo	a_w min	Microrganismo	a_w min
Candida utilis	0,94	Candida zeylanoides	0,90
Botrytis cinerea	0,93	Saccharomycopsis vernalis	0,89
Rhizopus stolonifer (nigricans)	0,93	Alternaria citri	0,84
Mucor spinosus	0,93	Aspergillus glaucus	0,70
Candida scottii	0,92	Aspergillus echinulatus	0,64
Trichosporon pullulans	0,91	Zygosaccharomyces rouxii	0,62

Per altri microrganismi, si veda la tabella 3.5.

Come guida per la stabilità degli alimenti essiccati durante la conservazione è stato proposto un limite critico del contenuto di umidità (*alarm water*), che rappresenta il contenuto d'acqua che non dovrebbe essere superato per impedire la crescita delle muffe. Sebbene possano essere utili, questi valori dovrebbero essere considerati con cautela, poiché in taluni casi può essere disastroso anche un aumento dell'1%[29]. Il contenuto critico di acqua per alcuni prodotti alimentari è riportato in tabella 18.2. Sulla base dell'esperienza, il livello di umidità degli alimenti liofilizzati dovrebbe essere ridotto al 2%; secondo Burke e Decareau[7], tuttavia, tale valore è probabilmente eccessivamente basso per alcuni alimenti, che potrebbero essere conservati altrettanto bene a livelli più elevati di a_w, con notevole risparmio energetico.

Sebbene l'essiccamento distrugga alcuni microrganismi, le endospore batteriche sopravvivono, come pure i lieviti, le muffe e molti batteri Gram-negativi e Gram-positivi. Nel loro studio sui batteri isolati da carne di pollo liofilizzata e reidratata a temperatura ambiente, May e Kelly[23] sono riusciti a recuperare il 32% circa della microflora originale. Gli autori della ricerca hanno dimostrato che *Staphylococcus aureus*, inoculato prima del processo di liofilizzazione, può sopravvivere in particolari condizioni. È stato osservato che alcuni – se non tutti – parassiti di origine alimentare, come *Trichinella spiralis*, sopravvivono all'essiccamento[11]. L'obiettivo è produrre alimenti essiccati con una conta totale non superiore a 100 000/g. Vi è accordo generale sul fatto che negli alimenti essiccati la conta dei coliformi dovrebbe essere pari o prossima a zero e che i patogeni dovrebbero essere assenti, con l'eccezione di un numero limitato di *Clostridium perfringens*. Tranne quelli che possono essere distrutti dal blanching o dalla precottura, durante il processo di liofilizzazione viene distrutto un numero relativamente più basso di microrganismi; in particolare ne vengono distrutti di più durante la fase di congelamento che in quella di disidratazione. Durante il congelamento dal 5 al 10% dell'acqua rimane legata agli altri costituenti del mezzo; quest'acqua

Tabella 18.2 Contenuto critico di acqua per diversi prodotti alimentari

Alimento	Acqua %	Alimento	Acqua %
Latte intero in polvere	~8	Carne idratata magra	15
Uova intere disidratate	10-11	Legumi	15
Farina di grano	13-15	Verdure disidratate	14-20
Riso	13-15	Amido	18
Latte in polvere (separato)	15	Frutta disidratata	18-25

RH = 70%; temperatura = 20 °C.
(Da Mossel e Ingram[25])

viene rimossa nella successiva fase di essiccamento del processo di liofilizzazione. La morte
o il danneggiamento delle cellule microbiche per essiccamento possono derivare dalla denaturazione nelle porzioni già congelate, non ancora essiccate, in seguito alla concentrazione
risultante dal congelamento, alla rimozione dell'acqua legata e/o alla ricristallizzazione di
sali o idrati formati dalle soluzioni eutettiche[24]. Quando la morte si verifica durante la disidratazione, la velocità è più elevata durante i primi stadi dell'essiccamento. Le colture giovani sono più sensibili all'essiccamento di quelle vecchie[13].

La liofilizzazione è tra i metodi più noti per la conservazione dei microrganismi. Una
volta completato il processo, le cellule possono rimanere vitali indefinitamente. Esaminando
277 colture di batteri, lieviti e muffe conservate liofilizzate per 21 anni, Davis[10] trovò che
solo tre di esse non erano più vitali.

18.3 Stabilità degli alimenti essiccati

Anche in assenza di crescita fungina, durante la conservazione gli alimenti essiccati sono
soggetti ad alcune reazioni chimiche che possono renderli inaccettabili. L'ossidazione dei
lipidi (irrancidimento) è un tipo di deterioramento chimico che si riscontra frequentemente
negli alimenti contenenti grassi e ossigeno. Gli alimenti che contengono zuccheri riducenti
vanno incontro a un'alterazione di colore nota come reazione di Maillard, o imbrunimento
non enzimatico; tale processo è causato dalla reazione dei gruppi carbonilici degli zuccheri
riducenti con i gruppi amminici di proteine e amminoacidi, seguita da una serie di altre reazioni più complesse. Nei prodotti ortofrutticoli l'imbrunimento tipo Maillard è indesiderato
non solo perché conferisce una colorazione non naturale, ma anche perché gli alimenti suscettibili acquistano sapore amaro. Se il contenuto di umidità è del 2% circa, anche gli alimenti
liofilizzati vanno incontro a imbrunimento; perciò il loro valore di a_w dovrebbe essere mantenuto al di sotto di tale soglia. La velocità massima della reazione di imbrunimento nei prodotti ortofrutticoli si osserva a valori di a_w compresi tra 0,65 e 0,75, mentre nel latte scremato in polvere sembra avvenire più rapidamente quando il valore di a_w è intorno a 0,70[37].

Tra le possibili alterazioni chimiche degli alimenti essiccati vi sono anche perdita di vitamina C nei vegetali, perdita generalizzata di colore, cambiamenti strutturali che impediscono la completa reidratazione e durezza dei prodotti reidratati e cotti. Le condizioni che favoriscono uno o più dei possibili cambiamenti degli alimenti essiccati generalmente tendono a
favorirli tutti, così che le misure preventive nei confronti di uno di essi risultano efficaci, in
diversa misura, anche nei confronti degli altri. Per minimizzare le alterazioni di natura chimica negli alimenti essiccati, sono stati proposti – tra gli altri – i seguenti metodi.

1. Mantenere il contenuto di umidità più basso possibile. Gooding[14] ha osservato che abbassando il contenuto di umidità dei cavoli dal 5 al 3% si raddoppia la conservabilità a 37 °C.
2. Ridurre il più possibile il livello degli zuccheri riducenti. Questi composti sono direttamente coinvolti nell'imbrunimento non enzimatico e la loro riduzione si è dimostrata utile
   per aumentare la conservabilità degli alimenti essiccati.
3. Quando previsto, impiegare per il blanching acqua con il livello più basso possibile di
   solidi disciolti. Gooding[14] e Severini e colleghi[31] hanno dimostrato che effettuando nella
   stessa acqua il blanching di più partite di vegetali si aumenta il rischio di imbrunimento;
   una possibile spiegazione di tale fenomeno è che la notevole quantità di soluti estratti
   (presumibilmente zuccheri riducenti e amminoacidi) si concentra, impregnandola, sulla
   superficie dei prodotti trattati a livelli relativamente elevati[14].

4. Impiegare SO$_2$. Il trattamento dei vegetali prima della disidratazione con questo gas protegge la vitamina C e ritarda la reazione di imbrunimento. Il preciso meccanismo con il quale la SO$_2$ ritarda l'imbrunimento non è ben chiaro, ma non sembra che blocchi i gruppi riducenti degli esosi; è stato suggerito che possa agire come accettore di radicali liberi.

Uno dei più importanti fattori da considerare per prevenire le alterazioni fungine degli alimenti essiccati è rappresentato dall'umidità relativa (UR) dell'ambiente di stoccaggio. Se impropriamente confezionati e conservati in condizioni di elevata UR, gli alimenti essiccati assorbiranno umidità dall'atmosfera fino a raggiungere l'equilibrio con l'ambiente. Poiché l'umidità viene assorbita in primo luogo dalla superficie dei prodotti essiccati, l'alterazione è inevitabile; la crescita superficiale tende a essere caratteristica delle muffe a causa della loro esigenza di ossigeno.

18.4 Alimenti a umidità intermedia

Gli alimenti a umidità intermedia (IMF) sono caratterizzati da un contenuto di umidità del 15-50% circa e da a$_w$ compresa tra 0,60 e 0,85; sono stabili a temperatura ambiente per periodi di tempo variabili. Sebbene questa classe di alimenti abbia ricevuto un forte impulso agli inizi degli anni sessanta, con lo sviluppo e il commercio di IMF per cani, da molti anni ormai vengono prodotti alimenti IMF destinati al consumo umano; si tratta di alimenti IMF cosiddetti tradizionali, per distinguerli dagli IMF di nuova concezione. La tabella 18.3 riporta alcuni IMF tradizionali con i relativi valori di a$_w$. Tutti questi alimenti possiedono valori di a$_w$ ridotti, ottenuti sottraendo l'acqua per desorbimento, assorbimento e/o per aggiunta di additivi consentiti, come sali e zuccheri. Gli IMF sono caratterizzati non solo da valori di a$_w$ compresi tra 0,60 e 0,85, ma anche dall'utilizzo di additivi ad azione umettante (come glicerolo, glicoli, sorbitolo e saccarosio) e fungistatica (come sorbato e benzoato).

Tabella 18.3 Alimenti tradizionali a umidità intermedia

Prodotti alimentari	Intervallo di a$_w$
Frutta secca	0,60-0,75
Torte, pasticcini	0,60-0,90
Surgelati	0,60-0,90
Zuccheri, sciroppi	0,60-0,75
Alcune caramelle	0,60-0,65
Farciture per pasticceria	0,65-0,71
Cereali (alcuni)	0,65-0,75
Torta di frutta	0,73-0,83
Miele	0,75
Succo di frutta concentrato	0,79-0,84
Confetture	0,80-0,91
Latte condensato dolcificato	0,83
Salami fermentati (alcuni)	0,83-0,87
Sciroppo d'acero	0,90
Formaggi stagionati (alcuni)	0,96
Salsiccia di fegato	0,96

18.4.1 Preparazione degli IMF

Poiché *S. aureus* è l'unico microrganismo di interesse per la salute pubblica che può crescere a valori di a_w vicini a 0,86, un IMF può essere preparato formulando il prodotto in modo che il suo contenuto di umidità sia compreso tra il 15 e il 50%, aggiustando l'a_w intorno a 0,86 mediante l'impiego di umettanti e aggiungendo un agente antifungino per inibire il numero piuttosto ampio di lieviti e muffe in grado di crescere a valori di a_w superiori a 0,70. Un ulteriore aumento della stabilità è ottenuto riducendo il pH. Questo è essenzialmente tutto ciò che serve per produrre un prodotto IMF; tuttavia il processo reale e il conseguimento della stabilità sono assai più complessi.

La determinazione dell'attività dell'acqua di un sistema alimentare è discussa nel capitolo 3. È anche possibile utilizzare la legge di Raoult sulle frazioni molari, dove il numero di moli di acqua di una soluzione è diviso per il numero totale di moli della soluzione[3]:

$$a_w = \frac{\text{moli di } H_2O}{\text{moli di } H_2O + \text{moli di soluto}}$$

per esempio, un litro di acqua contiene 55,5 moli; assumendo che l'acqua sia pura si ha:

$$a_w = \frac{55,5}{55,5 + 0} = 1,00$$

se viene aggiunta una mole di saccarosio si ottiene:

$$a_w = \frac{55,5}{55,5 + 1} = 0,98$$

Questa equazione può essere riarrangiata per calcolare il numero di moli di soluto necessario per ottenere un dato valore di a_w. Sebbene sostanzialmente corretta, la precedente formula fornisce risultati molto approssimati, poiché i sistemi alimentari sono resi complessi dalla presenza di ingredienti che interagiscono con l'acqua e reciprocamente in modo difficile da prevedere. Il saccarosio, per esempio, diminuisce il valore di a_w più di quanto ci si attenda, così che i calcoli basati sulla legge di Raoult possono essere non attendibili[4].

Nella preparazione degli alimenti a umidità intermedia l'acqua può essere rimossa sia per adsorbimento sia per desorbimento. Nel primo caso, l'alimento viene dapprima essiccato (spesso liofilizzato) e poi sottoposto a riumidificazione controllata fino a raggiungere la composizione desiderata. Nel secondo caso, l'alimento viene posto in una soluzione a pressione osmotica più elevata, in modo che all'equilibrio si raggiunga il valore desiderato di a_w[28]. Sebbene entrambi i metodi consentano di raggiungere valori identici di a_w, gli IMF prodotti per adsorbimento risultano più resistenti all'attacco microbico degli IMF ottenuti per desorbimento (vedi oltre). Quando si costruiscono le isoterme di assorbimento per matrici alimentari, l'isoterma di adsorbimento talora dimostra che, a parità di a_w, viene trattenuta meno acqua rispetto all'isoterma di desorbimento. L'isoterma di assorbimento di un alimento rappresenta graficamente la quantità di acqua adsorbita (o desorbita) in funzione dell'umidità relativa dello spazio circostante il materiale: si tratta della quantità di acqua trattenuta dopo il raggiungimento dell'equilibrio con l'ambiente a temperatura costante[21]. Le isoterme di assorbimento possono essere di adsorbimento o di desorbimento: quando nelle prime viene trattenuta una maggiore quantità di acqua rispetto alle seconde, la differenza è ascritta a un fenome-

Tabella 18.4 Preparazione mediante infusione di umidità di alcuni alimenti IMF rappresentativi

Materia prima	H$_2$O (%)	Processo	Prodotto equilibrato		peso iniziale/peso soluzione	Composizione della soluzione (%)					
			H$_2$O (%)	a$_w$		Glicerolo	H$_2$O	NaCl	Saccarosio	Potassio sorbato	Sodio benzoato
Tonno al naturale (1 cm di spessore)	60,0	Immersione a freddo	38,8	0,81	0,59	53,6	38,6	7,1	–	0,7	–
Carote cotte (cubetti di circa 0,9 cm)	88,2	Cottura a 95-98 °C e refrigerazione	51,5	0,81	0,48	59,2	34,7	5,5	–	0,6	–
Maccheroni e ditalini cotti e scolati	63,0	Cottura a 95-98 °C e refrigerazione	46,1	0,83	0,43	42,7	48,8	8,0	–	0,5	–
Lonza di maiale cruda (1 cm di spessore)	70,0	Cottura a 95-98 °C e refrigerazione	42,5	0,81	0,73	45,6	43,2	10,5	–	0,7	–
Ananas in pezzi sciroppata	73,0	Immersione a freddo	43,0	0,85	0,46	55,0	21,5	–	23,0	0,5	–
Sedano scottato (pezzi da 0,6 cm)	94,7	Immersione a freddo	39,6	0,83	0,52	68,4	25,2	5,9	–	0,5	–
Costata di manzo (spessore 1 cm)	70,8	Cottura a 95-98 °C e refrigerazione	–	0,86	2,35	87,9	–	10,1	–	–	2,0

(Da Brockmann[6], copyright © 1970 Institute of Food Technologists)

no di isteresi. Tale effetto, insieme ad altre proprietà fisiche associate alla produzione degli IMF, è stato esaminato da Labuza[21], Sloan e colleghi[34] e da altri ricercatori e non sarà ulteriormente qui discusso. Le proprietà di assorbimento di una formulazione IMF, l'interazione di ciascun ingrediente con l'acqua e con gli altri ingredienti e la sequenza con la quale vengono miscelati gli ingredienti, complicano ulteriormente le procedure per la produzione degli IMF e possono avere effetti diretti e indiretti sulla microbiologia di questi prodotti.

Per modificare il valore di a_w nella produzione degli IMF sono impiegate le seguenti tecniche generali[20].

1. *Infusione del prodotto umido.* Pezzi di alimenti solidi vengono immersi e/o cotti in soluzioni appropriate fino al raggiungimento del desiderato valore di a_w (desorbimento).
2. *Infusione del prodotto secco.* Pezzi di alimenti solidi vengono dapprima disidratati e poi imbevuti di una soluzione contenente gli agenti osmotici desiderati (adsorbimento).
3. *Miscelazione dei componenti.* Tutti i componenti degli IMF vengono pesati, miscelati, cotti ed estrusi o altrimenti combinati in modo che il prodotto finale abbia il valore di a_w desiderato.
4. *Essiccamento osmotico.* Gli alimenti vengono disidratati mediante immersione in soluzioni con valori di a_w più bassi di quello dell'alimento che si vuole ottenere. Quando si utilizzano sali e zuccheri si sviluppano contemporaneamente due flussi in controcorrente: il soluto diffonde dalla soluzione all'interno dell'alimento, mentre l'acqua diffonde dall'alimento verso la soluzione.

Nella tabella 18.4 sono elencati alimenti preparati per infusione del prodotto umido, destinati a forniture militari. Gli alimenti sono stati equilibrati mediante immersione a freddo oppure mediante cottura a 95-100 °C seguita da refrigerazione per una notte (il raggiungimento dell'equilibrio senza cottura richiede un periodo più prolungato di refrigerazione)[6]. Mediante infusione del prodotto umido è stato anche preparato pesce gatto fritto IMF[9].

Gli alimenti per animali da compagnia sono più spesso preparati mediante miscelazione degli ingredienti. La composizione caratteristica di uno di questi prodotti è riportata nella tabella 18.5. La procedura generale per la preparazione di un prodotto di questo tipo è la seguente. La carne e i prodotti carnei vengono macinati e successivamente miscelati con gli ingredienti liquidi. L'impasto ottenuto viene cotto, o sottoposto ad altro trattamento termico, e quindi miscelato con gli ingredienti secchi (sali, zuccheri, solidi secchi ecc.). Dopo essere stato perfettamente amalgamato, l'impasto può essere sottoposto a ulteriore cottura o ad altro trattamento termico prima dell'estrusione e del confezionamento. Il materiale estruso può essere sagomato in forma di polpette oppure confezionato sciolto. La tabella 18.6 riporta la

Tabella 18.5 Composizione tipica di alimenti a umidità intermedia per cani

Ingredienti	%	Ingredienti	%
Sottoprodotti di carne	32,0	Sorbitolo	2,0
Fiocchi di soia	33,0	Grasso animale	1,0
Zuccheri	22,0	Emulsionante	1,0
Latte magro in polvere	2,5	Sale	0,6
Calcio e fosforo	3,3	Sorbato di potassio	0,3
Propilenglicole	2,0	Minerali, vitamine, coloranti	0,3

(Da Kaplow[19], copyright © 1970 Institute of Food Technologists)

Tabella 18.6 Composizione di Hennican

Componenti	Quantità (sul peso umido, %)
Uva passa	30
Acqua	23
Arachidi	15
Pollo (liofilizzato)	15
Latte magro in polvere	11
Burro di arachidi	4
Miele	2

Contenuto di umidità = 41 g di acqua/100g di solidi; a_w = 0,85.
(Da Acott e Labuza[1], copyright © 1975 Institute of Food Technologists)

composizione dell'Hennican, un prodotto IMF a base di pollo che fu oggetto dei primi studi sugli IMF. Secondo Acott e Labuza[1], questo prodotto è un adattamento del *pemmican*, un alimento utilizzato in passato dagli indiani d'America per affrontare i viaggi e l'inverno, preparato con carne di bufalo essiccata e bacche. Sia il contenuto di umidità sia il valore di a_w di tale sistema possono essere modificati variando la miscela di ingredienti.

Gli umettanti comunemente utilizzati nelle formulazioni di cibo per animali sono propilenglicole, polialcoli (per esempio sorbitolo), polietilenglicole, glicerolo, zuccheri (saccarosio, fruttosio, glucosio e sciroppo di mais) e sali (NaCl, KCl ecc.). I micostatici comunemente impiegati sono propilenglicole, sorbato di potassio, benzoato di sodio e altri. Il pH di questi prodotti può andare da 5,4 a 7,0.

18.4.2 Aspetti microbiologici degli IMF

Dato il loro intervallo di a_w, è improbabile che i batteri Gram-negativi possano proliferare nei prodotti IMF; ciò vale anche per la maggior parte dei batteri Gram-positivi, con l'eccezione di cocchi, alcuni sporigeni e lattobacilli. Oltre all'inibizione dovuta ai bassi valori di a_w, l'attività antimicrobica risulta dall'interazione tra pH, potenziale redox (Eh), conservanti aggiunti (compresi alcuni umettanti), microflora competitiva, temperature di conservazione generalmente basse e pastorizzazione o altri processi termici applicati durante la produzione.

L'evoluzione di *S. aureus* S-6 in cubetti di carne di maiale IM contenente glicerolo a 25 °C è illustrata nella figura 18.1. Nel campione ottenuto per desorbimento con un valore di a_w pari a 0,88, il numero di cellule rimane stazionario per circa 15 giorni e poi aumenta leggermente, mentre nel sistema IM ottenuto per adsorbimento con la stessa a_w, le cellule muoiono lentamente durante le prime tre settimane e più rapidamente in seguito. A tutti i valori di a_w inferiori a 0,88 i microrganismi muoiono, con una velocità considerevolmente maggiore a 0,73 rispetto a valori di a_w più elevati[27]. Risultati simili sono stati riportati da Haas e colleghi[15], che hanno osservato che un inoculo di 10^5 cellule di stafilococchi all'interno di un sistema di carne e zucchero con a_w pari a 0,80 diminuiva fino a 3×10^3 dopo 6 giorni e fino a 3×10^2 dopo 1 mese. Sebbene *S. aureus* possa crescere anche a valori di a_w pari a 0,83, le enterotossine non vengono prodotte con valori inferiori a 0,86[35]. Sembra che l'enterotossina A sia prodotta a valori di a_w più bassi rispetto all'enterotossina B[36].

Utilizzando il modello IM Hennican a pH 5,6 e a_w 0,91, Boylan e colleghi[5] hanno dimostrato che l'efficacia del sistema IM verso *S. aureus* F265 variava in funzione di entrambi i parametri. I sistemi preparati mediante adsorbimento risultano più distruttivi per i microrga-

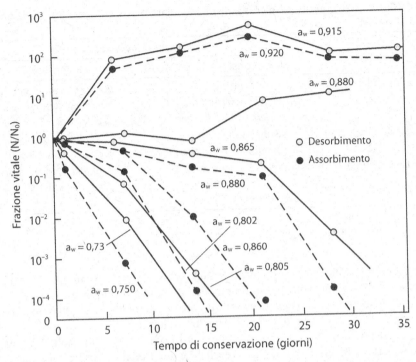

Figura 18.1 Vitalità di *Staphylococcus aureus* in sistemi IMF: cubetti di maiale e glicerolo a 25 °C. (Da Plitman e colleghi[27], copyright © 1973 Institute of Food Technologists)

nismi rispetto a quelli preparati mediante desorbimento. Labuza e colleghi[22] hanno osservato che i valori minimi di a_w si riscontrano nei sistemi IMF ottenuti mediante desorbimento, ma che nei sistemi preparati mediante adsorbimento la crescita microbica è inibita a valori di a_w più elevati. Infatti, *S. aureus* era inibito a valori di a_w pari a 0,9 nei sistemi per adsorbimento, mentre erano necessari valori compresi tra 0,75 e 0,84 nei sistemi per desorbimento. Un effetto analogo è stato osservato per muffe, lieviti e Pseudomonadaceae.

In relazione all'effetto dei sistemi IMF sulla distruzione termica dei batteri, la resistenza al calore aumenta con la diminuzione di a_w e il grado di resistenza dipende dai composti impiegati per controllare tale parametro (tabella 17.3). In uno studio sulla velocità di morte di salmonelle e stafilococchi nel range IM di circa 0,8 alle temperature di pastorizzazione (50-65 °C), è stato osservato che la morte cellulare segue una cinetica del primo ordine[18]; tale studio ha confermato i risultati di molti altri ricercatori, secondo i quali la distruzione termica delle cellule vegetative raggiunge un minimo nel range di a_w degli IM, specialmente quando viene utilizzato un mezzo solido. Alcuni valori del tempo di riduzione decimale (*D*) per la distruzione termica di *Salmonella* Senftenberg 775W a diversi valori di a_w sono riportati nella tabella 17.3.

Per quanto riguarda le muffe nei sistemi IMF, questi prodotti dovrebbero risultare abbastanza stabili se il valore di a_w viene ridotto a circa 0,7, ma in tal modo si ottengono alimenti secchi. Numerose muffe sono in grado di crescere a valori intorno a 0,80; la shelf life degli IM destinati all'alimentazione animale (*pet foods*) è infatti generalmente limitata dalla crescita di questi microrganismi. L'interazione di diversi parametri IM sull'inibizione delle

Tabella 18.7 Tempi di crescita di microrganismi inoculati in alimenti per cani addizionati di inibitori, pH 5,4

Inibitore	Condizioni di conservazione	
	a_w 0,85; conservazione: 9 mesi	a_w 0,88; conservazione: 6 mesi
Senza aggiunta di inibitori	A. *niger* 2 settimane	A. *niger* 1 settimana
	A. *glaucus* 1 settimana	A. *glaucus* 1 settimana
	S. *epidermidis* 2 settimane	S. *epidermidis* 0,5 settimana
Sorbato di potassio (0,3%)	Nessuna muffa	A. *niger* 5 settimane
	S. *epidermidis* 25 settimane	S. *epidermidis* 3,5 settimane
Propionato di calcio (0,3%)	A. *niger* 25 settimane	A. *glaucus* 2 settimane
	A. *glaucus* 25 settimane	S. *epidermidis* 1,5 settimane
	S. *epidermidis* 3,5 settimane	

Muffa: primi segni visibili; batteri: aumento di 2 unità logaritmiche.
(Da Acott et al.[2], copyright © 1976 Institute of Food Technologists)

muffe è stata dimostrata da Acott e colleghi[2]. Nel loro studio su sette inibitori chimici – utilizzati da soli e in combinazione per inibire inoculi di *Aspergillus niger* e *A. glaucus* – il propilenglicole è risultato l'unico agente consentito efficace quando utilizzato da solo. Nessuno degli agenti testati si è dimostrato efficace da solo a valori di a_w pari a 0,88, mentre utilizzati in combinazione rendevano il prodotto stabile. Tutti gli inibitori sono risultati più efficaci a pH 5,4 e a_w pari a 0,85 che a pH 6,3. La crescita dei due funghi si verificava in due settimane nella formulazione con a_w uguale a 0,85 e in assenza di inibitori, ma si verificava solo dopo 25 settimane quando venivano aggiunti sorbato di potassio e propionato di calcio (tabella 18.7). La crescita di *Staphylococcus epidermidis* era inibita da entrambi i fungistatici, con un effetto inibitorio maggiore quando a_w era uguale a 0,85 rispetto a 0,88. Questo è probabilmente un esempio degli effetti combinati di pH, a_w e altri parametri sull'inibizione della crescita microbica nei sistemi IMF.

18.4.3 Stabilità degli IMF

I cambiamenti chimici indesiderati che si verificano nei prodotti essiccati avvengono anche negli IMF. In generale, gli intervalli dei valori di a_w e della percentuale di umidità dei prodotti IMF sono ottimali per l'ossidazione dei lipidi e per l'imbrunimento di Maillard; tuttavia, l'imbrunimento di Maillard avverrebbe a velocità massima nell'intervallo di a_w 0,4-0,5, in particolare quando si utilizza glicerolo come umettante[37].

Per impedire la crescita delle muffe e assicurare la stabilità generale, è imperativo conservare gli IMF in appropriate condizioni di umidità; a tale scopo è importante determinare l'umidità relativa di equilibrio (ERH o URE). ERH è una misura dell'acqua che può essere rimossa per desorbimento da un prodotto alimentare ed è definita dall'equazione:

$$ERH = (P_{equ}/P_{sat}), \quad T, P = 1 \text{ atm}$$

dove P_{equ} è la pressione parziale del vapor d'acqua in equilibrio con il campione in aria a 1 atm di pressione totale e alla temperatura T; P_{sat} è la pressione parziale di saturazione del vapore dell'acqua in aria alla pressione totale di 1 atm e alla temperatura T[16]. Un alimento esposto all'aria umida scambia acqua fino a quando la pressione parziale di equilibrio a quella temperatura diventa uguale alla pressione parziale dell'acqua nell'aria umida, cosicché il valore di ERH è una misura diretta per stabilire se l'umidità verrà assorbita o desorbita spontaneamente. Nel caso di alimenti confezionati o protetti con materiali impermeabili all'umidità, l'umidità relativa dell'atmosfera nello spazio di testa della confezione è determinata dal valore di ERH dell'alimento, che è a sua volta controllato dalla natura dei solidi in esso disciolti, dal rapporto tra solidi e umidità e da fattori simili[30]. Sia i prodotti IMF tradizionali sia quelli di nuova concezione possiedono una shelf life più lunga a valori di ERH più bassi.

Oltre all'effetto diretto dell'imballaggio sul valore di ERH, i materiali impermeabili ai gas influiscono sul potenziale di ossidoriduzione (Eh) dei prodotti confezionati, con conseguente effetto inibitorio sulla crescita dei microrganismi aerobi.

18.4.4 IMF e transizione vetrosa

L'impiego dei valori di a_w per gli IMF è stato messo in discussione da alcuni ricercatori, secondo i quali la dinamica dell'acqua può essere un miglior predittore dell'attività microbica in tali sistemi; questo concetto si riferisce alla matrice amorfa dei componenti alimentari sensibili ai cambiamenti del contenuto di umidità e della temperatura. La matrice può esistere sia in uno stato "vetroso" molto viscoso, sia in uno stato più liquido "gommoso" amorfo. Lo stato vetroso si riferisce all'aumento di viscosità di un sistema amorfo acquoso e il sistema gommoso implica una riduzione o l'inibizione della capacità di fluire. Nello stato vetroso, la cristallizzazione dei costituenti è limitata. La transizione vetroso-gommoso si verifica alla temperatura caratteristica T_g; all'aumentare del contenuto di umidità, tale transizione può avvenire anche a temperature inferiori. La temperatura di transizione T_g è stata proposta come parametro predittore della stabilità dei sistemi IMF migliore di a_w[32,33].

La validità e l'utilità di T_g in relazione alla stabilità dei sistemi IMF su scala più ampia rimane ancora da verificare. In uno studio comparativo, tale parametro non si è dimostrato più valido di a_w come predittore della crescita microbica negli alimenti[8].

Bibliografia

1. Acott KM, Labuza TP (1975) Inhibition of Aspergillus niger in an intermediate moisture food system. *J Food Sci*, 40: 137-139.
2. Acott KM, Sloan AE, Labuza TP (1976) Evaluation of antimicrobial agents in a microbial challenge study for an intermediate moisture dog food. *J Food Sci*, 41: 541-546.
3. Bone DP (1973) Water activity in intermediate moisture foods. *Food Technol*, 27(4): 71-76.
4. Bone DP (1969) Water activity – Its chemistry and applications. *Food Prod Dev*, 3(5): 81-94.
5. Boylan SL, Acott KA, Labuza TP (1976) Staphylococcus aureus challenge study in an intermediate moisture food. *J Food Sci*, 41: 918-921.
6. Brockmann MC (1970) Development of intermediate moisture foods for military use. *Food Technol*, 24: 896-900.
7. Burke RF, Decareau RV (1964) Recent advances in the freeze-drying of food products. *Adv Food Res*, 13: 1-88.
8. Chirife J, Buera MDP (1994) Water activity, glass transition and microbial stability in concentrated/semimoist food systems. *J Food Sci*, 59: 921-927.
9. Collins JL, Yu AK (1975) Stability and acceptance of intermediate moisture, deep-fried catfish. *J Food Sci*, 40: 858-863.
10. Davis RJ (1963) Viability and behavior of lyophilized cultures after storage for twenty-one years. *J Bacteriol*, 85: 486-487.

11. Desrosier NW (1963) *The Technology of Food Preservation*. Van Nostrand Reinhold, New York.
12. Fennema O, Powrie WD (1964) Fundamentals of low-temperature food preservation. *Adv Food Res*, 13: 219-347.
13. Fry RM, Greaves RIN (1951) The survival of bacteria during and after drying. *J Hyg*, 49: 220-246.
14. Gooding EGB (1962) The storage behaviour of dehydrated foods. In: Hawthorn J, Leitch JM (eds) *Recent Advances in Food Science*, vol. 2. Butterworths, London, pp, 22-38.
15. Haas GJ, Bennett D, Herman EB, Collette D (1975) Microbial stability of intermediate moisture foods. *Food Prod Dev*, 9(4): 86-94.
16. Hardman TM (1976) Measurement of water activity. Critical appraisal of methods. In: Davies R, BirchGG, Parker KJ (eds) *Intermediate Moisture Foods*. Applied Science, London, pp. 75-88.
17. Harper JC, Tappel AL (1957) Freeze-drying of food products. *Adv Food Res*, 7: 171-234.
18. Hsieh FH, Acott K, Labuza TP (1976) Death kinetics of pathogens in a pasta product. *J Food Sci*, 41: 516-519.
19. Kaplow M (1970) Commercial development of intermediate moisture foods. *Food Technol*, 24: 889-893.
20. Karel M (1976) Technology and application of new intermediate moisture foods. In: Davies R, Birch GG, Parker KJ (eds) *Intermediate Moisture Foods*. Applied Science, London, pp. 4-31.
21. Labuza TP (1968) Sorption phenomena in foods. *Food Technol*, 22: 263-272.
22. Labuza TP, Cassil S, Sinskey AJ (1972) Stability of intermediate moisture foods 2. Microbiology. *J Food Sci*, 37: 160-162.
23. May KN, Kelly LE (1965) Fate of bacteria in chicken meat during freeze-dehydration, rehydration, and storage. *Appl Microbiol*, 13: 340-344.
24. Meryman HT (1966) Freeze-drying. In: Meryman HT (ed) *Cryobiology*. Academic Press. New York.
25. Mossel DAA, Ingram M (1955) The physiology of the microbial spoilage of foods. *J Appl Bacteriol*, 18: 232-268.
26. Pitt JI, Christian JHB (1968) Water relations of xerophilic fungi isolated from prunes. *Appl Microbiol*, 16: 1853-1858.
27. Plitman M, Park Y, Gomez R, Sinskey (1973) Viability of Staphylococcus aureus in intermediate moisture meats. *J Food Sci*, 38: 1004-1008.
28. Robson JN (1976) Some introductory thoughts on intermediate moisture foods. In: Davies R, Birch GG, Parker KJ (eds) *Intermediate Moisture 'Foods*. Applied Science, London, pp. 32-42.
29. Scott WJ (1957) Water relations of food spoilage microorganisms. *Adv Food Res*, 1: 83-127.
30. Seiler DAL (1976) The stability of intermediate moisture foods with respect to mould growth. In: Davies R, Birch GG, Parker KJ (eds) *Intermediate Moisture Foods*. Applied Science, London, pp. 166-181.
31. Severini C, Derossi A, Falcone P, Baiano A, Massini R (2004) The study of acidifying blanching of pickled "Cicorino" leaves using Response Surface Methodology. *Journal of Food Engineering*, 62(4): 331-335.
32. Slade L, Levine H (1991) Beyond water activity: Recent advances based on an alternative approach to the assessment of food quality and safety. *CRC Crit Rev Food Sci Nutr*, 30: 115-360.
33. Slade L, Levine H (1987) Structural stability of intermediate moisture foods – A new understanding. In: Mitchell JR, Blanshard JMV (eds) *Food Structure – Its Creation and Evaluation*. Butterworths, London, pp. 115-147.
34. Sloan AE, Waletzko PT, Labuza TP (1976) Effect of order-of-mixing on aw-lowering ability of food humectants. *J Food Sci*, 41: 536-540.
35. Tatini SR (1973) Influence of food environments on growth of Staphylococcus aureus and production of various enterotoxins. *J Milk Food Technol*, 36: 559-563.
36. Troller JA (1972) Effect of water activity on enterotoxin A production and growth of Staphylococcus aureus.'*Appl Microbiol*, 24: 440-443.
37. Troller JA, Christian JHB (1978) *Water Activity and Food*. Academic Press, New York.

Capitolo 19
Altri metodi di conservazione degli alimenti

I metodi presentati nei sei precedenti capitoli sono ben noti e largamente impiegati in tutto il mondo. In questo capitolo ne sono discussi altri molto meno utilizzati, ma di grande interesse per il futuro.

19.1 Alte pressioni idrostatiche

L'impiego di trattamenti basati su alte pressioni idrostatiche (HHP, *high hydrostatic pressure*), o pascalizzazione, per ridurre o distruggere i microrganismi negli alimenti risale al 1884[11]. Nel 1889 Hite applicò con successo le pressioni idrostatiche per migliorare la qualità del latte[18] e nel 1914 dimostrò la suscettibilità a tale trattamento dei microrganismi presenti nella frutta[19]. L'idea di utilizzare questo metodo per controllare i microrganismi e conservare gli alimenti ha dunque una storia lunga, ma sono relativamente recenti studi dettagliati in materia. L'attuale interesse sembra dovuto alla richiesta da parte dei consumatori di alimenti minimamente processati, ai costi minori e alla maggiore disponibilità degli impianti di processo. I trattamenti con HHP possono essere applicati a temperatura ambiente e – con l'eccezione di alcuni vegetali – non influiscono sul colore, sulla forma e sul contenuto di nutrienti della maggior parte degli alimenti. In Giappone, dagli inizi degli anni Novanta, sono disponibili in commercio almeno 10 alimenti trattati con HHP, tra i quali puree di frutta, marmellate, succhi di frutta e torte[8].

In considerazione delle elevate pressioni idrostatiche utilizzate, per questi trattamenti è necessario disporre di una camera adatta alle alte pressioni (cilindro d'acciaio) e di pompe in grado di generare pressioni di diverse centinaia di megaPascal (MPa) (1 MPa = 10 atm; 100 MPa = 1 kbar). I tempi di innalzamento e abbassamento della pressione sono importanti: sono comuni velocità di 2-3 MPa/sec. L'alimento, inserito in un adatto contenitore sigillato, viene posto nel cilindro contenente un liquido poco comprimibile come l'acqua. La pressione viene generata da una pompa e può essere applicata in modo costante (processo statico) o a cicli alternati; nel secondo caso possono essere applicati 2-4 cicli di pressione, con tempi di applicazione variabili per ciascun ciclo. In uno studio sull'inattivazione di *Zygosaccharomyces bailii* il trattamento a cicli alternati è risultato più efficace di quello statico[38]; con un inoculo iniziale di circa $1,6 \times 10^6$ ufc/mL, i trattamenti alternati, con tempi di mantenimento di 20 minuti complessivi a 276 MPa, hanno ridotto la carica a < 10 ufc/mL (figura 19.1). Le cellule erano sospese in brodo Sabouraud al 2% di glucosio, addizionato di saccarosio fino a ottenere un a_w di 0,98. In uno studio precedente condotto su spore di *Geo-*

J.M. Jay et al., *Microbiologia degli alimenti*
© Springer-Verlag Italia 2009

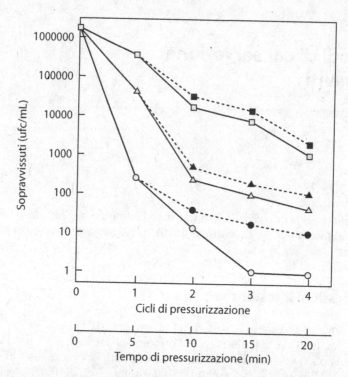

Figura 19.1 Conta dei sopravvissuti di *Zygosaccharomyces bailii* dopo cicli di pressurizzazione (5 minuti ognuno) a 207 (□), 241 (△) o 276 MPa (○) o pressurizzazione continua a 207 (■), 241 (▲) o 276 MPa (●). (Riproduzione autorizzata da Palou et al[39], University of Washington Pullman, Washington, Oscillatory high hydrostatic pressure inactivation of *Zygosaccharomyces bailii, Journal of Food Protection* 61:1214, copyright © 1998 International Association of Milk, Food and Environmental Sanitarians)

bacillus stearothermophilus, venivano distrutte 10^6 spore/mL dopo sei cicli di 5 minuti a 600 MPa e 70 °C, mentre un processo statico a 800 MPa e a 60 °C per 60 minuti il numero delle spore veniva ridotto a 10^2/mL[15]. Con entrambi i metodi, l'azione è istantanea e uniforme attraverso il contenitore, indipendentemente dalla sua dimensione, e il trattamento risulta ugualmente efficace sia per gli alimenti liquidi sia per quelli solidi.

Per ottenere l'azione antimicrobica sono necessarie pressioni di 200-1000 MPa, con valori variabili a seconda degli altri parametri. (Per ulteriori informazioni sull'applicazione delle alte pressioni idrostatiche per la conservazione degli alimenti, si rinvia al riferimento 8.)

19.1.1 Alcuni principi ed effetti delle HHP su alimenti e microrganismi

Di seguito sono riportati alcuni effetti noti delle alte pressioni idrostatiche di interesse per la conservazione degli alimenti.

1. Le pressioni idrostatiche sono atermiche e non provocano rottura dei legami covalenti (quindi non influenzano l'aroma dell'alimento), ma possono compromettere i legami idrogeno, disolfuro e ionici. Sono efficaci a temperature ambiente e di refrigerazione.
2. Tra 400 e 600 MPa le proteine sono rapidamente denaturate.

3. Pressioni fino a 450 MPa possono inattivare le cellule vegetative nel seguente ordine di sensibilità decrescente: cellule eucariote, batteri Gram-negativi, funghi, batteri Gram-positivi, endospore batteriche. Le cellule in fase stazionaria tendono a essere più resistenti di quelle in fase di crescita logaritmica[16].
4. I microrganismi presenti in alimenti disidratati, come le spezie, sono altamente resistenti alle HHP (baroresistenti); in generale, la baroresistenza aumenta al diminuire di a_w.
5. In generale, la baroresistenza tende a essere correlata con la resistenza termica, ma ciò non si verifica per tutti i microrganismi.
6. Per distruggere gli sporigeni in presenza di condizioni ottimali, sono necessarie pressioni comprese tra 450 e 800 MPa; alcune spore richiedono pressioni superiori a 1000 Mpa.
7. La morfologia della cellula viene alterata e i ribosomi sono distrutti.
8. I cambiamenti che si verificano nel complesso lipoproteico della membrana cellulare determinano l'aumento della fluidità di quest'ultima.
9. L'ATPasi viene inattivata e ciò conduce a una carenza di ATP intracellulare, mentre gli enzimi ossidativi della frutta sono baroresistenti.
10. Sebbene le HHP siano generalmente inefficaci contro la parete dei batteri, mostrano un effetto sinergico con: batteriocine (sia sui Gram-positivi sia sui Gram-negativi), calore, bassi valori di pH, CO_2 e lisozima.
11. Poiché le cellule danneggiate dalle HHP possono rivitalizzarsi negli alimenti e svilupparsi nel tempo, è necessario prevenire tale fenomeno[31].

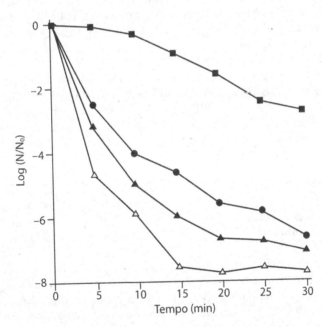

Figura 19.2 Inattivazione di *L. monocytogenes* 2433 in tampone fosfato 10 mM (pH 7,0) a 20 °C con HHP a 300 MPa (■), 350 MPA (●), 375 (▲) e 400 MPa (△). N_o = numero iniziale di cellule; N = numero di sopravvissuti. Ciascun punto rappresenta la media di tre valori. (Riproduzione autorizzata da Patterson et al.[42], Qeens University of Belfast, N. Ireland. Sensitivity of vegetative pathogens to high hydrostatic pressure treatment in phosphate-buffered saline and foods, *Journal of Food Protection* 58: 525, copyright © 1995 International Association of Milk, Food and Environmental Sanitarians)

12. Le endospore batteriche mostrano elevata resistenza; quando si verifica, l'inattivazione sembra essere il risultato dell'induzione della germinazione e della successiva distruzione delle cellule vegetative.

13. Le spore di *G. stearothermophilus* possono essere ridotte con un metodo di decompressione rapida che prevede l'applicazione di 200 MPa a 75 °C per 60 minuti[15].

14. In uno studio sull'effetto delle HHP sulla germinazione delle spore, 100 MPa inducevano la germinazione in *B. subtilis* e 550 MPa aprivano i canali per il rilascio di acido dipicolinico conducendo agli ultimi stadi della germinazione delle spore[36].

19.1.2 Effetti delle HHP su specifici microrganismi di origine alimentare

La determinazione dei valori di riduzione decimale (D_{MPa}) relativi ai trattamenti con HHP è spesso difficile per la caratteristica forma "a coda" delle curve di sopravvivenza, dimostrata da numerosi ricercatori. Nelle curve di inattivazione di *Listeria monocytogenes* riportate in figura 19.2 tale effetto può essere osservato tra 20 e 30 minuti dopo i trattamenti a 375 e 400 MPa[31]. Metrick e colleghi[31] hanno riportato i valori di D_{MPa} a 340 MPa e 23 °C per due salmonelle in soluzione tampone e in campioni di pollo. Per *Salmonella* Typhimurium nel sistema tampone e nei campioni di pollo i valori di D_{MPa} erano pari, rispettivamente, a 7,40 e 7,63 minuti; per *S.* Senftemberg i corrispondenti valori erano 4,20 e 7,13 minuti. Questi ricercatori sono riusciti a calcolare i valori di D_{MPa} nonostante la particolare forma a coda delle curve di sopravvivenza. In uno studio più recente il valore di D_{MPa} per *S.* Typhimurium in campioni di lonza fresca di maiale a 25 °C e 414 MPa è risultato 1,48[3]. Nello stesso studio, per *Listeria monocytogenes* è stato calcolato un valore di *D* a 414 MPa pari a 2,17 minuti. In un'altra ricerca, per *L. monocytogenes* Scott A in braciole di maiale è stato ottenuto un valore di *D* a 350 MPa di 8,52 minuti[33]; questo microrganismo è risultato più resistente della microflora indigena presente sulle braciole di maiale.

In uno studio condotto su *S. cerevisiae* in succo di arancia, Zook e colleghi[64] hanno riscontrato i seguenti valori di *D*: 10,81 con 300 MPa, 0,97 con 400 MPa e 0,18 minuti con 500 MPa; il valore di z era intorno a 117 MPa; i risultati erano analoghi per il succo di mela[64].

È stato studiato l'effetto di a_w e del sorbato di potassio sull'inattivazione di *Z. bailii* in un sistema di laboratorio a 21 °C e pH 3,5; i tempi richiesti per l'inattivazione del microrganismo (limite di rilevazione < 10 ufc/mL) nelle condizioni del test sono stati i seguenti[38]:

a_w = 0,98 + sorbato di potassio	≥ 345 MPa	= < 2 minuti
a_w = 0,98 (senza sorbato)	517 MPa	= ≥ 4 minuti
a_w = 0,95 + sorbato di potassio	≥ 517 MPa	= 4 minuti
a_w = 0,95 (senza sorbato)	≥ 517 MPa	= 10 minuti

Questi risultati dimostrano l'effetto antagonista dei bassi valori di a_w e l'effetto di potenziamento del sorbato di potassio sulle HHP; gli autori della ricerca hanno concluso che un trattamento a 689 MPa poteva inattivare circa 10^5 cellule di *Z. bailii* indipendentemente dal valore di a_w, dalla presenza di 1000 ppm di sorbato di potassio o dalla durata del trattamento[38]. In un altro studio 10^8 ufc/mL di *Z. bailii* sono state completamente inattivate con un trattamento a 304 MPa per 10 minuti a 25 °C in tampone citrato a pH 3,0[40]; applicando nello stesso mezzo di sospensione una pressione di 152 MPa per 30 minuti non è stato osservato alcun effetto.

L'influenza del pH sull'inattivazione di *E. coli* O157:H7 con HHP è stato valutato utilizzando succo d'arancia inoculato con 10^8 ufc/mL e aggiustando il pH dei campioni da 3,4 a 5,0[26]. Le condizioni che permettevano una riduzione di 6 unità logaritmiche del microrganismo erano le seguenti: 550 MPa per 5 minuti in succo d'arancia con pH 3,4, 3,6, 3,9 o 4,5 ma non con pH 5,0. Una riduzione analoga è stata conseguita a pH 5,0 combinando il trattamento con HHP con un blando trattamento termico (30 °C)[26].

È stato studiato l'effetto combinato di nisina e HHP su *Listeria innocua* e su *E. coli* in uova intere liquide (pH 8,0): con 5 mg/L di nisina e 450 MPa a 20 °C per 10 minuti sono state ottenute riduzioni di 5 unità logaritmiche di *E. coli* e di 6 unità per *L. innocua*[44]. In uno studio precedente, la letalità dei trattamenti con HHP è stata aumentata impiegando nisina e la batteriocina Pediocina AcH[23]. Oltre a questi, numerosi altri additivi alimentari aumentano l'efficacia delle HHP abbassando la baroresistenza dei batteri[45].

L'esposizione a circa 350 MPa è stata sufficiente per estendere a 30 giorni la shelf life a temperatura di refrigerazione, di carne di pollame disossata meccanicamente, contenente 100 ppm di nisina e l'% di glucono-delta-lattone[63]. Patterson e colleghi[42] hanno studiato la sensibilità relativa di sei microrganismi patogeni di origine alimentare in soluzione tampone, latte e carne di pollame: la maggiore sensibilità si è osservata in *Yersinia enterocolitica*, con una riduzione di oltre 10^5 ufc/mL in soluzione tampone a pH 7,0, applicando 275 MPa per 15 minuti. Per ottenere analoga riduzione degli altri cinque microrganismi nelle stesse condizioni, è stato necessario applicare le seguenti HHP:

Y. enterocolitica	275 MPa
Salmonella Typhimurium	350 MPa
L. monocytogenes	375 MPa
Salmonella Enteritidis	450 MPa
Staphylococcus aureus	700 MPa
Escherichia coli O157:H7	700 MPa

L'efficacia delle HHP contro *V. parahaemolyticus* e *L. monocytogenes* è stata dimostrata da Styles e colleghi[58]: con 170 MPa a 23 °C per 10 minuti sono state inattivate circa 10^6 cellule/mL del primo microrganismo nel liquido intervalvare di vongole; mentre per inattivare circa 10^6 ufc/mL di *L. monocytogenes* in latte UHT è stato necessario impiegare 340 MPa a 23 °C per 80 minuti.

Trattando latte intero (3,5% di grassi) e latte scremato (0,3% di grassi) con 400 MPa a 25 °C per 30 minuti, la shelf life a temperature di refrigerazione è stata estesa da 15 giorni (latte non trattato) a 45 giorni[13]. Tuttavia, poiché la plasmina non era inattivata, si verificava l'idrolisi della caseina con alterazione dell'aroma durante la conservazione prolungata. In un altro studio, la combinazione delle HHP con un blando trattamento termico si è dimostrata molto efficace per distruggere *E. coli* O157:H7 e *S. aureus*[41]. Trattando latte intero UHT e carne di pollame con 400 MPa a 50 °C per 15 minuti, si è ottenuta una riduzione di *E. coli* O157:H7 di 6 unità logaritmiche nel pollame e di 5 nel latte, mentre con 400 MPa a 20 °C la riduzione è stata inferiore a 1 ciclo logaritmico. È interessante osservare che *S. aureus* è stato inattivato più efficientemente nel latte che nella carne di pollo.

In uno studio sull'effetto delle HHP su *Vibrio* spp., Berlin e colleghi[5] hanno rilevato che 250 MPa per 15 minuti o 300 MPa per 5 minuti a 25 °C riducevano una miscela di cinque specie a livelli non determinabili; le specie e i ceppi testati erano *V. parahaemolyticus*, *V. vulnificus*, *V. cholerae* O1 e non-O1, *V. hollisae* e *V. mimicus*. Utilizzando ostriche, livelli fino a $8,1 \times 10^7$ ufc/g di *V. parahaemolyticus* o fino a $2,5 \times 10^7$ ufc/g di *V. vulnificus* venivano ridotti a <10 ufc/g con 200 MPa per 10 minuti a 25 °C.

In una ricerca la popolazione microbica dei vegetali non era praticamente influenzata da trattamenti con 100 e 200 MPa a 20 °C per 10 minuti oppure a 10 °C per 20 minuti, mentre

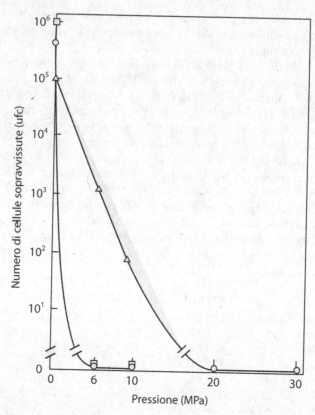

Figura 19.3 Effetto della pressione sull'inattivazione di *S. cerevisiae* (○), *T. versatilis* (□) e *Z. rouxii* (△). Il trattamento è stato condotto insufflando CO_2 a una velocità di 2,0 kg/ora e a 35 °C. (Riproduzione autorizzata da Shimoda et al.[54], Antimicrobial effects of pressured carbon dioxide in a continuous flow system, *Journal of Food Science*; 63: 712, copyright © 1998 Institute of Food Technologists)

a 300 MPa le riduzioni erano significative[4]. *Saccharomyces cerevisiae* era efficacemente ridotto da 300 MPa a 10 °C per 20 minuti, mentre erano necessari 350 MPa per ridurre la maggior parte dei batteri Gram-negativi e delle muffe; i Gram-positivi non erano completamente distrutti con pressioni di 400 MPa. Gli autori di questa ricerca hanno, tuttavia, osservato alcuni cambiamenti indesiderabili nei vegetali trattati con pressioni > 300 MPa. Per esempio, la buccia dei pomodori si staccava e la lattuga, pur conservando la sua consistenza, presentava imbrunimenti. In un altro studio, trattamenti con 400 MPa per 30 minuti a 5 °C determinavano una perdita di nutrienti nelle foglie di spinacio, mentre l'accettabilità del cavolfiore era meglio preservata[47]. I trattamenti HHP non sembrano dunque adatti per la conservazione di alcuni vegetali freschi.

A pressioni elevate la CO_2 ha un effetto antimicrobico considerevolmente maggiore che in condizioni atmosferiche. In uno studio, a 6,18 MPa per 2 ore la CO_2 riduceva circa 10^9 ufc/mL di *L. monocytogenes* a livelli non rilevabili in acqua distillata o brodo, mentre impiegando N_2 non si otteneva lo stesso risultato[60]. A pressioni di 13,7 MPa la CO_2 era efficace contro *L. monocytogenes* e *Salmonella* sierotipo Typhimurium in carne di pollo, tuorli d'uovo, gamberetti e succo d'arancia. In un altro studio, la concentrazione di CO_2 disciolta veniva aumentata insufflando microbolle di CO_2 sotto pressione. A 6 MPa, 35 °C e con un tempo di mantenimento di 15 minuti, sono stati ottenuti i seguenti risultati[54]: *Lactobacillus brevis* era completamente inibito a ≥ 11 γ (γ è il coefficiente di Kuenen per l'assorbimento dei gas); *E. coli* e *S. cerevisiae* erano inibiti a ≥ 17 γ; *Torulopsis versatilis* richiedeva ≥ 21 γ; *Z. rouxii* poteva essere sterilizzato a 10 MPa e 26 γ. La maggiore baroresistenza di *Z. rouxii* rispetto a *T. versatilis* e *S. cerevisiae* è mostrata in figura 19.3.

Virus incapsulati, come i cytomegalovirus e herpes simplex tipo 1, sono stati inattivati a 300 MPa e 25 °C per 10 minuti; sindbis virus resisteva a 700 MPa[8]. Sembra che la pressione danneggi la capsula virale e impedisca alle particelle virali di legarsi alla cellula ospite.

Combinando un trattamento a 392 MPa per 10 minuti a 45 °C con concentrazioni non superiori all'1,0% di laurato di saccarosio, è stato possibile ridurre di 3,5-5,0 unità logaritmiche (carico iniziale 10^6 ufc/mL) le spore di *B. subtilis* in latte, di *B. coagulans* in succo di pomodoro e di *Alicyclobacillus* sp. in succo di pomodoro e in succo di mela. I valori di *D* a 500 MPa per le spore di un ceppo di *Bacillus anthracis* incapace di produrre sostanze tossiche sono risultati pari a 4 minuti a 75 °C e a 160 minuti a 20 °C[9]; a 20 °C il valore di *D* in condizioni atmosferiche (0,1 MPa) era pari a 348 minuti (5,8 ore).

I valori di *D* e di *z* per le ascospore di *S. cerevisiae* sono stati determinati in succo di frutta tamponato a pH 3,5-5,0 contenente circa 10^6 ascospore/mL: a 500 MPa il valore di *D* era 8 secondi, con *z* compreso tra 115 e 121 MPa; a 300 MPa *D* era uguale a 10,8 minuti[64]. Con un'esposizione a 700 MPa per 60 minuti a 20 °C la riduzione delle ascospore di *Talaromyces macrosporus* è stata inferiore a 2 unità logaritmiche[52]. Le spore di due ceppi di *C. botulinum* tipo A in polpa di granchio sono state ridotte di 2,7 e 3,2 unità logaritmiche a 827 MPa per 15 minuti[51].

I rotavirus si sono dimostrati estremamente sensibili alle HHP: in una coltura tissutale, 200 MPa per 2 minuti a 25 °C hanno determinato una riduzione della carica iniziale di circa 8 unità logaritmiche[24]. Una piccola frazione di virus riusciva a resistere fino a 800 MPa per 10 minuti. I virus erano resistenti a campi elettrici pulsati (vedi oltre) di 20-29 kV/cm[2].

Vibrio parahaemolyticus è stato ridotto a livelli non determinabili con trattamenti con 345 MPa per 30 secondi in brodo e per 90 secondi in ostriche vive[7]. Un trattamento con 345 MPa a 50 °C per 5 minuti si è dimostrato efficace per ridurre di oltre 8 unità logaritmiche i seguenti microrganismi: *L. monocytogenes* (due ceppi), *E. coli* O157:H7 (due ceppi) e un ceppo per ciascuno di *S.* Enteritidis, *S.* Typhimurium e *Staphylococcus aureus*. Aggiungendo acido citrico o acido lattico fino a pH 4,5, si sono ottenute riduzioni ulteriori di 1,3-1,9 unità logaritmiche[1].

Il valore della conta aerobia in piastra (APC) di ostriche in guscio trattate con due cicli di 5 minuti a 400 MPa e 7 °C veniva ridotto di circa 5 unità logaritmiche e le ostriche rimanevano stabili per 41 giorni a 2 °C[28].

Una riduzione del valore di APC di circa 4 unità logaritmiche è stata ottenuta con 500 MPa per 5 o 15 minuti a 65 °C in salsicce confezionate sotto vuoto conservate a 2 o a 8 °C[62]. I batteri psicrotrofi e quelli enterici venivano distrutti dal trattamento termico e nei campioni trattati non sono stati rilevati né *L. monocytogenes* né *S. aureus*.

Campioni di pesce in sacchetti di plastica (circa 100 g/sacchetto) contenenti 13-118 larve di *Anisakis simplex* sono stati esposti a diversi livelli di pressione; la completa distruzione delle larve è stata ottenuta con i seguenti trattamenti: 414 MPa per 30-60 secondi; 276 MPa per 90-180 secondi; 207 MPa per 180 secondi[10]; tutti i trattamenti hanno determinato un significativo aumento della bianchezza delle carni trattate. In un altro studio, tutte le larve di *A. simplex* sono state distrutte con 200 MPa per 10 minuti a 0-15 °C; con 140 MPa, lo stesso risultato ha richiesto un tempo di esposizione di circa un'ora[32].

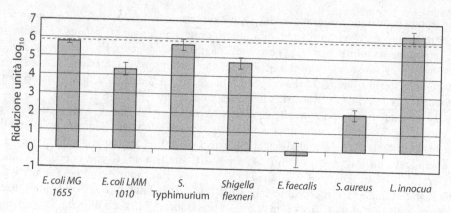

Figura 19.4 Inattivazione con HHP (300 MPa a 20 °C per 15 minuti) di batteri inoculati in semi di crescione. La linea tratteggiata rappresenta il limite di rilevazione[61]. (Copyright © 2003 International Association of Food Protection)

Semi di crescione, sesamo, ravanello e senape sono stati inoculati e sottoposti a trattamenti con HHP in diverse condizioni. Nei semi di crescione inoculati con sette specie batteriche, un trattamento con 300 MPa per 15 minuti a 30 °C ha ridotto di oltre 6 unità logaritmiche *S.* Typhimurium, *E. coli* 1655 e *L. innocua*, di oltre 4 unità logaritmiche *E. coli* 1010 e *Shigella flexneri* e di 2 unità logaritmiche *S. aureus*[61]. Su *Enterococcus faecalis* non si sono praticamente avuti effetti (figura 19.4).

L'efficacia dei trattamenti con HHP nel controllo dei microrganismi in alcuni alimenti è complessivamente ben documentata. L'applicazione più ragionevole di questa tecnologia sembra essere nel prolungamento della shelf life degli alimenti a elevata acidità e delle semiconserve. In combinazione con un trattamento termico blando e ionofori come la nisina, le HHP possono essere utilizzate per distruggere le forme vegetative dei patogeni. Prima di poter considerare gli alimenti trattati con HHP equivalenti, in termini di sicurezza e shelf life, a quelli trattati termicamente, dovranno essere condotte numerose ricerche. Per approfondimenti sugli effetti delle HHP sulle cellule vegetative e sulle spore, si vedano le referenze 56 e 17.

19.2 Campi elettrici pulsati

Questo metodo fisico consiste nell'applicare ad alimenti posti tra due elettrodi campi elettrici intensi per brevi tempi di esposizione (microsecondi). Analogamente ai trattamenti con HHP, anche questo processo non è di tipo termico. L'effetto letale è essenzialmente una funzione dell'intensità, dell'ampiezza e della frequenza dell'impulso. La generazione di un campo elettrico pulsato (PEF) richiede una fornitura di energia elettrica pulsata e una camera idonea per il trattamento.

L'impiego di correnti elettriche per distruggere i microrganismi è stato studiato negli anni Venti, ma le prime ricerche erano basate sull'applicazione ad alimenti liquidi di correnti continue, che provocavano aumento di temperatura e formazione di radicali liberi. L'utilizzo dei campi elettrici pulsati risale alla metà degli anni Sessanta. Le onde elettriche pulsate utilizzate possono essere quadre o a decadimento esponenziale; le prime sono più letali delle seconde. In uno studio la concentrazione di *E. coli* è stata ridotta del 99%, dopo 100 microsecondi a 7 °C, impiegando onde quadre, mentre con il metodo a decadimento esponenziale la riduzione è stata del 93%[46].

Di seguito sono riportate alcune proprietà generali e caratteristiche dei campi elettrici pulsati applicati agli alimenti.

1. Le cellule batteriche Gram-negative sono più sensibili delle Gram-positive o dei lieviti.
2. Le cellule vegetative sono più sensibili delle spore.
3. Le cellule microbiche sono più sensibili nella fase di crescita esponenziale che in quella stazionaria.
4. La morte delle cellule per effetto dei PEF sembra dovuta alla distruzione della funzionalità della membrana cellulare in seguito a elettroporazione (formazione di pori per effetto della corrente elettrica). È stato suggerito che l'inattivazione batterica per effetto dei PEF possa essere un fenomeno del tipo "tutto o niente", poiché non è stato possibile rilevare danni subletali[55].
5. In generale, gli effetti antimicrobici dei PEF sono funzione dell'intensità del campo elettrico applicato, del tempo di esposizione e della temperatura, con la sensibilità delle cellule che aumenta all'aumentare della temperatura. L'effetto della temperatura su L.monocytogenes è mostrato in figura 19.5.

I parametri di una tipica applicazione PEF sono:

– intensità dell'impulso (comunemente da 10 a 90 kV/cm);
– numero di impulsi (ampiamente variabile da 10 ad almeno 70);

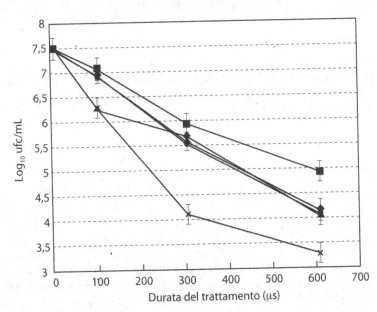

Figura 19.5 Inattivazione mediante PEF di *L. monocytogenes* in latte intero a 10 °C (●), 25 °C (■), 30 °C (♦), 43 °C (▲) e 50 °C (✕). Condizioni di trattamento: intensità del campo 30 kV/cm; velocità di flusso 7 mL/sec; durata dell'impulso 1,5 microsecondi; frequenza 1700 Hz. (Riproduzione autorizzata da Reina et al.[50], North Carolina State University, Raleigh, North Carolina, Inactivation of *Listeria monocytogenes* in milk by pulsed electric field, *Journal of Food Protection* 61: 1205, copyright © 1998 International Association of Milk, Food and Environmental Sanitarians)

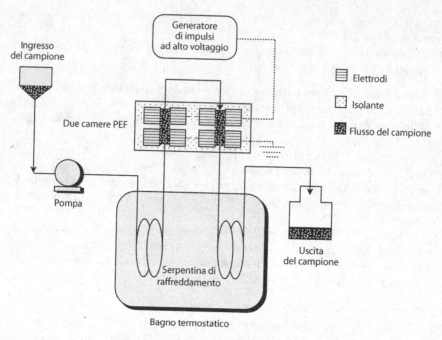

Figura 19.6 Configurazione di un sistema PEF[50]. I dettagli sono riportati nel testo. (Copyright © 1998 International Association for Food Protection, con autorizzazione)

- durata dell'impulso (comunemente 2 microsecondi);
- velocità di flusso (tempo di attraversamento in minuti/ore per un dato volume);
- parametri di processo (i principali sono la temperatura e il pH; tra gli altri potrebbero esservi a_w e la presenza di additivi).

La configurazione di un sistema PEF è illustrata in figura 19.6; alcuni esempi di applicazioni per la conservazione degli alimenti sono riportati di seguito. (Per una rassegna sull'applicazione dei trattamenti PEF agli alimenti, si veda la referenza 22.)

Le cellule di *L. monocytogenes* sono più sensibili ai PEF quando crescono a 4 °C, piuttosto che a 37 °C, e in condizioni di acidità; sono invece più resistenti a bassi valori di a_w e quando si trovano nella fase di crescita stazionaria piuttosto che in quella logaritmica[2]. Sottoponendo succo d'arancia a 30 e a 50 kV/cm a 50 °C, si è ottenuta una riduzione fino a 5 unità logaritmiche di *Leuconostoc mesenteroides*, *E. coli* e *L. innocua*[30]. Con 50 kV/cm a 50 °C, le ascospore di *S. cerevisiae* sono state ridotte di 2,5 unità logaritmiche al massimo. In un altro studio effettuato su succo d'arancia, si è osservata una riduzione del valore di APC di oltre 6 cicli logaritmici, trattando il succo fresco con 80 kV/cm, 20 impulsi, pH 3,5, 44 °C e 100 UI/mL di nisina[20]. Il succo trattato aveva una shelf life a 40 °C di almeno 28 giorni.

È stato dimostrato che un trattamento PEF a 90 kV/cm, 50 impulsi a 55 °C può ridurre di 5,9 unità logaritmiche *S.* Typhimurium in succo d'arancia[25]. Nisina e lisozima agiscono sinergicamente e in combinazione con PEF hanno consentito un'ulteriore riduzione del patogeno di 1,37 unità logaritmiche. La sinergia tra nisina e lisozima supporta l'ipotesi che la membrana plasmatica sia il target del PEF. Con un trattamento PEF a 80 kV/cm, 30 impulsi a 42 °C è stata ottenuta una riduzione di 5,35 unità logaritmiche di *E. coli* O157:H7 inoculato in sidro di mela[21]. Con 90 kV/cm e 10 impulsi a 42 °C si otteneva una riduzione di 5,91 unità logaritmiche del patogeno, mentre aggiungendo cannella in polvere (2%) o nisina (2,5%) la riduzione era di 6-8 unità logaritmiche[21].

Utilizzando latte scremato crudo, il valore di APC è stato ridotto di 7 unità logaritmiche con 80 kV/cm, 50 impulsi a 52 °C e con l'aggiunta di nisina (38 UI/mL) e lisozima (1638 UI/mL)[57]. Contro le cellule vegetative di *Bacillus cereus*, un trattamento con 16,7 kV/cm, 50 impulsi della durata di 2 microsecondi ciascuno più 0,06 ppm di nisina ha permesso di ottenere una riduzione di 1,8 unità logaritmiche in più rispetto a quella ottenuta con PEF e nisina da soli[43]. In un mezzo simulante il latte, è stata conseguita una riduzione di 5 unità logaritmiche di *E. coli* O157:H7 con la combinazione 5 kV/cm +1200 UI/mL di nisina e a_w di 0,95[59].

In uno studio comparativo sull'efficacia di PEF, HHP e calore nel controllo delle ascospore di *Z. bailii* in succhi di frutta, due impulsi di 32-36,5 kV/cm riducevano le cellule vegetative e le ascospore, rispettivamente, di 4,5-5 e 3,5-4 unità logaritmiche; con il trattamento HHP, le cellule vegetative venivano ridotte di quasi 5 unità logaritmiche, mentre le ascospore erano ridotte di sole 0,5-1 unità logaritmiche con 300 MPa per 5 minuti[49]. In generale, in tutti i succhi di frutta testati, due impulsi di 32-36,5 kV/cm riducevano le cellule vegetative o le ascospore di 3,5-5 unità logaritmiche. Le ascospore erano 5-8 volte più resistenti al calore delle cellule vegetative.

Trattando una zuppa di piselli inoculata con 10^6 ufc/mL di *E. coli* con due serie di 16 impulsi a 35 kV/cm per un tempo totale di 2 secondi, le cellule microbiche non erano più rilevabili con il metodo della conta in piastra[48]. In uno studio precedente, è stato osservato che i batteriofagi di *Lactococcus cremoris* erano più sensibili allo shock elettrico di quattro specie di batteri, comprese le spore di *B. subtilis*[14]. (Per ulteriori informazioni sulla conservazione degli alimenti mediante campi elettrici pulsati, si rimanda alla referenza 48.)

19.3 Confezionamento asettico

Nei tradizionali metodi di confezionamento delle conserve in scatola, l'alimento viene sterilizzato dopo essere stato posto in contenitori non sterili, che vengono chiusi prima del trattamento termico. Nel confezionamento asettico, l'alimento già sterile viene posto in contenitori precedentemente sterilizzati, e questi vengono sigillati in condizioni di asepsi. Sebbene sia stata brevettata nei primi anni Sessanta, la tecnologia del confezionamento asettico è stata poco utilizzata fino al 1981, quando la FDA ha approvato l'impiego di H_2O_2 per la sterilizzazione dei materiali di confezionamento multistrato flessibili utilizzati negli impianti di confezionamento asettico.

In generale, qualsiasi alimento che possa essere pompato attraverso uno scambiatore di calore può essere confezionato asetticamente. La più ampia applicazione ha riguardato alimenti liquidi come i succhi di frutta e ha dato luogo a una notevole varietà di prodotti monodose. La tecnologia per gli alimenti contenenti particolati è stata più difficile da sviluppare e l'aspetto microbiologico è stato solo uno dei problemi da superare. Per mettere a punto il processo di sterilizzazione per gli alimenti pompati attraverso uno scambiatore di calore, si fa riferimento ai componenti che si muovono più velocemente (quelli con il tempo di ritenzione più basso); quando sono mescolati liquidi e particolati, questi ultimi si muovono più lentamente. Poiché le velocità di penetrazione del calore non sono uguali per i liquidi e per i solidi, è più difficile stabilire le condizioni di processo minime per distruggere efficacemente sia i microrganismi sia gli enzimi presenti negli alimenti.

Tra i vantaggi del confezionamento asettico si ricordano i seguenti.

1. I prodotti come i succhi di frutta conservano meglio il proprio aroma e non presentano il tipico sapore metallico degli alimenti confezionati in contenitori in banda stagnata.
2. Possono essere utilizzati cartoni multistrato flessibili al posto dei contenitori di vetro o metallo.
3. Utilizzando temperature ultraelevate è possibile minimizzare il tempo di esposizione alle alte temperature.
4. La tecnologia consente di filtrare su membrana alcuni alimenti liquidi.
5. Possono essere utilizzati diversi gas, come N_2, nello spazio di testa dei contenitori.

Tra gli svantaggi vi sono la maggiore permeabilità all'ossigeno delle confezioni rispetto ai contenitori di vetro o metallo e la minore produttività degli impianti di confezionamento rispetto a quelli che utilizzano contenitori solidi.

Oggi è disponibile un'ampia varietà di tecnologie per il confezionamento asettico, e altre sono in fase di sviluppo. La sterilizzazione delle confezioni è ottenuta in diversi modi; in uno di questi il materiale utilizzato per generare l'imballaggio viene alimentato in continuo all'interno di un impianto, dove viene sterilizzato con H_2O_2 calda; fanno seguito la formatura, il riempimento con l'alimento e la sigillatura del contenitore. Durante il riempimento la sterilità può essere mantenuta con una pressione positiva di aria o di gas come N_2 sterili. I succhi di frutta confezionati asetticamente sono stabili a temperatura ambiente per oltre 6-12 mesi.

L'alterazione degli alimenti confezionati asetticamente differisce da quella degli alimenti in contenitori metallici. Il bombaggio per accumulo di idrogeno si verifica, infatti, solo negli alimenti a elevata acidità conservati in contenitori metallici. Attraverso le confezioni asettiche non dovrebbero verificarsi perdite, ma la maggiore permeabilità all'ossigeno può consentire l'alterazione dgli alimenti a bassa acidità.

19.4 Manotermosonicazione (termoultrasonicazione)

L'esposizione simultanea a ultrasuoni e calore determina nelle spore batteriche una riduzione della resistenza. L'effetto è maggiore quando i due trattamenti sono simultanei, sebbene una certa riduzione si verifichi anche applicando l'ultrasonicazione immediatamente prima del riscaldamento. Tale fenomeno è stato studiato da alcuni ricercatori spagnoli e definito manotermosonicazione (MTS) o termoultrasonicazione[34]. Oltre che sulle spore, il trattamento MTS si è dimostrato efficace nel ridurre la resistenza termica degli enzimi perossidasi, lipossigenasi e polifenolossidasi[27]. La manotermosonicazione impiega temperature letali, mentre la manosonicazione impiega temperature subletali. Nella pratica, entrambi i metodi impiegano onde ultrasoniche sotto pressione.

Su *S. Senftenberg* sono stati testati un trattamento di manosonicazione a 117 μm e 200 kPa e un trattamento termico a 60 °C, ottenendo una riduzione di 3 unità logaritmiche con il primo e di soli 0,5 unità logaritmiche con il secondo[29].

In uno dei primi studi sull'effetto della MTS sulla resistenza termica, che utilizzava una soluzione di Ringer a un quarto di forza, il valore di D a 110 °C per un ceppo di *B. cereus* veniva ridotto da 11,5 a circa 1,5 minuti, mentre per *B. licheniformis* lo stesso parametro a 99 °C veniva ridotto da 5,5 a 3 minuti[6]. In un altro studio, che utilizzava latte intero e due ceppi di *B. subtilis*, i valori di D a 100 °C venivano ridotti da 2,59 a 1,60 per un ceppo e da 11,30 a 1,82 minuti per l'altro ceppo[12,35]; i valori di z sono risultati comparabili: rispettivamente 9,12-9,37 e 6,72-6,31. Il trattamento di ultrasonicazione era stato condotto a 20 Hz e 150 W. Le variazioni del valore di z sembrano confermare l'effetto modesto della MTS su tale parametro[34].

Riguardo al possibile meccanismo di riduzione della resistenza termica delle spore batteriche per effetto del trattamento con ultrasuoni, da uno studio condotto su *G. stearothermophilus* è emerso che tale trattamento provoca il rilascio di calcio, acido dipicolinico, acidi grassi e altri componenti a basso peso molecolare[37]. Questo fenomeno è stato ritenuto responsabile della modificazione dello stato di idratazione delle spore e, quindi, della riduzione della loro resistenza al calore. Tale meccanismo non spiegherebbe l'effetto della MTS sugli enzimi.

Bibliografia

1. Alpas H, Kalchayanaand N, Bozoglu F, Ray B (2000) Interactions of high hydrostatic pressure, pressurization temperature and pH on death and injury of pressure-resistant and pressure-sensitive strains of foodborne pahogens. *Int J Food Microbiol*, 60: 33-42.
2. Alvarez I, Pagán R, Raso J, Condón S (2002) Environmental factors influencing the inactivation of Listeria monocytogenes by pulsed electric fields. *Lett Appl Microbiol*, 35: 489-493.
3. Ananth V, Dickson JS, Olson DG, Murano EA (1998) Shelf life extension, safety, and quality of fresh pork loin treated with high hydrostatic pressure. *J Food Protect*, 61: 1649-1656.
4. Arroyo G, Sanz PD, Préstamo G (1997) Effect of high pressure on the reduction of microbial populations in vegetables. *J Appl Microbiol*, 82: 735-742.
5. Berlin DL, Herson DS, Hicks DT, Hoover DG (1999) Response of pathogenic Vibrio species to high hydrostatic pressure. *Appl Environ Microbiol*, 65: 2776-2780.
6. Burgos J, Ordóñez JA, Sala F (1972) Effect of ultrasonic waves on the heat resistance of Bacillus cereus and Bacillus licheniformis spores. *Appl Microbiol*, 24: 497-498.
7. Calik H, Morrisey MT, Reno PW, An H (2002) Effect of high-pressure processing on Vibrio parahaemolyticus strains in pure culture and Pacific oysters. *J Food Sci*, 67: 1506-1510.
8. Cheftel JC (1995) Review: high-pressure, microbial inactivation and food preservation. *Food Sci Technol Int*, 1: 75-90.
9. Cléry-Barraud C, Gaubert A, Masson P, Vidal D (2004) Combined effects of high hydrostatic pressure and temperature for inactivation of Bacillus anthracis spores. *Appl Environ Microbiol*, 70: 635-637.
10. Dong FM, Cook AR, Herwig RP (2003) High hydrostatic pressure treatment of finfish to inactivate Anisakis simplex. *J Food Protect*, 66: 1924-1926.
11. Earnshaw RG, Appleyard J, Hurst RM (1995) Understanding physical inactivation processes: Combined preservation opportunities using heat, ultrasound and pressure. *Int J Food Microbiol*, 28: 197-219.
12. Garcia ML, Burgos J, Sanz B, Ordóñez JA (1989) Effect of heat and ultrasonic waves on the survival of two strains of Bacillus subtilis. *J Appl Bacteriol*, 67: 619-628.
13. García-Risco MR, Cortés E, Carrascosa AV, López-Fandiño R (1998) Microbiological and chemical changes in high-pressure-treated milk during refrigerated storage. *J Food Protect*, 61: 735-737.
14. Gilliland SE, Speck ML (1967) Inactivation of microorganisms by electrohydraulic shock. *Appl Microbiol*, 15: 1031-1037.
15. Hayakawa I, Kanno T, Yoshiyama K, Fujio Y (1994) Oscillatory compared with continuous high pressure sterilization on Bacillus stearothermophilus spores. *J Food Sci*, 59: 164-167.
16. Hayakawa I, Furukawa S, Midzunaga A, Horiuchi H, Nakashima T, Fujio Y, Yano Y, Ishikura T, Sasaki K (1998) Mechanism of inactivation of heat-tolerant spores of Bacillus stearothermophilus IFO 12550 by rapid decompression. *J Food Sci*, 63: 371-374.
17. Heinz V, Knorr D (2001) Effect of high pressure on spores. In: Hendrickx MEG, Knorr D (eds) *Ultra High Pressure Treatments of Foods*. Kluwer Academic Publishers, New York, pp. 77-113.
18. Hite BH (1899) The effect of pressure in the preservation of milk. *WV Agric Exp Sta Bull*, 58: 15-35.

19. Hite BH, Giddings NJ, Weakley CE (1914) The effect of pressure on certain microorganisms encountered in the preservation of fruits and vegetables. *WV Agric Exp Sta Bull*, 146: 3-67.

20. Hodgins AM, Mittal GS, Griffiths MW (2002) Pasteurization of fresh orange juice using low-energy pulsed electrical field. *J Food Sci*, 67: 2294-2299,

21. Iu J, Mittal GS, Griffiths MW (2001) Reduction in levels of Escherichia coli 0157:H7 in apple cider by pulsed electric fields. *J Food Protect*, 64: 964-969.

22. Jeyamkondan S, Jayas DS, Holley RA (1999) Pulsed electric field processing of foods: A review. *J Food Protect*, 62: 1088-1096.

23. Kalchayanand N, Sikes A, Dunne CP, Ray B (1994) Hydrostatic pressure and electroporation have increased bactericidal efficiency in combination with bacteriocins. *Appl Environ Microbiol*, 60: 4174-4177.

24. Khadre MA, Yousef AE (2002) Susceptibility of human rotavirus to ozone, high pressure, and pulsed electric field. *J Food Protect*, 65: 1441-1446.

25. Liang Z, Mittal GS, Griffiths MW (2002) Inactivation of Salmonella Typhimurium in orange juice containing antimicrobial agents by pulsed electric field. *J Food Protect*, 65: 1081-1087.

26. Linton M, McClements JMJ, Patterson MF (1999) Inactivation of Escherichia coli 0157:H7 in orange juice using a combination of high pressure and mild heat. *J Food Protect*, 62: 277-279.

27. López P, Sala FJ, de la Fuente JL, Condón S, Raso J, Borgos J (1994) Inactivation of peroxidase, lipoxygenase, and polyphenol oxidase by manothermosonication. *J Agric Food Chem*, 42: 252-256.

28. López-Caballero ME, Pérez-Mateos M, Montero P, Borderías AJ (2000) Oyster preservation by high pressure treatment. *J Food Protect*, 63: 196-201.

29. Mañas P, Pagán R, Raso J, Sala FJ, Condón S (2000) Inactivation of Salmonella Enteritidis, Salmonella Typhimurium, and Salmonella Senftenberg by ultrasonic waves under pressure. *J Food Protect*, 63: 451-456.

30. McDonald CJ, Lloyd SW, Vitale MA, Petersson K, Innings F (2000) Effects of pulsed electric fields on microorganisms in orange juice using electric field strengths of 30 and 50 kV/cm. *J Food Sci*, 65: 984-989.

31. Metrick C, Hoover DG, Farkas DF (1989) Effects of high hydrostatic pressure on heat-resistant and heat-sensitive strains of Salmonella. *J Food Sci*, 54: 1547-1549, 1564.

32. Molina-García AD, Sanz PD (2002) Anisakis simplex larva killed by high-hydrostatic-pressure processing. *J Food Protect*, 65: 383-388.

33. Mussa DM, Ramaswamy HS, Smith JP (1999) High-pressure destruction kinetics of Listeria monocytogenes on pork. *J Food Protect*, 62: 40-45.

34. Ordóñez JA, Aguilera MA, Garcia ML, Sanz B (1987) Effect of combined ultrasonic and heat treatment (thermoultrasonication) on the survival of a strain of Staphylococcus aureus. *J Dairy Res*, 54: 61-67.

35. Ordóñez JA, Burgos J (1976) Effect of ultrasonic waves on the heat resistance of Bacillus spores. *Appl Environ Microbiol*, 32: 183-184.

36. Paidhungat M, Setlow B, Daniels WB, et al. (2002) Mechanisms of induction of germination of Bacillus subtilis spores by high pressure. *Appl Environ Microbiol*, 68: 3172-3175.

37. Palacios P, Burgos J, Hoz L, Sanz B, Ordóñez JA (1991) Study of substances released by ultrasonic treatment from Bacillus stearothermophilus spores. *J Appl Bacteriol*, 71: 445-451.

38. Palou E, López-Malo A, Barbosa-Cánovas GV, Welti-Chanes J, Swanson BG (1997) High hydrostatic pressure as a hurdle for Zygosaccharomyces bailii inactivation. *J Food Sci*, 62: 855-857.

39. Palou E, López-Malo A, Barbosa-Cánovas GV, Welti-Chanes J, Swanson BG (1998) Oscillatory high hydrostatic pressure inactivation of Zygosaccharomyces bailii. *J Food Protect*, 61: 1213-1215.

40. Pandya Y, Jewett FF Jr, Hoover DG (1995) Concurrent effects of high hydrostatic pressure, acidity and heat on the destruction and injury of yeasts. *J Food Protect*, 58: 301-304.

41. Patterson JF, Kilpatrick DJ (1998) The combined effect of high hydrostatic pressure and mild heat on inactivation of pathogens in milk and poultry. *J Food Protect*, 61: 432-436.

42. Patterson MF, Quinn M, Simpson R, Gilmour A (1995) Sensitivity of vegetative pathogens to high hydrostatic pressure treatment in phosphate-buffered saline and foods. *J Food Protect*, 58: 524-529.

43. Pol IE, Mastwijk HC, Bartels PV, Smid EJ (2000) Pulsed-electric field treatment enhances the bactericidal action of nisin against Bacillus cereus. *Appl Environ Microbiol*, 66: 428-430.

44. Ponce E, Pla R, Sendra E, Guamis B, Mor-Mur M (1998) Combined effect of nisin and high hydrostatic pressure on destruction of Listeria innocua and Escherichia coli in liquid whole egg. *Int J Food Microbiol*, 43: 15-19.

45. Popper L, Knorr D (1990) Applications of high-pressure homogenization for food preservation. *Food Technol*, 44(4): 84-89.

46. Pothakamury UR, Vega U, Zhang Q, Barbosa-Cánovas GV, Swanson BG (1996) Effect of growth stage and processing temperature on the inactivation of E. coli by pulsed electric fields. *J Food Protect*, 59: 1167-1171.

47. Préstamo G, Arroyo G (1998) High hydrostatic pressure effects on vegetable structure. *J Food Sci*, 63: 878-881.

48. Qin BL, Pothakamury UR, Vega H, Martín O, Barbosa-Cánovas GV, Swanson BG (1995) Food pasteurization using high-intensity pulsed electric fields. *Food Technol*, 49(12): 55-60.

49. Raso J, Calderón ML, Góngora M, Barbosa-Cánovas GV, Swanson BG (1998) Inactivation of Zygosaccharomyces bailii in fruit juices by heat, high hydrostatic pressure and pulsed electric fields. *J Food Sci*, 63: 1042-1044.

50. Reina LD, Jin ZT, Zhang QH, Yousef AE (1998) Inactivation of Listeria monocytogenes in milk by pulsed electric field. *J Food Protect*, 61: 1203-1206.

51. Reddy NR, Solomon HM, Tetzloff RC, Rhodehamel EJ (2003) Inactivation of Clostridium botulinum type A spores by high-pressure processing at elevated temperatures. *J Food Protect*, 66: 1402-1407.

52. Reyns KMFA, Veraverbeke EA, Michiels CW (2003) Activation and inactivation of Talaromyces macrosporus ascospores by high hydrostatic pressure. *J Food Protect*, 66: 1035-1042.

53. Shearer AEH, Dunne CP, Sikes A, Hoover DG (2000) Bacterial spore inhibition and inactivation in foods by pressure, chemical preservatives, and mild heat. *J Food Protect*, 63: 1503-1510.

54. Shimoda M, Yamamoto Y, Cocunubo-Castellanos J, Tonoike H, Kawano T, Ishikawa H, Osajima Y (1998) Antimicrobial effects of pressured carbon dioxide in a continuous flow system. *J Food Sci*, 63: 709-712.

55. Simpson RK, Whittington R, Earnshaw RG, Russell NJ (1999) Pulsed high electric field causes all "all or nothing" membrane damage in Listeria monocytogenes and Salmonella Typhimurium, but membrane H^+-ATPase is not a primary target. *Int J Food Microbiol*, 48: 1-10.

56. Smelt JP, Hellemons JC, Patterson M (2001) Effects of high pressure on vegetative microorganisms. In: Hendrickx MEG, Knorr D (eds) *Ultra High Pressure Treatments of Foods*. Kluwer Academic Publishers, New York, pp. 55-76.

57. Smith K, Mittal GS, Griffiths MW (2002) Pasteurization of milk using pulsed electrical field and antimicrobials. *J Food Sci*, 67: 2304-2308.

58. Styles MF, Hoover DG, Farkas DF (1991) Response of Listeria monocytogenes and Vibrio parahaemolyticus to high hydrostatic pressure. *J Food Sci*, 56: 1404-1407.

59. Terebiznik M, Jagus R, Cerrutti P, de Huergo MS, Pilosof AMR (2002) Inactivation of Escherichia coli by a combination of nisin, pulsed electric fields, andwater activity reduction by sodium chloride. *J Food Protect*, 65: 1253-1258.

60. Wei CI, Balaban MO, Fernando SY, Peplow AJ (1991) Bacterial effect of high pressure CO_2 treatment on foods spiked with Listeria or Salmonella. *J Food Protect*, 54: 189-193.

61. Wuytack EY, Diels AMJ, Meersseman K, Michiels CW (2003) Decontamination of seeds for seed sprout production by high hydrostatic pressure. *J Food Protect*, 66: 918-923.

62. Yuste J, Pla R, Capellas M, Ponce E, Mor-Mur M (2000) High-pressure processing applied to cooked sausages: Bacterial populations during chilled storage. *J Food Protect*, 63: 1093-1099.

63. Yuste J, Mor-Mur M, Capellas M, Guamis B, Pla R (1998) Microbiological quality of mechanically recovered poultry meat treated with high hydrostatic pressure and nisin. *Food Microbiol*, 15: 407-414.

64. Zook CD, Parish ME, Braddock RJ, Balaban MO (1999) High pressure inactivation kinetics of Saccharomyces cerevisiae ascospores in orange and apple juices. *J Food Sci*, 64: 533-535.

Parte VI

INDICATORI DI QUALITÀ E DI SICUREZZA, PRINCIPI DEL CONTROLLO DI QUALITÀ E CRITERI MICROBIOLOGICI

Nel capitolo 20 viene discusso l'impiego dei microrganismi e/o dei loro prodotti metabolici come indicatori di qualità degli alimenti e, in particolare, dei coliformi e degli enterococchi come indicatori della sicurezza alimentare. Nel capitolo 21 sono illustrati i principi dell'analisi del pericolo e controllo dei punti critici. (HACCP, *hazard analysis critical control point*) e dell'obiettivo di sicurezza alimentare (OSA) (FSO, *food safety objective*), come metodi per il controllo dei microrganismi patogeni negli alimenti. Questo capitolo contiene anche un'introduzione ai piani di campionamento e alcuni esempi di criteri microbiologici. Alla qualità degli alimenti, nell'accezione più ampia, è riservata un'attenzione sempre maggiore; alcuni aspetti di questo tema possono essere approfonditi consultando i titoli elencati di seguito.

Blackburn C, McClure P (eds) (2002) *Foodborne Pathogens – Hazards, Risk Analysis and Control*. CRC Press, Boca Raton, FL. Una valutazione delle tecniche utilizzate per la gestione dei pericoli nell'industria alimentare.

ICMSF (2002) *Microorganisms in Foods – Microbiological Testing in Food Safety Management*. La fonte più autorevole sui metodi di campionamento, analisi e controllo di processo.

Novak JS, Sapers GM, Juneja VK (eds) (2003) *Microbial Safety of Minimally Processed Foods*. CRC Press, Boca Raton, FL. Una trattazione generale dei patogeni associati agli alimenti minimamente processati, delle strategie per il loro controllo e dell'applicazione del sistema HACCP.

Stevenson KE, Bernard DT (eds) (1995) *HACCP – Establishing Hazard Analysis Critical Control Point Programs. A Workshop Manual*. Food Processors Institute, Washington, DC. Una descrizione dettagliata delle procedure per l'implementazione e il monitoraggio dei programmi HACCP.

Capitolo 20
Indicatori di qualità microbiologica e di sicurezza degli alimenti

Alcuni microrganismi possono essere impiegati come indicatori della qualità microbiologica degli alimenti, in relazione sia alla durata dei prodotti, sia all'assenza di agenti patogeni. In generale, gli indicatori sono utilizzati soprattutto per valutare la sicurezza e l'igiene degli alimenti e saranno trattati in tale contesto in gran parte del capitolo. È possibile, tuttavia, utilizzare anche indicatori di qualità e alcuni aspetti generali di tale impiego saranno delineati nel prossimo paragrafo.

20.1 Alcuni indicatori di qualità di prodotto

Gli indicatori della qualità microbiologica o della shelf life di un prodotto sono microrganismi e/o loro metaboliti, la cui presenza in determinati alimenti, a definite concentrazioni, può essere impiegata per valutare la qualità o, meglio, per predire la shelf life del prodotto. Per essere utilizzati a tale scopo, i microrganismi indicatori devono soddisfare i seguenti criteri.

1. Devono essere presenti e identificabili in tutti gli alimenti la cui qualità (o mancanza di qualità) deve essere valutata.
2. La loro crescita e la loro concentrazione deve avere una correlazione diretta negativa con la qualità del prodotto.
3. Devono essere facilmente identificabili e quantificabili e chiaramente distinguibili dagli altri microrganismi.
4. Devono poter essere quantificati in breve tempo, possibilmente entro un giorno lavorativo.
5. La loro crescita non dovrebbe essere influenzata negativamente da altri microrganismi appartenenti alla microflora dell'alimento.

In generale, gli indicatori di qualità più attendibili tendono a essere specifici per un prodotto; alcuni esempi di prodotti alimentari e di possibili indicatori di qualità sono riportati in tabella 20.1. I prodotti elencati presentano una microflora limitata e la loro alterazione è tipicamente il risultato della crescita di un singolo microrganismo: in tali casi, la concentrazione dell'agente alterativo responsabile può essere monitorata mediante tecniche di coltura selettiva o metodi come l'impedenza, utilizzando un appropriato terreno selettivo. La qualità microbiologica complessiva dei prodotti alimentari riportati in tabella 20.1 è una funzione della concentrazione dei microrganismi a essi correlati, il cui controllo consente, quindi, di prolungare la shelf life. In realtà, gli indicatori di qualità microbiologica sono microrganismi alteranti, il cui aumento di concentrazione determina una perdita di qualità del prodotto.

J.M. Jay et al., *Microbiologia degli alimenti*
© Springer-Verlag Italia 2009

Tabella 20.1 Alcuni microrganismi correlati negativamente alla qualità dei prodotti alimentari

Microrganismi	Prodotti
Acetobacter spp.	Sidro fresco
Bacillus spp.	Impasti per pane
Byssochlamys spp.	Frutta in scatola
Clostridium spp.	Formaggi duri
Spore flat sour	Conserve di vegetali
Geotrichum spp.	Fruit cannery sanitation
Batteri lattici	Birra, vino
Lactococcus lactis	Latte crudo (refrigerato)
Leuconostoc mesenteroides	Zucchero (durante la raffinazione)
Pectinatus cerevisiiphilus	Birra
"Pseudomonas putrefaciens"	Burro
Lieviti	Succhi di frutta concentrati
Zygosaccharomyces bailii	Maionese, salse da condimento

Come si è detto, anche i prodotti metabolici possono essere utilizzati per valutare e predire la qualità microbiologica e la shelf life in alcuni alimenti; alcuni esempi sono elencati in tabella 20.2. A tale scopo, per diversi prodotti si sono dimostrate adatte le diammine (cadaverina e putrescina), l'istamina e le poliammine (già trattate nel capitolo 4). Il diacetile si è dimostrato il miglior predittore negativo di qualità in concentrati di succo d'arancia congelati, ai quali conferisce un aroma di siero di latte a livelli di 0,8 ppm o superiori[62]; un metodo rapido (30 minuti) per la sua determinazione è stato sviluppato da Murdock[61]. L'etanolo è stato suggerito come indice di qualità per il salmone in scatola: 25-74 ppm sono risultati associati a perdita di freschezza (*offness*) e livelli superiori a 75 ppm ad alterazione[35]. L'etanolo è risultato il miglior predittore tra i diversi alcoli presenti in estratti di pesce conservati a 5 °C: in quanto prodotto da 227 dei 241 isolati microbici alteranti[3]. L'acido lattico è l'acido organico più frequentemente riscontrato nelle conserve vegetali in scatola alterate; per la sua determinazione è stato sviluppato un metodo rapido (2 ore) basato sulla cromatografia su strato sottile di gel di silice[1]. La produzione di trimetilammina (TMA) da ossido di trimetilammina, da parte di microrganismi che alterano il pesce, è stata utilizzata da numerosi ricer-

Tabella 20.2 Alcuni prodotti del metabolismo microbico correlati negativamente alla qualità degli alimenti

Metaboliti	Prodotti
Cadaverina e putrescina	Carne di manzo sotto vuoto
Diacetile	Succhi concentrati surgelati
Etanolo	Succo di mela, prodotti ittici
Istamina	Tonno in scatola
Acido lattico	Conserve vegetali
Trimetilammina (TMA)	Pesce
Basi volatili totali (TVB), azoto volatile totale	Prodotti ittici
Acidi grassi volatili	Burro, panna

catori come indice di qualità o di alterazione. Per la determinazione delle sostanze volatili totali, come indicatori di qualità del pesce, sono state impiegate diverse procedure, tra le quali: basi volatili totali (TVB) – ammoniaca, dimetilammina e TMA – e azoto volatile totale (TVN), che comprende TVB e altri composti azotati rilasciati durante distillazione in corrente di vapore dei prodotti ittici (capitolo 5).

Per valutare la qualità sono stati impiegati metodi basati sulla conta microbica vitale totale; tali metodi sono più adatti come indicatori della qualità attuale di un dato prodotto piuttosto che come predittori della shelf life, in quanto è difficile determinare la frazione di conta rappresentata dai microrganismi che intervengono nelle fasi finali dell'alterazione.

In generale, i microrganismi indicatori della qualità microbiologica possono essere impiegati per i prodotti alimentari con microflora limitata dai parametri di processo e in condizioni in cui uno stato indesiderabile sia associato in modo consistente a specifici microrganismi. Se la qualità del prodotto è significativamente influenzata dalla presenza e dalla quantità di alcuni metaboliti, questi possono essere utilizzati come indicatori di qualità. I metodi basati sulla conta vitale totale non sono solitamente adatti a tale scopo, ma sono comunque più validi rispetto alla conta diretta al microscopio.

20.2 Indicatori di sicurezza degli alimenti

Gli indicatori microbici sono impiegati più frequentemente per valutare la sicurezza e l'igiene degli alimenti che per valutarne la qualità. Idealmente, un indicatore della sicurezza di un alimento deve soddisfare alcuni importanti criteri:

1. essere facilmente e rapidamente rilevabile;
2. essere facilmente distinguibile da altri componenti della microflora dell'alimento;
3. avere una storia di costante associazione con il microrganismo patogeno di cui deve indicare la presenza;
4. essere sempre presente quando è presente il microrganismo patogeno di interesse;
5. essere presente in concentrazione correlata con quella del patogeno di interesse (figura 20.1);
6. avere esigenze nutrizionali e velocità di crescita uguali o superiori a quelle del patogeno;
7. avere un die-off rate (velocità di morte) non superiore a quella del patogeno di interesse e tendenzialmente persistere un po' più a lungo di quest'ultimo;
8. essere assente negli alimenti esenti dal patogeno di interesse (o essere presente in concentrazione minima).

Questi criteri si applicano alla maggior parte, se non a tutti, gli alimenti che possono essere veicolo di microrganismi patogeni, indipendentemente dalle modalità di contaminazione. Tradizionalmente, tuttavia, nella scelta degli indicatori si assumeva che i patogeni di interesse fossero di origine intestinale e che la loro presenza fosse il risultato di una contaminazione fecale diretta o indiretta. Questo genere di indicatori delle condizioni igieniche era per esempio storicamente impiegato per individuare la contaminazione fecale delle acque e quindi la possibile presenza di patogeni intestinali. Il primo indicatore fecale è stato *Escherichia coli*. Quando il concetto di indicatore fecale fu applicato all'industria alimentare vennero proposti alcuni criteri addizionali e quelli suggeriti da Buttiaux e Mossel nel 1961[11] sono ancora validi:

1. idealmente, i batteri prescelti dovrebbero essere specifici, cioè riscontrabili solo nell'ambiente intestinale;

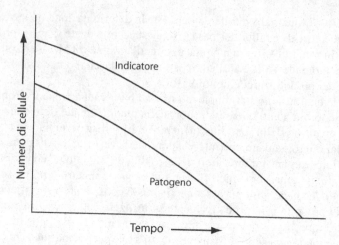

Figura 20.1 Relazione ideale tra microrganismo indicatore e patogeno: l'indicatore dovrebbe essere presente in una concentrazione più elevata di quella del patogeno.

2. nelle feci dovrebbero essere presenti in concentrazioni tali da poter essere rilevati anche dopo forti diluizioni;
3. dovrebbero possedere un'elevata resistenza all'ambiente extra-enterico del quale occorre valutare l'inquinamento;
4. dovrebbero permettere una facile e completa determinazione, anche quando presenti in concentrazioni molto basse.

Seguendo gli stessi criteri di impiego di *E. coli* come indicatore di contaminazione fecale delle acque, per lo stesso scopo sono stati proposti altri microrganismi, la maggior parte dei quali sono trattati di seguito.

20.2.1 Coliformi

Mentre tentava di isolare l'agente eziologico del colera nel 1885, Escherich[24] isolò e studiò l'organismo oggi noto come *E. coli*. Questo fu originariamente chiamato *Bacterium coli commune*, poiché era presente nelle feci dei pazienti esaminati. Schardinger[77] fu il primo a suggerire l'impiego di tale microrganismo come indice di contaminazione fecale, dal momento che poteva essere isolato e identificato più velocemente dei singoli patogeni che possono inquinare le acque. Nel 1895 Smith[82] propose questo microrganismo come misura della potabilità dell'acqua destinata al consumo umano, segnando l'inizio dell'impiego dei coliformi come indicatori della presenza di patogeni: una procedura che successivamente è stata estesa agli alimenti.

Specie/Ceppi

I coliformi sono bastoncini asporigeni Gram-negativi che fermentano il lattosio in 48 ore, producendo su Endo agar colonie scure con lucentezza metallica[4]. Complessivamente, i coliformi sono rappresentati da quattro o cinque generi appartenenti alla famiglia delle Enterobacteriaceae: *Citrobacter*, *Enterobacter*, *Escherichia* e *Klebsiella*. Il genere *Raoultella*, relativamente nuovo, che in passato era considerato parte del genere *Klebsiella*, può essere considerato il quinto genere dei coliformi. Ceppi occasionali di *Arizona Hinshawii* e *Hafnia alvei* fermentano il lattosio, ma generalmente non in 48 ore, mentre alcuni ceppi di *Pantoea agglomerans* sono lattosio positivi entro le 48 ore.

Poiché *E. coli* è molto più rappresentativo della contaminazione fecale rispetto ad altri generi e ad altre specie note (in modo particolare *E. aerogenes*), si preferisce spesso determinare la sua incidenza all'interno di una popolazione di coliformi. La formula IMViC, basata su prove biochimiche, rappresenta il metodo classico utilizzato, dove I = produzione di indolo, M = reazione rosso metile, V = reazione di Voges-Proskauer (produzione di acetoino) e C = utilizzo di citrato. Con questo metodo i due microrganismi hanno le seguenti formule:

	I	M	V	C
E. coli	+	+	–	–
E. aerogenes	–	–	+	+

La reazione IMViC + + – – indica *E. coli* tipo I; i ceppi *E. coli* tipo II sono – + – –. La reazione rosso metile è la più adatta per *E. coli*. Le specie di *Citrobacter* sono considerate come coliformi intermedi e per alcuni ceppi è nota una fermentazione ritardata del lattosio; tutti i ceppi sono MR + (cioè positivi alla reazione rosso metile e VP – (cioè negativi alla reazione di Voges-Proskauer); la maggior parte sono C + (citrato positivi), mentre la produzione di indolo è variabile. Gli isolati di *Klebsiella* sono molto variabili rispetto alle reazioni IMViC, sebbene *K. pneumoniae* sia generalmente MR –, VP + e C +; tuttavia, sono note variazioni nelle reazioni MR e I. Nel capitolo 11 sono stati discussi i metodi basati sull'impiego di substrati fluorogenici in grado differenziare *E. coli* da altri coliformi.

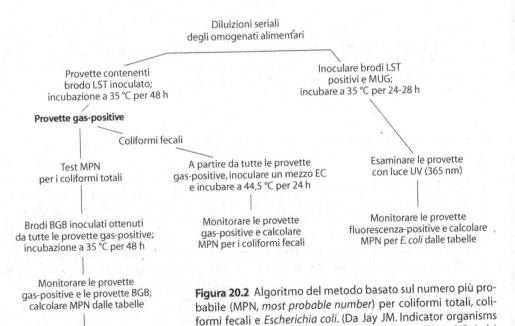

Figura 20.2 Algoritmo del metodo basato sul numero più probabile (MPN, *most probable number*) per coliformi totali, coliformi fecali e *Escherichia coli*. (Da Jay JM. Indicator organisms in foods. In: Hui YH, Gorham JR, Murrel KD, Cliver DO (eds) *Foodborne Disease Handbook*, vol 1, 537-546. Marcel Dekker, New York, 2001, per gentile concessione)

Tabella 20.3 Alcune reazioni biochimiche di sei specie di *Escherichia**

Specie	Lattosio	Sorbitolo	Indolo	Rosso metile	Voges-Proskauer	Pigm. giallo	Decarbossilasi
E. albertii	–	–	–	+	–	–	+
E. blattae	–	–	–	+	–	–	+
E. fergusonii	–	–	+	+	–	–	+
E. vulneris	–/+[a]	–	–	+	–	–/+	+
E. hermannii	–/+	–	+	+	–	+	–
E. coli	+	+	+	+	–	–	+

[a] La maggior parte sono negativi. (Dai riferimenti bibliografici 6, 7, 37)

I coliformi fecali sono caratterizzati dalla produzione di acidi e gas in brodo EC a temperature comprese tra 44 e 46 °C, solitamente 44,5 o 45,5°C (il brodo EC per *E. coli* è stato sviluppato nel 1942 da Perry e Hajna)[68]. Essenzialmente il test per i coliformi fecali è un test per *E. coli* tipo I, sebbene anche alcuni ceppi di *Citrobacter* e *Klebsiella* corrispondano allo stesso profilo. Una notevole eccezione è rappresentata dai ceppi EHEC, che non crescono a 44,5 °C nel substrato EC con formulazioni standard, ma vi crescono solo quando il contenuto di sali biliari è ridotto da 0,15 a 0,112%[86]. Nella figura 20.2 è rappresentato uno schema per l'individuazione e la differenziazione di coliformi, coliformi fecali e *E. coli*.

La tabella 20.3 riporta cinque specie del genere *Escherichia*, oltre a *E. coli*. *E. hermannii* è la sola specie che produce un pigmento giallo condividendo tale caratteristica con *Enterobacter sakazakii*, che verrà trattato nel capitolo 31. Poiché cinque di questi ceppi non producono gas a partire da lattosio, non sono inclusi nel gruppo dei coliformi; tuttavia *E. albertii*, *E. vulneris* e *E. hermannii* sono stati originariamente isolati da campioni umani: *E. albertii* da feci di bambini del Bangladesh come ceppo diarrogeno[37]; *E. vulneris* da ferite umane, saliva e campioni di polmone[7]; *E. hermannii* da campioni umani clinici[6]. Come si è detto, il genere *Klebsiella* è stato ridimensionato per il trasferimento di diverse specie al nuovo genere *Raoultella*[21]. Poiché il nuovo genere produce gas a partire da lattosio, può essere correttamente incluso nel gruppo dei coliformi. La caratteristica di questo nuovo ceppo è la capacità di crescere a 10 °C, a differenza del genere *Klebsiella*[21].

Edwardsiella tarda è associato con il tratto intestinale dell'uomo, per il quale rappresenta un patogeno opportunista; è più comune nell'intestino di animali a sangue freddo ed è un patogeno di anguille e altri pesci; raramente è stato trovato nelle feci di uomini sani.

Crescita

Come la maggior parte dei batteri Gram-negativi non patogeni, anche i coliformi crescono bene su numerosi substrati e in molti alimenti. Possono crescere a temperature comprese tra –2 e 50 °C; negli alimenti la crescita è assente o molto lenta a 5 °C, sebbene diversi ricercatori abbiano riscontrato crescita a 3-6 °C. I coliformi si sviluppano a valori di pH compresi nell'intervallo 4,4-9,0. *E. coli* può crescere in un substrato minimale contenente una sola fonte di carbonio organico, come glucosio, e una sola fonte di azoto, come $(NH_4)_2SO_4$, e altri minerali. I coliformi crescono bene su agar nutriente, producendo colonie visibili in 12-16 ore a 37 °C. In condizioni opportune, ci si può attendere quindi che crescano in un gran numero di alimenti.

I coliformi sono in grado di crescere in presenza di sali biliari che inibiscono la crescita di batteri Gram-positivi. Tale caratteristica offre un vantaggio selettivo nel loro isolamento a partire da fonti diverse. A differenza di molti altri batteri, hanno la capacità di fermentare il lattosio con produzione di gas: tale caratteristica da sola è sufficiente per farne sospettare la presenza. Per la generale facilità con cui possono essere coltivati e differenziati, i coliformi sono indicatori ideali; sebbene la loro identificazione possa essere complicata dalla presenza di ceppi atipici aberranti non fermentanti il lattosio[29].

Una proprietà che rende interessante *E. coli* come indicatore di contaminazione delle acque è il suo periodo di sopravvivenza; infatti muore generalmente all'incirca nello stesso tempo dei più comuni batteri intestinali patogeni, sebbene taluni studi indichino che alcuni batteri patogeni sono più resistenti in acqua. *E. coli*, tuttavia, non è resistente come i virus intestinali. Buttiaux e Mossel[11] osservarono che diversi patogeni possono sopravvivere in alimenti sottoposti a congelamento, refrigerazione o irradiazione, anche dopo che *E. coli* è stato distrutto. Allo stesso modo, questi patogeni possono sopravvivere in acque trattate anche dopo la distruzione di *E. coli*. *E. coli* è particolarmente utile come microrganismo indicatore in alimenti acidi, grazie alla sua resistenza a bassi valori di pH[11].

Rilevazione ed enumerazione

Nei capitoli 10 e 11 sono stati discussi alcuni dei numerosi metodi sviluppati per individuare ed enumerare *E. coli* e i coliformi. Per la scelta di un metodo appropriato per l'impiego in condizioni specifiche, occorre consultare le referenze elencate in tabella 10.1.

Distribuzione

L'habitat primario di *E. coli* è rappresentato dal tratto intestinale della maggior parte degli animali a sangue caldo, sebbene talvolta sia assente nell'intestino del maiale. L'habitat primario di *E. aerogenes* è la vegetazione e occasionalmente il tratto intestinale. Non è difficile dimostrare la presenza di coliformi nell'aria e nella polvere, sulle mani e all'interno e sulla superficie di molti alimenti. Il punto cruciale non è semplicemente la presenza di coliformi, ma la loro concentrazione. Per esempio, nella maggior parte dei vegetali commercializzati vi sono modeste quantità di microrganismi fermentanti il lattosio, bastoncelli Gram-negativi di tipo coliforme, ma se questi prodotti sono stati raccolti e lavorati appropriatamente, la concentrazione tende a essere decisamente bassa e priva di reale significato dal punto di vista della salute pubblica.

Criteri e standard per i coliformi

Sebbene la presenza negli alimenti di elevate concentrazioni di coliformi e di *E. coli* sia altamente indesiderabile, sarebbe virtualmente impossibile eliminarli completamente dagli alimenti freschi e congelati. Rispetto alla loro presenza, i quesiti fondamentali sono i seguenti.

1. In condizioni appropriate di raccolta, lavorazione, stoccaggio e trasporto degli alimenti, realizzate mediante l'applicazione del sistema HACCP, qual è la più bassa concentrazione di coliformi che è tecnicamente possibile mantenere?
2. A quale concentrazione i coliformi o *E. coli* indicano che il prodotto non è sicuro?

Nel caso dell'acqua e dei prodotti lattiero-caseari, esiste una tradizione consolidata riguardo ai livelli accettabili di coliformi ai fini della sicurezza. Alcuni criteri e standard relativi alla presenza di coliformi e *E. coli* in acqua, prodotti lattiero-caseari e altri alimenti sono stabiliti da agenzie regolatorie e sono di seguito riportati a titolo di esempio:

1. non più di 10 ufc/mL, per latte pastorizzato di alta qualità e per prodotti a base di latte, inclusi quelli inoculati;

Tabella 20.4 Criteri microbiologici* suggeriti per coliformi ed *E. coli*

Indicatori/Prodotti		Piano di campionamento	n	c	m	M
1. Coliformi	Latte in polvere	3	5	1	10	10^2
2. Coliformi	Prodotti a base di uova pastorizzati liquidi, surgelati e disidratati	3	5	2	10	10^3
3. Coliformi	Alimenti per neonati e bambini; alcuni alimenti dietetici; biscotti secchi ricoperti o farciti	3	5	2	10	10^2
4. Coliformi	Prodotti disidratati e istantanei da ricostituire	3	5	1	10	10^2
5. Coliformi	Prodotti disidratati da consumarsi previa bollitura	3	5	3	10	10^2
6. Coliformi	Polpa di granchio cotta pronta al consumo	3	5	2	500	5000
7. Coliformi	Gamberi cotti pronti al consumo	3	5	2	100	10^2
8. E. coli	Pesce fresco, congelato, affumicato a freddo; crostacei crudi congelati	3	5	3	11	500
9. E. coli	Pesce impanato precotto; crostacei cotti congelati	3	5	2	11	500
10. E. coli	Polpa di granchio cotta, refrigerata, congelata	3	5	1	11	500
11. E. coli	Frutta e verdura surgelata a pH >4,5; vegetali essiccati	3	5	2	10^2	10^3
12. E. coli	Molluschi bivalvi freschi/congelati	2	5	0	16	-
13. E. coli	Acqua imbottigliata	2	5	0	0	-

* Le voci 6 e 7 sono raccomandazioni del National Advisory Committee on the Microbiological Criteria for Foods, USDA/FDA, January 1990, riferite ai criteri per il controllo della sicurezza del processo. Tutte le altre voci sono ricavate dalle raccomandazioni ICMSF[38].

2. non più di 10 ufc/mL per latte crudo certificato e non più di 1 ufc/mL per latte pastorizzato certificato;

3. non più di 10 ufc/mL per alimenti congelati precotti e parzialmente precotti;

4. non più di 100 ufc/mL per polpa di granchio;

5. non più di 100 ufc/mL per alimenti farciti alla crema.

Basse concentrazioni di coliformi sono permesse in alimenti sensibili, con valori compresi tra 1 e 100 ufc/g (o per mL). Questi criteri riflettono parametri sia di fattibilità tecnica sia di sicurezza. Nella tabella 20.4 sono elencati alcuni prodotti per i quali la International Commission on the Microbiological Specifications for Foods (ICMSF) ha raccomandato criteri relativi ai coliformi[38]. L'utilizzo di tali valori deve essere necessariamente inserito nell'insieme dei criteri raccomandati per ciascuno dei prodotti considerati; sono dunque qui presentati solo per esemplificare i range di accettabilità o inaccettabilità per i coliformi e per *E. coli*. È implicito nelle raccomandazioni per i primi quattro prodotti che uno o due di cinque campioni prelevati da un lotto possano contenere fino a 10^3 coliformi ed essere ancora sicuri per il consumo umano.

Alcune limitazioni per l'impiego degli indicatori di sicurezza alimentare

Sebbene l'impiego dei coliformi come indicatori della sicurezza degli alimenti sia applicato da molti anni, vi sono limitazioni al loro utilizzo per alcuni alimenti. Già nel 1920 una commissione dell'American Public Health Association raccomandava l'uso dei coliformi[53] come strumento per valutare l'adeguatezza della pastorizzazione e intorno al 1930 tale metodo era largamente impiegato nell'industria lattiero-casearia. Nei prodotti lattiero caseari, la determinazione dei coliformi non va intesa come indicatore di eventuale contaminazione fecale, ma solo come strumento di valutazione dello stato igienico complessivo degli allevamenti e delle aziende di trasformazione[73]. Per i prodotti ortofrutticoli sottoposti a blanching e surgelazione, le conte dei coliformi non hanno significato dal punto di vista igienico, poiché alcuni di essi, specialmente del genere *Enterobacter*, sono comunemente associati alla vegetazione[83]. Tuttavia, la presenza di *E. coli* può indicare un problema di processo. I coliformi non sono un buon indicatore delle condizioni igieniche del pollame, in quanto le salmonelle possono essere presenti negli animali prima della macellazione e quindi la positività del test può non essere correlata a una contaminazione post macellazione[88]. Data la diffusa presenza negli ambienti di lavorazione delle carni di microrganismi enterici psicrotrofi e di *Aeromonas* spp., il test standard dei coliformi non è adatto per le carni, mentre lo è quello dei coliformi fecali[63].

I test per coliformi sono largamente utilizzati per valutare l'igiene dei molluschi, ma non sempre sono buoni predittori della qualità igienico-sanitaria. L'US National Shellfish Sanitation Program, avviato già nel 1925, utilizzava la presenza di coliformi per valutare l'adeguatezza igienica delle acque per la produzione di molluschi. Generalmente, i molluschi provenienti da acque che rispettano i criteri per i coliformi (*open waters*) si sono storicamente dimostrati sicuri, sebbene possano contenere alcuni patogeni. Nelle ostriche non vi è correlazione tra coliformi fecali e *Vibrio cholerae*[16,41] o tra *E. coli* e *V. parahaemolyticus* o *Yersinia enterocolitica*[52]. I coliformi sono privi di utilità per predire l'avvelenamento da sgombroidi[52] o non sempre predicono la presenza di virus enterici (vedi par. 20.2.4). Per valutare l'efficacia della disinfezione delle superfici degli impianti di confezionamento delle carni, *K. pneumoniae* (e forse *Raoultella* spp.) potrebbe essere un indicatore migliore del generico *E. coli*[85]. Nonostante queste limitazioni, i coliformi sono indicatori di indubbio valore, almeno in alcuni alimenti. Consentono migliori risultati quando impiegati nell'ambito di programmi per la sicurezza alimentare, come il sistema HACCP descritto nel capitolo 21.

20.2.2 Enterococchi

Sono note circa 30 specie del genere *Enterococcus*, 22 delle quali sono riportate in tabella 20.5. Prima del 1984, gli "strepococchi fecali" erano rappresentati da due specie e tre sottospecie ed erano raggruppati – poiché presentavano tutti antigeni del gruppo D secondo Lancefield – insieme a *S. bovis* e a *S. equinus*. Queste ultime due specie sono rimaste nel genere *Streptococcus*.

Quadro storico

Escherich ha descritto per primo il microrganismo oggi noto come *E. fecalis*, che nel 1886 chiamò *Micrococcus ovalis*. *E. faecium* fu riconosciuto nel 1899 e ulteriormente caratterizzato nel 1919 da Orla-Jensen[64]. Per la loro presenza nelle feci, intorno al 1900 questi enterococchi classici sono stati suggeriti come indicatori di qualità dell'acqua. Ostrolenk e colleghi[65] e Burton[9] furono i primi a comparare gli enterococchi (indicatori classici) con i coliformi come indicatori di sicurezza. Alcune peculiari caratteristiche degli enterococchi classici li rendono idonei come indicatori di contaminazione dell'acqua.

Tabella 20.5 Caratteristiche di alcune specie di *Enterococcus*

Proprietà	E. faecalis	E. faecium	E. avium	E. casseliflavus	E. durans	E. malodoratus	E. gallinarum	E. hirae	E. mundtii	E. raffinosus	E. solitarius	E. pseudoavium	E. cecorum	E. saccharolyticus	E. columbae	E. dispar	E. flavescens	E. seriolicida	E. sulfureus	E. fallax	E. asini
Crescita a/in																					
10 °C	+	+	+	+	+	+	+	+	+	(+)	+	+	−	+		+	(+)	+	+		+
45 °C	+	+	+	+	+	+	+	+	+	+	+	+	(+)	(+)	+	−	(+)	+	−		+
pH 9,6	+	+	+	+	+/−	+	+	+	+	+	+	−	(+)	(+)		+		+	+		−
NaCl 6,5%	+	+	+	+	+/−	+	+	+	+	+	+		+	+	+	+		+	+		+
bile 40%	+	+	+	+	+	+	+	+	+				+					+			+
blu di metilene 0,1%	+	−	−															+			
Tellurito di K 0,04%	+																				
Tetrazolio 0,01%	+																				
Resistenza a 60 °C/30 min	+	+	+*	−/+	+/−						+							+	+		−
Gruppo sierologico D	−/+	+	+		−	−	+	+	+	+	−	−	+	−	−	+	−	+	−		−
Mobilità	−	−	−	−	−	−	+	−	−	−	−	−	−	−	−	−	−	−	−		+
Pigmentazione	−	−	−	Gialla	−	−	−	Gialla	Gialla	−	−	−	−	−	−	−	Gialla	−	Gialla		−
Idrolisi dell'esculina	+/−	+	+	+	+	+	+	+	+	+	+	+	+	+	+	+	+	+	+		+
Idrolisi dell'ippurato	+/−	+	v	+/−	v	v	v	+	+		−	+	+		+	v	+	+			+
Arginina idrolasi	+	+	−	+	+	−	+	+	+	+	+	+	+			+	+	+			−
Produzione di H2S	−	−	+	−	−	+	−	−	−	−	−	−	−	−	−	−	−	−			−
Produzione di acido da																					
Glicerolo	+	+	+	−	v	v	−/+	v	v	+	−	−	+	+	+	+	+	+	−		+
Mannitolo	+	+	+	+	−/+	+	+	+	+	+	+	+	+	+	+	+	+	+	+		+
Saccarosio	+	v	+/−	+	+	+	+	+	+	+	+	+	+	+	+	+	+	+	+		+
Salicina	+	v	+/−	+	+		−	−	−	+	−			+	+	+	+	−	−		+
Lattosio	+	+	+	+	+	−	+	+	+	+	+	+	+	+	v	+	+	−	+		+
Arabinosio	−	−	+	−	−		+	+	−	+	+	+	+	+	+	+	+	−	−		+
Raffinosio	−	+/−	−	−	−	+	+	−	+	+	−	−	+	+	+	+	+	−	+		−

Legenda: + = positivo; − = negativo; v = reazione variabile; * = anche gruppo Q.

1. In genere questi microrganismi non si moltiplicano nell'acqua, specialmente se il contenuto di materia organica è basso.
2. Nelle feci umane sono generalmente meno numerosi di *E. coli*: un rapporto coliformi fecali/enterococchi pari o superiore a 4,0 indica contaminazione da parte di liquami di origine umana. Pertanto, rispetto ai test per i coliformi fecali, quelli per gli enterococchi classici sono probabilmente meglio correlati con il livello di patogeni intestinali.
3. Nell'acqua gli enterococchi hanno un die-off rate inferiore rispetto ai coliformi, quindi tendono a sopravvivere ai patogeni di cui sono indicatori.

Il simultaneo impiego degli enterococchi e dei coliformi è stato sostenuto già negli anni Cinquanta da Buttiaux, secondo il quale la presenza di entrambi indica contaminazione fecale. Da un esame della letteratura, Battiaux concluse che il 100% dei campioni di feci umane e suine conteneva enterococchi, mentre solo l'86-89% conteneva coliformi[10].

Classificazione e richieste per la crescita

Sebbene gli enterococchi classici non abbiano mai raggiunto lo status dei coliformi come indicatori d'igiene per l'acqua e gli alimenti, la loro attuale classificazione in un genere più esteso potrebbe renderli, da una parte, più interessanti come indicatori, dall'altra, meno interessanti e significativi perché meno specifici (tabella 20.5).

E. fecalis viene ritrovato più frequentemente nelle feci di una grande varietà di mammiferi e *E. faecium* prevalentemente in suini e cinghiali selvatici[56,81]; la naturale distribuzione di alcuni altri membri del nuovo genere è meno nota. Prima del 1984, enterococchi e "streptococchi fecali" erano essenzialmente sinonimi e rappresentati principalmente da *E. faecalis*, *E. faecium* e *E. durans*. Attualmente un test per gli enterococchi – come indicatori di contaminazione fecale, di igiene o di qualità – è di minore significato rispetto alle specie classiche. Come si può osservare dalla tabella 20.5, *E. cecorum* non cresce a 10 °C o in presenza del 6,5% di NaCl[15]; *E. pseudoavium*, invece, cresce a 10 °C ma non in presenza del 6,5% di NaCl[15]. A eccezione di *E. cecorum*, tutte le altre specie apparentemente crescono a 10 °C e per alcuni ceppi di *E. faecalis* e *E. faecium* è stata riportata la crescita tra 0 e 6 °C. La maggior parte degli enterococchi cresce a 45 °C e alcuni, o quanto meno *E. faecalis* e *E. faecium*, crescono a 50 °C. La relazione filogenetica degli enterococchi, di batteri lattici, di *Listeria* e di *Brochothrix* è discussa nel capitolo 25 (Figura 25.1).

Almeno 13 specie crescono a pH 9,6 e in presenza del 40% di bile, mentre almeno tre non crescono in presenza del 6,5% di NaCl. *E. cecorum*, *E. columbae*, *E. dispar* e *E. saccharolyticus* non reagiscono con l'antisiero del gruppo sierologico D. Solo *E. avium* reagisce, oltre che con l'antisiero del gruppo D, anche con quello del gruppo Q[13]. Il tipo di mureina posseduta da *E. faecalis* è Lys-Ala$_{2-3}$, mentre le altre specie contengono mureina Lys-D-Asp. Il contenuto mol% G +C del DNA degli enterococchi è 37-45. Per quanto riguarda le caratteristiche biochimiche, tutte le specie sono positive al test di idrolisi dell'esculina. Quattro specie producono un pigmento giallo (*E. casseliflavus*, *E. flavescens*, *E. mundtii* e *E. sulfureus*), due producono H$_2$S (*E. casseliflavus* e *E. malodoratus*) e tutti i ceppi noti di *E. gallinarum*[14] e *E. flavescens* sono mobili.

Com'è caratteristico di altri batteri Gram-positivi, gli enterococchi sono più esigenti dal punto di vista nutrizionale rispetto ai Gram-negativi, ma differiscono dalla maggior parte degli altri Gram-positivi in quanto necessitano di più fattori di crescita, in particolare vitamine del gruppo B e alcuni amminoacidi. La richiesta di amminoacidi specifici consente di utilizzare alcuni ceppi nei test microbiologici per tali composti. Essi crescono in un intervallo di pH molto più ampio rispetto ad altri batteri di origine alimentare (vedi capitolo 3). Sebbene siano aerobi, non producono catalasi (a eccezione di alcuni ceppi che producono una pseudocatalasi quando crescono in presenza di O_2); inoltre sono microaerofili, in grado di crescere bene in condizioni di basso potenziale di ossido riduzione (Eh).

Distribuzione

Sebbene le due specie enterococciche classiche (*E. faecalis* e *E. faecium*) siano note per essere primariamente di origine fecale, le nuove sono in attesa di ulteriori studi sulla naturale distribuzione, in particolare in relazione alla presenza nelle feci. *E. hirae* e *E. durans* sono stati isolati più frequentemente nel pollame e nel bestiame che in sei altri animali, mentre *E. gallinarum* è stato trovato solo nel pollame[20]. *E. durans* e *E. faecium* tendono a essere associati al tratto intestinale di maiale più di *E. faecalis*; quest'ultimo sembra essere più specifico per il tratto intestinale dell'uomo che di altre specie. *E. cecorum* è stato isolato nell'intestino cieco di pollo, *E. columbae* dall'intestino di piccione e *E. saccharolyticus* da vacche. *E. avium* è stato isolato dalle feci di mammiferi e di pollo; *E. casseliflavus* negli insilati, nel terreno e sulle piante; *E. mundtii* sulle mucche, sulle mani degli addetti alla mungitura, nel terreno e sulle piante; *E. hirae* nell'intestino di pollo e di maiale; *E. dispar* in alcuni campioni di origine umana; *E. gallinarum* nell'intestino di volatili.

È dimostrato che gli enterococchi classici sono presenti sulle piante, sugli insetti e nel suolo. Le specie pigmentate di giallo sono associate soprattutto alle piante. In generale, gli enterococchi presenti sugli insetti e sulle piante provengono da materiale fecale animale; tali enterococchi possono essere considerati "residenti temporanei" e vengono disseminati tra la vegetazione dagli insetti e dal vento, raggiungendo il suolo veicolati da questi, dalla pioggia e dalla gravità[58]. Sebbene *E. faecalis* sia spesso considerato di origine fecale, alcuni ceppi sembrano essere comuni sulla vegetazione e sono, quindi, privi di significato dal punto di vista igienico-sanitario quando riscontrati negli alimenti. Mundt[59] studiò *E. faecalis* isolato dall'uomo, dalle piante e da altre fonti e osservò che gli indicatori non fecali potevano essere distinti dai tipi più rappresentativi di contaminazione fecale mediante la loro reazione in litmus milk e le loro reazioni di fermentazione in brodi di melezitosio e di melibiosio. In un altro studio su 2334 isolati di *E. faecalis* ottenuti da alimenti essiccati e congelati, un'elevata percentuale di ceppi mostrava una stretta somiglianza con i ceppi residenti sulla vegetazione e, quindi, erano privi di significato igienico-sanitario[57]. Quando sono utilizzati come indicatori della qualità igienica degli alimenti, è necessario accertare se gli isolati di *E. faecalis* provengono dalla vegetazione o sono di origine umana. Gli enterococchi possono anche essere trovati nella polvere; essi sono distribuiti piuttosto ampiamente, soprattutto nei macelli e nei locali destinati alla salagione e alla lavorazione dei prodotti derivati dalla carne di maiale.

Relativamente all'impiego degli enterococchi classici come indicatori di contaminazione dell'acqua, alcuni ricercatori – che hanno studiato la loro sopravvivenza nell'acqua – hanno osservato che questi microrganismi muoiono a velocità maggiore rispetto ai coliformi, mentre altri hanno ottenuto risultati opposti. Leininger e McCleskey[48] hanno osservato che gli enterococchi non si moltiplicano in acqua, come fanno talvolta i coliformi. Le loro più rigide esigenze per la crescita possono indicare un ruolo meno competitivo negli ambienti acquosi. Nelle acque luride, i coliformi e gli enterococchi classici sono presenti in numero elevato, ma i coliformi sono stati trovati in concentrazione circa 13 volte maggiore rispetto a quella degli enterococchi[50].

In uno studio condotto quando il genere *Enteroccus* consisteva solo di otto specie, Devrise e colleghi[20] hanno studiato 264 isolati di enterococchi ottenuti da intestino di animali da allevamento. I ceppi sono stati selezionati solo sulla base della crescita in presenza del 40% di bile e del 6,5 % di NaCl. Dei 264 isolati, 255 erano conformi a una delle otto specie, tra le quali *E. faecalis*, *E. faecium* e *E. hirae* rappresentavano, rispettivamente, il 37,6, il 29,8 e il 23%. Le altre specie riscontrate erano *E. durans* (5,1% degli isolati), *E. gallinarum* (1,6%), *E. avium* (1,2%), *E. mundtii* (1,2%) e *E. casseliflavus* (<1%). Questi 255 isolati sono stati ottenuti da otto specie animali: pollame, bovini e maiali ne contenevano il maggior numero.

In uno studio più recente sugli enterococchi negli alimenti di origine animale[19], 161 ceppi sono stati isolati in Belgio da carni, formaggi, pesce e crostacei e prodotti a base di formaggio e carne. *E. faecium* rendeva conto del 58,4% degli isolati (94 su 161) e *E. faecalis* del 26,1% (42 su 161), mentre il 9,3% (15 su 161) era rappresentato da *E. hirae* e *E. durans*. Nessuna delle dieci specie rimanenti è stata identificata.

Relazioni con la qualità igienica degli alimenti

Gli enterococchi trattati in questo paragrafo sono stati definiti prima del 1984. Secondo numerosi ricercatori gli enterococchi classici sono migliori dei coliformi come indicatori della qualità igienico-sanitaria degli alimenti, soprattutto di quelli congelati. In uno studio, il numero degli enterococchi era correlato meglio ai valori di APC che alle conte dei coliformi, mentre i coliformi erano correlati più strettamente agli enterococchi che al valore di APC[30]. In alimenti congelati gli enterococchi sono stati trovati in concentrazioni più elevate dei coliformi (Tabella 20.6). In uno studio condotto su 376 campioni di verdure surgelate in commercio, Burton[9] trovò che i coliformi erano indicatori di igiene più efficienti degli enterococchi prima del congelamento, mentre dopo il congelamento e la conservazione erano migliori gli enterococchi. In campioni conservati a –20 °C per 1-3 mesi erano sopravvissuti l'81% degli enterococchi e il 75% dei coliformi; dopo 1 anno, era sopravvissuto il 79% degli enterococchi e

Tabella 20.6 Most probable number (MPN) per enterococchi e coliformi isolati in bastoncini di pesce surgelati

Numero	Enterococchi (conta MPN/100g)	Coliformi (conta MPN/100g)
1	86.000	6
2	18.600	19
3	86.000	0
4	46.000	300
5	48.000	150
6	46.000	28
7	46.000	150
8	18.600	7
9	8.600	0
10	4.600	186
11	4.600	186
12	48.000	1.280
13	8.600	46
14	4.600	480
15	48.000	240
16	10.750	1.075
17	10.750	17.000
18	60.000	23.250
19	10.750	2.275
Media	32.339	2.457

(Da Raj et al.[71])

Tabella 20.7 Effetto della temperatura di – 6 °F sulla longevità di coliformi ed enterococchi in bastoncini di pesce surgelati

Giorni di conservazione a –6°F	MPN*	
	Coliformi	*Enterococchi*
0	5.600.000	15.000.000
7	6.000.000	20.000.000
14	1.400.000	13.000.000
20	760.000	11.300.000
35	440.000	11.200.000
49	600.000	20.000.000
63	88.000	11.000.000
77	395.000	15.000.000
91	125.000	41.000.000
119	50.000	5.400.000
133	136.000	7.400.000
179	130.000	5.600.000
207	55.000	3.500.000
242	14.000	4.000.000
273	21.000	4.000.000
289	42.000	3.200.000
347	20.000	2.300.000
410	8.000	1.600.000
446	260	2.300.000
481	66	5.000.000

* Media tra quattro determinazioni. (Da Kerelukk e Gunderson[46])

solo il 60% dei coliformi. In un altro studio, gli enterococchi rimanevano relativamente costanti per 400 giorni quando conservati a temperatura di congelamento.

Gli enterococchi sono stati isolati dal 57% di 14 campioni di alimenti essiccati; l'87% di 13 diverse verdure surgelate conteneva questi microrganismi, che erano per la maggior parte residenti abituali sui vegetali[57]. La tabella 20.7 riporta la longevità relativa di coliformi ed enterococchi in bastoncini di pesce surgelati. Complessivamente, l'elevazione degli "streptococchi fecali" allo stato di genere e l'espansione di questo per includere alcune specie che non sembrano naturalmente associate a materiale fecale, fa nascere dubbi circa l'utilità di questo gruppo come indicatore di igiene. Durante gli anni Sessanta e Settanta, sono stati proposti limiti di tolleranza per gli enterococchi in diversi alimenti, ma negli anni recenti tali limiti sono stati presi sempre meno in considerazione. L'interesse per gli enterococchi come indicatori di sicurezza degli alimenti è chiaramente calato, probabilmente a causa del simultaneo interesse per metodi più rapidi ed efficienti per individuare e quantificare *E. coli*. Gli enterococchi e i coliformi sono confrontati, come indicatori, in tabella 20.8.

20.2.3 Bifidobatteri

Intorno al 1900, nel corso della sua ricerca su feci di bambini[89], Tissier riscontrò con grande frequenza un microrganismo che chiamò *Bacillus bifidus*; in seguito questo venne classificato come *Lactobacillus bifidus* e oggi è conosciuto come *Bifidobacterium bifidum*. La fre-

Tabella 20.8 Coliformi e enterococchi come indicatori della qualità sanitaria degli alimenti

Caratteristica	*Coliformi*	*Enterococchi*
Morfologia	Bastoncelli	Cocchi
Reazione di Gram	Negativa	Positiva
Incidenza nel tratto intestinale	10^7-10^9/g di feci	10^5-10^8/g di fece
Incidenza nelle feci di varie specie animali	Assenti per alcuni	Presenti nella maggior parte
Specificità per il tratto intestinale	Generalmente specifici	Generalmente meno specifici
Incidenza al di fuori del tratto intestinale	Comune in basse concentrazioni	Comune in numero più elevato
Facilità di isolamento o identificazione	Relativamente facile	Più difficile
Risposta a condizioni ambientali avverse	Meno resistente	Più resistente
Risposta al congelamento	Meno resistente	Più resistente
Sopravvivenza relativa in alimenti surgelati	Generalmente bassa	Alta
Sopravvivenza relativa in alimenti secchi	Bassa	Alta
Incidenza in vegetali freschi	Bassa	Generalmente alta
Incidenza in carne fresca	Generalmente bassa	Generalmente bassa
Incidenza in carne curata	Bassa o assente	Generalmente alta
Relazione con i patogeni intestinali	Generalmente alta	Più bassa
Relazione con patogeni di origine alimentare non intestinali	Bassa	Bassa

quenza dei bifidobatteri nelle feci portò Mossel[55] a suggerire l'impiego di questi batteri anaerobi Gram-positivi come indicatori di contaminazione fecale, soprattutto dell'acqua. Va ricordato che alcuni bifidobatteri sono utilizzati nella produzione di latti fermentati, yogurt e altri prodotti alimentari; inoltre, si ritiene che abbiano effetti benefici sulla salute.

Il genere *Bifidobacterium* consta di almeno 25 specie di bastoncini non mobili, catalasi negativi, con temperature minime e massime di crescita di 25-28 °C e 43-45 °C, rispettivamente. Questi batteri crescono meglio nell'intervallo di pH compreso tra 5 e 8 e producono gli acidi lattico e acetico come principali prodotti finali del loro metabolismo glucidico.

Distribuzione

I bifidobatteri sono stati trovati in feci umane in concentrazioni più elevate di *E. coli* (10^8-10^9 contro 10^6-10^7/grammo) e ciò li rende più interessanti come indicatori di contaminazione fecale umana. Utilizzando i bifidobatteri, è possibile determinare la loro origine tra le seguenti tre fonti: feci umane, feci animali o ambiente. Il metodo per distinguere i ceppi di origine umana da quelli di origine animale è stato ideato da Gavini e colleghi[26] e prevede la suddivisione dei bifidobatteri in sette gruppi, con quelli di origine umana appartenenti ai gruppi I, III e VII. In uno studio condotto su 50 campioni di carni macinate, 39 contenevano sia *E. coli* sia bifidobatteri[5]; di questi ultimi, solo due erano di origine umana, mentre i rimanenti erano di origine animale. *B. adolescentis* e *B. longum* sono i più frequentemente isolati in concentrazioni più elevate (circa 10^6/100 mL di acque luride non trattate)[74]. Essi sono stati suggeriti come indicatori di contaminazione fecale recente in acque dolci tropicali, poiché muoiono più velocemente sia dei coliformi sia degli enterococchi[60].

Complessivamente, la stretta associazione dei bifidobatteri con le feci, la loro assenza dove non vi è materiale fecale, la loro incapacità di crescere in acqua e la specifica associazione di alcuni di essi solo con feci umane rende questi batteri interessanti come indicatori di contaminazione. D'altra parte, essendo anaerobi stretti, tendono a crescere lentamente e richiedono diversi giorni per fornire risultati. Possono essere utili come indicatori per la carne e i prodotti ittici, poiché crescono più facilmente in tali prodotti che nei vegetali (a causa del potenziale redox naturalmente più elevato di questi ultimi).

20.2.4 Colifagi/Enterovirus

Ricerche condotte negli anni Venti hanno rivelato che i batteriofagi sono presenti nelle acque in associazione con i loro batteri ospiti e ciò ha indotto Pasricha e DeMonte[66] a suggerire che fagi specifici per diversi patogeni intestinali potevano essere utilizzati come indicatori indiretti delle loro specie batteriche ospiti. Una procedura per la determinazione di colifagi in campioni di acqua contenenti cinque o più fagi/100 mL, che può essere completata in 4-6 ore, è descritta negli *Standard Methods for the Examination of Water and Wastewater*[4]; la validità del rilevamento dei colifagi per l'acqua, è stata dimostrata impiegando il ceppo *E. coli* C.

Per il rilevamento dei colifagi è fondamentale la capacità dei ceppi ospiti di consentire la formazione di placche da parte di tutti i fagi vitali. Sebbene la procedura raccomandata dall'American Public Health Association preveda l'impiego del ceppo *E. coli* C, potrebbero essere usati contemporaneamente altri ospiti per aumentare il numero di placche sviluppate. Non esiste un modo per contare tutti i fagi di *E. coli* o i fagi specifici per qualsiasi altro batterio e ciò implica l'impiego di un mix di indicatori per ottenere migliori risultati[70].

Poiché la determinazione dei colifagi basata sull'impiego di *E. coli* come ospite può riflettere la presenza di fagi eterogenei con differenti caratteristiche di sopravvivenza, l'individuazione di fagi specifici per le cellule "maschio" (F[+]) è il solo metodo che consenta di ottenere una popolazione più omogenea; tali fagi sono costituiti da DNA a singolo filamento, omogenei e con struttura e dimensioni simili a quelle degli enterovirus[33]. Sebbene i loro ospiti standard siano ceppi F[+] o Hfr di *E. coli* K-12, è possibile costruire cellule ospiti mediante inserzione di plasmidi in *Salmonella* Typhimurium. Queste ultime cellule contengono pili F che fungono da recettori per i colifagi specifici per le cellule maschio e sono utilizzate sostanzialmente in modo analogo agli ospiti *E. coli*.

Utilità per le acque

La predizione dei coliformi fecali nell'acqua attraverso la quantificazione dei colifagi è stata giudicata fattibile da alcuni ricercatori[34,42,47,92], ma non da altri. In uno studio sui colifagi e sui coliformi fecali e totali in acque naturali provenienti da 10 città, è stata riscontrata una relazione lineare tra i due gruppi[91].

Poiché le caratteristiche di sopravvivenza nell'ambiente di batteri e virus sono differenti, i colifagi hanno destato interesse per la ricerca degli enterovirus, soprattutto nelle acque. Diversi ricercatori hanno osservato che i coliformi non forniscono un indice adeguato per predire correttamente la presenza di virus enterici nelle acque, mentre la sopravvivenza dei colifagi nelle acque si è dimostrata parallela a quella dei virus enterici umani[80]. In una ricerca condotta su acque considerate idonee per la coltivazione di ostriche lungo la Gulf Coast, né i livelli di *E. coli* né quelli dei coliformi si sono dimostrati in grado di predire la presenza di enterovirus nei molluschi[25]. Sono stati riscontrati enterovirus nel 43% dei campioni di acque considerate accettabili e sicure per la balneazione, in base agli standard per i coliformi, e nel 35% delle acque ritenute accettabili per la raccolta di molluschi[27]. In uno studio effettuato su campioni da 100 g di vongole raccolte in acque aperte lungo le coste del North Carolina, sono stati isolati virus enterici in 3 su 13 campioni provenienti da aree aperte alla raccolta e in 6 su 15 campioni provenienti da aree in cui era vietata la raccolta[91]. È stata documentata un'intossicazione umana da epatite di tipo A causata dal consumo di ostriche provenienti da acque aperte[69].

Uno studio condotto su campioni di acque reflue provenienti da differenti processi tecnologici ha confrontato le determinazioni di colifagi, coliformi totali, coliformi fecali, enterococchi e conta microbica standard in piastra: i colifagi sono risultati correlati agli enterovirus meglio di tutti gli altri gruppi microbici testati[84]. Acque di fogna sottoposte a trattamento secondario sono state testate per la presenza di virus F-specifici, trovando livelli di contaminazione fino a 8200 ufp/mL[33]; non è ancora chiaro, tuttavia, come confrontare i test per i colifagi F-specifici con quelli di analisi più tradizionali. Poiché l'habitat di alcuni colifagi è rappresentato dalle acque ambientali, il loro livello non può essere direttamente correlato a contaminazione fecale[78]. I colifagi F-specifici sono rappresentativi di inquinamento fecale delle acque più dei colifagi totali, in quanto non formano pili F a temperature inferiori a 30 °C e quindi non possono infettare le cellule ospiti di tipo F^+[79]. In uno studio recente condotto su 1081 campioni costituiti da feci umane, feci di 11 specie animali e acque di fogna di provenienza umana, i fagi F-specifici sono risultati i migliori indicatori dell'eventuale presenza di virus enterici umani in ambienti estuariali e marini contaminati da scarichi fognari[12]. Sebbene anche nei campioni di origine animale fossero presenti fagi F-specifici, la loro concentrazione era generalmente bassa.

Analogamente ai colifagi, anche i fagi di *Bacteroides fragilis* sono stati isolati da acque altamente contaminate da feci umane; sebbene il loro numero tenda a essere più basso di quello dei colifagi, sono più specifici per le feci umane. In uno studio, condotto su acque reflue di impianti di macellazione o su acque contenti materiale fecale proveniente esclusivamente da animali selvatici, questi fagi sono stati riscontrati in concentrazioni non significative; si è dimostrato, inoltre, che i fagi di *B. fragilis* si moltiplicano solo in anaerobiosi[87].

I fagi costituiti da DNA a doppia elica (dsDNA) di *Vibrio vulnificus*, insieme alle loro cellule ospiti, sono stati rilevati in diversi tessuti e liquidi intervalvari di ostrica; i fagi erano più abbondanti e diversificati all'interno dei molluschi che nel loro habitat, suggerendone il possibile impiego come indicatori di *V. vulnificus*[17]. In un altro studio[18] è stato dimostrato che la concentrazione del microrganismo era minima nel periodo compreso tra gennaio e marzo e massima nel periodo estivo e autunnale, raggiungendo 10^3-10^4 per grammo; anche i fagi di *V. vulnificus* erano presenti in concentrazione più elevata durante quest'ultimo periodo.

Alcuni virus enterici umani non solo possono sopravvivere nell'acqua meglio dei coliformi, ma tendono a essere anche più resistenti alla distruzione mediante clorazione. In uno studio, è stato dimostrato che il cloro distrugge il 99,999% dei coliformi totali, dei coliformi fecali e degli streptococchi fecali presenti negli scarichi di fogna sottoposti a trattamento primario, ma solo l'85-99% dei virus[53].

Quattro fagi sono stati confrontati per l'esposizione al riscaldamento, all'essiccamento e alla clorazione: il virus dell'epatite A ha mostrato maggiore resistenza rispetto ai poliovirus 1 e a due piccoli colifagi a RNA (MS2) e a DNA (ΦX174)[51]. Gli enterovirus bovini causano infezioni asintomatiche nel bestiame; in uno studio sono stati ritrovati nelle feci del 76% dei 139 capi testati, nel 38% di 50 cervi della Virginia (*Odocoileus virginianus*) e in un'oca del Canada (*Branta canadensis*) su 3 esaminate[49]. In questa ricerca tutti gli animali testati pascolavano nello stesso appezzamento e si abbeveravano nelle stesse acque: gli enterovirus bovini sono stati ritrovati in ostriche raccolte in un corso d'acqua a valle della fattoria[49]. I teschovirus (PTV) infettano in modo specifico i maiali; impiegando un metodo basato sulla RT-PCR, è stato possibile rilevare 92 fg di RNA PVT/mL di campione[40]. Questo gruppo di virus permette quindi di identificare la contaminazione fecale di origine suina.

Utilità per gli alimenti

L'utilità dell'impiego dei colifagi come indicatori dei coliformi negli alimenti è stata riportata da Kennedy e colleghi nel 1984[43]. Dopo incubazione per 16-18 ore a 35 °C, gli autori hanno isolato i colifagi da tutti i 18 campioni di pollo fresco e di salsiccia di maiale analizzati. Il numero più elevato di colifagi – con valori variabili tra 3,3 e 4,4 $\log_{10}$ ufp/100 g – è stato rilevato nel pollo. In generale, è risultato che a elevati livelli di colifagi corrispondevano conte elevate di coliformi fecali[43]. In uno studio successivo su 120 campioni di 12 prodotti diversi, livelli di colifagi pari o superiori a 10 ufp/100 g sono riscontrati nel 56% dei campioni e in 11 dei prodotti analizzati[44]. Le concentrazioni più elevate sono state registrate nelle carni fresche dopo 16-18 ore di incubazione e, in particolare, nei campioni di carne di pollo (da 2,66 a 4,04 $\log_{10}$ ufp/100 g). In generale, i colifagi risultavano correlati meglio a *E. coli* e ai coliformi fecali che ai coliformi totali. Un altro lavoro[45] ha dimostrato che il recupero dei colifagi dagli alimenti non è influenzato dal pH nel range 6,0-9,0. Nonostante i risultati potessero essere ottenuti in 4-6 ore, in questi studi sono state preferite incubazioni per 16-18 ore.

D'altra parte i colifagi F-specifici, che impiegano come ospite *S.* sierotipo Typhimurium, non erano correlati con i coliformi totali, i coliformi fecali né con le conte aerobie in piastra in 472 campioni di vongole provenienti dalla Chesapeake Bay[13]. La bassa concentrazione di colifagi rilevata potrebbe essere stata dovuta alla generale assenza di contaminazione da parte di scarichi fognari nelle acque in cui erano cresciuti i molluschi.

Alcuni ricercatori hanno studiato il possibile impiego di colifagi F-specifici come indicatori di contaminazione fecale per carote fresche: il 25% delle 25 carote esaminate è risultato positivo per i fagi F+, l'8% per *E. coli* e solo il 4% per *Salmonella*[22]. In un altro lavoro è stata esaminata carne macinata per valutare l'efficienza di recupero di tre differenti gruppi di fagi: è stato recuperato il 100% dei colifagi F+, il 69% dei colifagi somatici e il 65% dei fagi di tre differenti salmonelle[36]. Su 8 prodotti alimentari commercializzati, lo stesso studio ha rivelato la presenza di fagi F+ nel 63% dei campioni esaminati e di fagi somatici nell'88%. La sensibilità complessiva del metodo era di 3 ufp/100 g di carne di manzo o di pollo.

In generale i risultati disponibili per le acque e gli scarichi fognari e i limitati studi disponibili per gli alimenti suggeriscono che la determinazione dei colifagi può essere valida sia come alternativa alla determinazione di *E. coli* o dei coliformi sia come indicatore diretto per gli enterovirus. Data la rapidità dei metodi (i risultati possono essere ottenuti in 4-6 ore) e la migliore correlazione agli enterovirus rispetto ai coliformi, sono auspicabili ulteriori ricerche sull'impiego dei colifagi. È necessario sviluppare sistemi di cellule ospiti che consentano la formazione di placche da parte di tutti i colifagi, ma non da parte dei fagi che normalmente colonizzano altri batteri enterici affini.

20.3 Possibile sovraimpiego di indicatori di contaminazione fecale

Il successo dell'impiego dei coliformi/coliformi fecali per stabilire la potabilità dell'acqua ha condotto al largo impiego di questi indicatori anche nella valutazione della sicurezza microbiologica degli alimenti. Tale impiego è stato esteso non solo a una grande varietà di alimenti, ma

Tabella 20.9 Concentrazione di coliformi, coliformi fecali, streptococchi fecali e salmonelle su lattuga e finocchio (valori medi annuali in ufc/g di prodotto)

Prodotto	APC	Coliformi	Coliformi fecali	Streptococchi fecali	Salmonelle
Lattuga	$6,59 \times 10^7$	$5,95 \times 10^4$	$6,13 \times 10^3$	$2,24 \times 10^3$	5,4
Finocchio	$2,32 \times 10^6$	$7,82 \times 10^4$	$7,78 \times 10^3$	$3,15 \times 10^3$	9,2

(Da G. L. Ercolani[23], Bacteriological Quality Assessment of Fresh Marketed Lettuce and Fennel, *Applied Environmental Microbiology*, 31: 847-852, copyrigtht © 1976 American Society for Microbiology, con autorizzazione)

anche a superfici e utensili impiegati per la loro lavorazione. È stato stabilito che i coliformi e i coliformi fecali possono essere presenti in elevate concentrazioni in alcuni alimenti e in ambienti destinati alla loro trasformazione, come pure nelle acque, senza che ciò sia necessariamente correlato alla sicurezza. Uno studio condotto in Italia su campioni di lattuga e finocchio freschi, acquistati in punti vendita al dettaglio, ha riportato la carica mesofila aerobia e le conte per coliformi, coliformi fecali, streptococchi fecali e salmonella riscontrate in tali prodotti: i risultati sono presentati in tabella 20.9[23]. Circa il 10% dei coliformi totali è risultato di origine fecale in entrambi i prodotti; erano presenti, inoltre, tutti i generi di coliformi.

In uno studio effettuato nell'area di Boston Harbor su deiezioni di volatili per confrontare coliformi fecali, enterococchi e colifagi F-specifici, la concentrazione espressa in ufc/g dei coliformi era: 10^1-10^5 per le oche, 10^5-10^9 per i piccioni, 10^3-10^8 per i gabbiani[75]; sono stati inoltre rilevati fino a 10^6 ufp di colifagi somatici, 10^8 ufc di enterococchi e 10^2 ufp di colifagi F-specifici per grammo di deiezioni. Il rilascio di concentrazioni così elevate di microrganismi intestinali da parte di volatili sani può portare a un ingiustificato giudizio di non idoneità dell'acqua o dei prodotti ittici provenienti da tali ambienti.

Uno studio ha confrontato le concentrazioni di colifagi, coliformi fecali ed enterococchi nelle feci di sette specie animali e dell'uomo[32]: come riportato nella tabella 20.10, in generale tutti i campioni contenevano elevate concentrazioni di ciascun gruppo microbico con alcune eccezioni. Né i fagi F-specifici né i fagi somatici sono stati trovati nelle feci umane in concentrazioni apprezzabili; mentre i coliformi fecali erano presenti in elevate concentrazioni nelle feci umane e in quelle di pollo.

Tabella 20.10 Media aritmetica della concentrazione di batteriofagi (ufp/g) e di batteri indicatori (ufc/g) in feci umane e animali[a]

Fonte	Fagi RNA F-specifici	Colifagi somatici	Coliformi termotolleranti	Streptococchi fecali	Spore di Clostridi s.r.[b]
Maiale	$2,8 \times 10^3$	$3,4 \times 10^6$	$3,0 \times 10^6$	$7,3 \times 10^5$	$6,4 \times 10^2$
Pollo	$>1,2 \times 10^6$	$1,1 \times 10^7$	$1,9 \times 10^8$	$5,6 \times 10^6$	$<10^2$
Cane	$<10^1$	$4,1 \times 10^4$	$9,0 \times 10^7$	$8,2 \times 10^6$	$1,6 \times 10^6$
Vacca	$<10^1$	$4,0 \times 10^5$	$5,6 \times 10^5$	$1,1 \times 10^5$	$9,8 \times 10^2$
Cavallo	$<10^1$	$2,2 \times 10^4$	$1,8 \times 10^5$	$1,3 \times 10^4$	$<10^2$
Pecora	$1,9 \times 10^3$	$3,1 \times 10^6$	$1,2 \times 10^7$	$1,3 \times 10^5$	$<10^2$
Vitello	$5,8 \times 10^4$	$2,2 \times 10^7$	$3,2 \times 10^7$	$1,1 \times 10^6$	$8,0 \times 10^3$
Uomo	$<10^1$	$6,1 \times 10^4$	$1,9 \times 10^8$	$3,7 \times 10^5$	$>1,8 \times 10^3$

[a] I risultati sono la media di dieci campioni miscelati, derivanti ognuno da tre individui.
[b] s.r.: solfito riduttori.
(Da Havelaar et al.[32] (1986) Bacteriophages and Indicator Bacteria in Human and Animal Feces, *Journal of Applied Bacteriology*, vol. 60, p. 259, copyright © 1986 Blackwell Science Ltd, con autorizzazione)

In uno studio effettuato sugli escrementi di tartarughe della specie *Malaclemys terrapin*, che vivono nelle acque salmastre delle paludi costiere del sudest degli Stati Uniti, il 51% dei tamponi prelevati dalle cloache e l'80% dei campioni di feci sono risultati positivi per i coliformi fecali.

Come evidenziato da molte altre ricerche, gli studi citati dimostrano che i coliformi e i coliformi fecali sono presenti in diversi ambienti e in molte materie prime alimentari, ma ciò ha scarsa o nulla correlazione con la sicurezza degli alimenti. L'impiego eccessivo e scorretto di tali gruppi microbici potrebbe far considerare erroneamente non idonei prodotti sicuri; d'altra parte può portare all'accettazione di prodotti non sicuri a causa di un impiego non appropriato dei medesimi indicatori.

20.4 Microbiologia predittiva / Modellazione microbica

La presenza/assenza di microrganismi indicatori, come si è visto, è impiegata per predire la sicurezza degli alimenti. Se un microrganismo indicatore è assente, il prodotto è considerato sicuro limitatamente al pericolo per il quale è impiegato l'indicatore stesso. D'altra parte, un prodotto può presentare una concentrazione estremamente bassa di un indicatore di sicurezza, ma non rappresentare un pericolo. Ciò è vero per molti patogeni, come gli stafilococchi enterotossigeni. Quando sono riscontrate basse concentrazioni di un indicatore o di un patogeno, è importante conoscere come questi potranno comportarsi in un prodotto alimentare nel tempo. Lo studio del comportamento futuro coinvolge diversi parametri ambientali che influenzano la crescita e l'attività dei microrganismi negli alimenti; per predire l'evoluzione di basse concentrazioni di patogeni presenti in un dato alimento, è necessario conoscere le interazioni tra tali microrganismi e i parametri di interesse.

La modellazione microbica o microbiologia predittiva è una disciplina emergente che impiega modelli matematici ed equazioni per predire la crescita e/o l'attività di un microrganismo in un alimento nel tempo. Predizione e modellazione non rappresentano novità assolute, in quanto già largamente utilizzate nei calcoli relativi ai processi termici applicati alle conserve a bassa acidità (capitolo 17). L'elemento interessante è rappresentato dall'applicazione di tali concetti a una gamma più ampia di microrganismi patogeni e alteranti mediante l'impiego di sofisticati modelli matematici informatizzati in grado di elaborare contemporaneamente una molteplicità di parametri di crescita[2,28,54,90,93,94].

Come si è visto nel capitolo 2, a proposito degli effetti della temperatura, predire la crescita di un microrganismo al variare di un singolo parametro non è troppo difficile. Le difficoltà sorgono quando è coinvolta una molteplicità di parametri, come dimostrato da alcuni studi condotti per determinare l'effetto della loro interazione sui microrganismi. Un esempio di tale approccio è il lavoro di Buchanan e Philips[8], che hanno studiato l'interazione di cinque parametri (pH, temperatura, nitrito, NaCl e atmosfera gassosa) sulla crescita di *Listeria monocytogenes*. Dopo aver adattato i dati relativi a 709 curve di crescita alla funzione di Gompertz mediante analisi di regressione non lineare, questi ricercatori hanno concluso che tale funzione poteva fornire "stime preliminari" ragionevoli del comportamento di *L. monocytogenes* in funzione dei parametri esaminati.

L'effettiva applicazione della microbiologia predittiva richiede la selezione di modelli matematici appropriati, in grado di esprimere gli effetti dei parametri ambientali sulla crescita microbica. Tra i numerosi modelli proposti e testati vi sono quelli cinetici di tipo non lineare di Arrhenius e di Belehradek. Il primo è applicato con la variabile dipendente espressa come logaritmo naturale della velocità di crescita, mentre il secondo è applicato con la variabile dipendente espressa come radice quadrata della velocità di crescita[72]. Sono disponibili diversi software per l'applicazione di tali modelli alla microbiologia predittiva.

Una delle applicazioni più semplici della microbiologia predittiva è l'uso della simulazione di Monte Carlo. Questo metodo adatta la funzione di distribuzione della probabilità ai dati sperimentali per prevedere la shelf life/sicurezza conseguente alla variazione di parametri ambientali come pH, a_w eccetera. Nell'applicazione del metodo Monte Carlo per prevedere la shelf life del latte pastorizzato, i dati impiegati sono la concentrazione iniziale di microrganismi alteranti, il tempo di generazione e la temperatura di conservazione del latte. Questi e altri rilevanti dati sono stati analizzati con appropriati software per analisi statistica, riscontrando che una diminuzione di 2,1 °C della temperatura di conservazione del latte, ne aumenta significativamente la shelf life simulata, riducendo anche di oltre il 50% la concentrazione microbica[76]. Se sono noti sufficienti parametri relativi a un patogeno, la simulazione di Monte Carlo può essere utilizzata per predire la crescita del microrganismo e il risultato in termini di danno per la salute pubblica.

Bibliografia

1. Ackland MR, Trewhella ER, Reeder J, Bean FG (1981) The detection of microbial spoilage in canned foods using thin-layer chromatography. *J Appl Bacteriol*, 51: 277-281.
2. Adams MR, Moss MO (2000) *Food Microbiology* (2nd ed). Springer, New York.
3. Ahmed A, Matches JR (1983) Alcohol production by fish spoilage bacteria. *J Food Protect*, 46: 1055-1069.
4. American Public Health Association (1985) *Standard Methods for the Examination of Water and Wastewater* (16th ed). APHA, Washington, DC.
5. Beerens H (1998) Bifidobacteria as indicators of faecal contamination in meat and meat products: Detection, determination of origin and comparison with Escherichia coli. *Int J Food Microbiol*, 40: 203-207.
6. Brenner D, Davis BR, Steigerwalt AG, Fanning GR, Riddle CF, McWhorter AC, Allen SD, Farmer JJ III, Saitoh Y (1982a) Atypical biogroups of Escherichia coli found in clinical specimens and description of Escherichia hermannii sp. nov. *J Clin Microbiol*, 15: 703-713.
7. Brenner DJ, McWhorter AC, Knutson JKL, Steigerwalt AG (1982b) Escherichia vulneris: A new species of Enterobacteriaceae associated with human wounds. *J Clin Microbiol*, 15: 1133-1140.
8. Buchanan RL, Phillips JG (1990) Response surface model for predicting the effects of temperature, pH, sodium chloride, sodium nitrite concentrations and atmosphere on the growth of Listeria monocytogenes. *J Food Protect*, 53: 370-376, 381.
9. Burton MC (1949) Comparison of coliform and enterococcus organisms as indices of pollution in frozen foods. *Food Res*, 14: 434-448.
10. Buttiaux R (1959) The value of the association Escherichiae–Group D streptococci in the diagnosis of contamination in foods. *J Appl Bacteriol*, 22: 153-158.
11. Buttiaux R, Mossel DAA (1961) The significance of various organisms of faecal origin in foods and drinking water. *J Appl Bacteriol*, 24:353-364.
12. Calci KR, Burkhardt W III, Watkins WD, Rippey SR (1998) Occurrence of male-specific bacteriophage in feral and domestic animal wastes, human feces, and human-associated wastewaters. *Appl Environ Microbiol*, 64: 5027-5029.
13. Chai TJ, Han TJ, Cockey RR, Henry PC (1990) Microbiological studies of Chesapeake Bay softshell clams (Myarenaria). *J Food Protect*, 53: 1052-1057.
14. Collins MD, Jones D, Farrow JAE, Kilpper-Balz R, Schleifer KH (1984) Enterococcus avium nom. rev., comb. nov.; E. casseliflavus nom. ref., comb. nov.; E. durans nom. rev., comb. nov.; E. gallinarum comb. nov.; and E. malodoratus sp. nov. *Int J System Bacteriol*, 34: 220-223.

15. Collins MD, Facklam RR, Farrow JAE, Williamson R (1989) Enterococcus raffinosus sp. nov.; Enterococcus solitarus sp. nov. and Enterococcus pseudoavium sp. nov. *FEMS Microbiol Lett*, 57: 283-288.

16. Colwell RR, Seidler RJ, Kaper J et al (1981) Occurrence of Vibrio cholerae serotype 01 in Maryland and Louisiana estuaries. *Appl Environ Microbiol*, 41: 555-558.

17. DePaola A, McLeroy S, McManus G (1997) Distribution of Vibrio vulnificus phage in oyster tissues and other estuarine habitats. *Appl Environ Microbiol*, 63: 2464-2467.

18. DePaola A, Motes ML, Chan AM, Suttle CA (1998) Phages infecting Vibrio vulnificus are abundant and diverse in oysters (Crassostrea virginica) collected from the Gulf of Mexico. *Appl Environ Microbiol*, 64: 346-351.

19. Devriese LA, Pot B, Van Damme L, Kersters K, Haesebrouck F (1995) Identification of Enterococcus species isolated from foods of animal origin. *Int J Food Microbiol*, 26: 187-197.

20. Devriese LA, van de Kerckhove A, Kilpper-Balz R, Schleifer KH (1987) Characterization and identification of Enterococcus species isolated from the intestines of animals. *Int J System Bacteriol*, 37: 257-259.

21. Drancourt M, Bollet C, Carta A, Rousselier P (2001) Phylogenetic analyses of Klebsiella species delineate Klebsiella and Raoultella gen nov., with description of Raoultella ornithinolytica comb. nov., Raoultella terrigena comb. nov., and Raoultella planticola comb. nov. *Int J Syst Evol Microbiol*, 51: 925-932.

22. Endley S, Lu L, Vega E, Hume ME, Pillai SD (2003) Male-specific coliphages as an additional fecal contamination indicator for screening fresh carrots. *J Food Protect*, 66: 88-93.

23. Ercolani GL (1976) Bacteriological quality assessment of fresh marketed lettuce and fennel. *Appl Environ Microbiol*, 31: 847-852.

24. Escherich T (1885) Die Darmbacterien des Neugeborenen und Sauglings. *Fortschr Med*, 3: 515-522, 547-554.

25. Fugate KJ, Cliver DO, Hatch MT (1975) Enteroviruses and potential bacterial indicators in Gulf coast oysters. *J Milk Food Technol*, 38: 100-104.

26. Gavini F, Pourcher AM, Neut C, Monget D, Romand C, Oger C, Izard D (1991) Phenotypic differentiation of bifidobacteria of human and animal origins. *Int J Syst Bacteriol*, 41: 548-557.

27. Gerba CP, Goyal SM, LaBelle RL, Cech I, Bodgan GF (1979) Failure of indicator bacteria to reflect the occurrence of enteroviruses in marine waters. *Am J Public Health*, 69: 1116-1119.

28. Gibson AM, Bratchell N, Roberts TA (1988) Predicting microbial growth: Growth responses of salmonellae in a laboratory medium as affected by pH, sodium chloride, and storage temperature. *Int J Food Microbiol*, 6: 155-178.

29. Griffin AM, Stuart CA (1940) An ecological study of the coliform bacteria. *J Bacteriol*, 40: 83-100.

30. Hartman PA (1960) Enterococcus: Coliform ratios in frozen chicken pies. *Appl Microbiol*, 8: 114-116.

31. Harwood VJ, Butler J, Parrish D, Wagner V (1999) Isolation of fecal coliform bacteria from the diamond-back terrapin (Malaclemys terrapin centrata). *Appl Environ Microbiol*, 65: 865-867.

32. Havelaar AH, Furuse K, Hogeboom WM (1986) Bacteriophages and indicator bacteria in human and animal faeces. *J Appl Bacteriol*, 60: 255-262.

33. Havelaar AH, Hogeboom WM (1984) A method for the enumeration of male-specific bacteriophages in sewage. *J Appl Bacteriol*, 56: 439-447.

34. Hilton MC, Stotzky G (1973) Use of coliphages as indicators of water pollution. *Can J Microbiol*, 19: 747-751.

35. Hollingworth TA Jr, Throm HR (1982) Correlation of ethanol concentration with sensory classification of decomposition in canned salmon. *J Food Sci*, 47: 1315-1317.

36. Hsu FC, Shieh YSC, Sobsey MD (2002) Enteric bacteriophages as potential fecal indicators in ground beef and poultry meat. *J Food Protect*, 65: 93-99.

37. Huys G, Cnockaert M, Janda JM, Swings J (2003) Escherichia albertii sp. nov., a diarrhoeagenic species isolated from stool specimens of Bangladeshi children. *Int J Syst Evol Microbiol*, 53: 807-810.

38. ICMSF (1986) *Microorganisms in Foods. 2. Sampling for Microbiological Analysis: Principles and Specific Application* (2nd ed). University of Toronto Press, Toronto.

39. Jay JM (2001) Indicator organisms in foods. In: Hui YH, Pierson MD, Gorham JR (eds) *Foodborne Disease Handbook*, vol. 1, (2nd ed). Marcel Dekker, New York, pp. 645-653.

40. Jiménez-Clavero MA, Fernández C, Ortiz JA, Pro J, Carbonell G, Tarazona JV, Roblas N, Ley V (2003) Teschoviruses as indicators of porcine fecal contamination of surface water. *Appl Environ Microbiol*, 69: 6311-6315.

41. Kaper J, Lockman H, Colwell RR, Joseph SW (1979) Ecology, serology, and enterotoxin production by Vibrio cholerae in Chesapeake Bay. *Appl Environ Microbiol*, 37: 91-103.

42. Kenard RP, Valentine RS (1974) Rapid determination of the presence of enteric bacteria in water. *Appl Microbiol*, 27: 484-487.

43. Kennedy JE Jr, Oblinger JL, Bitton G (1984) Recovery of coliphages from chicken, pork sausage and delicatessen meats. *J Food Protect*, 47: 623-626.

44. Kennedy JE Jr, Wei CI, Oblinger JL (1986) Methodology for enumeration of coliphages in foods. *Appl Environ Microbiol*, 51: 956-962.

45. Kennedy JE Jr, Wei CI, Oblinger JL (1986) Distribution of coliphages in various foods. *J Food Protect*, 49: 944-951.

46. Kereluk K, Gunderson MF (1959) Studies on the bacteriological quality of frozen meats. IV. Longevity studies on the coliform bacteria and enterococci at low temperatures. *Appl Microbiol*, 7: 327-328.

47. Kott Y, Roze N, Sperber S, Betzer N (1974) Bacteriophages as viral pollution indicators. *Water Res*, 8: 165-171.

48. Leininger HV, McCleskey CS (1953) Bacterial indicators of pollution in surface waters. *Appl Microbiol*, 1: 119-124.

49. Ley V, Higgins J, Fayer R (2002) Bovine enteroviruses as indicators of fecal contamination. *Appl Environ Microbiol*, 68: 3455-3461.

50. Litsky W, Rosenbaum MJ, France RL (1953) A comparison of the most probable numbers of coliform bacteria and enterococci in raw sewage. *Appl Microbiol*, 1: 247-250.

51. Mariam TW, Cliver DO (2000) Small round coliphages as surrogates for human viruses in process assessment. *Dairy Food Environ Sanit*, 20: 684-689.

52. Matches JR, Abeyta C (1983) Indicator organisms in fish and shellfish. *Food Technol*, 37(6): 114-117.

53. McCrady MH, Langevin EM (1932) The coliaerogenes determination in pasteurization control. *J Dairy Sci*, 15: 321-329.

54. McMeekin TA, Olley JN, Ross T, Ratkowsky DA (1993) *Predictive Microbiology: Theory and Application*. John Wiley & Sons, New York.

55. Mossel DAA (1958) The suitability of bifidobacteria as part of a more extended bacterial association, indicating faecal contamination of foods. In: *Proceedings of the 7th International Congress on Microbiology, Abstracts of Papers*. Almquist & Wikesells, Uppsala, pp. 440-441.

56. Mundt JO (1982) The ecology of the streptococci. *Microbiol Ecol*, 8: 355-369.

57. Mundt JO (1976) Streptococci in dried and frozen foods. *J Milk Food Technol*, 39: 413-416.

58. Mundt JO (1961) Occurrence of enterococci: Bud, blossom, and soil studies. *Appl Microbiol*, 9: 541-544.

59. Mundt JO (1973) Litmus milk reaction as a distinguishing feature between Streptococcus faecalis of human and nonhuman origins. *J Milk Food Technol*, 36: 364-367.

60. Munoa FJ, Pares R (1988) Selective medium for isolation and enumeration of Bifidobacterium spp. *Appl Environ Microbiol*, 54: 1715-1718.

61. Murdock DI (1968) Diacetyl test as a quality control tool in processing frozen concentrated orange juice. *Food Technol*, 22: 90-94.

62. Murdock DI (1967) Methods employed by the citrus concentrate industry for detecting diacetyl and acetyl-methylcarbinol. *Food Technol*, 21: 643-672.

63. Newton KG (1979) Value of coliform tests for assessing meat quality. *J Appl Bacteriol*, 47: 303-307.

64. Orla-Jensen SH (1919) The lactic acid bacteria. *Mem Acad Royal Soc Denmark Ser 8*, 5: 81-197.

65. Ostrolenk M, Kramer N,Cleverdon RC (1947) Comparative studies of enterococci and Escherichia coli as indices of pollution. *J Bacteriol*, 53: 197-203.

66. Pasricha CL, DeMonte AJH (1941) Bacteriophages as an index of water contamination. *Indian Med Gaz*, 76: 492-493.
67. Peabody FR (1963) Microbial indexes of food quality: The coliform group. In: Slanetz LW, Chichester CO, Gaufin AR, Ordal ZJ (eds) *Microbiological Quality of Foods*. Academic Press, New York, pp. 113-118.
68. Perry CA, Hajna AA (1944) Further evaluation of EC medium for the isolation of coliform bacteria and Escherichia coli. *Am J Public Health*, 34: 735-738.
69. Portnoy BL, Mackowiak PA, Caraway CT, Walker JA, McKinley TW, Klein CA Jr (1975) Oyster-associated hepatitis: Failure of shellfish certification programs to prevent outbreaks. *JAMA*, 233: 1065-1068.
70. Primrose SB, Seeley ND, Logan KB, Nicolson JW (1982) Methods for studying aquatic bacteriophage ecology. *Appl Environ Microbiol*, 43: 694-701.
71. Raj H, Wiebe WJ, Liston J (1961) Detection and enumeration of fecal indicator organisms in frozen sea foods. *Appl Microbiol*, 9: 433-438.
72. Ratkowsky DA, Ross T, McMeekin TA, Olley J (1991) Comparison of Arrhenius-type and Belehrádek-type models for prediction of bacterial growth in foods. *J Appl Bacteriol*, 71: 452-459.
73. Reinbold GW (1983) Indicator organisms in dairy products. *Food Technol*, 37(6): 111-113.
74. Resnick IG, Levin MA (1981) Assessment of bifidobacteria as indicators of human fecal pollution. *Appl Environ Microbiol*, 42: 433-438.
75. Ricca DM, Cooney JJ (1998) Coliphages and indicator bacteria in birds around Boston Harbor. *J Ind Microbiol Biotechnol*, 21: 28-30.
76. Schaffner DW, McEntire J, Duffy S, Montville R, Smith S (2003) Monte Carlo Simulation of the shelf life of pasteurized milk as affected by temperature and initial concentration of spoilage organisms. *Food Protect Trends*, 23: 1014-1021.
77. Schardinger F (1892) Uber das Vorkommen Gährung erregender Spaltpilze im Trinkwasser und ihre Bedeutung für die hygienische Beurtheilung desselben. *Wien Klin Wachr*, 5: 403-405, 421-423.
78. Seeley ND, Primrose SB (1982) The isolation of bacteriophages from the environment. *J Appl Bacteriol*, 53: 1-17.
79. Seeley ND, Primrose SB (1980) The effect of temperature on the ecology of aquatic bacteriophages. *J Gen Virol*, 46: 87-95.
80. Simkova A, Cervenka J (1981) Coliphages as ecological indicators of enteroviruses in various water systems. *Bull WHO*, 59: 611-618.
81. Slanetz LW, Bartley CH (1964) Detection and sanitary significance of fecal streptococci in water. *Am J Public Health*, 54: 609-614.
82. Smith T (1895) Notes on Bacillus coli commune and related forms, together with some suggestions concerning the bacteriological examination of drinking water. *Am J Med Sci*, 110: 283-302.
83. Splittstoesser DF (1983) Indicator organisms on frozen vegetables. *Food Technol*, 37(6): 105-106.
84. Stetler RE (1984) Coliphages as indicators of enteroviruses. *Appl Environ Microbiol*, 48: 668-670.
85. Stiles ME, Ng LK (1981) Enterobacteriaceae associated with meats and meat handling. *Appl Environ Microbiol*, 41: 867-872.
86. Szabo RA, Todd ECD, Jean A (1986) Method to isolate Escherichia coli 0157:H7 from food. *J Food Protect*, 49: 768-772.
87. Tartera C, Lucena F, Jofre J (1989) Human origin of Bacteroides fragilis bacteriophages present in the environment. *Appl Environ Microbiol*, 55: 2696-2701.
88. Tompkin RB (1983) Indicator organisms in meat and poultry products. *Food Technol*, 37(6): 107-110.
89. Tissier H (1908) Recherches sur la flore intestinale normale des enfants agés d'un an à cinq ans. *Ann Inst Pasteur*, 22: 189-208.
90. Van Impe JF, Nicolai BM, Schellekens M, Martens T, Baerdemaeker JD (1995) Predictive microbiology in a dynamic environment: A system theory approach. *Int J Food Microbiol*, 25: 227-249.
91. Wait DA, Hackney CR, Carrick RJ, Lovelace G, Sobsey MD (1983) Enteric bacterial and viral pathogens and indicator bacteria in hard shell clams. *J Food Protect*, 46: 493-496.

92. Wentsel RS, O'Neill PE, Kitchens JF (1982) Evaluation of coliphage detection as a rapid indicator of water quality. *Appl Environ Microbiol*, 43: 430-434.

93. Whiting RC, Buchanan RL (1994) Microbial modeling. *Food Technol*, 48(6): 113-120.

94. Zwietering MH, Wijtzes T, DeWit JC, Van't Riet K (1992) Adecision support system for prediction of the microbial spoilage in foods. *J Food Protect*, 55: 973-979

Capitolo 21

I sistemi HACCP e FSO
per la sicurezza degli alimenti

Tra le qualità che dovrebbero essere associate agli alimenti una delle più importanti è l'assenza di microrganismi patogeni. Sebbene la sola applicazione delle buone pratiche di fabbricazione (GMP, *good manufacturing practices*) non garantisca l'assenza di tali microrganismi (tolleranza zero), l'obiettivo è produrre alimenti che ne contengano il più basso numero possibile. La concentrazione delle aziende in un numero minore di industrie di trasformazione – che producono una maggior quantità di prodotti, destinati a essere conservati più a lungo e trasportati più lontano prima di arrivare ai consumatori – ha reso necessari nuovi approcci per garantire la sicurezza degli alimenti. Gli approcci classici al controllo della qualità microbiologica erano basati quasi esclusivamente sull'analisi microbiologica delle materie prime e dei prodotti finiti, ma il tempo richiesto per ottenere i risultati è in molti casi troppo lungo. A tale riguardo, sono stati di grande utilità lo sviluppo e l'impiego di alcuni metodi rapidi, ma questi – da soli – non hanno ovviato alla necessità di nuovi approcci per garantire la sicurezza alimentare. In questo capitolo il sistema HACCP (*hazard analysis critical control point*) viene presentato come metodo elettivo per garantire la sicurezza degli alimenti dalla fattoria alla tavola; viene inoltre delineato il concetto più recente di FSO (*food safety objective*). Se necessario, per alcuni ingredienti e alimenti possono essere fissati criteri microbiologici, che costituiscono, insieme ai piani di campionamento, componenti del sistema HACCP.

21.1 Sistema HACCP

La trattazione che segue non rappresenta uno strumento per definire, da solo, un programma HACCP per uno stabilimento di produzione o per un'azienda di ristorazione. A tale scopo, la letteratura in materia è ricca di pubblicazioni che trattano in maniera approfondita il sistema HACCP[4,7,9,13,14,24] o offrono informazioni più generali[5,18,22,23]. L'obiettivo di questa prima parte del capitolo è fornire una visione generale dell'HACCP e alcuni esempi di come tale sistema possa essere organizzato.

L'applicazione dell'HACCP dovrebbe portare alla produzione di alimenti microbiologicamente sicuri mediante l'analisi dei pericoli associati alle materie prime, di quelli che possono presentarsi nel corso della lavorazione e di quelli che possono risultare da usi impropri da parte del consumatore. Si tratta di un approccio proattivo e sistematico per controllare i pericoli di origine alimentare. Mentre alcuni approcci classici alla sicurezza degli alimenti erano basati soprattutto sull'analisi del prodotto finale, il sistema HACCP enfatizza la qualità di tutti gli ingredienti e di tutte le fasi di processo, partendo dal presupposto che la sicurezza

J.M. Jay et al., *Microbiologia degli alimenti*
© Springer-Verlag Italia 2009

Tabella 21.1 Principali fattori che hanno contribuito alle epidemie di malattie a trasmissione alimentare registrate negli Stati Uniti dal 1961 al 1982

Fattori	%
Raffreddamento improprio	44
Intervallo di 12 o più ore tra la preparazione e il consumo	23
Contaminazione da parte degli addetti alla preparazione	18
Aggiunta di ingredienti crudi non seguita da cottura/riscaldamento	16
Cottura/inscatolamento/riscaldamento inadeguati	16

(Da Bryan[1,2])

dei prodotti possa essere garantita solo dal controllo adeguato di questi elementi. Il sistema è dunque concepito per il controllo dei microrganismi nei diversi punti della produzione e della preparazione. I cinque principali fattori coinvolti negli episodi di malattie a trasmissione alimentare registrati negli Stati Uniti tra il 1961 e il 1982 sono elencati nella tabella 21.1, dalla quale risulta il ruolo significativo svolto dalla manipolazione e dalla preparazione degli alimenti[2]. In Canada, nel 1984, il 39% circa degli episodi di malattie trasmesse da alimenti è stato causato dalla scorretta manipolazione degli alimenti negli esercizi di ristorazione[26]. L'implementazione appropriata dell'HACCP negli esercizi di ristorazione (e anche in ambito domestico) determina una riduzione delle malattie trasmesse dagli alimenti.

Nel 1985 il National Research Council[16], della National Academy of Science statunitense, ha definito il sistema HACCP l'approccio più specifico e critico per controllare i pericoli microbiologici associati agli alimenti e ne ha raccomandato l'applicazione durante la loro lavorazione; pertanto ha invitato le agenzie governative responsabili del controllo dei pericoli microbiologici negli alimenti a promulgare appositi regolamenti che obbligassero le industrie del settore alimentare a utilizzare il sistema HACCP. In Italia l'obbligo del sistema HACCP è stato introdotto dal DLgs 155/97, "Attuazione delle direttive 93/43/CEE e 96/3/CE concernenti l'igiene dei prodotti alimentari", e confermato dal Regolamento CE 852/2004. L'attuazione di alcuni prerequisiti è indispensabile per sviluppare correttamente tale sistema.

21.1.1 Programmi prerequisito

Questi programmi includono un'ampia gamma di attività e di condizioni che pur non facendo parte del sistema HACCP, sviluppato per uno specifico prodotto alimentare, possono influenzarne notevolmente l'efficacia. In letteratura sono reperibili esempi e indicazioni per l'attuazione di tali programmi[14,21]. In sintesi i programmi prerequisito considerano, *prima* che il piano HACCP sia implementato, i problemi e gli aspetti relativi all'intero contesto nel quale si svolge la lavorazione degli alimenti; tra i quali: l'adeguatezza dei servizi, il controllo dei fornitori, la sicurezza e la manutenzione delle attrezzature e degli impianti, la pulizia e la sanificazione di impianti, attrezzature e ambienti, l'igiene personale degli addetti, il controllo delle sostanze chimiche e degli infestanti. I prerequisiti includono anche le GMP[12] e dovrebbero consentire standard igienico-sanitari accettabili prima di attuare il sistema HACCP.

21.1.2 Definizioni

Nello sviluppo e nell'implementazione di un sistema HACCP sono utilizzati i seguenti termini e concetti definiti dalla International Commission on Microbiological Specifications for

Foods (ICMSF)[8] e/o dal National Advisory Committee on the Microbiological Criteria for Foods (NACMCF)[14].

- *Punto di controllo* (CP): qualsiasi punto o fase all'interno di uno specifico sistema alimentare in cui la perdita di controllo non comporta un rischio inaccettabile per la salute.
- *Punto critico di controllo* (CCP): qualsiasi punto, fase o procedura di un sistema alimentare in cui sia possibile applicare misure di controllo per minimizzare o prevenire un pericolo.
- *Limite critico*: uno o più valori soglia fissati che devono essere rispettati per garantire che un CCP controlli efficacemente un pericolo microbiologico per la salute.
- *Albero decisionale*: sequenza di domande che consente di stabilire se un CP è un CCP.
- *Azione correttiva*: procedura da seguire in caso di deviazione dal limite critico.
- *Deviazione*: scostamento dal limite critico fissato per un CCP.
- *Piano HACCP*: documento scritto che delinea le procedure formali da seguire in accordo con questi principi generali.
- *Pericolo*: qualsiasi proprietà biologica, chimica o fisica che possa causare un rischio inaccettabile per la salute del consumatore (in termini di contaminazione, livello di tossine, crescita e/o sopravvivenza di microrganismi indesiderabili).
- *Monitoraggio*: sequenza pianificata di osservazioni o misurazioni dei limiti critici fissati per un dato CCP designata per disporre di un'accurata registrazione e garantire che il CCP sia sotto controllo.
- *Categoria di rischio*: una delle sei categorie di rischio basate sulle caratteristiche dei pericoli associati a un alimento.
- *Validazione*: componente della verifica focalizzata sulla raccolta e sulla valutazione di informazioni scientifiche e tecniche per determinare se il piano HACCP, quando correttamente implementato, può efficacemente controllare i pericoli individuati.
- *Verifica*: metodi, procedure e analisi utilizzati per verificare che tutte le operazioni siano conformi a quanto previsto dal piano HACCP.

21.1.3 Principi di base del sistema HACCP

Sebbene con diverse interpretazioni, l'ICMF e la NACMCF considerano l'HACCP un approccio naturale e sistematico alla sicurezza degli alimenti, basato sui seguenti sette principi:

1. Valutazione dei pericoli e dei rischi associati a: crescita, raccolta, materie prime, ingredienti, lavorazione, trasformazione, distribuzione, vendita, preparazione e consumo dell'alimento in questione.
2. Determinazione dei CCP necessari per tenere sotto controllo i pericoli identificati.
3. Definizione dei limiti critici che devono essere rispettati per ciascun CCP identificato.
4. Definizione delle procedure per il monitoraggio dei CCP.
5. Definizione delle azioni correttive che devono essere adottate quando mediante monitoraggio di un CCP si individua una deviazione.
6. Definizione delle procedure per la verifica del corretto funzionamento del sistema HACCP.
7. Definizione di un sistema per la tenuta e l'archiviazione delle registrazioni che documenti il piano HACCP.

Principio 1 - Valutazione dei pericoli e dei rischi associati

I pericoli e i rischi possono essere valutati per ciascun ingrediente alimentare lungo un diagramma di flusso o caratterizzando il prodotto finale attribuendogli una classe di pericolo variabile da A a F. La presenza di un pericolo viene indicata con il segno (+). Sono state definite sei classi di pericolo, che rappresentano un'estensione delle tre proposte dal National Research Council (NRC)[17] per il controllo delle salmonelle.

A. Classe speciale di alimenti rappresentata da prodotti non sterili destinati a consumatori a rischio, compresi bambini, anziani, ammalati e pazienti immunodepressi.
B. Classe di prodotti contenenti ingredienti "sensibili" in relazione ai pericoli microbiologici (per esempio, latte e carni fresche).
C. Classe di alimenti per i quali non è prevista una fase di processo controllata (per esempio, pastorizzazione termica) in grado di distruggere tutti i microrganismi patogeni.
D. Classe di prodotti soggetti a ricontaminazione dopo il processo produttivo e prima del confezionamento (per esempio, latte pastorizzato allo stato sfuso e poi confezionato).
E. Prodotti che potrebbero essere dannosi o inadatti al consumo per la consistente possibilità di gestione scorretta nella fase di distribuzione e/o da parte del consumatore (per esempio, prodotti refrigerati mantenuti al di sopra delle temperature previste).
F. Prodotti per i quali non è previsto un trattamento termico finale dopo il confezionamento o prima del consumo domestico.

Successivamente, i prodotti dovrebbero essere assegnati a una delle sei categorie di rischio derivate dall'ampliamento delle quattro proposte dal NRC[16].

VI. Categoria speciale che comprende alimenti non sterili progettati e destinati ai consumatori definiti nella classe di pericolo A.
V. Prodotti alimentari soggetti a tutte le cinque classi generali di pericolo (B, C, D, E e F).
IV. Prodotti alimentari soggetti a quattro delle classi generali di pericolo.
III. Prodotti soggetti a tre delle classi generali di pericolo.
II. Prodotti soggetti a due delle classi generali di pericolo.
I. Prodotti soggetti a una delle classi generali di pericolo.
0. Prodotti non soggetti a pericoli.

Principio 2 - Determinazione dei CCP

L'ICMSF ha riconosciuto due tipi di CCP: CCP1, in grado di assicurare il controllo di un pericolo, e CCP2 in grado di minimizzare un pericolo[9]. CCP tipici sono i seguenti.

1. Fase di trattamento termico in cui le combinazioni tempo-temperatura devono essere mantenute per distruggere determinati microrganismi patogeni.
2. Congelamento e tempo impiegato nel processo di congelamento (durante il quale i microrganismi patogeni possono ancora moltiplicarsi).
3. Mantenimento del pH di un alimento a un livello che prevenga la crescita dei patogeni.
4. Igiene del personale.

Per identificare i CCP, viene spesso utilizzato un albero decisionale come quello presentato in figura 21.1.

Principio 3 - Definizione dei limiti critici

Un limite critico è rappresentato da una o più tolleranze predefinite che devono essere rispettate per assicurare che un CCP controlli efficacemente un pericolo microbiologico. Ciò potrebbe significare mantenere le temperature di refrigerazione entro un limitato specifico

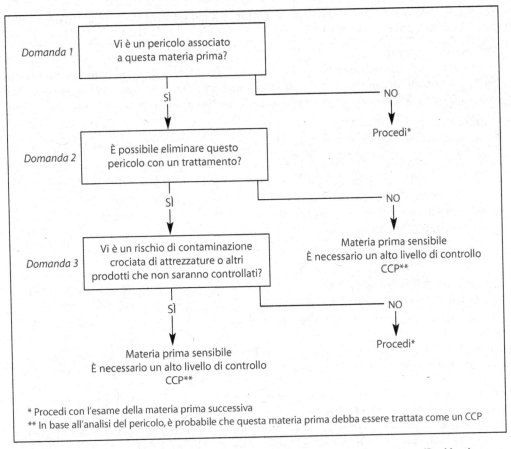

Figura 21.1 Esempio di albero decisionale per il controllo delle materie prime. (Da Mortimore e Wallace[13], copyright © 1994 Kluwer Academic Publishers)

intervallo, oppure assicurare che una specifica temperatura minima letale venga raggiunta e mantenuta sufficientemente a lungo per ottenere la distruzione dei patogeni. Esempi del secondo tipo includono il raggiungimento delle temperature riportate nella tabella 21.2 per il controllo dei microrganismi indicati.

Principio 4 - Definizione delle procedure per il monitoraggio dei CCP

Il monitoraggio di un CCP implica la misurazione o l'osservazione programmata di un CCP e dei suoi limiti critici; i risultati del monitoraggio devono essere documentati. Per esempio, se la temperatura di una certa fase del processo non deve superare 40 °C, dovrebbe essere installato un registratore a carta. Le analisi microbiologiche non sono utilizzate per il monitoraggio poiché richiedono troppo tempo per fornire i risultati. I parametri fisici e chimici, quali tempo, pH, temperatura e a_w, possono essere misurati rapidamente, ottenendo risultati immediati.

Principio 5 - Definizione delle azioni correttive

Quando durante il monitoraggio di un CCP si verificano deviazioni, vanno attuate azioni correttive predefinite. Tali azioni devono eliminare il pericolo che si è generato per qualsiasi

Tabella 21.2 Alcuni parametri USDA per la cottura e il raffreddamento di prodotti deperibili a base di carne e pollame non trattati

---

Parametri di cottura

USDA e FSIS* ha fissato le temperature minime che devono essere raggiunte durante la cottura all'interno dei prodotti deperibili a base di carne e pollame non trattati. Tali valori di temperatura sono inclusi nel Title 9 del Code of Federal Regulation (CFR 301-390) o in altre disposizioni emanate dal FSIS.

Prescrizioni per la cottura **

Carne bovina e roast beef (9 CFR 318.17) (121 minuti a 130 °F; istantanea a 145 °F)	130-145 °F (54,4-62,7 °C)
Polpettone di carne al forno (9 CFR 317.8)	160 °F (71,1 °C)
Arrosti di maiale al forno (9 CFR 317.8)	170 °F (76,7 °C)
Carne di maiale (per la distruzione delle trichine) (21 ore a 120 °F; istantanea a 144 °F) (9 CFR 318.10)	120-144 °F (48,9-62,2 °C)
Involtini di pollame cotto e altri prodotti non trattati a base di pollame (9 CFR 381.150)	160 °F (71,1 °C)
Anatra cotta, salata (FSIS Policy Book)	155 °F (68,3 °C)
Polpettone di pollo in gelatina (FSIS Policy Book)	160 °F (71,1 °C)
Prodotti macinati, parzialmente cotti (FSIS Notice 92-85)	≥ 151 °F per 1 minuto ≥ 148 °F per 2 minuti ≥ 146 °F per 3 minuti ≥ 145 °F per 4 minuti ≥ 144 °F per 5 minuti

---

Parametri di raffreddamento

Anche i parametri per il raffreddamento e la conservazione dei prodotti refrigerati, inclusi temperature e tempi, sono riportati nei regolamenti (9 CFR) e nelle disposizioni delle Agenzie governative.

Prescrizioni per il raffreddamento

Linee guida per la conservazione refrigerata e punti di controllo della temperatura interna	40 °F (4,4 °C)
Temperature raccomandate per la conservazione refrigerata per periodi superiori a una settimana (FSIS Directive 7110.3)	35 °F (1,7 °C)

Le procedure di raffreddamento richiedono che la temperatura interna del prodotto non rimanga tra 130 °F (54,4 °C) e 80 °F (26,7 °C) per più di 1,5 ore oppure tra 80 °F (26,7 °C) e 40 °F (4,4 °C) per più di 5 ore (FSIS Directive 7110.3)

Le procedure per il raffreddamento di tagli interi di muscolo (per esempio roast beef) richiedono che la refrigerazione abbia inizio entro 90 minuti dal termine della cottura. Il prodotto deve essere raffreddato da 120 °F (48 °C) a 55 °F (12,7 °C) in non più di 6 ore. Il raffreddamento deve continuare e il prodotto non deve essere confezionato per il trasporto prima che abbia raggiunto 40 °F (4,4 °C).

Il roast beef destinato all'esportazione nel Regno Unito deve essere raffreddato ad almeno 68 °F (20 °C) entro 5 ore dal termine della cottura e ad almeno 46 °F (7 °C) entro le successive 3 ore.

---

* FSIS: Food Safety and Inspection Service; USDA: US Department of Agriculture; CFR: Code of Federal Regulation.
** Alcune prescrizioni di temperatura sono basate sull'aspetto del prodotto e sulle indicazioni riportate sull'etichetta più che sulla sicurezza.

deviazione dal piano HACCP. Un prodotto che a causa della deviazione potrebbe essere non sicuro deve essere rimosso. Sebbene possano variare ampiamente, in generale le azioni correttive attuate devono essersi dimostrate in grado di riportare sotto controllo il CCP.

Principio 6 - Definizione delle procedure per la verifica

La verifica consiste di metodi, procedure e analisi utilizzati per determinare se il sistema è in accordo con quanto previsto dal piano. La verifica conferma che tutti i pericoli sono stati identificati durante lo sviluppo del piano HACCP; le misurazioni per la verifica possono includere la conformità a un insieme di criteri microbiologici, nel caso questi siano stati previsti. Le attività di verifica prevedono l'implementazione di programmi per le ispezioni, comprese quelle per la revisione del piano HACCP, le registrazioni relative ai CCP, le deviazioni, il prelievo e l'analisi di campioni casuali e le registrazioni scritte delle ispezioni effettuate. I report delle ispezioni di verifica dovrebbero includere i nominativi delle persone responsabili del piano HACCP e del suo aggiornamento, i dati del monitoraggio diretto dei CCP durante la produzione, la certificazione che gli strumenti impiegati per il monitoraggio siano correttamente tarati e le procedure attuate in caso di deviazioni.

Principio 7 - Definizione di un sistema per la tenuta e l'archiviazione delle registrazioni

Il piano HACCP deve essere conservato nello stabilimento di produzione e messo a disposizione in caso di controllo ufficiale. Per la registrazione e la documentazione del sistema possono essere impiegati modelli appositamente sviluppati o modelli standard opportunamente modificati. Solitamente questi modelli vengono compilati regolarmente e poi archiviati. I modelli devono fornire la documentazione relativa a tutti gli ingredienti, le fasi di processo, il confezionamento, lo stoccaggio e la distribuzione.

21.1.4 Diagrammi di flusso

Lo sviluppo di un piano HACCP per uno stabilimento alimentare inizia con la costruzione di un diagramma di flusso dell'intero processo produttivo. Il diagramma deve partire dall'acquisizione delle materie prime e comprendere tutte le fasi fino al confezionamento e alla distribuzione. La figura 21.2 riporta un diagramma di flusso per la produzione di pasticci di carne bovina cotti e surgelati. Nell'esempio, per avviare il processo HACCP, occorre porre le tre domande illustrate nella figura 21.1: la risposta a tutte e tre le domande è affermativa.

Domanda 1 Esiste un pericolo? I pasticci di carne cruda macinata sono notoriamente un veicolo di *E. coli* O157:H7, *Toxoplasma gondii* e salmonelle.
Domanda 2 Il pericolo può essere eliminato? Può essere eliminato nella fase 5 (cottura).
Domanda 3 Vi è il rischio di contaminazione crociata? Può verificarsi nelle fasi 7, 8 e 10.

21.1.5 Applicazione dei principi HACCP

Di seguito è presentata l'applicazione dei sette principi dell'HACCP alla produzione di pasticci di carne bovina cotti e surgelati, come schematizzato in figura 21.2: le fasi del processo sono quelle riportate nel diagramma di flusso.

Principio 1 - Pericoli e rischi

La carne cruda è un ingrediente sensibile e il prodotto cotto è soggetto a ricontaminazione dopo il processo produttivo e durante la distribuzione.

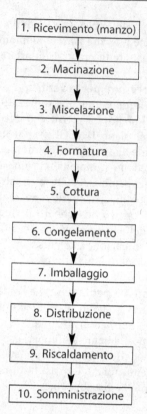

Figura 21.2 Esempio di diagramma di flusso per la produzione di pasticci di carne bovina cotti e surgelati. (Riproduzione autorizzata da The International Committee on Microbiological Specifications for Foods of the International Union of Microbiological Society (ICMSF), *Journal of Food Protection* 61: 1255, copyrigth © 1998 International Association of Milk, Food Environmental Sanitarians)

Principio 2 - CCP

Un importante aspetto relativo alla fase 1 è la condizione complessiva delle carcasse o dei tagli di bovino. Le considerazioni che seguono si basano sull'ipotesi che la carne sia stata prodotta e lavorata in conformità alle GMP. La fase 5 è indubbiamente un CCP1, poiché consente di eliminare i pericoli. CCP2 possono essere identificati nelle fasi 6 e 8 e, probabilmente, anche nella fase 7.

Principio 3 - Limiti critici

La temperatura è il parametro critico dalla fase 1 alla fase 9; occorre prevedere un'adeguata refrigerazione nelle fasi da 1 a 4 e temperature appropriate di cottura, nella fase 5, di congelamento, nelle fasi da 6 a 8, e di riscaldamento nella fase 9. L'obiettivo è mantenere sempre la carne fresca a non più di 40 °F (4,4 °C); cuocere i pasticci a 160 °F (71,1 °C), congelarli a −18 °C (− 0,4 °F) e immagazzinarli alla stessa temperatura.

Principio 4 - Monitoraggio dell'HACCP

Per monitorare le variabili di processo, utilizzare registratori a carta (o videografici) nelle fasi da 2 a 4, termometri nelle fasi 5 e 6 e registratori di temperatura nella fase 8.

Principio 5 - Azioni correttive

Si riferiscono alle deviazioni dai limiti critici identificate durante il monitoraggio dei CCP. Le specifiche azioni correttive da attuare dovrebbero essere spiegate con molta chiarezza. Per esempio, se nella fase 5 non viene raggiunta la temperatura prevista, il lotto di prodotto dovrà essere scartato, riprocessato o destinato ad altro impiego?

Principio 6 - Verifica

In sintesi, è una valutazione dell'efficacia del sistema HACCP. Solitamente, vengono effettuate alcune analisi microbiologiche allo scopo di verificare, per esempio, se nella fase 5 sono stati distrutti tutti i microrganismi patogeni oppure se negli esercizi di vendita al dettaglio il prodotto ha subito una contaminazione dopo la cottura.

Principio 7 - Registrazione dei dati

Dovrebbe essere effettuata per ciascun lotto di prodotto, per verificare gli eventi nelle fasi da 2 a 4. Dove è importante la temperatura ambiente, occorre impiegare un sistema di registrazione di tale parametro. Nella figura 21.3 è riportato un diagramma di flusso per la produzione di roast beef. La cottura è il CCP più importante (CCP1), seguita dal raffreddamento e dalla prevenzione della ricontaminazione dopo la cottura. La temperatura di cottura dovrebbe raggiungere 62,3 °C (145 °F) o valori sufficienti per conseguire una riduzione di 4 unità logaritmiche della concentrazione di *L. monocytogenes*. Tali valori di temperatura non distruggeranno le spore di *Clostridium perfringens*, la cui germinazione e crescita devono essere controllate mediante refrigerazione e conservazione appropriate. I parametri di cottura e raffreddamento per le carni non sottoposte a salagione deperibili sono riportati nella tabella 21.2.

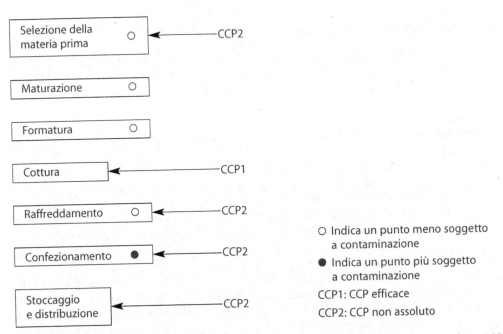

Figura 21.3 Diagramma di flusso per la produzione di roast beef. (Da ICMSF[9], copyright © 1988 Blackwell Scientific Publications, con autorizzazione)

21.1.6 Alcuni limiti del sistema HACCP

Sebbene si tratti del miglior sistema finora sviluppato per il controllo dei pericoli microbiologici negli alimenti, dalla fattoria alla tavola, l'applicazione uniforme dell'HACCP nelle industrie di produzione e di somministrazione degli alimenti ha suscitato qualche dibattito. Tra le questioni e le preoccupazioni irrisolte sollevate da Tomkin[27] vi sono le seguenti.

1. Il sistema HACCP richiede l'istruzione degli addetti alla manipolazione degli alimenti, in particolare nelle aziende di ristorazione e in ambito domestico; se ciò possa essere realizzato rimane ancora da verificare. La mancata comprensione dell'HACCP da parte di queste persone potrebbe portare al fallimento del sistema.
2. Per essere efficace, questo concetto deve essere accettato non solo dai produttori di alimenti, ma anche dagli organi di controllo e dai consumatori. L'applicazione inefficace del sistema HACCP, a qualsiasi livello, può essere pregiudizievole per il suo successo complessivo per un alimento.
3. Come si è visto non sempre gli esperti sono d'accordo nel considerare una data fase come un CCP e possono avere opinioni diverse sul modo ottimale per monitorare tali fasi. Questo disaccordo può indebolire la fiducia degli operatori nel sistema HACCP.
4. L'adozione del sistema HACCP da parte dell'industria può generare nei consumatori una fiducia eccessiva sulla sicurezza di un prodotto, portandoli a ritenere che non sia necessario adottare le usuali precauzioni dal momento dell'acquisto a quello del consumo. I consumatori devono essere consapevoli che la maggior parte delle epidemie di malattie trasmesse da alimenti è causata da errori nella manipolazione degli alimenti in ambito domestico e negli esercizi di ristorazione e che, nonostante le misure adottate dal produttore, i principi dell'HACCP devono essere osservati anche dopo l'acquisto degli alimenti.

21.1.7 Food Safety Objective (FSO)

Un FSO rappresenta una frequenza o una concentrazione massima di un pericolo microbiologico in un alimento considerate accettabili per la sicurezza del consumatore[28]. Il FSO è stato approvato dall'ICMSF; le fasi necessarie per la sua implementazione sono schematizzate nella figura 21.4. Tra gli esempi di FSO specifici vi sono[28]:

– la concentrazione di enterotossine stafilococciche nel formaggio non deve essere superiore a 1 µg/100 g;
– il contenuto di aflatossine nelle arachidi non deve superare 15 µg/kg;
– negli alimenti pronti al consumo la concentrazione di *L. monocytogenes* non deve essere superiore a 100/g al momento del consumo (vedi anche cap. 25);
– la concentrazione di salmonelle sulla carne di pollo cruda non deve essere superiore al 10% (di campioni positivi). Per altri FSO si veda il riferimento bibliografico 28.

In merito a un FSO per *S. aureus* nei prodotti da forno alla crema, da uno studio è risultato che il 37,3% di 1438 addetti alla manipolazione esaminati in quattro Paesi era portatore del microrganismo[25]. In 11 epidemie da stafilococco, verificatesi in 8 Paesi diversi, i prodotti da forno coinvolti contenevano livelli di *S. aureus* variabili da 10^6 a 10^9 ufc/g. In 9 di queste epidemie, nelle quali è stato identificato il tipo di tossina, la maggior parte degli isolati produceva enterotossine di tipo A (SEA); un'epidemia è stata causata da SED. Circa il 40% dei 536 addetti alla manipolazione degli alimenti era portatore di ceppi enterotossigeni di *S. aureus*[25].

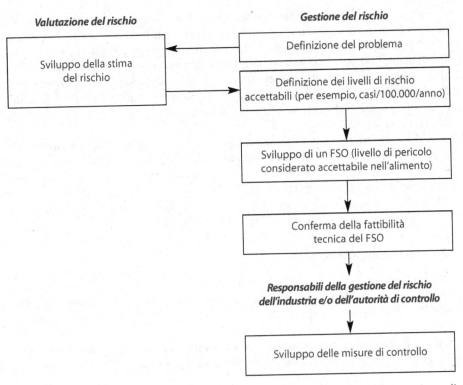

Figura 21.4 Fasi che portano allo sviluppo di un food safety objective e alle relative misure di controllo. (Da Van Schothorst[28], copyright © 1998 Elsevier Publishing, con autorizzazione)

21.2 Criteri microbiologici

L'idea di fissare dei limiti microbiologici per alcuni alimenti per definirne la sicurezza o la qualità complessiva risale all'inizio del 1903, quando Marxer suggerì per gli hamburger di carne un limite di conta aerobia su piastra (APC) di $10^6/g$. Analogamente, limiti di APC e di microrganismi indicatori furono proposti negli anni Venti e Trenta per molti altri prodotti; in particolare, il latte pastorizzato era uno degli alimenti per i quali i limiti erano ampiamente accettati. L'origine dei limiti microbiologici per gli alimenti è stata oggetto di studio[6]. Nel tentativo di fare chiarezza e di trovare un linguaggio condiviso a livello internazionale, la Codex Alimentarius Commission ha stabilito alcune definizioni, adottate anche dall'ICMSF con alcune modifiche. Tali definizioni, con la segnalazione delle modifiche apportate dall'ICMSF, sono riassunte di seguito.

21.2.1 Definizioni

I criteri microbiologici rientrano in due categorie principali: obbligatori e raccomandati. Un *criterio obbligatorio* è uno standard microbiologico che normalmente stabilisce limiti solo per i microrganismi patogeni di interesse per la salute pubblica, ma può anche fissarne per i non patogeni. Per l'ICMSF[8] uno *standard* è parte di una legge, o di un regolamento, che può essere imposto dalle agenzie regolamentatrici con potere di giurisdizione. Un *criterio racco-*

mandato è una specifica microbiologica per un prodotto finale, intesa ad assicurare il mantenimento dell'igiene (può includere microrganismi alteranti), oppure una linea guida microbiologica applicata in uno stabilimento alimentare durante o dopo la produzione per monitorare le condizioni igieniche (può includere anche non patogeni). I criteri raccomandati dall'ICMSF[8] riguardano prodotti destinati al commercio internazionale, il cui coinvolgimento in malattie a trasmissione alimentare sia supportato da consistenti evidenze epidemiologiche e per i quali vi siano buone prove che un criterio possa ridurne il potenziale pericolo/i in accordo con il principio 2.

Il criterio microbiologico definito dal *Codex* consiste di cinque componenti: (1) microrganismi interessati e/o loro tossine; (2) metodi analitici per la loro identificazione e quantificazione; (3) piano che includa quando e dove devono essere prelevati i campioni; (4) limiti microbiologici considerati appropriati per l'alimento in specifici punti della catena alimentare; (5) numero di unità campionarie che devono risultare conformi a questi limiti. Queste cinque componenti sono integrate nel piano di campionamento.

21.2.2 Piani di campionamento

Un piano di campionamento definisce i criteri di accettabilità applicati a un lotto basati su analisi appropriate, condotte mediante metodi specificati, di un certo numero di unità campionarie. Esso è composto di una procedura di campionamento e di criteri decisionali e può essere a due o a tre classi.

Un piano a due classi consiste delle specificazioni n, c e m, mentre un piano a tre classi prevede n, c, m e M. Il significato di tali parametri è il seguente.

n Numero di unità campionarie (per esempio, confezioni e pasticci di carne) da prelevare da un lotto da esaminare per soddisfare un dato piano di campionamento.

c Numero massimo accettabile, o numero massimo consentito, di unità campionarie che possono superare il criterio microbiologico m; quando questo numero è superiore al criterio m, il lotto deve essere scartato.

m Numero o livello massimo di batteri significativi per grammo di prodotto; valori superiori a tale livello possono essere sia marginalmente (con riserva) accettabili sia inaccettabili. Questo parametro è utilizzato per separare gli alimenti inaccettabili da quelli accettabili in un piano a due classi, oppure per separare gli alimenti di buona qualità da quelli di qualità marginalmente accettabile in un piano a tre classi. Il livello del microrganismo in questione considerato accettabile e raggiungibile nel prodotto alimentare è rappresentato da m. In situazioni di presenza/assenza del microrganismo per piani a due classi normalmente $m = 0$. Per i piani a tre classi m è solitamente diverso da zero.

M Quantità utilizzata per separare i prodotti di qualità marginalmente accettabile da quelli di qualità inaccettabile; è utilizzato solo nei piani a tre classi. In qualsiasi campione valori pari o superiori a M sono considerati inaccettabili rispetto al pericolo per la salute, agli indicatori di igiene o alla potenziale alterazione.

Il piano a due classi è il più semplice delle due tipologie e può essere utilizzato per accettare o rifiutare un lotto in base a un criterio di presenza/assenza mediante un piano in cui $n = 5$ e $c = 0$; dove $n = 5$ significa che 5 unità campionarie dovranno essere sottoposte a esame microbiologico, per esempio per la presenza di salmonelle, e $c = 0$ che tutte e 5 le unità dovranno risultare esenti dal microrganismo, con il metodo di analisi indicato, affinché il lotto possa essere accettato. Se una qualsiasi delle 5 unità risulta positiva per la presenza di salmonelle, l'intero lotto deve essere rifiutato. Se in un test presenza/assenza si ritiene, per esempio, che due dei cinque campioni possano contenere coliformi, il piano di campionamento dovrebbe essere $n = 5$, $c = 2$. Con questo piano, se tre o più delle cinque unità campionarie contengono coliformi, l'intero lotto deve essere scartato. Il criterio presenza/assenza è generalmente impiegato per le salmonelle, mentre il limite superiore consentito è utilizzato più frequentemente per microrganismi indicatori quali i coliformi. Se si ritiene di poter tollerare fino a 100 coliformi/g in due delle cinque unità, il piano di campionamento dovrebbe essere $n = 5$, $c = 2$, $m = 10^2$. Dopo aver determinato i coliformi nelle cinque unità, il lotto può essere accettato se non più di due delle cinque unità contengono 100 coliformi/g, mentre deve essere rifiutato se tale valore è riscontrato in tre o più unità delle cinque esaminate. Questo particolare piano di campionamento può essere reso più stringente aumentando n (per esempio $n = 10$, $c = 2$, $m = 10^2$) o riducendo c (per esempio $n = 5$, $c = 1$, $m = 10^2$). D'altra parte, per un dato valore di n, può essere reso meno rigido aumentando c.

Mentre un piano a due classi può essere utilizzato per separare gli alimenti accettabili da quelli non accettabili, un piano a tre classi è necessario per distinguere gli alimenti in accettabili/marginalmente accettabili/inaccettabili. Per illustrare un tipico piano a tre classi, si assuma che, per un dato prodotto alimentare, il valore della conta standard su piastra (SPC) non debba superare 10^6/g (M) o essere maggiore di 10^5/g per 3 o più delle 5 unità esaminate. Le specifiche sono quindi: $n = 5$, $c = 2$, $m = 10^5$, $M = 10^6$. Se una delle cinque unità supererà 10^6/g, l'intero lotto andrà scartato (inaccettabile). Se non più di c unità daranno risultati superiori a 10^6/g, il lotto è accettabile. A differenza dei piani a due classi, un piano a tre classi distingue i valori compresi tra m e M (marginalmente accettabili).

Con entrambi i tipi di piano di campionamento i numeri n e c possono essere impiegati per trovare la probabilità di accettabilità (P_a) di lotti di alimenti mediante confronto con apposite tabelle di riferimento[8]. La scelta del piano da utilizzare dipende dal tipo di risposta che si vuole ottenere: se si desidera una risposta presenza/assenza, è necessario un piano a due classi; se si desidera ottenere una risposta in termini di concentrazione o conta, è preferibile un piano a tre classi. Quest'ultimo offre il vantaggio di essere meno influenzato dalle variazioni sistematiche tra le unità campionarie e di essere in grado di misurare la frequenza di valori compresi tra m e M. Il report e le raccomandazioni ICMSF[8] dovrebbero essere consultati per ulteriori dettagli su principi, utilizzo e interpretazione dei piani di campionamento. Per approfondimenti si può anche consultare il lavoro di Kilsby[10].

21.2.3 Criteri microbiologici e sicurezza degli alimenti

La sola applicazione dei criteri ai prodotti, in assenza di un programma HACCP, è assai meno probabile che abbia successo rispetto a quando i due sistemi vengono utilizzati in combinazione. Di conseguenza, i criteri microbiologici danno migliori risultati se sono parte di un programma più ampio. Quando i criteri non vengono applicati come componenti di un approccio sistematico alla sicurezza o alla qualità degli alimenti, i risultati sono notoriamente meno soddisfacenti, come osservato da Miskimin e colleghi[11] e da Solberg e colleghi[20]. Questi autori hanno studiato oltre 1000 prodotti alimentari, 853 dei quali pronti al consumo e 180 crudi. I ricercatori hanno applicato criteri arbitrari per APC, coliformi e *E. coli* e ne hanno testato l'efficacia per valutare la sicurezza degli alimenti rispetto a *S. aureus*, *C. perfringens* e salmonelle. Applicando agli alimenti crudi un criterio per APC inferiore a 10^6 ufc/g, il 47% dei campioni giudicati accettabili conteneva almeno uno dei tre patogeni, mentre nel 5% dei campioni rigettati non sono stati isolati patogeni, per un totale di decisioni sbagliate del 52%. Applicando lo stesso criterio per APC agli alimenti pronti al consumo, solo

Tabella 21.3 Piani di campionamento ICMSF e limiti microbiologici raccomandati

Prodotti	Test	Casi	Classe del piano		m	M	Osservazioni
			N	c			
Pesce impanato precotto	APC	2	3	5	2	5×10^5	10^7	Prodotti soggetti a
	E. coli	5	3	5	2	11	500	manipolazione scorretta
	S. aureus	8	3	5	1	10^3	10^4	
Pollo crudo (fresco o congelato) durante la lavorazione	APC	1	3	5	3	5×10^5	10^7	Processo all'interno dello stabilimento
Verdura e frutta congelate, pH 4,5	E. coli	5	3	5	2	10^2	10^3	Il valore di *m* è stimato
Carne cruda macinata (congelata) e carne da carcasse refrigerate	APC	1	3	5	3	10^6	10^7	Controllo all'interno dello stabilimento
Cereali	Muffe	5	3	5	2	$10^2\text{-}10^4$	10^5	I valori di *m* sono stimati
Primi piatti congelati contenenti riso o farina di mais come principale ingrediente	S. aureus	8	3	5	1	10^3	10^4	Il valore di *m* è stimato
Acqua minerale naturale e acqua imbottigliata non addizionate di anidride carbonica	Coliformi	5	2	5	0	0	–	Non applicabile a formulazioni destinati all'infanzia o a soggetti altamente suscettibili
Roast beef	Salmonella	12	2	20	0	0	–	
Crostacei crudi congelati	S. aureus	7	3	5	2	10^3	10^4	
	V. parahaemolyticus	8	3	5	1	10^2	10^3	
	Salmonella*	10	2	5	0	0	–	
	APC**	2	3	5	2	5×10^5	10^7	
	E. coli**	5	3	5	2	11	500	
	S. aureus**	8	2	5	0	10^3	500	

Nota: Tranne dove indicato per l'uso negli impianti, essi sono intesi primariamente per alimenti presenti sul mercato internazionale e sono qui citati principalmente per illustrare l'assegnazione dei prodotti alimentari a un caso specifico e i limiti relativi a diversi microrganismi. Per i metodi di analisi e per maggiori dettagli, consultare l'ICMSF[8].

* Piani di campionamento e limiti normali.

** Test aggiuntivi, quando appropriati.

il 5% dei campioni contenenti patogeni è stato accettato, mentre è stato rigettato il 10% dei campioni che ne erano privi. Analogamente, un criterio per i coliformi inferiore a $10^2/g$ ha dato luogo a percentuali di decisioni errate del 34% per gli alimenti crudi e del 15% per quelli pronti al consumo. Per i prodotti pronti al consumo la più bassa percentuale di decisioni sbagliate (13%) si è avuta con un criterio per *E. coli* inferiore a 3/g; lo stesso criterio applicato agli alimenti crudi ha dato luogo al 30% di decisioni sbagliate. Nonostante i tre patogeni siano stati isolati in entrambi i tipi di alimenti, nessuna epidemia di origine alimentare è stata registrata nel periodo di 4 anni in cui è stata condotta la ricerca, durante il quale sono stati consumati oltre 16 milioni di pasti[19].

Questi risultati rappresentano alcuni dei primi dati forniti dal Rutgers Foodservice Program. Dopo un'esperienza di 17 anni, nel corso dei quali sono stati messi a punto test di sorveglianza, controlli sugli alimenti e sulle procedure di sanificazione e sono stati somministrati oltre 30 milioni di pasti, questo sistema basato sull'HACCP si è dimostrato molto efficace[19]. Le linee guida microbiologiche impiegate in questo programma per alimenti crudi e pronti al consumo sono riportate nella tabella 21.3. Degli oltre 1600 campioni di alimenti esaminati nel periodo 1983-1989 solo l'1,24% conteneva patogeni, con la maggiore frequenza di contaminazione per le insalate a base proteica (4,3%). Tra gli alimenti scartati dalla sorveglianza microbiologica vi erano alimenti vegetali crudi (per il numero eccessivo di coliformi)[19]. Il Rutgers Foodservice Program basato sull'HACCP è un esempio di come i criteri microbiologici possano essere integrati per garantire alimenti sicuri; durante i 17 anni di attuazione del programma non sono state documentate malattie di origine alimentare[19].

21.2.4 Criteri microbiologici per alcuni prodotti

Già prima dello sviluppo dei concetti dell'HACCP e del piano di campionamento, i criteri microbiologici (allora generalmente definiti "standard") erano applicati a numerosi prodotti.

Di seguito sono riportati gli standard microbiologici fissati all'epoca per alcuni alimenti e ingredienti alimentari da diverse organizzazioni statunitensi, insieme a standard federali, statali e comunali adottati negli Stati Uniti (da W.C. Frazier, *Food Microbiology*, 1968, McGraw-Hill Publishing Company, per cortese autorizzazione).

Standard per amido e zucchero (National Canners Association)
A. *Conta totale delle spore di microrganismi termofili* Di cinque campioni provenienti da un lotto di zucchero o amido nessuno deve contenere più di 150 spore/10 g; la media per tutti i campioni non deve superare 125 spore/10 g.
B. *Spore di microrganismi responsabili di flat sour* Su cinque campioni, nessuno deve contenere più di 75 spore/10 g e la media non deve superare 50 spore/10 g.
C. *Spore di termofili anaerobi* È tollerata la presenza di queste spore in non più di tre campioni su cinque (60%); non più di quattro provette su sei (65%) possono essere positive.
D. *Spore di microrganismi alteranti solfito riduttori* È tollerata la presenza in non più di due campioni su cinque (40%); in qualsiasi campione non devono esservi più di cinque colonie per 10 grammi (equivalente a due colonie in sei provette).

Standard per zucchero cristallino utilizzato nell'industria delle bevande, in vigore dal 1 luglio 1953 (American Bottlers of Carbonated Beverages)
A. *Batteri mesofili* Non più di 200 per 10 g.
B. *Lieviti* Non più di 10 per 10 g.
C. *Muffe* Non più di 10 per 10 g.

Standard per zucchero liquido utilizzato nell'industria delle bevande, in vigore dal 1959 (American Bottlers of Carbonated Beverages). Tutti i dati sono basati su equivalenti DSE (dry-sugar equivalent), cioè esprimono la concentrazione microbica rispetto al peso equivalente di zucchero secco

A. *Batteri mesofili*   (a) Il valore medio degli ultimi 20 campioni non deve essere superiore a 100 microrganismi per 10 g di DSE; (b) il 95% delle ultime venti conte non deve essere superiore a 200 per 10 grammi; (c) 1 campione su 20 può avere una conta superiore a 200; altre conte come in (a) o (b).

B. *Lieviti*   (a) Il valore medio degli ultimi 20 campioni non deve essere superiore a 10 microrganismi per 10 grammi di DSE; (b) il 95% delle ultime 20 conte non deve essere superiore a 18 per 10 grammi; (c) 1 campione su 20 può avere una conta superiore a 18; altre conte come in (a) o (b).

C. *Muffe*   Standard uguali a quelli per i lieviti.

Standard per prodotti lattiero caseari

A. Raccomandazioni del US Public Health Service (dal 1965)

a. *Latte crudo Grade A destinato alla pastorizzazione*   Non deve contenere più di 100.000 batteri/mL prima di essere miscelato con latte di altri produttori e non più di 300.000 batteri/mL dopo la miscelazione e prima della pastorizzazione.

b. *Latte pastorizzato Grade A e prodotti derivati (esclusi i prodotti fermentati)*   Non più di 20.000 batteri/mL e non più di 10 coliformi/mL.

c. *Prodotti fermentati pastorizzati Grade A*   Non più di 10 coliformi/mL.
   Nota Le procedure applicative per (a), (b) e (c) richiedono la conformità di tre campioni su cinque. Ogni volta che due campioni su quattro consecutivi non rispettano lo standard, deve essere testato un quinto campione: se questo risulta non conforme a uno qualsiasi degli standard, può essere sospesa l'autorizzazione sanitaria; per riottenere la quale deve essere dimostrata la conformità in quattro campioni consecutivi.

B. Latte certificato (American Association of Medical Milk Commission)

a. *Latte certificato crudo*   La conta su piastra non deve superare 10.000 colonie/mL; la conta delle colonie di coliformi non deve superare 10/mL.

b. *Latte certificato pastorizzato*   La conta batterica su piastra non deve superare 10.000 colonie/mL prima della pastorizzazione e 500/mL nei campioni di prodotto pronto per il consumo. Il latte non deve contenere più di 10 coliformi/mL prima della pastorizzazione e 1 coliforme/mL nei campioni di prodotto pronto per il consumo.

C. Latte destinato alla trasformazione e alla lavorazione (USDA, 1955)

a. *Classe 1*   Conta diretta al microscopio (DMC, direct microscopic clump count) non superiore a 200.000/mL.

b. *Classe 2*   DMC non superiore a 3 milioni/mL.

c. *Latte per prodotti a base di latte in polvere di grado A*. Deve rispettare gli standard previsti per il latte crudo di grado A destinato alla pastorizzazione (vedi sopra).

D. Latte in polvere

a. *Prodotti a base di latte in polvere di grado A*   La conta standard su piastra non deve mai superare 30.000/g; la conta dei coliformi non deve mai superare 90/g (US Public Health Service).

b. Standard of Agricultural Marketing Service (USDA)

1) Prodotti scremati istantanei: US extra grade, la conta standard su piastra non deve essere superiore a 35.000/g e i coliformi non devono superare 90/g.

2) Prodotti scremati (roller o spray): US Extra grade, la conta standard su piastra non deve

essere superiore a 50.000 per grammo; US Standard grade, non oltre 100.000/g.
3) Prodotti scremati (roller o spray): la DMC non deve essere superiore a 200 milioni per grammo; devono essere rispettati gli standard della US Standard Guide. Per il US Extra grade, utilizzato per la ristorazione scolastica, vi è un limite superiore di 75 milioni/g.
c. Latte in polvere (limiti microbiologici proposti nel 1982 dalla International Dairy Federation)
Conta mesofila: $n=5$, $c=2$, $m=5\times10^4$, $M=2\times10^5$
Coliformi: $n=5$, $c=1$, $m=10$, $M=100$
Salmonella: $n=15$, $c=0$, $m=0$
E. Dessert surgelati
Gli Stati e le amministrazioni locali che hanno standard batterici generalmente prevedono valori massimi per le conte variabili da 50.000 a 100.000 per millilitro o per grammo. La Public Health Ordinance and Code statunitense fissa il limite a 50.000 e raccomanda standard microbiologici per la panna e il latte utilizzati come ingredienti. Poche località possiedono standard per i coliformi.

Standard per succo di pomodoro e prodotti derivati dal pomodoro - Tolleranze per la conta delle muffe (Food and Drug Administration)
È tollerata una percentuale di campi positivi del 2% per il succo di pomodoro e del 40% per altri prodotti derivati, come ketchup, purea e concentrato. Un campo microscopico è considerato positivo quando un aggregato di lunghezza pari a non più di tre ife di muffa supera un sesto del diametro del campo visivo stesso (conta su vetrino nella camera di Howard - *Howard mold count method*). Questo metodo è stato anche applicato a diversi tipi di frutti freschi e surgelati, specialmente bacche (lamponi, mirtilli, more e ribes).

21.2.5 Altri criteri/linee guida

1. I piani di campionamento e i limiti microbiologici raccomandati dall'ICMSF per nove prodotti alimentari[8] sono riassunti nella tabella 21.3 (per una spiegazione sul rigore dei piani o dei casi, si veda la tabella 21.4).
Gli esempi qui proposti sono stati selezionati per illustrare il diverso rigore del piano di campionamento (per i piani a 2 e a 3 classi) e i limiti microbiologici per un certo numero di microrganismi.

2. Linee guida suggerite per altri prodotti ottenuti dalla lavorazione di pollame disossato studiati in Canada (Tabella 21.5).

3. Criteri canadesi per formaggio tipo cottage e gelato[16]:
coliformi: $n=5$, $c=1$, $m=10$, $M=10^3$ (per formaggio tipo cottage e gelato);
conta aerobica su piastra: $n=5$, $c=2$, $m=10^5$, $M=10^6$ (solo per il gelato).

4. Criteri raccomandati per gamberetti cotti pronti al consumo[15]:
S. aureus: $n=5$, $c=2$, $m=50$, $M=50$;
coliformi: $n=5$, $c=2$, $m=10^2$, $M=10^3$.

5. Criteri raccomandati per polpa di granchio cotta pronta al consumo[15]:
S. aureus: $n=5$, $c=2$, $m=10^2$, $M=10$;
coliformi: $n=5$, $c=2$, $m=5\times10^2$ $M=5\times10^3$

Entrambi i prodotti indicati nei criteri 4 e 5 devono essere esenti da salmonelle e *L. monocytogenes*. I criteri per i coliformi sono raccomandati per l'integrità del processo.

Tabella 21.4 Rigore del piano in relazione al grado di pericolo per la salute e alle condizioni d'impiego

Tipo di pericolo	Condizioni alle quali l'alimento si presume venga manipolato e consumato dopo il campionamento		
	Riduzione del pericolo	*Nessun cambiamento del pericolo*	*Aumento del pericolo*
Nessun pericolo diretto per la salute	–	–	–
Utilità (per esempio contaminazione generale, ridotta shelf life e alterazione)	Caso 1	Caso 2	Caso 3
Pericolo per la salute			
Basso, indiretto (indicatore)	Caso 4	Caso 5	Caso 6
Moderato, diretto, di limitata diffusione	Caso 7	Caso 8	Caso 9
Moderato, diretto, potenzialmente esteso	Caso 10	Caso 11	Caso 12
Grave, diretto	Caso 13	Caso 14	Caso 15

(Da ICMSF[8], copyrigth © 1986 University of Toronto Press)

Tabella 21.5 Linee guida per altri prodotti ottenuti dalla lavorazione di pollame disossato

Test/condizioni	n	c	m	M
APC (riscaldare prima del servizio)	5	3	10^4	10^5
APC (cuocere prima del servizio)	5	3	10^6	10^7
APC (portare a ebollizione prima del servizio)	5	3	10^5	10^6
S. aureus	5	1	10^2	10^4
E. coli	5	2	10	10^2

Nota: non è ammessa la presenza di *Salmonella, Yersinia* o *Campylobacter*.

Bibliografia

1. Bryan FL (1990) Application of HACCP to ready-to-eat chilled foods. *Food Technol*, 44(7): 70-77.
2. Bryan FL (1988) Risks of practices, procedures and processes that lead to outbreaks of foodborne diseases. *J Food Protect*, 51: 663-673.
3. Codex Alimentarius Commission, 14th Session (1981) *Report of the 17th Session of the Codex Committee on Food Hygiene*. Alinorm 81/13. Food and Agriculture Organization, Rome.
4. Corlett DA Jr (1998) *HACCP User's Manual*. Aspen Publishers, Gaithersburg, MD.
5. Dean KH (1990) HACCP and food safety in Canada. *Food Technol*, 44(5): 172-178.
6. Elliott HP, Michener HD (1961) Microbiological standards and handling codes for chilled and frozen foods: A review. *Appl Microbiol*, 9: 452-468.
7. Forsythe SJ, Hayes PR (1998) *Food Hygiene, Microbiology and HACCP*. Aspen Publishers, Gaithersburg, MD.
8. ICMSF (1986) *Microorganisms in Foods 2. Sampling for Microbiological Analysis: Principles and Specific Applications* (2nd ed). University of Toronto Press, Toronto.

9. ICMSF (1988) *Microorganisms in Foods 4. Application of the Hazard Analysis Critical Control Point (HACCP) System to Ensure Microbiological Safety and Quality.* Blackwell Scientific Publications, London.

10. Kilsby DC (1982) Sampling schemes and limits. In: Brown MH (ed) *Meat Microbiology.* Applied Science Publishers, London, pp. 387-421.

11. Miskimin DK, Berkowitz KA, Solberg M, Riha WE Jr, Franke WC, Buchanan RL, O'Leary V (1976) Relationships between indicator organisms and specific pathogens in potentially hazardous foods. *J Food Sci*, 41: 1001-1006.

12. Moberg L (1989) Good manufacturing practices for refrigerated foods. *J Food Protect*, 52: 363-367.

13. Mortimore SE, Wallace CA (1994) *HACCP: A Practical Approach.* Kluwer Academic Publishers, New York.

14. NACMCF (1998) Hazard analysis and critical control point principles and application guidelines. *J Food Protect*, 61: 1246-1259.

15. NACMCF (1990) *Recommendations of the Seafood Working Group for Cooked Ready-To-Eat Shrimp and Cooked Ready-To-Eat Crabmeat.* U.S. Department of Agriculture, Washington, DC.

16. National Research Council (USA) (1985) *An Evaluation of the Role of Microbiological Criteria for Foods and Food Ingredients.* National Academy Press, Washington, DC.

17. National Research Council (USA) (1969) *An Evaluation of the Salmonella Problem.* National Academy of Sciences, Washington, DC.

18. Simonsen B, Bryan FL, Christian JHB, Roberts TA, Tompkin RB, Silliker JH (1987) Prevention and control of food-borne salmonellosis through application of Hazard Analysis Critical Control Point (HACCP). *Int J Food Microbiol*, 4: 227-247.

19. Solberg M, Buckalew JJ, Chen CM, Schaffner DW, O'Neill K, McDowell J, Post LS, Boderck M (1990) Microbiological safety assurance system for foodservice facilities. *Food Technol*, 44(12): 68-73.

20. Solberg M, Miskimin DK, Martin BA, Page G, Goldner S, Libfeld M (1977) Indicator organisms, foodborne pathogens and food safety. *Assoc Food Drug Off Quart Bull*, 41(1): 9-21.

21. Sperber WH, Stevenson KE, Bernard DT, Deibel KE, Moberg LJ, Hontz LR, Scott VN (1998) The role of prerequisite programs in managing a HACCP system. *Dairy Food Environ Sanit*, 18: 418-423.

22. Sperber WH (1991) The modern HACCP system. *Food Technol*, 45(6): 116-120.

23. Stevenson KE (1990) Implementing HACCP in the food industry. *Food Technol*, 44(5): 179-180.

24. Stevenson KE, Bernard DT (eds) (1995) *HACCP – Establishing Hazard Analysis Critical Control Point Programs: A Workshop Manual* (2nd ed). Food Processors Institute, Washington, DC.

25. Stewart CM, Cole MB, Schaffner DW (2003) Managing the risk of staphylococcal food poisoning from cream-filled baked goods to meet a food safety objective. *J Food Protect*, 66: 1310-1325.

26. Todd ECD (1989) Foodborne and waterborne disease in Canada 1984: Annual summary. *J Food Protect*, 52: 503-511.

27. Tompkin RB (1990) The use of HACCP in the production of meat and poultry products. *J Food Protect*, 53: 795-803.

28. Van Schothorst M (1998) Principles for the establishment of microbiological food safety objectives and related control measures. *Food Control*, 9: 379-384.

29. Warburton DW, Weiss KF, Lachapelle G, Dragon D (1988) The microbiological quality of further processed deboned poultry products sold in Canada. *Can Inst Food Sci Technol J*, 21: 84-89.

Parte VII

MALATTIE
A TRASMISSIONE ALIMENTARE

La maggior parte delle patologie umane trasmesse attraverso gli alimenti è trattata nei capitoli dal 23 al 31. Il capitolo 22 fornisce un visione d'insieme dei patogeni associati agli alimenti, focalizzando l'attenzione sui fattori specifici che distinguono questi microrganismi da quelli non patogeni. Molto di quanto è oggi noto circa tali malattie va oltre gli scopi di questo libro; per una conoscenza più approfondita, il lettore può consultare i testi elencati di seguito.

de Leon SY, Meacham SL, Claudio VS (2003) *Global Handbook on Food and Water Safety* (for the education of food industry management, food handlers, and consumers). Chas. C. Thomas, Springfield, IL. Un testo di facile consultazione su numerosi pericoli di origine alimentare, con particolare attenzione alle pratiche in uso nei diversi Paesi.

Baker HF (2001) *Molecular Pathology of the Prions.* Humana Press, Totowa, NJ. Un'approfondita trattazione delle proteine prioniche.

Cary JW, Linz JE, Bhatnagar D (eds) (2000) *Microbial Foodborne Diseases: Mechanisms of Pathogenesis and Toxin Synthesis.* Technomic Publishing, Lancaster, PA. Questa ben documentata monografia esamina i meccanismi molecolari e cellulari mediante i quali alcuni microrganismi di origine alimentare causano malattia.

Duffy G, Garvey P, McDowell DA (eds) (2001) *Verocytoxigenic E. coli.* Food & Nutrition Press, Trumbull, CT. Questo testo è interamente dedicato ai patogeni di origine alimentare.

Hui YH, Pierson MD, Gorham JR (eds) (2001) *Foodborne Disease Handbook. Diseases Caused by Bacteria,* vol. 1, (2nd ed). Marcel Dekker, New York. Un'eccellente trattazione delle malattie alimentari di origine batterica (compresa la brucellosi), dei sistemi di sorveglianza, delle tecniche analitiche e dei microrganismi indicatori.

Kaper JB, O'Brien AD (ed) (1998) *Escherichia coli O157:H7 and Other Shiga Toxin-Producing E. coli Strains.* ASM Press, Washington, DC. Una trattazione esaustiva su questi patogeni, opera di ricercatori attivi nei diversi ambiti specialistici.

Labbe RG, Garcia S (2001) *Guide to Foodborne Pathogens.* Wiley, New York. Un testo specificamente dedicato a numerosi patogeni di origine alimentare.

Miliotis MD, Bier JW (eds) (2003) *International Handbook of Foodborne Pathogens.* Marcel Dekker, New York. Un trattato generale sui patogeni di origine alimentare.

Orlandi PA, Chu D-MT, Bier JW, Jackson GJ (2002) Parasites and the food supply. *Food Technol,* 56(4):72-81. Una sintesi di facile lettura dell'Institute of Food Technologists sui parassiti trasmessi dagli alimenti.

Ryser ET, Marth E (2001) *Listeria, Listeriosis, and Food Safety* (2nd ed). Marcel Dekker, New York. Un testo interamente dedicato alle listerie e ad alcune tecniche di laboratorio.

Sinha KK, Bhatnagar D (eds) (1998) *Mycotoxins in Agriculture and Food Safety.* Marcel Dekker, New York. Una trattazione esaustiva di numerose micotossine, con informazioni relative alla loro produzione, alla modalità d'azione e al controllo.

Yousef AE, Juneja VK (eds) (2003) *Microbial Stress Adaptation and Food Safety.* CRC Press, Boca Raton, FL. Un testo che analizza gli effetti di diverse condizioni avverse sui patogeni alimentari.

Capitolo 22

Introduzione ai patogeni associati agli alimenti

22.1 Introduzione

Diverse malattie infettive possono essere trasmesse dagli alimenti in determinate circostanze, ma ve ne sono alcune che sono contratte esclusivamente o prevalentemente attraverso il consumo di prodotti alimentari. Al primo gruppo appartengono, per esempio, la colite emorragica e la listeriosi, al secondo l'intossicazione botulinica e quella stafilococcica. Nei decenni passati carbonchio e brucellosi venivano contratte attraverso il consumo di animali ammalati, ma poiché l'incidenza di tali malattie si è notevolmente ridotta, esse vengono trasmesse attraverso gli alimenti solo in casi sporadici. Tra i patogeni di origine alimentare riconosciuti vi sono parassiti animali pluricellulari, protozoi, funghi, batteri, virus e prioni (vedi box 22.1). Questo capitolo presenta una visione d'insieme di tali organismi e dei loro habitat generali, delle loro modalità di accesso negli alimenti e dei meccanismi patogenetici generali; si vedrà, inoltre, come essi differiscano da specie o ceppi non patogeni strettamente correlati. Per maggiori dettagli su ciascuno di essi si rimanda ai relativi capitoli.

22.1.1 Casi di malattie a trasmissione alimentare negli Stati Uniti

Il CDC (Centers for Disease Control and Prevention) è l'agenzia federale che, oltre a svolgere numerose attività legate alla salute umana, raccoglie, analizza, conserva ed elabora statistiche su tutte le patologie umane. Nonostante l'attività di ricerca e di sorveglianza del CDC, non esistono dati precisi sull'incidenza annua delle malattie trasmesse dagli alimenti, e questo è dovuto a diverse ragioni. La prima, e più importante, è che non tutti i casi vengono denunciati alle autorità sanitarie a qualsiasi livello. Un altro importante fattore è l'assenza dell'obbligo di denuncia per le malattie di origine alimentare causate da *B. cereus*, *C. perfringens*, *S. aureus* e da alcuni altri agenti; ciò determina una sottostima del numero di casi che si verifica ogni anno.

Per esempio, secondo il CDC il numero di casi provocati da *B. cereus* sarebbe 38 volte superiore rispetto a quelli riportati[72]. Sebbene per i casi di botulismo vi sia l'obbligo di denuncia, il CDC stima che l'incidenza annua effettiva sia il doppio rispetto ai casi denunciati e che il 100% di questi ultimi sia di origine alimentare. I casi di malattia provocati da *L. monocytogenes* sono riportati e monitorati dal sistema di sorveglianza (vedi oltre); tuttavia, si stima che il numero totale dei casi sia il doppio di quello riportato. Si stima che la shigellosi dovuta al consumo di alimenti sia 20 volte più diffusa rispetto al numero di casi documentati, ma solo il 20% di tali casi sarebbe di origine alimentare[72].

Box 22.1 Alcuni agenti patogeni di origine alimentare

Platelminti
  Trematodi
    Fasciola
    Fasciolopsis
    Paragonimus
    Clonorchis
  Cestodi
    Diphyllobothrium
    Taenia
Nematodi
  Trichinella
  Ascaris
  Anisakis
  Pseudoterranova
  Toxocara
Protozoi
  Giardia
  Entamoeba
  Toxoplasma
  Sarcocystis
  Cryptosporium
  Cyclospora
Micotossine
  Aflatossine
  Fumonisine
  Tossine da Alternaria
  Ocratossine

Batteri
  Gram-positivi
    Staphylococcus
    Bacillus cereus
    B. anthracis
    Clostridium botulinum, C. argentinensis
    C. perfringens
    Listeria monocytogenes
    Mycobacterium avium subsp.
      paratuberculosis
  Gram-negativi
    Salmonella
    Shigella
    Escherichia
    Yersinia
    Vibrio
    Campylobacter
    Aeromonas (?)
    Brucella
    Plesiomonas (?)
Virus
  Virus dell'epatite A
  Norovirus (Norwalk ecc.)
  Rotavirus
Prioni
  Malattia di Creutzfeldt-Jakob (nuova variante)
Tossine prodotte da fitoplancton
  Saxitossina (PSP)
  Acido domoico (ASP)
  Ciguatossina (ciguatera)
  Tossine di *Pfiesteria piscicida* (?)

Sulla base dell'attività del CDC e dei sistemi di sorveglianza, si stima che negli Stati Uniti l'incidenza annua di malattie trasmesse da alimenti sia di 76 milioni di casi con 5000 morti; l'origine di questi dati è illustrata in figura 22.1. Le principali cause di gastroenteriti sono rappresentate dai norovirus (vedi capitolo 31), responsabili del 67% circa dei casi e del 7% dei decessi, seguiti da salmonellosi (26%) e campilobatteriosi (17%). Circa il 75% dei decessi legati al consumo di alimenti è causato da *L. monocytogenes*, *Salmonella* e *Toxoplasma*[72]. Agenti sconosciuti determinano l'81% circa dei casi di malattie legate al consumo di alimenti e il 64% dei decessi[72].

Sorveglianza del CDC

FoodNet, la rete statunitense per la raccolta dei dati relativi ai patogeni trasmessi dagli alimenti, è presente in dieci Stati (California, Colorado, Connecticut, Georgia, Maryland, Minnesota, New Mexico, New York, Oregon e Tennessee). Nel 1996, quando è stato attivato, il

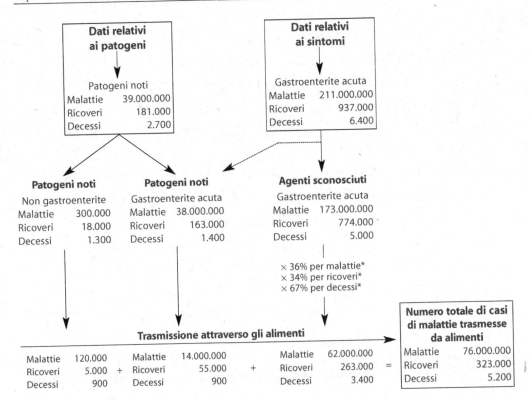

* Valori derivati dalle frequenze osservate di trasmissione attraverso gli alimenti di gastroenteriti acute da patogeni noti.

Figura 22.1 Frequenza stimata delle malattie a trasmissione alimentare negli Stati Uniti[72].

sistema copriva cinque Stati, con una popolazione di 14,2 milioni di persone; successivamente è stato esteso, fino a coprire nel 2004 dieci Stati, per un totale di 44,5 milioni di abitanti (15% circa della popolazione statunitense). I dieci agenti patogeni sottoposti a sorveglianza e il relativo numero di casi confermati in laboratorio per il 2007 sono i seguenti[19]:

Salmonella	(6.790)	*E. coli* non O157	(260)
Campylobacter	(5.818)	*Yersinia*	(163)
Shigella	(2.848)	*Listeria*	(122)
Cryptosporidium	(1.216)	*Vibrio*	(108)
E. coli O157	(545)	*Cyclospora*	(13)

Tra le salmonelle i tre sierotipi più frequenti sono stati *S.* Enteritidis (15,6%), Typhimurium (14,8%) e Newport (9,7%), mentre i sierotipi più comuni di *E. coli* non-O157:H7 sono stati O26, O103 e O121[19].

I dati forniti da FoodNet rappresentano un importante contributo per la stima delle malattie trasmesse da alimenti negli Stati Uniti. Va osservato, tuttavia, che non a tutti gli isolati confermati in laboratorio può essere attribuita un'origine alimentare; pertanto i numeri stimati di alcune sindromi correlate al consumo di alimenti sono probabilmente troppo elevati. Ciò vale in particolare per le infezioni da *Campylobacter*.

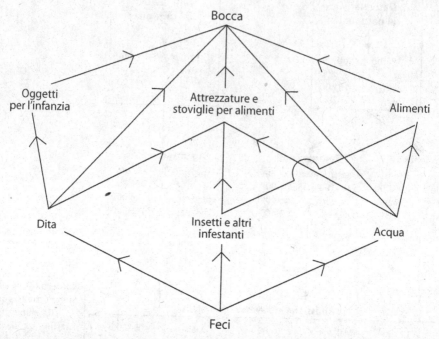

Figura 22.2 Vie di trasmissione oro-fecale di patogeni intestinali di origine alimentare; la direzione è dal basso verso l'alto.

22.2 Trasmissione oro-fecale di patogeni di origine alimentare

L'ingestione del microrganismo patogeno o dei suoi metaboliti tossici è la condizione necessaria affinché si sviluppi una malattia a trasmissione alimentare. Gli alimenti che più comunemente veicolano patogeni sono trattati nei capitoli che seguono. Con l'eccezione delle tossine botuliniche, delle micotossine e delle tossine prodotte da fitoplancton, tutti gli agenti patogeni citati possono essere contratti attraverso la via oro-fecale illustrata in figura 22.2. I patogeni possono essere trasmessi da feci contaminate attraverso le dita di addetti alla manipolazione degli alimenti non attenti alle norme igieniche, oppure essere veicolati da insetti (volanti o striscianti) o acqua. Questa via di trasmissione non è la più comune per sindromi come l'intossicazione alimentare stafilococcica, ma è la principale via d'infezione per virus di origine alimentare, protozoi e batteri enteropatogeni.

22.3 Invasione dell'ospite

22.3.1 Requisiti "universali"

Per causare la malattia, un patogeno intestinale deve superare diverse barriere.

1. Deve sopravvivere al passaggio attraverso l'ambiente estremamente acido dello stomaco. Alcuni patogeni sono favoriti in tale processo dall'effetto protettivo degli alimenti; altri sopravvivono grazie a particolari meccanismi adattativi di acido-tolleranza (vedi oltre).

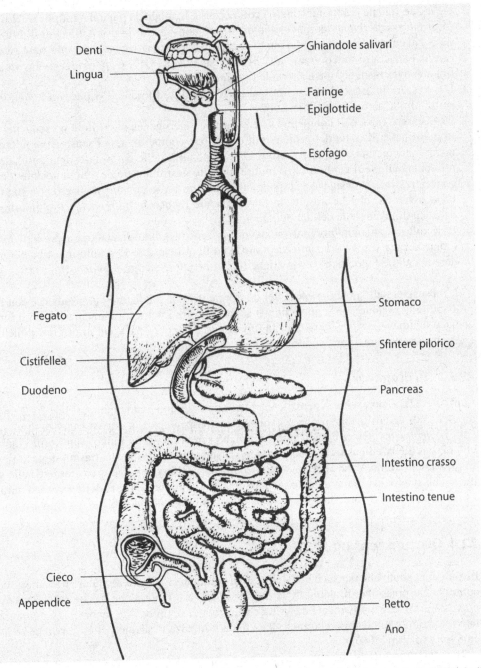

Figura 22.3 Schema dell'apparato digerente umano. (Per gentile concessione di John W. Kimball © 1965 Andover, Massachusetts)

2. Deve aderire alle pareti intestinali o colonizzarle, in modo da potersi moltiplicare. Lo strato di muco che riveste la mucosa intestinale è considerato la prima linea di difesa che i patogeni enterici incontrano[24]. È stato suggerito che *Listeria monocytogenes* riesca a superare la barriera di muco grazie alla listeriolisina O (LLO)[24]. *C. perfringens*, invece, sembra non aver bisogno di aderire ai tessuti intestinali.

3. Deve essere in grado di difendersi dai meccanismi di difesa dell'ospite, tra i quali il tessuto linfoide associato all'intestino.

4. Deve essere capace di competere con la vasta ed eterogenea microflora presente nel tratto intestinale. Si tratta del principio di esclusione competitiva, nel senso che i microrganismi innocui, una volta adesi a tutti i siti disponibili delle pareti intestinali, escluderanno i patogeni (vedi capitolo 26). Inoltre, il tratto gastrointestinale è un ambiente a bassa concentrazione di ossigeno nel quale predominano i microrganismi anaerobi; è stato tuttavia osservato che la crescita in tale ambiente induce in *Salmonella* Typhimurium la capacità di invadere le cellule dei mammiferi[60].

5. Una volta adesi, i microrganismi devono essere in grado di elaborare prodotti tossici (come accade con *Vibrio cholerae* non-O1) o di attraversare l'epitelio intestinale e invadere le cellule fagocitiche o somatiche (come fa, per esempio, *L. monocytogenes*).

L'incapacità della maggior parte dei microrganismi di soddisfare tali requisiti è con tutta probabilità la ragione per la quale non si sono dimostrati patogeni alimentari. I siti e i meccanismi di adesione sono importanti fattori di virulenza per i patogeni di origine alimentare e questo aspetto sarà approfondito di seguito.

22.3.2 Siti di attacco

La figura 22.3 rappresenta schematicamente l'apparato digerente umano; il box 22.2 riporta un elenco di agenti patogeni che possono aderire o penetrare in corrispondenza di ciascun sito. *Helicobacter pylori* è stato inserito poiché sembra essere l'unico batterio in grado di colonizzare le pareti gastriche, sebbene non sia stata dimostrata la sua trasmissione attraverso gli alimenti. È noto che *Sarcina ventriculi*, un anaerobio obbligato, può crescere nello stomaco dell'uomo, ma non è un patogeno associato agli alimenti. Il pH dello stomaco durante l'assunzione di cibo varia da 3,0 a 5,0, ma durante il digiuno può abbassarsi fino a 1,5.

22.4 Quorum sensing

È stato dimostrato che questa è una delle vie di comunicazione intercellulare tra batteri. Essa consente l'espressione di alcune funzioni fisiologiche e fenotipiche basate sulla densità di popolazione e sarà ampiamente descritta e illustrata di seguito. Tale fenomeno è qui presentato in quanto è dimostrato che interviene nella virulenza di alcuni batteri e perché sembra coinvolto in altre infezioni.

Il sistema prototipo del quorum sensing è LuxI-LuxR, descritto per la prima volta in *Vibrio fischeri* intorno al 1970 (*lux* è il gene della luminescenza). Il funzionamento del quorum sensing è illustrato in figura 22.4[35]: nella parte sinistra della figura è rappresentata una cellula di *V. fischeri* che secerne molecole di autoinduttore (AI) prodotte dalla LuxI autoinduttore sintetasi. Quando la densità cellulare è bassa, l'autoinduttore (AI) continua a essere prodotto senza comunicazione evidente tra le cellule. Al raggiungimento di un certo livello (quorum), l'AI entra nuovamente nelle cellule produttrici strettamente correlate, ove si lega

Box 22.2 Siti di attacco nell'uomo di agenti patogeni trasmessi da alimenti

Muscoli scheletrici

Trichinella spiralis

Stomaco

Helicobacter pylori

Fegato

Clonorchis: trematodi del fegato

Listeria monocytogenes

Epatite A e E

Intestino tenue

Astrovirus

Bacillus cereus

Campylobacter jejuni (ileo distale: tratto inferiore dell'intestino tenue)

Clostridium perfringens

Cryptosporidium parvum

Cyclospora cayetanensis

Escherichia coli: ceppi enteropatogeni (EPEC) ed enterotossigeni (ETEC)

Giardia lamblia

Epatite A (anche fegato)

Listeria monocytogenes

Rotavirus

Salmonelle (non tifoidi): ileo terminale

S. Typhi (intestino tenue distale)

Shigelle (in presenza di diarrea acquosa, ileo terminale e digiuno)

Toxoplasma gondii

Platelminti (Eucestodi)

Vibrio cholerae

V. parahaemolyticus

Yersiniae

Intestino crasso/colon

Campylobacter (intestino tenue/colon)

E. coli: ceppi enteroemorragici (EHEC) ed enteropatogeni (EPEC) (soprattutto il colon ascendente e trasverso)

Entamoeba histolytica

Plesiomonas shigelloides (apparentemente)

Salmonella Enteritidis

Shigella, in particolare S. dysenteriae

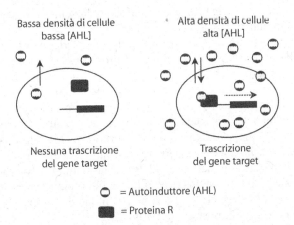

Bassa densità di cellule bassa [AHL] — Nessuna trascrizione del gene target

Alta densità di cellule alta [AHL] — Trascrizione del gene target

◯ = Autoinduttore (AHL)

■ = Proteina R

Figura 22.4 Il quorum sensing negli organismi Gram-negativi implica due fattori di regolazione: la proteina attivatrice della trascrizione (proteina R) e la molecola di AI prodotta dall'autoinduttore sintetasi. L'accumulo di AI dipende dalla densità cellulare fintantoché un livello di soglia viene raggiunto. A questo punto, l'AI si lega e attiva la proteina R, che a sua volta induce l'espressione genica. La proteina R consta di due domini: l'N-terminale della proteina che interagisce con l'AI e il C-terminale che è coinvolto nel legame con il DNA. Solitamente le molecole AI dei Gram-negativi sono *N*-acyl-HSL; tuttavia esistono altre molecole-segnale. (Da De Kievit et al.[35], copyright © 2000 American Society for Microbiology, con autorizzazione)

Tabella 22.1 Esempi di risposte fenotipiche dimostrate in alcuni batteri Gram-negativi come conseguenza del quorum sensing (ricavati dalla letteratura)

Microrganismi	Risposta dimostrata
Vibrio fischeri	Bioluminescenza
E. coli, ceppi	Produzione di tossine Stx
E. coli, mutante LuxS	Diminuzione della mobilità
E. coli	Formazione di att/eff
E. coli	Risposta SOS
E. coli, ceppi EHEC e EPEC	Sistema di secrezione di tipo III
Serratia liquefaciens	Mobilità a sciame
Serratia marcescens	Produzione di prodigiosina; sintesi di carbapenem
Pantoèa stewartii	Aumento della sintesi di polisaccaridi
Pectobacterium carotovorum	Produzione di enzimi degradativi delle pareti delle piante
Pectobacterium chrysanthemi	Produzione di pectato liasi
Burkholderia cepacia	Produzione di proteasi, siderofori
Aeromonas hydrophila	Produzione di esoproteasi
Pseudomonas aeruginosa	Normale struttura del biofilm

alla proteina attivatore trascrizionale LuxR, mostrata nella parte destra della figura 22.4, e l'espressione del gene viene attivata. Alcune risposte fenotipiche dimostrate in diversi microrganismi sono elencate in tabella 22.1. Assumendo che la cellula rappresentata nella parte sinistra della figura 22.4 sia *V. fischeri*, essa sarebbe non luminescente, ma quella sulla destra sarebbe bioluminescente come risultato del raggiungimento di un "quorum" di AI che, come osservato, si lega a LuxR. L'autoinduttore-2 (AI-2) è un composto segnale alternativo di quorum in *V. harveyi*, nel quale regola la bioluminescenza insieme ad AI-1. Il sistema AI-2 è stato dimostrato in numerosi patogeni Gram-negativi.

Raramente è riportato il numero minimo di cellule necessario per produrre un quorum, ma in uno studio condotto su enterobatteriacee psicrotrofe di origine alimentare occorrevano almeno 10^6 ufc/g per produrre una risposta positiva nei biosensori utilizzati[51].

Le più note e più ampiamente studiate sostanze AI per batteri Gram-negativi sono i lattoni della N-acil-omoserina (AHL). Questi composti sono formati da omoserina (con un anello lattonico) + una catena acilica laterale contenente da 4 a oltre 10 atomi di carbonio; la struttura di due di questi composti è mostrata in figura 22.5. Non tutti i batteri Gram-negativi impiegano il sistema LuxI-LuxR. Per esempio, *V. harveyi*, *E. coli* e *S.* Typhimurium utilizzano un sistema di produzione dell'autoinduttore correlato ma diverso[94]. Oltre agli AHL, alcuni batteri Gram-negativi producono dipeptidi ciclici, coinvolti nel quorum sensing da soli o in combinazione con gli AHL[34,54]. La struttura di due di questi dipeptidi ciclici identificati da Degrassi e colleghi[34] è mostrata in figura 22.5.

È stato dimostrato che tra i batteri di origine alimentare vi è un aumento di tossine Stx e che i geni Stx sono indotti dal quorum sensing[93]. Nonostante sia simile al sistema LuxI (che produce AI-1), LuxS produce AI-2 ed è stato dimostrato in *E. coli* O157:H7, *S.* Typhimurium e *Campylobacter jejuni* durante la crescita in latte e in brodo di pollo[23]. Come si è detto, è stato dimostrato che un certo numero di psicrotrofi Gram-negativi produce AHL, in alimenti contaminati naturalmente, quando il numero di cellule raggiunge 10^5-10^7 ufc/g[51]. come si vedrà nel prossimo paragrafo, il quorum sensing è importante anche nella formazione di biofilm. In letteratura sono disponibili review sul quorum sensing nei batteri Gram-negativi[35,47].

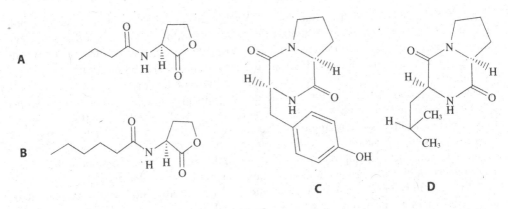

Figura 22.5 Strutture di quattro induttori del quorum sensing. A = *N*-butanoil-L-omoserina lattone; B = *N*-esanoil-L-omoserina lattone; C = ciclo (L-Tyr-L-Pro); D = ciclo (L-Leu-L-Pro). Le strutture C e D sono tratte dal riferimento bibliografico 34.

Sebbene sia più studiato nei batteri Gram-negativi, il quorum sensing si verifica anche tra i Gram-positivi. I fattori AI per i Gram-positivi sono peptidi e feromoni peptidici, dei quali la nisina è forse il più noto. Come descritto da Kleerebezem e colleghi[62], la regolazione della densità cellulare in tali sistemi sembra seguire un tema comune in cui la molecola segnale è un peptide post-traduzionale modificato secreto da un apposito trasportatore a cassetta che lega l'ATP. Il feromone peptidico prodotto agisce come segnale di input per uno specifico sensore che fa parte di un sistema di trasduzione del segnale a due componenti. È interessante osservare che alcuni batteri Gram-positivi, come *Bacillus* spp., producono lattonasi che degradano in modo specifico gli AHL prodotti da batteri Gram-negativi[36].

Tra le altre attività fenotipiche e fisiologiche dimostrate nei batteri Gram-positivi vi è la risposta virulenta in *Staphylococcus aureus*[59] e la produzione di peptidi antimicrobici diversi dalla nisina. È stato dimostrato che la nisina induce la propria sintesi[62]. Il quorum sensing è stato dimostrato in *S. aureus* e in *S. epidermidis*: quando venivano coltivati insieme, *S. epidermidis* sembrava essere favorito, facendo ipotizzare che questa potrebbe essere la ragione per la quale tale specie è predominante sulla pelle dove i feromoni autoindotti hanno maggiori probabilità di essere efficaci rispetto a quando si trovano all'interno del corpo. In *S. aureus*, un feromone formato da otto peptidi determina la virulenza attivando l'espressione del locus *agr*[59]. Il grado con cui il quorum sensing si manifesta in vivo non è chiaro a causa della generale mancanza di opportunità per le sostanze AI di raggiungere un quorum (per maggiori dettagli si veda il prossimo paragrafo).

22.5 Biofilm

L'importanza dei biofilm per la sicurezza degli alimenti giustifica la necessità di una migliore comprensione della loro biologia, struttura e funzione. I biofilm sono discussi in questo capitolo in relazione alla virulenza di alcuni patogeni.

Un biofilm ha origine dalla crescita di batteri, funghi e/o protozoi, da soli o in combinazione, strettamente legati da una matrice extracellulare che si attacca a una superficie solida. Esempi comuni comprendono gli strati viscidi che ricoprono le rocce o i tronchi immersi in acque correnti, la placca dentaria, come pure lo strato viscido che riveste carni, pesce e pollame alteratisi durante la conservazione refrigerata. I biofilm si formano soprattutto negli strati superficiali delle acque, poiché i nutrienti vi si trovano in concentrazioni più elevate che negli strati sottostanti. Studi di laboratorio hanno dimostrato che l'adesione alle superfici è migliore nei mezzi ricchi[11]. L'adesione è facilitata dall'escrezione microbica di una matrice di esopolisaccaridi talvolta indicata come glicocalice. Le microcolonie si sviluppano all'interno di questo microambiente in modo tale che nella comunità microbica risultante si formino canali per il passaggio dell'acqua tra le microcolonie e intorno a esse. Tale struttura è stata paragonata a un sistema circolatorio primitivo, utilizzato per apportare i nutrienti e allontanare i sottoprodotti tossici. Le cellule microbiche immerse in liquidi, e non strutturate in un biofilm, si trovano in uno stato planctonico (*free-floating*).

Dal punto di vista della sicurezza e dell'alterazione degli alimenti, i biofilm sono importanti poiché possono accumularsi su alimenti, utensili e superfici ed è difficile – e talvolta impossibile – rimuoverli. Mentre in condizioni naturali i biofilm tendono a essere formati da colture miste, negli studi di laboratorio sono spesso utilizzati sistemi di colture pure. Tra le superfici solide utilizzate per studiare i batteri associati agli alimenti vi sono sigillanti per pavimenti, lastre di vetro, nylon, policarbonato, polipropilene, gomma, acciaio inossidabile e Teflon. Il vetro e l'acciaio inossidabile sono i materiali più utilizzati.

Da alcuni dei numerosi studi che sono stati condotti negli ambienti alimentari, possono essere sintetizzati i seguenti punti.

1. Sebbene la formazione di biofilm da colture singole in un mezzo ricco (per esempio, brodo triptone soia) e a temperature di crescita idonee possa manifestarsi anche dopo sole 24 ore, per il massimo sviluppo occorrono almeno 3-4 giorni. Su lastre di vetro in un mezzo colturale per 3 giorni a 24 °C, *L. monocytogenes* si sviluppava fino a circa 6-7 $\log_{10}/cm^2$[1].
2. Non tutti i ceppi di una stessa specie sono ugualmente capaci di dare inizio alla formazione di biofilm[74]: infatti, l'adesione alle superfici e lo sviluppo del biofilm sono processi distinti[63].
3. In un biofilm i microrganismi possono mostrare reazioni fisiologiche diverse rispetto a quelle che si osservano quando sono in forma planctonica; il biofilm può contenere cellule vitali ma non coltivabili[18,22].
4. Nei biofilm i microrganismi sono notevolmente più resistenti alla rimozione mediante i detergenti e i disinfettanti d'uso comune; questi agenti di sanificazione sembrano essere più efficaci nella rimozione del biofilm se usati in combinazione[1,77].
5. L'adesione di un determinato patogeno alle superfici può essere favorita dalla formazione di un biofilm di colture miste[17,68,88], come dimostra l'esempio riportato di seguito.

Studiando un biofilm formato da *L. monocytogenes* e da una specie di *Flavobacterium* cresciuti insieme su acciaio inossidabile, l'adesione di *L. monocytogenes* è risultata migliore e più persistente nella crescita in coltura mista che nella crescita in coltura pura[15]; inoltre, il numero di cellule di *L. monocytogenes* con danno subletale aumentava significativamente in coltura mista.

Sulle superfici inerti utilizzate per la preparazione di alimenti *Shewanella putrefaciens* formava rapidamente biofilm e quando venivano forniti nutrienti dava luogo a strutture multistrato[7]. Tre ceppi di *L. monocytogenes*, isolati durante epidemie di listeriosi umana, producevano su superfici di acciaio inossidabile singolari biofilm con struttura a nido d'ape; il ceppo Scott A era prevalente[71]. Un ceppo di laboratorio non formava biofilm. In un altro studio, i ceppi di *L. monocytogenes* che producevano maggiori quantità di sostanze polimeriche esocellulari (EPS) formavano un biofilm con struttura tridimensionale, a differenza dei ceppi di controllo[14]. La formazione di biofilm non era correlabile con i sierotipi. Impiegando un ceppo di *Pseudomonas aeruginosa*, si è osservato che il DNA extracellulare era essenziale per la formazione di biofilm utilizzando un sistema a camera aperta[103]. Sebbene la fonte del DNA non sia stata determinata, l'applicazione di DNasi I dissolveva il biofilm, suggerendo che il DNA era parte integrante della struttura di quest'ultimo.

Come si è osservato, cellule vitali ma non coltivabili (viable but non culturable, VBNC) possono formare biofilm; cellule VBNC di *Enterococcus faecalis* aderivano alle cellule cardiache Caco-2 e Girardi, ma con capacità ridotta rispetto ai controlli[82].

L'inibizione della formazione di biofilm da parte di *Bacillus subtilis* è stata dimostrata utilizzando furanone ([5Z]-4-bromo-5-[bromometilene]-3-butil-2[5H]-furanone), che inibiva sia la crescita sia la motilità di *B. subtilis*[83] isolato originariamente da alghe marine. (Per maggiori dettagli sui biofilm, si rimanda ai riferimenti bibliografici 26, 45 e 109.)

22.5.1 Ruolo del quorum sensing

La prima pubblicazione che dimostrava il possibile ruolo del quorum sensing nella formazione dei biofilm è stata quella di McLean e colleghi[73], che hanno recuperato AHL da biofilm acquatici formatisi su pietre sommerse nel fiume San Marco in Texas. Il coinvolgimento diretto degli AHL è stato dimostrato con *Pseudomonas aeruginosa*: a differenza dei ceppi wild type, un mutante incapace di sintetizzare AHL produceva biofilm atipici (privi di canali per l'acqua) sensibili al sodio dodecil solfato (SDS)[30].

La formazione su dispositivi medici impiantati di biofilm prodotti da microrganismi come *P. aeruginosa* e *Burkholderia cepacia*, devastanti per i pazienti con fibrosi cistica, è ben documentata (come pure la formazione di biofilm da parte di *L. monocytogenes* in ambienti destinati alla preparazione di alimenti). La relazione tra formazione di biofilm, quorum sensing, virulenza o patogenicità dei microrganismi patogeni associati agli alimenti non è chiara, ma è plausibile che esista.

22.6 Fattori sigma

Una delle quattro subunità della RNA polimerasi è sigma (σ), il cui ruolo è il riconoscimento del promotore (punto nel quale l'RNA polimerasi si lega al DNA e ha inizio la trascrizione). Sigma è implicato solamente nella formazione del complesso iniziale RNA polimerasi-DNA. Dopo che si è formata una piccola quantità di mRNA, σ si dissocia. σ^A (o σ^{70}, il numero si riferisce al peso molecolare in kilodalton) riconosce la maggior parte dei geni che codificano per funzioni cellulari essenziali; il suo omologo più stretto è σ^S. Sono conosciuti diversi fattori sigma. σ^{28} è coinvolto nella sintesi dei flagelli in *Salmonella* e nel sistema di secrezione tipo III; σ^{32} (RpoH) è coinvolto nelle proteine da shock termico (HSP, heat shock proteins), alcune delle quali sono chaperon molecolari o proteasi che eliminano i composti che non possono essere riparati; σ^{54} (RpoN) regola i geni *harp* (hypersensitive response and pathogenicity) almeno in alcune patovar di *Pseudomonas syringae*. σ^B conferisce a *L. monocytogenes* la resistenza in condizioni di acidità letali; in *E. coli* è più abbondante a 25 °C che a 42; inoltre è coinvolto nelle risposte allo stress di *Bacillus subtilis*. σ^S è presente nella sottoclasse γ dei Proteobatteri che include i vibrioni; esso favorisce la resistenza di *V. vulnificus* in condizioni ambientali avverse (questo argomento sarà approfondito nel prossimo paragrafo). Cambiamenti delle condizioni ambientali che determinano stress cellulare (carenza di nutrienti, basso pH, aumento di pressione osmotica ecc.) portano all'induzione di fattori sigma alternativi che aiutano la cellula a fronteggiare le condizioni avverse (si veda il riferimento bibliografico 5).

In seguito a esposizione a condizioni di acidità, nei batteri si osservano le seguenti risposte generali[27]. (1) Vengono attivate pompe protoniche la cui forza motrice protonica (PMF) può facilitare l'espulsione di protoni dal citoplasma, con conseguente diminuzione del pH intracellulare; (2) si ha riparazione di macromolecole come DNA e di proteine come RecA; (3) vi sono cambiamenti nella composizione della membrana cellulare (per esempio, in acidi grassi); (4) si ha regolazione dell'espressione genica mediante fattori sigma alternativi; (5) vi sono aumento della densità cellulare e formazione di biofilm (che protegge le cellule da alcuni fattori ambientali avversi); (6) le vie metaboliche risultano alterate.

22.6.1 Fattori sigma alternativi

Il fattore sigma alternativo, σ^{38} (sigma-38, σ^S), è codificato dal gene *rpoS* e regola almeno 30 proteine; sarà trattato in questo paragrafo insieme a σ^B. L'esposizione a stress da acidità porta alla sintesi di proteine che proteggono il batterio. Nelle cellule in fase di crescita logaritmica, valori di pH pari o inferiori a 4,5 inducono almeno 43 proteine. Se vengono portate a pH pari o inferiore a 4,5, le cellule in fase stazionaria sintetizzano 15 proteine diverse da quelle prodotte dalle cellule in fase logaritmica.

Adattamento a condizioni acide

Relativamente alla risposta in termini di acido-tolleranza (ATR) di *L. monocytogenes*, il pH minimo di crescita per due ceppi è risultato 3,5 e 4,0 in un mezzo di composizione chimica definita e con l'utilizzo di HCl[81]. Valori di pH inferiori a questi erano letali a meno che i ceppi non fossero stati precedentemente esposti a pH 4,8 e 3,5. È stato dimostrato che in mutanti di *L. monocytogenes* con maggiore ATR la letalità nei confronti delle cavie era aumentata rispetto ai ceppi wild type[76], suggerendo che l'acidità potrebbe essere selettiva per i ceppi dotati di maggiore virulenza. I mutanti sono stati recuperati dopo esposizione a pH 3,5 per 2 ore a 37 °C[76]. Analogamente, cellule di *Yersinia enterocolitica* adattate a condizioni di acidità, cresciute a pH 7,5 e poi portate a pH 5,0, erano significativamente più enteropatogene rispetto ai controlli quando testate utilizzando topi neonati[106].

σ^B è stato identificato in *L. monocytogenes*, *B. subtilis* e *S. aureus*; la sua funzione è stata confrontata con quelle di RpoS/σ^S in batteri Gram-negativi. In *B. subtilis* σ^B influenza la regolazione di 100 geni in risposta a stress ambientali ed energetici. Mutanti di *B. subtilis* sono più sensibili al calore, all'etanolo, all'acidità, al congelamento, alla disidratazione ecc[27]. Un σ^B riduce la virulenza in *L. monocytogenes*. È interessante che un ceppo di *L. monocytogenes* resistente alla pressione idrostatica (sopravviveva a 400 MPa per 20 minuti) mostrava aumentata resistenza al calore, all'acidità e al perossido d'idrogeno[61]. È stato osservato che l'adattamento di *L. monocytogenes* che determina resistenza all'acidità potrebbe dipendere da una serie di altri parametri di crescita[65].

La proteina σ^B è necessaria per la massima resistenza di *L. monocytogenes* all'esposizione a livelli di acidità letali; inoltre, insieme a σ^S è associata alle risposte generali allo stress sia nei batteri Gram-positivi sia in quelli Gram-negativi[44]. In *L. monocytogenes* ceppo Scott A l'adattamento all'acidità (pH 3,0 con HCl) determinava l'induzione dell'espressione di 11 proteine e la repressione di altre 12[31]. Dall'altra parte, l'adattamento a condizioni acide non proteggeva questa specie in carne bovina trattata con il 2% di acido lattico o acetico[56]. Sulle carni fresche *L. monocytogenes* potrebbe essere resa più sensibile all'acidità dai batteri

Gram-negativi della microflora indigena[86]. Come si è già osservato, σ^B è coinvolto nella resistenza all'acidità delle cellule in fase stazionaria, nella resistenza agli stress ossidativi e osmotici e nella crescita a basse temperature di *L. monocytogenes*. L'adattamento a condizioni acide conferisce a *L. monocytogenes* protezione contro le alte pressioni idrostatiche (HHP, high hydrostatic pressures) e il congelamento[102].

Ceppi di *Shigella flexneri* e *S. sonnei*, adattati a condizioni acide (pH 5,0-3,25, brodo brain heart infusion, BHI) sono sopravvissuti per 14 giorni in succo di pomodoro e succo di mela conservati a 7 °C[6]. In BHI acidificato il pH minimo di crescita per *S. flexneri* e *S. sonnei* è stato, rispettivamente, 4,75 e 4,5. In uno studio, *E. coli* O157:H7 adattato a condizioni acide (pH 2,5, brodo triptone soia) persisteva su carcasse bovine dopo un lavaggio acido con acido acetico al 2% più delle cellule non adattate[9]. In un altro studio su *E. coli* O157:H7 l'acido-tolleranza diminuiva dopo esposizione a lavaggi non acidi[85].

La resistenza agli acidi (espressa come percentuale di cellule sopravvissute all'esposizione a pH 2,5 per 2 ore) è stata studiata approfonditamente nelle shigelle. Tra le colture esaminate da Gorden e Small[50], 9 shigelle su 12 erano acido-resistenti; 11 *E. coli* generici su 15 (incluso il ceppo K-12) mostravano lo stesso livello di acido-resistenza; 3 ceppi enteroinvasivi (EIEC) su 8 erano resistenti, mentre non lo erano né i 2 ceppi enteropatogeni (EPEC) né le 12 salmonelle. Per quanto riguarda il motivo per il quale è sufficiente un numero così basso di shigelle per provocare la malattia, i due ricercatori hanno ipotizzato che, dopo aver abbandonato il colon, al di fuori dell'ospite questi microrganismi entrano in fase stazionaria. Quando vengono ingeriti da un altro ospite, l'acido-resistenza precedentemente acquisita consentirebbe a poche cellule di sopravvivere al passaggio attraverso l'ambiente acido dello stomaco[50].

In un altro studio ceppi di *E. coli* produttori di Stx, che non riuscivano a sopravvivere a pH 2,5, sono stati resi resistenti all'acidità mediante l'introduzione del gene *rpoS* su un plasmide[100]. Coltivati in brodo a pH 4,6-4,7, ceppi di *E. coli* produttori di Stx diventavano da 1,1 a 2,0 volte più resistenti dei ceppi di controllo alle radiazioni[16]. È stato suggerito che tale risposta possa abbassare il numero di cellule necessario per dare inizio all'infezione[97]. Per esempio, è stato osservato che sebbene la dose infettiva di *Salmonella* per l'uomo sia di circa 10^5, quando somministrata in condizioni definite, in realtà l'infezione può essere causata da 50-100 cellule quando vengono ingerite con un alimento contaminato[101]. Secondo altri ricercatori, la salmonellosi potrebbe essere causata anche da sole 10 cellule. È stato dimostrato che un ceppo di *S.* Typhimurium virulento per le cavie è molto più acido-resistente dei ceppi non virulenti[105].

Utilizzando macrofagi e colture di cellule Int407, un ceppo di *S.* Typhimurium (DT104) adattato all'acidità non è risultato più invasivo dei ceppi non-DT104[46]. L'adattamento all'acidità determinava un aumento della resistenza al basso pH ambientale (2 e 3) in tutti i ceppi testati in sidro di mele, acido acetico e succo gastrico sintetico[46].

Sebbene la risposta ATR (insieme ad alcune proteine da shock termico) sia generalmente indotta dall'esposizione delle cellule a valori acidi di pH, lo stesso effetto si ottiene mediante privazione di nutrienti (starvation), per lo meno in *E. coli*. Stressando un ceppo di *E. coli* O157:H7 a 37, 10 e 5 °C, si osservava un significativo aumento della resistenza al calore a ciascuna temperatura rispetto ai controlli; tale effetto è illustrato in figura 22.6[108]. In quest'ultimo studio la tolleranza termica era correlata con le proteine UspA e GrpE: a 5 °C la correlazione era positiva con la proteina GrpE e negativa con la proteina UspA.

Esponendo un ceppo del fagotipo PT4 di *S.* Enteritidis in brodo prima a un pH compreso tra 3,0 e 6,0 e, successivamente, a un pH di 2,5-2,9, si verificava un aumento della resistenza all'acidità in circa 5 minuti[55]. In un altro studio, che utilizzava maionese prodotta in labo-

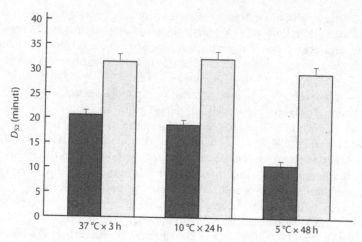

Figura 22.6 Resistenza termica di *E. coli* O157:H7 indotta da starvation (D_{52} in minuti). I tempi di esposizione a carenza di nutrienti, 3 ore a 37 °C, 24 ore a 10 °C e 2 giorni a 5 °C, sono stati determinati sulla base della massima espressione dei geni *uspA* e *grpE*: microrganismi di controllo in grigio, starved in bianco. I valori sono significativamente differenti per tutte le temperature di trattamento (P<0,01). (Da Zhang e Griffiths[108], copyright © 2003 International Association for Food Protection)

ratorio, le cellule esposte prima a pH 5,8 e poi a pH 4,5 rimanevano vitali per 4 settimane a 4 °C [69]. Durante la conservazione il pH della maionese rimaneva a 4,2-4,5. Nel caso di *E. coli* O157:H7, le cellule adattate al calore mostravano un aumento di fluidità della membrana, che potrebbe aver aumentato la secrezione di tossina Stx[107].

In uno studio sulla resistenza relativa di *Vibrio vulnificus* e dei suoi fagi, entrambi sono risultati sensibili a valori di pH <3,0, ma i fagi erano più acido-resistenti delle loro cellule ospite[64]. In *E. coli* O157:H7 lo stress da freddo o da freddo-acido non influenzava la produzione dei fattori di virulenza, ma la crescita in mezzi acidi (pH 5,5) favoriva l'espressione dei geni *eae*A e *hly*A. Lo stress da freddo era provocato mediante esposizione a 4 °C.

Complessivamente, non è del tutto chiaro il significato della ATR e di altri fattori sigma nelle infezioni causate da batteri di origine alimentare; tuttavia, per alcuni patogeni vi sono dati sufficienti che suggeriscono la necessità di ulteriori ricerche.

22.7 Patogenesi

Se si considerano i numerosi tipi diversi di agenti eziologici, non dovrebbe sorprendere la molteplicità di meccanismi che determinano l'insorgenza e lo sviluppo delle malattie a trasmissione alimentare. Platelminti e nematodi penetrano nell'organismo umano attraverso l'ingestione di carne o pesce infetti; giunti nel tratto gastrointestinale, questi organismi possono rimanervi oppure prendere percorsi diversi, per esempio invadendo il fegato e i muscoli scheletrici. I protozoi presenti negli alimenti rimangono nell'intestino, con la sola eccezione di *Toxoplasma gondii*, che può attraversare la barriera placentare e danneggiare gravemente il feto. Le tossine prodotte da fitoplancton e le micotossine vengono ingerite preformate: questi composti chimici hanno affinità per specifici tessuti o bersagli cellulari (per esempio le aflatossine per il DNA). I meccanismi patogenetici dei batteri di origine alimentare sono più frequentemente coinvolti e saranno discussi di seguito. Informazioni ulteriori su ciascuno dei gruppi citati possono essere reperite nei relativi capitoli. Nel box 22.3 è inoltre presentato un glossario dei termini più importanti.

22.7.1 Batteri Gram-positivi

In generale, i patogeni Gram-positivi producono sostanze esocellulari che tipicamente rappresentano la maggior parte, se non tutti, i fattori di virulenza di questo gruppo, esemplificato da *Staphylococcus aureus*. È noto che i ceppi virulenti producono numerosi fattori esotossici assenti nei ceppi non virulenti. Nel caso della sindrome gastroenterica, discussa nel capitolo 23, le enterotossine costituiscono gli unici agenti di rilievo. Indipententemente dal numero e dal tipo di altri metaboliti extracellulari che possono essere prodotti, i ceppi enterotossina-negativi non causano la sindrome gastroenterica. Le attuali conoscenze sulla modalità d'azione delle enterotossine stafilococciche sono presentate nel capitolo 23.

Analogamente alla gastroenterite causata da ceppi di stafilococchi, anche le malattie a trasmissione alimentare provocate da *Clostridium botulinum*, *C. perfringens* e *Bacillus cereus* sono dovute a esotossine. L'unica tossina di rilievo nel botulismo è una potente neurotossina prodotta durante la crescita delle cellule in alimenti suscettibili. L'enterotossina di *C. perfringens* (CPE) è una proteina associata alle spore, prodotta durante la sporulazione delle cellule batteriche nel tratto gastroenterico. La tossina emetica di *B. cereus* è un'esotossina, ma i componenti tossici che causano la sindrome diarroica non sono altrettanto conosciuti. Ulteriori dettagli sul meccanismo d'azione di queste tossine sono presentati nel capitolo 24.

Per molti decenni si è ritenuto che un batterio responsabile di gastroenterite di origine alimentare "dovesse" produrre, come gli stafilococchi, un'enterotossina; le ragioni di tale visione possono essere ascritte al fatto che questo batterio è il prototipo dei microrganismi responsabili di malattie a trasmissione alimentare. Inoltre, con l'eccezione dei ceppi neurotossigeni di *C. botulinum*, il meccanismo patogenetico di *S. aureus* è stato il primo a essere chiarito. Studiata per la prima volta nel 1894 da Denys, e successivamente nel 1914 da Barber – che provocò su se stesso i sintomi dell'intossicazione alimentare – la patogenicità di *S. aureus* fu provata definitivamente nel 1930 da Dack e colleghi[29], che dimostrarono che tutti i sintomi della malattia potevano essere riprodotti somministrando (a giovani laureati volontari!) una coltura filtrata del microrganismo. Si è cercato di applicare questo modello semplice e chiaro a tutti i patogeni di origine alimentare e, in un certo senso, ciò ha portato a quello che, a posteriori, sembra essere stato uno sforzo vano di trovare un'enterotossina in ogni patogeno alimentare, compresi i Gram-negativi.

22.7.2 Listeria monocytogenes

Nonostante sia Gram-positivo, questo batterio è significativamente diverso da quelli citati in precedenza. La differenza più rilevante consiste nel fatto che si tratta di un patogeno intracellulare; più specificamente risiede nel citosol, dove si replica; inoltre sembra che per moltiplicarsi utilizzi acido lipoico derivato dall'ospite[79]. Per penetrare nelle cellule epiteliali, l'invasina *internalina* interagisce con la E-caderina nelle cellule ospite umane (le caderine E di topi e ratti non sono recettori per l'internalina). Le cellule di *L. monocytogenes* prive di internalina non sono invasive[67]. Sebbene i ceppi virulenti producano *listeriolisina O* (LLO), una sostanza esocellulare formante pori attivata da gruppi tiolici, questa non causa di per sé la sindrome gastroenterica di origine alimentare. LLO è un'emolisina, coinvolta nell'invasione dell'epitelio intestinale, che contribuisce alla diffusione da una cellula all'altra dell'organismo. A differenza delle altre sindromi provocate da batteri Gram-positivi (con l'eccezione di *Clostridium perfringens*), l'ingestione di cellule vitali è necessaria affinché si verifichi la listeriosi.

La sequenza PEST (P, pro.; E., glu.; S, ser.; T, thr.) della LLO è essenziale per la virulenza e la compartimentazione intracellulare di *L. monocytogenes*. Tale sequenza induce i macrofagi dell'ospite a degradare la LLO una volta che questa evade dai lisosomi. Mutanti privi della sequenza PEST penetravano nel citosol delle cellule ospiti e le uccidevano[33]; la LLO priva della sequenza PEST si accumulava nel citosol, suggerendo un ruolo di tale sequenza nella degradazione della LLO[33]. In definitiva, la sequenza PEST impedisce che la LLO distrugga prematuramente le cellule ospiti.

Come si è visto, ceppi virulenti di *L. monocytogenes* possono aprire un varco nella barriera mucosa, penetrando nelle cellule epiteliali, ma il meccanismo non è chiaro; inoltre, i sintomi gastrointestinali si osservano solo in un terzo circa dei casi umani[49]. La prima difesa dell'organismo contro questi agenti è rappresentata dai macrofagi residenti, in particolare dalle cellule di Kupffer del fegato[91]; i patogeni riescono a penetrare in queste cellule dopo essere stati internalizzati in maniera non distruttiva nelle cellule M delle placche di Peyer[58]; tale fenomeno è seguito dall'induzione dell'immunità mediata dalle cellule T dell'ospite (descritta più dettagliatamente nel capitolo 25). Neutrofili polimorfonucleati (PMN) lisano le cellule parenchimali infettate da *Listeria*, esponendo così i batteri a fagociti specializzati. I PMN contengono anioni superossido, enzimi proteolitici e altri fattori. Quando interagiscono con *L. monocytogenes*, i PMN mostrano un incremento di *citochine*, tra le quali interleuchina-Iβ, interleuchina-6 (IL-6) e fattore di necrosi tumorale (TNF)[91]. Una volta che le listerie sono state fagocitate, le cellule fuoriescono lisando la membrana vacuolare con l'ausilio della LLO, si spostano nel citosol mediante i filamenti di actina e quindi diffondono alle cellule vicine, dove il processo si ripete. Sebbene i ceppi virulenti contengano altre sostanze che possono contribuire alla virulenza, ciò che li distingue dalle listerie non patogene è la capacità di aderire e di attraversare la barriera mucosale/epiteliale e di diffondere da una cellula all'altra con l'intervento della LLO. È possibile che questi fattori di virulenza siano stati acquisiti dalle listerie indipendentemente, probabilmente da altri batteri Gram-positivi che producono tossine attivate da gruppi tiolici.

22.7.3 Batteri Gram-negativi

Le proprietà di patogenesi e virulenza di questo gruppo sono considerevolmente diverse e di gran lunga più complesse di quelle dei batteri Gram-positivi. Grandi sforzi sono stati dedicati alla ricerca delle enterotossine nella maggior parte: in alcuni casi l'obiettivo è stato raggiunto, ma il ruolo delle enterotossine nella patogenesi delle malattie a trasmissione alimentare sembra incerto. Di seguito sono sintetizzati i risultati ottenuti per alcuni di questi organismi negli ultimi vent'anni circa.

Salmonella

Si stima che *Salmonella* ed *Escherichia* siano derivate da un comune predecessore circa 120-160 milioni di anni fa[39]. Tutti i serovar di *S. enterica* possiedono isole di patogenicità 1 e 2 (SPI-1, SPI-2), acquisite per trasferimento orizzontale da plasmidi o da fagi[8]. Per la virulenza di *S.* Typhimurium sono richiesti almeno 60 geni[52] ed è noto che le due SPI contengono almeno 42 di tali geni. Il confronto delle sequenze 16S e 23S del rRNA ha rivelato che le salmonelle sono strettamente correlate con *E. coli* e le shigelle, con i serovar monofasici delle salmonelle adattati ai mammiferi e quelli difasici ai rettili[21]. Per quanto riguarda la loro evoluzione, fino a 35 kilobasi (kb) del DNA che comprende la regione SPI di *Salmonella* al centisoma 63 possono essere state acquisite in blocco da un altro microrganismo durante il loro processo evolutivo verso lo status di patogeni[48]. Ciò è supportato dall'osservazione che *S. enterica* ed *E. coli* comprendono un alto numero di fenotipi mutanti che determinano un aumento della velocità di mutazione e favoriscono la ricombinazione tra le diverse specie[70].

In *S.* Typhimurium è stata dimostrata la presenza di un'enterotossina polipeptidica di 29 kDa, che presenta le seguenti caratteristiche: mostra una reazione crociata con la tossina colerica, attiva l'adenilato ciclasi, come recettore della cellula ospite preferisce il gangliosi-de GM_1 e risulta positiva nel test del loop ileale[75]. Ciò suggerisce che le tossine potrebbero avere un ruolo nel determinare i sintomi diarroici della salmonellosi, ma il loro ruolo nell'invasione intracellulare e nella conseguente patogenesi non è chiaro. Nelle salmonelle non tifoidi è stata riportata anche la produzione di altre proteine citotossiche[28].

Ceppi virulenti di *S. enterica* infettano le cellule non-fagocitiche aderendo alla mucosa intestinale con l'ausilio di adesine fimbriali codificate da un gene situato sulla SPI-1[96]. A ciò fa seguito la penetrazione nella mucosa intestinale, principalmente a livello dei follicoli linfoidi delle placche di Peyer. Il loro sito iniziale di infezione è l'ileo dell'intestino tenue. Una volta entrate, invadono le cellule M delle placche di Peyer[60] e dalle vescicole di tali cellule penetrano nel lisosoma. Ceppi virulenti di *S. enterica* secernono nel citoplasma una proteina (SpiC), che impedisce la fusione delle vescicole con i lisosomi. *S.* Typhimurium contiene fimbrie che aderiscono selettivamente alle cellule M: sebbene siano in grado di penetrare qualsiasi tipo di cellula dell'epitelio intestinale, preferiscono le cellule M. Il loro ingresso nelle cellule non fagocitiche è favorito da un sistema di secrezione di tipo III (detto anche "per contatto"). Come osservato da Galán[48], questo meccanismo di penetrazione implica un'interazione piuttosto intima tra il batterio e le cellule ospite, che risulta in una comunicazione crociata ("cross-talk"). Come conseguenza, si verificano il riarrangiamento del cito-scheletro, l'increspamento della membrana e l'inglobamento dei batteri per macropinocito-si. Si ha quindi la migrazione di neutrofili attraverso le cellule epiteliali e la produzione di citochine (per esempio, interleuchina-8). Una volta penetrate, durante l'intero stadio intra-cellulare esse rimangono all'interno di vacuoli legati alla membrana[84]. In seguito alla molti-plicazione, le cellule scoppiano e il patogeno si diffonde. Anche la penetrazione delle salmo-nelle nei macrofagi è associata a increspamento della membrana e a macropinocitosi[84]. Una volta penetrate, esse si trovano all'interno dei fagosomi legati alla membrana, che si espando-no. *Salmonella* Typhimurium induce nei macrofagi l'apoptosi. Per un'approfondita review su *Salmonella* Enteritidis, si veda il riferimento bibliografico 99.

Serovar non-tifoidi di salmonelle differiscono per il grado di patogenicità verso l'uomo, con *S.* Pullorum e *S.* Gallinarum tra le meno patogene, e *S.* Choleraesuis, *S.* Dublin e *S.* Ente-ritidis tra le più patogene. Nei pazienti *Salmonella* serovar Choleraesuis è isolata più spesso dal sangue che dalle feci e, insieme a *Salmonella* serovar Dublin, è associata a mortalità più elevata rispetto agli altri sierotipi[87]. Nel caso di *S.* Choleraesuis, il coinvolgimento e l'escre-zione intestinali sono rari, mentre è frequente la setticemia. In uno studio su 19 casi di salmo-nellosi causati da questa serovar, tutti i pazienti avevano sviluppato setticemia[3]. In relazione al locus di distruzione dell'enterocita (LEE, *locus of enterocyte effacement*) e al sistema di secrezione, non è chiaro che cosa distingua queste serovar dalla più comune *S.* Typhimurium.

Escherichia coli

I ceppi patogeni di questo microrganismo sono riconducibili a 5-6 gruppi di virulenza o pato-genicità e saranno trattati nel capitolo 27. Qui sono discussi i gruppi enteropatogeni (EPEC) ed enteroemorragici (EHEC).

Come si è osservato, le informazioni di genetica molecolare suggeriscono che i generi *Escherichia* e *Salmonella* derivino da un comune progenitore; pertanto non dovrebbe sorprendere che i geni della virulenza siano stati scambiati tra di loro per trasferimento orizzontale. L'isola di patogenicità sul cromosoma dei gruppi EHEC e EPEC comprende il LEE, che contiene il gene *eae* che codifica per la proteina intimina, essenziale per le lesioni A/E (*attaching-effacing*, adesione-distruzione)[12]. Il gene *eae* e il LEE sembrano siano stati trasferiti orizzontalmente all'interno del gruppo EHEC[12]. I ceppi EPEC possiedono la proteina *esp*B che li rende simili ai ceppi EHEC; sembra che questi ultimi si siano evoluti dal gruppo EPEC attraverso l'acquisizione di tossine Shiga codificate da fagi[80]. Vi sono evidenze che mostrano come il gruppo EHEC si sia evoluto in maniera sequenziale da un antenato EPEC O55:H7, acquisendo dapprima il gene *Stx*2 e dividendosi successivamente in due branche[43]. I ceppi di una delle due branche sono β-glucuronidasi e sorbitolo negativi (clone O157:H7), mentre quelli dell'altro ramo sono non mobili, ma sorbitolo e glucuronidasi positivi (clone O157:H). A tale conclusione si è giunti, oltre che con altre metodologie, sottoponendo i ceppi EPEC e EHEC a elettroforesi multilocus enzimatica (vedi capitolo 11). Gli autori di questa ricerca hanno ipotizzato che il gene *Stx*2 fosse stato acquisito in origine e si fosse evoluto nel genoma di O157:H7 in un arco di tempo più lungo rispetto ad altri fattori di virulenza. Anche l'acido-resistenza è stata acquisita anticamente, ma non è chiaro se abbia preceduto l'acquisizione del gene *Stx*2. Oltre ai geni Stx, sembra che anche le adesine siano stato acquisite per trasferimento orizzontale[104].

Per la colonizzazione i ceppi EHEC necessitano di intimina, ma questa da sola non è sufficiente per causare lesioni A/E. È stato proposto l'uso di vaccini a base di intimina per proteggere il bestiame contro le infezioni da EHEC[32]. La patogenicità di EHEC è dovuta alla presenza di tossine Stx, di endotossine e di citochine derivate dall'ospite, come il fattore di necrosi tumorale alfa (TNF-α) e l'interleuchina-1β. Le tossine Stx1 e Stx2 inibiscono la sintesi proteica nelle cellule endoteliali; il loro recettore è la globotriaosilceramide (Gb3). Il tessuto renale umano contiene grandi quantità di Gb3 ed è pertanto altamente sensibile alle tossine Stx[57]. La tossina Stx2 è risultata più tossica della Stx1 per le cellule endoteliali microvascolari dell'intestino umano e ciò potrebbe essere rilevante per la prevalenza di EHEC produttori di Stx2 nelle coliti emorragiche infettive[57].

Per l'adesione e l'autoagglutinazione, i ceppi EPEC richiedono pili formanti fasci di tipo IV (*bundle-forming*, bfp) di origine plasmidica. Mutanti privi di bfp causavano sindromi diarroiche meno severe ed erano circa 200 volte meno virulenti in soggetti volontari[10]. Lesioni A/E e "piedistalli" di proteina (compresa l'actina) citoscheletrica densamente agglomerata sono considerati caratteri distintivi dell'infezione da EPEC[41]. La lesione A/E inizia come un'adesione non intima del batterio, seguita dall'iniezione di proteine del tipo III, che producono cambiamenti nel citoscheletro e distruzione dei microvilli; per quest'ultimo effetto è richiesta la presenza di intimina[37]. Sebbene non sia stato dimostrato che si tratti di patogeni di origine alimentare, alcuni ceppi di *Citrobacter freundii* e di *Hafnia alvei* causano lesioni A/E, specialmente in alcuni animali[89].

Yersinia

Y. enterocolitica (e alcune altre specie dello stesso genere) possiede un determinante cromosomico coinvolto nell'assorbimento del ferro, mediato dal sideroforo yersiniabactina, e considerato un'isola di patogenicità (PI). Tale isola è presente anche in ceppi EAggEC, ma raramente in ceppi EPEC, EIEC ed ETEC, ed è assente nei ceppi EHEC e in quelli di *Salmonella* e *Shigella* testati[90]; probabilmente è stata acquisita per trasferimento orizzontale tra *Y. pestis* e alcuni ceppi di *E. coli*[90].

Il più importante meccanismo patogenetico di *Y. enterocolitica* è contenuto nello Yop virulon (vedi box a pagina seguente), presente anche in *Y. pestis* e *Y. pseudotuberculosis*. Il virulon, che consente alle yersinie di sopravvivere e moltiplicarsi nel tessuto linfoide dell'ospite, consiste di quattro componenti. Yop è codificato da pYV, un plasmide di 70 kb, e possiede un'isola 1 ad alta patogenicità, necessaria per l'espressione della virulenza, che determina la dipendenza dal Ca^{2+} [4,25].

Le proteine Yop sono sintetizzate a 37 °C e trasferite nelle cellule dei mammiferi per contatto. I batteri Gram-positivi possono secernere proteine direttamente nell'ambiente esterno, poiché sono privi di membrana esterna. Nel sistema secretorio di tipo I dei batteri Gram-negativi, le proteine batteriche sono secrete direttamente dal citoplasma nell'ambiente da due proteine citoplasmatiche e da una terza presente sulla membrana esterna. Tuttavia nel sistema di secrezione di tipo III, per fuoriuscire dalle cellule che le hanno prodotte, le proteine batteriche necessitano di un apparato specializzato, di cui le Yop sono un esempio.

L'apparato di secrezione delle yersinie è normalmente confinato alla membrana esterna da YopN, che si comporta da tappo. YopN può essere rimosso (sistema "stappato") sottraendo Ca^{2+} e determinando il riversamento delle Yops dal citoplasma verso l'esterno. YopP è responsabile della soppressione del rilascio di TNF-α da parte dei macrofagi infettati[13]. Quando le Yop vengono a contatto con una cellula eucariotica, si forma un dispositivo di microiniezione che permette alle Yop di attraversare il sistema di secrezione di tipo III e di giungere all'interno della cellula eucariotica[41]. Silhavy ha assimilato tale processo alla morte dei macrofagi per iniezione letale[92]. Falkow[41] ha stabilito che "le shigelle portano i macrofagi al suicidio". In *S.* Typhimurium il sistema di secrezione di tipo III è stato descritto come una struttura sovramolecolare che circonda le membrane interna ed esterna[66]. I sistemi di tipo III sono presenti anche in ceppi fitopatogeni di *Erwinia, Xanthomonas, Pseudomonas* e *Ralstonia*[2]. Come si può osservare nel box della pagina seguente, il fitopatogeno *Agrobacterium tumefaciens* possiede un sistema di tipo IV.

Shigella

Le cellule M delle placche di Peyer nell'ileo terminale possono essere invase da shigelle, come pure da alcune salmonelle, alcuni ceppi EPEC e alcuni virus[41]. I macrofagi delle cellule M del colon e del retto invasi da shigelle muoiono per apoptosi. Il risultato è una risposta infiammatoria acuta accompagnata da dissenteria. Ciò si verifica soprattutto con ceppi invasivi di *S. flexneri*[110]. Questo tipo di danno provoca perdita di sangue e muco nel lume intestinale. Poiché l'assorbimento di acqua nel colon è inibito, si ha il passaggio di feci dissenteriche (diarrea). La diarrea acquosa, talvolta associata a shigellosi, è dovuta alla moltiplicazione dei microrganismi durante il loro passaggio attraverso il digiuno. Tra le specie di shigella, *S. sonnei* è quella che causa più spesso diarrea. Per quanto riguarda la dose infettiva minima, 10 cellule sono state sufficienti per causare la malattia nel 10% dei volontari; la percentuale di soggetti infettati è arrivata al 50% somministrando 500 cellule[39].

La Shiga-tossina di *S. dysenteriae* tipo 1 si lega al galabiosio e inibisce la sintesi proteica nei mammiferi. Sebbene la sindrome emolitico-uremica (SEU) sia più frequentemente associata ai ceppi EHEC di *E. coli*, può essere causata anche da *S. dysenteriae*.

Vibrio

A differenza dei batteri Gram-negativi sopra descritti, i vibrioni non fanno parte della famiglia delle Enterobatteriacee; inoltre, quelli associati a malattie a trasmissione alimentare sono anche non-invasivi. Nel caso di *V. parahaemoliticus*, la patogenesi è associata alla produzione di un'emolisina termostabile diretta (TDH), un omodimero di 46 kDa, che sembra essere

Box 22.3 Glossario dei principali termini utilizzati per i patogeni associati agli alimenti

Adesione-distruzione (**Attaching-effacing**, **A/E**) Adesione stretta dei batteri alle cellule epiteliali che porta a distruzione dei microvilli intestinali e a cambiamenti nel citoscheletro della cellula ospite. Presenti in ceppi EPEC ed EHEC. I geni per A/E sono localizzati su una regione di 34 kb del DNA cromosomiale del LEE

Apoptosi Morte cellulare programmata.

Biovar, Biotipo Sottospecie fisiologicamente differente.

Cellule M (da microfold, cioè molto sottili) Parti delle placche di Peyer; hanno solo una piccola quantità di rivestimento mucoso. Presentano gli antigeni alle cellule immunocompetenti della lamina propria.

Diarrea Perdita di liquidi, specialmente dall'intestino tenue.

Dissenteria Scariche più frequenti, ma di volume minore rispetto alla diarrea, contenenti sangue e/o pus derivanti da danni alla mucosa.

Fagovar (fagotipo) Differente fago o lisotipo.

Genomovar Gruppi di ceppi simili dal punto di vista fenotipico, ma genotipicamente distinti.

Integrine Recettori della cellula ospite; proteine transmembrana sulla superficie di molte cellule eucariotiche, specialmente le cellule M delle placche di Peyer.

Intimina Proteina di adesione di 94 kDa presente sulla membrana esterna del batterio; è codificata dal gene cromosomico *eae* ed è richiesta per il riarrangiamento del citoscheletro dell'ospite necessario per l'adesione del batterio.

Isola di patogenicità (**PI**) Regioni specifiche di DNA cromosomiale batterico che includono diversi geni di virulenza, per esempio l'isola di patogenicità 2 (SPI-2) delle salmonelle.

Lamina propria Tessuto connettivo sottostante l'epitelio della mucosa dell'intestino.

Locus di distruzione dell'enterocita (**LEE**) Esempio di isola di patogenicità in ceppi EHEC e EPEC di *E. coli* che contengono i geni per le lesioni A/E e per la proteina B secreta da EPEC. L'intera sequenza genetica del LEE di un *E. coli* O157:H7 constava di 43359 bp e includeva un profago[34].

Patogeno Microrganismo avente la capacità dimostrata di provocare una malattia.

Patovar Biovar con diversi ospiti target.

Piedistallo Struttura di 10 μm o più che si forma al disotto dei batteri adesi in seguito alla distruzione dei microvilli dell'orletto a spazzola. Consiste di proteine citoscheletriche densamente clusterizzate, compresa l'actina. La sua formazione è avviata da un recettore dell'intimina traslocato (Tir).

Pili formanti fasci Localizzati sulla superficie del patogeno, codificati dal cluster di geni *bfp* posizionato sul plasmide EAF.

Placche o ghiandole di Peyer Ampie placche subepiteliali ovali di follicoli linfoidi o noduli strettamente aggregati nelle pareti dell'intestino, particolarmente abbondanti nell'ileo. Le cellule M sono utilizzate da patogeni come *Y. enterocolitica*, *C. jejuni*, shigelle e *S.* Typhimurium come ingresso principale nell'ospite (vedi anche cellule M).

Plasmide del fattore di aderenza (**EAF**) Unità di 70 kDa, presente in ceppi EPEC, che contiene geni per i pili formanti fasci.

RpoS (Fattore sigma della fase stazionaria) Regola, tra l'altro, le risposte di resistenza all'acidità e alla deprivazione di nutrienti in alcuni patogeni.

Serotipo, Serovar Sottodivisione di una specie sulla base di differenze antigeniche.

Sistema di secrezione[a]

Tipo III Le proteine traslocano nel periplasma. Per allontanarle dalle cellule è richiesto un sistema particolare (per esempio le Yop). Le proteine-effettori secrete inducono l'inglobazione dei batteri da parte della cellula ospite.

Tipo II Proteine secrete nel periplasma e trasportate direttamente attraverso la membrana esterna.

Tipo I Proteine secrete direttamente nell'ambiente circostante da due proteine citoplasmatiche e da una proteina situata sulla membrana esterna.

Tir (recettore traslocato dell'intimina) Proteina che è traslocata dal batterio alla cellula ospite dove serve come recettore per l'intimina; interviene nella formazione del piedistallo.

Virulenza Grado relativo di patogenicità.

Yop Il virulon Yop di *Yersinia* è codificato da un plasmide di 70 kb, pYV; è composto di quattro elementi: (1) un sistema di secrezione di tipo III, deputato alla secrezione delle proteine Yop (*Yersiniae* outer protein); (2) un sistema che distribuisce le proteine batteriche nelle cellule ospite (YopB e Yop D); (3) un elemento di controllo (YopN) e (4) un set di proteine Yop effettrici.

[a] Il sistema di secrezione di tipo IV è meglio conosciuto in *Agrobacterium tumefaciens*, che non è stato dimostrato appartenga ai patogeni umani di origine alimentare.

responsabile di emolisi, formazione di pori, effetti citotossici, letalità in piccoli animali e attività enterotossigena (valutata mediante saggio di legatura dell'ileo). Per ulteriori dettagli sulla TDH, si rimanda al capitolo 28.

I ceppi O1 di *V. cholerae* colonizzano l'epitelio dell'intestino tenue, colpendo di preferenza le cellule M, e ciò provoca diarrea profusa. I due principali fattori di virulenza di questo microrganismo sono (1) i pili co-regolati dalla tossina (TCP), necessari per la colonizzazione intestinale, e (2) l'enterotossina colerica (CT)[98]. I geni CT (*ctx*AB) fanno parte del CTX, un elemento genetico più ampio, che costituisce il genoma di un batteriofago filamentoso denominato CTXø[42,98]. Quest'ultimo può essere propagato in ceppi riceventi di *V. cholerae*, nei quali può integrarsi al cromosoma, formando lisogeni stabili, oppure rimanere a livello extracromosomiale[42]. Questi ultimi ricercatori hanno dimostrato che il CTXø isolato da dieci ceppi clinici o ambientali di *V. cholerae* infettava ceppi CT-negativi; essi hanno osservato, tuttavia, che l'induzione fagica può non verificarsi nell'intestino umano. Tale locus di patogenicità sembra essere un esempio di trasferimento orizzontale di geni, che può portare alla comparsa di nuovi ceppi patogeni; l'elemento CTXø è riconducibile al colifago M13[98]. Tra le caratteristiche inusuali di *V. cholerae* vi è la presenza di due cromosomi circolari[95]: il più grande contiene più di 2,96 milioni di basi e i geni housekeeping e altri che sono implicati nella virulenza; il cromosoma più piccolo, invece, contiene oltre 1,07 milioni di basi e molti geni, la cui funzione è sconosciuta. La subunità B della tossina colerica (CTB) si lega ai recettori gangliosidici della superficie cellulare GM_1 (essa è strettamente correlata alla subunità B della tossina termolabile di *E. coli*, LT).

Il ruolo dei batteriofagi nella trasmissione dei geni di virulenza è illustrato dal citato elemento genetico CTX. Tra i patogeni di origine alimentare, sono portati da fagi i geni codificanti per l'enterotossina stafilococcica A, per Stx1 e Stx2 dei ceppi EHEC di *E. coli* e per le tossine botuliniche. È stato osservato che i geni associati alla virulenza possono trovarsi sui plasmidi in un microrganismo e sui cromosomi in altri, suggerendo che possano essere integrati in replicazioni successive[20]. Un modello simile sembra plausibile anche per i geni mediati da fagi.

Un quadro in evoluzione

Negli ultimi vent'anni sono state acquisite molte nuove informazioni sui meccanismi specifici utilizzati dai patogeni di origine alimentare per causare malattie nell'uomo, in particolare in relazione ai batteri Gram-negativi. Al di là del loro ruolo nell'accumulo di liquidi a livello intestinale (diarrea), non si è appreso molto di più circa le enterotossine prodotte da batteri Gram-negativi. La loro funzione nell'invasione della cellula ospite e nella conseguente patogenesi sembra poco rilevante.

Il concetto di isole di patogenicità (PI) in salmonelle, yersinie e ceppi EPEC ed EHEC di *Escherichia coli* rappresenta un significativo sviluppo. Tali isole sono localizzate su DNA extracromosomiale o appartengono al genoma fagico e sono assenti nei batteri non patogeni (per una discussione approfondita sull'argomento, vedi Hacker e Kaper[53]).

Studi di genetica molecolare hanno fatto ulteriore chiarezza sull'importanza del trasferimento, mediato da plasmidi e batteriofagi, di geni di virulenza tra alcune enterobatteriacee e all'interno del genere *Vibrio*.

La scoperta di elevati livelli di mutazione in salmonelle non-tifoidi e ceppi di *E. coli* produttori di Stx suggerisce che tra tali gruppi possano emergere nuove varianti enteropatogene.

Il primo requisito di un patogeno intestinale invasivo è la capacità di aderire all'epitelio intestinale. Recenti scoperte hanno confermato l'importanza di elementi genetici mobili nel

Tabella 22.2 Alcuni batteri Gram-negativi che possiedono almeno un fattore di virulenza spesso associato a patogeni alimentari

Microrganismi	Fattori di virulenza dimostrati
Aeromonas caviae	Enterotossina
A. hydrophila	Enterotossina citotossica
Bacteroides fragilis	Enterotossina positiva al test della legatura dell'ansa intestinale
Citrobacter freundii	Enterotossina termostabile; lesioni A/E
Enterobacter cloacae	Enterotossina termostabile
Hafnia alvei	Produzione di lesioni A/E
Klebsiella pneumoniae	Enterotossina termostabile
Plesiomonas shigelloides	Enterotossina termostabile

trasferimento di tale caratteristica tra ceppi virulenti e avirulenti. Il grado con il quale ceppi avirulenti di specie patogene o di specie filogeneticamente correlate possono acquisire, mantenere ed esprimere i geni di aderenza/adesione, può essere un fattore cruciale nella possibile comparsa di nuovi enteropatogeni.

Nella tabella 22.2 sono elencati otto batteri Gram-negativi che possiedono almeno una proprietà o un fattore spesso associato ai patogeni di origine alimentare. Si può dedurre che non si tratta dei principali patogeni di origine alimentare dalla mancanza di altre proprietà di virulenza, come la capacità di aderire e penetrare nelle cellule epiteliali. _Aeromonas hydrophila_ e _Plesiomonas shigelloides_ sono state tenute sotto sorveglianza dai microbiologi alimentari per almeno vent'anni, ma non è stato dimostrato che possano causare gastroenteriti di origine alimentare in assenza di un altro enteropatogeno.

La lentezza del processo attraverso il quale un microrganismo non-patogeno si trasforma in patogeno può essere desunta dalla tabella 22.3, che riporta gli ultimi otto patogeni che sono stati riconosciuti di origine alimentare. Probabilmente la maggior parte di essi esisteva già molto tempo prima che ne venisse dimostrato il ruolo nelle malattie a trasmissione alimentare. Chiare eccezioni sono rappresentate dai ceppi di _E. coli_ responsabili di coliti enteroemorragiche. Tali ceppi sono stati registrati per la prima volta nel 1975 e, secondo studi di genetica molecolare, si sarebbero evoluti da _E. coli_ O55:H7 per trasferimento dei geni di virulenza mediato da un batteriofago.

Tabella 22.3 Principali patogeni/patologie di origine alimentare riconosciuti più recentemente

Patogeno/Patologia	Anno
Botulismo infantile	1976
Yersinia enterocolitica	1976
Cyclospora cayetanensis	1977
Norwalk virus e Norwalk-like	1978
Vibrio cholerae non-O1	1979
Listeria monocytogenes	1981
E. coli enteroemorragici	1982
Nuova variante della malattia di Creutzfeldt-Jakob (vCJD)	1996

La nuova variante della malattia di Creutzfeldt-Jakob (vCJD) (vedi cap. 31) è forse l'agente eziologico di patologie alimentari più recente.

Se il tempo necessario per la comparsa di nuovi patogeni alimentari può essere lento e indefinito, una volta che siano stati dimostrati, essi sembrano persistere per sempre: non si è mai verificata la scomparsa di un patogeno di origine alimentare riconosciuto.

Bibliografia

1. Arizcun C, Vasseur C, Labadie JC (1998) Effect of several decontamination procedures on Listeria monocytogenes growing in biofilms. *J Food Protect*, 61: 731-734.
2. Alfano JR, Collmer A (1997) The type III (Hrp) secretion pathway of plant pathogenic bacteria: Trafficking harpins, Avr proteins, and death. *J Bacteriol*, 179: 5655-5662.
3. Allison MJ, Dalton HP, Escobar MR, Martin CJ (1969) Salmonella choleraesuis infections in man: A report of 19 cases and a critical literature review. *South Med J*, 62: 593-596.
4. Anderson DM, Schneewind O (1997) A mRNA signal for the type III secretion of Yop proteins by Yersinia enterocolitica. *Science*, 278: 1140-1143.
5. Archer/DL (1996) Preservation microbiology and safety: Evidence that stress enhances virulence and triggers adaptive mutations. *Trends Food Sci Technol*, 7: 91-95.
6. Bagamboula CF, Uyttendaele M, Debevere J (2002) Acid tolerance of Shigella sonnei and Shigella flexneri. *J Appl Bacteriol*, 93: 479-486.
7. Bagge D, Hjelm M, Johansen C, Huber I, Gram L (2001) Shewanella putrefaciens adhesion and biofilm formation on food processing surfaces. *Appl Environ Microbiol*, 67: 2319-2325.
8. Baumler AJ, Tsolis RM, Ficht TA, Adams LG (1998) Evolution of host adaptation in Salmonella enterica. *Infect Immun*, 66: 4579-4587.
9. Berry ED, Cutter CN (2000) Effects of acid adaptation of Escherichia coli O157:H7 on efficacy of acetic acid spray washes to decontaminate beef carcass tissue. *Appl Environ Microbiol*, 66: 1493-1498.
10. Bieber D, Ramer SW, Wu CY (1998) IV pili, transient bacterial aggregates, and virulence of entero-pathogenic Escherichia coli. *Science*, 280: 2114-2118.
11. Blackman IC, Frank JF (1996) Growth of Listeria monocytogenes as a biofilm on various food-processing surfaces. *J Food Protect*, 59: 827-831.
12. Boerlin P, Chen S, Colbourne JK (1998) Evolution of enterohemorrhagic Escherichia coli hemolysin plasmids and the locus for enterocyte effacement in Shiga toxin-producing E. coli. *Infect Immun*, 66: 2553-2561.
13. Boland A, Cornelis GR (1998) Role of YopP in suppression of tumor necrosis factor alpha release by macrophages during Yersinia infection. *Infect Immun*, 66: 1878-1884.
14. Borucki MK, Peppin JD, White D, Loge F, Call DR (2003) Variation in biofilm formation among strains of Listeria monocytogenes. *Appl Environ Microbiol*, 69: 7336-7342.
15. Bremer PJ, Mond I, Osborne CM (2001) Survival of Listeria monocytogenes attached to stainless steel surfaces in the presence or absence of Flavobacterium spp. *J Food Protect*, 64: 1369-1376.
16. Buchanan RL, Edelson SG, Boyd G (1999) Effects of pH and acid resistance on the radiation resistance of enterohemorrhagic Escherichia coli. *J Food Protect*, 62: 219-228.
17. Buswell CM, Herlihy YM, Lawrence LM, McGuiggan JT, Marsh PD, Keevil CW, Leach SA (1998) Extended survival and persistence of Campylobacter spp. in water and aquatic biofilms and their detection by immunofluorescent antibody and -rRNA staining. *Appl Environ Microbiol*, 64: 733-741.
18. Carpenter B, Cerf O (1993) Biofilms and their consequences, with particular reference to hygiene in the food industry. *J Appl Bacteriol*, 75: 499-511.
19. CDC (2008) Preliminary FoodNet data on the incidence of infection with pathogens transmitted commonly through food – 10 States, 2007. *Morb Mortal Wkly Rep*, 57: 366-370.
20. Cheetham BF, Katz ME (1995) A role for bacteriophages in the evolution and transfer of bacterial virulence determinants. *Mol Microbiol*, 18: 201-208.

21. Christensen H, Nordentoft S, Olsen JE (1998) Phylogenetic relationships of Salmonella based on rRNA sequences. *Int J Syst Bacteriol*, 48: 605-610.

22. Chumkhunthod P, Schraft H, Griffiths MW (1998) Rapid monitoring method to assess efficacy of sanitizers against Pseudomonas putida biofilms. *J Food Protect*, 61: 1043-1046.

23. Cloak OM, Solow BT, Briggs CE, Chen CY, Fratamico PM (2002) Quorum sensing and production of autoinducer-2 in Campylobacter spp., Escherichia coli O157:H7, and Salmonella enterica serovar Typhimurium in foods. *Appl Environ Microbiol*, 68: 4666-4671.

24. Coconnier MH, Dlissi E, Robard N (1998) Listeria monocytogenes stimulates mucus exocytosis in cultured human polarized mucosecreting intestinal cells through action of listeriolysin O. *Infect Immun*, 66: 3673-3681.

25. Cornelis GR, Wolf-Watz H (1997) The Yersinia Yop virulon: A bacterial system for subverting eukaryotic cells. *Mol Microbiol*, 23: 861-867.

26. Costerton JW (1994) Biofilms, the customized microniche. *J Bacteriol*, 176: 2137-2142.

27. Cotter PD, Hill C (2003) Surviving the acid test: Responses of Gram-positive bacteria to low pH. *Microbiol Mol Biol Rev*, 67: 429-453.

28. D'Aoust JY (1997) Salmonella species. In: Doyle MP, Beuchat LR, Montville TJ (eds) *Food Microbiology – Fundamentals and Frontiers*. ASM Press, Washington, DC., pp. 129-158.

29. Dack GM, Cary WE, Woolpert O, Wiggers H (1930) An outbreak of food poisoning proved to be due to a yellow hemolytic staphylococcus. *J Prev Med*, 4: 167-175.

30. Davies DG, Parsek MR, Pearson JP, Iglewski BH, Costerton JW, Greenberg EP (1998) The involvement of cell-to-cell signals in the development of a bacterial biofilm. *Science*, 280: 295-298.

31. Davis MJ, Coote PJ, O'Byrne CP (1996) Acid tolerance in Listeria monocytogenes: The adaptive acid tolerance response (ATR) and growth-phase-dependent acid resistance. *Microbiology*, 142: 2975-2982.

32. Dean-Nystrom EA, Bosworth BT, Moon HW, O'Brien AD (1998) Escherichia coli O157:H7 requires intimin for enteropathogenicity in calves. *Infect Immun*, 66: 4560-4563.

33. Decatur AL, Portnoy DA (2000) A PEST-like sequence in listeriolysin O essential for Listeria monocytogenes pathogenicity. *Science*, 290: 992-995.

34. Degrassi G, Anguilar A, Bosco M, Zahariev S, Pongor S, Venturi V (2002) Plant growth-promoting Pseudomonas putida WCS358 produces and secretes four cyclic dipeptides: Cross-talk with quorum sensing bacterial sensors. *Curr Microbiol*, 45: 250-254.

35. De Kievit TR, Iglewski BH (2000) Bacterial quorum sensing in pathogenic relationships. *Infect Immun*, 68: 4839-4849.

36. Dong YH, Gusti AR, Zhang Q, Xu JL, Zhang LH (2002) Identification of quorum-quenching N-acylhomoserine lactonases from Bacillus species. *Appl Environ Microbiol*, 68: 1754-1759.

37. Donnenberg MS, Kaper JB, Finlay BB (1997) Interactions between enteropathogenic Escherichia coli and host epithelial cells. *Trends Microbiol*, 5: 109-114.

38. Dunny GM, Leonard BAB (1997) Cell-cell communication in Gram-positive bacteria. *Ann Rev microbiol*, 51: 527-564.

39. DuPont HL, Levine MM, Hornick RB (1989) Inoculum size in shigellosis and implications for expected mode of transmission. *J Infect Dis*, 159: 1126-1128.

40. Elhanafi D, Leenanon B, Bang W, Drake MA (2004) Impact of cold and cold-acid stress on poststress tolerance and virulence factor expression of Escherichia coli O157:H7. *J Food Protect*, 67: 19-26.

41. Falkow S (1996) The evolution of pathogenicity in Escherichia, Shigella, and Salmonella. In: Neidhardt FC (ed) *Escherichia coli and Salmonella – Cellular and Molecular Biology* (2nd ed). ASM Press, Washington, DC., pp. 2723-2729.

42. Faruque SM, Asadulghani, Abdul Alim ARM, Albert MJ, Islam KMN, Mekalanos JJ (1998) Induction of the lysogenic phage encoding cholera toxin in naturally occurring strains of toxigenic Vibrio cholerae O1 and O139. *Infect Immun*, 66: 3752-3757

43. Feng PK, Lampel A, Karch H (1998) Genotypic and phenotypic changes in the emergence of Escherichia coli O157:H7. *J Infect Dis*, 177: 1750-1753.

44. Ferreira A, Sue D, O'Byrne CP, Boor KJ (2003) Role of Listeria monocytogenes σ^B in survival of lethal acidic conditions and in the acquired acid tolerance response. *Appl Environ Microbiol*, 69: 2692-2698.

45. Frank JF, Koffi RA (1990) Surface-adherent growth of Listeria monocytogenes is associated with increased resistance to surfactant sanitizers and heat. *J Food Protect*, 53: 550-554.

46. Fratamico PM (2003) Tolerance to stress and ability of acid-adapted and non-acid adapted Salmonella enterica serovar Typhimurium DT104 to invade and survive in mammalian cells in vitro. *J Food Protect*, 66: 1115-1125.

47. Fuqua WC, Winans SC, Greenberg EP (1994) Quorum sensing in bacteria: The Lux-R-LuxI family of cell density-responsive transcriptional regulators. *J Bacteriol*, 176: 269-275.

48. Galán JE (1996) Molecular genetic bases of Salmonella entry into host cells. *Mol Microbiol*, 20: 263-271.

49. Gellin BG, Broome CV (1989) Listeriosis. *JAMA*, 261: 1313-1320.

50. Gorden J, Small PLC (1993) Acid resistance in enteric bacteria. *Infect Immun*, 61: 364-367.

51. Gram L, Christensen AB, Ravn L, Molin S, Givskov M (1999) Production of acylated homoserine lactones by psychrotrophic members of the Enterobacteriaceae isolated from foods. *Appl Environ Microbiol*, 65: 3458-3463.

52. Groisman EA, Ochman H (1997) How Salmonella became a pathogen. *Trends Microbiol*, 9: 343-349.

53. Hacker J, Kaper JB (2000) Pathogenicity islands and the evolution of microbes. *Ann Rev Microbiol*, 54: 641-679.

54. Holden MTG, Chhabra SR, de Nys R et al. (1999) Quorum-sensing cross talk: Isolation and chemical characterization of cyclic dipeptides from Pseudomonas aeruginosa and other Gram-negative bacteria. *Mol Microbiol*, 33: 1254-1266.

55. Humphrey TJ, Richardson NP, Statton KM, Rowbury RJ (1993) Acid habituation in Salmonella Enteritidis PT4: Impact of inhibition of protein synthesis. *Lett Appl Microbiol*, 16: 228-230.

56. Ikeda JS, Samelis J, Kendall PA, Smith GC, Sofos JN (2003) Acid adaptation does not promote survival or growth of Listeria monocytogenes on fresh beef following acid and nonacid decontamination treatments. *J Food Protect*, 66: 985-992.

57. Jacewicz MS, Acheson DWK, Binion DG, West GA, Lincicome LL, Fiocchi C, Keusch GT (1999) Responses of human intestinal microvascular endothelial cells to Shiga toxins 1 and 2 and pathogenesis of hemorrhagic colitis. *Infect Immun*, 67: 1439-1444.

58. Jensen VB, Harty JT, Jones BD (1998) Interactions of the invasive pathogens. Salmonella Typhimurium, Listeria monocytogenes, and Shigella flexneri with M cells and murine Peyer's patches. *Infect Immun*, 66: 3758-3766.

59. Ji GY, Beavis RC, Novick RP (1995) Cell density control of staphylococcal virulence mediated by an octapeptide pheromone. *Proc Natl Acad Sci USA*, 92: 12055-12059.

60. Jones BD, Falkow S (1994) Identification and characterization of a Salmonella Typhimurium oxygen-regulated gene required for bacterial internalization. *Infect Immun*, 62: 3745-3752.

61. Karatzas KAG, Bennikk MHJ (2002) Characterization of a Listeria monocytogenes Scott A isolate with high tolerance towards high hydrostatic pressure. *Appl Environ Microbiol*, 68: 3183-3189.

62. Kleerebezem M, Quadri LEN, Kulpers OP, de Vos WM (1997) Quorum sensing by peptide pheromones and two-component signal-transduction systems in Gram-positive bacteria. *Mol Microbiol*, 24: 895-904.

63. Kim KY, Frank JF (1995) Effect of nutrients on biofilm formation by Listeria monocytogenes on stainless steel. *J Food Protect*, 58: 24-28.

64. Koo J, DePaola A, Marshall DL (2000) Impact of acid on survival of Vibrio vulnificus and Vibrio vulnificus phage. *J Food Protect*, 63: 1049-1052.

65. Koutsoumanis KP, Kendall PA, Sofos JN (2003) Effect of food processing-related stresses on acid tolerance of Listeria monocytogenes. *Appl Environ Microbiol*, 69: 7514-7516.

66. Kubori T, Matsushima Y, Nakamura D et al. (1998) Supramolecular structure of the Salmonella Typhimurium type III protein secretion system. *Science*, 280: 602-605.

67. Lecuit M, Vandormael-Pournin S, Lefort J et al. (2001) A transgenic model for listeriosis: Role of internalin in crossing the intestinal barrier. *Science*, 292: 1722-1725.

68. LeClerc JE, Li B, Payne WL, Cebula TA (1996) High mutation frequencies among Escherichia coli and Salmonella pathogens. *Science*, 274: 1208-1211.

69. Leuschner RGK, Boughtflower MP (2001) Standardized laboratory-scale preparation of mayonnaise containing low levels of Salmonella enterica serovar Enteritidis. _J Food Protect_, 64: 623-629.

70. LeClerc JE, Li B, Payne WL, Cebula TA (1996) High mutation frequencies among Escherichia coli and Salmonella pathogens. _Science_, 274: 1208-1211.

71. Marsh EJ, Luo H, Wang H (2003) Characteristics of biofilm development by Listeria monocytogenes strains. _FEMS Microbiol Lett_, 228: 203-210.

72. Mead PS, Slutsker L, Dietz V, McCaig LF, Bresee JS, Shapiro C, Griffin PM, Tauxe RV (1999) Food-related illness and death in the United States. _Emerg Infect Dis_, 5: 607-625.

73. McLean RJC, Whiteley M, Stickler DJ, Fuqua WC (1997) Evidence of autoinducer activity in naturally occurring biofilms. _FEMS Microbiol Lett_, 154: 259-263.

74. Michiels CW, Schellekens M, Soontjens CCF, Hauben KJA (1997) Molecular and metabolis typing of resident and transient fluorescent pseudomonad flora from a meat mincer. _J Food Protect_, 60: 1515-1519.

75. O'Brien AD, Holmes RK (1996) Protein toxins of Escherichia coli and Salmonella. In: Neidhardt FC (ed) _Escherichia coli and Salmonella – Cellular and Molecular Biology_ (2nd ed). ASM Press, Washington, DC., pp. 2788-2802.

76. O'Driscoll B, Gahan CGM, Hill C (1996) Adaptive acid tolerance response in Listeria monocytogenes: Isolation of an acid-tolerant mutant which demonstrates increased virulence. _Appl Environ Microbiol_, 62: 1693-1698.

77. Oh DH, Marshall DL (1996) Monolaurin and acetic acid inactivation of Listeria monocytogenes attached to stainless steel. _J Food Protect_, 59: 249-252.

78. Otto M, Echner H, Voelter W, Götz F (2001) Pheromone cross-inhibition between Staphylococcus aureus and Staphylococcus epidermidis. _Infect Immun_, 69: 1957-1960.

79. O'Riordan M, Moors MA, Portnoy DA (2003) Listeria intracellular growth and virulence require host-derived lipoic acid. _Science_, 302: 462-464.

80. Perna NT, Mayhew GF, Pósfai G, Elliott S, Donnenberg MS, Kaper JB, Blattner FR (1998) Molecular evolution of a pathogenicity island from enterohemorrhagic Escherichia coli O157:H7. _Infect Immun_, 66: 3810-3817.

81. Phan-Thanh L, Mahouin F, Aligé S (2000) Acid responses of Listeria monocytogenes. _Int J Food Microbiol_, 55: 121-126.

82. Pruzzo C, Tarsi R, del Mar Lleò M, Signoretto C, Zampini M, Colwell RR, Canepari P (2002) In vitro adhesion to human cells by viable but nonculturable Enterococcus faecalis. _Curr Microbiol_, 45: 105-110.

83. Ren D, Sims JJ, Wood TK (2002) Inhibition of biofilm formation and swarming of Bacillus subtilis by (5Z)-4-brome-5-(bromomethylene)-3-butyl-2-(5H)-furanone. _Lett Appl Microbiol_, 34: 293-299.

84. Richter-Dahlfors AA, Finlay BB (1997) Salmonella interactions with host cells. In: Kaufmann SHE (ed) _Host Response to Intracellular Pathogens_. R.G. Landes Co, Austin, TX, pp. 251-270.

85. Samelis J, Sofos JN, Ikedak JS, Kendall PA, Smith GC (2002) Exposure to non-acid fresh meat decontamination washing fluids sensitizes Escherichia coli O157:H7 to organic acids. _Lett Appl Microbiol_, 34: 7-12.

86. Samelis J, Sofos JN, Kendall PA, Smith GC (2001) Influence of the natural microbial flora on the acid tolerance response of Listeria monocytogenes in a model system of fresh meat decontamination fluids. _Appl Environ Microbiol_, 67: 2410-2420.

87. Saphra I, Wassermann M (1954) Salmonella choleraesuis:A clinical and epidemiological evaluation of 329 infections identified 1940 and 1954 in the New York Salmonella Center. _Am J Med Sci_, 228: 525-533.

88. Sasahara KC, Zottola EA (1993) Biofilm formation by Listeria monocytogenes utilizes a primary colonizing microorganism in flowing systems. _J Food Protect_, 56: 1022-1028.

89. Schauer DB, Falkow S (1993) Attaching and effacing locus of a Citrobacter freundii biotype that causes transmissible murine colonic hyperplasia. _Infect Immun_, 61: 2486-2492.

90. Schubert S, Rakin A, Karch H et al. (1998) Prevalence of the "high-pathogenicity island" of Yersinia species among Escherichia coli strains that are pathogenic to humans. _Infect Immun_, 66: 480-485.

91. Sibelius U, Schulz EC, Rose F, Hattar K, Jacobs T, Weiss S, Chakraborty T, Seeger W, Grimminger F (1999) Role of Listeria monocytogenes exotoxins listeriolysin and phosphatidylinositol-specific phospholipase C in activation of human neutrophils. *Infect Immun*, 67: 1125-1130.

92. Silhavy TJ (1997) Death by lethal injection. *Science*, 278: 1085-1086.

93. Sperandio V, Torres AG, Girón JA, Kaper JB (2001) Quorum sensing is a global regulatory mechanism in enterohemorrhagic Escherichia coli O157:H7. *J Bacteriol*, 183: 5187-5197.

94. Surette MG, Miller MB, Bassler BL (1999) Quorum sensing in Escherichia coli, Salmonella Typhimurium, and Vibrio harveyi: A new family of genes responsible for autoinducer production. *Proc Natl Acad Sci USA*, 96: 1639-1644.

95. Trucksis M, Michalski J, Deng YK, Kaper JB (1998) The Vibrio cholerae genome contains two unique circular chromosomes. *Proc Natl Acad Sci USA*, 95: 14459-14464.

96. van der Velden AWM, Bäumler AJ, Tsolis RM, Heffron F (1998) Multiple fimbrial adhesins are required for full virulence of Salmonella Typhimurium in mice. *Infect Immun*, 66: 2803-2808.

97. Venturi V (2003) Control of rpoS transcription in Escherichia coli and Pseudomonas: Why so different? *Mol Microbiol*, 49: 1-9.

98. Waldor MK, Mekalanos JJ (1996) Lysogenic conversion by a filamentous phage encoding cholera toxin. *Science*, 272: 1910-1914.

99. Wallis TS, Galyov EE (2000) Molecular basis of Salmonella induced enteritis. *Mol Microbiol*, 36: 997-1005.

100. Waterman SR, Small PLC (1996) Characterization of the acid resistance phenotype and rpoS alleles of Shiga-like toxin-producing Escherichia coli. *Infect Immun*, 64: 2808-2811.

101. Waterman SR, Small PLC (1998) Acid-sensitive enteric pathogens are protected from killing under extremely acidic conditions of pH 2.5 when they are inoculated onto certain solid food sources. *Appl Environ Microbiol*, 64: 3882-3886.

102. Wemekamp-Kamphuis HH, Wouters JA, de Leeuw PPLA, Hain T, Chakraborty T, Abee T (2004) Identification of sigma factor σ^B – controlled genes and their impact on acid stress, high hydrostatic pressure, and freeze survival in Listeria monocytogenes EGD-e. *Appl Environ Microbiol*, 70: 3457-3466.

103. Whitechurch CB, Tolker-Nielsen T, Ragas PC, Mattick JS (2002) Extracellular DNA required for bacterial biofilm formation. *Science*, 295: 1487.

104. Whittam TS (1996) Genetic variation and evolutionary processes in natural populations of Escherichia coli. In: Neidhardt FC (ed) *Escherichia coli and Salmonella – Cellular and Molecular Biology* (2nd ed). ASM Press, Washington, DC., pp. 2708-2720.

105. Wilmes-Riesenberg MR, Bearson B, Foster JW, Curtiss R III (1996) Role of the acid tolerance response in virulence of Salmonella Typhimurium. *Infect Immun*, 64: 1085-1092.

106. Wong HC, Peng PY, Han JM, Chang CY, Lan SL (1998) Effect of mild acid treatment on the survival, enteropathogenicity, and protein production in Vibrio parahaemolyticus. *Infect Immun*, 66: 3066-3071.

107. Yuk HG, Marshall DL (2003) Heat adaptation alters Escherichia coli O157:H7 membrane lipid composition and verotoxin production. *Appl Environ Microbiol*, 69: 5115-5119.

108. Zhang V, Griffiths MW (2003) Induced expression of the heat shock protein genes uspA and grpE during starvation at low temperatures and their influence on thermal resistance of Escherichia coli O157:H7. *J Food Protect*, 66: 2045-2050.

109. Zottola EA (1994) Microbial attachment and biofilm formation: A new problem for the food industry? *Food Technol*, 48(7): 107-114.

110. Zychlinsky A, Prevost MC, Sansonetti PJ (1992) Shigella flexneri induces apoptosis in infected macrophages. *Nature*, 358: 167-169.

Capitolo 23
Gastroenterite stafilococcica

L'intossicazione alimentare stafilococcica o sindrome da intossicazione alimentare fu studiata per la prima volta nel 1894 da J. Denys e successivamente, nel 1914, da M.A. Barber, che produsse in se stesso i segni e i sintomi della malattia consumando latte che era stato contaminato con una coltura di *Staphylococcus aureus*. La capacità di alcuni ceppi di *S. aureus* di causare intossicazione alimentare fu provata definitivamente nel 1930 da Dack e colleghi[28], che dimostrarono che i sintomi potevano essere provocati somministrando filtrati colturali di *S. aureus*. Sebbene alcuni autori definiscano questo tipo di malattia associata agli alimenti un'intossicazione piuttosto che un avvelenamento, la definizione "gastroenterite" evita di dover specificare se la malattia sia un'intossicazione o un'infezione.

La gastroenterite stafilococcica è causata dall'ingestione di alimenti contenenti una o più *enterotossine*, prodotte esclusivamente da alcune specie e alcuni ceppi di stafilococco. Per quanto la produzione di enterotossine sia comunemente attribuita solo a ceppi di *S. aureus* produttori di coagulasi e termonucleasi (TNasi), in realtà queste enterotossine possono essere prodotte anche da numerose altre specie di *Staphylococcus* che non producono né coagulasi né TNasi.

È disponibile una vasta letteratura sugli stafilococchi e sulla relativa intossicazione alimentare, ma gran parte di essa esula dagli scopi di questo capitolo.

23.1 Specie di importanza alimentare

Il genere *Staphylococcus* comprende oltre 30 specie; in tabella 23.1 sono elencate quelle che rivestono un reale o potenziale interesse per gli alimenti. Delle 18 specie e sottospecie riportate in tabella, soltanto 6 sono coagulasi-positive ed esse producono generalmente nucleasi termostabili (TNasi). È stato dimostrato che dieci delle specie coagulasi-negative producono enterotossine e, eventualmente, nucleasi termolabili. Non sempre i ceppi enterotossigeni coagulasi-negativi producono emolisina o fermentano il mannitolo. La pratica, a lungo utilizzata, di ricercare negli alimenti stafilococchi coagulasi-positivi quali ceppi di rilievo, ha senza dubbio portato a sottostimare la prevalenza dei produttori di enterotossina.

La relazione tra la produzione di TNasi e di coagulasi negli stafilococchi è discussa nel capitolo 11. Si ritiene comunemente che solo per i ceppi di stafilococchi TNasi e coagulasi-positivi siano giustificate indagini più approfondite quando vengono riscontrati negli alimenti; tuttavia da tempo si conosce l'esistenza di ceppi TNasi e coagulasi-negativi ma produttori di enterotossine.

J.M. Jay et al., *Microbiologia degli alimenti*
© Springer-Verlag Italia 2009

Tabella 23.1 Specie e sottospecie di stafilococco per le quali è nota la produzione di coagulasi, nucleasi e/o enterotossine

Microrganismi	Coagulasi	Nucleasi	Enterotossina	Emolisina	Mannitolo	G+C (%)
S. aureus subsp.						
anaerobius	+	TS	?	+	?	31,7
aureus	+	TS	+	+	+	32–36
S. intermedius	+	TS	+	+	(+)	32–36
S. hyicus	(+)	TS	+	–	–	33–34
S. delphini	+	–		+	+	39
S. schleiferi subsp.						
coagulans	+	TS		+	(+)	35–37
schleiferi	–	TS		+	–	37
S. caprae	–	TL	+	(+)	–	36,1
S. chromogens	–	–w	+	–	v	33–34
S. cohnii	–	–	+	–	v	36–38
S. epidermidis	–	–	+	v	–	30–37
S. haemolyticus	–	TL	+	+	v	34–36
S. lentus	–	–	+	–	+	30–36
S. saprophyticus	–	–	+	–	+	31–36
S. sciuri	–	–	+	–	+	30–36
S. simulans	–	v		v	+	34–38
S. warneri	–	TL	+	–w	+	34–35
S. xylosus	–	?	+	+	v	30–36

+ = positivo; – = negativo; –w = negativo o debolmente positivo; (+) reazione debole; v = variabile;
TS = termostabile; TL = termolabile.

Tra le specie coagulasi-positive, *S. intermedius* è nota per la sua produzione di enterotossine; è presente nelle vie nasali e sulla pelle di carnivori e cavalli, ma raramente nell'uomo. La patogenicità di questa specie per il cane è ben nota. In Brasile, da cani affetti da piodermite sono stati isolati 73 stafilococchi, 52 dei quali erano *S. intermedius*[47]. Tutti i 52 *S. intermedius* erano coagulasi-positivi in plasma di coniglio ma coagulasi-negativi in plasma umano, 13 (25%) erano enterotossigeni: quattro producevano enterotossina stafilococcica D (SED), cinque producevano SEE e gli altri, rispettivamente, SEB, SEC, SED/E e SEA/C. Tutti e 13 erano TNasi-positivi e tre producevano anche la tossina della sindrome da shock tossico (TSST). Numerosi ceppi di *S. hyicus* sono coagulasi-positivi e sembra che alcuni producano enterotossine. In uno studio ceppi di *S. hyicus* stimolavano risposte positive all'enterotossina in scimmie (*Macaca fascicularis*), ma l'enterotossina non era una di quelle conosciute (da SEA a SEE)[3,49]. In una ricerca su isolati da capre, due ceppi su sei di *S. hyicus* coagulasi-positivi producevano SEC[111]. La produzione di enterotossine da parte di *S. delphini*, *S. simulans* e *S. schleiferi* subsp. *coagulans* non è mai stata documentata.

Almeno 10 delle specie stafilococciche coagulasi-negative elencate in tabella 23.1 producono enterotossine. *S. cohnii*, *S. epidermidis*, *S. haemolyticus* e *S. xylosus* sono stati isolati da latte di pecora assieme a *S. aureus*[9]. L'isolato di *S. cohnii* produceva SEC; tre isolati di *S. epidermidis* producevano SEC e SEB/C/D (due ceppi); cinque isolati di *S. haemolyticus* producevano SEA, SED, SEB/C/D e SEC/D (due ceppi); tutti e quattro gli isolati di *S. xylosus* producevano SED[9]. Questi ricercatori hanno osservato che la fermentazione del mannitolo era il parametro migliore per differenziare i ceppi enterotossina-positivi da quelli enterotossina-negativi. In un altro studio 1 dei 20 ceppi coagulasi-negativi isolati da alimenti era uno *S. haemolyticus* enterotossigeno produttore sia di SEC sia di SED[35]. In uno studio su stafilococchi isolati da capre sane, la produzione di enterotossine è stata osservata nel 74,3% dei 70 isolati coagulasi-positivi e nel 22% dei 272 isolati coagulasi-negativi[111]. Negli isolati da capre la SEC era la tossina riscontrata con maggior frequenza. Sette specie isolate da capre producevano più di una enterotossina (*S. caprae*, *S. epidermidis*, *S. haemolyticus*, *S. saprophyticus*, *S. sciuri*, *S. warneri* e *S. xylosus*); due specie, *S. chromogens* e *S. lentus*, ne producevano solo una (rispettivamente SEC e SEE)[111]. Da polpa di granchio cotta pronta al consumo, tra i 100 isolati sospetti stafilococchi sono state identificate le seguenti specie: *S. lentus* (31); *S. hominis* (21); *S. epidermidis* (10); *S. kloosi* (8); *S. capitis* (5); infine 3 isolati per ciascuna specie appartenevano a *S. aureus*, *S. saprophyticus* e *S. sciuri*[32]. Meno di tre isolati sono stati trovati relativamente ad altre cinque specie. Da prosciutti spagnoli salati a secco è stato isolato uno *S. epidermidis* produttore di SEC[69].

Tra le altre specie di stafilococco di origine alimentare si annoverano *S. condimenti*, *S. piscifermentans* e *S. fleurettii*, tutti coagulasi, TNasi ed enterotossina-negativi. *S. condimenti* è stato isolato da salsa di soia[87], *S. piscifermentans* da pesce fermentato in Thailandia[105] e *S. fleurettii* da formaggi di latte di capra[114]. La specie prima chiamata *S. caseolyticus* è stata riclassificata nel genere *Macrococcus* come *M. caseolyticus*[64].

23.2 Habitat e diffusione

Le specie di stafilococco sono adattate all'ospite e circa la metà delle specie conosciute risiede sull'uomo solamente (per esempio *S. cohnii* subsp. *cohnii*) o sull'uomo e altri animali (per esempio *S. aureus*). Il maggior numero tende a essere ritrovato in prossimità delle aperture del corpo, come le narici, sulle ascelle e sulle aree inguinale e perineale, dove il numero di cellule per centimetro quadrato può raggiungere 10^3-10^6 negli ambienti umidi e 10-10^3 in quelli secchi[63]. Le due fonti più importanti di contaminazione degli alimenti sono rappresentate dai cosiddetti portatori nasali (le cui vie nasali sono colonizzate da stafilococchi) e dagli individui affetti da foruncoli e pustole su mani e braccia, ai quali è consentita la manipolazione degli alimenti.

La maggior parte degli animali domestici ospita *S. aureus*. La mastite stafilococcica può essere presente negli allevamenti di vacche da latte: se il latte prodotto da vacche infette viene consumato o utilizzato nella fabbricazione di formaggio, le probabilità di contrarre un'intossicazione alimentare sono elevatissime. Quasi certamente molti ceppi responsabili di mastite bovina sono di origine umana, anche se alcuni sono considerati "ceppi animali". In uno studio i ceppi di stafilococco isolati da prodotti a base di carne suina cruda, erano essenzialmente tutti di origine animale; tuttavia, durante la produzione di conserve di carne, tali ceppi di origine animale venivano gradualmente sostituiti da ceppi di origine umana, fino al punto da non poter rilevare alcun ceppo di origine animale nei prodotti finiti[95].

Per quanto riguarda alcune delle specie diverse da *S. aureus*, *S. cohnii* si riscontra sulla pelle dell'uomo e occasionalmente nel tratto urinario e in ferite infette. La cute umana costituisce l'habitat sia per *S. epidermidis* sia per *S. haemolyticus* (quest'ultimo è associato a infezioni). *S. hyicus* si trova sulla pelle del maiale, dove può causare lesioni, ed è anche stato riscontrato nel latte e sul pollame. La pelle di primati inferiori e di altri mammiferi è l'habitat per *S. xylosus*, mentre la pelle umana e di altri primati lo è per *S. simulans*. *S. schleiferi* subsp *schleiferi* è stato isolato in campioni clinici provenienti da pazienti umani con diminuita resistenza alle infezioni[37]; la sottospecie *coagulans* è stata isolata da cani con infezioni dell'orecchio. *S. aureus* subsp. *anaerobius* causa malattia nelle pecore e *S. delphini* è stato isolato dai delfini[113]. *S. sciuri* può trovarsi sulla pelle dei roditori; *S. lentus* e *S. caprae* sono associati alle capre, specialmente al loro latte da esse ottenuto. Nonostante molte delle specie coagulasi-negative menzionate si adattino principalmente a ospiti non umani, la loro penetrazione negli alimenti non è preclusa. Una volta giunti in alimenti suscettibili, la loro crescita può portare alla produzione di enterotossine. Tutte queste specie crescono in presenza del 10% di NaCl.

Poiché *S. aureus* è stato studiato soprattutto come causa di gastroenteriti stafilococciche di origine alimentare, la maggior parte delle informazioni riportate di seguito si riferisce a questa specie.

23.3 Incidenza negli alimenti

In generale la presenza, anche solo limitata, degli stafilococchi deve essere considerata in qualsiasi alimento di origine animale o che sia stato manipolato dall'uomo, a meno che non siano stati applicati trattamenti termici per determinarne la distruzione. Essi sono stati trovati in un numero elevato di alimenti commerciali da molti ricercatori (capitoli 4, 5 e 9; tabelle 4.3, 4.14, 5.6 e 9.1).

23.4 Esigenze nutrizionali, temperatura e composti chimici

Com'è tipico dei batteri Gram-positivi, gli stafilococchi necessitano per la loro nutrizione di alcuni composti organici. Gli amminoacidi sono richiesti come fonte di azoto; tra le vitamine B sono necessarie tiamina e acido nicotinico. Durante la crescita in condizioni di anaerobiosi, sembrano richiedere uracile. In un terreno minimo per la crescita aerobia e la produzione di enterotossina, il glutammato monosodico viene utilizzato come fonte di C, N e di energia. Tale mezzo contiene soltanto tre amminoacidi (arginina, cisteina e fenilalanina) e quattro vitamine (pantotenato, biotina, niacina e tiamina), oltre a sali inorganici[73]. L'arginina sembra essere essenziale per la produzione di enterotossina B[116].

23.4.1 Temperatura di crescita

Nonostante si tratti di un mesofilo, alcuni ceppi di *S. aureus* possono crescere anche a 6,7 °C[5]. Tre ceppi responsabili di intossicazione alimentare crescevano in dolci alla crema a 45,6 °C (114 °F), ma a 46,7-48,9 °C (116-120 °F) il loro numero diminuiva con il procedere dell'incubazione[5]. Nello stesso studio, i tre ceppi crescevano su una preparazione di pollo con funghi a 44,4 °C (112 °F), ma non in un'insalata di prosciutto alla stessa temperatura. In generale, la crescita avviene nel range 7-47,8 °C e la produzione di enterotossine tra 10 e 46 °C, con un optimum tra 40 e 45 °C[98]. Le temperature minime e massime per lo sviluppo e la produzione di tossine dipendono dagli altri parametri convolti; di seguito sono riportate le modalità con cui tali parametri determinano l'innalzamento delle temperature minime di svulppo o l'abbassamento di quelle massime.

23.4.2 Effetto di sali e altri composti chimici

S. aureus cresce meglio in mezzi colturali privi di NaCl, ma può crescere bene anche in presenza di concentrazioni del 7-10% e alcuni ceppi fino al 20%. Le concentrazioni massime compatibili con la crescita dipendono da altri parametri, quali temperatura, pH, attività dell'acqua (a_w) e potenziale di ossido-riduzione (Eh) (vedi oltre).

S. aureus ha un elevato grado di tolleranza verso composti come tellurito, cloruro di mercurio, neomicina, polimixina e sodio azide, che sono stati tutti utilizzati come agenti selettivi nei mezzi colturali; inoltre, può essere differenziato da altri stafilococchi per la sua maggiore resistenza all'acriflavina. Al contrario di *S. epidermidis*, *S. aureus* è sensibile al borato[59]. Rispetto alla novobiocina, *S. saprophyticus* è resistente, mentre *S. aureus* e *S. epidermidis* sono sensibili. La capacità di tollerare elevati livelli di NaCl e di alcuni altri composti è condivisa da *Micrococcus* e *Kocuria* che, essendo ampiamente diffusi in natura e presenti negli alimenti in numero più elevato degli stafilococchi, rendono la determinazione di questi ultimi più difficoltosa. L'effetto di altri composti chimici su *S. aureus* è presentato nel capitolo 13.

23.5 Effetto del pH, dell'attività dell'acqua e di altri fattori

Per quanto riguarda il pH, *S. aureus* può crescere nel range 4,0-9,8, ma l'optimum è tra 6 e 7. Come accade per altri parametri, l'esatto valore minimo di pH per la crescita dipende da quanto tutti gli altri parametri si trovano a livelli ottimali. In maionese preparata in casa le enterotossine venivano prodotte quando il pH iniziale era 5,15 e quello finale di crescita non era inferiore a 4,7[44]. Con un inoculo di circa 10^5/g, la quantità di SEB prodotta era di 158 ng/100 g. In generale, la produzione di SEA è meno sensibile al pH rispetto a alla produzione di SEB. Tamponando un mezzo di coltura a pH 7,0 si ottiene più SEB rispetto a quando il mezzo non è tamponato o lo è in un range di acidità[71]. Un risultato analogo è stato osservato a un pH controllato di 6,5 piuttosto che di 7,0[58].

Pe quanto riguarda l'a_w, gli stafilococchi sono unici per la capacità di crescere a valori più bassi rispetto a qualsiasi altro batterio non alofilo. In condizioni ideali per gli altri fattori, è stata dimostrata la crescita a un valore di a_w pari a 0,83, sebbene 0,86 sia generalmente considerato il valore minimo.

23.5.1 NaCl e pH

Utilizzando un mezzo a base di proteine idrolizzate e incubando a 37 °C per 8 giorni, in assenza di NaCl la crescita e la produzione di enterotossina C si verificavano nel range di pH 4,00-9,83. Con il 4% di NaCl il range di pH si restringeva a 4,4-9,43 (tabella 23.2). A pH pari o superiore a 5,45, la tossina veniva prodotta con il 10% di NaCl ma non con il 12%[39]. È stato dimostrato che la crescita di *S. aureus* è inibita in brodo a pH 4,8 e al 5% di NaCl. La crescita e la produzione di enterotossina B da parte del ceppo S-6 si verificava con il 10%

Tabella 23.2 Effetto di pH e NaCl sulla produzione di enterotossina C utilizzando un inoculo di 10^8 cellule/mL di *S. aureus* 137 in idrolisato proteico e incubando a 37 °C per 8 giorni

	Range di pH				
	4,00-9,83	4,4-9,43	4,50-8,55	5,45-7,30	4,50-8,50
NaCl (%)	0	4	8	10*	12
Produzione di enterotossina	+	+	+	+	−

* L'enterotossina è stata rilevata anche con un inoculo di $3,6 \times 10^6$ a pH 6,38-7,30.
(Da Genigeorgis et al.[39], copyright © 1971 American Society for Microbiology)

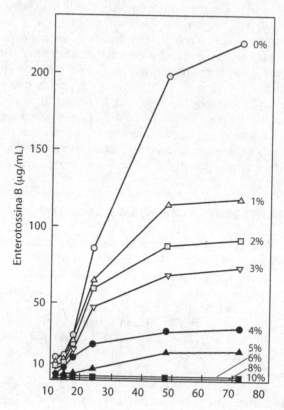

Figura 23.1 Produzione di enterotossina stafilococcica B a diverse concentrazioni di NaCl in un mezzo al 4% di NZ-Amine NAK a pH 7,0 e a 37 °C. (Da Pereira et al.[86], copyright © 1982 International Association for Food Protection)

di NaCl a pH 6,9, ma non con il 4% di sale a pH 5,1[41]. In generale, l'aumento della concentrazione di NaCl determina un innalzamento del pH minimo di crescita. A pH 7,0 e a 37 °C la produzione di enterotossina B era inibita dal 6% o più di NaCl (figura 23.1).

23.5.2 pH, a_w e temperatura

In brodo brain heart infusion (BHI), contenente NaCl e saccarosio come umettanti, una miscela di ceppi di *S. aureus* non cresceva a pH 4,3, a_w pari a 0,85 o a 8 °C; non si verificava crescita neppure con le combinazioni: pH <5,5, 12 °C e a_w 0,90 o 0,93 e pH <4,9, 12 °C e a_w 0,96[79].

23.5.3 NaNO₂, Eh, pH e temperatura di crescita

In uno studio condotto su prosciutti salati, il ceppo S-6 di *S. aureus* cresceva e produceva enterotossina B in condizioni di anaerobiosi con una percentuale di salamoia fino a 9,2%, ma non con valori di pH inferiori a 5,30 a 30 °C o inferiori a 5,58 a 10 °C. In aerobiosi la produzione di enterotossina si verificava prima che in anaerobiosi. All'aumentare della concentrazione di HNO₂ si osservava una diminuzione della produzione di enterotossina[40].

23.6 Enterotossine stafilococciche: tipi e incidenza

Fino al 2001 sono state identificate tredici enterotossine stafilococciche (SE), elencate in tabella 23.4 insieme ad alcune delle loro proprietà biologiche e chimiche. Il gene che codifica per SEG è stato identificato nel 1992, ma la tossina è stata dimostrata solo nel 1998 insieme a SEI[76,104]; SEH è stata identificata e purificata nel 1995[104]; SEJ nel 1998[117] e SEK nel 2001[81]. I ricercatori che hanno identificato SEK hanno anche riportato prove dell'esistenza di SEL, senza però presentare dati specifici. Sono disponibili scarsissime informazioni circa l'incidenza e la prevalenza negli alimenti delle ultime sei SE. Per quanto riguarda SEK, 14 isolati clinici su 36 di *S. aureus* si sono rivelati positivi[81]. Review sulle SE sono state pubblicate da Dinges e colleghi[31] e da Balaban e Rasooly[8].

SEC_3 è chimicamente e sierologicamente correlata, ma non identica, a SEC_1 e a SEC_2[90]. Gli anticorpi per ciascuna SEC reagiscono in maniera crociata tra loro, nonostante differiscano lievemente uno dall'altro dal punto di vista antigenico. SEC_3 ha in comune con SEC_1 il 98% della sequenza nucleotidica[25]; SEC_1 e SEB evidenziano un'omologia amminoacidica del 68%. Esiste una reazione crociata tra SEA e SEE e alcuni anticorpi attivi contro SEB reagiscono anche contro SEC[15]. Quella che nei primi anni Ottanta si pensava fosse l'enterotossina F si è poi rivelata la tossina della sindrome da shock tossico (TSST). Alcuni ceppi produttori di enterotossine producono anche TSST e alcuni dei sintomi della sindrome da shock tossico sembrano essere causati da SEA, B e C_1[16]. Secondo alcuni autori, i geni che codificano per SEA, B, C_1 ed E sono cromosomiali, mentre il gene che codifica per SED è di origine plasmidica[54]. Più recentemente, tuttavia, è stato riportato che SEB e SEK sono riconducibili a un'isola di patogenicità di *S. aureus*[81].

L'incidenza relativa di cinque enterotossine è mostrata in tabella 23.3. In generale, SEA viene isolata nelle epidemie di intossicazione alimentare più spesso di qualsiasi altra, seguita dalla SED; SEE è associata al numero più basso di epidemie. L'incidenza di SEA su 3109 ceppi e di SED su 1055 ceppi provenienti da fonti diverse, e secondo numerosi ricercatori, era del 23 e del 14%, rispettivamente[101]; l'incidenza di SEB, SEC e SEE è risultata dell'11%, del 10% e del 3%, rispettivamente su 3367, 1581 e 1072 ceppi.

Tabella 23.3 Incidenza di enterotossine stafilococciche singolarmente e in combinazione

Fonte	N. di colture	Enterotossiche (%)	Enterotossine A	B	C	D	E	Rif. bibl.
Campioni umani	582	–	54,5	28,1	8,4	41,0	–	21
Latte crudo	236	10	1,8	0,8	1,2	6,8	–	21
Alimenti congelati	260	30	3,4	3,0	7,4	10,4	–	21
Epidemie di intossicazione alimentare	80	96,2	77,8	10,0	7,4	37,5	–	21
Alimenti	200	62,5	47,5	3,5	12,0	18,5	6,5	85
Pollame	139	25,2	1,4	0	0,7	23,7	0	46
Uomo	293	39	7,8	17,7	7,2	6,8	0,7	83
Pollame	55	62	60,0	1,8	3,6	0	0	42
Prosciutto crudo spagnolo	135	85,9	54,3	2,6	10,3	–	–	69
Varie fonti in Belgio e Zaire	285	16,2	6,5	4,5	2,7	0,5	–	56
Latte crudo a Trinidad	230	40,4*	7,5	9,7	34,4	8,6	–	1

*Comprende le combinazioni.

L'incidenza relativa di enterotossine specifiche in ceppi isolati da diverse fonti varia fortemente. Mentre negli Stati Uniti oltre il 50% degli isolati da campioni umani produceva SEA, da sola o in combinazione[22], in Sri Lanka gli isolati produttori di SEA ammontavano solo al 7,8%[83]. In quest'ultima ricerca, a differenza che in altre, si è osservata una maggiore incidenza di produttori di SEB. Vi sono ampie variazioni tra i ceppi di _S. aureus_ isolati da alimenti. Harvey e colleghi[46] hanno osservato che SED era associata più frequentemente a isolati da pollame che a ceppi umani; in un altro studio non sono stati riscontrati produttori di SED tra 55 isolati da pollame[42]. In un'altra ricerca, due dei tre ceppi atipici di _S. aureus_ – isolati da pollame e caratterizzati da reazione negativa o da una lenta e debole reazione positiva della coagulasi e per l'assenza di fermentazione di mannitolo in condizioni anaerobiche – producevano SED[33]. Su 248 isolati da alimenti nigeriani pronti al consumo il 39% circa era enterotossigeno, il 44% dei quali produttori di SED[2]. Di 449 isolati di _S. aureus_ coagulasi-positivi provenienti da diversi alimenti nigeriani, erano produttori di SEA, SEB, SED e SEC, rispettivamente, il 57, il 15, il 6 e il 5%[99]. I produttori di SEA e SED costituivano il 35% ciascuno di 124 ceppi isolati da latte di pecora, inclusi quattro ceppi coagulasi-negativi[9]. Di 48 isolati da prodotti lattiero-caseari e di 134 da prodotti carnei, il 46 e il 49%, rispettivamente, erano enterotossigeni[84]; il 96% di 80 ceppi responsabili di epidemie di intossicazioni alimentari produceva SEA[22]. Su 342 isolati da capre sane (appartenenti a specie sia coagulasi-positive sia coagulasi-negative) il 67,9% produceva SEC[111]; SEA, SEB e SEC sono state trovate nel latte di 17 delle 133 capre prese in esame[111].

In uno studio su ceppi di _S. aureus_ produttori di SEH, su 21 ceppi che causavano emesi nelle scimmie, ma non producevano nessuna delle tossine da SEA a SEF, 10 producevano SEH a livelli compresi tra 13 e 230 ng/mL[103]. Indagando la capacità di produrre SEH in un altro gruppo di 20 ceppi, per i quali era nota la produzione di almeno una SE, si è trovato che un ceppo SEC produceva 142 ng/mL di SEH e due ceppi SED ne producevano 52 e 164 ng/mL, rispettivamente[103]. È stato sviluppato un metodo ELISA per la determinazione di SEH con un limite minimo di rivelabilità di circa 2,5 ng/mL.

Per quanto riguarda la percentuale di ceppi enterotossigeni, sono state riscontrate notevoli differenze a seconda della fonte degli isolati. Solo il 10% di 236 isolati da latte crudo è risultato enterotossigeno[22], mentre era positivo il 62,5% dei 200 ceppi isolati da alimenti[85]. In un altro studio è risultato enterotossigeno il 33% di 36 ceppi isolati da alimenti[97].

In Brasile si è registrata un'epidemia di intossicazione alimentare da stafilococco, dovuta al consumo di formaggio Minas, che ha colpito 50 individui[20]. L'agente eziologico era un ceppo di _S. aureus_ TNasi (termonucleasi) positivo; nel formaggio sono state rilevate SEA, SEB e SEC. Un'altra epidemia con 328 vittime è stata attribuita a latte crudo: l'agente eziologico era una specie stafilococcica TNasi-negativa diversa da _S. aureus_[20]. Il latte incriminato conteneva SEC e SED e una concentrazione $>2 \times 10^8$ ufc/mL dell'agente eziologico, che pare derivasse da vacche affette da mastite e da addetti alla lavorazione.

In una ricerca condotta in Italia nel 1999, sulle SE derivanti da vacche affette da mastite, dai 2343 campioni raccolti in gruppi da quattro repliche, sono stati isolati 160 ceppi tra cui _S. aureus_[23]. Dei 160 isolati, 22 producevano SE, rappresentate da SED per il 7,5%, da SEC per il 4,4% e da SEC e SEA per l'1,9%. Su 504 campioni di alimenti, prelevati in ristoranti self-service spagnoli, 19 (3,8%) contenevano isolati SE positivi, di questi 10 producevano SEC, 4 SED, 3 SEB e 2 SEA[100].

Si sono dimostrati vani i tentativi di associare la produzione di enterotossine ad altre proprietà biochimiche degli stafilococchi, come la produzione di gelatinasi, fosfatasi, lisozima, lecitinasi, lipasi e DNasi o la fermentazione di diversi carboidrati; rispetto a tali caratteristiche, i ceppi enterotossigeni sembrano essere simili agli altri. Altrettanto vani sono stati i tentativi di correlare la produzione di enterotossine con tipi specifici di batteriofagi. La maggior parte dei ceppi enterotossigeni appartiene al gruppo fagico III, ma è noto che tutti i gruppi fagici includono ceppi tossigeni. Su 54 ceppi produttori di SEA isolati da casi clinici, il 5,5, l'1,9 e il 27,8%, rispettivamente, apparteneva ai gruppi fagici I, II e III, con un 20,4% non tipizzabile[21]. Tra gli isolati da pollame, il 49% non era tipizzabile[21]. Su 452 ceppi isolati da addetti di uno stabilimento per la trasformazione delle carni, da studenti di veterinaria, dagli impianti di trasformazione, insieme agli isolati da carne e da animali da carne, il 29,6% non era tipizzabile e il 22,5% di quelli tipizzabili apparteneva al gruppo III[57]. Di 230 isolati da latte crudo, in Trinidad, era tipizzabile il 50,2%, di cui il 23,6 e il 9,8% appartenenti, rispettivamente, ai gruppi fagici I e III[1].

23.6.1 Proprietà chimiche e fisiche

La tabella 23.4 riassume alcune delle proprietà delle SE che sono state oggetto di studio. Sono tutte proteine semplici dalle quali, in seguito a idrolisi, derivano 18 amminoacidi, con prevalenza di acido aspartico, acido glutammico, lisina e tirosina. La sequenza amminoacidica di SEB è stata la prima a essere determinata[50]; l'acido glutammico è all'N-terminale, mentre la lisina è al C-terminale. SEA, SEB e SEE sono composte da 239-296 residui amminoacidici; SEC_3 ne contiene 236, con la serina all'N-terminale, mentre l'N-terminale di SEC_1 è dato da acido glutammico[90].

Nel loro stato attivato le enterotossine sono resistenti a enzimi proteolitici come tripsina, chimotripsina, rennina e papaina, ma sono sensibili alla pepsina a pH 2 circa[13]. La TSST-1 è più suscettibile alla pepsina rispetto alle SE. Nonostante differiscano per alcune proprietà chimico-fisiche, le diverse SE hanno all'incirca la stessa potenza. Sebbene l'attività biologica e la reattività sierologica siano normalmente associate, è stato dimostrato che enterotossine sierologicamente negative possono essere biologicamente attive (vedi oltre). Sulla base degli amminoacidi, SEA, SED, SEE e SEI ricadono nello stesso gruppo, mentre SEB, le enterotossine C e SEG formano un altro raggruppamento[76]. Le SEC si differenziano, invece, sulla base degli epitopi minori.

Tabella 23.4 Alcune proprietà delle enterotossine stafilococciche (SE) conosciute

SE	Dose emetica	PM (Da)	Punto iso.	Anno identificazione	Locus gene*
A	5	27.100	6,8	1960	Cromos
B	5	28.366	8,6	1959	SaPI
C1	5	34.100	8,6	1967	–
C2	5–10	34.000	7,0	1984	–
C3	<10[a]	26.900	8,15	1984	–
D	20	27.300	7,4	1979	Plasmide
E	10–20	29.600	7,0	1971	Cromos
G	–	27.043	–	1992	–
H	<30	27.300	5,7	1995	–
I	Debole	34.928	–	1998	–
J	–	–	–	1998	–
K	–	26.000	7,0–7,5	2001	SaPI
L	–	–	–	2001	–

* Cromos = cromosomiale; SaPI = isola di patogenicità di *S. aureus*.
[a] Per via orale; 0,05 µg/kg per via intravenosa (IV).

Tabella 23.5 Valori di D per la distruzione termica di enterotossina stafilococcica B e di nucleasi stafilococcica termostabile (dati dalla letteratura)

Condizioni	D (°C)
Tampone veronal	$D_{110} = 29,7$*
Tampone veronal	$D_{110} = 23,5$**
Tampone veronal	$D_{121} = 11,4$*
Tampone veronal	$D_{121} = 9,9$**
Tampone veronal, pH 7,4	$D_{110} = 18$
Brodo di manzo, pH 7,4	$D_{110} = 60$
Nucleasi stafilococcica	$D_{130} = 16,5$

* Tossina grezza.
** Tossina purificata (>99%).

Le enterotossine sono particolarmente termoresistenti. L'attività biologica di SEB risultava invariata dopo riscaldamento per 16 ore a 60 °C e a pH 7,3[93]. Riscaldando per 30 minuti a 60 °C un preparato di SEC non si sono osservati cambiamenti delle reazioni serologiche[17]. Un trattamento a 80 °C per 3 minuti o a 100 °C per 1 minuto causava in SEA la perdita della capacità di reagire sierologicamente[13]. In una soluzione salina con tampone fosfato SEC è risultata più termoresistente di SEA o SEB; la resistenza termica relativa di queste tre enterotossine era SEC>SEB>SEA[109]. Denny e colleghi[30] hanno dimostrato che l'inattivazione termica di SEA, valutata in base alla risposta emetica del gatto, si otteneva dopo 11 minuti a 250 °F ($F_{250}^{48} = 11$ minuti). Utilizzando scimmie, l'inattivazione termica era $F_{250}^{46} = 8$ minuti. Questi preparati di enterotossina erano ottenuti concentrando 13,5 volte un filtrato colturale del ceppo 196-E in casamminoacidi. Utilizzando un saggio di diffusione doppia su gel, Read e Bradshaw[89] hanno trovato che il valore di inattivazione termica di SEB pura a oltre il 99% in soluzione tampone veronal era $F_{250}^{58} = 16,4$ minuti. Il punto finale per l'inattivazione dell'enterotossina mediante gel diffusione era identico a quello ottenuto mediante iniezione intravenosa in gatti. La pendenza della curva di inattivazione termica per SEA in brodo di manzo a pH 6,2 aveva un valore di circa 27,8 °C (50 °F) usando tre diverse concentrazioni di tossina (5, 17 e 60 μg/mL)[29]. La tabella 23.5 presenta alcuni valori di D per la distruzione termica di SEB. I preparati di tossina grezza sono risultati più resistenti delle tossine purificate[88]. Dalla tabella 23.5 si può osservare che la termonucleasi stafilococcica mostra una resistenza termica simile a quella di SEB (vedi capitolo 11 per maggiori informazioni su questo enzima). In uno studio SEB si è dimostrata più termosensibile a 80 °C che a 100 o a 110 °C[92]. Quando il riscaldamento avveniva in presenza di proteine della carne, la distruzione termica era più marcata a 80 °C che a 60 o a 100 °C. In prodotti in scatola per l'infanzia, dopo trattamento termico SEA e SED erano immunologicamente non reattive, ma biologicamente attive se iniettate in gattini[11].

Le cellule di *S. aureus* sono notevolmente più sensibili al calore rispetto alle enterotossine, come si desume dai valori di D ottenuti impiegando diversi liquidi di cottura (tabella 23.6). Le cellule sono abbastanza sensibili in soluzione di Ringer a pH 7,2 ($D_{140\,°F} = 0,11$) e molto più resistenti in latte a pH 6,9 ($D_{140\,°F} = 10.0$). Nei würstel il riscaldamento a 71,1 °C si è dimostrato letale per diversi ceppi di *S. aureus*[84]; il riscaldamento con microonde per 2 minuti causava la distruzione di oltre 2 milioni di cellule/g[115].

La temperatura massima di crescita e la resistenza termica del ceppo MF 31 di *S. aureus* erano influenzate coltivando le cellule in brodo heart infusion contenente salsa di soia e glu-

Tabella 23.6 Valori di *D* e *z* per la distruzione termica di *S. aureus* 196E in diversi liquidi di cottura a 140 °F

Prodotti	D	z	Rif. bibl.
Pollo con funghi	5,37	10,5	6
Dolce alla crema	7,82	10,5	6
Zuppa di piselli	6,7-6,9	8,1	107
Latte scremato	3,1-3,4	9,2	107
NaCl 0,5%	2,2-2,5	10,3	107
Brodo di manzo	2,2-2,6	10,5	107
Latte scremato non addizionato	5,34	–	61
Latte crudo scremato + 10% di zucchero	4,11	–	61
Latte crudo scremato + 25% di zucchero	6,71	–	61
Latte crudo scremato + 45% di zucchero	15,08	–	61
Latte crudo scremato + 6% di grasso	4,27	–	61
Latte crudo scremato + 10% di grasso	4,20	–	61
Tampone tris, pH 7,2	2,0	–	53
Tampone tris, pH 7,2, 5,8% NaCl o 5% MSG	7,0	–	53
Tampone tris, pH 7,2, 5,8% NaCl + 5% MSG	15,5	–	53

tammato monosodico (MSG). La temperatura massima di crescita era di 44 °C nel brodo colturale privo di questi ingredienti e aumentava a 46 °C in loro presenza[53]. L'effetto più interessante del MSG si aveva sui valori di $D_{60°C}$ determinati in tampone tris a pH 7,2. Coltivando le cellule a 37 °C, il valore medio di $D_{60°C}$ in tampone era di 2,0 minuti; quando al tampone venivano aggiunti il 5% di MSG e il 5% di NaCl, il valore di $D_{60°C}$ aumentava fino a 15,5 minuti. Utilizzando cellule cresciute a 46 °C, i valori di $D_{60°C}$ erano 7,75 e 50,0 minuti, rispettivamente in tampone e in tampone con MSG e NaCl. È noto che la resistenza termica aumenta all'aumentare della temperatura di crescita, ma variazioni di questa entità sono inusuali nelle cellule vegetative.

23.6.2 Produzione

In generale, la produzione di enterotossine tende a assere favorita da condizioni ottimali dei parametri di crescita, come pH, temperatura e Eh. È noto che gli stafilococchi possono crescere in condizioni che non favoriscono la produzione di enterotossina.

Per quanto riguarda l'a_w, la produzione di enterotossine (tranne quella di SEA) ha luogo entro un intervallo lievemente più ristretto di quello di crescita. In bacon precotto incubato in condizioni aerobiche a 37 °C, *S. aureus* A100 cresceva rapidamente e produceva SEA a un valore di a_w di appena 0,84[66]. La produzione delle singole enterotossine è correlata più alle caratteristiche delle tossine stesse che a quelle del ceppo che le produce[96]. È stato dimostrato che SEA, ma non SEB, è prodotta da cellule in fase L[26]. SEB, C e D richiedono un gene funzionale *agr* per la produzione massimale. In carne di maiale la produzione di SEA si verificava con a_w di 0,86, ma non di 0,83; in carne di manzo a 0,88 ma non a 0,86[106]. La SEA può essere prodotta in condizioni di a_w che non favoriscono la produzione di SEB[110]. La SED è stata prodotta a un valore di a_w di 0,86 in 6 giorni a 37 °C in BHI[36]. In generale, la produzione di SEB è sensibile al valore di a_w, mentre quella di SEC è sensibile sia all'a_w sia alla temperatura. Relativamente a NaCl e pH, la produzione di enterotossine è stata osservata a pH 4,0 in assenza di NaCl (tabella 23.2). L'effetto di NaCl sulla sintesi di SEB da parte del ceppo S-6 a pH 7,0 e a 37 °C è mostrato in figura 23.1.

In relazione alla temperatura di crescita, è documentata la produzione di SEB in prosciutto a 10 °C[40], come pure di piccole quantità di SEA, SEB, SEC e SED in carne bovina macinata cotta, in prosciutto e mortadella a 10 °C. Sebbene sia stata osservata la produzione a 46 °C, la temperatura ottimale per la sintesi di SEB e SEC era di 40 °C in un mezzo a base di proteine idrolizzate[112] e per quella di SEE 40 °C a pH 6,0[108]. È stata dimostrata la crescita di _S. aureus_ su carne bovina cotta a 45,5 °C per 24 ore, ma a 46,6 °C l'inoculo iniziale diminuiva di due unità logaritmiche nello stesso periodo[18]. L'optimum per SEB in un mezzo colturale a pH 7,0 era di 39,4 °C[86]. Pertanto la temperatura ottimale per la produzione di enterotossina si colloca nel range 40-45 °C.

È stato riportato che le enterotossine stafilococciche compaiono nelle colture entro 4-6 ore (figura 23.2) e aumentano proporzionalmente durante la fase stazionaria[67] e nella fase di transizione (figura 23.3). Sebbene studi precedenti avessero rilevato che il ceppo S-6 rilasciava nel mezzo il 95% della SEB totale durante la parte finale della fase di crescita esponenziale, è stato dimostrato che la produzione di enterotossine ha luogo durante tutte le fasi di crescita[27]. Il cloramfenicolo inibiva la comparsa di enterotossina, suggerendo che la presenza di tossina dipende dalla sintesi di nuove proteine[95]. In torte gelato, 3,9 ng/g di SEA sono stati prodotti in 18 ore a 25 °C e 4,8 ng/g in 14 ore a 30 °C[48]. Nello stesso studio, la TNasi era rilevabile prima della SEA, riscontrando una concentrazione di 72 ng/g dopo 12 ore a 37 °C. Utilizzando come substrato digerito pancreatico di caseina al 3% e incubando a 37 °C, SEC_1 e SEC_2 venivano prodotte durante la fase di crescita esponenziale e all'inizio della fase stazionaria[82]. SEC_1 era rilevata dopo 10 ore (2 ng/mL) con una concentrazione di _S. aureus_ pari a $8,3 \times 10^7$ ufc/mL, mentre la TNasi veniva rivelata dopo 5 ore con una conta cellulare di $1,3 \times 10^4$ ufc/mL. SEC_2 e TNasi comparivano dopo 7 ore con una popolazione di 10^7 ufc/mL[82]. La produzione di TNasi cessava prima che iniziasse quella delle enterotossine.

Relativamente alle quantità di enterotossine prodotte, per SEB e SEC sono stati riportati, rispettivamente, livelli di 375 e di 60 µg/mL o più[91]. In un mezzo contenente idrolizzato proteico possono essere prodotti fino a 500 µg/mL di SEB[14]. Utilizzando per la rilevazione delle enterotossine un metodo basato sulla dialisi, venivano prodotti 289 ng/mL di SEA da _S. haemolitycus_, 213 ng/mL di SEC da _S. aureus_ e 779 ng/mL di SED sempre da _S. aureus_[9]. È stato dimostrato che la chitina favorisce la produzione di SEA. Con lo 0,5% di chitina grezza in brodo BIH la produzione di SEA aumentava del 52% circa[4]. Anche la termostabilità della SEA risultava aumentata, ma la crescita cellulare non sembrava essere influenzata. La produzione di SEH veniva favorita dall'aerazione e dal controllo del pH con circa 275 ng/mL prodotti in un fermentatore a pH 7,0 con aerazione a 300 mL/minuto[102]. Per SEG e SEI sono state riportate concentrazioni di circa 5 µg/mL[76].

In un terreno non tamponato la produzione di SEB risulta inibita da un eccesso di glucosio[74]. Streptomicina, actinomicina D, acriflavina, Tween 80 e altri composti inibiscono la sintesi di SEB in brodo[38]. La produzione di SEB viene inibita anche da 2-deossiglucosio e l'effetto non viene annullato dal glucosio, indicando – quanto meno – che questa tossina non è regolata da un controllo catabolico[55]. L'actinomicina D inibiva la sintesi di SEB, da parte del ceppo S-6, dopo circa un'ora dall'arresto della sintesi cellulare; tale arresto era invece immediato e completo. Una possibile spiegazione di tale fenomeno è che l'RNA messaggero (mRNA) responsabile della sintesi dell'enterotossina è più stabile di quello deputato alla sintesi cellulare[62].

Il numero minimo di cellule di _S. aureus_ richiesto per produrre una quantità di enterotossina sufficiente per causare la sindrome gastroenterica nell'uomo (1 ng/g) sembra variare a

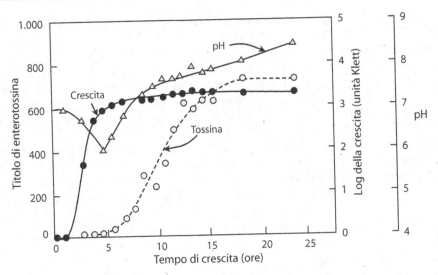

Figura 23.2 Produzione di enterotossina B, sviluppo e variazioni di pH in *Staphylococcus aureus* a 37 °C. (Da McLean e colleghi[70], copyright © 1968 American Society for Microbiology)

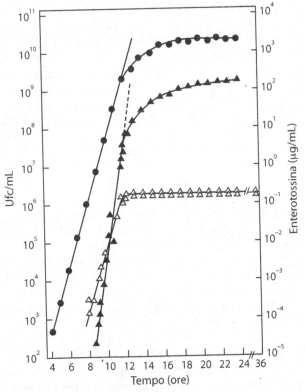

Figura 23.3 Velocità di crescita e di sintesi di enterotossina A e B da parte di *Staphylococcus aureus* S-6. (●) UFC/mL; (△) enterotossina A; (▲) enterotossina B. (Da Czop e Bergdoll[27], copyright © 1974 American Society for Microbiology)

seconda del substrato e della specifica enterotossina. Livelli rivelabili di SEA sono stati trovati con sole $\sim 10^4$ ufc/g[48]. In latte, SEA e SED sono state rilevate con conte non inferiori a 10^7 ufc/g[77]. Utilizzando un ceppo di *S. aureus* produttore di SEA, SEB e SED, queste ultime due venivano rivelate quando la conta raggiungeva 6×10^6 ufc/mL e il livello di enterotossina era di 1 ng/mL, mentre SEA veniva rilevata a un livello di 4 ng/mL quando la conta era di 3×10^7 cfu/mL[78]. In una imitazione di formaggio con pH 5,56-5,90 e a_w pari a 0,94-0,97, le enterotossine venivano rivelate quando le conte raggiungevano i seguenti valori: SEA a 4×10^6/g; SEC a 1×10^8; SED a 3×10^6; SEE a 5×10^6; SEC e SEE a 3×10^6/g[12]. In bacon precotto, SEA veniva prodotta dal ceppo A100 quando il numero di cellule era $>10^6$/g[95]. In prodotti carnei e dolci con crema alla vaniglia, la produzione di SEA si verificava con $\geq \log_{10} 7,2$ cellule/g, mentre in alcuni prodotti vegetali la produzione di SEA era ritardata e rilevata solo quando il numero di cellule raggiungeva un valore $\geq \log_{10} 8,9$/g[80]. In quest'ultimo studio, SE non è stata rilevata in spinaci e fagiolini dopo 72 ore a 22 °C con $\log_{10} 6,7$-8,7 cellule/g. Tutte le enterotossine stafilococciche sono resistenti alla pepsina (tranne che a pH 2,0).

23.6.3 Modalità d'azione

Tutte le enterotossine stafilococciche, come pure la tossina responsabile della sindrome da shock tossico (TSST), sono *superantigeni* batterici (tossine superantigeniche pirogene, PTS) relativamente al riconoscimento antigenico in vivo, a differenza degli antigeni convenzionali. Con questi ultimi, una cellula T CD4 facilita il contatto tra i recettori antigenici del linfocita T e le molecole di classe II del complesso maggiore di istocompatibilità (MHC). I superantigeni stafilococcici si legano direttamente alle catene β del recettore del linfocita T, senza alcuna elaborazione. Una volta legate alle molecole di classe II del MHC, le SE stimolano le cellule T helper a produrre citochine, come l'interleuchina (IL), l'interferone gamma e il fattore di necrosi tumorale. I superantigeni sono, dunque, proteine che attivano molti cloni differenti di linfociti T. Tra le citochine, viene prodotto un eccesso di IL-2[60], che sembra responsabile di molti o della maggior parte dei sintomi della gastroenterite stafilococcica (vedi oltre).

L'attività dei superantigeni può essere dimostrata in laboratorio esponendo alle SE splenociti di topi. Una risposta positiva consiste nella proliferazione di linfociti T con concomitante produzione di IL-2 e di interferone gamma. La somministrazione di IL-2 produce molti dei sintomi causati dall'enterotossina. Da studi sulla SEC_1 è emerso che quest'ultima si lega a un'alfa-elica del MHC di classe II, stabilizzando l'interazione tra le cellule che presentano l'antigene e le cellule T, con conseguente produzione di citochine e proliferazione di linfociti[51]. Non è chiaro quale sia la regione delle SE responsabile dell'attività emetica, nonostante tale attività sia stata distinta dalla superantigenicità[81]. SEI-SEL sembrano avere attività emetica scarsa o nulla.

Per quanto riguarda la patogenesi delle enterotossine nell'uomo, la maggior parte dei sintomi, inclusi vomito e diarrea, sono causati dalla IL-2[60]; questi sintomi possono essere prodotti mediante somministrazione intravenosa (IV).

Il C-terminale delle molecole di enterotossine stafilococciche è cruciale per numerose funzioni. In uno studio condotto utilizzando SEB, la rimozione di soli nove amminoacidi da questa regione provocava la perdita completa dell'attività di stimolazione dei linfociti T[72]; ciò ha portato a ritenere che il C-terminale fosse essenziale per la conformazione tridimensionale della molecola di SEB[72].

L'attività emetica e la proliferazione dei linfociti T possono essere dissociati: modificando la SEA mediante rimozione di tre residui C-terminali, la proliferazione delle cellule T appariva conservata, mentre veniva persa l'attività emetica[52]. Utilizzando copie mutanti di SEA e SEB, è stato dimostrato che la sola proprietà di legare il MHC di classe II non è sufficiente per determinare emesi nella scimmia[45].

23.7 Sindrome gastroenterica

I sintomi dell'intossicazione alimentare da stafilococco si sviluppano normalmente entro 4 ore dall'ingestione del cibo contaminato, sebbene sia stato riportato un range di 1-6 ore. I sintomi – nausea, vomito, crampi addominali (in genere piuttosto severi), diarrea, sudorazione, cefalea, prostrazione e, talora, calo della temperatura corporea – perdurano in genere da 24 a 48 ore; il tasso di mortalità è assai basso o nullo. Il trattamento per i soggetti sani consiste normalmente nel riposo e nel mentenimento del bilancio idrico. Dopo la scomparsa dei sintomi, le vittime non possiedono immunità acquisita dimostrabile, sebbene alcuni animali acquisiscano resistenza all'enterotossina in seguito alla somministrazione ripetuta di dosi orali[14]. Poiché i sintomi sono imputabili all'ingestione di enterotossina preformata, le colture fecali potrebbero risultare negative per il microrganismo responsabile, sebbene ciò sia raro. La dimostrazione di un'intossicazione stafilococcica di origine alimentare si ottiene isolando gli stafilococchi enterotossigeni dai residui degli alimenti coinvolti e dalle feci dei soggetti colpiti. Si dovrebbe anche tentare di isolare l'enterotossina dagli alimenti sospetti, specialmente quando il numero di cellule vitali è scarso.

La quantità minima di enterotossina necessaria per causare la malattia nell'uomo è di circa 20 ng (vedi l'epidemia riportata nel paragrafo seguente). Tale valore è stato ricavato durante un'epidemia di gastroenterite stafilococcica imputabile a latte al 2% di cioccolato. In 12 confezioni di latte SEA è stata ritrovata a livelli variabili da 94 a 184 ng per confezione, con una media di 144 ng[34]. Il tasso di attacco era associato alla quantità di latte consumato e, in qualche misura, all'età: i soggetti di età compresa tra 5 e 9 anni erano più sensibili di quelli di età compresa tra 10 e 19 anni. Risultati precedenti indicavano una dose minima di 20-35 µg di SEB pura per gli adulti[88]. I livelli di SE rilevati in 16 casi di gastroenterite stafilococcica erano inferiori a 0,01-0,25 µg/g di alimento[43].

23.8 Incidenza e alimenti coinvolti

L'incidenza e la prevalenza degli stafilococchi nelle carni e nei prodotti ittici sono presentate nel capitolo 4 (tabella 4.3) e nel capitolo 5 (tabella 5.6). Questi microrganismi possono ritrovarsi in un'ampia gamma di alimenti non sottoposti a trattamenti termici per determinarne la distruzione.

Un gran numero di alimenti è stato associato a epidemie di gastroenteriti stafilococciche; generalmente si tratta di prodotti manipolati e non adeguatamente refrigerati dopo la preparazione. Negli Stati Uniti, nel periodo 1973-1987, al CDC sono stati riportati 367 epidemie e 17.248 casi di gastroenterite di origine alimentare (tabella 23.7). Da una percentuale del 16% circa nel 1983, questa sindrome rappresentava solo l'1% dei casi nel 1987. Tuttavia i casi riportati costituiscono solo una piccola parte di quelli reali: il numero di casi di gastroenterite stafilococcica alimentare, negli Stati Uniti, è stimato tra 1 e 2 milioni all'anno. I sei alimenti più frequentemente coinvolti nel periodo 1973-1987 sono elencati in tabella 23.7: la carne di maiale e i prodotti derivati sono responsabili di un numero di epidemie maggiore della somma di quelle provocate dagli altri cinque prodotti alimentari.

Tabella 23.7 Epidemie e casi di gastroenterite stafilococcica di origine
alimentare registrati negli Stati Uniti (1973-1987)

Anni	Epidemie	Casi	% di tutti i casi
1973–1987	367	17.248	14,0
1983	14	1.257	15,9
1984	11	1.153	14,1
1985	14	421	1,8
1986	7	250	4,3
1987	1	100	1,0

(Dati da Bean e Griffin[10])

Una delle più vaste epidemie mai registrata si è verificata tra giugno e luglio 2000 nel
Kansai District, in Giappone[7]: 13.420 vittime causate da latte scremato in polvere prodotto
da una sola azienda; l'agente eziologico è stato individuato in un ceppo di *S. aureus* produttore di SE. Nell'83,4% delle vittime intervistate i sintomi sono comparsi entro 6 ore, con un
picco a 3-4 ore. Il 73,3% delle vittime ha riportato vomito e il 75,9% diarrea. Un prodotto a
base di latte scremato conteneva ≤ 0,38 µg/mL di SEA; il latte scremato in polvere ne conteneva circa 3,7 ng/g[7]. È stato stimato che la quantità media di SEA ingerita per ciascun individuo sia stata di 20-100 ng.

Negli anni 1981-1995, in Corea, si sono verificate 64 epidemie (con 2.430 casi) d'intossicazione alimentare da stafilococco, che rappresentavano il 16,5% delle epidemie alimentari registrate nello stesso periodo[65]. Negli stessi anni, in Giappone, il 9,9% di tutti i casi di
origine alimentare e il 15,9% delle epidemie sono stati di origine stafilococcica[65]. Tra il 1980
e il 1999 in Giappone si sono registrate 2.525 epidemie di intossicazione stafilococcica da
alimenti, con 59.964 casi e 3 decessi[94] (tabella 23.8). Riso, arancini di riso e tofu erano tra i
principali alimenti coinvolti; le enterotossine più frequenti SEA e la combinazione SEA-
SEB. Alcune altre epidemie stafilococciche di origine alimentare sono citate nel capitolo 20.

Come osservato nel capitolo 22, un problema è rappresentato dal fatto che troppo spesso
le piccole epidemie e i casi domestici non vengono denunciati alle autorità sanitarie. Un'elevata percentuale di tutti i casi riportati è rappresentata da quelli che si verificano in banchet-
ti che coinvolgono generalmente numerose persone. Un'epidemia inusuale è stata causata da
SEA e SED e ricondotta a funghi spontanei sott'aceto[68]: il prodotto conteneva 10 ng di SEA
e 1 ng di SEB per grammo.

Tabella 23.8 Alimenti più frequentemente coinvolti nelle epidemie
gastroenteriche da stafilococco registrate negli Stati Uniti (1973-1987)

Alimenti	Numero di epidemie
Carne suina	96
Prodotti da forno	26
Carne bovina	22
Carne di tacchino	20
Carne di pollo	14
Uova	9

(Da Bean e Griffin[10])

23.9 Ecologia della crescita di S. *aureus*

In linea generale, gli stafilococchi non competono bene con la normale microflora indigena della maggior parte degli alimenti; tale fenomeno si osserva in particolare per gli alimenti che contengono un numero elevato di batteri lattici e le cui condizioni consentono lo sviluppo di questi ultimi (vedi capitolo 13). L'incapacità competitiva di S. *aureus* è stata dimostrata da numerosi ricercatori, su alimenti sia freschi sia surgelati. Alle temperature favorevoli per lo sviluppo degli stafilococchi, la normale microflora saprofitica dell'alimento garantisce protezione contro la crescita di questi patogeni per antagonismo, competizione per i nutrienti e modificazione delle condizioni ambientali, che diventano meno favorevoli per S. *aureus*. Tra i batteri noti per l'attività antagonista nei confronti di S. *aureus* vi sono *Acinetobacter*, *Aeromonas*, *Bacillus*, *Pseudomonas*, S. *epidermidis*, enterobatteriacee, lattobacillacee ed enterococchi[75]. È stato dimostrato che SEA è in grado di resistere a una varietà di stress ambientali, ma la crescita di diversi batteri lattici ne determina la riduzione, suggerendo che la riduzione della tossina possa risultare da specifici enzimi o da altri metaboliti dei batteri lattici[24].

23.10 Prevenzione delle intossicazioni alimentari di origine stafilococcica e di altra natura

Quando gli alimenti suscettibili vengono prodotti mantenendo basso il numero di stafilococchi, rimarranno privi di enterotossine e di altri pericoli responsabili di intossicazione alimentare se vengono conservati – fino al momento del consumo – a temperature non superiori a 4,4 °C (40 °F) oppure non inferiori a 60 °C (140 °F). Esaminando oltre 700 epidemie di origine alimentare registrate tra il 1961 e il 1972, con particolare riguardo alle cause che avevano contribuito alla loro insorgenza, Bryan[19] ha identificato 16 fattori; i 5 più comunemente implicati erano:

1. refrigerazione non adeguata;
2. preparazione degli alimenti con troppo anticipo rispetto al momento previsto per la somministrazione;
3. scarse igiene personale di operatori infetti;
4. cottura o trattamento termico inadeguati;
5. mantenimento dei cibi in caldo a temperature favorevoli per la crescita batterica.

Tabella 23.9 Principali fattori responsabili delle epidemie di gastroenterite stafilococcica di origine alimentare negli Stati Uniti (1973-1987)

Cause	Numero di epidemie
Temperature di mantenimento inadeguate	98
Scarsa igiene personale	71
Attrezzature contaminate	43
Cottura insufficiente	22
Alimenti da fonti non sicure	12
Altre	24

(Da Bean e Griffin[10])

La refrigerazione inadeguata comprende il 25,5% dei fattori scatenanti; i fattori elencati hanno contribuito al 68% delle epidemie. La tabella 23.9 riporta le cause riconosciute come predominanti nel periodo 1973-1987; va osservato che i fattori prevalenti negli anni 1961-1972 hanno continuato a esserlo negli anni successivi. Gli alimenti suscettibili non devono essere tenuti a temperature comprese nel range di crescita degli stafilococchi per più di 3-4 ore.

Bibliografia

1. Adesiyun AA, Webb L, Rahaman S (1995) Microbiological quality of raw cow's milk at collection centers in Trinidad. *J Food Protect*, 58: 139-146.
2. Adesiyun AA (1984) Enterotoxigenicity of Staphylococcus aureus strains isolated from Nigerian ready-to-eat foods. *J Food Protect*, 47: 438-440.
3. Adesiyun AA, Tatini SR, Hoover DG (1984) Production of enterotoxin(s) by Staphylococcus hyicus. *Vet Microbiol*, 9: 487-495.
4. Anderson JE, Beelman RB, Doores S (1997) Enhanced production and thermal stability of staphylococcal enterotoxin A in the presence of chitin. *J Food Protect*, 60: 1351-1357.
5. Angelotti R, Foter MJ, Lewis KH (1961) Time–temperature effects on salmonellae and staphylococci in foods. *Am J Public Health*, 51: 76-88.
6. Angelotti R, Foter MJ, Lewis KH (1960) Time–temperature effects on salmonellae and staphylococci in foods. II. Behavior at warm holding temperatures. *Thermal-death-time studies*. Public Health Service, U.S. Department of Health, Education and Welfare, Cincinnati, OH.
7. Asao T, Kumeda Y, Kawai T et al. (2003) An extensive outbreak of staphylococcal food poisoning due to low-fat milk in Japan: Estimation of enterotoxin A in the incriminated milk and powdered skim milk. *Epidemiol Infect*, 130: 33-40.
8. Balaban M, Rasooly A (2000) Staphylococcal enterotoxins. *Int J Food Microbiol*, 61: 1-10.
9. Bautista L, Gaya P, Medina M, Nunez M (1988) A quantitative study of enterotoxin production by sheep milk staphylococci. *Appl Environ Microbiol*, 54: 566-569.
10. Bean NH, Griffin PM (1990) Foodborne disease outbreaks in the United States, 1973-1987: Pathogens, vehicles, and trends. *J Food Protect*, 53: 804-817.
11. Bennett RW, Berry MR Jr (1987) Serological reactivity and in vivo toxicity of Staphylococcus aureus enterotoxins A and D in selected canned foods. *J Food Sci*, 52: 416-418.
12. Bennett RW, Amos WT (1983) Staphylococcus aureus growth and toxin production in imitation cheeses. *J Food Sci*, 48: 1670-1673.
13. Bergdoll MS (1967) The staphylococcal enterotoxins. In: RI Mateles, GN Wogan (eds) *Biochemistry of Some Foodborne Microbial Toxins*. MIT Press, Cambridge, MA, pp. 1-25.
14. Bergdoll MS (1972) The enterotoxins. In: Cohen JO (ed.) *The Staphylococci*. Wiley-Interscience, New York, pp. 301-331.
15. Bergdoll MS (1990) Staphylococcal food poisoning. In: Cliver DO (ed) *Foodborne Diseases*. Academic Press, New York, pp. 85-106.
16. Betley MJ, Borst DW, Regassa LB (1992) Staphylococcal enterotoxins, toxic shock syndrome toxin and streptococcal pyrogenic exotoxins: A comparative study of their molecular biology. *Chem Immunol*, 55: 1-35.
17. Borja CR, Bergdoll MS (1967) Purification and partial characterization of enterotoxin C produced by Staphylococcus aureus strain 137. *J Biochem*, 6: 1457-1473.
18. Brown DF, Twedt RM (1972) Assessment of the sanitary effectiveness of holding temperatures on beef cooked at low temperature. *Appl Microbiol*, 24: 599-603.
19. Bryan FL (1974) Microbiological food hazards today – based on epidemiological information. *Food Technol*, 28(9): 52-59.
20. Carmo LS, Dias RS, Linardi VR et al. (2002) Food poisoning due to enterotoxigenic strains of Staphylococcus present in Minas cheese and raw milk in Brazil. *Food Microbiol*, 19: 9-14

21. Casman EP (1965) Staphylococcal enterotoxin. In: "The Staphylococci: Ecologic Perspectives". *Ann NY Acad Sci* 28, 128: 124-133.

22. Casman EP, Bennett RW, Dorsey AE, Issa JA (1967) Identification of a fourth staphylococcal enterotoxin, enterotoxin D. *J Bacteriol*, 94: 1875-1882.

23. Cenci-Goga BT, Karama M, Rossitto PV, Morgante RA, Culler JS (2003) Enterotoxin production by Staphylococcus aureus isolated from mastitic cows. *J Food Protect*, 66: 1693-1696.

24. Chordash RA, NN Potter (1976) Stability of staphylococcal enterotoxin A to selected conditions encountered in foods. *J Food Sci*, 41: 906-909.

25. Couch JL, Betley MJ (1989) Nucleotide sequence of the type C_3 staphylococcal enterotoxin gene suggests that intergenic recombination causes antigenic variation. *J Bacteriol*, 171: 4507-4510.

26. Czop JK, Bergdoll MS (1970) Synthesis of enterotoxins by L-forms of Staphylococcus aureus. *Infect Immun*, 1: 169-173.

27. Czop JK, Bergdoll MS (1974) Staphylococcal enterotoxin synthesis during the exponential, transitional, and stationary growth phases. *Infect Immun*, 9: 229-235.

28. Dack GM, Cary WE, Woolpert O, Wiggers H (1930) An outbreak of food poisoning proved to be due to a yellow hemolytic staphylococcus. *J Prev Med*, 4: 167-175.

29. Denny CB, Humber JY, Bohrer CW (1971) Effect of toxin concentration on the heat inactivation of staphylococcal enterotoxin A in beef bouillon and in phosphate buffer. *Appl Microbiol*, 21: 1064-1066.

30. Denny CB, Tan PL, Bohrer CW (1966) Heat inactivation of staphylococcal enterotoxin. *J Food Sci*, 31: 762-767.

31. Dinges MM, Orwin PM, Schlievert PM (2000) Exotoxins of Staphylococcus aureus. *Clin Microbiol Rev*, 13: 16-34.

32. Ellender RD, Huang L, Sharp SL, Tettleton RP (1995) Isolation, enumeration, and identification of Gram-positive cocci from frozen crabmeat. *J Food Protect*, 58: 853-857.

33. Evans JB, Ananaba GA, Pate CA, Bergdoll MS (1983) Enterotoxin production by atypical Staphylococcus aureus from poultry. *J Appl Bacteriol*, 54: 257-261.

34. Evenson ML, Hinds MW, Bernstein RS, Bergdoll MS (1988) Estimation of human dose of staphylococcal enterotoxin A from a large outbreak of staphylococcal food poisoning involving chocolate milk. *Int J Food Microbiol*, 7: 311-316.

35. Ewald S (1987) Enterotoxin production by Staphylococcus aureus strains isolated from Danish foods. *Int J Food Microbiol*, 4: 207-214.

36. Ewald S, Notermans S (1988) Effect of water activity on growth and enterotoxin D production of Staphylococcus aureus. *Int J Food Microbiol*, 6: 25-30.

37. Freney J, Brun Y, Bes M, Meugnier H, Grimont F, Grimont PAD, Nervi C, Fleurette J (1988) Staphylococcus lugdunensis sp. nov. and Staphylococcus schleiferi sp. nov., two species from human clinical specimens. *Int J System Bacteriol*, 38: 168-172.

38. Friedman ME (1966) Inhibition of staphylococcal enterotoxin B formation in broth cultures. *J Bacteriol*, 92: 277-278.

39. Genigeorgis C, Foda MS, Mantis A, Sadler WW (1971) Effect of sodium chloride and pH on enterotoxin C production. *Appl Microbiol*, 21: 862-866.

40. Genigeorgis C, Riemann H, Sadler WW (1969) Production of enterotoxin B in cured meats. *J Food Sci*, 34: 62-68.

41. Genigeorgis C, Sadler WW (1966) Effect of sodium chloride and pH on enterotoxin B production. *J Bacteriol*, 92: 1383-1387.

42. Gibbs PA, Patterson JT, Harvey J (1978) Biochemical characteristics and enterotoxigenicity of Staphylococcus aureus strains isolated from poultry. *J Appl Bacteriol*, 44: 57-74.

43. Gilbert RJ, Wieneke AA (1973) Staphylococcal food poisoning with special reference to the detection of enterotoxin in food. In: Hobbs BC, Christian JHB (eds) *The Microbiological Safety of Food*. Academic Press, New York, pp. 273-285.

44. Gomez-Lucia E, Goyache J, Blanco JL, Garayzabal JFF, Orden JA, Suarez G (1987) Growth of Staphylococcus aureus and enterotoxin production in homemade mayonnaise prepared with different pH values. *J Food Protect*, 50: 872-875.

45. Harris TO, Grossman D, Kappler JW, Marrack P, Rich RR, Betley MJ (1993) Lack of complete correlation between emetic and T-cell stimulatory activities of staphylococcal enterotoxins. *Infect Immun*, 61: 3175-3183.

46. Harvey J, Patterson JT, Gibbs PA (1982) Enterotoxigenicity of Staphylococcus aureus strains isolated from poultry: Raw poultry carcasses as a potential food-poisoning hazard. *J Appl Bacteriol*, 52: 251-258.

47. Hirooka EY, Muller EE, Freitas JC, Vicente E, Yashimoto Y, Bergdoll MS (1988) Enterotoxigenicity of Staphylococcus intermedius of canine origin. *Int J Food Microbiol*, 7: 185-191.

48. Hirooka EY, DeSalzberg SPC, Bergdoll MS (1987) Production of staphylococcal enterotoxin A and thermonuclease in cream pies. *J Food Protect*, 50: 952-955.

49. Hoover DG, Tatini SR, Maltais JB (1983) Characterization of staphylococci. *Appl Environ Microbiol*, 46: 649-660.

50. Huang IY, Bergdoll MS (1970) The primary structure of staphylococcal enterotoxin B. III. The cyanogen bromide peptides of reduced and aminoethylated enterotoxin B and the complete amino acid sequence. *J Biol Chem*, 245: 3518-3525.

51. Hoffmann ML, Jablonski LM, Crum KK, Hackett SP, Chi YI, Stauffacher CV, Stevens DL, Bohach GA (1994) Predictions of T-cell receptor and major histocompatibility complex-binding sites on staphylococcal enterotoxin C1. *Infect Immun*, 62: 3396-3407.

52. Hufnagle WO, Tremaine MT, Betley MJ (1991) The carboxyl-terminal region of staphylococcal enterotoxin type A is required for a fully active molecule. *Infect Immun*, 59: 2126-2134.

53. Hurst A, Hughes A (1983) The protective effect of some food ingredients on Staphylococcus aureus MF 31. *J Appl Bacteriol*, 55: 81-88.

54. Iandolo JJ (1989) Genetic analysis of extracellular toxins of Staphylococcus aureus. *Ann Rev Microbiol*, 43: 375-402.

55. Iandolo JJ, Shafer WM (1977) Regulation of staphylococcal enterotoxin B. *Infect Immun*, 16: 610-616.

56. Isigidi BK, Mathieu AM, Devriese LA, Godard C, van Hoof J (1992) Enterotoxin production in different Staphylococcus aureus biotypes isolated from food and meat plants. *J Appl Bacteriol*, 72: 16-20.

57. Isigidi BK, Devriese LA, Godard C, van Hoof J (1990) Characteristics of Staphylococcus aureus associated with meat products and meat workers. *Lett Appl Microbiol*, 11: 145-147.

58. Jarvis AW, Lawrence RC, Pritchard GG (1973) Production of staphylococcal enterotoxins A, B, and C under conditions of controlled pH and aeration. *Infect Immun*, 7: 847-854.

59. Jay JM (1970) Effect of borate on the growth of coagulase-positive and coagulase-negative staphylococci. *Infect Immun*, 1: 78-79.

60. Johnson HW, Russell JK, Pontzer CH (1992) Super-antigens in human disease. *Sci Am*, 266(4): 92-101.

61. Kadan RS, Martin WH, Mickelsen R (1963) Effects of ingredients used in condensed and frozen dairy products on thermal resistance of potentially pathogenic staphylococci. *Appl Microbiol*, 11: 45-49.

62. Katsuno S, Kondo M (1973) Regulation of staphylococcal enterotoxin B synthesis and its relation to other extracellular proteins. *Japan J Med Sci Biol*, 26: 26-29.

63. Kloos WE, Bannerman TL (1994) Update on clinical significance of coagulase-negative staphylococci. *Clin Microbiol Rev*, 7: 117-140.

64. Kloos WE, Ballard DN, George CG, Webster JA, Hubner RJ, Ludwig W, Schleifer KH, Fiedler F, Schubert K (1998) Delimiting the genus Staphylococcus through description of Macrococcus caseolyticus gen. nov., comb. nov. and Macrococcus equipercicus sp. nov., Macrococcus bovicus sp. nov. and Macrococcus carouselicus sp. nov. *Int J Syst Bacteriol*, 48: 859-877.

65. Lee WC, Lee MJ, Kim JS, Park SY (2001) Foodborne illness outbreaks in Korea and Japan studied retrospectively. *J Food Protect*, 64: 899-902.

66. Lee RY, Silverman GJ, Munsey DT (1981) Growth and enterotoxin A production by Staphylococcus aureus in precooked bacon in the intermediate moisture range. *J Food Sci*, 46: 1687-1692.

67. Lilly HD, McLean RA, Alford JA (1967) Effects of curing salts and temperature on production of staphylococcal enterotoxin. *Bacteriol Proc*, 12.

68. Lindroth S, Strandberg E, Pessa A, Pellinen MJ (1983) A study of the growth potential of Staphylococcus aureus in Boletus edulis, a wild edible mushroom, prompted by a food poisoning outbreak. *J Food Sci*, 48: 282-283.

69. Marin ME, de la Rosa MC, Cornejo I (1992) Enterotoxigenicity of Staphylococcus strains isolated from Spanish dry-cured hams. *Appl Environ Microbiol*, 58: 1067-1069.

70. McLean RA, Lilly HD, Alford JA (1968) Effects of meat-curing salts and temperature on production of staphylococcal enterotoxin B. *J Bacteriol*, 95: 1207-1211.

71. Metzger JF, Johnson AD, Collins WS II, McGann V (1973) Staphylococcus aureus enterotoxin B release (excretion) under controlled conditions of fermentation. *Appl Microbiol*, 25: 770-773.

72. Metzroth B, Marx T, Linnig M, Fleischer B (1993) Concomitant loss of conformation and superantigenic activity of staphylococcal enterotoxin B deletion mutant proteins. *Infect Immun*, 61: 2445-2452.

73. Miller RD, Fung DYC. (1973) Amino acid requirements for the production of enterotoxin B by Staphylococcus aureus S-6 in a chemically defined medium. *Appl Microbiol*, 25: 800-806.

74. Morse SA, Mah RA, Dobrogosz WJ (1969) Regulation of staphylococcal enterotoxin B. *J Bacteriol*, 98: 4-9.

75. Mossel DAA (1975) Occurrence, prevention, and monitoring of microbial quality loss of foods and dairy products. *CRC Crit Rev Environ Control*, 5: 1-140.

76. Munson SH, Tremaine MT, Betley MJ, Welch BA (1998) Identification and characterization of staphylococcal enterotoxin types G and I from Staphylococcus aureus. *Infect Immun*, 66: 3337-3348.

77. Noleto AL, Bergdoll MS (1980) Staphylococcal enterotoxin production in the presence of nonenterotoxigenic staphylococci. *Appl Environ Microbiol*, 39: 1167-1171.

78. Noleto AL, Bergdoll MS (1982) Production of enterotoxin by a Staphylococcus aureus strain that produces three identifiable enterotoxins. *J Food Protect*, 45: 1096-1097.

79. Notermans S, Heuvelman CJ (1983) Combined effect of water activity, pH and suboptimal temperature on growth and enterotoxin production of Staphylococcus aureus. *J Food Sci*, 48: 1832-1835, 1840.

80. Notermans S, van Otterdijk RLM (1985) Production of enterotoxin A by Staphylococcus aureus in food. *Int J Food Microbiol*, 2: 145-149.

81. Orwin PM, Leung DYM, Donahue HL, Novick RP, Schlievert PM (2001) Biochemical and biological properties of staphylococcal enterotoxin K. *Infect Immun*, 69: 360-366.

82. Otero A, Garcia ML, Garcia MC, Moreno B, Bergdoll MS (1990) Production of staphylococcal enterotoxins C_1 and C_2 and thermonuclease throughout the growth cycle. *Appl Environ Microbiol*, 56: 555-559.

83. Palasuntheram C, Beauchamp MS (1982) Enterotoxigenic staphylococci in Sri Lanka. *J Appl Bacteriol*, 52: 39-41.

84. Palumbo SA, Smith JL, Kissinger JC (1977) Destruction of Staphylococcus aureus during frankfurter processing. *Appl Environ Microbiol*, 34: 740-744.

85. Payne DN, Wood JM (1974) The incidence of enterotoxin production in strains of Staphylococcus aureus isolated from foods. *J Appl Bacteriol*, 37: 319-325.

86. Pereira JL, Salzberg SP, Bergdoll MS (1982) Effect of temperature, pH and sodium chloride concentrations on production of staphylococcal enterotoxins A and B. *J Food Protect*, 45: 1306-1309.

87. Probst AJ, Hertel C, Richter L, Wassill L, Ludwig W, Hammes WP (1998) Staphylococcus condimenti sp. nov., from soy sauce mash, and Staphylococcus carnosus (Schleifer and Fischer 1982) subsp. utilis subsp. nov. *Int J Syst Bacteriol*, 48: 651-658.

88. Raj HD, Bergdoll MS (1969) Effect of enterotoxin B on human volunteers. *J Bacteriol*, 98: 833-834.

89. Read RB, Bradshaw JG (1966) Thermal inactivation of staphylococcal enterotoxin B in veronal buffer. *Appl Microbiol*, 14: 130-132.

90. Reiser RF, Robbins RN, Noleto AL, Khoe GP, Bergdoll MS (1984) Identification, purification, and some physiochemical properties of staphylococcal enterotoxin C_3. *Infect Immun*, 45: 625-630.

91. Reiser RF, Weiss KF (1969) Production of staphylococcal enterotoxins A, B, and C in various media. *Appl Microbiol*, 18: 1041-1043.

92. Satterlee LD, Kraft AA (1969) Effect of meat and isolated meat proteins on the thermal inactivation of staphylococcal enterotoxin B. *Appl Microbiol*, 17: 906-909.

93. Schantz EJ, Roessler WG, Wagman J, Spero L, Dunnery DA, Bergdoll MS (1965) Purification of staphylococcal enterotoxin B. *J Biochem*, 4: 1011-1016.

94. Shimizu A, Fugita M, Igarashi H, Takagi M, Nagase N, Sasaki A, Kawano J (2000) Characterization of Staphylococcus aureus coagulase type VII isolates from staphylococcal food poisoning outbreaks (1980–1995) in Tokyo, Japan, by pulsed-field gel electrophoresis. *J Clin Microbiol*, 38: 3746-3749.

95. Siems H, Husch D, Sinell HJ, Untermann F (1971) Vorkommen und Eigenschaften von Staphylokokken in verschiedenen Produktionsstufen bei der Fleischverarbeitung. *Fleischwirts*, 51: 1529-1533.

96. Silverman GJ, Munsey DT, Lee C, Ebert E (1983) Interrelationship between water activity, temperature and 5.5 percent oxygen on growth and enterotoxin A secretion by Staphylococcus aureus in precooked bacon. *J Food Sci*, 48: 1783-1786, 1795.

97. Simkovicova M, Gilbert RJ (1971) Serological detection of enterotoxin from food-poisoning strains of Staphylococcus aureus. *J Med Microbiol*, 4: 19-30.

98. Smith JL, Buchanan RL, Palumbo SA (1983) Effect of food environment on staphylococcal enterotoxin synthesis: A review. *J Food Protect*, 46: 545-555.

99. Sokari TG, Anozie SO (1990) Occurrence of enterotoxin producing strains of Staphylococcus aureus in meat and related samples from traditional markets in Nigeria. *J Food Protect*, 53: 1069-1070.

100. Soriano JM, Font G, Rico H, Miltó JC, Mañes J (2002) Incidence of enterotoxigenic staphylococci and their toxins in foods. *J Food Protect*, 65: 857-860.

101. Sperber WH (1977) The identification of staphylococci in clinical and food microbiology laboratories. *CRC Crit Rev Clin Lab Sci*, 7: 121-184.

102. Su YC, Wong ACL (1998) Production of staphylococcal enterotoxin H under controlled pH and aeration. *Int J Food Microbiol*, 39: 87-91.

103. Su YC, Wong ACL (1996) Detection of staphylococcal enterotoxin H by an enzyme-linked immunosorbent assay. *J Food Protect*, 59: 327-330.

104. Su YC, Wong ACL (1995) Identification and purification of a new staphylococcal enterotoxin, H. *Appl Environ Microbiol*, 61: 1438-1443.

105. Tanasupawat S, Hoshimoto Y, Ezaki T, Kozaki M, Komagata K (1992) Staphylococcus piscifermentans sp. nov., from fermented fish in Thailand. *Int J Syst Bacteriol*, 42: 577-581.

106. Tatini SR (1973) Influence of food environments on growth of Staphylococcus aureus and production of various enterotoxins. *J Milk Food Technol*, 36: 559-563.

107. Thomas CT, White JC, Longree K (1966) Thermal resistance of salmonellae and staphylococci in foods. *Appl Microbiol*, 14: 815-820.

108. Thota FH, Tatini SR, Bennett RW (1973) Effects of temperature, pH and NaCl on production of staphylococcal enterotoxins E and F. *Bacteriol Proc*, 1.

109. Tibana A, Rayman K, Akhtar M, Szabo R (1987) Thermal stability of staphylococcal enterotoxins A, B and C in a buffered system. *J Food Protect*, 50: 239-242.

110. Troller JA (1972) Effect of water activity on enterotoxin A production and growth of Staphylococcus aureus. *Appl Microbiol*, 24: 440-443.

111. Valle J, Gomez-Lucia E, Piriz S, Goyache J, Orden JA, Vadillo S (1990) Enterotoxin production by staphylococci isolated from healthy goats. *Appl Environ Microbiol*, 56: 1323-1326.

112. Vandenbosch LL, Fung DYC, Widomski M (1973) Optimum temperature for enterotoxin production by Staphylococcus aureus S-6 and 137 in liquid medium. *Appl Microbiol*, 25: 498-500.

113. Veraldo PE, Kilpper-Balz R, Biavasco F, Satta G, Schleifer KH (1988) Staphylococcus delphini sp. nov., a coagulase-positive species isolated from dolphins. *Int J System Bacteriol*, 38: 436-439.

114. Vernozy-Rozand C, Mazuy C, Meugnier H, Bes M, Lasne Y, Fiedler F, Etienne J, Freney J (2000) Staphylococcus flurettii sp. nov., isolated from goat's milk cheeses. *Int J Syst Evol Microbiol*, 50: 1521-1527.

115. Woodburn M, Bennion M, Vail GE (1962) Destruction of salmonellae and staphylococci in pre-cooked poultry products by heat treatment before freezing. *Food Technol*, 16: 98-100.

116. Wu CH, Bergdoll MS (1971) Stimulation of enterotoxin B production. *Infect Immun*, 3: 784-792.

117. Zhang S, Iandolo JJ, Stewart GC (1998) The enterotoxin D plasmid of Staphylococcus aureus encodes a second enterotoxin determinant (sej). *FEMS Microbiol Lett*, 168: 227-233.

Capitolo 24
Intossicazioni alimentari da batteri sporigeni Gram-positivi

Almeno tre bastoncini sporigeni Gram-positivi sono noti come causa di intossicazione alimentare: *Clostridium perfringens* (*welchii*), *C. botulinum* e *Bacillus cereus*. L'incidenza delle intossicazioni alimentari causate da ognuno di questi microrganismi è associata al consumo di specifici alimenti, come avviene per le intossicazioni alimentari in genere.

24.1 Intossicazione alimentare da *Clostridium perfringens*

L'agente eziologico di questa sindrome è un bastoncino Gram-positivo, anaerobio e sporigeno, ampiamente diffuso in natura. Se ne riconoscono tre tipologie, sulla base della capacità di produrre particolari enterotossine: A, B, C, D ed E. I ceppi responsabili di intossicazione alimentare appartengono al tipo A, come pure i classici ceppi che causano gangrena gassosa ma, a differenza di questi ultimi, sono generalmente termoresistenti e producono solo tracce di alfa tossina. Alcuni ceppi di tipo C producono enterotossina e possono causare una sindrome da intossicazione alimentare. I ceppi classici che causano intossicazione alimentare si distinguono da quelli di tipo C in quanto non producono beta tossina. Questi ultimi, che sono stati isolati da tessuto intestinale necrotico (enterite necrotizzante), sono confrontati nella tabella 24.1 con i ceppi termolabili e termostabili di tipo A. I ceppi termoresistenti di tipo A producono theta tossina, la perfringolisina O (PLO), un'emolisina attivata da tioli, simile alla listeriolisina O (LLO) prodotta da *Listeria monocytogenes* (discussa nel capitolo 25). Analogamente a LLO, anche PLO ha un peso molecolare di 60 kDa ed è stata sequenziata e clonata.

Sebbene *C. perfringens* sia stato associato alla gastroenterite sin dal 1895, la prima chiara dimostrazione del suo ruolo eziologico nelle intossicazioni alimentari si deve a McClung[79],

Tabella 24.1 Tossine prodotte da *Clostridium welchii* (*C. perfringens*) di tipo A e C

Clostridium welchii	Tossine										
	α	β	γ	δ	ε	ϑ	ι	κ	λ	μ	ν
Tipo A termosensibile	+++	–	–	–	–	++	–	++	–	+/–	+
Tipo A termoresistente	±/tr	–	–	–	–	–	–	+/–	–	+++/–	–
Tipo C termoresistente	+	+	+	–	–	–	–	–	–	–	+

(Da B.C. Hobbes, 1962, *Bacterial Food Poisoning*. Royal Society of Health)

che studiò quattro epidemie nelle quali l'alimento incriminato era il pollo. Hobbs e colleghi[50], in Gran Bretagna, fornirono la prima documentazione dettagliata delle caratteristiche di questa intossicazione alimentare. Sebbene i ricercatori britannici fossero maggiormente consapevoli del ruolo di questo organismo nelle intossicazioni alimentari durante gli anni Quaranta e Cinquanta, pochi casi furono registrati negli Stati Uniti prima del 1960. Oggi è evidente che l'intossicazione alimentare da *C. perfringens* è largamente diffusa negli Stati Uniti e in molti altri Paesi.

24.1.1 Diffusione di C. perfringens

I ceppi di *C. perfringens* responsabili di intossicazione alimentare sono presenti in terreno, acqua, alimenti, polvere, spezie e tratto intestinale umano e di altri animali. Diversi ricercatori hanno riportato un'incidenza dei ceppi termoresistenti e non-emolitici nella popolazione generale variabile tra il 2 e il 6%. La condizione di portatore sano, con eliminazione del microrganismo attraverso le feci, è stata riscontrata nel 20-30% del personale ospedaliero sano e dei loro familiari; tra i soggetti colpiti, la percentuale di portatori dopo 2 settimane dalla malattia può essere del 50% e arrivare anche all'88%[26]. I tipi termosensibili sono comunemente presenti nel tratto intestinale dell'uomo. *C. perfringens* giunge nelle carni direttamente dagli animali da macello o per successiva contaminazione delle carni macellate da parte di operatori, attrezzature o polvere. Trattandosi di uno sporigeno, può tollerare condizioni ambientali avverse, quali disidratazione, riscaldamento e presenza di alcuni composti tossici.

24.1.2 Caratteristiche del microrganismo

Se incubati in condizioni anaerobiche o in condizioni sufficientemente riducenti, i ceppi responsabili di intossicazione alimentare, come la maggior parte degli altri ceppi di *C. perfringens*, crescono bene su una varietà di terreni. Ceppi di *C. perfringens* isolati da carne di cavallo crescevano, senza manifestare un aumento della fase lag, con un potenziale di ossido-riduzione (Eh) pari o inferiore a −45, mentre valori più positivi di Eh determinavano un allungamento della fase lag[12]. Sebbene non sia difficile ottenere lo sviluppo di questi microrganismi su mezzi diversi, la sporulazione si verifica con difficoltà e richiede l'utilizzo di terreni particolari, come quelli descritti da Duncan e Strong[27], o l'impiego di tecniche particolari, come le sacche per dialisi.

C. perfringens è un mesofilo con un optimum termico compreso tra 37 e 45 °C. La temperatura minima di crescita è intorno a 20 °C e quella massima è di circa 50 °C. Per sei ceppi la crescita ottimale in tioglicolato è stata osservata tra 30 e 40 °C, mentre in terreno di Ellner la temperatura ottimale per la sporulazione era compresa tra 37 e 40 °C[98]. La crescita a 45 °C, e in condizioni ottimali relativamente agli altri fattori, avviene con un tempo di generazione di 7 minuti. Per quanto riguarda il pH, molti ceppi crescono nel range 5,5-8,0, ma generalmente non a valori inferiori o superiori. I valori più bassi di attività dell'acqua (a_w) riportati per la crescita e la germinazione delle spore sono compresi tra 0,97 e 0,95, in presenza di saccarosio o NaCl, e circa 0,93 con glicerolo, utilizzando un fluid thioglycolate medium[57]. La produzione di spore sembra richiedere valori di a_w più elevati. Labbe e Duncan[65] hanno dimostrato lo sviluppo del tipo A a pH 5,5, ma non hanno osservato né sporulazione né produzione di tossina. Sembra che pH 8,5 sia il valore massimo per la crescita. *C. perfringens* non è un anaerobio stretto come alcuni altri clostridi: la sua crescita è stata osservata a un Eh iniziale di +320 mV[92]. Per la crescita, sono essenziali almeno 13 amminoacidi, insieme a biotina, pantotenato, piridossale, adenina e altri composti correlati. Si tratta di un microrganismo eterofermentante, in grado di utilizzare un gran numero di carboidrati. La sua crescita viene inibita da una concentrazione di NaCl del 5% circa.

Le endospore dei ceppi responsabili di tossinfezione alimentare si differenziano per la loro termoresistenza, che in alcuni casi è quella tipica di altri sporigeni mesofili e in altri è molto elevata. Sono stati riportati valori di $D_{100°C}$ pari a 0,31 per *C. perfringens* (ATCC 3624) e a 17,6 per il ceppo NCTC 8238[123]. Per otto ceppi che determinavano reazioni nei conigli i valori di $D_{100°C}$ variavano da 0,70 a 38,37, mentre i ceppi che non provocavano reazioni erano più termosensibili[115]. Le differenze di sensibilità termica tra i ceppi di *C. perfringens* sono associate al gene *cpe*. Per 13 isolati da carne, pollame e pesce, nei quali il gene *cpe* è cromosomiale, i valori di $D_{100°C}$ erano compresi tra 43 e 170, mentre per un ceppo non-epidemico con localizzazione plasmidica del *cpe*, il valore era pari a 3[124]. Questi autori hanno evidenziato che i ceppi epidemici possiedono tipicamente un $D_{100°C} > 40$, mentre nei ceppi non-epidemici tale valore è tipicamente < 2.

Diversi gruppi di ricercatori hanno studiato la distruzione termica delle cellule vegetative di *C. perfringens* in riferimento alla modalità di cottura di tagli di carne immersi in acqua per tempi lunghi a bassa temperatura (LTLT). Per il ceppo ATCC 13124, fatto sviluppare su carne di manzo macinata e autoclavata, $D_{56,8°C}$ era pari a 48,3 minuti, essenzialmente analogo ai valori $D_{56,8°C}$ o $D_{47,9°C}$ per la fosfolipasi C[32]. Utilizzando il ceppo NCTC 8798, sviluppato in carne bovina macinata autoclavata, i valori di $D_{59°C}$ per le cellule aumentavano al crescere delle temperature di sviluppo: 3,1 minuti a 37 °C; 7,9 a 45 °C; 10,6 a 49 °C[99]. Sebbene le ampie differenze di termoresistenza osservate tra i due ceppi possano in parte essere dovute a loro caratteristiche intrinseche, è possibile che abbia un ruolo anche il contenuto di grassi del liquido di cottura. La cottura di arrosti di manzo racchiusi in sacchetti di plastica a bagnomaria a 60-61 °C, mantenendo il prodotto a una temperatura interna di 60 °C per almeno 12 minuti, determinava l'eliminazione delle salmonelle e riduceva di circa 3 unità logaritmiche la popolazione di *C. perfringens*. Per ottenere una riduzione della popolazione microbica di 12 unità logaritmiche in tagli di arrosto di 1,5 kg, era necessario mantenere la temperatura di 60 °C per almeno 2-3 ore[104]. La distruzione termica dell'enterotossina di *C. perfringens* in tampone e in sugo di carne a 61 °C ha richiesto, rispettivamente, 25,4 e 23,8 minuti[15].

Le ampie variazioni di termoresistenza registrate per *C. perfringens* non sono state osservate in *C. botulinum*, specialmente di tipo A e B. Quest'ultima specie è meno frequente nel tratto intestinale umano rispetto ai ceppi di *C. perfringens*. Del resto, da un microrganismo diffuso in ambienti tanto diversi è logico attendersi differenze così ampie tra i ceppi. Un altro fattore importante per la resistenza termica delle spore batteriche è l'ambiente chimico. Alderton e Snell[4] sottolinearono come la resistenza termica delle spore fosse una proprietà ampiamente inducibile e chimicamente reversibile tra uno stato sensibile e uno resistente. Sulla base di tale ipotesi, è stato dimostrato che le spore possono essere rese più resistenti al calore trattandole con soluzioni di acetato di calcio, per esempio 0,1 e 0,5 M a pH 8,5 per 140 ore a 50 °C. La termoresistenza delle endospore può essere aumentata da 5 a 10 volte con tale metodo[3]. Dall'altra parte, è possibile ridurre la resistenza termica mantenendo le spore in HCl 0,1 N, a 25 °C per 16 ore, oppure esponendo le endospore alle naturali condizioni acide di alcuni alimenti. È verosimile che l'elevata variabilità in termini di termoresistenza delle spore di *C. perfringens* possa essere un risultato più o meno diretto della storia recente del loro ambiente.

Strong e Canada[113] studiarono la sopravvivenza al congelamento di *C. perfringens* in brodo di gallina e osservarono che solo il 4% circa delle cellule sopravviveva al congelamento a −18 °C per 180 giorni. Le spore disidratate, invece, mostravano un tasso di sopravvivenza del 40% circa dopo 90 giorni, ma solo dell'11% dopo 180 giorni.

Per gli studi epidemiologici è stata utilizzata la sierotipizzazione, ma – a causa dell'elevato numero di serovar – sembra non esservi una relazione consistente tra epidemie e determinate serovar. È stata ottenuta la tipizzazione delle batteriocine di tipo A: tutti i 90 ceppi coinvolti in epidemie alimentari sono risultati tipizzabili con un set di otto batteriocine; l'85,6% consisteva di batteriocine di tipo 1-6[101].

24.1.3 Enterotossina

Il fattore causale della tossinfezione da *C. perfringens* è un'enterotossina. Essa è inusuale in quanto si tratta di una proteina spora-specifica; la sua produzione ha luogo contemporaneamente alla sporulazione. Tutti i casi noti di tossinfezione alimentare da *C. perfringens* sono causati da ceppi di tipo A. Una malattia non correlata, l'enterite necrotizzante, è causata da una beta tossina prodotta da ceppi di tipo C ed è raramente segnalata al di fuori della Papua-Nuova Guinea. Sebbene l'enterite necrotizzante dovuta al tipo C sia stata associata a una mortalità del 35-40%, la gastroenterite alimentare causata da ceppi di tipo A è risultata fatale solo per persone anziane o individui debilitati. È stato dimostrato che alcuni ceppi di tipo C producono un'enterotossina, ma il suo ruolo nella malattia non è chiaro.

L'enterotossina dei ceppi di tipo A fu dimostrata da Duncan e Strong[28]. Nella forma purificata essa ha un peso molecolare di 35 000 dalton e un punto isoelettrico di 4,3[47]; è sensibile al calore (l'attività biologica viene distrutta a 60 °C per 10 minuti) e alla pronasi, ma è resistente a tripsina, chimotripsina e papaina[112]. La tossina è prodotta anche da forme L di *C. perfringens*; uno studio ha dimostrato che ne producono quantità paragonabili a quelle sintetizzate dalle forme classiche[77].

L'enterotossina viene sintetizzata da cellule sporulanti negli ultimi stadi della sporulazione; la produzione raggiunge un picco subito prima della lisi dello sporangio della cellula e l'enterotossina viene rilasciata assieme alle spore. Le condizioni che favoriscono la sporulazione favoriscono anche la produzione di enterotossina: ciò è stato dimostrato con raffino-

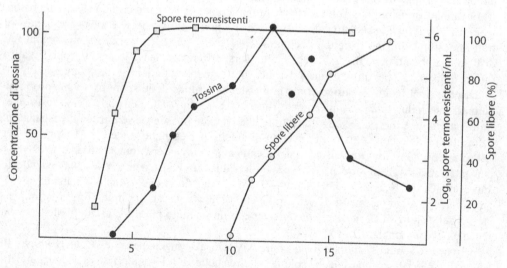

Figura 24.1 Cinetiche di sporulazione e di formazione di enterotossina in *Clostridium perfringens* tipo A. (Modificato da Labbe[64], copyright © 1980 Institute of Food Technologists)

sio[67], caffeina e teobromina[66]; questi ultimi due composti aumentavano la concentrazione di enterotossina da livelli non quantificabili a 450 μg/mL di proteina estratta dalla cellula. Questa enterotossina è risultata simile alle proteine strutturali covalentemente associate al rivestimento delle spore. Le cellule sporulano liberamente nel tratto intestinale e in una grande varietà di alimenti. Nei mezzi colturali l'enterotossina è normalmente prodotta solo quando è possibile la formazione di endospore (figura 24.1), ma è noto che anche che le cellule vegetative producono bassi livelli di enterotossina[41,42]. Come si è visto, un singolo gene, *cpe*, è responsabile per la produzione di enterotossina ; nei ceppi tossinfettivi di tipo A questo gene è localizzato su un cromosoma, mentre nei ceppi che non causano tossinfezioni alimentari si trova su un plasmide[73,124].

L'enterotossina può comparire in un terreno di crescita e di sporulazione dopo circa 3 ore dall'inoculo di cellule vegetative[25]; per tre ceppi di *C. perfringens*, in terreno Duncan-Strong (DS), dopo 24-36 ore sono stati riscontrati livelli di enterotossina compresi tra 1 e 100 μg/mL. È stato suggerito che in alcuni prodotti alimentari possa essere presente enterotossina preformata, che contribuirebbe, in rari casi, all'insorgenza precoce dei sintomi. L'enterotossina purificata contiene fino a 3500 dosi letali (LD) per il topo/mg di N; può essere rilevata nelle feci delle vittime: ne sono stati ritrovati 13-16 μg/g di feci in un caso e 3-4 μg/g in un caso meno severo[102].

Modalità d'azione

A differenza delle enterotossine stafilococciche (vedi p. 593), l'enterotossina di *C. perfringens* (CPE) non è un superantigene[63]. La proteina CPE contiene 319 amminoacidi; si lega alla claudina e/o a un recettore di 50 kDa della membrana eucariotica, con formazione nelle membrane della cellula ospite di un complesso di 90 kDa contenente la CPE. Un complesso più grande, >160 kDa, che si forma per addizione di proteine di membrana della cellula ospite, determina infine alterazione della permeabilità di membrana e morte delle cellule ospite[60].

24.1.4 Alimenti coinvolti e sintomatologia

I sintomi compaiono dopo 6-24 ore, specialmente dopo 8-12 ore, dall'ingestione di alimenti contaminati. Sono caratterizzati da dolore addominale acuto e diarrea; nausea, febbre e vomito sono rari. Tranne che nelle persone anziane o debilitate, la malattia ha un decorso breve e si risolve in un giorno o meno. La mortalità è piuttosto bassa; sembra che non si sviluppi immunità, sebbene in alcune persone colpite dalla sindrome siano stati rilevati in circolo anticorpi specifici per la tossina.

La reale incidenza della gastroenterite da *C. perfringens* è sconosciuta. A causa del carattere relativamente lieve della malattia, è assai probabile che solo i focolai che coinvolgono gruppi di persone vengano segnalati e registrati. La tabella 24.2 riporta le epidemie e il numero di casi confermati segnalati al CDC nel periodo 1983-1987. Si può osservare che, per ciascuna epidemia, il numero medio di casi è inferiore a 100.

Gli alimenti coinvolti nelle epidemie di *C. perfringens* sono spesso pietanze di carne preparate il giorno prima del consumo. Il trattamento termico di questi alimenti è presumibilmente inadeguato per distruggere le endospore termoresistenti, e quando il cibo viene raffreddato e nuovamente riscaldato, le endospore germinano e si sviluppano. I piatti a base di carne sono la causa più frequente dell'insorgenza della sindrome, ma alimenti diversi possono essere contaminati da brodo di carne. Il maggior coinvolgimento degli alimenti a base di carne potrebbe essere dovuto sia alla minore velocità di raffreddamento di questi prodotti sia alla maggiore incidenza di ceppi tossigeni nelle carni. In 510 diverse tipologie di alimenti

Tabella 24.2 Epidemie, casi e decessi da
gastroenterite alimentare da *C. perfringens*
negli Stati Uniti (1983-1987)

Anni	Epidemie/Casi/Decessi
1983	5/353/0
1984	8/882/2
1985	6/1016/0
1986	3/202/0
1987	2/290/0

(Da Bean NH, Griffin PM, Goulding JS, Ivey CB, *Journal of Food Protection* 1990; 53: 711-728)

statunitensi Strong e colleghi[114] riscontrarono un'incidenza complessiva media del microrganismo del 6% circa; in particolare, era del 2,7% in alimenti commerciali congelati, del 3,8% in frutta e verdura, del 5% nelle spezie, dell'1,8% in alimenti preparati in ambito domestico e del 16,4% in carni crude, pollame e pesce. Hobbs e colleghi[50] trovarono endospore termoresistenti nel 14-24% dei campioni di carne di vitello, maiale e manzo esaminati, mentre tutti i 17 campioni di agnello risultarono negativi. In Giappone ceppi enterotossigeni sono stati isolati da addetti alla lavorazione (6% di 80), ostriche (12% di 41) e acqua (10% di 20 campioni)[100]. Più recentemente, negli Stati Uniti, solo l'1,4% circa di isolati *cpe*-positivi sono stati isolati in circa 900 alimenti al dettaglio, non responsabili di epidemie[124].

Un'epidemia di intossicazione alimentare, nella quale 140 persone si ammalarono, fu causata da cibo contaminato sia da *C. perfringens* sia da *Salmonella* Typhimurium[94]. È stato dimostrato che *C. perfringens* cresce in un grande varietà di alimenti. Uno studio su alimenti al dettaglio, precotti e congelati, rivelò che la metà era positiva per le cellule vegetative e che il 15% era contaminato da endospore[121]. Gli autori di tale ricerca inocularono il microrganismo in prodotti a base di carne, che vennero poi conservati a −29 °C fino a 42 giorni. Sebbene la sopravvivenza delle spore fosse elevata, le cellule vegetative furono virtualmente eliminate durante il periodo di conservazione. La sopravvivenza di cellule inoculate in carne di manzo cruda macinata è stata studiata da Goepfert e Kim[39], che hanno riscontrato conte cellulari più basse dopo conservazione a temperature comprese tra 1 e 12,5 °C. La carne di manzo cruda conteneva una microflora naturale, e il risultato suggerisce che *C. perfringens* non sia in grado di competere in tali condizioni.

24.1.5 Prevenzione

La sindrome gastroenterica provocata da *C. perfringens* può essere prevenuta prestando la necessaria attenzione alle principali cause di intossicazione alimentare, di qualsiasi tipo, riportate nei capitoli precedenti. Poiché tale sindrome si verifica spesso nelle mense istituzionali, è necessario adottare alcune speciali precauzioni. Esaminando un'epidemia di intossicazione alimentare da *C. perfringens*, che si verificò in una mensa scolastica coinvolgendo l'80% degli studenti e degli insegnanti, Bryan e colleghi[16] costruirono un diagramma tempotemperatura nell'intento di determinare quando, dove e come la carne di tacchino fosse divenuta il veicolo dell'infezione (figura 24.2). Risultò che i responsabili erano stati la carne e il brodo, ma non il condimento. Come strumento per prevenire il verificarsi di tali episodi, gli autori dello studio proposero un diagramma di flusso a nove fasi per la preparazione di carne di tacchino e condimenti.

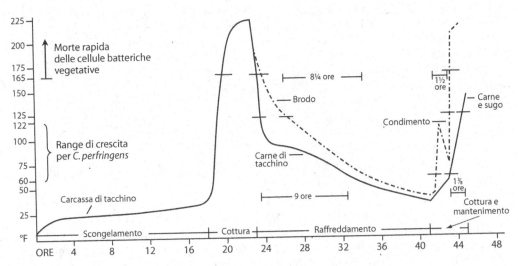

Figura 24.2 Illustrazione della possibile relazione tempo-temperatura durante la preparazione di tacchino nella cucina di una mensa scolastica. (Da Bryan et al.[16], copyright © International Association of Milk, Food, and Environmental Sanitarians)

1. Cuocere la carne di tacchino fino a quando la temperatura all'interno del petto abbia raggiunto almeno 74 °C (165 °F) o, se possibile, temperature più elevate.
2. Lavare e sanificare accuratamente tutti i contenitori e le attrezzature venuti a contatto con la carne di tacchino cruda.
3. Lavarsi le mani e utilizzare guanti di plastica monouso durante le operazioni di disossamento e scongelamento e in qualsiasi operazione di manipolazione della carne cotta.
4. Separare la carne di tacchino e il brodo prima del raffreddamento.
5. Raffreddare la carne e il brodo il più velocemente possibile dopo la cottura.
6. Utilizzare contenitori poco profondi per conservare il brodo e il tacchino disossato in frigorifero.
7. Portare il brodo all'ebollizione prima di preparare il sugo o il condimento.
8. Scaldare in forno il condimento finché tutte le porzioni raggiungano almeno 74 °C.
9. Appena prima di servire, scaldare i pezzi di tacchino immersi nel sugo finché le porzioni più grandi abbiano raggiunto 74 °C.

24.2 Botulismo

A differenza dell'intossicazione da *C. perfringens*, che richiede l'ingestione di un elevato numero di cellule vitali, i sintomi del botulismo sono causati dall'ingestione di un'esotossina solubile altamente tossica, prodotta dal microrganismo durante la crescita negli alimenti.

Tra i più antichi riferimenti a ciò che era con tutta probabilità botulismo umano vi è l'ordine dell'imperatore bizantino Leone VI (886-912 a.C.), con il quale si proibiva il consumo di sanguinaccio (intestino suino riempito con sangue e altri ingredienti) per via degli effetti dannosi sulla salute. Un'epidemia di "avvelenamento da salumi" si verificò nel 1793 a Wildbad Württemberg, in Germania, con 13 casi e 6 morti. Questa fu imputata al consumo di sanguinaccio; l'intestino ripieno veniva legato, bollito brevemente, affumicato e conservato a temperatura ambiente. Nel Württemberg, tra il 1820 e il 1822, Justinius Kerner studiò 230 casi di "avvelenamento da salsicce"; egli osservò che il sanguinaccio non diveniva tossico se rimanevano delle sacche d'aria nelle interiora e che i prodotti tossici erano sempre stati bolliti. Nel 1896, a Ellezelles, 24 membri di un club musicale mangiarono prosciutto crudo stagionato: 23 si ammalarono e 3 morirono. E.P.M. Van Ermengen dell'Università di Ghent studiò il caso: emerse che il prosciutto non era stato né cotto né affumicato e lo stesso microrganismo venne isolato sia dal prosciutto sia dalla milza delle vittime. Van Ermengen chiamò il microrganismo *Bacillus botulinus* (dal latino botulus, "salame"). Più tardi si scoprì che il ceppo era del tipo B.

Il botulismo è causato da alcuni ceppi di *C. botulinum*, un bastoncino Gram-positivo, anaerobio, sporigeno con spore da ovali a cilindriche, terminali o subterminali. Sulla base della specificità sierologica delle loro tossine, se ne riconoscono sette tipi: A, B, C, D, E, F e G. I tipi A, B, E, F e G provocano disturbi nell'uomo; il tipo C provoca botulismo in pollame, bestiame, visoni e altri animali; il tipo D è associato alle intossicazioni da foraggio del bestiame, specialmente in Sud Africa. I diversi tipi sono anche differenziati sulla base della loro attività proteolitica. I tipi A e G sono proteolitici, come pure alcuni ceppi di tipo B e F. Il tipo E non è proteolitico, come pure alcuni ceppi B ed F (tabella 24.3). L'attività proteolitica del tipo G è più lenta rispetto a quella del tipo A, e la sua tossina richiede il potenziamento da parte della tripsina. Tutti i ceppi che producono la tossina di tipo G si collocano nella specie *C. argentinense*[116], ritrovata nel terreno in Argentina, Svizzera e Stati Uniti.

Tutti i ceppi produttori di tossine sono stati collocati in uno dei quattro gruppi I, II, III o IV. Il gruppo I comprende i ceppi proteolitici, il II i non proteolitici e il gruppo IV il tipo sierologico G. Il gruppo III è composto dai tipi C e D. È interessante osservare che due tossine botuliniche sono state riscontrate in specie diverse da *C. botulinum*. La tossina di tipo F è prodotta da *Clostridium baratii*[45]; una neurotossina simile antigenicamente a quella di tipo E, ma non identica, viene elaborata da *Clostridium butyricum*[80]. In quest'ultimo caso, il gene della tossina era trasferito da *C. butyricum* tossigeno a *C. botulinum* riceventi non tossigeni, simili al tipo E, per trasduzione di un batteriofago "difettoso" reso infettivo da un ceppo helper[129]. Il gene per la tossina di tipo E è cromosomico in entrambe le specie. Si può solo ipotizzare che *C. baratii* abbia acquisito la tossina con un meccanismo analogo. La tossina prodotta da *C. baratii* ha un peso molecolare di circa 140 kDa[36]. È stato osservato che ceppi di *C. butyricum* producono la tossina di tipo E a pH 4,8 per un periodo di 43-44 giorni[9]; in mascarpone e pesto la temperatura minima di crescita era 12 °C e a tale temperatura la tossina poteva essere rilevata dopo 15 giorni, mentre a 25 °C compariva dopo 5 giorni[9].

24.2.1 Distribuzione di C. botulinum

Il microrganismo è naturalmente presente nei terreni e nelle acque. Il tipo A si riscontra con maggiore frequenza nel terreno negli Stati Uniti occidentali, mentre negli Stati orientali e in Europa ricorre più spesso il tipo B. Campioni di terreno e concimi organici provenienti da diversi Paesi contenevano il 18% di spore di tipo A e il 7% di tipo B. I campioni di suolo coltivato esaminati contenevano nel 7% dei casi endospore di tipo A e nel 6% endospore di tipo B. Le spore di tipo E tendono a essere confinate nelle acque, specie quelle marine. In uno studio su campioni di fango provenienti dal porto di Copenhagen, Pederson[93] rilevò spore di tipo E nell'84% dei campioni, mentre il microrganismo era presente nel 26% dei campioni di terreno prelevati da un parco cittadino. Su 684 campioni ambientali provenienti da Danimarca, Isole Faroe, Islanda, Groenladia e Bangladesh, il 90% dei campioni acquatici danesi e l'86% di quelli marini prelevati in Groenlandia contenevano il tipo E[52]. A differenza del tipo B, il tipo E non venne ritrovato nei terreni e nelle foreste danesi. Sulla base di questi risultati, Huss[52] ha suggerito che il tipo E sia un microrganismo strettamente acquatico, che prolifera in animali acquatici morti e in sedimenti e viene diffuso dalle correnti d'acqua e dai pesci migratori. Era noto da tempo che le spore di tipo E erano presenti nelle acque al largo delle coste del Giappone settentrionale. Prima del 1960 l'esistenza di questo microrganismo nelle acque dei Grandi Laghi e del Golfo del Messico era sconosciuta, ma successivamente la loro presenza è stata ben documentata in queste acque, come pure nel Golfo del Maine e nei golfi di Venezuela e Darien. Il 10% dei campioni di suolo esaminati in Russia sono stati trovati positivi per *C. botulinum*, con prevalenza dei ceppi di tipo E. In uno studio su 333 campioni di materiali diversi provenienti da allevamenti finlandesi di trote, il tipo E è stato ritrovato nel 95% dei campioni prelevati in 21 allevamenti, nel 68% dei campioni di sedimento, nel 15% dei campioni di interiora dei pesci e nel 5% dei campioni cutanei dei pesci[48]. I tipi A, B o F erano assenti. Secondo gli autori di questa ricerca, il Mar Baltico presenta il livello più elevato al mondo di contaminazione da tipo E.

Per quanto riguarda l'incidenza complessiva di *C. botulinum* nei terreni, il numero di cellule per grammo sarebbe inferiore a 1. I tipi non proteolitici, identificati tra il 1960 e il 1969 (tabella 24.3), sono associati più alle acque che al suolo. Il riconoscimento tardivo dei non proteolitici è forse una conseguenza della loro bassa resistenza termica, a causa della quale sarebbero stati distrutti trattando i campioni termicamente, secondo la consueta procedura utilizzata per il ritrovamento delle spore.

I primi ceppi di tipo F furono isolati da Moller e Scheibel[86] da un pasta di fegato preparata in casa e sospettata di essere la causa di un'epidemia di botulismo che provocò un morto sull'isola danese di Langeland. Da allora, Craig e Pilcher[20] hanno isolato spore di tipo F da salmone pescato nel Columbia River; Eklund e Poysky[29] hanno trovato spore di tipo F in sedimenti marini prelevati dalle coste dell'Oregon e della California; Williams-Walls[127] ha isolato due ceppi proteolitici da granchi raccolti nello York River in Virginia; Midura e colleghi[82] hanno isolato il microrganismo in California in carne di cervo essiccata.

Un ceppo di tipo G fu isolato per la prima volta nel 1969 da campioni di suolo in Argentina[37]; successivamente fu isolato in Svizzera durante l'autopsia di cinque persone il cui decesso non era riconducibile al consumo di alimenti[109]. Questo tipo non è stato mai riconosciuto come responsabile di epidemie d'origine alimentare, probabilmente perché produce una quantità di neurotossina molto inferiore rispetto al tipo A. È stato dimostrato che il tipo G produceva 40 LD_{50} di tossina/mL negli stessi terreni in cui il tipo A ne produceva normalmente da 10.000 a 1.000.000, ma che in particolari condizioni era in grado di produrre fino a 90.000 LD_{50}/mL di substrato[19]. Per una rassegna sulla frequenza di ritrovamento delle spore di *C. botulinum* in campioni ambientali, si veda il riferimento bibliografico 10.

24.2.2 Crescita dei ceppi di C. botulinum

Alcune caratteristiche della crescita, ma non solo, dei ceppi che causano botulismo nell'uomo sono sintetizzate in tabella 24.3. La discussione che segue mette in luce le differenze tra ceppi proteolitici e non proteolitici, indipendentemente dal tipo sierologico. I ceppi proteolitici, a differenza di quelli non proteolitici, digeriscono la caseina e producono H_2S; i secondi, dall'altra parte, fermentano il mannosio, che i proteolitici non sono in grado di utilizzare. È stato dimostrato, mediante prove di agglutinazione, che i proteolitici e i non proteolitici formano gruppi distinti in relazione agli antigeni somatici[108]. L'assorbimento di antisiero da parte di un membro qualsiasi di un gruppo rimuove gli anticorpi da tutti e tre gli appartenenti a quel gruppo.

Tabella 24.3 Confronto riassuntivo tra ceppi di *C. botulinum* e relative tossine

Proprietà	Sierotipi						
	A	B	B	E	F	F	G
Anno di identificazione	1904	1896	1960	1936	1960	1965	1969
Proteolitico (+) non proteolitico (−)	+	+	−	−	+	−	+ (debole)
Gruppo	I	I	II	II	I	II	IV
Habitat principale	Terrestre	Terrestre	Acquatico	Acquatico	Acquatico	Acquatico	Terrestre
Temp. minima di crescita (°C)	~10	~10	3,3	3,3	~10	3,3	~12
Temp. massima di crescita (°C)	~50	~50	~45	~45	~50	~45	n.d.
pH min. di crescita (vedi testo)	4,7	4,7	4,7	4,8	4,8	4,8	4,8
a_w min. per la crescita	0,94	0,94	~0,97	~0,97	0,94?	~0,97	n.d.
Valori di D termico delle endospore (°C)	D_{110}=2,72-2,89	D_{110}=1,34-1,37	n.d.	D_{80}=0,80	D_{110}=1,45-1,82	$D_{82,2}$=0,25-0,84	D_{110}=0,45-0,54
Valori di D per irradiazione delle spore (kGy)	1,2-1,5	1,1-1,3	n.d.	1,2	1,1;2,5	1,5	n.d.
NaCl massimo di crescita (%)	~10	~10	5-6	5-6	8-10	5-6	n.d.
Frequenza relativa di epidemie alimentari	Elevata	Elevata	n.d.	Più elevata per prodotti ittici	1 epidemia	1 epidemia	Nessuna
Produzione di H_2S	+	+	−	−	+	−	++
Idrolisi della caseina	+	+	−	−	+	−	+
Produzione di lipasi	+	+	+	+	+	+	−
Fermentazione glucosio	+	+	+	+	+	+	−
Fermentazione mannosio	−	−	+	+	−	+	−
Produzione acido proprionico	+	+	n.d.	n.d.	+	n.d.	n.d.

Le esigenze nutrizionali di questi microrganismi sono complesse: essi richiedono amminoacidi, vitamine del gruppo B e minerali. Sono stati messi a punto terreni sintetici che favoriscono la crescita e la produzione di tossina della maggior parte dei tipi. In genere la presenza di carboidrati favorisce la crescita dei ceppi non proteolitici, ma non quella dei proteolitici; i primi, inoltre, tendono a essere più fermentativi dei proteolitici.

I ceppi proteolitici di norma non crescono a temperature inferiori a 12,5 °C, sebbene in alcuni studi sia stata rilevata crescita a 10 °C. Il valore massimo di temperatura per lo sviluppo del tipo A e del tipo proteolitico B, e probabilmente degli altri tipi proteolitici, è circa 50 °C. D'altra parte, i ceppi non proteolitici possono crescere anche a 3,3 °C, con una temperatura massima di circa 5 gradi inferiore rispetto ai ceppi proteolitici. Le temperature minima e massima di sviluppo dipendono dallo stato degli altri parametri di crescita: i valori minimi e massimi riportati sono da considerarsi validi in condizioni ottimali di pH, a_w ecc. In uno studio sulla temperatura minima per lo sviluppo e la produzione di tossina dei tipi non proteolitici B e F, in brodo e in polpa di granchio, entrambi i tipi crescevano e producevano tossina a 4 °C in brodo, mentre in polpa di granchio la crescita e la produzione di tossina si verificavano solo a 26 °C e non a temperature pari o inferiori a 12 °C[107]. Un ceppo di tipo G cresceva e produceva tossina in brodo e in polpa di granchio a 12 °C, ma non a 8 °C[107].

Il valore minimo di pH compatibile con la crescita e la produzione di tossina dei ceppi di *C. botulinum* è stato oggetto di molti studi. È generalmente riconosciuto che la crescita non si verifica a valori di pH pari o inferiori a 4,5 ed è tale fenomeno che determina il livello del trattamento termico che occorre applicare agli alimenti con pH inferiore (vedi capitolo 17). A causa della presenza di tossine botuliniche in alcune conserve alimentari molto acide preparate in ambito domestico, quest'area è stato oggetto di recenti studi. In una ricerca non si osservava crescita dei ceppi di tipo A e B in succo di pomodoro a pH intorno a 4,8, ma inoculando il prodotto con *Aspergillus gracilis*, la tossina veniva prodotta a pH 4,2 in associazione con il micelio[90]. In un altro studio condotto su succo di pomodoro con un pH iniziale di 5,8, il pH della superficie inferiore del micelio fungino aumentava fino a 7,0 dopo 9 giorni e fino a 7,8 dopo 19 giorni[51]. Il succo di pomodoro era stato inoculato con spore botuliniche di tipo A, una specie di *Cladosporium* e una di *Penicillium*. La strato più superficiale (0,5 mL) del prodotto mostrava aumenti di pH compresi tra 5,3 e 6,4 o 7,5 dopo 9 e 19 giorni, rispettivamente. Un ceppo di tipo B produceva gas dopo 30 giorni, in succo di pomodoro a pH 5,24, e dopo 6 giorni a pH 5,37. In sistemi alimentari contenenti gamberi interi, puré di gamberi, puré di pomodoro e puré di pomodoro e gamberi acidificato a pH 4,2 e 4,6 con acido acetico o citrico, nessuno dei tre ceppi di tipo E inoculati cresceva o produceva tossina a 26 °C dopo 8 settimane[96]. La crescita e la produzione di tossina di un ceppo di tipo E, dopo 8 settimane a pH 4,20 e a 26 °C, è stata dimostrata quando si utilizzava acido citrico, ma non acetico, per regolare il pH del mezzo colturale[122]. In generale, i valori minimi di pH sono simili per i ceppi proteolitici e non proteolitici.

Utilizzando sospensioni acquose di proteine di soia inoculate con quattro ceppi di tipo A e due di tipo B, e poste a incubare a 30 °C, la crescita si verificava a pH 4,2, 4,3 e 4,4[103]. L'inoculo era di 5×10^6 spore/mL, ed erano necessarie 4 settimane per poter rilevare la tossina a pH 4,4, regolando il pH con HCl o acido citrico. Utilizzando acidi lattico o acetico erano necessarie, rispettivamente, 12 e 14 settimane per la produzione di tossina a pH 4,4. Inoculi di 10^3-10^4 spore botuliniche per grammo rappresentano concentrazioni considerevolmente più elevate di quelle riscontrabili naturalmente negli alimenti (vedi oltre). Il fatto che – con inoculi ingenti – la crescita possa verificarsi a pH inferiore a 4,5 non invalida, pertanto, la teoria, comunemente accettata, che questo microrganismo non si sviluppi a valori di pH pari o inferiori a 4,5 in alimenti crudi con un numero considerevolmente più basso di spore.

Per quanto riguarda l'interazione di pH, NaCl e temperatura di crescita, uno studio su una zuppa giapponese di noodle (*tsuyu*) evidenziò che le spore di tipo A e B non determinavano la formazione di tossina nelle seguenti condizioni: (1) pH <6,5, 4% NaCl e 20 °C; (2) pH <5,0, 1% NaCl e 30 °C; (3) pH <5,5, 3% NaCl e 30 °C; (4) pH <6,0, 4% NaCl e 30 °C[55].

Il valore di a_w minimo, ormai ben accertato, che consente la crescita e la produzione di tossina dei ceppi di tipo A e di quelli proteolitici B è 0,94. Il valore minimo per il tipo E è circa 0,97. Sebbene i ceppi non siano stati studiati tutti nelle stesse condizioni, è possibile che gli altri ceppi non proteolitici abbiano un valore minimo simile a quello del tipo E. Il modo in cui un determinato valore di a_w viene ottenuto nei mezzi di coltura, influenza i valori minimi osservati. Utilizzando glicerolo come umettante, i valori di a_w tendono a essere leggermente più bassi rispetto a quando si usa NaCl o glucosio[110]. Un livello di sale del 10% circa, o il 50% di saccarosio, inibiscono la crescita dei tipi A e B; è stato osservato che il 3-5% di sale inibisce la produzione di tossina in pesci (cavedani) affumicati[18]. In presenza di nitriti, sono sufficienti concentrazioni di sale inferiori (vedi capitolo 13).

Per quanto riguarda la resistenza termica, questa è molto superiore nei ceppi proteolitici rispetto ai non proteolitici (tabella 24.3). Nonostante i valori riportati in tabella suggeriscano che il tipo A è il più resistente, seguito dal tipo proteolitico F e quindi dal proteolitico B, tali dati dovrebbero essere considerati a titolo puramente esemplificativo, poiché è noto che il liquido di cottura, la storia dei ceppi e altri fattori possono influenzare la resistenza termica (capitolo 17). Tutti i valori indicati sono stati determinati in tampone fosfato. Tra i tipi E, i ceppi Alaska e Beluga sembrano essere i più termoresistenti: in cavedani macinati è stato riportato un $D_{80°C}$ di 2,1 e 4,3[22], mentre in polpa di granchio sono stati riscontrati valori di $D_{82,2°C}$ di 0,51 e 0,74, rispettivamente, per i ceppi Alaska e Beluga[76]. Relativamente a cavedani affumicati, uno studio ha evidenziato che il riscaldamento fino a una temperatura interna di 180 °C per 30 minuti consentiva di ottenere un prodotto privo di tossine[31], mentre in un altro studio su 858 cavedani appena affumicati e sottoposti allo stesso trattamento termico, risultavano contaminati il 10 o l'1,2%, per lo più da ceppi di tipo E[91]. (La distruzione termica di endospore batteriche è trattata più approfonditamente nel capitolo 17.)

Relativamente al tipo G, i ceppi argentini e svizzeri producono entrambi due tipi di spore: termolabili e termostabili. Le prime, che vengono distrutte in 10 minuti a circa 80 °C, rappresentano il 99% circa delle spore in una coltura di ceppi svizzeri; nei ceppi argentini solo 1 endospora su 10.000 circa è termoresistente[75]. $D_{110°C}$ (230 °F) di due ceppi termoresistenti in tampone fosfato era 0,45-0,54 minuti, mentre per due ceppi termolabili $D_{82,2°C}$ (180 °F) era 1,8-5,9 minuti[75]. Le spore più termoresistenti di tipo G non sono ancora state propagate.

Ceppi tossigeni di *C. butyricum* crescevano e producevano tossina a pH 5,2, ma non crescevano a pH 5,0[88]. I ceppi termoresistenti (non tossigeni) crescevano a pH 4,2 ed erano considerevolmente più resistenti al calore dei ceppi non tossici.

A differenza del calore, le radiazioni sembrano avere un effetto simile sulle endospore dei ceppi proteolitici e non proteolitici, con valori di *D* di 1,1-2,5 kGy (vedi capitolo 15). Tuttavia, per un ceppo non proteolitico di tipo F è stato osservato un valore *D* pari a 1,5 kGy, simile al valore di un ceppo di tipo A, mentre per un ceppo proteolitico di tipo F si è ottenuto un valore di 1,16 kGy[7].

24.2.3 Ecologia della crescita di C. botulinum

È stato dimostrato che questo microrganismo non può crescere e produrre le sue tossine in competizione con elevate concentrazioni di altre specie microbiche. Gli alimenti contenenti tossine botuliniche sono generalmente privi di altri tipi di microrganismi a causa dei trattamenti termici cui sono stati sottoposti. In presenza di lieviti, tuttavia, si è visto che *C. botulinum* si sviluppa e produce tossina a pH 4,0. Se da un lato è stato riportato un effetto sinergico tra clostridi e batteri lattici, i lattobacilli svolgono un ruolo antagonista nei confronti della crescita e della produzione di tossina; una prova indiretta di ciò è l'assenza di tossina botulinica nel latte. Si presume che i lieviti producano fattori di crescita essenziali per lo sviluppo dei clostridi a bassi valori di pH, mentre i batteri lattici potrebbero favorirne la crescita riducendo il valore di Eh o inibirla per "antagonismo lattico" (vedi capitolo 13). In uno studio, il tipo A veniva inibito da ceppi di *C. sporogenes*, *C. perfringens* e *B. cereus* isolati dal suolo[105]. Alcuni ceppi di *C. perfringens* producevano una sostanza inibente efficace su 11 ceppi di tipo A, su 7 proteolitici e 1 non proteolitico di tipo B, su 5 ceppi di tipo E e su 7 di tipo F[58]. In alcune conserve in scatola con pH inferiore a 4,5 le spore di *C. botulinum* possono germinare e svilupparsi quando è presente *Bacillus coagulans*. In uno studio, condotto su succo di pomodoro a pH 4,5 inoculato con *B. coagulans*, il pH aumentava fino a 5,07 dopo 6 giorni a 35 °C e fino a 5,40 dopo 21 giorni, rendendo così possibile la crescita di *C. botulinum*[6]. Kautter e colleghi[58] osservarono che ceppi di tipo E venivano inibiti da altri microrganismi non tossici con caratteristiche biochimiche e morfologiche simili a quelle del tipo E. Si dimostrò che questi microrganismi sono in grado di inibire i ceppi di tipo E producendo una sostanza simile a una batteriocina, designata "boticina E". In uno studio più approfondito, ceppi proteolitici di tipo A, B e F si dimostrarono resistenti alla boticina E sintetizzata da un ceppo di tipo E non tossico, mentre cellule tossiche di tipo E risultarono suscettibili[5]. La boticina è risultata sporostatica per i tipi non proteolitici B, E e F.

Uno studio sull'ecologia del tipo F dimostrò che l'assenza di questo ceppo in campioni di fango durante alcuni periodi dell'anno era associata alla contemporanea presenza nei campioni di *Bacillus licheniformis*, che apparentemente inibiva i ceppi di tipo F[125].

In una ricerca di composti antimicrobici attivi contro ceppi di *C. botulinum*, 200 isolati di *Bacillus/Paenibacillus* provenienti da alimenti refrigerati a base di vegetali sono stati testati contro ceppi di tipo A, ceppi proteolitici di tipo B ed E, usando un test per diffusione (well diffusion assay). Diciannove (9,5%) dei surnatanti colturali testati hanno mostrato attività antibotulinica, che è risultata maggiore nelle colture di *P. polymyxa*[38]. Il fattore inibitorio compariva nei surnatanti colturali tra la fine della fase log e l'inizio della fase stazionaria dopo 7-10 giorni di crescita a 10 °C e dopo 2-3 giorni a 20 °C, in condizioni di aerobiosi e di anaerobiosi. Il fattore di *P. polymyxa* era un peptide termoresistente con attività inibitoria verso altri batteri, suggerendo una correlazione con la polimixina.

24.2.4 Criticità degli alimenti sotto vuoto e di prodotti analoghi

La crescita e la produzione di tossina da parte di ceppi di *C. botulinum* desta particolari preoccupazioni negli alimenti sotto vuoto. Con questa tecnica di conservazione, sviluppata in Francia intorno al 1980, l'alimento crudo viene confezionato in sacchetti a elevata barriera e cotto sotto vuoto. Le cellule vegetative vengono per la maggior parte, se non completamente, distrutte, ma le spore batteriche sopravvivono. Pertanto un prodotto sotto vuoto contiene spore batteriche in un ambiente a basso tenore di O_2 in cui non vi sono competitori microbici. In alimenti a bassa acidità, come carni, pollame e prodotti ittici, le spore di *C. botulinum* possono germinare, svilupparsi e produrre tossina. Tempo e temperatura di conservazione sono i due parametri critici che devono essere attentamente controllati per evitare la produzione di composti tossici.

A differenza dei proteolitici, i ceppi non proteolitici possono crescere nell'intervallo di temperature di refrigerazione. Una sintesi dei dati pubblicati sull'incidenza delle spore botu-

Tabella 24.4 Incidenza di spore di *Clostridium botulinum* in prodotti a base di carne e pollame nell'arco di 14 anni

Paese	Prodotto	N.di positivi/ Numero testato	C. botulinum Tipo (N.)	C. botulinum N./g
Regno Unito	Pancetta	36/397	A(23) B (13)	0,00217
Stati Uniti	Prosciutto cotto	5/100	A(5)	0,00166
	Tacchino affumicato	1/41	B	0,0081
	Altri tipi di carne	0/231	–	–
	Würstel	1/10	B	0,0066
	Altre carni	0/80	–	–
	Carni in scatola	1/73	B	0,0057
	"Salsicce"	0/17	–	–
Stati Uniti e Canada	Pollo crudo Carne di manzo e maiale cruda	1/1078	C	0,0031
Canada	Carni affettate	0/436	–	–

(Da Tompkin[120])

liniche in carne e pollame rivela che i valori sono estremamente bassi, ben al di sotto di 1 spora/g (tabella 24.4). Considerando un carico medio di 1 spora per grammo e una temperatura di conservazione costante di 3-5 °C, i prodotti carnei sotto vuoto a bassa acidità dovrebbero essere sicuri per almeno 21 giorni. Inoculando filetti di scorfano (MAP) con una miscela di 13 ceppi del tipo E, B e F, con concentrazioni pari a 1 spora per campione, non è stata rilevata tossina dopo 21 giorni a 4 °C[54]; analogo risultato è stato ottenuto con omogeneizzati di una specie di dentice (MAP) dopo 21 giorni a 4 °C[71]. In carne di maiale inoculata, confezionata in atmosfera modificata (MAP) e conservata a 5 °C, la tossina non poteva essere rilevata dopo 44 giorni[69]. In ogni caso, gli abusi termici riducono i tempi di conservazione previsti mantenendo i prodotti a basse temperature costanti. Prodotti con barriere aggiuntive, come a_w <0,93 o pH <4,6, possono rimanere sicuri per periodi più lunghi anche se dovesse verificarsi qualche abuso termico. Poiché le spore di *Bacillus* spp. possono essere più abbondanti di quelle botuliniche e poiché alcune possono svilupparsi a pH <4,6, non è escluso che queste forme possano germinare, crescere e innalzare il pH durante l'abuso termico. In fettuccine con pH inziale <4,5, conservate in condizioni di anaerobiosi, la tossina botulinica era rivelabile quando il pH veniva innalzato da crescita microbica[53]. Sebbene sia ampiamente appurato che il pesce contiene più spore botuliniche degli animali terrestri e che, quindi, dovrebbe presentare maggiori problemi, uno studio condotto su 1074 campioni di pesce fresco commercializzato in confezioni sotto vuoto e mantenuto a 12 °C per 12 giorni non ha evidenziato sviluppo di tossine botuliniche[70]; ceppi di tipo E inoculati nei controlli si sono sviluppati, suggerendo che i campioni testati non contenessero spore botuliniche o che la loro crescita potesse essere stata inibita da altre specie presenti nella microflora.

Diversi gruppi di ricerca hanno sviluppato modelli matematici per predire la probabilità di crescita microbica e produzione di tossina in alimenti sotto vuoto e MAP. Utilizzando disegni fattoriali, questi modelli sono progettati per integrare gli effetti individuali e quelli combinati di parametri quali temperatura, a_w, pH, entità dell'inoculo e tempo di conservazione. In una serie di studi sono state sviluppate equazioni per predire il tempo necessario per la produzione di tossina e la probabilità di tossigenesi di una singola spora in definite condizioni utilizzando patate cotte e confezionate sotto vuoto[24]. L'ultimo studio ha dimostrato che la risposta ottenuta con miscele di cinque spore di tipo A o B era lineare, mentre per a_w la risposta aveva un andamento curvilineo. In un'altra serie di studi, utilizzando pesce fresco conservato in MAP e inoculato con ceppi non proteolitici, il 74,6% della variazione sperimentale nel modello finale di regressione lineare multipla era dovuto alla temperatura di conservazione, mentre il carico di spore rappresentava solo il 7,4%[11]. Il tempo più breve per l'insorgenza di tossicità a 20 °C era di 1 giorno, ma a 4 °C erano necessari 18 giorni. Con spore di tipo E non si osservava crescita in carne tagliata a pezzi conservata a 3 °C per 170 giorni, mentre in aringhe confezionate sotto vuoto, inoculate con 10^4 spore di tipo E per grammo, veniva rilevata tossigenesi dopo 21 giorni a 3,3 °C[11]. Tra gli altri modelli riportati, uno ha valutato l'impiego di acido sorbico fino a 2270 ppm in combinazione con alcuni degli altri parametri menzionati[72].

24.2.5 Natura delle neurotossine botuliniche

Le neurotossine sono formate all'interno del microrganismo e vengono rilasciate in seguito ad autolisi. In genere sono sintetizzate da cellule in crescita in condizioni ottimali, ma è stata riportata la produzione di tossina anche da parte di cellule in fase stazionaria. Le neurotossine botuliniche (BoNT) sono le sostanze più velenose conosciute: il tipo A purificato contiene circa 30 milioni/mg di LD_{50} per il topo. La dose letale minima riportata per il topo è di 0,4-2,5 ng/kg per iniezione intravenosa o intraperitoneale; per l'uomo è stata stimata una DL_{50} di circa 1 ng/kg di peso corporeo. La neurotossina di tipo A è stata la prima a essere purificata da Lamanna e colleghi e da Abrams e colleghi (entrambi i gruppi nel 1946); in seguito sono state ottenute in forma purificata anche le tossine dei tipi B, E e F.

I geni per la produzione di BoNT A, B, E e F sono cromosomici, mentre quello che codifica per il tipo G risiede in plasmidi[128]. I ceppi produttori del tipo G sono separati dagli altri ceppi botulinici, collocandosi nel gruppo IV. Il gene che codifica per la BoNT di tipo B è stato sequenziato e clonato[126].

La BoNT è prodotta come singola catena polipeptidica; un successivo taglio post-traduzionale dà luogo a forma bicatenaria costituita da una catena pesante di 100 kDa e da una catena leggera di 50 kDa legate da un ponte disolfuro. Si compone di tre domini funzionali: uno di legame, uno di traslocazione e uno catalitico. Il dominio di legame è stato utilizzato come immunogeno che garantisce protezione contro dosi critiche di BoNT[17]. Dopo essersi legata ai recettori delle cellule nervose, la BoNT viene internalizzata nel neurone mediante endocitosi, tale fase è seguita dal clivaggio proteolitico di sinaptobrevine (componenti proteici delle vescicole sinaptiche), che blocca il rilascio del neurotrasmettitore[17].

È stato riportato che la tossina di tipo A è più letale di quelle di tipo B o E. La tossina di tipo B è stata associata a una mortalità nei soggetti colpiti molto inferiore rispetto a quella di tipo A; in alcuni casi provocati da tossina di tipo B vi è stata guarigione anche quando nel sangue potevano essere dimostrate quantità significative di tossina.

I sintomi del botulismo possono essere prodotti per somministrazione orale o parenterale delle tossine; queste possono essere assorbite nel torrente ematico attraverso le membrane mucose del sistema respiratorio, come pure attraverso le pareti dello stomaco e dell'intestino. Le tossine non vengono completamente inattivate dagli enzimi proteolitici gastrici; quelle prodotte da ceppi non proteolitici possono anzi essere attivate. I complessi a elevato peso molecolare o i precursori possiedono maggiore resistenza all'acido e alla pepsina[117]. In uno studio, condotto con succo intestinale di ratto in vitro, la tossina veniva rapidamente inattivata, mentre il suo precursore era resistente. Il precursore era più stabile negli stomaci di ratti. Sembra che il componente non tossico del precursore (catena pesante) supporti l'attività della tossina (catena leggera). Dopo essere state assorbite nel torrente ematico, le tossine botuliniche entrano nel sistema nervoso periferico. Le tossine di *C. botulinum* sono rappresentate da sette tossine correlate, la più importante delle quali ha un peso molecolare di circa 150 kDa. La tossina si lega alle membrane terminali dei neuroni presinaptici a livello delle giunzioni neuromuscolari, dove blocca il rilascio di acetilcolina. Questo meccanismo, che è alla base dell'uso cosmetico della tossina botulinica, determina paralisi flaccida. A differenza della tossina botulinica, quella tetanica blocca un fattore nervoso che permette il rilassamento muscolare, determinando paralisi spastica. A differenza delle enterotossine stafilococciche e delle tossine termostabili di altri patogeni alimentari, le tossine botuliniche sono termosensibili e possono essere distrutte in 10 minuti riscaldando a 80 °C (176 °F) o in pochi minuti a temperatura di ebollizione.

24.2.6 Sindrome botulinica negli adulti: incidenza e alimenti coinvolti

I sintomi del botulismo possono manifestarsi dopo 12-72 ore dall'ingestione di alimenti contenenti la tossina, ma sono stati riportati periodi di incubazione più lunghi. Il quadro clinico è caratterizzato inizialmente da nausea, vomito, spossatezza, vertigine e cefalea, seguiti da secchezza della pelle, della bocca e della gola, costipazione, assenza di febbre, paralisi dei muscoli, visione doppia e, infine, insufficienza respiratoria e morte. Il decorso varia da 1 a 10 o più giorni, a seconda della resistenza individuale e di altri fattori. La mortalità varia tra il 30 e il 65%, con percentuali generalmente più basse nei Paesi europei che negli Stati Uniti. Tutti i sintomi sono causati dall'esotossina; il trattamento consiste nella somministrazione tempestiva di specifici antisieri. Sebbene si ritenga che l'assorbimento della tossina da alimenti contaminati avvenga già a livello della cavità orale, durante la masticazione dei cibi, Lamanna e colleghi[68] osservarono che topi e scimmie erano più suscettibili alle tossine quando somministrate attraverso sondino gastrico. Le tossine botuliniche sono neurotossine e attaccano irreversibilmente i nervi; il trattamento tempestivo con antisieri migliora la prognosi.

Prima del 1963, negli Stati Uniti la maggior parte dei casi di botulismo, nei quali l'alimento responsabile era stato identificato, era riconducibile a conserve vegetali domestiche ed era causato da tossine di tipo A e B. In circa il 70% dei 640 casi riportati nel periodo 1899-1967 l'alimento responsabile non è stato identificato; del 30% dei casi in cui l'alimento è stato identificato il 17,8% era associato a vegetali, il 4,1% a frutta, il 3,6% a pesce, il 2,2% a condimenti, l'1,4% a carne e pollame e l'1,1% ad altro. Negli Stati Uniti, nel periodo 1977-1997, il numero più elevato di casi alimentari fu registrato nel 1977 in un ristorante di Pontiac, in Michigan, in seguito al consumo di una salsa piccante a base di peperoncini jalapeño conservati in casa; non si verificò alcun decesso e venne identificata la tossina di tipo B. I casi totali di qualsiasi origine verificatisi negli Stati Uniti raramente superano i 50 all'anno; il decennio con il maggior numero di casi è stato il 1930-1939, durante il quale si manifestarono 384 casi provocati da alimenti non commerciali. Tra il 1899 e il 1963 nel mondo furono riportati 1561 casi da alimenti non commerciali, mentre 219 casi vennero ricondotti a prodotti commerciali tra il 1906 e il 1963, di cui 24 verificatisi nel solo 1963.

Di 404 casi accertati di botulismo di tipo E nel 1963, 304 (75%) si verificarono in Giappone. Nessuna epidemia di botulismo era stata registrata in quel Paese prima del 1951. Nel periodo compreso tra maggio 1951 e gennaio 1960 furono registrati 166 casi con 58 decessi, pari a una mortalità del 35%. La maggior parte di questi casi fu ricondotta a un alimento preparato in casa chiamato *izushi*: una conserva di pesce crudo, verdure, riso cotto, riso maltato (*koji*) e piccole quantità di sale e aceto. Questa preparazione viene chiusa ermeticamente in un contenitore di legno munito di coperchio e mantenuta per almeno 3 settimane per consentire la fermentazione lattica. In tale intervallo di tempo il potenziale Eh si abbassa, permettendo la crescita di anaerobi.

Nel periodo 1899-1973 furono registrate 62 epidemie di botulismo dovute a conserve alimentari prodotte industrialmente[74]; 41 si verificarono prima del 1930. Tra il 1941 e il 1982, negli Stati Uniti si sono registrate 7 epidemie associate ad alimenti commerciali confezionati in contenitori metallici, con 17 vittime e 8 decessi[89]. Tre di queste epidemie furono ascritte al tipo A, le altre al tipo B. Cinque epidemie furono causate da danni ai contenitori o da trattamenti termici insufficienti[89]. I funghi in scatola sono stati ritenuti responsabili di diverse epidemie di botulismo. Uno studio condotto nel biennio 1973-1974 rivelò la presenza di tossina botulinica in 30 scatolette di funghi (in 29 casi si trattava di tossina di tipo B). Altre 11 lattine contenevano spore vitali di *C. botulinum*, ma non la tossina preformata[74]. La capacità di funghi commerciali (*Agaricus bisporus*) di supportare la crescita di spore inoculate di *C. botulinum* è stata studiata da Sugiyama e Yang[119]. Parti diverse dei funghi furono inoculate, avvolte con film plastico e poste a incubare; se l'incubazione avveniva a 20 °C, la tossina era rilevata dopo soli 3-4 giorni. Nonostante il film plastico utilizzato per avvolgere i funghi inoculati permettesse gli scambi gassosi, la respirazione dei funghi freschi consumava l'ossigeno con una velocità maggiore di quella di permeazione attraverso il film. Non fu invece osservata formazione di tossina nei prodotti incubati a temperature di refrigerazione.

Un'epidemia atipica di 36 casi, con alcuni decessi, si verificò nel 1985 in Canada, Paesi Bassi e Stati Uniti. L'alimento responsabile venne identificato in aglio spezzettato in olio di semi di soia confezionato in bottiglie di vetro. Sebbene le istruzioni riportate in etichetta indicassero chiaramente che il prodotto doveva essere conservato a temperatura di refrigerazione, le bottiglie non aperte furono conservate a temperatura ambiente per 8 mesi. Il prodotto venne utilizzato per fare pane al burro aromatizzato all'aglio, che a sua volta fu impiegato per la preparazione di sandwich. Furono ritrovate spore del tipo proteolitico B e la tossina era prodotta entro 2 settimane quando ceppi di tipo B, proteolitici e non proteolitici, venivano inoculati nelle bottiglie di aglio spezzettato mantenute a 25 °C[111]. Mantenendo le bottiglie di aglio spezzettato a 35 °C, con un inoculo di 1 spora/g, la tossina A era prodotta in 20 giorni, come pure la tossina di tipo B[106]. In quest'ultimo studio, bottiglie altamente tossiche avevano aspetto e odore accettabile. Un'epidemia del tipo E, con 91 vittime e 20 decessi, si verificò in Egitto nel 1991; l'alimento responsabile fu il *faseikh*, un prodotto preparato con pesce crudo non eviscerato e salato[84]. Nel 1994, a El Paso, in Texas, si registrò un'epidemia con 30 vittime: tutte avevano consumato una salsa a base di patate e una a base di melenzane, entrambe contenenti patate al forno. Le patate al forno erano state avvolte in un foglio di alluminio e mantenute a temperatura ambiente per diversi giorni, diventando tossiche[8]. Sebbene non frequente, in altri casi la tossina botulinica era già stata rilevata in patate cotte al forno.

Tra le epidemie registrate di botulismo dovute al tipo F, una fu causata da paté di fegato preparato in casa (cinque persone colpite con un decesso); l'unica epidemia statunitense provocata da questo tipo si verificò nel 1966: coinvolse tre persone e fu dovuta al consumo di carne di cervo essiccata[82].

Il maggior rischio di botulismo è associato ad alimenti preparati in casa e a conserve domestiche manipolate in maniera impropria o sottoposte a un trattamento termico non sufficiente per distruggere le spore botuliniche. Questi alimenti vengono spesso consumati senza riscaldamento o cottura. La migliore misura preventiva è portare gli alimenti sospetti a temperatura di ebollizione per alcuni minuti: tale trattamento è sufficiente per inattivare le neurotossine eventualmente presenti.

24.2.7 Botulismo infantile

Riconosciuto per la prima volta in California nel 1976, il botulismo infantile è stato in seguito confermato nella maggior parte degli Stati uniti e in molti altri paesi. La forma adulta di botulismo è causata dall'ingestione di tossine preformate, mentre quella infantile dall'ingestione di spore botuliniche vitali, la cui germinazione nel tratto intestinale è accompagnata dalla sintesi di tossina. Sebbene sia possibile, in condizioni particolari, che in alcuni adulti le endospore botuliniche germinino e producano piccole quantità di tossina, la colonizzazione del tratto intestinale non favorisce la germinazione delle spore. In genere i bambini di oltre un anno di età non sono colpiti da questa sindrome, poiché in essi si è già sviluppata una microflora intestinale più normale. In alcuni casi le manifestazioni sono lievi, in altri possono essere molto severe. La concentrazione intestinale di spore è molto elevata nella fase acuta e si riduce man mano che la malattia progredisce verso la guarigione.

Questa sindrome viene diagnosticata dimostrando la presenza di tossine botuliniche nelle feci dei bambini e utilizzando il test di letalità sul topo. Poiché *Clostridium difficile* produce tossine letali per il topo nel tratto intestinale dei neonati, è necessario differenziare queste tossine da quelle di *C. botulinum*[35].

Per i bambini la fonte delle spore vitali è rappresentata da alcuni alimenti e, probabilmente, dall'ambiente che li circonda. Gli alimenti che possono veicolare la malattia sono quelli non sottoposti a trattamenti termici in grado di distruggere le endospore; i prodotti più frequentemente coinvolti sono sciroppi e miele. Su 90 campioni di miele esaminati, 9 contenevano spore vitali; 6 di questi erano stati consumati da bambini che avevano contratto il botulismo infantile[83]. Dei 9 campioni contenenti spore, 7 risultarono contaminati dal tipo B e 2 dal tipo A. Di 910 alimenti per l'infanzia provenienti da 10 classi di prodotti, solo 2 classi sono risultate positive per la presenza di spore: miele e sciroppo di mais[59]. Su 100 campioni di miele, 2 contenevano il tipo A; su 40 campioni di sciroppo di mais 8 erano contaminati da spore di tipo B. In Canada, sono state riscontrate spore botuliniche vitali in 1 campione di miele su 150 (tipo A) e in 1 campione di cereali secchi su 40 (tipo B), mentre 43 campioni di sciroppo sono risultati negativi[56]. Dei casi riportati negli Stati Uniti fino al 1997, 62 sono stati registrati nel 1982, riguardavano bambini di età compresa tra 2 e 48 settimane e sono stati causati in ugual misura da tossine di tipo A e B. I primi due casi riportati in Italia, a Roma, sono stati provocati dalla tossina di tipo E prodotta da *Clostridium botulinum*[21]. In Giappone il primo caso documentato si è verificato nel 1995 ed è stato causato dalla tossina di tipo B; in quell'occasione si è osservato che la tossina possedeva minore tossicità e forse anche minore capacità di legame rispetto alla forma adulta[62].

I modelli animali per lo studio di questa sindrome sono rappresentati da topi di 8-11 giorni di vita e da ratti di 7-13 giorni[85]. Nel topo la tossina botulinica è stata trovata nel lume dell'intestino crasso e non era associata all'ileo. (La sensibilità di questi modelli animali è discussa nel capitolo 12.)

24.3 Gastroenterite da *Bacillus cereus*

Bacillus cereus è un bastoncino aerobio, sporigeno, normalmente presente nel suolo, nella polvere e nell'acqua. In Europa è stato associato a casi di intossicazione alimentare almeno dal 1906. Plazikowski fu tra i primi a descrivere con precisione questa sindrome; nei primi anni Cinquanta le sue osservazioni furono confermate da diversi altri ricercatori europei. Negli Stati Uniti la prima epidemia documentata risale al 1969, in Gran Bretagna al 1971.

Questa specie può essere presente in numero limitato in numerosi prodotti alimentari, sia freschi sia trasformati. In uno studio *B. cereus* è stato isolato nel 6,6% di 534 campioni di carni crude, nel 18,3% di 820 prodotti a base di carne e nel 39,1% di 609 additivi alimentari[61], in concentrazioni di 10^2-10^4/g; non è chiaro, tuttavia, se vi fossero anche ceppi enterotossigeni. Questi ultimi sono stati isolati da diversi alimenti in un altro studio, nel quale l'85% degli 83 ceppi isolati da latte crudo è risultato positivo per la presenza di tossina diarrogena[43].

Oltre a *B. cereus*, altre specie producono enterotossine. La produzione di enterotossina diarrogena è stata dimostrata, dopo nove giorni a temperature comprese tra 6 e 21 °C, in ceppi di *B. mycoides* isolati da latte[43]. Si è osservato che concentrazioni variabili di isolati appartenenti alle seguenti specie sono produttori di enterotossina: *B. circulans*, *B. lentus*, *B. thuringiensis*, *B. pumilus*, *P. polymyxa*, *B. carotarum* e *B. pasteurii*[43]. *B. thuringiensis* è stato isolato da alimenti e sembra produrre una tossina Vero citotossica[23].

Questo batterio ha una temperatura di crescita minima di circa 4-5 °C e massima intorno a 48-50 °C. La crescita è stata dimostrata nel range di pH 4,9-9,3[40]. Le sue spore possiedono una resistenza termica tipica degli altri mesofili.

24.3.1 Tossine da B. cereus

Questo batterio produce un'ampia varietà di tossine ed enzimi esocellulari, che comprendono leticinasi, proteasi, β-lattamasi, sfingomielinasi, cereolisina (tossina letale per il topo, emolisina I) ed emolisina BL. La cereolisina è una tossina tiolo dipendente, analoga alla perfringolisina O. Ha un peso molecolare di 55 kDa e sembra non avere alcun ruolo nelle sindromi gastroenteriche di origine alimentare.

La sindrome diarroica sembra essere prodotta da un complesso tripartito formato dalle componenti B, L_1 e L_2, denominato emolisina BL (HBL). Questo complesso determina emolisi, citolisi, dermonecrosi, permeabilità vascolare e attività enterotossica. È responsabile del 50% circa della tossicità retinica dei surnatanti colturali di *B. cereus* nelle endoftalmiti[14]. Sebbene non sia stata dimostrata la presenza di singole enterotossine, sembra che la HBL sia responsabile della sindrome diarroica[13]. Utilizzando un kit commerciale per la determinazione della componente L_2, è stato dimostrato che essa viene prodotta durante la fase di crescita logaritmica. Sarebbero necessarie 10^7 cellule/mL per osservare attività tossica e la produzione è favorita nell'intervallo di pH compreso tra 6,0 e 8,5. È stato dimostrato che diversi ceppi producono tossina tra 6 e 21 °C[43]. Un test PCR basato sul gene *hblA* (che codifica per il componente B) si è dimostrato più rapido dei kit analitici per l'enterotossina diarrogena.

Tabella 24.5 Specie di *Bacillus* e *Paenibacillus* per le quali è stata dimostrata la produzione di enterotossina HBL normalmente associata a *B. cereus*

B. amyloliquefaciens	B. mycoides
B. cereus	B. pasteurii
B. circulans	B. pseudomycoides
B. coagulans	B. subtilis
B. lentimorbis	B. thuringiensis
B. lentus	B. weihenstephanensis
B. licheniformis	P. polymyxa
B. megaterium	

(Dati dai riferimenti bibliografici 95, 97 e altri)

Sebbene la sindrome diarroica sia comunemente associata a *B. cereus* e al complesso di tossine HBL, è stato dimostrato che almeno altre 14 specie dei generi *Bacillus* e *Paenibacillus* possono provocare questa malattia di origine alimentare (tabella 24.5). Sebbene sulla base di analisi genetiche sia stato suggerito che *B. cereus*, *B. thuringiensis* e *B. anthracis* facciano parte della stessa specie[49], le ultime due non sembrano produrre il complesso di tossine di *B. cereus*. *B. anthracis* appartiene, tuttavia, al gruppo di *B. cereus*, che include *B. mycoides*, *B. pseudo-mycoides*, *B. weihenstephanensis* e *B. thuringiensis*[97].

Per una rassegna sulle possibili relazioni tra *B. anthracis* e sicurezza alimentare, si può consultare il riferimento bibliografico 30.

24.3.2 Sindrome diarroica

Questa sindrome è piuttosto lieve, con sintomi che si manifestano entro 8-16 ore (più frequentemente entro 12-13 ore), e persistono per 6-12 ore[47]. Il quadro clinico comprende nausea (raramente vomito), dolori addominali simili a crampi, tenesmo e feci acquose; la febbre è generalmente assente. È stata osservata similarità tra i sintomi di questa sindrome e quelli dell'intossicazione da *C. perfringens*[34].

Gli alimenti più frequentemente coinvolti sono pietanze a base di cereali contenenti mais e amido di mais, puré di patate, verdure, carne macinata, salsiccia di fegato, polpettoni, latte, carne cotta, piatti indonesiani di riso, pudding, zuppe e altri[34]. Le epidemie riportate tra il 1950 e il 1978 sono state compendiate da Gilbert[34]: le conte su piastra registrate degli avanzi di alimenti variavano tra 10^5 e $9,5 \times 10^5$/g e in molti casi erano comprese nell'intervallo 10^7-10^8/g. Le prime epidemie ben studiate furono quelle indagate da Hauge[46], riconducibili a una salsa di vaniglia; le conte si aggiravano tra $2,5 \times 10^7$ e 1×10^8/g. Un polpettone di carne coinvolto in un'epidemia statunitense nel 1969 presentava una conta di 7×10^7/g[81]. Le serovar isolate in epidemie diarroiche includono i tipi 1, 6, 8, 9, 10 e 12. Le serovar 1, 8 e 12 sono state associate sia a questa sindrome sia a quella emetica[34].

24.3.3 Sindrome emetica

Rispetto alla sindrome diarroica questa forma di intossicazione da *B. cereus* ha un periodo di incubazione più breve, variabile da 1 a 6 ore, più comunemente tra 2 e 5 ore[87]; è stata osservata similarità con la sindrome da intossicazione stafilococcica[34]. È spesso associata al consumo di piatti a base di riso fritto o bollito, ma anche a panna pastorizzata, spaghetti, puré di patate e germogli[34]. Epidemie sono state riportate in Gran Bretagna, Canada, Australia, Paesi Bassi, Finlandia, Giappone e Stati Uniti. Il primo caso statunitense fu registrato nel 1975 e ricondotto al consumo di puré di patate.

Il numero di microrganismi necessario per causare l'intossicazione sembra essere più elevato di quello richiesto per la sindrome diarroica, con cariche che arrivano a 2×10^9/g[34]. Le serovar di *B. cereus* associate alla sindrome emetica comprendono 1, 3, 4, 5, 8, 12 e 19[34].

La tossina emetica è un cereulide, un peptide ionoforo insolubile in acqua, strettamente correlato all'antibiotico valinomicina[1], con peso molecolare di circa 1,2 kDa; induce la formazione di vacuoli in cellule HEp-2 (vedi capitolo 12) e tale attività, come pure quella emetica, non viene persa dopo riscaldamento per 30 minuti a 121 °C[1,2]. Il topo ragno muschiato *Suncus murinus* si è dimostrato un modello animale adatto per gli studi di attività emetica[2].

Utilizzando 3 ceppi di *B. cereus* e tryptic soy o trypticase soy media, la produzione di cereulide cominciava al termine della fase di crescita logaritmica ed era indipendente dalla sporulazione[44]. I ceppi producevano da 80 a 166 µg di cereulide/mL a 21 °C in 1-3 giorni durante la fase stazionaria, quando il numero di cellule arrivava a 2×10^8 o anche a 6×10^8 ufc/mL. A temperature di 40 °C e inferiori a 8 °C la produzione risultava minima[44].

I ceppi produttori di tossina emetica crescono nell'intervallo 15-50 °C, con un optimum tra 35 e 40 °C[56]. Sebbene la sindrome emetica sia spesso associata a pietanze a base di riso, in questo alimento la crescita dei ceppi produttori di tossina emetica non è favorita rispetto a quella di altri ceppi di *B. cereus*, sebbene in tale prodotto siano state osservate popolazioni più numerose e una germinazione più abbondante[56].

Bibliografia

1. Agata N, Ohta M, Mori M, Isobe M (1995) A novel dodecadepsipeptide, cereulide, is an emetic toxin of Bacillus cereus. *FEMS Microbiol Lett*, 129: 17-20.
2. Agata N, Mori M, Ohta M, Suwan S, Ohtani I, Isobe M (1994) A novel dodecadepsipeptide, cereulide, isolated from Bacillus cereus causes vacuole formation in HEp-2 cells. *FEMS Microbiol Lett*, 121: 31-34.
3. Alderton G, Ito KA, Chen JK (1976) Chemical manipulation of the heat resistance of Clostridium botulinum spores. *Appl Environ Microbiol*, 31: 492-498.
4. Alderton G, Snell N (1969) Bacterial spores: Chemical sensitization to heat. *Science*, 163: 1212-1213.
5. Anastasio KL, Soucheck JA, Sugiyama H (1971) Boticinogeny and actions of the bacteriocin. *J Bacteriol*, 107: 143-149.
6. Anderson RE (1984) Growth and corresponding elevation of tomato juice pH by Bacillus coagulans. *J Food Sci*, 49: 647, 649.
7. Anellis A, Berkowitz D (1977) Comparative dose-survival curves of representative Clostridium botulinum type F spores with type A and B spores. *Appl Environ Microbiol*, 34: 600-601.
8. Angulo FJ, Getz J, Taylor JP, Hendricks KA, Hathaway EL, Barth SS, Solomon HM, Larson AE, Johnson EA, Nickey LN, Reis AA (1998) A large outbreak of botulism: The hazardous baked potato. *J Infect Dis*, 178: 172-177.
9. Annibali Fenicia FL, Franciosa G, Aureli P (2002) Influence of pH and temperature on the growth of and toxin production by neurotoxigenic strains of Clostridium butyricum type E. *J Food Protet*, 65: 1267-1270.
10. Austin JW, Dodds KC (2001) Clostridium botulinum. In: Heu YH, Pierson MD, Gorham JR (eds) *Foodborne Disease Handbook*, vol. 1 (2nd ed). Marcel Dekker, New York, pp. 107-138.
11. Baker DA, Genigeorgis C (1990) Predicting the safe storage of fresh fish under modified atmospheres with respect to Clostridium botulinum toxigenesis by modeling length of the lag phase of growth. *J Food Protect*, 53 :131-140.
12. Barnes E, Ingram M (1956) The effect of redox potential on the growth of Clostridium welchii strains isolated from horse muscle. *J Appl Bacteriol*, 19: 117-128.
13. Beecher DJ, Schoeni JL, Wong ACL (1995) Enterotoxic activity of hemolysin BL from Bacillus cereus. *Infect Immun*, 63: 4423-4428.
14. Beecher DJ, Pulido JS, Barney NP, Wong ACL (1995) Extracellular virulence factors in Bacillus cereus endophthalmitis: Methods and implication of involvement of hemolysin BL. *Infect Immun*, 63: 632-639.
15. Bradshaw JG, Stelma GN, Jones VI et al. (1982) Thermal inactivation of Clostridium perfringens enterotoxin in buffer and in chicken gravy. *J Food Sci*, 47: 914-916.
16. Bryan FL, McKinely TW, Mixon B (1971) Use of time-temperature evaluations in detecting the responsible vehicle and contributing factors of foodborne disease outbreaks. *J Milk Food Technol*, 34: 576-582.
17. Byrne MP, Smith TJ, Montgomery VA, Smith LA (1998) Purification, potency, and efficacy of the botulinum neurotoxin type A binding domain from Pichia pastoris as a recombinant vaccine candidate. *Infect Immun*, 66: 4817-4822.

18. Christiansen LN, Deffner J, Foster EM, Sugiyama H (1968) Survival and outgrowth of Clostridium botulinum type E spores in smoked fish. *Appl Microbiol*, 16: 133-137.

19. Ciccarelli AS, Whaley DN, McCroskey LM, Gimenez DF, Dowell VR Jr, Hatheway CL (1977) Cultural and physiological characteristics of Clostridium botulinum type G and the susceptibility of certain animals to its toxin. *Appl Environ Microbiol*, 34: 843-848.

20. Craig J, Pilcher K (1966) Clostridium botulinum type F: Isolation from salmon from the Columbia River. *Science*, 153: 311-312.

21. Creti R, Fenicia L, Aureli P (1990) Occurrence of Clostridium botulinum in the soil of the vicinity of Rome. *Curr Microbiol*, 20: 317-321.

22. Crisley FD, Peeler JT, Angelotti R, Hall HE (1968) Thermal resistance of spores of five strains of Clostridium botulinum type E in ground whitefish chubs. *J Food Sci*, 33: 411-416.

23. Damgaard PH, Larsen HD, Hansen BM, Bresciani J, Jorgensen K (1996) Enterotoxin-producing strains of Bacillus thuringiensis isolated from food. *Lett Appl Microbiol*, 23: 146-150.

24. Dodds KL (1989) Combined effect of water activity and pH on inhibition of toxin production by Clostridium botulinum in cooked, vacuum-packed potatoes. *Appl Environ Microbiol*, 55: 656-660.

25. Duncan CL (1973) Time of enterotoxin formation and release during sporulation of Clostridium perfringens type A. *J Bacteriol*, 113: 932-936.

26. Duncan CL (1976) Clostridium perfringens. In: deFigueiredo MP, Splittstoesser DF (eds) *Food Microbiology: Public Health and Spoilage Aspects*. AVI, Westport, CT, pp. 170-197.

27. Duncan CL, Strong DH (1968) Improved medium for sporulation of Clostridium perfringens. *Appl Microbiol*, 16: 82-89.

28. Duncan CL, Strong DH (1969) Ileal loop fluid accumulation and production of diarrhea in rabbits by cell-free products of Clostridium perfringens. *J Bacteriol*, 100: 86-94.

29. Eklund M, Poysky F (1965) Clostridium botulinum type E from marine sediments. *Science*, 149-306.

30. Erickson MC, Kornacki JL (2003) Bacillus anthracis: Knowledge in contamination of food. *J Food Protect*, 66: 691-699.

31. Fantasia LD, Duran AP (1969) Incidence of Clostridium botulinum type E in commercially and laboratory dressed white fish chubs. *Food Technol*, 23: 793-794.

32. Foegeding PM, Busta FF (1980) Clostridium perfringens cells and phospholipase C activity at constant and linearly rising temperatures. *J Food Sci*, 45: 918-924.

33. Genigeorgis C, Sakaguchi G, Riemann H (1973) Assay methods for Clostridium perfringens type A enterotoxin. *Appl Microbiol*, 26: 111-115.

34. Gilbert RJ (1979) Bacillus cereus gastroenteritis. In: Riemann H, Bryan FL (eds) *Food-borne infections and intoxications*. Academic Press, New York, pp. 495-518.

35. Gilligan PH, Brown L, Berman RE (1983) Differentiation of Clostridium difficile toxin from Clostridium botulinum toxin by the mouse lethality test. *Appl Environ Microbiol*, 45: 347-349.

36. Giménez JA, Giménez MA, DasGupta BR (1992) Characterization of the neurotoxin isolated from a Clostridium baratii strain implicated in infant botulism. *Infect Immun*, 60: 518-522.

37. Gimenez DF, Ciccarelli AS (1970) Another type of Clostridium botulinum. *Zentral Bakteriol Orig A*, 215: 221224.

38. Girardin H, Albagnac C, Dargaignaratz C et al. (2002) Antimicrobial activity of foodborne Paenibacillus and Bacillus spp. against Clostridium botulinum. *J Food Protect*, 65: 806-813.

39. Goepfert JM, Kim HU (1975) Behavior of selected foodborne pathogens in raw ground beef. *J Milk Food Technol*, 38: 449-452.

40. Goepfert JM, Spira WM, Kim HU (1972) Bacillus cereus: Food poisoning organism. A review. *J Milk Food Technol*, 35: 213-227.

41. Goldner SB, Solbert M, Jones S, Post LS (1986) Enterotoxin synthesis by nonsporulating cultures of Clostridium botulinum. *Appl Environ Microbiol*, 52: 407-412.

42. Granum PE, Telle W, Olsvik Ø, Stavn A (1984) Enterotoxin formation by Clostridium perfringens during sporulation and vegetative growth. *Int J Food Microbiol*, 1: 43-49.

43. Griffiths MW (1990) Toxin production by psychrotrophic Bacillus spp. present in milk. *J Food Protect*, 53: 790-792.

44. Häggblom MM, Apetroaie C, Andersson MA, Salkinoja-Salonen MS (2002) Quantitative analysis of cereulide, the emetic toxin of Bacillus cereus, produced under various conditions. *Appl Environ Microbiol*, 68: 2479-2483.

45. Hall JD, McCroskey LM, Pincomb BJ, Hatheway CL (1985) Isolation of an organism resembling Clostridium baratii which produces type F botulinal toxin from an infant with botulism. *J Clin Microbiol*, 21: 654-655.

46. Hauge S (1955) Food poisoning caused by aerobic spore-forming bacilli. *J Appl Bacteriol*, 18: 591-595.

47. Hauschild AH, Hilsheimer H (1971) Purification and characteristics of the enterotoxin of Clostridium perfringens type A. *Can J Microbiol*, 17: 1425-1433.

48. Hielm S, Björkroth J, Hyytiä E, Korkeala H (1998) Prevalence of Clostridium botulinum in Finnish trout farms: Pulsed-field gel electrophoresis typing reveals extensive genetic diversity among type E isolates. *Appl Environ Microbiol*, 64: 4161-4167.

49. Helgasoon EO, Økstad A, Caugant DA et al. (2000) Bacillus anthracis, Bacillus cereus, and Bacillus thuringiensis – One species on the basis of genetic evidence. *Appl Environ Microbiol*, 66: 2627-2630.

50. Hobbs B, Smith M, Oakley C, Warrack G, Cruickshank J (1953) Clostridium welchii food poisoning. *J Hyg*, 51: 75-101.

51. Huhtanen CN, Naghski J, Custer CS, Russell RW (1976) Growth and toxin production by Clostridium botulinum in moldy tomato juice. *Appl Environ Microbiol*, 32 :711-715.

52. Huss HH (1980) Distribution of Clostridium botulinum. *Appl Environ Microbiol*, 39: 764-769.

53. Ikawa JY (1991) Clostridium botulinum growth and toxigenesis in shelf-stable noodles. *J Food Sci*, 56: 264-265.

54. Ikawa JY, Genigeorgis C (1987) Probability of growth and toxin production by nonproteolytic Clostridium botulinum in rockfish fillets stored under modified atmospheres. *Int J Food Microbiol*, 4: 167-181.

55. Imai H, Oshita K, Hashimoto H, Fukushima D (1990) Factors inhibiting the growth and toxin formation of Clostridium botulinum types A and B in "tsuyu" (Japanese noodle soup). *J Food Protect*, 53: 1025-1032.

56. Johnson KM, Nelson CL, Busta FF (1983) Influence of temperature on germination and growth of spores of emetic and diarrheal strains of Bacillus cereus in a broth medium and in rice. *J Food Sci*, 48: 286-287.

57. Kang CK, Woodburn M, Pagenkopf A, Cheney R (1969) Growth, sporulation, and germination of Clostridium perfringens in media of controlled water activity. *Appl Microbiol*, 118: 798-805.

58. Kautter DA, Harmon SM, Lynt RK Jr, Lilly T Jr (1966) Antagonistic effect on Clostridium botulinum type E by organisms resembling it. *Appl Microbiol*, 14: 616-622.

59. Kautter DA, Lilly T Jr, Solomon HM, Lynt RK (1982) Clostrium botulinum spores in infant foods: A survey. *J Food Protect*, 45: 1028-1029.

60. Kokai-Kun JF, Benton K, Wieckowski EU, McClane BA (1999) Identification of a Clostridium perfringens enterotoxin region required for large complex formation and cytotoxicity by random mutagenesis. *Infect Immun*, 67: 5634-5641.

61. Konuma H, Shinagawa K, Tokumaru M, Onoue Y, Konno S, Fujino N, Shigehisa T, Kurate H, Kuwabara Y, Lopes CAM (1988) Occurrence of Bacillus cereus in meat products, raw meat and meat product additives. *J Food Protect*, 51: 324-326.

62. Kozaki S, Kamata Y, Nishiki TI, Kakinuma H, Maruyama H, Takahashi H, Karasawa T, Yamakawa K, Nakamura S (1998) Characterization of Clostridium botulinum type B neurotoxin associated with infant botulism in Japan. *Infect Immun*, 66: 4811-4816.

63. Krakauer T, Fleischer B, Stevens DL, McClane BA, Stiles BG (1997) Clostridium perfringens enterotoxin lacks superantigenic activity but induces an interleukin-6 response from human peripheral blood mononuclear cells. *Infect Immun*, 65: 3485-3488.

64. Labbe RG (1980) Relationship between sporulation and enterotoxin production in Clostridium perfringens type A. *Food Technol*, 34(4): 88-90.

65. Labbe RG, Duncan CL (1974) Sporulation and enterotoxin production by Clostridium perfringens type A under conditions of controlled pH and temperature. *Can J Microbiol*, 20: 1493-1501.

66. Labbe RG, Nolan LL (1981) Stimulation of Clostridium perfringens enterotoxin formation by caffeine and theobromine. *Infect Immun*, 34: 50-54.

67. Labbe RG, Rey DK (1979) Raffinose increases sporulation and enterotoxin production by Clostridium perfringens type A. *Appl Environ Microbiol*, 37: 1196-1200.

68. Lamanna C, Hillowalla RA, Alling CC (1967) Buccal exposure to botulinal toxin. *J Infect Dis*, 117: 327-331.

69. Lambert AD, Smith JP, Dodds KL (1991) Combined effect of modified atmosphere packaging and low-dose irradiation on toxin production by Clostridium botulinum in fresh pork. *J Food Protect*, 54: 94-101.

70. Lilly T Jr, Kautter DA (1990) Outgrowth of naturally occurring Clostridium botulinum in vacuum-packaged fresh fish. *J Assoc Off Anal Chem*, 73: 211-212.

71. Lindroth S, Genigeorgis C (1986) Probability of growth and toxin production by nonproteolytic Clostridium botulinum in rock fish stored under modified atmospheres. *Int J Food Microbiol*, 3: 167-181.

72. Lund BM, Graham AF, George SM, Brown D (1990) The combined effect of incubation temperature, pH and sorbic acid on the probability of growth of nonproteolytic type B Clostridium botulinum. *J Appl Bacteriol*, 69: 481-492.

73. Lukinmaa S, Takkunen E, Siitonen A (2002) Molecular epidemiology of Clostridium perfringens related to foodborne outbreaks of disease in Finland from 1984 to 1999. *Appl Environ Microbiol*, 68: 3744-3749.

74. Lynt RK, Kautter DA, Read RB Jr (1975) Botulism in commercially canned foods. *J Milk Food Technol*, 38: 546-550.

75. Lynt RK, Solomon HM, Kautter DA (1984) Heat resistance of Clostridium botulinum type G in phosphate buffer. *J Food Protect*, 47: 463-466.

76. Lynt RK, Solomon HM, Lilly T Jr, Kautter DA (1977) Thermal death time of Clostridium botulinum type E in meat of the blue crab. *J Food Sci*, 42: 1022-1025, 1037.

77. Mahony DE (1977) Stable L-forms of Clostridium perfringens: Growth, toxin production, and pathogenicity. *Infect Immun*, 15: 19-25.

78. Mäntynen V, Lindström K (1998) A rapid PCR-based test for enerotoxic Bacillus cereus. *Appl Environ Microbiol*, 64: 1634-1639.

79. McClung L (1945) Human food poisoning due to growth of Clostridium perfringens (C. welchii) in freshly cooked chicken: Preliminary note. *J Bacteriol*, 50: 229-231.

80. McCroskey LM, Hatheway CL, Fenicia L, Pasolini B, Aureli P (1986) Characterization of an organism that produces type E botulinal toxin but which resembles Clostridium butyricum from the feces of an infant with type E botulism. *J Clin Microbiol*, 23: 201-202.

81. Midura T, Gerber M, Wood R, Leonard AR (1970) Outbreak of food poisoning caused by Bacillus cereus. *Public Health Rep*, 85: 45-47.

82. Midura TF, Nygaard GS, Wood RM, Bodily HL (1972) Clostridium botulinum type F: Isolation from venison jerky. *Appl Microbiol*, 24: 165-167.

83. Midura TF, Snowden S, Wood RM, Arnon SS (1979) Isolation of Clostridium botulinum from honey. *J Clin Microbiol*, 9: 282-283.

84. Mishu B, Darweigh A, Weber JT, Hathewahy CL, El-Sharkaway S, Corwin A (1991) A foodborne outbreak of type E botulism in Cairo, Egypt, April, 1991. *Am J Trop Med Hyg*, 45(3S): 109.

85. Moberg LJ, Sugiyama H (1980) The rat as an animal model for infant botulism. *Infect Immun*, 29: 819-821.

86. Moller V, Scheibel I (1960) Preliminary report on the isolation of an apparently new type of Cl. botulinum. *Acta Pathol Microbiol Scand*, 48: 80.

87. Mortimer PR, McCann G (1974) Food-poisoning episodes associated with Bacillus cereus in fried rice. *Lancet*, 1: 1043-1045.

88. Morton RD, Scott VN, Bernard DT, Wiley RC (1990) Effect of heat and pH on toxigenic Clostridium butyricum. *J Food Sci*, 55: 1725-1727, 1739.

89. NFPA/CMI Task Force (1984) Botulism risk from post-processing contamination of commercially canned foods in metal containers. *J Food Protect*, 47: 801-816.

90. Odlaug TE, Pflug IJ (1979) Clostridium botulinum growth and toxin production in tomato juice containing Aspergillus gracilis. *Appl Environ Microbiol*, 37: 496-504.

91. Pace PJ, Krumbiegel ER, Angelotti R, Wieniewski HJ (1967) Demonstration and isolation of Clostridium botulinum types from whitefish chubs collected at fish smoking plants of the Milwaukee area. *Appl Microbiol*, 15: 877-884.

92. Pearson CB, Walker HW (1976) Effect of oxidation-reduction potential upon growth and sporulation of Clostridium perfringens. *J Milk Food Technol*, 39: 421-425.

93. Pederson HO (1955) On type E botulism. *J Appl Bacteriol*, 18: 619-629.

94. Peterson D, Anderson H, Detels H (1966) Three outbreaks of foodborne disease with dual etiology. *Public Health Rep*, 81: 899-904.

95. Phelps RJ, McKillip JL (2002) Enterotoxin production in natural isolates of Bacillus outside the Bacillus cereus group. *Appl Environ Microbiol*, 68: 3147-3151.

96. Post LS, Amoroso TL, Solberg M (1985) Inhibition of Clostridium botulinum type E in model acidified food systems. *J Food Sci*, 50: 966-968.

97. Pruss BM, Dietrich R, Nibler B, Märtibauer E, Scherer S (1999) The hemolytic enterotoxin HBL is broadly distributed among species of the Bacillus cereus group. *Appl Environ Microbiol*, 65: 5436-5442.

98. Rey CR, Walker HW, Rohrbaugh PL (1975) The influence of temperature on growth, sporulation, and heat resistance of spores of six strains of Clostridium perfringens. *J Milk Food Technol*, 38: 461-465.

99. Roy RJ, Busta FF, Thompson DR (1981) Thermal inactivation of Clostridium perfringens after growth at several constant and linearly rising temperatures. *J Food Sci*, 46: 1586-1591.

100. Saito M (1990) Production of enterotoxin by Clostridium perfringens derived from humans, animals, foods, and the natural environment in Japan. *J Food Protect*, 53: 115-118.

101. Satija KC, Narayan KG (1980) Passive bacteriocin typing of strains of Clostridium perfringens type A causing food poisoning for epidemiologic studies. *J Infect Dis*, 142: 899-902.

102. Skjelkvåle R, Uemura T (1977) Detection of enterotoxin in faeces and anti-enterotoxin in serum after Clostridium perfringens food-poisoning. *J Appl Bacteriol*, 42: 355-363.

103. Smelt JPPM, Raatjes GJM, Crowther JS, Verrips CT (1982) Growth and toxin formation by Clostridium botulinum at low pH values. *J Appl Bacteriol*, 52: 75-82.

104. Smith AM, Evans DA, Buck BM (1981) Growth and survival of Clostridium perfringens in rare beef prepared in a water bath. *J Food Protect*, 44: 9-14.

105. Smith LDS (1975) Inhibition of Clostridium botulinum by strains of Clostridium perfringens isolated from soil. *Appl Microbiol*, 30: 319-323.

106. Solomon HM, Kautter DA (1988) Outgrowth and toxin production by Clostridium botulinum in bottled chopped garlic. *J Food Protect*, 51: 862-865.

107. Solomon HM, Kautter DA, Lynt RK (1982) Effect of low temperatures on growth of nonproteolytic Clostridium botulinum types B and F and proteolytic type G in crabmeat and broth. *J Food Protect*, 45: 516-518.

108. Solomon RM, Lynt RK Jr, Kautter DA, Lilly T Jr (1971) Antigenic relationships among the proteolytic and nonproteolytic strains of Clostridium botulinum. *Appl Microbiol*, 21: 295-299.

109. Sonnabend O, Sonnabend W, Heinzle R, Sigrist T, Dirnhofer R, Krech U (1981) Isolation of Clostridium botulinum type G and identification of type G botulinal toxin in humans: Report of five sudden unexpected deaths. *J Infect Dis*, 143: 22-27.

110. Sperber WH (1983) Influence of water activity on foodborne bacteria – A review. *J Food Protect*, 46: 142-150.

111. St. Louis ME, Peck SHS, Bowering D, Morgan GB, Blatherwick J, Banarjee S, Kettyla GDM, Black WA, Milling ME, Hauschild AHW, Tauxe RV, Blake PA (1988) Botulism from chopped garlic: Delayed recognition of a major outbreak. *Ann Intern Med*, 108: 363-368.

112. Stark RL, Duncan CL (1971) Biological characteristics of Clostridium perfringens type A enterotoxin. *Infect Immun*, 4: 89-96.

113. Strong DH, Canada JC (1964) Survival of Clostridium perfringens in frozen chicken gravy. *J Food Sci*, 29: 479-482.

114. Strong DH, Canada JC, Griffiths B (1963) Incidence of Clostridium perfringens in American foods. *Appl Microbiol*, 11: 42-44.

115. Strong DH, Duncan CL, Perna G (1971) Clostridium perfringens type A food poisoning. II. Response of the rabbit ileum as an indication of enteropathogenicity of strains of Clostridium perfringens in human beings. *Infect Immun*, 3: 171-178.

116. Suen JC, Hatheway CL, Steigerwalt AG, Brenner DJ (1988) Clostridium argentinense sp. nov.: a genetically homogeneous group composed of all strains of Clostridium botulinum toxin type G and some nontoxigenic strains previously identified as Closridium subterminale or Clostridium hastiforme. *Int J Syst Bacteriol*, 38: 375-381.

117. Sugii S, Ohishi I, Sakaguchi G (1977) Correlation between oral toxicity and in vitro stability of Clostridium botulinum types A and B toxins of different molecular sizes. *Infect Immun*, 16: 910-914.

118. Sugiyama H, Mills DC (1978) Intraintestinal toxin in infant mice challenged intragastrically with Clostridium botulinum spores. *Infect Immun*, 21: 59-63.

119. Sugiyama H, Yang KH (1975) Growth potential of Clostridium botulinum in fresh mushrooms packaged in semipermeable plastic film. *Appl Microbiol*, 30: 964-969.

120. Tompkin RB (1980) Botulism from meat and poultry products – A historical perspective. *Food Technol*, 34(5): 229-236, 257.

121. Trakulchang SP, Kraft AA (1977) Survival of Clostridium perfringens in refrigerated and frozen meat and poultry items. *J Food Sci*, 42: 518-521.

122. Tsang N, Post LS, Solberg M (1985) Growth and toxin production by Clostridium botulinum in model acidified systems. *J Food Sci*, 50: 961-965.

123. Weiss KF, Strong DH (1967) Some properties of heat-resistant and heat-sensitive strains of Clostridium perfringens. I. Heat resistance and toxigenicity. *J Bacteriol*, 93: 21-26.

124. Wen Q, McClane BA (2004) Detection of enterotoxigenic Clostridium perfringens type A isolates in American retail foods. *Appl Environ Microbiol*, 70: 2685-2691.

125. Wentz M, Scott H, Vennes J (1967) Clostridium botulinum type F: Seasonal inhibition by Bacillus licheniformis. *Science*, 155: 89-90.

126. Whelan SM, Elmore MJ, Dodsworth NJ, Brehm JK, Atkinson T, Minton NP (1992) Molecular cloning of the Clostridium botulinum structural gene encoding the type B neurotoxin and determination of its entire nucleotide sequence. *Appl Environ Microbiol*, 58: 2345-2354.

127. Williams-Walls NJ (1968) Clostridium botulinum type F: Isolation from crabs. *Science*, 162: 375-376.

128. Zhou Y, Sugiyama H, Nakano H, Johnson EA (1995) The genes for the Clostridium botulinum type G toxin complex are on a plasmid. *Infect Immun*, 63: 2087-2091.

129. Zhou Y, Sugiyama H, Johnson EA (1993) Transfer of neurotoxigenicity from Clostridium butyricum to a nontoxigenic Clostridium botulinum type E-like strain. *Appl Environ Microbiol*, 59: 3825-3831.

Capitolo 25
Listeriosi di origine alimentare

La rapidità con cui *Listeria monocytogenes* si è imposta come agente eziologico di malattie di origine alimentare è unica. La sindrome da immunodeficienza acquisita (AIDS) e la legionellosi sono altri due esempi di malattie umane comparse rapidamente ma, a differenza della listeriosi, i loro agenti eziologici erano precedentemente sconosciuti come patogeni umani ed erano difficili da coltivare. Non solo *L. monocytogenes* è piuttosto facile da coltivare, ma la listeriosi è una malattia ben documentata in diverse specie animali e casi umani non erano sconosciuti. (Per ulteriori informazioni sulle listerie, vedi i riferimenti bibliografici 26 e 69.)

25.1 Tassonomia di *Listeria*

Le listerie sono bacilli Gram-positivi, non sporigeni, non acido resistenti, un tempo classificati come "*Listerella*". Il nome generico fu convertito nel 1940 in *Listeria*. Per molti versi le listerie sono simili ai microrganismi del genere *Brochothrix*. Entrambi i generi sono catalasi positivi e tendono a essere associati in natura, anche insieme a *Lactobacillus*. Tutti e tre i generi producono acido lattico da glucosio e da altri zuccheri fermentescibili; tuttavia, a differenza di *Listeria* e *Brochothrix*, i lattobacilli sono catalasi negativi. Un tempo si credeva che le listerie fossero correlate con i batteri corineformi, infatti si collocavano nella famiglia delle Corynebacteriaceae; oggi però è chiara la loro più stretta correlazione con *Bacillus*, *Lactobacillus* e *Streptococcus*. Dai dati di sequenziamento dell'RNA ribosomiale (rRNA) 16S, *Listeria* si colloca più vicino a *Brochothrix*, e questi due generi, insieme a *Staphylococcus* e *Kurthia*, occupano una posizione compresa tra il gruppo *Bacillus* e il gruppo *Lactobacillus/Streptococcus* all'interno del ramo *Clostridium–Lactobacillus–Bacillus*, nel quale la mol% G+C di tutti i membri è inferiore a 50[65]. Trasferimenti di geni avvengono tra *Listeria*, *Bacillus* e *Streptococcus*, e reazioni immunologiche incrociate si verificano tra *Listeria*, *Streptococcus*, *Staphylococcus* e *Lactobacillus*. *Brochothrix* ha in comune con Listeria 338 basi puriniche e pirimidiniche[85]. Sebbene *Erysipelothrix* si trovi nella stessa linea di *Mycoplasma*, ha in comune almeno 23 oligonucleotidi con *Listeria* e *Brochothrix*[85]. Analogamente ai bacilli, agli stafilococchi, agli streptococchi e ai lattobacilli, anche *Listeria* spp. contengono acidi teicoici e lipoteicoici, ma le loro colonie si differenziano per il colore blu-verde brillante quando osservate con luce a incidenza obliqua.

Si riconoscono sei specie di *Listeria*, elencate in tabella 25.1 con alcune caratteristiche distintive. Quella che prima si chiamava *L. murrayi* è stata accorpata a *L. grayi*[107]; come si può osservare dalla figura 25.1, queste due specie occupano una posizione lontana rispetto

Tabella 25.1 Alcune caratteristiche distintive di *Listeria* spp.

Specie	Xilosio	Lattosio	Galattosio	Ramnosio	Mannitolo	Idrolisi ippurato	CAMP test S. aureus	CAMP test R. equi	Beta emolisi	Mol% G+C	Serovar
L. monocytogenes	–	V	V	+	–	+	+	+	+	37-39	*
L. innocua	–	+	–	(+)	–	+	–	–	+	36-38	4ab, 6a, 6b
L. seeligeri	+	+	–	–	–	–	+	–	W	36	**
L. welshimeri	+	+	V	V	–	–	–	–	–	36	6a, 6b
L. ivanovii	+	+	V	–	–	+	–	+	++	37-38	5
L. grayi	–	+	+	–	+	–	–	–	–	41-42	

V = variabile; W = debole; + = maggior parte dei ceppi positivi.

* 1/2a, b, c, 3a, b, c, 4a, ab, b, c, d, e; "7"

** Lo stesso di *L. monocytogenes* e *L. innocua*, ma non 5 o "7".

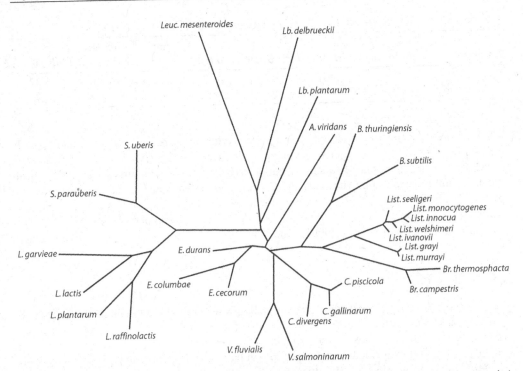

Figura 25.1 Albero non radicato o network che mostra le interrelazioni filogenetiche tra listerie e altri raggruppamenti Gram-positivi con basso contenuto G + C. L'albero si basa sul confronto di una sequenza continua di 1340 nucleotidi: le prime e ultime basi nella sequenza utilizzate per calcolare i valori di K_{nuc} corrispondono alle posizioni 107 (G) e 1433 (A), rispettivamente, nella sequenza di *E. coli*. A: *Aerococcus*; B: *Bacillus*; Br: *Brochothrix*; C: *Carnobacterium*; E: *Enterococcus*; L: *Lactococcus*; Lb: *Lactobacillus*; Leuc: *Leuconostoc*; List: *Listeria*; S: *Streptococcus*; V: *Vagococcus*. In seguito è stato dimostrato che *L. grayi* e *L. murrayi* appartengono alla stessa specie. (Da MD Collins et al.[20], copyright © 1991 American Society for Microbiology, con autorizzazione)

alle altre cinque. *L. ivanovii* è rappresentata da due sottospecie, *L. ivanovii* subsp. *ivanovii* e *L. ivanovii* subsp. *londoniensis*; la prima si distingue dalla seconda per la capacità di fermentare il ribosio ma non l' N-acetil-β-D-mannosamina[10].

Utilizzando tecniche di DNA fingerprinting basate sulla PCR per esaminare la correlazione genetica tra *L. innocua* e *L. welshimeri*, si trovò che queste due specie presentano un elevato grado di omologia e che *L. grayi* è omogenea e chiaramente correlata alle altre cinque specie[126]. Gli acidi teicoici del tipo poli(ribitolfosfato) rappresentano i polimeri accessori prevalenti nelle parete cellulare di *Listeria* spp. L'acido lipoteicoico di *L. grayi* è del tipo modificato, distinguendola ulteriormente dalle altre specie[108]. Sembra che gli acidi teicoici vengano riconosciuti dai batteriofagi come ligandi associati alla parete cellulare[81].

Il CAMP (Christie - Atkins - Munch - Petersen) test è considerato da molti il test d'elezione per *L. monocytogenes*. Un isolato che risulti CAMP-positivo con *S. aureus* o *R. equi* deve essere considerato un presunto isolato di *L. monocytogenes*, ma non necessariamente virulento[91]. La stimolazione dell'emolisi in presenza di *S. aureus* sembra sia dovuta alla fosfolipasi C fosfatidilinositolo-specifica, o fosfatidilcolina-specifica di *L. monocytogenes*, e alla sfingomielinasi di *S. aureus*[91].

Tabella 25.2 Confronto tra i generi *Listeria* e *Erysipelothrix*

Genere	Mobilità	Catalasi	Produzione di H₂S	Diamminoacido principale	Mol% G + C
Listeria	+	+	–	Meso-DAP	36-38
Erysipelothrix	–	–	+	L-lisina	36-40

Membri del genere *Erysipelothrix* sono frequentemente associati a *Listeria*: alcune delle differenze esistenti tra i due generi sono riportate in tabella 25.2. A differenza di *Listeria*, *Erysipelothrix* non è mobile, è catalasi negativo e H_2S positivo e contiene L-lisina come principale diamminoacido nella sua mureina. Come *L. monocytogenes*, anche *E. rhusiopathiae* provoca malattie negli animali, in particolare il mal rossino nei suini. Quest'ultimo microrganismo è infettivo anche per l'uomo, nel quale determina crisipcloide. Sebbene *Listeria* spp. producano normalmente catalasi, sono stati isolati da alimenti ceppi di *L. monocytogenes* catalasi negativi[58].

25.1.1 Sierotipi

Le sei specie di *Listeria* sono caratterizzate dalla presenza di antigeni che danno luogo a 17 serovar. La specie patogena primaria, *L. monocytogenes*, è rappresentata da 13 serovar, alcune delle quali condivise con *L. innocua* e *L. seeligeri*. *L. innocua* possiede 3 serovar (4ab, 6a, 6b) ed è talvolta considerata una variante non patogena di *L. monocytogenes*. La maggiore eterogeneità antigenica dell'involucro esterno di quest'ultima specie potrebbe essere correlata all'ampia varietà di ospiti animali in cui è in grado di proliferare.

I sierotipi più frequentemente isolati sono i tipi 1/2 e 4. Prima degli anni Sessanta sembrava che il tipo 1 fosse presente prevalentemente in Europa e in Africa e che il tipo 4 fosse predominante in Nord America; tuttavia, oggi questo scenario sembra mutato. Si è osservato che i sierotipi di listerie non sono in alcun modo correlati all'ospite, al processo patologico o all'origine geografica, e ciò viene generalmente confermato dagli isolamenti da alimenti (vedi oltre), sebbene le serovar 1/2a e 4b mostrino alcune differenze geografiche[113]. Negli Stati Uniti e in Canada, la serovar 4b rappresenta il 65-80% di tutti i ceppi.

L'epidemia statunitense del 1998-1999, ricondotta a würstel, fu causata da un raro ceppo della serovar 4b. Tra il primo gennaio e il 30 giugno 1996, il 60% di 2232 isolati da casi umani nel Regno Unito risultò appartenere al sierotipo 4b, mentre il 17%, l'11% e il 4% appartenevano, rispettivamente, ai sierotipi 1/2a, 1/ab e 1/2c[94]. In generale, i ceppi 4b sono più spesso associati a casi umani, mentre i ceppi 1/2 sono associati a prodotti alimentari. In Europa orientale, Africa occidentale, Germania centrale, Finlandia e Svezia la serovar più frequentemente riportata è la 1/2a; in Francia e nei Paesi Bassi sono più spesso documentate la 1/2a e la 4b, all'incirca nelle stesse proporzioni[113].

25.1.2 Tipizzazione delle sottospecie

Oltre alla sierotipizzazione, numerosi altri metodi, riassunti nel capitolo 11, sono stati applicati alla caratterizzazione di specie e sottospecie di *L. monocytogenes*. Tra questi, in particolare la tipizzazione con batteriofagi, la tipizzazione mediante elettroforesi enzimatica multilocus (MEE), l'analisi con enzimi di restrizione, l'elettroforesi in campo pulsato su gel di agarosio (PFGE), i polimorfismi di lunghezza dei frammenti di restrizione (RFLP) e la ribotipizzazione (*ribotyping*).

25.2 Crescita

Le esigenze nutrizionali delle listerie sono comuni a quelle di molti altri batteri Gram-positivi. Crescono bene in molti mezzi colturali comuni come brain heart infusion broth, trypticase soy e tryptose broth. Sebbene la maggior parte delle esigenze nutrizionali descritte siano relative a *L. monocytogenes*, si ritiene che siano simili anche per le altre specie. Sono essenziali almeno quattro vitamine del gruppo B – biotina, riboflavina, tiamina e acido tiottico (acido α-lipoico, un fattore di crescita per alcuni batteri e protozoi) – e gli amminoacidi cisteina, glutammina, isoleucina, leucina e valina. Il glucosio stimola la crescita di tutte le specie, con produzione di acido L(+)-lattico. Sebbene tutte le specie utilizzino il glucosio attraverso la via metabolica di Embden-Meyerhof, alcune utilizzano diversi altri carboidrati, semplici e complessi. *Listeria* spp. sono simili agli enterococchi per la capacità di idrolizzare l'esculina e crescere in presenza del 10 o del 40% (w/v) di bile, del 10% circa di NaCl, dello 0,025% di tallio acetato e dello 0,04% di tellurito di potassio, ma a differenza degli enterococchi non si sviluppano in presenza dello 0,02% di sodio azide. Le listerie possiedono un'idrolasi per i sali biliari, che consente loro di crescere nella cistifellea. A differenza di molti altri batteri Gram-positivi, crescono in MacConkey agar. Benché il ferro sia importante nella crescita in vivo, *L. monocytogenes* non sembra possedere specifici composti che legano il ferro e soddisfa il proprio fabbisogno attraverso la mobilizzazione riducente del ferro libero che si lega ai recettori di superficie.

25.2.1 Effetto del pH

Sebbene le listerie crescano meglio nell'intervallo di pH compreso tra 6 e 8, il pH minimo che consente loro di crescere e sopravvivere è stato oggetto di numerosi studi. La maggior parte delle ricerche è stata condotta su ceppi di *L. monocytogenes*, e si può solo presumere che i risultati siano validi anche per le altre specie di listeria. In generale, alcune specie/ceppi crescono in un range di pH compreso tra 4,1 e 9,6 circa e in un intervallo di temperature compreso tra 1 e 45 °C circa.

In generale, il pH minimo di crescita di un batterio è funzione della temperatura di incubazione, della composizione in nutrienti del substrato di crescita, dell'attività dell'acqua (a_w) e della presenza e della quantità di NaCl e altri sali o inibitori. Lo sviluppo di *L. monocytogenes* in mezzi colturali è stato osservato a pH 4,4 in meno di 7 giorni a 30 °C[45], a pH 4,5 in tryptose broth a 19 °C[12] e a pH 4,66 in 60 giorni a 30 °C[18]. Nel primo studio, si verificava crescita a pH 4,4 a 20 °C in 14 giorni e a pH 5,23 a 4 °C in 21 giorni[45]. Nel secondo studio, la crescita a pH 4,5 era stimolata da una riduzione dell'ossigeno. Nel terzo studio si osservava la crescita di *L. monocytogenes* a pH 4,66 in 60 giorni a 30 °C, il pH minimo di crescita a 10 °C era 4,83, mentre a 5 °C non si verificava crescita a pH 5,13. In uno studio ulteriore 4 ceppi di *L. monocytogenes* crescevano a pH 4,5 dopo 30 giorni in un mezzo colturale incubato a a 30 °C[102], ma non si osservava crescita a pH pari o inferiore a 4,0. Per un ceppo sono risultati più distruttivi valori di pH di 3,8-4,0 rispetto a pH 4,2-5,0 in orange serum a 30 °C per 5 giorni (figura 25.2).

Il pH minimo di crescita di quattro ceppi di *L. monocytogenes* in tryptic soy broth è risultato variabile a seconda dell'acido utilizzato per regolare il pH del mezzo. Allo stesso valore di pH, l'attività antimicrobica era acido acetico > acido lattico > acido citrico > acido malico > HCl[120]. A pH 4,6 e a 35 °C si verificava crescita tra 1 e 3 giorni; alcuni ceppi crescevano a pH 4,4. È stato osservato lo sviluppo di due ceppi di questa specie in succo di cavolo, senza aggiunta di NaCl a pH 4,1 entro 8 giorni con incubazione a 30 °C, ma le cellule mori-

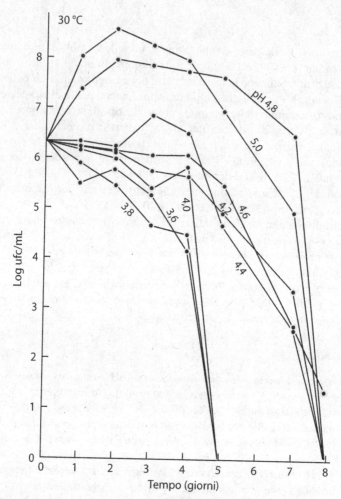

Figura 25.2 Variazione della popolazione cellulare dei ceppi F5069/(4b) in orange serum a pH regolato incubato a 30 °C. La concentrazione iniziale di cellule era pari a 2,2×10⁶ ufc/mL. (Da Parish e Higgins[102], copyright © 1989 International Association of Milk, Food and Environmental Sanitarians, con autorizzazione)

vano a 30 °C quando inoculate in succo di cavolo sterile a pH inferiore a 4,6 regolato con acido lattico[21]. A pH 5,05 e incubando a 5 °C, il ceppo Scott A non cresceva in cottage cheese con un inoculo di circa 10³ ufc/g[104].

25.2.2 Effetto combinato di pH e NaCl

L'interazione tra pH, NaCl e temperatura di incubazione è stata oggetto di numerosi studi[19,21]. Questi ultimi ricercatori hanno utilizzato esperimenti basati su un approccio fattoriale per determinare l'interazione di questi parametri sulla crescita e sulla sopravvivenza di un isolato umano (serovar 4b); alcuni dei risultati ottenuti sono illustrati in figura 25.3. A pH 4,66 il tempo necessario per osservare la crescita era di 5 giorni a 30 °C senza aggiunta di NaCl, di

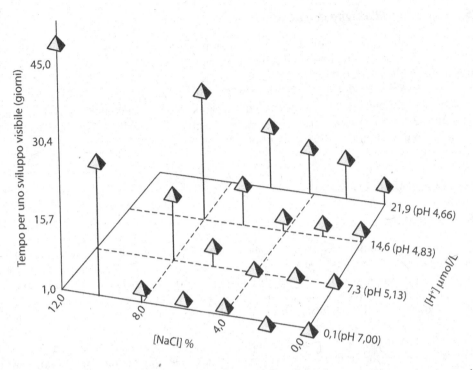

Figura 25.3 Effetto delle concentrazioni di sale e di ioni idrogeno sul tempo necessario per raggiungere uno sviluppo visibile di *Listeria monocytogenes*. Il grafico tridimensionale rappresenta l'effetto, a 30 °C, del sale (%, asse x) e degli ioni idrogeno (µmol/l, asse Z) sul tempo necessario per raggiungere una crescita visibile (giorni, asse y), corrispondente a un aumento di almeno 100 volte del numero di *Listeria monocytogenes*. I valori medi reali sono confrontati con i valori previsti calcolati con equazioni polinomiali. (Da Cole et al.[19])

8 giorni a 30 °C con il 4% di NaCl, e di 13 giorni a 30 °C con il 6% di NaCl, in tutti i casi allo stesso pH[19]. La crescita a 5 °C si verificava solo a pH 7,0 in 9 giorni senza aggiunta di NaCl, ma erano necessari 15 giorni con il 4% di NaCl e 28 giorni con il 6%. Gli effetti di pH e NaCl sono risultati puramente additivi e in nessun modo sinergici.

25.2.3 Effetto della temperatura

La temperatura minima media di crescita su trypticase soy agar di 78 ceppi di *L. monocytogenes* è risultata 1,1 ± 0,3 °C, con un range di 0,5-3,0 °C[67]. Con un incubatore per piastre a gradiente continuo di temperatura, due ceppi crescevano a 0,5 °C e otto a 0,8 °C o a temperature inferiori in 10 giorni. Per altri 22 ceppi (19 di *L. innocua* e 1 ciascuno di *L. welshimeri*, *L. grayi* e *L. "murrayi"*) la temperatura minima è risultata compresa tra 1,7 e 3,0 °C, con una media di 1,7 ± 0,5 °C[67]. Il fatto che ceppi di *L. monocytogenes* avessero una temperatura minima più bassa di circa 0,6 °C rispetto alle altre specie ha suggerito a questi ricercatori che l'emolisina potrebbe favorire la crescita e la sopravvivenza di *L. monocytogenes* in ambienti freddi, anche se la crescita delle serovar 1/2a, 1/2b e 4b era più bassa a circa 3,0 °C rispetto a quelle con antigeni OI. La temperatura massima di crescita per le listerie è circa 45 °C.

25.2.4 Effetto dell'attività dell'acqua

Utilizzando brain heart infusion (BHI) broth, tre umettanti e un'incubazione a 30 °C, il valore minimo di a_w che consentiva la crescita dei sierotipi 1, 3a e 4b di *L. monocytogenes* risultava: 0,90 con glicerolo, 0,93 con saccarosio e 0,92 con NaCl[34]. In un altro studio, che impiegava trypticase soy broth base a pH 6,8 e 30 °C di incubazione, il valore minimo di a_w che permetteva la crescita era 0,92 in presenza di saccarosio come umettante[103]. Alla luce di questi risultati, *L. monocytogenes* risulta seconda solo agli stafilococchi come patogeno alimentare in grado di crescere a valori di a_w <0,93.

25.3 Distribuzione

25.3.1 Ambiente

Le listerie sono ampiamente diffuse in natura e possono trovarsi in vegetali in decomposizione, suolo, feci di animali, liquami, insilati e acque. In generale, possono essere presenti dove si trovano batteri lattici, *Brochothrix* e alcuni batteri corineformi. La loro associazione con alcuni prodotti lattiero-caseari e con gli insilati è ben nota, come pure l'associazione di questi prodotti con altri produttori di acido lattico. Da uno studio condotto in Scozia, su materiale fecale di gabbiani e corvi e su insilati, è emerso che tra i gabbiani che si cibavano negli impianti di depurazione la percentuale di portatori era più elevata che tra quélli che si cibavano altrove e che le feci dei corvi contenevano generalmente un numero inferiore di listerie[39]. *L. monocytogenes* e *L. innocua* sono state isolate con maggiore frequenza; un solo campione conteneva *L. seeligeri*. Nello stesso studio, *L. monocytogenes* e *L. innocua* sono state isolate nel 44% dei campioni di insilati ammuffiti e nel 22,2% di grosse balle di insilati. In Danimarca, il 15% di 75 campioni di insilati e il 52% di 75 campioni di materiale fecale di bovini sono risultati positivi per *L. monocytogenes*[118]. Il microrganismo è stato isolato in insilati con pH sia superiore sia inferiore a 4,5. In campioni prelevati da campi di cereali, pascoli, fango, feci animali, luoghi in cui si alimentavano animali selvatici e da fonti correlate *L. monocytogenes* è stata isolata in percentuali di campioni variabili dall'8,4 al 44%[129]. Ne è stata dimostrata la sopravvivenza in terreni umidi per almeno 295 giorni[130]. In uno studio sulle acque costiere della California, è risultato positivo il 62% di 37 campioni di acque dolci o a bassa salinità e il 17,4% di 46 campioni di sedimento, mentre non è stato possibile isolare alcun ceppo da campioni di ostriche[18]. Alcune delle vie di diffusione di *L. monocytogenes* nell'ambiente sono illustrate in figura 25.4, insieme alle numerose fonti di contaminazione per l'uomo.

25.3.2 Alimenti e uomo

È dimostrato che qualsiasi prodotto alimentare fresco di origine animale o vegetale può essere contaminato da concentrazioni variabili di *L. monocytogenes*. In generale, il microrganismo è stato isolato in latte crudo, formaggi molli, carne fresca e congelata, pollame e prodotti ittici e su prodotti ortofrutticoli. La sua prevalenza nel latte e nei prodotti lattiero-caseari ha ricevuto grande attenzione a causa delle epidemie che si sono verificate in passato. In uno studio scozzese sono state monitorate per un anno 260 fattorie, controllando la presenza di *L. monocytogenes* nel latte da esse prodotto stoccato in silos. Il latte proveniente da 25 aziende è risultato positivo solo una volta, ma in 7 aziende è risultato positivo tre o più volte,

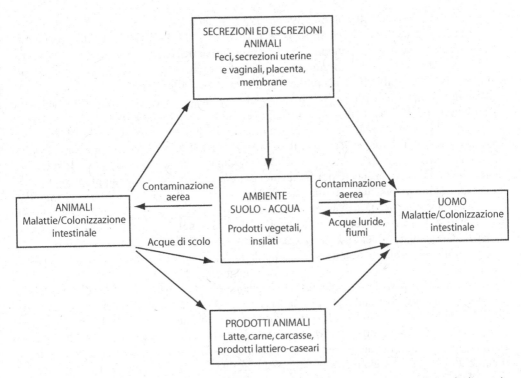

Figura 25.4 Modalità di diffusione di *L. monocytogenes* nell'ambiente, negli animali, negli alimenti e nell'uomo. (Da Audurier e Martin[3])

in genere con cariche <1 ufc/mL; il valore più elevato era 35 ufc/mL[40]. Nei Paesi Bassi, nel 1988, il 3,0% di 5779 alimenti al dettaglio è risultato positivo per questo microrganismo, con livelli ≥10/g. La prevalenza più bassa è stata riscontrata nel gelato, con lo 0,2% di campioni positivi su 649; quella più elevata nella carne fresca, con il 7,5% di campioni positivi su 416. Sempre nei Paesi Bassi il 4,6% di 929 campioni di formaggi molli prodotti con latte crudo era positivo per *L. monocytogenes* con un tasso del 3,48%. In Inghilterra e Galles questo microrganismo è stato isolato nel 4% di 56.959 alimenti pronti al consumo. Negli Stati Uniti, nell'arco di 39 mesi, il 7,1% di 1727 campioni di carne bovina cruda provenienti da tutto il paese è risultato positivo per *L. monocytogenes*; in un periodo di 21 mesi è risultato positivo il 19,3% di 3700 campioni di pollo crudo (prelevati da collo e schiena)[52]. Nella stessa indagine è risultato positivo per questo microrganismo il 2,8% di una varietà di carni pronte al consumo provenienti da 4105 impianti di produzione distribuiti in tutti gli Stati Uniti.

La serovar più comune nei prodotti carnei provenienti da sei paesi era la 1/2[63]. Il sierotipo 4 è stato isolato da prodotti carnei in cinque nazioni, il 3 solo in due nazioni. Il sierotipo 1/2 è stato isolato con maggiore frequenza del sierotipo 4 in latte crudo[83,105] e formaggio[106]; il tipo 1 è stato trovato in prodotti ittici[128,131] e ortaggi[56]. La serovar 4b è stata associata a Boston a un cluster di casi clinici, la cui fonte sembrava rappresentata da ortaggi crudi, mentre in patate e ravanelli erano più frequenti le serovar 1/2a e 1/2[56]. Le tre serovar isolate con maggiore frequenza da alimenti sono, in ordine decrescente, 1/2a, 1/2b e 4b, mentre quelle isolate più frequentemente da casi di listeriosi umana sono 4b, 1/2a e 1/2b[22]. Per i dati relativi a incidenza e prevalenza di *L. monocytogenes* in carni e pollame si rinvia al capitolo 4, tabella 4.6.

Delle serovar isolate dall'uomo, il 59% di 722 *L. monocytogenes* isolate in Gran Bretagna erano 4b, seguite da 1/2a (18%), 1/2b (14%) e 1/2c (4%)[93]. Il 98% degli isolati da campioni patologici prelevati in tutto il mondo era rappresentato dalle serovar 1/2a, 1/2b, 1/2c, 3a, 3b, 3c, 4b e 5[113]. La serovar 4b è di gran lunga la più frequentemente isolata nei casi epidemici e sembra possedere una virulenza molto maggiore rispetto alle altre.

Per quanto riguarda le altre *Listeria* spp. negli alimenti, *L. innocua* è piuttosto comune in carni, latte, prodotti ittici congelati, formaggi semiduri, uova intere e ortaggi; in generale, è la specie isolata con maggiore frequenza nei prodotti lattiero-caseari[81]. È stata isolata dall'8-16% di campioni di latte crudo nei quali la sua presenza era stata documentata, nel 46% di 57 prodotti ittici congelati[128] e nel 36% di 42 campioni di misto d'uovo liquido[76]. In quest'ultimo studio è risultata la specie più frequente: era presente in tutti i 15 campioni positivi. In uno studio *L. innocua* è stata isolata nel 42% dei campioni di manzo e pollame esaminati e, complessivamente, è stata trovata con frequenza doppia rispetto a *L. monocytogenes*[118]. È stata isolata nell'83% dei mettwurst (würstel affumicati) e nel 47% della carne di maiale esaminati in Germania[112] e nel 22% delle insalate fresche in Gran Bretagna[116].

L. welshimeri è stata trovata in latte crudo (dallo 0,3 al 3% dei campioni), arrosti di carne, vegetali e carne di tacchino (in quest'ultimo alimento è stata isolata nel 16% dei campioni ed era la specie di *Listeria* prevalente). In Germania è stata isolata nel 24% dei mettwurst e nel 30% della carne di maiale [112]; in Francia in carne di manzo macinata congelata e in prodotti di gastronomia[100]. Le sole altre specie di *Listeria* riscontrate in alimenti sono *L. grayi*, isolata da latte crudo, manzo e pollame, e *L. seeligeri*, isolata da latte crudo, verdure, cavoli, ravanelli, carne di maiale e mettwurst. (Per ulteriori informazioni sulle listerie in prodotti carnei e pollame, si veda il riferimento bibliografico 62.)

25.3.3 Prevalenza

Poiché è necessario l'arricchimento delle colture, spesso la carica di *L. monocytogenes* non viene espressa per grammo o millilitro di alimento. Negli Stati Uniti (in particolare in California e Ohio), la carica stimata in latte crudo stoccato in silos era 1 cellula/mL o meno[84]. Sebbene la carica di *L. monocytogenes* negli alimenti tenda a essere talmente bassa da rendere i metodi di conta diretta non significativi, in alcuni campioni può essere >10^3/g. La tabella 25.3 riporta alcune delle cariche più elevate riscontrate in prodotti alimentari.

Tabella 25.3 Livelli massimi di *L. monocytogenes* riscontrati in diversi prodotti alimentari (valori per g o mL)

Latte al cioccolato (Stati Uniti, 1994)	~10^9
Formaggio molle di capra (Inghilterra, 1989)	>10^7
Epidemia originata da formaggio (Svizzera, 1983-1987)	10^4-10^6
Ricotta sottoposta ad abusi termici	$3,6 \times 10^6$
Mitili affumicati (Tasmania, 1991)	>10^6
Arrotolato di pollo (Stati Uniti, 1990)	$1,9 \times 10^5$
Pâté (Gran Bretagna, 1990)	10^3-10^6
Cotenna di maiale cruda (Stati Uniti, 1991)	$4,3 \times 10^4$
Roastbeef (Stati Uniti, 1991)	$3,6 \times 10^4$
Carne in scatola sotto vuoto, 1992	$3,3 \times 10^4$
Pâté (Australia, 1990), numero medio	$8,8 \times 10^3$
Cavolo (Stati Uniti, 1991)	$1,4 \times 10^3$

25.4 Proprietà termiche

Sebbene nell'epidemia di listeriosi umana imputata a latte pastorizzato, verificatasi nel 1983 in Massachusetts, non siano state isolate cellule di *L. monocytogenes* dai soggetti colpiti, sono stati avanzati dei dubbi circa l'adeguatezza dei protocolli di pastorizzazione standard del latte per la distruzione di questo microrganismo. Dal 1985 sono stati riportati numerosi studi sulla sua distruzione termica nei prodotti lattiero-caseari. I valori di *D* sono stati determinati per molti ceppi di *L. monocytogenes* in latte intero e scremato, panna, gelato e diversi prodotti carnei. Poiché si tratta di un patogeno intracellulare, sono state condotte numerose ricerche per determinarne la resistenza termica relativa all'interno e all'esterno dei fagociti. Complessivamente, i protocolli di pastorizzazione standard del latte sono adeguati per distruggere livelli di *L. monocytogenes* di 10^5-10^6 cellule/mL, sia libere in sospensione sia nello stato intracellulare. Alcuni risultati specifici sono presentati di seguito. Per un'ampia rassegna, si veda il lavoro di Doyle e colleghi[29].

25.4.1 Prodotti lattiero-caseari

Una raccolta dei valori termici di *D* e di *z* per alcuni ceppi di *L. monocytogenes* è presentata in tabella 25.4. I valori di *D* indicano che il protocollo HTST per il latte (71,7 °C per 15 secondi) è adeguato per ridurre la carica normalmente presente di questo microrganismo fino a livelli non determinabili. Il protocollo di pastorizzazione in batch o LTLT (62,8 °C per 30 minuti) è ancora più efficace (vedi capitolo 17). Utilizzando il ceppo Scott A (serovar 4b isolato dal latte implicato nell'epidemia del Massachusetts), il valore di *D* variava tra 0,9 é 2,0 secondi, con valori di *z* compresi tra 6,0 e 6,5 °C. Sulla base di questi risultati, il ceppo F5069 (serovar 4b) sembra un po' più termoresistente di Scott A, sebbene Scott A sia più termoresistente degli altri tre ceppi valutati, non comprendenti F5069[11].

La resistenza termica di *L. monocytogenes* non è influenzata dalla sua posizione all'interno della cellula. Con il ceppo Scott A libero in sospensione in latte intero crudo a livelli medi

Tabella 25.4 Alcuni dati relativi alla distruzione termica di *L. monocytogenes*

Ceppi testati/Stato	Cellule/ mL	Mezzo di riscaldamento	Temp. (°C)	D (s)	z (°C)	Rif. bibl.
Scott A, libera in sospensione	~10^5	Latte scremato sterile	71,7	1,7	6,5	9
	~10^5	Latte scremato sterile	71,7	2,0	6,5	109
	~10^5	Latte scremato sterile	71,7	0,9	6,3	11
Scott A, intracellulare	~10^5	Latte intero crudo	71,7	1,9	6,0	15
Scott A, libera in sospensione	~10^5	Latte intero crudo	71,7	1,6	6,1	15
F5069, intracellulare	~10^6	Latte scremato sterile	71,7	5,0	8,0	14
F5069, libera in sospensione	~10^6	Latte scremato sterile	71,7	3,1	7,3	14
Scott A, libera in sospensione	~10^5	Miscela per gelato	79,4	2,6	7,0	9
	~10^8	Tampone fosfato, pH 7,2	70,0	9,0	–	8
	~10^8	Tampone fosfato, pH 5,9	70,0	13,8	–	8
	~10^7	Uova intere liquide	72,0	36,0	7,1	41
Dieci ceppi	~10^7	Carni macinate irradiate	62,0	61,0	4,92	36
Isolati da pollo/carne	~10^5	Carne di manzo	70,0		7,2	88
	~10^5	Pollo macinato	70,0		6,7	88

di $2,6 \times 10^5$ ufc/mL e riscaldando a 71,7 °C per 15 secondi, non sono state rilevate cellule sopravvissute dopo cinque prove di riscaldamento[82]. In sette test di riscaldamento condotti su Scott A inglobato in vitro da fagociti bovini, non sono state rilevate cellule sopravvissute con un numero iniziale medio di 5×10^4 ufc/mL. Questi autori hanno anche infettato sperimentalmente delle vacche con Scott A, senza riuscire comunque a rilevare cellule sopravvissute dopo 11 prove di pastorizzazione a 71,7 °C per 15 secondi con livelli iniziali del microrganismo variabili tra $1,4 \times 10^3$ e $9,5 \times 10^3$ ufc/mL. Donnelly e Briggs[27], utilizzando cinque ceppi di *L. monocytogenes* in latte intero, latte scremato e in una soluzione all'11% di solidi non grassi del latte, osservarono che la composizione non influenzava la distruzione termica e che a 62,7 °C i valori di *D* non erano superiori a 60 secondi. I cinque ceppi impiegati comprendevano i sierotipi 1, 3 e 4. Trattando latte naturalmente contaminato da un ceppo del sierotipo 1, a livelli di circa 10^4 ufc/mL, con un protocollo HTST a temperature variabili tra 60 e 78 °C, non è stato possibile rilevare cellule vitali a temperature di processo uguali o superiori a 69 °C[37]. Nella loro rassegna dei primi studi sulla resistenza termica di *L. monocytogenes* in latte, Mackey e Bratchell[89] hanno concluso che le normali procedure di pastorizzazione inattivano questo microrganismo, ma che con il sistema LTLT (in batch) il margine di sicurezza è maggiore che con quello HTST (in continuo). Il loro modello matematico prevedeva una riduzione di 39 *D* per il protocollo in batch e di 5,2 *D* per quello in continuo.

25.4.2 Prodotti non lattiero-caseari

Per le uova intere liquide e i prodotti carnei i valori di *D* sono generalmente più elevati che per il latte; ciò appare ovvio considerando l'effetto delle proteine e dei lipidi sulla resistenza termica dei microrganismi (vedi capitolo 17). Per un ceppo di *L. monocytogenes* isolato da un prodotto a base di pollo i valori di *D* a 70 °C erano compresi tra 6,6 e 8,4 secondi ed erano essenzialmente gli stessi in campioni di carni di manzo e di pollame[88]. In uno studio, cellule vitali potevano essere recuperate mediante arricchimento da otto campioni su nove di carne di manzo macinata dopo riscaldamento a 70 °C[8]. In uno studio su polpa di granchio blu il ceppo Scott A a livelli di circa 10^7 aveva un valore di *D* di 2,61 minuti con *z* pari a 8,4 °C, indicando che il protocollo di pastorizzazione della polpa di granchio (85 °C per 30 minuti) era adeguato per rendere il prodotto sicuro rispetto a questo microrganismo[55]. È stato dimostrato che il trattamento di würstel a una temperatura interna di 71,1 °C (160 °F) provoca una riduzione di almeno 3 unità logaritmiche del ceppo Scott A[133]. La cottura di prodotti carnei a una temperatura interna di 70 °C per 2 minuti distrugge *L. monocytogenes*[43,83,89].

In uova intere liquide (LWE, *liquid whole egg*), esposte a 60 °C per 3,5 minuti, il valore di *D* calcolato per il ceppo Scott A era 2,1 minuti[5]. Tuttavia, lo stesso ceppo in LWE + 10% di NaCl riscaldato a 63 °C per 3,5 minuti aveva un *D* pari a 13,7 minuti, mentre in LWE + 10% di saccarosio aveva un *D* uguale a 1,9 minuti nelle stesse condizioni. Il 10% di NaCl abbassava l'a_w da 0,98 a 0,915, e ciò spiegherebbe in parte il valore più elevato di *D*. Valori maggiori di *D* sono stati riscontrati per sette serovar incubate a 4 °C per 5 giorni e, successivamente, a 37 °C per 7 giorni[119]. In soluzione salina, i valori di D_{60} erano 0,72-3,1 e D_{62} valeva 0,30-1,3 minuti.

Nella carne per la preparazione di salsicce, utilizzata da Farber[36], il valore di *D* a 62 °C era 61 secondi, ma aggiungendo gli ingredienti per la concia, il valore di *D* aumentava a 7,1 minuti, indicando un effetto termoprotettivo dei composti aggiunti, che comprendevano nitriti, destrosio, lattosio, sciroppo di mais e il 3% (w/v) di NaCl. In carne di manzo macinata, contenente il 30% di grasso, il 3,5% di NaCl, 200 ppm di nitriti e 300 ppm di nitrati, Mackey e colleghi[88] hanno osservato un valore di *D* circa raddoppiato e hanno attribuito l'aumento della termoresistenza al 3,5% di NaCl. Lund e colleghi[86] hanno studiato la distruzione del ceppo Scott A mediante cottura con microonde inoculando oltre 10^7 cellule/g nella parte interna del pollo e 10^6-10^7 cellule/g sulla pelle. Utilizzando un forno a microonde domestico, il riscaldamento fino a una temperatura interna di 70 °C per un minuto causava una riduzione di 6 unità logaritmiche. La distruzione termica di *L. monocytogenes* è simile a quella della maggior parte degli altri batteri per quanto riguarda il pH del liquido di cottura, in cui la resistenza è maggiore a valori di pH più vicini a 7,0 che a valori nell'intervallo di acidità. Ciò è stato dimostrato in succo di cavolo, dove i valori di *D* erano maggiori a pH 5,6 che a pH 4,6[7].

In uno studio su trota iridata proveniente da mercati al dettaglio nel Tennessee orientale, il 51% dei 74 campioni erano positivi per *L. monocytogenes*[31]. I valori $\log_{10}$ medi delle conte aerobie su piastra (APC) e dei coliformi erano, rispettivamente, 6,2 e 3,2 e le percentuali più elevate di *L. monocytogenes* erano associate ai campioni con APC e carica di coliformi più elevati. (Per i livelli di listeria in diversi alimenti, vedi i capitoli 4, 5 e 9.)

25.4.3 Effetto del riscaldamento subletale sulla termotolleranza

Non è chiaro se un riscaldamento subletale renda le cellule di *L. monocytogenes* più resistenti ai trattamenti termici successivi. Alcuni ricercatori non hanno riportato alcun effetto[11,13], altri hanno invece osservato un aumento della resistenza[35,38,79]. In uno studio l'applicazione di uno shock termico al ceppo Scott A a 48 °C per 20 minuti determinava un aumento di 2,3 volte dei valori di *D* a 55 °C[79]. In un altro studio condotto utilizzando Scott A in brodo e in latte UHT, si osservava un aumento della resistenza termica in seguito a un'esposizione a 48 °C per 60 minuti e a una successiva esposizione a 60 °C[38]. Infine, in uno studio che ha utilizzato 10 ceppi a un livello di circa 10^7 cellule/g in un impasto per salami, dopo uno shock termico a 48 °C per 30 o 60 minuti non si osservava alcun incremento significativo di termotolleranza a 62 o 64 °C, ma i ceppi sottoposti a shock per 120 minuti mostravano un aumento medio dei valori di *D* a 64 °C di 2,4 volte[35]. In questo studio, conservando le cellule a 4 °C, la termotolleranza era mantenuta per almeno 24 ore. Ipotizzando un aumento di 2 o 3 volte del valore di *D*, la maggiore termoresistenza determinata da un riscaldamento subletale non dovrebbe comportare problemi per latte contenente meno di 10 cellule/mL.

25.5 Caratteristiche di virulenza

Tra le specie di listeria, *L. monocytogenes* è il patogeno d'interesse per l'uomo. Nonostante *L. ivanovii* possa svilupparsi nelle cavie, ciò avviene in misura molto minore rispetto a *L. monocytogoenes* e fino a 10^6 cellule non causano infezione nel topo[59]. *L. innocua*, *L. welshimeri* e *L. seeligeri* sono non-patogene, sebbene quest'ultima produca un'emolisina. Il fattore di virulenza più significativo associato a *L. monocytogenes* è la listeriolisina O (LLO).

25.5.1 Listeriolisina O e ivanolisina O

In generale, i ceppi patogeni/virulenti di *L. monocytogenes* producono beta-emolisi in agar sangue e acido da ramnosio ma non da xilosio. I ceppi la cui attività emolitica può essere accresciuta – impiegando l'esosostanza prepurificata o mediante l'uso diretto della coltura – sono potenzialmente patogeni[117]. Per quanto riguarda l'emolisi, vi è la netta evidenza che tutti i ceppi virulenti di questa specie producono una specifica sostanza responsabile della beta-emolisi degli eritrociti e della distruzione delle cellule fagocitiche dalle quali sono inglobati.

È stato dimostrato che tale sostanza, come la perfringolisina O (PFO), ha un alto grado di omologia con la streptolisina O (SLO) e con la pneumolisina O (PLO); è stata purificata ed è stato dimostrato che ha un peso molecolare di 60 kDa ed è formata da 504 amminoacidi[44,95]. È prodotta principalmente durante la fase di crescita esponenziale, con livelli massimi dopo 8-10 ore di crescita[43]. In presenza di elevate concentrazioni di glucosio, a 26 °C ne viene sintetizzata meno che a 37 °C; la sintesi è migliore con lo 0,2% di glucosio a 37 °C[24]. Un livello di sorbato del 2%, a 35 °C, inibiva la sintesi di LLO sia in aerobiosi sia in anaerobiosi[72]. LLO è stata ritrovata in tutti i ceppi di *L. monocytogenes*, compresi alcuni non emolitici, ma non in *L. welshimeri* o in *L. grayi*. Il gene che codifica per la sua produzione è localizzato su un cromosoma e viene denominato *hly*. Il suo ruolo nella virulenza è discusso in seguito.

    L. ivanovii e *L. seeligeri* producono esotossine tiolo-dipendenti, simili ma non identiche alla LLO. *L. ivanovii* ne produce grandi quantità, mentre *L. seeligeri* quantità modeste[43]. La citolisina tiolo-dipendente di *L. ivanovii* è la ivanolisina O (ILO). Un antisiero diretto contro il prodotto di *L. ivanovii* reagisce in maniera crociata con quello di *L. monocytogenes* e SLO[73]. Mutanti privi di ILO si sono dimostrati avirulenti per topi ed embrioni di pollo[1].

    La LLO purificata ha in comune con SLO e PLO le seguenti proprietà: è attivata da composti SH come la cisteina, viene inibita da piccole quantità di colesterolo, possiede siti antigenici comuni, come evidenziato dalla reattività immunologica crociata. A differenza della SLO, la LLO è attiva a pH 5,5 ma non a pH 7,0, suggerendo che possa essere attiva in fagosomi macrofagi (fagolisosomi). La sua LD_{50} per i topi è di circa 0.8 µg e induce una risposta infiammatoria quando iniettata per via intradermica[44]. Sembra che la LLO e le altre tossine formanti pori si siano evolute da un singolo gene progenitore.

25.5.2 Invasione intracellulare

Quando penetra nell'organismo attraverso la via orale, sembra che *L. monocytogenes* colonizzi il tratto intestinale, con meccanismi ancora poco chiari. Dal tratto intestinale il microrganismo invade i tessuti, inclusa la placenta nelle donne gravide, e penetra nel circolo ematico, attraverso il quale raggiunge altre cellule suscettibili nell'organismo. Come patogeno intracellulare, deve prima penetrare nelle cellule suscettibili e, quindi, deve possedere gli strumenti per replicarsi all'interno di tali cellule. Nel caso dei fagociti, la penetrazione avviene in due stadi: direttamente nei fagosomi e dai fagosomi nel citoplasma del fagocita.

    La penetrazione o l'internalizzazione in cellule non fagocitiche avviene con meccanismo differente. In linee di cellule non fagocitiche l'internalizzazione richiede proteine legate alla superficie del batterio, denominate In1A e In1B[78] (la prima ha un peso molecolare di 88 kDa e la seconda di 65 kDa), che facilitano l'ingresso di *L. monocytogenes* nelle cellule dell'ospite. La proteina In1A, *internalina A*, che ha come recettore di superficie nei mammiferi la E-caderina, è richiesta per la penetrazione in cellule epiteliali coltivate; la In1B, *internalina B*, è necessaria per l'invasione di epatociti di topo coltivati[32]. Un'altra proteina secreta da tutte le specie di *Listeria* e associata all'invasione è la p60, una proteina di 60 kDa codificata dal gene *iap*. Un'altra proteina di superficie, ActA (90 kDa), è richiesta per la polimerizzazione dell'actina e permette il movimento intracitoplasmatico delle cellule[61]. La Ami (circa 90 kDa) è situata sulla superficie di *L. monocytogenes* ed è una batteriolisina. In uno studio Ami è risultata presente in 149 isolati da alimenti su 150 e in 283 isolati umani su 300[61]. Tutti i ceppi positivi contenevano LLO e ActA.

    L. monocytogenes sopravvive all'interno dei macrofagi lisando la membrana fagolisosomiale e liberandosi nel citoplasma (citosol); tale processo è in parte facilitato dalla LLO. Una volta all'interno del citosol, la proteina di superficie ActA (codificata da *actA*) accorre in aiuto per la formazione di code di actina, che spingono il microrganismo verso la membrana citoplasmatica. A livello della membrana, si formano vacuoli a doppia membrana. Con la LLO e le due fosfolipasi batteriche – fosfolipasi C fosfatidilinositolo-specifica (codificata da *plcA*) e fosfolipasi C ad ampio raggio (codificata da *plcB*) – i batteri vengono liberati e il processo viene ripetuto in seguito alla penetrazione dei batteri nelle cellule ospiti adiacenti. Questa si verifica in seguito alla spinta verso l'esterno della membrana con formazione di un filopodio (una proiezione), che viene assorbito da una cellula adiacente, consentendo il ripetersi del processo d'invasione. Pertanto, la diffusione di *L. monocytogenes* da cellula a cellula si verifica senza che il batterio debba lasciare le parti interne delle cellule ospiti. (Per una trattazione più approfondita, si rinvia al riferimento bibliografico 97 e al capitolo 22.)

25.5.3 Induzione di monocitosi

Una parte interessante ma non ancora completamente compresa della cellula di *L. monocytogenes* è un componente contenente lipidi della membrana cellulare che condivide almeno una proprietà con il lipopolisaccaride (LPS) tipico dei batteri Gram-negativi. Nei batteri Gram-negativi, il LPS è situato nella membrana esterna, ma le listerie e gli altri batteri Gram-positivi non possiedono membrane esterne. La sostanza di *L. monocytogenes* è l'acido lipoteicoico (LTA). Diversi decenni fa fu dimostrato che gli estratti con fenolo-acqua di cellule di *L. monocytogenes* erano in grado di indurre la produzione di monociti, e fu a causa di tale fattore di attività di produzione di monocitosi (MPA) che a questa specie venne assegnato il nome *monocytogenes*. Questa frazione di LTA rappresenta il 6% circa del peso secco delle cellule ed è associata alla membrana plasmatica. Ha un peso molecolare di circa 1000 Da, non contiene amminoacidi né carboidrati e stimola solo le cellule mononucleate[42]. Possiede bassa tossicità per i tessuti ed è sierologicamente inattiva[121], ma uccide i macrofagi in vitro[42]. Si è dimostrato che condivide con LPS le seguenti proprietà: è pirogenica e letale per i conigli; produce una reazione di Schwartzman localizzata; contiene idrossiacidi grassi acilati; produce una reazione positiva al LAL test; contiene acido 2-cheto-3-deossiottonico (KDO) e un eptoso. Per ottenere una reazione positiva al LAL test, è necessaria una concentrazione di questa frazione pari a 1 µg/mL[115], mentre con il lipopolisaccaride LPS sono sufficienti concentrazioni dell'ordine dei picogrammi/mL.

25.5.4 Sfingomielinasi

L. ivanovii è nota per essere infettiva per le pecore, nelle quali causa aborto, e perché produce quantità rilevanti di emolisina su eritrociti di pecora. Possiede un'emolisina (ILO) simile alla LLO, sfingomielinasi e lecitinasi[73]. La sfingomielinasi ha un peso molecolare di 27 kDa[127]. Mentre l'agente simile a LLO è responsabile della completa zona interna di emolisi negli eritrociti ovini, l'alone di emolisi incompleta – che è accresciuto da *Rhodococcus equi* – sembra essere causato dai due enzimi. In uno studio, un mutante difettivo di sfingomielinasi e di un'altra proteina mostrava una virulenza minore rispetto al ceppo selvaggio[1].

25.6 Modelli animali e dose infettiva

Il primo modello animale utilizzato per testare la virulenza di *L. monocytogenes* era rappresentato dalla somministrazione di una sospensione di cellule nell'occhio di un coniglio o di un porcellino d'India (test di Anton), nel quale si osservava congiuntivite con un inoculo di

10^6 cellule[2]. Numerosi ricercatori hanno studiato a tale scopo gli embrioni di pollo. Inoculi di 100 cellule di *L. monocytogenes* nel sacco allantoico di embrioni di 10 giorni determinavano la morte entro 2-5 giorni; la LD_{50} era inferiore a 6×10^2 cellule per ceppi virulenti. Con tale metodo risultava letale anche *L. ivanovii*. Iniezioni di 100-30.000 cellule/uovo nella membrana corioallantoica di embrioni di pollo di 10 giorni provocavano la morte entro 72 ore, rispetto ai 5 giorni circa necessari nei topi[123]. Sebbene il test di Anton e gli embrioni di pollo possano essere utilizzati per valutare la virulenza relativa di ceppi di listeria, il topo è il modello d'elezione per le informazioni aggiuntive che fornisce in merito all'immunità cellulare.

Il topo è l'animale da laboratorio più largamente utilizzato, non solo per gli studi di virulenza delle listerie, ma anche per quelli sull'immunità mediata dai linfociti T in generale. Tale modello impiega topi normali, neonati, giovani o adulti, come pure una varietà di ceppi incrociati ad hoc, come i topi nudi atimici (mancanti di linfociti T). Cellule di listeria sono state somministrate per via intraperitoneale (IP), intravenosa (IV) e intragastrica (IG). Quando si utilizzano topi adulti normali, tutti i ceppi che danno origine a colonie lisce ed emolitiche di *L. monocytogenes* a livelli di 10^3-10^4/topo si moltiplicano nella milza[59]. Con molti ceppi, inoculi di 10^5-10^6 sono letali per topi adulti normali, sebbene siano stati riportati valori anche di 7×10^9 cellule per produrre una LD_{50}. Per topi di 15 g è stato riportato un valore pari a sole 50 cellule (vedi oltre).

Mentre l'iniezione intraperitoneale è spesso utilizzata per i topi, la somministrazione IG è impiegata per valutare il comportamento gastrointestinale delle listerie. La somministrazione IG di *L. monocytogenes* a topi di 15 g causava un'infezione più rapida e un numero maggiore di morti nei primi 3 giorni, dei 6 previsti dalla durata complessiva del test, rispetto alla via IP[105]. Con tale metodo, la dose letale per il 50% circa delle cavie (ALD_{50}) variava da 50 a $4,4 \times 10^5$ cellule per 15 isolati clinici e da alimenti di *L. monocytogenes*[105]. In uno studio, a topi di 6-8 settimane sono state somministrate dosi orali e IP di un ceppo serovar 4b per studiarne gli effetti in stati normali e compromessi. Le cellule sono state sospese in una soluzione all'11% di solidi del latte non grassi e somministrate a quattro gruppi di topi: normali, trattati con cortisolo, in gravidanza e trattati con cimetidina. Il numero minimo di cellule che causava infezione nel 50% dei topi (ID_{50}) è risultato 3,24-4,55 log ufc per i topi normali, 1,91-2,74 per quelli trattati con cortisone e 2,48 per quelli in gravidanza[50]. La ID_{50} per i topi trattati con cimetidina è risultata simile a quella osservata per i topi normali. Questi autori non hanno osservato differenze significative tra le somministrazioni IP e IG in relazione alla ID_{50}. Utilizzando topi neonati (entro 24 ore dalla nascita), la LD_{50} per iniezione IP di *L. monocytogenes* era $6,3 \times 10$/ufc, mentre per topi di 6-8 settimane la LD_{50} era $3,2 \times 10^6$ cellule, con la stessa via di somministrazione[17]. I topi neonati risultavano protetti contro una dose letale di *L. monocytogenes* quando veniva loro iniettato γ-interferone (vedi oltre). Con topi Swiss del peso di 15-20 g, trattati con carragenina, è stata riportata una LD_{50} variabile da circa 6 a 3100 ufc[25].

Quando vengono sottoposti a test con ceppi virulenti di *L. monocytogenes*, i topi nudi sviluppano infezioni croniche; per i topi giovani e per quelli adulti privati di macrofagi i ceppi virulenti risultano letali. Utilizzando topi adulti, ceppi di *L. monocytogenes* che danno origine a colonie rugose riuscivano a riprodursi solo debolmente e inducevano una modesta immunità; i topi neonati erano uccisi, mentre i topi nudi sopravvivevano[59]. In infezioni non fatali causate da ceppi virulenti, i microrganismi si moltiplicavano nella milza e la protezione contro le reinfezioni era indipendente dalla serovar utilizzata per la prova successiva[59].

Complessivamente, gli studi che utilizzano il topo come modello confermano la maggiore suscettibilità verso *L. monocytogenes* degli animali immunodepressi rispetto a quelli normali, analogamente a quanto avviene nell'uomo. La corrispondenza delle dosi infettive minime per topi adulti normali con quelle relative all'uomo è più difficile. Sembra che livelli di *L. monocytogenes* inferiori a 10^2 ufc non abbiano conseguenze su ospiti sani[50]. Gilbert e Pini[47] hanno riportato che nessun caso di listeriosi umana si è verificato in seguito al consumo di nove formaggi contenenti 10^4-10^5 cellule/g di *L. monocytogenes*.

25.7 Incidenza e natura della listeriosi

25.7.1 Incidenza

Nonostante sia stata probabilmente descritta per la prima volta nel 1911 da Hülphers[67], la caratterizzazione inequivocabile di *L. monocytogenes* fu opera di Murray e colleghi[98] nel 1923. Da allora la sua patogenicità è stata dimostrata in oltre 50 mammiferi, compreso l'uomo, e in pollame, zecche, pesci e crostacei. Il primo caso umano di listeriosi fu documentato nel 1929 e da quell'anno la malattia si è manifestata sporadicamente in tutto il mondo. *L. monocytogenes* è l'agente eziologico del 98% circa dei casi umani e dell'85% di quelli animali[92]. Almeno tre casi umani sono stati causati da *L. ivanovii* e uno da *L. seeligeri*. Nel Regno Unito si sono registrati circa 60 casi umani nel 1981 e circa 140 nel 1985, un incremento simile si è osservato nei casi animali[93]. Tra il 1986 e il 1988, in Inghilterra e Galles i casi di listeriosi umana sono aumentati del 150%, nello stesso periodo si è registrato un incremento del 100% dei casi di salmonellosi umana. La mortalità complessiva per i 558 casi umani nel Regno Unito è stata del 46%, con il 51% per i casi neonatali e il 44% per quelli negli adulti[93]. Nel periodo 1983-1987 sono stati documentati 775 casi in Gran Bretagna, con 219 (28%) decessi, senza includere gli aborti. Sommando ai decessi i 44 aborti, la mortalità è stata del 34%[53]. Prima del 1974, ogni anno nella Francia occidentale i casi documentati erano 15, ma nel 1975 e nel 1976 i casi sono stati, rispettivamente, 115 e 54[16]. Tutti i 145 ceppi sierotipizzati, tranne 3, appartenevano al sierotipo 4. Nel 1987 in Francia sono stati registrati 687 casi[22]. Nel periodo di 9 anni antecedente l'inizio del 1984, a Losanna, in Svizzera, si sono avuti in media 3 casi di listeriosi umana all'anno, ma in 15 mesi compresi tra il 1983 e il 1984 i casi sono stati 25[90]. Dei 40 ceppi esaminati 38 erano del sierotipo 4b e il 92% presentava lo stesso fagotipo.

Complessivamente le epidemie di listeriosi umana di origine alimentare sembravano essere diminuite negli anni passati, con poche eccezioni (tabella 25.5). Nella prima metà degli anni Novanta il numero stimato di casi/milione di persone in diversi paesi era il seguente:

Australia (1992)	2
Canada	2-4
Danimarca	4-5
Regno Unito	2-3
Stati Uniti	~4

Negli Stati Uniti, per il 1993, sono stati stimati 1092 casi con 248 decessi. Non tutti i casi sono di origine alimentare diretta, essendo state documentate altre fonti.

Da uno studio sulla valutazione del rischio è emerso che, attraverso gli alimenti, una persona è esposta in media 3,8 volte a 5,0 $\log_{10}$ microrganismi e 0,8 volte a >10^6 $\log_{10}$ microrganismi/anno, con circa 5-7 casi di listeriosi all'anno[101]. Dopo aver considerato altri fattori, come le dosi infettive per il topo, gli autori hanno concluso che la listeriosi è una malattia rara nell'uomo, nonostante l'esposizione all'agente eziologico sia frequente.

Tabella 25.5 Alcune epidemie e casi sospetti e provati di listeriosi alimentare

Anno	Fonte	Casi/Decessi	Luogo
1953	Latte crudo	2/1	Germania
1959	Carne/pollame freschi*	4/2	Svezia
1960-1961	Vari/sconosciuti	81/?	Germania
1966	Prodotti a base di latte	279/109	Germania
1979	Ortaggi/latte?**	23/3	Boston
1980	Crostacei	22/6	Nuova Zelanda
1981	Insalata di cavolo	41/18	Canada
1983	Latte pastorizzato**	49/14	Boston
1983-1987	Vacherin Mont D'Or	122/34	Svizzera
1985	Formaggio "mexican-style"	142/48	California
1986-1987	Ortaggi?**	36/16	Philadelphia
1987-1989	Pâtè	366/63	Regno Unito
1987	Formaggio molle	1	Regno Unito
1988	Formaggio di capra	1	Regno Unito
1988	Pollo cotto e raffreddato	1	Regno Unito
1988	Pollo cotto e raffreddato	2	Regno Unito
1988	Würstel di tacchino affumicati	1	Oklahoma
1989	Salame di maiale	1	Italia
1988	Pastiglie di alfalfa	1	Canada
1989	Funghi salati	1	Finlandia
1989	Gamberi	9/1	Stati Uniti (Conn.)
1989	Salame di maiale	1	Italia
1990	Latte crudo	1	Vermont
1990	Salame di maiale	1	Italia
1990	Pâtè	11/6	Australia
1991	Mitili affumicati	3/0	Australia
1992	Mitili affumicati	4/2	Nuova Zelanda
1992	Carne di capra (dalla California)	1	Canada
1992	Lingua di maiale in gelatina	279/85	Francia
1993	Rillettes di maiale	39/0	Francia
1994	Latte al cioccolato	52/0	Stati Uniti
1994	Olive in salamoia	1	Italia
1995	Formaggio Brie	17/0	Francia
1998-1999	Würstel	~101/~21	Stati Uniti
1999-2000	Lingua di maiale in gelatina	26/7	Francia
2000-2001	Formaggio messicano fatto in casa	12/0	Stati Uniti
2002	Carne di tacchino pronta al consumo	46/7	10 Stati USA

* Sospetto.

** Epidemiologicamente collegato; microrganismo non isolato.

25.7.2 Fonte di patogeni

Poiché l'incidenza della listeriosi umana di origine alimentare è così bassa e sporadica, la fonte dei ceppi di *L. monocytogenes* responsabili della malattia è di estremo interesse. Sebbene si possa ipotizzare che le epidemie riconducibili a prodotti lattiero-caseari siano dovute alla diffusione dei ceppi virulenti nel latte, ciò non è sempre confermato. In uno studio, condotto su 1123 campioni di latte crudo provenienti da 27 fattorie, che conferivano il latte a un caseificio implicato in California nel 1985, Donnelly e colleghi[28] non riuscirono a isolare la serovar 4b responsabile; un sierotipo 1 venne isolato da una serie di 16 campioni provenienti da una fattoria di controllo. In una rassegna dei casi umani verificatisi per la maggior parte nel 1986, Hird[57] concluse che sebbene la prova non fosse stabilita in tutti i casi, essa supportava in qualche misura una trasmissione zoonotica (zoonosi: malattia trasmissibile in condizioni naturali da animali vertebrati all'uomo). Secondo Hird, gli animali portatori sani sono una fonte importante del microrganismo, insieme alla listeriosi clinica nel bestiame, ma non è chiaro il grado relativo con cui ciascuna fonte contribuisce ai casi alimentari.

È stato osservato che *L. monocytogenes* veniva eliminata attraverso il latte dal capezzolo anteriore sinistro di una vacca affetta da mastite, mentre il latte secreto dagli altri capezzoli non era infetto[48]. Circa il 10% dei capi di bestiame sani esaminati nei Paesi Bassi è risultato positivo per *L. monocytogenes* e il 5% circa dei campioni di feci umane degli operai di alcuni macelli danesi conteneva il microrganismo[68]. La percentuale di portatori tra gli individui sani sembrava essere la stessa indipendentemente dall'attività lavorativa svolta negli impianti di trasformazione degli alimenti[68]. Nel Regno Unito, in un periodo di 18 mesi, sono risultati positivi 32 campioni fecali su 5000 (0,6%)[75]. È stato dimostrato che negli ospedali può verificarsi l'infezione crociata tra neonati affetti da listeriosi congenita e neonati apparentemente sani[94]. Pertanto, sebbene *L. monocytogenes* sia nota per la diffusione piuttosto ampia nei campioni ambientali, essa è presente anche nei soggetti sani con una frequenza variabile da meno dell'1% al 15% circa. L'importanza relativa delle fonti ambientali, animali e umane nel determinare gli episodi di malattia di origine alimentare necessita di studi ulteriori.

Tra gli alimenti pronti al consumo (RTE, *ready-to-eat*), i prodotti a base di carne e pollame costituiscono i veicoli principali di listeriosi umana. Dall'indagine annuale che il FSIS dell'USDA conduce su tali prodotti è emerso che, nei nove anni indicati, le percentuali di campioni contaminati da *L. monocytogenes* erano le seguenti:

1995: 3,02	2000: 1,45
1996: 2,91	2001: 1,32
1997: 2,25	2002: 1,03
1998: 2,54	2003: 0,75 (gennaio-settembre)
1999: 1,91	

In un'ampia rassegna sulla presenza di questo microrganismo negli ambienti destinati alla lavorazione degli alimenti, Tompkin[124] ha osservato che la listeriosi di origine alimentare rappresenta soltanto lo 0,02% circa di tutte le malattie di origine alimentare che si registrano negli Stati Uniti. D'altra parte, questa malattia è responsabile del 28% circa di tutti i decessi dovuti a malattie a trasmissione alimentare. Gli alimenti implicati in casi umani contengono tipicamente >1000 ufc/g o mL; inoltre, i ceppi epidemici si sono insediati negli ambienti di trasformazione, determinando la contaminazione di molteplici lotti di alimenti[124].

Nonostante l'elevata mortalità associata alla listeriosi alimentare, complessivamente la malattia è piuttosto rara. Non tutti gli isolati di *L. monocytogenes* sono ugualmente patogeni e ciò che rende un ceppo isolato da alimenti infettivo o non infettivo è ancora scarsamente compreso, come pure i motivi della prevalenza negli alimenti dei sierotipi 1/2a, 1/2b e 4b[69].

25.7.3 Sindromi

Nell'uomo la listeriosi non è caratterizzata da un unico quadro clinico, poiché il decorso della malattia dipende dallo stato dell'ospite. Individui sani, non in gravidanza e non immunodepressi, sono altamente resistenti alle infezioni da *L. monocytogenes*; infatti, sono documentati pochi casi di listeriosi clinica contratta da tali individui. Le seguenti condizioni, tuttavia, sono note in quanto favoriscono lo sviluppo dell'infezione nell'adulto e aumentano il tasso di mortalità: neoplasie, AIDS, alcolismo, diabete (in particolare di tipo 1), malattie cardiovascolari, trapianto di rene e terapie con corticosteroidi. Quando individui adulti suscettibili contraggono la malattia, i sintomi più frequenti sono meningite e sepsi. Su 641 casi umani, il 73% presentava meningite, meningoencefalite o encefalite. Poiché negli adulti la sindrome è associata a linfadenopatia cervicale e generalizzata, il quadro clinico può ricordare una mononucleosi infettiva. Il fluido cerebrospinale contiene inizialmente granulociti, ma negli stadi avanzati prevalgono i monociti. Le donne che contraggono la malattia in gravidanza (e ciò determina spesso infezione congenita del feto) possono non presentare alcun sintomo, e anche quando la malattia si manifesta la sintomatologia è di norma lieve e di tipo influenzale. La listeriosi contratta in gravidanza determina spesso aborto, nascita prematura o morte del feto. Quando un neonato viene infettato al momento del parto, i sintomi della listeriosi sono quelli tipici della meningite e si manifestano di norma dopo 1-4 settimane dalla nascita, sebbene sia stata riportata un'incubazione di 4 giorni. Negli adulti il tempo di incubazione varia in genere da una a diverse settimane. Tra 20 pazienti di un cluster di casi registrato a Boston, 18 presentavano batteriemia, 8 meningite e 13 vomito, dolore addominale e diarrea 72 ore prima della comparsa del coinvolgimento encefalico.

Il controllo di *L. monocytogenes* nell'organismo è operato da linfociti T e macrofagi attivati, pertanto qualsiasi condizione patologica a carico di tali cellule peggiora il decorso della listeriosi. I farmaci più efficaci per il trattamento sono coumermicina, rifampicina e ampicillina; l'associazione tra quest'ultima e un antibiotico amminoglicosidico rappresenta la migliore combinazione[33]. Tuttavia, la terapia antimicrobica per la listeriosi non è pienamente soddisfacente, poiché i pazienti malati e gli ospiti immunocompromessi presentano maggiori difficoltà rispetto agli ospiti immunocompetenti.

25.8 Resistenza alla listeriosi

La resistenza o l'immunità a patogeni intracellulari come virus, parassiti animali e *L. monocytogenes* è mediata dalle cellule T, linfociti che originano dal midollo osseo e maturano nel timo (T deriva, dunque, da timo). A differenza delle cellule B, responsabili dell'immunità umorale (anticorpi nel circolo), le cellule T attivate reagiscono direttamente contro le cellule estranee. Una volta penetrato all'interno della cellula ospite, il patogeno non può più essere raggiunto dagli anticorpi presenti nel circolo, ma la sua presenza viene segnalata da cambiamenti strutturali nella cellula infetta, e le cellule T vengono coinvolte nella distruzione di questa cellula ospite invasa, che non viene più riconosciuta come "propria".

I macrofagi sono importanti per le azioni delle cellule T, e il loro ruolo nella distruzione di *L. monocytogenes* e di alcuni altri patogeni intracellulari è stato dimostrato da Mackeness[87]. Innanzi tutto, i macrofagi legano e "presentano" le cellule di *L. monocytogenes* alle cellule T, in modo tale che possano essere riconosciute come estranee. Quando le cellule T reagiscono con il microrganismo, aumentano di dimensioni e formano cloni specifici per lo stesso microrganismo o antigene. Queste cellule T, dette attivate, secernono interleuchina-1 (IL-1). Man mano che si moltiplicano, le cellule T attivate si differenziano formando diversi sottogruppi.

I sottogruppi di cellule T più importanti per la resistenza alla listeriosi sono gli helper o CD4 (L3T4$^+$) e le citolitiche (killer) o CD8 (Lyt2$^+$)[71]. Le cellule T CD4 reagiscono con l'antigene e quindi producono linfochine (citochine): IL-1, IL-2, IL-6, immuno- o γ-interferone e altri. Il γ-interferone, la cui produzione è favorita anche dal fattore di necrosi tumorale[22], induce l'espressione del recettore IL-2 sui monociti. Inoltre, IL-2 può stimolare l'attivazione delle cellule killer linfochine dipendenti, che possono lisare i macrofagi infettati. È stato dimostrato che per aumentare la resistenza del topo a *L. monocytogenes* è sufficiente la somministrazione di 0,6 μg di IL-2 esogena per topo[54]. Il γ-interferone attiva i macrofagi e le cellule T CD8; queste ultime reagiscono con i macrofagi dell'ospite infettati da *L. monocytogenes*, causandone la lisi. Sia le cellule T CD4 sia le CD8 vengono stimolate da *L. monocytogenes*; esse attivano i macrofagi producendo γ-interferone e contribuiscono alla resistenza alla listeriosi[70]. Le CD8, inoltre, secernono γ-interferone quando viene fornita IL-2 esogena; sia le CD4 sia le CD8 possono conferire un certo grado di immunità passiva ai topi riceventi[70].

Si presume che alcuni degli eventi osservati nei topi in seguito all'infezione da parte di *L. monocytogenes* siano gli stessi che si verificano nell'uomo. Quando *L. monocytogenes* viene inglobata dai macrofagi, questi producono nel sito di infezione un fattore di incremento della monocitopoiesi (FIM). Il FIM viene veicolato al midollo osseo, dove stimola la produzione di macrofagi. Solo cellule vitali di *L. monocytogenes* possono indurre la risposta dei linfociti T e l'immunità alla listeriosi. Poiché la LLO è il fattore di virulenza di *L. monocytogenes* che scatena la risposta dei linfociti T, questa proteina termolabile viene inattivata quando le cellule sono distrutte con trattamenti termici. Il sottogruppo CD8 di linfociti T sembra essere il principale responsabile dell'immunità antilisterica, dato che agisce stimolando la produzione di linfochine da parte dei macrofagi; l'immunità passiva verso *L. monocytogenes* può essere ottenuta mediante trasferimento del sottogruppo CD8 di cellule T[4]. La risposta dei linfociti T non si verifica nemmeno iniettando nei topi sia cellule morte sia ricombinanti IL-1a[60]. Né le cellule avirulente, né quelle uccise inducono la IL-1 in vitro; le cellule vitali di *L. monocytogenes*, invece, sono in grado di svolgere tale azione[96], indicando che IL-1 e γ-interferone hanno un ruolo critico nell'iniziare la risposta in vivo, poiché è stato dimostrato che la somministrazione simultanea di IL-1 e γ-interferone aumentava nei topi la resistenza verso *L. monocytogenes* più delle singole somministrazioni[74]. La combinazione non aveva effetto sinergico, ma solo additivo. Sembra che il ruolo primario del γ-interferone sia stimolare la produzione di linfochina più che l'azione diretta, ed è noto che esso determina un aumento della produzione di IL-1[17]. Il γ-interferone può essere rilevato nel circolo ematico e nella milza dei topi solo durante i primi 4 giorni successivi all'infezione[99]. L'infezione di topi da parte di *L. monocytogenes* determina un aumento di IL-6, che è prodotta da cellule non linfocitiche[80]. Topi privi di IL-6 sono più suscettibili alla listeriosi[23]. IL-6 sembra agire stimolando la produzione di neutrofili[23].

Questa panoramica sulla resistenza murina a *L. monocytogenes* rivela alcuni dei ruoli multifunzionali delle linfochine nell'immunità mediata dalle cellule T (dovuta a differenti E-caderine necessarie per i recettori InlA) e l'evidente importanza critica della LLO come principale fattore di virulenza di questo microrganismo. Ciò che rende gli ospiti immunocompromessi più suscettibili alla listeriosi è l'effetto deprimente che gli agenti immunosoppressivi hanno sul sistema di linfociti T. Una possibile terapia viene suggerita dai ruoli specifici svolti da alcune linfochine, ma non è chiaro se tali effetti siano simili nell'uomo.

25.9 Persistenza di *L. monocytogenes* negli alimenti

Essendo in grado di crescere nell'intervallo di temperatura di circa 1-45 °C e nel range di pH compreso tra 4,1 e 9,6 circa, ci si può attendere che *L. monocytogenes* sopravviva negli alimenti per lunghi periodi, e ciò è stato confermato. I ceppi Scott A e V7, inoculati a livelli di 10^4-10^5/g, sopravvivevano in cottage cheese fino a 28 giorni quando mantenuti a 3 °C[111]. Quando questi due ceppi, insieme ad altri due, sono stati inoculati in formaggio camembert a livelli di 10^4-10^5, si è osservata crescita durante i primi 18 giorni di maturazione; alcuni ceppi hanno raggiunto livelli di 10^6-10^7 dopo 65 giorni di maturazione[110]. Con un inoculo di 5×10^2/g e una conservazione a 4 °C, *L. monocytogenes* sopravviveva in cold-pack cheese (formaggio fuso in barattolo) per un periodo medio di 130 giorni in presenza dello 0,30% di acido sorbico[109]. D'altra parte, durante la produzione e la conservazione di latte scremato in polvere, si verificava una riduzione di 1-1,5 log del numero di *L. monocytogenes* durante l'essiccamento spray e una diminuzione di oltre 4 unità logaritmiche del numero di unità formanti colonie entro 16 settimane quando il prodotto veniva mantenuto a 25 °C[30].

In carne bovina macinata, un inoculo di 10^5-10^6 restava invariato per 14 giorni a 4 °C[64]; in carne bovina e fegato macinati inoculi di *L. monocytogenes* di 10^3 o 10^5 rimanevano costanti per oltre 30 giorni, sebbene nello stesso intervallo di tempo i valori delle conte su piastra standard (SPC) aumentassero da tre a sei volte[114]. In un impasto per salami finlandesi contenente 120 ppm $NaNO_2$ e il 3% di NaCl, la carica iniziale di *L. monocytogenes* diminuiva solo di 1 ciclo logaritmico durante un periodo di fermentazione di 21 giorni[66]. Quando cinque ceppi di *L. monocytogenes* sono stati aggiunti a otto prodotti carnei conservati a 4,4 °C fino a 12 settimane, il microrganismo sopravviveva in tutti i prodotti e nella maggior parte dei casi il numero iniziale aumentava di circa 3-4 unità logaritmiche[49]. La migliore crescita si verificava in prodotti a base di pollo e tacchino, in parte a causa del più elevato valore iniziale di pH di questi prodotti. In carne bovina confezionata sotto vuoto, in un film con proprietà barriera di 25-30 mL/m^2/24 ore/101 kPa, un ceppo inoculato di *L. monocytogenes* aumentava di circa 4 unità logaritmiche in 16 giorni sul tessuto grasso del sottofiletto e di circa 3 unità logaritmiche in 20 giorni sulla carne magra mantenuta tra 5 e 5,5 °C[49,51]. In carne, formaggio e ravioli all'uovo conservati a 5 °C, un inoculo di 3×10^5 ufc/g del ceppo Scott A sopravviveva per 14 giorni[6]. In uno studio, a 5 °C lattuga e succo di lattuga supportavano la crescita di *L. monocytogenes* per 14 giorni; il microrganismo poteva essere isolato anche da due campioni di lattuga non inoculati[122].

Questi e numerosi altri studi dimostrano che la resistenza complessiva di *L. monocytogens* negli alimenti è coerente con la sua persistenza in molti campioni ambientali non alimentari.

25.10 Aspetti normativi del controllo di *L. monocytogenes* negli alimenti

Alcuni Paesi hanno fissato dei limiti legali per il numero tollerabile di microrganismi negli alimenti, in particolare nei prodotti pronti al consumo, mentre altri hanno suggerito linee guida o criteri non legalmente vincolanti.

Gli Stati Uniti attuano la politica più restrittiva, in base alla quale *L. monocytogenes* è considerata un "adulterante". Ciò significa che qualsiasi prodotto pronto al consumo che contenga questo microrganismo può essere considerato adulterato e, quindi, essere soggetto a richiamo e/o sequestro. Il requisito statunitense è l'assenza del microrganismo in campioni di 50 g. Tolleranza zero in genere significa assenza del microrganismo in campioni di 25 g, che equivale a $n = 5$, $c = 0$ in un piano di campionamento (capitolo 20). Negli anni 1994-1998

L. monocytogenes è stata responsabile del 61% dei 1321 richiami di prodotto negli Stati Uniti, seguita dalle salmonelle (11% dei richiami)[132]. Tuttavia, non si può assumere che tutti gli alimenti richiamati avrebbero causato casi di listeriosi se fossero stati venduti. Come si è visto, non tutti i ceppi di questo microrganismo causano malattia nell'uomo; inoltre i prodotti RTE a base di carne e pollame possono essere gestiti in modi differenti dai diversi consumatori.

Di seguito è riportata una sintesi dei quadri normativi specifici in vigore in alcuni Paesi (naturalmente, è possibile che siano intervenuti cambiamenti).

I criteri di conformità proposti in Canada nel 1993 collocano gli alimenti pronti al consumo in tre categorie, in relazione agli effetti indotti da *L. monocytogenes*. La categoria 1 comprende i prodotti correlati a epidemie; la categoria 2 i prodotti con shelf life >10 giorni; la categoria 3 i prodotti che supportano la crescita e hanno una shelf life ≤10 giorni o quelli che non supportano la crescita. Tra questi ultimi sono compresi i prodotti che soddisfano uno o più dei seguenti parametri: pH 5,0-5,5 e a_w <0,95; pH <5,0 indipendentemente dal valore di a_w; a_w ≤0,92 indipendentemente dal pH; alimenti congelati[77]. Per gli alimenti di categoria 3 che presentano conte >10^2/g è previsto il richiamo.

In Australia è richiesta l'assenza di *L. monocytogenes* in 5 campioni da 25 g per molti formaggi. È stato osservato che la presenza del microrganismo negli ambienti di trasformazione degli alimenti è inevitabile, specialmente in quelli deputati ad accogliere i prodotti finiti; inoltre, i rischi di contaminazione dei prodotti finiti possono essere ridotti, ma non annullati[125].

L'International Commission on Microbiological Specifications for Foods (ICMSF) ha stabilito che, per individui non a rischio, un alimento può considerarsi accettabile se *L. monocytogenes* non supera le 100 cellule/g di alimento al momento del consumo (vedi FSO, capitolo 20). L'ICMSF sostiene l'adozione del sistema HACCP (capitolo 21) e colloca *L. monocytogenes* nei casi di programma di rigore numero 10, 11 e 12 (vedi tabella 21.4). Il piano di campionamento a due classi per il caso 10 è $n = 5$, $c = 0$; per i casi 11, $n = 10$, $c = 0$; per il caso 12, $n = 20$, $c = 0$.

Con l'entrata in vigore dei Regolamenti CE 2073/2005 e CE 1441/2007, l'Unione Europea ha stabilito i seguenti limiti per la presenza di *L. monocytogenes* negli alimenti.

1. Alimenti pronti destinati a lattanti e a fini medici speciali: è prescritta l'assenza di *L. monocytogenes* in 25 g nei prodotti immessi sul mercato per l'intero periodo di conservabilità (piano di campionamento $n = 10$, $c = 0$; metodo d'analisi EN/ISO 11290-1).

2. Alimenti pronti, diversi dai precedenti, che costituiscono terreno favorevole alla crescita di *L. monocytogenes*:
   - se il produttore può dimostrare che *L. monocytogenes* non supererà 100 ufc/g durante il periodo di conservabilità, il limite è fissato in 100 ufc/g per i prodotti immessi sul mercato per l'intero periodo di conservabilità (piano di campionamento $n = 5$, $c = 0$; metodo d'analisi EN/ISO 11290-2);
   - se il produttore non può dimostrare che *L. monocytogenes* non supererà 100 ufc/g durante il periodo di conservabilità, è prescritta l'assenza in 25 g, fintantoché il prodotto è sotto il controllo diretto del produttore (piano di campionamento $n = 5$, $c = 0$; metodo d'analisi EN/ISO 11290-1).

3. Alimenti pronti che non costituiscono terreno favorevole alla crescita di *L. monocytogenes*, diversi da quelli destinati a lattanti e a fini medici speciali: il limite è fissato in 100 ufc/g per i prodotti immessi sul mercato per l'intero periodo di conservabilità (piano di campionamento $n = 5$, $c = 0$; metodo d'analisi EN/ISO 11290-2). Sono automaticamente considerati appartenenti a questa categoria i prodotti: con pH ≤4,4; con a_w ≤ 0,92; con pH ≤5,0 e a_w ≤ 0,94; con periodo di conservabilità inferiore a 5 giorni.

Bibliografia

1. Ade N, Steinmeyer S, Loessner MJ, Hof H, Kreft J (Technical University of Munich, Weihenstephan, Freising, Germany) (1991) Personal communication.

2. Anton W (1934) Kritisch-experimenteller Beitrag zur Biologie des Bacterium monocytogenes. Mit basonderer Beruecksichtigung seiner Beziehung zur infektiosen Mononucleose des Menschen. *Zbl Bakteriol Abt I Orig*, 131: 89-103.

3. Audurier A, Martin C (1989) Phage typing of Listeria monocytogenes. *Int J Food Microbiol*, 8: 251-257.

4. Baldridge JR, Barry RA, Hinrichs DJ (1990) Expression of systemic protection and delayed-type hypersensitivity to Listeria monocytogenes is mediated by different T-cell subsets. *Infect Immun*, 58: 654-658.

5. Bartlett FM, Hawke AE (1995) Heat resistance of Listeria monocytogenes Scott A and HAL 957E1 in various liquid egg products. *J Food Protect*, 58: 1211-1214.

6. Beuchat LR, Brackett RE (1989) Observations on survival and thermal inactivation of Listeria monocytogenes in ravioli. *Lett Appl Microbiol*, 8: 173-175.

7. Beuchat LR, Brackett RE, Hao DYY, Conner DL (1986) Growth and thermal inactivation of Listeria monocytogenes in cabbage and cabbage juice. *Can J Microbiol*, 32: 791-795.

8. Boyle DL, Sofos JN, Schmidt GR (1990) Thermal destruction of Listeria monocytogenes in a meat slurry and in ground beef. *J Food Sci*, 55: 327-329.

9. Bradshaw JG, Peeler JT, Corwin JJ, Hunt JM, Twedt RM (1987) Thermal resistance of Listeria monocytogenes in dairy products. *J Food Protect*, 50: 543-544.

10. Boerlin P, Rocourt J, Grimont F, Jacquet C, Piffaretti JC (1992) Listeria ivanovii subsp. londoniensis subsp. nov. *Int J Syst Bacteriol*, 42: 69-73.

11. Bradshaw JG, Peeler JT, Corwin JJ, Hunt JM, Tierney JT, Larkin EP, Twedt RM (1985) Thermal resistance of Listeria monocytogenes in milk. *J Food Protect*, 48: 743-755.

12. Buchanan RL, Klawitter LA (1990) Effects of temperature and oxygen on the growth of Listeria monocytogenes at pH 4.5. *J Food Sci*, 55: 1754-1756.

13. Bunning VK, Crawford RG, Tierney JT, Peeler JT (1990) Thermotolerance of Listeria monocytogenes and Salmonella Typhimurium after sublethal heat shock. *Appl Environ Microbiol*, 56: 3216-3219.

14. Bunning VK, Donnelly CW, Peeler JT, Briggs EH, Bradshaw JG, Crawford RG, Beliveau CM, Tierney JT (1988) Thermal inactivation of Listeria monocytogenes within bovine milk phagocytes. *Appl Environ Microbiol*, 54: 364-370.

15. Bunning VK, Crawford RG, Bradshaw JG, Peeler JT, Tierney JT, Twedt RM (1986) Thermal resistance of intracellular Listeria monocytogenes cells suspended in raw bovine milk. *Appl Environ Microbiol*, 52: 1398-1402.

16. Carbonnelle B, Cottin J, Parvery F, Chambreuil G, Kouyoumdjian S, LeLirzin M, Cordier G, Vincent F (1978) Epidemie de listeriose dans l'Ouest de la France (1975–1976). *Rev Epidemiol Santé Pub*, 26: 451-467.

17. Chen Y, Nakane A, Minagawa T (1989) Recombinant murine gamma interferon induces enhanced resistance to Listeria monocytogenes infection in neonatal mice. *Infect Immun*, 57: 2345-2349.

18. Colburn KG, Kaysner CA, Abeyta C Jr, Wekell MM (1990) Listeria species in a California coast estuarine environment. *Appl Environ Microbiol*, 56: 2007-2011.

19. Cole MB, Jones MV, Holyoak C (1990) The effect of pH, salt concentration and temperature on the survival and growth of Listeria monocytogenes. *J Appl Bacteriol*, 69: 63-72.

20. Collins MD, Wallbanks S, Lane DJ, Shah J, Nietupski R, Smida J, Dorsch M, Stackebrandt E (1991) Phylogenetic analysis of the genus Listeria based on reverse transcription sequencing of 16SrRNA. *Int Syst Bacteriol*, 41: 240-246.

21. Conner DE, Brackett RE, Beuchat LR (1986) Effect of temperature, sodium chloride, and pH on growth of Listeria monocytogenes in cabbage juice. *Appl Environ Microbiol*, 52: 59-63.

22. Cossart P, Mengaud J (1989) Listeria monocytogenes. A model system for the molecular study of intracellular parasitism. *Mol Biol Med*, 6: 463-474.

23. Dalrymple SA, Lucian LA, Slattery R, McNeil T, Aud DM, Fuchino S, Lee F, Murray R (1995) Interleukin-6-deficient mice are highly susceptible to Listeria monocytogenes infection: Correlation with inefficient neutrophilia. *Infect Immun*, 63: 2262-2268.

24. Datta AR, Kothary MH (1993) Effects of glucose, growth temperature, and pH on listeriolysin O production in Listeria monocytogenes. *Appl Environ Microbiol*, 59: 3495-3497.

25. Del Corral F, Buchanan RL, Bencivengo MM, Cooke PH (1990) Quantitative comparison of selected virulence associated characteristics in food and clinical isolates of Listeria. *J Food Protect*, 53: 1003-1009.

26. Donnelly CW (2001) Listeria monocytogenes. In: Hui YH, Pierson MD, Gorham JR (eds) *Foodborne Disease Handbook* (2nd ed). Marcel Dekker, New York, pp. 213-245.

27. Donnelly CW, Briggs EH (1986) Psychrotrophic growth and thermal inactivation of Listeria monocytogenes as a function of milk composition. *J Food Protect*, 49: 994-998.

28. Donnelly CW, Briggs EH, Baigent GJ (1986) Analysis of raw milk for the epidemic serotype of Listeria monocytogenes linked to an outbreak of listeriosis in California. *J Food Protect*, 49: 846-847.

29. Doyle ME, Mazzotta AS, Wang T, Wiseman DW, Scott VN (2001) Heat resistance of Listeria monocytogenes. *J Food Protect*, 64: 410-429.

30. Doyle MO, Meske LM, Marth EH (1985) Survival of Listeria monocytogenes during the manufacture and storage of nonfat dry milk. *J Food Protect*, 48: 740-742.

31. Draughon FA, Anthony BA, Denton ME (1999) Listeria species in fresh rainbow trout purchased from retail markets. *Dairy Food Environ Sanit*, 19: 90-94.

32. Drevets DA, Sawyer RT, Potter TA, Campbell PA (1995) Listeria monocytogenes infects human endothelial cells by two distinct mechanisms. *Infect Immun*, 63: 4268-4276.

33. Espaze EP, Reynaud AE (1988) Antibiotic susceptibilities of Listeria: In vitro studies. *Infection*, 16(Suppl. 2): 160-164.

34. Farber JM, Coates F, Daley E (1992) Minimum water activity requirements for the growth of Listeria monocytogenes. *Lett Appl Microbiol*, 15: 103-105.

35. Farber JM, Brown BE (1990) Effect of prior heat shock on heat resistance of Listeria monocytogenes in meat. *Appl Environ Microbiol*, 56: 1584-1587.

36. Farber JM (1989) Thermal resistance of Listeria monocytogenes. *Int J Food Microbiol*, 8: 285-291.

37. Farber JM, Sanders GW, Speirs JI, D'Aoust JY, Emmons DB, McKellar R (1988) Thermal resistance of Listeria monocytogenes in inoculated and naturally contaminated raw milk. *Int J Food Microbiol*, 7: 277-286.

38. Fedio WM, Jackson H (1989) Effect of tempering on the heat resistance of Listeria monocytogenes. *Lett Appl Microbiol*, 9: 157-160.

39. Fenlon DR (1985) Wild birds and silage as reservoirs of Listeria in the agricultural environment. *J Appl Bacteriol*, 59: 537-543.

40. Fenlon DR, Stewart T, Donachie W (1995) The incidence, numbers and types of Listeria monocytogenes isolated from farm bulk tank milks. *Lett Appl Microbiol*, 20: 57-60.

41. Foegeding PM, Stanley NW (1990) Listeria monocytogenes F5069 thermal death times in liquid whole egg. *J Food Protect*, 53: 6-8.

42. Galsworthy SB, Fewster D (1988). Comparison of responsiveness to the monocytosis-producing activity of Listeria monocytogenes in mice genetically susceptible or resistant to listeriosis. *Infection*, 16(Suppl. 2): 118-122.

43. Geoffroy C, Gaillard JL, Alouf JE, Berche P (1989) Production of thiol-dependent haemolysins by Listeria monocytogenes. *J Gen Microbiol*, 135: 481-487.

44. Geoffroy C, Gaillard JL, Alouf JE, Berche P (1987) Purification, characterization, and toxicity of the sulfhydryl-activated hemolysin listeriolysin O from Listeria monocytogenes. *Infect Immun*, 55: 1641-1646.

45. George SM, Lung BM, Brocklehurst TF (1988) The effect of pH and temperature on initiation of growth of Listeria monocytogenes. *Lett Appl Microbiol*, 6: 153-156.

46. Gilbert RJ (1992) Provisional microbiological guidelines for some ready-to-eat foods sampled at point of sale: Notes for PHLS Food Examiners. *Public Health Serv Lab Q*, 9: 98-99.

47. Gilbert RJ, Pini PN (1988) Listeriosis and foodborne transmission. *Lancet*, 1: 472-473.

48. Gitter M, Bradley R, Blampied PH (1980) Listeria monocytogenes infection in bovine mastitis. *Vet Rec*, 107: 390-393.

49. Glass KA, Doyle MP (1990) Fate of Listeria monocytogenes in processed meat products during refrigerated storage. *Appl Environ Microbiol*, 55: 1565-1569.

50. Golnazarian CA, Donnelly CW, Pintauro SJ, Howard DB (1989) Comparison of infectious dose of Listeria monocytogenes F5817 as determined for normal versus compromised C57B1/6J mice. *J Food Protect*, 52: 696-701.

51. Grau FH, Vanderline PB (1990) Growth of Listeria monocytogenes on vacuum-packaged beef. *J Food Protect*, 53: 739-741.

52. Green SS (1990) *Listeria monocytogenes in meat and poultry products*. Interim Report to National Advisory Commission on Microbiological Specifications for Foods. FSIS/USDA.

53. Groves RD, Welshimer HJ (1977) Separation of pathogenic from apathogenic Listeria monocytogenes by three in vitro reactions. *J Clin Microbiol*, 5: 559-563.

54. Haak-Frendscho M, Young KM, Czuprynski CJ (1989) Treatment of mice with human recombinant interleukin-2 augments resistance to the facultative intracellular pathogen Listeria monocytogenes. *Infect Immun*, 57: 3014-3021.

55. Harrison MA, Huang YW (1990) Thermal death times for Listeria monocytogenes (Scott A) in crabmeat. *J Food Protect*, 53: 878-880.

56. Heisick JE, Wagner DE, Nierman ML, Peeler JT (1989) Listeria spp. found on fresh market produce. *Appl Environ Microbiol*, 55: 1925-1927.

57. Hird DW (1987) Review of evidence for zoonotic listeriosis. *J Food Protect*, 50: 429-433.

58. Hogen CJ, Singleton ER, Kreuzer KS, Sloan EM, Sofos JN (1998) Isolation of catalase-negative Listeria monocytogenes from foods. *Dairy Food Environ Sanit*, 18: 424-426.

59. Hof H, Hefner P (1988) Pathogenicity of Listeria monocytogenes in comparison to other Listeria species. *Infection*, 16(Suppl. 2): 141-144.

60. Igarashi KI, Mitsuyama M, Muramori K, Tsukada H, Nomoto K (1990) Interleukin-1-induced promotion of T-cell differentiation in mice immunized with killed Listeria monocytogenes. *Infect Immun*, 58: 3973-3979.

61. Jacquet C, Gouin E, Jeannel D, Cossart P, Rocourt J (2002) Expression of ActA, Ami, InlB, and listeriolysin O in Listeria monocytogenes of human and food origin. *Appl Environ Mirobiol*, 68: 616-622.

62. Jay JM (1996) Prevalence of Listeria spp. in meat and poultry products. *Food Control*, 7: 209-214.

63. Johnson JL, Doyle MP, Cassens RG (1990) Listeria monocytogenes and other Listeria spp. in meat and meat products. A review. *J Food Protect*, 53: 81-91.

64. Johnson JL, Doyle MP, Cassens RG (1988) Survival of Listeria monocytogenes in ground beef. *Int J Food Microbiol*, 6: 243-247.

65. Jones D (1988) The place of Listeria among Gram-positive bacteria. *Infection*, 16(Suppl. 2): 85-88.

66. Junttila J, Hirn J, Hill P, Nurmi E (1989) Effect of different levels of nitrite and nitrate on the survival of Listeria monocytogenes during the manufacture of fermented sausage. *J Food Protect*, 52: 158-161.

67. Junttila JR, Niemela SI, Hirn J (1988) Minimum growth temperatures of Listeria monocytogenes and nonhaemolytic listeria. *J Appl Bacteriol*, 65: 321-327.

68. Kampelmacher EH, Van Nooble Jansen LM (1969) Isolation of Listeria monocytogenes from faeces of clinically healthy humans and animals. *Zentral Bakt Inf Abt Orig*, 211: 353-359.

69. Kathariou S (2002) Listeria monocytogenes virulence and pathogenicity, a food safety perspective. *J Food Protect*, 65: 1811-1829.

70. Kaufmann SHE (1988) Listeria monocytogenes specific T-cell lines and clones. *Infection*, 16(Suppl. 2): 128-136.

71. Kaufmann SHE, Hug E, Vath U, Muller I (1985) Effective protection against Listeria monocytogenes and delayed-type hypersensitivity to listerial antigens depend on cooperation between specific L3T4+ and Lyt2+ T cells. *Infect Immun*, 48: 263-266.

72. Kouassi Y, Shelef LA (1995) Listeriolysin O secretion by Listeria monocytogenes in broth containing salts of organic acids. *J Food Protect*, 58: 1314-1319.

73. Kreft J, Funke D, Haas A, Lottspeich F, Goebel W (1989) Production, purification and characterization of hemolysins from Listeria ivanovii and Listeria monocytogenes Sv4b. *FEMS Microbiol Lett*, 57: 197-202.

74. Kurtz RS, Young KM, Czuprynski CJ (1989) Separate and combined effects of recombinant interleukin-1a and gamma interferon on antibacterial resistance. *Infect Immun*, 57: 553-558.

75. Kwantes W, Isaac M (1971) Listeriosis. *Br Med J*, 4:296-297.

76. Leasor SB, Foegeding PM (1989) Listeria species in commercially broken raw liquid whole egg. *J Food Protect*, 52: 777-780.

77. Lammerding AM, Farber JM (1994) The status of Listeria monocytogenes in the Canadian food industry. *Dairy Food Environ Sanit*, 14: 146-150.

78. Lingnau A, Domann E, Hudel M et al. (1995) Expression of the Listeria monocytogenes EGD inlA and inlB genes, whose products mediate bacterial entry into tissue culture cell lines, by PrfA-dependent and -independent mechanisms. *Infect Immun*, 63: 3896-3903.

79. Linton RH, Pierson MD, Bishop JR (1990) Increase in heat resistance of Listeria monocytogenes Scott A by sublethal heat shock. *J Food Protect*, 53: 924-927.

80. Liu Z, Cheers C (1993) The cellular source of interleukin-6 during Listeria infection. *Infect Immun*, 61: 2626-2631.

81. Loessner MJ, Busse M (1990) Bacteriophage typing of Listeria species. *Appl Environ Microbiol*, 56: 1912-1918.

82. Lovett J, Wesley IV, Vandermaaten MJ, Bradshaw JG, Francis DW, Crawford RG, Donnelly CW, Messer JW (1990) High-temperature short-time pasteurization inactivates Listeria monocytogenes. *J Food Protect*, 53: 734-738.

83. Lovett J (1988) Isolation and identification of Listeria monocytogenes in dairy products. *J Assoc Off Anal Chem*, 71: 658-660.

84. Lovett J, Francis DW, Hunt JM (1987) Listeria monocytogenes in raw milk: Detection, incidence, and pathogenicity. *J Food Protect*, 50: 188-192.

85. Ludwig W, Schleifer KH, Stackebrandt E (1984) 16S rRNA analysis of Listeria monocytogenes and Brochothrix thermosphacta. *FEMS Microbiol Lett*, 25: 199-204.

86. Lund BM, Knox MR, Cole MB (1989) Destruction of Listeria monocytogenes during microwave cooking. *Lancet*, 1: 218.

87. Mackeness GB (1971) Resistance to intracellular infection. *J Infect Dis*, 123: 439-445.

88. Mackey BM, Pritchet C, Norris A, Mead GC (1990) Heat resistance of Listeria: Strain differences and effects of meat type and curing salts. *Lett Appl Microbiol*, 10: 251-255.

89. Mackey BM, Bratchell N (1989) The heat resistance of Listeria monocytogenes. *Lett Appl Microbiol*, 9: 89-94.

90. Malinverni R, Bille J, Perret Cl, Regli F, Tanner F, Glauser MP (1985) Listeriose epidemique. Observation de 25 cas en 15 mois au Centre hospitalier universitaire vaudois. *Schweiz Med Wschr*, 115: 2-10.

91. McKellar RC (1994) Use of the CAMP test for identification of Listeria monocytogenes. *Appl Environ Microbiol*, 60: 4219-4225.

92. McLauchlin J (1997) The pathogenicity of Listeria monocytogenes: A public health perspective. *Rev Med Microbiol*, 8: 1-14.

93. McLauchlin J (1987) Listeria monocytogenes, recent advances in the taxonomy and epidemiology of listeriosis in humans. *J Appl Bacteriol*, 63: 1-11.

94. McLauchlin J, Audurier A, Taylor AG (1986) Aspects of the epidemiology of human Listeria monocytogenes infections in Britain 1967–1984. The use of serotyping and phage typing. *J Med Microbiol*, 22: 367-377.

95. Mengaud J, Vincente MF, Chenevert J, Pereira JM, Geoffroy C, Giequel-Sanzey B, Baquero F, Perez-Diaz JC, Cossart P (1988) Expression in Escherichia coli and sequence analysis of the listeriolysin O determinant of Listeria monocytogenes. *Infect Immun*, 56: 766-772.

96. Mitsuyama M, Igarashi KI, Kawamura I, Ohmori T, Nomoto K (1990) Difference in the induction of macrophage interleukin-1 production between viable and killed cells of Listeria monocytogenes. *Infect Immun*, 58: 1254-1260.

97. Moors MA, Levitt B, Youngman P, Portnoy DA (1999) Expression of listeriolysin O and ActA by intracellular and extracellular Listeria monocytogenes. *Infect Immun*, 67: 131-139.

98. Murray EGD, Webb RA, Swann MBR (1926) A disease of rabbits characterized by large mononuclear leucocytosis caused by a hitherto undescribed bacillus Bacterium monocytogenes (n. sp.). *J Pathol Bacteriol*, 29: 407-439.

99. Nakane A, Numata A, Asano M, Kohanawa M, Chen Y, Minagawa T (1990) Evidence that endogenous gamma interferon is produced early in Listeria monocytogenes infection. *Infect Immun*, 58: 2386-2388.

100. Nicolas JA, Vidaud N (1987) Contribution a l'étude des Listeria presentés dans les denrées d'origine animale destinées à la consommation humaine. *Rec Med Vet*, 163(3): 283-285.

101. Notermans S, Dufrenne J, Teunis P, Chackraborty T (1998) Studies on the risk assessment of Listeria monocytogenes. *J Food Protect*, 61: 244-248.

102. Parish ME, Higgins DP (1989) Survival of Listeria monocytogenes in low pH model broth systems. *J Food Protect*, 52: 144-147.

103. Petran RL, Zottola EA (1989) A study of factors affecting growth and recovery of Listeria monocytogenes Scott A. *J Food Sci*, 54: 458-460.

104. Piccinin DM, Shelef LA (1995) Survival of Listeria monocytogenes in cottage cheese. *J Food Protect*, 58: 128-131.

105. Pine L, Malcolm GB, Plikaytis BD (1990) Listeria monocytogenes intragastric and intraperitoneal approximate 50% lethal doses for mice are comparable, but death occurs earlier by intragastric feeding. *Infect Immun*, 58: 2940-2945.

106. Pini PN, Gilbert RJ (1988) The occurrence in the U.K. of Listeria species in raw chickens and soft cheeses. *Int J Food Microbiol*, 6: 317-326.

107. Rocourt J, Boerlin P, Grimont F, Jaquet C, Piffaretti JC (1992) Assignment of Listeria grayi and Listeria murrayi to a single species, Listeria grayi, with a revised description of Listeria grayi. *Int J System Bacteriol*, 42: 171-174.

108. Ruhland GJ, Fiedler F (1987) Occurrence and biochemistry of lipoteichoic acids in the genus Listeria. *System Appl Microbiol*, 9: 40-46.

109. Ryser ET, Marth EH (1988) Survival of Listeria monocytogenes in cold-pack cheese food during refrigerated storage. *J Food Protect*, 51: 615-621.

110. Ryser ET, Marth EH (1987) Fate of Listeria monocytogenes during the manufacture and ripening of Camembert cheese. *J Food Protect*, 50: 372-378.

111. Ryser ET, Marth EH, Doyle MP (1985) Survival of Listeria monocytogenes during manufacture and storage of cottage cheese. *J Food Protect*, 48: 746-750.

112. Schmidt U, Seeliger HPR, Glenn E, Langer B, Leistner L (1988) Listerienfunde in rohen Fleischerzeugnissen. *Fleischwirtsch*, 68: 1313-1316.

113. Seeliger HPR, Höhne K (1979) Serotyping of Listeria monocytogenes and related species. *Meth Microbiol*, 13: 31-49.

114. Shelef LA (1989) Survival of Listeria monocytogenes in ground beef or liver during storage at 4° and 25 °C. *J Food Protect*, 52: 379-383.

115. Singh SP, Moore BL, Siddique IH (1981) Purification and further characterization of phenol extract from Listeria monocytogenes. *Am J Vet Res*, 42: 1266-1268.

116. Sizmur K, Walker CW (1988) Listeria in prepackaged salads. *Lancet*, 1: 1167.

117. Skalka B, Smola J, Elischerova K (1982) Routine test for in vitro differentiation of pathogenic and apathogenic Listeria monocytogenes strains. *J Clin Microbiol*, 15: 503-507.

118. Skovgaard N, Morgen CA (1988) Detection of Listeria spp. in faeces from animals, in feeds, and in raw foods of animal origin. *Int J Food Microbiol*, 6: 229-242.

119. Sörqvist S (1994) Heat resistance of different serovars of Listeria monocytogenes. *J Appl Bacteriol*, 76: 383-388.

120. Sorrells KM, Enigl DC, Hatfield JR (1989) Effect of pH, acidulant, time, and temperature on the growth and survival of Listeria monocytogenes. *J Food Protect*, 52: 571-573.

121. Stanley NF (1949) Studies on Listeria monocytogenes. I. Isolation of a monocytosis-producing agent (MPA). *Aust J Exp Biol Med*, 27: 123-131.

122. Steinbruegge EG, Maxcy RB, Liewen MB (1988) Fate of Listeria monocytogenes on ready to serve lettuce. *J Food Protect*, 51: 596-599.

123. Terplan G, Steinmeyer S (1989) Investigations on the pathogenicity of Listeria spp. by experimental infection of the chick embryo. *Int J Food Microbiol*, 8: 277-280.

124. Tompkin RB (2002) Control of Listeria monocytogenes in the food-processing environment. *J Food Protect*, 65: 709-725.

125. Tompkin RB, Christiansen LN, Shapris AB, Baker RL, Schroeder JM (1992) Control of Listeria monocytogenes in processed meats. *Food Aust*, 44: 370-376.

126. Vaneechoutte M, Boerlin P, Tichy HV, Bannerman E, Jäger B, Bille J (1998) Comparison of PCR-based DNA fingerprinting techniques for the identification of Listeria species and their use for atypical Listeria isolates. *Int J Syst Bacteriol*, 48: 127-139.

127. Vazquez-Boland JA, Dominguez L, Rodriguez-Ferri EF, Suarez G (1989) Purification and characterization of two Listeria ivanovii cytolysins, a sphingomyelinaseC and a thiol-activated toxin (ivanolysin O). *Infect Immun*, 57: 3928-3955.

128. Weagant SD, Sado PN, Colburn KG, Torkelson JD, Stanley FA, Krane MH, Shields SC, Thayer CF (1988) The incidence of Listeria species in frozen seafood products. *J Food Protect*, 51: 655-657.

129. Weis J, Seeliger HPR (1975) Incidence of Listeria monocytogenes in nature. *Appl Microbiol*, 30: 29-32.

130. Welshimer HJ (1960) Survival of Listeria monocytogenes in soil. *J Bacteriol*, 80: 316-320.

131. Wesley IV, Wesley RD, Heisick J, Harrel F, Wagner D (1990) Restriction enzyme analysis in the epidemiology of Listeria monocytogenes. In: Richard JL (ed) *Symposium on Cellular and Molecular Modes of Action of Selected Microbial Toxins in Foods and Feeds*. Plenum Publishing, New York, pp. 225-238.

132. Wong S, Street D, Delgado SI, Klontz KC (2000) Recalls of foods and cosmetics due to microbial contamination reported to the U.S. Food and Drug Administration. *J Food Protect*, 63: 1113-1116.

133. Zaika LL, Palumbo SA, Smith JL, Del Corral F, Bhaduri S, Jones CO, Kim AH (1990) Destruction of Listeria monocytogenes during frankfurter processing. *J Food Protect*, 53: 18-21.

Capitolo 26

Gastroenteriti di origine alimentare causate da *Salmonella* e *Shigella*

Tra i batteri Gram-negativi responsabili di gastroenteriti di origine alimentare, i più importanti sono i membri del genere *Salmonella*. La sindrome da *Salmonella* spp. e quella da *Shigella* spp. sono trattate in questo capitolo. Per informazioni sulla prevalenza generale di questi microrganismi nei diversi alimenti si rinvia ai capitoli 4, 5, 6, 7 e 9.

26.1 Salmonellosi

Le salmonelle sono bacilli piccoli, Gram-negativi, asporigeni, non distinguibili da *E. coli* al microscopio o nei comuni terreni colturali. Sono ampiamente diffuse in natura; l'uomo e gli animali sono i serbatoi principali. L'intossicazione alimentare da *Salmonella* è causata dall'ingestione di alimenti contenenti concentrazioni significative di particolari ceppi.

Sono state apportate alcune rilevanti modifiche alla tassonomia di *Salmonella*. Sebbene microbiologi alimentari, scienziati ed epidemiologi trattino le circa 2400 serovar di *Salmonella* come se ciascuna fosse una specie, tutte le salmonelle sono state collocate in due specie, *S. enterica* e *S. bongori*, con circa 2000 serovar ripartite in cinque sottospecie o gruppi, per lo più classificate sotto *S. enterica*, che rappresenta la specie tipo[33]. I gruppi principali corrispondono alle seguenti sottospecie: gruppo II (*S. enterica* subsp. *salamae*); gruppo IIIa (*S. enterica* subsp. *arizonae*); gruppo IIIb (*S. enterica* subsp. *diarizonae*); gruppo IV (*S. enterica* subsp. *houtenae*); gruppo VI (*S. enterica* subsp. *indica*). Quello che prima era classificato come gruppo V è stato elevato allo status di specie come *S. bongori*[46]. Questi cambiamenti sono basati sulla caratterizzazione delle salmonelle mediante ibridizzazione DNA-DNA ed elettroforesi enzimatica multilocus (MEE) (capitolo 11). Pertanto, l'uso comune di considerare le serovar di salmonella come specie non è più valido. Per esempio, *S.* Typhimurium dovrebbe essere indicata come *S. enterica* serovar Typhimurium o *Salmonella* Typhimurium (notare che "Typhimurium" è scritto con la maiuscola, ma non in corsivo).

Dal punto di vista epidemiologico, le salmonelle possono essere collocate in tre gruppi.

1. Infettive solo per l'uomo: includono *S.* Typhi, *S.* Paratyphi A, *S.* Paratyphi C. Tale gruppo comprende gli agenti delle febbri tifoide e paratifoide, le più severe di tutte le malattie causate da salmonelle. La febbre tifoide è caratterizzata da un tempo di incubazione più lungo, determina un rialzo maggiore della temperatura corporea ed è associata a un tasso di mortalità più elevato. *S.* Typhi può essere isolata dal sangue e talvolta dalle feci e dalle urine delle vittime prima che si manifesti la febbre enterica. La sindrome paratifoide è più lieve della tifoide.

J.M. Jay et al., *Microbiologia degli alimenti*
© Springer-Verlag Italia 2009

2. Serovar adattate all'ospite (alcune sono patogene per l'uomo e possono essere contratte dagli alimenti): comprendono *S.* Gallinarum (pollame), *S.* Dublin (bestiame), *S.* Abortus-equi (cavalli), *S.* Abortus-ovis (ovini) e *S.* Choleraesuis (suini).
3. Serovar non adattate (senza ospiti preferenziali): sono patogene per l'uomo e altri animali e includono la maggior parte delle serovar che si riscontrano sugli alimenti. La salmonellosi di origine alimentare sarà descritta nel paragrafo 26.1.4.

26.1.1 Sierotipizzazione di Salmonella

La sierotipizzazione dei batteri Gram-negativi è descritta nel capitolo 11. Quando si applica alle salmonelle, le specie e le serovar vengono collocate in gruppi designati A, B, C e così via, a seconda del contenuto di uno o più antigeni O. Pertanto, *S.* Hirschfeldii, *S.* Choleraesuis, *S.* Oranienburg e *S.* Montevideo appartengono al gruppo C_1 in quanto tutte hanno gli antigeni O 6 e 7 in comune. *S.* Newport si colloca nel gruppo C_2 in quanto presenta gli antigeni O K e 8 (tabella 26.1). Per un'ulteriore classificazione sono impiegati gli antigeni flagellari o H. Questi antigeni sono di due tipi: fase specifica (o fase 1) e fase di gruppo (o fase 2). Gli antigeni di fase 1 sono condivisi solamente da poche specie o varietà di *Salmonella*; quelli di fase 2 possono essere distribuiti più ampiamente tra le diverse specie. Qualsiasi determinata coltura di *Salmonella* può essere costituita da microrganismi presenti in una sola fase o in entrambe le fasi flagellari. Gli antigeni H di fase 1 sono indicati con lettere minuscole, mentre quelli di fase 2 con numeri arabi. Pertanto, l'analisi antigenica completa di *S.* Choleraesuis è la seguente: 6, 7, c, 1, 5, dove 6 e 7 si riferiscono agli antigeni O, c agli antigeni flagellari di fase 1, 1 e 5 agli antigeni flagellari di fase 2 (tabella 26.1). I sottogruppi di *Salmonella* di questo tipo sono indicati come serovar. Con un numero relativamente piccolo di antigeni O e di antigeni flagellari di fase 1 e di fase 2 è possibile un gran numero di combinazioni, da cui deriva il gran numero di serovar.

La nomenclatura di *Salmonella* è stabilita da un accordo internazionale. Con tale sistema, una serovar prende il nome del luogo nel quale è stata isolata per la prima volta: per esempio: *S.* London, *S.* Miami e *S.* Richmond. Prima dell'adozione di questa convenzione, specie e sottospecie venivano chiamate in diversi modi: per esempio, *S.* Typhimurium in quanto causa della febbre tifoide nei topi.

Il ceppo 104 (DT104) di *S.* Typhimurium si caratterizza per la sua resistenza a cinque antimicrobici: ampicillina, cloramfenicolo, streptomicina, sulfamidici e tetracicline (profilo AC-SSuT). Fu osservato per la prima volta nel 1984 nel Regno Unito. Nel 1990 rappresentava circa il 7% dei ceppi Typhimurium, nel 1995 circa il 28% e nel 1996 il 32% degli isolati dall'uomo. Oltre agli antimicrobici citati, DT104 ha acquisito resistenza a trimetoprim e ai fluorochinoloni.

26.1.2 Distribuzione

L'habitat primario di *Salmonella* spp. è rappresentato dal tratto intestinale di animali quali uccelli, rettili, animali d'allevamento e uomo e, occasionalmente, insetti. Oltre che nel tratto intestinale, può talvolta trovarsi in altre parti del corpo. Come forme intestinali, i microrganismi vengono eliminati con le feci, attraverso le quali possono essere diffuse nell'ambiente e ritrovarsi in particolare nelle acque, specie se inquinate. Quando l'acqua e gli alimenti contaminati, attraverso insetti o altri veicoli, vengono consumati dall'uomo o da altri animali, questi microrganismi vengono ancora diffusi attraverso il materiale fecale e il ciclo continua. L'allargamento di questo ciclo attraverso il trasporto internazionale di prodotti di

Tabella 26.1 Struttura antigenica di alcune salmonelle comuni

Gruppo	Serovar (Sierotipi)	Antigeni O*	Antigeni H Fase 1	Antigeni H Fase 2
A	S. Paratyphi A	1, 2, 12	a	(1, 5)
B	S. Schottmuelleri	1, 4, (5), 12	b	1, 2
	S. Typhimurium	1, 4, (5), 12	i	1, 2
C$_1$	S. Hirschfeldii	6, 7, (vi)	c	1, 5
	S. Choleraesuis	6, 7	(c)	1, 5
	S. Oranienburg	6, 7	m, t	–
	S. Montevideo	6, 7	g, m, s (p)	(1, 2, 7)
C$_2$	S. Newport	6, 8	e, h	1, 2
D	S. Typhi	9, 12, (Vi)	d	–
	S. Enteritidis	1, 9, 12	g, m	(1, 7)
	S. Gallinarum	1, 9, 12	–	–
E$_1$	S. Anatum	3, 10	e, h	1, 6

* Gli antigeni in corsivo sono associati a conversione fagica; ( ) = può essere assente.

origine animale e mangimi è in larga parte responsabile della diffusione mondiale della salmonellosi e dei problemi che ne conseguono.

Sebbene *Salmonella* spp. siano state isolate ripetutamente da numerosi animali diversi, la loro incidenza nelle diverse parti degli animali si è dimostrata variabile. In uno studio condotto su maiali da macello, Kampelmacher[30] isolò questi microrganismi da milza, fegato, bile, linfonodi mesenterici e portali, diaframma e piloro, oltre che dalle feci. L'incidenza nei linfonodi risultò maggiore che nelle feci. In popolazioni di animali suscettibili, la diffusione di *Salmonella* spp. è dovuta in parte alla contaminazione di individui privi di *Salmonella* da parte di individui portatori di questi microrganismi o affetti dalla malattia. Un portatore è una persona o un animale che diffonde ripetutamente *Salmonella* spp., di solito attraverso le feci, senza mostrare segni o sintomi della malattia.

Mangimi

Nel 1989 il tasso d'incidenza di salmonelle negli alimenti industriali per animali era pari al 49% circa. Tra le aziende di rendering e di confezionamento controllate dall'USDA il tasso era compreso tra il 20 e il 25%; nei mangimi pellettati l'incidenza era solo del 6%[22]. In uno studio condotto in stabilimenti per la riproduzione e l'allevamento di polli, il 60% delle farine di carne e ossa conteneva salmonelle e il mangime risultò la fonte principale di salmonelle in queste aziende[28]. È stato osservato che, negli Stati Uniti, la contaminazione da salmonelle nella produzione di polli è poco cambiata tra il 1969 e il 1989[28]. La contaminazione da salmonelle nei prodotti del rendering è più probabilmente dovuta a ricontaminazione. Le serovar isolate con maggiore frequenza dai mangimi sono *S.* Senftenberg, *S.* Montevideo e *S.* Cerro. *S.* Enteritidis non è stata isolata da prodotti destinati al rendering e da mangimi.

Prodotti alimentari

Le salmonelle sono state trovate in alimenti preparati e confezionati a livello industriale, con 17 prodotti positivi su 247 esaminati[1]. Gli alimenti contaminati comprendevano preparati per torte, impasti per biscotti, e miscele per panini e focacce di mais. Questi microrganismi sono stati isolati da farina di cocco, condimenti per insalate, maionese, latte e molti altri alimenti. In uno studio su alimenti "biologici", nessun prodotto di origine vegetale è risultato con-

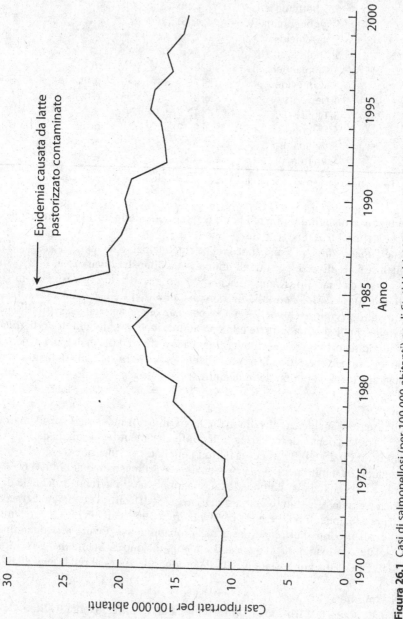

Figura 26.1 Casi di salmonellosi (per 100.000 abitanti) negli Stati Uniti, 1970-2000. (CDC, 2002)

taminato da salmonelle, mentre da due dei tre lotti di fegato di manzo in polvere provenienti dallo stesso produttore sono state isolate *S*. Minnesota, *S*. Anatum e *S*. Derby[54]. (Vedi i capitoli 4-7 e 9.)

26.1.3 Crescita e distruzione delle salmonelle

La capacità di questi microrganismi di crescere su numerosi terreni di coltura, producendo colonie visibili entro 24 ore a circa 37 °C, è quella tipica di altri batteri Gram-negativi. Essi sono generalmente incapaci di fermentare lattosio, saccarosio o salicina, sebbene glucosio e alcuni altri monosaccaridi siano fermentati con produzione di gas. Nonostante utilizzino normalmente amminoacidi come fonte di azoto, per *S*. Typhimurium l'unica fonte di azoto è rappresentata da nitrati, nitriti e NH_3[43]. La fermentazione del lattosio non è usuale in questi microrganismi, ma alcune serovar sono in grado di utilizzare questo zucchero.

Il pH per la crescita ottimale è intorno alla neutralità: valori superiori a 9 e inferiori a 4,0 hanno effetto battericida. In alcuni casi è stato osservato un pH minimo di crescita di 4,05 (con HCl e acido citrico); tuttavia, a seconda dell'acido impiegato per abbassare il pH, il valore minimo può essere anche arrivare 5,5[15]. L'effetto del tipo di acido impiegato per abbassare il pH sul valore minimo di crescita è presentato in tabella 26.2. È stato osservato che l'aerazione favorisce la crescita a valori di pH più bassi. I parametri di pH, attività dell'acqua (a_w) contenuto di nutrienti e temperatura sono tutti correlati per le salmonelle, come accade per la maggior parte degli altri batteri[56]. Per una crescita ottimale, le salmonelle necessitano di un pH compreso tra 6,6 e 8,2. Le temperature più basse alle quali è stata riportate la crescita sono 5,3 °C per *S*. Heidelberg e 6,2 °C per *S*. Typhimurium[38]. Diversi ricercatori hanno riportato temperature massime di crescita di circa 45 °C. Per quanto riguarda l'acqua disponibile, è stata riportata inibizione della crescita a valori di a_w inferiori a 0,94 in mezzi con pH neutro; al diminuire del pH verso i valori minimi per la crescita sono richiesti valori di a_w più elevati.

Tabella 26.2 Valori minimi di pH per la crescita di salmonelle in condizioni di laboratorio ottimali

Acido	pH
Acido cloridrico	4,05
Acido citrico	4,05
Acido tartarico	4,10
Acido gluconico	4,20
Acido fumarico	4,30
Acido malico	4,30
Acido lattico	4,40
Acido succinico	4,60
Acido glutarico	4,70
Acido adipico	5,10
Acido pimelico	5,10
Acido acetico	5,40
Acido propionico	5,50

Il terreno triptone glucosio estratto di lievito è stato inoculato con 10^4 cellule per mL di *Salmonella* Anatum, S. Tennessee o S. Senftenberg.
(Da Chung e Goepfert[15], copyright © 1970 Institute of Food Technologists)

A differenza degli stafilococchi, le salmonelle non tollerano elevate concentrazioni di sale: con salamoie a concentrazione superiore al 9% è stato riportato un effetto battericida. I nitriti sono efficaci e il loro effetto è maggiore a bassi valori di pH, suggerendo che l'azione inibitoria di tale composto è riconducibile alla molecola di HNO_2 indissociata. Lerche[34] studiò la sopravvivenza di *Salmonella* spp. in maionese, osservando che il microrganismo veniva distrutto se il pH del prodotto era inferiore a 4,0. È stato osservato che, se il livello di contaminazione è elevato, possono essere necessari diversi giorni per la distruzione del microrganismo, ma se il numero di cellule è ridotto sono sufficienti 24 ore. *S.* Thompson e *S.* Typhimurium si sono dimostrate più resistenti alla distruzione acida rispetto a *S.* Senftenberg.

Per quanto riguarda la distruzione termica, tutte le salmonelle vengono rapidamente distrutte alle temperature di pastorizzazione del latte. I valori termici di *D* per la distruzione di *S.* Senftenberg 775W in diverse condizioni sono riportati nel capitolo 17. Shrimpton e colleghi[50] osservarono che una riduzione di 10^4-10^5 del numero di *S.* Senftenberg 775W in uova intere liquide richiedeva 2,5 minuti a 54,4 °C. Questo ceppo è il più termoresistente di tutte le serovar di salmonella. Tale trattamento delle uova intere liquide consente di ottenere un prodotto privo di salmonelle e di distruggere le α-amilasi dell'uovo (per la pastorizzazione dell'albume d'uovo, si veda il capitolo 17). È stato suggerito[7] che il test dell'α-amilasi possa essere utilizzato per determinare l'adeguatezza della pastorizzazione termica delle uova liquide (analogamente all'enzima fosfatasi per la pastorizzazione del latte). In uno studio sulla termoresistenza di *S.* Senftenberg 775W, Ng e colleghi[42] osservarono che questo ceppo era più termosensibile nella fase di crescita logaritmica che in quella stazionaria; inoltre, le cellule cresciute a 44 °C erano più termoresistenti di quelle cresciute a 15 o a 35 °C.

In relazione alla distruzione di *Salmonella* in prodotti da forno, Beloian e Schlosser[5] trovarono che i prodotti che raggiungevano una temperatura uguale o superiore a 160 °F (71 °C) nella parte a riscaldamento più lento potevano considerarsi privi di *Salmonella*. Questi autori utilizzarono *S.* Senftenberg 775W a una concentrazione di 7000-10.000 cellule/mL inoculate in uova disidratate ricostituite. Per quanto riguarda la distruzione termica di questo ceppo nel pollame, si raccomanda di raggiungere al cuore del prodotto temperature di almeno 160 °F[40]. *S.* Senftenberg 775W si è dimostrato trenta volte più termoresistente di *S.* Typhimurium[42], ma in latte al cioccolato quest'ultimo microrganismo è risultato più resistente al calore secco[21]. Nel loro studio sulla distruzione di *S.* Pullorum in carne di tacchino, Rogers e Gunderson[47] osservarono che erano necessarie 4 ore e 55 minuti per distruggere un inoculo iniziale di 115 milioni di cellule in tacchini di circa 10-11 lb (5-5,5 kg circa) con una temperatura al cuore di 160 °F, mentre per tacchini di 18 lb (9 kg circa), erano necessarie 6 ore e 20 minuti per la completa distruzione di un inoculo iniziale di 320 milioni di cellule.

Le salmonelle sono piuttosto sensibili alle radiazioni ionizzanti; dosi di 5-7,5 kGy sono sufficienti per eliminarle dalla maggior parte degli alimenti e dei mangimi. Per *Salmonella* spp. in uova congelate è stata riportata una dose per la riduzione decimale variabile da 0,4 a 0,7 kGy. Ley e colleghi[35] dimostrarono l'effetto di diversi alimenti sulla radiosensibilità delle salmonelle. Questi autori osservarono che, in uova intere congelate, 5 kGy determinavano una riduzione di 10^7 del numero di *S.* Typhimurium; in carne equina congelata 6,5 kGy consentivano una riduzione di 10^5; in farina di ossa, per una riduzione di 10^5-10^8 erano necessari tra 5 e 7,5 kGy; per ottenere una diminuzione di *S.* Typhimurium di 10^3 in cocco essiccato erano sufficienti 4,5 kGy. (Per informazioni più dettagliate sull'effetto dell'irradiazione sulle salmonelle, si rinvia al capitolo 15.)

In alimenti secchi *S.* Montevideo è risultata più resistente di *S.* Heidelberg, quando inoculate in latte in polvere, cacao in polvere, mangime per pollame, carne e farina di ossa[29]. La sopravvivenza era più elevata a valori di a_w di 0,43 e 0,52 rispetto a 0,75.

26.1.4 Salmonellosi di origine alimentare

Questa sindrome è causata dall'ingestione di alimenti contenenti un numero significativo di cellule di specie o sierotipi non ospite-specifici del genere *Salmonella*. I sintomi si manifestano generalmente entro 12-14 ore dall'ingestione dell'alimento, ma sono stati riportati tempi sia più brevi sia più lunghi. Il quadro clinico è caratterizzato da nausea, vomito, dolore addominale (non severo come nell'intossicazione stafilococcica), cefalea, brividi e diarrea, di norma accompagnati da malessere, prostrazione, debolezza muscolare, febbre moderata, agitazione e sonnolenza. I sintomi persistono di solito per 2-3 giorni. La mortalità media è del 4,1%, variando dal 5,8% nel primo anno di vita, al 2% fino ai 50 anni, al 15% nei soggetti di oltre 50 anni. Per *S.* choleraesuis è stato riportato il tasso di mortalità più elevato (21%, vedi capitolo 22).

Sebbene questi microrganismi scompaiano in genere rapidamente dal tratto intestinale, fino a 5 pazienti su 100 possono diventare portatori sani, cioè continuare a diffondere il batterio attraverso le feci anche dopo la guarigione dalla malattia.

Per determinare l'infezione è di norma necessario un numero elevato di cellule, dell'ordine di 10^7-10^9/g di prodotto, ma sono stati riportati casi provocati da numeri di cellule relativamente bassi[18]. In tre episodi, sono state riscontrate concentrazioni di 100/100 g (*S.* Eastbourne in cioccolato) e di 15.000/g (*S.* Cubana in una soluzione di un colorante alimentare rosso). In generale, il numero minimo per l'insorgenza della gastroenterite varia da 10^5 e 10^6 per *S.* Bareilly e *S.* Newport fino a 10^9-10^{10} per *S.* Pullorum[8].

26.1.5 Caratteristiche di virulenza di Salmonella

Sebbene in salmonelle patogene siano state identificate un'enterotossina e una citotossina, sembra che queste svolgano un ruolo solo marginale nella sindrome gastroenterica. I meccanismi di virulenza delle salmonelle continuano a rimanere oscuri; una sintesi delle conoscenze disponibili è presentata nel capitolo 22, insieme a quelle relative ad altri patogeni alimentari Gram-negativi.

26.1.6 Incidenza e alimenti implicati

L'esatta incidenza della salmonellosi di origine alimentare negli Stati Uniti non è nota. Le epidemie statunitensi di maggiori dimensioni si sono verificate in circostanze piuttosto inusuali. La più vasta, con una stima di circa 224.000 persone colpite, è del 1994[23]. L'alimento responsabile fu un gelato prodotto con latte trasportato in cisterne che erano state utilizzate per uova liquide. La serovar era *S.* Enteritidis e si registrarono casi in almeno 41 Stati. Una seconda epidemia di vaste dimensioni si registrò nel 1985, con una stima di quasi 200.000 persone coinvolte[48] (figure 26.1 e 26.2), e fu causata da latte parzialmente scremato prodotto da un singolo impianto in Illinois; in questo caso, l'agente eziologico venne identificato in *S.* Typhimurium (figure 26.1 e 26.2). La terza maggiore epidemia si verificò nel 1974 nella Navajo Indian Reservation, con 3400 individui colpiti[26]. L'alimento responsabile fu un'insalata di patate – servita a circa 11.000 persone in una festa all'aperto – che era stata preparata e conservata per 16 ore a temperatura non idonea prima di essere servita; la serovar isolata fu *S.* Newport. *S.* Typhimurium è stato il singolo sierotipo più frequentemente isolato dal 1975 (figura 26.2), seguito, come si vedrà in seguito, da *S.* Enteritidis.

Dal 1981 al 1995, in Corea, 3504 casi di malattie batteriche di origine alimentare sono stati causati da salmonella (23,8% del totale); in Giappone, nello stesso periodo, se ne sono

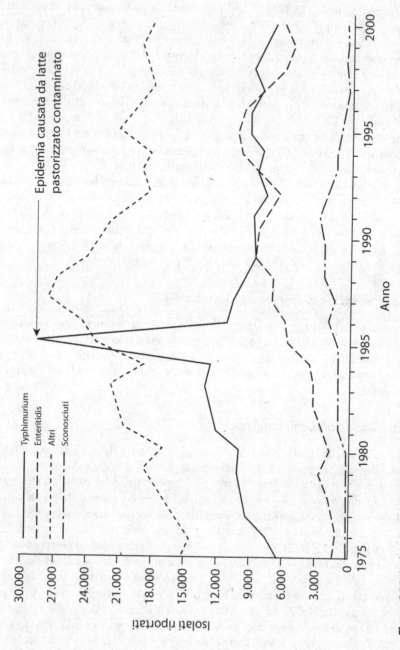

Figura 26.2 Isolati di *Salmonella* per sierotipo e anno negli Stati Uniti, 1975-2000 (Da Public Health Laboratory Information Sistem, PHLIS, CDC, 2002)

Tabella 26.3 Epidemie di salmonellosi da *Salmonella* Enteritidis per anno (Stati Uniti, 1985-1998)

Anno	Tutte le epidemie			Epidemie in strutture sanitarie		
	N. epidemie	*N. casi*	*Decessi*	*N. epidemie*	*N. Casi*	*Decessi*
1985	26	1.159	1	3	55	1
1986	47	1.444	6	6	96	5
1987	58	2.616	15	8	489	14
1988	48	1.201	11	8	227	9
1989	81	2.518	15	19	505	13
1990	85	2.656	3	12	265	3
1991	74	2.461	5	8	118	4
1992	63	2.348	4	2	42	2
1993	66	2.215	6	6	66	4
1994	51	5.492	0	2	32	0
1995	56[a]	1.312	8	6	147	6
1996	50	1.460	2	3	64	0
1997	44	1.098	0	1	13	0
1998	47	709	3	3	32	3
Totale	796	28.689	79 (0,28%)	87	2.151	64 (3%)

[a] Include un'epidemia associata a un'esposizione di varani di Komodo in un giardino zoologico. (Da CDC[11])

registrati 101.395 (19,9% del totale)[32]. Dalla fine degli anni Settanta, *S.* Enteritidis è stata la causa di una serie di epidemie nelle regioni nordorientali degli Stati Uniti e in alcune parti dell'Europa; le epidemie statunitensi del periodo 1985-1998 sono elencate in tabella 26.3. I casi e i decessi di tutte le epidemie sono confrontati con quelli relativi alle epidemie registrate in strutture sanitarie. Sebbene sia il secondo sierotipo isolato con maggiore frequenza negli Stati Uniti, *S.* Enteritidis ha particolare importanza per la stretta associazione con le uova e per il tasso di mortalità. Come si può osservare dalla tabella 26.3, nel periodo 1985-1998 sono state registrate 796 epidemie, con 28.689 individui colpiti e 79 decessi[11]. Uova crude o poco cotte hanno causato l'82% dei casi di malattia. I 79 decessi rappresentavano lo 0,28% di tutti i casi, mentre nelle strutture sanitarie il tasso di mortalità era del 3% circa. Negli Stati Uniti, il numero di casi per 100.000 abitanti era 0,6 nel 1976 e 3,6 nel 1996. Nel 1998 l'incidenza era diminuita a 2,2/100.000[11].

Poiché negli Stati Uniti *S.* Enteritidis è così altamente associata al consumo di uova crude o poco cotte, il CDC ha diffuso le seguenti raccomandazioni[11]. (1) Il consumo di uova crude o poco cotte dovrebbe essere evitato, specialmente da individui giovani, anziani e immuno-compromessi; (2) per i cibi che richiedono uova crude o poco cotte, è preferibile usare prodotti a base di uova pastorizzate; (3) le uova dovrebbero essere cotte a ≥145 °F (63 °C) per 15 secondi, o comunque fino a consistenza ferma sia del tuorlo sia dell'albume, e dovrebbero essere consumate rapidamente; (4) sformati e altri piatti contenenti uova crude dovrebbero essere cotti a 160 °F (71 °C); (5) le uova crude dovrebbero essere sempre conservate a ≤45 °F (7,2 °C).

Nel 1988 *S.* Enteritidis era la serovar più frequentemente isolata da uova in Spagna[44] e la principale causa di salmonellosi alimentare in Inghilterra e Galles, dove fu isolata sia da carne di pollame sia da uova[24]. A differenza delle epidemie statunitensi, quelle europee sono state causate da ceppi del fagotipo 4, che, rispetto ai fagotipi 7, 8 o 13a, sono più invasivi per i polli giovani[24].

Non è chiaro per quale motivo l'aumento di incidenza delle epidemie da S. Enteritidis sia associato al consumo di uova e prodotti avicoli. Il microrganismo è stato ritrovato da alcuni ricercatori all'interno di uova e ovaie di galline[44], mentre altri non sono riusciti a isolarlo in uova integre; è stato trovato nelle ovaie delle galline solo in 1 allevamento su 42 esaminati, situati principalmente negli Stati Uniti sudorientali[2]. Le epidemie di S. Enteritidis si sono verificate in luglio e agosto con frequenza maggiore che negli altri mesi. I ceppi in questione non sono termoresistenti e molte epidemie si sono verificate in seguito al consumo di uova crude o poco cotte. In uno studio, nel quale S. Enteritidis è stata inoculata nel tuorlo d'uovo di galline normali, non si è osservata crescita a 7 °C in 94 giorni[6]. La crescita a 37 °C è stata più rapida nei tuorli di uova deposte da galline normali che in quelli provenienti da galline sieropositive. Le possibili modalità attraverso le quali S. Enteritidis può penetrare nelle uova sono le seguenti[31]:

1. transovariale;
2. traslocazione dal peritoneo al sacco del tuorlo o all'ovidotto;
3. penetrazione attraverso il guscio mentre le uova attraversano la cloaca;
4. lavaggio delle uova;
5. contaminazione da parte degli addetti alla lavorazione.

A parte quella di S. Enteritidis con pollame e prodotti a base di uova, è difficile predire per la maggior parte delle altre serovar di *Salmonella* l'associazione con specifici prodotti alimentari. Le tre epidemie statunitensi ricondotte a pomodori freschi negli anni 1990 e 1993 e tra il 1997 e il 1998 sono state causate da diversi sierotipi (tabella 26.4). S. Muenchen è stata, nel 1999, l'agente eziologico di due epidemie: una dovuta al consumo di succo d'arancia[13] e l'altra a germogli di alfalfa[45]. Nel 2002 si è diffusa in diversi Stati un'epidemia causata da S. Poona e ricondotta al consumo di melone cantalupo fresco proveniente dal Messico[10]; S. Tennessee ha provocato nel 2003 un'epidemia dovuta al consumo di latte crudo, che si è diffusa in tre Stati degli Stati Uniti[9].

Tabella 26.4 Alcune epidemie di salmonellosi non tifoide di origine alimentare*

Prodotti/Luogo/Anno	N. di casi	Sierotipo
Pomodori freschi, 5 Stati USA, 1990	176	Javiana
Pomodori freschi, Stati Uniti, 1993	100	Montevideo
Pomodori freschi, 8 Stati USA, 1998-1999	85	Baidon
Germogli di alfalfa, 7 Stati USA, 1999	157	Muenchen
Germogli di alfalfa, 4 Stati USA, 2001	31	Kottbus
Meloni cantalupe, 12 Stati USA, e Canada, 2002	47	Poona
Succo d'arancia non pastorizzato, 13 Stati USA, 2 Province canadesi, 1999	298	Muenchen
Uova crude/poco cotte, 4 Stati USA, 1997-1998	241	Enteritidis
Carne di manzo macinata cruda o poco cotta, 5 Stati USA, 2002	47	Newport
Cioccolato, Germania, Danimarca e altri 8 Paesi, 2001	>316	Oranienburg
Arachidi di Shandong, Australia, Canada, Regno Unito, 2001	~102	Stanley

* Dati tratti dalla letteratura.

Di seguito è presentato un quadro sintetico dei principali sierotipi isolati in alcuni paesi da sei fonti diverse.

1. Alimenti al dettaglio in Corea (1993-2001). Il 2,2% dei 1334 campioni testati era positivo per salmonella; i sierotipi più frequenti erano: Enteritidis, Virginia, Haardt[16].
2. Carne tritata di manzo e di maiale in Germania (1996-1997). Su 1445 campioni, il 6,3% era positivo per salmonella; i sierotipi più comuni erano: Typhimurium, Derby, Typhimurium var. Copenhagen[53].
3. Alimenti e bevande a Singapore (1998). Dei 2617 campioni, l'1,4% era positivo per salmonella; i sierotipi più frequenti erano: Typhimurium, Agona, Dumfries e Enteritidis[41].
4. Mangime per galline in Giappone (1993-1998). Lo 0,5% di 10.418 campioni era positivo per salmonella; sierotipi più frequenti: non-tipizzabile, Eastbourne, Orion[49].
5. Feci di bestiame allevato negli Stati Uniti (1996). Su 4977 campioni testati, il 5,5% era salmonella positivo; sierotipi più frequenti: Anatum, Montevideo, Muenster[20].
6. Feci di vacche negli Stati Uniti (1998). I tre sierotipi più frequenti erano: Oranienburg, Cerro, Anatum[19].

26.1.7 Prevenzione e controllo della salmonellosi

Il tratto intestinale dell'uomo e di altri animali è il serbatoio principale dell'agente eziologico. Il materiale fecale animale svolge un ruolo più importante di quello umano; i rifugi degli animali possono contaminarsi con le feci. *Salmonella* spp. sono mantenute all'interno di una popolazione animale attraverso le infezioni asintomatiche di animali e i mangimi animali. Entrambe le fonti fanno sì che gli animali da macello vengano reinfettati in maniera ciclica, anche se i mangimi sembrano essere meno importanti di quanto si ritenesse in passato.

La contaminazione secondaria è un'altra importante fonte di salmonelle nelle infezioni umane. La loro presenza nelle carni, nelle uova e anche nell'aria rende inevitabile la contaminazione di alcuni alimenti attraverso l'intervento degli addetti alla manipolazione e il contatto diretto tra alimenti contaminati e alimenti non contaminati[25].

Considerando la distribuzione mondiale delle salmonelle, il controllo definitivo della salmonellosi di origine alimentare sarà possibile solo liberando gli animali e l'uomo da questo microrganismo. Tale obiettivo è ovviamente difficile, ma non impossibile; solo 35 serovar circa delle oltre 2400 rappresentano il 90% degli isolati umani e l'80% circa di quelli non umani[37].

A livello del consumatore, si ritiene che il portatore sano di *Salmonella* abbia un certo ruolo, ma quanto sia importante tale ruolo può non essere chiaro. La preparazione e la manipolazione inappropriate degli alimenti, sia in ambito domestico sia nelle aziende di ristorazione, continuano a essere i fattori principali nelle epidemie.

Per quanto riguarda la colonizzazione dei polli da parte di *S.* Enteritidis, uno studio ha utilizzato un ceppo del fagotipo 8, somministrandone per via orale livelli di 10^8 a galline ovaiole adulte[31]. Entro due giorni il microrganismo è stato ritrovato in tutto il corpo, inclusi ovaio e ovidotto; è stato isolato anche da alcune uova in formazione, sebbene l'incidenza fosse molto più bassa nelle uova appena deposte. I ricercatori hanno concluso che le uova in formazione sono soggette a infezione discendente dai tessuti ovarici colonizzati, a infezioni ascendenti da tessuti vaginali e cloacali e a infezioni laterali da tessuti colonizzati dell'ovidotto superiore[31]. Le uova in schiusa rivestono un'importanza critica in quanto, se contaminate, i pulcini potrebbero infettarsi in questa fase precoce. Le salmonelle penetrano rapidamente nelle uova fertili appena deposte, vengono intrappolate nella membrana e possono essere ingerite dall'embrione al momento della schiusa.

26.1.8 Esclusione competitiva per ridurre le infezioni nel pollame

È opinione generalmente condivisa che la fonte primaria delle salmonelle nei prodotti avicoli sia il tratto gastrointestinale, compreso l'intestino cieco. Se i pulcini vengono colonizzati da salmonelle, i batteri possono essere eliminati con le feci, attraverso le quali altri uccelli possono contaminarsi. Tra i possibili metodi per ridurre o eliminare i portatori intestinali vi è l'esclusione competitiva (concetto di Nurmi).

Quando le salmonelle, in condizioni naturali, sono presenti al momento della schiusa, i pulcini sviluppano una microflora intestinale costituita da questi microrganismi e da campilobatteri, oltre che da una varietà di non patogeni. Una volta insediati, i patogeni possono rimanere nell'intestino ed essere diffusi attraverso gli escrementi per tutta la vita del volatile. L'esclusione competitiva è un fenomeno basato sulla somministrazione a giovani pulcini di feci di volatili privi di salmonella o di una coltura fecale mista di batteri, in modo che possano colonizzare gli stessi tratti intestinali utilizzati dalle salmonelle ed escludere un successivo attacco di salmonelle o di altri enteropatogeni. Questo concetto fu proposto negli anni settanta; da allora è stato studiato rivelandosi praticabile, secondo numerosi ricercatori, per l'esclusione delle salmonelle.

La microflora priva di enteropatogeni può essere somministrata a pulcini appena nati per via orale con l'acqua o mediante inoculo spray nell'incubatore. La protezione si instaura entro poche ore e generalmente persiste per tutta la vita del volatile o finché questa flora rimane indisturbata. Volatili più adulti possono essere trattati previa somministrazione di agenti antibatterici, in grado di eliminare gli enteropatogeni, e successiva somministrazione della microflora per l'esclusione competitiva. Sono efficaci solo le cellule vitali e sembra che siano necessari sia i componenti aerobi sia quelli anaerobi della microflora intestinale. Sembra che il gozzo e l'intestino cieco siano i principali siti di adesione, con prevalenza del cieco nei polli privi di germi. In uno studio, la flora protettiva rimaneva adesa alle pareti del cieco dopo quattro lavaggi consecutivi[52]. Una protezione parziale è ottenuta dopo 0,5-1,0 ora, ma per una protezione completa sono necessarie 6-8 ore dal trattamento di pulcini di un giorno di vita[50]. Una rassegna sulla microbiologia dell'esclusione competitiva di *Salmonella* nel pollame, ha evidenziato che l'utilizzo di colture non definite dava luogo a una protezione migliore rispetto all'uso di colture definite, specialmente in condizioni di laboratorio[51].

Prove in campo in diversi Paesi europei hanno dimostrato il successo del trattamento di esclusione competitiva sia nella prevenzione sia nella riduzione dell'ingresso di salmonelle nei volatili d'allevamento sia pulcini sia adulti[39]. In pulcini pretrattati con una coltura cecale e successivamente posti a contatto con *Salmonella* sp., quest'ultima non è riuscita a moltiplicarsi nell'intestino cieco in 48 ore, mentre nei volatili di controllo non trattati si verificava la colonizzazione del cieco con più di 10^6 salmonelle/g[27].

Il principio di esclusione competitiva si basa sul fatto che le salmonelle e la flora nativa dell'intestino competono per gli stessi siti d'adesione sulle pareti intestinali. La natura esatta delle adesine batteriche non è del tutto chiara, sebbene si ritenga che fimbrie, flagelli e pili abbiano un ruolo. Per quanto riguarda l'adesione delle salmonelle alla pelle del pollame, queste strutture cellulari batteriche non si sono dimostrate importanti[36]; potrebbero essere coinvolti polisaccaridi extracellulari originati dal glicocalice e, in tal caso, il trattamento dei pulcini con questo materiale potrebbero essere efficace quanto l'uso di colture vive. Il trattamento di esclusione competitiva sembra abbastanza fattibile per gli allevamenti avicoli di grandi dimensioni, ma meno praticabile per i piccoli produttori.

Il mannosio è un recettore del tratto intestinale al quale si legano i batteri patogeni come le salmonelle. Poiché il lievito *Saccharomyces cerevisiae* var. *boulardii* contiene mannosio nella parete esterna, alcuni hanno suggerito che la somministrazione di questo lievito a pulcini suscettibili dovrebbe ridurre l'attacco di salmonelle. In pratica, il materiale della parete cellulare di tale lievito competerebbe con il tratto gastrointestinale per i patogeni.

Il possibile impiego di colture probiotiche per escludere alcuni patogeni Gram-negativi dalla flora intestinale è stato studiato da diversi gruppi. Usando una combinazione di 3 ceppi di batteri probiotici (esclusione competitiva di ceppi di *E. coli*) su vitelli svezzati e trattando questi ultimi con i sierotipi O111:NM, O26:H11 e O157:H7 di *E. coli*, i vitelli trattati con probiotici mostravano una riduzione significativa nella diffusione di due dei tre patogeni, ma non di *E. coli* sierotipo O26:H11[55]. In un altro studio, una coltura mista di *Lactobacillus crispatus* e *Clostridium lactatifermentans* coltivati in condizioni di crescita simili a quelle dell'intestino cieco, inibiva la crescita di *S.* Enteritidis[57]. In una ricerca, a pulcini di 30 ore di vita sono state somministrate per via orale 10^9 cellule per pulcino di un ceppo di *Enterococcus faecium* isolato da pollo; i pulcini sono stati successivamente trattati con 10^5 cellule di *S.* Pullorum per pulcino e sono sopravvissuti. Tuttavia, i pulcini infettati il primo giorno e poi trattati con la coltura lattica morivano dopo quattro giorni[2]. Gli autori di questa ricerca hanno concluso che il ceppo di *E. faecium* potrebbe prevenire le infezioni di *S.* Pullorum in pulcini appena nati, ma non è un buon agente terapeutico.

26.2 Shigellosi

Il genere *Shigella* appartiene alla famiglia delle Enterobacteriaceae, così come le salmonelle e le escherichie. Se ne riconoscono solo quattro specie: *S. dysenteriae*, *S. flexneri*, *S. boydii* e *S. sonnei*. *S. dysenteriae* è il patogeno principale, che causa la classica dissenteria bacillare; è noto che, in individui suscettibili, 10 ufc sono sufficienti per determinare l'infezione. Elaborando con un modello matematico i dati relativi a due epidemie verificatesi su navi da crociera, è stato stimato che le epidemie potevano essere state causate dall'ingestione di una media di 344 cellule di *Shigella* per pasto e da 10,5 a 12 cellule per bicchiere d'acqua[17]. Sebbene questa sindrome possa essere contratta dagli alimenti, questa specie non è considerata un microrganismo responsabile di intossicazioni alimentari alla stregua delle altre tre e non sarà qui approfondita. A differenza delle salmonelle e delle escherichie, le shigelle non hanno serbatoi non umani noti. Alcune delle numerose differenze tra questi tre generi sono riportate in tabella 26.5. Le shigelle sono filogeneticamente più vicine alle escherichie che alle salmonelle.

Le tre specie d'interesse come agenti eziologici di gastroenteriti alimentari si collocano in gruppi serologici separati sulla base degli antigeni O: *S. flexneri* nel gruppo B, *S. boydii* nel gruppo C e *S. sonnei* nel gruppo D. Esse sono immobili, ossidasi negative, producono acido solo dagli zuccheri, non crescono utilizzando citrato come unica fonte di carbonio, non cre-

Tabella 26.5 Confronto tra *Salmonella, Shigella* ed *Escherichia*

Genere	Glucosio	Mobilità	H₂S	Indolo	Citrato	Mol% G+C
Escherichia	AG	+*	–	+**	–	48-52
Salmonella	AG	+*	+	–	+	50-53
Shigella	A	–	–	–	–	49-53

AG = assimilazione e fermentazione con produzione di gas. A = assimilazione.

* Generalmente.

** Ceppi tipo 1.

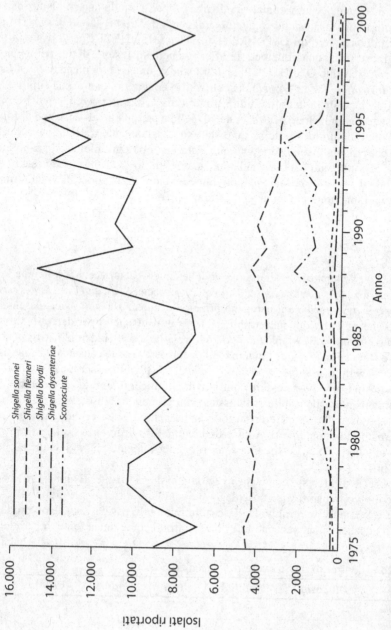

Figura 26.3 Isolati di *Shigella* riportati per specie e anno, Stati Uniti, 1975-2000. (CDC, 2002)

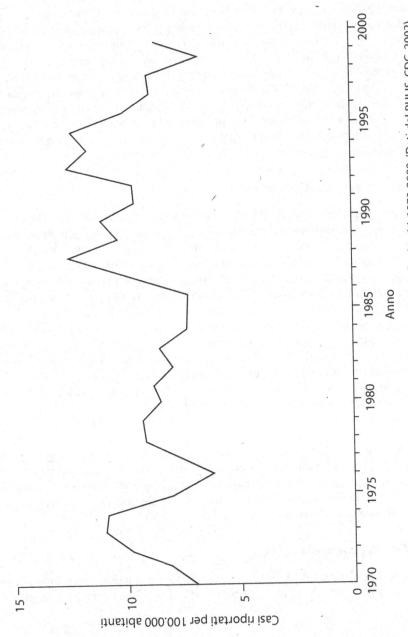

Figura 26.4 Casi di shigellosi riportati per 100.000 abitanti per anno, Stati uniti, 1970-2000. (Dati dal PHLIS, CDC, 2002)

scono su KCN agar e non producono H$_2$S. In generale, il loro sviluppo sui comuni mezzi colturali non è abbondante come quello delle escherichie. Delle shigelle isolate da casi clinici negli Stati Uniti nel 1984, il 64% era costituito da *S. sonnei*, il 31% da *S. flexneri*, il 3,2% da *S. boydii* e l'1,5% da *S. dysenteriae*[14].

In relazione alle esigenze nutrizionali, le specie d'interesse appartenenti a Shigella sono simili alla maggior parte degli altri batteri enterici; è stata riportata la crescita a temperature comprese tra 10 e 48 °C. In uno studio, non è stata osservata crescita di *S. flexneri* in brodo brain heart infusion (BHI) a 10 °C[59]. Sembra che *S. sonnei* possa crescere a temperature più basse rispetto alle altre tre specie. È stato osservato sviluppo a pH 5,0, ma la crescita ottimale si verifica nel range 6-8. Con *S. flexneri*, in brodo BHI non si otteneva crescita a pH 5,5 e a 19 °C[59]. È stato dimostrato che questa specie viene inibita dai nitriti al diminuire della temperatura e del pH o all'aumentare della concentrazione di NaCl[58]. Non è chiaro se crescano a valori di a_w inferiori a quelli ai quali possono svilupparsi le salmonelle o le escherichie. La loro resistenza termica sembra simile a quella dei ceppi di *E. coli*.

26.2.1 Casi di origine alimentare

Nel periodo 1973-1987, negli Stati Uniti, la shigellosi alimentare ha rappresentato il 12% dei casi di malattia a trasmissione alimentare per i quali è stato possibile individuare un agente eziologico, collocandosi al terzo posto dopo l'intossicazione alimentare da stafilococco (14%) e la salmonellosi (45%)[4]. La scarsa igiene personale è un fattore comune nella shigellosi di origine alimentare, con crostacei, frutta e verdura, pollo e insalate tra i principali alimenti responsabili. La rilevanza di questi alimenti è dovuta alla via di trasmissione oro-fecale. Le shigelle non sono persistenti nell'ambiente quanto le salmonelle e le escherichie. Gli isolamenti documentati delle specie di *Shigella* negli Stati Uniti per gli anni 1975-2000 sono riportati in figura 26.3. Dovrebbe essere osservato che gli isolamenti riportati sono relativi a molteplici fonti, inclusi gli alimenti. *S. sonnei* è chiaramente la specie isolata con maggior frequenza, seguita da *S. flexneri*. I casi statunitensi di shigellosi (per 100.000 abitanti) registrati nel periodo 1970-2000 sono rappresentati in figura 26.4 e comprendono sia quelli di origine alimentare sia quelli di origine non alimentare.

Nel 2000, *S. sonnei* ha causato un'epidemia, con 30 vittime, in tre stati occidentali degli Stati Uniti; l'alimento implicato era un panettone gastronomico a 5 strati, farcito con diverse salse, servito come antipasto[12]. Gli strati consistevano di fagioli/salsa/guacamole/nacho cheese/panna acida. Un'epidemia dovuta a *S. sonnei*, e ricondotta al consumo di formaggio fresco da latte pastorizzato, si è verificata in Spagna nel 1995-1996. Le vittime sono state oltre 200 e sembra che la fonte di contaminazione del patogeno per gli individui suscettibili sia stato un addetto alla manipolazione infetto.

26.2.2 Caratteristiche di virulenza

I meccanismi di virulenza delle shigelle sono molto più complessi di quanto si ritenesse in passato; sono discussi nel capitolo 22 insieme alle salmonelle e ad alcuni ceppi di *E.coli*.

Bibliografia

1. Adinarayanan N, Foltz VD, McKinley F (1965) Incidence of Salmonellae in prepared and packaged foods. *J Infect Dis*, 115: 19-26.

2. Audisio MC, Oliver G, Apella MC (2000) Protective effect of Enterococcus faecium J96, a potential probiotic strain, on chicks infected with Salmonella Pullorum. *J Food Protect*, 63: 1333-1337.

3. Barnhart HM, Dreesen DW, Bastien R, Pancorbo OC (1991) Prevalence of Salmonella Enteritidis and other serovars in ovaries of layer hens at time of slaughter. *J Food Protect*, 54: 488-491.

4. Bean NH, Griffin PM (1990) Foodborne disease outbreaks in the United States, 1973–1987: Pathogens, vehicles, and trends. *J Food Protect*, 53: 804-817.

5. Beloian A, Schlosser GC (1963) Adequacy of cooking procedures for the destruction of salmonellae. *Am J Public Health*, 53: 782-791.

6. Bradshaw JG, Shah DB, Forney E, Madden JM (1990) Growth of Salmonella Enteritidis in yolk of shell eggs from normal and seropositive hens. *J Food Protect*, 53: 1033-1036.

7. Brooks J (1962) Alpha amylase in whole eggs and its sensitivity to pasteurization temperatures. *J Hyg*, 60: 145-151.

8. Bryan FL (1977) Diseases transmitted by foods contaminated by wastewater. *J Food Protect*, 40: 45-56.

9. Centers for Disease Control and Prevention (2003) Multistate outbreak of Salmonella serotype Typhimurium infections associated with drinking unpasteurized milk – Illinois, Indiana, Ohio, and Tennessee, 2002–2003. *Morb Mort Wkly Rep*, 52: 613-615.

10. Centers for Disease Control and Prevention (2002) Multistate outbreaks of Salmonella serotype Poona infections associated with eating cantaloupe from Mexico – United States and Canada, 2000–2002. *Morb Mort Wkly Rep*, 51: 1044-1047.

11. Centers for Disease Control and Prevention (2000a) Outbreak of Salmonella serotype Enteritidis infection associated with eating raw or undercooked shell eggs – United States, 1996–1998. *Morb Mort Wkly Rep*, 49: 73-79.

12. Centers for Disease Control and Prevention (2000b) Outbreak of Shigella sonnei infections associated with eating a nationally distributed dip – California, Oregon, and Washington, January 2000. *Morb Mort Wkly Rep*, 49: 60-61.

13. Centers for Disease Control and Prevention (1999) Outbreak of Salmonella serotype Muenchen infections associated with unpasteurized orange juice – United States and Canada, June 1999. *Morb Mort Wkly Rep*, 48: 582-585.

14. Centers for Disease Control (1985) Shigellosis – United States, 1984. *Morb Mort Wkly Rep*, 34: 600.

15. Chung KC, Goepfert JM (1970) Growth of Salmonella at low pH. *J Food Sci*, 35: 326-328.

16. Chung YH, Kim SY, Chang YH (2003) Prevalence and antibiotic susceptibility of Salmonella isolated from foods in Korea for 1993 to 2001. *J Food Protect*, 66: 1154-1157.

17 Crockett CS, Hass CN, Fazil A (1996) Prevalence of shigellosis in the U.S.: Consistency with dose-response information. *Int J Food Microbiol*, 30: 87-99.

18. D'Aoust JY, Pivnick H (1976) Small infectious doses of Salmonella. *Lancet*, 1: 866.

19. Dargatz DA, Fedorka-Cray PJ, Ladely SR, Ferris KE (2000) Survey of Salmonella serotypes shed in feces of beef cows and their antimicrobial susceptibility patterns. *J Food Protect*, 63: 1648-1653.

20. Fedorka-Cray PJ, Dargatz DA, Thomas LA, Gray JT (1998) Survey of Salmonella serotypes in feedlot cattle. *J Food Protect*, 61: 525-530.

21. Goepfert JM, Biggie RA (1968) Heat resistance of Salmonella Typhimurium and Salmonella Senftenberg 775W in milk chocolate. *Appl Microbiol*, 16: 1939-1940.

22. Graber G (1991) *Control of Salmonella in animal feeds*. Division of Animal Feeds, Center for Veterinary Medicine, Food and Drug Administration. Report to the National Advisory Commission on Microbiological Criteria for Foods.

23. Hennessy TW, Hedberg CW, Slutsker L (1996) A national outbreak of Salmonella Enteritidis infections from ice cream. *N Engl J Med*, 334: 1281-1286.

24. Hinton M, Threlfall EJ, Rowe B (1990) The invasive potential of Salmonella Enteritidis phage types for young chickens. *Lett Appl Microbiol*, 10: 237-239.

25. Hobbs BC (1961) Public health significance of Salmonella carriers in livestock and birds. *J Appl Bacteriol*, 24: 340-352.

26. Horwitz MA, Pollard RA, Merson MH, Martin SM (1977) A large outbreak of foodborne salmonellosis on the Navajo Indian Reservation, epidemiology and secondary transmission. *Am J Public Health*, 67: 1071-1076.

27. Impey CS, Mead GC (1989) Fate of salmonellas in the alimentary tract of chicks pre-treated with a mature caecal microflora to increase colonization resistance. *J Appl Bacteriol*, 66: 469-475.

28. Jones FT, Axtell RC, Rives DV, Schneideler SE, Tarver FR Jr, Walker RL, Wineland MJ (1991) A survey of Salmonella contamination in modern broiler production. *J Food Protect*, 54: 502-507.

29. Juven BJ, Cox NA, Bailey JS, Thomson JE, Charles OW, Shutze JV (1984) Survival of Salmonella in dry food and feed. *J Food Protect*, 47: 445-448.

30. Kampelmacher EH (1963) The role of salmonellae in foodborne diseases. In: LW Slanetz et al. (eds) *Microbiological Quality of Foods*. Academic Press, New York, pp. 84-101.

31. Keller LH, Benson CE, Krotec K, Eckroade RJ (1995) Salmonella Enteritidis colonization of the reproductive tract and forming and freshly laid eggs of chickens. *Infect Immun*, 63: 2443-2449.

32. LeeWC, Lee MJ, Kim JS, Park SY (2001) Foodborne illness outbreaks in Korea and Japan studied restrospectively. *J Food Protect*, 64: 899-902.

33. Le Minor L, Popoff MY (1987) Designation of Salmonella enterica sp. nov., nom. rev., as the type and only species of the genus Salmonella. *Int J System Bacteriol*, 37: 465-468.

34. Lerche M (1961) Zur Lebenfahigkeit von Salmonella bakterien in Mayonnaise und Fleischsalat. *Wein Tierarztl Mschr*, 6: 348-361.

35. Ley FJ, Freeman BM, Hobbs BC (1963) The use of gamma radiation for the elimination of salmonellae from various foods. *J Hyg*, 61: 515-529.

36. Lillard HS (1986) Role of fimbriae and flagella in the attachment of Salmonella Typhimurium to poultry skin. *J Food Sci*, 51: 54-56, 65.

37. Martin WJ, Ewing WH (1969) Prevalence of serotypes of Salmonella. *Appl Microbiol*, 17: 111-117.

38. Matches JR, Liston J (1968) Low temperature growth of Salmonella. *J Food Sci*, 33: 641-645.

39. Mead GC, Barrow PA (1990) Salmonella control in poultry by "competitive exclusion" or immunization. *Lett Appl Microbiol*, 10: 221-227.

40. Milone NA, Watson JA (1970) Thermal inactivation of Salmonella Senftenberg 775W in poultry meat. *Health Lab Sci*, 7: 199-225.

41. Ng DLK, Koh BB, Tay L, Yeo M (1999) The presence of Salmonella in local food and beverage items in Singapore. *Dairy Food Environ Sanit*, 19: 848-852.

42. Ng H, Bayne HG, Garibaldi JA (1969) Heat resistance of Salmonella: The uniqueness of Salmonella Senftenberg 775W. *Appl Microbiol*, 17: 78-82.

43. Page GV, Solberg M (1980) Nitrogen assimilation by Salmonella Typhimurium in a chemically defined minimal medium containing nitrate, nitrite, or ammonia. *J Food Sci*, 45: 75-76, 83.

44. Perales I, Audicana A (1988). Salmonella Enteritidis and eggs. *Lancet*, 2: 1133.

45. Proctor ME, Hamacher M, Tortorello ML, Archer JR, Davis JP (2001) Multistate outbreak of Salmonella serovar Muenchen infections associated with alfalfa sprouts grown from seeds pretreated with calcium hypochlorite. *J Clin Microbiol*, 39: 3461-3465.

46. Reeves MW, Evins GM, Heiba AA, Plikaytis BD, Farmer JJ (1989) Clonal nature of Salmonella Typhi and its genetic relatedness to other salmonellae as shown by multilocus enzyme electrophoresis, and proposal of Salmonella bongori comb. nov. *J Clin Microbiol*, 27: 311-320.

47. Rogers RE, Gunderson MF (1958) Roasting of frozen stuffed turkeys. I. Survival of Salmonella Pullorum in inoculated stuffing. *Food Res*, 23: 87-95.

48. Ryan CA, Nickels MK, Hargrett-Bean NT, Potter ME, Endo T, Mayer L, Langkop CW, Gibson C, McDonald RC, Kenney RT, Puhr ND, McDonnell PJ, Martin RJ, Cohen ML, Blake PA (1987). Massive outbreak of antimicrobial resistant salmonellosis traced to pasteurized milk. *JAMA*, 258: 3269-3274.

49. Shirota K, Katoh H, Murase T, Ito T, Otsuki K (2001) Monitoring of layer feed and eggs for Salmonella in eastern Japan between 1993 and 1998. *J Food Protect*, 64: 734-737.

50. Shrimpton DH, Monsey JB, Hobbs BC, Smith ME (1962) A laboratory determination of the destruction of alpha amylase and salmonellae in whole egg by heat pasteurization. *J Hyg*, 60: 153-162.

51. Stavric S, D'Aoust JY (1993) Undefined and defined bacterial preparations for the competitive exclusion of Salmonella in poultry – A review. *J Food Protect*, 56: 173-180.

52. Stavric S, Gleeson TM, Blanchfield B, Pivnick H (1987) Role of adhering microflora in competitive exclusion of Salmonella from young chicks. *J Food Protect*, 50: 928-932.

53. Stock K, Stolle A (2001) Incidence of Salmonella in minced meat produced in a European Union-approved cutting plant. *J Food Protect*, 64: 1435-1438

54. Thomason BM, Cherry WB, Dodd DJ (1977) Salmonellae in health foods. *Appl Environ Microbiol*, 34: 602-603.

55. Tkalcic S, Zhao T, Harmon BG, Doyle MP, Brown CA, Zhao P (2003) Fecal shedding of entero-hemorrhagic Escherichia coli in weaned calves following treatment with probiotic Escherichia coli. *J Food Protect*, 66: 1184-1189.

56. Troller JA (1976) Salmonella and Shigella. In: deFigueiredo MP, Splittstoesser DF (eds) *Food Microbiology: Public Health and Spoilage Aspects*. AVI, Westport, CT, pp. 129-155.

57. Van der Wielen PWJJ, Lipman LJA, van Knapen F, Biesterveld S (2002) Competitive exclusion of Salmonella enterica serovar Enteritidis by Lactobacillus crispatus and Clostridium lactatifermentans in a sequencing fed-batch culture. *Appl Environ Microbiol*, 68: 555-559.

58. Zaika LL, Kim AH, Ford L (1991) Effect of sodium nitrite on growth of Shigella flexneri. *J Food Protect*, 54: 424-428.

59. Zaika LL, Engel LS, Kim AH, Palumbo SA (1989) Effect of sodium chloride, pH and temperature on growth of Shigella flexneri. *J Food Protect*, 52: 356-359.

Capitolo 27

Gastroenteriti di origine alimentare causate da *Escherichia coli*

Il ruolo di *Escherichia coli* come patogeno associato agli alimenti fu stabilito nel 1971, quando alcuni formaggi importati in 14 Stati degli Stati Uniti risultarono contaminati da un ceppo enteroinvasivo, che causò malattia in quasi 400 persone. Prima del 1971, almeno cinque epidemie di origine alimentare furono registrate in altre nazioni: la prima si verificò in Inghilterra nel 1947. Come patogeno umano, vi sono evidenze che suggeriscono che fosse noto come causa di diarrea nei bambini già nel Settecento[60]. Dalle epidemie statunitensi del 1982 e del 1993, che si verificarono in seguito al consumo di carne, lo status di questo batterio come patogeno alimentare è indiscusso. Il ruolo di *Escherichia coli* quale indicatore di contaminazione fecale è discusso nel capitolo 20, i metodi di coltura e isolamento sono esaminati nel capitolo 10, mentre i metodi molecolari e i saggi biologici per la sua individuazione sono illustrati nei capitoli 11 e 12. Per una rassegna più dettagliata su *E. coli* O157:H7 come patogeno emergente, si veda il riferimento bibliografico 69.

27.1 Classificazione sierologica

La procedura per la tipizzazione sierologica dei ceppi patogeni di *Escherichia* è uguale a quella descritta nel capitolo 11 per le altre Enterobacteriaceae. Sono stati riconosciuti oltre 200 sierotipi O per *E. coli*. Poiché le proteine flagellari sono meno eterogenee delle catene laterali di carboidrati che costituiscono i gruppi O, esiste un numero considerevolmente più basso di tipi antigenici H (circa 30).

27.2 Gruppi di virulenza riconosciuti

Sulla base delle sindromi e delle caratteristiche, come pure dei loro effetti su alcune colture cellulari e su determinati raggruppamenti sierologici, si riconoscono cinque gruppi di virulenza di *E. coli*: enteroaggreganti (EAggEC), enteroemorragici (EHEC), enteroinvasivi (EIEC), enteropatogeni (EPEC) ed enterotossigeni (ETEC).

27.2.1 *E. coli enteroaggreganti (EAggEC)*

Questo gruppo (definito anche enteroaderente) è correlato a EPEC, ma l'adesione aggregante mostrata da questi ceppi è unica. I ceppi aderiscono alle cellule HEp-2 con una modalità

Tabella 27.1 Alcuni dei sierotipi O riscontrati tra i cinque gruppi di virulenza*

EAggEC	EHEC	EIEC	EPEC	ETEC
3	2	28ac	18ab	6
4	5	29	19ac	8
6	6	112a	55	15
7	4	124	86	20
17	22	135	111	25
44	26	136	114	27
51	38	143	119	63
68	45	144	125	78
73	46	147	126	80
75	82	152	127	85
77	84	164	128ab	101
78	88	167	142	115
85	91		158	128ac
111	103			139
127	113			141
142	104			147
162	111			148
	116			149
	118			153
	145			159
	153			167
	156			
	157			
	163			

* Alcuni sierotipi (per esempio il 111) sono elencati in più di un gruppo di virulenza.

localizzata, definita *stacked-brick-type* ("a mattoni impilati") e portano un plasmide di 60 MDa necessario per la produzione di fimbrie responsabili dell'espressione della capacità aggregante e di una specifica proteina di membrana esterna (OMP). Si è osservato che anticorpi attivi contro la OMP di un ceppo prototipo prevenivano l'adesione alle cellule HEp-2[20]. Una sonda di DNA per EAggEC, costruita utilizzando un frammento di 1,0 kilobase (kb) ottenuto dal plasmide di 60 MDa del ceppo prototipo (O3:H2), ha mostrato una specificità del 99% per questi ceppi[4]. Alcuni ceppi EAggEC producono un'enterotossina termostabile (ST) denominata EAST1[75]. Il gene plasmidico per EAST1 è *astA*, che codifica per una molecola di 38 amminoacidi, a differenza di *estA* che codifica per l'enterotossina STa costituita da 72 amminoacidi[75]. Questi ceppi producono un'enterotossina/citotossina di circa 108 kDa, localizzata sul grosso plasmide di virulenza. La caratteristica clinica distintiva dei ceppi EAggEC è una diarrea persistente che dura oltre 14 giorni, specialmente nei bambini; essi, tuttavia, non sono la causa principale della diarrea del viaggiatore[15].

Non è chiaro se i componenti di questo gruppo siano patogeni trasmessi dagli alimenti. Alcuni dei sierotipi nei quali sono stati riscontrati ceppi di EAggEC, sono elencati in tabella 27.1. Due sierotipi considerati come prototipi sono O3:H2 e O4:H7; un sierotipo (O44) contiene ceppi sia EAggEC sia EPEC[76].

27.2.2 E. coli enteroemorragici (EHEC)

Questi ceppi sono per alcuni aspetti simili e per altri diversi dai ceppi EPEC. Sono simili agli EPEC in quanto possiedono il gene cromosomico *eaeA* (o uno simile) e producono lesioni da adesione-distruzione (si veda il paragrafo su EPEC). A differenza dei ceppi EPEC, gli EHEC colpiscono solo l'intestino crasso (nei giovani maiali da esperimento) e producono grandi quantità di tossine Shiga-like (SLT, Stx, vedi oltre). Gli EHEC producono un plasmide di 60 MDa, che codifica per le fimbrie che mediano l'adesione a cellule colturali, e non invadono le linee cellulari HEp-2 o INT407, sebbene alcuni ceppi abbiano la capacità di invadere linee cellulari epiteliali umane[64]. Alcuni ceppi EHEC producono curli, una varietà di fimbrie che facilita l'adesione delle cellule alle superfici.

Tossine

Shigella dysenteriae produce una potente tossina comunemente nota come Shiga-tossina (da K. Shiga che per primo isolò e studiò il microrganismo). Le tossine dei ceppi EHEC di *E. coli* sono state definite tossine Shiga-like (verotossina, verocitotossina) e i due prototipi come SLT-I e SLT-II. Tuttavia, è stata in seguito applicata una nuova terminologia e SLT-I e SLT-II sono ora denominate, rispettivamente Stx1 e Stx2[9]. I geni per Stx1 e Stx2 sono codificati da batteriofagi temperati in alcuni ceppi EHEC. Stx1 differisce da Stx (Shiga-tossina) per tre nucleotidi e un amminoacido e viene neutralizzata dagli anticorpi per Stx. Stx1 e Stx2 differiscono per la mancanza di cross-neutralizzazione da parte di antisieri policlonali omologhi e per l'assenza di cross-ibridizzazione DNA-DNA dei loro geni in condizioni particolarmente stringenti[9]. Stx2 e Stx2e (prima denominata SLT-IIv, VTe) sono neutralizzate da antisieri attivi contro Stx2 ma non da quelli attivi contro Stx. Stx2e è una variante di Stx2 più tossica per le cellule Vero che per le cellule HeLa e, come Stx, è codificata da un gene localizzato su un cromosoma[52,63]. Tutte le Stx sono citotossiche per le cellule Vero e letali per i topi; inoltre producono risposte positive alla legatura dell'ileo di coniglio. Tutte le Stx sono formate da una singola subunità A enzimaticamente attiva e da molteplici subunità B. Le cellule sensibili alle Stx possiedono il recettore per la tossina, globotriaosilceramide (Gb3); il butirrato di sodio sarebbe coinvolto nella sensibilizzazione delle cellule alle Stx[53]. Dopo che si sono legate al Gb3, le tossine vengono internalizzate mediante trasporto alla parte trans del complesso del Golgi. Una volta all'interno delle cellule ospiti, la subunità A si lega e rilascia un residuo di adenina dall'RNA ribosomiale (rRNA) 28S della subunità ribosomiale 60S, inibendo la sintesi proteica. Le subunità B formano pentameri in associazione con una singola subunità A e sono quindi responsabili del legame della tossina ai recettori glicolipidici neutri. Sebbene il sierotipo O157:H7 sia il prototipo di questo gruppo, le Stx sono prodotte da numerosi sierotipi, alcuni dei quali sono riportati in tabella 27.1. Per ragioni non chiare, la Stx2 sembra avere un'importanza maggiore della Stx1 nell'eziologia della colite emorragica (CE) e della sindrome emolitico-uremica (SEU)[63].

Crescita e produzione della tossina Stx

Le esigenze nutrizionali dei ceppi produttori di Stx non sono diverse da quelle della maggior parte degli altri ceppi di *E. coli* (cap. 20). I dati riportati in merito all'effetto della temperatura sulla produzione di Stx non sono concordi. In uno dei primi studi non si è osservato alcun effetto della temperatura sulla sintesi di Stx1, che risultava invece inibita dal ferro[91]. In un altro studio, la produzione di Stx si verificava a tutte le temperature che supportavano la crescita (figura 27.1), sebbene la quantità di tossina sintetizzata dalle cellule cresciute a 21 °C fosse inferiore rispetto a quella prodotta a 37 °C, nonostante il numero di cellule fosse

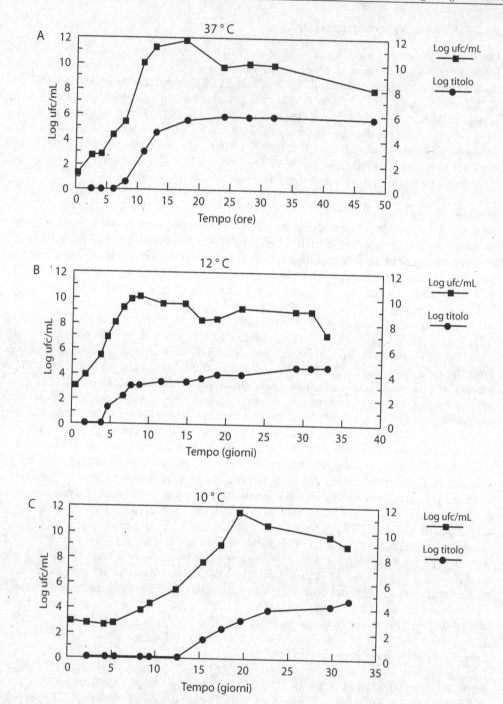

Figura 27.1 Crescita e produzione di verotossina da parte di *E. coli* A9124-1 a diverse temperature: (A) 37 °C; (B) 12 °C; (C) 10 °C. (Da Palumbo et al[68]., copyright © 1995 International Association of Milk, Food and Environmental Sanitarians)

simile[1]. In un impasto di carne bovina arrosto macinata il ceppo O157:H7 produceva Stx sia a 21 sia a 37 °C entro 24 ore[1]. In uno studio precedente, che utilizzava un ceppo O157:H7 in latte e carne bovina fresca macinata, Stx1 era prodotta a livelli massimi a 37 °C in entrambi i prodotti, ma a 25 o 30 °C poteva essere trovata solo in tracce[90]. Le concentrazioni più elevate si ottenevano in carne bovina fresca macinata (452 ng/g), mentre in latte posto in agitazione per 48 ore il livello massimo osservato era 306 ng/mL. In carne bovina fresca macinata mantenuta a 8 °C per 14 giorni la tossina non è stata rilevata. Non vi sono prove che la Stx preformata abbia un ruolo di alcun tipo nelle patologie causate da ceppi EHEC. La temperatura di crescita media ottimale per 20 ceppi di *E. coli* O157:H7 era 40,2 °C in Mueller-Hinton broth, rispetto alla media di 41,7 °C osservata per ceppi non-O157:H7[30].

In riferimento alla temperatura minima per la produzione di Stx in brodo brain heart infusion (BHI), 4 ceppi su 16 crescevano a 8 °C ma non a 5, mentre 12 ceppi crescevano a 10 ma non a 8 °C[68]. Per tre dei 16 ceppi il numero di cellule aumentava di 1000 volte in 4-6 giorni a 10 °C e, come si è visto, Stx veniva prodotta a tutte le temperature che consentivano la crescita[68]. Dopo incubazione a 21 e 37 °C le concentrazioni di Stx1 erano, rispettivamente, di 63 e 85 ng/mL di impasto[1]. A differenza della maggior parte dei ceppi di *E. coli*, i ceppi O157:H7 non si sviluppano in EC (*Escherichia coli*) medium a 44,5 °C; la loro temperatura massima di crescita in tale mezzo è 42 °C circa[71].

Effetto degli agenti ambientali e fisici

L'interesse per la sensibilità dei ceppi EHEC all'acidità è aumentato in seguito a un'epidemia ricondotta al consumo di sidro di mela non pastorizzato[6]; il prodotto aveva un pH compreso tra 3,7 e 3,9. In uno studio EC O157:H7 sopravviveva fino a 56 giorni a pH $\geq$4,0, utilizzando tryptic soy broth e diversi acidi per regolare il pH[16]. In un'altra ricerca, in cui il pH di Luria broth era stato regolato con HCl, non si è osservata perdita di vitalità di un ceppo di EC O157:H7 per almeno 5 ore a pH 3,0-2,5 a 37 °C[5]. In uno studio più approfondito, condotto utilizzando sidro di mele con valori di pH compresi tra 3,6 e 4,0 e inoculi di EC O157:H7 di 10^2-10^5, le cellule sopravvivevano per 2-3 giorni a 25 °C[98]. A 8 °C, un inoculo di 10^5/mL aumentava solo di 1 log circa in 12 giorni e sopravviveva per 10-31 giorni. Mentre il sorbato di potassio mostrava solo una modesta efficacia, il sorbato di sodio riduceva il tempo di sopravvivenza a 2-10 giorni a 8 °C e a 1-2 giorni a 25 °C[98]. La crescita di EC O157:H7 è stata dimostrata in trypticase soy broth a pH 4,5 utilizzando HCl, mentre usando acido lattico per ottenere lo stesso pH non si verificava alcuna crescita e il pH minimo era 4,6[29].

In uno studio sulla sopravvivenza di EC O157:H7 in maionese commerciale, si osservava sopravvivenza per 35 giorni in prodotti conservati a 5 e 7 °C, mentre non potevano essere rilevate cellule dopo 72 ore quando il prodotto era mantenuto a 25 °C[89]. La maionese aveva pH 3,65 e l'inoculo era di circa 10^7 ufc/g. Con inoculi di log 6,23/g in maionese commerciale, e conservazione a 5, 20 o 30 °C, il ceppo O157:H7 non cresceva e si avvicinava a livelli non determinabili dopo 93 giorni a 5 °C[37]. In un altro studio $\geq$6 log ufc di un ceppo EHEC sono stati inoculati in cinque condimenti commerciali, a base di maionese normale e di maionese a ridotto contenuto di grassi e/o calorie, mantenuti a 25 °C[24]; il pH variava tra 3,21 e 3,94: i prodotti con pH <3,6 inattivavano rapidamente EHEC, determinando una riduzione di $\geq$7 log ufc in $\leq$1-3 giorni. È stato dimostrato che le cellule EHEC sopravvivono più a lungo in alimenti acidi se vengono prima coltivate in un ambiente con pH intorno a 5,0[50]. Due ceppi EHEC sopravvivevano per 18 giorni a 4 °C in quattro varietà di mele macinate il cui pH finale era compreso tra 3,91 e 5,11[27]. Le mele cadute dagli alberi possono essere contaminate da ceppi di EHEC presenti nei pascoli, ma anche da mosche della frutta infette. Altre informazioni sulla tolleranza all'acidità dei ceppi di *E. coli* sono riportate nel capitolo 22.

Per quanto riguarda la tolleranza al sale di un ceppo EC O157:H7, il 4,5% di NaCl in brodo causava un aumento di tre volte del tempo di replicazione, mentre con il 6,5% si osservava una fase lag di 36 ore, con un tempo di generazione di 31,7 ore; con concentrazioni di NaCl ≥8,5% non si verificava crescita[29]. Nello stesso studio EC O157:H7 sopravviveva durante la fermentazione di salami ma non si sviluppava quando queste venivano conservate a 4 °C per 2 mesi dopo essere state inoculate con $4,8 \times 10^4$ cellule[29].

La resistenza termica dei ceppi EHEC non è diversa da quella della maggior parte dei batteri Gram-negativi, anche se questi ceppi sembrano essere più termosensibili della maggior parte delle salmonelle. Uno studio recente ha evidenziato differenze nei valori termici di D tra diversi prodotti carnei, riscontrando i seguenti valori di $D_{60\,°C}$ (minuti)[2]:

0,45-0,47	manzo
0,37-0,55	salame suino
0,38-0,55	pollo
0,55-0,58	tacchino

I valori di D aumentavano all'aumentare del contenuto di grassi e tale fenomeno è ben noto (vedi cap. 17). Questi risultati supportano uno studio precedente in cui i valori di D e z per carne di manzo a elevato tenore di grassi e magra erano[51]:

30,5% di grassi	$D = 0,45$ minuti	$z = 8,37$ °F
2,0% di grassi	$D = 0,30$ minuti	$z = 8,30$ °F

In un altro studio, un inoculo di circa 10^3/g del ceppo O157:H7 in carne bovina a basso tenore di grassi macinata, veniva distrutto cuocendo il prodotto a una temperatura interna di 66, 68 o 72 °C[25]. Uno studio recente sulle proprietà termiche di EC O157:H7 in succo di mela ha rivelato che è possibile ottenere un processo 4-D riscaldando a 60 °C per circa 1,6 minuti[78]. Questo dato si basa sui valori di D a 52 °C ottenuti da 20 diversi esperimenti con tempi variabili da 9,5 a 30 minuti, con una media di 18 minuti e un valore di z di 4,8 °C. Sebbene in succo di mela le cellule di EC O157:H7 diventassero più termosensibili aumentando la concentrazione di acido L-malico da 0,2 a 0,8% o riducendo il pH da 4,4 a 3,6, l'acido benzoico a 1000 ppm è risultato l'additivo più efficace per aumentare la sensibilità termica[78].

È stata studiata la sorte di EC O157:H7, insieme a quello di *Listeria monocytogenes* e di *Salmonella* Typhimurium, in carne di manzo essiccata: con inoculi di circa 10^7/g nessuna di queste specie è stata rilevata nei campioni sottoposti a essiccamento per 10 ore e in quelli conservati per 8 settimane a 25 °C a diversi livelli di umidità[36].

Per quanto riguarda la resistenza alle radiazioni dei ceppi EHEC, non vi sono prove evidenti che differisca molto da quella di altri batteri enterici. Utilizzando carne di pollo e un ceppo di EC O157:H7, i valori di D a 5 °C erano di 0,27 kGy, mentre a −5 °C D era 0,42 kGy[82]. Impiegando un ceppo non patogeno di *E. coli*, Fielding e colleghi[26] hanno riscontrato un valore di D per le radiazioni di circa 0,34 kGy in brodo con pH intorno a 7,0, ma quando le cellule venivano coltivate a pH 4,0 prima dell'irraggiamento il valore di D era 0,24 kGy. (Per ulteriori dettagli sull'irraggiamento degli alimenti, si veda il capitolo 15). In succo di mela, ceppi non adattati all'acidità mostravano un valore di D nel range 0,12-0,21 kGy, ma dopo l'adattamento all'acidità, i valori aumentavano a 0,22-0,31 kGy[7].

In relazione alla sopravvivenza in letame di ovini e bovini, *E. coli* O157:H7 sopravviveva nel primo per 100 giorni a 4 o 10 °C e la sopravvivenza non era influenzata dalla presenza di geni *stx*[45].

Prevalenza negli alimenti

Complessivamente, l'incidenza e la prevalenza dei ceppi EHEC in carne, latte, pollame e prodotti ittici sono molto variabili. Utilizzando sonde di DNA per determinare la presenza di ceppi EHEC il numero di positivi è considerevolmente più elevato rispetto a quando EC O157:H7 viene determinata singolarmente. Doyle e Shoeni[22] hanno pubblicato il primo studio sulla prevalenza di ceppi EHEC nelle carni; i due autori riscontrarono EC O157:H7 nel 3,7% di 164 campioni di carne bovina, nell'1,5% di 264 campioni di carne di maiale, nell'1,5% di 263 campioni di pollame e nel 2,0% di 205 campioni di agnello. In Thailandia, EC O157:H7 è stato individuato nel 9% dei campioni di carne bovina in vendita al dettaglio, nell'8-28% di campioni di carne bovina prelevati al macello e nell'11-84% di campioni di materiale fecale di bestiame[79]. Nel Regno Unito EC O157:H7 non è stata ritrovata in salami, ma una sonda di DNA ha dato risultati positivi per altri ceppi EHEC nel 25% dei 184 campioni esaminati; nessun ceppo è stato isolato in 112 campioni ottenuti da 71 polli[77]. In uno studio su alimenti, condotto nell'area di Seattle in seguito all'epidemia del 1993, il 17,3% di 294 alimenti è risultato positivo per colonie contenenti ceppi Stx1 e/o Stx2[74]. Delle 51 colonie positive, 5 contenevano Stx1, 34 Stx2 e 12 sia Stx1 sia Stx2. Gli otto prodotti di carne, pollame e pesce diedero i seguenti risultati positivi: 63% di 8 campioni di carne di vitello, 48% di 21 campioni di carne di agnello, 23% di 60 campioni di manzo, 18% di 51 campioni di carne di maiale, 12% di 33 campioni di pollo, 10% di 62 campioni di pesce, 7% di 15 campioni di tacchino e 4,5% di 44 campioni di crostacei[74].

Negli studi sulla prevalenza dei batteri all'interno o sulle carcasse di bovini e di pollame e in carne bovina macinata l'USDA ha riportato i seguenti risultati: assenza di *E. coli* O157:H7 in 563 campioni di carne di manzo macinata[85], in 1297 carcasse di polli[86] e in 2112 carcasse di vacche e tori[87]. Quattro carcasse di manzi e giovenche, su 2081 esaminate, contenevano questo microrganismo a un livello massimo di 0,93 MPN/cm^2[88]. Il biotipo 1 è stato isolato nel 96% di queste carcasse in concentrazioni <10/cm^2.

Quando è stato aggiunto a semi di ravanello e posto a incubare a 18-25 °C per 7 giorni, il microrganismo veniva ritrovato nei tessuti interni e negli stomi dei cotiledoni, come pure sulle superfici esterne[39], e l'immersione in 0,1% di $HgCl_2$ non ne consentiva la rimozione.

Immediatamente dopo l'epidemia verificatasi sulle coste del Pacifico nordoccidentale nel 1993, il FSIS dell'USDA ha avviato uno studio in diversi Stati sulla prevalenza e sull'incidenza di EC O157:H7 sia in manzo sia in bovini da latte; la concentrazione massima rilevata è stata 15 ufc/g, con una media di circa 4 ufc/g di carne bovina fresca. Tra il 1994 e settembre 1998, in un'indagine nazionale l'USDA ha isolato EC O157:H7 in 23 dei 23.900 campioni di carne bovina macinata, circa 1 su 1000. L'incidenze e la prevalenza di *E. coli* O157:H7 e di ceppi generici su carni e pollame sono riportate nei capitoli 4, 5, 6 e 9.

Secondo uno studio di valutazione del rischio di *E. coli* O157:H7 in hamburger, i tre fattori maggiormente predittivi della probabilità di contrarre l'infezione attraverso il consumo di hamburger sono la concentrazione del batterio nelle feci animali, la suscettibilità dell'ospite e la contaminazione della carcassa[11].

Prevalenza nel bestiame da latte

Poiché le epidemie da EHEC sono state correlate alla carne bovina più che a qualsiasi altra fonte alimentare, è opinione ampiamente condivisa che il bestiame da latte sia il principale serbatoio di questi microrganismi. In ogni caso, il bestiame da latte è stato oggetto della maggior parte degli studi. Complessivamente, nelle feci dei vitelli svezzati vi è una prevalenza maggiore di ceppi EHEC che nelle feci dei vitelli o del bestiame adulto: ciò non sorprende se si considera che la microflora del rumine nei vitelli svezzati non è ancora ben consolidata come nei bovini adulti. Per esempio, su 1266 campioni di feci di vitelli, giovenche e vacche, solo 18 (1,42%) erano positivi per EC O157:H7[93]. Su 662 campioni di materiale fecale di vacca solo 1 era positivo, mentre sono risultati positivi 5 campioni su 210 di feci di vitello e 12 su 394 di giovenca.

Complessivamente, questi batteri sono stati isolati dallo 0,3-2,2% dei campioni di feci raccolti da vitelli o bestiame sani in Stati Uniti, Canada, Regno Unito, Germania e Spagna[19]. Su 23 campioni di latte crudo provenienti da due fattorie solo uno è risultato positivo per EC O157:H7. Utilizzando sonde di DNA, questi ricercatori hanno identificato 28 diversi ceppi di EHEC: l'8% da vacche adulte e il 19% da giovenche e vitelli[93]. Ceppi EHEC sono stati trovati nell'80% delle fattorie esaminate. In un altro studio condotto nel 1993 su materiale fecale di bestiame da latte proveniente da 14 Stati, sono risultati positivi per EC O157:H7 31 campioni su 965 (3,2%)[97]. Di questi 31, 16 erano positivi per piastramento diretto, con livelli di 10^3-10^5 ufc/g, mentre gli altri 15 risultavano positivi solo dopo arricchimento. Per quanto riguarda i tipi di tossina, 19 dei 31 isolati producevano Stx1 e Stx2 e 12 producevano solo Stx2[97].

In uno studio su vitelli e bestiame adulto infettati sperimentalmente, Cray e Moon[17] hanno osservato che i vitelli diffondevano attraverso le feci gli EC O157:H7 inoculati per un tempo maggiore rispetto alle vacche adulte, che i microrganismi inoculati si insediavano solo nel tratto gastrointestinale e che la maggior parte del bestiame infettato con EC O157:H7 non manifestava segni clinici di malattia. Secondo gli autori della ricerca, per i capi di bestiame adulti la dose infettiva di EC O157:H7 coltivato in vitro era $\geq 10^7$ ufc[17]. In un precedente studio condotto in Germania, il 10,8% di 1387 isolati da 259 bovini adulti sani ibridizzava con sonde di DNA per Stx1 e Stx2[58]. Il 15,8% degli SLT positivi ibridizzava solo con Stx1; il 38,6% ibridizzava soltanto con Stx2.

Sono state effettuate diverse ricerche per valutare l'ecologia generale di *E. coli* O157:H7 nell'intestino e nelle feci di bovini in relazione all'alimentazione degli animali. In uno di questi studi, condotto su bovini mantenuti con un regime a elevato tenore di crusca per 4 giorni, si è osservato un numero significativamente più basso di *E. coli* O157:H7/g di feci, ma dopo 48 ore di digiuno il numero era significativamente più alto[41]. La razione a elevato tenore di fibre era costituita per il 50% da fieno di erba medica (alfalfa) non trattato e per il 50% da insilato di mais (la monensina era assente). In un altro studio, la presenza di *E. coli* O157:H7 è risultata associata in maniera significativa a un'alimentazione a base di insilato di mais[33]. Gli autori dello studio hanno riscontrato un numero di *E. coli* O157:H7 maggiore nei bovini alimentati con monensina e altri additivi e hanno suggerito che questo ionoforo potrebbe avere un ruolo nella prevalenza del microrganismo nelle feci del bestiame. Da un ulteriore studio è emerso che nei capi di bestiame alimentati principalmente con cereali, il colon presentava un valore di pH più basso e conteneva *E. coli* più resistenti all'acidità che nei capi alimentati solo con fieno[21]. I bovini alimentati con cereali ospitavano ceppi di *E. coli* circa 10^6 volte più acido-resistenti rispetto ai bovini alimentati con fieno e il numero delle cellule di ceppi acido-resistenti diminuiva dopo un breve periodo di alimentazione con fieno (figura 27.2). L'associazione tra acido-resistenza e virulenza in alcuni enteropatogeni è discussa nel capitolo 22.

In uno studio sulla presenza di *E. coli* O157:H7 in campioni fecali di bovini all'ingrasso destinati al commercio, condotto nel 2000 in 20 recinti di allevamenti, 636 campioni su 4790 (13%) sono risultati positivi per questo microrganismo, con la maggiore prevalenza riscontrata in 10 recinti riforniti di acqua potabile clorata[49]. Il 60% degli isolati apparteneva a un gruppo di quattro profili PFGE (con *Xba*I) tutti presenti in otto recinti durante l'intero periodo di campionamento. Secondo questi ricercatori l'ambiente degli allevamenti è un potenziale serbatoio per il microrganismo. Su 9122 campioni di materiale fecale di bovini esaminati nello Stato di Washington, l'1,01% è risultato positivo per *E. coli* O157:H7[72], mentre in Sco-

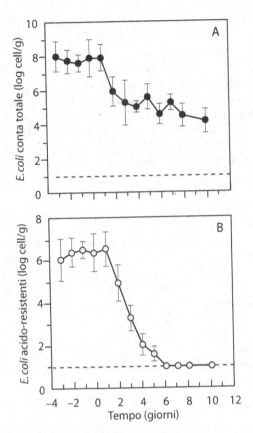

Figura 27.2 Effetto del fieno sul numero totale di *E. coli* presenti nel colon di capi di bestiame che erano stati alimentati con una dieta al 90% di cereali. (A) Bovini che sono passati da un'alimentazione al 90% di cereali a una dieta a base di fieno al giorno 0. (B) Numero di *E. coli* in grado di sopravvivere allo shock acido (pH 2,0, Luria broth, 1 ora). Le barre indicano le deviazioni standard delle medie (tre animali, una replica per animale, due esperimenti indipendenti). Le linee punteggiate indicano i limiti di rilevamento per le conte. (Da Diez-Gonzalez et al.[21], copyright © 1998 American Association for the Advancement of Science, con autorizzazione)

zia da 589 campioni di feci di bovini prelevati al momento della macellazione è stata stimata una prevalenza a livello dell'animale del 7,5%[65]. In quest'ultimo studio, 44 capi bovini infetti contenevano livelli di *E. coli* O157:H7 >10[4]/g.

Sindromi e prevalenza della malattia nell'uomo

Il ceppo prototipo delle sindromi qui discusse è EC O157:H7. Il tipo H7 fu isolato inizialmente nel 1944 da un campione di feci diarroiche umane, mentre il tipo O157 fu isolato e identificato per la prima volta nel 1972 da feci diarroiche suine[66]. Tuttavia, il primo ceppo O157:H7 venne isolato nel 1975 da un paziente affetto da diarrea emorragica. Ceppi di *E. coli* produttori di Stx furono identificati nel 1977 negli Stati Uniti[61] e in Canada[44]. Il secondo isolamento documentato di EC O157:H7, dopo il primo del 1975, risale al 1978, quando venne isolato da feci diarroiche in Canada.

La sindrome emolitico uremica (SEU) e la colite emorragica (CE) sono causate da ceppi di _E. coli_ produttori di Stx. È stato stimato che dal 2 al 7% delle infezioni causate da EC O157:H7 evolva in SEU[31]. Questa sindrome è caratterizzata da anemia emolitica, trombocitopenia e insufficienza renale acuta. Sebbene non correlata direttamente a ceppi EHEC fino al 1985, la SEU fu descritta per la prima volta nel 1955. In uno studio tedesco, che ha valutato in 53 bambini la durata della diffusione di EC O157:H7 attraverso le feci, i 28 bambini con diarrea da colite emorragica hanno diffuso il microrganismo per un periodo compreso tra 2 e 62 giorni (mediana 13), mentre nei 25 che hanno sviluppato la SEU, le feci sono risultate contaminate dal microrganismo per 5-124 giorni (mediana 21)[42]. La SEU è associata più a ceppi che producono solo Stx2 che a quelli che producono solo Stx1 oppure sia Stx1 sia Stx2[67] (cap. 22). Nel Regno Unito, nel triennio 1989-1991, il 15% di 1275 individui dai quali erano state ottenute colture positive per EHEC ha sviluppato SEU[83].

La colite emorragica come malattia legata agli alimenti fu osservata per la prima volta nel 1982 in Oregon e Michigan dove, in entrambe le circostanze, le vittime avevano consumato in un fast food dei sandwich contenenti carne di manzo tritata non cotta a sufficienza[73]. Tutti i 43 pazienti presentavano diarrea emorragica e forti crampi addominali; il 63% lamentava nausea, il 49% vomito e solo il 7% febbre. Il periodo medio d'incubazione era di 3,8-3,9 giorni; la durata dei sintomi da almeno 3 fino a 7 giorni[73]. In altre epidemie il periodo di incubazione variava da 3,1 a 8 giorni. L'isolamento dell'agente eziologico dalle feci richiede che i campioni siano esaminati dopo diversi giorni dalla comparsa dei sintomi, poiché le feci tendono a essere negative per almeno 7 giorni dopo l'esordio[94]. Il segno distintivo di questa sindrome è la comparsa di feci rosse emorragiche, che riflettono l'azione dell'agente eziologico a livello del colon. La febbre è rara e si ritiene che la dose infettiva sia di sole 10 ufc.

La tabella 27.2 riassume gran parte delle epidemie e dei casi di colite emorragica associati agli alimenti e all'acqua. Sebbene la maggior parte sia stata causata da _E. coli_ O157:H7, le epidemie del 1993 in New Hampshire e Rhode Island, ricondotte al consumo di insalate crude, sono state causate dal sierotipo O6:NM (NM = non mobile). Negli Stati Uniti la prima epidemia accertata di origine alimentare causata da un ceppo produttore di Stx diverso da _E. coli_ O157:H7 si è verificata nel 1994 ed è stata ricondotta a latte pastorizzato contaminato dal sierotipo O104:H21[13]. In Australia meridionale, nel 1995, il sierotipo O111:NM è stato associato al consumo di salami fermentati semistagionati; lo stesso sierotipo è stato il primo ceppo produttore di Stx associato a SEU in Italia, dove nel 1992 si verificarono nove casi con un decesso[10].

Il numero di casi di EC O157:H7 registrati dal CDC negli anni 1994-1997 è: 1420, 2139, 2741 e 2555, rispettivamente, per gli anni 1994, 1995, 1996 e 1997[12]. Nel 1997, nei mesi di luglio, agosto e settembre si sono verificati 1167 casi (pari al 45,7% dell'intero anno). I casi di gastroenterite da acque potabili e per uso ricreativo registrati negli Stati Uniti negli anni 1995-1996 sono riportati in tabella 27.3. L'epidemia registrata in Scozia nel 1996 è un esempio di ciò che può accadere a causa di manipolazione scorretta degli alimenti e di procedure di sanificazione insufficienti. Vi furono circa 500 casi (279 confermati in laboratorio) ricondotti ad almeno sei alimenti, tutti provenienti dalla stessa macelleria[3]. Tutti i casi confermati erano stati causati da ceppi produttori di tossina Stx2.

In Giappone, negli anni 1991-1995, si sono registrate 29 epidemie di casi umani di EC O157:H7. Nel 1996 si sono verificati 11.826 casi associati al consumo di alimenti e 12 decessi causati da EC O157:H7[54]. L'epidemia del 1996, ricondotta al consumo di germogli di ravanello bianco, ha provocato oltre 9000 casi e tre morti. L'esistenza di questo microrganismo nell'Irlanda del nord non è rara in capi di bestiame e alimenti umani; nel 1997 i valori di incidenza in Irlanda del nord, Inghilterra/Galles e Scozia, furono 1,8, 2,1 e 8,2/100.000 abitanti[96]. Negli Stati Uniti, il tasso è stato di 2,3 nel 1997 e di 2,7 e 2,8 nel 1996 e nel 1998.

Tabella 27.2 Alcune delle epidemie registrate legate al consumo di alimenti e acqua causate da ceppi di *E. coli* produttori di Stx

Anno	Veicolo	Casi/Decessi	Luogo
1982	Carne per hamburger	26/0	Oregon
1982	Carne per hamburger	21/0	Michigan
1983	Carne per hamburger	19/0	Alberta, Canada
1983	Carne per hamburger	34/4	Nebraska
1984	Prodotti ittici da Newberg	42/0	Maine
1985	Sandwich freddi/altro[b]	73/19	Ontario, Canada
1985	Patate crude	24/0	Regno Unito
1986	Latte crudo	46/0	Ontario, Canada
1986	Carne per hamburger	37/2	Washington
1987	Pasticci di carne surgelati	15/2	Alberta, Canada
1987	Involtini di tacchino	26/0	Regno Unito
1987	Carne macinata/altro[b]	51/4	Utah
1988	Roast beef	61/0	Wisconsin
1988	Pasticci cotti surgelati	32/0	Minnesota
1989	Acqua	243/4	Cabool, Missouri
1990	Pasto mensa scolastica	10/0	Montana
1990	Roast beef	70/0	North Dakota
1991	Sidro di mela	23/0	Massachusetts
1992	Sconosciuto[c]	9/1	Italia
1993	Carne per hamburger	732/3	Washington, Idaho, California, Nevada
1993	Burger cotti in casa	10/0	California
1993	Insalata dell'orto[d]	47/–	Rhode Island
1993	Insalata tabouleh[d]	121/0	New Hampshire
1994	Hamburger	46/0	New Jersey
1994	Hamburger (rari)	20/0	Virginia
1994	Salami stagionati	23/0	Washington, California
1994	Latte pastorizzato contaminato	17/0	Montana
1995	Salami fermentati semistagionati[c]	23/1	S. Australia
1995	Lattuga in insalata	>100/–	Montana
1996	Alimenti da una macelleria	~ 500	Scozia
1996	Germogli di ravanello bianco	9492/3	Giappone
1996	Sidro di mela (non pastorizzato)	28	California, Colorado, Washington, British Columbia
1997	Germogli di alfalfa	108/0	Michigan, Virginia
1997	Carne di manzo tritata	15	Colorado
1998	Acqua potabile	114	Wyoming
1998	Piscina in un parco acquatico	26/1	Georgia
1998	Macedonia	47	Wisconsin
1998	Torta	20	California
1998	Insalata di cavolo	33	Indiana
1998	Formaggio fresco	55	Wisconsin
1998	Insalata di cavolo	142	North Carolina
1999	Acqua di pozzo	775	Stato di New York
1999	Insalata da una tavola fredda	58	Texas
2001	Latte di capra crudo	5	Canada
2002	Carne di manzo tritata	28/5	Colorado + 6 altri
2002[a]	Succo di mela di produzione locale	64	Germania
2002	Zucchero filato, gelato	24	New Wales

[a] Ceppi O157:H sorbitolo-positivi.
[b] Anche trasmissione da persona a persona.
[c] EC O111:NM. Le 23 vittime erano affette da sindrome emolitico-uremica (SEU).
[d] EC O6:NM. EC O104:H21.

Tabella 27.3 Alcuni casi di gastroenterite da EC O157:H7 riconducibili ad acque potabili e per uso ricreativo negli Stati Uniti

Anno	Stato	Veicolo	Casi
1995	Minnesota	Acqua sorgiva	33
1995·	Illinois	Lago	12
1995	Minnesota	Lago	8
1995	Wisconsin	Lago	8
1996	Georgia	Piscina	18
1996	Minnesota	Lago	6

(Da MMWR Morb Mort Wkly Rep 47, SS-5, 1998)

27.2.3 E. coli enteroinvasivi (EIEC)

A differenza degli ETEC, questi ceppi generalmente non producono enterotossine, ma penetrano e si moltiplicano nelle cellule epiteliali del colon e poi diffondono nelle cellule adiacenti in maniera analoga alle shigelle[14]. Prima degli anni Settanta alcuni di questi microrganismi venivano definiti "paracolon". Come le shigelle, i ceppi EIEC possiedono plasmidi enteroinvasivi (pINV) di 140 MDa, abbastanza simili a quelli trovati in *Shigella flexneri*, essenziali per la loro invasività (vedi capitolo 26). Ceppi privi di plasmidi non sono invasivi. I ceppi EIEC classici sono anche positivi al test di Sereny. Una delle conseguenze della predilezione dei membri di questo gruppo per il colon è la diarrea, non sempre emorragica, ma comunque copiosa. La dissenteria è rara; gli individui più giovani e quelli più anziani sono i soggetti più suscettibili. Il periodo d'incubazione varia da 2 a 48 ore, con una media di 18 ore[55]. Alcuni dei sierotipi che includono ceppi EIEC sono elencati in tabella 27.1. Almeno uno, O167, comprende ceppi sia EIEC sia ETEC[32].

Alcune delle prime epidemie sono riassunte in tabella 27.4. La prima registrata si verificò in Inghilterra nel 1947, coinvolse i bambini di una scuola e sembra che sia stata causata dal consumo di salmone[38]. Sebbene gli alimenti siano una fonte certa di questa sindrome, è possibile anche la trasmissione interumana diretta. Ceppi EIEC sono stati isolati da individui affetti da diarrea del viaggiatore, ed è stato dimostrato che sono comuni nelle feci diarroiche dei bambini[81].

Tabella 27.4 Primi casi noti di gastroenterite di origine alimentare causati da *E. coli* patogeni (dati dalla letteratura)

Anno	Luogo	Alimento o fonte	Casi/Esposti	Tossina/ceppo	Sierotipo
1947	Inghilterra	Salmone (?)	47/300	EIEC	O124
1961	Romania	Surrogato di caffè	10/50	EPEC	O86:B7; H34
1963	Giappone	Ohagi	17/31	EIEC	O124
1966	Giappone	Ortaggi	244/435	EIEC	O124
1967	Giappone	Sushi	835/1736	?	O11(?)
1971	Stati Uniti*	Formaggi importati	387/?	EIEC	O124:B17
1980	Wisconsin	Addetti	500/>3000	ETEC	O6:H16
1981	Texas	Non identificato	282/3000	ETEC(LT)**	O25:H+
1982	Oregon	Carne macinata	26/?	EHEC	O157:H7

* In 14 Stati.
** LT = Enterotossina termolabile.

27.2.4 *E. coli enteropatogeni (EPEC)*

Questi ceppi generalmente non producono enterotossine, sebbene possano causare diarrea. Mostrano un'adesione localizzata alle cellule di colture tissutali e danno luogo ad autoagglutinazione in terreni di coltura tissutali. Possiedono dei fattori di adesione plasmidici che consentono loro di aderire alla mucosa intestinale; dopo aver colonizzato quest'ultima, producono lesioni da adesione-distruzione (A/E, attachment-effacement). Il processo comincia dopo il contatto iniziale e si pensa che sia coadiuvato da un pilo formante fasci codificato da un plasmide (vedi capitolo 22). Le proteine secrete da EPEC (Esps) bloccano la fagocitosi e provocano un riarrangiamento del citoscheletro e una fosforilazione dei residui di tirosina di Tir (recettore traslocato dell'intimina, vedi capitolo 22). Quando Tir si lega con la proteina intimina situata sulla membrana esterna, l'adesione è stretta e determina la distruzione dei microvilli dell'orletto a spazzola e la formazione di piedistalli (per maggiori dettagli sui meccanismi patogenetici, vedi capitolo 22).

Il fenomeno A/E sembra essere il più importante fattore di virulenza dei ceppi EPEC[84], in quanto essi non producono quantità rilevabili di Stx. Alcuni sierotipi EPEC sono elencati in tabella 27.1. Caratterizzati per la prima volta nel 1955, i ceppi EPEC causano diarrea in bambini generalmente di età inferiore a 1 anno.

27.2.5 *E. coli enterotossigeni (ETEC)*

Questi ceppi aderiscono all'intestino tenue e lo colonizzano per mezzo di antigeni del fattore di colonizzazione fimbriale (CFA). Vi sono quattro tipi di CFA (I, II, III e IV), che sono stati clonati e sequenziati[80]. I CFA sono codificati da plasmidi, generalmente dallo stesso che codifica per l'enterotossina termostabile (vedi oltre), e non vengono prodotti a temperature inferiori a 20 °C. Una volta adesi, i ceppi ETEC producono una o due enterotossine. Alcuni sierotipi sono elencati in tabella 27.1. Da uno studio condotto su ceppi ETEC isolati da 109 pazienti, è emerso che i ceppi che producevano sia ST sia LT erano maggiormente compresi nei sierotipi O:K:H rispetto a quelli che producevano solo una di queste tossine[57].

A differenza dei ceppi EPEC, che causano diarrea soprattutto in soggetti molto giovani, i ceppi ETEC causano diarrea sia nei bambini sia negli adulti. Questi ceppi sono tra le principali cause di diarrea del viaggiatore. Le sindromi sono raramente accompagnate da febbre, mentre la diarrea è improvvisa. È stato stimato che, affinché si manifesti diarrea da ceppi ETEC, nell'uomo adulto sono necessarie 10^8-10^{10} ufc[60].

Enterotossine

E. coli produce due enterotossine: una termolabile (LT) e l'altra termostabile (STa o ST-1, e Stb o ST-II). La tossina LT viene distrutta a 60 °C in circa 30 minuti, mentre le tossine ST possono resistere a 100 °C per 15 minuti.

La tossina LT è una proteina con un peso molecolare di circa 91 kDa[18] e possiede un'attività enzimatica simile a quella della tossina colerica (CT), ma mentre quest'ultima viene trasportata dal citoplasma all'esterno delle cellule che la producono, la LT viene immagazzinata nel periplasma delle cellule produttrici. Inoltre, gli antisieri per la CT neutralizzano la LT e l'immunizzazione con CT induce protezione sia contro la CT sia contro la LT.

Queste enterotossine vengono prodotte nella prima fase di crescita dei ceppi produttori; la quantità massima di ST si ha dopo 7 ore di crescita, come si è osservato in uno studio che utilizzava Casamino acids yeast extract medium contenente lo 0,2% di glucosio[47]. In un mezzo sintetico la ST era rilevabile già dopo 8 ore, ma la produzione massima richiedeva 24 ore con aerazione[8]. Sebbene LT e ST siano apparentemente prodotte in tutte le condizioni che consentono la crescita cellulare, il rilascio di LT dalle cellule in terreni arricchiti era favorito a valori di pH di 7,5-8,5[59].

La tossina LT è formata da due protomeri. Il protomero A ha peso molecolare di circa 25,5 kDa; tagliato con tripsina diventa una catena polipeptidica enzimaticamente attiva di 21 KDa, A_1, legata con un ponte disolfuro a una catena tipo A_2; il protomero B ha peso molecolare di circa 59 kDa ed è costituito di cinque singole catene polipeptidiche non legate covalentemente[23]. LTB è la subunità di legame, mentre LTA stimola il sistema adenilato ciclasi. LTA e LTB possiedono proprietà immunologiche simili a quelle delle subunità A e B della tossina di *Vibrio cholerae*[46] LTh e LTp differenziano i ceppi umani e suini, rispettivamente.

STa è solubile in metanolo e stimola una risposta secretoria in topi neonati. Si tratta di un peptide acido del peso molecolare di 1972 Da, costituito di 18-19 amminoacidi e contenente tre legami disolfuro. STa stimola la guanilato ciclasi intestinale legata alla membrana; è stata sintetizzata chimicamente[43].

STb è insolubile in metanolo ed è di origine prevalentemente suina. È la tossina più frequentemente associata a isolati di origine suina che provocano diarrea; è attiva sull'intestino tenue e produce risposta positiva nella legatura dell'ileo di suinetti svezzati, come pure nella legatura di intestino di topo quando viene aggiunto un inibitore della proteasi[95]. Il gene che codifica per STb (*estB*) è stato sequenziato e clonato[48]. La tossina tripsina-sensibile STb viene sintetizzata come polipeptide acido di 71 amminoacidi, che viene successivamente tagliato a dare la molecola attiva di 48 amminoacidi, con quattro residui di cisteina, che attraversa la membrana interna verso il periplasma. Sebbene la sua modalità d'azione non sia ancora chiara, è stato dimostrato che essa stimola la sintesi di prostaglandina E_2[35]. Il suo recettore nelle cellule intestinali di topo è una proteina con un peso molecolare di 25 kDa[34].

Modalità d'azione delle enterotossine

La gastroenterite da ETEC è causata dall'ingestione di 10^6-10^{10} cellule vitali per grammo, che devono colonizzare l'intestino tenue e produrre enterotossine. I fattori di colonizzazione sono generalmente fimbrie o pili. La sindrome è caratterizzata principalmente da diarrea non emorragica senza essudati infiammatori nelle feci. La diarrea è acquosa e simile a quella causata da *V. cholerae*. La diarrea risulta dall'attivazione da parte dell'enterotossina dell'adenilato ciclasi, che aumenta la 3'-5'-adenosina monofosfato ciclica (cAMP).

Per quanto riguarda LT, il protomero B media il legame della molecola alle cellule intestinali. LT si lega ai gangliosidi, specialmente ai monosialogangliosidi (GM_1)[23]. CT si lega anche al ganglioside GM_1; è noto che CT e LT hanno in comune determinanti antigenici tra i corrispondenti protomeri, anche se non presentano reazioni crociate. Dopo il legame, la catena polipeptidica A (del protomero A) catalizza l'ADP-ribosilazione di una proteina G che attiva l'adenilato ciclasi e induce aumenti di cAMP intracellulare.

In relazione alla ST, la STa si lega irreversibilmente a uno specifico recettore non gangliosidico ad alta affinità, avviando un segnale transmembrana per l'attivazione della guanilato ciclasi legata alla membrana (forma particolata) e innescando la produzione di guanosina monofosfato ciclica (cGMP) intracellulare. I livelli aumentati di cGMP a livello della mucosa provocano perdita di fluidi ed elettroliti. La ST differisce dalla CT per il fatto che solo la forma legata alla membrana della guanilato ciclasi intestinale viene stimolata dalla ST[28]. STa differisce da LT in quanto stimola la guanilato ciclasi, mentre LT e CT attivano l'adenilato ciclasi. STb aumenta i livelli luminali di 5-idrossitriptamina e di prostaglandina E_2, entrambe mediatrici delle secrezioni intestinali. La STb non attiva la guanilato ciclasi e i geni che ne controllano la produzione sono stati mappati[56] e subclonati dal suo plasmide e sequenziati[70].

I meccanismi di Shiga, Stx1, Stx2, Stx2e e della ricina (proteina presente nei semi del ricino) sono gli stessi. Essi sono N-glicosidasi che tagliano uno specifico residuo di adenina dalla subunità 28S dell'rRNA eucariotico, determinando l'inibizione della sintesi proteica[62,92].

Epidemie legate al consumo di alimenti e acqua

Alcuni delle prime epidemie di origine alimentare note causate da ETEC e altri ceppi sono riportate in tabella 27.4. Per quanto riguarda i gruppi di virulenza, si può osservare che EIEC fu il primo a essere confermato, nel 1947, come causa di un'epidemia associata al consumo di alimenti e il primo responsabile di un'epidemia negli Stati Uniti (1971). Un ceppo EPEC fu identificato come causa di un'epidemia di origine alimentare nel 1961, un ETEC nel 1980 e un EHEC nel 1982. La prima epidemia umana ben documentata causata da un ceppo ETEC fu ricondotta al consumo di acqua e si verificò in un parco nazionale nello Stato dell'Oregon nel 1975: le vittime, circa 2200, avevano bevuto acqua non adeguatamente clorata. Il ceppo responsabile era ETEC O6:H16.

27.3 Prevenzione

In generale, la prevenzione e l'esclusione dell'infezione di origine alimentare da *E. coli* sono possibili osservando le raccomandazioni relative ai fattori riportati nell'ultimo paragrafo del capitolo 23. Tuttavia, per le possibili conseguenze nei bambini, dovrebbero essere osservate precauzioni speciali. La sensibilità al calore di questi microrganismi è tale che non dovrebbero verificarsi casi cuocendo gli alimenti in maniera idonea. Per la carne di manzo macinata si raccomanda la cottura a 160 °F (71,1 °C) o che la temperatura al cuore del prodotto sia portata almeno a 155 °F (58,3 °C) per non meno di 15 secondi e che i succhi siano limpidi (raccomandazione del 1993 della FDA Food Code). A causa della disomogeneità degli hamburger, la cottura a 155-160 °F (58,3-71,1 °C) fornisce una misura di sicurezza. Una volta cotti, gli hamburger – come pure le altre carni – non dovrebbero essere mantenuti tra 40 e 140 °F (4,4-60 °C) per più di 3-4 ore. Sebbene la più vasta epidemia di origine alimentare mai registrata fosse associata al consumo di carne bovina tritata, carne, pollame e prodotti ittici crudi e alcuni prodotti ortofrutticoli dovrebbero essere considerati possibili veicoli di colite emorragica.

27.4 Diarrea del viaggiatore

E. coli è certamente una delle cause principali di diarrea acquosa acuta che si manifesta spesso tra i nuovi arrivati in alcuni Paesi stranieri. Tra i volontari dei Peace Corps nelle campagne della Thailandia, il 57% di 35 individui sviluppò la sindrome durante le prime 5 settimane di permanenza nel Paese e il 50% mostrava segni di infezione da ceppi ETEC. Nel 1976, si dimostrò che un'epidemia di gastroenterite verificatasi a bordo di una nave era stata causata dal sierotipo O25:K98:NM, che produceva solo LT. Ceppi simili, insieme a ceppi EPEC e a ceppi produttori di ST, sono stati isolati da altre vittime della diarrea del viaggiatore in diversi Paesi.

Tra gli altri microrganismi associati a questa sindrome sono compresi: rotavirus, norovirus, *Entamoeba histolytica*, *Yersinia enterocolitica*, *Giardia lamblia*, *Campylobacter jejuni*, *C. coli*, *Shigella* spp. e, probabilmente, *Aeromonas hydrophila*, *Klebsiella pneumoniae* ed *Enterobacter cloacae*.

Bibliografia

1. Abdul-Raouf UM, Beuchat LR, Zhao T, Ammar MS (1995) Growth and verotoxin I production by Escherichia coli O157:H7 in ground roasted beef. *Int J Food Microbiol*, 23: 79-88.

2. Ahmed NM, Conner DE, Huffman DL (1995) Heat-resistance of Escherichia coli O157:H7 in meat and poultry as affected by product composition. *J Food Sci*, 60: 606-610.

3. Ahmed S, Donaghy M (1998) An outbreak of Escherichia coli O157:H7 in central Scotland. In: Kaper JB, O'Brien AD (eds) *Escherichia coli O157:H7 and Other Shiga Toxin-Producing E. coli Strains*. ASM Press, Washington, DC, pp. 59-65.

4. Baudry B, Savarino SJ, Vial P, Kaper JB, Levine MM (1990) A sensitive and specific DNA probe to identify enteroaggregative Escherichia coli, a recently discovered diarrheal pathogen. *J Infect Dis*, 161: 1249-1251.

5. Benjamin MM, Datta AR (1995) Acid tolerance of enterohemorrhagic Escherichia coli. *Appl Environ Microbiol*, 61: 1669-1672.

6. Besser RE, Lett SM, Weber JT, Doyle MP, Barrett TJ, Wells JG, Griffin PM (1993) An outbreak of diarrhea and hemolytic uremic syndrome from Escherichia coli O157:H7 in fresh-pressed apple cider. *JAMA*, 269: 2217-2220.

7. Buchanan RL, Edelson SG, Snipes K, Boyd G (1998) Inactivation of Escherichia coli O157:H7 in apple juice by irradiation. *Appl Environ Microbiol*, 64: 4533-4535.

8. Burgess MN, Bywater RJ, Cowley CM, Mullan NA, Newsome PM (1978) Biological evaluation of a methanol-soluble, heat-stable Escherichia coli enterotoxin in infant mice, pigs, rabbits, and calves. *Infect Immun*, 21: 526-531.

9. Calderwood SB, Acheson DWK, Keusch GT, Barrett TJ, Griffin PM, Strockbine NA, Swaminathan B, Kaper JB, Levine MM, Kaplan BS, Karch H, O'Brien AD, Obrig TG, Takeda Y, Tarr PI, Wachsmuth IK (1996) Proposed new nomenclature for SLT (VT) family. *ASM News*, 62: 118-119.

10. Caprioli A, Luzzu I, Rosmini F et al. (1994) Communitywide outbreak of hemolytic-uremic syndrome associated with non-O157 verocytotoxin-producing Escherichia coli. *J Infect Dis*, 169: 208-211.

11. Cassin MH, Lammerding AM, Todd ECD, Ross W, McCol RSI (1998) Quantitative risk assessment for Escherichia coli O157:H7 in ground beef hamburger. *Int J Food Microbiol*, 41: 21-44.

12 Centers for Disease Control and Prevention (1998) Summary of notifiable diseases, United States, 1997. *Morb Mort Wkly Rep*, 46(54).

13. Centers for Disease Control and Prevention (1995) Outbreak of acute gastroenteritis attributable to Escherichia coli serotype O104:H21 – Helena, Montana, 1994. *Morb Mort Wkly Rep*, 44: 501-503.

14. Cheasty T, Rowe B (1983) Antigenic relationships between the enteroinvasive Escherichia coli O antigens O28ac, O112ac, O124, O136, O143, O144, O152, and O164 and Shigella O antigens. *J Clin Microbiol*, 17: 681-684.

15. Cohen MB, Hawkins JA, Weckbach LS, Staneck JL, Levine MM, Heck JE (1993) Colonization by enteroaggregative Escherichia coli in travelers with and without diarrhea. *J Clin Microbiol*, 31: 351-353.

16. Conner DE, Kotrola JS (1995) Growth and survival of Escherichia coli O157:H7 under acidic conditions. *Appl Environ Microbiol*, 61: 382-385.

17. Cray WC Jr, Moon HW (1995) Experimental infection of calves and adult cattle with Escherichia coli O157:H7. *Appl Environ Microbiol*, 61: 1586-1590.

18. Dallas WS, Gill DM, Falkow S (1979) Cistrons encoding Escherichia coli heat-labile toxin. *J Bacteriol*, 139: 850-858.

19. Dean-Nystrom EA, Bosworth BT, Cray WC Jr, Moon HW (1997) Pathogenicity of Escherichia coli O157:H7 in the intestines of neonatal calves. *Infect Immun*, 65: 1842-1848.

20. Debroy C, Yealy J, Wilson RA, Bhan MK, Kumar R (1995) Antibodies raised against the outer membrane protein interrupt adherence of enteroaggregative Escherichia coli. *Infect Immun*, 63: 2873-2879.

21. Diez-Gonzalez F, Callaway TR, Kizoulis HG, Russell JB (1998) Grain feeding and the dissemination of acidresistant Escherichia coli from cattle. *Science*, 281: 1666-1668.

22. Doyle MP, Schoeni JL (1987) Isolation of Escherichia coli O157:H7 from retail fresh meats and poultry. *Appl Environ Microbiol*, 53: 2394-2396.

23. Eidels L, Proia RL, Hart DA (1983) Membrane receptors for bacterial toxins. *Microbiol Rev*, 47: 596-620.

24. Erickson JP, Stamer JW, Hayes M, McKenna DN, van Alstine LA (1995) An assessment of Escherichia coli O157:H7 contamination risks in commercial mayonnaise from pasteurized eggs and environmental sources, and behavior in low-pH dressings. *J Food Protect*, 58: 1059-1064.

25. Fenton LL, Hand LW, Rehberger TG, Ray FK, Harbolt TG (1995) Fate of Escherichia coli O157:H7 in thermally processed low fat ground beef patties. *Proc Inst Food Technol*, 36.

26. Fielding LM, Cook PE, Grandison AS (1994) The effect of electron beam irradiation and modified pH on the survival and recovery of Escherichia coli. *J Appl Bacteriol*, 76: 412-416.

27. Fisher TL, Golden DA (1998) Fate of Escherichia coli O157:H7 in ground apples used in cider production. *J Food Protect*, 61: 1372-1374.

28. Frantz JC, Jaso-Friedman L, Robertson DC (1984) Binding of Escherichia coli heat-stable enterotoxin to rat intestinal cells and brush border membranes. *Infect Immun*, 43: 622-630.

29. Glass KA, Loeffelholz JM, Ford JP, Doyle MP (1992) Fate of Escherichia coli O157:H7 as affected by pH or sodium chloride and in fermented, dry sausage. *Appl Environ Microbiol*, 58: 2513-2516.

30 Gonthier A, Guérin-Faublée V, Tilly B, Delignette-Muller ML (2001) Optimal growth temperature of O157 and non-O157 Escherichia coli strains. *Lett Appl Microbiol*, 33: 352-356.

31. Griffin PM, Tauxe RV (1991) The epidemiology of infections caused by Escherichia coli O157:H7, other enterohemorrhagic E. coli, and the associated hemolytic uremic syndrome. *Epidemiol Rev*, 13: 60-98.

32. Gross RJ, Thomas LV, Cheasty T, Day NP, Rowe B, Toledo MRF, Trabulsi LR (1983) Enterotoxigenic and enteroinvasive Escherichia coli strains belonging to a new O Group, O167. *J Clin Microbiol*, 17: 521-523.

33. Herriott DE, Hancock DD, Ebel ED, Carpenter LV, Rice DH, Besser TE (1998) Association of herd management factors with colonization of dairy cattle by Shiga toxin-positive Escherichia coli O157. *J Food Protect*, 61: 802-807.

34. Hitotsubashi S, Fujii Y, Okamota K (1994) Binding protein for Escherichia coli heat-stable enterotoxin II in mouse intestinal membrane. *FEMS Microbiol Lett*, 122: 297-302.

35. Hitotsubashi S, Fujii Y, Yamanaka H (1992) Some properties of purified Escherichia coli heat-stable enterotoxin II. *Infect Immun*, 60: 4468-4474.

36. Harrison J, Harrison M (1995) Fate of Escherichia coli O157:H7, Listeria monocytogenes, and Salmonella Typhimurium during preparation and storage of beef jerky. *Proc Inst Food Technol*, 30.

37. Hathcox AK, Beuchat LR, Doyle MP (1995) Death of enterohemorrhagic Escherichia coli O157:H7 in real mayonnaise and reduced-calorie mayonnaise dressing as influenced by initial population and storage temperature. *Appl Environ Microbiol*, 61: 4172-4177.

38. Hobbs BC, Thomas MEM, Taylor J (1949) School outbreak of gastroenteritis associated with a pathogenic paracolon bacillus. *Lancet*, 2: 530-532.

39. Itoh Y, Sugita-Konishi Y, Kasuga F, Iwaki M, Hará-Kudo Y, Saito N, Noguchi Y, Konuma H, Kumagai S (1998) Enterhemorrhagic Escherichia coli O157:H7 present in radish sprouts. *Appl Environ Microbiol*, 64: 1532-1535.

40. Janisiewicz WJ, Conway WS, Brown MW, Sapers GM, Fratamico P, Buchanan RL (1999) Fate of Escherichia coli O157:H7 on fresh-cut apple tissue and its potential for transmission by fruit flies. *Appl Environ Microbiol*, 65: 1-5.

41. Jordan D, McEwen SA (1998) Effect of duration of fasting and a short-term high-roughage ration on the concentration of Escherichia coli biotype 1 in cattle feces. *J Food Protect*, 61: 531-534.

42 Karch H, Rüssmann H, Schmidt H, Schwarzkopf A, Heeseman J (1995) Long-term shedding and clonal turnover of enterohemorrhagic Escherichia coli O157:H7 in diarrheal diseases. *J Clin Microbiol*, 33: 1602-1605.

43. Klipstein FA, Engert RF, Houghten RA (1983) Properties of synthetically produced Escherichia coli heat-stable enterotoxin. *Infect Immun*, 39: 117-121.

44. Konowalchuk J, Speirs JI, Stavric S (1977) Vero response to a cytotoxin of Escherichia coli. *Infect Immun*, 18: 775-779.

45. Kudva IT, Blanch K, Hovde CJ (1998) Analysis of Escherichia coli O157:H7 survival in ovine or bovine manure and manure slurry. *Appl Environ Microbiol*, 64: 3166-3174.

46. Kunkel SL, Robertson DC (1979) Purification and chemical characterization of the heat-labile enterotoxin produced by enterotoxigenic Escherichia coli. *Infect Immun*, 25: 586-596.

47. Lallier R, Lariviere S, St-Pierre S (1980) Escherichia coli heat-stable enterotoxin: Rapid method of purification and some characteristics of the toxin. *Infect Immun*, 28: 469-474.

48. Lee CH, Moseley SL, Moon HW, Whipp SC, Gyles CL, So M (1983) Characterization of the gene encoding heat-stable toxin II and preliminary molecular epidemiological studies of enterotoxigenic Escherichia coli heat-stable toxin II producers. *Infect Immun*, 42: 264-268.

49. LeJeune JT, Besser TE, Rice DH, Berg JL, Stilborn RP, Hancock DD (2004) Longitudinal study of fecal shedding of Escherichia coli O157:H7 in feedlot cattle: Predominance and persistence of specific clonal types despite massive cattle population turnover. *Appl Environ Microbiol*, 70: 377-384.

50. Leyer GJ, Wang LL, Johnson EA (1995) Acid adaptation of Escherichia coli O157:H7 increases survival in acidic foods. *Appl Environ Microbiol*, 61: 3752-3755.

51. Line JE, Fain AR Jr, Moran AB, Martin LM, Lechowich RV, Carosella JM, Brown WL (1991) Lethality of heat to Escherichia coli O157:H7: D-value and z-value determinations in ground beef. *J Food Protect*, 54: 762-766.

52. Lior H (1994) Escherichia coli O157:H7 and verotoxigenic Escherichia coli (VTEC). *Dairy Food Environ Sanit*, 14: 378-382.

53. Louise CB, Kaye SA, Boyd B, Lingwood CA, Obrig TG (1995) Shiga toxin-associated hemolytic uremic syndrome: Effect of sodium butyrate on sensitivity of human umbilical vein endothelial cells to Shiga toxin. *Infect Immun*, 63: 2766-2769.

54. Machino H, Araki K, Minami S, Nakayama T, Ejima Y, Hiroe K, Tanaka H, Fujita N, Usami S, Yonekawa M, Sadamoto K, Takaya S, Sakai N (1998) Recent outbreaks of infections caused by Escherichia coli O157:H7 in Japan. In: Kaper JB, O'Brien AD (eds) *Escherichia coli O157:H7 and Other Shiga Toxin-Producing E. coli Strains*. ASM Press, Washington, DC, pp. 73-81.

55. Marier R, Wells JG, Swanson RC, Callahan W, Mehlman IJ (1973) An outbreak of enteropathogenic Escherichia coli foodborne disease traced to imported French cheese. *Lancet*, 2: 1376-1378.

56. Mazaitis AJ, Maas R, Maas WK (1981) Structure of a naturally occurring plasmid with genes for enterotoxin production and drug resistance. *J Bacteriol*, 145: 97-105.

57. Merson MH, Orskov F, Orskov I, Sack RB, Huq I, Koster FT (1979) Relationship between enterotoxin production and serotype in enterotoxigenic Escherichia coli. *Infect Immun*, 23: 325-329.

58. Montenegro MA, Bülte M, Trumpf T, Aleksic S, Reuter G, Bulling E, Helmuth R (1990) Detection and characterization of fecal verotoxin-producing Escherichia coli from healthy cattle. *J Clin Microbiol*, 28: 1417-1421.

59. Mundell DH, Anselmo CR, Wishnow RM (1976) Factors influencing heat-labile Escherichia coli enterotoxin activity. *Infect Immun*, 14: 383-388.

60. Neill MA, Tarr PI, Taylor DN, Wolf M (2001) Escherichia coli. In: Hui YH, Pierson MD, Gorham JR (eds) *Foodborne Disease Handbook: Diseases Caused by Bacteria* (2nd ed). Marcel Dekker, New York, pp. 169-212.

61. O'Brien AD, Thompson MR, Cantey JR, Formal SB (1977) Production of Shigella dysenteriae-like toxins by pathogenic Escherichia coli. *Abstr Annu Meet Am Soc Microbiol*, B-103: 32.

62. O'Brien AD, Holmes RK (1987) Shiga and Shiga-like toxins. *Microbiol Rev*, 51: 206-220.

63. O'Brien AD, Tesh VL, Donohue-Rolfe A, Jackson MP, Olsnes S, Sandvic K, Lindberg AA, Keusch GT (1992) Shiga toxin: Biochemistry, genetics, mode of action, and role in pathogenesis. *Curr Top Microbiol Immunol*, 180: 65-94.

64. Oelschlaeger TA, Barrett TJ, Kopecko DJ (1994) Some structures and processes of human epithelial cells involved in uptake of enterohemorrhagic Escherichia coli O157:H7 strains. *Infect Immun*, 62: 5142-5150.

65. Omisakin F, MacRae M, Ogden ID, Strachan NJC (2003) Concentration and prevalence of Escherichia coli O157:H7 in cattle feces at slaughter. *Appl Environ Microbiol*, 69: 2444-2447.

66. Ørskov I, Ørskov F, Jann B, Jann K (1977) Serology, chemistry, and genetics of O and K antigens of Escherichia coli. *Bacteriol Rev*, 41: 667-710.

67. Ostroff SM, Tarr PI, Neill MA, Lewis JH, Hargrett-Bean N, Kobayashi JM (1989) Toxin genotypes and plasmid profiles as determinants of systemic sequelae in Escherichia coli O157:H7 infections. *J Infect Dis*, 160: 994-998.

68. Palumbo SA, Call JE, Schultz FJ, Williams AC (1995) Minimum and maximum temperatures for growth and verotoxin production by hemorrhagic strains of Escherichia coli. *J Food Protect*, 58: 352-356.

69. Park S, Worobo RW, Durst RA (1999) Escherichia coli O157:H7 as an emerging foodborne pathogen: A literature review. *Crit Rev Fd Sci Nutr*, 39: 481-502.

70. Picken RN, Mazaitis AJ, Maas WK, Rey M, Heyneker H (1983) Nucleotide sequence of the gene for heat-stable enterotoxin II of Escherichia coli. *Infect Immun*, 42: 269-275.

71. Raghubeer EV, Matches JR (1990) Temperature range for growth of Escherichia coli serotype O157:H7 and selected coliforms in E. coli medium. *J Clin Microbiol*, 28: 803-805.

72. Renter DG, Sargeant JM, Oberst RD, Samadpour M (2003) Diversity, frequency, and persistence of Escherichia coli O157 strains from range cattle environments. *Appl Environ Microbiol*, 69: 542-547.

73. Riley LW, Remis RS, Helgerson SD, McGee HB, Wells JG, Davis BR, Hebert RJ, Olcott ES, Johnson LM, Hrgrett NT, Blake PA, Cohen ML (1983) Hemorrhagic colitis associated with a rare Escherichia coli serotype. *N Engl J Med*, 308: 681-685.

74. Samadpour M, Ongerth JE, Liston J, Tran N, Nguyen D, Whittam TS, Wilson RA, Tarr PI (1994) Occurrence of Shiga-like toxin-producing Escherichia coli in retail fresh seafood, beef, lamb, pork, and poultry from grocery stores in Seattle, Washington. *Appl Environ Microbiol*, 60: 1038-1040.

75. Savarino SJ, Fasano A, Watson J, Martin BM, Levine MM, Guandalini S, Guerry P (1993) Entero-aggregative Escherichia coli heat-stable enterotoxin 1 represents another subfamily of E. coli heat-stable toxin. *Proc Natl Acad Sci USA*, 90: 3093-3097.

76. Smith HR, Scotland SM, Willshaw GA, Rowe B, Cravioto A, Eslava C (1994) Isolates of Escherichia coli O44: 18 of diverse origin are enteroaggregative. *J Infect Dis*, 170: 1610-1613.

77. Smith HB, Cheasty T, Roberts D, Thomas A, Rowe B (1991) Examination of retail chickens and sausages in Britain for vero cytotoxin-producing Escherichia coli. *Appl Environ Microbiol*, 57: 2091-2093.

78. Splittstoesser DF, McClellan MR, Churey JJ (1996) Heat resistance of Escherichia coli O157:H7 in apple juice. *J Food Protect*, 59: 226-229.

79. Suthienkul O, Brown JE, Seriwatana J, Tienthongdee S, Sastravaha S, Escheverria P (1990) Shiga-like toxinproducing Escherichia coli in retail meats and cattle in Thailand. *Appl Environ Microbiol*, 56: 1135-1139.

80. Taniguchi T, Fujino Y, Yamamoto K, Miwatani T, Honda T (1995) Sequencing of the gene encoding the major pilin of pilus colonization factor antigen III (CFA/III) of human enterotoxigenic Escherichia coli and evidence that CFA/III is related to type IV pili. *Infect Immun*, 63: 724-728.

81. Taylor DN, Echeverria P, Sethabutr O, Pitarangsi C, Leksomboon U, Blacklow NR, Rowe B, Gross R, Cross J (1988) Clinical and microbiologic features of Shigella and enteroinvasive Escherichia coli infections by DNA hybridization. *J Clin Microbiol*, 26: 1362-1366.

82 Thayer DW, Boyd G (1993) Elimination of Escherichia coli O157:H7 in meats by gamma irradiation. *Appl Environ Microbiol*, 59: 1030-1034.

83. Thomas A, Chart H, Cheasty T, Smith HR, Frost JA, Rowe B (1993) Vero cytotoxin-producing Escherichia coli, particularly serogroup O157, associated with human infections in the United Kingdom: 1989–1991. *Epidemiol Infect*, 110: 591-600.

84. Tzioori S, Gibson R, Montanaro J (1989) Nature and distribution of mucosal lesions associated with enteropathogenic and enterohemorrhagic Escherichia coli in piglets and the role of plasmid-mediated factors. *Infect Immun*, 57: 1142-1150.

85. U.S. Department of Agriculture (1996) *Nationwide Federal Plant Raw Ground Beef Microbiological Survey*. USDA, Washington, DC.

86. U.S. Department of Agriculture (1996) *Nationwide Broiler Chicken Microbiological Baseline Data Collection Program*. USDA, Washington, DC.

87. U.S. Department of Agriculture (1996) *Nationwide Beef Microbiological Baseline Data Collection Program: Cows and Bulls*. USDA, Washington, DC.

88. U.S. Department of Agriculture (1994) *Nationwide Beef Microbiological Baseline Data Collection Program: Steers and Heifers*. USDA, Washington, DC.

89. Weagant SD, Bryant JL, Bark DH (1994) Survival of Escherichia coli O157:H7 in mayonnaise and mayonnaisebased sauces at room and refrigerated temperatures. *J Food Protect*, 57: 629-631.

90. Weeratna RD, Doyle MP (1991) Detection and production of verotoxin 1 in Escherichia coli O157:H7 in food. *Appl Environ Microbiol*, 57: 2951-2955.

91. Weinstein DL, Holmes RK, O'Brien AD (1988) Effects of iron and temperature on Shiga-like toxin I production by Escherichia coli. *Infect Immun*, 56: 106-111.

92. Weinstein DL, Jackson MP, Perera LP, Holmes RK, O'Brien AD (1989) In vivo formation of hybrid toxins comprising Shiga toxin and the Shiga-like toxins and role of the B subunit in localization and cytotoxic activity. *Infect Immun*, 57: 3743-3750.

93. Wells JG, Shipman LD, Greene KD, Sowers EG, Green JH, Cameron DN, Downes FP, Martin ML, Griffin PM, Ostroff SM, Potter ME, Tauxe RV, Wachsmuth IK (1991) Isolation of Escherichia coli serotype O157:H7 and other Shiga-like-toxin-producing E. coli from dairy cattle. *J Clin Microbiol*, 29: 985-989.

94. Wells JG, Davis BR, Wachsmuth K, Riley LW, Remis RS, Sokolow R, Morris GK (1983) Laboratory investigation of hemorrhagic colitis outbreaks associated with a rare Escherichia coli serotype. *J Clin Microbiol*, 18: 512-520.

95. Whipp SC (1990) Assay for enterotoxigenic Escherichia coli heat-stable toxin b in rats and mice. *Infect Immun*, 58: 930-934.

96. Wilson IG, Heaney JCN (1999) Surveillance for Escherichia coli and other pathogens in retail premises. *Dairy Food Environ Sanit*, 19: 170-179.

97. Zhao T, Doyle MP, Shere J, Garber L (1995) Prevalence of enterohemorrhagic Escherichia coli O157:H7 in a survey of dairy herds. *Appl Environ Microbiol*, 61: 1290-1293.

98. Zhao T, Doyle MP, Besser RE (1993) Fate of enterohemorrhagic Escherichia coli O157:H7 in apple cider with and without preservatives. *Appl Environ Microbiol*, 59: 2526-2530.

Capitolo 28
Gastroenteriti di origine alimentare causate da *Vibrio*, *Yersinia* e *Campylobacter*

28.1 Vibriosi (*Vibrio parahaemolyticus*)

Mentre la maggior parte delle altre malattie di origine alimentare può essere trasmessa da una varietà di alimenti, la gastroenterite da *V. parahaemolyticus* viene trasmessa esclusivamente attraverso prodotti ittici; il coinvolgimento di altri alimenti è dovuto a contaminazioni crociata con i prodotti della pesca. Un'altra caratteristica peculiare di questa sindrome è l'habitat naturale dell'agente eziologico: il mare. Oltre a causare gastroenterite, nell'uomo *V. parahaemolyticus* provoca infezioni extraintestinali.

Il genere *Vibrio* comprende almeno 28 specie; *V. vulnificus*, *V. alginolyticus* e *V. cholerae* sono spesso associate a *V. parahaemolyticus* in ambienti acquatici e prodotti ittici. Alcune caratteristiche distintive di queste quattro specie sono riportate in tabella 28.1; le sindromi provocate da ciascuna di esse sono descritte di seguito.

V. parahaemolyticus è comune nelle acque oceaniche e costiere. La sua presenza nelle acque è correlata alla loro temperatura, non essendo rivelabile finché questa rimane inferiore a 19-20 °C. Uno studio condotto nell'area di Rhode River nella baia di Chesapeake (Maryland) dimostrò che i microrganismi sopravvivono nel sedimento durante l'inverno e vengono successivamente rilasciati nella colonna d'acqua, dove si associano allo zooplancton, da aprile all'inizio di giugno[62]. Nelle acque oceaniche essi tendono ad associarsi più con i crostacei che con altre forme[79]. È stato dimostrato che, a differenza di microrganismi come *Escherichia coli* e *Pseudomonas fluorescens*, si adsorbono sulle particelle di chitina e sui copepodi[62]. Questa specie generalmente non si trova negli oceani aperti e non può tollerare le pressioni idrostatiche delle profondità oceaniche[111].

28.1.1 Condizioni di crescita

V. parahaemolyticus può crescere in presenza dell'1-8% di NaCl, con una crescita ottimale nell'intervallo 2-4%[110]; muore in acqua distillata. La crescita non si osserva a 4 °C, ma è stata dimostrata tra 5 e 9 °C a pH 7,2-7,3 con il 3% di NaCl, oppure a pH 7,6 con il 7% di NaCl (tabella 28.2). La crescita è stata osservata anche in prodotti alimentari a 9,5-10 °C, sebbene il valore minimo riscontrato per lo sviluppo in acque aperte sia di 10 °C[62].

Il limite superiore di temperatura per la crescita è 44 °C, con un optimum tra 30 e 35 °C[111]. Lo sviluppo è stato osservato nell'intervallo di pH 4,8-11,0, con un optimum tra 7,6 e 8,6. Come si può osservare dalla tabella 28.2, il pH minimo di crescita è correlato alla temperatura e al contenuto di NaCl; per un ceppo è stata osservata una crescita moderata a pH 4,8,

J.M. Jay et al., *Microbiologia degli alimenti*
© Springer-Verlag Italia 2009

Tabella 28.1 Differenze tra *V. parahaemolyticus* e altre tre *Vibrio* spp.

Caratteristiche	V. parahaemolyticus	V. alginolyticus	V. vulnificus	V. cholerae
Flagelli su terreni solidi	+	+	–	–
Forma del bastoncino	S	S	C	C
Reazione di Voges–Proskauer (VP)	–	+*	–	v
Crescita in 10% NaCl	–	+	–	–
Crescita in 6% NaCl	+	+	+	–
Motilità a sciame	–	+	–	–
Produzione di acetoino/ diacetile	–	+	–	+
Saccarosio	–	+	–	+
Cellobiosio	–	–	+	–
Utilizzo di putrescina	+	d	–	–
Colore su tiosolfato-citrato -bile-saccarosio (TCBS) agar	G	Y	G	Y

* 24 ore

S = diritta; C = ricurva; G = verde; Y = giallo; d = 11-90% dei ceppi positivi; v = variabile; instabilità del ceppo.
(Da Krieg[7])

quando la temperatura era di 30 °C e il contenuto di NaCl del 3%, mentre quando il contenuto di NaCl era del 7% il pH minimo era 5,2[8]. Risultati analoghi sono stati riportati per altri cinque ceppi. In condizioni ottimali questo microrganismo ha un tempo di generazione di 9-13 minuti (rispetto ai 20 minuti circa di *E. coli*). È stato osservato che il valore ottimale di attività dell'acqua (a_w) per la crescita, corrispondente al tempo di generazione più breve, è 0,992 (2,9% di NaCl in tryptic soy broth). Impiegando quest'ultimo mezzo a 29 °C e vari soluti per controllare l'a_w, i valori minimi erano 0,937 (glicerolo), 0,945 (KCl), 0,948 (NaCl), 0,957 (saccarosio), 0,983 (glucosio) e 0,986 con propilen glicole[9]. Il microrganismo è termosensibile; sono stati riportati valori di $D_{47°C}$ compresi tra 0,8 e 65,1 minuti[10]. Con un ceppo, la distruzione di 500 cellule/mL in un omogeneizzato di gamberi è stata raggiunta a 60 °C in 1 minuto; con 2×10^5 cellule/mL alcune sopravvivevano a 80 °C per 15 minuti[133]. Le cellule sono maggiormente termoresistenti quando vengono coltivate a elevate temperature in presenza del 7% circa di NaCl.

Tabella 28.2 pH minimo di crescita per *V. parahaemolyticus* ATCC 107914 in TSB con il 3 e il 7% di NaCl a diverse temperature

Temperatura (°C)	pH minimo a concentrazioni di NaCl	
	3%	7%
5	7,3	7,6
9	7,2	7,1
13	5,2	6,0
21	4,9	5,3
30	4,8	5,2

(Da Beuchat[8])

Comparando la crescita di *V. parahaemolyticus* in acque di estuari e in un terreno di coltura arricchito, sono state riscontrate differenze nelle proteine e nei lipopolisaccaridi della membrana cellulare e nei livelli di fosfatasi alcalina dei ceppi K^+ e K^- [99]. La fosfatasi alcalina era leggermente più elevata nei ceppi K^- cresciuti in acqua. Cambiamenti nella composizione della membrana cellulare possono essere associati alla capacità di *V. parahaemolyticus* di entrare in uno stato vitale ma non coltivabile nelle acque, rendendo il suo isolamento da esse più difficile [99].

28.1.2 Caratteristiche di virulenza

Il test in vitro più ampiamente utilizzato per valutare la virulenza potenziale di *V. parahaemolyticus* è la reazione di Kanagawa, con la quale risulta positiva (K^+) la maggior parte dei ceppi virulenti e negativa (K^-) la maggior parte di quelli avirulenti. Circa l'1% degli isolati marini e circa il 100% degli isolati da pazienti affetti da gastroenterite sono K^+ [107]. I ceppi K^+ producono un'emolisina diretta termostabile (TDH); i ceppi K^- producono un'emolisina termolabile; alcuni ceppi le producono entrambe. È stato dimostrato che un'emolisina (TRH) correlata a quella termostabile è un importante fattore di virulenza per almeno alcuni ceppi di *V. parahaemolyticus*. Di 214 ceppi clinici testati, il 52% produceva solo TDH e il 24% produceva sia TDH sia TRH [115]. Di 71 ceppi di origine ambientale, il 7% mostrava deboli reazioni a una sonda TRH, ma nessuno reagiva con una sonda TDH. La reazione di Kanagawa è determinata generalmente utilizzando eritrociti umani in Wagatsuma agar. Oltre agli eritrociti umani, vengono lisati anche quelli di cane e di ratto, mentre quelli di coniglio e di pecora producono reazioni deboli e quelli di cavallo non vengono lisati [111].

Per determinare la reazione K, la coltura è piastrata in superficie, posta a incubare a 37 °C per 18-24 ore, quindi esaminata per la presenza di beta emolisi. Su 2720 *V. parahaemolyticus* isolati da pazienti affetti da diarrea, il 96% era K^+, mentre lo era solo l'1% di 650 isolati da pesce. In generale, i ceppi isolati dall'acqua sono K^-.

La TDH è una proteina con peso molecolare di 42.000 dalton; è cardiotrofica, citotossica, letale per i topi [57] e induce risposta positiva nel saggio della legatura dell'ansa ileale di coniglio (vedi cap. 12). Il valore medio di LD_{50} per il topo mediante iniezione intraperitoneale (i.p.) è 1,5 μg; la dose per il saggio dell'ansa ileale di coniglio è 200 μg [143]. L'emolisina è sotto il controllo del pH e viene prodotta solo a valori di 5,5-5,6 [35]. L'ipotesi che l'emolisina K^+ possa aiutare le cellule a rifornirsi di ferro si basa sull'osservazione che estratti di eritrociti lisati aumentano la virulenza del microrganismo verso il topo [66]. I recettori di membrana per la TDH sono i gangliosidi G_{T1} e G_{D1a}, dei quali il primo lega l'emolisina più saldamente [127]. La resistenza degli eritrociti di cavallo all'emolisina sembra essere dovuta all'assenza di questi gangliosidi [127].

È stato messo a punto un mezzo sintetico per la produzione di emolisine dirette termostabili e termolabili e si è visto che la serina e l'acido glutammico sono componenti essenziali [65]. La stabilità termica della TDH è tale che essa può rimanere negli alimenti dopo la sua produzione. Per la tossina parzialmente purificata sono stati osservati valori di $D_{120 °C}$ e $D_{130 °C}$ di 34 e 13 minuti, rispettivamente, in tampone Tris a pH 7,0, e di 21,9 e 10,4 minuti, rispettivamente, in gamberi [18]. L'emolisina è stata rilevata quando la conta cellulare raggiungeva 10^6/g; la sua resistenza termica era maggiore a pH 5,5-6,5 che a 7,0-8,0 [18].

Il gene che codifica per la TDH (*tdh*) è localizzato su un cromosoma ed è stato clonato in *E. coli*. Quando il gene *tdh* è stato introdotto in un ceppo K^-, questo produceva emolisina extracellulare [94]. È stata determinata la sequenza nucleotidica del gene *tdh* [94], per il quale è stata costruita una specifica sonda costituita di 406 paia di basi [93]. Utilizzando questa sonda sono stati testati 141 ceppi di *V. parahaemolyticus*. Tutti i ceppi K⁺ erano gene positivi (l'86% era debolmente positivo) e il 16% dei ceppi K⁻ reagiva con la sonda. Tutti i ceppi gene positivi producevano TDH, valutata mediante un saggio ELISA. Su 129 altri vibrioni testati con la sonda, inclusi 19 *Vibrio* spp., solo *V. hollisae* era positivo[93]. È stato dimostrato il trasferimento di plasmidi R da *E. coli* a *V. parahaemolyticus*[48]. Alcuni isolati clinici privi di TDH contengono TRH (codificata da *trh*), che è correlata alla TDH. La maggior parte dei ceppi di *V. parahaemolyticus* isolati da acque costiere degli Stati Uniti conteneva sia *tdh* sia *trh*, insieme a ureasi[37].

Sono stati identificati almeno 12 antigeni O e 59 antigeni K, ma non è stato possibile ricavare alcuna correlazione tra questi e i ceppi K⁺ e K⁻; inoltre, il valore della sierotipizzazione come strumento epidemiologico è risultato trascurabile.

Poiché non tutti i ceppi K⁺ danno risposte positive nella legatura dell'ileo di coniglio e alcuni ceppi K⁻ sono associati a gastroenterite, e talvolta sono gli unici ceppi isolati, i precisi meccanismi di virulenza non sono chiari. Nel Pacifico nordoccidentale degli Stati Uniti, ceppi K⁻ ma ureasi positivi sono associati alla sindrome[69]. Di 45 isolati da materiale fecale umano in California e Messico, il 71% era ureasi-positivo, il 91% era K⁺ e la serovar era O4:K12[1].

L'adesione alle cellule epiteliali è un'importante proprietà di virulenza dei batteri Gram-negativi: sembra che *V. parahaemolyticus* produca emoagglutinine associate alle cellule, correlate all'adesione alla mucosa intestinale[141]. Anche i pili (fimbrie) hanno un ruolo nella colonizzazione del tratto intestinale[90].

28.1.3 Sindrome gastroenterica e alimenti coinvolti

Il primo riconoscimento di *V. parahaemolyticus* come agente di gastroenterite di origine alimentare alimentare fu fatto da Fujino nel 1951[45]. Negli Stati Uniti e in alcuni Paesi europei l'incidenza di questa malattia è bassa, mentre è elevata in Giappone, dove ha causato il 24% delle intossicazioni alimentari di origine batterica registrate tra il 1965 e il 1974[13,110]. In Giappone, l'epidemia del 1951, con 272 vittime e 20 decessi, fu ricondotta a una preparazione a base di giovani sardine bollite e semiessiccate[110]; le due epidemie successive si verificarono nel 1956 e nel 1960[110]. Nel periodo 1981-1995, in Corea e Giappone la vibriosi ha rappresentato il 13,5 e il 23,2%, rispettivamente, di tutti i casi di malattie di origine alimentare[76]; nei due Paesi le rispettive percentuali di epidemie erano 17,4 e 32,3. La prima epidemia statunitense si verificò nel 1971[86]; gli alimenti coinvolti furono granchi cotti a vapore e insalata di granchio: su circa 745 persone a rischio, 425 contrassero la malattia. Il ceppo isolato dalle vittime era K⁺ del sierotipo O4:K11. Di seguito sono presentate le informazioni essenziali relative a diverse epidemie.

1. 1998. In Connecticut, New Jersey e New York, 23 persone sono state colpite da gastroenterite di origine alimentare causata da *V. parahaemolyticus*; tutte le vittime avevano mangiato ostriche e vongole crude raccolte a Long Island Sound, NY[23].
2. 1997. Ostriche crude contaminate da *Vibrio parahaemolyticus* sono state la fonte di questa epidemia, che ha fatto 209 vittime in British Columbia, Washington, Oregon e California[25].
3. 1981-1994. Uno studio delle infezioni associate a ostriche crude, registrate in Florida tra il 1981 e il 1994, ha incluso 237 (70%) casi di gastroenterite e 102 (30%) casi di setticemia primaria. Le specie coinvolte erano rappresentate da *V. parahaemolyticus* (29%), *V. cholerae* non-O1 (28%), *V. hollisae* (15%) e *V. mimicus* (12%)[55]. L'80% dei casi di setticemia era stato causato da *Vibrio vulnificus*[55]. Vi sono stati due decessi tra le vittime colpite da gastroenterite e 50 (49%) tra quelle colpite da setticemia.

Le caratteristiche della sintomatologia sono ben illustrate dai reperti riscontrati in un'epidemia verificatasi in Louisiana nel 1978. Il periodo di incubazione medio era di 16,7 ore (intervallo 3-76 ore); la durata dei sintomi di 1-8 giorni, con una media di circa 4,6 giorni. I sintomi (e la relativa percentuale di incidenza) comprendevano diarrea (95), crampi (92), debolezza (90), nausea (72), brividi (55), cefalea (48) e vomito (12). Entrambi i sessi erano colpiti con uguale frequenza; l'età delle vittime era compresa tra 13 e 78 anni. La malattia non si sviluppò in 14 volontari che avevano ingerito oltre 10^9 cellule, ma si manifestò in un individuo per ingestione accidentale di circa 10^7 cellule K^{+110}. In un altro studio, i sintomi venivano prodotti in soggetti volontari da un numero di cellule K^+ compreso tra 2×10^5 e 3×10^7, ma non da 10^{10} cellule di ceppi $K^{-111,131}$. Alcuni ceppi K^- sono stati associati a epidemie[6,110].

Gli alimenti coinvolti nelle epidemie sono prodotti ittici come ostriche, gamberi, granchi, vongole, aragoste e altri molluschi. In seguito a contaminazione crociata anche altri alimenti possono veicolare l'infezione. In Giappone, nel biennio 1996-1997, la principale intossicazione alimentare è stata la salmonellosi, seguita dall'intossicazione da *V. parahaemolyticus*; nel 1998 quest'ultima ha superato la salmonellosi, diventando la malattia a trasmissione alimentare più importante. Nell'epidemia giapponese del 1996 vi sono stati 691 casi ricondotti al consumo di granchi bolliti; la serovar responsabile era O3:K6, che da quell'anno ha sostituito la O4:K8. Negli Stati Uniti negli anni 1997 e 1998 si sono verificati, rispettivamente, 209 e 23 casi, tutti ricondotti al consumo di ostriche crude contaminate dalla serovar O3:K6[136a].

28.2 Altri vibrioni

28.2.1 Vibrio cholerae

V. cholerae è ben noto come causa del colera umano contratto da acque inquinate; sono state registrate sette pandemie. Prima del 1992 i ceppi responsabili di epidemie/pandemie di colera appartenevano alla serovar O gruppo 1, differenziata biochimicamente in due biotipi, classico e El Tor, e due sierotipi, Inaba e Ogawa. I ceppi di *V. cholerae* che non agglutinano con antisiero O gruppo I sono indicati come vibrioni non-O1 o non-agglutinanti (NAG). I ceppi non-O1 sono considerati batteri autoctoni delle zone estuariali e sono ampiamente diffusi. Sebbene generalmente non patogeni, è noto che i ceppi non-O1 possono causare gastroenterite, infezioni dei tessuti molli e setticemia nell'uomo.

Le sette pandemie di colera sono state causate da *V. cholerae* O1. La settima pandemia, causata da un ceppo O1 biotipo El Tor, ebbe inizio nel 1961 e diversi autori ritengono che non si sia ancora spenta. Nel 1992, nel subcontinente indiano si verificò un'epidemia di colera non causata da un ceppo O1, ma da un nuovo sierotipo non-O1: O139; essendo stato isolato per la prima volta da zone costiere del Golfo del Bengala, questo nuovo sierotipo è stato designato O139 Bengal[60]. È stato dimostrato che il sierotipo O139 è geneticamente simile al biotipo O1 El Tor della settima pandemia; alcune prove riportate, inoltre, indicano che si sarebbe evoluto da isolati della settima pandemia[64]. Poiché O139 è privo del cluster di geni per l'antigene O1, alcuni autori hanno ipotizzato che si sia evoluto a partire dal biotipo El Tor[21]; utilizzando metodi di fingerprinting molecolare, sembra che i ceppi O139 rappresentino un clone derivato da un ceppo El Tor della settima pandemia[104]. Come O1, O139 contiene geni che codificano per la tossina colerica, ma a differenza di O1, produce una capsula il cui lipopolisaccaride (LPS) contiene lo zucchero colitosio[104].

Tra i primi dati statunitensi a supporto dell'associazione tra *V. cholerae* non-O1 e gastroenterite vi sono i reperti riscontrati in 26 pazienti su 28 colpiti da sindrome diarroica acuta tra il 1972 e il 1975. Sebbene alcuni dei 28 pazienti avessero infezioni sistemiche, il 50% di essi eliminava con le feci vibrioni non-colerici e nessun altro patogeno[58]. In un altro studio retrospettivo delle colture di *V. cholerae* non-O1 pervenute al CDC nel 1979, 9 erano state isolate da casi di gastroenterite acquisita in ambito domestico e tutti i pazienti avevano consumato ostriche crude nelle 72 ore precedenti la comparsa dei sintomi[87]. Uno di questi isolati produceva una tossina termolabile, mentre nessuno produceva tossine termostabili.

Sono state documentate almeno cinque epidemie di gastroenterite da *V. cholerae* non-O1 verificatesi prima del 1981. Quelle registrate nella ex Cecoslovacchia e in Australia (1965 e 1973, rispettivamente) furono ricondotte al consumo di patate e di insalate di uova e asparagi; praticamente tutte le vittime furono colpite da diarrea. La terza epidemia si verificò in Sudan e fu causata da acqua di pozzo; il periodo di incubazione osservato in queste tre epidemie era compreso tra 5 ore e 4 giorni. La quarta epidemia si verificò in Florida nel 1979 e coinvolse 11 persone che avevano mangiato ostriche crude; otto vittime svilupparono i sintomi della sindrome diarroica entro 48 ore dal consumo delle ostriche, mentre le altre tre dopo 12, 15 e 30 ore. Anche la quinta epidemia del 1980 fu ricondotta a ostriche crude: su circa 50 persone a rischio, 24 svilupparono gastroenterite. Il periodo d'incubazione medio fu di 21,5 ore con un range tra 0,5 ore e 5 giorni; i sintomi (e le relative percentuali) comprendevano diarrea (91,7), dolore addominale (50), crampi (45,8) nausea (41,7), vomito (29,2) e capogiro (20,8). Tutti i soggetti colpiti guarirono in 1-5 giorni; dalle feci di quattro pazienti furono isolati ceppi non-O1.

Per quanto riguarda *V. cholerae* O1, tra il 1973 e il 1987 il CDC ha registrato 6 focolai, con 916 casi e 12 decessi. Prima del 1973, negli Stati Uniti questo microrganismo era stato isolato l'ultima volta nel 1911[106]. Dei sei focolai, tre sono stati ricondotti al consumo di crostacei e due a quello di pesce. Un solo caso di infezione da O1 si verificò in Colorado nell'agosto 1988; la vittima aveva consumato circa 12 ostriche crude che erano state raccolte in Louisiana ed entro 36 ore aveva avuto un esordio improvviso dei sintomi e 20 scariche diarroiche[31]; dalle feci fu isolato *V. cholerae* O1 El Tor sierotipo Inaba. Di seguito sono riportati i dati relativi a tre focolai registrati negli Stati Uniti.

1. 1994. In California una donna ha contratto il colera dopo aver ingerito alghe crude provenienti dalle Filippine[134]; dalle feci è stato isolato *V. cholerae* O1, sierotipo Ogawa.
2. 1994. Nell'Indiana sono state colpite da colera quattro persone che due giorni prima avevano consumato frutti di palma importati da El Salvador; *V. cholerae* O1, sierotipo Ogawa, biotipo El Tor è stato identificato quale agente eziologico[28].
3. 1991. Nel Maryland sono state colpite da colera quattro persone su sei che avevano consumato latte di cocco fresco congelato importato dalla Thailandia[128]. Il ceppo responsabile è stato identificato come *V. cholerae* O1, biotipo El Tor.

Per quanto riguarda la distribuzione, i ceppi non-O1 di *V. cholerae* sono stati isolati, insieme a *E. coli* enteropatogeni, in Asia e Messico dalle feci di pazienti affetti da diarrea. Nel biennio 1966-1967, a Mexico City, *V. cholerae* non-O1 fu isolato da 385 persone con diarrea[13]. Nel luglio 1991, un ceppo sierotipo Inaba e biotipo El Tor è stato isolato da un pesce che si cibava di ostriche nella baia di Mobile, in Alabama[32]; questo isolato non era distinguibile dal ceppo responsabile dell'epidemia in America Latina, ma era diverso dai ceppi endemici. Sempre a luglio e poi ancora a settembre 1991 da un'ostrica è stato isolato un altro ceppo, che continuò a essere presente fino ad agosto 1992, quando gli allevamenti di ostriche erano aperti. Come il ceppo responsabile dell'epidemia di colera in America Latina possa essere giunto in quest'area è oggetto di ipotesi. Da uno studio sui tassi di ritenzione relativi, è emerso che le ostriche accumulavano concentrazioni maggiori di *V. cholerae* O1 che di *E. coli* o di *Salmonella* Tallahassee.

In uno studio condotto nella baia di Chesapeake furono isolati 65 ceppi non-O1[63]. Nel corso dell'anno la concentrazione del microrganismo nelle acque era generalmente bassa, da 1 a 10 cellule per litro. I ceppi furono isolati solo in aree con salinità compresa tra il 4 e il 17%; la loro presenza non risultò correlata a *E. coli* fecali, mentre la presenza di questi ultimi era correlata a quella di *Salmonella*[63]. L'87% dei ceppi esaminati produceva risposte positive nel saggio con cellule surrenaliche Y-1, in quello della legatura dell'ansa ileale di coniglio e in quello di letalità del topo. Indagini condotte sulle acque costiere in Texas, Louisiana e Florida rivelano che sono piuttosto comuni sia i ceppi di *V. cholerae* O1 sia quelli non-O1. Il 57% di 150 campioni di acqua raccolti lungo un estuario in Florida era positivo per *V. cholerae*[38]. Di 753 isolati esaminati, 20 erano di tipo O1 e 733 di tipo non-O1; i 20 ceppi O1 (8 serovar Ogawa e 12 serovar Inaba) sono stati trovati principalmente in un impianto per il trattamento di scarichi fognari. Le concentrazioni maggiori dei ceppi O1 e non-O1 si osservavano in agosto e novembre[38]. Né l'indice dei coliformi fecali né quello dei coliformi totali era un indicatore adeguato della presenza di *V. cholerae*, sebbene il primo fosse più valido del secondo. Lungo la costa californiana di Santa Cruz, i numeri più elevati di ceppi non-O1 si osservavano durante i mesi estivi ed erano associati a conte elevate di coliformi[70]. Sia i ceppi O1 sia i non-O1 sono stati isolati da uccelli acquatici in Colorado[96]; è stato dimostrato che entrambi i tipi sono endemici nel golfo del Texas, come evidenziato dai titoli anticorpali riscontrati in soggetti umani[59].

V. cholerae O1 El Tor sintetizza un precursore di 82 kDa che viene secreto nei mezzi di coltura, dove viene ulteriormente processato fino a una citolisina attiva di 65 kDa[139]. Ceppi non-O1 producono una citotossina/emolisina con peso molecolare di 60 kDa, immunologicamente correlata all'emolisina del ceppo El Tor. È stato dimostrato che la proteina della membrana esterna OmpU è un fattore di adesione di *V. cholerae*, che può favorire l'adesione all'intestino tenue. Anticorpi monoclonali diretti contro OmpU proteggevano le cellule epiteliali HeLa, HEp-2, Caco-2 e Henle 407 dall'invasione da parte di microrganismi vitali[118].

Da un paziente affetto da diarrea del viaggiatore è stato isolato un ceppo O1 dal quale è stato clonato il gene *STa* (NAG-*STa*)[95]. NAG-*STa* era localizzato su un cromosoma e la tossina aveva un peso molecolare di 8815 Da; NAG-*STa* mostrava il 50 e il 46% di omologia, rispettivamente, con *STh* e *STp* di *E. coli*[95]. NAG-ST è solubile in metanolo, è attiva nel topo neonato ed è simile alla ST di *Citrobacter freundii*[126]. Anticorpi monoclonali contro NAG-ST mostrano reazione crociata con la ST di *Yersinia enterocolitica*. Inoltre, la ST di *V. mimicus* e la ST di *Y. enterocolitica* vengono neutralizzate da anticorpi monoclonali attivi contro NAG-ST, ma non contro STh o STp di *E. coli*[126].

Da uno studio sulla sopravvivenza di *V. cholerae* El Tor sierotipo Inaba in diversi alimenti è emerso che in carne con un inoculo di 2×10^3/g, le cellule rimanevano vitali fino a 90 giorni a $-5\,°C$ e fino a 300 giorni a $-25\,°C$[36]. In latte, con un inoculo di 2×10^4/mL, il microrganismo non era rilevato dopo 34 giorni a $-5\,°C$ e dopo 150 giorni a $-25\,°C$. In latte a $7\,°C$ il batterio sopravviveva in media per 32 giorni, ma solo per 18-20 giorni in altri alimenti. I meccanismi di virulenza di *V. cholerae* sono discussi nel capitolo 22.

28.2.2 Vibrio vulnificus

Questo microrganismo è presente nell'acqua di mare e in alcuni prodotti ittici; viene isolato con maggior frequenza da ostriche e vongole che da crostacei. È stato isolato dalle acque costiere da Miami, in Florida, fino a Cape Cod, nel Massachusetts; la maggior parte degli isolati (84%) è stata ottenuta da vongole. L'82% dei ceppi testati era letale per il topo in seguito a somministrazione mediante iniezione. *V. vulnificus*, insieme ad altri vibrioni, è stato isolato a Hong Kong da cozze, vongole e ostriche, con frequenza variabile dal 6 al 9%[34]. In uno studio condotto sulle acque estuariali delle coste orientali del North Carolina *V. vulnificus* è stato isolato solo quando la temperatura dell'acqua era compresa tra 15 e 22 °C[103].

Dopo la calda estate del 1994 in Danimarca, durante la quale si registrarono 11 casi clinici da *V. vulnificus*, fu avviato uno studio per determinare la prevalenza del microrganismo nelle acque danesi[56]. Testando le colonie sospette con una sonda di DNA, sono state rilevate da 0,8 a 19 ufc per litro di acqua, tra giugno e metà settembre, e da 0,04 a >11 ufc/g in campioni di sedimento, da luglio a metà novembre. È stata trovata una forte correlazione tra la presenza di *V. vulnificus* e la temperatura dell'acqua. Il microrganismo è stato isolato da 7 mitili, dei 17 esaminati provenienti da una delle 13 località, e anche da pesci selvatici. Il biotipo 1 costituiva il 99,6% dei 706 isolati di *V. vulnificus*[56]. Come *V. alginolyticus* (vedi oltre), anche *V. vulnificus* causa infezioni dei tessuti molli e setticemia primaria nell'uomo, in particolare nei soggetti immunocompromessi e in quelli affetti da cirrosi. La mortalità è superiore al 50% nei pazienti che sviluppano setticemia e superiore al 90% nei pazienti che diventano ipotesi[140]. Questi microrganismi sono altamente invasivi e producono una citotossina, con un peso molecolare di circa 56 kDa, che è tossica per le cellule CHO e litica per gli eritrociti. Tuttavia, la citolisina non sembra essere un fattore di virulenza critico[137]. Viene prodotta anche un'emolisina con un peso molecolare di circa 36 kDa[138]. Il batterio produce anche una zinco-metalloproteasi della famiglia delle termolisine, che induce una reazione emorragica a livello cutaneo digerendo il collagene di tipo IV, una struttura chiave della membrana basale[85]. I geni strutturali di *V. vulnificus* e del ceppo El Tor di *V. cholerae* O1 condividono zone di similarità, suggerendo un'origine comune[140]. *V. vulnificus* induce l'accumulo di fluidi nella legatura di intestino di coniglio (modello RITARD, vedi capitolo 12), indicando la presenza di un'enterotossina[119]. Ceppi di *V. vulnificus* isolati da stesse ostriche hanno mostrato un'ampia diversità genomica, suggerendo che le infezioni possano essere causate da popolazioni miste di cellule o che solo alcuni dei diversi ceppi siano virulenti[20]. Batteriofagi di *V. vulnificus* sono discussi nel capitolo 20 in relazione alla loro associazione con le cellule ospiti e al loro possibile impiego come indicatori.

Le infezioni sono piuttosto comuni in molti Paesi e si verificano soprattutto tra maggio e ottobre; per la maggior parte le vittime sono maschi di età superiore a 40 anni. *V. vulnificus* è un patogeno importante per gli individui con livelli ematici di ferro superiori alla norma (per esempio, pazienti affetti da epatite e cirrosi cronica), sebbene la sua virulenza non sia interamente spiegata dalla sua capacità di sequestrare il ferro. Nel periodo 1981-1992, al Department of Health della Florida sono stati segnalati 125 casi di infezione da *V. vulnificus*, con 25 decessi (35%)[33]. Le ostriche crude rappresentano la principale fonte alimentare di questo batterio e si ritiene che siano responsabili del 95% circa di tutti i decessi legati al consumo di prodotti ittici negli Stati Uniti. Nel 1996, a Los Angeles, *V. vulnificus* ha provocato 16 casi e 3 decessi associati al consumo di ostriche crude[27]. Le ostriche provenivano dalla baia di Galveston (Texas) e dalla Eloi Bay (Louisiana). L'aggiunta di salsa piccante alle ostriche crude si è dimostrata inefficace per la distruzione di *V. vulnificus*[123], mentre l'aggiunta di diacetile in concentrazione dello 0,05% ne riduceva il numero[124].

28.2.3 Vibrio alginolyticus e V. hollisae

V. alginolyticus è normalmente presente nelle acque marine ed è causa di infezioni dei tessuti molli e dell'orecchio nell'uomo. La patogenicità per l'uomo fu confermata per la prima volta nel 1973, ma fu sospettata nel 1969[132]. Le infezioni delle ferite interessano le estremità del corpo e si osservano soprattutto in maschi con una storia di esposizione all'acqua marina.

Nelle acque costiere dello stato di Washington, questo microrganismo è stato trovato in concentrazioni maggiori nei campioni di invertebrati e di sedimenti che in quelli di acqua, nei quali il numero di cellule era piuttosto basso[5]. Le concentrazioni riscontrate nelle ostriche erano correlate alla temperatura dell'acqua sovrastante, con valori più elevati associati alle acque più calde. In Brasile, in ostriche conservate non correttamente, sono state isolate con frequenza diversa (indicata tra parentesi) sette specie di *Vibrio*[82]: *V. alginolyticus* (81%), *V. parahaemolyticus* (77%), *V. cholerae* non-O1 (31%), *V. fluvialis* (27%), *V. furnissii* (19%) e *V. mimicus* e *V. vulnificus* (12% ciascuno).

Descritto per la prima volta nel 1982, *V. hollisae* causa gastroenterite di origine alimentare; nel periodo 1967-1990 sono stati registrati 15 casi[106]. Nello stesso periodo, per *V. alginolyticus* è stato riportato un solo caso di infezione nell'uomo riconducibile al consumo di molluschi. *V. hollisae* produce un'enterotossina di circa 33 kDa emolitica per gli eritrociti umani e di coniglio[74]. A differenza di *V. parahaemolyticus*, un ceppo di *V. hollisae*, isolato da pesce pescato vicino alla costa, produceva un'emolisina correlata alla TDH[92]. Utilizzando monostrati di cellule HeLa, Henle 407 e HCT-8, è stata dimostrata l'invasione di *V. hollisae* attraverso microfilamenti e microtubuli[84]. Quest'ultimo lavoro suggerisce che il microrganismo potrebbe possedere molteplici modalità d'infezione.

28.3 Yersiniosi (*Yersinia enterocolitica*)

Nel genere *Yersinia*, che appartiene alla famiglia delle Enterobacteriaceae, si riconoscono 11 specie e 5 biotipi, inclusa *Y. pestis*, l'agente eziologico della peste. La specie di principale interesse negli alimenti è *Y. enterocolitica*, isolata per la prima volta nel 1933 nello Stato di New York da Coleman[54]. Questo bastoncino Gram-negativo è alquanto singolare, poiché è mobile a temperature inferiori a 30 °C, ma non a 37 °C; produce colonie di dimensioni ≤1,0 mm su nutrient agar, è ossidasi negativo, fermenta il glucosio con scarsa o nessuna produzione di gas, è privo di fenilalanina deaminasi, è ureasi positivo ed è, unico tra i patogeni, psicrotrofo. È spesso presente nell'ambiente con almeno altre tre delle yersinie elencate in tabella 28.3.

28.3.1 Esigenze per la crescita

La crescita di *Y. enterocolitica* è stata osservata nel range di temperatura compreso tra −2 e 45 °C, con un optimum tra 22 e 29 °C. Per le reazioni biochimiche sembra ottimale la tem-

Tabella 28.3 Specie di *Yersinia* associate a *Y. enterocolitica* nell'ambiente e negli alimenti e differenze biochimiche tra di esse

Specie	VP*	Saccarosio	Ramnosio	Raffinosio	Melibiosio
Y. enterocolitica	+	+	–	–	–
Y. kristensenii	–	–	–	–	–
Y. frederiksenii	+	+	+	–	–
Y. intermedia	+	+	+	+	+
Y. bercovieri	–	+	–	–	–
Y. mollaretii	–	+	–	–	–

VP = reazione di Voges-Proskauer; + = reazione positiva; – = reazione negativa.

peratura di 29 °C. Il limite superiore per la crescita di alcuni ceppi è 40 °C; non tutti crescono a temperature inferiori a 4-5 °C. È stata osservata la crescita in latte a 0-2 °C dopo 20
giorni e a 0-1 °C su carne di maiale e di pollo[77]; tre ceppi crescevano su carne di manzo cruda
mantenuta per 10 giorni a 0-1 °C[51]. In latte a 4 °C _Y. enterocolitica_ si sviluppava e raggiungeva livelli di 10[7] cellule/mL in 7 giorni e competeva bene con la microflora naturale[2]. L'aggiunta di NaCl ai mezzi di crescita aumenta la temperatura minima di crescita. In brodo brain
heart infusion (BHI) contenente il 7% di NaCl, non si verificava crescita a 3 o a 25 °C dopo
10 giorni. A 3 °C un ceppo cresceva a pH 7,2 e cresceva molto lentamente a pH 9,0, mentre
non cresceva a pH 4,6 e 9,6[121]. A 3 °C la crescita era inibita dal 7% di NaCl, ma non dal 5%.
In assenza di sale, a 3 °C la crescita si registrava nell'intervallo di pH 4,6-9,0[121,125]. I ceppi
clinici erano meno influenzati da questi parametri rispetto agli isolati ambientali. Per quanto riguarda il pH minimo di sviluppo, regolando il pH con HCl e lasciando in incubazione
per 21 giorni, per sei ceppi di _Y. enterocolitica_ sono stati osservati i seguenti valori: 4,42-
4,80 a 4 °C; 4,36-4,83 a 7 °C; 4,26-4,50 a 10 °C e 4,18-4,36 a 20 °C[19]. Utilizzando acidi organici per regolare il pH, l'ordine della loro efficacia era acetico > lattico > citrico. In tryptic
soy broth l'ordine dell'efficacia degli acidi organici era propionico ≥ lattico ≥ acetico ≥ citrico ≥ fosforico ≥ HCl[17].

È stato messo a punto un terreno di crescita chimicamente definito contenente quattro
amminoacidi (L-metionina, L-acido glutammico, glicina e L-istidina), sali inorganici, tamponi e gluconato di potassio come fonte di carbonio[3]. _Y. enterocolitica_ viene distrutta in 1-3
minuti a 60 °C[50]. È piuttosto resistente al congelamento, con concentrazioni che diminuiscono solo lievemente in pollo dopo 90 giorni a –18 °C[77]. Per 21 ceppi il valore calcolato di
$D_{62\,°C}$ in latte variava da 0,7 a 17,8 secondi e nessuno sopravviveva alla pastorizzazione[42].

28.3.2 Distribuzione

Y. enterocolitica e le specie correlate elencate in tabella 28.3 sono ampiamente distribuite
nell'ambiente terrestre e nelle acque di laghi, pozzi e ruscelli, che costituiscono le fonti del
microrganismo per gli animali a sangue caldo. È maggiormente adattata agli animali e si
ritrova più spesso tra gli isolati umani rispetto alle altre specie della tabella 28.3. 149 ceppi
di origine umana erano rappresentati da _Yersinia enterocolitica_ (81%), _Y. intermedia_ (12%),
Y. frederiksenii (5,4%) e _Y. kristensenii_ (2%)[114]. _Y. intermedia_ e _Y. frederiksenii_ si trovano
principalmente in acque dolci, pesce e alimenti e sono isolate solo occasionalmente dall'uomo. _Y. kristensenii_ si trova soprattutto nel suolo e in altri campioni ambientali, come pure
negli alimenti, ma anch'essa è raramente isolata dall'uomo[7]; come _Y. enterocolitica_, anche
questa specie produce un'enterotossina termostabile. Molti dei ceppi simili a _Y. enterocoliti-
ca_ isolati da Hanna e colleghi[52] erano ramnosio positivi e sono, di conseguenza, classificati
come _Y. intermedia_ e/o _Y. frederiksenii_ e crescono tutti a 4 °C. Le yersinie ramnosio positive
non sono note come causa di infezioni nell'uomo.

Y. enterocolitica è stata isolata da numerosi animali, tra i quali gatti, uccelli, cani, castori,
porcellini d'India, ratti, cammelli, cavalli, polli, procioni, cincillà, cervi, bovini, suini, agnelli, pesci e ostriche. È opinione condivisa che i suini costituiscano la singola fonte più comune di _Y. enterocolitica_ per l'uomo. Su 43 campioni di carne di maiale provenienti da un
macello ed esaminati per la presenza di _Y. enterocolitica_, _Y. intermedia_, _Y. kristensenii_ e _Y.
frederiksenii_, 8 sono risultati positivi e contenevano tutte e 4 le specie[53]. _Y. enterocolitica_ fu
isolata, insieme a _Klebsiella pneumoniae_, da granchi raccolti vicino a Kodiak Island, in Alaska, e ne fu dimostrata la patogenicità[4]. In uno studio condotto negli Stati Uniti, 95 lotti su
103 (92,2%) di maiali destinati al macello erano portatori di almeno un isolato di _Y. entero-_

colitica; il 98,7% degli isolati patogeni era del sierotipo O:5 e solo il 3,7% del sierotipo O:3[46]. In uno studio finlandese, il 92% di 51 campioni di lingua e il 25% di 255 campioni di carne tritata contenevano *Y. enterocolitica*[44]. Questi ricercatori hanno utilizzato una PCR per il gene target *yadA* insieme a un metodo di coltura e dai due metodi è risultato che oltre il 98% dei campioni di lingua suina era positivo. Il biotipo 4 era il più comune, così come il sierotipo O:3 (vedi oltre).

Un saggio TaqMan è stato confrontato con altri due metodi per l'efficacia di recupero di *Y. enterocolitica* da carne di maiale tritata fresca e congelata: la sensibilità del saggio Taq-Man è risultata compresa tra 3 e 4 $\log_{10}$ ufc/g o mL[138]. I risultati potevano essere ottenuti in 5 ore dopo un arricchimento di 18 ore. Il metodo thin agar layer Oxyrase (TALO) si è dimostrato in grado di rivelare la presenza di soli 2 $\log_{10}$ ufc/g di cellule danneggiate dal congelamento. Utilizzando questi due metodi e un terreno selettivo standard, nessuna cellula di *Y. enterocolitica* è stata trovata in 100 campioni di carne di maiale tritata[138].

Per quanto riguarda lo stato di portatore nell'uomo, da un'indagine condotta tra novembre 1989 e gennaio 1990 su 4841 campioni di feci, provenienti da sette città di altrettanti Stati statunitensi, è emerso che il 38% dei campioni conteneva *Y. enterocolitica*, il 49% shigelle, il 60% *Campylobacter* e il 98% salmonelle[75]. Il 92% degli isolati di *Y. enterocolitica* era del sierotipo O:3.

28.3.3 Serovar e biovar

Le serovar (sierotipi) di *Y. enterocolitica* più frequentemente riscontrate nelle infezioni umane sono O:3, O:5,27, O:8 e O:9. In uno studio, su 88 isolati, tutti i 49 appartenenti a queste serovar producevano una risposta positiva in cellule HeLa, che si osservava solo in 5 dei 39 isolati appartenenti alle altre serovar[88]. Negli Stati Uniti la maggior parte dei ceppi patogeni appartiene alla serovar O:8 (biovar 2 e 3), che – con l'eccezione di occasionali isolamenti in Canada – è stata solo raramente segnalata in altri continenti. In Canada, Africa, Europa e Giappone, la serovar O:3 (biovar 4) è la più comune[130]. La seconda serovar più frequente in Europa e Africa è la O:9, che è stata isolata anche in Giappone. La serovar O:3 (biovar 4, fagotipo 9b) era praticamente la sola riscontrata nella provincia canadese del Quebec e quella prevalente nell'Ontario[130]; dopo questa, le serovar più diffuse erano O:5,27 e O:6,30. In Canada O:3 rappresentava l'85% di 256 isolati da infezioni umane, mentre O:5,27 rappresentava il 27% di 22 isolati da fonti non umane[30]. Sei ceppi O:8 isolati da lingue di maiale risultarono letali per topi adulti[130]; Mors e Pai[88] osservarono che solo il tipo O:8 era positivo al test di Sereny. Utilizzando cellule HeLa, risultarono infettive le seguenti serovar: O:1, O:2, O:3, O:4, O:5, O:8, O:9 e O:21. I ceppi del sierotipo O:8, oltre a essere virulenti per l'uomo, risultano anche letali per il topo e invasivi al test di Sereny. Alcune caratteristiche delle quattro biovar più comuni di *Y. enterocolitica* sono riportate in tabella 28.4. Sembra che solo le biovar 2, 3 e 4 portino il plasmide di virulenza.

Tabella 28.4 Le quattro biovar più frequenti di *Y. enterocolitica*

Substrato/Prodotto	Biovar			
	1	2	3	4
Lipasi (Tween 80)	+	–	–	–
Deossiribonucleasi	–	–	–	+
Indolo	+	+	–	–
D-xilosio	+	+	+	–

28.3.4 Fattori di virulenza

Y. enterocolitica produce un'enterotossina termostabile (ST) che resiste a 100 °C per 20 minuti, ha un peso molecolare di 9000-9700 dalton, non viene degradata da proteasi e lipasi e perde l'attività biologica in seguito a trattamento con 2-mercaptoetanolo[97,98]. Sottoponendo l'enterotossina a focalizzazione isoelettrica, sono stati individuate due frazioni attive con punti isoelettrici (pIs) di 3,29 (ST-1) e 3,00 (ST-2)[97]. Un antisiero prodotto da cavie immunizzate con la ST purificata, neutralizzava l'attività delle ST di *Y. enterocolitica* e di *E. coli*[97]. Analogamente alla ST di *E. coli*, anche l'enterotossina di *Y. enterocolitica* produce risposte positive nel saggio del topo neonato e della legatura dell'ileo di coniglio e risposte negative nei saggi con cellule CHO e surrenaliche Y-1 (vedi cap. 12). È solubile in metanolo e stimola nell'intestino la risposta della guanilato ciclasi e dell'adenosin monofosfato ciclico (cAMP), ma non l'adenilato ciclasi[98,107]. La sua produzione ha luogo solamente a 30 °C o a temperature inferiori[100] ed è favorita nell'intervallo di pH compreso tra 7 e 8. Su 46 ceppi isolati da latte, solo 3 producevano ST in latte a 25 °C e nessuno a 4 °C. In un mezzo sintetico la produzione di enterotossina era favorita dall'aerazione, ma era inibita da un elevato contenuto di ferro[3]. A 25 °C erano necessarie oltre 24 ore per la produzione di ST in un mezzo complesso; sembra che il gene che codifica per la sua sintesi sia cromosomico. Nel 1996, a Los Angeles, *V. vulnificus* ha causato 16 casi di infezione e 3 decessi associati al consumo di ostriche crude[27]; le ostriche provenivano dalla baia di Galveston, Texas, e dalla baia di Eloi, Louisiana.

In uno studio il 94% di 232 isolati umani produceva enterotossina, mentre solo il 32% di 44 isolati da latte crudo e il 18% di 55 isolati da altri alimenti erano enterotossigeni[101]. Il 97% di 196 serovar O:3, O:8, O:5,27, O:6,30 e O:9 era enterotossigeno. È risultato che la maggior parte delle acque naturali negli Stati Uniti contiene ceppi ramnosio positivi, che sono sierologicamente non tipizzabili o reagiscono con più serovar[54]. In un altro studio, 43 ceppi di *Y. enterocolitica* isolati da bambini affetti da gastroenterite e 18 ceppi di laboratorio sono stati esaminati per la produzione di ST: tutti gli isolati clinici e 7 ceppi di laboratorio producevano ST, come evidenziato dal saggio del topo neonato, e tutti erano negativi al saggio con cellule surrenaliche Y-1[100]. Per quanto riguarda la produzione di ST da parte di specie diverse da *Y. enterocolitica*, in una ricerca condotta su specie isolate da latte crudo, su 21 ceppi di *Y. intermedia*, 8 di *Y. frederiksenii* e 1 di *Y. aldovae* nessuno è risultato positivo, mentre il 62,5% di *Y. enterocolitica* era ST-positivo[135]. Per contro, circa un terzo delle specie non-enterocolitiche, incluse *Y. intermedia* e *Y. kristensenii*, è risultato positivo per ST in due altri studi[129,136]. *Y. bercovieri* produce un'enterotossina termostabile (YbST): livelli rilevabili sono prodotti a 4 °C dopo 144-168 ore[122].

Sebbene ceppi patogeni di *Y. enterocolitica* producano ST, sembra che questa non sia determinante per la virulenza; prove di ciò sono state prodotte da Schiemann[112], che dimostrò che un ceppo O:3 non produttore di enterotossina dava risposte positive con cellule HeLa e con il test di Sereny. D'altra parte, in uno studio tutti i 49 isolati appartenenti alla serovar O:3 e le altre quattro serovar virulente producevano ST[88]. Oltre al ruolo marginale della ST nella virulenza di *Y. enterocolitica*, alcune altre proprietà appaiono oggi meno importanti[22,81]. Il virulon Yop – il fattore di virulenza più importante per le yersinie – è discusso nel capitolo 22 con alcune delle più recenti scoperte sulla patogenesi di questi microrganismi.

28.3.5 Incidenza di Y. enterocolitica negli alimenti

Questo microrganismo è stato isolato da torte, carni confezionate sotto vuoto, prodotti ittici, ortaggi, latte e altri prodotti alimentari, oltre che da carne di manzo, agnello e maiale[77]. Sembra che la carne suina sia la principale fonte di ceppi patogeni per l'uomo. Più specificamente, si è osservato che le tonsille di maiale rappresentano la principale fonte di contaminazione di fegato, cuore e reni[43]. L'incidenza e la crescita di *Y. enterocolitica* in latte sono discusse nel capitolo 7, mentre quelle relative alle carni sono trattate nel capitolo 4.

28.3.6 Sindrome gastroenterica e incidenza

Oltre che a gastroenterite, questo microrganismo è stato associato a diverse condizioni patologiche dell'uomo, tra le quali pseudoappendicite, linfadenite mesenterica, ileite terminale, artrite reattiva, peritonite, ascessi localizzati nel colon e nel collo, colecistite ed eritema nodoso. È stato isolato da urine, sangue, fluido cerebrospinale e dagli occhi di individui infetti e, ovviamente, dalle feci di vittime colpite da gastroenterite. Sarà qui trattata brevemente solo la sindrome gastroenterica.

L'incidenza di questa sindrome è stagionale, con un numero minore di epidemie in primavera e maggiore in ottobre e novembre. L'incidenza è massima nei soggetti molto giovani e negli anziani. In un'epidemia studiata da Gutman e colleghi[49] i sintomi (e la relativa percentuale di soggetti colpiti) erano febbre (87), diarrea (69), dolore addominale severo (62), vomito (56), faringite (31) e cefalea (18). L'epidemia ebbe come conseguenza due appendicectomie e due decessi.

Il latte (crudo, non correttamente pastorizzato o ricontaminato) è un veicolo alimentare comune. La prima epidemia statunitense documentata si registrò nel 1976 nello Stato di New York: il ceppo responsabile, della serovar O:8, fu veicolato da latte al cioccolato preparato aggiungendo sciroppo di cioccolato a latte precedentemente pastorizzato[12]. Tra il 1988 e il 1989, in Georgia si verificò un'epidemia del sierotipo O:3 che colpì 15 bambini; l'infezione fu veicolata da frattaglie crude[30].

I sintomi della sindrome gastroenterica si manifestano diversi giorni dopo l'ingestione di alimenti contaminati e sono caratterizzati da dolore addominale e diarrea. I bambini sembrano essere più suscettibili degli adulti; il microrganismo può essere ancora eliminato con le feci anche 40 giorni dopo la scomparsa dei sintomi[4]. Come conseguenza della sindrome gastroenterica possono svilupparsi diverse complicazioni sistemiche.

28.4 Campilobatteriosi (*Campylobacter jejuni*)

Il genere *Campylobacter* comprende un numero minore di specie rispetto ai generi trattati in precedenza; quella più importante per gli alimenti è *C. jejuni* subsp. *jejuni*, che in questo testo è indicata come *C. jejuni*. Questa, a differenza di *C. jejuni* subsp. *doylei*, è resistente alla cefalotina, può crescere a 42 °C e può ridurre i nitrati. *C. jejuni* differisce da *Campylobacter coli* in quanto è in grado di idrolizzare l'ippurato. I campilobatteri sono correlati più strettamente al genere *Arcobacter* che a qualsiasi altro gruppo. *C. jejuni* si distingue tra i patogeni di origine alimentare poiché il suo genoma è stato il primo a essere sequenziato (contiene 1,64 milioni di basi).

Prima degli anni Settanta, i campilobatteri erano noti soprattutto ai microbiologi veterinari come organismi che causavano aborti spontanei in bestiame e pecore e come causa di altre patologie animali. In passato essi erano classificati come *Vibrio* spp.

C. jejuni è un bacillo sottile, ricurvo a esse o a spirale, che possiede un singolo flagello polare su una o entrambe le estremità della cellula. È ossidasi e catalasi positivo e non cresce in presenza del 3,5% di NaCl o a 25 °C; è microaerofilo, richiedendo piccole quantità di ossigeno (3-6%) per la crescita. Utilizzando un ceppo di *C. jejuni* autobiolominescente, le sue temperature di crescita minima, ottimale e massima su un mezzo solido piastrato con gradiente, erano 30, 40 e 45 °C [68]. Alla temperatura di crescita ottimale di 40 °C questo ceppo cresceva bene a pH 5,5-8,0, con concentrazioni di NaCl fino a 1,75%. Lo sviluppo è inibito da livelli di ossigeno del 21%; per una buona crescita è richiesta anidride carbonica (10% circa). Inoculando *C. jejuni* in carne di tacchino trasformata e confezionata sotto vuoto, il numero di cellule diminuiva, ma alcune rimanevano vitali per 28 giorni a 4 °C [105]. Possiede un metabolismo respiratorio. Oltre a *C. jejuni*, *C. coli*, *C. intestinalis* e molte altre specie di *Campylobacter* causano diarrea nell'uomo, ma *C. jejuni* è di gran lunga la specie più importante.

Per le loro piccole dimensioni cellulari, questi microrganismi possono essere separati dalla maggior parte degli altri batteri Gram-negativi utilizzando un filtro da 0,65 µm. *C. jejuni* è termosensibile; per una miscela in parti uguali di cinque ceppi sono stati osservati valori di $D_{55\,°C}$ di 1,09 minuti in peptone e di 2,25 minuti in pollo tritato e autoclavato [14]. Raggiungendo con la cottura una temperatura interna della carne di manzo tritata di 70 °C, 10^7 cellule/g non venivano più rilevate dopo circa 10 minuti [120]. *C. jejuni* sembra sensibile al congelamento: circa 10^5 cellule per carcassa di pollo venivano fortemente ridotte o completamente eliminate a –18 °C; nella carne per hamburger contaminata artificialmente la concentrazione era ridotta di 1 ciclo logaritmico nell'arco di 7 giorni [47].

28.4.1 Distribuzione

A differenza di *Y. enterocolitica* e *V. parahaemolyticus*, *C. jejuni* non è un microrganismo ambientale ma si trova perlopiù associato ad animali a sangue caldo. È stato dimostrato che una grande percentuale di tutti i principali animali da carne – in primo luogo il pollame – contiene questi microrganismi nelle feci. La sua prevalenza nei campioni fecali spesso varia dal 30% circa al 100%. Blaser [15] ha sintetizzato i risultati degli isolamenti condotti da diversi ricercatori, evidenziando che i campioni positivi per *C. jejuni* e le relative percentuali sono i seguenti: contenuto intestinale di pollo (39-83), feci suine (66-87), feci ovine (fino a 73), contenuto intestinale suino (61) carcasse di pecora (24), carcasse suine (22), pollo eviscerato (72-80) e tacchino eviscerato (94).

In uno studio longitudinale di 5 anni, condotto nel periodo 1989-1994 in un piccolo allevamento dell'Inghilterra meridionale, sono stati esaminati 12.233 polli e il 27% è risultato positivo per *C. jejuni* [102]. Su 251 branchi, il 35,5% era positivo per *C. jejuni*, ma solo il 9,2% trasmetteva il microrganismo al branco allevato successivamente nello stesso capannone. Complessivamente, vi era un basso livello di trasmissione tra branchi. Per l'assenza di elevata diversità tra i tipi, come fonte comune è stata suggerita la trasmissione verticale più che l'ambiente di cova o i mezzi di trasporto [102]. L'ecologia e la prevalenza dei campilobatteri in altri alimenti freschi e nell'ambiente sono stati oggetto di una revisione [91].

Campioni fecali provenienti da individui con diarrea contengono *C. jejuni*, che può essere la singola causa più comune di diarrea batterica acuta nell'uomo. Di 8097 campioni sottoposti a otto laboratori ospedalieri, in un periodo di 15 mesi in diverse parti degli Stati Uniti, il 4,6% conteneva *C. jejuni*, il 2,3% salmonelle e l'1% shigelle [16]. La massima frequenza di isolamento per *C. jejuni* si osserva nei mesi estivi nella fascia di età compresa tra 10 e 29 anni; è stato riportato che, nei Paesi sviluppati, il 3-14% dei campioni fecali di pazienti affetti da diarrea contiene *C. jejuni* [15]. La massima frequenza d'isolamento in galline tenute singolarmente in gabbia si verificava in ottobre e tra fine aprile e inizio maggio [39]. In quest'ultimo studio, l'8,1% delle galline eliminava cronicamente il microrganismo, mentre il 33% era negativo sebbene fosse probabilmente esposto. La fonte più probabile di *C. jejuni* in un'azienda di lavorazione di anatre è stata individuata negli escrementi di ratti e di topi, con l'86,7% dei primi trovati positivi per questa specie[67]. Sembra esservi consenso sul fatto che questo microrganismo non si trasmette attraverso la cova, ma piuttosto ai polli attraverso parassiti. Il cieco è il principale sito di colonizzazione e i microrganismi non sono generalmente patogeni per i volatili adulti.

Il numero di cellule di *C. jejuni* in alcuni prodotti aviari varia da log 2,00 a 4,26/g. Una volta che questo microrganismo abbia colonizzato un pollaio, la maggior parte dei volatili si infetta nel tempo. Uno studio ha dimostrato che il microrganismo compariva in tutti gli avicoli di un gruppo entro una settimana dall'infezione del primo[117]. Oltre al pollame, l'altra fonte principale di di *C. jejuni* è rappresentata dal latte crudo. Poiché il batterio è presente nelle feci di vacca, non sorprende che possa essere ritrovato nel latte crudo e ci si dovrebbe attendere un grado di contaminazione variabile a seconda delle procedure di mungitura. In uno studio condotto in Wisconsin su latte crudo stoccato in serbatoi, solo uno dei 108 campioni esaminati era positivo per *C. jejuni*, mentre era positivo il 64% dei campioni di feci provenienti da vacche di una mandria di Grado A[40]. Nei Paesi Bassi, il 22% di 904 campioni fecali di vacca e il 4,5% di 904 campioni di latte crudo contenevano *C. jejuni*[11].

L'importanza della contaminazione crociata come fonte di questo microrganismo per l'uomo è illustrata dall'epidemia di gastroenterite da *Campylobacter*, ricondotta al consumo di lattuga e lasagne, che ha coinvolto 14 persone in Oklahoma[26]. Gli alimenti responsabili erano stati preparati in un ambiente ristretto, nel quale era stato in precedenza tagliato del pollo e dove, con tutta probabilità, erano stati contaminati. Per il numero di cellule di campilobatteri in vari alimenti, vedi i capitoli 4 e 9.

28.4.2 Caratteristiche di virulenza

Almeno alcuni ceppi di *C. jejuni* producono un'enterotossina termolabile (CJT) che condivide diverse caratteristiche con le enterotossine di *V. cholerae* (CT) e di *E. coli* (LT). CJT aumenta i livelli di cAMP, induce cambiamenti nelle cellule CHO e provoca l'accumulo di fluidi nell'ansa ileale di ratto[108]. La produzione massima di CJT in un terreno speciale era raggiunta a 42 °C in 24 ore, e la quantità prodotta risultava aumentata da polimixina[72]. I livelli di proteina CJT prodotti dai ceppi variavano ampiamente da 0 a circa 50 ng/mL. La quantità di tossina, determinata mediante il saggio delle cellule surrenaliche Y-1, raddoppiava esponendo le cellule prima a lincomicina e quindi a polimixina[83]. CJT è neutralizzata dagli antisieri per CT e per LT di *E. coli*, indicando un'omologia immunologica con queste due enterotossine[72]. La CJT di *C. jejuni* sembra avere in comune gli stessi recettori cellulari della CT e della LT di *E. coli*, e contiene una subunità B immunologicamente correlata alle subunità B delle CT e LT di *E. coli*[73]. Inoltre, viene prodotta una citotossina attiva contro le cellule Vero e HeLa. L'enterotossina e la citotossina inducono l'accumulo di fluidi nell'ansa ileale di ratto, ma non in quello di topo, maiale o vitello. L'enterotossina parzialmente purificata conteneva tre frazioni con pesi molecolari di 68, 54 e 43 kDa[61]. Su 202 ceppi di *C. jejuni* e *C. coli* isolati da pazienti affetti da enterite e da galline ovaiole sane, il 34% dei ceppi di *C. jejuni* e il 22% dei ceppi di *C. coli* producevano enterotossina, determinata mediante saggio CHO[78].

Confrontando ceppi di *Campylobacter jejuni* isolati dall'uomo e da pollame, è emerso che i primi avevano invasività o tossicità per le cellule Vero più elevata[89]. L'invasività era associata ai biotipi 1 e 2, mentre la tossicità cellulare (con cellule CHO e INT-407) era associata ai biotipi 3 e 4.

L'enterite da *C. jejuni* sembra essere causata in parte dalla capacità invasiva del microrganismo. Ciò è dimostrato dalle caratteristiche del quadro clinico, dal rapido sviluppo di livelli elevati di agglutinina dopo l'infezione, dall'isolamento del microrganismo dal sangue periferico nel corso della fase acuta della malattia e dalla scoperta che *C. jejuni* è in grado di penetrare le cellule HeLa[80]. Tuttavia, *C. jejuni* non risulta invasivo né con il test di Sereny né con quello di Anton.

Le cellule Caco-2 non sono invase per endocitosi, ma con un meccanismo che richiede energia[109]. Tra le diverse sequele associate alla campilobatteriosi, vi è la sindrome di Guillain-Barré (GBS)[116]. Si stima che circa un terzo dei pazienti con GBS sviluppi i sintomi 1-3 settimane dopo l'enterite da *C. jejuni*. Nello schema di sierotipizzazione di Penner, si riconoscono oltre 48 sierotipi di *C. jejuni*; il sierotipo 19 è tra quelli che sembrano associati alla GBS. Questo ceppo ha una struttura oligosaccaridica identica al tetrasaccaride terminale del ganglioside GM_1 dell'ospite e poiché i gangliosidi sono componenti di superficie del tessuto nervoso, anticorpi attivi contro la struttura oligosaccaridica di *C. jejuni* avrebbero effetti antineurali[142].

In cellule di *C. jejuni* è stata dimostrata la presenza di plasmidi. Su 17 ceppi studiati, 11 portavano plasmidi di peso molecolare variabile da 1,6 a 70 MDa, ma il loro ruolo e la loro funzione nella malattia non sono chiari.

È stato sviluppato uno schema di sierotipizzazione per *C. jejuni*. L'82% e il 98% dei ceppi isolati, rispettivamente da polli e dall'uomo, appartenevano alla biovar 1[113].

Complessivamente, le specifiche modalità di patogenesi di *Campylobacter* sono ancora oscure. In una revisione è stato osservato che la mobilità e l'invasione svolgono un ruolo nella patogenesi e che i ruoli delle tossine sono tutt'altro che chiari[71].

28.4.3 Sindrome enterica e prevalenza

Nella prima epidemia statunitense di *C. jejuni*, ricondotta a una fornitura d'acqua[29], nella quale contrassero l'infezione circa 2000 individui, i sintomi (e le percentuali di soggetti col-

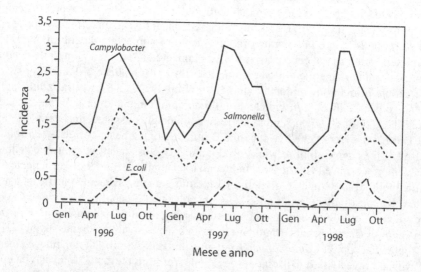

Figura 28.1 Incidenza (per 100.000 abitanti) di infezioni confermate in laboratorio da parte di determinati patogeni individuati dal Foodborne Diseases Active Surveillance Network (FoodNet), Stati Uniti, 1966-1998. I risultati per il 1998 sono preliminari. (Da *Morbidity and Mortality Weekly Report* 1999, 48:190, US Center for Disease Control and Prevention)

piti) erano i seguenti: dolore addominale o crampi (88), diarrea (83), malessere (76), cefalea (54) e febbre (52). I sintomi duravano da 1 a 4 giorni. Nei casi più severi, possono aversi feci emorragiche e la diarrea può ricordare una colite ulcerosa, mentre il dolore addominale può simulare un'appendicite acuta[15]. Il periodo d'incubazione per l'enterite è estremamente variabile; in genere è di circa 48-82 ore, ma può anche essere di 7-10 giorni o più. La diarrea può durare per 2-7 giorni e i microrganismi possono essere eliminati con le feci per più di 2 mesi dopo la scomparsa dei sintomi.

Negli Stati Uniti, negli anni 1996-1998, il numero di isolati in laboratori clinici di *Campylobacter* era superiore a quello di salmonelle (figura 28.1). Gli isolati provenivano dai laboratori clinici di città selezionate di cinque Stati (Rete di sorveglianza FoodNet[24] descritta nel capitolo 22). Occorre osservare che i numeri degli isolati non rappresentano casi certi di malattie trasmesse da alimenti; si assume che i microrganismi in questione siano stati contratti dagli alimenti, anche se ciò non è dimostrato. Nel caso di *Campylobacter*, si ipotizza che circa il 90% sia di origine alimentare. Questo metodo di sorveglianza potrebbe essere un valido indicatore, senza precedenti, dei casi effettivi di origine alimentare. È insolito che un microrganismo così delicato e sensibile all'ambiente circostante possa essere la causa principale di malattie trasmesse da alimenti. È interessante osservare che la più vasta epidemia di enterite da *Campylobacter* mai registrata, come si è detto, fu causata dalla fornitura d'acqua di un paese del Vermont, dove furono infettate circa 2000 persone[29].

28.5 Prevenzione

V. parahaemolyticus, *Y. enterocolitica* e *C. jejuni* sono tutti batteri termosensibili, distrutti dalle temperature di pastorizzazione del latte. Evitando prodotti ittici crudi e prevenendo contaminazioni crociate con materie prime contaminate, è possibile eliminare o ridurre drasticamente l'incidenza delle gastroenteriti di origine alimentare causate da *V. parahaemolyticus* e *Y. enterocolitica*.

Per prevenire l'infezione delle ferite da parte di vibrioni, le persone che presentano tagli o abrasioni cutanee dovrebbero evitare di immergersi in acque marine o di estuari. La yersiniosi può essere evitata, o certamente minimizzata, evitando di bere acqua che non sia stata adeguatamente trattata ed evitando il consumo di latte crudo o non correttamente pastorizzato. La campilobatteriosi, infine, può essere prevenuta evitando il consumo di alimenti di origine animale – specialmente latte e pollame crudo – poco cotti o non pastorizzati.

Bibliografia

1. Abbott SL, Powers C, Kaysner CA, Takeda Y, Ishibashi M, Joseph SW, Janda JM (1989) Emergence of a restricted bioserovar of Vibrio parahaemolyticus as the predominant cause of Vibrio-associated gastroenteritis on the West Coast of the United States and Mexico. *J Clin Microbiol*, 27: 2891-2893.
2. Amin MK, Draughon FA (1987) Growth characteristics of Yersinia enterocolitica in pasteurized skim milk. *J Food Protect*, 50: 849-852.
3. Amirmozafari N, Robertson DC (1993) Nutritional requirements for synthesis of heat-stable enterotoxin by Yersinia enterocolitica. *Appl Environ Microbiol*, 59: 3314-3320.
4. Asakawa Y, Akahane S, Kagata N, Noguchi M (1973) Two community outbreaks of human infection with Yersinia enterocolitica. *J Hyg*, 71: 715-723.
5. Baross J, Liston J (1970) Occurrence of Vibrio parahaemolyticus and related hemolytic vibrios in marine environments of Washington state. *Appl Microbiol*, 20: 179-186.

6. Barrow GI, Miller DC (1976) Vibrio parahaemolyticus and seafoods. In: Skinner FA, Carr JG (eds) *Microbiology in Agriculture, Fisheries and Food*. Academic Press, New York, pp. 181-195.

7. Krieg NR (ed) (1984) *Bergey's Manual of Systematic Bacteriology*, vol. 2. Williams & Wilkins, Baltimore.

8. Beuchat LR (1973) Interacting effects of pH, temperature, and salt concentration on growth and survival of Vibrio parahaemolyticus. *Appl Microbiol*, 25: 844-846.

9. Beuchat LR (1974) Combined effects of water activity, solute, and temperature on the growth of Vibrio parahaemolyticus. *Appl Microbiol*, 27: 1075-1080.

10. Beuchat LR, Worthington RE (1976) Relationships between heat resistance and phospholipid fatty acid composition of Vibrio parahaemolyticus. *Appl Environ Microbiol*, 31: 389-394.

11. Beumer RR, Cruysen JJM, Birtantie IRK (1988) The occurrence of Campylobacter jejuni in raw cows' milk. *J Appl Bacteriol*, 65: 93-96.

12. Black RE, Jackson RJ, Tsai T, Medvesky M, Shayegani M, Feeley JC, MacLeod KIE, Wakelee AM (1978) Epidemic Yersinia enterocolitica infection due to contaminated chocolate milk. *N Engl J Med*, 298: 76-79.

13. Blake PA, Weaver RE, Hollis DG (1980) Diseases of humans (other than cholera) caused by vibrios. *Ann Rev Microbiol*, 34: 341-367.

14. Blankenship LC, Craven SE (1982) Campylobacter jejuni survival in chicken meat as a function of temperature. *Appl Environ Microbiol*, 44: 88-92.

15. Blaser MJ (1982) Campylobacter jejuni and food. *Food Technol*, 36(3): 89-92.

16. Blaser MJ, Checko P, Bopp C, Bruce A, Hughes JM (1982) Campylobacter enteritis associated with foodborne transmission. *Am J Epidemiol*, 116: 886-894.

17. Brackett RE (1987) Effects of various acids on growth and survival of Yersinia enterocolitica. *J Food Protect*, 50: 598-601.

18. Bradshaw JG, Shah DB, Wehby AJ, Peeler JT, Twedt RM (1984) Thermal inactivation of the Kanagawa hemolysin of Vibrio parahaemolyticus in buffer and shrimp. *J Food Sci*, 49: 183-187.

19. Brocklehurst TF, Lund BM (1990) The influence of pH, temperature and organic acids on the initiation of growth of Yersinia enterocolitica. *J Appl Bacteriol*, 69: 390-397.

20. Buchrieser C, Gangar VV, Murphree RL, Tamplin ML, Kasper CW (1995) Multiple Vibrio vulnificus strains in oysters as demonstrated by clamped homogeneous electric field gel electrophoresis. *Appl Environ Microbiol*, 61: 1163-1168.

21. Calia KE, Murtagh M, Ferraro MJ, Calderwood SB (1994) Comparison of Vibrio cholerae O139 with V. cholerae O1 classical and El Tor biotypes. *Infect Immun*, 62: 1504-1506.

22. Carter PB, Zahorchak RJ, Brubaker RR (1980) Plague virulence antigens from Yersinia enterocolitica. *Infect Immun*, 28: 638-640.

23. Centers for Disease Control and Prevention (1999) Outbreak of Vibrio parahaemolyticus infection associated with eating raw oysters and clams harvested from Long Island Sound – Connecticut, New Jersey, and New York, 1998. *Morb Mortal Wkly Rep*, 48: 48-51.

24. Centers for Disease Control and Prevention (1998) Incidence of foodborne illnesses – FoodNet, 1997. *Morb Mortal Wkly Rep*, 47: 782-786.

25. Centers for Disease Control and Prevention (1998) Outbreak of Vibrio parahaemolyticus infections associated with eating raw oysters – Pacific Northwest, 1997. *Morb Mortal Wkly Rep*, 47: 457-462.

26. Centers for Disease Control and Prevention (1998) Outbreak of Campylobacter enteritis associated with crosscontamination of food – Oklahoma, 1996. *Morb Mortal Wkly Rep*, 47: 129-131.

27. Centers for Disease Control and Prevention (1996) Vibrio vulnificus infections associated with eating raw oysters – Los Angeles, 1996. *Morb Mortal Wkly Rep*, 45: 621-624.

28. Centers for Disease Control and Prevention (1995) Cholera associated with food transported from El Salvador – Indiana, 1994. *Morb Mortal Wkly Rep*, 44: 385-386.

29. Centers for Disease Control and Prevention (1978) Waterborne Campylobacter gastroenteritis – Vermont. *Morb Mortal Wkly Rep*, 27: 207.

30. Centers for Disease Control and Prevention (1990) Yersinia enterocolitica infections during the holidays in black families – Georgia. *Morb Mortal Wkly Rep*, 39: 819-821.

31. Centers for Disease Control and Prevention (1989) Toxigenic Vibrio cholerae O1 infection acquired in Colorado. *Morb Mortal Wkly Rep*, 38: 19-20.

32. Centers for Disease Control and Prevention (1993) Isolation of Vibrio cholerae O1 from oysters – Mobile Bay, 1991–1992. *Morb Mortal Wkly Rep*, 42: 91-93.

33. Centers for Disease Control and Prevention (1993) Vibrio vulnificus infections associated with raw oyster consumption – Florida, 1981–1992. *Morb Mortal Wkly Rep*, 42: 405-407.

34. Chan KY, Woo ML, Lam LY, French GL (1989) Vibrio parahaemolyticus and other halophilic vibrios associated with seafood in Hong Kong. *J Appl Bacteriol*, 66: 57-64.

35. Cherwonogrodzky JW, Clark AG (1981) Effect of pH on the production of the Kanagawa hemolysin by Vibrio parahaemolyticus. *Infect Immun*, 34: 115-119.

36. Corrales MT, Bainotti AE, Simonetta AC (1994) Survival of Vibrio cholerae O1 in common foodstuffs during storage at different temperatures. *Lett Appl Microbiol*, 18: 277-280.

37. DePaola A, Ulaszek J, Kaysner CA, Tenge BJ, Nordstrom JL, Wells J, Puhr N, Gendel SM (2003) Molecular, serological, and virulence characteristics of Vibrio parahaemolyticus isolated from environmental, food, and clinical sources in North America and Asia. *Appl Environ Microbiol*, 69: 3999-4005.

38. DePaola A, Presnell MW, Becker RE, Motes ML Jr, Zywno SR, Musselman JF, Taylor J, Williams L (1984) Distribution of Vibrio cholerae in the Apalachicola (Florida) Bay estuary. *J Food Protect*, 47: 549-553.

39. Doyle MP (1984) Association of Campylobacter jejuni with laying hens and eggs. *Appl Environ Microbiol*, 47: 533-536.

40. Doyle MP, Roman DJ (1982) Prevalence and survival of Campylobacter jejuni in unpasteurized milk. *Appl Environ Microbiol*, 44: 1154-1158.

41. Faghri MA, Pennington CL, Cronholm LB, Atlas RM (1984) Bacteria associated with crabs from cold waters, with emphasis on the occurrence of potential human pathogens. *Appl Environ Microbiol*, 47: 1054-1061.

42. Francis DW, Spaulding PL, Lovett J (1980) Enterotoxin production and thermal resistance of Yersinia enterocolitica in milk. *Appl Environ Microbiol*, 40: 174-176.

43. Fredriksson-Ahomaa M, Korte T, Korkeala H (2000) Contamination of carcasses, offals, and the environment with yadA-positive Yersinia enterocolitica in a pig slaughterhouse. *J Food Protect*, 63: 31-35.

44. Fredriksson-Ahomaa M, Hielm S, Korkeala H (1999) High prevalence of yadA-positive Yersinia enterocolitica in pig tongues and minced meat at the retail level in Finland. *J Food Protect*, 62: 123-127.

45. Fujino T, Sakaguchi G, Sakazaki R, Takeda Y (1974) *International Symposium on Vibrio parahaemolyticus*. Saikon, Tokyo.

46. Funk JA, Troutt HF, Isaacson RE, Fossler CP (1998) Prevalence of pathogenic Yersinia enterocolitica in groups of swine at slaughter. *J Food Protect*, 61: 677-682.

47. Gill CO, Harris LM (1984) Hamburgers and broiler chickens as potential sources of human Campylobacter enteritis. *J Food Protect*, 47: 96-99.

48. Guerry P, Colwell RR (1977) Isolation of cryptic plasmid deoxyribonucleic acid from Kanagawa-positive strains of Vibrio parahaemolyticus. *Infect Immun*, 16: 328-334.

49. Gutman LT, Ottesen EA, Quan TJ, Noce PS, Katz SL (1973) An inter-familial outbreak of Yersinia enterocolitica enteritis. *N Engl J Med*, 288: 1372-1377.

50. Hanna MO, Stewart JC, Carpenter ZL, Vanderzant C (1977) Heat resistance of Yersinia enterocolitica in skim milk. *J Food Sci*, 42: 1134, 1136.

51. Hanna MO, Stewart JC, Zink DL, Carpenter ZL, Vanderzant C (1977) Development of Yersinia enterocolitica on raw and cooked beef and pork at different temperatures. *J Food Sci*, 42: 1180-1184.

52. Hanna MO, Zink DL, Carpenter ZL, Vanderzant C (1976) Yersinia enterocolitica-like organisms from vacuumpackaged beef and lamb. *J Food Sci*, 41: 1254-1256.

53. Harmon MC, Swaminathan B, Forrest JC (1984) Isolation of Yersinia enterocolitica and related species from porcine samples obtained from an abattoir. *J Appl Bacteriol*, 56: 421-427.

54. Highsmith AK, Feeley JC, Morris GK (1977) Yersinia enterocolitica: A review of the bacterium and recommended laboratory methodology. *Health Lab Sci*, 14: 253-260.

55. Hlady WG (1997) Vibrio infections associated with raw oyster consumption in Florida, 1981–1994. *J Food Protect*, 60: 353-357.

56. Høi L, Larsen JL, Dalsgaard I, Dalsgaard A (1998) Occurrence of Vibrio vulnificus biotypes in Danish marine environments. *Appl Environ Microbiol*, 64: 7-13.

57. Honda T, Goshima K, Takeda Y et al. T (1976) Demonstration of the cardiotoxicity of the thermostable direct hemolysin (lethal toxin) produced by Vibrio parahaemolyticus. *Infect Immun*, 13: 163-171.

58. Hughes JM, Hollis DG, Gangarosa EJ, Weaver RE (1978) Noncholera vibrio infections in the United States: Clinical, epidemiologic and laboratory features. *Ann Intern Med*, 88: 602-606.

59. Hunt MD, Woodard WE, Keswick BH, Dupont HL (1988) Seroepidemiology of cholera in Gulf coastal Texas. *Appl Environ Microbiol*, 54: 1673-1677.

60. Islam MS, Hasan MK, Miah MA, Yunus M, Zaman K, Albert MJ (1994) Isolation of Vibrio cholerae O139 synonym Bengal from the aquatic environment in Bangladesh: Implications for disease transmission. *Appl Environ Microbiol*, 60: 1684-1686.

61. Kaikoku T, Kawaguchi M, Takama K, Suzuki S (1990) Partial purification and characterization of the enterotoxin produced by Campylobacter jejuni. *Infect Immun*, 58: 2414-2419.

62. Kaneko T, Colwell RR (1973) Ecology of Vibrio parahaemolyticus in Chesapeake Bay. *J Bacteriol*, 113: 24-32.

63. Kaper J, Lockman H, Colwell RR, Joseph SW (1979) Ecology, serology, and enterotoxin production of Vibrio cholerae in Chesapeake Bay. *Appl Environ Microbiol*, 37: 91-103.

64. Karaolis DKR, Lan R, Reeves PR (1995) The sixth and seventh cholera pandemics are due to independent clones separately derived from environmental, nontoxigenic, non-O1 Vibrio cholerae. *J Bacteriol*, 177: 3191-3198.

65. Karunsagar I (1981) Production of hemolysin by Vibrio parahaemolyticus in a chemically defined medium. *Appl Environ Microbiol*, 41: 1274-1275.

66. Karunsagar I, Joseph SW, Twedt RM, Hada H, Colwell RR (1984) Enhancement of Vibrio parahaemolyticus virulence by lysed erythrocyte factor and iron. *Infect Immun*, 46: 141-144.

67. Kasrazedeh M, Genigeorgis C (1987) Origin and prevalence of Campylobacter jejuni in ducks and duck meat at the farm and processing plant level. *J Food Protect*, 50: 321-326.

68. Kelana LC, Griffiths MW (2003) Growth of autobioluminescent Campylobacter jejuni in response to various environmental conditions. *J Food Protect*, 66: 1190-1197.

69. Kelly MT, Dan Stroh EM (1989) Urease-positive, Kanagawa-negative Vibrio parahaemolyticus from patients and the environment in the Pacific Northwest. *J Clin Microbiol*, 27: 2820-2822.

70. Kenyon JE, Piexoto DR, Austin B, Gilles DC (1984) Seasonal variation in numbers of Vibrio cholerae (non-O1) isolated from California coastal waters. *Appl Environ Microbiol*, 47: 1243-1245.

71. Ketley JM (1997) Pathogenesis of enteric infection by Campylobacter. *Microbiology*, 143: 5-21.

72. Klipstein FA, Engert RF (1984) Properties of crude Campylobacter jejuni heat-labile enterotoxin. *Infect Immun*, 45: 314-319.

73. Klipstein FA, Engert RF (1985) Immunological relationship of the B subunits of Campylobacter jejuni and Escherichia coli heat-labile enterotoxins. *Infect Immun*, 48: 629-633.

74. Kothary MH, Richardson SH (1987) Fluid accumulation in infant mice caused by Vibrio hollisae and its extracellular enterotoxin. *Infect Immun*, 55: 626-630.

75. Lee LA, Taylor J, Carter GP, Quinn B, Farmer JJ III, Tauxe RV, the Yersinia enterocolitica Collaborative Study Group (1991) Yersinia enterocolitica O:3: An emerging cause of pediatric gastroenteritis in the United States. The Yersinia enterocolitica Collaborative Study Group. *J Infect Dis*, 163: 660-663.

76. Lee WC, Lee MJ, Kim JS, Park SY (2001) Foodborne illness outbreaks in Korea and Japan studied retrospectively. *J Food Protect*, 64: 899-902.

77. Leistner L, Hechelmann H, Albert R (1975) Nachweis von Yersinia enterocolitica in Faeces and Fleisch von Schweinen, Hindern und Geflugel. *Fleischwirtschaft*, 55: 1599-1602.

78. Lindblom GB, Kaijser B, Sjogren E (1989) Enterotoxin production and serogroups of Campylobacter jejuni and Campylobacter coli from patients with diarrhea and from healthy laying hens. *J Clin Microbiol*, 27: 1272-1276.

79. Liston J (1973) Vibrio parahaemolyticus. In: Chichester CO, Graham HD (eds) *Microbial Safety of Fishery Products*. Academic Press, New York, pp. 203-213.

80. Manninen KI, Prescott JF, Dohoo IR (1982) Pathogenicity of Campylobacter jejuni isolates from animals and humans. *Infect Immun*, 38: 46-52.

81. Martinez RJ (1983) Plasmid-mediated and temperature-regulated surface properties of Yersinia enterocolitica. *Infect Immun*, 41: 921-930.

82. Matté GR, Matté MH, Rivera IG, Martins MT (1994) Distribution of potentially pathogenic vibrios in oysters from a tropical region. *J Food Protect*, 57: 870-873.

83. McCardell BA, Madden JM, Lee EC (1984) Campylobacter jejuni and Campylobacter coli production of a cytotonic toxin immunologically similar to cholera toxin. *J Food Protect*, 47: 943-949.

84. Miliotis MD, Tall BD, Gray RT (1995) Adherence to an invasion of tissue culture cells by Vibrio hollisae. *Infect Immun*, 63: 4959-4963.

85. Miyoshi SI, Nakazawa H, Kawata K, Tomochika KI, Tobe K, Shinoda S (1998) Characterization of the hemorrhagic reaction caused by Vibrio vulnificus metalloprotease, a member of the thermolysin family. *Infect Immun*, 66: 4851-4855.

86. Molenda JR, Johnson WG, Fishbein M, Wentz B, Mehlman IJ, Dadisman TA Jr (1972) Vibrio parahaemolyticus gastroenteritis in Maryland: Laboratory aspects. *Appl Microbiol*, 24: 444-448.

87. Morris JG, Wilson R, Davis BR, Wachsmuth IK, Riddle CF, Wathen HG, Pollard RA, Blake PA (1981) Non-O group 1 Vibrio cholerae gastroenteritis in the United States. *Ann Intern Med*, 94: 656-658.

88. Mors V, Pai CH (1980) Pathogenic properties of Yersinia enterocolitica. *Infect Immun*, 28: 292-294.

89. Nadeau E, Messier S, Quessy S (2003) Comparison of Campylobacter isolates from poultry and humans: Association between in vitro virulence properties, biotypes, and pulsed-field gel electrophoresis clusters. *Appl Environ Microbiol*, 69: 6316-6320.

90. Nakasone N, Iwanaga M (1990) Pili of Vibrio parahaemolyticus strain as a possible colonization factor. *Infect Immun*, 58: 61-69.

91. National Advisory Committee on Microbiological Criteria for Foods (1994) Campylobacter jejuni/coli. *J Food Protect*, 57: 1101-1121.

92. Nishibuchi M, Doke S, Toizumi S, Umeda T, Yoh M, Miwatani T (1988) Isolation from a coastal fish of Vibrio hollisae capable of producing a hemolysin similar to the thermostable direct hemolysin of Vibrio parahaemolyticus. *Appl Environ Microbiol*, 54: 2144-2146.

93. Nishibuchi M, Ishibashi M, Takeda Y, Kaper JB (1985) Detection of the thermostable direct hemolysin gene and related DNA sequences in Vibrio parahaemolyticus and other Vibrio species by the DNA colony hybridization test. *Infect Immun*, 49: 481-486.

94. Nishibuchi M, Kaper JB (1985) Nucleotide sequence of the thermostable direct hemolysin gene of Vibrio parahaemolyticus. *J Bacteriol*, 162: 558-564.

95. Ogawa A, Kato JI, Watanabe H, Nair BG, Takeda T (1990) Cloning and nucleotide sequence of a heat-stable enterotoxin gene from Vibrio cholerae non-01 isolated from a patient with traveler's diarrhea. *Infect Immun*, 58: 3325-3329.

96. Ogg JE, Ryder RA, Smith HL Jr (1989) Isolation of Vibrio cholerae from aquatic birds in Colorado and Utah. *Appl Environ Microbiol*, 55: 95-99.

97. Okamoto K, Inoue T, Ichikawa H, Kawamoto Y, Miyama A (1981) Partial purification and characterization of heat-stable enterotoxin produced by Yersinia enterocolitica. *Infect Immun*, 31: 554-559.

98. Okamoto K, Inoue T, Shimizu K, Hara S, Miyama A (1982) Further purification and characterization of heat-stable enterotoxin produced by Yersinia enterocolitica. *Infect Immun*, 35: 958-964.

99. Pace J, Chai TJ (1989) Comparison of Vibrio parahaemolyticus grown in estuarine water and rich medium. *Appl Environ Microbiol*, 55: 1877-1887.

100. Pai CH, Mors V (1978) Production of enterotoxin by Yersinia enterocolitica. *Infect Immun*, 119: 908-911.

101. Pai CH, Mors V, Toma S (1978) Prevalence of enterotoxigenicity in human and nonhuman isolates of Yersinia enterocolitica. *Infect Immun*, 22: 334-338.

102. Pearson AD, Greenwood MH, Feltham RKA, Healing TD, Donaldson J, Jones DM, Colwell RR (1996) Microbial ecology of Campylobacter jejuni in a United Kingdom chicken supply chain: Intermittent common source, vertical transmission, and amplication by flock propagation. *Appl Environ Microbiol*, 62: 4614-4620.

103. Peffer CS, Hite MF, Oliver JD (2003) Ecology of Vibrio vulnificus in estaurine waters of eastern North Carolina. *Appl Environ Microbiol*, 69: 3526-3531.

104. Popovic T, Fields PI, Olsvik O, Wells JG, Evins GM, Cameron DN, Farmer III JJ, Bopp CA, Wachsmuth K, Sack RB, Albert MJ, Nair GB, Shimada T, Feeley JC (1995) Molecular subtyping of toxigenic Vibrio cholerae O139 causing epidemic cholera in India and Bangladesh, 1992–1993. *J Infect Dis*, 171: 122-127.

105. Reynolds GN, Draughon FA (1987) Campylobacter jejuni in vacuum packaged processed turkey. *J Food Protect*, 50: 300-304.

106. Rippey SR (1994) Infectious diseases associated with molluscan shellfish consumption. *Clin Microbiol Rev*, 7: 419-425.

107. Robins-Browne RM, Still CS, Miliotis MD, Koornhof HJ (1979) Mechanism of action of Yersinia enterocolitica enterotoxin. *Infect Immun*, 25: 680-684.

108. Ruiz-Palacios GM, Torres J, Escamilla E, Ruiz-Palacios BR, Tamayo J (1983) Cholera-like enterotoxin produced by Campylobacter jejuni. *Lancet*, 2: 250-253.

109. Russell RG, Blake DC Jr (1994) Cell association and invasion of Caco-2 cells by Campylobacter jejuni. *Infect Immun*, 62: 3773-3779.

110. Sakazaki R (1979) Vibrio infections. In: Riemann H, Bryan FL (eds) *Food-Borne Infections and Intoxications*. Academic Press, New York, pp. 173-209.

111. Sakazaki R (1983) Vibrio parahaemolyticus as a food-spoilage organism. In: Rose AH (ed.) *Food Microbiology*. Academic Press, New York, pp. 225-241.

112. Schiemann DA (1981) An enterotoxin-negative strain of Yersinia enterocolitica serotype O:3 is capable of producing diarrhea in mice. *Infect Immun*, 32: 571-574.

113. Shanker S, Rosenfield JA, Davey GR, Sorrell TC (1982) Campylobacter jejuni: Incidence in processed broilers and biotype distribution in human and broiler isolates. *Appl Environ Microbiol*, 43: 1219-1220.

114. Shayegani M, Deforge I, McGlynn DM, Root T (1981) Characteristics of Yersinia enterocolitica and related species isolated from human, animal and environmental sources. *J Clin Microbiol*, 14: 304-312.

115. Shirai H, Ito H, Hirayama T, Nakamoto Y, Nakabayashi N, Kumagai K, Takeda Y, Nishibuchi M (1990) Molecular epidemiologic evidence for association of thermostable direct hemolysin (TDH) and TDH-related hemolysin of Vibrio parahaemolyticus with gastroenteritis. *Infect Immun*, 58: 3568-3573.

116. Smith JL (2002) Campylobacter jejuni infection during pregnancy: Long-term consequences of associated bacteremia, Guillain–Barré syndrome, and reactive arthritis. *J Food Protect*, 65: 696-708.

117. Smitherman RE, Genigeorgis CA, Farver TB (1984) Preliminary observations on the occurrence of Campylobacter jejuni at four California chicken ranches. *J Food Protect*, 47: 293-298.

118. Sperandio V, Girón JA, Silveira WD, Kaper JB (1995) The OmpU outer membrane protein, a potential adherence factor of Vibrio cholerae. *Infect Immun*, 63: 4433-4438.

119. Stelma GN Jr, Spaulding PL, Reyes AL, Johnson CH (1988) Production of enterotoxin by Vibrio vulnificus isolates. *J Food Protect*, 51: 192-196.

120. Stern NJ, Kotula AW (1982) Survival of Campylobacter jejuni inoculated into ground beef. *Appl Environ Microbiol*, 44: 1150-1153.

121. Stern NJ, Pierson MD, Kotula AW (1980) Effects of pH and sodium chloride on Yersinia enterocolitica growth at room and refrigeration temperatures. *J Food Sci*, 45: 64-67.

122. Sulakvelidze A, Kreger A, Joseph A et al. (1999) Production of enterotoxin by Yersinia bercovieri, a recently identified Yersinia enterocolitica-like species. *Infect Immun*, 67: 968-971.

123. Sun Y, Oliver JD (1995) Hot sauce: No elimination of Vibrio vulnificus in oysters. *J Food Protect*, 58: 441-442.

124. Sun Y, Oliver JD (1994) Effects of GRAS compounds on natural Vibrio vulnificus populations in oysters. *J Food Protect*, 57: 921-923.
125. Swaminathan B, Harmon MC, Mehlman IJ (1982) Yersinia enterocolitica. *J Appl Bacteriol*, 52: 151-183.
126. Takeda T, Nair GB, Suzuki K, Shimonishi Y (1990) Production of a monoclonal antibody to Vibrio cholerae non-O1 heat-stable enterotoxin (ST) which is cross-reactive with Yersinia enterocolitica ST. *Infect Immun*, 58: 2755-2759.
127. Takeda Y (1983) Thermostable direct hemolysin of Vibrio parahaemolyticus. *Pharm Ther*, 19: 123-146.
128. Taylor JL, Tuttle J, Pramukul T, O'Brien K, Barrett TJ, Jolbitado B, Lim YL, Vugia D, Glenn Morris J Jr, Tauxe RV, Dwyer DM (1993) An outbreak of cholera in Maryland associated with imported commercial frozen fresh coconut milk. *J Infect Dis*, 167: 1330-1335.
129. Tibana A, Warnken MB, Nunes MP, Ricciardi LD, Noleto ALS (1987) Occurrence of Yersinia species in raw and pasteurized milk in Rio de Janeiro, Brazil. *J Food Protect*, 50: 580-583.
130. Toma S, Lafleur L (1974) Survey on the incidence of Yersinia enterocolitica infection in Canada. *Appl Microbiol*, 28: 469-473.
131. Twedt RM, Peeler JT, Spaulding PL (1980) Effective ileal loop dose of Kanagawa-positive Vibrio parahaemolyticus. *Appl Environ Microbiol*, 40: 1012-1016.
132. Twedt RM, Spaulding PL, Hall HE (1969) Morphological, cultural, biochemical, and serological comparison of Japanese strains of Vibrio parahaemolyticus with related cultures isolated in the United States. *J Bacteriol*, 98: 511-518.
133. Vanderzant C, Nickelson R (1972) Survival of Vibrio parahaemolyticus in shrimp tissue under various environmental conditions. *Appl Microbiol*, 23: 34-37.
134. Vugia DJ, Shefer AM, Douglas J, Greene KD, Bryant RG, Werner SB (1997) Cholera from raw seaweed transported from the Philippines to California. *J Clin Microbiol*, 35: 284-285.
135. Walker SJ, Gilmour A (1990) Production of enterotoxin by Yersinia species isolated from milk. *J Food Protect*, 53: 751-754.
136. Warnken MB, Nunes MP, Noleto ALS (1987) Incidence of Yersinia species in meat samples purchased in Rio de Janeiro, Brazil. *J Food Protect*, 50: 578-579, 583.
136a. WHO (1999) Surveillance Newsletter, 62.
137. Wright AC, Morris JG Jr (1991) The extracellular cytolysin of Vibrio vulnificus: Inactivation and relationship to virulence in mice. *Infect Immun*, 59: 192-197.
138. Wu VCH, Fung DYC, Oberst RD (2004) Evaluation of a 5′-nuclease (TaqMan) assay with the thin agar layer oxyrase method for the detection of Yersinia enterocolitica in ground pork samples. *J Food Protect*, 67: 271-277.
139. Yamamoto K, Ichinose Y, Shinagawa H, Makino K, Nakata A, Iwanaga M, Honda T, Miwatani T (1990) Two-step processing for activation of the cytolysin/hemolysin of Vibrio cholerae O1 biotype El Tor: Nucleotide sequence of the structural gene (hlyA) and characterization of the processed products. *Infect Immun*, 58: 4106-4116.
140. Yamamoto K, Wright AC, Kaper JB, Morris JG Jr (1990) The cytolysin gene of Vibrio vulnificus: Sequence and relationships to the Vibrio cholerae El Tor hemolysin gene. *Infect Immun*, 58: 2706-2709.
141. Yamamoto T, Yokota T (1989) Adherence targets of Vibrio parahaemolyticus in human small intestines. *Infect Immun*, 57: 2410-2419.
142. Yuki N, Taki T, Takahashi M, Saito K, Tai T, Miyatake T, Hande S (1994) Penner's serotype 4 of Campylobacter jejuni has a lipopolysaccharide that bears a GM1 ganglioside epitope as well as one that bears a GD1a epitope. *Infect Immun*, 62: 2101-2103.
143. Zen-Yoji H, Kudoh Y, Igarashi H, Ohta K, Fukai K (1975) Further studies on characterization and biological activities of an enteropathogenic toxin of Vibrio parahaemolyticus. *Toxicon*, 13: 134-135.

Capitolo 29
Parassiti animali
trasmessi da alimenti

I parassiti animali che possono essere contratti attraverso il consumo di alcuni alimenti appartengono a tre gruppi distinti: protozoi, platelminti e nematodi. Molti dei membri più importanti di ciascun gruppo d'interesse per gli alimenti umani sono esaminati in questo capitolo, insieme alla loro classificazione.

A differenza dei batteri di origine alimentare, i parassiti animali non proliferano negli alimenti e la loro presenza deve essere rilevata mediante metodi diretti, poiché essi non crescono sui mezzi di coltura. Avendo tutti dimensioni maggiori rispetto ai batteri, possono essere individuati piuttosto facilmente utilizzando appropriate concentrazioni e procedure di colorazione. Poiché molti sono patogeni intracellulari, la resistenza a queste malattie è spesso dovuta a fenomeni cellulari simili a quelli associati alla listeriosi (vedi capitolo 25).

Infine, un'altra differenza significativa tra alcuni parassiti animali e i batteri è rappresentata dal fatto che i primi richiedono più di un ospite animale per il proprio ciclo vitale. L'*ospite definitivo* è l'animale nel quale il parassita adulto completa il ciclo sessuale; l'*ospite intermedio* è l'animale nel quale le forme larvali o giovanili del parassita si sviluppano. In alcuni casi, vi è solo un ospite definitivo (per esempio, nella criptosporidiosi); in altri casi, più di un animale può servire da ospite definitivo (per esempio, nella difillobotriasi); in altri casi ancora, sia lo stadio larvale sia quello adulto risiedono nello stesso ospite (per esempio, nella trichinellosi).

29.1 Protozoi

I protozoi appartengono al regno Protista (Protoctista), che comprende anche le alghe e i funghi flagellati. Sono le forme animali più piccole e primitive e i sei generi d'interesse alimentare sono classificati come segue.

Regno Protista
    Phylum Sarcomastigophora
        Subphylum Mastigophora
            Classe Zoomastigophorea
                Ordine Diplomonadida
                    Famiglia Hexamitidae
                        Genere *Giardia*

Subphylum Sarcodina
 Superclasse Rhizopoda
  Classe Lobosea
   Ordine Amoebida
    Famiglia Endamoebidae
     Genere *Entamoeba*

Phylum Apicomplexa (= Sporozoa)
 Classe Sporozoea
  Ordine Eucoccidiida
   Famiglia Sarcocystidae
    Genere *Toxoplasma*
    Genere *Sarcocystis*
   Famiglia Cryptosporidiidae
    Genere *Cryptosporidium*
    Genere *Cyclospora*

29.1.1 Giardiasi

Giardia lamblia è un protozoo flagellato presente nelle acque ambientali a livelli maggiori di *Entamoeba histolytica*. Le cellule protozoarie (trofozoiti) producono cisti, che rappresentano le forme principali riscontrabili nell'acqua e negli alimenti. Le cisti hanno forma a pera, con dimensioni variabili di 8-20 μm in lunghezza e 5-12 μm in larghezza. I trofozoiti possiedono otto flagelli, che originano dalla superficie ventrale vicino ai nuclei appaiati, responsabili della mobilità "a foglia cadente". Dopo l'ingestione, con l'ausilio dell'acidità e delle proteasi dello stomaco, le cisti di *Giardia* si aprono nel tratto gastrointestinale, dando luogo in alcuni individui alla forma clinica della giardiasi. La liberazione dei trofozoiti avviene a livello dell'intestino tenue superiore, e questa fase viene assimilata a un fattore di virulenza[9]. I trofozoiti non sono attivamente fagocitici e si procurano i nutrienti per assorbimento. Occasionalmente vengono invasi i dotti biliari, con conseguente colecistite. Rispetto ad altri parassiti protozoici intestinali, i trofozoiti di *Giardia* non penetrano profondamente nei tessuti parenterali.

Distribuzione ambientale

L'acqua rappresenta la seconda fonte più comune di giardiasi. Negli Stati Uniti la prima epidemia, con 123 casi, si verificò nella località sciistica di Aspen (Colorado) nel 1965[22]; tra il 1965 e il 1977 si registrarono 23 epidemie causate da acqua, con oltre 7000 persone colpite[23]; tra il 1971 e il 1985, furono documentate 92 epidemie[22]. Le cisti di *Giardia* sono in genere resistenti alle concentrazioni di cloro utilizzate nelle forniture d'acqua. È stato dimostrato che castori e topi muschiati costituiscono le principali fonti di questo microrganismo per i corpi idrici. In uno studio condotto su 220 campioni fecali di topo muschiato prelevati da acque naturali nel sudovest del New Jersey, il 70% conteneva cisti di *Giardia*[59]. Si stima che fino al 15% della popolazione statunitense sia infettata da questo microrganismo.

Sindrome, diagnosi e terapia

Il periodo d'incubazione per la giardiasi clinica è di 1-4 settimane; le cisti compaiono nelle feci dopo 3-4 settimane. Il passaggio asintomatico delle cisti rappresenta la manifestazione più benigna dell'infezione da *G. lamblia* nell'uomo, ma quando si verifica la giardiasi clinica, i sintomi possono persistere da diversi mesi a un anno o più. I pazienti eliminano ogni giorno con le feci fino a $9,0 \times 10^8$ cisti, che possono sopravvivere anche per 3 mesi nei liquami degli scarichi fognari[3]. *G. lamblia* generalmente non è invasiva; la malattia sintomatica è spesso accompagnata da malassorbimento[96]. La crescita del microrganismo è favorita dall'elevato contenuto di bile nel duodeno e nel digiuno superiore[79].

I 1400 statunitensi dell'isola di Madeira, che nel 1976 furono vittime di un'epidemia di giardiasi, presentavano i seguenti sintomi (tra parentesi è indicata l'incidenza): crampi addominali (75%), distensione addominale (72%), nausea (70%) e perdita di peso (40%). La mediana del periodo d'incubazione era di 4 giorni; *G. lamblia* fu isolata dal 47% di 58 pazienti ammalati. Il consumo di acqua di rubinetto, gelato o ortaggi crudi risultò significativamente associato alla malattia[66]. Le 29 vittime dell'epidemia del 1979-1980, ricondotta al consumo di una conserva casalinga di salmone (vedi oltre), presentavano un quadro clinico caratterizzato da diarrea (100%), stanchezza (97%), crampi addominali (83%), febbre (21%), vomito (17%) e perdita di peso (59%)[77]. In un altro studio condotto su 183 pazienti, i cinque sintomi principali erano diarrea (92%), crampi (70%), nausea (58%), febbre (28%) e vomito (23%)[96]. Una perdita di peso di circa 2,5 kg si osserva comunemente nella giardiasi ed era associata a un'epidemia del 1985 ricondotta al consumo di un'insalata di noodle (spaghetti cinesi)[78].

La giardiasi è una malattia altamente contagiosa; è stata documentata in centri di assistenza diurna nei quali prevalevano scarse condizioni igieniche. L'incidenza dell'infezione umana varia dal 2,4 al 67,5%[19]. Per provocare l'infezione nell'uomo sono sufficienti 10 cisti di *G. lamblia* o anche un numero inferiore[82].

La diagnosi di giardiasi si basa sulla dimostrazione della presenza di trofozoiti in campioni fecali mediante esame microscopico a fresco o dopo colorazione. *G. lamblia* può essere coltivata in coltura axenica, ma ciò non favorisce una rapida diagnosi, per la quale sono stati sviluppati efficaci saggi ELISA (enzyme-linked immunosorbent assay). Nel corso dell'infezione da *G. lamblia* si osserva un aumentato livello in circolo sia di anticorpi sia di linfociti T. Non essendo stata dimostrata nessuna enterotossina, la diarrea è causata da altri fattori[96].

Il farmaco di scelta per la cura della giardiasi è la chinacrina, un derivato dell'acridina; sono efficaci anche il metronidazolo e tinidazolo[96].

Incidenza negli alimenti e casi legati al consumo di alimenti

La presenza di *Giardia* è stata dimostrata in alcuni ortaggi; si può presumere che il microrganismo si ritrovi su alimenti lavati con acqua contaminata o contaminati da portatori asintomatici che osservano scarse misure igieniche. Su 64 cespi di lattuga esaminati a Roma, nel 1968, 48 contenevano cisti di *Giardia*; nel 1981 le cisti sono state riscontrate anche in fragole coltivate in Polonia[3].

Già nel 1928 fu avanzata l'ipotesi che, negli ospedali, la probabile fonte di infezioni da protozoi per i pazienti fossero gli addetti alla manipolazione degli alimenti. In un centro urbano il 36% di 844 pazienti contrasse la giardiasi e si ritenne che l'infezione fosse stata acquisita consumando prodotti ortofrutticoli crudi contaminati da cisti. Barnard e Jackson[3] hanno esaminato questo e altri episodi "storici" di sospetta giardiasi d'origine alimentare. Di seguito sono riportati alcuni casi, sospetti o confermati, di giardiasi alimentare.

1. Nel 1960, in seguito al consumo di un pudding natalizio, probabilmente contaminato da feci di roditori, tre membri su quattro di una famiglia si ammalarono di giardiasi[21]. Furono trovate cisti simili a quelle di *Giardia*.
2. Nel corso di uno studio sulla sorveglianza delle malattie trasmesse da alimenti, condotto negli Stati Uniti nel biennio 1968-1969, Gangarosa e Donadio[39] registrarono nel 1969 un'epidemia di giardiasi con 19 casi; non produssero ulteriori dettagli.

3. Nel dicembre 1979, 29 dei 60 dipendenti di una scuola di una comunità rurale nel Minnesota contrassero la malattia dopo aver consumato una conserva casalinga di salmone; la conserva era stata preparata da uno dei dipendenti dopo che aveva cambiato il pannolino di un neonato che in seguito risultò affetto da un'infezione asintomatica da *Giardia*[77]. Questa fu la prima epidemia ben documentata imputabile a una fonte comune.

4. Nel luglio 1985, 13 dei 16 partecipanti a un picnic nel Connecticut mostrarono i sintomi caratteristici della giardiasi; l'alimento responsabile fu probabilmente un'insalata di spaghetti cinesi (noodle)[78]. Sebbene la maggior parte delle vittime sviluppò i sintomi tra 6 e 20 giorni dopo il picnic, la persona che aveva preparato l'insalata si ammalò dopo 1 solo giorno. Questa fu la seconda epidemia da fonte comune ben documentata riconducibile a un prodotto alimentare.

5. Nel 1988, ad Albuquerque (New Mexico), tra 108 membri di un gruppo giovanile parrocchiale vi furono 21 casi di giardiasi. Gli alimenti che con maggiore probabilità causarono l'epidemia furono individuati negli ingredienti utilizzati dai genitori per la preparazione di tacos per la cena parrocchiale[18].

Epidemie di giardiasi di origine alimentare sono state registrate dal CDC nel 1985 e 1986, con un'epidemia e 13 casi nel 1985 e 2 epidemie e 28 casi nel 1986[5]. La frequenza di ritrovamento di questo microrganismo suggerisce che possa essere una causa di infezione alimentare più comune di quanto riportato. Il periodo d'incubazione superiore a 7 giorni potrebbe essere uno dei fattori che contribuiscono alla sottostima. Un altro possibile fattore è la necessità di dimostrare la presenza del microrganismo nelle feci e negli avanzi di alimenti mediante esame microscopico, una procedura non di routine nell'esame microbiologico degli alimenti quando si verificano epidemie di gastroenterite di origine alimentare.

29.1.2 Amebiasi

L'amebiasi (dissenteria amebica), causata da *Entamoeba histolytica*, è spesso trasmessa per via oro-fecale, sebbene sia nota la trasmissione attraverso l'acqua, gli addetti alla manipolazione degli alimenti e gli alimenti stessi. Secondo Jackson[48] la documentazione della trasmissione della dissenteria amebica attraverso gli alimenti è migliore rispetto a quella di altre malattie protozoarie intestinali. Una caratteristica inusuale di questo organismo è l'essere anaerobico; i trofozoiti (stadio di ameba) sono privi di mitocondri. Si tratta di un anaerobio aerotollerante che richiede glucosio o galattosio come principale substrato respiratorio[69]. I trofozoiti di *E. histolytica* hanno dimensioni variabili da 10 a 60 μm, mentre quelle delle cisti in genere variano da 10 a 20 μm. Mentre i trofozoiti sono mobili, le cisti non lo sono. Si trova spesso con *Entamoeba coli*, con la quale è associata nell'intestino e nelle feci. Nelle feci fresche di un paziente con dissenteria attiva, *E. histolytica* è attivamente mobile e presenta eritrociti che ingloba attraverso pseudopodi. Sebbene nelle feci il numero di *E. histolytica* sia generalmente inferiore rispetto a quello di *Entamoeba coli*, quest'ultima non ingloba mai globuli rossi. I trofozoiti non persistono in condizioni ambientali, mentre le cisti sopravvivono anche 3 mesi nei liquami degli scarichi fognari[3]. Un individuo affetto da questa malattia può eliminare fino a $4,5 \times 10^7$ cisti al giorno[3].

La possibile trasmissione delle cisti agli alimenti diviene una possibilità concreta quando le pratiche di igiene personale sono scarse. L'incidenza dell'amebiasi varia ampiamente, con un tasso dell'1,4% riportato a Tacoma (Washington), fino al 36,4% delle campagne del Tennessee[19]. Si stima che il 10% della popolazione mondiale sia infettata da *E. histolytica* e che si verifichino ogni anno fino a 100 milioni di casi di colite amebica o di ascessi epatici.

Nello stadio di trofozoita, l'organismo induce infezione con formazione di ascessi nelle cellule della mucosa intestinale e ulcere nel colon. La sua adesione alle glicoproteine della cellula ospite è mediata da una lectina galattosio-specifica. Si riproduce per fissione binaria nell'intestino crasso. Si incista nell'ileo e le cisti possono trovarsi libere nel lume intestinale. L'organismo produce una proteina enterotossica con un peso molecolare di 35.000-45.000 Da[19].

Sindrome, diagnosi e terapia

Il periodo di incubazione per l'amebiasi è di 2-4 settimane e i sintomi possono persistere diversi mesi. L'esordio è spesso insidioso, con feci non formate e generalmente senza febbre. Muco e sangue sono tipicamente presenti nelle feci dei pazienti. Successivamente compaiono dolori addominali marcati, febbre, diarrea grave, vomito e lombalgia: sintomi che evocano in qualche misura la shigellosi. La perdita di peso è frequente e tutti i pazienti presentano feci positive alla ricerca di emoglobina. Secondo Jackson[48], l'amebiasi fulminante con ulcerazione del colon e tossicità si verifica nel 6-11% dei casi, specialmente in donne con deplezione da gravidanza o allattamento. Nel colon possono formarsi masse di amebe e muco, con conseguente ostruzione intestinale. In alcuni individui l'amebiasi può durare molti anni a differenza della giardiasi, i cui sintomi raramente persistono per più di 3 mesi[3]. In particolari condizioni, l'amebiasi può risultare da una relazione sinergica con alcuni batteri intestinali.

L'amebiasi viene diagnosticata dimostrando la presenza di trofozoiti e cisti nelle feci o in campioni di mucosa intestinale. Sono utili anche metodi immunologici, quali emoagglutinazione indiretta, immunofluorescenza indiretta, agglutinazione al lattice e ELISA. La sensibilità di questi test è elevata per l'amebiasi extraintestinale: è considerato significativo un titolo di 1:64 per emoagglutinazione indiretta.

La sindrome può essere curata con farmaci amebicidi, quali metronidazolo e clorochina. La resistenza è mediata dall'immunità cellulare. È stato dimostrato che, in presenza di antigeni di *E. histolytica*, i linfociti dei pazienti producono γ-interferon, che attiva macrofagi con proprietà amebicide[90].

29.1.3 Toxoplasmosi

Questa malattia è causata da *Toxoplasma gondii*, un protozoo coccidico parassita intracellulare obbligato. Il nome generico deriva dalla caratteristica forma del protozoo nello stadio di ameba (dal greco *toxon*, arco). Fu isolato per la prima volta nel 1908 da un roditore africano, il gondii, dal quale deriva il nome della specie. Nella maggior parte dei casi l'ingestione di oocisti di *T. gondii* non causa sintomi nell'uomo o l'infezione è autolimitante. In questi casi l'organismo si incista e diviene latente. Tuttavia, in seguito a depressione dell'immunocompetenza, la recrudescenza dell'infezione latente si manifesta come toxoplasmosi, che costituisce una minaccia per la vita.

Gatti domestici e selvatici sono gli unici ospiti definitivi per la fase intestinale o sessuale dell'organismo, e ciò li rende la fonte primaria di toxoplasmosi umana. Di norma l'infezione si trasmette da un gatto all'altro, ma tutti gli animali vertebrati sono virtualmente suscettibili alle oocisti disseminate dai gatti. Per provocare la toxoplasmosi clinica nell'uomo sono sufficienti 100 oocisti; queste possono sopravvivere per oltre un anno in ambienti caldi e umidi[33]. Tra gli alimenti di origine animale, la carne suina è la fonte principale per l'uomo.

Sintomi, diagnosi e terapia

Nella maggior parte degli individui la toxoplasmosi è asintomatica; quando si manifestano, i sintomi comprendono febbre con rash, cefalea, dolori muscolari e ingrossamento dei linfonodi. Il dolore muscolare è piuttosto severo e può durare anche più di un mese. Talvolta, alcuni dei sintomi simulano la mononucleosi infettiva. Negli adulti il periodo d'incubazione è di 6-10 giorni, mentre nei neonati la malattia è congenita.

La toxoplasmosi si sviluppa in seguito all'ingestione di oocisti (se da feci di gatto), che giunte nell'intestino rilasciano otto sporozoiti mobili per azione degli enzimi digestivi. Le oocisti hanno forma ovoidale, con diametro di 10-12 μm, e possiedono una spessa parete. Gli sporozoiti sono falciformi e misurano circa 3×7 μm; non possono sopravvivere a lungo al di fuori dei tessuti dell'animale ospite, né possono sopravvivere all'attività gastrica. Quando vengono liberate nell'intestino, queste forme attraversano le pareti intestinali e si moltiplicano rapidamente in molte altre parti del corpo, dando origine alla sintomatologia clinica. Le forme che si moltiplicano più velocemente sono i tachizoiti (dal greco *tachys*, rapido); negli individui immunocompetenti questi infine si raggruppano, dando origine a cisti del diametro di 10-200 μm, circondate da una parete protettiva. I protozoi contenuti all'interno delle cisti sono indicati con il termine bradizoiti (dal greco *bradys*, lento) e sono più piccoli dei più attivi tachizoiti. I bradizoiti possono persistere nell'organismo per tutta la vita di un individuo; tuttavia, se le cisti vengono rotte meccanicamente o si rompono spontaneamente in un soggetto immunodepresso, i bradizoiti vengono liberati e iniziano a moltiplicarsi alla velocità dei tachizoiti, dando luogo a un'altra infezione attiva. La formazione di una parete cistica attorno ai bradizoiti coincide con lo sviluppo dell'immunità permanente dell'ospite. Normalmente le cisti sono contenute all'interno delle cellule ospiti. Le infezioni da *T. gondii* sono asintomatiche nella stragrande maggioranza dei casi umani (immunocompetenti), ma nelle infezioni congenite e negli ospiti immunocompromessi, come pazienti affetti da sindrome da immunodeficienza acquisita (AIDS), la malattia è molto più severa. È stato riportato che, nelle donne gravide che contraggono la toxoplasmosi all'inizio della gestazione, i tachizoiti attraversano la placenta nel 45% circa dei casi.

A differenza di altre malattie protozoarie intestinali, la toxoplasmosi non può essere diagnosticata dimostrando la presenza di oocisti nelle feci, poiché queste forme compaiono solo nelle feci di gatto. Diversi metodi sierologici sono ampiamente utilizzati per diagnosticare l'infezione acuta. Un aumento di quattro volte del titolo anticorpale di immunoglobuline G (IgG) tra campioni di siero prelevati in fase acuta e in convalescenza è indicativo di infezione acuta. Una conferma più rapida dell'infezione acuta è possibile dosando le immunoglobuline M (IgM), che compaiono durante la prima settimana del'infezione e raggiungono un picco tra la seconda e la quarta settimana[80]. Tra gli altri metodi diagnostici vi sono il test con blu di metilene, l'emoagglutinazione indiretta, l'immunofluorescenza indiretta e l'immunoelettroforesi. Con il test di emoagglutinazione indiretta, titoli di anticorpo superiori a 1:256 sono generalmente indicativi di infezione attiva.

Sebbene l'infezione da toxoplasma induca immunità protettiva, essa è, in parte, mediata da cellule. In molte infezioni batteriche, caratterizzate dall'ingestione delle cellule da parte dei fagociti, i granuli interni di questi ultimi rilasciano enzimi che distruggono i batteri. Durante tale processo la respirazione aerobica lascia il passo alla glicolisi anaerobica, che determina la formazione di acido lattico e il conseguente abbassamento del pH. La maggiore acidità contribuisce alla distruzione dei batteri ingeriti e alla produzione di superossido che, a pH acido, produce ossigeno singoletto ($^1O_2$). Quest'ultimo è piuttosto tossico. I tachizoiti di *T. gondii* sono inusuali in quanto una volta fagocitati, non viene innescata la produzione di H_2O_2 e non si verificano l'abbassamento del pH e la formazione di ossigeno singoletto. Inoltre, essi si localizzano in vacuoli dei fagociti che non si fondono con i lisosomi secondari preesistenti. Pertanto, sembra che il loro meccanismo patogenetico coinvolga un'alterazione delle membrane del fagocita che ne impedisce la fusione con altri organelli endocitici o biosintetici, oltre agli altri fenomeni di cui si è detto[55]. I linfociti T giocano un ruolo nell'immunità verso *T. gondii*; ciò è stato dimostrato utilizzando topi nudi, ai quali cellule T provenienti da topi normali infettati con *T. gondii* conferivano la capacità di resistere all'infezione da parte di un ceppo altamente virulento di *T. gondii*[29].

La terapia antimicrobica per la toxoplasmosi consiste nell'uso di sulfonamide, pirimetamina, pirimetamina più clindamicina, o fluconazolo. La pirimetamina è un antagonista dell'acido folico che inibisce la diidrofolato reduttasi.

Distribuzione di *T. gondii*

La toxoplasmosi è considerata un'infezione universale, con un'incidenza maggiore ai tropici e minore nelle zone con clima più freddo. Si stima che il 50% degli statunitensi in età adulta abbia in circolo anticorpi contro *T. gondii*[80]. In uno studio condotto su reclute dell'esercito statunitense il 13% risultò positivo agli anticorpi antitoxoplasma[36]. Negli Stati Uniti si stima che ogni anno oltre 3000 bambini siano infettati da *T. gondii* perché le madri contraggono l'infezione durante la gravidanza[33]. Il 17% delle infezioni fetali si verificano nel primo trimestre della gravidanza e il 65% nel terzo trimestre; quelle contratte nel primo trimestre hanno conseguenze più gravi[80]. Su 3000 donne gravide esaminate per la presenza di anticorpi contro *T. gondii*, il 32,8% risultò positivo[58].

Fayer e Dubey[33] hanno revisionato gli studi più approfonditi condotti sugli anticorpi contro *T. gondii* in animali da carne: su oltre 16.000 capi di bestiame controllati, il 25% in media presentava anticorpi; le cisti infettive somministrate, provenienti da gatti, persistevano fino a 267 giorni e la maggior parte veniva trovata nel fegato. Su oltre 9000 pecore, il 31% in media presentava anticorpi; le oocisti somministrate persistevano per 173 giorni e la maggior parte si localizzava nel muscolo cardiaco. Analogamente, il 29% dei maiali sviluppava anticorpi; le oocisti persistevano per 171 giorni e la maggior parte veniva riscontrata nel cervello e nel cuore; nelle capre le oocisti persistevano fino a 441 giorni e si localizzavano prevalentemente nei muscoli scheletrici. Poiché gli animali da carne sono erbivori, Fayer e Dubey[33] conclusero che la contaminazione del mangime e dell'acqua – da parte delle oocisti disseminate dai gatti attraverso le feci – dovesse essere la fonte principale di infezione, coadiuvata dalla pratica comune in alcune aziende agricole di tenere i gatti per debellare le infestazioni di topi.

Casi associati agli alimenti

Il numero di casi di toxoplasmosi contratti attraverso gli alimenti non è noto; negli Stati Uniti, il numero stimato di casi originati da tutte le fonti è stato per il 1985 di 2,3 milioni (tabella 29.1). Tale stima supera di gran lunga il numero complessivo di casi registrati di tutte le altre malattie protozoarie.

Tabella 29.1 Numero stimato di casi clinicamente significativi di infezioni protozoarie negli Stati Uniti (1985)

Infezioni	Casi
Amebiasi	12.000
Criptosporidiosi	50
Giardiasi	120.000
Toxoplasmosi*	2.300.000

* Comprese le infezioni congenite
(Da Bennett et al.[7])

Le carni fresche possono contenere oocisti di toxoplasma. Già nel 1954 la carne poco cotta fu sospettata di essere la fonte della toxoplasmosi umana[51]. In uno studio condotto nel 1960 su carni appena macellate, contenevano oocisti il 24% di 50 campioni suini, il 9,3% di 86 campioni ovini e solo 1 campione bovino su 60[53]. *T. gondii* è isolato più frequentemente da pecore che da altri animali da carne[51]. Di seguito sono riportati alcuni casi confermati o sospettati.

1. In Francia nei primi anni Sessanta, in un ospedale per la cura della tubercolosi, il 31% di 641 bambini divenne sieropositivo per *T. gondii* dopo il ricovero. Quando al menu giornaliero furono aggiunte due pietanze a base di carne di montone poco cotta, i casi di toxoplasmosi raddoppiarono. I ricercatori conclusero che la causa dell'elevato numero di infezioni era associata all'abitudine dell'ospedale di servire carne poco cotta[28]. A 771 madri di un istituto scolastico fu sottoposto un questionario sulle preferenze relative al grado di cottura della carne; le donne furono quindi esaminate per la presenza di anticorpi antitoxoplasma. Risultarono positive il 78% delle madri che preferivano la carne ben cotta, l'85% di quelle che la preferivano meno cotta e il 93% di quelle che consumavano carne poco cotta o cruda[28]. I ricercatori non riuscirono a fare una distinzione tra carne di manzo, montone o cavallo; essi osservarono, inoltre, che in Francia il 50% dei bambini viene infettato da *T. gondii* prima dei 7 anni di età e attribuirono tale fenomeno al consumo di carni non cotte a sufficienza.
2. Nella città di New York, nel 1968, su 35 studenti di medicina 11 manifestarono un aumento di anticorpi antitoxoplasma dopo aver consumato nello stesso bar hamburger poco cotti; 5 svilupparono i sintomi clinici della malattia[58].
3. Nel 1974, un neonato di 7 mesi che aveva consumato latte di capra non pastorizzato, contrasse la toxoplasmosi clinica. Nonostante *T. gondii* non potè essere isolato dal latte, alcune capre del gregge avevano titoli di anticorpi per *T. gondii* di 1:512, mentre il bambino avevano un titolo superiore a 1:16.000[83].
4. Nel 1978, 10 membri su 24 di una numerosa famiglia della California settentrionale contrassero la toxoplasmosi dopo aver bevuto latte crudo proveniente da capre infette[89].
5. A São Paulo, in Brasile, 110 studenti universitari furono colpiti da toxoplasmosi acuta dopo aver mangiato carne poco cotta[19].

Poiché la maggior parte dei casi riportati è stata ricondotta al consumo di carne, è evidente che il consumo di carni crude o poco cotte è associato al rischio di infezione. Sono state documentate diverse epidemie legate al consumo di carne[95].

Controllo

La toxoplasmosi umana può essere prevenuta evitando di contaminare l'ambiente con feci di gatto (per esempio, dalle lettiere) ed evitando il consumo di carne e prodotti carnei che contengano cisti vitali. Le cisti di *T. gondii* possono essere distrutte cuocendo la carne a temperature superiori a 60 °C o irraggiandole con almeno 30 krad (0,3 kGy)[33]. L'organismo può essere distrutto per congelamento, ma per la variabilità dei risultati, tale operazione non può considerarsi affidabile nell'inattivazione delle oocisti. Per maggiori informazioni sul ciclo vitale di *Toxoplasma gondii*, si veda il riferimento bibliografico 8.

29.1.4 Sarcocistosi

Su oltre 13 specie conosciute appartenenti al genere *Sarcocystis*, due sono note come causa di malattia extraintestinale nell'uomo: una viene trasmessa dai bovini (*S. hominis*), l'altra dai suini *(S. suihominis)*. L'uomo è l'ospite definitivo per entrambe le specie; gli ospiti intermedi sono i bovini per *S. hominis* e i suini per *S. suihominis*.

Quando l'uomo ingerisce una sarcocisti, i bradizoiti vengono rilasciati e penetrano la lamina propria dell'intestino tenue, dove ha luogo la riproduzione sessuale che porta alla formazione di sporocisti. Queste ultime percorrono l'intestino e vengono escrete con le feci. Quando le sporocisti vengono ingerite da maiali o bovini, gli sporozoiti vengono rilasciati e diffondono in tutto il corpo degli animali; si moltiplicano asessualmente e portano alla formazione di sarcocisti nei muscoli scheletrici e cardiaci. In questo stadio essi vengono talvolta definiti *tubuli di Miescher*. Le sarcocisti contenenti bradizoiti sono visibili a occhio nudo e possono raggiungere il diametro di 1 cm[19].

Sono stati condotti diversi studi per determinare l'infettività relativa di *Sarcocystis* spp. In cinque studi, condotti su 20 volontari umani che avevano mangiato carne di manzo cruda contaminata da *S. hominis*, 12 contrassero l'infezione ed eliminarono le oocisti con le feci, ma solo 1 dei volontari contrasse la malattia in forma clinica[34]. I sintomi comparvero entro 3-6 ore e comprendevano nausea, mal di stomaco e diarrea. Su 15 volontari, che avevano consumato carne di maiale contaminata con *S. suihominis*, 14 contrassero l'infezione ed eliminarono le oocisti e 12 di questi manifestarono i sintomi clinici dopo 6-48 ore dal consumo della carne[34]. Sei individui che avevano mangiato carne di maiale ben cotta non contrassero la malattia. In un ulteriore studio su altra specie di *Sarcocystis*, cani alimentati con carne di manzo a media cottura (60 °C) o ben cotta (71,1-74,4 °C) non venivano infettati, ma la carne di manzo era infettiva se somministrata cruda o poco cotta (37,8-53,3 °C). I cani alimentati con la stessa carne di manzo conservata per una settimana in un congelatore domestico non si infettavano[35]. In due volontari si osservò il passaggio intestinale di oocisti per 40 giorni in seguito al consumo di 500 g di carne di manzo cruda tritata (ottenuta dal muscolo diaframmatico) contaminata[85].

Poiché bovini e suini sono ospiti intermedi di questi parassiti, il loro ruolo nella trasmissione dell'infezione all'uomo attraverso gli alimenti è evidente.

29.1.5 Criptosporidiosi

Il protozoo *Cryptosporidium parvum*, descritto per la prima volta nel 1907 in topi asintomatici, è da decenni un patogeno riconosciuto per almeno 40 mammiferi e per un numero variabile di rettili e uccelli. Sebbene il primo caso umano documentato sia stato registrato solo nel 1976, a livello mondiale questa malattia ha una prevalenza dell'1-4% tra i pazienti con diarrea[104], con un trend che sembra in aumento. In Inghilterra e Galles, nel quinquennio 1985-1989 i casi identificati furono, rispettivamente, 1874, 3694, 3359, 2838 e 7769[2]. In tale periodo questa malattia è stata la quarta causa più frequente di diarrea. Si stima che in alcuni ospedali causi infezione nel 7-38% dei pazienti affetti da AIDS[104]. La prevalenza di *C. parvum* in feci diarroiche è simile a quella di *Giardia lamblia*[104]. Nell'uomo, la malattia è autolimitante negli individui immnocompetenti, ma rappresenta un'infezione grave in quelli immunocompromessi, come i pazienti affetti da AIDS. La presenza del protozoo in alcuni corsi d'acqua (vedi oltre) è nota: esiste pertanto la possibilità di trasmissione alimentare. La via di trasmissione oro-fecale è la più importante, ma è possibile anche la trasmissione indiretta attraverso gli alimenti e il latte.

C. parvum è un parassita coccidico intracellulare obbligato, che compie il proprio ciclo vitale all'interno di un unico ospite. Dopo l'ingestione, giunte nell'intestino tenue le oocisti dalle pareti spesse si escistano e liberano gli sporozoiti, che penetrano nei microvilli degli enterociti dell'ospite, dove la riproduzione sessuale porta allo sviluppo degli zigoti. Questi invadono le cellule ospiti distruggendo sia la loro stessa membrana sia quella dell'ospite. È stato osservato che la polimerizzazione dell'actina della cellula ospite, all'interfaccia tra citoplasma e parassita, è necessaria per l'infezione[30]. Circa l'80% degli zigoti forma oocisti con pareti spesse che sporulano all'interno delle cellule ospiti[24]. Le oocisti vengono escrete con le feci, sono resistenti all'ambiente e trasmettono l'infezione ad altri ospiti quando vengono ingerite.

Le oocisti di *C. parvum* hanno forma da sferica a ovoidale, con dimensioni medie di 4,5-5,0 µm. Ciascuna oocisti sporulata contiene quattro sporozoiti. Le oocisti sono altamente resistenti nell'ambiente naturale e possono rimanere vitali per diversi mesi se conservate in condizioni fredde e umide[24]. È stato riportato che vengono distrutte in 30 minuti da trattamenti con ammoniaca al 50% o con formalina al 10%[24]. Lo stesso autore ha riportato che le oocisti di *C. parvum* possono essere distrutte da temperature superiori a 60 °C e inferiori a –20 °C. Il microrganismo è distrutto dal trattamento di pastorizzazione HTST del latte. È stato riportato che le oocisti perdono l'infettività quando mantenute a 45 °C per 5-20 minuti[1]. In uno studio, le oocisti perdevano l'infettività dopo 2 mesi se conservate in acqua distillata, entro 2 settimane se mantenute a 15-20 °C e in 5 giorni se mantenute a 37 °C[92]. In quest'ultimo studio, le oocisti non sopravvivevano al congelamento, anche quando conservate in diversi crioprotettivi. La sopravvivenza in acque minerali naturali delle oocisti di *C. parvum* di origine umana e ovina è stata oggetto di uno studio condotto in Scozia. Si è osservata una progressiva perdita di vitalità per entrambi i tipi quando aggiunte alle acque minerali e mantenute a 20 °C, mentre la vitalità rimaneva inalterata quando venivano conservate per 12 settimane a 4 °C[73]. I disinfettanti di uso comune sono inefficaci contro le oocisti[10]; ciò è stato dimostrato per l'ozono e i composti del cloro. Per inattivare il 90% almeno delle oocisti di *C. parvum*, erano necessari 5 minuti con 1 ppm di ozono, 60 minuti con 1,3 ppm di biossido di cloro e circa 90 minuti con 80 ppm di cloro o di monocloramina[62]. Poiché le oocisti erano 14 volte più resistenti al ClO_2 rispetto alle cisti di *Giardia*, questi ricercatori hanno concluso che la sola disinfezione non possa essere considerata affidabile per inattivare le oocisti di *C. parvum* in acqua.

La criptosporidiosi umana può essere acquisita attraverso diverse vie di trasmissione conosciute: zoonotica, interumana, ingestione di acqua o alimenti contaminati, contatto con materiale o strumenti ospedalieri contaminati. La trasmissione zoonotica (da animali vertebrati all'uomo) è la più probabile quando animali infetti (come i vitelli) depositano materiale fecale al quale l'uomo è esposto. La malattia può essere contratta bevendo acqua non trattata. In 11 campioni d'acqua, prelevati da quattro fiumi dello Stato di Washington e da due della California, sono state riscontrate 2-112 oocisti per litro[74]. Non è nota la dose infettiva minima per l'uomo, ma due primati su due hanno contratto l'infezione dopo aver ingerito 10 oocisti[2]. È stato dimostrato che questo organismo è un agente eziologico della diarrea del viaggiatore[102].

Sintomi, diagnosi e terapia

Il decorso clinico della criptosporidiosi nell'uomo dipende dallo stato immunitario: i casi più severi si verificano in pazienti immunocompromessi. Negli individui immunocompetenti il microrganismo invade principalmente l'epitelio intestinale e causa diarrea; la malattia è autolimitante, con un periodo d'incubazione di 6-14 giorni, e i sintomi durano tipicamente da 9 a 23 giorni. Nei pazienti immunocompromessi, la diarrea è profusa e acquosa: sono state riportate anche 71 scariche al giorno e, in alcuni casi, fino a 171[32]. La diarrea è accompagnata talvolta da muco, ma raramente da sangue. Dolori addominali, nausea, vomito e febbre moderata (< 39 °C) sono meno frequenti della diarrea; i sintomi possono persistere per oltre 30 giorni negli individui immunocompromessi, ma generalmente meno di 20 giorni (intervallo 4-21 giorni) nei soggetti immunocompetenti. Le 285 vittime dell'epidemia di Milwaukee (vedi oltre) riportarono diarrea acquosa (93%), crampi addominali (84%), febbre (57%) e vomito (48%)[67]. La durata mediana della malattia fu di 9 giorni (intervallo 1-55) e la mediana del numero massimo di scariche giornaliere fu di 12 (range 1-90). In un'epidemia associata all'acqua di una piscina, che si verificò in California nel 1988, 44 delle 60 vittime riportarono i seguenti sintomi: diarrea acquosa (88%), crampi addominali (86%) e febbre (60%)[17]. Il microrganismo fu identificato nelle colture fecali di alcuni pazienti mediante un test rapido (modified acid-fast stain). In genere le oocisti persistono anche oltre lo stadio diarroico.

La diagnosi della criptosporidiosi richiede l'identificazione delle oocisti nelle feci delle vittime. A tale scopo sono utilizzati metodi di colorazione, tra i quali la colorazione acidarapida modificata e la colorazione in negativo, e la flottazione con soluzioni concentrate zuccherine. Un altro metodo diagnostico per individuare le oocisti nelle feci è un test di immunofluorescenza diretta[101]. Quest'ultimo metodo si basa sull'impiego di un anticorpo monoclonale contro un antigene di parete dell'oocisti.

Sono stati testati e trovati inefficaci oltre 100 terapie farmacologiche[25]; sembrano prometenti spiramicina, fluconazolo e amfotericina B. Più recentemente, gli antibiotici aminoglicosidici paromomicina e geneticina si sono dimostrati efficaci nell'inibire la crescita intracellulare di *C. parvum* in cellule Caco-2[41].

Epidemie legate al consumo di acqua e di alimenti

La prima epidemia dimostrata di criptosporidiosi legata all'acqua si verificò nel 1984 a Braun Station (Texas), in seguito al consumo di acqua prelevata da un pozzo artesiano. In realtà vi furono due focolai – uno a maggio e l'altro a giugno – con 79 vittime[26]. Una seconda epidemia con 13.000 vittime si registrò a Carrollton (Georgia) nel 1987; le oocisti furono trovate nelle feci di 58 vittime su 147[43]. Tre distinte epidemie si verificarono nel Regno Unito nel biennio 1988-1989. In una di queste furono confermati 500 casi dovuti al consumo di acqua trattata, ma in realtà sarebbero state colpite circa 5000 persone[97]. In un'altra epidemia, 62 casi vennero ricondotti all'acqua contaminata di una piscina. All'inizio del 1990 ci fu un'epidemia in Scozia.

Nonostante la criptosporidiosi di origine alimentare fosse già sospettata negli anni Ottanta, solo recentemente sono state documentate con certezza alcune epidemie (tabella 29.2). L'epidemia del 1993 legata al consumo di succo di mela coinvolse almeno 759 persone, tra studenti e organizzatori, che partecipavano a un'iniziativa scolastica[70]. La mediana del periodo d'incubazione fu di 6 giorni (intervallo tra 10 ore e 13 giorni). In un'epidemia ricondotta a insalata di pollo, la persona che l'aveva preparata gestiva un asilo nido e ammise di aver cambiato i pannolini ai bambini subito prima di preparare la pietanza[14].

La più vasta epidemia legata all'acqua mai registrata si verificò a Milwaukee, nel Wisconsin, durante la primavera del 1993. Si stima che siano state infettate 403.000 persone[67]. Le

Tabella 29.2 Alimenti coinvolti in alcune epidemie di criptosporidiosi di origine alimentare registrate negli Stati Uniti

Alimenti coinvolti	Anno	Luogo	N. di vittime	Rif. bibl.
Sidro di mela*	1993	Maine	ca. 150	70
Insalata di pollo	1995	Minnesota	15	14
Sidro di mela**	1996	New York	20	13
Cipollotti crudi	1997	Washington	54	12

* Fresco non pastorizzato
** Non pastorizzato

oocisti passarono attraverso uno degli impianti di depurazione dell'acqua della città: i picchi delle concentrazioni erano accompagnati da un aumento di torbidità dell'acqua trattata. Oocisti infettive di *C. parvum* sono state trovate in ostriche provenienti da Chesapeake Bay, da un'area che aveva un basso numero di coliformi[31].

È stato dimostrato che il riscaldamento del sidro a 70 o 71,7 °C per 10-20 secondi è in grado di distruggere 4,9 log di oocisti[27]; è stata anche dimostrata l'efficacia dell'irraggiamento con raggi UV nel distruggere le oocisti di *Cryptosporidium parvum* in sidro. Il trattamento di questa bevanda con UV a 14,32 mJ/cm^2 inattivava fino a 10^6 oocisti, come dimostrato mediante iniezione in topi BALB/c[42]. Per approfondimenti su *C. parvum*, *Cyclospora* e *Giardia*, si veda il riferimento bibliografico 86.

29.1.6 Ciclosporiasi

Cyclospora cayetanensis, il protozoo responsabile di questa malattia, è un coccidio strettamente correlato ai criptosporidi; alcuni casi umani di infezione causati da questi ultimi sono stati, infatti, erroneamente diagnosticati come ciclosporiasi. Per l'aspetto che presenta quando osservato al microscopio con luce ultravioletta (UV), prima degli anni Novanta si riteneva che questo microrganismo fosse un'alga o un cianobatterio, ed era indicato come "cianobatterio simile". L'attuale classificazione si deve a Ortega e colleghi[75,76]. Uno dei primi studi generali su *Cyclospora* è stato quello di Soave[98].

Le oocisti di *C. cayetanensis* hanno un diametro di circa 8-10 μm e contengono due sporocisti (larghe circa 4 μm e lunghe 6). Ciascuna sporocisti contiene due sporozoiti falciformi larghi circa 1 μm e lunghi 9[75]. Le oocisti sono acido-resistenti e sensibili alla disidratazione, ma resistenti al cloro. Le oocisti sporulano dopo 5-13 giorni in coltura[76], e meglio a 22 o 30 °C, ma non a 4 o a 37 °C[94]. La trasmissione interumana di questa malattia non è probabile, dal momento che le oocisti escrete devono sporulare per diventare infettive. In uno studio condotto in Perù sulla sua prevalenza in feci di bambini di età inferiore a due anni e mezzo, il 6 e il 18% delle due coorti esaminate è risultato positivo[76]. A differenza dei criptosporidi, questo protozoo è suscettibile al Bactrim (sulfametoxazolo+trimetoprim).

Le oocisti possono essere identificate nelle feci mediante osservazione microscopica a fresco, in contrasto di fase, colorazione acida-rapida o a epifluorescenza. La conferma o l'individuazione possono essere effettuate mediante PCR. È stato sviluppato un metodo basato sulla PCR in grado di determinare un numero di sole 19 *C. cayetanensis* per ogni test, o di 10 di un protozoo simile, *Eimeria tenella*[54].

C. cayetanensis è un patogeno intestinale che sembra parassitare le cellule epiteliali (enterociti) del digiuno. La sintomatologia è simile a quella della criptosporidiosi. La diarrea è prolungata ma autolimitante e persiste in media 43 ± 24 giorni[93]; si manifesta in forma più grave in individui con infezione da HIV[98]. Il periodo d'incubazione varia da 2 a 11 giorni, con una media di circa 7 giorni. Nella grande epidemia del 1996 le vittime presentavano prevalentemente diarrea (98,8%), inappetenza (92,9%), stanchezza (92,4%) e perdita in peso (90,7%)[43].

Prevalenza ed epidemie

Sembra che il primo caso umano documentato di ciclosporiasi si sia verificato nel 1977 in Papua Nuova Guinea[98]. La prima epidemia statunitense, con 21 casi, si verificò a Chicago nel luglio 1990, in un dormitorio di medici ospedalieri[47]. La causa venne individuata nell'acqua di rubinetto proveniente da cisterne di stoccaggio situate in cima all'edificio[47]. Essendo un patogeno intestinale, è logico ritrovare il microrganismo in acque contaminate da feci; le sue oocisti sono state trovate in acque di scarico e confermate mediante PCR[99]. La malattia fu contratta in Nepal, nel 1994, da soldati britannici e ausiliari che avevano consumato acqua clorata conservata in cisterne[81]. Si sono avuti casi anche su navi da crociera.

La più grande epidemia certa di origine alimentare si è verificata nel 1996 in 20 Stati USA e in due Province canadesi; ci sono stati almeno 1465 casi, il 66,8% dei quali confermato in laboratorio[44]. Questa epidemia è stata ricondotta a lamponi importati dal Guatemala. Questo stesso prodotto ha causato l'epidemia registrata nel 1998 in Ontario (Canada), con almeno 29 persone colpite[15]. In questo caso l'alimento responsabile era una guarnizione di frutti di bosco contenente lamponi, more, fragole e, probabilmente, mirtilli; il 26% dei 108 individui che hanno consumato l'alimento ha contratto la malattia. I lamponi del Guatemala erano statisticamente associati al microrganismo. Oltre ai lamponi, anche la lattuga è stata sospettata di essere fonte di ciclosporiasi[16]. Un'epidemia di ciclosporiasi, con circa 79 vittime, si è verificata a Toronto nel 1999 tra gli invitati a un matrimonio, ma il veicolo è rimasto sconosciuto.

29.2 Platelminti

Tutti i vermi piatti appartengono al phylum animale Platyhelminthes; i generi discussi in questo capitolo appartengono a due classi:

Phylum Platyhelminthes
  Classe Trematoda (vermi piatti)
    Sottoclasse Digenea
      Ordine Echinostomata
        Famiglia Fasciolidae
          Genere *Fasciola*
          Genere *Fasciolopsis*
      Ordine Plagiorchiata
        Famiglia Troglotrematidae
          Genere *Paragonimus*
      Ordine Opisthorchiata
        Famiglia Opisthorchiidae
          Genere *Clonorchis*

  Classe Cestoidea
    Sottoclasse Eucestoda (vermi nastriformi)
      Ordine Pseudophyllidea
        Famiglia Diphyllobothriidae
          Genere *Diphyllobothrium*
      Ordine Cyclophyllidea
        Famiglia Taeniidae
          Genere *Taenia*

29.2.1 *Fascioliasi*

Questa sindrome (nota anche come cirrosi biliare parassitica) è causata dal trematode digenetico *Fasciola hepatica*. La malattia nell'uomo ha una distribuzione universale e l'organismo responsabile è presente dove vengono allevati pecore e capi di bestiame; questi, assieme all'uomo, costituiscono i principali ospiti definitivi.

Questo parassita matura nei dotti biliari, dove produce grosse uova opercolate (150 × 90 μm di dimensioni) che raggiungono il tratto alimentare e vengono escrete con le feci. Se le uova raggiungono una raccolta d'acqua dolce, dopo un periodo di 4-15 giorni liberano un miracidio, che penetra in una lumaca (del genere *Lymnaea*) e si trasforma in una sporocisti; all'interno della sporocisti si formano le redie madri, che in seguito diventano redie figlie e cercarie. Quando fuoriescono dalla lumaca, le cercarie – libere nell'acqua – si attaccano alle piante acquatiche e all'erba, dove si incistano a formare le metacercarie. Quando vengono ingerite da un ospite definitivo, le metacercarie si schiudono nel duodeno, attraversano la parete intestinale e penetrano nel celoma; da qui passano al fegato, si nutrono nelle sue cellule e si stabiliscono nei dotti biliari, dove giungono a maturità[19,79].

Nel bestiame e negli ovini la fascioliasi determina compromissione del fegato, rappresentando un grave problema economico. Sono noti casi umani, specialmente in Francia, che vengono contratti da crescione, crudo o non cotto adeguatamente, contenente metacercarie incistate. Negli Stati Uniti i casi umani sono rari e limitati al sud[48]. Nell'uomo la fascioliasi faringea (conosciuta anche come halzoun) è causata dall'ingestione di fegato bovino crudo infestato da *Fasciola*: l'attacco dei giovani platelminti alle membrane buccali o faringee è seguito da sintomatologia dolorosa, con raucedine e tosse[19].

Sintomi, diagnosi e terapia

Nell'uomo i sintomi compaiono dopo circa 30 giorni dall'infezione; comprendono febbre, malessere generale, stanchezza, inappetenza e perdita di peso, oltre a dolore nella regione epatica. La malattia è accompagnata tipicamente da eosinofilia. La diagnosi viene posta dimostrando la presenza delle uova nelle feci o nei succhi biliari o duodenali. Per il trattamento sono efficaci la niclosamide e il praziquantel[79] (quest'ultimo non in commercio in Italia).

29.2.2 Fasciolopsiasi

La fasciolopsiasi è causata da *Fasciolopsis buski*, il cui habitat è simile a quello di *F. hepatica*. L'uomo funge da ospite definitivo; diverse specie di lumache rappresentano gli ospiti intermedi e le piante acquatiche (crescione d'acqua) i secondi ospiti intermedi. A differenza di *F. hepatica*, questo parassita si ritrova nel duodeno e nel digiuno di uomo e maiale; in particolari zone della Thailandia, dove si consumano alcune piante acquatiche crude, si riscontrano tassi di infezione nell'uomo del 40%[19].

I sintomi della fasciolopsiasi umana sono correlati al numero di parassiti: se nell'organismo ve ne sono pochi, non si manifesta alcun sintomo. Quando si presentano, i sintomi si sviluppano entro 1-2 mesi dall'infezione iniziale e consistono in diarrea violenta, dolore addominale, perdita di peso e debolezza generalizzata. In casi estremi può sopraggiungere il decesso[79]. I sintomi sembrano dovuti all'effetto tossico generale dei metaboliti dei platelminti.

La diagnosi è posta dimostrando la presenza delle uova nelle feci. Le uova di *F. buski* hanno dimensioni di 130-140 μm × 80-85 μm. Sia la niclosamide sia il praziquantel sono efficaci nella cura di questa malattia[79].

29.2.3 Paragonimiasi

Questa malattia parassitica (nota anche come emottisi parassitica) è causata da *Paragonimus* spp., specialmente da *P. westermani*, diffuso soprattutto in Asia ma anche in Africa e America Centrale e Meridionale. *P. kellicotti* si riscontra in America Settentrionale e Centrale. A differenza degli altri trematodi, *P. westermani* è un platelminta lungo.

Le uova di questo parassita sono espulse nell'espettorato dall'ospite definitivo (uomo e altri animali); i miracidi si sviluppano in 3 settimane in ambienti umidi. Un miracidio penetra in una lumaca (primo ospite intermedio) e dopo circa 78 giorni genera redie e cercarie[19]. Le cercarie penetrano nel secondo ospite intermedio (granchio o gambero), dove si incistano come metacercarie. In alcune regioni dell'Oriente e nelle Filippine, diverse specie di granchi d'acqua dolce rappresentano l'ospite nel quale il parassita forma di solito metacercarie nei muscoli delle zampe e della coda[79]. *P. kellicotti* forma invece cisti nel cuore[79]. Quando l'ospite definitivo ingerisce il crostaceo infestato, le metacercarie si liberano nell'intestino, perforano la parete del duodeno e infine raggiungono i polmoni, dove si racchiudono in cisti di tessuto connettivo[79]. Le uova di colore giallo-marroncino possono comparire nell'espettorato dopo 2-3 mesi.

Sintomi, diagnosi e terapia

La paragonimiasi è accompagnata da tosse cronica severa e dolore acuto al torace. L'espettorato è in genere color ruggine o ematico. Quando i parassiti non trovano la via verso i polmoni, possono manifestarsi altri sintomi non specifici[79]. La diagnosi viene posta dimostrando la presenza di uova giallo-marroncine nell'espettorato o nelle feci. Le uova di *P. westermani* sono lunghe 80-120 µm e larghe 50-60 µm. Un titolo di fissazione del complemento di almeno 1:16 ha significato diagnostico; per la diagnosi sono inoltre disponibili test ELISA. La malattia può essere curata con praziquantel[79].

29.2.4 *Clonorchiasi (Opistorchiasi)*

La classe Trematoda dei platelminti comprende parassiti comunemente chiamati vermi piatti, che infettano il fegato, i polmoni o il sangue dei mammiferi. *Clonorchis (Opisthorchis) sinensis* è il verme epatico cinese che causa la cirrosi biliare orientale. Questi vermi hanno generalmente tre ospiti: due intermedi, nei quali si sviluppa lo stadio larvale o giovanile, e uno definitivo o finale, nel quale si sviluppa l'adulto sessualmente maturo. *C. sinensis* è un endoparassita che presenta una ventosa anteriore, che circonda la bocca, e una ventosa medioventrale. Insieme a gatti, cani, maiali e altri vertebrati, l'uomo può fungere da ospite definitivo.

Quando vengono deposte in acqua, le uova di *C. sinensis* producono larve ciliate (miracidi), che invadono il primo ospite, solitamente una lumaca. Quando penetra in una lumaca, la larva si converte in sporocisti e si riproduce asessualmente formando embrioni. Ogni embrione si sviluppa in una redia che fuoriesce dalla sporocisti e inizia a nutrirsi a spese dei tessuti dell'ospite. All'interno delle redie gli embrioni si sviluppano in cercarie, che abbandonano le redie attraverso un poro di nascita. Una cercaria è un verme in miniatura munito di coda. Le cercarie abbandonano la lumaca e si muovono libere nell'acqua in cerca del loro ospite successivo, di solito pesci, mitili e simili. Esse penetrano nel nuovo ospite, perdono la coda e vengono circondate da una cisti. All'interno della cisti l'ulteriore sviluppo porta a metacercarie, che si trasformano ulteriormente nell'ospite definitivo, di solito un vertebrato, incluso l'uomo. In seguito all'ingestione di pesce infestato da metacercarie, la parete della cisti si dissolve nell'intestino e vengono liberati gli individui giovani. Questi migrano attraverso il corpo verso il loro sito finale, nel caso di *C. sinensis* i dotti biliari epatici dove, tra gli altri problemi, possono causare cirrosi (vedi oltre).

Questi platelminti sono diffusi in Cina, Corea, Giappone e parte del Sudest asiatico. Si stima che in Asia più di 20 milioni di persone ne siano infestate[45]. In Cina è spesso associato al consumo di una preparazione di pesce crudo chiamata *ide*. Oltre 80 specie di pesce possono ospitare *C. sinensis*[45].

Sintomi, diagnosi, terapia e prevenzione

Se è lieve, l'infezione può essere asintomatica, ma i casi severi possono comportare danno epatico con cirrosi ed edema; occasionalmente è stato riportato cancro del fegato[79].

La diagnosi è posta dimostrando la presenza delle uova nelle feci e nel succo duodenale mediante ripetute osservazioni al microscopio. Un test ELISA è utile, anche se possono verificarsi reazioni crociate con altri trematodi. Il praziquantel è un chemioterapico efficace.

Per prevenire questa sindrome sarebbe necessario evitare la contaminazione con feci umane delle acque destinate alla pesca, ma ciò sembra improbabile considerata la sua ampia diffusione. Un alternativa più realistica consiste nell'evitare il consumo di pesce crudo o poco cotto. *C. sinensis* può essere inattivato nel pesce con le stesse procedure utilizzate per distruggere nematodi e platelminti. Secondo Rodrick e Cheng[84], tutti i pesci catturati devono essere considerati potenziali portatori di parassiti. Ciò vale per tutti i platelminti, i nematodi e i protozoi.

29.2.5 Difillobotriasi

Questa infezione viene contratta attraverso il consumo di pesce crudo o poco cotto; l'organismo responsabile, *Diphyllobothrium latum*, viene spesso denominato tenia del pesce. Gli ospiti definitivi di *D. latum* sono l'uomo e altri mammiferi che si nutrono di pesce; gli ospiti intermedi sono diversi pesci d'acqua dolce e il salmone, nel quale si formano le larve plerocercoidi (o metacestodi).

Quando l'uomo consuma pesce infestato da larve plerocercoidi, queste si attaccano alla mucosa ileale mediante due botrie (sorta di labbra muscolose) situati su ciascun scolice e si sviluppano nell'arco di 3-4 settimane in forme mature. Man mano che il verme matura, la lunghezza del suo strobilo – formato da numerose proglottidi – aumenta fino a 10 o anche quasi 20 m; ciascun verme può produrre 3000-4000 proglottidi più larghe che lunghe (da cui broad fish tape) (figura 29.1). Ogni giorno possono essere rilasciate nelle feci delle vittime oltre 1 milione di uova: queste sono riscontrate nelle feci più frequentemente delle proglottidi e non sono infettive per l'uomo.

Quando l'acqua viene contaminata da feci umane contenenti le uova, queste si schiudono e rilasciano larve o coracidi (note anche come oncosfere) provviste di sei uncini, libere di muoversi nell'acqua. Le larve che invadono i piccoli crostacei (microcrostacei, come i copepodi *Cyclops* o *Diaptomus*) si trasformano in uno stadio giovanile definito metacestode o larva procercoide. Quando un pesce ingerisce il crostaceo, le larve migrano nei suoi tessuti muscolari e si sviluppano in larve plerocercoidi. Se questo pesce viene mangiato da un pesce più grande, la plerocercoide migra, ma non si sviluppa ulteriormente. L'uomo si infetta quando mangia pesce infestato da queste forme.

Prevalenza

Nonostante il primo caso umano sia stato riportato nel 1906, è stato l'aumento della diffusione di casi registrato nei primi anni Ottanta, negli Stati Uniti e in Canada, che ha richiamato l'attenzione su questa malattia. I casi in questione risultarono dal consumo di *sushi*, una preparazione di pesce crudo assai in uso in alcune regioni dell'Asia, ma divenuto popolare negli Stati Uniti solo in epoca recente. L'incidenza della difillobotriasi è elevata in Scandinavia e nelle regioni baltiche dell'Europa. Si stima che 5 milioni di casi si verifichino in Europa, 4 milioni in Asia e 100.000 in Nord America. Tuttavia, solo 1 tra 275 nativi asintomatici del Labrador (Canada), esaminati nel 1977, presentava colture fecali positive per questo organismo[100].

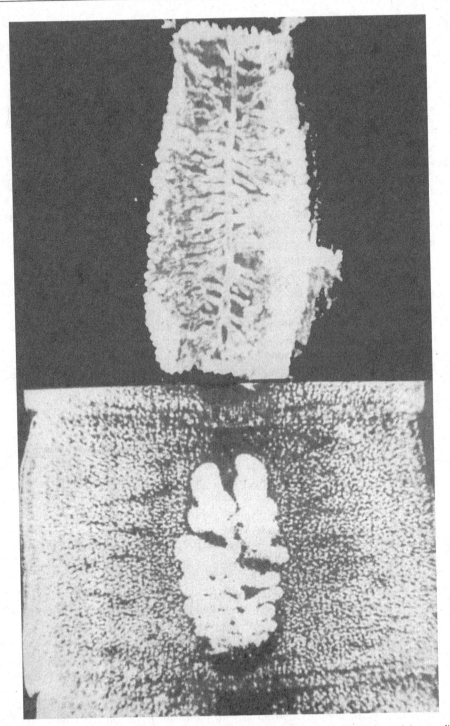

Figura 29.1 Proglottide di *Taenia saginata* (in alto) e *Diphyllobothrium latum* (in basso), ingrandimento: 360x. (Da Abadie SH, Miller JH, Warren LG, Swartzwelder JC, Feldman MR, *Manual of Clinical Microbiology*, 2nd ed, copyright © 1974 American Society for Microbiology, con autorizzazione)

Sintomi, diagnosi e terapia

Sebbene la maggior parte dei casi di difillobotriasi sia asintomatica, le vittime possono lamentare dolore epigastrico, crampi addominali, vomito, perdita di appetito, capogiro e perdita di peso. Sono stati riportati casi di ostruzione intestinale. Una delle conseguenze di questa infestazione è la deficienza di vitamina B12, associata ad anemia macrocitica.

La malattia viene diagnosticata dimostrando la presenza di uova nelle feci. La terapia è identica a quella indicata nei casi di teniasi. L'assenza di sintomi manifesti non sempre significa assenza del verme nell'intestino, dove il parassita può persistere per molti anni.

Prevenzione

La difillobotriasi può essere prevenuta evitando il consumo di pesce crudo o poco cotto. Sebbene la prevenzione della contaminazione fecale delle acque aiuterebbe sicuramente a ridurne l'incidenza, non romperebbe la catena del ciclo vitale dell'organismo, poiché l'uomo non è il solo ospite definitivo. La cottura dei prodotti ittici a una temperatura interna di 60 °C per un minuto o di 65 °C per 30 secondi garantisce la distruzione dell'organismo[6], come pure il congelamento a −20 °C per almeno 60 ore[56,57].

29.2.6 Cisticercosi/Teniasi

Nell'uomo questa sindrome è causata da due specie di vermi piatti: *Taenia saginata* (nota anche come *Taeniarhynchus saginatus*, tenia del bue) e *Taenia solium* (tenia del maiale). Tra i platelminti e i nematodi questi sono gli unici parassiti per i quali l'uomo è l'ospite definitivo; lo stadio adulto e quello sessualmente maturo si sviluppano nell'uomo, mentre lo stadio larvale e quello giovanile si sviluppano negli erbivori. Questi elminti sono privi dei sistemi vascolare, respiratorio o digestivo, e non possiedono una cavità corporea. Per tutto ciò che riguarda il loro sostentamento, essi dipendono dalle attività digestive dei loro ospiti umani. Il loro metabolismo è principalmente anaerobio.

La struttura di una proglottide di *T. saginata* è illustrata nella figura 29.1. Il verme adulto consiste di uno scolice (testa), della grandezza di circa 1 mm, privo di uncini, ma munito di quattro ventose. Dietro lo scolice si trova il collo, dal quale hanno origine le proglottidi che formano la strobila; la formazione di nuove proglottidi determina l'accrescimento del parassita. La proglottide più vecchia è la più distante dallo scolice. Ciascuna proglottide possiede una serie completa di organi riproduttivi; un verme adulto può contenere fino a 2000 proglottidi. Questi organismi possono vivere fino a 25 anni, crescendo nel tratto intestinale dell'ospite fino a raggiungere una lunghezza di 4-6 m. *T. saginata* libera 8-9 proglottidi al giorno, ciascuna contenente 80.000 uova, non infettive per l'uomo.

Quando raggiungono il suolo, le proglottidi rilasciano le loro uova: queste hanno un diametro di circa 30-40 μm, contengono embrioni completamente sviluppati e possono sopravvivere per un mese. Quando le uova sono ingerite da erbivori, per esempio capi di bestiame, vengono rilasciati gli embrioni, che penetrano la parete intestinale e sono trasportati ai muscoli striati di lingua, cuore, diaframma, mascella e quarto posteriore, dove si trasformano in forme larvali chiamate cisticerchi. *Cisticercosi* è il termine usato per designare l'esistenza di questi parassiti negli ospiti intermedi. Dopo l'ingestione delle uova da parte di un erbivoro, di norma sono necessari 2-3 mesi affinché i cisticerchi si sviluppino. Quando sono numerosi, i cisticerchi impartiscono un aspetto puntinato ai tessuti del manzo. L'uomo si infetta ingerendo carne infestata da cisticerchi.

L'infezione causata dalla tenia del maiale (*T. solium*) è assai simile a quella descritta per *T. saginata*; vi sono tuttavia alcune differenze significative. Sebbene l'uomo sia l'ospite definitivo anche in questo caso, gli stadi larvali si sviluppano sia nei suini sia negli esseri umani. In altre parole, l'uomo può fungere sia da ospite intermedio (cisticercosi), sia da ospite definitivo (teniasi), rendendo così possibile l'autoinfezioni. Per tale ragione le infezioni da *T. solium* sono potenzialmente più pericolose di quelle dovute a *T. saginata*. La forma larvale di *T. solium* responsabile della cisticercosi è talvolta chiamata *Cysticercus cellulosae*. Lo scolice di *T. solium* possiede uncini anziché ventose; gli strobili possono raggiungere una lunghezza di 2-4 m e contengono solo 1000 proglottidi circa.

A differenza di *T. saginata*, gli embrioni di *T. solium* sono portati a tutti i tessuti del corpo, inclusi gli occhi e il cervello. *T. saginata* è presente sia negli Stati Uniti sia in molte altre regioni del mondo, mentre *T. solium* è stata eradicata dagli Stati Uniti. Tuttavia continua a esistere in America Latina, Asia, Africa ed Europa orientale. Grazie ai controlli federali e locali effettuati sulle carni, negli Stati Uniti l'incidenza di *T. saginata* in carne di manzo è inferiore all'1%.

Sintomi, diagnosi e terapia

La maggior parte dei casi di teniasi è asintomatica, indipendentemente dalla specie di *Taenia* coinvolta; quando l'uomo funge da ospite intermedio i sintomi sono differenti. Nei casi di cisticercosi, i cisticerchi si sviluppano nei tessuti dell'ospite, inclusi quelli del sistema nervoso centrale, e generalmente determinano eosinofilia.

La teniasi umana viene diagnosticata dimostrando la presenza di uova o proglottidi nelle feci; la cisticercosi, invece, viene confermata mediante biopsia dei tessuti infestati da cisticerchi calcificati o attraverso metodi immunologici. Fissazione del complemento, emoagglutinazione indiretta e test di immunofluorescenza costituiscono utili ausili diagnostici.

Il trattamento con una singola dose orale di niclosamide, che agisce direttamente sui parassiti, è efficace per liberare l'organismo dai vermi adulti. Il farmaco sembra inibire una reazione di fosforilazione nei mitocondri del verme. Un altro farmaco efficace è il praziquantel. Nei casi di cisticercosi può essere indicato il trattamento chirurgico.

Prevenzione

L'approccio generale per la prevenzione ed eradicazione di malattie che richiedono più ospiti consiste nell'interrompere il ciclo di trasmissione da un ospite all'altro. Poiché le uova vengono disseminate con le feci umane, la teniasi può essere eliminata con appropriati sistemi di smaltimento dei liquami e dei rifiuti umani, sebbene le infezioni da *T. solium* nell'uomo rappresentino un problema più complesso

Nella carne di manzo e di maiale i cisticerchi possono essere distrutti mediante cottura a temperature non inferiori a 60 °C[52]. Il congelamento delle carni ad almeno −10 °C per 10-15 giorni, oppure l'immersione in soluzioni saline concentrate per 3 settimane, inattivano questi parassiti. Un gruppo di ricercatori, in uno studio condotto per valutare i tempi e le temperature di congelamento necessari per assicurare la morte di tutti i cisticerchi da carne di vitello infetta, ha riscontrato i seguenti valori: 360 ore a −5 °C, 216 ore a −10 °C e 144 ore a −15, −20, −25 o −30 °C[46].

29.3 Nematodi

I nematodi responsabili di malattia più importanti per gli alimenti appartengono a due ordini del phylum Nematoda. L'ordine Rhabditida include *Turbatrix aceti* (l'anguillula dell'aceto), che, non essendo un patogeno umano, non verrà qui trattato.

Phylum Nematoda
  Classe Adenophorea (= Aphasmidia)
    Ordine Trichinellida
      Genere *Trichinella*

Classe Secernentea (= Phasmidia)
  Ordine Rhabditida
    Genere *Turbatrix*

Ordine Ascaridida
  Genere *Ascaris*
    Sottofamiglia Anisakinae
      Genere *Anisakis*
      Genere *Pseudoterranova* (*Phocanema*)
      Genere *Toxocara*

29.3.1 Trichinellosi

Trichinella spiralis è l'agente eziologico della trichinellosi (o trichinosi), la malattia da nematodi che ha destato maggiore preoccupazione per quanto riguarda la trasmissione attraverso gli alimenti, specialmente negli Stati Uniti. L'organismo fu descritto per la prima volta nel 1835 a Londra da James Paget; il primo caso umano di trichinellosi fu osservato in Germania nel 1859[61]. Sebbene la maggior parte delle malattie umane causate da platelminti e nematodi sia causata da parassiti che richiedono almeno due diversi ospiti animali, le trichine vengono trasmesse da ospite a ospite, poiché non esistono stadi di vita libera. Ciò significa che sia lo stadio larvale sia quello adulto di *T. spiralis* si osservano nello stesso ospite. Il parassita viene spesso contratto da carne cruda o poco cotta di maiale o di orso.

Le forme adulte di *T. spiralis* vivono nelle mucose del duodeno e del digiuno di mammiferi – come suini, canidi, orsi, mammiferi marini e uomini – che hanno consumato carni infestate da trichine. Le femmine adulte sono lunghe 3-4 mm, i maschi adulti circa la metà. Nonostante possano rimanere nell'intestino per circa un mese, non si manifesta alcun sintomo. Le uova si schiudono all'interno delle femmine e ciascuna di esse ne può produrre circa 1500. Le larve, lunghe 0,1 mm circa, perforano la parete intestinale e si diffondono in tutto il corpo, localizzandosi infine in alcuni muscoli; solo quelle che penetrano nei muscoli scheletrici sopravvivono e si sviluppano, le altre vengono distrutte. Sono colpiti in particolare i muscoli dell'occhio, della lingua e del diaframma; infatti gli organismi di controllo, tra i quali l'USDA, ricercano le larve di trichina in carne di maiale nel diaframma o nei tessuti della lingua. In uno studio il crus del diaframma conteneva più larve per grammo di diversi altri tessuti[64].

Quando le larve penetrano nei muscoli, dopo diverse settimane dall'ingestione di carne infestata, si manifestano dolore severo, febbre e altri sintomi, che talvolta portano a morte per insufficienza cardiaca (vedi oltre). Nei muscoli le larve crescono fino a 1 mm circa di lunghezza, quindi si incistano avvolgendosi a gomitolo e rinchiudendosi in una parete calcificata dopo circa 6-18 mesi (figura 29.2). Fin quando non vengono consumate da un altro animale (compreso l'uomo), le larve non si sviluppano ulteriormente, ma possono rimanere vitali per 10 anni in un ospite vivente. Quando la carne infestata da cisti viene consumata da un secondo ospite, le larve incistate vengono liberate nello stomaco dall'attività enzimatica e maturano nel lume intestinale.

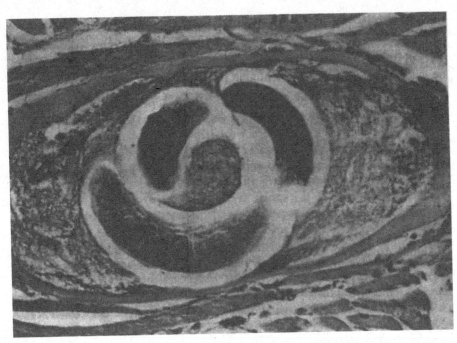

Figura 29.2 *Trichinella spiralis* nel muscolo, ingrandimento: 350×. (Da Abadie SH, Miller JH, Warren LG, Swartzwelder JC, Feldman MR, *Manual of Clinical Microbiology*, 2nd ed, copyright © 1974 American Society for Microbiology, con autorizzazione)

Prevalenza

Circa 75 specie di animali possono essere infettate da *T. spiralis*, ma gli avicoli sembrano essere resistenti[69]. Durante gli anni Trenta e Quaranta, circa il 16% della popolazione statunitense era infettato[69]. Nel periodo 1966-1970, negli Stati Uniti, il 4,7% dei maiali esaminati post mortem conteneva trichine nei muscoli del diaframma[91]. Nel quinquennio tra il 1977 e il 1981 negli Stati Uniti sono stati riportati 686 casi con 4 decessi. Dai dati di uno studio del CDC risulta che nel periodo 1983-1987 si sono verificate 33 epidemie con 162 casi e 1 decesso, pari a un'incidenza media annuale di circa 32 casi[5]. Nei 15 anni compresi tra il 1973 e il 1987 il CDC ha registrato 128 epidemie e 843 casi, con una media di 56 casi all'anno[4]. Tuttavia, è stato stimato che nel 1985 il numero effettivo di casi statunitensi sarebbe stato di 100.000[7]. In Canada sono stati registrati solo 3 casi nel 1982 e nessuno nel 1983 e nel 1984[103]. Nel triennio 1987-1989 sono stati riportati meno di 50 casi all'anno, mentre nel 1990 ne sono stati riportati 120, 90 dei quali si sono verificati nello Iowa tra 250 immigrati dal Sudest Asiatico che avevano mangiato salsiccia di maiale cruda; altri 15 casi, anch'essi ricondotti a salsiccia di maiale, si sono verificati in Virginia.

Negli anni 1975-1981, la carne di maiale è stata coinvolta nel 79% dei casi, quella di orso nel 14% e quella di manzo nel 7%. Studi condotti su carne di manzo macinata in vendita al dettaglio hanno rivelato che dal 3 al 38% dei campioni conteneva carne di maiale. La presenza di carne di maiale nel macinato di manzo può essere deliberata, nel caso di alcuni esercizi commerciali, o può risultare dall'utilizzo dello stesso tritacarne per entrambi i prodotti.

I casi registrati negli Stati Uniti dal 1997 al 2001 (figura 29.3) sono elencati in tabella 29.3[88]. Nel periodo considerato sono stati segnalati 33 casi (pari a una media annuale di 6 circa), 21 dei quali ricondotti al consumo di carne di orso. Sebbene *T. spiralis* sia la causa più nota di trichinellosi, questa malattia può essere provocata anche da *T. pseudospiralis* e *T. nativa*. Nel 1999, in Francia, quattro casi dovuti a *T. pseudospiralis* sono stati ricondotti a carne di orso grigliata poco cotta; il periodo d'incubazione era compreso tra 3 e 14 giorni. *T. nativa* resiste al congelamento e causa trichinellosi nelle regioni artiche e in quelle adiacenti[37].

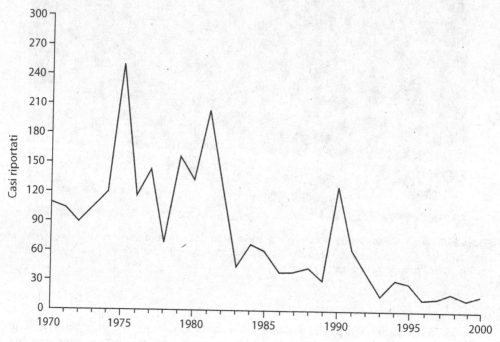

Figura 29.3 Casi di trichinellosi riportati negli Stati Uniti nel periodo 1970-2000 (CDC, 2002).

Tabella 29.3 Epidemie di trichinellosi registrate negli Stati Uniti tra il 1997 e il 2001[88]

Anno	Stato	N. casi	Mese di esordio	Carne implicata
1997	Montana	5	Dicembre	Carne di orso essiccata
1998	Ohio	8	Ottobre - novembre	Carne di orso arrosto o tritata
1999	Illinois	2	Marzo - maggio	Salame di maiale, carne di maiale essiccata
2000	Illinois	2	Gennaio	Salame di maiale, carne di maiale affumicata
2000	Alaska	4	Agosto - settembre	Bistecca di orso (fritta)
2001	California	2	Maggio	Carne di maiale da allevamento familiare
2001	California	6	Maggio - giugno	Carne di maiale da allevamento familiare (cruda)
2001	California	2	Agosto	Carne di orso
2001	California	2	Novembre	Carne di orso
Totale		33		

Sintomi e terapia

Da uno a due giorni dopo l'ingestione di carne fortemente infestata da cisti, le trichine penetrano la mucosa intestinale, producendo nausea, dolore addominale, diarrea e talvolta vomito. Se viene ingerito un numero limitato di larve, il periodo d'incubazione può essere anche di 30 giorni; i sintomi possono persistere per diversi giorni o attenuarsi e passare inosservati. Le larve cominciano a invadere i muscoli striati dopo circa 7-9 giorni dalla comparsa dei sintomi. Quando si depositano 10 larve o meno per grammo di tessuto muscolare, in genere la malattia non si manifesta in forma clinica; quando se ne depositano 100 o più per grammo di solito i sintomi si sviluppano; con 1000 larve o più per grammo di tessuto possono aversi conseguenze severe e acute. Il dolore muscolare (mialgia) è il sintomo universale del coinvolgimento dei muscoli, possono anche manifestarsi difficoltà respiratorie, di masticazione e di deglutizione[69]. Dopo circa 6 settimane dall'infezione si verifica l'incistamento, accompagnato da dolore, edema e febbre. La resistenza alla reinfezione che si sviluppa sembra essere mediata da linfociti T. Per il trattamento di questa malattia si sono dimostrati efficaci il tiabendazolo e il mebendazolo.

Diagnosi

Poiché le trichine si localizzano nei muscoli scheletrici sotto forma di caratteristiche larve racchiuse in cisti capsulari ovoidali, le biopsie vengono di solito effettuate sui muscoli deltoide, bicipite e gastrocnemio. Durante la seconda settimana di malattia in genere si sviluppa una significativa eosinofilia. Gli anticorpi possono essere rilevati dopo la terza settimana di infezione; i metodi immunologici utili per il loro dosaggio comprendono la flocculazione con bentonite, la flocculazione con colesterolo/lecitina e l'agglutinazione al lattice. Un titolo di bentonite di 1:5 è significativo, ma il test risulta positivo solo dopo almeno 3 settimane di infezione. La diagnosi è confermata se un test sierologico (per esempio, ELISA) risulta positivo per gli anticorpi IgG e/o IgM anti *Trichinella*.

Prevenzione e controllo

La trichinellosi può essere controllata evitando di alimentare i suini con scarti di carne infetta o carni di selvaggina, e prevenendo il consumo di tessuti infestati da parte di altri animali. L'alimentazione dei suini con scarti di alimenti crudi favorisce la perpetuazione della malattia; nelle zone in cui ai maiali vengono somministrati solo scarti cotti si osserva una drastica riduzione dell'incidenza della trichinellosi. La malattia può essere prevenuta cuocendo adeguatamente le carni, come quella di maiale o di orso. In uno studio sulla distruzione termica delle larve di trichina in arrosti di maiale, tutti gli arrosti cotti fino a una temperatura interna di almeno 140 °F (60 °C) risultavano liberi dal parassita[11]; le larve erano invece ancora presenti in tutti gli arrosti che raggiungevano temperature pari o inferiori a 130 °F (54,4 °C) e in alcuni arrosti cotti a 135 °F. Per i prodotti a base di carne di maiale l'USDA raccomanda il monitoraggio della temperatura di cottura con appositi termometri e un ulteriore trattamento termico se il valore rilevato è inferiore a 170 °F (76,7 °C)[105].

Il congelamento distrugge le forme incistate, ma i tempi e le temperature di congelamento variano a seconda dello spessore del prodotto e del ceppo specifico di *T. spiralis* (tabella 29.4). Uno studio ha dimostrato che l'efficacia del congelamento nella distruzione di *T. spiralis* aumenta al diminuire della temperatura utilizzata per il processo. I ricercatori hanno congelato, a quattro diverse temperature, carne di maiale infesta macinata, insaccata e confezionata in scatole. Le trichine perdevano infettività dopo 6-10 giorni quando la carne veniva congelata e conservata a −17,8 °C e dopo 11-15 giorni a −12,2 °C[91]. Le trichine rimanevano infettive fino a 56 giorni quando il congelamento avveniva a −9,4 °C e fino a 71 gior-

Tabella 29.4 Temperature e tempi di congelamento necessari per la distruzione delle trichine

Temperatura (°C)	Gruppo 1 (gg.)*	Gruppo 2 (gg.)*
−15	20	30
−23	10	20
−29	6	12

* Gruppo 1 = spessore inferiore a 15,24 cm; gruppo 2 = spessore superiore a 15,24 cm. Regulation Governing the Meat Inspection of the United States Department of Agriculture (9 CFR 18.10, 1960).

(Da Kotula AW, Murrell KD, Acosta-Stein L, Lamb L, Douglass L. *Journal of Food Science*, 48: 765-768; copyright © 1983 Institute of Food Technologists)

ni quando avveniva a −6,7 °C[108]. Il congelamento in ghiaccio secco (−70 °C) o in azoto liquido (−193 °C) distrugge le larve[63]. La distruzione delle larve di trichina mediante irraggiamento è discussa nel capitolo 15.

L'effetto della salatura e dell'affumicatura sulla vitalità delle trichine in prosciutti e spalle di maiale è stato studiato da Gammon e colleghi[38]. Questi impiegarono la carne di maialini svezzati sperimentalmente infestati con *T. spiralis*. Dopo la salatura, la carne fu lasciata a stagionare per 30 giorni, seguiti da affumicatura per circa 24 ore a 60-100 °F, con successiva stagionatura. Trichine vive furono ritrovate sia nei prosciutti che nelle spalle 3 settimane dopo l'affumicatura, mentre non ne furono ritrovate dopo 4 settimane. Gli effetti di concentrazione di NaCl, attività dell'acqua (a$_w$) e metodo di fermentaione sulla vitalità di *T. spiralis* in salame Genova sono stati studiati da Childers e colleghi[20]. Carne ottenuta da maiali infettati sperimentalmente fu usata per preparare i salami. Le larve di trichina risultarono completamente distrutte dal trentesimo giorno nei salami preparati con il 3,33% di NaCl che erano stati fermentati ad alta temperatura (46,1 °C), indipendentemente dal pH del prodotto. Nessuna larva fu ritrovata nei prodotti fatti con il 3,33% di NaCl e fermentati a bassa temperatura dopo 30 giorni. In salami realizzati senza sale, il 25% delle larve fu ritrovato dopo 15-25 giorni, ma nessuna nei giorni seguenti. Una sintesi delle principali fasi di controllo per la prevenzione, individuazione e inattivazione è presentata in figura 29.4.

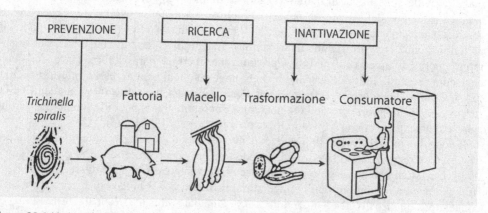

Figura 29.4 Vari stadi nella movimentazione dei maiali dalla fattoria al consumatore, in cui dovrebbero essere applicati controlli. (Da Murrel KD, *Food Technology*, 39(3): 65-68, 110, copyright © 1985 Institute of Food Technologists)

Cottura con microonde

L'efficacia della cottura a microonde nella distruzione delle larve di *T. spiralis* è stata studiata da diversi gruppi di ricerca. In uno studio orientato alla produzione domestica – nel quale la maggior parte degli arrosti di maiale infestati da trichine veniva cotto in forni a microonde in base al tempo più che alla temperatura, Zimmerman e Beach[107] hanno trovato che su 51 prodotti (48 arrosti e 3 braciole di maiale) cotti in 6 forni diversi 9 rimanevano infettivi; di questi, 6 non avevano raggiunto la temperatura di 76,7 °C e 3 l'avevano superata in qualche punto del ciclo di cottura. I ricercatori hanno sottolineato che la carne di maiale infestata sperimentalmente utilizzata nello studio proveniva da maiali infettati con 250.000 *T. spiralis*, che avevano prodotto circa 1000 trichine per grammo di tessuto rispetto a circa 1 trichina per grammo che normalmente si trova nei maiali infettati naturalmente. Sebbene l'elevata concentrazione di trichine possa aver contribuito alla loro sopravvivenza alle condizioni di cottura impiegate, la cottura disomogenea caratteristica dei forni a microonde rappresenta un problema. In un altro studio le larve di trichina non venivano distrutte a 77 o a 82 °C in forni a microonde, mentre risultava efficace la cottura a una temperatura interna di 77 °C in forno a convezione tradizionale, sulla griglia, sulla brace o mediante frittura[64]. Inoltre, le larve sopravvivevano alla cottura rapida effettuata scongelando le braciole di maiale in un forno a microonde industriale e cuocendole alla brace fino a 71 o 77 °C[65].

La cottura della carne di maiale in forni a microonde costituisce evidentemente un motivo di preoccupazione in relazione alla distruzione delle larve di trichina; due fattori possono spiegare la maggior efficacia dei forni a convezione rispetto a quelli a microonde. In primo luogo, la cottura a microonde è rapida e ciò può essere all'origine del problema. È stato dimostrato che, per le larve di trichina presenti in un arrosto, la cottura è più distruttiva quando il calore viene fornito lentamente in un forno tradizionale fino a raggiungere 200 °F (93,3 °C) rispetto a quando viene fornito rapidamente fino a raggiungere 350 °F o 176,7 °C[11]. In secondo luogo, il forno a convezione si riscalda in maniera più uniforme rispetto ad alcuni forni a microonde; tale problema viene minimizzato ruotando periodicamente il prodotto durante la cottura o impiegando forni a microonde dotati di un sistema di rotazione automatico; in caso contrario si verifica un riscaldamento disomogeneo, che determina una cottura insufficiente di alcune parti dell'arrosto ed eccessiva di altre. È stato dimostrato che l'adozione di un insieme di criteri per la cottura adeguata in forno a microonde della carne di maiale garantisce prodotti sicuri[106].

29.3.2 Anisachiasi

Questa infezione nematodica è causata da due generi e specie strettamente correlati: *Anisakis simplex* (verme dell'aringa o verme della balena) e *Pseudoterranova decipiens* (precendentemente *Phocanema*; verme del merluzzo o verme della foca). Entrambi questi organismi hanno diversi ospiti intermedi e generalmente più di un ospite definitivo. L'uomo non è l'ospite definitivo per nessuno dei due e i casi umani di malattia sono il risultato di un'interposizione accidentale nel ciclo vitale di questi vermi.

Gli ospiti definitivi sono mammiferi marini: balene nel caso di *A. simplex* e foche grigie (e altre) nel caso di *P. decipiens*. Le feci di questi animali contengono migliaia di uova, che nell'acqua vanno incontro alla loro prima muta (dallo stadio L1 allo stadio L2); le larve libere che ne risultano vengono ingerite da piccoli crostacei (copepodi) che, a loro volta, vengono ingeriti da crostacei più grandi che fungono da ospiti intermedi durante la seconda muta (da L2 a L3). Un ospite definitivo può ingerire larve L3 contenute nel crostaceo che funge da ospite intermedio, ma più spesso le L3 vengono ingerite attraverso pesci o calamari – che, a loro volta, possono essere ingeriti da pesci più grandi – prima di giungere all'ospite finale. Le ultime due mute (L3 e L4) portano agli adulti che si accoppiano; questi eventi hanno luogo nell'ospite definitivo. La larva infettiva è la L3, presente solitamente sotto forma di spirali strette e piatte all'interno o sulla superficie dei visceri di pesce; alcune larve possono ritrovarsi nei muscoli della pinna ventrale. Avendo la balena come ospite definitivo preferito, *A. simplex* si riscontra più spesso in pesci provenienti dal Pacifico settentrionale.

Nel caso di *P. decipiens*, le uova presenti nelle feci di foca vengono ingerite da copepodi, quindi le larve nello stadio L2 o nello stadio L3 iniziale vengono ingerite dal primo ospite intermedio, il pesce. Qui esse attraversano la parete dello stomaco e penetrano nella cavità addominale, annidandosi poi nei muscoli del pesce. Nell'ospite intermedio le larve L3, di colore da rosso a marrone, crescono fino a 25-50 mm di lunghezza. L'ospite finale, la foca, ingerisce il parassita soprattutto cibandosi di sperlani e altri piccoli pesci.

Le infezioni umane si verificano in seguito all'ingestione di pesce contenente larve negli stadi L3 e L4; pertanto il parassita non matura nell'uomo. I sintomi della malattia sono dovuti all'attività dei vermi giovani. Le larve di *A. simplex* sono più dannose in quanto spesso penetrano la mucosa, mentre la maggior parte delle larve di *P. decipiens* passa nelle feci o viene espulsa con la tosse o il vomito dopo aver irritato la mucosa. *Anisakis* è la causa più frequente della malattia in Giappone e nei Paesi Bassi; *Pseudoterranova* è invece più diffusa in America Settentrionale.

Sintomi, diagnosi e terapia

I sintomi dell'anisachiasi umana possono svilupparsi entro 4-6 ore dal consumo di pesce infestato e comprendono dolore epigastrico, nausea e vomito. Nei casi più severi, entro 7 giorni dall'ingestione di pesce infestato possono presentarsi febbre e feci ematiche. Se i vermi penetrano la mucosa o la parete intestinale, possono svilupparsi un granuloma eosinofilo o una peritonite. Tuttavia, dei 23 casi registrati in America Settentrionale nel 1982 solo 5 sono stati causati da *Anisakis* sp. e l'infezione è stata transitoria[60]. Nei quattro casi riportati da Kliks[60] i sintomi comprendevano moderato dolore gastrico e nausea a partire dal momento dell'ingestione fino a 20 ore più tardi; i vermi venivano espulsi con la tosse o erano ritrovati nella bocca del paziente fino a 2 settimane dopo il consumo di salmone crudo infestato.

La diagnosi di questa sindrome è resa difficile dall'assenza di uova o altre parti dei vermi nelle feci. Le larve possono essere osservate nel tratto intestinale tramite endoscopia e può rendersi necessaria la resezione chirurgica del tessuto colpito. La fissazione del complemento e i test di immunofluorescenza indiretta possono essere d'ausilio per la diagnosi. Il tiabendazolo è un farmaco efficace per il trattamento di questa malattia.

Prevalenza e distribuzione

La tabella 29.5 presenta una raccolta dei casi noti di anisachiasi verificatisi fino al 1989. Il primo caso accertato si registrò nel 1955 nei Paesi Bassi, dove tra il 1955 e il 1965 furono riportati oltre 149 casi. L'anno successivo all'entrata in vigore della legge che ha stabilito l'obbligo di congelamento delle aringhe a $-20\,°C$ per 24 ore non si sono verificati casi[49]. In Giappone, nel periodo 1964-1976, sono stati riportati oltre 1000 casi[72]. In entrambi i Paesi, gli alimenti responsabili erano prodotti a base di pesce crudo, come il sushi e il sashimi, sebbene le aringhe leggermente salate ("aringhe verdi") erano un veicolo frequente nei Paesi Bassi. Nel 1976 sono stati registrati 6 casi negli Stati Uniti, 1 in Canada, 1 in Inghilterra e 1 in Groenlandia[68]. Questa malattia è associata con il ceviche, una preparazione a base di pesce crudo comune in America Meridionale, dove l'agente eziologico è solitamente *D. pacificum*[84]. In America Settentrionale il primo caso documentato si è verificato a Boston nel 1973; fino al

Tabella 29.5 Alcuni casi riportati di anisachiasi

1955	Primo caso certo registrato nei Paesi Bassi
1955-1965	Circa 149 casi riportati nei Paesi Bassi
1964-1976	Oltre 1000 casi registrati in Giappone
1973	Primo caso documentato in Nord America (a Boston)
1980	Oltre 500 casi riportati in Giappone
1977-1981	Circa 5 casi registrati in California (2 da *A. simplex* e 3 da *P. decipiens*)
1981-1989	Circa 50 casi causati da *A. simplex* e 30 da *P. decipiens* in Nord America

(Da Jackson[49], Margolis[68] e Myers[72])

1990, negli Stati Uniti, si sono verificati meno di 100 casi per entrambi gli agenti eziologici. L'anisachiasi è stata osservata in Belgio, Gran Bretagna, Cile, Danimarca, Francia, Germania, Corea e Taiwan. In 15 anni, a partire dai primi anni Sessanta, in Giappone sono stati segnalati circa 1200 casi. In Asia gli sgombri crudi costituiscono probabilmente la fonte più importante[84], sebbene si ritenga che oltre 160 specie di teleostei possano ospitare il parassita[45].

Verso la fine degli anni Settanta sono state condotte due ricerche approfondite sulla prevalenza di larve di anisakidi nel pesce. In una di queste, 1010 pesci appartenenti a 20 generi e 23 specie sono stati esaminati nell'area di Washington, DC: nei 703 campioni infestati da nematodi sono stati riscontrati 6547 nematodi, solo 11 dei quali erano *Anisakis* sp.[50]. Ogni pesce conteneva in media 6,48 larve di nematodi, con un'infezione complessiva del 69,60%. Nel corso di una ricerca, condotta nel biennio 1974-1975 su pesce e crostacei pescati al largo di Washington, Oregon e California, sono stati esaminati 2074 campioni[65]: *Anisakis* sp. è stata la specie riscontrata con maggiore frequenza, più spesso sui visceri del pesce. Il 41,6% del pesce pescato al largo della costa californiana conteneva larve di anisakide[69]; la maggiore frequenza di quest'ultimo rispetto a *Phocanema* (*Pseudoterranova*) era dovuta principalmente all'elevato numero di balene, situazione che si inverte nelle acque del Golfo di St. Lawrence nel Canada orientale[65]. Nessuna larva di anisakide è stata trovata in oltre 2000 crostacei esaminati. In un'altra ricerca condotta a Ann Arbor, nel Michigan, è stata osservata una densità di larve vitali compresa tra 63 e 91 per kg di tessuto di salmone[87].

Non è chiaro se l'incidenza di larve di anisakis nel pesce in commercio sia aumentata rispetto a qualche decennio fa. È evidente che la comparsa di questi organismi nelle acque di pesca non è recente, poiché la loro presenza nel pesce è nota sin dal 1767. La malattia iniziò a diffondersi nell'uomo quando, a metà degli anni Cinquanta, fu introdotta la refrigerazione a bordo delle navi da pesca; prima di allora il pesce catturato veniva subito eviscerato, allontanando così gli eventuali parassiti. Alcuni ricercatori ritengono che quando il pesce viene mantenuto su ghiaccio per diversi giorni, questi parassiti migrino dalla zona mesenterica ai muscoli[45,71]; tuttavia, tale migrazione non è stata dimostrata da tutti i ricercatori.

Prevenzione

L'anisachiasi può essere prevenuta evitando il consumo di pesce crudo o poco cotto. Sushi, ceviche e sashimi dovrebbero essere consumati solo se preparati adeguatamente con pesci sottoposti a controlli per l'assenza di larve infettive. Le forme infettive possono essere distrutte cuocendo il pesce per 1 minuto a una temperatura interna di 60 °C o per 30 secondi a 65 °C[6]. È stato riportato che il congelamento a temperature pari o inferiori a –20 °C per almeno 60 ore rende le larve non infettive[56]; tuttavia alcune specie presenti in America Settentrionale sopravvivevano dopo 52 ore a –20 °C[6]. Anche l'immersione in salamoia per 4 settimane determina la perdita dell'infettività delle larve.

Bibliografia

1. Anderson BC (1985) Moist heat inactivation of Cryptosporidium sp. *Am J Public Health*, 75: 1433-1434.
2. Barer MR, Wright AE (1990) Cryptosporidium and water. *Lett Appl Microbiol*, 11: 271-277.
3. Barnard RJ, Jackson GJ (1984) Giardia lamblia: The transfer of human infections by foods. In: Erlandsen SL, Meyer EA (eds) *Giardia and Giardiasis: Biology, Pathogenesis, and Epidemiology*. Plenum, New York, pp. 365-378.
4. Bean NH, Griffin PM (1990) Foodborne disease outbreaks in the United States, 1973–1987: Pathogens, vehicles, and trends. *J Food Protect*, 53: 804-817.
5. Bean NH, Griffin PM, Goulding JS, Ivey CB (1990) Foodborne disease outbreaks, 5-year summary, 1983–1987. *J Food Protect*, 53: 711-728.
6. Bier JW (1976) Experimental anisakiasis: Cultivation and temperature tolerance determinations. *J Milk Food Technol*, 39: 132-137.
7. Bennett JV, Holmberg SD, Rogers MF, Solomon SL (1987) Infectious and parasitic diseases. In: Amler RW, Dull HB (eds) *The Burden of Unnecessary Illness*. Oxford University Press, New York, pp. 102-114.
8. Black MW, Boothroyd JC (2000) Lytic cycle of Toxoplasma gondii. *Microbiol Mol Biol Rev*, 64: 607-623.
9. Boucher SEM, Gillin FD (1990) Excystation of in vitro-derived Giardia lamblia cysts. *Infect Immun*, 58: 3516-3522.
10. Campbell L, Tzipori S, Hutchinson G, Angus KW (1982) Effect of disinfectants on survival of cryptosporidium oocysts. *Vet Rec*, 111: 414-415.
11. Carlin AF, Mott C, Cash D, Zimmerman W (1969) Destruction of trichina larvae in cooked pork roasts. *J Food Sci*, 34: 210-212.
12. Centers for Disease Control and Prevention (1998) Foodborne outbreak of cryptosporidiosis – Spokane, Washington, 1997. *Morb Mort Wkly Rep*, 47: 565-567.
13. Centers for Disease Control and Prevention (1997) Outbreaks of Escherichia coli O157:H7 infection and cryptosporidiosis associated with drinking unpasteurized apple cider – Connecticut and New York, October 1996. *Morb Mort Wkly Rep*, 46: 4-8.
14. Centers for Disease Control and Prevention (1996) Foodborne outbreak of diarrheal illness associated with Cryptosporidium parvum – Minnesota, 1995. *Morb Mort Wkly Rep*, 45: 783-784.
15. Centers for Disease Control and Prevention (1998) Outbreak of cyclosporiasis – Ontario, Canada, May 1998. *Morb Mort Wkly Rep*, 47: 806-809.
16. Centers for Disease Control and Prevention (1997) Update: Outbreaks of cyclosporiasis – United States and Canada, 1997. *Morb Mort Wkly Rep*, 46: 521-523.
17. Centers for Disease Control and Prevention (1990) Swimming-associated cryptosporidiosis – Los Angeles County. *Morb Mort Wkly Rep*, 39: 343-345.
18. Centers for Disease Control and Prevention (1989) Common-source outbreak of giardiasis – New-Mexico. *MMWR Morb Mort Wkly Rep*, 38: 405-407.
19. Cheng TC (1986) *General Parasitology* (2nd ed). Academic Press, New York.
20. Childers AB, Terrell RN, Craig TM, Kayfus TJ, Smith GC (1982) Effect of sodium chloride concentration, water activity, fermentation method and drying time on the viability of Trichinella spiralis in Genoa salami. *J Food Protect*, 45: 816-819.
21. Conroy DA (1960) A note on the occurrence of Giardia sp. in a Christmas pudding. *Rev Iber Parasitol*, 20: 567-571.
22. Craun G (1988) Surface water supplies and health. *J Am Water Works Assoc*, 80: 40-52.
23. Craun GF (1979) Waterborne giardiasis in the United States: A review. *Am J Public Health*, 69: 817-819.
24. Current WL (1988) The biology of Cryptosporidium. *ASM News*, 54(11): 605-611.
25. Current WL (1987) Cryptosporium: Its biology and potential for environmental transmission. *CRC Crit Rev Environ Cont*, 17: 21-51.

26. D'Antonio RG, Winn RE, Taylor JP, Gustafson TL, Current WL, Rhodes MM, Gary GW Jr, Zajac RA (1985) A waterborne outbreak of cryptosporidiosis in normal hosts. *Ann Intern Med*, 103: 886-888.

27. Deng MQ, Cliver DO (2001) Inactivation of Cryptosporidium parvum oocysts in cider by flash pasteurization. *J Food Protect*, 64: 523-527.

28. Desmonts G, Couvreur J, Alison F, Baudelot J, Gerbeaux J, Lelong M (1965) Etude epidemiologique sur la toxoplasmose: De l'influence de la cuisson des viandes de boucherie sur la frequence de l'infection humaine. *Rev Fr Etudes Clin Biol*, 10: 952-958.

29. Duquesne V, Auriault C, Darcy F, Decavel JP, Capron A (1990) Protection of nude rats against Toxoplasma infection by excreted-secreted antigen-specific helper T cells. *Infect Immun*, 58: 2120-2126.

30. Elliott DA, Coleman DJ, Lane MA, May RC, Machesky LA, Clark DP (2001) Cryptosporidium parvum infection requires host cell actin polymerization. *Infect Immun*, 69: 5940-5942.

31. Fayer R, Graczyk TK, Lewis EJ, Trout JM, Farley CA (1998) Survival of infectious Cryptosporidium parvum oocysts in seawater and eastern oysters (Crassostrea virginica) in the Chesapeake Bay. *Appl Environ Microbiol*, 64: 1070-1074.

32. Fayer R, Ungar BLP (1986) Cryptosporidium spp. and cryptosporidiosis. *Microbiol Rev*, 50: 458-483.

33. Fayer R, Dubey JP (1985) Methods for controlling transmission of protozoan parasites from meat to man. *Food Technol*, 39(3): 57-60.

34. Fayer R (1982) Other protozoa: Eimeria, Isospora, Cystoisospora, Besnoitia, Hammondia, Frenkelia, Sarcocystis, Cryptosporidium, Encephalitozoon, and Nosema. In: Steele JH (ed.) *CRC Handbook Series in Zoonosis*. CRC Press, Boca Raton, FL, pp. 187-197.

35. Fayer R (1975) Effects of refrigeration, cooking and freezing on Sarcocystis in beef from retail food stores. *Proc Helm Soc Wash*, 42: 138-140.

36. Feldman HA, Miller LT (1956) Serological study of toxoplasmosis prevalence. *Am J Hyg*, 64: 320-335.

37. Forbes LB, Measures I, Gajadhar A, Kapel C (2003) Infectivity of Trichinella nativa in traditional northern (country) foods prepared with meat from experimentally infected seals. *J Food Protect*, 66: 1857-1863.

38. Gammon DL, Kemp JD, Edney JM, Varney WY (1968) Salt, moisture and aging times effects on the viability of Trichinella spiralis in pork hams and shoulders. *J Food Sci*, 33: 417-419.

39. Gangarosa EJ, Donadio JA (1970) Surveillance of foodborne disease in the United States. *J Infect Dis*, 62: 354-358.

40. Grabda J, Bier JW (1988) Cultivation as an estimate for infectivity of larval Anisakis simplex from processed herring. *J Food Protect*, 51: 734-736.

41. Griffiths JK, Balakrishnan R, Widmer G, Tzipori S (1998) Paromomycin and geneticin inhibit intracellular Cryptosporidium parvum without trafficking through the host cell cytoplasm: Implications for drug delivery. *Infect Immun*, 66: 3874-3883.

42. Hanes DE, Worobo RW, Orlandi PA, Burr DH, Miliotis MD, Robl MG, Bier JW, Arrowood MJ, Churey JJ, Jackson GJ (2002) Inactivation of Cryptosporidium parvum oocysts in fresh apple cider by UV irradiation. *Appl Environ Microbiol*, 68: 4168-4172.

43. Hayes EB, Matte TD, O'Brien TR, McKinely TW, Logsdon GS, Rose JB, Ungar BLP, Word DM, Pinsky PF, Cummings ML, Wilson MA, Long EG, Hurwitz ES, Juranek DJ (1989) Large community outbreak of cryptosporidiosis due to contamination of a filtered public water supply. *N Engl J Med*, 320: 1372-1376.

44. Herwaldt BL, Ackers ML, the CyclosporaWorking Group (1997) An outbreak in 1996 of cyclosporiasis associated with imported raspberries. *N Engl J Med*, 336: 1548-1556.

45. Higashi GI (1985) Foodborne parasites transmitted to man from fish and other aquatic foods. *Food Technol*, 39(3): 69-74, 111.

46. Hilwig RW, Cramer JD, Forsyth KS (1978) Freezing times and temperatures required to kill cysticerci of Taenia saginata in beef. *Vet Parasitol*, 4: 215-219.

47. Huang P, Weber JT, Sosin DM, Griffin PM, Long EG, Murphy JJ, Kocka F, Peters C, Kallick C (1995) The first reported outbreak of diarrheal illness associated with Cyclospora in the United States. *Ann Intern Med*, 123: 409-414.

48. Jackson GJ (1990) Parasitic protozoa and worms relevant to the U.S. *Food Technol*, 44(5): 106-112.
49. Jackson GJ (1975) The "new disease" status of human anisakiasis and North American cases: A review. *J Milk Food Technol*, 38: 769-773.
50. Jackson GJ, Bier JW, Payne WL, Gerding TA, Knollenberg WG (1978) Nematodes in fresh market fish of the Washington, DC area. *J Food Protect*, 41: 613-620.
51. Jackson MH, Hutchinson WM (1989) The prevalence and source of Toxoplasma infection in the environment. *Adv Parasitol*, 28: 55-105.
52. Jacobs L (1962) Parasites in food. In: Ayres JC et al (eds) *Chemical and Biological Hazards in Food*. Iowa State University Press, Ames, pp. 248-266.
53. Jacobs L, Remington JS, Melton ML (1960) A survey of meat samples from swine, cattle, and sheep for the presence of encysted Toxoplasma. *J Parasitol*, 46: 23-28.
54. Jinneman KC, Wetherington JH, Hill WE, Adams AM, Johnson JM, Tenge BJ, Dang NL, Manger RJ, Wekell MM (1998) Template preparation for PCR and RFLP of amplification products for the detection and identification of Cyclospora sp. and Eimeria spp. oocysts directly from raspberries. *J Food Protect*, 61: 1497-1503.
55. Joiner KA, Furhman SA, Miettinen HM, Kasper LH, Mellman I (1990) Toxoplasma gondii: Fusion competence of parasitophorous vacuoles in Fc receptor-transfected fibroblasts. *Science*, 249: 641-646.
56. Karl H (1988) Vorkommen von Nematoden in Konsumfischen. *Verfah Feststel Abtoetung Rundsch. Fleisch Leben'smittelhyg*, 40: 198-199.
57. Karl H, Leinemann M (1989) Ueber lebensfaehigkeit von Nematodenlarven (Anisakis sp.) in gefrosteten Heringen. *Arch Lebensmittelhyg*, 40: 14-16.
58. Kean BH, Kimball AC, Christenson WN (1969) An epidemic of acute toxoplasmosis. *J Am Med Assoc*, 208: 1002-1004.
59. Kirkpatrick CE, Benson CE (1987) Presence of Giardia spp. and absence of Salmonella spp. in NewJersey muskrats (Ondatra zibethicus). *Appl Environ Microbiol*, 53: 1790-1792.
60. Kliks MM (1983) Anisakiasis in the western United States: Four new case reports from California. *Am J Trop Med Hyg*, 32: 526-532.
61. Kolata G (1985) Testing for trichinosis. *Science*, 227: 621, 624.
62. Korich DG, Mead JR, Madore MS, Sinclair NA, Sterling CR (1990) Effects of ozone, chlorine dioxide, chlorine, and monochloramine on Cryptosporidium parvum oocyst viability. *Appl Environ Microbiol*, 56: 1423-1428.
63. Kotula AW, Sharar AK, Paroczay E, Gamble HR, Murrell KD, Douglass L (1990) Infectivity of Trichinella spiralis from frozen pork. *J Food Protect*, 53: 571-573.
64. Kotula AW, Rothenberg PJ, Burge JR, Solomon MB (1988) Distribution of Trichinella spiralis in the diaphragm of experimentally infected swine. *J Food Protect*, 51: 691-695.
65. Kotula AW (1983) Postslaughter control of Trichinella spiralis. *Food Technol*, 37(3): 91-94.
66. Lopez CE, Juranek DD, Sinclair SP, Schultz MG (1978) Giardiasis in American travelers to Madeira Island, Portugal. *Am J Trop Med Hyg*, 27: 1128-1132.
67. MacKenzie WR, Hoxie NJ, Proctor ME, Gradus MS, Blair KA, Peterson DE, Kazmierczak JJ, Addiss DG, Fox KR, Rose JB, Davis JP (1994) A massive outbreak in Milwaukee of cryptosporidium infection transmitted through the public water supply. *N Engl J Med*, 331: 161-167.
68. Margolis L (1977) Public health aspects of "codworm" infection: A review. *J Fish Res Bd Canada*, 34: 887-898.
69. Marquardt WC, Demaree RS (1985) *Parasitology*. Macmillan, New York.
70. Millard PS, Gensheimer KF, Addiss DG, Sosin DM, Beckett GA, Houck-Jakoski A, Hudson A (1994) An outbreak of cryptosporidiosis from freshpressed apple cider. *JAMA*, 272: 1592-1596.
71. Myers BJ (1979) Anisakine nematodes in fresh commercial fish fromwaters along theWashington, Oregon and California coasts. *J Food Protect*, 42: 380-384.
72. Myers BJ (1976) Research then and now on the anisakidae nematodes. *Trans Am Microscop Soc*, 95: 137-142.
73. Nichols RAB, Paton CA, Smith HV (2004) Survival of Cryptosporidium parvum oocysts after prolonged exposure to still natural mineral waters. *J Food Protect*, 67: 517-523.

74. Ongerth JE, Stibbs HH (1987) Identification of Cryptosporidium oocysts in river water. *Appl Environ Microbiol*, 53: 672-676.

75. Ortega YR, Gilman RH, Sterling CR (1994) A new coccidian parasite (Apicomplexa: Eimeriidae) from humans. *J Parasitol*, 80: 625-629.

76. Ortega YR, Sterling CR, Gilman RH, Cama VA, Diaz F (1993) Cyclospora species – A new protozoan pathogen of humans. *N Engl J Med*, 328: 1308-1312.

77. Osterholm MT, Forfang JC, Ristinen TL, Daan AG, Washburn JW, Godes JR, Rude RA, McCullough JG (1981) An outbreak of foodborne giardiasis. *N Engl J Med*, 304: 24-28.

78. Petersen LR, Cartter ML, Hadler JL (1988) A foodborne outbreak of Giardia lamblia. *J Infect Dis*, 157: 846-848.

79. Piekarski G (1989) *Medical Parasitology*. Springer-Verlag, New York.

80. Plorde JJ (1984) Sporozoan infections. In: Sherris JC, Ryan KJ, Ray CG, et al. (eds) *Medical microbiology: An Introduction to Infectious Diseases*. Elsevier, New York, pp. 469-483.

81. Rabold JG, Hoge CW, Shlim DR, Kefford C, Rajah R, Echeverria P (1994) Cyclospora outbreak associated with chlorinated drinking water. *Lancet*, 344: 360-361.

82. Rendtorff RC (1954) The experimental transmission of human intestinal protozoan parasites. II. Giardia lamblia cysts given in capsules. *Am J Hyg*, 59: 209-220.

83. Riemann HP, Meyer ME, Theis JH, Kelso G, Behymer DE (1975) Toxoplasmosis in an infant fed unpasteurized goat milk. *J Pediatr*, 87: 573-576.

84. Rodrick GE, Cheng TC (1989) Parasites: Occurrence and significance in marine animals. *Food Technol*, 43(11): 98-102.

85. Rommel M, Heydorn AO (1972) Beiträge zum Lebenszyklus der Sarkosporidien. III. Isospora hominis (Railliet and Lucet, 1891) Wenyon, 1923, eine Dauerform der Sarkosporidien des Rindes und des Schweins. *Berl Munchen Tierarztl Wochens*, 85: 143-145.

86. Rose JB, Slifko TR (1999) Giardia, Cryptosporidium, and Cyclospora and their impact on foods: A review. *J Food Protect*, 62: 1059-1070.

87. Rosset JS, McClatchey KD, Higashi GI, Knisely AS (1982) Anisakis larval type I in fresh salmon. *Am J Clin Pathol*, 78: 54-57.

88. Roy SL, Lopez AS, Schantz PM (2003) Trichinellosis surveillance – United States, 1997–2001. *Morb Mort Wkly Rep*, 52(SS-6): 1-7.

89. Sacks JJ, Roberto RR, Brooks NF (1982) Toxoplasmosis infection associated with raw goat's milk. *J Am Med Assoc*, 248: 1728-1732.

90. Salata RA, Martinez-Palomo A, Canales L et al. (1990) Suppression of Tlymphocyte responses to Entamoeba histolytica antigen by immune sera. *Infect Immun*, 58: 3941-3946.

91. Schantz PM (1983) Trichinosis in the United States – 1947–1981. *Food Technol*, 37(3): 83-86.

92. Sherwood D, Angus KW, Snodgrass DR, Tzipori S (1982) Experimental cryptosporidiosis in laboratory mice. *Infect Immun*, 38: 471-475.

93. Shlim DR, Cohen MT, Eaton M, Rajah R, Long EG, Unger BLP (1991) An alga-like organism associated with an outbreak of prolonged diarrhea among foreigners in Nepal. *Am J Trop Med Hyg*, 45: 383-389.

94. Smith HV, Paton CA, Mtambo MMA, Girdwood RWA (1997) Sporulation of Cyclospora sp. oocysts. *Appl Environ Microbiol*, 63: 1631-1632.

95. Smith JL (1993) Documented outbreaks of toxoplasmosis: Transmission of Toxoplasma gondii to humans. *J Food Protect*, 56: 630-639.

96. Smith PD (1989) Giardia lamblia. In: Walzer PD, Genta RM (eds) *Parasitic Infections in the Compromised Host*. Marcel Dekker, New York, pp. 343-384.

97. Smith HV, Girdwood RWA, Patterson WJ, Hardie R, Green LA, Benton C, Tulloch W, Sharp JCM, Forbes GJ (1988) Waterborne outbreak of cryptosporidiosis. *Lancet*, 2: 1484.

98. Soave R (1996) Cyclospora: An overview. *Clin Infect Dis*, 23: 429-437.

99. Sturbaum GD, Ortega YR, Gilman RH, Sterling CR, Cabrera L, Klein DA (1998) Detection of Cyclospora cayetanensis in wastewater. *Appl Environ Microbiol*, 64: 2284-2286.

100. Sole TD, Croll NA (1980) Intestinal parasites in man in Labrador, *Canada Am J Trop Med Hyg*, 29(3): 364-368.
101. Sterling CR, Arrowood MJ (1986) Detection of Cryptosporidium sp. infections using a direct immunofluorescent assay. *Pediatr Infect Dis*, 5: 139-142.
102. Sterling CR, Seegar K, Sinclair NA (1986) Cryptosporidium as a causative agent of traveler's diarrhea. *J Infect Dis*, 153: 380-381.
103. Todd ECD (1989) Foodborne and waterborne disease in Canada – 1983 annual summary. *J Food Protect*, 52: 436-442.
104. Tzipori S (1988) Cryptosporidiosis in perspective. *Adv Parasitol*, 27: 63-129.
105. US Department of Agriculture (1982) USDA advises cooking pork to 170 degrees Fahrenheit throughout. News release USDA, Washington, DC.
106. Zimmermann WJ (1983) An approach to safe microwave cooking of pork roasts containing Trichinella spiralis. *J Food Sci*, 48: 1715-1718, 1722.
107. Zimmermann WJ, Beach PJ (1982) Efficacy of microwave cooking for devitalizing trichinae in pork roasts and chops. *J Food Protect*, 45: 405-409.
108. Zimmermann WJ, Olson DG, Sandoval A, Rust RE (1985) Efficacy of freezing in eliminating infectivity of Trichinella spiralis in boxed pork products. *J Food Protect*, 48: 196-199.

Capitolo 30
Micotossine

Un numero molto elevato di muffe produce sostanze tossiche note come micotossine. Alcune hanno effetto mutageno e carcinogeno, altre mostrano tossicità verso specifici organi, altre ancora sono tossiche a causa di meccanismi diversi. Sebbene la tossicità per l'uomo di molte micotossine non sia stata dimostrata, gli effetti di questi composti sugli animali da esperimento e nei test in vitro lasciano pochi dubbi circa la loro tossicità reale e potenziale per l'uomo. Almeno 14 micotossine sono note in quanto cangerogene; tra queste le aflatossine sono le più potenti[84]. È opinione condivisa che circa il 93% dei composti mutageni sono cancerogeni. Per quanto riguarda le micotossine, saggi microbiologici rivelano un livello di correlazione dell'85% tra cancerogenicità e mutagenesi[84].

Le micotossine sono prodotte come metaboliti secondari. I metaboliti primari dei funghi, analogamente a quelli di altri microrganismi, sono composti essenziali per la crescita. I metaboliti secondari vengono prodotti durante la fine della fase di crescita esponenziale e non sembrano avere importanza in relazione allo sviluppo o al metabolismo dell'organismo che li sintetizza. In generale, sembra che la loro produzione abbia luogo quando si accumulano grandi quantità di precursori dei metaboliti primari (come amminoacidi, acetato e piruvato). La sintesi di micotossine rappresenta una strategia adottata dal fungo per ridurre la concentrazione di precursori metabolici non più necessari per il metabolismo.

Alcuni metodi per l'individuazione delle micotossine negli alimenti sono stati trattati nel capitolo 11. Per un'ampia rassegna di queste sostanze in frutta, succhi di frutta e frutta secca, si rinvia al riferimento bibliografico 27.

30.1 Aflatossine

Tra tutte le micotossine, le aflatossine sono certamente le più studiate. La conoscenza della loro esistenza risale al 1960, quando in Inghilterra morirono oltre 100.000 pulcini di tacchino alimentati con mangime contenente arachidi importate da Africa e Sudamerica. Dal mangime furono isolati *Aspergillus flavus* e una tossina prodotta da questo microrganismo che fu chiamata aflatossina (tossina da *Aspergillus flavus*, A-fla-tossina). Studi sulla natura delle sostanze tossiche rivelarono la presenza di quattro componenti, la cui formula di struttura è riportata nella pagina seguente. *A. flavus* produce AFB_1 e AFB_2; *A. parasiticus* produce tutte e quattro le principali aflatossine (B_1, G_1, B_2 e G_2). AFB_1 è prodotta da tutti i ceppi aflatossina positivi ed è, tra tutte, la più potente. Altri produttori noti di aflatossine sono *A. nominus*[47], *A. bombycis*, *A. pseudotamartii* e *A. ochraceoroseus*, tra gli aspergilli, ed *Emericella venezuelensis*.

Questi composti sono cumarine altamente sostituite; sono note almeno 18 tossine stretta-mente correlate. AFM_1 è un prodotto idrossilato di AFB_1 e compare in latte, urine e feci come prodotto metabolico[30]. AFL, $AFLH_1$, AFQ_1 e AFP_1 sono tutte derivate da AFB_1; AFB_2 è la forma 2,3-diidro di AFB_1, e AFG_2 è la forma 2,3-diidro di AFG_1. La tossicità delle sei più potenti aflatossine diminuisce nel seguente ordine: $B_1 > M_1 > G_1 > B_2 > M_2 \cong G_2$[4]. Osserva-te alla luce ultravioletta (UV), sei delle tossine emettono fluorescenza come indicato:

B_1 e B_2 blu
G_1 verde
G_2 verde-blu
M_1 blu-viola
M_2 viola

Esse sono metaboliti secondari polichetidici i cui scheletri di carbonio derivano da acetato e malonato. La via di sintesi parziale proposta per AFB_1 è la seguente: acetato > acido norso-lorinico > averantina > averufanina > averufina > versiconal emiacetale acetato > versicolo-rina A > sterigmatocistina > O-metilsterigmatocistina > AFB_1. Nella sequenza la versicolo-rina A è il primo composto che contiene il doppio legame essenziale C_2-C_3.

30.1.1 Requisiti per la crescita e la produzione di tossina

Nessuna aflatossina veniva prodotta da 25 isolati di *A. flavus/parasiticus* su wort agar a 2, 7, 41 o 46 °C in 8 giorni; non si osservava produzione neppure a temperature inferiori a 7,5 °C o superiori a 40 °C, in condizioni per il resto favorevoli[75]. In un altro studio, che utilizzava Sabouraud agar, la crescita massima di *A. flavus* e di *A. parasiticus* si osservava a 33 °C con pH 5,0 e attività dell'acqua (a_w) pari a 0,99[41]. A 15 °C si verificava crescita con a_w pari a 0,95, ma non a 0,90, mentre a 27 e a 33 °C si osservava una leggera crescita con a_w pari a 0,85. Molti ricercatori hanno riportato una temperatura ottimale per la produzione di tossina variabile tra 24 e 28 °C. In uno studio, la crescita massima di *A. parasiticus* si osservava a 35 °C, ma la quantità maggiore di tossina era prodotta a 25 °C[78].

Il contenuto di umidità limitante per AFB_1 e AFB_2 su mais era di 17,5% a valori di tem-peratura pari o superiori a 24 °C, con una produzione fino a 50 ng/g[96]. A 13 °C non veniva prodotta tossina. Complessivamente, la produzione di tossina è stata osservata a valori di a_w compresi tra 0,93 e 0,98, con valori limitanti variabili tra 0,71 e 0,94[58]. In un altro studio *A. parasiticus* non produceva quantità rilevabili di AFB_1 con a_w di 0,83 e 10 °C[63]. La tempera-tura ottimale con a_w pari a 0,94 era 24 °C (figura 30.1). Su malt agar contenente saccarosio

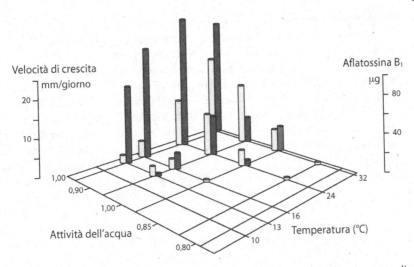

Figura 30.1 Crescita e produzione di aflatossina B_1 su malt extract-glycerine agar per diversi valori di attività dell'acqua e di temperatura. Le colonne bianche indicano la velocità di crescita, quelle nere la produzione media di AFB_1. (Da Northolt et al.[63], copyright © 1976 International Association of Milk, Food and Environmental Sanitarians)

la crescita, senza una dimostrabile produzione di tossina, sembrava possibile con a_w uguale a 0,83. Diversi ricercatori hanno osservato che il riso supporta la produzione di elevati livelli di aflatossine a temperature favorevoli, ma che a 5 °C la produzione è nulla sia su riso sia su formaggio Cheddar[68].

Complessivamente, non è facile stabilire i parametri minimi e massimi che controllano la crescita e la produzione di tossina da parte di questi microrganismi eucariotici, in parte a causa dei loro diversi habitat naturali, in parte per il loro status di eucarioti. Sembra appurato che la crescita possa avere luogo senza produzione di tossina.

AFG_1 viene prodotta a temperature più basse rispetto a AFB_1; alcuni ricercatori hanno rilevato quantità maggiori di AFB_1 che di AFG_1 a 30 °C circa, altri hanno riscontrato produzioni uguali. Per quanto riguarda *A. flavus* e *A. parasiticus*, il primo produce generalmente solo AFB_1 e AFG_1[22]. L'aerazione favorisce la produzione di aflatossina; su substrati naturali come riso, mais, soia e simili possono essere prodotte concentrazioni di 2 mg/g[22]. In brodo contenente livelli adeguati di Zn^{2+} possono essere prodotti fino a 0,2-0,3 mg/mL. Il rilascio di AFB_1 da parte di *A. flavus* sembra coinvolgere un sistema di trasporto energia-dipendente.

30.1.2 Produzione e presenza negli alimenti

Per quanto riguarda la produzione negli alimenti, la presenza di aflatossina è stata dimostrata in carne di manzo fresca, prosciutto e bacon inoculati con colture tossigene e conservati a 15, 20 e 30 °C[9], e in prosciutti artigianali durante la stagionatura quando le temperature erano prossime a 30 °C ma non inferiori a 15 °C o a livelli di umidità relativa superiori al 75%[10]. Le aflatossine sono state trovate in una grande varietà di alimenti, inclusi latte, birra, cacao, uva passa e farina di soia (vedi oltre). In salame fermentato a 25 °C, in 10 e 18 giorni venivano prodotti, rispettivamente, 160 e 426 ppm di AFB_1; inoltre AFG_1 era presente in concentrazione 10 volte maggiore rispetto a B_1[51]. Le aflatossine sono state prodotte in pane integrale di segale e di frumento, in formaggio tilsit e in succo di mela a 22 °C. In uno studio del formaggio cheddar di 3 mesi è stato inoculato in superficie con una sospensione di spore di *A. parasiticus* o di *A. flavus* ed è stato quindi incubato a temperatura ambiente: dopo una settimana entrambe le muffe avevano prodotto quantità rilevanti di aflatossine B_1 e G_1, che erano penetrate nello strato più superficiale del formaggio[52]. AFB_1 è stata trovata in 3 campioni commerciali su 63 di burro d'arachidi a livelli inferiori a 5 ppb[69]. Una ricerca durata cinque anni su 500 campioni di mais e grano della Virginia, ha individuato aflatossine nel 25% circa dei campioni di mais per ciascun anno di raccolto: il 18-61% dei campioni conteneva almeno 20 ng/g e il 5-29% conteneva oltre 100 ng/g[80]. La quantità media rilevata durante il quinquennio è stata di 21-137 ng/g. In nessuno dei campioni di grano sono state rilevate aflatossina, zearalenone e ocratossina A. La siccità del 1988 ha determinato in alcuni Stati medio-occidentali degli Stati Uniti, che avevano avuto meno di 5 cm di pioggia in giugno e luglio, un aumento dei livelli di aflatossina prodotta nel mais; il 30% circa dei campioni conteneva più di 20 ppb, rispetto ai livelli di 2-3 ppb riscontrati in tempi di piogge normali[83].

In una ricerca su AFB_1 in alimenti e mangimi, condotta a Cuba negli anni 1990-1996, è risultato positivo il 17% di 4529 campioni: i campioni di sorgo e di arachidi erano i più contaminati (positivi, rispettivamente, nell'83% e nel 40% dei casi)[32]; l'incidenza era del 23% nel mais e del 25% nel grano. In Botswana, su 120 campioni di arachidi testati per la presenza di aflatossina il 78% è risultato positivo, con livelli compresi tra 12 e 329 µg/kg, mentre il 49% conteneva meno di 20 µg/kg[59]. Il 21% di questi campioni conteneva acido ciclopiazonico in concentrazione variabile da 1 a 10 µg/kg.

L'acido ciclopiazonico viene prodotto da alcuni ceppi di *A. flavus* e si ritiene che contribuisca alla tossicità dell'aflatossina. È stato trovato in quattro carichi di mais su sette, a livelli compresi tra 25 e 250 ng/g[49]; in quattro carichi su cinque era presente anche deossinivalenolo (DON, vomitossina) a livelli di 46-676 ng/g.

È stato studiato l'effetto che variazioni cicliche di temperatura tra 5 e 25 °C hanno sulla produzione di micotossine su riso e formaggio. Sul riso, variando ciclicamente la temperatura, *A. parasiticus* produceva più aflatossina che a 15, 18 o 25 °C, mentre *A. flavus* ne produceva meno; su formaggio cheddar, in condizioni di variazioni cicliche di temperatura, entrambe le specie producevano meno aflatossina che a 25 °C[68]; questi ricercatori hanno osservato che il formaggio – se mantenuto a temperature molto inferiori a quella ottimale per la produzione di tossina – non è un buon substrato per la produzione di aflatossina.

La produzione di aflatossina è stata dimostrata in un numero infinito di prodotti alimentari, oltre a quelli citati. In condizioni di crescita ottimali, alcune tossine possono essere rilevate entro 24 ore, altrimenti entro 4-10 giorni[18]. In relazione alle arachidi, Hesseltine[40] ha osservato quanto segue.

1. La crescita e la formazione di aflatossina si verificano principalmente durante la lavorazione delle arachidi, dopo la raccolta.
2. In un lotto di arachidi tossiche, solo pochi semi contengono la tossina, e la possibilità che questa venga rilevata dipende dalle dimensioni del campione prelevato, per esempio di 1 kg.
3. La concentrazione di tossina può variare notevolmente, anche in un singolo seme.
4. I due fattori più importanti che influenzano la formazione di aflatossina sono l'umidità e la temperatura.

La FDA ha fissato i seguenti livelli ammissibili di aflatossine negli alimenti: 20 ppb per alimenti, mangimi, noci del Brasile, prodotti a base di arachidi e pistacchi e 0,5 ppb per il latte[48]. Un comitato della Codex Alimentarius Commission ha raccomandato i seguenti livelli massimi di micotossine in alcuni alimenti specifici: 15 µg/kg di aflatossine in arachidi destinate a ulteriore lavorazione; 0,05 µg/kg di aflatossina M_1 nel latte; 50 µg/kg di patulina in succo di mela tal quale o come ingrediente di altre bevande; 5 µg/kg di ocratossina A in cereali e prodotti a base di cereali[61].

30.1.3 Tossicità relativa e modalità d'azione

Per l'espressione della mutagenicità, i sistemi metabolici dei mammiferi sono essenziali per le aflatossine, specialmente per la AFB_1. È essenziale anche il loro legame con gli acidi nucleici, in particolare con il DNA. Nonostante sia normalmente colpito il DNA nucleare, è stato osservato che la AFB_1 si lega covalentemente al DNA mitocondriale epatico, in maniera preferenziale rispetto al DNA nucleare[62]. Altri siti possibili per le aflatossine sono macromolecole cellulari diverse dagli acidi nucleici. Il sito responsabile della mutagenicità nella molecola di aflatossina è rappresentato dal doppio legame C_2-C_3 nella porzione di diidrofurano; la sua riduzione alla forma 2,3-diidro (AFB_2) comporta una diminuzione della mutagenicità variabile da 200 fino a 500 volte[84]. In seguito al legame con il DNA, le lesioni genetiche predominanti indotte dalle aflatossine sono le mutazioni puntiformi, sebbene possano verificarsi mutazioni per spostamento della finestra di lettura. È stato dimostrato che l'attività mutagena di AFB_1 viene raddoppiata da BHA (butilidrossianisolo) e BHT (butilidrossitoluene) e potenziata in misura molto inferiore da gallato di propile impiegando il saggio di Ames, ma non è chiaro se tale potenziamento si verifichi nei sistemi animali[77].

La LD_{50} nei ratti della AFB_1 somministrata per via orale è pari a 1,2 mg/kg, quella della AFG_1 è di 1,5-2,0 mg/kg[12]. La suscettibilità relativa alle aflatossine di diverse specie animali è presentata in tabella 30.1. La maggior parte delle specie animali suscettibili muore entro 3 giorni dalla somministrazione delle tossine e all'esame post mortem mostra evidenti danni epatici, dimostrando che le aflatossine sono epatocarcinogene[100]. La tossicità è maggiore per gli animali maschi giovani rispetto alle femmine adulte; gli effetti tossici sono potenziati da regimi alimentari ipoproteici o cirrogeni.

Tabella 30.1 Letalità comparata di dosi singole di aflatossina B_1

Animale	Età (o peso)	Sesso	Via di somministrazione	LD_{50} (mg/kg)
Anatroccolo	1 giorno	M	PO	0,37
	1 giorno	M	PO	0,56
Ratto	1 giorno	M-F	PO	1,0
	21 giorni	M	PO	5,5
	21 giorni	F	PO	7,4
	100 g	M	PO	7,2
	100 g	M	IP	6,0
	150 g	F	PO	17,9
Criceto	30 giorni	M	PO	10,2
Porcellino d'India	Adulto	M	IP	~1
Coniglio	Appena svezzato	M-F	IP	~0,5
Cane	Adulto	M-F	IP	~1
	Adulto	M-F	PO	~0,5
Trota	100 g	M-F	PO	~0,5

PO = somministrazione orale; IP = somministrazione intraperitoneale. (Da Wogan[100])

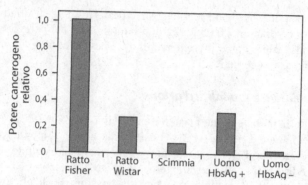

Figura 30.2 Potere cancerogeno relativo in differenti specie. La potenza è espressa come numero di casi per anno per nanogrammo di aflatossina B_1 per chilogrammo di peso corporeo per giorno. (Da Henry et al.[39], copyright © 1999 American Association for the Advancement of Science, con autorizzazione)

Prove circostanziali suggeriscono che le aflatossine sono cancerogene per l'uomo. Si ritiene che la loro azione causi la sindrome EFDV (*encephalopathy and fatty degeneration of the viscera*), diffusa in Thailandia, la sindrome di Reye, presente in Thailandia e Nuova Zelanda[12,13], e una forma acuta di epatoma osservata in un bambino ugandese. In quest'ultimo caso di malattia epatica acuta e fatale sono state evidenziate alterazioni istologiche a carico del fegato identiche a quelle osservate in scimmie trattate con aflatossine e l'eziologia da aflatossine era fortemente suggerita dai reperti[76]. Due ricercatori che lavoravano con aflatossina purificata svilupparono un carcinoma al colon[24]. D'altra parte è stato osservato che nessuna micotossina è stata correlata a uno specifico tipo di cancro nell'uomo in assenza di infezione cronica da virus dell'epatite B[87]. Il rischio di sviluppare una neoplasia epatica in seguito all'ingestione di aflatossine è circa 30 volte maggiore negli individui che sono stati esposti all'epatite B (HbsAg+) rispetto a quelli che non sono entrati in contatto con il virus (HbsAg–)[39]. Il potere cancerogeno relativo nell'uomo e in alcuni altri animali è mostrata in figura 30.2.

30.1.4 Degradazione

AFB_1 e AFB_2 possono essere ridotte, nel mais, dal bisolfito. In fichi secchi addizionati con 250 ppb di AFB_1 e sottoposti a diversi trattamenti, l'1% di bisolfito di sodio determinava una riduzione del 28,2% in 72 ore; lo 0,2% di H_2O_2 (aggiunta 10 minuti prima del bisolfito di sodio) determinava una riduzione del 65,5%; il riscaldamento a 45-65 °C per 1 ora comportava una riduzione del 68,4%, infine radiazioni ultraviolette (UV) determinavano una diminuzione del 45,7%[3]. Semi di cotone contaminati da aflatossine, trattati con ammoniaca e somministrati a vacche, producevano nel latte livelli inferiori di AFB_1 e AFM_1 rispetto al prodotto non trattato[42]. Quando mais giallo dentato (yellow dent corn), contaminato naturalmente con 1600 ppm di aflatossina, veniva trattato con il 3% di NaOH a 100 °C per 4 minuti, e quindi lavorato ulteriormente e fritto, veniva distrutto il 99% dell'aflatossina[14].

Come si vedrà oltre, è stato dimostrato che *Flavobacterium aurantiacum* rimuove la AFB_1 da diversi alimenti. In uno studio, concentrazioni di 10^{10} ufc/mL del batterio e filtrati colturali ottenuti da colture vecchie (72 ore) risultavano più efficienti delle colture più giovani (24 o 48 ore)[53]. In uno studio successivo è stato osservato che Mg^{2+} e Ca^{2+} aumentano l'attività degradativa di questo batterio[28]. Sebbene non degradino le aflatossine, i bifidobatteri[64] e i batteri lattici si legano a AFB_1 e a AFM_1 in terreni di coltura e in substrati alimentari[66]; è stato dimostrato che sia le cellule vive sia quelle morte si legano a queste micotossine. Un mixo-batterio tipico del suolo (*Nannocystis exedens*) è stato testato contro le spore, le ife e gli scle-rozi delle muffe produttrici di aflatossine *Aspergillus flavus* e *A. parasiticus*: entrambi i fun-ghi venivano inibiti dopo 14 giorni a 28 °C[91]; il mixobatterio, in realtà, aveva lisato le colo-nie della muffa dopo 24 ore. Non è inconcepibile pensare che il principio attivo possa esse-re estratto e utilizzato in forma purificata contro altri funghi e probabilmente contro alcuni batteri. I risultati di questo studio suggeriscono che alcuni mixomiceti (muffe della melma) possono essere efficaci nella distruzione di funghi micotossigeni.

30.2 Tossine da Alternaria

Diverse specie di *Alternaria* (comprese *A. citri*, *A. alternata*, *A. solani* e *A. tenuissima*) pro-ducono sostanze tossiche che sono state ritrovate in mele, pomodori, mirtilli, cereali e altri alimenti[85,86]. Tra le tossine prodotte vi sono alternariolo, alternariolo metiletere, altenuene, acido tenuazonico e altertossina-I [85]. Su fette di mela, pomodori o succo di mirtilli incubati per 21 giorni a 21 °C, diverse *Alternaria* producevano queste tossine fino a livelli di 137 mg/100 g[85]. In un altro studio l'acido tenuazonico era la principale tossina prodotta in pomo-dori, con livelli fino a 13,9 mg/100 g; su arance e limoni *A. citri* produceva acido tenuazo-nico, alternariolo e alternariolo monometil etere a una concentrazione media di 1,15-2,66 mg/100 g[86]. I frutti erano stati posti a incubare a temperatura ambiente per 21-28 giorni.

In uno studio condotto in Argentina su 150 campioni di semi di girasole, l'85% contene-va alternariolo (mediamente 187 µg/kg), il 47% conteneva alternariolo monometil etere (con una media di 194 µg/kg) e il 65% conteneva acido tenuazonico (media di 6692 µg/kg)[19]. Dopo la fermentazione da parte di *A. alternata* per 28 giorni e la separazione dell'olio dalla farina, l'olio era privo di alternariolo e conteneva solo l'1,6-2,3% dell'acido tenuazonico e il 44-45% dell'alternariolo monometil etere; nessuna di queste tossine era presente nella fari-na disoleata[19]. Un ceppo di *A. alternata* produceva stemphyltoxin III, che risultava mutage-na mediante saggio di Ames [23]. Per maggiori informazioni sulle tossine da *Alternaria*, si rimanda al riferimento bibliografico 17.

30.3 Citrinina

La micotossina citrinina – prodotta da diversi funghi, tra i quali *Penicillium citrinum* e *P. viridicatum* – è stata riscontrata in riso decorticato, pane ammuffito, prosciutti artigianali, grano, avena, segale e altri prodotti simili. Alla luce UV a onde lunghe (315-400 nm), si osserva una fluorescenza giallo-limone. È una sostanza riconosciuta come cancerogena. Su

Citrinina

sette ceppi di *P. viridicatum* isolati da prosciutti artigianali, tutti producevano citrinina in potato dextrose broth e su prosciutti artigianali in 14 giorni a 20-30 °C, ma non a 10 °C[101]; a 10 °C la crescita era scarsa. La citrinina è stata rilevata in alimenti ammuffiti esaminati in Germania; può essere prodotta in un mezzo sintetico insieme ad alcune altre micotossine[50].

Sebbene i microrganismi produttori di citrinina vengano trovati su semi di cacao e di caffè, questa micotossina – al pari di altre – non è presente a livelli proporzionali alla crescita. La ragione apparente di tale fenomeno è l'inibizione della citrinina in *P. citrinum* da parte della caffeina; tale inibizione sembra essere piuttosto specifica, poiché si verifica solo una leggera diminuzione della crescita del microrganismo[6].

30.4 Ocratossine

Le ocratossine consistono di un gruppo di almeno sette metaboliti secondari strutturalmente correlati, dei quali l'ocratossina A (OA) è la più nota e più tossica. L'ocratossina B (OB) deriva da OA per declorazione e, insieme a OC, può non essere naturalmente presente. OA viene prodotta da un gran numero di funghi che attaccano le derrate dopo il raccolto, tra cui *A. ochraceus*, *A. alliaceus*, *A. ostianus*, *A. mellus*, *A. niger* e *A. carbonarius*. In Spagna, quest'ultimo era il principale produttore di OA in frutta secca (uvetta, uva passa e uva sultanina), con il 97% di 91 ceppi isolati risultati produttori di OA[1]. Tra i penicilli che producono OA sono compresi *P. viridicatum*, *P. cyclopium* e *P. variabile*. OA è prodotta a livelli massimi a circa 30 °C e a_w di 0,95[5]. Il valore minimo di a_w che supporta la produzione di OA da parte di *A. ochraceus* a 30 °C in un mangime per polli è 0,85. La LD_{50} per somministrazione orale nei ratti è 20-22 mg/kg; risulta sia epatotossica sia nefrotossica.

Ocratossina A

Queste micotossine sono state trovate in mais, fagioli secchi, semi di cacao, soia, avena, orzo, agrumi, noci del Brasile, tabacco ammuffito, prosciutti artigianali, arachidi, semi di caffè e prodotti simili. Due ceppi di *A. ochraceus* isolati da prosciutti artigianali producevano OA e OB su riso, panello disoleato di arachidi e prosciutti artigianali, quando inoculati[31]. Due terzi della tossina penetravano di 0,5 cm dopo 21 giorni; il terzo restante si localizzava nel micelio. Su sei ceppi di *P. viridicatum* isolati da prosciutti artigianali nessuno produceva ocratossine. Da uno studio su quattro inibitori chimici sia della crescita sia della sintesi di OA in due produttori di OA a pH 4,5, è risultato: sorbato di potassio > propionato di sodio > metilparaben > bisolfito di sodio; a pH 5,5, i due più efficaci erano metilparaben e sorbato di potassio[94]. Come la maggior parte delle altre micotossine, OA è termostabile. In uno studio, il tasso più elevato di distruzione raggiunto cuocendo delle fave è stato del 20%; i ricercatori hanno concluso che OA non poteva essere distrutta dalle normali procedure di cottura[29]. Alla luce UV, OA emette una fluorescenza verde e OB una fluorescenza blu. In cellule renali di scimmia l'ocratossina induce una mitosi anormale.

30.5 Patulina

La patulina (clavicina, espansina) viene prodotta da un gran numero di penicilli, tra i quali *P. claviforme*, *P. expansum*, *P. patulum*, da alcuni aspergilli, tra cui *A. clavatus* e *A. terreus*, e da *Byssochlamys nivea* e *B. fulva*[22].

Le sue proprietà biologiche sono simili a quelle dell'acido penicillico. Alcuni funghi produttori di patulina possono produrre il composto a temperature inferiori a 2 °C[4]. Questa micotossina è stata trovata in pane ammuffito, salami, frutta (comprese banane, pere, ananas, uva e pesche), succo e sidro di mela e altri prodotti. In succo di mela sono stati riscontrati livelli anche di 440 μg/l; in sidro sono state riscontrate concentrazioni fino a 45 ppm. In Germania è stata identificata in alimenti ammuffiti insieme a citrinina e ocratossina A[50].

Per la crescita di *P. expansum* e *P. patulum* sono stati riportati valori minimi di a_w di 0,83 e 0,81, rispettivamente. In potato dextrose broth posto a incubare a 12 °C, la patulina veniva prodotta dopo 10 giorni da *P. patulum* e *P. roqueforti*, il primo microrganismo produceva livelli fino a 1033 ppm[8]. La patulina veniva prodotta in succo di mela anche a 12 °C da *B. nivea*, ma la concentrazione più elevata era raggiunta dopo 20 giorni a 21 °C dopo una fase lag di 9 giorni[71]. Il secondo picco più alto si osservava a 30 °C, mentre a 37 °C la quantità prodotta era molto inferiore. Questi ricercatori hanno confermato che la produzione di patulina è favorita a temperature inferiori all'optimum di crescita, come precedentemente osservato da Sommer e colleghi[82]. Questi ultimi autori avevano impiegato *P. expansum*, osservando produzione nell'intervallo compreso tra 5 e 20 °C e solo piccole quantità prodotte a 30 °C. In Georgia, in cinque campioni commerciali sono stati trovati livelli di patulina variabili da 244 a 3993 μg/l, con una media di 1902 μg/l[99]. L'incidenza complessiva di patulina in succo di mela è stata oggetto di una revisione[38]. Atmosfere di CO_2 e N_2 ne riducono la produzione rispetto a quella che si osserva in aria. La SO_2 è risultata più efficace nell'inibirne la produzione rispetto al sorbato di potassio o al benzoato di sodio[71].

Patulina

Per via sottocutanea la LD_{50} della patulina nei ratti è di 15-25 mg/kg; in alcuni animali induce sarcomi sottocutanei. Sia la patulina sia l'acido penicillico si legano a gruppi -SH e -NH_2, formando addotti legati covalentemente che sembrano diminuirne la tossicità. La patulina causa aberrazioni cromosomiche in cellule animali e vegetali ed è cancerogena.

30.6 Acido penicillico

Questa micotossina possiede proprietà biologiche simili a quelle della patulina. Viene prodotta da un gran numero di funghi, compresi molti penicilli (per esempio, *P. puberulum*), come pure da membri del gruppo *A. ochraceus*. Uno dei migliori produttori è *P. cyclopium*. È stata trovata in mais, fagioli e altre colture in pieno campo ed è stata prodotta sperimentalmente su formaggio svizzero. La sua LD_{50} per via sottocutanea nel topo è di 100-300 mg/kg; la sua cancerogenicità è certa.

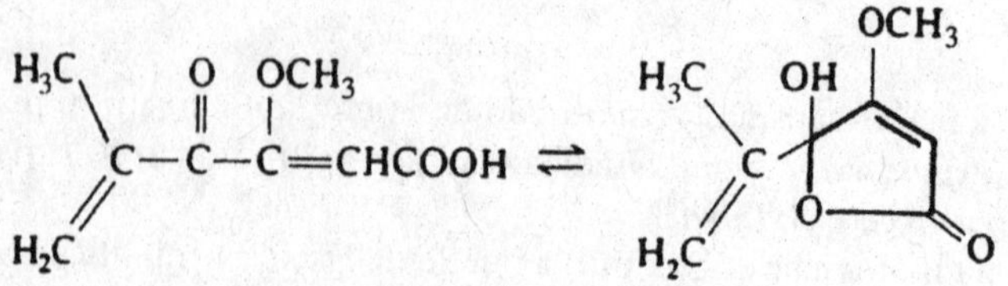

H₃C, O OCH₃ ... (chemical structure)

Acido penicillico

Su 346 colture di penicilli isolati da salame, il 10% circa produceva acido penicillico in mezzi di coltura liquidi, ma 5 che erano stati inoculati in salami affumicati non erano in grado di produrre la tossina dopo 70 giorni[20]. In un altro studio, 183 muffe sono state isolate da formaggio svizzero; l'87% era composto da penicilli, il 93% dei quali era in grado di crescere a 5 °C. Il 35% degli estratti dei penicilli risultava tossico per gli embrioni di pollo e nel 5,5% delle miscele tossiche sono stati identificati acido penicillico, patulina e aflatossine[7]. L'acido penicillico era prodotto a 5 °C in 6 settimane da 4 ceppi fungini su 33.

30.7 Sterigmatocistina

Questa micotossina è strutturalmente e biologicamente correlata alle aflatossine e, come queste, esplica attività epatocarcinogena negli animali. Sono note almeno otto forme derivate. Tra i microrganismi produttori vi sono *Aspergillus versicolor*, *A. nidulans*, *A. rugulosus* e altri. La LD₅₀ per iniezione intraperitoneale nei ratti è di 60-65 mg/kg. Alla luce UV la tossina emette fluorescenza di colore rosso-mattone scuro. Sebbene non siano spesso presenti in prodotti naturali, queste tossine sono state trovate in grano, avena, formaggio olandese e semi di caffè. Pur essendo correlate alle aflatossine, non sono altrettanto potenti; agiscono inibendo la sintesi del DNA.

30.8 Fumonisine

Le fumonisine sono prodotte da *Fusarium* spp. su mais e altri cereali; alcune patologie dell'uomo e di altri animali sono associate al consumo di cereali e prodotti a base di cereali contenenti livelli elevati di queste muffe.

Tra le specie per le quali è dimostrata la capacità di produrre fumonisine vi sono *F. sacchari*, *F. subglutinans*, *F. thapsinum*, *F. globosum*, *F. anthophilum*, *F. dlamini*, *F. napiforme*, *F. nygamai*, *F. moniliforme* e *F. proliferatum*[60]; quest'ultima specie ne produce grandi quantità. *F. moniliforme* (precedentemente *F. verticilloides*; *Gibberella fujikuroi*) è stata la prima a essere associata alla micotossina ed è la più studiata. La prevalenza di *F. moniliforme* è significativamente più elevata in mais proveniente da aree con un'alta incidenza di cancro esofageo nell'uomo rispetto a quello proveniente da aree in cui l'incidenza per questa malattia è bassa[54].

Esistono almeno 15 fumonisine: le più conosciute sono FB₁, FB₂, FB₃, FB₄, FA₁, FA₂ e FA₃. Le principali sono FB₁-FB₃, le altre sono considerate minori e sono meno ben caratterizzate. Delle tre principali, FB₁ (detta anche macrofusina) viene prodotta in maggiori quantità dai ceppi produttori. Per esempio, tra nove ceppi di *F. moniliforme*, il range di FB₁ prodotta su mais autoclavato era 960-2350 µg/g, mentre quello di FB₂ era 120-320 µg/g[72].

La fusarina C è prodotta da *F. moniliforme*, ma non sembra avere attività epatocarcinogena[35]. Essa risulta mutagena al test di Ames, ma solo dopo l'attivazione della frazione epatica[98]. In un mezzo colturale ne veniva prodotta più a pH <6 che a valori superiori e i livelli più elevati si raggiungevano tra il secondo e il sesto giorno a circa 28 °C[33]. Ceppi isolati da mais producevano circa 19-332 µg/g quando fatti sviluppare su mais[33].

30.8.1 Crescita e produzione

In relazione alla temperatura e al pH ottimali di crescita, la massima produzione di FB_1 da parte di un ceppo di *F. moniliforme* in una coltura a base di mais si verificava in 13 settimane a 20 °C con una resa di 17,9 g/kg di peso secco[2]. La massima velocità di crescita del fungo si osservava a 25 °C, non a 20 °C, e la fase stazionaria era raggiunta dopo 4-6 settimane a entrambe le temperature[2]. Nello stesso studio, la produzione di FB_1 iniziava dopo 2 settimane di crescita attiva e diminuiva dopo 13 settimane. Complessivamente, il tempo e la temperatura ottimali per la produzione di FB_1 erano 7 settimane a 25 °C. È stata dimostrata una buona crescita di un ceppo di *F. moniliforme* a 25 e 30 °C nell'intervallo di pH compreso tra 3 e 9,5[97], mentre a 37 °C e nello stesso intervallo di pH lo sviluppo era limitato; i valori acidi dei mezzi colturali utilizzati erano stati ottenuti con acido fosforico[97].

Né *F. moniliforme* né *F. proliferatum* producono grandi quantità di tossina con valori di a_w pari a 0,925[57]. Per un ceppo della prima specie, fatto sviluppare su mais sterile per 6 settimane a 25 °C, i livelli di FB_1 prodotti erano 6,8, 14,4, 93,6 e 102,6 ppm, rispettivamente con valori di a_w di 0,925, 0,944, 0,956 e 0,968[57]. Il livello di FB_1 era circa 5 volte maggiore in semi di mais privati del germe rispetto ai tessuti del germe. Il pH del mais privato del germe diminuiva da 6,4 a 4,7 dopo 10 giorni, mentre quello del germe colonizzato aumentava fino a 8,5[79]. Le condizioni acide risultavano determinanti per la produzione di FB_1, mentre le condizioni alcaline avevano un effetto inibente. Aggiungendo *F. moniliforme* e *F. proliferatum* a semi di mais, grano e orzo trattati con radiazioni, FB_1 veniva prodotta su mais ma non negli altri due cereali[55].

I conservanti acido benzoico, BHA e carvacrolo si sono dimostrati in grado di inibire o ritardare la crescita del micelio di un certo numero di *Fusarium* spp.; l'acido benzoico è il più efficace, seguito da carvacrolo e da BHA[93]. L'effetto simultaneo sulla produzione di fumonisine non è chiaro.

30.8.2 Prevalenza in mais e mangimi

Sin dalla metà degli anni Ottanta, è stato osservato che la leucoencefalomacia (ELEM) nei cavalli, l'edema polmonare (PE) nei suini e il cancro esofageo (EC) nell'uomo si presentano in regioni del mondo in cui si riscontrano elevati livelli di fumonisine negli alimenti a base di cereali[102]. Per esempio, l'incidenza maggiore di EC umano in Africa meridionale si registra nel Transkei, dove si trovano anche livelli elevati di FB_1 e FB_2 nel mais. Concomitante con la presenza di fumonisine è quella di *Fusarium* spp., specialmente di *F. moniliforme*. L'incidenza di fumonisina FB_1 in una contea cinese a rischio elevato era circa il doppio rispetto ad aree a basso rischio, sebbene le differenze non fossero statisticamente significative[102]. In un'area ad alto rischio, oltre alle fumonisine, in mais sono stati trovati tricoteceni (principalmente deossinivalenolo). In mais e prodotti a base di mais, provenienti da quattro Stati statunitensi, la FB_1 è stata trovata nel 65% di 34 campioni, mentre la FB_2 era presente solo nel 29% dei campioni[37]. I livelli massimi erano di 2679 µg/kg per la FB_1 e di 797 µg/kg per la FB_2. Il numero di cellule di *Fusarium* variava da 10^2 a oltre 10^5.

Tabella 30.2 Incidenza e prevalenza di fumonisina B_1 in mais e prodotti a base di mais provenienti da diversi Paesi

Prodotti	Paese	Campioni (pos./tot.)	Fumonisina (ng)	Media (ng/g)	Rif. bibl.
Granella di mais	Svizzera	34/55	0-790	260	67
Granella di mais	Sudafrica	10/18	0-190	125	90
Granella di mais	Stati Uniti	10/10	105-2545	601	90
Panello di mais/ mix per muffin	Stati Uniti	10/17	<200-15.600	–	65
Farina di mais	Svizzera	2/7	0-110	85	67
Farina di mais	Sudafrica	46/52	0-475	138	90
Farina di mais	Stati Uniti	15/16	0-2790	1048	90
Farina di mais	Canada	1/2	0-50	50	90
Farina di mais	Egitto	2/2	1780-2980	2380	90
Farina di mais	Perù	1/2	0-660	660	90
Mais*	Charleston, SC	7/7	105-1915	635	90
Mais*	Transkei, Sudafrica	6/6	3020-117.520	53.740	90
Mais (sano)*	Transkei, Sudafrica	12/12	50-7900	1600	70
Mais (sano)**	Transkei, Sudafrica	2/12	0-550	375	70
Mais (ammuffito)**	Transkei, Sudafrica	12/12	3450-46.900	23.900	70
Mais (ammuffito)**	Transkei, Sudafrica	11/11	450-18.900	6520	70
Farina di mais bianco	Stati Uniti (MD)		3500-7450		15
Farina di mais giallo	Stati Uniti (MD)		500-4750		15
Tortilla, bianca	Stati Uniti (MD)		200-400		15
Farina di mais giallo	Stati Uniti (AZ)		450-650		15
Farina di mais giallo	Stati Uniti (NE)		500-2500		15
Tortilla, bianca	Stati Uniti (AZ)		250-1450		15
Tortilla, bianca	Stati Uniti (NE)		200-550		15
Mais + farina	Botswana	28/33	20-1270	247 µg/kg	81
Mais	Kenya	92/197	110-12.000	670	44

* Da aree dei rispettivi Paesi in cui l'incidenza di cancro all'esofago era elevata.
** Da aree in cui l'incidenza di cancro all'esofago era bassa.

La tabella 30.2 riporta l'incidenza e la prevalenza di FB_1 in mais e in alcuni prodotti a base di mais in diversi Paesi. I livelli più elevati sono stati riscontrati in mais proveniente da un'area del Transkei (Sudafrica), con elevata incidenza di EC. L'intervallo per questi sei campioni era 3020-117.520 ng/g, con una media di 53.740 ng/g[89]. Questi livelli erano superiori a quelli trovati in 12 campioni di mais ammuffito proveniente dalla stessa area, per i quali la media era di 23.900 ng/g[70]. Complessivamente, FB_1 era presente a livelli più bassi in granella di mais, mentre i livelli tendevano a essere superiori in farina di mais.

Campioni di mangimi provenienti da 11 Stati degli Stati Uniti sono stati esaminati per la presenza di FB_1[72]. Di 83 mangimi per cavalli associati a ELEM equina, il 75% conteneva >10 µg/g, con un range compreso tra <1,0 e 330 µg/g. D'altra parte, tutti i 51 campioni di mangimi che non davano problemi avevano un contenuto <9 µg/g di FB_1, con <6 µg/g nel 94% dei casi[72]. In Michigan, su 71 campioni di prodotti al dettaglio a base di mais e altri cereali 11 contenevano fumonisine, tra cui 10 su 17 prodotti a base di mais[65]. Il livello massimo di

FB$_1$ trovato impiegando il test ELISA era di 15,6 µg/g in blue corn meal[65]. Sulla base della letteratura relativa alla FB$_1$ in mais, per la popolazione dei Paesi Bassi è stata stimata un'assunzione giornaliera di 1000 ng[25].

Mais contaminato da *Fusarium*, associato a epidemie di micotossicosi in diversi animali in Brasile, è stato analizzato per la presenza di FB$_1$ e FB$_2$: 20 campioni su 21 presentavano livelli di FB$_1$ compresi tra 200 e 38.500 ng/g; in 18/21 il range di FB$_2$ era compreso tra 100 e 12.000 ng/g[88]. Tranne un ceppo, tutti gli isolati da questo lotto di mais erano fortemente tossici verso anatroccoli. In uno studio condotto nel biennio 1996-1997 su fumonisine in birre spagnole, 14 sono risultate positive, con livelli compresi tra 4,76 e 85,53 ng/mL[95].

30.8.3 Proprietà chimico-fisiche di FB$_1$ e FB$_2$

La struttura chimica di FB$_1$ e FB$_2$ è indicata di seguito[26]. Le due tossine differiscono solo in quanto la FB$_1$ possiede un gruppo -OH al posto di un H sul carbonio 10. Queste tossine si differenziano dalla maggior parte delle altre presentate in questo capitolo per due ragioni: non possiedono gruppi ciclici o anelli e sono solubili in acqua. D'altra parte, esse sono termostabili come molte altre micotossine. In uno studio, materiali colturali liofilizzati contenenti FB$_1$ sono stati sottoposti a ebollizione per 30 minuti e successivamente essiccati in forno a 60 °C per 24 ore senza perdere la loro tossicità[2].

[1] R = OH
[2] R = H
fumonisine B$_1$ [1] e B$_2$ [2]

In un altro studio è stata valutata la stabilità termica di queste tossine a un livello di FB$_1$ di 5 µg/g in prodotti trasformati a base di mais[16]. Nessuna perdita significativa è stata osservata dopo cottura in forno a 204 °C per 30 minuti. Una perdita quasi totale si verificava arrostendo campioni di farina di mais a 218 °C per 15 minuti. Una riduzione significativa, ma parziale, è stata osservata in pane di mais a 232 °C per 20 minuti. Per valutare la stabilità termica in prodotti in scatola, alcune conserve in scatola sono state addizionate di 5 µg/g e poi nuovamente inscatolate. In crema di mais per l'infanzia e in alimenti per cani non si sono verificate variazioni significative, mentre riduzioni marcate – seppure non totali – si sono osservate nei prodotti a base di purea di mais e a chicchi interi[16]. Complessivamente, la cottura arrosto è risultata più efficace di quella in forno.

30.8.4 Patogenesi

In animali da esperimento, il fegato rappresenta il bersaglio principale della FB$_1$. In uno studio condotto su ratti in un periodo di 26 mesi, tutti gli animali che erano morti o erano stati uccisi dopo 18 mesi mostravano cirrosi micro- e macronodulare e grossi noduli a crescita espansiva di colangiofibrosi all'ilo del fegato[34]. (Nel ratto la colangiofibrosi è considerata una lesione che precede il colangiocarcinoma.) Su 15 ratti morti o uccisi tra il 18° e il 26° mese, il 66% aveva sviluppato un carcinoma epatocellulare primario. Si osservava anche un certo coinvolgimento renale, ma solo verso la fine dello studio. Non è stata notata alcuna lesione esofagea negli animali testati, né alcuna modificazione neoplastica nei 25 controlli[34]. L'attività epatocarcinogena di FB$_1$ nei ratti è stata dimostrata aggiungendo 50.000 ng/g in razioni alimentari durante un periodo di 26 mesi[34]. Uno studio precedente aveva dimostrato che nei ratti la FB$_1$ possiede un'azione favorente lo sviluppo del cancro dovuta alla sua capacità di stimolare l'attività della γ-glutamiltranspeptidasi[2].

In un cavallo è stata riprodotta la leucoencefalomacia (ELEM) mediante iniezione intravenosa di sette dosi giornaliere da 0,125 mg/g di peso vivo di FB$_1$ per dieci giorni[73]. La ELEM è stata provocata in due cavalli mediante somministrazione orale di FB$_1$ a un livello di 1,25-4 mg/g di peso corporeo; i sintomi si sono manifestati in circa 25 giorni[81]. In un maiale è stato causato edema polmonare mediante iniezioni giornaliere di 0,4 mg FB$_1$/g peso corporeo per 4 giorni[92]. In Transkei (Sudafrica), l'incidenza del cancro esofageo nell'uomo risulta statisticamente correlato con gli elevati livelli di FB$_1$ e FB$_2$ nel mais[90].

30.9 Sambutossina

La sambutossina è stata documentata la prima volta nel 1994[45]. È associata al marciume secco della patata ed è prodotta principalmente da ceppi di *Fusarium sambucinum* e *F. oxysporum*; su 13 specie di *Fusarium*, il 90% circa dei ceppi appartenenti a queste due specie produceva la tossina. In Corea, su 21 campioni di patate marce, 9 contenevano 15,8-78,1 ng/g di sambutossina, con una media di 49,2 ng/g[46]. Utilizzando un mezzo a base di grano, venivano prodotti livelli di sambutossina di 1,1-101 μg/g. La tossina è stata trovata in patate provenienti da alcune aree dell'Iran con elevata incidenza di cancro all'esofago[45].

Nei ratti la sambutossina causa emorragie gastriche e intestinali e determina rifiuto del cibo e perdita in peso[45]. I ratti morivano entro 4 giorni quando la loro dieta conteneva lo 0,1% di sambutossina. È tossica per embrioni di pollo, con una LD$_{50}$ di 29,6 μg/uovo[45].

30.10 Zearalenone

Esistono in natura almeno cinque tipi di zearalenone; sono prodotti da *Fusarium* spp., principalmente da *F. graminearum* (precedentemente chiamato *F. roseum*, = *Gibberella zeae*) e

F. tricinctum. Associati al mais, questi microrganismi invadono le colture in campo nello stadio setoso, in particolare durante i periodi di piogge intense. Se i livelli di umidità rimangono abbastanza elevati dopo il raccolto, i funghi crescono e producono la tossina. Oltre al mais, possono essere colpite altre colture, come grano, avena, orzo e sesamo.

Queste tossine presentano fluorescenza blu-verde alla luce UV a onde lunghe (315-400 nm) e verde agli UV a onde corte (100-280 nm). Possiedono proprietà estrogeniche: promuovono l'estro in topi e l'iperestrogenismo in suini. Sebbene non risultino mutagene al saggio di Ames, producono un risposta positiva nel Rec assay su *Bacillus subtilis*[84].

30.11 Controllo della produzione

Diversi microrganismi, specialmente altri funghi, si sono dimostrati in grado di controllare la crescita di funghi tossigeni e di inibirne la produzione di tossina[36,74]. Uno dei primi studi sulla detossificazione delle aflatossine fu condotto da Ciegler e colleghi[21], che dimostrarono che il batterio *Flavobacterium aurantiacum* rimuoveva le aflatossine da una soluzione. È stato dimostrato che lieviti in crescita attiva degradano la patulina[11]. Tra i lattobacilli, *L. acidophilus* si è dimostrato un efficiente inibitore della crescita e della produzione di tossina da parte di *A. flavus*[43]. La colonizzazione del mais da parte di *Fusarium* spp. può essere decisamente inibita da *Aspergillus* e *Penicillium* spp. a 25 °C, in dipendenza dell'a_w e delle specie testate[56]. Le interazioni che determinavano una colonizzazione diminuita da parte di *Fusarium*, non avevano effetti negativi sulla produzione di fumonisina.

Alcuni tentativi di controllare la crescita di *Botrytis cinerea* sulle mele includevano test con *Burkholderia cepacia*, *Erwinia* sp., *Pichia guillermondii*, *Cryptococcus* sp., *Acremonium breve* e *Trichoderma pseudokoningii*: tutti sono risultati efficaci[26]. *Erwinia* sp. si è dimostrata la più attiva, specialmente in condizioni ambientali.

Bibliografia

1. Abarca ML, Accensi F, Bragulat MR, Castellá G, Cabañes FJ (2003) Aspergillus carbonarius as the main source of ochratoxin A contamination in dried vine fruits from the Spanish market. *J Food Protect*, 66: 504-506.
2. Alberts JF, Gelderblom WCA, Thiel PG, Marasas WFO, van Schalkwyk DJ, Behrend Y (1990) Effects of temperature and incubation period on production of fumonisin B$_1$ by Fusarium moniliforme. *Appl Environ Microbiol*, 56: 1729-1733.
3. Altug T, Yousef AE, Marth EH (1990) Degradation of aflatoxin B$_1$ in dried figs by sodium bisulfite with or without heat, ultraviolet energy or hydrogen peroxide. *J Food Protect*, 53: 581-582.
4. Ayres JC, Mundt JO, Sandine WE (1980) *Microbiology of Foods*. Freeman, San Francisco, pp. 658-683.
5. Bacon CW, Sweeney JG, Hobbins JD, Burdick D (1973) Production of penicillic acid and ochratoxin A on poultry feed by Aspergillus ochraceus: Temperature and moisture requirements. *Appl Microbiol*, 26: 155-160.
6. Buchanan RL, Harry MA, Gealt MA (1983) Caffeine inhibition of sterigmatocystin, citrinin, and patulin production. *J Food Sci*, 48: 1226-1228.
7. Bullerman LB (1976) Examination of Swiss cheese for incidence of mycotoxin producing molds. *J Food Sci*, 41: 26-28.
8. Bullerman LB (1984) Effects of potassium sorbate on growth and patulin production by Penicillium patulum and Penicillium roquefortii. *J Food Protect*, 47: 312-316.

9. Bullerman LB, Hartman PA, Ayres JC (1969) Aflatoxin production in meats. I. Stored meats. *Appl Microbiol*, 18: 714-717.

10. Bullerman LB, Hartman PA, Ayres JC (1969) Aflatoxin production in meats. II. Aged dry salamis and aged country cured hams. *Appl Microbiol*, 18: 718-722.

11. Burroughs LF (1977) Stability of patulin to sulfur dioxide and to yeast fermentation. *J Assoc Off Anal Chem*, 60: 100-103.

12. Busby WF Jr, Wogan GN (1979) Food-borne mycotoxins and alimentary mycotoxicoses. In: Riemann H, Bryan FL (eds) *Foodborne Infections and Intoxications*. Academic Press, New York, pp. 519-610.

13. Butler WH (1974) Aflatoxin. In: Purchase IFH (ed) *Mycotoxins*. Elsevier, New York, pp. 1-28.

14. Camou-Arriola JP, Price RL (1989) Destruction of aflatoxin and reduction of mutagenicity of naturally contaminated corn during production of a corn snack. *J Food Protect*, 52: 814-817.

15. Castelo MM, Sumner SS, Bullerman LB (1998) Occurrence of fumonisins in corn-based food products. *J Food Protect*, 61: 704-707.

16. Castelo MM, Sumner SS, Bullerman LB (1998) Stability of fumonisins in thermally processed corn products. *J Food Protect*, 61: 1030-1033.

17. Chelkowski J, Visconti A (eds) (1992) *Alternaria: Biology, Plant Diseases and Metabolites*. Elsevier, New York.

18. Christensen CM (1971) Mycotoxins. *CRC Crit Rev Environ Cont*, 2: 57-80.

19. Chulze SN, Torres AM, Dalcero AM et al. (1995) Alternaria mycotoxins in sunflower seeds: Incidence and distribution of the toxins in oil and meal. *J Food Protect*, 58: 1133-1135.

20. Ciegler A, Mintzlaff HJ, Weisleder D, Leistner L (1972) Potential production and detoxification of penicillic acid in mold-fermented sausage (salami). *Appl Microbiol*, 24: 114-119.

21. Ciegler A, Lillehoj EB, Peterson RE, Leistner L (1966) Microbial detoxification of aflatoxin. *Appl Microbiol*, 14: 934-939.

22. Davis ND, Diener UL (1987) Mycotoxins. In: Beuchat LR (ed) *Food and Beverage Mycology* (2nd ed). Kluwer Academic Publishers, New York, pp. 517-570.

23. Davis VM, Stack ME (1991) Mutagenicity of stemphyltoxin III, a metabolite of Alternaria alternata. *Appl Environ Microbiol*, 57: 180-182.

24. Deger GE (1976) Aflatoxin – human colon carcinogenesis? *Ann Intern Med*, 85: 204-205.

25. de Nijs M, van Egmond HP, Nauta M, Rombouts F, Notermans SHW (1998) Assessment of human exposure to fumonisin B_1. *J Food Protect*, 61: 879-884.

26. Dock LL, Nielsen PV, Floros JD (1998) Biological control of Botrytis cinerea growth on apples stored undermodified atmospheres. *J Food Protect*, 61: 1661-1665.

27. Drush S, Ragab W (2003) Mycotoxins in fruits, fruit juices, and dried fruits. *J Food Protect*, 66: 1514-1527.

28. D'Souza DH, Brackett RE (2000) The influence of divalent cations and chelators on aflatoxin B_1 degradation by Flavobacterium aurantiacum. *J Food Protect*, 63: 102-105.

29. El-Banna AA, Scott PM (1984) Fate of mycotoxins during processing of foodstuffs. III. Ochratoxin A during cooking of faba beans (Vicia faba) and polished wheat. *J Food Protect*, 47: 189-192.

30. Enomoto M, Saito M (1972) Carcinogens produced by fungi. *Annu Rev Microbiol*, 26: 279-312.

31. Escher FE, Koehler PE, Ayres JC (1973) Production of ochratoxins A and B on country cured ham. *Appl Microbiol*, 26: 27-30.

32. Escobar A, Regueiro OS (2002) Determination of aflatoxin B_1 in food and feedstuffs in Cuba (1990 through 1996) using an immunoenzymatic reagent kit (Aflacen). *J Food Protect*, 65: 219-221.

33. Farber JM, Sanders GW (1986) Fusarin C production by North American isolates of Fusarium moniliforme. *Appl Environ Microbiol*, 51: 381-384.

34. Gelderblom WCA, Kriek NPJ, Marasas WFO, Thiel PG (1991) Toxicity and carcinogenicity of the Fusarium moniliforme metabolite, fumonisin B_1, in rats. *Carcinogenesis*, 12: 1247-1251.

35. Gelderblom WCA, Jaskiewicz K, Marasas WFO, Thiel PG, Horak RM, Vleggaar R, Kriek NPJ (1988) Fumonisins – novel mycotoxins with cancer-promoting activity produced by Fusarium moniliforme. *Appl Environ Microbiol*, 54: 1806-1811.

36. Gourama H, Bullerman LB (1995) Antimycotic and antiaflatoxigenic effect of lactic acid bacteria: A review. *J Food Protect*, 58: 1275-1280.
37. Gutema T, Munimbazi C, Bullerman LB (2000) Occurrence of fumonisins and moniliformin in corn and corn-based food products of U.S. origin. *J Food Protect*, 63: 1732-1737.
38. Harrison MA (1989) Presence and stability of patulin in apple products: A review. *J Food Saf*, 9: 147-153.
39. Henry SH, Bosch FX, Troxell TC, Bolger PM (1999) Reducing liver cancer – global control of aflatoxin. *Science*, 286: 2453-2454.
40. Hesseltine CW (1967) Aflatoxins and other mycotoxins. *Health Lab Sci*, 4: 222-228.
41. Holmquist GU, Walker HW, Stahr HM (1983) Influence of temperature, pH, water activity and antifungal agents on growth of Aspergillus flavus and A. parasiticus. *J Food Sci*, 48: 778-782.
42. Jorgenssen KV, Park DL, Rua SM Jr, Price RL (1990) Reduction of mutagenic potentials in milk: Effects of ammonia treatment on aflatoxin-contaminated cotton-seed. *J Food Protect*, 53: 777-778, 817.
43. Karunaratne A, Wezenberg E, Bullerman LB (1990) Inhibition of mold growth and aflatoxin production by Lactobacillus spp. *J Food Protect*, 53: 230-236.
44. Kedera CJ, Plattner RD, Desjardins AE (1999) Incidence of Fusarium spp. and levels of fumonisin B_1 in maize in western Kenya. *Appl Environ Microbiol*, 65: 41-44.
45. Kim JC, Lee YW (1994) Sambutoxin, a new mycotoxin produced by toxic Fusarium isolates obtained from rotted potato tubers. *Appl Environ Microbiol*, 60: 4380-4386.
46. Kim JC, Lee YW, Yu SH (1995) Sambutoxin-producing isolates of Fusarium species and occurrence ofsambutoxin in rotten potato tubers. *Appl Environ Microbiol*, 61: 3750-3751.
47. Kurtzman CP, Horn BW, Hesseltine CW (1987) Aspergillus nominus, a new aflatoxin-producing species related to Aspergillus flavus and Aspergillus tamarii. *Antonie van Leeuwenhoek*, 53: 147-158.
48. Labuza TP (1983) Regulation of mycotoxins in food. *J Food Protect*, 46: 260-265.
49. Lee YJ, Hagler WM Jr (1991) Aflatoxin and cyclopiazonic acid production by Aspergillus flavus isolated from contaminated maize. *J Food Sci*, 56: 871-872.
50. Leistner L, Eckardt C (1979) Vorkommen toxigener Penicillien bei Fleischerzeugnissen. *Fleischwirtsch*, 59: 1892-1896.
51. Leistner L, Tauchmann F (1979) Aflatoxinbildung in Rohwurst durch verschiedene Aspergillus flavus-Stämme und einer Aspergillus parasiticus-Stamm. *Fleischwirtsch*, 50: 965-966.
52. Lie JL, Marth EH (1967) Formation of aflatoxin in cheddar cheese by Aspergillus flavus and Aspergillus parasiticus. *J Dairy Sci*, 50: 1708-1710.
53. Line JE, Brackett RE, Wilkinson RE (1994) Evidence for degradation of aflatoxin B_1 by Flavobacterium aurantiacum. *J Food Protect*, 57: 788-791.
54. Marasas WFO, Jaskiewicz K, Venter FS, van Schalkwyk DJ (1988) Fusarium moniliforme contamination of maize in oesophageal cancer areas in Transkei. *S Afr Med J*, 74: 110-114.
55. Marin S, Magan N, Serra J et al. (1999) Fumonisin B_1 production and growth of Fusarium moniliforma and Fusarium proliferatum on maize, wheat, and barley grain. *J Food Sci*, 64: 921-924.
56. Marin S, Sanchis V, Rull F, Ramos AJ, Magan N (1998) Colonization of maize grain by Fusarium moniliforme and Fusarium proliferatum in the presence of competing fungi and their impact on fumonisin production. *J Food Protect*, 61: 1489-1496.
57. Marin S, Sanchis V, Vines I, Canela R, Magan N (1995) Effect of water activity and temperature on growth and fumonisin B_1 and B_2 production by Fusarium proliferatum and F. moniliforme on maize grain. *Lett Appl Microbiol*, 21: 298-301.
58. Marth EH, Calanog BG (1976) Toxigenic fungi. In: de Figueiredo MP, Splittstoesser DF (eds) *Food Microbiology: Public Health and Spoilage Aspects*. Kluwer Academic Publishers, New York, pp. 210-256.
59. Mphande FA, Siame BA, Taylor JE (2004) Fungi aflatoxins, and cyclopiazonic acid associated with peanut retailing in Botswana. *J Food Protect*, 67: 96-102.
60. Nelson PE, Plattner RD, Shackelford DD, Desjardins AE (1992) Fumonisin B_1 production by Fusarium species other than F. moniliforme in section Liseola and by some related species. *Appl Environ Microbiol*, 58: 984-989.

61. Newsome R (1999) Issues in international trade: Looking to the Codex Alimentarius Commission. *Food Technol*, 53(6): 26.

62. Niranjan BG, Bhat NK, Avadhani NG (1982) Preferential attack of mitochondrial DNA by aflatoxin B_1 during hepatocarcinogenesis. *Science*, 215: 73-75.

63. Northolt MD, Verhulsdonk CAH, Soentoro PSS, Paulsch WE (1976) Effect of water activity and temperature on aflatoxin production by Aspergillus parasiticus. *J Milk Food Technol*, 39: 170-174.

64. Oatley JT, Rarick MD, Ji GE, Linz JE (2000) Binding of aflatoxin B_1 to bifidobacteria in vitro. *J Food Protect*, 63: 1133-1136.

65. Pestka JJ, Azcona-Olivera JI, Plattner RD, Minervini F, Doke MB, Visconti A (1994) Comparative assessment of fumonisin in grain-based foods by ELISA, GC–MS, and HPLC. *J Food Protect*, 57: 169-172.

66. Pierides M, El-Nezami H, Peltonen K, Salminen S, Ahokas J (2000) Ability of dairy strains of lactic acid bacteria to bind aflatoxin M_1 in a food model. *J Food Protect*, 63: 645-650.

67. Pittet A, Parisod V, Schellenberg M (1992) Occurrence of fumonisins B_1 and B_2 in corn-based products from the Swiss market. *J Agric Food Chem*, 40: 1352-1354.

68. Park KY, Bullerman LB (1983) Effect of cycling temperatures on aflatoxin production by Aspergillus parasiticus and Aspergillus flavus in rice and cheddar cheese. *J Food Sci*, 48: 889-896.

69. Ram BP, Hart P, Cole RJ, Pestka JJ (1986) Application of ELISA to retail survey of aflatoxin B_1 in peanut butter. *J Food Protect*, 49: 792-795.

70. Rheeder JP, Marasas WFO, Thiel PG, Sydenham EW, van Schalkwyk DJ (1992) Fusarium moniliforme and fumonisins in corn in relation to human esophageal cancer in Transkei. *Phytophathology*, 82: 353-357.

71. Roland JO, Beuchat LR (1984) Biomass and patulin production by Byssochlamys nivea in apple juice as affected by sorbate, benzoate, SO_2 and temperature. *J Food Sci*, 49: 402-406.

72. Ross PF, Rice LG, Plattner RD, Osweiler GD, Wilson TM, Owens DL, Nelson HA, Richard JL (1991) Concentration of fumonisin B_1 in feeds associated with animal health problems. *Mycopathology*, 114: 129-135.

73. Ross PF, Nelson PE, Richard JL, Osweiler GD, Rice LG, Plattner RD, Wilson TM (1990) Production of fumonisins by Fusarium moniliforme and Fusarium proliferatum isolates associated with equine leukoencephalomalacia and a pulmonary edema syndrome in swine. *Appl Environ Microbiol*, 56: 3225-3226.

74. Schillinger U, Geisen R, Holzapfel WH (1996) Potential of antagonistic microorganisms and bacteriocins for the biological preservation of foods. *Trends Food Sci Technol*, 7: 158-164.

75. Schindler AF (1977) Temperature limits for production of aflatoxin by twenty-five isolates of Aspergillus flavus and Aspergillus parasiticus. *J Food Protect*, 40: 39-40.

76. Serck-Hanssen A (1970) Aflatoxin-induced fatal hepatitis? *Arch Environ Health*, 20: 729-731.

77. Shelef LA, Chin B (1980) Effect of phenolic antioxidants on the mutagenicity of aflatoxin B_1. *Appl Environ Microbiol*, 40: 1039-1043.

78. Shih CN, Marth EH (1974) Some cultural conditions that control biosynthesis of lipid and aflatoxin by Aspergillus parasiticus. *Appl Microbiol*, 27: 452-456.

79. Shim WB, Flaherty JE, Woloshuk CP (2003) Comparison of fumonisin B_1 biosynthsis in maize germ and degermed kernels by Fusarium verticillioides. *J Food Protect*, 66: 2116-2122.

80. Shotwell OL, Hesseltine CW (1983) Five-year study of mycotoxins in Virginia wheat and dent corn. *J Assoc Off Anal Chem*, 66: 1466-1469.

81. Siame BA, Mpuchane SF, Gashe BA, Allotey J, Teffera G (1998) Occurrence of aflatoxins, fumonisin B_1, and zearalenone in foods and feeds in Botswana. *J Food Protect*, 61: 1670-1673.

82. Sommer NF, Buchanan JR, Fortlage RJ (1974) Production of patulin by Penicillium expansum. *Appl Microbiol*, 28: 589-593.

83. Stahr HM, Pfeiffer RL, Imerman PJ, Bork B, Hurburgh C (1990) Aflatoxins – The 1988 outbreak. *Dairy Food Environ Sanit*, 10: 15-17.

84. Stark AA (1980) Mutagenicity and carcinogenicity of mycotoxins: DNA binding as a possible mode of action. *Annu Rev Microbiol*, 34: 235-262.

85. Stinson EE, Bills DD, Osman SF, Siciliano J, Ceponis MJ, Heisler EG (1980) Mycotoxin production by Alternaria species grown on apples, tomatoes, and blueberries. *J Agric Food Chem*, 28: 960-963.

86. Stinson EE, Osman SF, Beisler EG, Siciano J, Bills DD (1981) Mycotoxin production in whole tomatoes, apples, oranges, and lemons. *J Agric Food Chem*, 29: 790-792.

87. Stoloff L (1987) Carcinogenicity of aflatoxins. *Science*, 237: 1283-1284.

88. Sydenham EW, Marasas WFO, Shephard GS, Thiel PG, Hirooka EY (1992) Fumonisin concentrations in Brazalian feeds associated with field outbreaks of confirmed and suspected animal mycotoxicoses. *J Agric Food Chem*, 40: 994-997.

89. Sydenham EW, Shepard GS, Thiel PG, Marasas WFO, Stockenström S (1991) Fumonisin contamination of commercial corn-based human foodstuffs. *J Agric Food Chem*, 39: 2014-2018.

90. Sydenham EW, Thiel PG, Marasas WFO, Shephard GS, van Schalkwyk DJ, Koch KR (1990) Natural occurrence of some Fusarium mycotoxins in corn from low and high esophageal cancer prevalence areas of the Transkei, southern Africa. *J Agric Food Chem*, 38: 1900-1903.

91. Taylor WJ, Draughon FA (2001) Nannocystis exedens: A potential biocompetitive agent against Aspergillus flavus and Aspergillus parasiticus. *J Food Protect*, 64: 1030-1034.

92. Thiel PG, Marasas WFO, Sydenham EW, Shephard GS, Gelderblom CA (1992) The implications of naturally occurring levels of fumonisins in corn for human and animal health. *Mycopathologia*, 117: 3-9.

93. Thompson DP (1997) Effect of phenolic compounds on mycelial growth of Fusarium and Penicillium species. *J Food Protect*, 60: 1262-1264.

94. Tong CH, Draughon FA (1985) Inhibition by antimicrobial food additives of ochratoxin A production by Aspergillus sulphureus and Penicillium viridicatum. *Appl Environ Microbiol*, 49: 1407-1411.

95. Torres MR, Sanchis V, Ramos AJ (1998) Occurrence of fumonisins in Spanish beers analyzed by an enzyme-linked immunosorbent assay method. *Int J Food Microbiol*, 39: 139-143.

96. Trenk HL, Hartman PA (1970) Effects of moisture content and temperature on aflatoxin production in corn. *Appl Microbiol*, 19: 781-784.

97. Wheeler KA, Hurdman BF, Pitt JI (1991) Influence of pH on the growth of some toxigenic species of Aspergillus, Penicillium and Fusarium. *Int J Food Microbiol*, 12: 141-150.

98. Wiebe LA, Bjeldanes LF (1981) Fusariu C, a mutagen from Fusarium moniliforme grown on corn. *J Food Sci*, 46: 1424-1426.

99. Wheeler JL, Harrison MA, Koehler PE (1987) Presence and stability of patulin in pasteurized apple cider. *J Food Sci*, 52: 479-480.

100. Wogan GN (1966) Chemical nature and biological effects of the aflatoxins. *Bacteriol Rev*, 30: 460-70.

101. Wu MT, Ayres JC, Koehler PE (1974) Production of citrinin by Penicillium viridicatum on country-cured ham. *Appl Microbiol*, 27: 427-428.

102. Yoshizawa T, Yamashita A, Luo Y (1994) Fumonisin occurrence in corn from high- and low-risk areas for human esophageal cancer in China. *Appl Environ Microbiol*, 60: 1626-1629.

Capitolo 31
Virus e altri pericoli biologici di origine alimentare certi o sospetti

31.1 Virus

Rispetto ai batteri e ai funghi, per diverse ragioni si sa molto meno circa l'incidenza dei virus negli alimenti. Innanzi tutto essendo parassiti obbligati, a differenza di batteri e funghi i virus non crescono su terreni colturali; i metodi comunemente impiegati per la loro coltivazione consistono in colture tissutali e in tecniche che utilizzano embrioni di pollo. In secondo luogo, poiché i virus non si replicano negli alimenti, ci si attende che il loro numero sia basso rispetto ai batteri e per il loro recupero sono necessari metodi di estrazione e concentrazione. Sebbene sia stata dedicata molta ricerca a tale metodologia, è difficile ottenere da prodotti come carne di manzo tritata un recupero di particelle virali superiore al 50% circa. Inoltre, le tecniche virologiche di laboratorio non vengono utilizzate in molti laboratori di microbiologia degli alimenti. Infine, non tutti i virus di potenziale interesse per il microbiologo alimentare – per esempio il Norwalk virus – possono essere coltivati con i metodi attualmente disponibili. Tuttavia, lo sviluppo di metodologie basate sulla RT-PCR (reverse transcription polymerase chain reaction) ha permesso la determinazione diretta di alcuni virus d'interesse alimentare in tessuti di ostriche e vongole[5].

L'efficacia della RT-PCR per determinare i virus negli alimenti è stata dimostrata da numerosi ricercatori. Uno studio ha confrontato quattro metodi di concentrazione ed estrazione in relazione al recupero di astrovirus, virus dell'epatite A e poliovirus da mitili: i metodi con soluzione di glicina e con tampone borato si sono rivelati i migliori[106]. Utilizzando la RT-PCR, diverse combinazioni sono risultate efficaci per la determinazione dei tre virus nei campioni analizzati. Utilizzando ostriche inoculate con 10^1 fino a 10^5 unità formanti placche (ufp) di poliovirus 1 o di virus dell'epatite A ed effettuando la concentrazione con polietilenglicole, la procedura combinata di concentrazione e purificazione ha permesso la determinazione del poliovirus e del virus dell'epatite A e di 10^5 unità amplificabili con RT-PCR dell'agente di Norwalk[53]. In un altro studio, l'ibridazione dot-blot di amplicóni ottenuti mediante RT-PCR ha consentito di rilevare sole 8 ufp di virus dell'epatite A per grammo di polpa di ostrica[32]. L'utilizzo di altri metodi di concentrazione per cappe dure (hard clam, *Mercenaria mercenaria*) contaminate artificialmente con livelli di 10^3 ufp di poliovirus 1 o di virus dell'epatite A, ha permesso di recuperare dal 7 al 50% del poliovirus 1 e dallo 0,3 all'8% del virus dell'epatite A[34]. In polpa di vongole contaminata con Norwalk virus, si potevano raggiungere livelli di rilevazione di sole 450 unità amplificabili con RT-PCR/50 g di estratto di mollusco[34].

Poiché è stato dimostrato che, in condizioni di scarsa igiene, ogni batterio patogeno intestinale può ritrovarsi negli alimenti, lo stesso può essere ipotizzato per i virus intestinali,

J.M. Jay et al., *Microbiologia degli alimenti*
© Springer-Verlag Italia 2009

nonostante questi non siano in grado di moltiplicarsi negli alimenti. Cliver e colleghi[30] hanno osservato che, virtualmente, qualsiasi alimento può veicolare virus; inoltre, hanno sottolineato l'importanza della trasmissione oro-fecale, in particolare per l'epatite virale di origine alimentare. Anche i virus – come i batteri non intestinali di origine umana – possono essere ritrovati negli alimenti; tuttavia, a causa dell'affinità dei virus per i tessuti, gli alimenti servirebbero da veicoli solo per i virus intestinali o per gli enterovirus. Questi agenti possono essere concentrati da alcuni crostacei fino a 900 volte[41]. Si ritiene che la gastroenterite virale sia, per frequenza, seconda solo al comune raffreddore.

31.1.1 Incidenza negli alimenti e nell'ambiente

Una comune fonte alimentare di virus responsabili di gastroenterite è rappresentata dai molluschi. Al contrario dei crostacei, i molluschi concentrano i virus poiché si alimentano filtrando l'acqua. Aggiungendo il poliovirus 1 alle acque, i granchi blu si contaminavano ma non concentravano il virus[47]. Ostriche sgusciate, contaminate artificialmente con 10^4 ufp di un poliovirus, trattenevano i virus durante la refrigerazione per 30-90 giorni, con un tasso di sopravvivenza del 10-13%[33]. L'assorbimento di enterovirus da ostriche e mitili sarebbe improbabile quando la concentrazione di virus nella colonna d'acqua è inferiore a 0,01 ufp/mL[66]. Il metodo di recupero impiegato da questi ultimi ricercatori era in grado di rilevare 1,5-2,0 ufp per mollusco.

Sebbene siano indubbiamente validi come indicatori di batteri patogeni intestinali nelle acque, i coliformi non sembrano adeguati per indicare la presenza di enterovirus, più resistenti a condizioni ambientali avverse rispetto ai patogeni batterici[90]. In uno studio condotto su oltre 150 campioni di acque per uso ricreativo, provenienti dalle coste settentrionali del golfo del Texas, gli enterovirus sono stati isolati nel 43% dei campioni giudicati accettabili sulla base dell'indice dei coliformi e nel 44% dei campioni giudicati accettabili sulla base degli standard per i coliformi fecali[42]. Nello stesso studio, gli enterovirus sono stati trovati nel 35% dei campioni che soddisfacevano gli standard di accettabilità per la raccolta dei molluschi; gli autori della ricerca hanno pertanto concluso che lo standard dei coliformi per le acque non riflette la presenza di virus. In uno studio su cappe dure provenienti dal largo della costa del North Carolina, sono stati trovati virus enterici sia nei molluschi provenienti da acque considerate sicure (open waters) sia in quelli provenienti da acque vietate all'allevamento commerciale a causa delle conte di coliformi (closed waters)[113] Su 13 campioni da 100 g provenienti da allevamenti aperti, 3 sono risultati positivi per i virus, mentre tutti e 13 erano negativi per la presenza di salmonelle, shigelle o yersinie. Su 15 campioni da acque chiuse, 6 erano positivi per salmonella, mentre tutti erano negativi per shigelle e yersinie[113]. Questi ultimi autori non hanno osservato alcuna correlazione tra virus enterici e coliformi totali o coliformi fecali nelle acque dei molluschi, né tra coliformi totali, coliformi fecali, "streptococchi fecali" o conte aerobie su piastra (APC) nei molluschi bivalvi. Sebbene virus enterici possano essere ritrovati in molluschi provenienti da acque aperte, meno dell'1% dei campioni di molluschi esaminati dalla FDA conteneva virus[67]. (Si veda il capitolo 20 per maggiori dettagli sugli indicatori di sicurezza e sui virus intestinali.)

Per quanto riguarda la capacità di alcuni virus di persistere negli alimenti, è stato dimostrato che gli enterovirus persistevano nella carne di manzo tritata fino a 8 giorni a 23 o 24 °C e che non erano influenzati dallo sviluppo di batteri alteranti[48]. In uno studio su 14 campioni di ortaggi per la presenza di virus naturalmente presenti, non ne fu trovato alcuno, ma un coxsackievirus B5 inoculato negli ortaggi era in grado di sopravvivere a 4 °C per 5 giorni[62]. In uno studio precedente, gli stessi ricercatori avevano dimostrato che il coxsackievirus B5 non perdeva la sua attività quando aggiunto a lattuga e conservato a 4 °C in condizioni di umidità per 16 giorni. Molti virus enterici non riuscivano a sopravvivere sulla superficie di frutti, e non potevano essere ritrovati virus naturalmente presenti su nove tipi di frutta esaminati[63]. Echovirus 4 e poliovirus 1 sono stati ritrovati in ciascuno dei 17 campioni di ostriche crude esaminate da Fugate e colleghi[38], e il poliovirus 3 in 1 campione su 24 di ostriche. Su sette impianti di trasformazione alimentare controllati per la presenza di virus alimentari, nessun virus fu riscontrato in un impianto per la trasformazione di verdure, né in tre per la trasformazione di prodotti animali[64]. Questi ultimi autori esaminarono 60 campioni di alimenti in commercio, ma in nessuno di essi trovarono virus. Essi conclusero che nella catena di distribuzione alimentare statunitense i virus sono molto rari.

31.1.2 Distruzione negli alimenti

La sopravvivenza dei virus della peste suina classica (PSC) e della peste suina africana (PSA) in carni trasformate è stata studiata da McKercher e colleghi[72]. Con carne ottenuta da maiali infettati con questi virus sono stati preparati una semiconserva di prosciutto, salsiccia piccante e salame stagionati. Il virus non è stato ritrovato nella semiconserva di prosciutto (era presente nel prosciutto dopo la salatura, ma non dopo il trattamento termico). Nei due prodotti insaccati il virus della PSA rimaneva vitale anche dopo l'aggiunta degli ingredienti e degli starter, ma risultava assente dopo 30 giorni; anche il virus PSC sopravviveva all'aggiunta degli ingredienti e dello starter ed era ancora vitale dopo 22 giorni.

L'effetto del riscaldamento sulla distruzione del virus dell'afta epizootica è stato valutato da Blackwell e colleghi[8]. In carne di manzo tritata, contaminata con tessuti linfonodali infettati dal virus, e sottoposta a trattamento termico fino a una temperatura interna di 93,3 °C, il virus veniva distrutto. Nei tessuti linfonodali dei capi di bestiame, trattati a 90 °C, il virus sopravviveva per 15 minuti ma non per 30. In un altro studio, che ha valutato la distruzione termica di tre virus diversi in liquame suino, il virus dell'afta epizootica è stato distrutto entro 3 minuti a 67 °C[108]. La bollitura si è dimostrata sufficiente per inattivare nei granchi il 99,9% del poliovirus 1; un rotavirus e un echovirus erano distrutti entro 8 minuti[47]. È stato osservato che un poliovirus era in grado di sopravvivere in ostriche sottoposte a diversi tipi di cottura (spezzatino, frittura, al forno e a vapore)[33]. In hamburger alla griglia, i virus enterici potevano essere ritrovati in 8 su 24 pezzi poco cotti (temperatura interna di 60 °C), se gli hamburger venivano raffreddati immediatamente a 23 °C; se gli hamburger venivano lasciati raffreddare per 3 minuti a temperatura ambiente prima di essere analizzati, non poteva essere ritrovato nessun virus[99].

31.1.3 Virus dell'epatite A

Prima degli anni Novanta il numero di epidemie documentate di epatite A riconducibili agli alimenti era superiore a quello di qualsiasi altra infezione virale. Il virus appartiene, come i poliovirus, gli echovirus e i coxsackievirus, alla famiglia *Picornaviridae*, e tutti possiedono genomi di RNA a singolo filamento (ssRNA, *single-stranded RNA*). Il periodo d'incubazione per l'epatite infettiva varia da 15 a 45 giorni; generalmente dopo la malattia si sviluppa immunità per tutta la vita. La trasmissione avviene attraverso la via oro-fecale; molluschi crudi o poco cotti provenienti da acque inquinate sono il più comune veicolo alimentare.

Negli Stati Uniti negli anni 1973, 1974 e 1975, si registrarono 5, 6 e 3 epidemie, rispettivamente, con 425, 282 e 173 casi. Le epidemie del 1975 furono ricondotte a insalata, sandwich e bomboloni glassati serviti in un ristorante. Le epidemie e i casi registrati negli Stati

Tabella 31.1 Epidemie, casi e decessi associati a gastroenterite virale di origine alimentare negli Stati Uniti (1983-1987)

Anno	Epidemie/Casi/Decessi		
	Epatite A	*Norwalk virus*	*Altri virus*
1983	10 / 530 / 1	1 / 20 / 0	–
1984	2 / 29 / 0	1 / 137 / 0	1 / 444 / 0
1985	5 / 118 / 0	4 / 179 / 0	1 / 114 / 0
1986	3 / 203 / 0	3 / 463 / 0	–
1987	9 / 187 / 0	1 / 365 / 0	–
Totale	29 /1067 / 1	10 / 1164 / 0	2 / 558 / 0

(Da Bean NH, Griffin PM, Goulding JS, Ivey CB. *Journal of Food Protection*, 1990; 53: 711-728)

Uniti dal 1983 al 1987 sono presentati nella tabella 31.1. Secondo il CDC, negli Stati Uniti dal 1983 al 1989 l'incidenza dell'epatite A è aumentata del 58%, passando da 9,2 a 14,5 casi per 100.000 abitanti[25]. Il 7,3% dei casi verificatisi nel 1988 erano associati al consumo di alimenti o di acqua[25]. In Georgia, nel 1990, tra 88 alunni e insegnanti di una scuola elementare si sono registrati 15 casi di epatite A. In un istituto per disabili nel Montana, su 641 persone, tra ospiti e personale, 13 hanno contratto l'epatite A. In entrambe le epidemie, l'infezione è stata veicolata da tortini ricoperti di fragole. Le fragole congelate provenivano dallo stesso impianto di trasformazione in California[81].

La più vasta epidemia di epatite A mai registrata negli Stati Uniti si è verificata nel novembre 2003, con circa 600 vittime e 3 decessi. La causa è stata individuata in cipollotti verdi importati serviti presso una catena di ristoranti fast-food. Tra il 1992 e il 2001 sono stati segnalati al CDC circa 230.000 casi di epatite A. Nel 2001, nel Massachusetts, si è verificata un'epidemia, con oltre 46 casi, associata al consumo di sandwich, che probabilmente erano stati contaminati da un addetto alla preparazione degli alimenti[16].

31.1.4 Norovirus

Quelli che prima erano classificati come Norwalk virus, Norwalk-like virus e SRS virus (small-round-structured virus) sono ora riuniti nel genere *Norovirus* della famiglia *Caliciviridae*. I norovirus si dividono in 5 genogruppi (da I a V); i genogruppi I e II sono tipici dell'uomo. I precedenti virus Snow Mountain sono inclusi nel genogruppo II. Tutti questi virus sono privi di envelope, sono a singolo filamento di RNA e il loro genoma contiene da 7300 a 8300 paia di basi; hanno un diametro di 27-40 nm. I calicivirus includono anche il genere *Sapovirus*. Per maggiori informazioni, vedi i riferimenti bibliografici 40, 86 e 96.

Norwalk virus fu identificato per la prima volta durante un'epidemia, probabilmente causata da acqua contaminata, che si verificò in una scuola di Norwalk (Ohio) nel 1968. È il norovirus che si riscontra più frequentemente negli alimenti; rispetto agli altri virus enterici è più resistente al cloro. In uno studio su volontari, 3,75 ppm di cloro nell'acqua potabile non inattivavano il virus, mentre il poliovirus di tipo 1 e i rotavirus dell'uomo e della scimmia venivano inattivati. Alcuni Norwalk virus rimanevano infettivi con livelli di cloro residuo di 5-6 ppm. Il virus dell'epatite A è meno resistente del Norwalk virus, ma entrambi sono decisamente più resistenti al cloro dei rotavirus. L'esposizione dei norovirus a 0,37 mg/L di ozono a pH 7 e a 5 °C per 5 minuti in acqua determinava una riduzione di oltre 3 $\log_{10}$ dopo 10 secondi[97].

Di 430 epidemie di origine alimentare, registrate negli Stati Uniti nel 1979, il 4% presentava le caratteristiche della gastroenterite di Norwalk[57]. Si ritiene che questo virus abbia causato nel Minnesota, nel 1985, più gastroenteriti di origine alimentare di qualsiasi singolo batterio[65]. Negli Stati Uniti i norovirus rappresentano attualmente la causa principale di gastroenterite, con una stima di 23 milioni di casi all'anno[17]. Le diverse epidemie verificatesi su navi da crociera nel 2002 hanno coinvolto almeno 1786 vittime; in questo periodo sono state segnalate 21 epidemie a bordo di navi causate da virus apparentemente provenienti da fonti ambientali non identificate. Delle 1412 epidemie di malattie intestinali associate ad alimenti, registrate in Inghilterra e Galles negli anni 1992-1999, 82 (5,8%) sono state causate da norovirus (tutti indicati precedentemente come SRSV)[96]. Nello stesso periodo si sono verificate 60 epidemie ricondotte a prodotti ortofrutticoli, 12 delle quali (20%) causate da norovirus[96].

Nell'autunno 2001, nel Wyoming, l'acqua è stata all'origine di una rara epidemia di gastroenterite da norovirus, con circa 84 vittime. L'acqua del terreno era stata contaminata da liquami contenenti calicivirus umani. Gli agenti eziologici sono stati identificati mediante RT-PCR, che ha dimostrato principalmente la presenza del genogruppo I, sottotipo 3; in un campione di feci, tuttavia, era presente un ceppo del genogruppo II, sottotipo 6[86].

Una delle prime epidemie documentate causate da norovirus si verificò nel 1976 in Inghilterra. Tra il 21 dicembre 1976 e il 10 gennaio 1977, si registrarono 33 focolai e 797 casi, ricondotti al consumo di molluschi bivalvi (cuore edule)[4]. Il periodo d'incubazione era di 24-30 ore; in 12 campioni di feci su 14 fu dimostrata la presenza di particelle virali piccole e rotonde, di 25-26 nm di diametro, che risultarono tuttavia assenti nei molluschi incriminati. Secondo i ricercatori né Norwalk virus né Hawaii virus erano gli agenti eziologici, ma alcuni autori ritengono che questa epidemia sia stata causata da Norwalk virus.

L'epidemia australiana del 1978, che coinvolse almeno 2000 persone, fu ben documentata e causata dal consumo di ostriche[74]. Il virus fu trovato nel 39% dei campioni fecali, esaminati mediante microscopia elettronica, e furono dimostrate risposte anticorpali nel 75% dei paired sera test (test sierologici associati). Il periodo d'incubazione variava da 18 a 48 ore, nella maggior parte dei casi tra 34 e 38 ore. La malattia si manifestava con nausea, solitamente accompagnata da vomito, diarrea non ematica e crampi addominali; i sintomi duravano 2-3 giorni. In un'altra epidemia australiana, ricondotta al consumo di ostriche commercializzate in barattoli di vetro, i sintomi si manifestavano entro 24-48 ore[36]. Le ostriche incriminate presentavano un APC di $2,2 \times 10^4$/g e una conta di coliformi fecali di 500/100 g. Negli Stati Uniti le prime epidemie documentate riconducibili al consumo di alimenti sono quella verificatasi nel New Jersey, nel 1979, nella quale insalata lattuga fu identificata come alimento responsabile, e quella del 1980 in Florida, ricondotta a ostriche crude; in quest'ultima, l'agente eziologico venne identificato mediante un saggio radioimmunologico.

31.1.5 Rotavirus

Questi virus sono stati dimostrati per la prima volta in Australia nel 1973 e replicati in laboratorio nel 1981. Appartengono alla famiglia *Reoviridae*; sono privi di envelope e contengono RNA a doppio filamento (dsRNA); hanno un diametro di circa 70 nm. Sono stati identificati 6 gruppi, tre dei quali infettivi per l'uomo. Il gruppo A si riscontra a livello mondiale con maggiore frequenza tra neonati e bambini; il gruppo B causa diarrea negli adulti ed è stato osservato solo in Cina. La trasmissione avviene principalmente attraverso la via oro-fecale.

Si stima che i rotavirus causino un terzo di tutti i ricoveri ospedalieri per diarrea dei bambini al disotto dei 5 anni; la stagione di punta per l'infezione coincide con i mesi invernali. I più suscettibili sono i bambini di età compresa tra 6 mesi e 2 anni; praticamente tutti i bambini statunitensi sarebbero infettati entro i 4 anni[24]. Sebbene la maggior parte delle persone con più di 4 anni sia immune, in presenza di inoculi elevati o di condizioni di ridotta immunità, nei bambini più grandi e negli adulti si possono osservare forme più lievi[24]. È nota la trasmissione di questi virus tra i bambini degli asili nido e attraverso l'acqua. In una comunità di Eagle-Vail, in Colorado, nel 1981 si verificò un'epidemia veicolata dall'acqua, che colpì il 44% di 128 persone, per la maggior parte adulti. Si ritiene che i rotavirus siano una causa poco frequente di gastroenterite veicolata da alimenti[30].

Il periodo d'incubazione per la gastroenterite da rotavirus è di 2 giorni. Il vomito persiste per 3 giorni, accompagnato da diarrea acquosa per 3-8 giorni; spesso sono presenti dolore addominale e febbre[24]. È noto che questi virus sono associati a diarrea del viaggiatore e sembra che inducano diarrea attivando il sistema nervoso enterico (SNE); tale ipotesi è stata dimostrata da uno studio, condotto su topi in vivo e in vitro, che utilizzava quattro farmaci che inibiscono le funzioni del SNE[70].

Tra gennaio 1989 e novembre 1990, negli Stati Uniti sono stati esaminati 48.035 campioni di feci: 9639 (20%) sono risultati positivi per rotavirus[22]; la percentuale più elevata di feci positive è stata registrata a febbraio (36%), la più bassa a ottobre (6%). Tra il 1979 e il 1985, negli Stati Uniti, ogni anno sono morti in media 500 bambini per malattie diarroiche, il 20% delle quali era causato da infezioni da rotavirus[22].

La proteina recettrice della cellula ospite per i rotavirus funge anche da recettore β-adrenergico. Una volta all'interno delle cellule, i rotavirus vengono trasportati ai lisosomi dove perdono il loro rivestimento.

Le infezioni da rotavirus possono essere diagnosticate mediante microscopia immunoelettronica, RT-PCR, ELISA e agglutinazione al lattice.

31.2 Batteri

31.2.1 Enterobacter sakazakii

Questo batterio – un tempo classificato come un *Enterobacter cloacae* con pigmentazione gialla – è stato identificato sin dal 1961 come causa di enterocolite necrotizzante neonatale (NEC), meningite neonatale e sepsi. L'alimento che funge comunemente da veicolo è il latte in polvere. Sebbene sia considerato un patogeno opportunista, alcuni ceppi producono un'enterotossina e possono risultare letali per topi neonati. *Citrobacter freundii* (che presenta il 97% di omologia con *E. sakazakii*) è stato identificato come causa di infezioni neonatali trasmesse da alimenti per lattanti[105].

In uno studio, 4 ceppi di *E. sakazakii* su 18 producevano enterotossina; a livelli di 10^8 ufc/cavia, per via intraperitoneale, tutti i 18 isolati risultavano letali per topi neonati (16-18 giorni), mentre per somministrazione perorale risultavano letali solo due isolati[84]. Oltre che nei topi neonati, una potenziale virulenza viene manifestata in monostrati di cellule CHO, Vero e surrenaliche Y-1. Il tasso di mortalità infantile varia dal 40 al 60%. In un'epidemia con 12 casi, che si verificò nel 1998 in Belgio in un'unità di terapia intensiva, morirono 2 bambini e *E. sakazakii* fu isolato da formulazioni alimentari per l'infanzia non utilizzate e da confezioni ancora sigillate di un singolo lotto[110]. In uno studio sui batteri enterici, condotto su 141 formulazioni di latte in polvere provenienti da 35 Paesi, il 25% dei campioni conteneva *Pantoea agglomerans*, il 21% *E. cloacae* e il 14% *E. sakazakii*[75]. Da uno studio canadese su 120 alimenti disidratati per l'infanzia, 8 (6,7%) contenevano *E. sakazakii*[80]. La temperatura minima di crescita degli isolati esaminati in quest'ultimo studio variava da 5,5 a

8 °C, quella massima tra 41 e 45 °C, con una media di 42,5 °C per 11 ceppi isolati. Nessun isolato era in grado di crescere a 4 °C[79].

La resistenza termica di *E. sakazakii* sembra essere più elevata rispetto a quella della maggior parte dei batteri Gram-negativi. In uno studio che ha valutato la resistenza di 10 ceppi (5 isolati da casi umani e 5 da alimenti) in alimenti per l'infanzia disidratati ricostituiti, sono stati riscontrati un $D_{60\,°C}$ medio di 2,5 minuti e un valore di $z = 5,82$ °C[80]. Il valore di $D_{60\,°C}$ medio era 2,15 per i 5 ceppi clinici e 3,06 per i 5 isolati da alimenti. In un altro studio, condotto su alimenti per l'infanzia reidratati, il $D_{58\,°C}$ di 12 ceppi variava da 30,5 a 591,9 secondi (da 0,508 a 9,865 minuti)[35]. Aggiungendo il ceppo più termoresistente di *E. sakazakii* ($z = 5,6$ °C), isolato nello studio precedente, in alimenti per l'infanzia disidratati e reidratati a 70 °C, si otteneva una riduzione di oltre 4 unità logaritmiche[35]. Secondo questi autori, se si considera che il livello tipico di questo microrganismo negli alimenti per l'infanzia è di 1 ufc/100 g di alimento secco, un trattamento 4-*D* dovrebbe garantire l'assenza in tali prodotti dopo il raffreddamento[35]. Il ceppo termoresistente impiegato era il più resistente dei 12 testati.

Le cellule di *E. sakazakii* in fase stazionaria sono più resistenti a stress osmotico e da disidratazione rispetto a *E. coli* e ad alcuni altri batteri; questa maggiore resistenza sembra essere associata all'accumulo di trealosio da parte delle cellule in fase stazionaria[10]. Questi ultimi ricercatori hanno trovato valori di $D_{58\,°C}$ compresi tra 0,27 e 0,50 per 5 ceppi di *E. sakazakii* rispetto a valori di 0,40-0,50 per tre salmonelle.

31.2.2 *Intossicazione da istamina (avvelenamento da sgombroidi)*

La malattia associata al consumo di pesce azzurro o di prodotti ittici contenenti elevati livelli di istamina viene spesso definita avvelenamento da sgombroidi. Tra i pesci azzurri responsabili vi sono, tra gli altri, il tonno, lo sgombro e la palamita. In una ricerca l'intossicazione da istamina è stata associata a "pesce vela", non appartenente ai pesci azzurri[51]. L'istamina viene prodotta per decarbossilazione batterica dell'istidina, generalmente presente in grandi quantità nei tessuti di questi pesci. Livelli sufficienti di istamina possono essere prodotti senza che il pesce diventi organoletticamente inaccettabile; pertanto l'avvelenamento da sgombroidi può essere contratto da pesce sia fresco sia alterato. La storia di questa sindrome è stata oggetto di una revisione di Hudson e Brown[50], che hanno messo in dubbio il ruolo eziologico dell'istamina. Tale aspetto è discusso nel seguito.

I batteri più spesso associati con questa sindrome sono *Morganella* spp., in particolare *M. morganii*, i cui ceppi sembrano tutti in grado di produrre istamina a livelli superiori a 5000 ppm. Tra gli altri batteri produttori di istidina decarbossilasi sono compresi *Raoultella planticola* e *R. ornithinolytica*[55], e *Hafnia alvei*, *Citrobacter freundii*, *Clostridium perfringens*, *Enterobacter aerogenes*, *Vibrio alginolyticus* e *Proteus* spp. Un isolato di *Morganella morganii* da tonno bianco sottoposto ad abusi termici produceva in tuna fish infusion 5253 ppm di istamina a 25 °C e 2769 ppm a 15 °C. A 4 °C non si verificavano né sviluppo né produzione di istamina. *P. phosphoreum* produce istamina a temperature pari o inferiori a 10 °C.

Il 31% degli isolati batterici da tonnetti alterati a temperatura ambiente produceva da 100 a 400 mg/dL di istamina in brodo[83]. Potenti produttori di istamina erano *M. morganii*, *Proteus* spp. e una *Raoultella* sp., mentre tra i più deboli erano compresi *H. alvei* e *Proteus* spp. Tonnetti alterati in acqua di mare a 38 °C contenevano, tra gli altri produttori di istidina decarbossilasi, *C. perfringens* e *V. alginolyticus*[117]. Un ceppo di *M. morganii* isolato da acciughe produceva 2377 ± 350 ppm di istamina in un mezzo colturale a 37 °C in 24 ore[91]. Questo ceppo produceva anche livelli rilevabili di putrescina e cadaverina. Durante un'epidemia di avvelenamento da sgombroidi associata a sashimi di tonno fu isolato *K. pneumoniae*, che in tuna fish infusion broth produceva 442 mg/dL di istamina[102]. Questa sindrome è stata associata anche ad alimenti diversi dal pesce azzurro, in particolare a formaggi, compreso il formaggio svizzero, che in un caso conteneva 187 mg/dL di istamina; i sintomi associati all'epidemia si manifestarono da 30 minuti a un'ora dopo l'ingestione[103].

Nel periodo 1973-1986 al CDC sono state segnalate 178 epidemie, con 1096 casi e nessun decesso[26]. Il maggior numero di epidemie è stato registrato nelle Hawaii (51), in California (29) e nello Stato di New York (24). I tre alimenti più frequentemente coinvolti sono stati mahi mahi (66 epidemie), tonno (42 epidemie) e pesce serra (19 epidemie). Sebbene il pesce fresco contenga solitamente 1 mg/dL di istamina, talvolta può contenerne fino a 20 mg/dL, un livello sufficiente per provocare sintomi in alcuni individui. La soglia di pericolo fissata dalla FDA per il tonno è di 50 mg/dL[26]. La cottura del pesce tossico non garantisce la sicurezza del prodotto.

Il contenuto di istamina di un tonnetto striato conservato può essere stimato conoscendo i tempi e le temperature di conservazione. Frank e colleghi[37] trovarono che 100 mg/dL si formavano in 46 ore a 70 °F (21 °C), in 23 ore a 90 °F (32,2 °C) e in 17 ore a 100 °F (37,8 °C); fu costruito un nomogramma per l'intervallo termico 70-100 °F, dal quale risultava l'importanza delle basse temperature per prevenire o rallentare la produzione di istamina. Per controllare la produzione di istamina, il confezionamento sotto vuoto è meno efficace della conservazione a bassa temperatura[114]. Il mezzo colturale d'elezione per la determinazione dei batteri produttori di istamina è quello di Niven e colleghi[82].

La produzione di istamina è favorita da bassi valori di pH, ma si verifica in misura maggiore quando i prodotti sono conservati a temperature superiori a quelle di refrigerazione. La temperatura più bassa per la produzione di livelli significativi è risultata di 30 °C per *H. alvei*, *C. freundii* e *E. coli*, e di 15 °C per due ceppi di *M. morganii*[6].

La sindrome può essere provocata da pesce sia fresco sia trasformato; i sintomi compaiono da qualche minuto fino a 3 ore dopo l'ingestione dell'alimento tossico, nella maggior parte dei casi entro 1 ora. Il quadro clinico è caratterizzato da vampate di calore al viso e al collo, accompagnate da una sensazione di caldo intenso e da malessere generale, oltre che da diarrea. Successivamente è comune la comparsa di rash cutanei sul volto e sul collo. Le vampate di calore sono seguite da intensa cefalea pulsante, che poi si attenua trasformandosi in un dolore più lieve continuo. Altri sintomi comprendono vertigini, prurito, senso di svenimento, bruciore alla bocca e alla gola e difficoltà di deglutizione[50]. Il livello minimo di istamina ritenuto necessario per causare i sintomi è di 100 mg/dL. Nei tipi di pesce associati a questa sindrome, elevate concentrazioni di *M. morganii* e un livello di istamina superiore a 10 mg/dL sono considerati significativi in relazione alla qualità del prodotto.

In Gran Bretagna, tra il 1976 e il 1979, si sono verificati i primi 50 episodi, 19 dei quali nel 1979. L'alimento più frequentemente coinvolto è stato sgombro affumicato o in scatola, mentre palamita, spratti e sardine hanno causato ciascuno un'epidemia. Il sintomo più comune riportato dai 196 casi era la diarrea[43].

Per quanto riguarda l'eziologia, Hudson e Brown[50] non erano certi che l'istamina fosse, di per sé, l'agente responsabile della sindrome. Essi suggerirono una relazione sinergica tra l'istamina e altri agenti non ancora identificati, come altre ammine o fattori che influenzano l'assorbimento di istamina. Tale ipotesi si basa sul fatto che elevate dosi orali di istamina o di pesce contaminato da istamina non sono in grado di produrre i sintomi in volontari. D'altra parte, la rapidità con la quale si manifestano i sintomi è compatibile con una reazione dell'istamina, e l'associazione della sindrome con pesce azzurro contenente un'elevata carica di batteri produttori di istidina-decarbossilasi non può essere ignorata. Sebbene l'esatta eziologia debba essere ancora chiarita, i batteri svolgono un ruolo significativo, se non essenziale.

31.2.3 Aeromonas

Questo genere comprende diverse specie, spesso isolate da campioni gastrointestinali, tra le quali *A. caviae*, *A. eucrenophila*, *A. schubertii*, *A. sobria*, *A. veronii* e *A. hydrophila*. In *A. caviae*[76] e *A. hydrophila* è stata identificata un'enterotossina (vedi oltre); le altre specie menzionate sono associate a diarrea. Poiché è la specie più studiata, la discussione che segue verte principalmente su *A. hydrophila*. Le Aeromonadaceae sono fondamentalmente forme acquatiche spesso associate a diarrea, ma il loro ruolo preciso nell'eziologia delle sindromi gastrointestinali non è chiaro.

A. *hydrophila* è un batterio acquatico presente più nelle acque salate che in quelle dolci. Si tratta di un patogeno importante per pesci, tartarughe, rane, lumache, alligatori e anche per l'uomo, specialmente in ospiti debilitati. È un comune componente della microflora batterica dei maiali. *A. hydrophila* provoca diarrea, endocardite, meningite, infezioni dei tessuti molli e batteriemia. È certa la produzione da parte di Aeromonas di diverse molecole con attività tossica. Da un numero limitato di ceppi è stata isolata un'enterotossina citotonica (50 kDa) simile a quella del colera, con la quale mostra cross-reactivity, e instabile al calore (viene distrutta a 56 °C per 10 minuti); questa tossina è responsabile della forma diarroica. Recentemente è stata identificata un'altra tossina con PM più basso (44 kDa), priva di cross-reactivity con quella colerica, ma più simile alla tossina TL di *E. coli*. Vi è poi l'enterotossina citotossica, una proteina di 50 kDa, inattivata a 56 °C per 5 minuti e differente dalla tossina colerica; è stata osservata una forte correlazione tra la produzione di questa tossina e l'attività emolisinica. Infine, un numero molto ristretto di ceppi produce l'enterotossina citolitica aerolisina (52 kDa), che agisce come una beta-emolisina. L'enterotossina citotossica ha mostrato reattività immunologica crociata con la tossina del colera[92]. Secondo alcuni ricercatori[116], la tossina è simile all'aerolisina, mentre altri sostengono che si tratti proprio di aerolisina[78]: una tossina formante pori o canali, che uccide le cellule formando canali discreti nelle loro membrane plasmatiche[12]. I canali ionici risultano dalla oligomerizzazione di molecole di tossina. A una tossina di *A. hydrophila*, che induceva arrotondamento e steroidogenesi in cellule surrenaliche Y-1, è stata associata attività citotonica. Sono state riportate risposte positive per una tossina citotonica anche con legatura intestinale di coniglio, topo neonato e CHO[27].

Numerosi studi sono stati condotti su ceppi di *A. hydrophila* isolati da diverse fonti. In uno di questi, 66 isolati su 96 (69%) producevano citotossine; 32 (80%) dei 40 isolati da pazienti affetti da diarrea erano tossigeni e solo il 41% degli isolati da pazienti non affetti da diarrea erano positivi per la produzione di citotossina. Per la maggior parte, i ceppi enterotossigeni sono VP (test di Voges-Proskauer) ed emolisina positivi e arabinosio negativi[13] e producono risposte positive in topi neonati, cellule surrenaliche Y-1 e legatura dell'ansa ileale di coniglio. In un altro studio, che utilizzava il test del topo neonato per valutare la produzione di enterotossina, sono risultati positivi il 91% di 147 isolati da pazienti con diarrea e solo il 70% di 94 isolati ambientali[14]. Tutti gli isolati clinici, tranne quattro, producevano emolisi negli eritrociti di coniglio. Su 116 ceppi isolati da Chesapeake Bay, il 71% è risultato tossico al saggio con cellule surrenaliche Y-1 e la tossicità era correlata con le reazioni lisina decarbossilasi e VP[56]. In un ulteriore studio, 48 colture su 51 – ottenute da esseri umani, animali, acqua e scarichi fognari – producevano risposte positive nella legatura di ileo di coniglio con almeno 10^3 cellule; tutti gli estratti cell-free erano positivi al saggio della legatura dell'ansa[3].

È stato dimostrato che ceppi isolati da carne e prodotti a base di carne possiedono marker biochimici generalmente associati a ceppi tossici di altre specie, con una dose letale mediana (LD$_{50}$) per il topo di log 8-9 ufc per la maggior parte dei ceppi testati[85]. Questi ultimi ricercatori hanno suggerito la possibilità che stati di immunosoppressione siano fattori importanti nelle infezioni di origine alimentare causate da questo microrganismo, un'ipotesi che potrebbe spiegare la difficoltà di considerare questo microrganismo come il solo agente eziologico di gastroenteriti alimentari.

Per quanto riguarda temperatura di crescita e habitat, 7 ceppi su 13 mostravano sviluppo a 0-5 °C, 4 su 13 a 10 °C e 1 a una temperatura minima di 15 °C[93]. Gli psicrotrofi avevano un optimum di crescita tra 15 e 20 °C. La temperatura massima di crescita per alcuni ceppi era di 40-45 °C, con un optimum a 35 °C[46]. In merito alla distribuzione, il microrganismo è stato trovato in 135 su 147 habitat di acque lotiche o lentiche[46]. Quattro degli habitat nei quali il microrganismo era assente erano laghi ipersalini o fonti geotermali. In alcune acque la carica arrivava a 9000/mL. Uno studio ecologico su *A. hydrophila* nella Chesapeake Bay ha evidenziato cariche variabili da <0,3/l a 5×10^3/mL nella colonna d'acqua e di circa 4,6×10^2/g nel sedimento[56]. La presenza di questo microrganismo era correlata con le conte batteriche totale, aerobia, vitale ed eterotrofa ed era inversamente correlata all'O$_2$ disciolto e alla salinità, con livelli massimi di sale del 15% circa. Durante l'inverno erano riscontrate cariche più basse che nei mesi estivi. Per una trattazione approfondita si rimanda ai riferimenti bibliografici 2 e 52. Per la presenza di *Aeromonas* in alcuni alimenti pronti al consumo, si veda il capitolo 9 (tabella 9.3).

31.2.4 Plesiomonas

P. shigelloides si trova nelle acque di superficie e nel suolo ed è stato isolato da pesce, molluschi, altri animali acquatici come pure da animali terrestri da carne. Differisce da *A. hydrophila* per il contenuto di G+C del DNA: 51% contro il 58-62% di *A. hydrophila*. È stata isolata da molti ricercatori da pazienti affetti da diarrea ed è associata nell'uomo ad altre infezioni sistemiche. Produce un'enterotossina termostabile; i ceppi del sierogruppo O:17 reagiscono con gli antisieri contro *Shigella* gruppo D[1]. In uno studio su 16 ceppi isolati da individui affetti da malattie intestinali *P. shigelloides* non sempre legava il rosso Congo; i ceppi erano non invasivi in cellule HEp-2 e non producevano tossina Shiga-like su cellule Vero[1]. Sebbene fossero prodotti costantemente bassi livelli di citolisina, il valore medio di LD$_{50}$ per topi outbred Swiss era 3,5×10^8 ufc. L'enterotossina termostabile non veniva prodotta da nessuno dei 16 ceppi e gli autori dello studio conclusero che questo microrganismo possiede un basso potenziale patogenico[1].

P. shigelloides è stata isolata da Zajc-Satler e colleghi[118] dalle feci di sei pazienti affetti da diarrea; si pensò che fosse l'agente eziologico, sebbene in due casi fossero state isolate anche salmonelle. Due epidemie di diarrea acuta si verificarono a Osaka, in Giappone, nel 1973 e nel 1974: l'unico patogeno batterico isolato dalle feci delle vittime era *P. shigelloides*. L'epidemia del 1973 coinvolse 978 persone su 2141 esposte; l'88% delle vittime presentava diarrea, l'82% dolore addominale, il 22% febbre e il 13% cefalea[107]. I sintomi duravano in media 2-3 giorni. Su 124 campioni di feci esaminati, 21 contenevano *P. shigelloides* O17:H2, che fu isolata anche da acqua potabile. Nell'epidemia del 1974 furono colpite 24 persone su 35; i sintomi erano simili a quelli dell'epidemia del 1973. *P. shigelloides* serovar O24:H5 fu isolata da tre campioni fecali su otto "virtualmente in coltura pura"[107]. Il microrganismo fu isolato dal 39% di 342 campioni di acqua e di fango e da pesci, molluschi e salamandre.

P. shigelloides è stata isolata dal sangue di una ragazza di 15 anni, che 6 ore dopo l'esordio di una gastroenterite aveva assunto una compressa di trimetoprim-sulfadiazina[87]. Gli autori di questa ricerca osservarono che 10 dei 12 casi noti di batteriemia da *P. shigelloides* si erano verificati in pazienti immunocompromessi o in condizioni analoghe. La ragazza sviluppò un quadro clinico caratterizzato da febbre a 39 °C e da frequenti scariche di diarrea acquosa (fino a 10 al giorno). Il ceppo isolato reagiva con l'antisiero per *S. dysenteriae* sierotipo 7, collocandosi nel gruppo O 22 di *P. shigelloides*[83].

La crescita di *P. shigelloides* è stata osservata a 10 °C[93]; il 59% di 59 pesci provenienti da acque dello Zaire conteneva il microrganismo[111]. In quest'ultimo studio, il microrganismo fu isolato con maggiore frequenza da pesci di fiume che da pesci di lago e sembrava che non producesse enterotossina, poiché solo 4 isolati su 29 producevano una risposta positiva nell'ansa ileale di coniglio[95]. Non sono stati documentati casi di origine alimentare, ma il microrganismo è stato incriminato almeno in due epidemie[73].

31.2.5 *Bacteroides fragilis*

Questo batterio Gram-negativo anaerobio obbligato è di potenziale interesse come patogeno alimentare, in quanto produce un'enterotossina positiva al test della legatura dell'ansa ileale ed è spesso associato a diarrea nell'uomo, analogamente a *A. hydrophila* e a *P. shigelloides*. L'enterotossina è stata dimostrata per la prima volta nel 1984; ceppi enterotossici di *B. fragilis* sono stati associati per la prima volta a diarrea umana nel 1987.

Si stima che l'1-2% della microflora intestinale umana sia costituita da *B. fragilis*. Poiché non forma pori, è più sensibile dei clostridi agli ambienti aerati; tuttavia è stato isolato da scarichi fognari urbani. Questa specie differisce dalla maggior parte degli altri *Bacteroides* in quanto è catalasi-positiva e come la maggior parte degli altri può crescere in presenza del 20% di bile. L'enterotossina prodotta da *B. fragilis* è una singola catena con un peso molecolare di circa 20 000 Da; differisce dalle classiche enterotossine batteriche in quanto appartiene a una classe di metalloproteasi leganti lo zinco, designate metzincine. L'enterotossina ha un ampio range di substrati proteici ed è soggetta ad autodigestione. Si ritiene che il danno intestinale di cui è responsabile sia dovuto, almeno in parte, alla sua azione proteolitica. Provoca una risposta positiva nell'ansa ileale di agnello e di altri animali.

Poiché negli Stati Uniti l'agente eziologico è identificato solo nel 50% circa delle epidemie di origine alimentare, è evidente che occorre ricercare anche agenti precedentemente non considerati. *B. fragilis*, insieme a *Klebsiella pneumoniae*[60] e a *Enterobacter cloacae*[61], dovrebbero essere oggetto di maggiore attenzione. Questi ultimi due microrganismi producono enterotossine termostabili simili all'enterotossina termostabile (ST) di *E. coli* e ne è stato segnalato il ruolo potenzialmente significativo negli alimenti[109].

31.2.6 *Erysipelothrix rhusiopathiae*

Dal punto di vista filogenetico questo batterio è strettamente correlato a *Listeria* (vedi capitolo 25) e, come *L. monocytogenes*, causa malattia negli animali e nell'uomo; è responsabile del mal rossino nei suini e dell'erisipeloide nell'uomo. A causa di queste somiglianze, sembra "logicamente" candidato a essere un patogeno alimentare, sebbene non sarebbero stati riportati casi di origine alimentare. In generale, l'erisipeloide è una malattia localizzata alle mani e alle braccia che si osserva negli addetti alla manipolazione di carne e pesce freschi, ma sono noti anche coinvolgimenti sistemici. Nei maiali la patologia è caratterizzata da lesioni cutanee rosse a placche. Il microrganismo è un anaerobio facoltativo, catalasi negativo (a differenza delle listerie), ossidasi negativo e generalmente produce H_2S. Sono note almeno 23 serovar. La sola altra specie è *E. tonsillarum*, che è stata distinta da *E. rhusiopathiae* per il suo habitat principale (la lingua dei suini) e per alcune differenze tra serovar[100].

Uno dei primi studi sull'incidenza di questo microrganismo negli alimenti è quello di Ternström e Molin[104], che nel 1982, in Svezia, intrapresero una ricerca sui patogeni di origine alimentare nelle carni. Esaminarono 135 campioni rappresentati in parti uguali da pollo, manzo e maiale: trovarono *E. rhusiopathiae* nel 36 e nel 13%, rispettivamente, dei campioni di maiale e di pollo, ma non nel manzo. In uno stabilimento, il 54% dei lombi di maiale erano positivi e molti degli isolati erano virulenti per il topo. In Giappone, su 112 campioni di maiale in vendita al dettaglio, il 34% conteneva questo batterio e i 38 isolati rappresentavano 14 serovar[98]. In uno studio condotto in Giappone su campioni di carne ottenuti da 93 cinghiali selvatici e da 36 cervi, il 44% dei primi e il 50% dei secondi contenevano *E. rhusiopathiae*, con 13 serovar rappresentate[54]. In uno studio giapponese su 750 polli, *Erysipelothrix* spp. furono isolate dal 15,7% dei campioni di pelle e dal 59,2% dei 179 campioni di piume[76]; 273 dei 297 ceppi isolati appartenevano a *E. rhusiopathiae* e i restanti a *E. tonsillarum*. In un ulteriore studio giapponese su 153 campioni di pollo, il 30% conteneva *Erysipelothrix* spp. con 65 dei 67 isolati appartenenti a *E. rhusiopathiae*[77].

31.2.7 Klebsiella pneumoniae

È stato segnalato almeno un caso di infezione da *Klebsiella* trasmessa attraverso gli alimenti. Una persona ha accusato malessere circa 6 ore dopo aver consumato un hamburger in un fast food. Questo microrganismo, insieme a *E. coli* generici, è stato isolato dagli avanzi di hamburger e dal sangue del paziente: sulla base dei metodi colturali utilizzati i due isolati corrispondevano[94]. Il ceppo di *K. pneumoniae* era LT+ e ST–. La conta dei coliformi era 3,0 $\times 10^6$/g negli avanzi di hamburger e $1,9 \times 10^5$/g nel pane.

31.2.8 Streptococcus iniae

Vi sono stati almeno sei casi umani di infezione causata da questo microrganismo, ricondotti a prodotti ittici. *S. iniae* fu identificato per la prima volta nel 1972 come causa di una malattia dei delfini del Rio delle Amazzoni[20]. Nel 1986, in Israele, fu riconosciuto come causa di malattia nella tilapia e nella trota; in seguito è stato isolato a Taiwan e negli Stati Uniti[89]. Il primo caso umano è stato registrato nel 1991 in Texas, il secondo nel 1994 in Ottawa[20]. Quattro casi umani, associati al consumo di pesce, si sono verificati in Ontario (Canada) nel biennio 1995-1996; il microrganismo è stato isolato sia dall'alimento coinvolto sia dai pazienti. Il batterio era stato veicolato da tilapie importate da allevamenti statunitensi. Nei casi registrati in Ontario, sembra che il microrganismo fosse entrato nel corpo attraverso lesioni delle mani. Ha azione beta-emolitica in sangue di pecora. Nell'uomo il microrganismo produce gravi infezioni dei tessuti molli[39].

31.3 Malattie da prioni

I prioni sono proteine uniche in quanto possono convertire altre proteine in agenti dannosi alterandone la struttura. La proteina prionica cellulare normale (PrPc) è presente nella membrana delle cellule encefaliche, dove svolge alcune funzioni vitali ed è quindi degradata da proteasi. La forma patogena, invece, è alterata e resistente alle proteasi, pertanto si accumula nel tessuto cerebrale dando luogo a malattia (vedi oltre). È stato ipotizzato che, agendo da stampo, la molecola prionica alterata converta la proteina normale nella forma patogena[9]. Quando diventa patogena la proteina normale (forma α, a elica) assume una forma β, a foglietto, resistente alla proteasi (PrPsc, PrPres). Le forme patogene tendono ad aggregarsi in fibrille amiloidi, causando degenerazione delle cellule nervose, responsabile dei segni clinici della malattia. Sebbene fosse stata avanzata l'ipotesi che l'agente potesse essere un virus[28], vi sono ormai chiare evidenze dell'eziologia da prioni di queste malattie.

Queste particelle sono state identificate intorno al 1982 da Stanley Prusiner, che per questo lavoro pioneristico è stato insignito nel 1997 del Premio Nobel per la Medicina[112]. I prioni provocano la scrapie in pecore, capre e criceti, e il kuru nell'uomo. Un'altra patologia umana causata da prioni è la malattia di Creutzfeldt-Jacob (CJD). L'encefalopatia spongiforme bovina (BSE, *bovine spongiform encephalopathy*) è una malattia da prioni, che colpisce bovini e ovini, nota come "morbo della mucca pazza". Tutte queste patologie appartengono al gruppo delle encefalopatie spongiformi trasmissibili (TSE, *transmissible spongiform encephalopathy*).

31.3.1 Encefalopatia spongiforme bovina (BSE)

La BSE ("morbo della mucca pazza") è stata riconosciuta per la prima volta in Gran Bretagna nel 1984 e specificamente diagnosticata nei bovini nel 1986. Quattro anni più tardi, i casi confermati ammontavano a oltre 14.000, su una popolazione di 10 milioni di capi di bestiame. Nel 1993 il numero di nuovi casi sfiorò i 1000 alla settimana. A febbraio 1998, tra i capi di bestiame nel Regno Unito erano stati registrati complessivamente 172.324 casi[9]. In otto nazioni al di fuori del Regno Unito il numero di casi ammontava a 600, con 256 (42,7%) in Svizzera[9]. Dal 1996 sono stati abbattuti 4,5 milioni di bovini. Tra il 1986 e novembre 2003, la BSE è stata diagnosticata in 183.634 capi di bestiame nel Regno Unito e in 4469 in 22 altre nazioni[29]. In Giappone il primo caso confermato si è avuto nel settembre 2001 e circa 9 casi sono stati osservati nel corso del 2003. Il primo caso confermato in Nord America è stato segnalato il 20 maggio 2003; l'animale era una vacca allevata in Alberta (Canada). Negli Stati Uniti il primo caso confermato, in una vacca Holstein downer, si è registrato nel dicembre 2003 a Moses Lake (Washington). La vacca aveva sei anni e mezzo e potrebbe quindi aver consumato mangimi, attualmente vietati, contenenti residui animali.

Ogni anno negli Stati Uniti vengono macellati circa 35 milioni di bovini da carne di età inferiore a 24 mesi, in aggiunta a 6 milioni di vacche da latte più anziane. La ricerca delle proteine prioniche viene effettuata utilizzando diversi metodi; tra i quali: un test di immunocolorazione, considerato il gold standard (Prionics Check Western); un test di immunodosaggio dipendente dalla conformazione (Beckman Coulter InPro CDI); un test di immunodosaggio "a sandwich" (Bio-Rad TeSeE); un metodo di immunodosaggio mediante un polimero chimico (IDEXX Herdchek) e 5 o 6 altri test post mortem eseguiti sul tessuto del sistema nervoso centrale del bestiame. Molti dei metodi disponibili si basano su tecniche ELISA.

31.3.2 Malattia di Creutzfeldt-Jacob (CJD, vCJD)

Poiché l'uomo è suscettibile ai prioni che causano CJD, la preoccupazione iniziale era che potesse contrarre la BSE dal bestiame. Nel marzo 1996 una nuova variante della CJD (nvCJD, vCJD) fu segnalata nel Regno Unito in un piccolo gruppo di persone, tutte molto più giovani della maggior parte dei soggetti affetti da CJD. Ciò portò a ipotizzare che la vCDJ fosse stata contratta dal bestiame. Normalmente la CJD si manifesta in individui di circa 60 anni o più, ma nel Regno Unito la vCJD colpiva persone non ancora ventenni o con meno di 40 anni. Ciò ha portato a concludere che la vCJD è l'equivalente umano della BSE[115]; sulla base di studi condotti utilizzando cavie, gli agenti della BSE e della vCJD sembrano essere gli stessi[11].

Tra febbraio 1994 e ottobre 1995, nel Regno Unito 10 persone furono colpite dalla nuova variante della CJD. La maggior parte aveva meno di 30 anni (negli Stati Uniti la maggior parte delle vittime della CJD ha più di 55 anni; vedi oltre). Nel periodo tra il 1995 e il 1998 si sono registrati 39 casi di vCJD[14]. A tutto settembre 2008, nel Regno Unito, i casi accertati o probabili di vCJD erano 164, di cui 3 ancora in vita. Alla stessa data, nel resto d'Europa, erano stati registrati 35 casi, con 1 solo sopravvissuto.

Negli Stati Uniti, nel quinquennio 1991-1995, sono stati registrati 94 decessi per CJD, 9 vittime avevano meno di 55 anni[21]; nessun caso era simile alla vCJD. Oltre l'85% dei pazienti statunitensi affetti da CJD muore entro un anno dalla comparsa della malattia. Tra il 1991 e il 1995, negli Stati Uniti, la mortalità media annuale per CJD è stata di 1,2 per milione di abitanti[7]. Si ritiene che la BSE sia stata acquisita dai bovini attraverso mangimi contenenti scarti della macellazione (cervello, midollo spinale e simili) di capi bovini infetti: questi mangimi sono stati messi al bando nel 1989. Utilizzando un test sul topo, non è stato possibile individuare prioni in muscolo di bovino e in latte ottenuti da bestiame infetto. Il periodo d'incubazione per la BSE è compreso tra 1 e 15 anni.

Sono stati condotti pochi studi sulla distruzione termica dei prioni responsabili della vCJD; tuttavia, sono stati riassunti e presentati i dati relativi alla scrapie e alla CJD[15]. Secondo l'autore di questo studio, il tessuto cerebrale di un bovino affetto da BSE può contenere circa 10^{11} prioni per grammo. Assumendo che il tessuto nervoso venga tritato insieme al tessuto muscolare, in carne di manzo tritata potrebbero essere presenti circa 10^8 prioni per grammo (10^{10} prioni in una porzione di 100 g). Per ottenere un prodotto conforme ai requisiti di sterilità commerciale (10^{-12}) è dunque necessaria una riduzione pari a 22D. Alcuni tempi (in minuti) necessari per ottenere una riduzione di 22D sono i seguenti: $D_{160\,°C} = 1,0$; $D_{140\,°C} = 11,0$; $D_{120\,°C} = 110$[15]. Per assicurare prodotti privi di prioni, è stata sottolineata la necessità di nuove tecnologie di processo, o di confezionamento, che consentano procedure ad alta temperatura per tempi brevi[15]. Per approfondimenti, si rinvia ai riferimenti bibliografici 9, 31 e 101.

31.3.3 Malattia del dimagrimento cronico

Questa sindrome da prione (CWD, *chronic wasting disease*) fu identificata per la prima volta, nel 1967, in un cervo mulo in cattività nel Colorado. È stata diagnosticata in cervi e alci selvatici in Wyoming, Colorado, Nebraska e nella provincia canadese di Saskatchewan. Altrove è stata osservata in allevamenti di alci. Sembra che si trasmetta attraverso la saliva e le feci; nelle aree endemiche, si stima che siano infetti il 4-6% dei cervi muli e meno dell'1% delle alci allo stato brado. Nell'alce i sintomi principali sono dimagrimento e perdita di bava. Nel dicembre 2003 l'USDA ha avviato un programma di certificazione delle mandrie unitamente a restrizioni della movimentazione di cervi e alci in cattività. Sono stati sviluppati e impiegati almeno due test per l'esame post mortem dei tessuti del sistema nervoso centrale.

31.4 Fitoplancton tossigeni

31.4.1 Sindrome paralitica da molluschi (PSP)

Questa sindrome viene contratta mangiando molluschi tossici, in particolare cozze, vongole, ostriche, cappesante e cuori eduli. Questi bivalvi diventano tossici nutrendosi di alcuni dinoflagellati, tra i quali *Gonyaulax catenella* è il rappresentante della microflora della costa pacifica statunitense. Lungo la costa atlantica settentrionale degli Stati Uniti e fino all'Europa settentrionale è presente *G. tamarensis*, la cui tossina è più velenosa di quella di *G. cate-nella*. *G. acatenella* si trova invece lungo la costa della Columbia Britannica. Masse o fiori-ture di questi dinoflagellati tossici danno origine alla cosiddetta marea rossa dei mari. Nel 1996 circa 150 trichechi sono morti durante una marea rossa al largo della costa della Flori-da. Un altro dinoflagellato, *Karenia brevis* (= *Gymnodinium breve*), produce brevetossina (BTX), che può causare disturbi respiratori e intossicazione alimentare nell'uomo[45]. Questo organismo ha provocato uccisioni massive di pesce lungo la costa orientale degli Stati Uniti ed è stato implicato nella morte di tursiopi e trichechi[45].

L'agente dell'intossicazione paralitica da molluschi (PSP, paralytic shellfish poison) è la saxitossina, con la seguente formula di struttura:

Nell'uomo la saxitossina causa collasso cardiovascolare e insufficienza respiratoria; agi-sce bloccando l'ingresso degli ioni sodio all'interno delle cellule e, quindi, impedendo la propagazione degli impulsi nervosi; non esistono antidoti noti. È termostabile, idrosolubile e generalmente non viene distrutta dalla cottura. Può essere distrutta mediante bollitura per 3-4 ore a pH 3,0. È stato riportato un valore di *D* a 250 °F (121,1 °C) di 71,4 minuti in cappe molli (soft clam, *Mya arenaria*)[44]. I sintomi si manifestano entro 2 ore dall'ingestione di molluschi tossici; sono caratterizzati da parestesia (formicolio, intorpidimento o bruciore) che inizia vicino alla bocca, alle labbra e alla lingua e si diffonde successivamente al viso, al cuoio capelluto e al collo, fino ad arrivare alla punta delle dita delle mani e dei piedi. Il tasso di mortalità riportato varia dall'1 al 22%.

Tra il 1793 e il 1958 furono registrati circa 792 casi, con 173 (22%) decessi[71]. Nei 15 anni compresi tra il 1973 e il 1987 sono state segnalate al CDC 19 epidemie (con una media di 8 casi). Nel 1990 si sono verificati 19 casi in due epidemie in Massachusetts e Alaska. Nella prima epidemia sono stati colpiti sei pescatori che avevano consumato cozze bollite conte-nenti 4280 µg di saxitossina per 100 g di molluschi[23]; le cozze crude contenevano 24.400 µg di tossina per 100 g. Tra le 13 persone colpite in Alaska vi è stato un decesso; nel contenuto gastrico della vittima sono stati trovati 370 µg di tossina PSP/100 g, mentre un campione dei molluschi all'origine dell'epidemia ne conteneva 2650 µg/100 g[23]. Il livello massimo di sicu-rezza per la tossina PSP è di 80 µg/100 g[23].

Le epidemie di PSP sembrano verificarsi tra maggio e ottobre lungo la costa occidentale degli Stati Uniti e tra agosto e ottobre lungo la costa orientale. I molluschi possono diventa-re tossici anche in assenza di maree rosse; possono essere detossificati mediante trasferimen-to in acque pulite, ma può essere necessario almeno un mese.

31.4.2 Ciguatera

Questa sindrome è causata dall'ingestione di una qualsiasi delle oltre 300 specie (barracu-da, epinefolo, orata ecc.) che si nutrono di pesci erbivori o corallini che, a loro volta, si ciba-no di fitoplancton, specialmente di dinoflagellati. Il responsabile è *Gambierdiscus toxicus*, un dinoflagellato che produce ciguatossina. Questa tossina viene concentrata più negli organi del pesce, come il fegato, che nel tessuto muscolare. I sintomi si manifestano entro 3-6 ore dall'ingestione di pesce tossico (circa lo stesso tempo che si osserva nell'intossicazione da stafilococco); comprendono nausea e parestesia attorno alla bocca, alla lingua e alla gola. In generale i sintomi sono piuttosto simili a quelli provocati dall'avvelenamento paralitico da molluschi. In assenza di una terapia appropriata, si ha paralisi respiratoria. La malattia è stata associata a salmone da allevamento[68]. Nel periodo 1983-1992 sono state segnalate al CDC 129 epidemie, con 508 casi e nessun decesso. Nel 1997, in Texas, un'epidemia causata dal consumo di carne di barracuda ha coinvolto 17 membri dell'equipaggio di una nave mercantile[18].

31.4.3 Acido domoico

Questo amminoacido poco comune è un antagonista dell'acido glutammico nel sistema nervoso centrale. Viene prodotto dalla diatomea *Pseudonitzschia pungens* (le diatomee sono alghe unicellulari con pareti silicee); la sua struttura è la seguente:

L'acido domoico causa avvelenamento amnesico da molluschi (ASP, amnesic shellfish poisoning); la malattia si manifesta in seguito al consumo di cozze o cappesante raccolte in acque marine con una fioritura della diatomea responsabile. La prima epidemia registrata di casi umani, con 107 vittime e tre decessi, si è verificata nel Canada orientale nel 1988, in seguito al consumo di cozze provenienti da Prince Edward Island[88]. Dopo questo episodio, diatomee produttrici di acido domoico sono state trovate in altre parti del mondo. Un episodio di ASP coinvolse cappesante nel nordovest della Spagna nel 1996[69]; la maggiore quantità di acido domoico (dal 52 all'88% del totale) era presente nell'epatopancreas. Durante la conservazione mediante congelamento, parte dell'acido domoico si trasferisce in altri tessuti delle cappesante. La conservazione in scatola delle cappesante non distrugge il composto tossico. In Canada il livello massimo consentito di acido domoico in molluschi bivalvi freschi è 20 µg/g di tessuto[69].

31.4.4 Pfiesteria piscicida

Nei primi anni Novanta questo dinoflagellato è stato riconosciuto come causa della morte di migliaia di pesci in affluenti della Chesapeake Bay. È un organismo simile agli animali, che produce potenti tossine. Una tossina termostabile stordisce i pesci in pochi secondi e gli animali muoiono nel giro di pochi minuti; un'altra tossina causa il distacco dell'epidermide del pesce. Dopo l'uccisione del pesce il dinoflagellato si riproduce sessualmente e può incistarsi. L'esatta identità delle tossine, come pure i loro effetti sull'uomo, non sono chiari. Le persone esposte manifestano perdita di memoria, confusione, bruciore cutaneo acuto e solitamente sintomi sistemici, come cefalea, rash cutaneo e crampi muscolari[19].

Bibliografia

1. Abbott SL, Kokka RP, Janda JM (1991) Laboratory investigations on the low pathogenic potential of Plesiomonas shigelloides. *J Clin Microbiol*, 29: 148-153.
2. Albert MJ, Ansaruzzaman M, Talukder KA, Chopra AK, Kuhn I, Rahman M, Faruque ASG, Islam MS, Sack RB, Mollb R (2000) Prevalence of enterotoxin genes in Aeromonas spp. isolated from children with diarrhea, healthy controls, and the environment. *J Clin Microbiol*, 38: 3785-3790.
3. Annapurna E, Sanyal SC (1977) Enterotoxicity of Aeromonas hydrophila. *J Med Microbiol*, 10: 317-323.
4. Appleton H, Pereira MS (1977) A possible virus aetiology in outbreaks of food-poisoning from cockles. *Lancet*, 1: 780-781.
5. Atmar RL, Neill FH, Romalde JL, LeGuyader F, Woodley CM, Metcalf TG, Estes MK (1995) Detection of Norwalk virus and hepatitis A virus in shellfish tissues with the PCR. *Appl Environ Microbiol*, 61: 3014-3018.
6. Behling AR, Taylor SL (1982) Bacterial histamine production as a function of temperature and time of incubation. *J Food Sci*, 47: 1311-1314, 1317.
7. Belay ED (1999) Transmissible spongiform encephalopathies in humans. *Ann Rev Microbiol*, 53: 283-314.
8. Blackwell JH, Rickansrud D, McKercher PD, McVicar JW (1982) Effect of thermal processing on the survival of foot-and-mouth disease virus in ground meat. *J Food Sci*, 47: 388-392.
9. Blanchfield JR (1998) Bovine spongiform encephalopathy (BSE) – A review. *Int J Food Sci Technol*, 33: 81-97.
10. Breeuwer P, Lardeau A, Peterz M, Joosten HM (2003) Desiccation and heat tolerance of Enterobacter sakazakii. *J Appl Microbiol*, 95: 967-973.
11. Bruce ME, Will RG, Ironside JW, McConnell I, Drummond D, Suttie A, McCardle L, Chree A, Hope J, Birkett C, Cousens S, Fraser H, Bostock CJ (1997) Transmissions to mice indicate that 'new variant' CJD is caused by the BSE agent. *Nature*, 389: 498-501.
12. Buckley JT, Howard SP (1999) The cytotoxic enterotoxin of Aeromonas hydrophila is aerolysin. *Infect Immun*, 67: 466-467.
13. Burke V, Robinson J, Atkinson HM, Gracey M (1982) Biochemical characteristics of enterotoxigenic Aeromonas spp. *J Clin Microbiol*, 15: 48-52.
14. Burke V, Robinson J, Cooper M, Beamons J, Partridge K, Peterson D, Gracey M (1984) Biotyping and virulence factors in clinical and environmental isolates of Aeromonas species. *Appl Environ Microbiol*, 47: 1146-1149.
15. Casolari A (1998) Heat resistance of prions and food processing. *Food Microbiol*, 15: 59-63.
16. Centers for Disease Control and Prevention (2003) Foodborne transmission of hepatitis A – Massachusetts, 2001. *Morb Mort Wkly Rep*, 52: 565-567.
17. Centers for Disease Control and Prevention (2002) Outbreaks of gastroenteritis associated with noroviruses on cruise ships – United States. *Morb Mort Wkly Rep*, 51: 1112-1114.
18. Centers for Disease Control and Prevention (1998) Ciguatera fish poisoning – Texas, 1997. *Morb Mort Wkly Rep*, 47: 692-694.
19. Centers for Disease Control and Preventio (1997) Results of the public health response to Pfiesteria workshop – Atlanta, Georgia, September 29–30, 1997. *Morb Mort Wkly Rep*, 46: 951-952.
20. Centers for Disease Control and Prevention (1996) Invasive infection with Streptococcus iniae – Ontario, 1995–1996. *Morb Mort Wkly Rep*, 45: 650-653.
21. Centers for Disease Control and Prevention (1996) Surveillance for Crutzfeldt-Jakob disease – United States. *Morb Mort Wkly Rep*, 45: 665-668.
22. Centers for Disease Control and Prevention (1991) Rotavirus surveillance – United States, 1989–1990. *Morb Mort Wkly Rep*, 40: 80-81, 87.
23. Centers for Disease Control and Prevention (1991) Paralytic shellfish poisoning – Massachusetts and Alaska. 1990. *Morb Mort Wkly Rep*, 40: 157-161.

24. Centers for Disease Control and Prevention (1990) Viral agents of gastroenteritis. Public health importance and outbreak management. *Morb Mort Wkly Rep*, 39: 1-23.

25 Centers for Disease Control and Preventio (1990) Foodborne hepatitis A – Alaska, Florida, North Carolina,Washington. *Morb Mort Wkly Rep*, 39: 228-232.

26. Centers for Disease Control and Prevention (1989) Scombroid fish poisoning – Illinois, South Carolina. *Morb Mort Wkly Rep*, 38: 140-142, 147.

27. Chakraborty T, Montenegro MA, Sanyal SC, Helmuth R, Bulling E, Timmis KN (1984) Cloning of enterotoxin gene from Aeromonas hydrophila provides conclusive evidence of production of a cytotonic enterotoxin. *Infect Immun*, 46: 435-441.

28. Chesebro B (1998) BSE and prions: Uncertainties about the agent. *Science*, 279: 42-43.

29. Cliver DO (2004) How now, mad cow? *Food Technol*, 58(1): 100.

30. Cliver DO (and the IFT Expert Panel on Food Safety and Nutrition) (1988) Virus transmission via foods. *Food Technol*, 42(10): 241-248.

31. Collinge J, Palmer MS (eds) (1997) *Prion Diseases*. Oxford University Press, New York.

32. Cromeans TL, Nainan OV, Margolis HS (1997) Detection of hepatitis A virus RNA in oyster meat. *Appl Environ Microbiol*, 63: 2460-2463.

33. DiGirolamo R, Liston J, Matches JR (1970) Survival of virus in chilled, frozen, and processed oysters. *Appl Microbiol*, 20: 58-63.

34. Dix AB, Jaykus LA (1998) Virion concentration method for the detection of human enteric viruses in extracts of hard-shelled clams. *J Food Protect*, 61: 458-465.

35. Edelson-Mammel SG, Buchanan RL (2004) Thermal inactivation of Enterobacter sakazakii in rehydrated infant formula. *J Food Protect*, 67: 60-63.

36. Eyles MJ, Davey GR, Huntley EJ (1981) Demonstration of viral contamination of oysters responsible for an outbreak of viral gastroenteritis. *J Food Protect*, 44: 294-296.

37. Frank HA, Yoshinaga DH, Wu IP (1983) Nomograph for estimating histamine formation in skipjack tuna at elevated temperatures. *Mar Fish Rev*, 45: 40-44.

38. Fugate KJ, Cliver DO, Hatch MT (1975) Enteroviruses and potential bacterial indicators in Gulf Coast oysters. *J Milk Food Technol*, 38: 100-104.

39. Fuller JD, Bast DJ, Nizet V, Low DE, de Azavedo JCS (2001) Streptococcus iniae virulence is associated with a distinct genetic profile. *Infect Immun*, 69: 1994-2000.

40. Gerba CP, Kayed D (2003) Caliciviruses: A major cause of foodborne illness. *J Food Protect*, 68: 1136-1142.

41. Gerba CP, Goyal SM (1978) Detection and occurrence of enteric viruses in shellfish: A review. *J Food Protect*, 41: 743-754.

42. Gerba CP, Goyal SM, LaBelle RL, Cech I, Bodgous GF (1979) Failure of indicator bacteria to reflect the occurrence of enteroviruses in marine waters. *Am J Public Health*, 69: 1116-1119.

43. Gilbert RJ, Hobbs G, Murray GK, Cruickshank JG, Young SEJ (1980) Scombrotoxic fish poisoning: Features of the first 50 incidents to be reported in Britain (1976–1979). *Br Med J*, 281: 71-72.

44. Gill TA, Thompson JW, Gould S (1985) Thermal resistance of paralytic shellfish poison in soft-shell clams. *J Food Protect*, 48: 659-662.

45. Gray M, Wawrik B, Paul J, Casper E (2003) Molecular detection and quantitation of the red tide dinoflagellate Karenia brevis in the marine environment. *Appl Environ Microbiol*, 69: 5726-5730.

46. Hazen TC, Fliermans CB, Hirsch RP, Esch GW (1978) Prevalence and distribution of Aeromonas hydrophila in the United States. *Appl Environ Microbiol*, 36: 731-738.

47. Hejkal TW, Gerba CP (1981) Uptake and survival of enteric viruses in the blue crab, Callinectes sapidus. *Appl Environ Microbiol*, 41: 207-211.

48. Herrmann JE, Cliver DO (1973) Enterovirus persistence in sausage and ground beef. *J Milk Food Technol*, 36: 426-428.

49. Hopkins RS, Gaspard GB, Williams FP Jr, Karlin RJ, Cukor G, Blacklow NR (1984) A community waterborne gastroenteritis outbreak: Evidence for rotavirus as the agent. *Am J Public Health*, 74: 263-265.

50. Hudson SH, Brown WD (1978) Histamine (?) toxicity from fish products. *Adv Food Res*, 24: 113-154.

51. Hwang DF, Chang SH, Shiau CY, Cheng CC (1995) Biogenic amines in the flesh of sailfish (Istiophorus platypterus) responsible for scombroid poisoning. *J Food Sci*, 60: 926-928.

52. Isonhood JH, Drake M (2002) Aeromonas species in foods. *J Food Protect*, 65: 575-582.

53. Jaykus LA, de Leon R, Sobsey MD (1996) A virion concentration method for detection of human enteric viruses in oysters by PCR and oligoprobe hybridization. *Appl Environ Microbiol*, 62: 2074-2080.

54. Kanai Y, Hayashidani H, Kaneko KI, Ogawa M, Takahashi T, Nakamura M (1997) Occurrence of zoonotic bacteria in retail game meat in Japan with special reference to Erysipelothrix. *J Food Protect*, 60: 328-331.

55. Kanki M, Yoda T, Tsukamoto T, Shibata T (2002) Klebsiella pneumoniae produces no histamine: Raoultella planticola and Raoultella ornithinolytica strains are histamine producers. *Appl Environ Microbiol*, 68: 3462-3466.

56. Kaper JB, Lockman H, Colwell RR, Joseph SW (1981) Aeromonas hydrophila: Ecology and toxigenicity on isolates from an estuary. *J Appl Bacteriol*, 50: 359-377.

57. Kaplan JE, Feldman R, Campbell DS, Lookabaugh C, Gary GW (1982) The frequency of a Norwalk-like pattern of illness in outbreaks of acute gastroenteritis. *Am J Public Health*, 72: 1329-1332.

58. Keswick BH, Satterwhite TK, Johnson PC, DuPont HL, Secor SL, Bitsura JA, Gary GW, JC Hoff (1985) Inactivation of Norwalk virus in drinking water by chlorine. *Appl Environ Microbiol*, 50: 261-264.

59. Kim SH, Ben-Gigirey B, Barros-Velázquez J, Price RJ, An H (2000) Histamine and biogenic amine production by Morganella morganii isolated from temperature-abused albacore. *J Food Protect*, 63: 244-251.

60. Klipstein FA, Engert RF (1976) Purification and properties of Klebsiella pneumoniae heat-stable enterotoxin. *Infect Immun*, 13: 373-381.

61. Klipstein FA, Engert RF (1976) Partial purification and properties of Enterobacter cloacae heat-stable enterotoxin. *Infect Immun*, 13: 1307-1314.

62. Konowalchuk J, Speirs JI (1975) Survival of enteric viruses on fresh vegetables. *J Milk Food Technol*, 38: 469-472.

63. Konowalchuk J, Speirs JI (1975) Survival of enteric viruses on fresh fruit. *J Milk Food Technol*, 38: 598-600.

64. Kostenbader KD Jr, Cliver DO (1977) Quest for viruses associated with our food supply. *J Food Sci*, 42: 1253-1257, 1268.

65. Kuritsky JN, Osterholm MT, Korlath JA, White KE, Kaplan JE (1985) A statewide assessment of the role of Norwalk virus in outbreaks of food-borne gastroenteritis. *J Infect Dis*, 151: 568.

66. Landry EF, Vaughn JM, Vicale TJ, Mann R (1982) Inefficient accumulation of low levels of monodispersed and feces-associated poliovirus in oysters. *Appl Environ Microbiol*, 44: 1362-1369.

67. Larkin EP (1981) Food contaminants – Viruses. *J Food Protect*, 44: 320-325.

68. Lehane L, Lewis RJ (2000) Ciguatera: recent advances but the risk remains. *Int J Food Microbiol*, 61: 91-125.

69. Leira FJ, Vieites JM, Botana LM, Vyeites MR (1998) Domoic acid levels of naturally contaminated scallops as affected by canning. *J Food Sci*, 63: 1081-1083.

70. Lundgren O, Peregrin AT, Persson K, Kordasti S, Uhnoo I, Svensson L (2000) Role of the enteric nervous system in the fluid and electrolyte secretion of rotavirus diarrhea. *Science*, 287: 491-495.

71. McFarren EF, Shafer ML, Campbell JE, Lewis KH, Davey GR, Millsom RH (1960) Public health significance of paralytic shellfish poison. *Adv Food Res*, 10: 135-179.

72. McKercher PD, Hess WR, Hamdy F (1978) Residual viruses in pork products. *Appl Environ Microbiol*, 35: 142-145.

73. Miller ML, Koburger JA (1985) Plesiomonas shigelloides: An opportunistic food and waterborne pathogen. *J Food Protect*, 48: 449-457.

74. Murphy AM, Grobmann GS, Christopher PJ et al. (1979) An Australia-wide outbreak of gastroenteritis from oysters caused by Norwalk virus. *Med J Austr*, 2: 329-333.

75. Muytjens HL, Roelofs-Willemse H, Jaspar GH (1988) Quality of powdered substitutes for breast milk with regard to members of the family Enterobacteriaceae. *J Clin Microbiol*, 26: 743-746.
76. Nakazawa H, Hayashidan Hi, Higashi J, Kaneko KI, Takahashi T, Ogawa M (1998a) Occurrence of Erysipelothrix spp. in broiler chickens at an abattoir. *J Food Protect*, 61: 907-909.
77. Nakazawa H, Hayashidani H, Higash Ji, Kanek KIo, Takahashi T, Ogawa M (1998b) Occurrence of Erysipelothrix spp. in chicken meat parts from a processing plant. *J Food Protect*, 61: 1207-1209.
78. Namdari H, Bottone EJ (1990) Cytotoxin and enterotoxin production as factors delineating entero-pathogenicity of Aeromonas caviae. *J Clin Microbiol*, 28: 1796-1798.
79. Nazarowec-White M, Farber JM (1997a) Incidence, survival, and growth of Enterobacter sakazakii in infant formula. *J Food Protect*, 60: 226-230.
80. Nazarowec-White M, Farber JM (1997b) Thermal resistance of Enterobacter sakazakii in reconsti-tuted dried-infant formula. *Lett Appl Microbiol*, 24: 9-13.
81. Niu MT, Polish LB, Robertson BH, Bhanna BK, Woodruff BA, Shapiro CN, Miller MA, Smith JD, Gedrose JK, Alter MJ, Margolis HS (1992) Multistate outbreak of hepatitis A associated with frozen strawberries. *J Infect Dis*, 166: 518-524.
82. Niven CF Jr, Jeffrey MB, Corlett DA Jr (1981) Differential plating medium for quantitative detection of histamineproducing bacteria. *Appl Environ Microbiol*, 41: 321-322.
83. Omura Y, Price RJ, Olcott HS (1978) Histamine-forming bacteria isolated from spoiled shipjack tuna and jack mackerel. *J Food Sci*, 43: 1779-1781.
84. Pagotto FJ, Nazarowec-White M, Bidawid S, Farber JM (2003) Enterobacter sakazakii: Infectivity and enterotoxin production in vitro and in vivo. *J Food Protect*, 66: 370-375.
85. Palumbo SA, Bencivengo MM, Del Corral B, Williams AC, Buchanan RL (1989) Characterization of the Aeromonas hydrophila group isolated from retail foods of animal origin. *J Clin Microbiol*, 27: 854-859.
86. Parshionikar SU, Willian-True S, Fout GS, Robbins DE, Seys SA, Cassady JD, Harris R (2003) Waterborne outbreak of gastroenteritis associated with a norovirus. *Appl Environ Microbiol*, 69: 5263-5268.
87. Paul R, Siitonen A, Karkkainen P (1990) Plesiomonas shigelloides bacteremia in a healthy girl with mild gastroenteritis. *J Clin Microbiol*, 28: 1445-1446.
88. Perl TM, Bedard L, Kosatsky T, Hockin JC, Todd EC, Remis RS (1990) An outbreak of toxic ence-phalopathy, caused by eating mussels contaminated with domoic acid. *N Engl J Med*, 322: 1775-1780.
89. Pier GB, Madin SH, Al-Nakeeb S (1978) Isolation and characterization of a second isolate of Strep-tococcus iniae. *Int J System Bacteriol*, 28: 311-314.
90. Portnoy BL, Mackowiak PA, Caraway CT, Walker JA, McKinley TW, Klein CA (1975) Oyster-associated hepatitis: Failure of shellfish certification programs to prevent outbreaks. *JAMA*, 233: 1065-1068.
91. Rodriguez-Jerez JJ, Lopez-Sabater EI, Roig-Sagues AX, Mora-Ventura MT (1994) Histamine, cadaverine and putrescine forming bacteria from ripened Spanish semipreserved anchovies. *J Food Sci*, 59: 998-1001.
92. Rose JM, Houston CW, Coppenhaver DH, Dixon JD, Kurosky A (1989) Purification and chemical characterization of a cholera toxin-cross-reactive cytolytic enterotoxin produced by a human isolate of Aeromonas hydrophila. *Infect Immun*, 57: 1165-1169.
93. Rouf MA, Rigney MM (1971) Growth temperatures and temperature characteristics of Aeromonas. *Appl Microbiol*, 22: 503-506.
94. Sabota JM, Hoppes WL, Ziegler JR Jr, DuPont H, Mathewson J, Rutecki GW (1998) A new variant of food poisoning: Enteroinvasive Klebsiella pneumoniae and Escherichia coli sepsis from a con-taminated hamburger. *Am J Gastroenterol*, 93: 118-119.
95. Sanyal SC, Singh SJ, Sen PC (1975) Enteropathogenicity of Aeromonas hydrophila and Plesiomonas shigelloides. *J Med Microbiol*, 8: 195-198.
96. Seymour IJ, Appleton H (2001) Foodborne viruses and fresh produce. *J Appl Microbiol*, 91: 759-773.
97. Shin GA, Sobsey MD (2003) Reduction of Norwalk virus, poliovirus 1, and bacteriophage MS2 by ozone disinfection of water. *Appl Environ Microbiol*, 69: 3975-3978.

98. Shiono H, Hayashidani H, Kaneko KI, Ogawa M, Muramatsu M (1990) Occurrence of Erysipelothrix rhusiopathiae in retail raw pork. *J Food Protect*, 53: 856-858.

99. Sullivan R, Marnell RM, Larkin EP, Read RB Jr (1975) Inactivation of poliovirus 1 and coxsackievirus B-2 in broiled hamburgers. *J Milk Food Technol*, 38: 473-475.

100. Takahashi T, Fujisawa T, Tamura Y, Suzuki S, Muramatsu M, Sawata T, Benno Y, Mitsuoka T (1992) DNA relatedness among Erysipelothrix rhusiopathiae strains representing all twenty-three serovars and Erysipelothrix tonsillarum. *Int J System Bacteriol*, 42: 469-473.

101. Taylor DM (1998) Inactivation of the BSE agent. *J Food Saf*, 18: 265-274.

102. Taylor SL, Guthertz LS, Leatherwood M, Lieber ER (1979) Histamine production by Klebsiella pneumoniae and an incident of scombroid fish poisoning. *Appl Environ Microbiol*, 37: 274-278.

103. Taylor SL, Keefe TJ, Windham ES, Howell JF (1982) Outbreak of histamine poisoning associated with consumption of Swiss cheese. *J Food Protect*, 45: 455-457.

104. Ternström A, Molin G (1987) Incidence of potential pathogens on raw pork, beef and chicken in Sweden, with special reference to Erysipelothrix rhusiopathiae. *J Food Protect*, 50: 141-146.

105. ThurmV, Gericke B (1994) Identification of infant food as a vehicle in a nosocomial outbreak of Citrobacter freundii: epidemiological subtyping by allozyme, whole-cell protein and antibiotic resistance. *J Appl Bacteriol*, 76: 553-558.

106. Traore O, Arnal C, Mignotte B, Maul A, Laveran H, Billaudel S, Schwartzbrod L (1998) Reverse transcriptas PCR detection of astrovirus, hepatitis A virus, and poliovirus in experimentally contaminated mussels: Comparison of several extraction and concentration methods. *Appl Environ Microbiol*, 64: 3118-3122.

107. Tsukamoto T, Konoshita Y, Shimada T, Sakazaki R (1978) Two epidemics of diarrhoeal disease possibly caused by Plesiomonas shigelloides. *J Hyg*, 80: 275-280.

108. Turner C, Williams SM, Cumby TR (2000) The inactivation of foot and mouth disease, Aujeszky's disease and classical swine fever viruses in pig slurry. *J Appl Microbiol*, 89: 760-767.

109. Twedt RM, Boutin BK (1979) Potential public health significance of non-Escherichia coli coliforms in food. *J Food Protect*, 42: 161-163.

110. Van Acker J, de Smet F, Muyldermans G, Bougatef A, Naessens A, Lauwers S (2001) Outbreak of necrotizing enterocolitis associated with Enterobacter sakazakii in powdered milk formula. *J Clin Microbiol*, 39: 293-297.

111. Van Damme LR, Vandepitte J (1980) Frequent isolation of Edwardsiella tarda and Plesiomonas shigelloides from healthy Zairese freshwater fish: A possible source of sporadic diarrhea in the tropics. *Appl Environ Microbiol*, 39: 475-479.

112. Vogel G (1997) Prusiner recognized for once-heretical prion theory. *Science*, 278: 214.

113. Wait DA, Hackney CR, Carrick RJ, Lovelace G, Sobsey MD (1983) Enteric bacterial and viral pathogens and indicator bacteria in hard shell clams. *J Food Protect*, 46: 493-496.

114. Wei CI, Chen CM, Koburger JA, Otwell WS, Marshall MR (1990) Bacterial growth and histamine production on vacuum packaged tuna. *J Food Sci*, 55: 59-63.

115. Williams N (1997) New studies affirm BSE-human link. *Science*, 278: 31.

116. Xu XJ, Ferguson MR, Popov VL, Houston CW, Peterson JW, Chopra AK (1998) Role of cytotoxic enterotoxin in Aeromonas-mediated infections: Development of transposon and isogenic mutants. *Infect Immun*, 66: 3501-3509.

117. Yoshinaga DR, Frank HA (1982) Histamine-producing bacteria in decomposing shipjack tuna (Katsuwonus pelamis). *Appl Environ Microbiol*, 44: 447-452.

118. Zajc-Satler J, Dragav AZ, Kumelj M (1972) Morphological and biochemical studies of 6 strains of Plesiomonas shigelloides isolated from clinical sources. *Zbt Baktr Hyg Abt Orig A*, 219: 514-521.

Appendice

Raggruppamento di generi batterici Gram-positivi e Gram-negativi

Il raggruppamento dei generi batterici Gram-positivi e Gram-negativi si basa su quattro caratteri fenotipici: reazione di Gram (GP = positiva; GN = negativa), ossidasi (+ o −), catalasi (+ o −) e assenza (n) o presenza (p) di pigmentazione delle colonie. Per la maggior parte dei batteri aerobi di origine alimentare il raggruppamento può essere effettuato entro 24-48 ore dal piastramento superficiale su plate count agar con incubazione a 30 °C. Non sono noti generi batterici di origine alimentare o ambientale per i seguenti due gruppi: GP 3 (Gr + Ox + Cat − n) e GP 4 (Gr + Ox + Cat − p). Tra i Gram-negativi, i generi compresi in GN 3 (Gr − Ox + Cat − n) e GN 4 (Gr − Ox + Cat − p) sono isolati molto raramente da alimenti.

Gruppi Gram-positivi

GP 1: Gr + Ox + Cat + n	GP 2: Gr + Ox + Cat + p
Alicyclobacillus	Arthrobacter
Aneurinibacillus	Bacillus (alcuni)
Arthrobacter	Brachybacterium
Bacillus (alcuni)	Brevibacillus
Brachybacterium	Brevibacterium (alcuni)
Brevibacillus	Corynebacterium
Brochothrix	Deinococcus
Corynebacterium (alcuni)	Dermacoccus
Dermacoccus	Exiguobacterium
Geobacillus	Halobacillus
Gracilibacillus	Janibacter
Janibacter	Kocuria
Macrococcus	Luteococcus
Micrococcus	Macrococcus
Nesterenkonia	Micrococcus
Paenibacillus	Nesterenkonia
Propioniflex	Salinicoccus
Salibacillus	Streptomyces (la maggior parte)
Sporosarcina	
Staphylococcus lentus,	
S. sciuri, S. vitulus	

Stomatococcus
Streptomyces (alcuni)
Terracoccus

GP 5: Gr + Ox – Cat + n

Anaerobacter
Bacillus (la maggio parte)
Brevibacterium (la maggio parte)
Brachybacterium
Caseobacter
Clavibacter
Corynebacterium (alcuni)
Demetria
Erysipelothrix
Geobacillus (alcuni)
Janibacter
Jonesia
Kocuria
Kurthia
Kytococcus
Leucobacter
Listeria
Paenibacillus (alcuni)
Propionibacterium
Staphylococcus
Terribacter
Terracoccus

GP 6: Gr + Ox – Cat + p

Bacillus (alcuni)
Brachybacterium
Brevibacterium linens
Caseobacter
Clavibacter
Corynebacterium (alcuni)
Demetria
Exiguobacterium
Gordona
Janibacter
Kineococcus
Kocuria
Kytococcus
Microbacterium
Planococcus
Propionibacterium
Rathayibacter
Sanguibacter
Staphylococcus aureus

GP 7: Gr + Ox – Cat – n

Amphibacillus
Bifidobacterium
Clostridium
Erysipelothrix
Facklamia
Helcococcus
Batteri lattici [a]
Sporolactobacillus
S. aureus subsp. *anaerobius*

GP 8: Gr + Ox – Cat – p

Clostridium (alcuni)
Lactobacillus (alcuni)

Gruppi Gram-negativi

GN 1: Gr – Ox + Cat + n

Achromobacter
Acidovorax
Aeromonas
Agrobacterium
Alcaligenes

GN 2: Gr – Ox + Cat + p

Acidomonas
Acidovorax
Alteromonas
Aminobacter
Azómonas

Alteromonas
Amaricoccus
Aminobacter
Arcobacter
Azomonas
Azotobacter
Bergeyella
Brevundimonas
Burkholderia
Campylobacter
Carnimonas
Comamonas
Delftia
Devosia
Enhydrobacter
Halomonas
Meniscus
Moraxella
Ochrobacter
Oligella
Pandoraea
Paracoccus
Pedobacter
Photobacterium
Plesiomonas
Pseudoalteromonas
Pseudomonas
Psychrobacter
Ralstonia
Rhizomonas
Shewanella
Sphingomonas
Stenotrophomonas
Telluria
Vibrio
Xanthobacter

Azotobacter
Brevundimonas
Burkholderia cepacia
Campylobacter (almeno 2 spp.)
Chromobacterim
Chryseobacterium
Chryseomonas
Duganella
Empedobacter
Flavobacterium
Hydrogenophaga
Hymenobacter actinosclerus
Janthinobacterium
Kingella
Methylobacterium
Myroides
Pandoraea (alcuni)
Paracoccus
Pedobacter
Persicobacter
Pseudoalteromonas
Pseudoaminobacter
Rhizomonas
Sphingobacterium
Sphingomonas
Stenotrophomonas
Tellùria chitinolytica
Variovorax
Vogesella
Xanthobacter

GN 3: Gr – Ox + Cat – n

Campylobacter concisus
Cardiobacterium
Eikenella
Kingella
Suttonella

GN 4: Gr – Ox + Cat – p

Cytophaga
Hydrogenophaga
Persicobacter
Wolinella

GN 5: Gr – Ox – Cat + n

Acetobacter
Acidomonas
Acinetobacter

GN 6: Gr – Ox – Cat + p

Acinetobacter radioresistens
Asaia
Azoarcus

Asaia
Burkholderia cepacia
B. cocovenenans
Campylobacter (alcuni)
Enterobacteriaceae[b]
Gluconobacter
Moraxella bovis, M. ovis
Pandoraea
Pseudomonas (pochi)
Raoultella
Saccharobacter
Stenotrophomonas (alcuni)
Xanthomonas
Xylella
Zymobacter
Zymomonas

Chemohalobacter
Citrobacter
Deinobacter grandis
Erwinia
Flavimonas
Frateuria
Pandoraea
Pantoea
Pectobacterium
Pedobacter
Serratia
Xanthomonas
Xylophilus

GN 7: Gr – Ox – Cat – n

Acidaminococcus
Bacteroides
Megasphaera
Pectinatus
Streptobacillus
Veillonella

GN 8: Gr – Ox – Cat – p

Prevotella nigrescens

[a] Tutti i generi di batteri lattici elencati nel capitolo 7.
[b] Comprende *Enterobacter, Escherichia, Salmonella, Shigella* e gli altri batteri enterici.

Indice analitico

Finito di stampare nel mese di gennaio 2009

Printed in the United States
By Bookmasters